高等学校通用教材

线性系统理论

郝飞 编

北京航空航天大学出版社

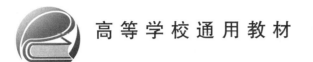

内 容 简 介

本书主要包括三部分：基础知识、线性系统分析与系统综合设计，全书共7章。基础知识部分介绍了线性系统理论中常用的线性代数基础及线性系统基本概念；系统分析部分系统地介绍了线性系统可控性、可观测性与稳定性及其不同的判别方法；系统综合设计部分介绍了控制设计的一般方法，具体包括状态反馈极点配置问题、镇定性问题、无静差跟踪问题、输出调节问题、解耦问题、线性二次最优控制问题(包括状态调节、输出调节和输出跟踪)、输出反馈、观测器设计、基于观测器的状态反馈等。本书以工程为背景，以夯实基础为前提，注重算法的可实现性，培养学生的逻辑推理能力和科研创新能力，提高学生运用系统分析和设计基本方法来解决实际问题的能力，使学生系统掌握线性系统理论的基本概念、基本原理以及系统分析和综合设计的一般方法，为后续学习其他控制类相关课程打下良好基础。

本书可作为高等院校或科研院所控制科学与工程、机械电子、电子信息等相关专业的研究生教学用书，也可供控制技术等相关领域的科研人员和工程技术人员参考使用。

图书在版编目(CIP)数据

线性系统理论 / 郝飞编. -- 北京 ：北京航空航天大学出版社，2023.8

ISBN 978-7-5124-4118-7

Ⅰ. ①线… Ⅱ. ①郝… Ⅲ. ①线性系统理论 Ⅳ. ①O231

中国国家版本馆CIP数据核字(2023)第120434号

线性系统理论

郝飞 编

策划编辑 蔡喆　　责任编辑 龚雪

*

北京航空航天大学出版社出版发行

北京市海淀区学院路37号(邮编100191)　http://www.buaapress.com.cn

发行部电话:(010)82317024　传真:(010)82328026

读者信箱: goodtextbook@126.com　邮购电话:(010)82316936

北京时代华都印刷有限公司印装　各地书店经销

*

开本:787×1 092　1/16　印张:22.75　字数:582千字

2023年8月第1版　2023年8月第1次印刷　印数:2 000册

ISBN 978-7-5124-4118-7　定价:69.00元

前　言

线性系统理论是控制科学与工程一级学科专业的基础，是控制理论中最基础、最重要，也是最成熟的一个分支，是涉及控制领域其他专业方向的基础理论。线性系统理论的一般概念、方法、原理和结论对于系统和控制理论的许多学科分支课程，如最优控制、非线性控制、自适应控制、系统辨识、系统检测与估计等都具有十分重要的作用。很多控制问题无论是理论推导与论证还是实际计算与验证，都离不开线性系统工具的支持。特别地，现阶段热点的人工智能领域中的学习算法、学习控制都离不开线性系统综合设计的反馈控制思想，即“没有反馈就没有智能”。我们所用的教材是三十多年前程鹏教授编写的《线性系统理论讲义》，只是每年在教学课件上增加一些必要的和更新的内容。如果没有一本能适应这些年控制领域相关学科的快速发展的线性系统理论教材，学生对理论知识的系统性掌握以及对后续相关学科课程的学习就会有一定的局限性。但是我深知要编写一本系统性的教材需要付出很多的时间和精力，并须对线性系统理论本身和控制科学与工程学科后续控制类课程进行整体把握。一方面，我懒于行动；另一方面又难以腾出大块的时间去重新编写这个理论成熟的课程教材。所以我久久没敢动手编写，只是在每年讲授课程的课件上补充、修改和更新一些必要的内容。

但是近年来，受扰动系统的观测器设计问题及受扰动系统基于观测器的控制问题、人工智能对算法实现的需求，对线性系统理论内容的更新提出了新的要求，所以更新编写新的线性系统理论教材势在必行。另外，从课程系统学生评价中了解到，近些年每年都有学生反馈，建议把课件中补充更新的内容加入讲义，出版新的教材。在近二十年的线性系统课程讲授过程中，学生普遍反馈是“课程理论性强，难度大，又用到很多线性代数和矩阵论的知识点”“建议结合实际工程问题讲解各类控制问题”。在讲课期间，我们补充了很多《线性代数》的内容来帮助学生学习和掌握线性系统理论知识，又在综合设计部分增加了用所学控制方法解决实际工程问题的例子。而在编写本教材时，我们注重逻辑性与系统性的同时，希望能把理论与实际工程联系起来，通过实际工程背景引入各类控制问题，基于“提出问题－分析问题－解决问题”的思路，对每个控制问题按照“问题提法－可解性条件－获得解”的过程，给出其求解的具体算法步骤。以上这些都是我们编写这本教材的初衷。

最近三年，我们安排梳理课程内容结构和录入基本内容，再加上程鹏教授提供的《线性系统理论讲义》初稿，所以才动笔整理编写更新这本教材。本教材主要取材于程鹏教授编写的《线性系统理论讲义》，结合黄琳院士所著《稳定性与鲁棒性的理论基础》的逻辑思路，取材着重于基本概念、基本理论和基本方法之间的逻辑性，补充了线性代数基础、部分分析内容的理论基础，基于实际工程背景提出的反馈控制问题、构造性设计方法及算法的具体步骤，力求内容与结构上更具逻辑性、严谨性与系统性。

全书主要内容包括三大部分，共 7 章。第一部分基础知识，包括第 0 章的线性代数基础和第 1 章的线性系统的基本概念。第二部分线性系统分析，包括第 2 章系统的可控性、可观测性，第 3 章的标准形与状态空间实现以及第 4 章稳定性及其判别。第三部分系统综合设计，包括第 5 章的状态反馈控制和第 6 章的输出反馈及观测器问题。内容主要从卡尔曼引入的状态空间描述出发,对线性系统进行运动解、可控性和可观测性分析以及稳定性分析,并给出这些基本概念的判断方法。系统综合设计部分介绍了线性系统几类控制问题及观测器设计,分析各类控制问题的可解性,并给出了控制器的设计方法与算法过程。具体内容如下:

第一部分是基础知识,包括线性空间与线性变换、矩阵基础、多项式矩阵及若当形、多项式矩阵的互质分解、矩阵指数函数、时间(向量)函数组的线性无关性等线性代数基础和线性系统基本概念。

第二部分是线性系统分析,包括系统可控性与可观测性及其判断方法、可控性与可观测性及其标准形、系统外部描述的状态空间实现;稳定性(包括李雅普诺夫意义下的内部稳定性和基于输入/输出的外部稳定性)概念及其判定方法等。

第三部分是系统综合设计,系统地介绍了几类控制问题设计的一般方法。具体包括状态反馈极点配置问题、镇定性问题、无静差跟踪问题、输出调节问题、解耦问题、线性二次最优控制问题(包括状态调节、输出调节和输出跟踪);输出反馈、观测器设计、基于观测器的状态反馈等。

全书具体结构如图 1 所示。

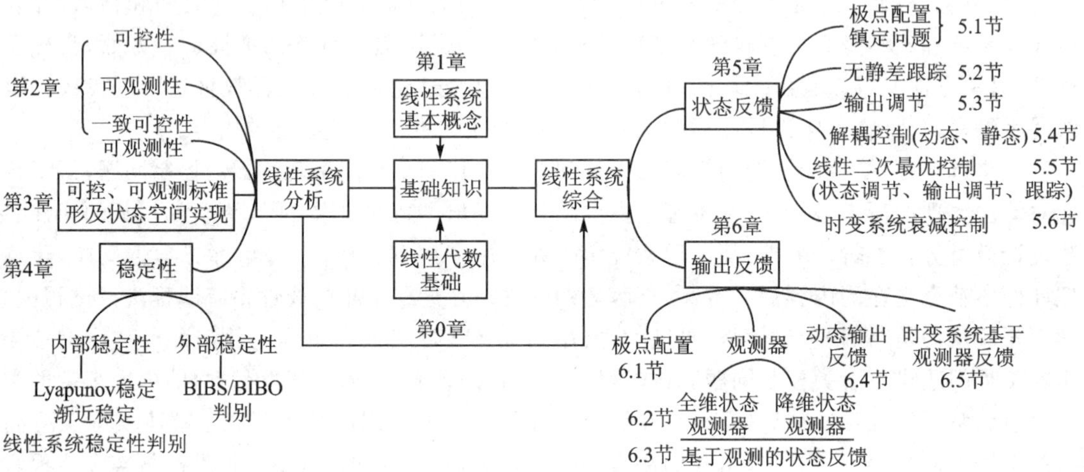

图 1 全书结构示意图

教材每一章都配备了对应主要内容的习题,并在主要内容中预留了一些给读者思考的没有给出证明过程的简单结论(包括引理、定理等)与扩展知识的习题,还有一些复杂的证明过程及部分扩展知识置于附录中供读者参考。教材的最后列有必要的参考文献,由于文献浩瀚,引用不能周全,所以有些成果只引有关书籍而没有求源引用原文,以免挂一漏万,在此特别感谢涉及内容的原文的作者。

本教材在程鹏教授编写的《线性系统理论讲义》(内部)的基础上,加入了后续讲课过程中逐渐补充更新的内容而形成。遵照程老师的意思,在作者列表中只列写我的名字。尽管程老师的名字没有出现在这本教材的作者中,但是不可否认程老师对这本教材付出了大量心血,特别是输入/输出稳定性部分、输出反馈极点配置以及固定阶动态反馈等都是初稿的原内容。不仅如此,程老师还阅读了这本教材初稿的全文,并给予我很多宝贵且有益的建议和修改意见,在此特别感谢程教授的无私奉献、对后辈的鼎力支持与提携。在线性系统教学及本教材编写期间，还得到了本单位很多老师，特别是霍伟教授、林岩教授、贾英民教授的鼎力支持和无私帮助！同时，本书在编写申请立项及联系出版社的过程中受到了段志生、赵龙、王艳东、刘金琨等教授的热情支持、帮助，他们对本书提出了许多宝贵的建议，在此一并感谢。另外，对文中引用参考文献的所有作者表示感谢。

本书的编写还得到了学生们的帮助。感谢冯建林、姜美齐对部分内容的录入。感谢徐梦阳、陈璐、谢含旭等帮助补充和完善部分数值例子和习题。感谢胡潇达、季晓蕾对部分结构图的制作完善，以及华金兴、赵天龙、宁川毅等对部分内容的校对。感谢谢含旭在整理毕业论文期间抽空从腾讯会议录屏中剪辑出一些讲解重点和难点的视频。在本人讲授线性系统课时，陈霞、于灏、任祥等几位博士在担任助教批改作业时，在教学和习题方面都提出了不少有益的建议。在教学、教材录入、例题完善、视频编辑及教材校对的过程中，我对他们提出了很多近乎"苛刻"的要求，他们总能全力以赴完成并给了我很多意想不到的惊喜，在此一并感谢！

感谢北京航空航天大学出版社蔡喆老师在教材出版过程中的大力支持与帮助，感谢龚雪老师在编辑过程中细致的工作。

受限于笔者水平与能力，书中不当之处在所难免，衷心希望读者批评指正，以期后续完善改进。

作　者

2023年2月10日

目　　录

第1部分　基础知识

第2部分 线性系统分析

第1部分

基础知识

第 0 章　线性代数基础

作为线性系统理论的准备工作，这一章介绍一些后续常用到的数学基础知识。本部分只给出相应知识点基础知识及结论，略去一些烦琐的证明。

0.1　线性空间与线性变换

0.1.1　线性空间

线性空间的意义：在一个集合 X 上，对应于某数域$\mathbb{P}$，赋予两种代数运算：数乘和加法。如果对两种运算封闭，则称 X 为对应数域$\mathbb{P}$上的线性空间或向量空间。其严格的数学意义如下：

定义 0-1　设 X 是一个由向量组成的非空集合，$\mathbb{P}$是一个数域，在 X 上对应于数域$\mathbb{P}$定义两种运算：加法和数乘，即

$$\boldsymbol{x}_1+\boldsymbol{x}_2\in X,\quad \forall \boldsymbol{x}_1,\boldsymbol{x}_2\in X \tag{0.1.1}$$

$$\alpha\boldsymbol{x}\in X,\quad \forall \boldsymbol{x}\in X,\ \alpha\in\mathbb{P} \tag{0.1.2}$$

则称 X 是数域$\mathbb{P}$上的线性空间。式(0.1.1)和式(0.1.2)等价对于任意 $\alpha_1,\alpha_2\in\mathbb{P}$，$\boldsymbol{x}_1,\boldsymbol{x}_2\in X$ 均满足$\alpha_1\boldsymbol{x}_1+\alpha_2\boldsymbol{x}_2\in X$。

常见的线性空间$\mathbb{R}^n$，即对任意 $\boldsymbol{x}\in\mathbb{R}^n$，$\boldsymbol{x}=(\boldsymbol{x}_1,\boldsymbol{x}_2,\cdots,\boldsymbol{x}_n)^{\mathrm{T}}$，$\boldsymbol{x}_i\in\mathbb{R}$。按照向量加法和数乘，显然满足对任意 $\boldsymbol{x}_1,\boldsymbol{x}_2\in\mathbb{R}^n$，有 $\boldsymbol{x}_1+\boldsymbol{x}_2\in\mathbb{R}^n$，且对于任意 $\alpha\in\mathbb{R}$，$\boldsymbol{x}\in\mathbb{R}^n$，有 $\alpha\boldsymbol{x}\in\mathbb{R}^n$，所以$\mathbb{R}^n$ 是域$\mathbb{R}$上的线性空间。同样的，$\mathbb{C}^n$是复数域$\mathbb{C}$上的线性空间。为了方便，以后除特殊说明外，线性空间均指的是实数域$\mathbb{R}$上的线性空间。

定义 0-2　若 X 是实数域$\mathbb{R}$上的线性空间，$X_1\subset X$ 是一个子集，若对于任意 $\boldsymbol{x}_1,\boldsymbol{x}_2\in X$，任意 $\alpha_1,\alpha_2\in\mathbb{R}$ 均满足 $\alpha_1\boldsymbol{x}_1+\alpha_2\boldsymbol{x}_2\in X_1$，则称$X_1$ 是 X 的子空间，仅有零向量构成的子空间，称为零子空间。

例 0-1　设 X 是$\mathbb{R}$上的线性空间，定义$X_1=\{\boldsymbol{v}_1\mid\boldsymbol{v}_1=\alpha\boldsymbol{x}_1,\forall\alpha\in\mathbb{R},\boldsymbol{x}_1\in X\}$，则$X_1$ 是 X 的子空间，也称为由向量 $\boldsymbol{x}_1$ 生成的子空间，$X=\mathrm{span}\{\boldsymbol{x}_1\}$。

例 0-2　设 $\boldsymbol{x}_1,\boldsymbol{x}_2,\cdots,\boldsymbol{x}_m$ 是X 中的m 个向量，$X_1=\{\boldsymbol{v}_1\mid\boldsymbol{v}_1=\alpha_1x_1+\alpha_2\boldsymbol{x}_2+\cdots+\alpha_m\boldsymbol{x}_m,\alpha_i\in\mathbb{R}\}$是 X 的子空间，也称X_1 是由 $\boldsymbol{x}_1,\boldsymbol{x}_2,\cdots,\boldsymbol{x}_m$ 生成的子空间，记为 $X_1=\mathrm{span}\{\boldsymbol{x}_1,\boldsymbol{x}_2,\cdots,\boldsymbol{x}_m\}$。

定义 0-3　设 X_1,X_2 是$\mathbb{R}$上线性空间 X 的子空间，若对任意 $\boldsymbol{x}\in X$，都唯一存在 $\boldsymbol{x}_1\in X_1$ 和 $\boldsymbol{x}_2\in X_2$，满足 $\boldsymbol{x}=\boldsymbol{x}_1+\boldsymbol{x}_2$，则称 X 是 X_1,X_2 的直和空间，记为 $X=X_1\oplus X_2$。

定义 0-4　设 X 是数域$\mathbb{R}$上的线性空间，其元素为向量，$\boldsymbol{x}_i\in X_i$，$\alpha_i\in\mathbb{R}$，$\boldsymbol{x}=\sum\limits_{i=1}^{m}\alpha_i\boldsymbol{x}_i$ 称为 $\boldsymbol{x}_1,\boldsymbol{x}_2,\cdots,\boldsymbol{x}_m$ 的线性组合，$\alpha_i\in\mathbb{R}$ 为线性组合的系数。

定义 0-5　设 $\boldsymbol{x}_1,\boldsymbol{x}_2,\cdots,\boldsymbol{x}_m$ 是 X 中的一组向量，如果存在数域中(比如实数域$\mathbb{R}$或复数域$\mathbb{C}$)一组不全为零的数 $\alpha_i(i=1,2,\cdots,m)$使得

$$\alpha_1 \boldsymbol{x}_1 + \alpha_2 \boldsymbol{x}_2 + \cdots + \alpha_m \boldsymbol{x}_m = 0$$

则称 $\boldsymbol{x}_1,\boldsymbol{x}_2,\cdots,\boldsymbol{x}_m$ 是关于数域(实数域$\mathbb{R}$或复数域$\mathbb{C}$)线性相关的;否则称其为线性无关的,此时有这组参数 $\alpha_i \equiv 0(i=1,2,\cdots,m)$。

注 0-1　向量组线性相关性与考虑的数域相关,不同的数域对应的相关性结果可能不同。

例 0-3　$\begin{pmatrix}1\\1\end{pmatrix},\begin{pmatrix}\sqrt{2}\\\sqrt{2}\end{pmatrix}$关于有理数域是线性无关的,而关于实数域是线性相关的。

结论 0-1　若 X 是数域$\mathbb{P}$上的线性空间,$\boldsymbol{x}_1,\boldsymbol{x}_2,\cdots,\boldsymbol{x}_m$ 是 X 一组向量组,$y \in \mathrm{span}\{\boldsymbol{x}_1,\boldsymbol{x}_2,\cdots,\boldsymbol{x}_m\}$,则 $\boldsymbol{x}_1,\boldsymbol{x}_2,\cdots,\boldsymbol{x}_m$ 线性无关当且仅当 y 用$\{\boldsymbol{x}_1,\boldsymbol{x}_2,\cdots,\boldsymbol{x}_m\}$表示的线性组合是唯一的。

注 0-2　若 X 是数域$\mathbb{P}$上的线性空间,$\boldsymbol{x}_1,\boldsymbol{x}_2,\cdots,\boldsymbol{x}_m$ 是 X 一组向量组,则 $\boldsymbol{x}_1,\boldsymbol{x}_2,\cdots,\boldsymbol{x}_m$ 线性无关当且仅当对 $\boldsymbol{x}_1,\boldsymbol{x}_2,\cdots,\boldsymbol{x}_m$ 为列组成的矩阵 $[\boldsymbol{x}_1 \quad \boldsymbol{x}_2 \quad \cdots \quad \boldsymbol{x}_m]$,存在 α 满足 $[\boldsymbol{x}_1 \quad \boldsymbol{x}_2 \quad \cdots \quad \boldsymbol{x}_m]\alpha=0$,则 $\alpha \equiv 0$;$\boldsymbol{x}_1,\boldsymbol{x}_2,\cdots,\boldsymbol{x}_m$ 线性无关当且仅当对 $\boldsymbol{x}_1,\boldsymbol{x}_2,\cdots,\boldsymbol{x}_m$ 为列组成的矩阵 $[\boldsymbol{x}_1 \quad \boldsymbol{x}_2 \quad \cdots \quad \boldsymbol{x}_m]$,存在非零的 α 满足 $[\boldsymbol{x}_1 \quad \boldsymbol{x}_2 \quad \cdots \quad \boldsymbol{x}_m]\alpha=0$。这一等价性描述在后续内容中经常会用到。

定义 0-6　若向量组 $\boldsymbol{x}_1,\boldsymbol{x}_2\cdots,\boldsymbol{x}_n$ 是线性无关的,且 X 中的每个元均可由它们线性表示,则称 $\boldsymbol{x}_1,\boldsymbol{x}_2,\cdots,\boldsymbol{x}_n$ 构成线性空间 X 的一组基底,而基底 $\boldsymbol{x}_1,\boldsymbol{x}_2,\cdots,\boldsymbol{x}_n$ 中的向量个数称为线性空间 X 的维数,记为 $\dim(X)=n$,显然,$\dim(\mathbb{R}^n)=\dim(\mathbb{C}^n)=n$。

设$\mathbb{R}^n$,$\mathbb{C}^n$有一组自然基底 $\boldsymbol{e}_1,\boldsymbol{e}_2,\cdots,\boldsymbol{e}_n$,$\boldsymbol{e}_i=[0 \quad \cdots \quad 1 \quad \cdots \quad 0]^{\mathrm{T}}$,其中1在第 i 位,若 X 中任一向量均可由一组基底 $\boldsymbol{e}_1,\boldsymbol{e}_2,\cdots,\boldsymbol{e}_n$ 唯一线性表示,即

$$\boldsymbol{x}=\alpha_1\boldsymbol{e}_1+\alpha_2\boldsymbol{e}_2+\cdots+\alpha_n\boldsymbol{e}_n=[\boldsymbol{e}_1 \quad \boldsymbol{e}_2 \quad \cdots \quad \boldsymbol{e}_n]\begin{bmatrix}\alpha_1\\\alpha_2\\\vdots\\\alpha_n\end{bmatrix}$$

则称组合系数 $[\alpha_1 \quad \alpha_2 \quad \cdots \quad \alpha_n]^{\mathrm{T}}$ 为关于基底 $[\boldsymbol{e}_1 \quad \boldsymbol{e}_2 \quad \cdots \quad \boldsymbol{e}_n]$ 的坐标。若 $\boldsymbol{x}_1,\cdots,\boldsymbol{x}_n$ 构成 X 的另一组基底,则每个 $\boldsymbol{x}_i$ 可由$\{\boldsymbol{e}_i\}$组合得到

$$\boldsymbol{x}_i=\alpha_{i1}\boldsymbol{e}_1+\alpha_{i2}\boldsymbol{e}_2+\cdots+\alpha_{in}\boldsymbol{e}_n=[\boldsymbol{e}_1 \quad \boldsymbol{e}_2 \quad \cdots \quad \boldsymbol{e}_n]\begin{bmatrix}\alpha_{i1}\\\alpha_{i2}\\\vdots\\\alpha_{in}\end{bmatrix}$$

所以

$$[\boldsymbol{x}_1 \quad \boldsymbol{x}_2 \quad \cdots \quad \boldsymbol{x}_n]=[\boldsymbol{e}_1 \quad \boldsymbol{e}_2 \quad \cdots \quad \boldsymbol{e}_n]\begin{bmatrix}\alpha_{11} & \alpha_{12} & \cdots & \alpha_{1n}\\\alpha_{21} & \alpha_{22} & \cdots & \alpha_{2n}\\\vdots & \vdots & & \vdots\\\alpha_{n1} & \alpha_{n2} & \cdots & \alpha_{nn}\end{bmatrix}\triangleq[\boldsymbol{e}_1 \quad \boldsymbol{e}_2 \quad \cdots \quad \boldsymbol{e}_n]\boldsymbol{K}$$

且 $\boldsymbol{x}_1,\boldsymbol{x}_2,\cdots,\boldsymbol{x}_n$ 线性无关,$\boldsymbol{e}_1,\boldsymbol{e}_2,\cdots,\boldsymbol{e}_n$ 线性无关,则矩阵 $\boldsymbol{K}$ 是非奇异的。此时对于任意 $\boldsymbol{x} \in X$,有

$$x=[e_1\quad e_2\quad\cdots\quad e_n]\begin{bmatrix}v_1\\v_2\\\vdots\\v_n\end{bmatrix}=[x_1\quad x_2\quad\cdots\quad x_n]\begin{bmatrix}v_1'\\v_2'\\\vdots\\v_n'\end{bmatrix}=[e_1\quad e_2\quad\cdots\quad e_n]K\begin{bmatrix}v_1'\\v_2'\\\vdots\\v_n'\end{bmatrix}$$

所以 $\begin{bmatrix}v_1\\v_2\\\vdots\\v_n\end{bmatrix}=K\begin{bmatrix}v_1'\\v_2'\\\vdots\\v_n'\end{bmatrix}$，$K$ 称为两组基底 $x_1,x_2,\cdots,x_n$ 与 $e_1,e_2,\cdots,e_n$ 的坐标变换矩阵。

0.1.2 线性变换

定义 0-7 X_1,X_2 均为实数域上的线性空间，σ 是由 X_1 到 X_2 的一个映射，若 σ 满足

$$\sigma(x_1+x_2)=\sigma(x_1)+\sigma(x_2),\quad\forall x_1,x_2\in X_1$$

$$\sigma(\alpha x_1)=\alpha\sigma(x_1),\quad\forall\alpha\in\mathbb{R}$$

则称 σ 为由X_1 到X_2 的线性映射或线性变换。

结论 0-2 X 是域$\mathbb{R}$上的线性空间，$\sigma:X\to X$ 是线性变换，$x_1,x_2,\cdots,x_n$ 是 X 的一组基底，则存在唯一的矩阵 $C\in\mathbb{R}^{n\times n}$ 使得 $x=[x_1\quad x_2\quad\cdots\quad x_n]\alpha$，$\sigma(x)=[x_1\quad x_2\quad\cdots\quad x_n]b$，$b=C\alpha$，一般称 C 为线性变换 σ 在基底 $x_1,x_2,\cdots,x_n$ 下对应的矩阵。事实上 C 满足：

$$\sigma[x_1\quad x_2\quad\cdots\quad x_n]=[\sigma(x_1)\quad\sigma(x_2)\quad\cdots\quad\sigma(x_n)]=[x_1\quad x_2\quad\cdots\quad x_n]C$$

结论 0-3 X 是线性空间，$x_1,x_2,\cdots,x_n$ 与 $y_1,y_2,\cdots,y_n$ 是 X 的两组基底，$\sigma:X\to X$ 线性变换在两组基底下对应矩阵分别为 A,B 且 $[y_1\quad y_2\quad\cdots\quad y_n]=[x_1\quad x_2\quad\cdots\quad x_n]T$，则有 $B=T^{-1}AT$。此时，称矩阵 A 和 B 是相似的。

定义 0-8 给定矩阵 $A\in\mathbb{R}^{m\times n}$，则

$$\operatorname{Im}A=\{x\mid x=Ay,y\in\mathbb{R}^n\}\subset\mathbb{R}^m\tag{0.1.3}$$

称为 A 的值域空间。

$$\operatorname{Ker}A=\{x\mid Ax=0\}\subset\mathbb{R}^n\tag{0.1.4}$$

称为 A 的核空间或零空间。

式(0.1.3)和式(0.1.4)均是$\mathbb{R}$上的线性空间。设 A 为线性空间 X 上的线性变换，或等价地，A 为 n 阶矩阵，X_1 是 X 的一个子空间。若满足对任意 $x\in X_1$，$Ax\in X_1$ 均成立，则称 X_1 是 A 的不变子空间。易见，矩阵 A 的值域空间即 A 的各个列所张成的空间 $\operatorname{Im}A=\operatorname{span}\{a_1,a_2,\cdots,a_n\}$是 A 的不变子空间。A 的核(零)空间也是 A 的不变子空间。

0.2 矩阵基础、矩阵秩与特殊矩阵

0.2.1 矩阵基础及矩阵秩

设 $A=[a_{ij}]\in\mathbb{R}^{m\times n}$表示 m 行 n 列实矩阵。

定义 0-9 矩阵 $A\in\mathbb{R}^{m\times n}$中列向量的最大线性无关组的个数称为 A 的列秩，其行向量的最大线性无关组个数称为 A 的行秩。容易证明，矩阵的行秩等于列秩，故统称为矩阵的秩，记

为 rank $\boldsymbol{A}$，显然有 rank $\boldsymbol{A} \leqslant \min\{m, n\}$。

讨论，当 $m=n$ 时，且 rank $\boldsymbol{A}=n$，矩阵 $\boldsymbol{A}$ 是可逆的或非奇异的；当 rank $\boldsymbol{A}=m$ 时，称 $\boldsymbol{A}$ 为行满秩矩阵，否则 $\boldsymbol{A}$ 行不满秩；当 rank $\boldsymbol{A}=n$ 时，称 $\boldsymbol{A}$ 为列满秩矩阵，否则 $\boldsymbol{A}$ 列不满秩。当 rank $\boldsymbol{A}<\min\{m, n\}$，称 $\boldsymbol{A}$ 为降秩矩阵。由矩阵秩的定义，直接得到下列结果：

结论 0-4　设 $\boldsymbol{A}=[a_{ij}] \in \mathbb{R}^{m \times n}$，则

① $\boldsymbol{A}$ 行不满秩，当且仅当存在非零向量 $\boldsymbol{\alpha} \in \mathbb{R}^m$，使得 $\boldsymbol{\alpha}^{\mathrm{T}} \boldsymbol{A}=0$；

② $\boldsymbol{A}$ 列不满秩，当且仅当存在非零向量 $\boldsymbol{\beta} \in \mathbb{R}^m$，使得 $\boldsymbol{A\beta}=0$。

结论 0-5　若 $\boldsymbol{A} \in \mathbb{R}^{n \times n}, \boldsymbol{Q} \in \mathbb{R}^{n \times m}$，使得 $\boldsymbol{A}=\boldsymbol{Q}\boldsymbol{Q}^{\mathrm{T}}$，则

① $\boldsymbol{A}$ 降秩当且仅当矩阵 $\boldsymbol{Q}$ 降秩；

② $\boldsymbol{A}$ 满秩当且仅当矩阵 $\boldsymbol{Q}$ 满秩，此时 $\boldsymbol{A}$ 为正定阵。

事实上，这一结果说明矩阵 $\boldsymbol{A}$ 的秩等于矩阵 $\boldsymbol{Q}$ 的秩。

注 0-3　关于可逆矩阵下列提法等价（n 阶矩阵 $\boldsymbol{A}$ 可逆或非奇异）：① rank $\boldsymbol{A}=n$；② $\boldsymbol{Ax}=0 \Rightarrow x \equiv 0$；③ det $\boldsymbol{A} \neq 0$。

结论 0-6　关于矩阵乘积的秩，设 $\boldsymbol{A} \in \mathbb{R}^{m \times r}, \boldsymbol{B} \in \mathbb{R}^{r \times n}$，则下列关系成立：

$$\operatorname{rank} \boldsymbol{A}+\operatorname{rank} \boldsymbol{B}-r \leqslant \operatorname{rank} \boldsymbol{AB} \leqslant \min\{\operatorname{rank} \boldsymbol{A}, \operatorname{rank} \boldsymbol{B}\}$$

注 0-4　这一关于矩阵乘积秩的结果称为 Sylvester 矩阵秩不等式。

结论 0-7　设 $\boldsymbol{A} \in \mathbb{R}^{m \times n}$，rank $\boldsymbol{A}=r$，则存在矩阵 $\boldsymbol{B} \in \mathbb{R}^{m \times r}, \boldsymbol{C} \in \mathbb{R}^{r \times n}$，使得 $\boldsymbol{A}=\boldsymbol{BC}$ 且 rank $\boldsymbol{B}=$ rank $\boldsymbol{C}=r$。

证明： 由矩阵秩定义，$\boldsymbol{A}$ 可通过行列初等变换转化为

$$\boldsymbol{PAQ}=\begin{bmatrix} 1 & \cdots & 0 & \mathbf{0} \\ \vdots & \ddots & \vdots & \vdots \\ 0 & \cdots & 1 & \mathbf{0} \\ \mathbf{0} & \cdots & \mathbf{0} & \mathbf{0} \end{bmatrix}_{m \times n}=\begin{bmatrix} \boldsymbol{I}_r & \mathbf{0} \\ \mathbf{0} & \mathbf{0} \end{bmatrix}=\boldsymbol{I}_{r0}$$

所以

$$\boldsymbol{A}=\boldsymbol{P}^{-1} \boldsymbol{I}_{r0} \boldsymbol{Q}^{-1}$$

$$\boldsymbol{I}_{r0}=\begin{bmatrix} 1 & \cdots & 0 \\ \vdots & \ddots & \vdots \\ 0 & \cdots & 1 \\ \mathbf{0} & \cdots & \mathbf{0} \end{bmatrix}\begin{bmatrix} 1 & \cdots & 0 & \mathbf{0} \\ \vdots & \ddots & \vdots & \vdots \\ 0 & \cdots & 1 & \mathbf{0} \end{bmatrix}$$

故

$$\boldsymbol{A}=\boldsymbol{P}^{-1}\begin{bmatrix} 1 & \cdots & 0 \\ \vdots & \ddots & \vdots \\ 0 & \cdots & 1 \\ \mathbf{0} & \cdots & \mathbf{0} \end{bmatrix}\begin{bmatrix} 1 & \cdots & 0 & \mathbf{0} \\ \vdots & \ddots & \vdots & \vdots \\ 0 & \cdots & 1 & \mathbf{0} \end{bmatrix} \boldsymbol{Q}^{-1}=: \boldsymbol{BC}$$

即定义 $\boldsymbol{B}=\boldsymbol{P}^{-1}\begin{bmatrix} 1 & \cdots & 0 \\ \vdots & \ddots & \vdots \\ 0 & \cdots & 1 \\ \mathbf{0} & \cdots & \mathbf{0} \end{bmatrix}$，则其秩为 r，类似地定义 $\boldsymbol{C}=\begin{bmatrix} 1 & \cdots & 0 & \mathbf{0} \\ \vdots & \ddots & \vdots & \vdots \\ 0 & \cdots & 1 & \mathbf{0} \end{bmatrix} \boldsymbol{Q}^{-1}$，其秩也为 r。

注 0-5　这一关于矩阵乘积秩的结果常常称为矩阵的满秩分解。

引理 0-1 方程$(\boldsymbol{I}-\boldsymbol{MC})\boldsymbol{E}=\boldsymbol{0}$有矩阵解$\boldsymbol{M}$存在，当且仅当$\mathrm{rank}(\boldsymbol{CE})=\mathrm{rank}(\boldsymbol{E})$，且$\boldsymbol{E}$列满秩时，其有特解$\boldsymbol{M}^*=\boldsymbol{E}[(\boldsymbol{CE})^{\mathrm{T}}(\boldsymbol{CE})]^{-1}(\boldsymbol{CE})^{\mathrm{T}}$。

证明： ① 必要性：方程$(\boldsymbol{I}-\boldsymbol{MC})\boldsymbol{E}=\boldsymbol{0}$有矩阵解$\boldsymbol{M}$，则$\boldsymbol{MCE}=\boldsymbol{E}$，因而$\mathrm{rank}(\boldsymbol{E})\leqslant\mathrm{rank}(\boldsymbol{CE})$，另一方面，$\mathrm{rank}(\boldsymbol{CE})\leqslant\min\{\mathrm{rank}(\boldsymbol{C}),\mathrm{rank}(\boldsymbol{E})\}\leqslant\mathrm{rank}(\boldsymbol{E})$，故得到$\mathrm{rank}(\boldsymbol{CE})=\mathrm{rank}(\boldsymbol{E})$。

② 充分性：当$\mathrm{rank}(\boldsymbol{CE})=\mathrm{rank}(\boldsymbol{E})$成立时，由$\boldsymbol{E}$列满秩可得$\boldsymbol{CE}$列满秩，矩阵$\boldsymbol{CE}$左逆存在，且$(\boldsymbol{CE})^{+}=[(\boldsymbol{CE})^{\mathrm{T}}(\boldsymbol{CE})]^{-1}(\boldsymbol{CE})^{\mathrm{T}}$，此时取$\boldsymbol{M}^*=\boldsymbol{E}(\boldsymbol{CE})^{+}$是方程的解。

定义 0-10 设$\boldsymbol{A}\in\mathbb{R}^{n\times n}$，若有非零$\boldsymbol{x}\in\mathbb{R}^n$与$\lambda\in\mathbb{C}$使得

$$\boldsymbol{Ax}=\lambda\boldsymbol{x} \tag{0.2.1}$$

则称λ为$\boldsymbol{A}$的特征值，$\boldsymbol{x}$称为$\boldsymbol{A}$对应λ的特征向量。

由式(0.2.1)可得，λ是$\boldsymbol{A}\in\mathbb{R}^{n\times n}$的特征值当且仅当：

① λ是$\det(\lambda\boldsymbol{I}-\boldsymbol{A})=0$的根；

② $\mathrm{Ker}(\lambda\boldsymbol{I}-\boldsymbol{A})\neq\{0\}$，即$(\lambda\boldsymbol{I}-\boldsymbol{A})$特征矩阵的核空间除0外非空。

由前述同一线性变换在不同基底下对应的矩阵满足$\boldsymbol{TA}=\boldsymbol{BT}$，其中$\boldsymbol{T}$是两组基底表示矩阵且非奇异，则

① $\boldsymbol{A}$与$\boldsymbol{B}$具有相同特征值；

② 若$\boldsymbol{x}$是$\boldsymbol{A}$对应特征值λ的特征向量，则$\boldsymbol{y}=\boldsymbol{Tx}$是$\boldsymbol{B}$对应特征值$\lambda$的特征向量。

结论 0-8 $\lambda_i, i=1,2,\cdots,n$是$\boldsymbol{A}$的相异特征值，$\boldsymbol{a}_i$是$\boldsymbol{A}$对应$\lambda_i$的特征向量，则$\boldsymbol{a}_1, \boldsymbol{a}_2,\cdots,\boldsymbol{a}_n$是线性无关的。

特征矩阵足$s\boldsymbol{I}-\boldsymbol{A}$的行列式$\det(s\boldsymbol{I}-\boldsymbol{A})$称为矩阵$\boldsymbol{A}$的特征多项式，记为

$$\Delta(s)=s^n+\boldsymbol{a}_1s^{n-1}+\cdots+\boldsymbol{a}_{n-1}s+\boldsymbol{a}_n$$

0.2.2 特殊矩阵

记矩阵$\boldsymbol{A}\in\mathbb{R}^{n\times n}$的特征多项式为$\Delta(s)=\det(s\boldsymbol{I}-\boldsymbol{A})=s^n+a_1s^{n-1}+\cdots+a_{n-1}s+a_n$，则矩阵

$$\boldsymbol{A}_c=\begin{bmatrix}0 & 1 & \cdots & 0\\ \vdots & \vdots & \ddots & \vdots\\ 0 & 0 & \cdots & 1\\ -a_n & -a_{n-1} & \cdots & -a_1\end{bmatrix}$$

称为$\boldsymbol{A}$(或$\Delta(s)$)的相伴矩阵(companion matrix)或者友矩阵(friend matrix)。$\boldsymbol{A}$的相伴矩阵/友矩阵和$\boldsymbol{A}$有相同的特征多项式，且容易得到：友矩阵可逆当且仅当$a_n\neq0$，且

$$\boldsymbol{A}_c^{-1}=\begin{bmatrix}-\dfrac{a_{n-1}}{a_n} & -\dfrac{a_{n-2}}{a_n} & \cdots & -\dfrac{a_1}{a_n} & -\dfrac{1}{a_n}\\ 1 & 0 & \cdots & 0 & 0\\ \vdots & \vdots & & \vdots & \vdots\\ 0 & 0 & \cdots & 1 & 0\end{bmatrix}$$

设 $\lambda_i \in \mathbb{C}, i=1,2,\cdots,n$，形如 $\boldsymbol{P}=\begin{bmatrix} 1 & 1 & \cdots & 1 \\ \lambda_1 & \lambda_2 & \cdots & \lambda_n \\ \lambda_1^2 & \lambda_2^2 & \cdots & \lambda_n^2 \\ \vdots & \vdots & & \vdots \\ \lambda_1^{n-1} & \lambda_2^{n-1} & \cdots & \lambda_n^{n-1} \end{bmatrix}$ 矩阵称为范德孟（Vendermonde）矩阵，其行列式 $\det \boldsymbol{P}=\prod_{i\neq j=1}^{n}(\lambda_i-\lambda_j)$。证明参考文献[42]。显然当范德孟矩阵的特征值互不相同时，其行列式不为零，因而得到：范德孟矩阵可逆当且仅当 λ_i 互异。

结论 0-9　设 $\boldsymbol{A}\in\mathbb{R}^{n\times n}$ 具有互异特征值 $\lambda_i, i=1,2,\cdots,n$，则其友矩阵 $\boldsymbol{A}_c$ 亦以 λ_i 为特征值，且 $\boldsymbol{A}_c$ 对应于 λ_i 的特征向量为 $\boldsymbol{p}_i=[1\quad \lambda_i\quad \lambda_i^2\quad \cdots\quad \lambda_i^{n-1}]^{\mathrm{T}}$。

证明：直接计算特征多项式即可得到 $\lambda_i^n+a_1\lambda_i^{n-1}+\cdots+a_{n-1}\lambda_i+a_n$，所以 $\boldsymbol{A}_c$ 与 $\boldsymbol{A}$ 的特征值相同。由于 λ_i 为 $\boldsymbol{A}$ 的特征值，故 $\Delta(\lambda_i)=\lambda_i^n+a_1\lambda_i^{n-1}+\cdots+a_{n-1}\lambda_i+a_n=0$，所以

$$(\lambda_i\boldsymbol{I}-\boldsymbol{A}_c)\boldsymbol{p}_i=[0\quad \cdots\quad 0\quad \Delta(\lambda_i)]^{\mathrm{T}}=0$$

因而，$\boldsymbol{p}_i$ 是 $\boldsymbol{A}_c$ 对应于 λ_i 的特征向量。

推论 0-1　$\boldsymbol{A}$ 具有互异特征值，则

$$\boldsymbol{A}_c=\boldsymbol{P}\operatorname{diag}[\lambda_1,\lambda_2,\cdots,\lambda_n]\boldsymbol{P}^{-1}$$

其中，$\boldsymbol{P}$ 是由 λ_i 定义的 Vendermonde 矩阵，$\operatorname{diag}[\lambda_1,\lambda_2,\cdots,\lambda_n]$ 是以 $\lambda_1,\lambda_2,\cdots,\lambda_n$ 为对角元素的对角矩阵。

注 0-6　友矩阵还有形式如 $\bar{\boldsymbol{A}}_c=\begin{bmatrix} 0 & \cdots & 0 & -a_n \\ 1 & \cdots & 0 & -a_{n-1} \\ \vdots & \ddots & \vdots & \vdots \\ 0 & \cdots & 1 & -a_1 \end{bmatrix}$ 矩阵，其特征多项式也为 $\Delta(s)$。若 $\bar{\boldsymbol{A}}_c$ 的特征值 $\lambda_i, i=1,2,\cdots,n$ 互异，则 $\bar{\boldsymbol{A}}_c$ 对应于 λ_i 的左特征向量为 $\boldsymbol{p}_i=(1\quad \lambda_i\quad \lambda_i^2\quad \cdots\quad \lambda_i^{n-1})$ 且 $\bar{\boldsymbol{A}}_c=\boldsymbol{Q}\operatorname{diag}(\lambda_1,\lambda_2,\cdots,\lambda_n)\boldsymbol{Q}^{-1}$，其中 $\boldsymbol{Q}=\boldsymbol{P}^{\mathrm{T}}$ 也属于 Vendermonde 型矩阵。此外友矩阵还有其他形式，如习题 0-8 的矩阵形式，如果其所有特征值互异，请读者分别给出它们与 $\operatorname{diag}(\lambda_1,\lambda_2,\cdots,\lambda_n)$ 矩阵相似变换的变换矩阵。

下面给出矩阵分析中非常重要又著名的 Cayley-Hamilton 定理。

定理 0-1　设 $\boldsymbol{A}\in\mathbb{R}^{n\times n}$，则 $\Delta(\boldsymbol{A})=\boldsymbol{0}$，即

$$\Delta(\boldsymbol{A})=\boldsymbol{A}^n+a_1\boldsymbol{A}^{n-1}+\cdots+a_{n-1}\boldsymbol{A}+a_n\boldsymbol{I}=\boldsymbol{0} \tag{0.2.2}$$

注 0-7　由定理 0-1 即可得到 $\boldsymbol{A}^n=-a_1\boldsymbol{A}^{n-1}-\cdots-a_{n-1}\boldsymbol{A}-a_n\boldsymbol{I}$，这表明 $\boldsymbol{A}^n$ 可表示为 $\boldsymbol{A}^{n-1},\boldsymbol{A}^{n-2},\cdots,\boldsymbol{A},\boldsymbol{I}$ 的线性组合。依此易得如下的结论。

结论 0-10　设 $\boldsymbol{A}\in\mathbb{R}^{n\times n}$，对任意 $m>n$，$\boldsymbol{A}^m$ 均可由 $\boldsymbol{A}^{n-1},\boldsymbol{A}^{n-2},\cdots,\boldsymbol{A},\boldsymbol{I}$ 线性组合表示。

由 Cayley-Hamilton 定理，对任意 n 阶矩阵，总存在一多项式 $d(s)$ 满足 $d(\boldsymbol{A})=0$，称这样的多项式为矩阵 $\boldsymbol{A}$ 的化零多项式。定理 0-1 表明 $\boldsymbol{A}$ 的特征多项式为其一个化零多项式，且化零多项式是不唯一的，且有无穷多个。在所有的化零多项式中，次数最低且最高次项系数为 1 的多项式称为矩阵 $\boldsymbol{A}$ 的最小多项式。

矩阵 Kronecker 积 $\boldsymbol{A}\in\mathbb{R}^{m\times n},\boldsymbol{B}\in\mathbb{R}^{p\times q}$，定义 $\boldsymbol{A}\otimes\boldsymbol{B}:\mathbb{R}^{m\times n}\times\mathbb{R}^{p\times q}\rightarrow\mathbb{R}^{mp\times nq}$，则

$$A \otimes B = \begin{bmatrix} a_{11}B & a_{12}B & \cdots & a_{1n}B \\ a_{21}B & a_{22}B & \cdots & a_{2n}B \\ \vdots & \vdots & & \vdots \\ a_{m1}B & a_{m2}B & \cdots & a_{mn}B \end{bmatrix} \tag{0.2.3}$$

由定义易于得到下列性质：

$$(A \otimes B)(C \otimes D) = AC \otimes BD$$
$$(A \otimes B)^* = A^* \otimes B^*$$
$$(A \otimes B)^{-1} = A^{-1} \otimes B^{-1}$$

利用矩阵的 Kronecker 乘积定义一个拉直映射 $\sigma:\mathbb{R}^{m\times n}\to\mathbb{R}^{nm}$，则

$$X = \begin{bmatrix} x_1^{\mathrm{T}} \\ x_2^{\mathrm{T}} \\ \vdots \\ x_m^{\mathrm{T}} \end{bmatrix} \in \mathbb{R}^{m\times n}, \quad x_i \in \mathbb{R}^n, \quad \sigma(X) = \begin{bmatrix} x_1 \\ x_2 \\ \vdots \\ x_m \end{bmatrix} \tag{0.2.4}$$

显然拉直映射 σ 是一个线性映射，其作用是把一个矩阵拉成一个向量，且有结论 0－11 的性质。

结论 0－11 若 $A\in\mathbb{R}^{n\times n}$，$X\in\mathbb{R}^{n\times k}$，$B\in\mathbb{R}^{k\times l}$，则有 $\sigma(AXB)=(A\otimes B^{\mathrm{T}})\sigma(X)$。

若 $A\in\mathbb{R}^{n\times n}$，$X\in\mathbb{R}^{n\times m}$，则矩阵方程 $AX=C$ 能由拉直映射定义及结论 0－11 写成

$$(A \otimes I_m)x = c \tag{0.2.5}$$

其中 $x=[x_{11}\ \cdots\ x_{1m}\quad x_{21}\ \cdots\ x_{2m}\quad \cdots\quad x_{n1}\ \cdots\ x_{nm}]^{\mathrm{T}}$，矩阵 X 的拉直向量为 nm 维 $\sigma(X)$；$c=[c_{11}\ \cdots\ c_{1m}\quad c_{21}\ \cdots\ c_{2m}\quad \cdots\quad c_{n1}\ \cdots\ c_{nm}]^{\mathrm{T}}$，矩阵 C 的拉直向量为 nm 维 $\sigma(C)$。

类似地，$XB=C$ 能写成 $(I_n\otimes B^{\mathrm{T}})x=c$，可得矩阵方程

$$AX + XB = C \tag{0.2.6}$$

其中，$A\in\mathbb{R}^{n\times n}$，$B\in\mathbb{R}^{m\times m}$，$C\in\mathbb{R}^{n\times m}$ 为已知矩阵，取矩阵解 $X\in\mathbb{R}^{n\times m}$，对其求矩阵拉直变换，即可写成 $\sigma(AXI_m+I_nXB)=\sigma(C)$，再由拉直映射的线性特性得到

$$(A \otimes I_m + I_n \otimes B^{\mathrm{T}})x = c \tag{0.2.7}$$

由此，可以得到结论 0－12。

结论 0－12 设 A、F 和 C 分别是 $n\times n$、$r\times r$ 和 $r\times n$ 矩阵，则方程

$$PA - FP = C \tag{0.2.8}$$

有 $r\times n$ 矩阵 P 唯一存在的充要条件为 F 与 A 无相同的特征值。

证明： 类似上述处理，用拉直映射作用到矩阵方程(0.2.8)，$\sigma(PA-FP)=\sigma(C)$，即

$$(I_r \otimes A^{\mathrm{T}} - F \otimes I_n)x = c \tag{0.2.9}$$

其中 $x=\sigma(P)$ 且 $c=\sigma(C)$。代数方程(0.2.9)有唯一解的条件是

$$\det(I_r \otimes A^{\mathrm{T}} - F \otimes I_n) \neq 0$$

即 $I_r\otimes A^{\mathrm{T}}-F\otimes I_n$ 无零特征值。设 A 的特征值为 $\mu_1,\mu_2,\cdots,\mu_n$，F 的特征值为 $\lambda_1,\lambda_2,\cdots,\lambda_r$。

下面证明 $I_r\otimes A^{\mathrm{T}}-F\otimes I_n$ 的特征值为 $(\mu_i-\lambda_j)$，$(i=1,2,\cdots,n;j=1,2,\cdots,r)$。设 x_j 为 F 关于 λ_j 的特征向量，y_i 为 A^{T} 关于 μ_i 的特征向量，即有 $Fx_j=\lambda_j x_j$，$A^{\mathrm{T}}y_i=\mu_i y_i$。于是

$$\begin{aligned}(I_r \otimes A^{\mathrm{T}} - F \otimes I_n)(x_j \otimes y_i) &= (I_r \otimes A^{\mathrm{T}})(x_j \otimes y_i) - (F \otimes I_n)(x_j \otimes y_i) \\ &= (I_r x_j) \otimes (A^{\mathrm{T}} y_i) - (F x_j) \otimes (I_n y_i)\end{aligned}$$

$$
\begin{aligned}
&= \boldsymbol{x}_j \otimes (\mu_i \boldsymbol{y}_i) - (\lambda_j \boldsymbol{x}_j) \otimes \boldsymbol{y}_i \\
&= (\mu_i - \lambda_j)(\boldsymbol{x}_j \otimes \boldsymbol{y}_i)
\end{aligned}
$$

这表示 rn 个值 $\mu_i - \lambda_j$ 是 $\boldsymbol{I}_r \otimes \boldsymbol{A}^{\mathrm{T}} - \boldsymbol{F} \otimes \boldsymbol{I}_n$ 的特征值，若 $\boldsymbol{A}$ 与 $\boldsymbol{F}$ 无相同的特征值，即有 $\mu_i - \lambda_j \neq 0$，代数方程(0.2.9)有唯一解。反之亦然，证毕。

0.3　多项式矩阵与若当形

这一节介绍多项式矩阵与矩阵若当(Jordan)标准形。

0.3.1　多项式矩阵

对于多项式和多项式矩阵，多项式族和多项式矩阵族都各自组成对应数域上的线性代数。$\boldsymbol{A}$ 的特征矩阵 $\lambda \boldsymbol{I} - \boldsymbol{A}$ 是含有参数 λ 的多项式矩阵，即矩阵以多项式为其元素。考虑复数域$\mathbb{C}$上多项式矩阵，记$\mathbb{C}[\lambda]^{m\times n}$为 m 行 n 列的多项式矩阵空间，其元素为 λ 多项式矩阵。

定义 0-11　设 $\boldsymbol{A}(\lambda) \in \mathbb{C}[\lambda]^{n\times n}$，若存在 $\boldsymbol{B}(\lambda) \in \mathbb{C}[\lambda]^{n\times n}$ 使 $\boldsymbol{A}(\lambda)\boldsymbol{B}(\lambda) = \boldsymbol{B}(\lambda)\boldsymbol{A}(\lambda) = \boldsymbol{I}$，则称多项式矩阵 $\boldsymbol{A}(\lambda)$ 可逆，并称 $\boldsymbol{B}(\lambda)$ 为 $\boldsymbol{A}(\lambda)$ 的逆矩阵，记为 $\boldsymbol{A}^{-1}(\lambda)$。$\boldsymbol{A}(\lambda)$ 在$\mathbb{C}[\lambda]^{n\times n}$中可逆当且仅当 $\det(\boldsymbol{A}(\lambda)) = c \in \mathbb{C}$，$c \neq 0$。

由定义易知：

① 若 n 阶多项式矩阵 $\boldsymbol{A}(\lambda)$ 可逆，则其逆是唯一的，这样的矩阵称为单模矩阵。

② $\boldsymbol{A}(\lambda)$ 可逆当且仅当 $\det(\boldsymbol{A}(\lambda))$ 为非零常数，$\boldsymbol{A}^{-1}(\lambda) = \dfrac{\mathrm{adj}(\boldsymbol{A}(\lambda))}{\det(\boldsymbol{A}(\lambda))}$ 还是多项式矩阵。单模矩阵的逆也为单模矩阵。

多项式矩阵可以写为以矩阵为系数的矩阵多项式形式。类似于常数矩阵的初等变换，引入多项式矩阵初等变换。

① 矩阵的两行(或列)互换：

$$
\boldsymbol{K}(i,j) = \begin{pmatrix}
1 & & & & & & \\
& \ddots & & & & & \\
& & 0 & & \cdots & & 1 & & \\
& & & 1 & & & & & \\
& & \vdots & & \ddots & & \vdots & & \\
& & & & & 1 & & & \\
& & 1 & & \cdots & & 0 & & \\
& & & & & & & \ddots & \\
& & & & & & & & 1
\end{pmatrix}
$$

② 矩阵的某一行(或列)乘以非零常数 α：

$$
\boldsymbol{K}(i(\alpha)) = \mathrm{diag}[1 \ \cdots \ 1 \ \alpha \ 1 \ \cdots \ 1] = (e_1 \ \cdots \ e_{i-1} \ \alpha e_i \ e_{i+1} \ \cdots \ e_n)
$$

③ 矩阵的某一行(或列)的 $\varphi(\lambda)$ 倍加到另一行(列)：

$$\boldsymbol{K}(i,j(\varphi(\lambda)))=\begin{bmatrix}1 & & & & & & \\ & \ddots & & & & & \\ & & 1 & \cdots & \varphi(\lambda) & & \\ & & & \ddots & & & \\ & & & & 1 & & \\ & & & & & \ddots & \\ & & & & & & 1\end{bmatrix}$$
$$=(e_1\ \ \cdots\ \ e_i\ \ \cdots\ \ e_{j-1}\ \ e_j+\varphi(\lambda)e_i\ \ e_{j+1}\ \ \cdots\ \ e_n)$$

其中,$\varphi(\lambda)$是λ的多项式,且e_i是n维空间的第i个自然基底。易知初等矩阵均为单模矩阵且满足$\boldsymbol{K}(i,j)^{-1}=\boldsymbol{K}(i,j)$;$\boldsymbol{K}(i(\alpha))^{-1}=\boldsymbol{K}(i(\alpha^{-1}))$;$\boldsymbol{K}(i,j(\varphi))^{-1}=\boldsymbol{K}(i,j(-\varphi))$。初等矩阵的乘积也是单模矩阵。

一个多项式矩阵$\boldsymbol{B}(\lambda)$经过有限次初等变换化为$\boldsymbol{A}(\lambda)$,称$\boldsymbol{A}(\lambda)$与$\boldsymbol{B}(\lambda)$相抵,即存在一系列初等变换$\boldsymbol{P}_i(\lambda)$,$\boldsymbol{Q}_j(\lambda)$,$i=1,2,\cdots,l$,$j=1,2,\cdots,k$,使得

$$\boldsymbol{A}(\lambda)=\boldsymbol{P}_1(\lambda)\boldsymbol{P}_2(\lambda)\cdots\boldsymbol{P}_l(\lambda)\boldsymbol{B}(\lambda)\boldsymbol{Q}_1(\lambda)\boldsymbol{Q}_2(\lambda)\cdots\boldsymbol{Q}_k(\lambda)=\boldsymbol{P}(\lambda)\boldsymbol{B}(\lambda)\boldsymbol{Q}(\lambda)$$

这样易知:一个多项式矩阵$\boldsymbol{B}(\lambda)$与其行(列)单模变换得到的矩阵相抵。多项式矩阵相抵的性质具有自反性、对称性和传递性。

结论 0-13 矩阵$\boldsymbol{A}$相似于$\boldsymbol{B}$当且仅当对应特征矩阵$\lambda\boldsymbol{I}-\boldsymbol{A}$与$\lambda\boldsymbol{I}-\boldsymbol{B}$相抵。

多项式矩阵通过行(列)单模变换化为 Smith 标准形,有如下结论。

结论 0-14 $\boldsymbol{A}(\lambda)\in\mathbb{C}[\lambda]^{m\times n}$且$\operatorname{rank}(\boldsymbol{A}(\lambda))=r$,则$\boldsymbol{A}(\lambda)$与下列矩阵相抵:

$$\operatorname{diag}[d_1(\lambda)\ \ \cdots\ \ d_r(\lambda)\ \ 0\ \ \cdots\ \ 0]=\begin{bmatrix}d_1(\lambda) & & & & & \\ & \ddots & & & & \\ & & d_r(\lambda) & & & \\ & & & 0 & & \\ & & & & \ddots & \\ & & & & & 0\end{bmatrix}_{m\times n} \tag{0.3.1}$$

其中,$d_i(\lambda)$,$i=1,2,\cdots,r$是首项系数为1的多项式且$d_i(\lambda)\,|\,d_{i+1}(\lambda)$,即$d_{i+1}(\lambda)$可被$d_i(\lambda)$整除。

式(0.3.1)形式的矩阵称为$\boldsymbol{A}(\lambda)$的 Smith 标准形,且是唯一的,其中$d_1(\lambda)$,$d_2(\lambda)$,$\cdots$,$d_r(\lambda)$称为$\boldsymbol{A}(\lambda)$的不变因子。

结论 0-15 $\boldsymbol{A}(\lambda)\in\mathbb{C}[\lambda]^{n\times n}$,则$\boldsymbol{A}(\lambda)$可逆当且仅当$\boldsymbol{A}(\lambda)$可表示为一系列初等矩阵的乘积。对$\boldsymbol{A}(\lambda)$的不变因子$d_i(\lambda)$在$\mathbb{C}$内分解成一次因子的幂的乘积:

$$\begin{cases}d_1(\lambda)=(\lambda-\lambda_1)^{e_{11}}(\lambda-\lambda_2)^{e_{12}}\cdots(\lambda-\lambda_s)^{e_{1s}}\\ d_2(\lambda)=(\lambda-\lambda_1)^{e_{21}}(\lambda-\lambda_2)^{e_{22}}\cdots(\lambda-\lambda_s)^{e_{21}}\\ \vdots\\ d_r(\lambda)=(\lambda-\lambda_1)^{e_{r1}}(\lambda-\lambda_2)^{e_{r1}}\cdots(\lambda-\lambda_1)^{e_{rs}}\end{cases} \tag{0.3.2}$$

其中,λ_i,$i=1,2,\cdots,s$互异,e_{ij}非负,因为$d_i(\lambda)\,|\,d_{i+1}(\lambda)$,所以有$0\leqslant e_{1i}\leqslant e_{2i}\leqslant\cdots\leqslant e_{ri}$,$i=1,2,\cdots,s$。所有指数大于零的因子$(\lambda-\lambda_j)^{e_{ij}}$,$e_{ij}>0$称为$\boldsymbol{A}(\lambda)$的初等因子。矩阵$\boldsymbol{A}$的特征矩

阵 $\lambda \boldsymbol{I}-\boldsymbol{A}$ 即为 λ 的多项式矩阵。

0.3.2　矩阵的若当形

$\lambda \boldsymbol{I}-\boldsymbol{A}$ 的初等因子为 $(\lambda-\lambda_1)^{\alpha_1},(\lambda-\lambda_2)^{\alpha_2},\cdots,(\lambda-\lambda_s)^{\alpha_s}$，$\lambda_i$ 之间可以有重复，且 $\sum_{i=1}^{s}\alpha_i=n$。这部分内容的细节，请参考文献[6]的第 3.4 节。

定理 0-2　设 $\boldsymbol{A}\in\mathbb{R}^{n\times n}$，$\lambda \boldsymbol{I}-\boldsymbol{A}$ 的初等因子如上，则存在 $\boldsymbol{X}\in\mathbb{R}^{n\times n}$ 使得

$$\boldsymbol{X}^{-1}\boldsymbol{A}\boldsymbol{X}=J=\begin{bmatrix}\boldsymbol{J}_1 & & & \\ & \boldsymbol{J}_2 & & \\ & & \ddots & \\ & & & \boldsymbol{J}_s\end{bmatrix} \tag{0.3.3}$$

其中，$\boldsymbol{J}_i=\lambda_i\boldsymbol{I}_{\alpha_i}+\boldsymbol{H}_{\alpha_i}\in\mathbb{R}^{\alpha_i\times\alpha_i}$，$\boldsymbol{H}_{\alpha_i}=\begin{bmatrix}\boldsymbol{0} & \boldsymbol{I}_{\alpha_{i-1}}\\ \boldsymbol{0} & \boldsymbol{0}\end{bmatrix}$为幂零矩阵，$\boldsymbol{J}_i$ 为标准若当块。式(0.3.3)中的块对角矩阵称为矩阵 $\boldsymbol{A}$ 的若当标准形。式(0.3.3)可改写为 $\boldsymbol{AX}=\boldsymbol{XJ}$。若将 $\boldsymbol{X}$ 按 $\boldsymbol{J}=\mathrm{diag}(\boldsymbol{J}_1,\boldsymbol{J}_2,\cdots,\boldsymbol{J}_s)$ 分块写成 $\boldsymbol{X}=(\boldsymbol{X}_1,\boldsymbol{X}_2,\cdots,\boldsymbol{X}_s)$，则对任意 $i=1,2,\cdots,s$，$\boldsymbol{X}_i$ 满足 $\boldsymbol{AX}_i=\boldsymbol{X}_i\boldsymbol{J}_i$。

容易验证，α_i 阶若当块 $\boldsymbol{J}_i$ 具有下列性质：

① $\boldsymbol{J}_i$ 具有一个 α_i 重特征值 λ_i，对应于 λ_i 仅有一个线性无关的特征向量；

② $\boldsymbol{J}_i$ 的 p 次幂的表达式为

$$\boldsymbol{J}_i^p=\begin{pmatrix}\lambda_i^p & f_p^1(\lambda_i) & \frac{1}{2!}f_p''(\lambda_i) & \cdots & \frac{1}{(n-1)!}f_p^{(\alpha_i-1)}(\lambda_i)\\ 0 & f_p(\lambda_i) & f_p^1(\lambda_i) & \ddots & \vdots\\ \vdots & \vdots & \vdots & \ddots & \frac{1}{2!}f_p''(\lambda_i)\\ 0 & 0 & 0 & \cdots & f_p^1(\lambda_i)\\ 0 & 0 & 0 & \cdots & f_p(\lambda_i)\end{pmatrix}$$

其中，$f_p(\lambda)=\lambda^p$。

③ $\boldsymbol{J}_i$ 的不变因子为 $d_1(\lambda)=\cdots=d_{\alpha_{i-1}}(\lambda)=1$，$d_{\alpha_i}(\lambda)=(\lambda-\lambda_i)^{\alpha_i}$，从而 $\boldsymbol{J}_i$ 的初等因子为 $(\lambda-\lambda_i)^{\alpha_i}$。

当 $\alpha_i=1$ 时，$\boldsymbol{J}_i=\lambda_i$ 是一阶若当块。当 $\boldsymbol{A}$ 的若当标准形中所有若当块均为一阶块时，$\boldsymbol{A}$ 的若当标准形就是对角矩阵，此时称矩阵 $\boldsymbol{A}$ 是可对角化的。因为一阶若当块的初等因子是一次的，所以对角矩阵的初等因子均为一次的。

结论 0-16　方矩阵 $\boldsymbol{A}$ 可对角化当且仅当 $\boldsymbol{A}$ 的初等因子均为一次的。

由式(0.3.3)可知

$$\det(s\boldsymbol{I}-\boldsymbol{A})=\det(s\boldsymbol{I}-\boldsymbol{J})=\prod_{i=1}^{s}(s-\lambda_i)^{\alpha_i} \tag{0.3.4}$$

若 $\det(s\boldsymbol{I}-\boldsymbol{A})=(s-\lambda_i)^{\alpha_i}p_i(s)$，且 $p_i(\lambda_i)\neq 0$，则称 $\alpha_i>0$ 为特征值 λ_i 代数重数。若式(0.3.3)中的 λ_i 对应的若当块为 $\tilde{\boldsymbol{J}}_i=\mathrm{diag}\left[\boldsymbol{J}_{i_1}\ \ \cdots\ \ \boldsymbol{J}_{i_{qi}}\right]$，$\boldsymbol{J}_{ij}$ 为标准若当块，此时 q_i 称为矩阵 $\boldsymbol{A}$ 特征值 λ_i 的几何重数。显然一个矩阵特征值的几何重数即为该矩阵若当标准形中该特征值对

应的标准若当块的个数。

设 $\boldsymbol{A}$ 有互异特征值 $\lambda_1,\lambda_2,\cdots,\lambda_l$，则其若当标准形可写为

$$\boldsymbol{J}=\begin{bmatrix}\boldsymbol{J}_1 & & \\ & \ddots & \\ & & \boldsymbol{J}_l\end{bmatrix},\quad \boldsymbol{J}_i=\begin{bmatrix}\boldsymbol{J}_{i_1} & & \\ & \ddots & \\ & & \boldsymbol{J}_{i_{qi}}\end{bmatrix},\quad \boldsymbol{J}_{i_j}=\begin{bmatrix}\lambda_i & 1 & \\ & \ddots & 1\\ & & \lambda_i\end{bmatrix} \tag{0.3.5}$$

由式(0.3.5)以及 $\boldsymbol{J}$ 的特殊形式，$\mathrm{rank}(\lambda_i\boldsymbol{I}-\boldsymbol{A})=\mathrm{rank}(\lambda_i\boldsymbol{I}-\boldsymbol{J})=n-q_i$，即

$$q_i=n-\mathrm{rank}(\lambda_i\boldsymbol{I}-\boldsymbol{A})$$

所以矩阵 $\boldsymbol{A}$ 的特征值 λ_i 的几何重数 q_i 可理解为 $\boldsymbol{A}$ 的特征矩阵的降秩数，也为 $(\lambda_i\boldsymbol{I}-\boldsymbol{A})$ 的零空间的维数。

例 0-4 考虑三阶矩阵，其特征值 λ 为三重，对应的若当标准形有如下可能形式：

$$\boldsymbol{J}_1=\begin{bmatrix}\lambda & & \\ & \lambda & \\ & & \lambda\end{bmatrix},\quad \boldsymbol{J}_2=\begin{bmatrix}\lambda & 1 & \\ & \lambda & \\ & & \lambda\end{bmatrix},\quad \boldsymbol{J}_3=\begin{bmatrix}\lambda & 1 & \\ & \lambda & 1\\ & & \lambda\end{bmatrix}$$

$\boldsymbol{J}_1$ 对应 λ 的几何重数为 3，$\boldsymbol{J}_2$ 对应 λ 的几何重数为 2，$\boldsymbol{J}_3$ 对应 λ 的几何重数为 1。

注 0-8 若一个方矩阵的每个特征值只对应一个标准若当块，则称这个矩阵为循环矩阵，即循环矩阵的所有特征值的几何重数均为 1，特征矩阵 $s\boldsymbol{I}-\boldsymbol{A}$ 的 Smith 标准形只有一个非 1 的不变因子。所以如果一个循环矩阵有重特征值，则这个矩阵一定不能对角化的(若一个矩阵可以通过相似变换化成对角形矩阵，即称其为可对角化的)。等价地，矩阵 $\boldsymbol{A}$ 的最小多项式等于其特征多项式时，定义矩阵 $\boldsymbol{A}$ 是循环的。显然，特征值不同的矩阵一定是循环矩阵。若 $\boldsymbol{A}$ 为循环矩阵，其循环性指：存在向量 $\boldsymbol{b}$，使 $\boldsymbol{b},\boldsymbol{A}\boldsymbol{b},\boldsymbol{A}^2\boldsymbol{b},\cdots,\boldsymbol{A}^{n-2}\boldsymbol{b},\boldsymbol{A}^{n-1}\boldsymbol{b}$ 张成一个 n 维空间。

0.1 节介绍了矩阵 $\boldsymbol{A}$ 的值域空间和核空间的定义，有时把值域空间记为 $R(\boldsymbol{A})=\mathrm{Im}\,\boldsymbol{A}$，核空间记为 $N(\boldsymbol{A})=\mathrm{Ker}\,\boldsymbol{A}$。矩阵 $\boldsymbol{A}$ 的值域空间是 $\boldsymbol{A}$ 的不变子空间，且 $\dim\mathrm{Im}\,\boldsymbol{A}=\mathrm{rank}\,\boldsymbol{A}$。$\boldsymbol{A}$ 的核(零)空间也是 $\boldsymbol{A}$ 的不变子空间，且 $\dim\mathrm{Ker}\,\boldsymbol{A}=n-\mathrm{rank}\,\boldsymbol{A}$。所以两子空间维数满足 $\dim\mathrm{Im}\,\boldsymbol{A}+\dim\mathrm{Ker}\,\boldsymbol{A}=n$。$\boldsymbol{A}$ 的值域空间的正交补空间为

$$(\mathrm{Im}\,\boldsymbol{A})^{\perp}=\{y\mid y\in\boldsymbol{X},y^{\mathrm{T}}\boldsymbol{A}=0\}$$

这样 $(\mathrm{Im}\,\boldsymbol{A})^{\perp}=\mathrm{Ker}\,\boldsymbol{A}^{\mathrm{T}}$。当矩阵 $\boldsymbol{A}$ 对称时，满足 $(\mathrm{Im}\,\boldsymbol{A})^{\perp}=\mathrm{Ker}\,\boldsymbol{A}$，从而 n 维全空间 $\boldsymbol{X}$ 可表示为 $\boldsymbol{X}=\mathrm{Im}\,\boldsymbol{A}\oplus(\mathrm{Im}\,\boldsymbol{A})^{\perp}=\mathrm{Im}\,\boldsymbol{A}\oplus\mathrm{Ker}\,\boldsymbol{A}$。这部分内容在系统可控性、可观测性的几何判据部分要用到。

定理 0-3 $\boldsymbol{B}\in\mathbb{R}^{n\times p}$，则 $\mathrm{Im}\,\boldsymbol{B}$ 是 $\boldsymbol{A}\in\mathbb{R}^{n\times n}$ 不变子空间当且仅当存在 $\boldsymbol{F}\in\mathbb{R}^{p\times p}$，使

$$\boldsymbol{A}\boldsymbol{B}=\boldsymbol{B}\boldsymbol{F} \tag{0.3.6}$$

成立。

证明： 由式(0.3.6)可知，$\boldsymbol{A}\,\mathrm{Im}\,\boldsymbol{B}=\mathrm{Im}(\boldsymbol{A}\boldsymbol{B})=\mathrm{Im}(\boldsymbol{B}\boldsymbol{F})\subset\mathrm{Im}\,\boldsymbol{B}$，因而 $\boldsymbol{A}\,\mathrm{Im}\,\boldsymbol{B}\subset\mathrm{Im}\,\boldsymbol{B}$，从而 $\mathrm{Im}\,\boldsymbol{B}$ 是 $\boldsymbol{A}$ 的不变子空间。反之，若 $\mathrm{Im}\,\boldsymbol{B}$ 是 $\boldsymbol{A}$ 的不变子空间，即 $\boldsymbol{A}\boldsymbol{B}$ 的每一列均可用 $\boldsymbol{B}$ 的列线性表示，即存在 $\boldsymbol{F}$ 使得式(0.3.6)成立。

定义 0-12 λ_0 是矩阵 $\boldsymbol{A}\in\mathbb{R}^{n\times n}$ 的特征值，若 $\begin{cases}(\lambda_0\boldsymbol{I}-\boldsymbol{A})^{k-1}\boldsymbol{x}\neq 0\\(\lambda_0\boldsymbol{I}-\boldsymbol{A})^{k}\boldsymbol{x}=0\end{cases}$ 成立，则称 $\boldsymbol{x}\in\mathbb{R}^n$ 是 $\boldsymbol{A}$ 关于 λ_0 具有秩为 k 的根向量，也称为主向量或广义特征向量。向量组 $[\boldsymbol{x}_1,\boldsymbol{x}_2,\cdots,\boldsymbol{x}_\alpha]$ 满足

$$\begin{cases}(\lambda_0\boldsymbol{I}-\boldsymbol{A})\boldsymbol{x}_{i+1}=\boldsymbol{x}_i, & i=1,2,\cdots,\alpha-1\\ \boldsymbol{x}_1\in\mathrm{Ker}(\lambda_0\boldsymbol{I}-\boldsymbol{A}), & \boldsymbol{x}_i\notin\mathrm{Ker}(\lambda_0\boldsymbol{I}-\boldsymbol{A}),i=1,2,\cdots,\alpha\end{cases}$$

则称 $[\boldsymbol{x}_1,\boldsymbol{x}_2,\cdots,\boldsymbol{x}_\alpha]$ 构成 $\boldsymbol{A}$ 关于 λ_0 的一个根向量链。

若 $\boldsymbol{x}_0=[\boldsymbol{x}_1,\boldsymbol{x}_2,\cdots,\boldsymbol{x}_\alpha]$ 是 $\boldsymbol{A}$ 对应特征值 λ_0 的一个根向量链，则

$$\begin{aligned}\boldsymbol{A}[\boldsymbol{x}_1,\boldsymbol{x}_2,\cdots,\boldsymbol{x}_\alpha]&=\lambda_0[\boldsymbol{x}_1,\boldsymbol{x}_2,\cdots,\boldsymbol{x}_\alpha]+[\boldsymbol{x}_1,\boldsymbol{x}_2,\cdots,\boldsymbol{x}_\alpha]\boldsymbol{H}_\alpha\\&=[\lambda_0\boldsymbol{x}_1,\lambda_0\boldsymbol{x}_2+\boldsymbol{x}_1,\cdots,\lambda_0\boldsymbol{x}_\alpha+\boldsymbol{x}_{\alpha-1}]\end{aligned}$$

由此就有

$$\begin{aligned}\boldsymbol{A}\boldsymbol{x}_\alpha&=\lambda_0\boldsymbol{x}_\alpha+\boldsymbol{x}_{\alpha-1}\\\boldsymbol{A}^2\boldsymbol{x}_\alpha&=\lambda_0\boldsymbol{A}\boldsymbol{x}_\alpha+\boldsymbol{A}\boldsymbol{x}_{\alpha-1}=\lambda_0^2\boldsymbol{x}_\alpha+2\lambda_0\boldsymbol{x}_{\alpha-1}+\boldsymbol{x}_{\alpha-2}\\&\vdots\\\boldsymbol{A}^{\alpha-1}\boldsymbol{x}_\alpha&=\lambda_0^{\alpha-1}\boldsymbol{x}_\alpha+C_{\alpha-1}^1\lambda_0^{\alpha-1}\boldsymbol{x}_{\alpha-1}+\cdots+\boldsymbol{x}_1\end{aligned}$$

由此得到 $\mathrm{span}[\boldsymbol{x}_\alpha,\boldsymbol{A}\boldsymbol{x}_\alpha,\cdots,\boldsymbol{A}^{\alpha-1}\boldsymbol{x}_\alpha]=\mathrm{span}[\boldsymbol{x}_\alpha,\boldsymbol{x}_{\alpha-1},\cdots,\boldsymbol{x}_1]$。由于 $\mathrm{span}[\boldsymbol{x}_\alpha,\boldsymbol{x}_{\alpha-1},\cdots,\boldsymbol{x}_1]$ 是 $\boldsymbol{A}$ 不变的，因此有

$$\boldsymbol{A}^k\boldsymbol{x}_\alpha\in\mathrm{span}[\boldsymbol{x}_\alpha,\boldsymbol{A}\boldsymbol{x}_\alpha,\cdots,\boldsymbol{A}^{\alpha-1}\boldsymbol{x}_\alpha],\quad\forall k\in\mathbb{N}$$

定义 0－13　对 $\boldsymbol{A}\in\mathbb{R}^{n\times n}$，$\boldsymbol{b}\in\mathbb{R}^n$，定义

$$\mathrm{span}[\boldsymbol{b},\boldsymbol{A}\boldsymbol{b},\cdots,\boldsymbol{A}^k\boldsymbol{b}]=\langle\boldsymbol{A}\mid R(\boldsymbol{b})\rangle\tag{0.3.7}$$

为由 $\boldsymbol{b}$ 生成的 $\boldsymbol{A}$ 的循环子空间。显然 $\langle\boldsymbol{A}\mid R(\boldsymbol{b})\rangle$ 是 $\boldsymbol{A}$ 的不变子空间。由此定义对于给定的 $\boldsymbol{A}$，$\boldsymbol{b}$，一定存在 $k\leqslant n$ 使得

$$\langle\boldsymbol{A}\mid R(\boldsymbol{b})\rangle=\mathrm{span}[\boldsymbol{b},\boldsymbol{A}\boldsymbol{b},\cdots,\boldsymbol{A}^k\boldsymbol{b}]$$

定理 0－4　对矩阵 $\boldsymbol{A}\in\mathbb{R}^{n\times n}$，若存在 $\boldsymbol{X}=[\boldsymbol{X}_1,\boldsymbol{X}_2,\cdots,\boldsymbol{X}_n]\in\mathbb{C}_n^{n\times n}$，可使 $\boldsymbol{A}$ 为若当形，即 $\boldsymbol{X}^{-1}\boldsymbol{A}\boldsymbol{X}=\boldsymbol{J}=\mathrm{diag}[\boldsymbol{J}_1,\boldsymbol{J}_2,\cdots,\boldsymbol{J}_s]$ 或 $\boldsymbol{A}\boldsymbol{X}_i=\boldsymbol{X}_i\boldsymbol{J}_i$，则 $\mathbb{C}^n=R(\boldsymbol{X}_1)\oplus R(\boldsymbol{X}_2)\oplus\cdots\oplus R(\boldsymbol{X}_s)$。且若 $\boldsymbol{X}_i=[x_{i_1},x_{i_2},\cdots,x_{i_{ai}}]$，则 $R(\boldsymbol{X}_i)=\langle\boldsymbol{A}\mid R(x_{i_{ai}})\rangle$ 是 $\boldsymbol{A}$ 的不变子空间。

注 0－9　若由 $\boldsymbol{b}$ 生成的 $\boldsymbol{A}$ 的循环子空间为全空间 $\mathbb{R}^n$，则矩阵 $\boldsymbol{A}$ 一定是循环矩阵。事实上，假设 $\boldsymbol{A}$ 不是循环矩阵，比如 $\boldsymbol{A}$ 的代数重数为二重的特征值 λ_1 对应两个标准若当块，即 $\boldsymbol{A}\sim\mathrm{diag}[\lambda_1,\lambda_1,\cdots,\lambda_r]$，它不可能由任何一个向量 $\boldsymbol{b}$ 生成的 $\boldsymbol{A}$ 的循环子空间 $\langle\boldsymbol{A}\mid R(\boldsymbol{b})\rangle$ 为全空间，因为矩阵 $[\boldsymbol{b},\boldsymbol{A}\boldsymbol{b},\cdots,\boldsymbol{A}^{k-1}\boldsymbol{b}]$ 的第一行和第二行是线性相关的，不能保证其满秩性，所以其所有列不能张成全空间 $\mathbb{R}^n$。

结论 0－17　设 $\boldsymbol{X}$ 是 n 维状态空间，$\boldsymbol{S}\subset\boldsymbol{X}$ 是任一个子空间，$f(s)$ 是 $\boldsymbol{A}$ 在 $\boldsymbol{S}$ 上的最小多项式，则存在 $\boldsymbol{x}\in\boldsymbol{S}$，使得 $\boldsymbol{x}$ 相对 $\boldsymbol{A}$ 的最小多项式是 $f(s)$。

证明： 见附录 A。

0.4　多项式矩阵的互质性分解

上节主要讨论了矩阵 $\boldsymbol{A}$ 的特征矩阵 $\lambda\boldsymbol{I}-\boldsymbol{A}$ 这样的多项式矩阵及矩阵的若当型。本节介绍一般的多项式矩阵及其互质性分解，在此只考虑实数域 $\mathbb{R}$ 上的多项式矩阵。

0.4.1　多项式矩阵的右互质和左互质

定义 0－14　称多项式矩阵 $\boldsymbol{R}(s)\in\mathbb{R}^{p\times p}(s)$ 是列数相同的多项式矩阵 $\boldsymbol{D}(s)\in\mathbb{R}^{p\times p}(s)$ 和 $\boldsymbol{N}(s)\in\mathbb{R}^{q\times p}(s)$ 的一个右公因子，如果存在多项式矩阵 $\bar{\boldsymbol{D}}(s)\in\mathbb{R}^{p\times p}(s)$ 和 $\bar{\boldsymbol{N}}(s)\in\mathbb{R}^{q\times p}(s)$ 满足 $\boldsymbol{D}(s)=\bar{\boldsymbol{D}}(s)\boldsymbol{R}(s)$，$\boldsymbol{N}(s)=\bar{\boldsymbol{N}}(s)\boldsymbol{R}(s)$。进一步如果 $\boldsymbol{D}(s)$ 和 $\boldsymbol{N}(s)$ 的任何一个其他右公因

子$\widetilde{\boldsymbol{R}}(s)$均为$\boldsymbol{R}(s)$的右乘因子，即存在多项式矩阵$W(s)\in\mathbb{R}^{p\times p}(s)$使得$\boldsymbol{R}(s)=\boldsymbol{W}(s)\widetilde{\boldsymbol{R}}(s)$，则称$\boldsymbol{R}(s)$为最大右公因子。

定义 0-15 称多项式矩阵$\boldsymbol{R}_L(s)\in\mathbb{R}^{q\times q}(s)$是行数相同的多项式矩阵$\boldsymbol{D}_L(s)\in\mathbb{R}^{q\times q}(s)$和$\boldsymbol{N}_L(s)\in\mathbb{R}^{q\times p}(s)$的一个左公因子，如果存在多项式矩阵$\bar{\boldsymbol{D}}_L(s)\in\mathbb{R}^{q\times q}(s)$和$\bar{\boldsymbol{N}}_L(s)\in\mathbb{R}^{q\times p}(s)$满足$\boldsymbol{D}_L(s)=\boldsymbol{R}_L(s)\bar{\boldsymbol{D}}_L(s)$，$\boldsymbol{N}_L(s)=\boldsymbol{R}_L(s)\bar{\boldsymbol{N}}_L(s)$。进一步如果$\boldsymbol{D}_L(s)$和$\boldsymbol{N}_L(s)$的任何一个其他左公因子$\widetilde{\boldsymbol{R}}_L(s)$均为$\boldsymbol{R}_L(s)$的左乘因子，即存在多项式矩阵$\boldsymbol{W}_L(s)\in\mathbb{R}^{p\times p}(s)$使得$\boldsymbol{R}_L(s)=\widetilde{\boldsymbol{R}}_L(s)\boldsymbol{W}_L(s)$，则称$\boldsymbol{R}_L(s)$为最大左公因子。

下面给出最大公因子构造性结论。

结论 0-18 对于列数相同的多项式矩阵$\boldsymbol{D}(s)\in\mathbb{R}^{p\times p}(s)$和$\boldsymbol{N}(s)\in\mathbb{R}^{q\times p}(s)$，如果存在单模矩阵$\boldsymbol{U}(s)\in\mathbb{R}^{(p+q)\times(p+q)}(s)$满足

$$\boldsymbol{U}(s)\begin{bmatrix}\boldsymbol{D}(s)\\\boldsymbol{N}(s)\end{bmatrix}=\begin{bmatrix}\boldsymbol{U}_{11}(s) & \boldsymbol{U}_{12}(s)\\\boldsymbol{U}_{21}(s) & \boldsymbol{U}_{22}(s)\end{bmatrix}\begin{bmatrix}\boldsymbol{D}(s)\\\boldsymbol{N}(s)\end{bmatrix}=\begin{bmatrix}\boldsymbol{R}(s)\\0\end{bmatrix}$$

则导出的多项式矩阵$\boldsymbol{R}(s)\in\mathbb{R}^{p\times p}(s)$就是$\boldsymbol{D}(s)$和$\boldsymbol{N}(s)$的一个最大右公因子。

注 0-10 由此结论可得到，$\boldsymbol{D}(s)$和$\boldsymbol{N}(s)$的最大右公因子可以表示为

$$\boldsymbol{R}(s)=\boldsymbol{U}_{11}(s)\boldsymbol{D}(s)+\boldsymbol{U}_{12}(s)\boldsymbol{N}(s) \tag{0.4.1}$$

类似地，可以给出最大左公因子构造的结论。

结论 0-19 对于行数相同的多项式矩阵$\boldsymbol{D}_L(s)\in\mathbb{R}^{q\times q}(s)$和$\boldsymbol{N}_L(s)\in\mathbb{R}^{q\times p}(s)$，如果存在单模矩阵$\bar{\boldsymbol{U}}(s)\in\mathbb{R}^{(p+q)\times(p+q)}(s)$满足

$$\begin{bmatrix}\boldsymbol{D}_L(s) & \boldsymbol{N}_L(s)\end{bmatrix}\bar{\boldsymbol{U}}(s)=\begin{bmatrix}\boldsymbol{D}_L(s) & \boldsymbol{N}_L(s)\end{bmatrix}\begin{bmatrix}\bar{\boldsymbol{U}}_{11}(s) & \bar{\boldsymbol{U}}_{12}(s)\\\bar{\boldsymbol{U}}_{21}(s) & \bar{\boldsymbol{U}}_{22}(s)\end{bmatrix}=\begin{bmatrix}\boldsymbol{R}_L(s) & 0\end{bmatrix}$$

则导出的多项式矩阵$\boldsymbol{R}_L(s)\in\mathbb{R}^{q\times q}(s)$就是$\boldsymbol{D}_L(s)$和$\boldsymbol{N}_L(s)$的一个最大左公因子。

注 0-11 由此结论可得到，$\boldsymbol{D}_L(s)$和$\boldsymbol{N}_L(s)$的最大左公因子可以表示为

$$\boldsymbol{R}_L(s)=\boldsymbol{D}_L(s)\bar{\boldsymbol{U}}_{11}(s)+\boldsymbol{N}_L(s)\bar{\boldsymbol{U}}_{12}(s)$$

互质性可以分类为右互质性和左互质性。两个多项式矩阵的互质性可基于其最大公因式进行定义。

定义 0-16 称列数相同的多项式矩阵$\boldsymbol{D}(s)\in\mathbb{R}^{p\times p}(s)$和$\boldsymbol{N}(s)\in\mathbb{R}^{q\times p}(s)$为右互质，如果其最大右公因子为单模阵。

定义 0-17 称行数相同的多项式矩阵$\boldsymbol{D}_L(s)\in\mathbb{R}^{q\times q}(s)$和$\boldsymbol{N}_L(s)\in\mathbb{R}^{q\times p}(s)$为左互质，如果其最大左公因子为单模阵。

在线性时不变系统的复频率域理论中将会看到，从系统结构特性角度，右互质性概念对应于系统可观测性，左互质性概念对应于系统可控性。

0.4.2 多项式矩阵互质性的常用判据

在线性时不变系统复频率域理论中，常会涉及互质性的判别问题。在这一部分中，给出常用的几种互质性判据。

1. 贝佐特(Bezout)等式判据

定理 0-5 列数相同的$p\times p$和$q\times p$多项式矩阵$\boldsymbol{D}(s)$和$\boldsymbol{N}(s)$为右互质，当且仅当存在

$p\times p$ 和 $p\times q$ 多项式矩阵 $\boldsymbol{X}(s)$ 和 $\boldsymbol{Y}(s)$，使贝佐特等式成立：

$$\boldsymbol{X}(s)\boldsymbol{D}(s)+\boldsymbol{Y}(s)\boldsymbol{N}(s)=\boldsymbol{I}_p \tag{0.4.2}$$

证明：① 先证必要性。已知 $\boldsymbol{D}(s)$ 和 $\boldsymbol{N}(s)$ 为右互质，欲证贝佐特等式(0.4.2)成立。据最大右公因子构造定理关系式(0.4.1)可以导出

$$\boldsymbol{R}(s)=\boldsymbol{U}_{11}(s)\boldsymbol{D}(s)+\boldsymbol{U}_{12}(s)\boldsymbol{N}(s) \tag{0.4.3}$$

其中，$\boldsymbol{U}_{11}(s)$ 和 $\boldsymbol{U}_{12}(s)$ 分别为 $p\times p$ 和 $p\times q$ 的多项式矩阵。而由于 $\boldsymbol{D}(s)$ 和 $\boldsymbol{N}(s)$ 为右互质，按定义可知 $\boldsymbol{R}(s)$ 为单模阵，从而 $\boldsymbol{R}^{-1}(s)$ 存在且也为多项式矩阵。进而将式(0.4.3)等号两边同时左乘 $\boldsymbol{R}^{-1}(s)$，得到

$$\boldsymbol{R}^{-1}(s)\boldsymbol{U}_{11}(s)\boldsymbol{D}(s)+\boldsymbol{R}^{-1}(s)\boldsymbol{U}_{12}(s)\boldsymbol{N}(s)=\boldsymbol{I} \tag{0.4.4}$$

式(0.4.4)中，令 $\boldsymbol{X}(s)=\boldsymbol{R}^{-1}(s)\boldsymbol{U}_{11}(s)$ 和 $\boldsymbol{Y}(s)=\boldsymbol{R}^{-1}(s)\boldsymbol{U}_{12}(s)$，即导出贝佐特等式(0.4.2)。

② 再证充分性。已知贝佐特等式(0.4.2)成立，欲证 $\boldsymbol{D}(s)$ 和 $\boldsymbol{N}(s)$ 为右互质。令多项式矩阵 $\boldsymbol{R}(s)$ 为 $\boldsymbol{D}(s)$ 和 $\boldsymbol{N}(s)$ 的一个最大右公因子，据最大右公因子定义知，存在多项式矩阵 $\bar{\boldsymbol{D}}(s)$ 和 $\bar{\boldsymbol{N}}(s)$ 使

$$\boldsymbol{D}(s)=\bar{\boldsymbol{D}}(s)\boldsymbol{R}(s),\quad \boldsymbol{N}(s)=\bar{\boldsymbol{N}}(s)\boldsymbol{R}(s) \tag{0.4.5}$$

成立。将式(0.4.5)代入贝佐特等式(0.4.2)，可以得到

$$[\boldsymbol{X}(s)\bar{\boldsymbol{D}}(s)+\boldsymbol{Y}(s)\bar{\boldsymbol{N}}(s)]\boldsymbol{R}(s)=\boldsymbol{I} \tag{0.4.6}$$

这表明 $\boldsymbol{R}^{-1}(s)$ 存在，且

$$\boldsymbol{R}^{-1}(s)=\boldsymbol{X}(s)\bar{\boldsymbol{D}}(s)+\boldsymbol{Y}(s)\bar{\boldsymbol{N}}(s) \tag{0.4.7}$$

式(0.4.7)也为多项式矩阵。由此可知，$\boldsymbol{R}(s)$ 为单模阵，据定义知 $\boldsymbol{D}(s)$ 和 $\boldsymbol{N}(s)$ 为右互质，充分性得证。证明完成。

结论 0-20　行数相同的 $q\times q$ 和 $q\times p$ 多项式矩阵 $\boldsymbol{D}_L(s)$ 和 $\boldsymbol{N}_L(s)$ 左互质，当且仅当存在 $q\times q$ 和 $p\times q$ 多项式矩阵 $\bar{\boldsymbol{X}}(s)$ 和 $\bar{\boldsymbol{Y}}(s)$，使贝佐特等式成立：

$$\boldsymbol{D}_L(s)\bar{\boldsymbol{X}}(s)+\boldsymbol{N}_L(s)\bar{\boldsymbol{Y}}(s)=\boldsymbol{I}_q \tag{0.4.8}$$

注 0-12　由结论 0-19 和 0-20 的贝佐特等式判据及左右互质的结论容易得到，多项式矩阵 $\boldsymbol{D}(s)$ 和 $\boldsymbol{N}(s)$ 为右互质等价于 $\begin{bmatrix}\boldsymbol{D}(s)\\ \boldsymbol{N}(s)\end{bmatrix}$ 的 Smith 型为 $\begin{bmatrix}\boldsymbol{I}_p\\ 0\end{bmatrix}$。类似地，$\boldsymbol{D}_L(s)$ 和 $\boldsymbol{N}_L(s)$ 为左互质等价于 $[\boldsymbol{D}_L(s)\quad \boldsymbol{N}_L(s)]$ 的 Smith 型为 $[\boldsymbol{I}_q\quad 0]$。在线性时不变系统的复频率域分析与综合中，互质性贝佐特等式判据的意义主要在于结论和证明中的应用。

2. 秩判据

结论 0-21　列数相同的 $p\times p$ 和 $q\times p$ 多项式矩阵 $\boldsymbol{D}(s)$ 和 $\boldsymbol{N}(s)$，其中 $\boldsymbol{D}(s)$ 非奇异，则有

$$\boldsymbol{D}(s)\text{ 和 }\boldsymbol{N}(s)\text{ 右互质}\Leftrightarrow \operatorname{rank}\begin{bmatrix}\boldsymbol{D}(s)\\ \boldsymbol{N}(s)\end{bmatrix}=p,\quad \forall s\in\mathbb{C} \tag{0.4.9}$$

结论 0-22　行数相同的 $q\times q$ 和 $q\times p$ 多项式矩阵 $\boldsymbol{D}_L(s)$ 和 $\boldsymbol{N}_L(s)$，其中 $\boldsymbol{D}_L(s)$ 为非奇异，则有

$$\boldsymbol{D}_L(s)\text{ 和 }\boldsymbol{N}_L(s)\text{ 左互质}\Leftrightarrow \operatorname{rank}[\boldsymbol{D}_L(s)\quad \boldsymbol{N}_L(s)]=q,\quad \forall s\in\mathbb{C} \tag{0.4.10}$$

互质性的秩判据由于形式上和计算上的简单性，常被应用于具体判别中。以上多项式矩阵的互质性仅仅以两个矩阵定义并给出它们左右互质性的判别。容易地，可以将这些概念及

判别方法推广到多个多项式矩阵的左右互质性概念及判别方法中。读者可以自行给出证明，见习题 0－10 和 0－11。

0.5 矩阵指数函数的性质及算法

矩阵指数函数 e^{At} 在线性时不变系统的运动分析中具有重要作用，其基本定义式为

$$e^{At}=\sum_{k=0}^{\infty}\frac{1}{k!}A^{k}t^{k} \tag{0.5.1}$$

下面进一步给出 e^{At} 的基本性质及常用计算方法。

0.5.1 矩阵指数函数的性质

① e^{At} 在 $t=0$ 的值。

由 e^{At} 定义式(0.5.1)，取 $t=0$，即可导出

$$\lim_{t\to 0} e^{At}=I \tag{0.5.2}$$

② e^{At} 相对于时间变量分解的表达式。

由 e^{At} 定义式(0.5.1)，取时间变量为 $t+\tau$，t 和 τ 为两个独立自变量，即可导出

$$e^{A(t+\tau)}=e^{At}e^{A\tau}=e^{A\tau}e^{At} \tag{0.5.3}$$

③ e^{At} 的逆。

对任意系统矩阵 A，矩阵指数函数 e^{At} 必为非奇异。进而，在式(0.5.3)中，取 $\tau=-t$，即可导出 e^{At} 的逆为

$$(e^{At})^{-1}=e^{-At} \tag{0.5.4}$$

④ 矩阵和的指数函数。

由定义式(0.5.1)，对可交换的两个同维方矩阵 A 和 F，即成立 $AF=FA$，可以导出矩阵和的指数函数为

$$e^{(A+F)t}=e^{At}e^{Ft}=e^{Ft}e^{At} \tag{0.5.5}$$

⑤ e^{At} 对 t 的导数。

由 e^{At} 定义式(0.5.1)，通过对时间变量 t 求导运算，即可导出

$$\frac{d}{dt}e^{At}=Ae^{At}=e^{At}A \tag{0.5.6}$$

⑥ e^{At} 的逆对 t 的求导。

由关系式 $e^{At}(e^{At})^{-1}=e^{At}e^{-At}=I$，通过对时间变量 t 求导运算，即可导出

$$\frac{d}{dt}e^{-At}=-Ae^{-At}=-e^{-At}A \tag{0.5.7}$$

⑦ e^{At} 积的关系式。

由 e^{At} 相对于时间变量分解的表达式(0.5.3)，即可推广导出

$$(e^{At})^{m}=e^{A(mt)},\quad m=0,1,2,\cdots \tag{0.5.8}$$

0.5.2 矩阵指数函数的算法

1. 定义法

结论 0 - 23 ［e^{At} 算法］ 给定 $n\times n$ 矩阵 $\boldsymbol{A}$，则计算 e^{At} 的算式为

$$e^{\boldsymbol{A}t}=\boldsymbol{I}+\boldsymbol{A}t+\frac{1}{2!}\boldsymbol{A}^2t^2+\frac{1}{3!}\boldsymbol{A}^3t^3+\cdots \tag{0.5.9}$$

通常，基于定义法只能得到 e^{At} 数值结果，难以获得 e^{At} 解析表达式。但若采用计算机计算，定义法具有编程简便和算法迭代的优点。

2. 特征值法

结论 0 - 24 ［e^{At} 算法］ 给定 $n\times n$ 矩阵 $\boldsymbol{A}$，且其 n 个特征值 $\lambda_1,\lambda_2,\cdots,\lambda_n$ 两两相异，由矩阵 $\boldsymbol{A}$ 的属于各个特征值的右特征向量组成的变换阵为

$$\boldsymbol{P}=[\boldsymbol{v}_1\quad \boldsymbol{v}_2\quad \cdots\quad \boldsymbol{v}_n] \tag{0.5.10}$$

则计算 e^{At} 的算式为

$$e^{\boldsymbol{A}t}=\boldsymbol{P}\mathrm{diag}\left[e^{\lambda_1 t}\quad e^{\lambda_2 t}\quad \cdots\quad e^{\lambda_n t}\right]\boldsymbol{P}^{-1} \tag{0.5.11}$$

证明： 对于特征值两两相异情形，基于式(0.4.10)的变换阵，可以导出

$$\boldsymbol{P}^{-1}\boldsymbol{A}\boldsymbol{P}=\mathrm{diag}[\lambda_1\quad \lambda_2\quad \cdots\quad \lambda_n]$$

将上式等号两边同时左乘 $\boldsymbol{P}$ 和右乘 $\boldsymbol{P}^{-1}$，得到

$$\boldsymbol{A}=\boldsymbol{P}\mathrm{diag}[\lambda_1\quad \lambda_2\quad \cdots\quad \lambda_n]\boldsymbol{P}^{-1} \tag{0.5.12}$$

进而还可导出

$$\begin{aligned}\boldsymbol{A}^2&=\boldsymbol{P}\mathrm{diag}[\lambda_1\quad \lambda_2\quad \cdots\quad \lambda_n]\boldsymbol{P}^{-1}\boldsymbol{P}\mathrm{diag}[\lambda_1\quad \lambda_2\quad \cdots\quad \lambda_n]\boldsymbol{P}^{-1}\\&=\boldsymbol{P}\mathrm{diag}[\lambda_1^2\quad \lambda_2^2\quad \cdots\quad \lambda_n^2]\boldsymbol{P}^{-1}\end{aligned} \tag{0.5.13}$$

$$\begin{aligned}\boldsymbol{A}^3&=\boldsymbol{P}\mathrm{diag}[\lambda_1^2\quad \lambda_2^2\quad \cdots\quad \lambda_n^2]\boldsymbol{P}^{-1}\boldsymbol{P}\mathrm{diag}[\lambda_1\quad \lambda_2\quad \cdots\quad \lambda_n]\boldsymbol{P}^{-1}\\&=\boldsymbol{P}\mathrm{diag}[\lambda_1^3\quad \lambda_2^3\quad \cdots\quad \lambda_n^3]\boldsymbol{P}^{-1}\end{aligned} \tag{0.5.14}$$

$$\vdots$$

于是，由 e^{At} 定义式(0.5.1)，并利用上述导出的关系式，即可得证

$$\begin{aligned}e^{\boldsymbol{A}t}&=\boldsymbol{I}+\boldsymbol{A}t+\frac{1}{2!}\boldsymbol{A}^2t^2+\frac{1}{3!}\boldsymbol{A}^3t^3+\cdots\\&=\boldsymbol{P}\begin{bmatrix}1+\lambda_1t+\frac{1}{2!}\lambda_1^2t^2+\frac{1}{3!}\lambda_1^3t^3+\cdots & & \\ & \ddots & \\ & & 1+\lambda_nt+\frac{1}{2!}\lambda_n^2t^2+\frac{1}{3!}\lambda_n^3t^3+\cdots\end{bmatrix}\boldsymbol{P}^{-1}\\&=\boldsymbol{P}\mathrm{diag}\left[e^{\lambda_1 t}\quad e^{\lambda_2 t}\quad \cdots\quad e^{\lambda_n t}\right]\boldsymbol{P}^{-1}\end{aligned} \tag{0.5.15}$$

至此，证明完成。

结论 0 - 25 ［e^{At} 算法］给定 $n\times n$ 矩阵 $\boldsymbol{A}$，其特征值属于包含重值情形。为使符号不致过于复杂，设 $n=5$，特征值为 λ_1（代数重数 3，几何重数 1），λ_2（代数重数 2，几何重数 1）。由矩阵 $\boldsymbol{A}$ 的属于 λ_1 和 λ_2 的广义特征向量组所构成的变换矩阵为 Q，基于若当标准形可把 $\boldsymbol{A}$ 化为

如下形式：

$$\boldsymbol{A}=\boldsymbol{Q}\begin{bmatrix}\lambda_1 & 1 & 0 & 0 & 0\\ 0 & \lambda_1 & 1 & 0 & 0\\ 0 & 0 & \lambda_1 & 0 & 0\\ 0 & 0 & 0 & \lambda_2 & 1\\ 0 & 0 & 0 & 0 & \lambda_2\end{bmatrix}\boldsymbol{Q}^{-1} \tag{0.5.16}$$

则计算 $\mathrm{e}^{\boldsymbol{A}t}$ 的算式为

$$\mathrm{e}^{\boldsymbol{A}t}=\boldsymbol{Q}\begin{bmatrix}\mathrm{e}^{\lambda_1 t} & t\mathrm{e}^{\lambda_1 t} & \frac{1}{2!}t^2\mathrm{e}^{\lambda_1 t} & 0 & 0\\ 0 & \mathrm{e}^{\lambda_1 t} & t\mathrm{e}^{\lambda_1 t} & 0 & 0\\ 0 & 0 & \mathrm{e}^{\lambda_1 t} & 0 & 0\\ 0 & 0 & 0 & \mathrm{e}^{\lambda_2 t} & t\mathrm{e}^{\lambda_2 t}\\ 0 & 0 & 0 & 0 & \mathrm{e}^{\lambda_2 t}\end{bmatrix}\boldsymbol{Q}^{-1} \tag{0.5.17}$$

证明： 证明思路类同于结论 0－24，具体证明过程略去。

3. 有限项展开法

结论 0－26 ［$\mathrm{e}^{\boldsymbol{A}t}$ 算法］ 给定 $n\times n$ 矩阵 $\boldsymbol{A}$，则计算 $\mathrm{e}^{\boldsymbol{A}t}$ 的算式为

$$\mathrm{e}^{\boldsymbol{A}t}=\alpha_0(t)I+\alpha_1(t)\boldsymbol{A}+\cdots+\alpha_{n-1}(t)\boldsymbol{A}^{n-1} \tag{0.5.18}$$

其中，对于 $\boldsymbol{A}$ 的特征值 $\lambda_1,\lambda_2,\cdots,\lambda_n$ 两两相异情形，系数 $\{\alpha_0,\alpha_1,\cdots,\alpha_{n-1}\}$ 的计算关系式为

$$\begin{bmatrix}\alpha_0(t)\\ \alpha_1(t)\\ \vdots\\ \alpha_{n-1}(t)\end{bmatrix}=\begin{bmatrix}1 & \lambda_1 & \lambda_1^2 & \cdots & \lambda_1^{n-1}\\ 1 & \lambda_2 & \lambda_2^2 & \cdots & \lambda_2^{n-1}\\ \vdots & \vdots & \vdots & & \vdots\\ 1 & \lambda_n & \lambda_n^2 & \cdots & \lambda_n^{n-1}\end{bmatrix}^{-1}\begin{bmatrix}\mathrm{e}^{\lambda_1 t}\\ \mathrm{e}^{\lambda_2 t}\\ \vdots\\ \mathrm{e}^{\lambda_n t}\end{bmatrix} \tag{0.5.19}$$

对于 $\boldsymbol{A}$ 的特征值包含重值如 λ_1（代数重数 3，几何重数 1），λ_2（代数重数 2，几何重数 1），$\lambda_3,\cdots,\lambda_{n-3}$ 的情形，系数 $\{\alpha_0,\alpha_1,\cdots,\alpha_{n-1}\}$ 计算关系式为

$$\begin{bmatrix}\alpha_0(t)\\ \alpha_1(t)\\ \alpha_2(t)\\ \alpha_3(t)\\ \alpha_4(t)\\ \alpha_5(t)\\ \vdots\\ \alpha_{n-1}(t)\end{bmatrix}=\begin{bmatrix}0 & 0 & 1 & 3\lambda_1 & \cdots & \frac{(n-1)(n-2)}{2!}\lambda_1^{n-3}\\ 0 & 1 & 2\lambda_1 & 3\lambda_1^2 & \cdots & \frac{(n-1)}{1!}\lambda_1^{n-2}\\ 1 & \lambda_1 & \lambda_1^2 & \lambda_1^3 & \cdots & \lambda_1^{n-1}\\ 0 & 1 & 2\lambda_2 & 3\lambda_2^2 & \cdots & \frac{(n-1)}{1!}\lambda_2^{n-2}\\ 1 & \lambda_2 & \lambda_2^2 & \lambda_2^3 & \cdots & \lambda_2^{n-1}\\ 1 & \lambda_3 & \lambda_3^2 & \lambda_3^3 & \cdots & \lambda_3^{n-1}\\ \vdots & \vdots & \vdots & \vdots & & \vdots\\ 1 & \lambda_{n-3} & \lambda_{n-3}^2 & \lambda_{n-3}^3 & \cdots & \lambda_{n-3}^{n-1}\end{bmatrix}\begin{bmatrix}\frac{1}{2!}t^2\mathrm{e}^{\lambda_1 t}\\ \frac{1}{1!}t\mathrm{e}^{\lambda_1 t}\\ \mathrm{e}^{\lambda_1 t}\\ \frac{1}{1!}t\mathrm{e}^{\lambda_2 t}\\ \mathrm{e}^{\lambda_2 t}\\ \mathrm{e}^{\lambda_3 t}\\ \vdots\\ \mathrm{e}^{\lambda_{n-3} t}\end{bmatrix} \tag{0.5.20}$$

证明： 为使证明思路更为清晰，下面分三步进行证明：

① 证明算式(0.5.18)。对此,表示 $n\times n$ 矩阵 $\boldsymbol{A}$ 的特征多项式为

$$\det(s\boldsymbol{I}-\boldsymbol{A})=s^n+\bar{\alpha}_{n-1}s^{n-1}+\cdots+\bar{\alpha}_1 s+\bar{\alpha}_0 \tag{0.5.21}$$

据凯莱-哈密顿定理可知,$\boldsymbol{A}$ 为其相应特征方程的矩阵根,即有

$$\boldsymbol{A}^n+\bar{\alpha}_{n-1}\boldsymbol{A}^{n-1}+\cdots+\bar{\alpha}_1\boldsymbol{A}+\bar{\alpha}_0\boldsymbol{I}=0 \tag{0.5.22}$$

这就表明,$\boldsymbol{A}^n$ 可表示为 $\boldsymbol{A}^{n-1},\cdots,\boldsymbol{A},\boldsymbol{I}$ 的线性组合:

$$\boldsymbol{A}^n=-\bar{\alpha}_{n-1}\boldsymbol{A}^{n-1}-\cdots-\bar{\alpha}_1\boldsymbol{A}-\bar{\alpha}_0\boldsymbol{I} \tag{0.5.23}$$

基此,矩阵 $\boldsymbol{A}^m(m>n)$ 也可表示为 $\boldsymbol{A}^{n-1},\cdots,\boldsymbol{A},\boldsymbol{I}$ 的线性组合。于是,由此所导出的线性组合关系式,可将 $e^{\boldsymbol{A}t}$ 的无穷项和表达式化为 $\boldsymbol{A}^{n-1},\cdots,\boldsymbol{A},\boldsymbol{I}$ 的有限项和表达式,其系数为时间变量 t 的函数。从而证得式(0.5.18)。

② 证明系数关系式(0.5.19)。对此,由式(0.5.18)、式(0.5.12)和式(0.5.11)可以导出

$$\begin{cases}\alpha_0(t)+\alpha_1(t)\lambda_1+\cdots+\alpha_{n-1}(t)\lambda_1^{n-1}=e^{\lambda_1 t}\\ \alpha_0(t)+\alpha_1(t)\lambda_2+\cdots+\alpha_{n-1}(t)\lambda_2^{n-1}=e^{\lambda_2 t}\\ \vdots\\ \alpha_0(t)+\alpha_1(t)\lambda_n+\cdots+\alpha_{n-1}(t)\lambda_n^{n-1}=e^{\lambda_n t}\end{cases} \tag{0.5.24}$$

求解方程组(0.5.24),即可导出系数计算关系式(0.5.19)

③ 证明系数关系式(0.5.20)。利用有关若当标准形的对应关系式,例如式(0.5.17)和式(0.5.16),通过类似于上述的推导即可证得式(0.5.20),具体推证过程略去,证明完成。

4. 预解矩阵法

结论 0-27 ［$e^{\boldsymbol{A}t}$ 算法］ 给定矩阵 $\boldsymbol{A}$,定出预解矩阵 $(s\boldsymbol{I}-\boldsymbol{A})^{-1}$,则计算 $e^{\boldsymbol{A}t}$ 的算式为

$$e^{\boldsymbol{A}t}=\mathscr{L}^{-1}(s\boldsymbol{I}-\boldsymbol{A})^{-1} \tag{0.5.25}$$

证明:对于标量 a,有幂级数表达式:

$$\frac{1}{s}+\frac{a}{s^2}+\frac{a^2}{s^3}+\cdots=(s-a)^{-1} \tag{0.5.26}$$

对应地,对于矩阵 $\boldsymbol{A}$,可有

$$\frac{\boldsymbol{I}}{s}+\frac{\boldsymbol{A}}{s^2}+\frac{\boldsymbol{A}^2}{s^3}+\cdots=(s\boldsymbol{I}-\boldsymbol{A})^{-1} \tag{0.5.27}$$

对式(0.5.27)取拉普拉斯反变换,并利用幂函数的拉普拉斯变换式,即可证得

$$\mathscr{L}^{-1}((s\boldsymbol{I}-\boldsymbol{A})^{-1})=\mathscr{L}^{-1}\left(\frac{\boldsymbol{I}}{s}+\frac{\boldsymbol{A}}{s^2}+\frac{\boldsymbol{A}^2}{s^3}+\cdots\right)=\boldsymbol{I}+\boldsymbol{A}t+\frac{1}{2!}\boldsymbol{A}^2t^2+\frac{1}{3!}\boldsymbol{A}^3t^3+\cdots=e^{\boldsymbol{A}t} \tag{0.5.28}$$

例 0-5 给定一个线性时不变系统,其自治状态方程为

$$\dot{\boldsymbol{x}}=\begin{bmatrix}0 & 1\\ -2 & -3\end{bmatrix}\boldsymbol{x}$$

下面,分别采用上述四种算法计算矩阵指数函数 $e^{\boldsymbol{A}t}$。

① 定义法。由算式(0.5.9)得

$$e^{\boldsymbol{A}t}=\boldsymbol{I}+\boldsymbol{A}t+\frac{1}{2!}\boldsymbol{A}^2t^2+\frac{1}{3!}\boldsymbol{A}^3t^3+\cdots$$

$$
=\begin{bmatrix}1 & 0\\ 0 & 1\end{bmatrix}+\begin{bmatrix}0 & t\\ -2t & -3t\end{bmatrix}+\begin{bmatrix}-t^2 & -\dfrac{3}{2}t^2\\ 3t^2 & \dfrac{7}{2}t^2\end{bmatrix}+\cdots
$$

$$
=\begin{bmatrix}1-t^2+\cdots & t-\dfrac{3}{2}t^2+\cdots\\ -2t+3t^2+\cdots & 1-3t+\dfrac{7}{2}t^2+\cdots\end{bmatrix}
$$

② 特征值法。首先,定出矩阵 $\boldsymbol{A}$ 的特征值 $\lambda_1=-1$ 和 $\lambda_2=-2$。进而,定出使矩阵 $\boldsymbol{A}$ 化为对角线型约当规范形的变换矩阵 $\boldsymbol{P}$ 及其逆 $\boldsymbol{P}^{-1}$:

$$
\boldsymbol{P}=\begin{bmatrix}1 & 1\\ -1 & -2\end{bmatrix},\quad \boldsymbol{P}^{-1}=\begin{bmatrix}2 & 1\\ -1 & -1\end{bmatrix}
$$

由算式(0.5.11),即可定出:

$$
\mathrm{e}^{\boldsymbol{A}t}=\boldsymbol{P}\begin{bmatrix}\mathrm{e}^{\lambda_1 t} & \\ & \mathrm{e}^{\lambda_2 t}\end{bmatrix}\boldsymbol{P}^{-1}=\begin{bmatrix}1 & 1\\ -1 & -2\end{bmatrix}\begin{bmatrix}\mathrm{e}^{-t} & \\ & \mathrm{e}^{-2t}\end{bmatrix}\begin{bmatrix}2 & 1\\ -1 & -1\end{bmatrix}
$$

$$
=\begin{bmatrix}2\mathrm{e}^{-t}-\mathrm{e}^{-2t} & \mathrm{e}^{-t}-\mathrm{e}^{-2t}\\ -2\mathrm{e}^{-t}+2\mathrm{e}^{-t} & -\mathrm{e}^{-t}+2\mathrm{e}^{-2t}\end{bmatrix}
$$

③ 有限项展开法。首先,定出矩阵 $\boldsymbol{A}$ 的特征值 $\lambda_1=-1$ 和 $\lambda_2=-2$。据此并利用式(0.5.19)定出系数矩阵:

$$
\begin{bmatrix}\alpha_0(t)\\ \alpha_1(t)\end{bmatrix}=\begin{bmatrix}1 & \lambda_1\\ 1 & \lambda_2\end{bmatrix}^{-1}\begin{bmatrix}\mathrm{e}^{\lambda_1 t}\\ \mathrm{e}^{\lambda_2 t}\end{bmatrix}=\begin{bmatrix}1 & -1\\ 1 & -1\end{bmatrix}^{-1}\begin{bmatrix}\mathrm{e}^{-t}\\ \mathrm{e}^{-2t}\end{bmatrix}=\begin{bmatrix}2 & -1\\ 1 & -1\end{bmatrix}\begin{bmatrix}\mathrm{e}^{-t}\\ \mathrm{e}^{-2t}\end{bmatrix}=\begin{bmatrix}2\mathrm{e}^{-t}-\mathrm{e}^{-2t}\\ \mathrm{e}^{-t}-\mathrm{e}^{-2t}\end{bmatrix}
$$

由算式(0.5.18),即可定出:

$$
\mathrm{e}^{\boldsymbol{A}t}=\alpha_0(t)\boldsymbol{I}+\alpha_1(t)\boldsymbol{A}
$$

$$
=(2\mathrm{e}^{-t}-\mathrm{e}^{-2t})\begin{bmatrix}1 & 0\\ 0 & 1\end{bmatrix}+(\mathrm{e}^{-t}-\mathrm{e}^{-2t})\begin{bmatrix}0 & 1\\ -2 & -3\end{bmatrix}=\begin{bmatrix}2\mathrm{e}^{-t}-\mathrm{e}^{-2t} & \mathrm{e}^{-t}-\mathrm{e}^{-2t}\\ -2\mathrm{e}^{-t}+2\mathrm{e}^{-2t} & -\mathrm{e}^{-t}+2\mathrm{e}^{-2t}\end{bmatrix}
$$

④ 预解矩阵法。首先,求出系统矩阵 $\boldsymbol{A}$ 的预解矩阵为

$$
(s\boldsymbol{I}-\boldsymbol{A})^{-1}=\begin{bmatrix}s & -1\\ 2 & s+3\end{bmatrix}^{-1}=\begin{bmatrix}\dfrac{(s+3)}{(s+1)(s+2)} & \dfrac{1}{(s+1)(s+2)}\\ \dfrac{-2}{(s+1)(s+2)} & \dfrac{s}{(s+1)(s+2)}\end{bmatrix}
$$

$$
=\begin{bmatrix}\dfrac{2}{s+1}+\dfrac{-1}{s+2} & \dfrac{1}{s+1}+\dfrac{-1}{s+2}\\ \dfrac{-2}{s+1}+\dfrac{2}{s+2} & \dfrac{-1}{s+1}+\dfrac{2}{s+2}\end{bmatrix}
$$

对上述求拉普拉斯反变换,即可得到

$$
\mathrm{e}^{\boldsymbol{A}t}=\begin{bmatrix}2\mathrm{e}^{-t}-\mathrm{e}^{-2t} & \mathrm{e}^{-t}-\mathrm{e}^{-2t}\\ -2\mathrm{e}^{-t}+2\mathrm{e}^{-2t} & -\mathrm{e}^{-t}+2\mathrm{e}^{-2t}\end{bmatrix}
$$

0.6　时间函数及向量函数组的线性无关性

在 0.1 节中我们已经熟悉了关于线性空间中向量组的线性相关性和线性无关性及其等价性描述。现在，将向量组的线性相关性和线性无关性推广到实变量(复值)函数集合中，定义实变量函数组/实变量函数向量组的线性相关性和线性无关性。为了叙述方便，假设这些实变量函数/向量函数都是在所定义区间上的连续函数。

0.6.1　时间函数的线性无关性

定义 0-18　若存在复数域$\mathbb{C}$，使得

$$\alpha_1 f_1(t)+\alpha_2 f_2(t)+\cdots+\alpha_n f_n(t)=0,\quad \forall t\in[t_1,t_2] \tag{0.6.1}$$

成立，则称在复数域$\mathbb{C}$上，实变量复值函数组 $f_1,f_2,\cdots,f_n$ 在定义区间$[t_1,t_2]$上是线性相关的。否则，称 $f_1,f_2,\cdots,f_n$ 在$[t_1,t_2]$上线性无关，此时即为 $\alpha_1=\alpha_2=\cdots=\alpha_n=0$。

注 0-13　在这一定义中，与常值向量的线性相关性或无关性相同的是，考虑 $\alpha_1,\alpha_2,\cdots,\alpha_n$ 所属数域不同可能导致的不同结果。与常值向量的线性相关性或无关性不同的是，对于一组实变量(复值)函数的线性相关性或无关性，变量所定义的区间至关重要。如一个简单的例子：令 $f_1(t)=t$，$f_2(t)=t^2$，讨论它们在$[0,\ 1]$上的线性相关性。满足 $t=\alpha t^2$ 这样的非零常数 α 是不存在，因此，这两个函数在区间$[0,\ 1]$上是线性无关的。

例 0-6　考虑常系数二阶方程 $\ddot{x}+w^2x=0,w\neq0$ 的特解 $x_1=\cos wt,x_2=\sin wt$，在任何区间$[a,b]$上线性无关，不妨设 $\alpha_1x_1+\alpha_2x_2=0$，即有 $\alpha\sin(wt+\varphi)=0,\alpha=\sqrt{\alpha_1^2+\alpha_2^2},\varphi=\arctan\dfrac{\alpha_1}{\alpha_2}$，由此得 $\alpha=0$，即 $\alpha_1=\alpha_2=0$。

例 0-7　设有定义在$[-1,1]$上的两个连续函数 f_1 和 f_2：

$$f_1(t)=t,\quad t\in[-1,1]$$

$$f_2(t)=\begin{cases}t, & t\in[0,1]\\ t, & t\in[-1,0]\end{cases}$$

显然，f_1 和 f_2 在$[-1,0]$上是线性相关的。而对于$[-1,1]$上，f_1 和 f_2 则是线性无关的。

从例 0-7 可见，虽然一个函数组在某个时间区间$[t_1,t_2]$上是线性无关的，但在定义区间$[t_1,t_2]$中的某个子区间上却可以是线性相关的。然而在$[t_1,t_2]$上一定存在某一子区间，函数组在这个子区间上是线性无关的，而且在包含这个子区间的任何区间上都是线性无关的。在上述例子中，$[-\varepsilon,\varepsilon]$就是这样的子区间，这里 ε 是满足 $0<\varepsilon<1$ 的任何数。因此函数组的线性无关性或线性相关性是和定义的时间区间密切联系的，所以在考虑函数组线性相关性和线性无关性时，必须考虑它所定义的整个时间区间。

结论 0-28　若一组连续函数 $f_1,f_2,\cdots,f_n$ 在某个区间$[t_1,t_2]$上是线性无关的，则这组函数在任何包含$[t_1,t_2]$的区间：$[t_1,t_2]\subset[t_a,t_b]$上均是线性无关的。

0.6.2　向量函数组的线性无关性

时间函数的线性相关性/无关性这一概念可以推广到向量函数组的线性相关性/无关性。令 $f_i(i=1,2,\cdots,n)$是 t 的 $1\times p$ 复值行(列)向量函数，若复数域$\mathbb{C}$中存在不全为零的 α_1,α_2，

$\cdots,\alpha_n$,使得

$$\alpha_1\boldsymbol{f}_1(t)+\alpha_2\boldsymbol{f}_2(t)+\cdots+\alpha_n\boldsymbol{f}_n(t)=\boldsymbol{0},\quad \forall t\in[t_1,t_2] \tag{0.6.2}$$

成立,则称向量函数组 $\boldsymbol{f}_1,\boldsymbol{f}_2,\cdots,\boldsymbol{f}_n$ 在 $[t_1,t_2]$ 上线性相关,否则称 $\boldsymbol{f}_1,\boldsymbol{f}_2,\cdots,\boldsymbol{f}_n$ 在$[t_1,t_2]$上线性无关。

也可以给线性无关作如下等价描述:行向量函数组 $\boldsymbol{f}_1,\boldsymbol{f}_2,\cdots,\boldsymbol{f}_n$ 在$[t_1,t_2]$上是线性无关的,当且仅当

$$[\alpha_1,\alpha_2,\cdots,\alpha_n]\begin{bmatrix}\boldsymbol{f}_1(t)\\ \boldsymbol{f}_2(t)\\ \vdots\\ \boldsymbol{f}_n(t)\end{bmatrix}=\boldsymbol{\alpha}\cdot\boldsymbol{F}(t)=\boldsymbol{0}$$

意味着 $\boldsymbol{\alpha}\equiv\boldsymbol{0}$,其中

$$\boldsymbol{\alpha}=[\alpha_1,\alpha_2,\cdots,\alpha_n],\quad \boldsymbol{F}(t)=\begin{bmatrix}\boldsymbol{f}_1(t)\\ \boldsymbol{f}_2(t)\\ \vdots\\ \boldsymbol{f}_n(t)\end{bmatrix}$$

列向量函数组 $\boldsymbol{f}_1,\boldsymbol{f}_2,\cdots,\boldsymbol{f}_n$ 在$[t_1,t_2]$上是线性无关的,当且仅当

$$[\boldsymbol{f}_1(t),\boldsymbol{f}_2(t),\cdots,\boldsymbol{f}_n(t)]\begin{bmatrix}\alpha_1\\ \alpha_2\\ \vdots\\ \alpha_n\end{bmatrix}=\widetilde{\boldsymbol{F}}(t)\cdot\boldsymbol{\alpha}=\boldsymbol{0}$$

意味着 $\alpha\equiv\boldsymbol{0}$,其中

$$\boldsymbol{\alpha}=\begin{bmatrix}\alpha_1\\ \alpha_2\\ \vdots\\ \alpha_n\end{bmatrix},\quad \widetilde{\boldsymbol{F}}(t)=[\boldsymbol{f}_1(t),\boldsymbol{f}_2(t),\cdots,\boldsymbol{f}_n(t)]$$

定义 0-19 设 $\boldsymbol{f}_i(i=1,2,\cdots,n)$是定义在$[t_1,t_2]$上的 $1\times p$ 复值连续行向量函数,$\boldsymbol{F}$ 是 $n\times p$ 函数矩阵,它的第 i 行是 $\boldsymbol{f}_i$。则称

$$\boldsymbol{W}(t_1,t_2)=\int_{t_1}^{t_2}\boldsymbol{F}(t)\boldsymbol{F}^*(t)\mathrm{d}t \tag{0.6.3}$$

为 $\boldsymbol{f}_i(i=1,2,\cdots,n)$在$[t_1,t_2]$上对应的 Gram 矩阵,其中 $\boldsymbol{F}^*(t)$表示 $\boldsymbol{F}(t)$的转置共轭。

定理 0-6 行向量函数组 $\boldsymbol{f}_1,\boldsymbol{f}_2,\cdots,\boldsymbol{f}_n$ 在$[t_1,t_2]$上线性无关的充分必要条件是 $\boldsymbol{W}(t_1,t_2)$非奇异。

证明: ① 先证充分性,即由 $\boldsymbol{W}(t_1,t_2)$非奇异证明 $\boldsymbol{f}_i$ 在$[t_1,t_2]$上线性无关,用反证法,若 $\boldsymbol{f}_i$ 线性相关,则存在非零行向量 $\boldsymbol{\alpha}$ 使得 $\boldsymbol{\alpha}\cdot\boldsymbol{F}(t)=\boldsymbol{0},\forall t\in[t_1,t_2]$。因此有

$$\boldsymbol{\alpha}\cdot\boldsymbol{W}(t_1,t_2)=\int_{t_1}^{t_2}\boldsymbol{\alpha}\cdot\boldsymbol{F}(t)\boldsymbol{F}^*(t)\mathrm{d}t=\boldsymbol{0}$$

故 $\boldsymbol{W}(t_1,t_2)$行线性相关,从而 $\det\boldsymbol{W}(t_1,t_2)=0$,这和 $\boldsymbol{W}(t_1,t_2)$非奇异相矛盾,表明行向量函数组 $\boldsymbol{f}_i$ 在$[t_1,t_2]$上线性无关。

② 再用反证法证明必要性。设行向量函数组 $\boldsymbol{f}_i$ 在$[t_1,t_2]$上线性无关,但 $\boldsymbol{W}(t_1,t_2)$是奇

异的，由于 $\boldsymbol{W}(t_1,t_2)$ 是奇异矩阵，则必存在一个 $1\times n$ 行向量 $\boldsymbol{\alpha}$ 使得 $\boldsymbol{\alpha}\cdot\boldsymbol{W}(t_1,t_2)=\boldsymbol{0}$ 或者

$$\boldsymbol{\alpha}\cdot\boldsymbol{W}(t_1,t_2)\boldsymbol{\alpha}^*=\int_{t_1}^{t_2}[\boldsymbol{\alpha F}(t)][\boldsymbol{\alpha F}(t)]^*\,\mathrm{d}t=0$$

因为对于 $[t_1,t_2]$ 中所有 t，被积函数 $[\boldsymbol{\alpha F}(t)][\boldsymbol{\alpha F}(t)]^*$ 是非负的连续函数，故上式意味着

$$\boldsymbol{\alpha F}(t)=\boldsymbol{0},\quad \forall t\in[t_1,t_2]$$

这与函数 $\boldsymbol{f}_i$ 在 $[t_1,t_2]$ 上是线性无关相矛盾。因此必有 $\det\boldsymbol{W}(t_1,t_2)\neq 0$。

定理 0-7　设行向量函数组 $\boldsymbol{f}_i(i=1,2,\cdots,n)$ 是定义在 $[t_1,t_2]$ 上的 $1\times p$ 复值函数，且在 $[t_1,t_2]$ 上有一直到 $(n-1)$ 阶的连续导数，令 $\boldsymbol{F}$ 是以 $\boldsymbol{f}_i$ 为其第 i 行组成的 $n\times p$ 矩阵，且令 $\boldsymbol{F}^{(k)}(t)$ 是 $\boldsymbol{F}$ 的第 k 阶导数。若在 $[t_1,t_2]$ 上存在某个 t_0，使 $n\times np$ 矩阵

$$[\boldsymbol{F}(t_0)\quad \boldsymbol{F}^{(1)}(t_0)\quad \cdots\quad \boldsymbol{F}^{(n-1)}(t_0)]\tag{0.6.4}$$

的秩为 n，则在 $[t_1,t_2]$ 上，行向量函数组 $\boldsymbol{f}_i$ 在复数域上是线性无关的。

证明： 用反证法。若行向量函数组 $\boldsymbol{f}_i$ 在 $[t_1,t_2]$ 上线性相关，则存在非零 $1\times n$ 行向量 $\boldsymbol{\alpha}$，使得对于 $[t_1,t_2]$ 中任一 t，均有 $\boldsymbol{\alpha F}(t)=\boldsymbol{0}$ 成立，因此有

$$\boldsymbol{\alpha F}^{(k)}(t)=\boldsymbol{0},\quad \forall t\in[t_1,t_2],\quad k=1,2,\cdots,n-1$$

因为 $t_0\in[t_1,t_2]$，故有

$$\boldsymbol{\alpha}\cdot[\boldsymbol{F}(t_0)\quad \boldsymbol{F}^{(1)}(t_0)\quad \cdots\quad \boldsymbol{F}^{(n-1)}(t_0)]=\boldsymbol{0}$$

这说明矩阵 $[\boldsymbol{F}(t_0)\quad \boldsymbol{F}^{(1)}(t_0)\quad \cdots\quad \boldsymbol{F}^{(n-1)}(t_0)]$ 行线性相关，其秩小于 n，这与假设相矛盾，因此在 $[t_1,t_2]$ 上 $\boldsymbol{f}_i$ 线性无关。

注 0-14　定理 0-7 中的条件对于一个函数组的线性无关性来说是充分的但不是必要的，可用下面的例子来说明。例如设有定义在 $[-1,1]$ 上的两个函数：$f_1(t)=t^3$，$f_2(t)=|t^3|$，它们在 $[-1,1]$ 上是线性无关的，但不难由计算证明，对 $[-1,1]$ 中的任一点 t_0，式(0.6.4)所定义的矩阵的秩均小于 2，即

$$\operatorname{rank}\begin{bmatrix}f_1(t) & f_1^{(1)}(t)\\ f_2(t) & f_2^{(1)}(t)\end{bmatrix}=\operatorname{rank}\begin{bmatrix}t^3 & 3t^2\\ t^3 & 3t^2\end{bmatrix}<2,\quad t\in(0,1]$$

$$\operatorname{rank}\begin{bmatrix}f_1(t) & f_1^{(1)}(t)\\ f_2(t) & f_2^{(1)}(t)\end{bmatrix}=\operatorname{rank}\begin{bmatrix}t^3 & 3t^2\\ -t^3 & -3t^2\end{bmatrix}<2,\quad t\in[-1,0)$$

$$\operatorname{rank}\begin{bmatrix}f_1(t) & f_1^{(1)}(t)\\ f_2(t) & f_2^{(1)}(t)\end{bmatrix}_{t=0}=0$$

找不到 t_0，使得 $\operatorname{rank}[\boldsymbol{F}(t_0)\quad \boldsymbol{F}^{(1)}(t_0)\quad \cdots\quad \boldsymbol{F}^{(n-1)}(t_0)]=n$。

为检验函数组的线性无关性，若函数是连续可微的，就可应用定理 0-6，它要求在时间区间上计算积分；若函数连续可微到某一阶次，则可用定理 0-7，避免了计算积分的工作量。显然，应用定理 0-7 比用定理 0-6 方便，但是定理 0-7 给出判断向量函数组线性无关性的条件仅仅是充分性的不是必要的，使用时要特别注意。如果函数是解析的，相应于定理 0-7 有以下更强的结果。

结论 0-29　假设对每一个 i，$\boldsymbol{f}_i$ 在 $[t_1,t_2]$ 上是解析的。令 t_0 是 $[t_1,t_2]$ 中的任一固定点，则向量函数组 $\boldsymbol{f}_i$ 在 $[t_1,t_2]$ 上线性无关的充分必要条件是

$$\operatorname{rank}[\boldsymbol{F}(t_0)\quad \boldsymbol{F}^{(1)}(t_0)\quad \cdots\quad \boldsymbol{F}^{(n-1)}(t_0)\quad \cdots]=n\tag{0.6.5}$$

由此结论得到，若解析函数组在 $[t_1,t_2]$ 上线性无关，则对于 $[t_1,t_2]$ 中所有 t，均有

$$\operatorname{rank}[\boldsymbol{F}(t) \quad \boldsymbol{F}^{(1)}(t) \quad \cdots \quad \boldsymbol{F}^{(n-1)}(t) \quad \cdots]=n$$

由此可以进一步得到，若解析函数集合在$[t_1,t_2]$上线性无关，则解析函数组在$[t_1,t_2]$的每一个子区间上也线性无关。

注 0－15 式(0.6.5)中的矩阵是无穷列矩阵，若用 $\operatorname{rank}[\boldsymbol{F}(t_0) \quad \boldsymbol{F}^{(1)}(t_0) \quad \cdots \quad \boldsymbol{F}^{(n-1)}(t_0)]=n$ 取代，则定理 0－6 亦不复成立。这可从例 0－8 看出。

例 0－8 设 $f_1(t)=\sin(1\,000t)$，$f_2(t)=\sin(2\,000t)$，显然 f_1 和 f_2 对每一个 t 是线性无关的，但可以证明矩阵 $[\boldsymbol{F}(t) \quad \boldsymbol{F}^{(1)}(t)]=\begin{bmatrix}\sin(1\,000t) & 10^3\cos(1\,000t)\\ \sin(2\,000t) & 2\times10^3\cdot\cos(2\,000t)\end{bmatrix}$，当 $t=0$，$\pm10^{-3}\pi,\cdots$时，其秩小于 2。然而对于所有的 t，不难验证 $\operatorname{rank}[\boldsymbol{F}(t) \quad \boldsymbol{F}^{(1)}(t) \quad \boldsymbol{F}^{(2)}(t) \quad \boldsymbol{F}^{(3)}(t)]=2$。

本小节介绍了向量函数组线性相关性和线性无关性的概念及判断结果，这是为后续研究线性系统可控性和可观测性及其判断方法所作的数学准备。

小　结

本章介绍了线性系统理论经常用到的线性代数基础知识，主要取材于参考文献[5]～[7]、[9]及[12]，具体包括：线性空间与线性变换；矩阵基础、矩阵秩与特殊矩阵；多项式矩阵及若当形矩阵；多项式矩阵及互质分解；矩阵指数函数与矩阵指数函数算法；时间函数及向量函数组的线性无关性。为后续线性系统状态空间描述、传递函数矩阵描述及两者之间的关系，线性系统分析及综合设计提供了必要的代数基础。

习　题

0－1 若 λ_i 是 $\boldsymbol{A}$ 的一个特征值，试证 $f(\lambda_i)$是矩阵函数 $f(\boldsymbol{A})$的一个特征值。

0－2 试求下列四个矩阵的特征多项式和最小多项式：

$$\begin{bmatrix}\lambda_1 & 1 & 0 & 0\\ 0 & \lambda_1 & 1 & 0\\ 0 & 0 & \lambda_1 & 0\\ 0 & 0 & 0 & \lambda_1\end{bmatrix},\quad \begin{bmatrix}\lambda_1 & 1 & 0 & 0\\ 0 & \lambda_1 & 0 & 0\\ 0 & 0 & \lambda_1 & 1\\ 0 & 0 & 0 & \lambda_1\end{bmatrix},\quad \begin{bmatrix}\lambda_1 & 1 & 0 & 0\\ 0 & \lambda_1 & 1 & 0\\ 0 & 0 & \lambda_1 & 1\\ 0 & 0 & 0 & \lambda_1\end{bmatrix},\quad \begin{bmatrix}\lambda_1 & 1 & 0 & 0\\ 0 & \lambda_1 & 0 & 0\\ 0 & 0 & \lambda_1 & 0\\ 0 & 0 & 0 & \lambda_1\end{bmatrix}$$

0－3 试求 $\boldsymbol{A}^3$，$\boldsymbol{A}^{10}$，$\mathrm{e}^{\boldsymbol{A}t}$，$\boldsymbol{B}^{10}$，$\boldsymbol{B}^{2022}$，$\mathrm{e}^{\boldsymbol{B}t}$，其中 $\boldsymbol{A}$、$\boldsymbol{B}$ 为如下的三阶矩阵：

$$\boldsymbol{A}=\begin{bmatrix}1 & 1 & 0\\ 0 & 1 & 1\\ 0 & 0 & 1\end{bmatrix},\quad \boldsymbol{B}=\begin{bmatrix}1 & 1 & 0\\ 0 & 1 & 1\\ 0 & 0 & 0\end{bmatrix}$$

0－4 试证明下列关系：

① 若 $\boldsymbol{W}$，$\boldsymbol{Z}$ 可逆，则 $\det\begin{pmatrix}\boldsymbol{W} & \boldsymbol{X}\\ \boldsymbol{Y} & \boldsymbol{Z}\end{pmatrix}=\det\boldsymbol{W}\det(\boldsymbol{Z}-\boldsymbol{Y}\boldsymbol{W}^{-1}\boldsymbol{X})=\det\boldsymbol{Z}\det(\boldsymbol{W}-\boldsymbol{X}\boldsymbol{Z}^{-1}\boldsymbol{Y})$；并由此证明

$$\det\left[\boldsymbol{I}_n+\begin{bmatrix}a_1\\a_2\\\vdots\\a_n\end{bmatrix}\begin{bmatrix}b_1 & b_2 & \cdots & b_n\end{bmatrix}\right]=1+\sum_{i=1}^{n}a_ib_i$$

② $\det(\boldsymbol{I}_n-\boldsymbol{XY})=\det(\boldsymbol{I}_m-\boldsymbol{YX})$；

③ $(\boldsymbol{I}+\boldsymbol{AB})\boldsymbol{A}=\boldsymbol{A}(\boldsymbol{I}+\boldsymbol{BA})$。

0-5　试证明下列结论：Im $\boldsymbol{A}$ 为矩阵 $\boldsymbol{A}$ 的值域空间，Ker $\boldsymbol{A}$ 为 $\boldsymbol{A}$ 的核（零）空间，则

① $\mathrm{Im}(\boldsymbol{A}+\boldsymbol{B})\subset\mathrm{Im}\,\boldsymbol{A}+\mathrm{Im}\,\boldsymbol{B}$；

② $\mathrm{Ker}\,\boldsymbol{A}\cap\mathrm{Ker}\,\boldsymbol{B}=\mathrm{Ker}(\boldsymbol{A}+\boldsymbol{B})\cap\mathrm{Ker}(\boldsymbol{A}-\boldsymbol{B})$；

③ $\mathrm{rank}(\boldsymbol{A}+\boldsymbol{B})\leqslant\mathrm{rank}(\boldsymbol{A})+\mathrm{rank}(\boldsymbol{B})$；

④ 若 $\boldsymbol{A},\boldsymbol{B}\in\mathbb{C}^{n\times n}$，$\boldsymbol{AB}=\boldsymbol{0}$，则 $\mathrm{rank}(\boldsymbol{A}+\boldsymbol{B})\leqslant\mathrm{rank}(\boldsymbol{A})+\mathrm{rank}(\boldsymbol{B})\leqslant n$；

⑤ 若 $\boldsymbol{A},\boldsymbol{B}\in\mathbb{C}^{n\times n}$，$\boldsymbol{I}-\boldsymbol{AB}$ 可逆，则 $\boldsymbol{I}-\boldsymbol{BA}$ 可逆，并且 $(\boldsymbol{I}-\boldsymbol{BA})^{-1}=\boldsymbol{I}+\boldsymbol{B}(\boldsymbol{I}-\boldsymbol{AB})^{-1}\boldsymbol{A}$。

0-6　验证 Kronecker 有如下性质：

① $(\boldsymbol{A}\otimes\boldsymbol{B})(\boldsymbol{C}\otimes\boldsymbol{D})=\boldsymbol{AC}\otimes\boldsymbol{BD}$；

② $(\boldsymbol{A}\otimes\boldsymbol{B})^{\mathrm{T}}=\boldsymbol{A}^{\mathrm{T}}\otimes\boldsymbol{B}^{\mathrm{T}}$；

③ $(\boldsymbol{A}\otimes\boldsymbol{B})^{-1}=\boldsymbol{A}^{-1}\otimes\boldsymbol{B}^{-1}$。

0-7　给定矩阵

$$\boldsymbol{A}=\begin{bmatrix}0 & 1 & 0 & \cdots & 0\\0 & 0 & 1 & \cdots & 0\\\vdots & \vdots & \vdots & & \vdots\\0 & 0 & 0 & \cdots & 1\\-a_n & -a_{n-1} & -a_{n-2} & \cdots & -a_1\end{bmatrix}$$

证明 $\boldsymbol{A}$ 的特征多项式为 $\Delta(\lambda)=\det(\lambda\boldsymbol{I}-\boldsymbol{A})=\lambda^n+a_1\lambda^{n-1}+a_2\lambda^{n-2}+\cdots+a_{n-1}\lambda^1+a_n$。进一步，若 λ_i 是 $\boldsymbol{A}$ 的特征值，试证 $[1\quad\lambda_i\quad\lambda_i^2\quad\cdots\quad\lambda_i^{n-1}]^{\mathrm{T}}$ 是属于 λ_i 的特征向量。

0-8　已知矩阵

$$\widetilde{\boldsymbol{A}}_c=\begin{bmatrix}-a_1 & \cdots & -a_{n-1} & -a_n\\1 & \cdots & 0 & 0\\\vdots & \ddots & \vdots & \vdots\\0 & \cdots & 1 & 0\end{bmatrix}\quad\text{和}\quad\hat{\boldsymbol{A}}_c=\begin{bmatrix}-a_n & 0 & \cdots & 0\\-a_{n-1} & 1 & \cdots & 0\\\vdots & \vdots & \ddots & \vdots\\-a_1 & 0 & \cdots & 1\end{bmatrix}$$

① 计算矩阵 $\widetilde{\boldsymbol{A}}_c$ 和 $\hat{\boldsymbol{A}}_c$ 的特征多项式。

② 若矩阵 $\widetilde{\boldsymbol{A}}_c$ 和 $\hat{\boldsymbol{A}}_c$ 的特征值 $\lambda_i,i=1,2,\cdots,n$ 两两互异，证明存在相似变换矩阵 $\boldsymbol{Q}$ 和 $\hat{\boldsymbol{Q}}$ 满足 $\widetilde{\boldsymbol{A}}_c=\boldsymbol{Q}\,\mathrm{diag}(\lambda_1,\lambda_2,\cdots,\lambda_n)\boldsymbol{Q}^{-1}$，$\hat{\boldsymbol{A}}_c=\hat{\boldsymbol{Q}}\,\mathrm{diag}(\lambda_1,\lambda_2,\cdots,\lambda_n)\hat{\boldsymbol{Q}}^{-1}$。

0-9　证明：对任意的 n 阶循环矩阵 $\boldsymbol{A}$，一定存在 $\mathbb{R}^n$ 中的非零向量 $\boldsymbol{b}$，使得 $\boldsymbol{b}$ 生成的 $\boldsymbol{A}$ 的循环子空间为全空间 $\mathbb{R}^n$，即 $\mathrm{span}[\boldsymbol{b},\boldsymbol{Ab},\cdots,\boldsymbol{A}^{n-1}\boldsymbol{b}]=\langle\boldsymbol{A}\,|\,R(\boldsymbol{b})\rangle=\mathbb{R}^n$。

0-10　证明：列数相同的 $m_i\times p$ 多项式矩阵组 $\boldsymbol{D}_i(s),i=1,2,\cdots,r$ 为右互质，当且仅当存在 $p\times m_i$ 的多项式矩阵 $\boldsymbol{X}_i(s)$，使贝佐特等式成立：

$$\boldsymbol{X}_1(s)\boldsymbol{D}_1(s)+\boldsymbol{X}_2(s)\boldsymbol{D}_2(s)+\cdots+\boldsymbol{X}_r(s)\boldsymbol{D}_r(s)=\boldsymbol{I}_p$$

且等价于 $\begin{bmatrix} \boldsymbol{D}_1(s) \\ \boldsymbol{D}_2(s) \\ \vdots \\ \boldsymbol{D}_r(s) \end{bmatrix}$ 的 Smith 型为 $\begin{bmatrix} \boldsymbol{I}_p \\ 0 \\ \vdots \\ 0 \end{bmatrix}$。

0-11 证明:行数相同的 $q \times m_i$ 多项式矩阵组 $\boldsymbol{D}_i(s), i=1,2,\cdots,r$ 为左互质,当且仅当存在 $m_i \times q$ 的多项式矩阵 $\boldsymbol{Y}_i(s)$,使贝佐特等式成立:

$$\boldsymbol{D}_1(s)\boldsymbol{Y}_1(s) + \boldsymbol{D}_2(s)\boldsymbol{Y}_2(s) + \cdots + \boldsymbol{D}_r(s)\boldsymbol{Y}_r(s) = \boldsymbol{I}_q$$

且等价于 $[\boldsymbol{D}_1(s) \quad \boldsymbol{D}_2(s) \quad \cdots \quad \boldsymbol{D}_r(s)]$ 的 Smith 型为 $[\boldsymbol{I}_q \quad 0 \quad \cdots \quad 0]$。

0-12 下列各集合哪些在$(-\infty,+\infty)$上线性无关?

① $\{t, t^2, e^t, te^t\}$; ② $\{t^2e^t, te^t, e^t, e^{2t}\}$; ③ $\{\sin t, \cos t, \sin 2t\}$。

第1章　线性系统的基本概念

系统分析研究的第一步是建立描述系统的数学模型。系统模型的建立可以定性或定量地揭示系统行为的规律性或者因果性。由于所解决的问题不同，故所用的分析方法不同，描述同一系统的数学表达式也往往有所不同，但是系统模型的描述一定要反映系统各个变量或者参量之间的变化关系。经典控制理论中的传递函数就是定常线性系统输入/输出关系的一种描述，是外部描述，属于系统的不完全描述形式；而现代控制理论中的状态空间描述方法，不仅描述了系统输入/输出的外部关系，还描述了系统内部变量随时间的演化关系等特性，是系统的内部描述。

本章将从非常一般的情形出发，引入系统输入/输出关系的外部描述和反映系统内部变量演化关系的状态空间描述，并叙述两种描述之间的关系。

1.1　系统的输入/输出描述

系统的输入/输出描述给出了系统输入与输出之间的关系。在推导这一描述时，系统内部结构信息与参数信息是未知的。唯一可测量或获得的量是系统的输入端与输出端的信息或数据。在这种情况下，可把系统看作是一个“黑箱”，这样的系统直接反映系统外部变量之间的变化关系。在建立模型过程中，所能做的只是向该“黑箱”施加各种类型的输入信号并测量与之相应的输出。然后，从这些输入/输出对中获悉有关系统的重要特性。因此，对于输入/输出描述的系统，总假设系统的输出 $\boldsymbol{y}$ 可以唯一由系统的输入 $\boldsymbol{u}$ 决定，这样的系统称为初始松弛系统，在松弛条件下可以把输入/输出描述的系统记为

$$\boldsymbol{y}(t)=H\boldsymbol{u} \tag{1.1.1}$$

其中，H 是某一算子，通过它由系统的输入唯一地确定了系统的输出。首先考虑单输入单输出系统，即有一个输入量，一个输出量的系统，这样的系统称为单变量系统，即输入 $\boldsymbol{u}$ 的维数和输出 $\boldsymbol{y}$ 的维数均为1，否则称为多变量系统。一般地，假设多变量系统有 p 个输入端，q 个输出端，即系统的输入维数为 p，输出维数为 q。$u_1,u_2,\cdots,u_p$ 为输入量，或用 $p\times1$ 列向量 $\boldsymbol{u}=[u_1\quad u_2\quad\cdots\quad u_p]^{\mathrm{T}}$ 表示输入。$y_1,y_2,\cdots,y_q$ 表示输出量，同样，可用 $q\times1$ 列向量 $\boldsymbol{y}=[y_1\quad y_2\quad\cdots\quad y_q]^{\mathrm{T}}$ 表示输出。输入或输出有定义的时间区间为$(-\infty,+\infty)$。用 $\boldsymbol{u}$ 或$\boldsymbol{u}(\cdot)$表示定义在$(-\infty,+\infty)$上的输入向量函数，而 $\boldsymbol{u}(\cdot)$则表示 $\boldsymbol{u}$ 在时间 t 的值。若 $\boldsymbol{u}$ 仅定义在$[t_0,t_1)$，则表示为 $\boldsymbol{u}_{[t_0,t_1)}$。式(1.1.1)也可用下面等价的写法表示：

$$\boldsymbol{y}(t)=H\boldsymbol{u}_{(-\infty,+\infty)},\quad \forall t\in(-\infty,+\infty) \tag{1.1.2}$$

高阶微分方程、传递函数或脉冲响应函数是描述单变量系统的行之有效的数学模型。对于线性定常系统，常用的数学工具是拉普拉斯(Laplace)变换。在经典控制理论中，对于单输入/单输出线性定常系统，传递函数是在零初始条件下系统输出的拉普拉斯变换与输入的拉普拉斯变换之比。对于多变量线性系统，其数学描述一般用高阶微分方程组、传递函数矩阵或脉冲响应函数矩阵描述。

1. 线性性

定义 1-1 一个初始松弛系统式(1.1.2)称为线性的，当且仅当对于任何输入 $\boldsymbol{u}^1$ 和 $\boldsymbol{u}^2$，以及任何实数 α_1 和 α_2，有

$$H(\alpha_1\boldsymbol{u}^1+\alpha_2\boldsymbol{u}^2)=\alpha_1 H\boldsymbol{u}^1+\alpha_2 H\boldsymbol{u}^2 \tag{1.1.3}$$

否则称为非线性系统。

式(1.1.3)的条件又可等价地写为：对于任何 $\boldsymbol{u}^1$ 和 $\boldsymbol{u}^2$ 及任何实数 α，有

$$H(\boldsymbol{u}^1+\boldsymbol{u}^2)=H\boldsymbol{u}^1+H\boldsymbol{u}^2 \tag{1.1.4}$$

$$H(\alpha\boldsymbol{u}^1)=\alpha H\boldsymbol{u}^1 \tag{1.1.5}$$

式(1.1.4)称为可加性，而式(1.1.5)称为齐次性。可加性与齐次性合称叠加原理。叠加原理是判断线性系统的一个基本准则，在经典控制理论中，已经用叠加原理是否成立来区分线性系统和非线性系统了。

需要特别指出的是，齐次性和可加性是两个不可互相代替的概念，可加性一般不隐含齐次性，因为式(1.1.5)中 α 要求是任何实数。具体地说，由式(1.1.4)可以推导出对任何有理数 α 有 $H(\alpha\boldsymbol{u})=\alpha H\boldsymbol{u}$ 成立。另外，具有齐次性的系统并不意味着可加性成立，现举例如下。

例 1-1 设一单变量系统，对所有 t，其输入/输出之间的关系为

$$y(t)=\begin{cases}\dfrac{u^2(t)}{u(t-1)}, & u(t-1)\neq 0\\ 0, & u(t-1)=0\end{cases}$$

容易验证，这一输入/输出对满足齐次性，但不满足可加性。

2. 线性松弛系统的脉冲响应的输入/输出关系

首先引入 δ 函数或脉冲函数的概念，为此考虑图 1-1 所示的脉动函数 $\delta_\Delta(t-t_1)$，即

$$\delta_\Delta(t-t_1)=\begin{cases}0, & t<t_1\\ \dfrac{1}{\Delta}, & t_1\leqslant t<t_1+\Delta\\ 0, & t\geqslant t_1+\Delta\end{cases}$$

对于所有的 Δ，$\delta_\Delta(t-t_1)$的面积总是 1，它表明了脉动的强度。当 Δ 趋于零时，$\delta_\Delta(t-t_1)$的极限

$$\delta(t-t_1)=\lim_{\Delta\to 0}\delta_\Delta(t-t_1)$$

称为 t_1 时刻的单位脉冲函数，或简称 δ 函数。δ 函数最重要的性质是采样性，即对在 t_1 连续的任何函数 $f(t)$，有

$$\int_{-\infty}^{+\infty}f(t)\delta(t-t_1)\mathrm{d}t=f(t_1) \tag{1.1.6}$$

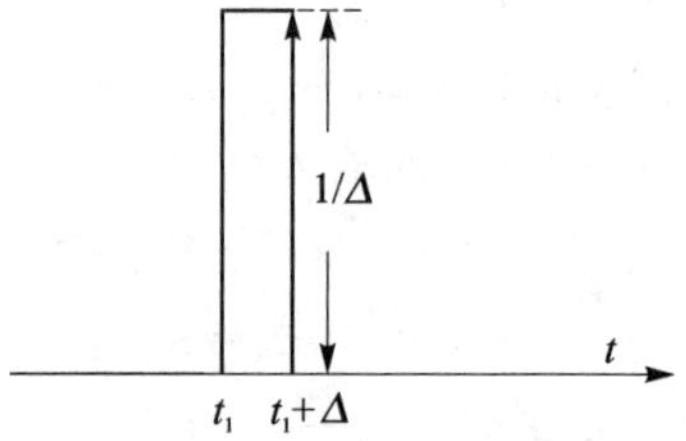

图 1-1 脉动函数 $\boldsymbol{\delta}_\Delta(t-t_1)$

利用脉冲函数的概念，就很容易导出单变量线性松弛的输入/输出的描述。因为每一分段连续的输入 $u(\cdot)$均可用一系列脉动函数来近似，如图 1-2 所示。

$$u(t_i)=u(t_i)\delta_\Delta(t-t_i)\Delta,\quad \forall t\in[t_i,t_i+\Delta)$$

即

$$u\approx\sum_i u(t_i)\delta_\Delta(t-t_i)\Delta$$

因为是初始松弛的线性系统，故输出为

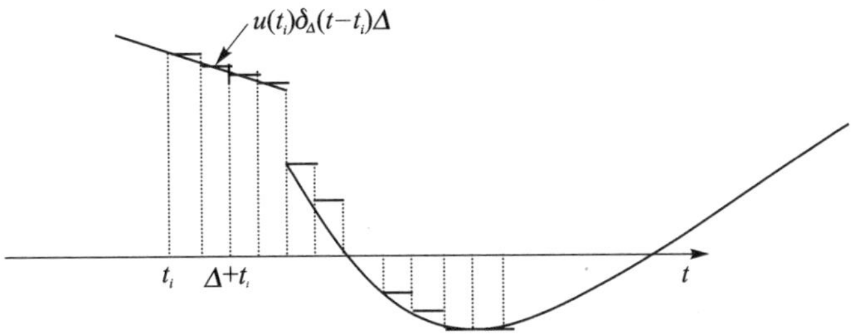

图 1-2　用脉动函数近似表示分段连续输入信号

$$y = Hu \approx \sum_i [H\delta_\Delta(t-t_i)]u(t_i)\Delta \tag{1.1.7}$$

当趋于零时，式(1.1.7)变为

$$y = \int_{-\infty}^{+\infty} [H\delta(t-\tau)]u(\tau)\mathrm{d}\tau \tag{1.1.8}$$

若对所有的 τ，$H\delta(t-\tau)$为已知，则对于任何输入，输出可由下式定义：

$$H\delta(t-\tau) = g(t,\tau) \tag{1.1.9}$$

式(1.1.9)表示系统以脉冲函数 δ 为输入得到的系统输出 $g(t,\tau)$称为系统的脉冲响应，其中变量 τ 表示 δ 函数加于系统的时刻，而第一个变量为观测系统输出的时刻。基于脉冲响应函数的系统输入/输出关系，利用式(1.1.9)可将式(1.1.8)改写为

$$y(t) = \int_{-\infty}^{+\infty} g(t,\tau)u(\tau)\mathrm{d}\tau \tag{1.1.10}$$

即单变量线性松弛系统，其输入/输出关系完全由式(1.1.10)的积分所描述。

对初始松弛的多变量线性系统(具有 p 个输入端和 q 个输出端)，则式(1.1.10)可相应地推广为

$$\boldsymbol{y}(t) = \int_{-\infty}^{+\infty} \boldsymbol{G}(t,\tau)\boldsymbol{u}(\tau)\mathrm{d}\tau \tag{1.1.11}$$

其中

$$\boldsymbol{G}(t,\tau) = \begin{bmatrix} g_{11}(t,\tau) & g_{12}(t,\tau) & \cdots & g_{1p}(t,\tau) \\ g_{21}(t,\tau) & g_{22}(t,\tau) & \cdots & g_{2p}(t,\tau) \\ \vdots & \vdots & & \vdots \\ g_{q1}(t,\tau) & g_{q2}(t,\tau) & \cdots & g_{qp}(t,\tau) \end{bmatrix}$$

称为系统的脉冲响应矩阵。$\boldsymbol{G}(t,\tau)$的元 $g_{ij}(t,\tau)$物理意义是只在系统第 j 个输入端，于时刻 τ 加脉冲函数，其他输入端不加信号，这时，在系统第 i 个输出端引起时刻 t 的响应。或者简单地说 $g_{ij}(t,\tau)$是第 i 个输出端对第 j 个输入的脉冲响应。

3. 因果性

定义 1-2　若系统在时刻 t 的输出不取决于 t 之后的输入，而只取决于时刻 t 和在 t 之前的输入，则称系统具有因果性。

任何实际的物理系统都是具有因果性的。通俗地说，任何实际物理过程，结果总不会在引起这种结果的原因发生之前产生。对于有因果性的松弛系统，其输入和输出的关系可以写成

$$\boldsymbol{y}(t) = H\boldsymbol{u}_{(-\infty,t]},\quad \forall t \in (-\infty, +\infty) \tag{1.1.12}$$

对于具有线性和因果性的松弛系统，根据定义，$\boldsymbol{G}(t,\tau)$中的每一个元都是时刻 τ 加于系统的 δ

函数输入所引起的输出，若系统具有因果性，则系统在加入输入之前的输出为零，即

$$\boldsymbol{G}(t,\tau)=\boldsymbol{0},\quad \forall t<\tau,\tau\in(-\infty,+\infty) \tag{1.1.13}$$

故具有线性和因果性的松弛系统的输入/输出描述为

$$\boldsymbol{y}(t)=\int_{-\infty}^{t}\boldsymbol{G}(t,\tau)\boldsymbol{u}(\tau)\mathrm{d}\tau \tag{1.1.14}$$

4. t_0 时刻系统的松弛性

现在将前面所说的初始松弛的概念用于任意时刻 t_0。

定义 1-3 系统在 t_0 时刻称为松弛的，当且仅当输出 $\boldsymbol{y}_{[t_0,+\infty)}$ 仅仅唯一地由 $\boldsymbol{u}_{[t_0,+\infty)}$ 所决定。

若已知系统在 t_0 时刻松弛，则其输入/输出关系可以写成

$$\boldsymbol{y}_{[t_0,+\infty)}=H\boldsymbol{u}_{[t_0,+\infty)} \tag{1.1.15}$$

显然，若系统初始松弛，且 $\boldsymbol{u}_{(-\infty,t_0)}\equiv\boldsymbol{0}$，则系统在时刻 t_0 也是松弛的。但是对初始松弛系统，$\boldsymbol{u}_{(-\infty,t_0)}\equiv\boldsymbol{0}$，并非系统在 t_0 时刻松弛的必要条件。对于线性系统而言，不难证明，系统在 t_0 时刻松弛的充要条件是对于所有的 $t\geqslant t_0$，有 $\boldsymbol{y}(t)=H\boldsymbol{u}_{(-\infty,t_0)}=\boldsymbol{0}$。也就是说，若 $\boldsymbol{u}_{(-\infty,t_0)}$ 对于 t_0 时刻以后的输出无影响，则线性系统在 t_0 时刻是松弛的。在 t_0 时刻是松弛的线性系统，它的一种输入/输出描述可表示为

$$\boldsymbol{y}(t)=\int_{t_0}^{\infty}\boldsymbol{G}(t,\tau)\boldsymbol{u}(\tau)\mathrm{d}\tau \tag{1.1.16}$$

5. 时不变性

首先介绍位移算子 Q_α 的概念，位移算子 Q_α 的作用效果如图 1-3 所示。经 Q_α 作用后的输出等于延迟了 α 秒的输入。用数学式子可表示为

$$\bar{\boldsymbol{u}}(t)=Q_\alpha\boldsymbol{u}(t),\quad \forall t \tag{1.1.17}$$

即对任意的 t，有

$$\bar{\boldsymbol{u}}=\boldsymbol{u}(t-\alpha)\quad 或\quad \bar{\boldsymbol{u}}(t+\alpha)=\boldsymbol{u}(t)$$

成立。

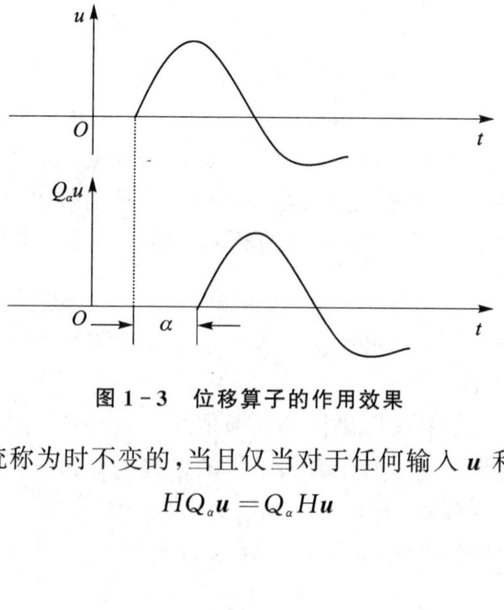

图 1-3 位移算子的作用效果

定义 1-4 松弛系统称为时不变的，当且仅当对于任何输入 $\boldsymbol{u}$ 和任何实数 α，有

$$HQ_\alpha\boldsymbol{u}=Q_\alpha H\boldsymbol{u} \tag{1.1.18}$$

成立；否则为时变的。

关系式(1.1.18)的含义是若输入延迟 α 秒，输出波形除延迟 α 秒之外保持不变。换句话说，不管在什么时刻把输入加于时不变松弛系统，输出波形总是相同的。对于线性松弛系统，若又具有时不变性，这时的脉冲响应函数仅仅取决于加脉冲时刻 τ 和观测时刻 t 之差，即 $H\delta(\xi-\tau)=g(t-\tau,0)$。实际上，根据时不变性有

$$Q_\alpha H\delta(\xi-\tau)=HQ_\alpha\delta(\xi-\tau)=H\delta[\xi-(\tau+\alpha)]=g(t,\tau+\alpha)$$

由 Q_α 的定义，等式 $Q_\alpha g(t,\tau)=g(t,\tau+\alpha)$ 意味着对于任何的 t、τ、α 都有 $g(t,\tau)=g(t+\alpha,\tau+\alpha)$ 成立。如取 $\alpha=-\tau$ 就可得

$$g(t,\tau)=g(t-\tau,0),\quad \forall t,\tau$$

为了方便起见，今后仍把 $g(t-\tau,0)$ 记为 $g(t-\tau)$。这一结论推广到多变量系统就是对于所有的 t 和 τ，有

$$\boldsymbol{G}(t,\tau)=\boldsymbol{G}(t-\tau,0)=\boldsymbol{G}(t-\tau)$$

因此具有线性、时不变性且在 t_0 时刻松弛的因果系统，其输入/输出对满足

$$\boldsymbol{y}(t)=\int_{t_0}^{t}\boldsymbol{G}(t-\tau)\boldsymbol{u}(\tau)\mathrm{d}\tau \tag{1.1.19}$$

在时不变的情况下，为不失一般性，总可以选零作为初始时刻 t_0，即 $t_0=0$ 是开始研究系统或开始向系统提供输入 $\boldsymbol{u}$ 的时刻，这时式(1.1.19)就变成下列卷积积分的形式：

$$\boldsymbol{y}(t)=\int_{0}^{t}\boldsymbol{G}(t-\tau)\boldsymbol{u}(\tau)\mathrm{d}\tau \tag{1.1.20}$$

或

$$\boldsymbol{y}(t)=\int_{0}^{t}\boldsymbol{G}(t)\boldsymbol{u}(t-\tau)\mathrm{d}\tau \tag{1.1.21}$$

6. 传递函数阵和它的极点多项式

将式(1.1.20)进行拉普拉斯变换，并记

$$\boldsymbol{Y}(s)=L[\boldsymbol{y}(t)]=\int_{0}^{\infty}\boldsymbol{y}(t)\mathrm{e}^{-st}\mathrm{d}t$$

由拉普拉斯变换的卷积定理可得

$$\boldsymbol{Y}(s)=\boldsymbol{G}(s)\boldsymbol{U}(s) \tag{1.1.22}$$

式中，$\boldsymbol{G}(s)=\int_{0}^{\infty}\boldsymbol{G}(t)\mathrm{e}^{-st}\mathrm{d}t$ 是脉冲响应阵的拉普拉斯变换，称为系统的传递函数矩阵。对于单变量系统，脉冲响应矩阵 $\boldsymbol{G}(t-\tau)$ 即为脉冲响应函数，这样得到的输入/输出关系的传递函数矩阵 $\boldsymbol{G}(s)$ 即为传递函数。

以上给出了单变量/多变量线性时不变系统基于脉冲响应函数(脉冲响应矩阵)的描述。事实上，在经典控制论中，单变量的时不变系统在时间域内的输入变量 u 与输出变量 y 之间关系的外部描述可以用高阶微分方程来表示：

$$y^{(n)}+a_1y^{(n-1)}+\cdots+a_{n-1}\dot{y}+a_ny=b_0u^{(m)}+b_1u^{(m-1)}+\cdots+b_{m-1}\dot{u}+b_mu$$

其中，$a_i(i=1,2,\cdots,n)$ 和 $b_j(j=0,1,\cdots,m)$ 均为实常数，输入变量 u 与输出变量 y 有 m 阶和 n 阶导数。在零初始条件下对上式高阶微分方程求拉普拉斯变换得到

$$(s^n+a_1s^{n-1}+\cdots+a_{n-1}s+a_n)y(s)=(b_0s^m+b_1s^{m-1}+\cdots+b_{m-1}s+b_m)u(s)$$

$u(s)$，$y(s)$ 分别是输入变量 u 和输出变量 y 拉普拉斯变换后的函数。这样便可得到

$$\frac{y(s)}{u(s)}=\frac{b_0s^m+b_1s^{m-1}+\cdots+b_{m-1}s+b_m}{s^n+a_1s^{n-1}+\cdots+a_{n-1}s+a_n}$$

记 $G(s)=\dfrac{b_0s^m+b_1s^{m-1}+\cdots+b_{m-1}s+b_m}{s^n+a_1s^{n-1}+\cdots+a_{n-1}s+a_n}$，即有 $y(s)=G(s)u(s)$。这就是前面从脉冲响应函数出发定义的传递函数，由分子、分母均为多项式的有理分式描述，这是经典控制中最熟悉的研究对象。对单变量系统的传递函数描述，其分母多项式 $s^n+a_1s^{n-1}+\cdots+a_{n-1}s+a_n$ 称为系统的极点多项式。方程 $s^n+a_1s^{n-1}+\cdots+a_{n-1}s+a_n=0$ 的根称为系统的极点。实系数的特征方程在复平面中一定有 n 个根，为实数或共轭复数对。传递函数的分子多项式 $b_0s^m+b_1s^{m-1}+\cdots+b_{m-1}s+b_m$ 称为系统的零点多项式，分子多项式为零的点称为零点。如果系统有共同的零点和极点，则传递函数就有公共因子相消。如果传递函数已经是既约形式，也就是分子、分母多项式除了常数因子外再没有其他公共因子，其余的零点、极点即为传递函数的零点和极点。若传递函数的零点、极点都在复平面的左半平面内，则称这个系统为最小相位系统。传递函数中分母多项式的次数大于等于分子多项式的次数，即 $n\geqslant m$ 时，称传递函数是正则的或真的(proper)，若 $n>m$ 严格成立时，称传递函数是严格正则的或严格真的(strictly proper)。

类似地，对于多变量(输入维数为 p 和输出维数为 q)的时不变系统在时间域内，仅仅考虑输入变量 u_j 与输出变量 y_i 之间关系的外部描述，也可以用如下高阶微分方程来表示：

$$y_i^{(n)}+a_{1,i}y_i^{(n-1)}+\cdots+a_{n-1,i}\dot{y}_i+a_{n,i}y_i=b_{0,j}u_j^{(m)}+b_{1,j}u_j^{(m-1)}+\cdots+b_{m-1,j}\dot{u}_j+b_{m,j}u_j$$

由上述过程在零初始条件下求拉普拉斯变换即可得到从第 j 个输入分量 u_j 到第 i 个输出分量 y_i 的传递函数为

$$g_{ij}(s)=\frac{y_i(s)}{u_j(s)}=\frac{b_{0,j}s^m+b_{1,j}s^{m-1}+\cdots+b_{m-1,j}s+b_{m,j}}{s^n+a_{1,i}s^{n-1}+\cdots+a_{n-1,i}s+a_{n,i}}$$

再考虑到系统的线性特性，即满足叠加原理，可以得到系统的输入与输出的拉普拉斯变换关系为

$$\begin{aligned}
y_1(s)&=g_{11}(s)u_1(s)+g_{12}(s)u_2(s)+\cdots+g_{1p}(s)u_p(s)\\
y_2(s)&=g_{21}(s)u_1(s)+g_{22}(s)u_2(s)+\cdots+g_{2p}(s)u_p(s)\\
&\vdots\\
y_q(s)&=g_{q1}(s)u_1(s)+g_{q2}(s)u_2(s)+\cdots+g_{qp}(s)u_p(s)
\end{aligned}$$

其向量形式 $\boldsymbol{Y}(s)=\begin{bmatrix}y_1(s)\\ \vdots\\ y_q(s)\end{bmatrix}$，$\boldsymbol{U}(s)=\begin{bmatrix}u_1(s)\\ \vdots\\ u_p(s)\end{bmatrix}$，描述为 $\boldsymbol{Y}(s)=\begin{bmatrix}g_{11}(s) & \cdots & g_{1p}(s)\\ \vdots & & \vdots\\ g_{q1}(s) & \cdots & g_{qp}(s)\end{bmatrix}\boldsymbol{U}(s)=\boldsymbol{G}(s)\boldsymbol{U}(s)$，其中 $\boldsymbol{G}(s)=\begin{bmatrix}g_{11}(s) & \cdots & g_{1p}(s)\\ \vdots & & \vdots\\ g_{q1}(s) & \cdots & g_{qp}(s)\end{bmatrix}$ 称为这个多变量线性系统的传递函数矩阵。传递函数矩阵元素都是 s 的有理分式函数组成的矩阵。这样的传递函数矩阵称为有理分式传递函数矩阵。

类似地，若传递函数矩阵中的每个元素的分母多项式的次数大于等于分子多项式的次数，即 $n_{ij}\geqslant m_{ij}$ 时，称传递函数矩阵是正则的或真的，若 $n_{ij}>m_{ij}$ 严格成立时，称传递函数矩阵是严格正则的或严格真的。对于正则传递函数矩阵一定可以严格正则化，即

$$\boldsymbol{G}(s)=\widetilde{\boldsymbol{G}}(s)+\boldsymbol{D}$$

其中 $\boldsymbol{D}=\lim\limits_{s\to\infty}\boldsymbol{G}(s)$；若 $\boldsymbol{G}(s)$ 是严格正则的，则 $\boldsymbol{D}=\lim\limits_{s\to\infty}\boldsymbol{G}(s)=0$。

以后总假定 $\boldsymbol{G}(s)$ 的每一个元素都已经是既约形式，即每一个元的分子多项式和分母多项式没有非常数的公因式。推广经典控制原理中关于传递函数零点和极点的概念，可以定义有理分式传递函数矩阵 $\boldsymbol{G}(s)$ 的零点和极点。下面给出几种有理分式传递函数矩阵的零点和极点的等价定义。

首先采用 $\boldsymbol{G}(s)$ 的不同子式来定义它的零点和极点。设 $\boldsymbol{G}(s)$ 是 $q\times p$ 有理分式传递函数矩阵，且 $\boldsymbol{G}(s)$ 的秩为 r。

定义 1-5 $\boldsymbol{G}(s)$ 所有不恒为零的各阶子式的首一（即多项式的最高幂次项的系数为1）最小公分母称为 $\boldsymbol{G}(s)$ 的极点多项式。极点多项式的零点称为 $\boldsymbol{G}(s)$ 的极点。

定义 1-6 $\boldsymbol{G}(s)$ 的所有 r 阶子式，在其分母取 $\boldsymbol{G}(s)$ 的极点多项式时，其分子的首一最大公因式称为 $\boldsymbol{G}(s)$ 的零点多项式。零点多项式的零点称为 $\boldsymbol{G}(s)$ 的零点。

例 1-2 若 $\boldsymbol{G}(s)=\begin{bmatrix}\dfrac{1}{s+1} & 0 & \dfrac{s-1}{(s+1)(s+2)}\\ \dfrac{-1}{s-1} & \dfrac{1}{s+2} & \dfrac{1}{s+2}\end{bmatrix}$，根据定义 1-5，可以计算出 $\boldsymbol{G}(s)$ 的一阶子式的公分母为 $(s+1)(s-1)(s+2)$，而 $\boldsymbol{G}(s)$ 的三个二阶子式分别为

$$\frac{1}{(s+1)(s+2)},\quad \frac{-(s-1)}{(s+1)(s+2)^2},\quad \frac{2}{(s+1)(s+2)}$$

二阶子式的公分母为 $(s+1)(s+2)^2$。因此 $\boldsymbol{G}(s)$ 的极点多项式为一阶子式的公分母和二阶子式的公分母的最小公倍式，即 $(s+1)(s-1)(s+2)^2$，显然 $\boldsymbol{G}(s)$ 有四个极点，它们分别为 -1、-2、-2 和 $+1$。另外三个二阶子式在分母取成极点多项式时分别为

$$\frac{(s+2)(s-1)}{(s+1)(s-1)(s+2)^2},\quad \frac{-(s-1)^2}{(s+1)(s-1)(s+2)^2},\quad \frac{2(s-1)(s+2)}{(s+1)(s-1)(s+2)^2}$$

它们分子的最大公因式为 $(s-1)$，因此 $\boldsymbol{G}(s)$ 的零点多项式为 $(s-1)$，$\boldsymbol{G}(s)$ 有一个零点 $s=1$。

注 1-1 在计算传递函数矩阵极点多项式时，各阶子式一定为既约形式（即分子分母消去非常数公因子），再去求取各阶子式分母的最小公倍式，即传递函数矩阵极点多项式。

任何传递函数矩阵均可表示为左矩阵分式或者右矩阵分式描述的形式。利用第0章多项式矩阵及其互质分解，可以把左右矩阵分式描述化为不可简约的矩阵分式描述，从而可以给出系统基于矩阵分式描述的有限极点和零点。

注 1-2 例 1-2 中 $\boldsymbol{G}(s)$ 的一个左矩阵分式描述（matrix fraction description，MFD）为

$$\boldsymbol{G}(s)=\boldsymbol{P}^{-1}(s)\boldsymbol{Q}(s)=\begin{bmatrix}(s+1)(s+2) & \\ & (s-1)(s+2)\end{bmatrix}^{-1}\begin{bmatrix}s+2 & 0 & s-1\\ -(s+2) & s-1 & s-1\end{bmatrix}$$

其中

$$\boldsymbol{P}(s)=\begin{bmatrix}(s+1)(s+2) & \\ & (s-1)(s+2)\end{bmatrix},\quad \boldsymbol{Q}(s)=\begin{bmatrix}s+2 & 0 & s-1\\ -(s+2) & s-1 & s-1\end{bmatrix}$$

类似于有理函数的分母和分子，称 $\boldsymbol{P}(s)$ 为 $\boldsymbol{G}(s)$ 的分母矩阵，称 $\boldsymbol{Q}(s)$ 为 $\boldsymbol{G}(s)$ 的分子矩阵。容易验证 $\boldsymbol{P}(s)$ 和 $\boldsymbol{Q}(s)$ 是左互质的，故这一表达式也称为 $\boldsymbol{G}(s)$ 的左互质分解。可以由 $\boldsymbol{G}(s)$ 的分母阵和分子阵来定义 $\boldsymbol{G}(s)$ 的极点和零点。

$\boldsymbol{G}(s)$ 的极点为多项式 $\det(\boldsymbol{P}(s))$ 的根，即

$$\det \boldsymbol{P}(s)=\det\begin{bmatrix}(s+1)(s+2) & \\ & (s-1)(s+2)\end{bmatrix}=(s-1)(s+1)(s+2)^2$$

的根，即 1，−1，−2，−2。$\boldsymbol{G}(s)$的零点定义是使分子阵 $\boldsymbol{Q}(s)$降秩的那些复数值，而 $\boldsymbol{G}(s)$的正常秩（常态秩）为

$$\text{normrank}\ \boldsymbol{Q}(s)=\text{normrank}\begin{bmatrix} s+2 & 0 & s-1 \\ -(s+2) & s-1 & s-1 \end{bmatrix}=2$$

当用 $s=1$ 代入 $\boldsymbol{Q}(s)$时，其秩为

$$\text{rank}\ \boldsymbol{Q}(s)\big|_{s=1}=\text{rank}\begin{bmatrix} s+2 & 0 & s-1 \\ -(s+2) & s-1 & s-1 \end{bmatrix}\Bigg|_{s=1}=1$$

小于正常秩，故 $\boldsymbol{G}(s)$有 $s=1$ 的零点。$\boldsymbol{G}(s)$一个右矩阵分式描述（右 MFD）为

$$\begin{aligned}\boldsymbol{G}(s)&=\begin{bmatrix} s-1 & 0 & s-1 \\ -(s+1) & 1 & s+1 \end{bmatrix}\begin{bmatrix} (s+1)(s-1) & & \\ & s+2 & \\ & & (s+1)(s+2) \end{bmatrix}^{-1} \\ &=\boldsymbol{N}(s)\boldsymbol{D}^{-1}(s)\end{aligned}$$

容易验证，$\boldsymbol{D}(s)$和 $\boldsymbol{N}(s)$不是右互质的，不能用 $\boldsymbol{D}(s)$和 $\boldsymbol{N}(s)$定义零极点。但是在已经是左右互质矩阵分式描述的情况下，可以以其分子多项式矩阵与分母多项式矩阵定义零点、极点。

关于系统 $\boldsymbol{G}(s)$的右 MFD 描述 $\boldsymbol{N}(s)\boldsymbol{D}^{-1}(s)$和左 MFD 描述 $\boldsymbol{D}_L^{-1}(s)\boldsymbol{N}_L(s)$的不可简约性和互质性，以及由不可简约 MFD 形式定义系统的有限零点和有限极点的概念，更多的细节请参考附录 B。

1.2 线性系统的状态变量描述

1.1 节给出的线性系统外部描述只是对系统的一种不完全的描述，它只能反映系统的输入/输出关系，不能反映系统内部信息量随时间的变化以及与输入/输出量的关系等。而采用状态变量描述系统的内部描述，则是一种完全描述，它可以完全描述系统的信息量的动态变化特性。状态空间描述是 20 世纪 60 年代由 Kalman 首先提出的，以状态空间描述作为系统的数学模型这一方法极大地推动了系统控制理论的发展。其特点是不仅描述了由系统输入和初始状态确定系统内部状态变量的演化关系，也给出了系统输出和系统输入与状态变化的关系。这一节主要讨论线性系统的状态空间描述，为了更深入地理解系统状态空间描述的本质，还是从初始的状态变量的概念出发引出状态变量的概念。

系统的输入/输出描述仅在松弛的条件下才能采用。若系统在 t_0 时刻是非松弛的，输出 $\boldsymbol{y}_{[t_0,+\infty)}$不能仅仅由 $\boldsymbol{u}_{[t_0,+\infty)}$所决定，还取决于 t_0 时的状态。例如在 t_0 时刻对质点（系统）施加一个外力（输入），则在 $t\geqslant t_0$ 时质点的运动（输出）并不能唯一确定。但如果知道了在 t_0 时刻质点的位置和速度，那么在 $t\geqslant t_0$ 时质点的运动就唯一确定了。因此可以把质点在 t_0 时的位置和速度看作一组信息量，它与施加于质点的外力（输入）一起，可唯一地确定质点的运动（输出），这样性质的一组信息量称为该质点运动的一组状态变量。

定义 1-7 系统在 t_0 时刻的状态变量是系统在 t_0 时的信息量，它与 $\boldsymbol{u}_{[t_0,+\infty)}$一起唯一地确定系统在 $t\geqslant t_0$ 时所有的行为。

定义中的信息量可以看作系统以往活动情况的某种最简练的表示，但这种表示又足够全面，使得它足以和 $\boldsymbol{u}_{[t_0,+\infty)}$一起确定系统的输出和信息量本身随时间的更新。在上述质点运动的例子中，信息量只取速度显然是不全面的；同样若取位置、速度、动量那也是不必要的，因为

速度和动量并不独立。所以状态变量是可以完全描述系统时间域行为的一个最小内部变量组，在数学上状态变量组的特征体现在：状态变量组是构成系统变量中线性无关的一个极大变量组。状态变量组包含了系统的物理特征，物理系统中一般以独立元件变量组作为状态变量组。状态变量组的个数 n 为系统的状态（空间）维数。以状态变量为元素组成的向量称为系统的状态向量，记为 $\boldsymbol{x}(t)=[x_1(t) \quad \cdots \quad x_i(t) \quad \cdots \quad x_n(t)]^{\mathrm{T}}\in\mathbb{R}^n, t\geqslant t_0$。相同的系统其状态变量组的选取是不唯一的，不同的状态变量组之间是线性非奇异变换的关系。

为了进一步说明状态变量的概念与系统状态空间描述，考虑下面的例子。

例 1－3　考虑如图 1－4 所示的网络。图中 $R=3\ \Omega, L=1\ \mathrm{H}, C=0.5\ \mathrm{F}$。

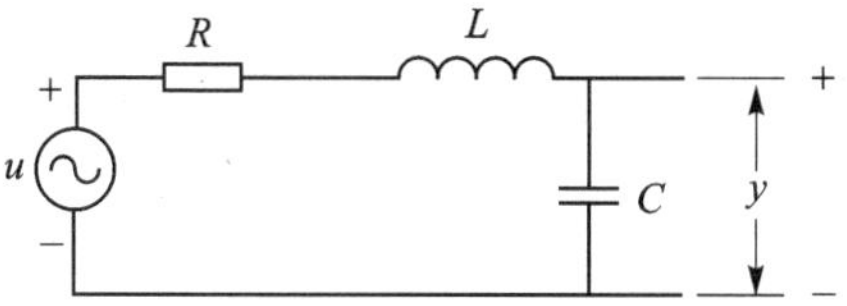

图 1－4　二阶线性网络

由复数阻抗方法容易求出该网络的传递函数：

$$\frac{Y(s)}{U(s)}=\frac{1}{LCs^2+RCs+1}=\frac{2}{(s+1)(s+2)}=\frac{2}{s+1}-\frac{2}{s+2}$$

相应的脉冲响应函数为

$$g(t)=2\mathrm{e}^{-t}-2\mathrm{e}^{-2t}, \quad t\geqslant 0 \tag{1.2.1}$$

① 按状态变量的定义选取状态变量组的方法：在 t_0 非松弛的情况下，输入/输出的关系式为

$$y(t)=\int_{-\infty}^{t} g(t-\tau)u(\tau)\mathrm{d}\tau, \quad t\geqslant t_0$$

等价地

$$y(t)=\int_{-\infty}^{t_0} g(t-\tau)u(\tau)\mathrm{d}\tau+\int_{t_0}^{t} g(t-\tau)u(\tau)\mathrm{d}\tau \tag{1.2.2}$$

式(1.2.2)第一个积分可以看作输入 $u_{(-\infty,t_0)}$ 对 $t>t_0$ 时输出产生的影响，而这种影响即是 t_0 以前的输入电压通过电容和电感在 t_0 存储了能量，这一存储的能量对 $t>t_0$ 的输出发生了影响。实际上，将式(1.2.1)代入式(1.2.2)的第一个积分，可得

$$\begin{aligned}\int_{-\infty}^{t_0} g(t-\tau)u(\tau)\mathrm{d}\tau &= 2\mathrm{e}^{-t}\int_{-\infty}^{t_0}\mathrm{e}^{\tau}u(\tau)\mathrm{d}\tau-2\mathrm{e}^{-2t}\int_{-\infty}^{t_0}\mathrm{e}^{2\tau}u(\tau)\mathrm{d}\tau \\ &= 2\mathrm{e}^{-t}c_1(t_0)-2\mathrm{e}^{-2t}c_2(t_0)\end{aligned} \tag{1.2.3}$$

式中

$$c_1(t_0)=\int_{-\infty}^{t_0}\mathrm{e}^{\tau}u(\tau)\mathrm{d}\tau, \quad c_2(t_0)=\int_{-\infty}^{t_0}\mathrm{e}^{2\tau}u(\tau)\mathrm{d}\tau$$

如果 $c_1(t_0)$ 和 $c_2(t_0)$ 为已知，则由未知输入 $u_{(-\infty,t_0)}$ 引起的在 $t\geqslant t_0$ 时的输出就可完全确定。由状态变量的定义 1－7，$c_1(t_0)$ 和 $c_2(t_0)$ 为 t_0 时刻的状态量，从而可以扩展状态变量为

$$\begin{cases} x_1(t)=\int_{-\infty}^{t}\mathrm{e}^{\tau}u(\tau)\mathrm{d}\tau=c_1(t_0)+\int_{t_0}^{t}\mathrm{e}^{\tau}u(\tau)\mathrm{d}\tau \\ x_2(t)=\int_{-\infty}^{t}\mathrm{e}^{2\tau}u(\tau)\mathrm{d}\tau=c_2(t_0)+\int_{t_0}^{t}\mathrm{e}^{2\tau}u(\tau)\mathrm{d}\tau \end{cases}, \quad \forall t\geqslant t_0$$

② 根据物理意义选取状态变量组的方法:其中 $y(t)$是电容两端的电压,其对时间的导数 $\dot{y}(t)$是与流经电感的电流成比例的量。如果以这两个变量为状态变量组,根据式(1.2.2)和式(1.2.3)可得

$$y(t)=2e^{-t}c_1(t_0)-2e^{-2t}c_2(t_0)+\int_{t_0}^{t}g(t-\tau)u(\tau)d\tau \tag{1.2.4}$$

对式(1.2.4)取关于 t 的导数,可得

$$\dot{y}(t)=-2e^{-t}c_1(t_0)+4e^{-2t}c_2(t_0)+g(0)u(t)+\int_{t_0}^{t}\frac{\partial g(t-\tau)}{\partial t}u(\tau)d\tau$$

由式(1.2.1)可知 $g(0)=0$,将上式中 t 换为 t_0 可得

$$\dot{y}(t_0)=-2e^{-t_0}c_1(t_0)+4e^{-2t_0}c_2(t_0) \tag{1.2.5}$$

将式(1.2.4)中的 t 换为 t_0,可得

$$y(t_0)=2e^{-t_0}c_1(t_0)-2e^{-2t_0}c_2(t_0) \tag{1.2.6}$$

式(1.2.5)和式(1.2.6)给出了 $c_1(t_0)$、$c_2(t_0)$与 $y(t_0)$、$\dot{y}(t_0)$的关系。两组 t_0 时刻状态变量之间的关系为

$$\begin{bmatrix} y(t_0) \\ \dot{y}(t_0) \end{bmatrix}=\begin{bmatrix} 2e^{-t_0} & -2e^{-2t_0} \\ -2e^{-t_0} & 4e^{-2t_0} \end{bmatrix}\begin{bmatrix} c_1(t_0) \\ c_2(t_0) \end{bmatrix}$$

上式给出了同一系统的两组状态变量组之间的非奇异变换关系。从 $c_1(t_0)$及 $c_2(t_0)$的表达式中可以看出它们的确概括了 t_0 以前的输入在 t_0 时刻的影响。为了表现 t_0 时刻非松弛的情况,这里须将在 t_0 时刻信息量 $c_1(t_0)$、$c_2(t_0)$补充的信息量作为状态变量 $x_1(t)$、$x_2(t)$。另一方面,在 t_0 时刻补充的信息量也可以取 $y(t_0)$和 $\dot{y}(t_0)$,即状态变量可取为 y、$\dot{y}$。这种状态变量是根据电工学知识选取的。众所周知,对于这个网络,若流经电感的初始电流以及电容两端的初始电压为已知,则在任何驱动电压下,网络的动态行为就完全可以确定。而 y 就是电容上的电压,$\dot{y}$ 是和流经电感上电流成比例的量。这是一个状态空间维数为 2 的系统,属于有限维系统。

例 1-4 单位时间延迟系统是对所有 t 其输出 $y(t)$等于 $u(t-1)$的装置。对于这一系统,为了唯一地由 $u_{[t_0,+\infty)}$确定 $y_{[t_0,+\infty)}$,需要知道 $u_{(t_0-1,t_0)}$的信息。因此 $u_{(t_0-1,t_0)}$这一信息就可以作为系统在 t_0 时刻的状态。这个例子和例 1-3 不同,这里 t_0 时的状态由无限个数所组成。所以这一时滞系统的状态空间维数是无穷的,属于无穷维系统。

例 1-5 电枢控制直流电动机的模型如图 1-5 所示,R_a 和 L_a 表示电枢回路的电阻和电感。激磁电流 i_f 为常数。电机驱动的负载具有惯量 J 和阻尼 f。输入电压 u 加于电枢两端,电机转轴的角位移 θ 是所需要的输出量。

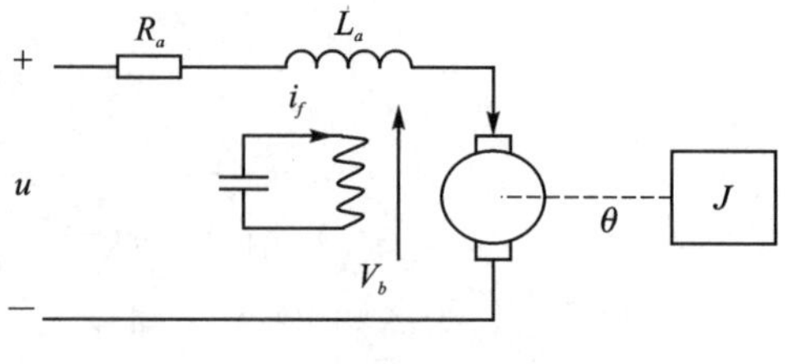

图 1-5 电枢控制的直流发动机

电动机的驱动力矩 T_m 是激磁电流 i_f 产生的磁通和电枢电流 i_a 的函数。因 i_f 假定为常数,故在无饱和的假定下,驱动力矩为

$$T_m=K_m i_a \tag{1.2.7}$$

其中,K_m 是电机常数。电机的力矩平衡方程为

$$T_m = J\frac{\mathrm{d}^2\theta}{\mathrm{d}t^2} + f\frac{\mathrm{d}\theta}{\mathrm{d}t} \tag{1.2.8}$$

电枢电流与输入电压之间有如下关系：

$$u(t) = R_a i_a + L_a\frac{\mathrm{d}i_a}{\mathrm{d}t} + V_b(t) \tag{1.2.9}$$

其中 $V_b(t)$为反电势，它正比于电机转速。设反电势系数为 K_b，则有

$$V_b(t) = K_b\frac{\mathrm{d}\theta}{\mathrm{d}t} \tag{1.2.10}$$

为了描述上述电动机模型内部的电学过程和力学运动过程，可以选择流经电感的电流 i_a、电机输出轴的角位移 θ 和角速度 $\dot{\theta}$ 作为状态变量，即如果知道了 t_0 时刻的上述三个量，该电动机模型的运动就可完全由驱动电压唯一决定。

通过上面三个例子的叙述，可以简单地归纳出下列几点：

① 状态变量的选择不是唯一的，对于图 1-4 所示的网络，可以选流经电感的电流和电容上的电压作为状态变量，也可以选 $y(t)$和 $\dot{y}(t)$或 $x_1(t)$和 $x_2(t)$作为状态变量。它们之间是非奇异线性变换关系。

② 状态变量可以选为具有明显物理意义的量，在图 1-5 所示的电动机模型中，电枢电流、输出轴的角位移及角速度都是具有明显物理意义的量，前者是电学中的物理量，后者是力学中的物理量。状态变量也可以根据数学描述的需要，选择从物理意义上难以直接解释的量。

③ 如果用能量的概念，可以把系统的运动过程看作是能量的变换过程。因此状态变量的数目等于且仅仅等于系统中包含独立贮能元件的数目。在例 1-5 中有电能贮存元件电感，以及机械能（势能和动能）的贮存元件电机转动轴，电机转子连同负载。

④ 状态变量的数目可以是有限个，如例 1-3 和例 1-5，也可以是无限多个，如例 1-4。

在本书中，仅考虑状态变量数目是有限个数，即有限维系统的情况。这时，若将系统每一个状态变量作为分量，可将系统的状态变量集合成有限维列向量 $\boldsymbol{x}$，称 $\boldsymbol{x}$ 为系统的状态向量。实值状态变量取值的线性空间就是熟知的有限维实向量空间，称为状态空间。

引入系统的状态变量之后，可以得到描述系统输入、输出和状态之间关系的方程组，这个方程组称为系统的动态方程。在状态变量描述中状态变量的更新由其自身和输入变量决定，状态变量是通过一组时间函数与输入变量、状态的过去特性联系起来的，一般用微分方程或者差分方程描述，这样的数学描述称为系统的状态方程。一般地，状态向量满足下列一般的非线性时变向量微分方程描述：

$$\frac{\mathrm{d}\boldsymbol{x}}{\mathrm{d}t} = \boldsymbol{f}(\boldsymbol{x},\boldsymbol{u},t) \tag{1.2.11}$$

其中，$\boldsymbol{f}(\boldsymbol{x},\boldsymbol{u},t)$为向量函数。由输入与状态共同确定的系统输出 $\boldsymbol{y}$ 的描述方程为

$$\boldsymbol{y} = \boldsymbol{g}(\boldsymbol{x},\boldsymbol{u},t) \tag{1.2.12}$$

式(1.2.12)属于代数方程，其中 $\boldsymbol{g}(\boldsymbol{x},\boldsymbol{u},t)$为向量函数。对于状态方程(1.2.11)，一般要求对任何初态 $\boldsymbol{x}(t_0)$和任何给定的允许控制 $\boldsymbol{u}(t)$，方程有唯一解。状态方程解存在唯一性保证它可以用 $\boldsymbol{x}(t_0)$和 $\boldsymbol{u}_{[t_0,t)}$唯一地表示。在微分方程中已经知道，对于给定 $\boldsymbol{u}$ 和给定的初态，方程有唯一解的一个充分条件是 f_i 和 $\frac{\partial f_i}{\partial x_j}(i,j=1,2,\cdots,n)$是时间的连续函数。方程(1.2.11)表

征了由初始状态和输入决定了状态随时间变化的行为，称为状态方程，方程(1.2.12)给出由输入与状态共同确定系统的输出 $\boldsymbol{y}$ 的方程，故称输出方程。把状态方程(1.2.11)和输出方程(1.2.12)组成的状态空间模型形式统称为系统的动态方程。

若方程(1.2.11)和方程(1.2.12)中的 $\boldsymbol{f}$、$\boldsymbol{g}$ 是 $\boldsymbol{x}$ 和 $\boldsymbol{u}$ 的线性函数，则称方程(1.2.11)和方程(1.2.12)为线性动态方程。若状态、输入和输出的维数分别为 n，p 和 q，线性动态方程的具体形式为

$$\boldsymbol{f}(\boldsymbol{x},\boldsymbol{u},t)=\boldsymbol{A}(t)\boldsymbol{x}(t)+\boldsymbol{B}(t)\boldsymbol{u}(t)$$
$$\boldsymbol{g}(\boldsymbol{x},\boldsymbol{u},t)=\boldsymbol{C}(t)\boldsymbol{x}(t)+\boldsymbol{D}(t)\boldsymbol{u}(t)$$

其中，$\boldsymbol{A}(t)$、$\boldsymbol{B}(t)$、$\boldsymbol{C}(t)$和 $\boldsymbol{D}(t)$分别为 $n\times n$、$n\times p$、$q\times n$、$q\times p$ 的矩阵，因此 n 维线性动态方程的形式为

$$\dot{\boldsymbol{x}}=\boldsymbol{A}(t)\boldsymbol{x}+\boldsymbol{B}(t)\boldsymbol{u}\text{（状态方程）} \tag{1.2.13}$$
$$\boldsymbol{y}=\boldsymbol{C}(t)\boldsymbol{x}+\boldsymbol{D}(t)\boldsymbol{u}\text{（输出方程）} \tag{1.2.14}$$

式(1.2.13)有唯一解的一个充分条件是 $\boldsymbol{A}(t)$的每一元素均为定义在$(-\infty,+\infty)$上的 t 的连续函数。为了方便，假定 $\boldsymbol{B}(t)$、$\boldsymbol{C}(t)$和 $\boldsymbol{D}(t)$的元素也在$(-\infty,+\infty)$上连续。式(1.2.13)和式(1.2.14)称为线性时变动态方程，$\boldsymbol{A}(t)$称为系统系数矩阵，$\boldsymbol{B}(t)$和 $\boldsymbol{C}(t)$分别称为控制矩阵和量测矩阵，$\boldsymbol{D}(t)$表示输入和输出的直接耦合关系矩阵，称为前馈矩阵。方程(1.2.13)和方程(1.2.14)又可用图 1-6 中的框图来表示。

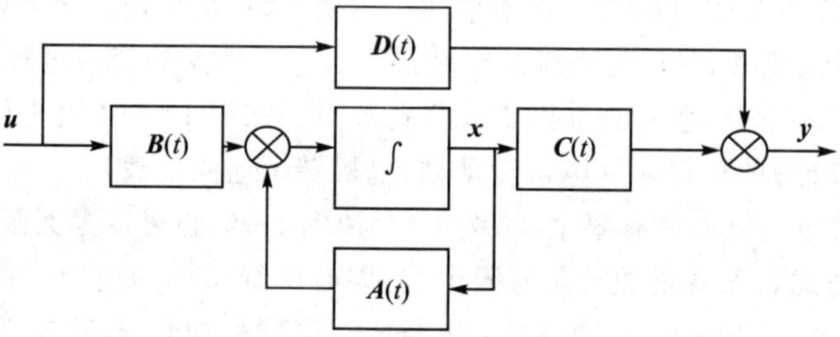

图 1-6 线性时变动态方程的框图

若矩阵 $\boldsymbol{A}$、$\boldsymbol{B}$、$\boldsymbol{C}$ 和 $\boldsymbol{D}$ 不随时间变化，方程称为线性时不变动态方程。n 维线性时不变动态方程的一般形式为

$$\begin{cases}\dot{\boldsymbol{x}}=\boldsymbol{A}\boldsymbol{x}+\boldsymbol{B}\boldsymbol{u}\\ \boldsymbol{y}=\boldsymbol{C}\boldsymbol{x}+\boldsymbol{D}\boldsymbol{u}\end{cases} \tag{1.2.15}$$

式中，$\boldsymbol{A}$、$\boldsymbol{B}$、$\boldsymbol{C}$ 和 $\boldsymbol{D}$ 分别为 $n\times n$、$n\times p$、$q\times n$ 和 $q\times p$ 的实常量矩阵。在时不变的情况下，为不失一般性，选初始时间为零，从而时间区间可选为 $[0,+\infty)$。线性时不变系统(1.2.15)的系统矩阵定义为

$$\begin{bmatrix} s\boldsymbol{I}_n-\boldsymbol{A} & \boldsymbol{B}\\ \boldsymbol{C} & \boldsymbol{D}\end{bmatrix}$$

使得系统矩阵降秩的系统特征值称为系统的传输零点，即满足

$$\operatorname{rank}\begin{bmatrix} s\boldsymbol{I}_n-\boldsymbol{A} & \boldsymbol{B}\\ \boldsymbol{C} & \boldsymbol{D}\end{bmatrix}<n+\min\{p,q\}$$

的复平面上的 s 为系统的传输零点。后续将会看到系统的不可控模态和不可观测模态均属于

系统的传输零点。

例 1-6 设有一倒摆安装在发动机传动车上，如图 1-7 所示，这实际上是一个空间起飞助推器的姿态控制模型。图中 M 为传动车的质量，l 为摆长，m 为摆的质量，u 为控制力。假定摆只在图 1-7 所示的平面上运动。

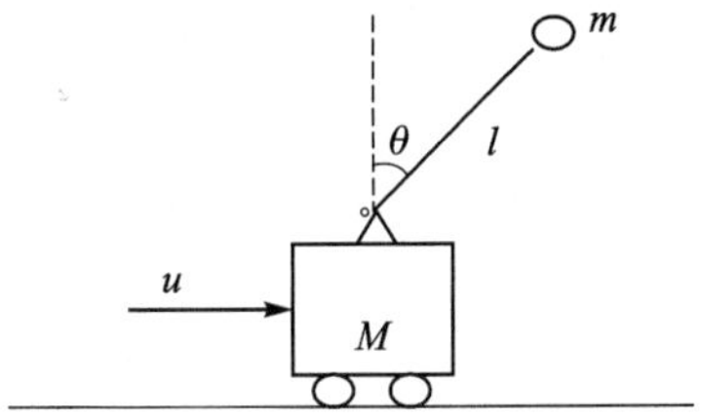

图 1-7 倒摆装置示意图

若取 x 为传动车的位移，θ 为摆杆与垂直向上方向的夹角，系统的坐标为 x 及 θ，则这个系统的动力学方程如下：

$$\begin{cases} ml\ddot{\theta} + m\ddot{x}\cos\theta = mg\sin\theta \\ (M+m)\ddot{x} + ml\ddot{\theta}\cos\theta - ml\dot{\theta}^2\sin\theta = u \end{cases}$$

这是一组非线性方程，注意到 θ 很小时有

$$\sin\theta \approx \theta, \quad \cos\theta \approx 1 - \frac{\theta^2}{2}$$

忽略方程中的高阶小量，可得线性化方程

$$\begin{cases} (M+m)\ddot{x} + ml\ddot{\theta} = u \\ m\ddot{x} + ml\ddot{\theta} = mg\theta \end{cases}$$

取 x、$\dot{x}$、θ、$\dot{\theta}$ 为系统的状态变量，并引入状态向量 $\boldsymbol{x} = [x_1 \quad x_2 \quad x_3 \quad x_4]^{\mathrm{T}} = [x \quad \dot{x} \quad \theta \quad \dot{\theta}]^{\mathrm{T}}$，可将上述线性化方程表示为

$$\dot{\boldsymbol{x}} = \begin{bmatrix} 0 & 1 & 0 & 0 \\ 0 & 0 & -\dfrac{mg}{M} & 0 \\ 0 & 0 & 0 & 1 \\ 0 & 0 & \dfrac{(M+m)g}{Ml} & 0 \end{bmatrix} \boldsymbol{x} + \begin{bmatrix} 0 \\ \dfrac{1}{M} \\ 0 \\ -\dfrac{1}{Ml} \end{bmatrix} u$$

如果 x 为测量变量，即输出变量 $y = x$，则输出方程为

$$y = [1 \quad 0 \quad 0 \quad 0]\boldsymbol{x}$$

例 1-7 考虑如图 1-8 所示的 RLC 电路系统，电路各组成元件参数已知，输入变量取为电源电压 $e(t)$，输出变量取为电阻 R_2 两端的电压 y。

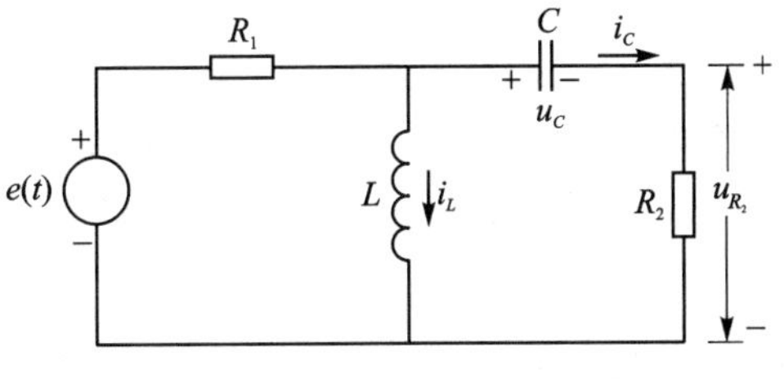

图 1-8 电路示意图

现确定系统的状态变量：此电路中最多有两个线性无关的内部变量，可选择独立储能元件

的变量，即取电容两端的电压 u_C 和流经电感的电流 i_L 作为电路系统的状态变量。图中左右两个回路由 Kirchhoff 电路定律分别得到 $e(t)=R_1(i_L+i_C)+L\dfrac{\mathrm{d}i_L}{\mathrm{d}t}$ 和 $u_C+R_2i_C=L\dfrac{\mathrm{d}i_L}{\mathrm{d}t}$。考虑到状态变量 u_C 和 i_L，且有 $i_C=C\dfrac{\mathrm{d}u_C}{\mathrm{d}t}$，这样可以将上述两个方程改写为

$$e(t)=R_1C\frac{\mathrm{d}u_C}{\mathrm{d}t}+L\frac{\mathrm{d}i_L}{\mathrm{d}t}+R_1i_L$$

$$u_C+R_2C\frac{\mathrm{d}u_C}{\mathrm{d}t}=L\frac{\mathrm{d}i_L}{\mathrm{d}t}$$

这样解出 $\dfrac{\mathrm{d}u_C}{\mathrm{d}t}$ 和 $\dfrac{\mathrm{d}i_L}{\mathrm{d}t}$，得到电路系统的状态向量描述的状态方程：

$$\begin{bmatrix}\dot{u}_C\\ \dot{i}_L\end{bmatrix}=\begin{bmatrix}\dfrac{\mathrm{d}u_C}{\mathrm{d}t}\\ \dfrac{\mathrm{d}i_L}{\mathrm{d}t}\end{bmatrix}=\begin{bmatrix}-\dfrac{1}{(R_1+R_2)C} & -\dfrac{R_1}{(R_1+R_2)C}\\ \dfrac{R_1}{L(R_1+R_2)} & -\dfrac{R_1R_2}{L(R_1+R_2)}\end{bmatrix}\begin{bmatrix}u_C\\ i_L\end{bmatrix}+\begin{bmatrix}\dfrac{1}{(R_1+R_2)C}\\ \dfrac{R_2}{L(R_1+R_2)}\end{bmatrix}e(t)$$

输出方程为

$$y=R_2i_C=R_2C\frac{\mathrm{d}u_C}{\mathrm{d}t}=\begin{bmatrix}-\dfrac{R_2}{(R_1+R_2)} & -\dfrac{R_1R_2}{(R_1+R_2)}\end{bmatrix}\begin{bmatrix}u_C\\ i_L\end{bmatrix}+\frac{R_2}{(R_1+R_2)}e(t)$$

这就是电路系统的状态变量的动态方程描述。

下面考虑动态方程(1.2.15)的传递函数矩阵描述。在研究线性时不变动态方程时，在初态为零的条件下，通过对动态方程进行拉普拉斯变换，可以得到与动态方程相对应的传递函数矩阵。对方程(1.2.15)进行拉氏变换可得

$$s\boldsymbol{X}(s)-\boldsymbol{x}^0=\boldsymbol{AX}(s)+\boldsymbol{BU}(s) \tag{1.2.16}$$

$$\boldsymbol{Y}(s)=\boldsymbol{CX}(s)+\boldsymbol{DU}(s) \tag{1.2.17}$$

由式(1.2.16)和式(1.2.17)可得

$$\boldsymbol{X}(s)=(s\boldsymbol{I}-\boldsymbol{A})^{-1}\boldsymbol{x}^0+(s\boldsymbol{I}-\boldsymbol{A})^{-1}\boldsymbol{BU}(s)$$

$$\boldsymbol{Y}(s)=\boldsymbol{C}(s\boldsymbol{I}-\boldsymbol{A})^{-1}\boldsymbol{x}^0+[\boldsymbol{C}(s\boldsymbol{I}-\boldsymbol{A})^{-1}\boldsymbol{B}+\boldsymbol{D}]\boldsymbol{U}(s)$$

若 $\boldsymbol{x}^0=\boldsymbol{0}$，可得

$$\boldsymbol{Y}(s)=[\boldsymbol{C}(s\boldsymbol{I}-\boldsymbol{A})^{-1}\boldsymbol{B}+\boldsymbol{D}]\boldsymbol{U}(s)=\boldsymbol{G}(s)\boldsymbol{U}(s) \tag{1.2.18}$$

其中 $\boldsymbol{G}(s)=\boldsymbol{C}(s\boldsymbol{I}-\boldsymbol{A})^{-1}\boldsymbol{B}+\boldsymbol{D}$ 称为动态方程(1.2.15)的传递函数矩阵，后面将会说明具有输入/输出描述和状态变量描述的线性时不变系统，用式(1.1.22)和式(1.2.18)导出的传递函数矩阵是相同的。

给出动态方程之后，可由式(1.2.18)计算出相应的传递函数矩阵。由式(1.2.18)可见，传递函数矩阵的主要部分是预解矩阵 $(s\boldsymbol{I}-\boldsymbol{A})^{-1}$，其拉普拉斯逆变换是矩阵指数 $\mathrm{e}^{\boldsymbol{A}t}$，预解矩阵是不易计算的。现在介绍与 $(s\boldsymbol{I}-\boldsymbol{A})^{-1}$ 有关的一些关系式，这些关系式在今后的计算或论证中经常要用到。

对于任何一个 $n\times n$ 的矩阵 $\boldsymbol{A}$，预解矩阵 $(s\boldsymbol{I}-\boldsymbol{A})^{-1}=\dfrac{\mathrm{adj}(s\boldsymbol{I}-\boldsymbol{A})}{\Delta(s)}$ 可以写成下列形式：

$$(s\boldsymbol{I}-\boldsymbol{A})^{-1}=\frac{1}{\Delta(s)}(\boldsymbol{R}_0s^{n-1}+\boldsymbol{R}_1s^{n-2}+\cdots+\boldsymbol{R}_{n-2}s+\boldsymbol{R}_{n-1}) \tag{1.2.19}$$

其中

$$\Delta(s)=\det(s\boldsymbol{I}-\boldsymbol{A})=s^n+a_1s^{n-1}+a_2s^{n-2}+\cdots+a_n \tag{1.2.20}$$

$\boldsymbol{R}_0$、$\boldsymbol{R}_1$、$\boldsymbol{R}_2$、…、$\boldsymbol{R}_{n-1}$ 为 $n\times n$ 的常量矩阵。将式(1.2.19)等号两边同时左乘$(s\boldsymbol{I}-\boldsymbol{A})\Delta(s)$，可得

$$\Delta(s)\boldsymbol{I}=(s\boldsymbol{I}-\boldsymbol{A})(\boldsymbol{R}_0s^{n-1}+\boldsymbol{R}_1s^{n-2}+\cdots+\boldsymbol{R}_{n-1})$$

比较上式两边 s 同次幂的系数矩阵，有

$$\begin{cases}\boldsymbol{R}_0=\boldsymbol{I}\\ \boldsymbol{R}_1=\boldsymbol{A}\boldsymbol{R}_0+a_1\boldsymbol{I}=\boldsymbol{A}+a_1\boldsymbol{I}\\ \boldsymbol{R}_2=\boldsymbol{A}\boldsymbol{R}_1+a_2\boldsymbol{I}=\boldsymbol{A}^2+a_1\boldsymbol{A}+a_2\boldsymbol{I}\\ \quad\vdots\\ \boldsymbol{R}_{n-1}=\boldsymbol{A}\boldsymbol{R}_{n-2}+a_{n-1}\boldsymbol{I}=\boldsymbol{A}^{n-1}+a_1\boldsymbol{A}^{n-2}+\cdots+a_{n-1}\boldsymbol{I}\\ 0=\boldsymbol{A}\boldsymbol{R}_{n-1}+a_n\boldsymbol{I}=\Delta(\boldsymbol{A})\end{cases} \tag{1.2.21}$$

由式(1.2.21)最后一个式子得到

$$a_n=-\frac{1}{n}\mathrm{tr}(\boldsymbol{A}\boldsymbol{R}_{n-1})=-\frac{1}{n}\mathrm{tr}(\boldsymbol{R}_{n-1}\boldsymbol{A})$$

即式(1.2.21)可以用来计算特征多项式的系数 a_n。利用式(1.2.21)和式(1.2.19)可得

$$\mathrm{adj}(s\boldsymbol{I}-\boldsymbol{A})=\Delta(s)(s\boldsymbol{I}-\boldsymbol{A})^{-1}=\sum_{k=0}^{n-1}p_k(s)\boldsymbol{A}^k \tag{1.2.22}$$

其中

$$\begin{bmatrix}p_0(s)\\ p_1(s)\\ \vdots\\ p_{n-1}(s)\end{bmatrix}=\begin{bmatrix}1 & a_1 & a_2 & \cdots & a_{n-1}\\ 0 & 1 & a_1 & \cdots & a_{n-2}\\ \vdots & & \vdots & & \vdots\\ 0 & \cdots & 0 & \cdots & a_1\\ 0 & \cdots & 0 & \cdots & 1\end{bmatrix}\begin{bmatrix}s^{n-1}\\ s^{n-2}\\ \vdots\\ s^0\end{bmatrix} \tag{1.2.23}$$

由式(1.2.22)可得

$$(s\boldsymbol{I}-\boldsymbol{A})^{-1}=\sum_{k=0}^{n-1}\frac{p_k(s)}{\Delta(s)}\boldsymbol{A}^k \tag{1.2.24}$$

计算预解矩阵的这一算法过程称为 Leverrier 算法。若对式(1.2.24)进行拉普拉斯反变换，且令

$$\tilde{p}_k(t)=\mathscr{L}^{-1}\left[\frac{p_k(s)}{\Delta(s)}\right]$$

其中 $\mathscr{L}^{-1}$表示对 $\left[\frac{p_k(s)}{\Delta(s)}\right]$ 求拉普拉斯逆变换，则可以得到矩阵指数 $\mathrm{e}^{\boldsymbol{A}t}$ 的一种表达式：

$$\mathrm{e}^{\boldsymbol{A}t}=\sum_{k=0}^{n-1}\tilde{p}_k(t)\boldsymbol{A}^k \tag{1.2.25}$$

可以从凯莱-哈密顿定理或矩阵函数等不同角度得出这些关系式。关于矩阵指数 $\mathrm{e}^{\boldsymbol{A}t}$ 的性质及算法详见第 0.5 节。此外，基于式(1.2.21)可以求取特征多项式的所有系数 a_i，参见习题 1-22。

1.3 线性动态方程的解与等价动态方程

1.3.1 线性动态方程的解

根据微分方程的理论，当 $\boldsymbol{A}(t)$ 和 $\boldsymbol{B}(t)$ 为连续或分段连续函数时，方程

$$\begin{cases}\dot{\boldsymbol{x}}=\boldsymbol{A}(t)x+\boldsymbol{B}(t)\boldsymbol{u}(t)\\ \boldsymbol{x}(t_0)=\boldsymbol{x}^0\end{cases}\tag{1.3.1}$$

对任意连续或分段连续的 $\boldsymbol{u}(t)$ 均有唯一解。在后续的讨论中，总假设系统满足解的存在唯一性条件。为了确定这个方程的解，先研究对应的齐次方程

$$\dot{\boldsymbol{x}}=\boldsymbol{A}(t)\boldsymbol{x}\tag{1.3.2}$$

的解。下面说明齐次方程(1.3.2)解的一些性质。

定理 1-1 方程(1.3.2)的所有解的集合，组成了实数域上的 n 维向量空间。

证明： 命 $\boldsymbol{\Psi}^1$ 和 $\boldsymbol{\Psi}^2$ 是式(1.3.2)的任意两个解，则对于任意的实数 a_1 和 a_2，$a_1\boldsymbol{\Psi}^1+a_2\boldsymbol{\Psi}^2$ 也是式(1.3.2)的解。事实上

$$\begin{aligned}\frac{\mathrm{d}}{\mathrm{d}t}(a_1\boldsymbol{\Psi}^1+a_2\boldsymbol{\Psi}^2)&=a_1\frac{\mathrm{d}}{\mathrm{d}t}\boldsymbol{\Psi}^1+a_2\frac{\mathrm{d}}{\mathrm{d}t}\boldsymbol{\Psi}^2\\&=a_1\boldsymbol{A}(t)\boldsymbol{\Psi}^1+a_2\boldsymbol{A}(t)\boldsymbol{\Psi}^2\\&=\boldsymbol{A}(t)(a_1\boldsymbol{\Psi}^1+a_2\boldsymbol{\Psi}^2)\end{aligned}$$

因此，解的集合组成了实数域上的线性空间，并称它为式(1.3.2)的解空间。下面证明解空间维数为 n。令 $\boldsymbol{e}^1,\boldsymbol{e}^2,\cdots,\boldsymbol{e}^n$ 是 n 个线性无关的向量，$\boldsymbol{\Psi}^i$ 是在初始条件 $\boldsymbol{\Psi}^i(t_0)=\boldsymbol{e}^i(i=1,\ 2,\ \cdots,\ n)$下，方程(1.3.2)的解。若能证明这 n 个解 $\boldsymbol{\Psi}^1,\boldsymbol{\Psi}^2,\cdots,\boldsymbol{\Psi}^n$ 是线性无关的，且式(1.3.2)的任一解均可表示成它们的线性组合，则维数为 n 的论断就得到了证明。现在用反证法，若 $\boldsymbol{\Psi}^1,\boldsymbol{\Psi}^2,\cdots,\boldsymbol{\Psi}^n$ 线性相关，必存在一个 $n\times 1$ 非零实向量 $\boldsymbol{a}$ 使得

$$[\boldsymbol{\Psi}^1\quad\boldsymbol{\Psi}^2\quad\cdots\quad\boldsymbol{\Psi}^n]\boldsymbol{a}=\boldsymbol{0},\quad\forall t$$

当 $t=t_0$ 时就有

$$[\boldsymbol{\Psi}^1\quad\boldsymbol{\Psi}^2\quad\cdots\quad\boldsymbol{\Psi}^n]\boldsymbol{a}=[\boldsymbol{e}^1\quad\boldsymbol{e}^2\quad\cdots\quad\boldsymbol{e}^n]\boldsymbol{a}=\boldsymbol{0}$$

上式意味着向量组 $\boldsymbol{e}^1,\boldsymbol{e}^2,\cdots,\boldsymbol{e}^n$ 线性相关，这与原先假设矛盾，表明 $\boldsymbol{\Psi}^1,\boldsymbol{\Psi}^2,\cdots,\boldsymbol{\Psi}^n$ 在$(-\infty,+\infty)$上线性无关。设 $\boldsymbol{\Psi}^0$ 是式(1.3.2)的任一解，且 $\boldsymbol{\Psi}^0(t_0)=\boldsymbol{e}$。显然 $\boldsymbol{e}$ 可唯一地用 $\boldsymbol{e}^1,\boldsymbol{e}^2,\cdots,\boldsymbol{e}^n$ 的线性组合表示，即

$$\boldsymbol{e}=a_1\boldsymbol{e}^1+a_2\boldsymbol{e}^2+\cdots+a_n\boldsymbol{e}^n$$

考虑 $\sum_{i=1}^{n}a_i\boldsymbol{\Psi}^i(t)$，它是方程(1.3.2)满足初条件 $\boldsymbol{e}$ 的解，根据唯一性定理有

$$\boldsymbol{\Psi}^0(t)=\sum_{i=1}^{n}a_i\boldsymbol{\Psi}^i(t)$$

即 $\boldsymbol{\Psi}^0(t)$可表示为 $\boldsymbol{\Psi}^1,\boldsymbol{\Psi}^2,\cdots,\boldsymbol{\Psi}^n$ 的线性组合。

定义 1-8 以方程(1.3.2)的 n 个线性无关解为列所构成的矩阵$[\boldsymbol{\Psi}^1\quad\boldsymbol{\Psi}^2\quad\cdots\quad\boldsymbol{\Psi}^n]=\boldsymbol{\Psi}$ 称为方程(1.3.2)的基本解矩阵，简称基解矩阵。不难验证，方程(1.3.2)的基本解矩阵是下列矩阵微分方程的解：

$$\begin{cases}\dfrac{\mathrm{d}\boldsymbol{\Psi}(t)}{\mathrm{d}t}=\boldsymbol{A}(t)\boldsymbol{\Psi}(t)\\ \boldsymbol{\Psi}(t_0)=\boldsymbol{E}\end{cases}\tag{1.3.3}$$

其中，$\boldsymbol{E}$ 是某一个非奇异实常量矩阵。

定理 1-2　方程(1.3.2)的基本解矩阵 $\boldsymbol{\Psi}(t)$对于$(-\infty,+\infty)$中的每一个 t 均为非奇异矩阵。

证明：用反证法。设有 t_0 使得 $\boldsymbol{\Psi}(t_0)$为奇异阵，则存在非零的实向量 $\boldsymbol{a}$，使得

$$[\boldsymbol{\Psi}^1(t_0)\quad \boldsymbol{\Psi}^2(t_0)\quad \cdots\quad \boldsymbol{\Psi}^n(t_0)]\boldsymbol{a}=\boldsymbol{0}$$

利用此 $\boldsymbol{a}$ 构造 $\boldsymbol{\Psi}^0(t)=[\boldsymbol{\Psi}^1(t)\quad \boldsymbol{\Psi}^2(t)\quad \cdots\quad \boldsymbol{\Psi}^n(t)]\boldsymbol{a}$，显然，$\boldsymbol{\Psi}^0(t_0)=0$，且 $\boldsymbol{\Psi}^0(t)$是式(1.3.2)的解，故由唯一性定理可知有 $\boldsymbol{\Psi}^0(t)\equiv 0$，即$[\boldsymbol{\Psi}^1(t)\quad \boldsymbol{\Psi}^2(t)\quad \cdots\quad \boldsymbol{\Psi}^n(t)]\boldsymbol{a}\equiv\boldsymbol{0}$，这和 $\boldsymbol{\Psi}$ 是基本解矩阵的假设相矛盾。故对于$(-\infty,+\infty)$中所有的 t 均有 $\det\boldsymbol{\Psi}(t)\neq 0$。

定理 1-3　若 $\boldsymbol{\Psi}_1$，$\boldsymbol{\Psi}_2$ 均为式(1.3.2)的基本解矩阵，则存在 $n\times n$ 非奇异实常量矩阵$\boldsymbol{C}$，使得

$$\boldsymbol{\Psi}_1(t)=\boldsymbol{\Psi}_2(t)\cdot\boldsymbol{C}$$

证明：这一结论不难利用基本解矩阵的性质给出证明。

令 $\boldsymbol{\Psi}(t)$是系统的任一基解矩阵，则其任意解 $\boldsymbol{x}(t)$总可以表示为 $\boldsymbol{\Psi}(t)$列的线性组合，即 $\boldsymbol{x}(t)=\boldsymbol{\Psi}(t)\boldsymbol{\alpha}$，特别地 $\boldsymbol{x}(t_0)=\boldsymbol{\Psi}(t_0)\boldsymbol{\alpha}$，这样便得到 $\boldsymbol{\alpha}=\boldsymbol{\Psi}^{-1}(t_0)\boldsymbol{x}(t_0)$，再代回解的表达式得到 $\boldsymbol{x}(t)=\boldsymbol{\Psi}(t)\boldsymbol{\Psi}^{-1}(t_0)\boldsymbol{x}(t_0)$。这正描述了从时间 t_0 到时间 t 的状态转移。由此引入如下定义：

定义 1-9　令 $\boldsymbol{\Psi}(t)$是式(1.3.2)的任一基本解矩阵，则 $\boldsymbol{\Phi}(t,t_0)=\boldsymbol{\Psi}(t)\boldsymbol{\Psi}^{-1}(t_0)$称为式(1.3.2)的状态转移矩阵。这里 $t,t_0\in(-\infty,+\infty)$。

根据定理 1-3 可知，式(1.3.2)的状态转移矩阵与基本解矩阵的选择无关。事实上，假设 $\boldsymbol{\Psi}_1$，$\boldsymbol{\Psi}_2$ 均为式(1.3.2)的基本解矩阵，则由 $\boldsymbol{\Psi}_1$ 定义的系统转移矩阵为 $\boldsymbol{\Phi}(t,t_0)=\boldsymbol{\Psi}_1(t)\boldsymbol{\Psi}_1^{-1}(t_0)$。由定理 1-3 可知，存在非奇异实常矩阵 $\boldsymbol{C}$ 使得 $\boldsymbol{\Psi}_1(t)=\boldsymbol{\Psi}_2(t)\cdot\boldsymbol{C}$，将其代入由 $\boldsymbol{\Psi}_1$ 定义的系统状态转移矩阵中得到 $\boldsymbol{\Phi}(t,t_0)=\boldsymbol{\Psi}_1(t)\boldsymbol{\Psi}_1^{-1}(t_0)=\boldsymbol{\Psi}_2(t)\cdot\boldsymbol{C}(\boldsymbol{\Psi}_2(t_0)\cdot\boldsymbol{C})^{-1}=\boldsymbol{\Psi}_2(t)\boldsymbol{\Psi}_2^{-1}(t_0)$，这正是由 $\boldsymbol{\Psi}_2$ 定义的系统转移矩阵。

同时根据定义容易验证状态转移矩阵具有下列重要性质：

$$\boldsymbol{\Phi}(t,t)=\boldsymbol{I}$$

$$\boldsymbol{\Phi}^{-1}(t,t_0)=\boldsymbol{\Psi}(t_0)\boldsymbol{\Psi}^{-1}(t)=\boldsymbol{\Phi}(t_0,t)$$

$$\boldsymbol{\Phi}(t_2,t_0)=\boldsymbol{\Phi}(t_2,t_1)\boldsymbol{\Phi}(t_1,t_0)$$

由式(1.3.3)可以证明 $\boldsymbol{\Phi}(t,t_0)$是下列矩阵微分方程的唯一解：

$$\begin{cases}\dfrac{\mathrm{d}\boldsymbol{\Phi}(t,t_0)}{\mathrm{d}t}=\boldsymbol{A}(t)\boldsymbol{\Phi}(t,t_0)\\ \boldsymbol{\Phi}(t_0,t_0)=\boldsymbol{I}\end{cases}\tag{1.3.4}$$

由状态转移矩阵的概念可以立即得到齐次方程(1.3.2)在初始条件 $\boldsymbol{x}(t_0)=\boldsymbol{x}^0$ 下的解为

$$\boldsymbol{x}(t)=\boldsymbol{\Phi}(t,t_0)\boldsymbol{x}^0\tag{1.3.5}$$

由式(1.3.5)可以清楚地看出状态转移矩阵的物理意义，齐次系统的任何时间间隔内，状态转移矩阵决定了状态向量的运动，$\boldsymbol{\Phi}(t,t_0)$可看作一个线性变换，它将 t_0 时刻的状态 $\boldsymbol{x}^0$ 映射到 t 时刻的状态 $\boldsymbol{x}(t)$。

下面给出非齐次方程 $\dot{\boldsymbol{x}}=\boldsymbol{A}(t)\boldsymbol{x}+\boldsymbol{B}(t)\boldsymbol{u}$ 的解。由常数变异法，令 $\boldsymbol{x}(t)=\boldsymbol{\Phi}(t,t_0)\boldsymbol{\xi}(t)$，代入方程(1.3.1)第一个式子等号的左边，可得

$$\dot{\boldsymbol{x}}(t)=\dot{\boldsymbol{\Phi}}(t,t_0)\boldsymbol{\xi}(t)+\boldsymbol{\Phi}(t,t_0)\dot{\boldsymbol{\xi}}(t)=\boldsymbol{A}(t)\boldsymbol{\Phi}(t,t_0)\boldsymbol{\xi}(t)+\boldsymbol{\Phi}(t,t_0)\dot{\boldsymbol{\xi}}(t)$$

将 $\boldsymbol{x}(t)=\boldsymbol{\Phi}(t,t_0)\boldsymbol{\xi}(t)$代入式(1.3.1)第一个式子等号的右边可得 $\boldsymbol{A}(t)\boldsymbol{\Phi}(t,t_0)\boldsymbol{\xi}(t)+\boldsymbol{B}(t)\boldsymbol{u}(t)$，由式(1.3.1)第一个式子等号左边和右边相等，可以得到

$$\dot{\boldsymbol{\xi}}(t)=\boldsymbol{\Phi}^{-1}(t,t_0)\boldsymbol{B}(t)\boldsymbol{u}(t)$$

将上式积分得

$$\boldsymbol{\xi}(t)-\boldsymbol{\xi}(t_0)=\int_{t_0}^{t}\boldsymbol{\Phi}^{-1}(\tau,t_0)\boldsymbol{B}(\tau)\boldsymbol{u}(\tau)\mathrm{d}\tau$$

因为 $\boldsymbol{\xi}(t_0)=\boldsymbol{x}(t_0)=\boldsymbol{x}^0$，$\boldsymbol{\xi}(t)=\boldsymbol{\Phi}^{-1}(t,t_0)\boldsymbol{x}(t)$，所以得 $\boldsymbol{x}(t)$的表达式如下：

$$\begin{aligned}\boldsymbol{x}(t)&=\boldsymbol{\Phi}(t,t_0)\boldsymbol{x}^0+\boldsymbol{\Phi}(t,t_0)\int_{t_0}^{t}\boldsymbol{\Phi}(t_0,\tau)\boldsymbol{B}(\tau)\boldsymbol{u}(\tau)\mathrm{d}\tau\\&=\boldsymbol{\Phi}(t,t_0)\boldsymbol{x}^0+\int_{t_0}^{t}\boldsymbol{\Phi}(t,\tau)\boldsymbol{B}(\tau)\boldsymbol{u}(\tau)\mathrm{d}\tau\end{aligned}\tag{1.3.6}$$

在上式的推导中多次用到状态转移矩阵的性质。将以上结果写成如下定理形式：

定理 1-4 状态方程

$$\dot{\boldsymbol{x}}=\boldsymbol{A}(t)\boldsymbol{x}+\boldsymbol{B}(t)\boldsymbol{u},\quad \boldsymbol{x}(t_0)=\boldsymbol{x}^0$$

的解由式(1.3.6)给出。

若用 $\boldsymbol{\Phi}(t,t_0,\boldsymbol{x}^0,\boldsymbol{u})$来表示初始状态 $\boldsymbol{x}(t_0)=\boldsymbol{x}^0$ 和输入 $\boldsymbol{u}_{[t_0,t)}$ 共同引起的在 t 时刻的状态。当 $\boldsymbol{u}\equiv\boldsymbol{0}$ 时，则式(1.3.6)化为

$$\boldsymbol{\Phi}(t,t_0,\boldsymbol{x}^0,\boldsymbol{0})=\boldsymbol{\Phi}(t,t_0)\boldsymbol{x}^0\tag{1.3.7}$$

若 $\boldsymbol{x}(t_0)=\boldsymbol{0}$，则式(1.3.6)化为

$$\boldsymbol{\Phi}(t,t_0,\boldsymbol{0},\boldsymbol{u})=\int_{t_0}^{t}\boldsymbol{\Phi}(t,\tau)\boldsymbol{B}(\tau)\boldsymbol{u}(\tau)\mathrm{d}\tau\tag{1.3.8}$$

$\boldsymbol{\Phi}(t,t_0,\boldsymbol{x}^0,\boldsymbol{0})$和 $\boldsymbol{\Phi}(t,t_0,\boldsymbol{0},\boldsymbol{u})$分别称为状态方程的零输入响应和零状态响应。由式(1.3.6)可以看到，一个线性状态方程的响应总能分解成零输入响应和零状态响应的和，且这两部分响应分别是 x^0 和 u 的线性函数。

推论 1-1 动态方程式(1.2.13)和式(1.2.14)的输出为

$$\boldsymbol{y}(t)=\boldsymbol{C}(t)\boldsymbol{\Phi}(t,t_0)\boldsymbol{x}^0+\int_{t_0}^{t}\boldsymbol{C}(t)\boldsymbol{\Phi}(t,\tau)\boldsymbol{B}(\tau)\boldsymbol{u}(\tau)\mathrm{d}\tau+\boldsymbol{D}(t)\boldsymbol{u}(t)\tag{1.3.9}$$

同样可以将 $y(t)$分解为零输入响应和零状态响应。若 $\boldsymbol{x}^0=\boldsymbol{0}$，则式(1.3.9)变为

$$\begin{aligned}\boldsymbol{y}(t)&=\int_{t_0}^{t}[\boldsymbol{C}(t)\boldsymbol{\Phi}(t,\tau)\boldsymbol{B}(\tau)+\boldsymbol{D}(t)\delta(t-\tau)]\boldsymbol{u}(\tau)\mathrm{d}\tau\\&=\int_{t_0}^{t}\boldsymbol{G}(t,\tau)\boldsymbol{u}(\tau)\mathrm{d}\tau\end{aligned}\tag{1.3.10}$$

比较式(1.3.10)和在 1.1 节中引入的输入/输出的描述，可知矩阵函数

$$\begin{cases}\boldsymbol{G}(t,\tau)=\boldsymbol{C}(t)\boldsymbol{\Phi}(t,\tau)\boldsymbol{B}(\tau)+\boldsymbol{D}(t)\delta(t-\tau), & t\geqslant\tau\\ \boldsymbol{G}(t,\tau)=0, & t<\tau\end{cases}\tag{1.3.11}$$

是动态方程的脉冲响应矩阵。

下面给出线性时不变动态方程的解。线性时不变动态方程为

$$\begin{cases}\dot{\boldsymbol{x}}=\boldsymbol{A}\boldsymbol{x}+\boldsymbol{B}\boldsymbol{u}\\ \boldsymbol{y}=\boldsymbol{C}\boldsymbol{x}+\boldsymbol{D}\boldsymbol{u}\end{cases} \tag{1.3.12}$$

其中 $\boldsymbol{A}$、$\boldsymbol{B}$、$\boldsymbol{C}$ 和 $\boldsymbol{D}$ 分别为 $n\times n$、$n\times p$、$q\times n$ 和 $q\times p$ 的实常量矩阵。因为这种情况是线性时变动态方程的特殊情况，所以前面导出的所有结果，此处均能适用，它的主要结论如下：

① $\dot{\boldsymbol{x}}=\boldsymbol{A}\boldsymbol{x}$ 的基本矩阵为 $\mathrm{e}^{\boldsymbol{A}t}$；状态转移矩阵 $\boldsymbol{\Phi}(t,t_0)=\mathrm{e}^{\boldsymbol{A}t}(\mathrm{e}^{\boldsymbol{A}t_0})^{-1}=\mathrm{e}^{\boldsymbol{A}(t-t_0)}=\boldsymbol{\Phi}(t-t_0)$。

② 动态方程(1.3.12)的解为

$$\boldsymbol{x}(t)=\mathrm{e}^{\boldsymbol{A}(t-t_0)}\boldsymbol{x}^0+\int_{t_0}^{t}\mathrm{e}^{\boldsymbol{A}(t-\tau)}\boldsymbol{B}\boldsymbol{u}(\tau)\mathrm{d}\tau \tag{1.3.13}$$

$$\boldsymbol{y}(t)=\boldsymbol{C}\mathrm{e}^{\boldsymbol{A}(t-t_0)}\boldsymbol{x}^0+\int_{t_0}^{t}\boldsymbol{C}\mathrm{e}^{\boldsymbol{A}(t-\tau)}\boldsymbol{B}\boldsymbol{u}(\tau)\mathrm{d}\tau+\boldsymbol{D}\boldsymbol{u}(t) \tag{1.3.14}$$

对于时不变系统，通常假定 $t_0=0$，这时有

$$\boldsymbol{x}(t)=\mathrm{e}^{\boldsymbol{A}t}\boldsymbol{x}(0)+\int_{0}^{t}\mathrm{e}^{\boldsymbol{A}(t-\tau)}\boldsymbol{B}\boldsymbol{u}(\tau)\mathrm{d}\tau \tag{1.3.15}$$

$$\boldsymbol{y}(t)=\boldsymbol{C}\mathrm{e}^{\boldsymbol{A}t}\boldsymbol{x}(0)+\int_{0}^{t}\boldsymbol{C}\mathrm{e}^{\boldsymbol{A}(t-\tau)}\boldsymbol{B}\boldsymbol{u}(\tau)\mathrm{d}\tau+\boldsymbol{D}\boldsymbol{u}(t) \tag{1.3.16}$$

③ 式(1.3.12)对应的脉冲响应矩阵为

$$\boldsymbol{G}(t-\tau)=\boldsymbol{C}\mathrm{e}^{\boldsymbol{A}(t-\tau)}\boldsymbol{B}+\boldsymbol{D}\delta(t-\tau),\quad t\geqslant\tau$$

$$\boldsymbol{G}(t,\tau)=\boldsymbol{0},\quad t<\tau$$

或更通常地写为

$$\boldsymbol{G}(t)=\boldsymbol{C}\mathrm{e}^{\boldsymbol{A}t}\boldsymbol{B}+\boldsymbol{D}\delta(t) \tag{1.3.17}$$

④ 式(1.3.12)对应的传递函数阵 $\boldsymbol{G}(s)$ 是一个有理函数矩阵，即

$$\boldsymbol{G}(s)=\boldsymbol{C}(s\boldsymbol{I}-\boldsymbol{A})^{-1}\boldsymbol{B}+\boldsymbol{D} \tag{1.3.18}$$

1.3.2　等价动态方程

在建立系统动态方程描述时曾经指出，系统的状态变量是为了给出系统输入/输出之间的唯一关系而引入的一种信息量。状态变量的选择不是唯一的，不同的选择方法会导致形式不同的动态方程。现在研究这些不同的状态方程之间的关系，下面首先讨论时不变的情况。

定义 1-10　线性时不变方程

$$\begin{cases}\dot{\bar{\boldsymbol{x}}}=\bar{\boldsymbol{A}}\bar{\boldsymbol{x}}+\bar{\boldsymbol{B}}\boldsymbol{u}\\ \boldsymbol{y}=\bar{\boldsymbol{C}}\bar{\boldsymbol{x}}+\bar{\boldsymbol{D}}\boldsymbol{u}\end{cases} \tag{1.3.19}$$

称为式(1.3.12)的等价动态方程，当且仅当存在非奇异矩阵 $\boldsymbol{P}$，使得

$$\bar{\boldsymbol{A}}=\boldsymbol{P}\boldsymbol{A}\boldsymbol{P}^{-1},\quad \bar{\boldsymbol{B}}=\boldsymbol{P}\boldsymbol{B},\quad \bar{\boldsymbol{C}}=\boldsymbol{C}\boldsymbol{P}^{-1},\quad \bar{\boldsymbol{D}}=\boldsymbol{D} \tag{1.3.20}$$

由定义不难看出，只要在式(1.3.12)中令 $\bar{\boldsymbol{x}}=\boldsymbol{P}\boldsymbol{x}$，就可得到式(1.3.19)。也就是说动态方程(1.3.19)相当于方程(1.3.12)在变换状态空间的基底后所得的结果，$\boldsymbol{P}^{-1}$ 就是状态空间基底变换矩阵，而 $\boldsymbol{P}$ 则是坐标变换矩阵。同一系统选取不同的状态变量所得到的状态方程之间的关系是等价动态方程的关系。

显然，动态方程是等价动态方程的必要条件是它们的维数和传递函数阵相同，但反之未必成立。称两个时不变动态系统是零状态等价的，当且仅当它们具有相同的脉冲响应矩阵或相同的传递函数阵。据此，两个代数等价的动态方程显然是零状态等价的，但反之不然。例如考

虑两个系统：$\dot{x}=3x+2u$ 和 $\dot{\boldsymbol{x}}=\begin{bmatrix}-1 & 4\\ 4 & -1\end{bmatrix}\boldsymbol{x}+\begin{bmatrix}1\\1\end{bmatrix}u, y=[1\quad 1]\boldsymbol{x}$。显然，这两个系统不是代数等价系统。但容易验证，它们有相同的传递函数，从而是零状态等价的。

定义 1-10 可以推广到时变情况，设线性时变动态方程为

$$\begin{cases}\dot{\boldsymbol{x}}=\boldsymbol{A}(t)\boldsymbol{x}+\boldsymbol{B}(t)\boldsymbol{u}\\ \boldsymbol{y}=\boldsymbol{C}(t)\boldsymbol{x}+\boldsymbol{D}(t)\boldsymbol{u}\end{cases} \tag{1.3.21}$$

其中，$\boldsymbol{A}(t)$、$\boldsymbol{B}(t)$、$\boldsymbol{C}(t)$和 $\boldsymbol{D}(t)$为具有相应维数的矩阵，它们的元素都是 t 的实值连续函数。设 $\boldsymbol{P}(t)$为定义在$(-\infty,+\infty)$上的复数矩阵，对所有 t，$\boldsymbol{P}(t)$是非奇异且关于 t 是连续可微的。

定义 1-11 动态方程

$$\begin{cases}\dot{\bar{\boldsymbol{x}}}=\bar{\boldsymbol{A}}(t)\bar{\boldsymbol{x}}+\bar{\boldsymbol{B}}(t)\boldsymbol{u}\\ \boldsymbol{y}=\bar{\boldsymbol{C}}(t)\bar{\boldsymbol{x}}+\bar{\boldsymbol{D}}(t)\boldsymbol{u}\end{cases} \tag{1.3.22}$$

称为式(1.3.21)的代数等价动态方程，当且仅当存在 $\boldsymbol{P}(t)$，使得

$$\begin{cases}\bar{\boldsymbol{A}}(t)=[\boldsymbol{P}(t)\boldsymbol{A}(t)+\dot{\boldsymbol{P}}(t)]\boldsymbol{P}^{-1}(t), & \bar{\boldsymbol{B}}(t)=\boldsymbol{P}(t)\boldsymbol{B}(t)\\ \bar{\boldsymbol{C}}(t)=\boldsymbol{C}(t)\boldsymbol{P}^{-1}(t), & \bar{\boldsymbol{D}}(t)=\boldsymbol{D}(t)\end{cases} \tag{1.3.23}$$

由定义可见，只要在式(1.3.21)中令 $\bar{\boldsymbol{x}}(t)=\boldsymbol{P}(t)\boldsymbol{x}(t)$就可以得到式(1.3.22)，因此可以和时不变的情况一样，将定义 1-11 的代数等价关系看作是状态空间的基底变换的结果，只不过这里变换矩阵是随时间而变化的。

若 $\boldsymbol{\Psi}(t)$是式(1.3.21)的一个基本解矩阵，显然 $\boldsymbol{P}(t)\boldsymbol{\Psi}(t)$是式(1.3.22)的基本解矩阵。因此，若 $\boldsymbol{\Phi}(t,t_0)$是式(1.3.21)的状态转移矩阵，则式(1.3.22)的状态转移矩阵为

$$\boldsymbol{P}(t)\boldsymbol{\Phi}(t,t_0)\boldsymbol{P}^{-1}(t_0) \tag{1.3.24}$$

事实上，由定义可知式(1.3.22)的状态转移矩阵为

$$\bar{\boldsymbol{\Phi}}(t,t_0)=\boldsymbol{P}(t)\boldsymbol{\Psi}(t)[\boldsymbol{P}(t_0)\boldsymbol{\Psi}(t_0)]^{-1}=\boldsymbol{P}(t)\boldsymbol{\Psi}(t)\boldsymbol{\Psi}^{-1}(t_0)\boldsymbol{P}^{-1}(t_0)=\boldsymbol{P}(t)\boldsymbol{\Phi}(t,t_0)\boldsymbol{P}^{-1}(t_0)$$

1.4 系统两种数学描述之间的关系

在 1.1 节和 1.2 节中分别介绍了线性系统的输入/输出描述和状态变量描述，这里简单对这两种描述方法做一比较。

1.4.1 两种描述方法的比较

系统的输入/输出描述仅揭示在初始松弛的假定下输入与输出之间的关系，因此这种描述方法不能表示在非松弛情况下系统输入/输出的关系，更重要的一点是它也不能揭示系统内部的行为。例如图 1-9 所示的网络，图中电阻均为 1 Ω，电容为 1 F。

图 1-9(a)所示网络的传递函数为 0.5，图 1-9(b)所示网络的传递函数为 1。当电容初始电压不为零时，因电容为负，故图 1-9(a)中的电压 y_1 随时间增加而增加，而图 1-9(b)中的 y_2 则对于 t 均保持等于 $u(t)$不变。显然图 1-9(a)的网络是不能令人满意的，因为在非零初始条件下，该网络的输出将随时间增加而无限增长。而图 1-9(b)的网络显然输出特性较好，但因支路 1 和 2 的电压随时间增加而增加，结果可能导致电容被击穿。因此图 1-9 所示的网络均不能正常工作，在网络内部结构未知的情况下，上述现象是从传递函数检查不出来

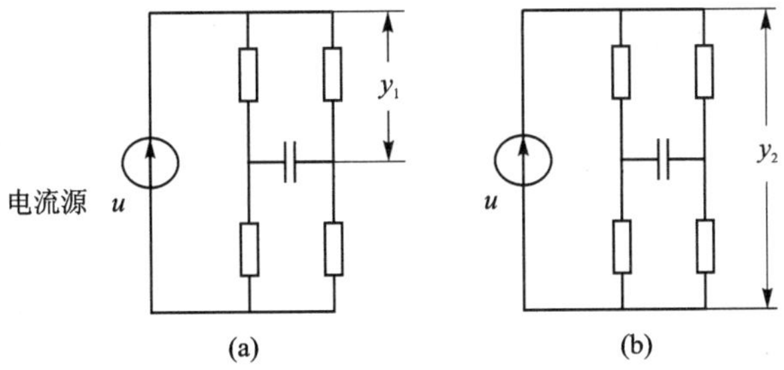

图 1－9　具有负电容的网络

的。也就是说，在有些情况下，输入/输出描述尚不足以完全描述系统。

图 1－9 网络的动态方程分别为

图 1－9(a)：
$$\begin{cases}\dot{x}=x\\ y_1=0.5x+0.5u\end{cases}$$

图 1－9(b)：
$$\begin{cases}\dot{x}=x\\ y_2=u\end{cases}$$

容易求出动态方程的解，并通过解的表达式说明前述的物理现象，因此可见动态方程不仅描述了任何初始状态下输入和输出之间的关系，而且描述了在任何初始状态下系统的内部行为，所以与输入/输出描述相比，动态方程更完善地描述了系统。

对于比较复杂的线性系统，建立其动态方程是很烦琐的。在这种情况下，通过直接量测求得输入/输出描述，可能比较容易一些，例如可以通过对系统加入某些典型外部作用，然后量测系统在典型外部作用下的响应，再通过数据处理得到输入/输出的关系。

在经典控制理论中，分析和综合都是在传递函数基础上实现的。例如容易用根轨迹方法或 Bode 图完成反馈系统的设计，这种设计由于解的不唯一性，在设计法上含有较多的试凑的成份，故设计者的经验起着很重要的作用。在现代控制理论中，系统设计是用动态方程完成的，虽然动态方程的解析解可能直接得到并且似乎是简单的，但是它的数值计算却是很麻烦的，通常要用数字机来计算。然而，现代控制理论能处理那些经典理论所不能处理的问题，如最优控制设计问题。

本书中所研究的动态方程仅限于有限维的情况，故它们仅适用于集中参数系统。而输入/输出描述不仅适用于集中参数系统，也适用于分布参数系统。

采用动态方程描述，系统很容易在模拟机或数字机上仿真。

由上述讨论可见，输入/输出描述和动态方程描述各有长处。因此，为了有效地进行设计，一个设计者应该掌握这两种描述。

1.4.2　脉冲响应矩阵与动态方程

首先研究时变的情况。若给定系统的动态方程如下：

$$\begin{cases}\dot{\boldsymbol{x}}=\boldsymbol{A}(t)\boldsymbol{x}+\boldsymbol{B}(t)\boldsymbol{u}\\ \boldsymbol{y}=\boldsymbol{C}(t)\boldsymbol{x}+\boldsymbol{D}(t)\boldsymbol{u}\end{cases}\tag{1.4.1}$$

容易根据动态方程(1.4.1)得到系统的输入/输出描述，因为当 $\boldsymbol{x}(t_0)=\boldsymbol{0}$ 时，动态方程的解为

$$\begin{aligned}\boldsymbol{y}(t) &= \boldsymbol{C}(t)\int_{t_0}^{t}\boldsymbol{\Phi}(t,\tau)\boldsymbol{B}(\tau)\boldsymbol{u}(\tau)\mathrm{d}\tau + \boldsymbol{D}(t)\boldsymbol{u}(t)\\ &= \int_{t_0}^{t}[\boldsymbol{C}(t)\boldsymbol{\Phi}(t,\tau)\boldsymbol{B}(\tau)+\boldsymbol{D}(t)\delta(t-\tau)]\boldsymbol{u}(\tau)\mathrm{d}\tau \end{aligned}\tag{1.4.2}$$

令

$$\boldsymbol{G}(t,\tau)=\begin{cases}\boldsymbol{C}(t)\boldsymbol{\Phi}(t,\tau)\boldsymbol{B}(\tau)+\boldsymbol{D}(t)\delta(t-\tau), & t\geqslant\tau\\ \boldsymbol{0}, & t<\tau\end{cases}\tag{1.4.3}$$

式(1.4.2)可写为

$$\boldsymbol{y}(t)=\int_{t_0}^{t}\boldsymbol{G}(t,\tau)\boldsymbol{u}(\tau)\mathrm{d}\tau$$

这正是在 t_0 松弛、具有因果性的线性时变系统的输入/输出描述。而式(1.4.3)所定义的 $\boldsymbol{G}(t,\tau)$ 正是脉冲响应矩阵，式中当 $t<\tau$ 时，$\boldsymbol{G}(t,\tau)=\boldsymbol{0}$ 是式(1.4.2)中积分上限终止于 t 的体现，即体现了该系统具有因果性。

若一个系统可以用状态变量描述，利用式(1.4.3)容易得到其输入/输出描述。相反的问题，即从系统的输入/输出描述求取状态变量描述就要复杂得多。这里实际上包含两个问题：① 是否可能从系统的脉冲响应矩阵获得状态变量描述？② 如果可能，怎样由脉冲响应矩阵求出状态变量描述？

定义 1-12 一个具有脉冲响应矩阵 $\boldsymbol{G}(t,\tau)$ 的系统，若存在一个线性有限维的动态方程 $\boldsymbol{E}:(\boldsymbol{A}(t),\boldsymbol{B}(t),\boldsymbol{C}(t),\boldsymbol{D}(t))$ 与它具有相同的脉冲响应矩阵，则称 $\boldsymbol{G}(t,\tau)$ 是可实现的，并称 $(\boldsymbol{A}(t),\boldsymbol{B}(t),\boldsymbol{C}(t),\boldsymbol{D}(t))$ 是 $\boldsymbol{G}(t,\tau)$ 的一个动态方程实现。

显然，在定义 1-12 中，实现仅给出与系统同样的零状态响应，若动态方程不在零状态，则其响应可与系统没有任何关系。另外，并不是每一个 $\boldsymbol{G}(t,\tau)$ 都是可实现的，例如没有一个如式(1.4.1)形式的线性动态方程能够产生单位迟延系统的脉冲响应。

下面将给出 $\boldsymbol{G}(t,\tau)$ 可实现的充分必要条件。

定理 1-5 $q\times p$ 脉冲响应矩阵 $\boldsymbol{G}(t,\tau)$ 是能用式(1.4.1)形式的有限维动态方程实现的，当且仅当 $\boldsymbol{G}(t,\tau)$ 可分解为

$$\boldsymbol{G}(t,\tau)=\boldsymbol{D}(t)\delta(t-\tau)+\boldsymbol{M}(t)\boldsymbol{N}(\tau),\quad \forall t\geqslant\tau\tag{1.4.4}$$

其中，$\boldsymbol{D}(t)$ 是 $q\times p$ 矩阵，$\boldsymbol{M}(t)$ 和 $\boldsymbol{N}(t)$ 分别是 t 的 $q\times n$ 和 $n\times p$ 连续矩阵。

证明： ① 必要性。设动态方程(1.4.1)是 $\boldsymbol{G}(t,\tau)$ 的一个实现，则有

$$\boldsymbol{G}(t,\tau)=\boldsymbol{D}(t)\delta(t-\tau)+\boldsymbol{C}(t)\boldsymbol{\Phi}(t,\tau)\boldsymbol{B}(\tau)=\boldsymbol{D}(t)\delta(t-\tau)+\boldsymbol{C}(t)\boldsymbol{\Psi}(t)\boldsymbol{\Psi}^{-1}(\tau)\boldsymbol{B}(\tau)$$

其中，$\boldsymbol{\Psi}(t)$ 是 $\dot{\boldsymbol{x}}=\boldsymbol{A}(t)\boldsymbol{x}$ 的基本解矩阵。若令

$$\boldsymbol{M}(t)=\boldsymbol{C}(t)\boldsymbol{\Psi}(t)$$

$$\boldsymbol{N}(t)=\boldsymbol{\Psi}^{-1}(t)\boldsymbol{B}(t)$$

则必要性得证。

② 充分性。若 $\boldsymbol{G}(t,\tau)$ 有式(1.4.4)的形式，则构造下列 n 维动态方程

$$\begin{cases}\dot{\boldsymbol{x}}(t)=\boldsymbol{N}(t)\boldsymbol{u}(t)\\ \boldsymbol{y}(t)=\boldsymbol{M}(t)\boldsymbol{x}(t)+\boldsymbol{D}(t)\boldsymbol{u}(t)\end{cases}\tag{1.4.5}$$

容易验证式(1.4.5)是 $\boldsymbol{G}(t,\tau)$ 的一个实现。

注意到，式(1.4.5)可用图 1-10 所示的没有反馈的结构来模拟。

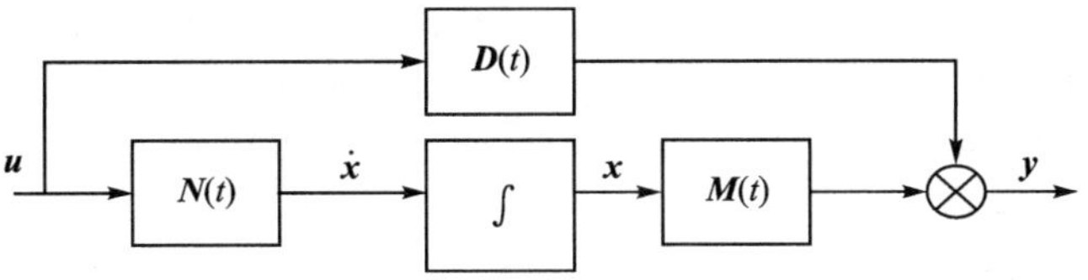

图 1-10　式(1.4.5)的模拟结构图

例 1-8　设 $g(t,\tau)=g(t-\tau)=(t-\tau)e^{\lambda(t-\tau)}$，容易证明

$$g(t-\tau)=(t-\tau)e^{\lambda(t-\tau)}=\begin{bmatrix} e^{\lambda t} & te^{\lambda t}\end{bmatrix}\begin{bmatrix} -\tau e^{-\lambda\tau} \\ e^{-\lambda\tau}\end{bmatrix}$$

因此，动态方程的一个实现为

$$\begin{bmatrix}\dot{x}_1 \\ \dot{x}_2\end{bmatrix}=\begin{bmatrix} -te^{-\lambda t} \\ e^{-\lambda t}\end{bmatrix}u(t)$$

$$y(t)=\begin{bmatrix} e^{\lambda t} & te^{\lambda t}\end{bmatrix}\begin{bmatrix} x_1 \\ x_2\end{bmatrix}$$

所有等价动态方程都具有相同的脉冲响应矩阵。因此，若找到 $\boldsymbol{G}(t,\tau)$ 的一个实现，就可利用等价变换找到 $\boldsymbol{G}(t,\tau)$ 的另一个实现。但是注意 $\boldsymbol{G}(t,\tau)$ 可以有维数不同的实现，故并非 $\boldsymbol{G}(t,\tau)$ 的所有实现均等价。

1.4.3　有理函数矩阵的可实现性

对于时不变的情况，先从 s 域来讨论。设系统的输入/输出描述为

$$\boldsymbol{y}(t)=\int_0^t \boldsymbol{G}(t-\tau)\boldsymbol{u}(\tau)d\tau$$

或在复数域中为

$$\boldsymbol{Y}(s)=\boldsymbol{G}(s)\boldsymbol{U}(s) \tag{1.4.6}$$

这里 $\boldsymbol{G}(s)$ 是脉冲响应矩阵 $\boldsymbol{G}(t)$ 的拉普拉斯变换，也就是传递函数矩阵。现假定已找到系统的动态方程描述为

$$\begin{cases}\dot{\boldsymbol{x}}=\boldsymbol{A}\boldsymbol{x}+\boldsymbol{B}\boldsymbol{u} \\ \boldsymbol{y}=\boldsymbol{C}\boldsymbol{x}+\boldsymbol{D}\boldsymbol{u}\end{cases} \tag{1.4.7}$$

由式(1.4.7)可求出

$$\boldsymbol{Y}(s)=[\boldsymbol{C}(s\boldsymbol{I}-\boldsymbol{A})^{-1}\boldsymbol{B}+\boldsymbol{D}]\boldsymbol{U}(s) \tag{1.4.8}$$

比较式(1.4.6)与式(1.4.8)，故有

$$\boldsymbol{G}(s)=\boldsymbol{C}(s\boldsymbol{I}-\boldsymbol{A})^{-1}\boldsymbol{B}+\boldsymbol{D}=\frac{\boldsymbol{C}\mathrm{adj}(s\boldsymbol{I}-\boldsymbol{A})\boldsymbol{B}}{\det(s\boldsymbol{I}-\boldsymbol{A})}+\boldsymbol{D} \tag{1.4.9}$$

式(1.4.9)表明，$\boldsymbol{G}(s)$ 可用式(1.4.7)的动态方程实现的条件是 $\boldsymbol{G}(s)$ 的每一个元都是 s 的有理函数，而且它的分母的次数不小于分子的次数。

定义 1-13　若 $\boldsymbol{G}(\infty)$ 是常量矩阵，则称有理函数矩阵 $\boldsymbol{G}(s)$ 是真（正则）有理函数矩阵。若 $\boldsymbol{G}(\infty)=0$，则称有理函数矩阵为严格真（严格正则）有理函数矩阵。

定理 1-6　$\boldsymbol{G}(s)$ 可由有限维线性动态方程(1.4.7)实现的充分必要条件是传递函数矩阵 $\boldsymbol{G}(s)$ 是真有理函数矩阵。

证明：① 必要性。由式(1.4.9)就可说明，因为$(s\boldsymbol{I}-\boldsymbol{A})$的行列式是$s$的$n$次多项式，$\mathrm{adj}(s\boldsymbol{I}-\boldsymbol{A})$的每一个元是矩阵$(s\boldsymbol{I}-\boldsymbol{A})$的$n-1$阶子式，而这些子式都是次数至多为$n-1$次的多项式。因此$\boldsymbol{C}(s\boldsymbol{I}-\boldsymbol{A})^{-1}\boldsymbol{B}$是严格真的有理函数矩阵，根据式(1.4.9)可知$\boldsymbol{G}(\infty)=\boldsymbol{D}$，所以$\boldsymbol{G}(s)$是真有理函数矩阵。

② 充分性。因为$\boldsymbol{G}(s)$是$q\times p$真有理函数矩阵，显然$\boldsymbol{G}(\infty)$是一常量矩阵，记$\boldsymbol{G}(\infty)$为$\boldsymbol{D}$，因而$\boldsymbol{G}(s)$可分解如下：

$$\boldsymbol{G}(s)=\boldsymbol{G}_0(s)+\boldsymbol{D} \tag{1.4.10}$$

其中，$\boldsymbol{G}_0(s)$是严格真的有理函数矩阵。现在证明存在$\boldsymbol{A}$、$\boldsymbol{B}$、$\boldsymbol{C}$阵，使得

$$\boldsymbol{C}(s\boldsymbol{I}-\boldsymbol{A})^{-1}\boldsymbol{B}=\boldsymbol{G}_0(s)$$

设$\boldsymbol{G}_0(s)$各元素分母的首一最小公倍式为$g(s)=s^r+g_{r-1}s^{r-1}+\cdots+g_1s+g_0$，显然$g(s)\boldsymbol{G}_0(s)$是多项式矩阵。因为$\boldsymbol{G}_0(s)$是严格真的有理函数矩阵，故$g(s)\boldsymbol{G}_0(s)$可表示如下：

$$g(s)\boldsymbol{G}_0(s)=\boldsymbol{G}_0+\boldsymbol{G}_1s+\cdots+\boldsymbol{G}_{r-1}s^{r-1}$$

其中，$\boldsymbol{G}_0,\boldsymbol{G}_1,\cdots,\boldsymbol{G}_{r-1}$都是$q\times p$的常量矩阵。按下列方式构造$\boldsymbol{A}$、$\boldsymbol{B}$、$\boldsymbol{C}$阵：

$$\boldsymbol{A}=\begin{bmatrix}\boldsymbol{0}_p & \boldsymbol{I}_p & & & \\ & \boldsymbol{0}_p & \boldsymbol{I}_p & & \\ & & \ddots & \ddots & \\ & & & \boldsymbol{0}_p & \boldsymbol{I}_p \\ -g_0\boldsymbol{I}_p & -g_1\boldsymbol{I}_p & \cdots & & -g_{r-1}\boldsymbol{I}_p\end{bmatrix},\quad \boldsymbol{B}=\begin{bmatrix}\boldsymbol{0}_p\\ \boldsymbol{0}_p\\ \vdots\\ \boldsymbol{0}_p\\ \boldsymbol{I}_p\end{bmatrix} \tag{1.4.11}$$

$$\boldsymbol{C}=[\boldsymbol{G}_0\quad \boldsymbol{G}_1\quad \cdots\quad \boldsymbol{G}_{r-1}]$$

显然$\boldsymbol{A}$、$\boldsymbol{B}$、$\boldsymbol{C}$分别为$rp\times rp$、$rp\times p$、$q\times rp$的矩阵。为了证明由式(1.4.11)给出的$\boldsymbol{A}$、$\boldsymbol{B}$、$\boldsymbol{C}$是$\boldsymbol{G}_0(s)$的一个实现，先考虑下列矩阵方程：

$$(s\boldsymbol{I}-\boldsymbol{A})\begin{bmatrix}\boldsymbol{X}_1\\ \boldsymbol{X}_2\\ \vdots\\ \boldsymbol{X}_r\end{bmatrix}=\boldsymbol{B}$$

这里$\boldsymbol{X}_1,\boldsymbol{X}_2,\cdots,\boldsymbol{X}_r$是$p\times p$的矩阵。上述矩阵方程等价于

$$s\begin{bmatrix}\boldsymbol{X}_1\\ \boldsymbol{X}_2\\ \vdots\\ \boldsymbol{X}_r\end{bmatrix}-\begin{bmatrix}\boldsymbol{X}_2\\ \boldsymbol{X}_3\\ \vdots\\ -(g_0\boldsymbol{X}_1+g_1\boldsymbol{X}_2+\cdots+g_{r-1}\boldsymbol{X}_r)\end{bmatrix}=\begin{bmatrix}\boldsymbol{0}_p\\ \boldsymbol{0}_p\\ \vdots\\ \boldsymbol{I}_p\end{bmatrix}$$

因此可得

$$\begin{aligned}&s\boldsymbol{X}_1=\boldsymbol{X}_2\\ &s\boldsymbol{X}_2=\boldsymbol{X}_3\\ &\qquad\vdots\\ &s\boldsymbol{X}_{r-1}=\boldsymbol{X}_r\\ &s\boldsymbol{X}_r=\boldsymbol{I}_p-(g_0\boldsymbol{X}_1+g_1\boldsymbol{X}_2+\cdots+g_{r-1}\boldsymbol{X}_r)\end{aligned}$$

将上式前$r-1$个式子代入最后一式，可得

$$\boldsymbol{X}_1=\frac{1}{g(s)}\boldsymbol{I}_p$$

所以

$$\begin{bmatrix} \boldsymbol{X}_1 \\ \boldsymbol{X}_2 \\ \vdots \\ \boldsymbol{X}_r \end{bmatrix} = \frac{1}{g(s)} \begin{bmatrix} \boldsymbol{I}_p \\ s\boldsymbol{I}_p \\ \vdots \\ s^{r-1}\boldsymbol{I}_p \end{bmatrix} \quad \text{或} \quad (s\boldsymbol{I}-\boldsymbol{A})^{-1}\boldsymbol{B} = \frac{1}{g(s)} \begin{bmatrix} \boldsymbol{I}_p \\ s\boldsymbol{I}_p \\ \vdots \\ s^{r-1}\boldsymbol{I}_p \end{bmatrix}$$

$$\boldsymbol{C}(s\boldsymbol{I}-\boldsymbol{A})^{-1}\boldsymbol{B} = [\boldsymbol{G}_0 \quad \boldsymbol{G}_1 \quad \cdots \quad \boldsymbol{G}_{r-1}] \cdot (s\boldsymbol{I}-\boldsymbol{A})^{-1}\boldsymbol{B} = g(s)\boldsymbol{G}_0(s) \cdot \frac{1}{g(s)} = \boldsymbol{G}_0(s)$$

上式表示由式(1.4.11)定义的 $\boldsymbol{A}$、$\boldsymbol{B}$、$\boldsymbol{C}$ 阵是 $\boldsymbol{G}_0(s)$的一个实现，因此根据式(1.4.10)，可知 $\boldsymbol{A}$、$\boldsymbol{B}$、$\boldsymbol{C}$、$\boldsymbol{D}$ 阵是 $\boldsymbol{G}(s)$的一个实现。

式(1.4.10)给出的实现的维数为 rp，是否可以构成维数比 rp 更小的 $\boldsymbol{G}(s)$的实现呢？这个问题将在第 3 章深入研究。

例 1-9　若有理函数矩阵为

$$\boldsymbol{G}(s) = \begin{bmatrix} \dfrac{2}{(s+1)(s+2)} & \dfrac{1}{(s+3)(s+1)}+5 \\ \dfrac{1}{(s+4)(s+3)} & \dfrac{1}{(s+4)(s+5)} \end{bmatrix}$$

试求 $\boldsymbol{G}(s)$的一个实现。

解：首先不难验证 $\boldsymbol{G}(s)$是真有理函数矩阵，且

$$\boldsymbol{G}(s) = \boldsymbol{G}_0(s) + \begin{bmatrix} 0 & 5 \\ 0 & 0 \end{bmatrix}$$

其中，$\boldsymbol{G}_0(s)$为严格真有理函数矩阵，进行下列计算：

$$g(s) = (s+1)(s+2)(s+3)(s+4)(s+5) = s^5 + 15s^4 + 85s^3 + 225s^2 + 274s + 120$$

$$r=5,\ g_0=120,\ g_1=274,\ g_2=225,\ g_3=85,\ g_4=15$$

$$g(s)\boldsymbol{G}_0(s) = \begin{bmatrix} 2s^3+24s^2+94s+120 & s^3+11s^2+38s+40 \\ s^3+8s^2+17s+10 & s^3+6s^2+11s+6 \end{bmatrix}$$

$$\boldsymbol{G}_0 = \begin{bmatrix} 120 & 40 \\ 10 & 6 \end{bmatrix},\ \boldsymbol{G}_1 = \begin{bmatrix} 94 & 38 \\ 17 & 11 \end{bmatrix},\ \boldsymbol{G}_2 = \begin{bmatrix} 24 & 11 \\ 8 & 6 \end{bmatrix},\ \boldsymbol{G}_3 = \begin{bmatrix} 2 & 1 \\ 1 & 1 \end{bmatrix},\ \boldsymbol{G}_4 = \begin{bmatrix} 0 & 0 \\ 0 & 0 \end{bmatrix}$$

因此根据式(1.4.11)可得 $\boldsymbol{G}(s)$的一个实现，即

$$\boldsymbol{A} = \begin{bmatrix} 0 & 0 & 1 & 0 & 0 & 0 & 0 & 0 & 0 & 0 \\ 0 & 0 & 0 & 1 & 0 & 0 & 0 & 0 & 0 & 0 \\ 0 & 0 & 0 & 0 & 1 & 0 & 0 & 0 & 0 & 0 \\ 0 & 0 & 0 & 0 & 0 & 1 & 0 & 0 & 0 & 0 \\ 0 & 0 & 0 & 0 & 0 & 0 & 1 & 0 & 0 & 0 \\ 0 & 0 & 0 & 0 & 0 & 0 & 0 & 1 & 0 & 0 \\ 0 & 0 & 0 & 0 & 0 & 0 & 0 & 0 & 1 & 0 \\ 0 & 0 & 0 & 0 & 0 & 0 & 0 & 0 & 0 & 1 \\ -120 & 0 & -274 & 0 & -225 & 0 & -85 & 0 & -15 & 0 \\ 0 & -120 & 0 & -274 & 0 & -225 & 0 & -85 & 0 & -15 \end{bmatrix},\ \boldsymbol{B} = \begin{bmatrix} 0 & 0 \\ 0 & 0 \\ 0 & 0 \\ 0 & 0 \\ 0 & 0 \\ 0 & 0 \\ 0 & 0 \\ 0 & 0 \\ 1 & 0 \\ 0 & 1 \end{bmatrix}$$

$$C=\begin{bmatrix}120 & 40 & 94 & 38 & 24 & 11 & 2 & 1 & 0 & 0\\ 10 & 6 & 17 & 11 & 8 & 6 & 1 & 1 & 0 & 0\end{bmatrix},\ D=\begin{bmatrix}0 & 5\\ 0 & 0\end{bmatrix}$$

这是一个 $rp=10$ 维的实现。

容易将定理 1－6 改换为时域的形式来叙述：

推论 1－2 脉冲响应矩阵 $\boldsymbol{G}(t)$ 可由动态方程(1.4.7)来实现的充分必要条件是 $\boldsymbol{G}(t)$ 的元素是如 $t^k e^{\lambda_i t}$ $(k=0,1,2,\cdots$ 和 $i=1,2,\cdots)$ 形式的诸项的线性组合，但其中可能还含有在 $t=0$ 时的 δ 函数。

小 结

本章在松弛、线性、因果性、时不变性等概念和基础上，引出了线性系统的输入/输出描述和状态变量描述，并在 1.4 节中对这两种描述方法进行了比较。

在 1.3 节中讨论了动态方程的解，解动态方程的关键所在是求出状态转移矩阵 $\boldsymbol{\Phi}(t,\tau)$。对于时变的情况，计算 $\boldsymbol{\Phi}(t,\tau)$ 甚为困难。对于时不变的情况，因为 $\boldsymbol{\Phi}(t,\tau)=e^{\boldsymbol{A}(t-\tau)}$，所以对于矩阵指数，可以有多种方式求取矩阵指数函数，可以参考第 0 章 0.5 节中矩阵指数函数算法。

在 1.4 节中对实现问题的讨论是初步的，实现问题的深入讨论只有在引入可控性和可观测性等概念后才有可能。定理 1－6 的充分性的证明是构造性的，证明过程给出了构造真(或严格真)有理函数阵实现的一种方法。

本章作为学习后续各章的准备，都是很基本的内容。许多内容可以在有关的本科教材中找到更加详细的说明。

习 题

1－1 线性松弛系统的脉冲响应为 $g(t,\tau)=e^{-|t-\tau|}$（对所有的 t,τ），试问系统是否具有因果性？它是时不变的吗？

1－2 对固定常数 α，定义一算子

$$P_\alpha(u(t))=\begin{cases}u(t), & t\leqslant\alpha\\ 0, & t>\alpha\end{cases}$$

这样的算子 P_α 称为截断算子。假设一个由截断算子 P_α 描述的系统，即输入/输出的关系满足 $\boldsymbol{y}(t)=P_\alpha(\boldsymbol{u}(t))$。试问，该系统是否为线性的？是否为时不变的？是否具有因果性？

1－3 试证：若对于任何 $\boldsymbol{u}^1,\boldsymbol{u}^2$，有

$$H(\boldsymbol{u}^1+\boldsymbol{u}^2)=H\boldsymbol{u}^1+H\boldsymbol{u}^2$$

则对于任意有理数 α 和任何 $\boldsymbol{u}$，有 $H(\alpha\boldsymbol{u})=\alpha H\boldsymbol{u}$。

1－4 证明：对于固定的 α，图 1－3 定义的移位算子 Q_α 是线性时不变系统。求其脉冲响应和传递函数。

1－5 考虑线性系统 $\dot{y}=-y+u$，$y(0)=0$，试讨论当 $u=1(t)$ 及 $u=1(t-1)$ 时系统响应的特性。

1－6 考虑由下式描述的松弛系统：

$$y=\int_0^t g(t-\tau)u(\tau)\mathrm{d}\tau$$

若脉冲响应 g 由图 1－11(a)给定。试问，由图 1－11(b)所示的输入而激励的输出是什么？

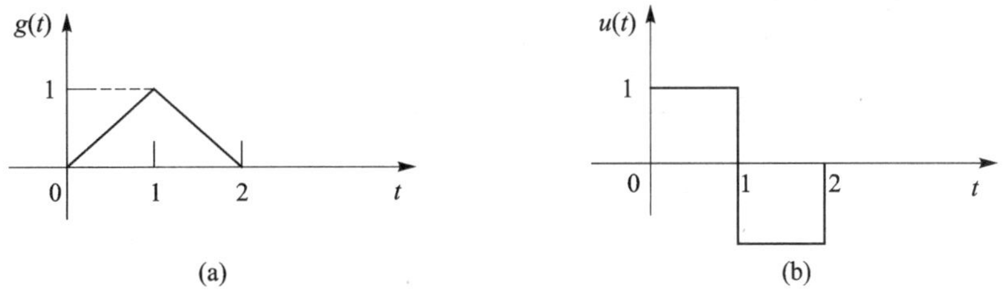

图 1－11　脉冲响应和输入作用

1－7　试求图 1－12 所示系统的动态方程式。

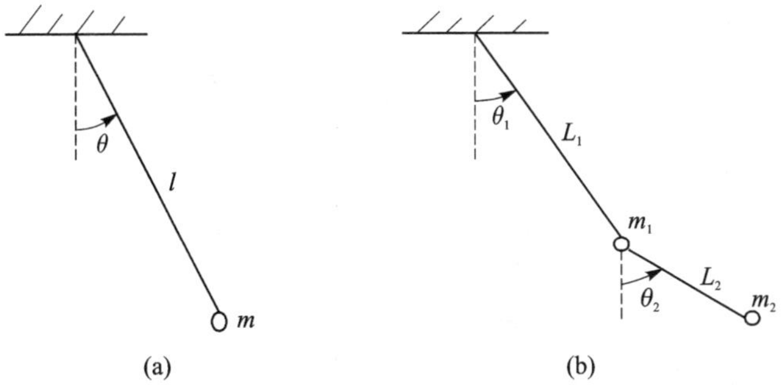

图 1－12　力学系统

1－8　试求图 1－13 所示网络的动态方程和传递函数描述，该传递函数是否是这个系统的一种好的描述？

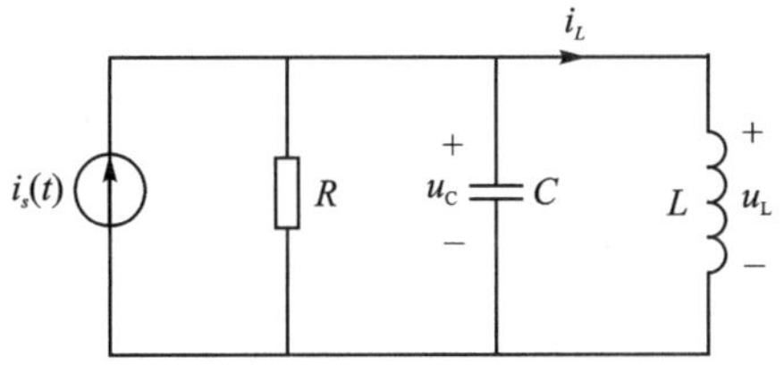

图 1－13　线性网络

1－9　给定单变量系统，其运动方程由如下一个 n 阶线性微分方程描述：

$$y^{(n)}+a_1y^{(n-1)}+\cdots+a_{n-1}\dot{y}+a_ny=u$$

适当引入状态变量求取其动态方程及其传递函数。

1－10　考虑如图 1－14 的质量-弹簧-阻尼(mass－spring－damper)系统，其中质量 $m=1$ kg，$y(t)$是质量块的位置(物体距离参考点的位移)，阻尼 $c=0.5$ N・s/m，弹簧的刚度 $k=5$ N/m，$u(t)$是外力。求系统运动的动态方程描述和传递函数。你是否认为该传递函数是这个系统的一种好的描述？

1－11　试求下列齐次方程的基本矩阵和状态转移矩阵。

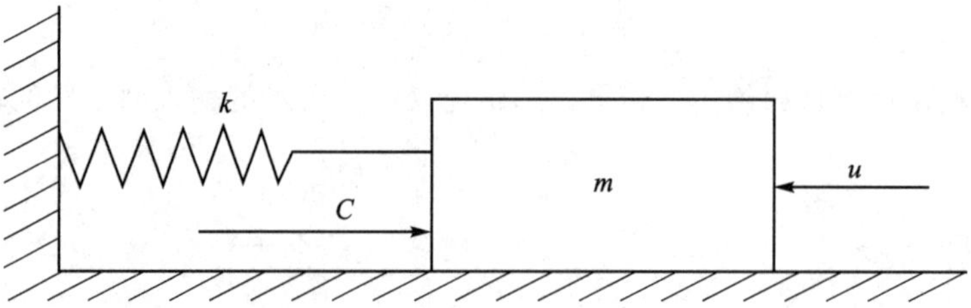

图 1-14 质量-弹簧-阻尼系统

$$① \begin{bmatrix}\dot{x}_1\\ \dot{x}_2\end{bmatrix}=\begin{bmatrix}-1 & t\\ 0 & -1\end{bmatrix}\begin{bmatrix}x_1\\ x_2\end{bmatrix} \qquad ② \begin{bmatrix}\dot{x}_1\\ \dot{x}_2\end{bmatrix}=\begin{bmatrix}-1 & e^{2t}\\ 0 & -1\end{bmatrix}\begin{bmatrix}x_1\\ x_2\end{bmatrix}$$

1-12 设一线性齐次方程 $\dot{\boldsymbol{x}}=\boldsymbol{A}(t)\boldsymbol{x}$ 中，$\boldsymbol{A}(t)=\begin{bmatrix}1 & 0\\ t & 1\end{bmatrix}$，求其状态转移矩阵 $\boldsymbol{\Phi}(t,t_0)$，并求其在初始条件 $x(1)=[1,1]^{\mathrm{T}}$ 下的解。

1-13 验证 $\boldsymbol{\Psi}_1(t)=[1/t^2,-1/t]^{\mathrm{T}}$ 和 $\boldsymbol{\Psi}_2(t)=[2/t^3,-1/t^2]^{\mathrm{T}}$ 为线性齐次方程 $\dot{\boldsymbol{x}}=\boldsymbol{A}(t)\boldsymbol{x}$ 的解，其中 $\boldsymbol{A}(t)=\begin{bmatrix}-\frac{4}{t} & -\frac{2}{t^2}\\ 1 & 0\end{bmatrix}$。并求：① 系统的状态转移矩阵 $\boldsymbol{\Phi}(t,\tau)$；② 系统满足初始条件 $x(1)=[1,1]^{\mathrm{T}}$ 的一个解 $\boldsymbol{\Psi}_0$。

1-14 对常微分方程 $\dot{\boldsymbol{x}}=t^2\boldsymbol{A}\boldsymbol{x}$ 描述的系统，其中 $\boldsymbol{A}\in\mathbb{R}^{n\times n}$，求其状态转移矩阵 $\boldsymbol{\Phi}(t,t_0)$，并将其结果应用于下面的特例：

$$t^2\boldsymbol{A}=\begin{bmatrix}t^2 & 0\\ 2t^2 & -t^2\end{bmatrix}$$

1-15 验证如下两个线性系统：

$$\dot{\boldsymbol{x}}^{(1)}=\begin{bmatrix}0 & 1\\ 2-t^2 & 2t\end{bmatrix}\boldsymbol{x}^{(1)}\triangleq\boldsymbol{A}_1(t)\boldsymbol{x}^{(1)}$$

和

$$\dot{\boldsymbol{x}}^{(2)}=\begin{bmatrix}t & 1\\ 1 & t\end{bmatrix}\boldsymbol{x}^{(2)}\triangleq\boldsymbol{A}_2(t)\boldsymbol{x}^{(2)}$$

是微分方程 $\ddot{y}-2t\dot{y}-(2-t^2)y=0$ 的等价状态空间表示，且

① 这两个线性系统哪个更容易计算状态转移矩阵 $\boldsymbol{\Phi}(t,t_0)$？并求其 $\boldsymbol{\Phi}(t,t_0)$。

② 分别求 $\boldsymbol{x}^{(1)}$ 和 y 以及 $\boldsymbol{x}^{(2)}$ 和 y 的关系式。

1-16 线性齐次方程：

$$\boldsymbol{A}(t)=\begin{bmatrix}\boldsymbol{A}_{11}(t) & \boldsymbol{A}_{12}(t)\\ \boldsymbol{0} & \boldsymbol{A}_{22}(t)\end{bmatrix}$$

其中，$\boldsymbol{A}_{11}(t)$、$\boldsymbol{A}_{12}(t)$ 和 $\boldsymbol{A}_{22}(t)$ 为适当维数的子矩阵，试证：其状态转移矩阵为

$$\boldsymbol{\Phi}(t,t_0)=\begin{bmatrix}\boldsymbol{\Phi}_{11}(t,t_0) & \boldsymbol{\Phi}_{12}(t,t_0)\\ \boldsymbol{0} & \boldsymbol{\Phi}_{22}(t,t_0)\end{bmatrix}$$

其中，$\boldsymbol{\Phi}_{ii}(t,t_0)$ 满足矩阵方程 $\frac{\partial\boldsymbol{\Phi}_{ii}(t,t_0)}{\partial t}=\boldsymbol{A}_{ii}(t)\boldsymbol{\Phi}_{ii}(t,t_0)$，$\boldsymbol{\Phi}_{12}(t,t_0)$ 满足方程 $\frac{\partial\boldsymbol{\Phi}_{12}(t,t_0)}{\partial t}$

$=\boldsymbol{A}_{11}(t)\boldsymbol{\Phi}_{12}(t,t_0)+\boldsymbol{A}_{12}(t)\boldsymbol{\Phi}_{22}(t,t_0)$，且 $\boldsymbol{\Phi}_{12}(t_0,t_0)=0$。利用上述结果求下面线性齐次方程的状态转移矩阵 $\boldsymbol{\Phi}(t,0)$：

$$\boldsymbol{A}(t)=\begin{bmatrix}-1 & e^{2t}\\ 0 & -1\end{bmatrix}$$

1-17　设

$$\boldsymbol{A}=\begin{bmatrix}1 & 0 & 1 & 1\\ 0 & 1 & 0 & 0\\ 0 & 0 & 1 & -1\\ 0 & 0 & 0 & 1\end{bmatrix}$$

试利用 $\mathscr{L}(e^{\boldsymbol{A}t})=(s\boldsymbol{I}-\boldsymbol{A})^{-1}$，求 $e^{\boldsymbol{A}t}$。

1-18　若 $\boldsymbol{T}^{-1}(t)$存在且对所有 t 可微，试证

$$\frac{d}{dt}[\boldsymbol{T}^{-1}(t)]=-\boldsymbol{T}^{-1}(t)\left[\frac{d}{dt}T(t)\right]\boldsymbol{T}^{-1}(t)$$

1-19　设 $\boldsymbol{\Phi}(t,t_0)$为 $\dot{\boldsymbol{x}}=\boldsymbol{A}(t)\boldsymbol{x}$ 的状态转移矩阵，试证：

$$\det\boldsymbol{\Phi}(t,t_0)=\exp\int_{t_0}^{t}\mathrm{tr}[\boldsymbol{A}(\tau)]d\tau$$

1-20　给定 $\dot{\boldsymbol{x}}=\boldsymbol{A}(t)\boldsymbol{x}$，方程 $\dot{\boldsymbol{z}}=-\boldsymbol{A}^*(t)\boldsymbol{z}$ 称为它的伴随方程。其中 $\boldsymbol{A}^*(t)$表示 $\boldsymbol{A}(t)$ 的转置共轭。设 $\boldsymbol{\Phi}(t,t_0)$和 $\boldsymbol{\Phi}_1(t,t_0)$分别是 $\dot{\boldsymbol{x}}=\boldsymbol{A}(t)\boldsymbol{x}$ 和 $\dot{\boldsymbol{z}}=-\boldsymbol{A}^*(t)\boldsymbol{z}$ 的状态转移矩阵。试证：

$$\boldsymbol{\Phi}_1(t,t_0)\boldsymbol{\Phi}^*(t,t_0)=\boldsymbol{\Phi}^*(t,t_0)\boldsymbol{\Phi}_1(t,t_0)=\boldsymbol{\Phi}_1^*(t,t_0)\boldsymbol{\Phi}(t,t_0)=\boldsymbol{I}$$

1-21　给出 $\boldsymbol{G}(t,\tau)$的 n 维实现$\{\boldsymbol{A},\boldsymbol{B},\boldsymbol{C}\}$，试求将$\{\boldsymbol{A},\boldsymbol{B},\boldsymbol{C}\}$转换到$\{\boldsymbol{0},\bar{\boldsymbol{B}},\bar{\boldsymbol{C}}\}$的等价变换。

1-22　令矩阵 $\boldsymbol{A}$ 的预解矩阵 $(s\boldsymbol{I}-\boldsymbol{A})^{-1}=\dfrac{1}{\Delta(s)}[\boldsymbol{R}_0s^{n-1}+\boldsymbol{R}_1s^{n-2}+\cdots+\boldsymbol{R}_{n-2}s+\boldsymbol{R}_{n-1}]$，

其中

$$\Delta(s)=\det(s\boldsymbol{I}-\boldsymbol{A})=s^n+a_1s^{n-1}+a_2s^{n-2}+\cdots+a_n$$

是 $\boldsymbol{A}$ 的特征多项式。试证：

$$\boldsymbol{R}_1=\boldsymbol{A}+a_1\boldsymbol{I}=\boldsymbol{A}\boldsymbol{R}_0+a_1\boldsymbol{I}$$

$$\boldsymbol{R}_2=\boldsymbol{A}^2+a_1\boldsymbol{A}+a_2\boldsymbol{I}=\boldsymbol{A}\boldsymbol{R}_1+a_2\boldsymbol{I}$$

$$\vdots$$

$$\boldsymbol{R}_{n-1}=\boldsymbol{A}^{n-1}+a_1\boldsymbol{A}^{n-2}+\cdots+a_{n-1}\boldsymbol{I}=\boldsymbol{A}\boldsymbol{R}_{n-2}+a_{n-1}\boldsymbol{I}$$

且

$$a_i=-\frac{1}{i}\mathrm{tr}(\boldsymbol{R}_{i-1}\boldsymbol{A}),\quad i=1,2,\cdots,n$$

1-23　试求 $\dot{x}=(\cos t\cdot\sin t)x$ 的等价时不变动态方程。

1-24　若 $\dot{\boldsymbol{x}}=e^{-\boldsymbol{A}t}\boldsymbol{B}e^{\boldsymbol{A}t}\boldsymbol{x}$，其中 $\boldsymbol{A}$、$\boldsymbol{B}$ 为常值方阵，求状态转移矩阵。

1-25　求真有理函数阵

$$\boldsymbol{G}(s)=\begin{bmatrix}\dfrac{s-1}{s+1} & \dfrac{1}{s+3}\\[2mm] \dfrac{1}{s+1} & \dfrac{2s+1}{s+2}\end{bmatrix}$$

的实现，并画出其模拟图。

1-26 设$\{\boldsymbol{A},\boldsymbol{B},\boldsymbol{C},\boldsymbol{D}\}$和$\{\bar{\boldsymbol{A}},\bar{\boldsymbol{B}},\bar{\boldsymbol{C}},\bar{\boldsymbol{D}}\}$是两个线性时不变系统，其维数不一定相同。证明当且仅当

$$\boldsymbol{C}\boldsymbol{A}^k\boldsymbol{B}=\bar{\boldsymbol{C}}\bar{\boldsymbol{A}}^k\bar{\boldsymbol{B}},\quad k=0,1,2\cdots$$
$$\boldsymbol{D}=\bar{\boldsymbol{D}}$$

时，两系统零状态等价。

1-27 设$\boldsymbol{x}(n+1)=\boldsymbol{A}(n)\boldsymbol{x}(n)$，定义

$$\boldsymbol{\Phi}(n,m)=\boldsymbol{A}(n-1)\boldsymbol{A}(n-2)\cdots\boldsymbol{A}(m),\quad n>m$$
$$\boldsymbol{\Phi}(m,m)=\boldsymbol{I}$$

试证，给定初始状态$\boldsymbol{x}(m)=\boldsymbol{x}^0$时，时刻$n$的状态为$\boldsymbol{x}(n)=\boldsymbol{\Phi}(n,m)\boldsymbol{x}(0)$。若$\boldsymbol{A}$与$n$无关，则$\boldsymbol{\Phi}(n,m)$是什么样的形式？

1-28 证明$\boldsymbol{x}(n+1)=\boldsymbol{A}(n)\boldsymbol{x}(n)+\boldsymbol{B}(n)\boldsymbol{u}(n)$的解为

$$\boldsymbol{x}(n)=\boldsymbol{\Phi}(n,m)\boldsymbol{x}(m)+\sum_{l=m}^{n-1}\boldsymbol{\Phi}(n,l+1)\boldsymbol{B}(l)\boldsymbol{u}(l)$$

1-29 设有n维线性时不变动态方程

$$\dot{\boldsymbol{x}}=\boldsymbol{A}\boldsymbol{x}+\boldsymbol{B}\boldsymbol{u}$$
$$\boldsymbol{y}=\boldsymbol{C}\boldsymbol{x}+\boldsymbol{D}\boldsymbol{u}$$

若输入

$$\boldsymbol{u}(t)=\boldsymbol{u}(n),\quad nT\leqslant t\leqslant(n+1)T,\quad n=0,1,2\cdots$$

这里$T>0$为采样周期。试证，系统在离散瞬时$0,T,2T,\cdots$上的行为由下列离散时间方程给出：

$$\boldsymbol{x}(n+1)=\mathrm{e}^{\boldsymbol{A}t}\boldsymbol{x}(n)+\left(\int_0^T\mathrm{e}^{\boldsymbol{A}\tau}\mathrm{d}\tau\right)\boldsymbol{B}\boldsymbol{u}(n)$$
$$\boldsymbol{y}(n)=\boldsymbol{C}\boldsymbol{x}(n)+\boldsymbol{D}\boldsymbol{u}(n)$$

1-30 设有理函数矩阵为

$$\boldsymbol{G}(s)=\begin{bmatrix}\dfrac{1}{s(s+1)} & \dfrac{-2}{s+2}\\ \dfrac{1}{s} & \dfrac{1}{s+3}\end{bmatrix}$$

计算极点多项式和零点多项式；并求其左右矩阵分式描述。

1-31 若$s\neq\lambda$且λ不是$\boldsymbol{A}$的特征值，试证下列恒等式（提示：等号左右两边同时左乘$(s\boldsymbol{I}-\boldsymbol{A})$易证）：

$$(s\boldsymbol{I}-\boldsymbol{A})^{-1}(s-\lambda)^{-1}=(\lambda\boldsymbol{I}-\boldsymbol{A})^{-1}(s-\lambda)^{-1}+(s\boldsymbol{I}-\boldsymbol{A})^{-1}(\boldsymbol{A}-\lambda\boldsymbol{I})^{-1}$$

1-32 设单变量线性时不变动态方程为

$$\dot{\boldsymbol{x}}=\boldsymbol{A}\boldsymbol{x}+\boldsymbol{b}u$$
$$y=\boldsymbol{c}\boldsymbol{x}+du$$

若输入u有形式$\mathrm{e}^{\lambda_1 t}$，其中λ_1不是$\boldsymbol{A}$的特征值，试证存在初始状态，使输出y立即有$\mathrm{e}^{\lambda_1 t}$的形式而不包含有任何瞬变过程。又当λ_1是传递函数的零点时，试证可选适当初始状态，使系统在输入$\mathrm{e}^{\lambda_1 t}$的作用下，输出恒为零。

第2部分
线性系统分析

第 2 章　线性系统的可控性、可观测性

采取状态空间方法描述系统的特点是突出了系统内部的动态结构。由于引入了反映系统内部动态信息的状态变量，使得系统的输入/输出关系就分成了两部分：一部分是系统的控制输入对状态的影响，这部分由状态方程来表征；另一部分是系统状态与系统输出的关系，这部分由量测方程来表征。这种把输入、状态和输出之间的相互关系分别表现的方式，为我们了解系统内部结构的特征提供了方便，在这个基础上也就产生了控制理论中的许多描述结构特性的概念。可控性和可观测性就是说明系统内部结构特征的两个最基本的概念。

人们在用状态空间方法进行控制系统设计时，常常关心这样两个问题：第一，应该把系统的控制输入加在什么地方，这样加的控制输入是否能够有效地制约系统的全部状态变量？因为系统的状态变量完全刻画了系统的动力学行为，所以控制输入对状态变量的制约能力也就反映了对系统动力学行为的制约能力。而反映控制输入对状态变量制约能力的概念就是系统的可控性。第二，设计系统时为了形成控制作用，往往需要系统内部结构的动态信息，这些所需要的信息从哪里得到呢？例如对输出反馈控制系统来说，这些信息是要从系统的输出中得到的，而系统的输出是通过敏感元件或量测仪表量测得到的，那么为了设计系统需要量测哪些物理量呢？这些能量测得到的物理量是否包含系统内部结构的全部动态信息呢？由于系统内部结构提供的动态信息都集中于系统的状态变量中，因此就要知道输出中是否包括系统的状态变量所提供的信息。而这种反映由系统输出来判断系统状态的能力的概念就是可观测性。简而言之，可控性反映了控制输入对系统的制约能力，可观测性反映了输出对系统状态的判断能力。它们都是反映控制系统结构性质的基本概念，它们在系统分析与设计中起着关键性作用。

若考虑以下动态方程所描述的系统：

$$\begin{cases}\dot{\boldsymbol{x}} = \boldsymbol{A}(t)\boldsymbol{x} + \boldsymbol{B}(t)\boldsymbol{u} \\ \boldsymbol{y} = \boldsymbol{C}(t)\boldsymbol{x} + \boldsymbol{D}(t)\boldsymbol{u}\end{cases} \tag{2.1.1}$$

显然可控性的问题是研究矩阵对$(\boldsymbol{A}(t),\boldsymbol{B}(t))$的关系，而可观测性则是研究矩阵对$(\boldsymbol{A}(t),\boldsymbol{C}(t))$的关系。为了方便，假定系统(2.1.1)的时间域是$[t_0,\infty)$，同时规定$\boldsymbol{u}(t)$为在$[t_0,T]$上分段连续函数所组成的控制输入向量，这里$t_0 \leqslant T < \infty$，并将这些控制输入简称为容许控制。

2.1　线性系统的可控性

2.1.1　可控性的定义

在给出状态可控性的一般定义之前，先看下面两个简单的例子。

例 2-1　设有图 2-1 所示的网络，其中电阻均为 1 Ω，电容两端的电压是系统的状态变量。若$x(t_0)=x_0$，则不管输入如何，都不可能在有限时间t_1，使得$x(t_1)=0$，这是由于网络的

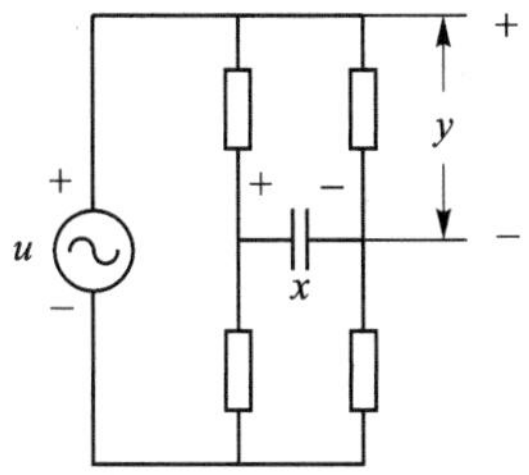

图 2-1　不可控网络

对称性使输入不影响电容电压之故。因此，系统的状态在任何 t_0 时刻都是不可控的。

例 2-2　设有二阶系统的状态方程如下 $\dot{x}_1(t)=u$，$\dot{x}_2=u$，这个状态方程的解为

$$x_1(t)=x_1(t_0)+\int_{t_0}^{t}u(\tau)\mathrm{d}\tau$$

$$x_2(t)=x_2(t_0)+\int_{t_0}^{t}u(\tau)\mathrm{d}\tau$$

只要 $x_1(t_0)$ 和 $x_2(t_0)$ 不相等，任何输入 u 都不能使 $x_1(t_0)$ 和 $x_2(t_0)$ 同时达到零，这说明输入不能制约全部的状态变量。显然通过一个输入作用同时控制两个积分器，而且要求它们的动态行为都满足各自的要求是不可能的。

上面这两个例子都是状态不可控的最简单的例子。

定义 2-1　对给定时刻 t_0，若对状态空间的状态 $\boldsymbol{x}(t_0)$，存在一个有限时刻 $t_1>t_0$ 和一个容许控制 $\boldsymbol{u}_{[t_0,t_1]}$，能在 t_1 时刻使状态 $\boldsymbol{x}(t_0)$ 转移到零，则称状态 $\boldsymbol{x}(t_0)$ 在 t_0 时刻是可控的。若状态空间的任意状态均可控，则称状态方程

$$\dot{\boldsymbol{x}}=\boldsymbol{A}(t)\boldsymbol{x}+\boldsymbol{B}(t)\boldsymbol{u} \tag{2.1.2}$$

在 t_0 时刻是可控的。反之，称其在 t_0 时刻不可控。

对定义 2-1 作如下说明：① 定义仅仅要求输入 $\boldsymbol{u}$ 能在有限时间内将状态空间中任何初态转移到零状态，至于状态遵循什么轨迹转移则并未指定；而且对输入除了容许控制之外也未对其形式加以任何限制。② 有限 t_1 时刻是依赖于初始状态的，也就是说，t_1 的取得与初始状态大小有关。但在有限维状态空间中，由系统可控性可知，对任意初始状态必存在共同的有限时刻 t_1。③ 与可控概念相反，只要存在一个初态 $\boldsymbol{x}(t_0)$，无论 t_1 取多大，都不能找到一个容许控制将这个状态 $\boldsymbol{x}(t_0)$ 控制到 $\boldsymbol{x}(t_1)=0$，这时称系统在 t_0 时刻是不可控的。④ 把能在有限时间内通过容许控制控制到零的可控状态 $\boldsymbol{x}(t_0)$ 称为到达原点的可控性。以后若不加特别说明，说到系统（或状态，或动态方程）的可控性时都是指定义 2-1 所定义的可控性。对于线性连续时间系统，可以证明，定义 2-1 所阐述的到达原点的可控性与状态空间的任何状态转移到另一任何状态是等价的（见习题 2-2）。

例 2-3　用定义直接研究系统

$$\dot{x}=x+u$$

的可控性。因为这个一阶系统状态方程的解为

$$x(t)=\mathrm{e}^{(t-t_0)}x(t_0)+\int_{t_0}^{t}\mathrm{e}^{(t-\tau)}u(\tau)\mathrm{d}\tau$$

任取固定的 $t_1>t_0$，并记 $x(t_0)$ 为 x_0，令

$$u(t)=\frac{-x_0\mathrm{e}^{(t_0-t)}}{\int_{t_0}^{t_1}\mathrm{e}^{2(t_0-\tau)}\mathrm{d}\tau},\quad t\in[t_0,t_1]$$

将上述 $u(t)$ 代入 $x(t)$，验证可知 $x(t_1)=0$。这说明系统在 t_0 时刻是可控的。这时有

$$\mathrm{e}^{(t_1-t_0)}x_0=\int_{t_0}^{t_1}\mathrm{e}^{(t_1-\tau)}\cdot[-u(\tau)]\mathrm{d}\tau,\quad \forall t_1>t_0$$

这说明零状态响应都可用一个特别的零输入响应来代替。

2.1.2 可控性的判别准则

如例 2-3 那样，直接用定义来验证可控性实在不太方便，因此有必要研究判别系统可控性的一般准则。

定理 2-1 状态方程(2.1.2)在 t_0 可控，必要且只要存在一个有限时间 $t_1>t_0$，使矩阵 $\boldsymbol{\Phi}(t_0,\tau)\boldsymbol{B}(\tau)$ 的 n 个行在 $\tau\in[t_0,t_1]$ 上线性无关。

证明： ① 充分性。若矩阵 $\boldsymbol{\Phi}(t_0,\tau)\boldsymbol{B}(\tau)$ 的行在 $[t_0,t_1]$ 上线性无关，根据定理 0-6，Gram 矩阵

$$\boldsymbol{W}(t_0,t_1)=\int_{t_0}^{t_1}\boldsymbol{\Phi}(t_0,\tau)\boldsymbol{B}(\tau)\boldsymbol{B}^*(\tau)\boldsymbol{\Phi}^*(t_0,\tau)\mathrm{d}\tau \tag{2.1.3}$$

为非奇异。对于任给的 $\boldsymbol{x}(t_0)$，构造如下控制输入：

$$\boldsymbol{u}(t)=-\boldsymbol{B}^*(t)\boldsymbol{\Phi}^*(t_0,t)\boldsymbol{W}^{-1}(t_0,t_1)\boldsymbol{x}(t_0),\quad t\in[t_0,t_1] \tag{2.1.4}$$

可以证明，式(2.1.4)所定义的 $\boldsymbol{u}(t)$ 能在 t_1 时刻将 $\boldsymbol{x}(t_0)$ 转移到 $\boldsymbol{x}(t_1)=0$。事实上，将式(2.1.3)代入方程解的表达式，得

$$\boldsymbol{x}(t)=\boldsymbol{\Phi}(t,t_0)[\boldsymbol{x}(t_0)+\int_{t_0}^{t}\boldsymbol{\Phi}(t_0,\tau)\boldsymbol{B}(\tau)\boldsymbol{u}(\tau)\mathrm{d}\tau]$$

并令 $t=t_1$，得

$$\begin{aligned}\boldsymbol{x}(t_1)&=\boldsymbol{\Phi}(t_1,t_0)\{\boldsymbol{x}(t_0)+\int_{t_0}^{t_1}\boldsymbol{\Phi}(t_0,\tau)\boldsymbol{B}(\tau)[-\boldsymbol{B}^*(\tau)\boldsymbol{\Phi}^*(t_0,\tau)]\boldsymbol{W}^{-1}(t_0,t_1)\boldsymbol{x}(t_0)\mathrm{d}\tau\}\\&=\boldsymbol{\Phi}(t_1,t_0)[\boldsymbol{x}(t_0)-\boldsymbol{x}(t_0)]=0\end{aligned}$$

由此可以结合可控性定义知方程(2.1.2)是可控的。

② 再用反证法证明必要性。设在 t_0 时刻方程可控，但对任何 $t_1>t_0$，$\boldsymbol{\Phi}(t_0,\tau)\boldsymbol{B}(\tau)$ 在 $[t_0,t_1]$ 上都是线性相关的，故必存在非零 $1\times n$ 行向量 $\boldsymbol{\alpha}$，使得对于 $[t_0,t_1]$ 中所有的 t，均有

$$\boldsymbol{\alpha}\cdot\boldsymbol{\Phi}(t_0,\tau)\boldsymbol{B}(\tau)=\boldsymbol{0}$$

又由于方程在 t_0 时刻可控，当取 $\boldsymbol{x}(t_0)=\boldsymbol{\alpha}^*$ 时，存在有限时刻 $t_1>t_0$ 和 $\boldsymbol{u}_{[t_0,t_1]}$，使 $\boldsymbol{x}(t_1)=\boldsymbol{0}$，即

$$\boldsymbol{x}(t_1)=\boldsymbol{\Phi}(t_1,t_0)[\boldsymbol{\alpha}^*+\int_{t_0}^{t_1}\boldsymbol{\Phi}(t_0,\tau)\boldsymbol{B}(\tau)\boldsymbol{u}(\tau)\mathrm{d}\tau]=\boldsymbol{0}$$

因为 $\boldsymbol{\Phi}(t_1,t_0)$ 非奇异，故有

$$\boldsymbol{\alpha}^*=-\int_{t_0}^{t_1}\boldsymbol{\Phi}(t_0,\tau)\boldsymbol{B}(\tau)\boldsymbol{u}(\tau)\mathrm{d}\tau$$

上式等号两边同时左乘 $\boldsymbol{\alpha}$，有

$$\boldsymbol{\alpha\alpha}^*=-\int_{t_0}^{t_1}[\boldsymbol{\alpha\Phi}(t_0,\tau)\boldsymbol{B}(\tau)]\boldsymbol{u}(\tau)\mathrm{d}\tau$$

上式积分号下 $\boldsymbol{\alpha\Phi}(t_0,\tau)\boldsymbol{B}(\tau)=\boldsymbol{0}$，故

$$\boldsymbol{\alpha\alpha}^*=0$$

即意味着 $\boldsymbol{\alpha}=\boldsymbol{0}$，这与假设相矛盾。

在证明定理的过程中，利用 $\boldsymbol{W}(t_0,t_1)$ 构造出式(2.1.4)所表示的控制。若 $\boldsymbol{A}(t)$，$\boldsymbol{B}(t)$ 是连续函数，式(2.1.4)表示的控制也是 $[t_0,t_1]$ 中 t 的连续函数，而且它是所有能使 $\boldsymbol{x}(t_1)=\boldsymbol{0}$ 的控制中消耗能量最小的控制(见习题 2-8)。

推论 2-1　状态方程(2.1.2)在 t_0 可控的充分必要条件是存在有限时刻 $t_1>t_0$，使得 $\boldsymbol{W}(t_0,t_1)$ 为非奇异。

通常将式(2.1.3)所定义的矩阵 $\boldsymbol{W}(t_0,t_1)$ 称为可控性 Gram 矩阵，或简称为可控性矩阵。

为了应用定理 2-1，必须计算 $\dot{\boldsymbol{x}}=\boldsymbol{A}(t)\boldsymbol{x}$ 的状态转移矩阵 $\boldsymbol{\Phi}(t,t_0)$。如前所述，这一工作是困难的。因此，应用定理 2-1 并非易事。下面将根据矩阵 $\boldsymbol{A}(t)$ 与 $\boldsymbol{B}(t)$ 给出可控性判据。

假定 $\boldsymbol{A}(t)$，$\boldsymbol{B}(t)$ 是 $(n-1)$ 次连续可微的，用下式定义矩阵序列 $\boldsymbol{M}_0(t)$，$\boldsymbol{M}_1(t)$，…，$\boldsymbol{M}_{n-1}(t)$：

$$\begin{cases}\boldsymbol{M}_0(t)=\boldsymbol{B}(t)\\ \boldsymbol{M}_k(t)=-\boldsymbol{A}(t)\boldsymbol{M}_{k-1}(t)+\dfrac{\mathrm{d}\boldsymbol{M}_{k-1}(t)}{\mathrm{d}t},\quad k=1,2,\cdots,n-1\end{cases}\tag{2.1.5}$$

由式(2.1.5)中第一式，有

$$\boldsymbol{\Phi}(t_0,t)\boldsymbol{B}(t)=\boldsymbol{\Phi}(t_0,t)\boldsymbol{M}_0(t)$$

$$\begin{aligned}\frac{\partial}{\partial t}\boldsymbol{\Phi}(t_0,t)\boldsymbol{B}(t)&=\boldsymbol{\Psi}(t_0)\left[\left(\frac{\mathrm{d}\boldsymbol{\Psi}^{-1}(t)}{\mathrm{d}t}\right)\boldsymbol{B}(t)+\boldsymbol{\Psi}^{-1}(t)\frac{\mathrm{d}\boldsymbol{B}(t)}{\mathrm{d}t}\right]\\&=\boldsymbol{\Psi}(t_0)\boldsymbol{\Psi}^{-1}(t)\left[-\boldsymbol{A}(t)\boldsymbol{B}(t)+\frac{\mathrm{d}\boldsymbol{B}(t)}{\mathrm{d}t}\right]\\&=\boldsymbol{\Phi}(t_0,t)\boldsymbol{M}_1(t)\end{aligned}$$

一般地，有

$$\frac{\partial^k\boldsymbol{\Phi}(t_0,t)\boldsymbol{B}(t)}{\partial t^k}=\boldsymbol{\Phi}(t_0,t)\boldsymbol{M}_k(t)\tag{2.1.6}$$

定理 2-2　设状态方程(2.1.2)中的矩阵 $\boldsymbol{A}(t)$ 与 $\boldsymbol{B}(t)$ 是 $(n-1)$ 次连续可微的，若存在有限时间 $t_1>t_0$，使得

$$\operatorname{rank}[\boldsymbol{M}_0(t_1)\quad\boldsymbol{M}_1(t_1)\quad\cdots\quad\boldsymbol{M}_{n-1}(t_1)]=n\tag{2.1.7}$$

则状态方程(2.1.2)在 t_0 可控。

证明： 用反证法。若方程(2.1.2)在 t_0 不可控，则由定理 2-1 可知，对任意的 $t_1>t_0$，$\boldsymbol{\Phi}(t_0,t)\boldsymbol{B}(t)$ 在 $[t_0,t_1]$ 上行线性相关，即存在非零 $1\times n$ 的行向量 $\boldsymbol{\alpha}$，使得对于 $[t_0,t_1]$ 中任一时刻 t，均有

$$\boldsymbol{\alpha}\boldsymbol{\Phi}(t_0,t)\boldsymbol{B}(t)=\boldsymbol{0}$$

对上式变量 t 求偏导数，并利用式(2.1.6)，得

$$\boldsymbol{\alpha}\boldsymbol{\Phi}(t_0,t)[\boldsymbol{M}_0(t)\quad\boldsymbol{M}_1(t)\quad\cdots\quad\boldsymbol{M}_{n-1}(t)]=\boldsymbol{0}$$

当 $t=t_1$ 时，上式仍成立。又因为 $\boldsymbol{\alpha}\boldsymbol{\Phi}(t_0,t_1)\neq\boldsymbol{0}$，即矩阵 $[\boldsymbol{M}_0(t)\quad\boldsymbol{M}_1(t)\quad\cdots\quad\boldsymbol{M}_{n-1}(t)]$ 的行线性相关，与定理的条件相矛盾。

例 2-4　设有

$$\begin{bmatrix}\dot{x}_1\\\dot{x}_2\\\dot{x}_3\end{bmatrix}=\begin{bmatrix}t&1&0\\0&t&0\\0&0&t^2\end{bmatrix}\begin{bmatrix}x_1\\x_2\\x_3\end{bmatrix}+\begin{bmatrix}0\\1\\1\end{bmatrix}u$$

由式(2.1.5)，有

$$\boldsymbol{M}_0(t)=\begin{bmatrix}0\\1\\1\end{bmatrix}$$

$$M_1(t)=-A(t)M_0(t)+\frac{\mathrm{d}}{\mathrm{d}t}M_0(t)=\begin{bmatrix}-1\\-t\\-t^2\end{bmatrix}$$

$$M_2(t)=-A(t)M_1(t)+\frac{\mathrm{d}}{\mathrm{d}t}M_1(t)=\begin{bmatrix}2t\\t^2\\t^4\end{bmatrix}+\begin{bmatrix}0\\-1\\-2t\end{bmatrix}=\begin{bmatrix}2t\\t^2-1\\t^4-2t\end{bmatrix}$$

易于验证矩阵$[M_0(t)\quad M_1(t)\quad M_2(t)]$的行列为$f(t)=t^4-2t^3+t^2-2t+1$。因此对某个$t$有行列式非零，即$f(t)\neq 0$。故系统对任意$t<t_0$是可控的。矩阵$[M_0(t)\quad M_1(t)\quad M_2(t)]$的秩为3，故动态方程在每个$t$时刻是可控的。

定理2-2在判断系统可控时避免了计算状态转移矩阵，但是条件对于状态可控是充分的，并不是必要的。

例2-5 设有如下系统：

$$\dot{x}_1=f_1(t)u$$

$$\dot{x}_2=f_2(t)u$$

其中$f_1(t)$，$f_2(t)$的定义：$f_1(t)=t^3$，$f_2(t)=|t^3|$。不难验证(见0.6节)有

$$\mathrm{rank}[M_0(t)\quad M_1(t)]<2,\quad t\in[-1,1]$$

即找不到t_0，使得$\mathrm{rank}[M_0(t_0)\quad M_1(t_0)]=2$。但是由于系统状态转移矩阵为单位矩阵，直接由定理2-1，当$t_0<0<t_1$时，矩阵$\boldsymbol{\Phi}(t_0,\tau)B(\tau)=[f_1(t)\quad f_2(t)]^{\mathrm{T}}$的行在$[t_0,t_1]$上线性无关，故可以判断，系统在$t_0$时刻都是可控的。

一个系统在t_0时刻可控，直观来说，就是存在这样的容许控制，使得系统在这个控制作用下，在有限时间内把系统从任意初始状态出发的运动轨线引导到原点。现在提出的问题是对t_0时刻的任一状态$x(t_0)$，是否存在容许控制把原点出发的轨线在有限时间内引导到所希望的状态$x(t_0)$呢？这一概念极其类似于t_0时刻可控的概念，但是考虑到都应满足因果关系，所以这两个概念涉及的时间区间是不同的。

定义2-2 若对t_0时刻状态空间中的任一状态$x(t_0)$，存在着一个有限时刻$t_1<t_0$和一个容许控制$u_{[t_1,t_0]}$，能在$[t_1,t_0]$内使状态$x(t_1)=0$转移到$x(t_0)$，则称状态方程(2.1.2)在t_0时刻是可达的。

如果将时间的先后关系倒过来，即从逆因果关系考虑问题，显然t_0时刻逆因果关系的可控性等价于t_0时刻的可达性。类似于可控性的讨论，可以对可达性进行类似的讨论，这里不再重复。但需指出如下结论：状态方程(2.1.2)在t_0时刻可达的充分必要条件是存在$t_1\leqslant t_0$，使得$\boldsymbol{\Phi}(t_0,\tau)B(\tau)$在$[t_1,t_0]$上行线性无关或是下列可达性Gram矩阵：

$$Y(t_1,t_0)=\int_{t_1}^{t_0}\boldsymbol{\Phi}(t_0,\tau)B(\tau)B^*(\tau)\boldsymbol{\Phi}^*(t_0,\tau)\mathrm{d}\tau,\quad t_1<t_0$$

是非奇异矩阵。请读者自行证明此结论(见习题2-1)。

2.1.3 时不变系统的可控性判据

下面研究时不变状态方程

$$\dot{x}=Ax+Bu \tag{2.1.8}$$

的可控性，其中 $\boldsymbol{A}$ 和 $\boldsymbol{B}$ 分别为 $n\times n$ 和 $n\times p$ 实常量矩阵。对于时不变动态方程，需注意的时间区间是 $[0,+\infty)$。

定理 2-3　对于 n 维线性时不变状态方程(2.1.8)，下列提法等价：

① 在 $[0,+\infty)$ 中的每一个 t_0，式(2.1.8)可控；

② $e^{-\boldsymbol{A}t}\boldsymbol{B}$（即 $e^{\boldsymbol{A}t}\boldsymbol{B}$）的行在 $[0,+\infty)$ 上是复数域线性无关的；

③ 对于任何 $t_0\geqslant 0$ 及任何 $t>t_0$，矩阵

$$\boldsymbol{W}(t_0,t)=\int_{t_0}^{t}e^{\boldsymbol{A}(t_0-\tau)}\boldsymbol{B}\boldsymbol{B}^{*}e^{\boldsymbol{A}^{*}(t_0-\tau)}d\tau$$

非奇异；$\boldsymbol{W}(t_0,t)$ 称为定常系统可控性 Gram 矩阵。

④ $\mathrm{rank}[\boldsymbol{B}\quad \boldsymbol{A}\boldsymbol{B}\quad \cdots\quad \boldsymbol{A}^{n-1}\boldsymbol{B}]=n$；　(2.1.9)

⑤ 在复数域上，矩阵 $(s\boldsymbol{I}-\boldsymbol{A})^{-1}\boldsymbol{B}$ 的行是线性无关的；

⑥ 对于 $\boldsymbol{A}$ 的任一特征值 λ_i，都有

$$\mathrm{rank}[\boldsymbol{A}-\lambda_i\boldsymbol{I}\quad \boldsymbol{B}]=n \tag{2.1.10}$$

证明： 证明①和②的等价性。由定理 2-1，对每一个 t_0，系统(2.1.8)可控等价于存在一个有限时间 $t_1>t_0$，使矩阵 $\boldsymbol{\Phi}(t_0,\tau)\boldsymbol{B}(\tau)=e^{\boldsymbol{A}(t_0-\tau)}\boldsymbol{B}=e^{\boldsymbol{A}t_0}e^{-\boldsymbol{A}\tau}\boldsymbol{B}$ 的 n 个行在 $\tau\in[t_0,t_1]$ 上线性无关。这又等价于 $e^{-\boldsymbol{A}\tau}\boldsymbol{B}$ 的 n 个行在 $\tau\in[t_0,t_1]$ 上线性无关。由 $e^{-\boldsymbol{A}\tau}\boldsymbol{B}$ 的解析性可知，$e^{-\boldsymbol{A}\tau}\boldsymbol{B}$ 的行在 $[0,+\infty)$ 上是线性无关的。

由推论 2-1 及上述证明可知，对每一个 t_0，系统(2.1.8)可控等价于可控性 Gram 矩阵 $\boldsymbol{W}(t_0,t)$ 的非奇异性，即证明了①和③的等价性。

证明②和⑤等价。对 $e^{\boldsymbol{A}t}\boldsymbol{B}$ 取拉普拉斯变换可得 $\mathscr{L}(e^{\boldsymbol{A}t}\boldsymbol{B})=(s\boldsymbol{I}-\boldsymbol{A})^{-1}\boldsymbol{B}$，因拉普拉斯变换是一一对应的线性算子，故若在复数域中，$e^{\boldsymbol{A}t}\boldsymbol{B}$ 的行在 $[0,+\infty)$ 上线性无关，则 $(s\boldsymbol{I}-\boldsymbol{A})^{-1}\boldsymbol{B}$ 的行也线性无关，反之亦然。

证明①和④的等价性。由①证明④，设系统可控，要证 $\mathrm{rank}[\boldsymbol{B}\quad \boldsymbol{A}\boldsymbol{B}\quad \cdots\quad \boldsymbol{A}^{n-1}\boldsymbol{B}]=n$。用反证法，若 $\mathrm{rank}[\boldsymbol{B}\quad \boldsymbol{A}\boldsymbol{B}\quad \cdots\quad \boldsymbol{A}^{n-1}\boldsymbol{B}]<n$，则可推出存在非零行向量 $\boldsymbol{\alpha}\neq\boldsymbol{0}$ 使得

$$\boldsymbol{\alpha}[\boldsymbol{B}\quad \boldsymbol{A}\boldsymbol{B}\quad \cdots\quad \boldsymbol{A}^{n-1}\boldsymbol{B}]=\boldsymbol{0}\Rightarrow\boldsymbol{\alpha}\boldsymbol{A}^{i}\boldsymbol{B}=\boldsymbol{0},\quad i=0,1,2,\cdots,n-1$$

利用式(0.2.7)（矩阵指数函数关系式），并注意到以上结果，有

$$\boldsymbol{\Phi}(t_0,\tau)=e^{\boldsymbol{A}(t_0-\tau)}=\sum_{i=0}^{n-1}p_i(t_0-\tau)\boldsymbol{A}^{i}$$

$$\Rightarrow\quad \boldsymbol{\alpha}\boldsymbol{\Phi}(t_0,\tau)\boldsymbol{B}=\sum_{i=0}^{n-1}p_i(t_0-\tau)\boldsymbol{\alpha}\boldsymbol{A}^{i}\boldsymbol{B}=\boldsymbol{0}$$

这说明 $\boldsymbol{\Phi}(t_0,\tau)\boldsymbol{B}$ 行线性无关，与可控矛盾。

下面由④证明①，若 $\mathrm{rank}[\boldsymbol{B}\quad \boldsymbol{A}\boldsymbol{B}\quad \cdots\quad \boldsymbol{A}^{n-1}\boldsymbol{B}]=n$，要证系统可控。用反证法，若不可控，则对任意 $t_1>t_0$，存在行向量 $\boldsymbol{\alpha}\neq\boldsymbol{0}$ 满足

$$\boldsymbol{\alpha}e^{\boldsymbol{A}(t_0-\tau)}\boldsymbol{B}=\boldsymbol{0},\quad \tau\in[t_0\quad t_1]$$

对上式 τ 求导，再求导…，依次可得

$$\boldsymbol{\alpha}e^{\boldsymbol{A}(t_0-\tau)}\boldsymbol{A}\boldsymbol{B}=\boldsymbol{0}$$

$$\vdots$$

$$\boldsymbol{\alpha}e^{\boldsymbol{A}(t_0-\tau)}\boldsymbol{A}^{n-1}\boldsymbol{B}=\boldsymbol{0}$$

上述各式令 $\tau=t_0$，得到 $\boldsymbol{\alpha B}=\boldsymbol{\alpha AB}=\cdots=\boldsymbol{\alpha A}^{n-1}\boldsymbol{B}=\boldsymbol{0}$，即

$$\boldsymbol{\alpha}\left[\boldsymbol{B}\quad \boldsymbol{AB}\quad \cdots\quad \boldsymbol{A}^{n-1}\boldsymbol{B}\right]=\boldsymbol{0}$$

这与 $\mathrm{rank}\left[\boldsymbol{B}\quad \boldsymbol{AB}\quad \cdots\quad \boldsymbol{A}^{n-1}\boldsymbol{B}\right]=n$ 矛盾。

证明④和⑥的等价性。由④证明⑥，若 $\mathrm{rank}\left[\boldsymbol{B}\quad \boldsymbol{AB}\quad \cdots\quad \boldsymbol{A}^{n-1}\boldsymbol{B}\right]=n$，要证任意 $\lambda_i\in\boldsymbol{A}(\sigma)$，均有 $\mathrm{rank}\left[\boldsymbol{A}-\lambda_i\boldsymbol{I}\quad \boldsymbol{B}\right]=n$。用反证法，若有一个 λ_0，使 $\mathrm{rank}\left[\boldsymbol{A}-\lambda_0\boldsymbol{I}\quad \boldsymbol{B}\right]<n$，存在行向量$\boldsymbol{\alpha}\neq\boldsymbol{0}$：

$$\boldsymbol{\alpha}\left[\boldsymbol{A}-\lambda_0\boldsymbol{I}\quad \boldsymbol{B}\right]=\boldsymbol{0}\Rightarrow\boldsymbol{\alpha}\left[\boldsymbol{A}-\lambda_0\boldsymbol{I}\right]=\boldsymbol{0},\quad \boldsymbol{\alpha B}=\boldsymbol{0}$$

$$\left.\begin{array}{l}\boldsymbol{\alpha AB}=\lambda_0\boldsymbol{\alpha B}=\boldsymbol{0}\\ \boldsymbol{\alpha A}^2\boldsymbol{B}=\lambda_0\boldsymbol{\alpha AB}=\boldsymbol{0}\\ \quad\vdots\\ \boldsymbol{\alpha A}^{n-1}\boldsymbol{B}=\boldsymbol{0}\end{array}\right\}\Rightarrow\boldsymbol{\alpha}\left[\boldsymbol{B}\quad \boldsymbol{AB}\quad \cdots\quad \boldsymbol{A}^{n-1}\boldsymbol{B}\right]=\boldsymbol{0}$$

这说明矩阵 $\left[\boldsymbol{B}\quad \boldsymbol{AB}\quad \cdots\quad \boldsymbol{A}^{n-1}\boldsymbol{B}\right]$ 的行线性相关，与条件 $\mathrm{rank}\left[\boldsymbol{B}\quad \boldsymbol{AB}\quad \cdots\quad \boldsymbol{A}^{n-1}\boldsymbol{B}\right]=n$ 矛盾。

下面由⑥证明④，$\lambda_i\in\boldsymbol{A}(\sigma)$，$\mathrm{rank}\left[\boldsymbol{A}-\lambda_i\boldsymbol{I}\quad \boldsymbol{B}\right]=n$，要证 $\mathrm{rank}\left[\boldsymbol{B}\quad \boldsymbol{AB}\quad \cdots\quad \boldsymbol{A}^{n-1}\boldsymbol{B}\right]=n$。用反证法，若 $\mathrm{rank}\left[\boldsymbol{B}\quad \boldsymbol{AB}\quad \cdots\quad \boldsymbol{A}^{n-1}\boldsymbol{B}\right]=n_1<n$，$n-n_1=k$，即可控性矩阵的秩为 $n_1<n$，可以从中选取 n_1 个线性无关的列向量 $\boldsymbol{q}_1,\boldsymbol{q}_2,\cdots,\boldsymbol{q}_{n_1}$ 作为变换阵的逆矩阵的前 n_1 列，再补充 $n-n_1$ 个 n 维的列向量 $\boldsymbol{q}_{n_1+1},\boldsymbol{q}_{n_1+2},\cdots,\boldsymbol{q}_n$，以它们为列组成的矩阵记为 $\boldsymbol{P}^{-1}$，即 $\boldsymbol{P}^{-1}=\left[\boldsymbol{q}_1\quad\cdots\quad\boldsymbol{q}_{n_1}\quad\boldsymbol{q}_{n_1+1}\quad\cdots\quad\boldsymbol{q}_n\right]$，其逆矩阵记为 $\boldsymbol{P}=\left[\boldsymbol{p}_1\quad\cdots\quad\boldsymbol{p}_{n_1}\quad\boldsymbol{p}_{n_1+1}\quad\cdots\quad\boldsymbol{p}_n\right]^{\mathrm{T}}$，即
$\boldsymbol{P}=\left[\boldsymbol{p}_1\quad\cdots\quad\boldsymbol{p}_{n_1}\quad\boldsymbol{p}_{n_1+1}\quad\cdots\quad\boldsymbol{p}_n\right]^{\mathrm{T}}=\begin{bmatrix}\boldsymbol{p}_1^{\mathrm{T}}\\ \vdots\\ \boldsymbol{p}_n^{\mathrm{T}}\end{bmatrix}$。由于 $\boldsymbol{PP}^{-1}=I$ 且由于向量 $\boldsymbol{q}_1,\boldsymbol{q}_2,\cdots,\boldsymbol{q}_{n_1}$ 是从可控性矩阵选取的 n_1 个线性无关的列向量，$\boldsymbol{Aq}_1,\boldsymbol{Aq}_2,\cdots,\boldsymbol{Aq}_{n_1}$ 还可以由这 n_1 个线性无关的列向量 $\boldsymbol{q}_1,\boldsymbol{q}_2,\cdots,\boldsymbol{q}_{n_1}$ 线性组合得到。所以易得下列关系成立：

$$\boldsymbol{p}_i^{\mathrm{T}}\boldsymbol{q}_j=\boldsymbol{0},\quad \forall i\neq j$$

$$\boldsymbol{p}_i^{\mathrm{T}}\boldsymbol{B}=\boldsymbol{0},\quad \boldsymbol{p}_i^{\mathrm{T}}\boldsymbol{Aq}_j=\boldsymbol{0},\quad \forall i=n_1+1,\cdots,n,j=1,2,\cdots,n_1$$

由于 $\boldsymbol{PAP}^{-1}=\bar{\boldsymbol{A}}$ 和 $\boldsymbol{PB}=\bar{\boldsymbol{B}}$，且对 $i=n_1+1,\cdots,n$ 有 $\boldsymbol{p}_i^{\mathrm{T}}\boldsymbol{B}=0$，所以 $\bar{\boldsymbol{A}}$ 和 $\bar{\boldsymbol{B}}$ 有如下形式：

$$\bar{\boldsymbol{A}}=\begin{bmatrix}* & \cdots & * & * & \cdots & *\\ \vdots & & \vdots & \vdots & & \vdots\\ * & \cdots & * & * & \cdots & *\\ 0 & \cdots & 0 & * & \cdots & *\\ \vdots & & \vdots & \vdots & & \vdots\\ 0 & \cdots & 0 & * & \cdots & *\end{bmatrix}\begin{matrix}\left.\vphantom{\begin{matrix}*\\ \vdots\\ *\end{matrix}}\right\}n_1\\ \left.\vphantom{\begin{matrix}0\\ \vdots\\ 0\end{matrix}}\right\}k\end{matrix},\quad \bar{\boldsymbol{B}}=\begin{bmatrix}* & * & \cdots & *\\ \vdots & \vdots & & \vdots\\ * & * & \cdots & *\\ 0 & 0 & \cdots & 0\\ \vdots & \vdots & & \vdots\\ 0 & 0 & \cdots & 0\end{bmatrix}\begin{matrix}\left.\vphantom{\begin{matrix}*\\ \vdots\\ *\end{matrix}}\right\}n_1\\ \left.\vphantom{\begin{matrix}0\\ \vdots\\ 0\end{matrix}}\right\}k\end{matrix}$$

这样存在可逆变换矩阵 $\boldsymbol{P}$ 使得 $\bar{\boldsymbol{A}}=\boldsymbol{PAP}^{-1}=\begin{bmatrix}\boldsymbol{A}_1 & \boldsymbol{A}_2\\ \boldsymbol{0} & \boldsymbol{A}_4\end{bmatrix}$，$\bar{\boldsymbol{B}}=\boldsymbol{PB}=\begin{bmatrix}\boldsymbol{B}_1\\ \boldsymbol{0}\end{bmatrix}$，其中 $\boldsymbol{A}_1\in\mathbb{R}^{n_1\times n_1}$，$\boldsymbol{A}_2\in\mathbb{R}^{n_1\times k}$，$\boldsymbol{A}_4\in\mathbb{R}^{k\times k}$，$\boldsymbol{B}_1\in\mathbb{R}^{n_1\times p}$。做如下矩阵变换得

$$\boldsymbol{P}\left[\boldsymbol{A}-\lambda\boldsymbol{I}\quad \boldsymbol{B}\right]\begin{bmatrix}\boldsymbol{P}^{-1} & \boldsymbol{0}\\ \boldsymbol{0} & \boldsymbol{I}\end{bmatrix}=\left[\bar{\boldsymbol{A}}-\lambda\boldsymbol{I}\quad \bar{\boldsymbol{B}}\right]=\begin{bmatrix}\boldsymbol{A}_1-\lambda\boldsymbol{I}_{n_1} & \boldsymbol{A}_2 & \boldsymbol{B}_1\\ \boldsymbol{0} & \boldsymbol{A}_4-\lambda\boldsymbol{I}_k & \boldsymbol{0}\end{bmatrix}\qquad(2.1.11)$$

显然只要取 $\boldsymbol{A}_4$ 的特征值为 λ_0，即可使式(2.1.11)最右边矩阵的秩小于 n。由于 $\boldsymbol{A}_4$ 的特征值 λ_0 也是 $\bar{\boldsymbol{A}}$ 的特征值，从而也是 $\boldsymbol{A}$ 的特征值，且矩阵 $\boldsymbol{P}$ 与 $\begin{bmatrix}\boldsymbol{P}^{-1} & \boldsymbol{0}\\ \boldsymbol{0} & \boldsymbol{I}_k\end{bmatrix}$ 均为可逆矩阵，因而不影响式(2.1.11)左端矩阵 $[\boldsymbol{A}-\lambda\boldsymbol{I}\quad \boldsymbol{B}]$ 的秩，故有 $\mathrm{rank}\,[\boldsymbol{A}-\lambda_0\boldsymbol{I}\quad \boldsymbol{B}]<n$，即存在 $\lambda_0\in\boldsymbol{\Lambda}(\sigma)$，使 $\mathrm{rank}\,[\boldsymbol{A}-\lambda_0\boldsymbol{I}\quad \boldsymbol{B}]<n$，与假设相矛盾，故 $\mathrm{rank}\,[\boldsymbol{B}\quad \boldsymbol{AB}\quad \cdots\quad \boldsymbol{A}^{n-1}\boldsymbol{B}]=n$。

注 2-1　定理 2-3 中①与②的等价性说明，对于时不变系统，其可控性对 $[0,+\infty)$ 中的每一个 t_0 是一致成立的，故以后对时不变系统的可控性，不再强调其在某一时间点 t_0 的可控性。定理 2-3 中④的矩阵 $\boldsymbol{U}=[\boldsymbol{B}\quad \boldsymbol{AB}\quad \cdots\quad \boldsymbol{A}^{n-1}\boldsymbol{B}]$ 称为状态方程(2.1.8)的可控性矩阵，④称为可控性的秩判据。在研究时不变系统的结构性质时，矩阵 $\boldsymbol{U}$ 起着重要的作用。定理 2-3 中⑥是通过 $\boldsymbol{A}$ 的特征值来判断可控性的，可以将任意 $\lambda_i\in\boldsymbol{\Lambda}(\sigma)$ 换为 $s\in\boldsymbol{C}$(s 为任意复数)。这一判断系统可控性的结果是由罗马尼亚学者 Popov、Belevitch、Hautus 三人提出的，故称为可控性的 PBH 判据。通常把 $\boldsymbol{A}$ 的特征值 $\lambda_i(i=1,2,\cdots,r)$ 称为系统的振型或模态，如果 λ_i 是 n_i 重的特征值，则 $\sum_{i=1}^{r}n_i=n$。把 $t^k\mathrm{e}^{\lambda_i t}(k=0,1,2\cdots,n_i-1,i=1,2,\cdots,r)$ 称为方程(2.1.8)的运动模式。运动模式 $t^k\mathrm{e}^{\lambda_i t}$ 中幂函数的次数 k 可以取 $k=0,1,2,\cdots,n_i-1$。所有使得矩阵 $[\boldsymbol{A}-\lambda_i\boldsymbol{I}\quad \boldsymbol{B}]$ 满秩的 λ_i 称为可控模态。相应的，把使矩阵 $[\boldsymbol{A}-\lambda_i\boldsymbol{I}\quad \boldsymbol{B}]$ 降秩的 λ_i 称为不可控模态。显然，不可控模态所对应的运动模式与控制作用无耦合关系，因此不可控模态又称为系统的输入解耦零点。一个线性时不变系统可控的充分必要条件是没有输入解耦零点。若线性时不变动态方程可控，即没有输入解耦零点时，一方面，输入能激励方程的所有运动模式；另一方面，输入也能抑制任何所不希望的模式。式(2.1.8)可控制简记为矩阵对 $(\boldsymbol{A},\boldsymbol{B})$ 可控。

注 2-2　定理 2-3 中④与⑥的等价性证明中，已经证明了若系统 $(\boldsymbol{A},\boldsymbol{B})$ 不可控，可控性矩阵秩为 n_1，则存在非奇异变换矩阵 $\boldsymbol{P}$ 使得 $\bar{\boldsymbol{A}}=\boldsymbol{PAP}^{-1}=\begin{bmatrix}\boldsymbol{A}_1 & \boldsymbol{A}_2\\ \boldsymbol{0} & \boldsymbol{A}_4\end{bmatrix}$，$\bar{\boldsymbol{B}}=\boldsymbol{PB}=\begin{bmatrix}\boldsymbol{B}_1\\ \boldsymbol{0}\end{bmatrix}$，其中 $\boldsymbol{A}_1\in\mathbb{R}^{n_1\times n_1}$，$\boldsymbol{A}_2\in\mathbb{R}^{n_1\times(n-n_1)}$，$\boldsymbol{A}_4\in\mathbb{R}^{(n-n_1)\times(n-n_1)}$，$\boldsymbol{B}_1\in\mathbb{R}^{n_1\times p}$ 且 $(\boldsymbol{A}_1,\boldsymbol{B}_1)$ 是可控的。这一结果称为可控性结构分解。后续还会给出这个结果，并在系统反馈设计中经常用到这一分解方法。

例 2-6　设有动态方程

$$\dot{\boldsymbol{x}}=\begin{bmatrix}0 & 1\\ 2 & 1\end{bmatrix}\boldsymbol{x}+\begin{bmatrix}1\\ 0\end{bmatrix}u$$

$$y=[1\quad 2]\,\boldsymbol{x}$$

矩阵 $\boldsymbol{A}$ 具有特征值 -1 和 2，因此方程具有两个运动模式 e^{-t} 和 e^{2t}。因模式 e^{2t} 随时间增加而增加，所以希望在输出中抑制它。方程的可控性矩阵为

$$\boldsymbol{U}=[\boldsymbol{b}\quad \boldsymbol{Ab}]=\begin{bmatrix}1 & 0\\ 0 & 2\end{bmatrix}$$

其秩为 2，故方程可控。因此模式 e^{2t} 是能被抑制的。首先，计算可知

$$\mathrm{e}^{\boldsymbol{A}t}=\begin{bmatrix}\dfrac{1}{3}\mathrm{e}^{2t}+\dfrac{2}{3}\mathrm{e}^{-t} & \dfrac{1}{3}\mathrm{e}^{2t}-\dfrac{1}{3}\mathrm{e}^{-t}\\ \dfrac{2}{3}\mathrm{e}^{2t}-\dfrac{2}{3}\mathrm{e}^{-t} & \dfrac{2}{3}\mathrm{e}^{2t}+\dfrac{1}{3}\mathrm{e}^{-t}\end{bmatrix}$$

现在对于任何的初始状态 $\boldsymbol{x}(0)$，寻找一个输入 u，使得在某一瞬时，例如 t_0 以后，输出 y 中不再包含模式 e^{2t}。令在 t_0 以后，输入恒为零，则由 t_0 时刻状态所引起的输出是

$$y=[1\quad 2]e^{\boldsymbol{A}t}\begin{bmatrix}x_1(t_0)\\x_2(t_0)\end{bmatrix}=\frac{5}{3}[x_1(t_0)+x_2(t_0)]e^{2t}+\frac{1}{3}[x_2(t_0)-2x_1(t_0)]e^{-t}$$

由此可见，若 $x_1(t_0)=-x_2(t_0)$，则在 $t>t_0$ 后，输出将不包括模式 e^{2t}。因动态方程可控，故有可能按式(2.1.4)来计算所需要的输入 $u_{[0,t_0]}$，以使 $\boldsymbol{x}(0)$ 移到如上要求的 $\boldsymbol{x}(t_0)$。

关于定理 2-3 中⑥的说明：

① 可以将任意 $\lambda_i\in\boldsymbol{A}(\sigma)$ 换为 $s\in\boldsymbol{C}$（s 为任意复数）。因为当 s 不是 $\boldsymbol{A}$ 的特征值时，$|s\boldsymbol{I}-\boldsymbol{A}|\neq 0$，$\text{rank}[s\boldsymbol{I}-\boldsymbol{A}\quad \boldsymbol{B}]=n$ 自然成立。

② 当 λ_0 是 $\boldsymbol{A}$ 的简单特征值时

$$\begin{cases}\text{rank}[\boldsymbol{A}-\lambda_0\boldsymbol{I}\quad \boldsymbol{B}]<n, & \lambda_0\text{ 不可控}\\ \text{rank}[\boldsymbol{A}-\lambda_0\boldsymbol{I}\quad \boldsymbol{B}]=n, & \lambda_0\text{ 可控}\end{cases}$$

③ 当 λ_0 是 $\boldsymbol{A}$ 的重特征值时，若有 $\text{rank}[\boldsymbol{A}-\lambda_0\boldsymbol{I}\quad \boldsymbol{B}]<n$，只能断言至少有一个 λ_0 不可控，并不能说所有的 λ_0 都不可控，究竟有几个 λ_0 是可控的，几个 λ_0 是不可控的，需要用其他方法补充研究（计算可控性矩阵的秩或进行可控性结构分解）。

例 2-7

$$\boldsymbol{A}=\begin{bmatrix}\lambda & 1 & & \\ & \lambda & 1 & \\ & & \lambda & 1\\ & & & \lambda\end{bmatrix},\quad \boldsymbol{b}_1=\begin{bmatrix}0\\0\\1\\0\end{bmatrix},\quad \boldsymbol{b}_2=\begin{bmatrix}0\\1\\0\\0\end{bmatrix},\quad \boldsymbol{b}_3=\begin{bmatrix}1\\0\\0\\0\end{bmatrix}$$

$$\text{rank}[\boldsymbol{A}-\lambda\boldsymbol{I}\quad \boldsymbol{b}_i]=3,\quad i=1,2,3$$

$(\boldsymbol{A},\boldsymbol{b}_1)$ 有一个模态不可控，$(\boldsymbol{A},\boldsymbol{b}_2)$ 有两个模态不可控，$(\boldsymbol{A},\boldsymbol{b}_3)$ 有三个模态不可控，计算矩阵 $[\boldsymbol{A}-\lambda\boldsymbol{I}\quad \boldsymbol{b}]$ 的秩区别不出这三种不同的情况。而可控性矩阵的秩却显示出这种差别，即

$$\text{rank}[\boldsymbol{b}_1\quad \boldsymbol{A}\boldsymbol{b}_1\quad \boldsymbol{A}^2\boldsymbol{b}_1\quad \boldsymbol{A}^3\boldsymbol{b}_1]=3\text{（一个模态不可控）}$$

$$\text{rank}[\boldsymbol{b}_2\quad \boldsymbol{A}\boldsymbol{b}_2\quad \boldsymbol{A}^2\boldsymbol{b}_2\quad \boldsymbol{A}^3\boldsymbol{b}_2]=2\text{（两个模态不可控）}$$

$$\text{rank}[\boldsymbol{b}_3\quad \boldsymbol{A}\boldsymbol{b}_3\quad \boldsymbol{A}^2\boldsymbol{b}_3\quad \boldsymbol{A}^3\boldsymbol{b}_3]=1\text{（三个模态不可控）}$$

此例也可以直接用可控性结构分解来判断。事实上，$(\boldsymbol{A},\boldsymbol{b}_i)$ 已经属于可控性结构分解形式，故可以直接判断得到 $(\boldsymbol{A},\boldsymbol{b}_1)$ 有一个模态不可控，$(\boldsymbol{A},\boldsymbol{b}_2)$ 有两个模态不可控，$(\boldsymbol{A},\boldsymbol{b}_3)$ 有三个模态不可控。

2.1.4 简化的可控性条件

在许多情况下，利用可控性矩阵来判断可控性时，无须计算出矩阵 $[\boldsymbol{B}\quad \boldsymbol{A}\boldsymbol{B}\quad \cdots\quad \boldsymbol{A}^{n-1}\boldsymbol{B}]$ 的全部列，而只须计算一个列数较小的矩阵。下面研究这个问题，记

$$\boldsymbol{U}_{k-1}=[\boldsymbol{B}\quad \boldsymbol{A}\boldsymbol{B}\quad \cdots\quad \boldsymbol{A}^{k-1}\boldsymbol{B}]$$

定理 2-4 若 j 是使 $\text{rank}\,\boldsymbol{U}_j=\text{rank}\,\boldsymbol{U}_{j+1}$ 成立的最小整数，则对于所有 $k>j$，有

$$\text{rank}\,\boldsymbol{U}_k=\text{rank}\,\boldsymbol{U}_j$$

并且

$$j \leqslant \min\{n-r, \bar{n}-1\}$$

其中，r 是矩阵 $\boldsymbol{B}$ 的秩，$\bar{n}$ 是矩阵 $\boldsymbol{A}$ 的最小多项式的次数。

证明： 因为 $\operatorname{rank}\boldsymbol{U}_j$ 等于 $\boldsymbol{U}_j$ 中线性无关的列数，而 $\boldsymbol{U}_j$ 中的所有列也是 $\boldsymbol{U}_{j+1}$ 中的列，故条件 $\operatorname{rank}\boldsymbol{U}_k=\operatorname{rank}\boldsymbol{U}_j$ 即意味着 $\boldsymbol{A}^{j+1}\boldsymbol{B}$ 的每一列与矩阵 $[\boldsymbol{B}\quad \boldsymbol{AB}\quad \cdots\quad \boldsymbol{A}^j\boldsymbol{B}]$ 的各列线性相关，从而 $\boldsymbol{A}^{j+2}\boldsymbol{B}$ 的每一列又与 $\boldsymbol{AB},\boldsymbol{A}^2\boldsymbol{B},\cdots,\boldsymbol{A}^{j+1}\boldsymbol{B}$ 的各列线性相关。依此类推，可以证明对所有 $k>j$，均有 $\operatorname{rank}\boldsymbol{U}_k=\operatorname{rank}\boldsymbol{U}_j$。对于矩阵 $[\boldsymbol{B}\quad \boldsymbol{AB}\quad \boldsymbol{A}^2\boldsymbol{B}\quad \cdots]$，当在其中增加一个矩阵块列 $\boldsymbol{A}^k\boldsymbol{B}$ 时，矩阵的秩至少增加 1，否则其秩将停止增加。矩阵 $[\boldsymbol{B}\quad \boldsymbol{AB}\quad \boldsymbol{A}^2\boldsymbol{B}\quad \cdots]$ 的秩最大为 n，因此当 $\boldsymbol{B}$ 的秩为 r 时，为了确认 $[\boldsymbol{B}\quad \boldsymbol{AB}\quad \boldsymbol{A}^2\boldsymbol{B}\quad \cdots]$ 的最大秩数，最多只需在其中增加 $(n-r)$ 个 $\boldsymbol{A}^k\boldsymbol{B}$ 块矩阵就够了。因此有 $j\leqslant n-r$。另一方面，假设矩阵 $\boldsymbol{A}$ 的最小多项式为 $\psi(\lambda)=\lambda^{\bar{n}}+\alpha_1\lambda^{\bar{n}-1}+\cdots+\alpha_{\bar{n}}$，由最小多项式的定义可知，$\psi(\boldsymbol{A})=\boldsymbol{A}^{\bar{n}}+\alpha_1\boldsymbol{A}^{\bar{n}-1}+\cdots+\alpha_{\bar{n}}\boldsymbol{I}=0$。由此说明 $\bar{\boldsymbol{A}}^{\bar{n}}\boldsymbol{B}$ 的每个列都可以由$[\boldsymbol{B}\quad \boldsymbol{AB}\quad \cdots \boldsymbol{A}^{\bar{n}-1}\boldsymbol{B}]$的各个列线性组合得到。和上述过程类似，可以知道 $\boldsymbol{A}^{\bar{n}+1}\boldsymbol{B},\boldsymbol{A}^{\bar{n}+2}\boldsymbol{B},\cdots$的每个列也都可以由$[\boldsymbol{B}\quad \boldsymbol{AB}\quad \cdots \boldsymbol{A}^{\bar{n}-1}\boldsymbol{B}]$的各个列线性组合得到。这样必有 $j\leqslant\bar{n}-1$，故得 $j\leqslant\min\{n-r,\bar{n}-1\}$。

推论 2-2　若 $\operatorname{rank}\boldsymbol{B}=r$，则状态方程(2.1.8)可控的充分必要条件是

$$\operatorname{rank}\boldsymbol{U}_{n-r}=\operatorname{rank}[\boldsymbol{B}\quad \boldsymbol{AB}\quad \cdots\quad \boldsymbol{A}^{n-r}\boldsymbol{B}]=n$$

或者说

$$\det[\boldsymbol{U}_{n-r}\boldsymbol{U}_{n-r}^{*}]\neq 0$$

定义 2-3　设使得 $\operatorname{rank}\boldsymbol{U}_j=\operatorname{rank}\boldsymbol{U}_{j+1}=n$ 成立的最小整数 j 为 $\mu-1$，称 μ 为方程(2.1.8)的可控性指数。

显然由定理 2-4 可得，系统的可控性指数满足如下关系：

$$\mu\leqslant\min\{n-r,\bar{n}-1\}+1$$

推论 2-3　若 $\boldsymbol{B}_1=[\boldsymbol{B}\quad \boldsymbol{AB}]$，则矩阵对$(\boldsymbol{A},\boldsymbol{B})$可控性等价于矩阵对$(\boldsymbol{A},\boldsymbol{B}_1)$的可控性。

证明： ① 必要性证明。若矩阵对$(\boldsymbol{A},\boldsymbol{B})$可控，但是矩阵对$(\boldsymbol{A},\boldsymbol{B}_1)$不可控。由 PBH 判据可知，对不可控模态 λ_0，存在非零列向量 $\boldsymbol{\alpha}$ 使得 $\boldsymbol{\alpha}^{\mathrm{T}}[\boldsymbol{A}-\lambda_0\boldsymbol{I}\quad \boldsymbol{B}_1]=\boldsymbol{0}$，即

$$\boldsymbol{\alpha}^{\mathrm{T}}(\boldsymbol{A}-\lambda_0\boldsymbol{I})=\boldsymbol{0},\quad \boldsymbol{\alpha}^{\mathrm{T}}\boldsymbol{B}_1=\boldsymbol{0}$$

从而，$\boldsymbol{\alpha}^{\mathrm{T}}(\boldsymbol{A}-\lambda_0\boldsymbol{I})=\boldsymbol{0},\boldsymbol{\alpha}^{\mathrm{T}}\boldsymbol{B}=\boldsymbol{0},\boldsymbol{\alpha}^{\mathrm{T}}\boldsymbol{AB}=\boldsymbol{0}$，即 $\boldsymbol{\alpha}^{\mathrm{T}}(\boldsymbol{A}-\lambda_0\boldsymbol{I})=\boldsymbol{0},\boldsymbol{\alpha}^{\mathrm{T}}\boldsymbol{B}=\boldsymbol{0}$，这表明系统$(\boldsymbol{A},\boldsymbol{B})$存在不可控态 λ_0。

② 充分性证明。若矩阵对$(\boldsymbol{A},\boldsymbol{B}_1)$可控，但是矩阵对$(\boldsymbol{A},\boldsymbol{B})$不可控。由 PBH 判据可知，对不可控模态 λ_0，存在非零列向量 $\boldsymbol{\alpha}$ 使得 $\boldsymbol{\alpha}^{\mathrm{T}}[\boldsymbol{A}-\lambda_0\boldsymbol{I}\quad \boldsymbol{B}]=\boldsymbol{0}$，即 $\boldsymbol{\alpha}^{\mathrm{T}}(\boldsymbol{A}-\lambda_0\boldsymbol{I})=\boldsymbol{0},\boldsymbol{\alpha}^{\mathrm{T}}\boldsymbol{B}=\boldsymbol{0}$。这样得到 $\boldsymbol{\alpha}^{\mathrm{T}}\boldsymbol{A}=\lambda_0\boldsymbol{\alpha}^{\mathrm{T}},\boldsymbol{\alpha}^{\mathrm{T}}\boldsymbol{B}=\boldsymbol{0}\Rightarrow\boldsymbol{\alpha}^{\mathrm{T}}\boldsymbol{AB}=\lambda_0\boldsymbol{\alpha}^{\mathrm{T}}\boldsymbol{B}=\boldsymbol{0}$，因而 $\boldsymbol{\alpha}^{\mathrm{T}}[\boldsymbol{A}-\lambda_0\boldsymbol{I}\quad \boldsymbol{B}_1]=\boldsymbol{0}$，这表明 λ_0 也是系统$(\boldsymbol{A},\boldsymbol{C}_1)$的不可控模态。

2.2　线性系统的可观测性

在控制理论中，可观测性与可控性是对偶的概念。系统可观测性是研究由输出估计状态的可能性。如果动态方程可观测，那么由输出可以得到状态变量的信息。前面已指出，可观测性是研究动态方程(2.1.1)中矩阵$(\boldsymbol{A}(t),\boldsymbol{C}(t))$的关系。

2.2.1 可观测性的定义

在给出可观测性的一般定义之前,先考虑一个具体的例子。

例 2-8 已知二阶系统

$$\dot{x}_1=x_2,\quad \dot{x}_2=u,\quad y=x_1$$

这里 y 是能够测量的输出。希望通过对 y 的量测决定出系统的初始状态 $x_1(t_0)=x_{10}$,$x_2(t_0)=x_{20}$。这个系统的状态转移矩阵为

$$\boldsymbol{\Phi}(t,t_0)=\begin{bmatrix}1 & t-t_0\\0 & 1\end{bmatrix}$$

状态方程的解为

$$\begin{bmatrix}x_1\\x_2\end{bmatrix}=\begin{bmatrix}1 & t-t_0\\0 & 1\end{bmatrix}\begin{bmatrix}x_{10}\\x_{20}\end{bmatrix}+\begin{bmatrix}\int_{t_0}^{t}(t-\tau)u(\tau)\mathrm{d}\tau\\ \int_{t_0}^{t}u(\tau)\mathrm{d}\tau\end{bmatrix}$$

系统的输出为

$$y=\boldsymbol{cx}=\underbrace{\begin{bmatrix}1 & 0\end{bmatrix}\begin{bmatrix}1 & t-t_0\\0 & 1\end{bmatrix}}_{\boldsymbol{c\Phi}(t,t_0)}\begin{bmatrix}x_{10}\\x_{20}\end{bmatrix}+\int_{t_0}^{t}(t-\tau)u(\tau)\mathrm{d}\tau$$

因为初始状态有两个变量,而输出是一维的只有一个方程,所以不能由此直接求得。令 $t_1>t_0$,并对 $y(t)$ 做加权处理,在上式等号两端同时左乘 $\begin{bmatrix}1 & 0\\t-t_0 & 1\end{bmatrix}\begin{bmatrix}1\\0\end{bmatrix}$ 得到:

$$\underbrace{\begin{bmatrix}1 & 0\\(t-t_0) & 1\end{bmatrix}\begin{bmatrix}1\\0\end{bmatrix}}_{\boldsymbol{\Phi}^*(t,t_0)\boldsymbol{c}^*}y=\underbrace{\begin{bmatrix}1 & 0\\(t-t_0) & 1\end{bmatrix}\begin{bmatrix}1\\0\end{bmatrix}}_{\boldsymbol{\Phi}^*(t,t_0)\boldsymbol{c}^*}\underbrace{\begin{bmatrix}1 & 0\end{bmatrix}\begin{bmatrix}1 & (t-t_0)\\0 & 1\end{bmatrix}}_{\boldsymbol{c\Phi}(t,t_0)}\begin{bmatrix}x_{10}\\x_{20}\end{bmatrix}+$$

$$\underbrace{\begin{bmatrix}1 & 0\\(t-t_0) & 1\end{bmatrix}\begin{bmatrix}1\\0\end{bmatrix}}_{\boldsymbol{\Phi}^*(t,t_0)\boldsymbol{c}^*}\int_{t_0}^{t}(t-\tau)u(\tau)\mathrm{d}\tau$$

从 t_0 到 t_1 积分,并令

$$h(t_1,t_0)=\int_{t_0}^{t_1}\begin{bmatrix}1 & 0\\t-t_0 & 1\end{bmatrix}\begin{bmatrix}1\\0\end{bmatrix}y(t)\mathrm{d}t$$

显然

$$h(t_1,t_0)=\int_{t_0}^{t_1}\begin{bmatrix}1 & 0\\t-t_0 & 1\end{bmatrix}\begin{bmatrix}1\\0\end{bmatrix}\begin{bmatrix}1 & 0\end{bmatrix}\left(\begin{bmatrix}1 & t-t_0\\0 & 1\end{bmatrix}\begin{bmatrix}x_{10}\\x_{20}\end{bmatrix}+\int_{t_0}^{t}\begin{bmatrix}1 & t-\tau\\0 & 1\end{bmatrix}\begin{bmatrix}0\\1\end{bmatrix}u(\tau)\mathrm{d}\tau\right)\mathrm{d}t$$

$$=\begin{bmatrix}t_1-t_0 & \frac{1}{2}(t_1-t_0)^2\\ \frac{1}{2}(t_1-t_0)^2 & \frac{1}{3}(t_1-t_0)^3\end{bmatrix}\begin{bmatrix}x_{10}\\x_{20}\end{bmatrix}+\int_{t_0}^{t_1}\left(\begin{bmatrix}1\\t-t_0\end{bmatrix}\int_{t_0}^{t_1}(t-\tau)u(\tau)\mathrm{d}\tau\right)\mathrm{d}t$$

由于当 $t_1>t_0$ 时

$$\det\left[\int_{t_0}^{t_1}\boldsymbol{\Phi}^*(t,t_0)\boldsymbol{c}^*\boldsymbol{c}\boldsymbol{\Phi}(t,t_0)\mathrm{d}t\right]=\det\begin{bmatrix}t_1-t_0 & \frac{1}{2}(t_1-t_0)^2\\ \frac{1}{2}(t_1-t_0) & \frac{1}{3}(t_1-t_0)^3\end{bmatrix}=\frac{1}{12}(t_1-t_0)^4>0$$

并且 $h(t_1,t_0)$ 已知，$u(\tau)$ 已知，因此可以唯一确定出 x_{10} 和 x_{20}：

$$\begin{bmatrix}x_{10}\\x_{20}\end{bmatrix}=\begin{bmatrix}t_1-t_0 & \frac{1}{2}(t_1-t_0)^2\\ \frac{1}{2}(t_1-t_0)^2 & \frac{1}{3}(t_1-t_0)^3\end{bmatrix}^{-1}\cdot\left\{h(t_1,t_0)-\int_{t_0}^{t_1}\left(\begin{bmatrix}1\\t_1-t_0\end{bmatrix}\cdot\int_{t_0}^{t_1}(t-\tau)u(\tau)\mathrm{d}\tau\right)\mathrm{d}t\right\}$$

此例说明，系统输入和输出信息的测量，经过一段时间的积累和加权处理之后，能够唯一地确定出系统的初始状态，这表明系统的输出对系统的初始状态有判断能力。初始状态一旦确定，则系统在任何时刻的状态就完全可由状态转移方程来确定了。因此可以说这个系统的状态是可观测的。

定义 2-4　若状态空间中任一非零初态 $\boldsymbol{x}(t_0)$，存在一个有限时刻 $t_1>t_0$，使得输入 $\boldsymbol{u}_{[t_0,t_1]}$ 和输出 $\boldsymbol{y}_{[t_0,t_1]}$ 的值能够唯一地确定初始状态 $\boldsymbol{x}(t_0)$，则称动态方程(2.1.1)在 t_0 时刻是可观测的。反之则称动态方程在 t_0 时刻是不可观测的。

这个定义反映了系统输出对状态的判断能力。与可控性一样，可观测性也是系统的结构性质，它不依赖于具体的输入、输出和初始状态的情况。另外在例 2-8 中可见，x_{10} 和 x_{20} 是否有唯一解与 $\boldsymbol{u}(t)$ 取什么形式无关。因此为方便起见，在以后关于可观测性的讨论中，不妨假定 $\boldsymbol{u}(t)=\boldsymbol{0}$。这时零状态响应恒为零，从输出来判断初态的问题就成为从零输入响应来判断初态的问题。显然，若零输入响应为零，就不可能由它计算出初态。对于线性系统，若 $\boldsymbol{x}(t_0)=\boldsymbol{0}$，则零输入响应恒为零。

对定义 2-4 作如下说明：① 存在的有限时刻 t_1 是依赖于初始状态的。② 把定义中满足条件的初态 $\boldsymbol{x}(t_0)$ 称为可观测状态。③ 对某一初态 $\boldsymbol{x}(t_0)$，若无论 t_1 取多大，在有限时间 $[t_0,t_1]$ 内系统的输出均恒为零，则这一初态 $\boldsymbol{x}(t_0)$ 即为不可观测状态。④ 这里所定义的可观测性是指初始时刻状态的可观测性。类似于 2.1 节对应于可控性与可达性的概念，可以得到从初始时刻开始一段有限时间后的末端时刻状态的可重构性概念，并称这一末端状态为可重构状态。系统可重构性概念可见下面的定义 2-5。

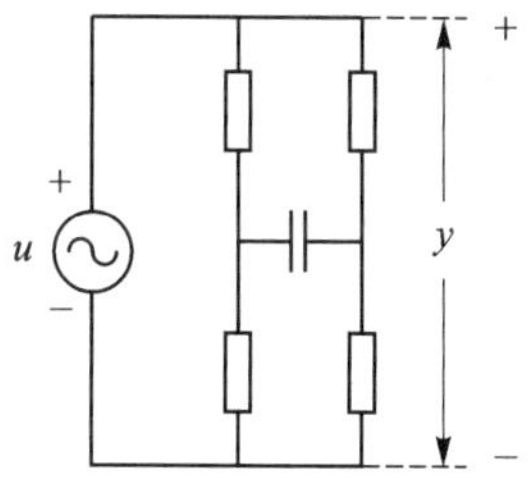

图 2-2　不可观测网络

例 2-9　设有图 2-2 所示的网络，其中电阻 $R=1\ \Omega$，电容为 $C=1$ F，电容两端的电压是系统状态变量 x，当 $u=0$ 时，系统的输出恒为零，不可能从这个输出中判断出在 t_0 时刻电容的电压是多少，因此这个网络是不可观测的。

2.2.2　可观测性的判断准则

和可控性一样，仅仅由定义出发检验系统的可观测性也是不容易的，需要寻找比较简便的判别准则。

定理 2-5　动态方程(2.1.1)在 t_0 时刻可观测，必要且只要存在一个有限时刻 $t_1>t_0$，使

矩阵 $\boldsymbol{C}(\tau)\boldsymbol{\Phi}(\tau,t_0)$的 n 个列在$[t_0,t_1]$上线性无关。

证明：① 充分性。假定 $\boldsymbol{u}=\boldsymbol{0}$，由

$$\boldsymbol{y}(t)=\boldsymbol{C}(t)\boldsymbol{\Phi}(t,t_0)\boldsymbol{x}(t_0)$$

输出 q 个方程，n 个未知数，其中 q 是系统输出维数。因此只利用 t_0时刻的输出值无法唯一确定 $x(t_0)$。类似于例 2-8 的过程，需要加权处理。在上式等号两端同时左乘 $\boldsymbol{\Phi}^*(t,t_0)\boldsymbol{C}^*(t)$，并从 t_0 到 t_1 积分得

$$\int_{t_0}^{t_1}\boldsymbol{\Phi}^*(t,t_0)\boldsymbol{C}^*(t)\boldsymbol{y}(t)\mathrm{d}t=\int_{t_0}^{t_1}\boldsymbol{\Phi}^*(t,t_0)\boldsymbol{C}^*(t)\boldsymbol{C}(t)\boldsymbol{\Phi}(t,t_0)\boldsymbol{x}(t_0)\mathrm{d}t=\boldsymbol{V}(t_0,t_1)\boldsymbol{x}(t_0) \tag{2.2.1}$$

其中

$$\boldsymbol{V}(t_0,t_1)=\int_{t_0}^{t_1}\boldsymbol{\Phi}^*(t,t_0)\boldsymbol{C}^*(t)\boldsymbol{C}(t)\boldsymbol{\Phi}(t,t_0)\mathrm{d}t \tag{2.2.2}$$

由定理 0-6 及在$[t_0,t_1]$上 $\boldsymbol{C}(t)\boldsymbol{\Phi}(t,t_0)$的所有列线性无关的假定，可知 $\boldsymbol{V}(t_0,t_1)$是非奇异的。因此有

$$\boldsymbol{x}(t_0)=\boldsymbol{V}^{-1}(t_0,t_1)\cdot\int_{t_0}^{t_1}\boldsymbol{\Phi}^*(t,t_0)\boldsymbol{C}^*(t)\boldsymbol{y}(t)\mathrm{d}t$$

即 $\boldsymbol{x}(t_0)$由 $\boldsymbol{y}_{[t_0,t_1]}$唯一确定。

② 必要性。用反证法，设系统 t_0 可观测，但对任意 $t_1>t_0$，均有非零列向量 $\boldsymbol{\alpha}$ 存在，使得在$[t_0,t_1]$上 $\boldsymbol{C}(t)\boldsymbol{\Phi}(t,t_0)\boldsymbol{\alpha}=\boldsymbol{0}$ 成立，选择 $\boldsymbol{x}(t_0)=\boldsymbol{\alpha}$，则对于所有的 $t>t_0$，有

$$\boldsymbol{y}(t)=\boldsymbol{C}(t)\boldsymbol{\Phi}(t,t_0)\boldsymbol{\alpha}=\boldsymbol{0}$$

因此，初始状态不可能由 $\boldsymbol{y}(t)$确定出来，这与系统 t_0 时刻可观测相矛盾。若系统在 t_0 时刻可观测，则必存在有限的 $t_1>t_0$，使矩阵 $\boldsymbol{C}(t)\boldsymbol{\Phi}(t,t_0)$的 n 个列在$[t_0,t_1]$上线性无关。

由上述定理可见，线性动态方程可观测性只取决于矩阵 $\boldsymbol{A}(t)$和 $\boldsymbol{C}(t)$，而和矩阵 $\boldsymbol{B}(t)$、$\boldsymbol{D}(t)$无关，因此在讨论可观测性时，仅需研究下列方程：

$$\dot{\boldsymbol{x}}=\boldsymbol{A}(t)\boldsymbol{x},\quad \boldsymbol{y}=\boldsymbol{C}(t)\boldsymbol{x}$$

由式(2.2.2)定义的矩阵 $\boldsymbol{V}(t_0,t_1)$称为系统的可观测性 Gram 矩阵。

推论 2-4 动态方程(2.1.1)在 t_0 时刻可观测的充分必要条件是存在有限时刻 $t_1>t_0$，使得可观测性 Gram 阵 $\boldsymbol{V}(t_0,t_1)$非奇异。

类似于可控性的判断，可以给出下面避免求取系统状态转移矩阵的判断系统可观测性的一个充分性的条件。

定理 2-6 设 n 维动态方程(2.1.1)中的 $\boldsymbol{A}(t)$和 $\boldsymbol{C}(t)$是$(n-1)$次连续可微的，而且存在有限的 $t_1>t_0$，使下式成立：

$$\operatorname{rank}\begin{bmatrix}\boldsymbol{N}_0(t_1)\\ \boldsymbol{N}_1(t_1)\\ \vdots\\ \boldsymbol{N}_{n-1}(t_1)\end{bmatrix}=n \tag{2.2.3}$$

其中

$$\boldsymbol{N}_0(t)=\boldsymbol{C}(t)$$

$$\boldsymbol{N}_k(t)=\boldsymbol{N}_{k-1}(t)\boldsymbol{A}(t)+\frac{\mathrm{d}}{\mathrm{d}t}\boldsymbol{N}_{k-1}(t),\quad k=1,2,\cdots,n-1 \tag{2.2.4}$$

则系统(2.1.1)在 t_0 时刻是可观测的。

与可控性部分引入可达性的概念相类似，下面给出在讨论可观测性时引入状态可重构性的概念。

定义 2-5　如果状态空间任一状态 $\boldsymbol{x}(t_0)$，存在某个有限时刻 $t_1<t_0$，使得输入 $\boldsymbol{u}_{[t_1,t_0]}$ 和输出 $\boldsymbol{y}_{[t_1,t_0]}$ 的值可唯一地决定 $\boldsymbol{x}(t_0)$，则称系统(2.2.1)在 t_0 时刻是可重构的。

这一定义和定义 2-4 相比，也是因果关系上有差别。定义 2-4 的可观测性是用未来的信息来判断现在的状态，而定义 2-5 是用过去的信息来判断现在的状态。可重构性与可观测性对于辨别状态来说，仅是使用信息的时间区间不同。两个定义在时间区间上有区别，可重构性是用$[t_1,t_0]$过去的信息来判断 $\boldsymbol{x}(t_0)$，而可观测性则是用$[t_0,t_1]$的信息来判断 $\boldsymbol{x}(t_0)$。因此显然可得到重构性的充分必要条件是存在 $t_1<t_0$，使得矩阵 $\boldsymbol{C}(\tau)\boldsymbol{\Phi}(\tau,t_0)$ 在$[t_1,t_0]$上列线性无关，或下列可重构 Gram 矩阵

$$\int_{t_1}^{t_0}\boldsymbol{\Phi}^*(\tau,t_0)\boldsymbol{C}^*(\tau)\boldsymbol{C}(\tau)\boldsymbol{\Phi}(\tau,t_0)\mathrm{d}\tau,\quad t_1<t_0$$

是非奇异矩阵。

2.2.3　线性系统的对偶定理

可控性和可观测性不是相互独立的概念，它们之间存在一种对偶关系。为了研究这种对偶关系，首先研究系统(2.1.1)的对偶系统

$$\begin{cases}\dot{\bar{\boldsymbol{x}}}=-\boldsymbol{A}^*(t)\bar{\boldsymbol{x}}+\boldsymbol{C}^*(t)\boldsymbol{v}\\ \bar{\boldsymbol{y}}=\boldsymbol{B}^*(t)\bar{\boldsymbol{x}}+\boldsymbol{D}^*(t)\boldsymbol{v}\end{cases}\tag{2.2.5}$$

其中，$\boldsymbol{A}^*(t)$，$\boldsymbol{B}^*(t)$，$\boldsymbol{C}^*(t)$，$\boldsymbol{D}^*(t)$分别是 $\boldsymbol{A}(t)$，$\boldsymbol{B}(t)$，$\boldsymbol{C}(t)$，$\boldsymbol{D}(t)$的复共轭转置。有时将系统(2.2.5)的状态向量 $\bar{\boldsymbol{x}}$ 称为系统(2.1.1)的状态向量 $\boldsymbol{x}$ 的协态。对偶系统也叫伴随系统，下面的定理就是著名的对偶定理。

定理 2-7　系统(2.1.1)在 t_0 时刻可控(可达)的充分必要条件是它的对偶系统(2.2.5)在 t_0 时刻可观测(可重构)。系统(2.1.1)在 t_0 时刻可观测(可重构)的充分必要条件是它的对偶系统(2.2.5)在 t_0 时刻可控(可达)。

证明：设 $\boldsymbol{\Phi}(t,t_0)$为系统(2.1.1)的状态转移矩阵，由第 1 章习题 1-20 可知，系统(2.2.5)的状态转移矩阵为 $\boldsymbol{\Phi}^{*-1}(t,t_0)$。系统(2.1.1)在 t_0 时刻可控的充分必要条件是存在有限的 $t_1>t_0$，使得矩阵 $\boldsymbol{\Phi}(t_0,\tau)\boldsymbol{B}(\tau)$的行在$[t_0,t_1]$上线性无关。而系统(2.2.5)在 t_0 时刻可观测的充分必要条件是存在有限的 $t_1>t_0$，使矩阵 $\boldsymbol{B}^*(\tau)\boldsymbol{\Phi}^{*-1}(\tau,t_0)$的列在$[t_0,t_1]$上线性无关。又有

$$\boldsymbol{B}^*(\tau)\boldsymbol{\Phi}^{*-1}(\tau,t_0)=\boldsymbol{B}^*(\tau)\boldsymbol{\Phi}^{*-1}(\tau,t_0)=\boldsymbol{B}^*(\tau)\boldsymbol{\Phi}^*(t_0,\tau)=[\boldsymbol{\Phi}(t_0,\tau)\boldsymbol{B}(\tau)]^*$$

所以系统(2.2.1)在 t_0 时刻的可控性等价于其对偶系统(2.2.5)在 t_0 时刻的可观测性。同理可以证明定理的第二部分。

用同样的方法可以证明系统(2.1.1)的可达性等价于系统(2.2.5)的可重构性。

运用对偶定理，可以得到与定理 2-2、定理 2-3 以及定理 2-4 相对应的有关可观测性的判别定理，当然这些定理也可以给出直接的证明。

2.2.4　线性时不变系统的可观测性判据

设线性时不变系统方程为

$$\begin{cases}\dot{\boldsymbol{x}}=\boldsymbol{A}\boldsymbol{x}+\boldsymbol{B}\boldsymbol{u}\\ \boldsymbol{y}=\boldsymbol{C}\boldsymbol{x}+\boldsymbol{D}\boldsymbol{u}\end{cases}\tag{2.2.6}$$

其中，$\boldsymbol{A}$，$\boldsymbol{B}$，$\boldsymbol{C}$ 和 $\boldsymbol{D}$ 分别为 $n\times n$，$n\times p$，$q\times n$ 和 $q\times p$ 的实常量矩阵，所研究的时间区间为 $[0,+\infty)$。

定理 2-8　对于 n 维线性时不变系统(2.2.6)，下列提法等价：

① 在 $[0,+\infty)$ 中的每一个 t_0，系统(2.2.6)可观测。

② 在 $[0,+\infty)$ 上，$\boldsymbol{C}\mathrm{e}^{\boldsymbol{A}t}$ 的各列在复数域线性无关。

③ 对于 $t_0\geqslant 0$ 的任意一个 $t>t_0$，矩阵

$$\boldsymbol{V}(t_0,t)=\int_{t_0}^{t}\mathrm{e}^{\boldsymbol{A}^*(\tau-t_0)}\boldsymbol{C}^*\boldsymbol{C}\mathrm{e}^{\boldsymbol{A}(\tau-t_0)}\mathrm{d}\tau$$

是非奇异矩阵，$\boldsymbol{V}(t_0,t)$ 称为时不变系统的可观测 Gram 矩阵。

④ $$\operatorname{rank}\begin{bmatrix}\boldsymbol{C}\\ \boldsymbol{C}\boldsymbol{A}\\ \vdots\\ \boldsymbol{C}\boldsymbol{A}^{n-1}\end{bmatrix}=n\tag{2.2.7}$$

⑤ 在复数域上 $\boldsymbol{C}(s\boldsymbol{I}-\boldsymbol{A})^{-1}$ 的各列线性无关。

⑥ 对于 $\boldsymbol{A}$ 的任一特征值 λ_i，有

$$\operatorname{rank}\begin{bmatrix}\boldsymbol{A}-\lambda_i\boldsymbol{I}\\ \boldsymbol{C}\end{bmatrix}=n\tag{2.2.8}$$

注 2-3　定理 2-8 中①与②的等价性说明，时不变系统其可观测性对 $[0,+\infty)$ 中的每一个 t_0 是一致成立的，故以后对时不变系统的可观测性不再强调其在某一时间点 t_0 的可观测性。定理 2-8 的④中的矩阵 $\boldsymbol{V}=\begin{bmatrix}\boldsymbol{C}\\ \boldsymbol{C}\boldsymbol{A}\\ \vdots\\ \boldsymbol{C}\boldsymbol{A}^{n-1}\end{bmatrix}$ 称为系统(2.2.6)的可观测性矩阵，与可控性矩阵一样，它在系统结构性质的研究中起着重要的作用。定理的条件⑥是通过 $\boldsymbol{A}$ 的特征值来判断系统的可观测性。可以将任意 $\lambda_i\in\boldsymbol{A}(\sigma)$ 换为任意 $s\in\boldsymbol{C}$（s 为任意复数）。对偶地，这一判断系统可观测性的结果称为可观测性的 PBH 判据。同样，可以把满足式(2.2.8)的那些特征值 λ_i 称为系统(2.2.6)的可观测模态，把不满足式(2.2.8)的特征值 λ_i 称为系统(2.2.6)的不可观模态。$\boldsymbol{A}$ 的不可观模态又称为系统的输出解耦零点。显然系统(2.2.6)可观测的充分必要条件是没有输出解耦零点。当系统具有输出解耦零点 λ_0 时，即存在非零列向量 $\boldsymbol{\alpha}$ 使得

$$(\boldsymbol{A}-\lambda_0\boldsymbol{I})\boldsymbol{\alpha}=\boldsymbol{0},\quad \boldsymbol{C}\boldsymbol{\alpha}=\boldsymbol{0}$$

这表明 $\boldsymbol{\alpha}$ 是 $\boldsymbol{A}$ 的属于特征值 λ_0 的特征向量，这个特征向量落在 $\boldsymbol{C}$ 的核空间中。这里 λ_0 是 $\boldsymbol{A}$ 的简单特征值，因此在输出中不能反映该模态所对应的运动模式。若系统(2.2.6)可观测，简记为矩阵对 $(\boldsymbol{A},\boldsymbol{C})$ 可观测。

例 2-10　设系统 $\boldsymbol{A}$，$\boldsymbol{c}$ 阵为

$$\boldsymbol{A}=\begin{bmatrix}-1 & 0\\ 1 & -2\end{bmatrix},\quad \boldsymbol{c}=\begin{bmatrix}1 & 0\end{bmatrix}$$

$\boldsymbol{A}$ 的特征值为 -1，-2，其中 -2 是不可观模态。求出对应的特征向量 $\boldsymbol{\alpha}_1$，$\boldsymbol{\alpha}_2$ 为

$$\lambda=-1,\quad \operatorname{rank}\begin{bmatrix}\boldsymbol{A}-\lambda\boldsymbol{I}\\ \boldsymbol{c}\end{bmatrix}_{\lambda=-1}=2,\quad \boldsymbol{\alpha}_1=\begin{bmatrix}1\\1\end{bmatrix}$$

$$\lambda=-2,\quad \operatorname{rank}\begin{bmatrix}\boldsymbol{A}-\lambda\boldsymbol{I}\\ \boldsymbol{c}\end{bmatrix}_{\lambda=-2}=1,\quad \boldsymbol{\alpha}_2=\begin{bmatrix}0\\1\end{bmatrix}$$

利用 $\boldsymbol{\alpha}_1,\boldsymbol{\alpha}_2$ 做等价变换，$\bar{x}=\boldsymbol{P}\boldsymbol{x}$，可将 $\boldsymbol{A}$ 化为对角形

$$\boldsymbol{P}^{-1}=[\boldsymbol{\alpha}_1\quad \boldsymbol{\alpha}_2],\quad \bar{\boldsymbol{A}}=\boldsymbol{PAP}^{-1}=\begin{bmatrix}-1 & 0\\ 0 & -2\end{bmatrix},\quad \bar{c}=\boldsymbol{c}\boldsymbol{P}^{-1}=[1\quad 0]$$

这样可得

$$\bar{\boldsymbol{x}}=\begin{bmatrix}e^{-t} & \\ & e^{-2t}\end{bmatrix}\bar{\boldsymbol{x}}(0),\quad \boldsymbol{x}=\boldsymbol{P}^{-1}\bar{\boldsymbol{x}},\quad \bar{\boldsymbol{x}}(0)=\boldsymbol{P}\boldsymbol{x}(0)$$

$$\boldsymbol{x}=\boldsymbol{\alpha}_1x_1(0)e^{-t}+\boldsymbol{\alpha}_2[x_2(0)-x_1(0)]e^{-2t}$$

$$\boldsymbol{y}=\boldsymbol{c}\boldsymbol{x}=\boldsymbol{c}\boldsymbol{\alpha}_1x_1(0)e^{-t}+\boldsymbol{c}\boldsymbol{\alpha}_2[x_2(0)-x_1(0)]e^{-2t}=\boldsymbol{c}\boldsymbol{\alpha}_1x_1(0)e^{-t}$$

以上的计算表明：$\boldsymbol{\alpha}_2$ 是 $\boldsymbol{A}$ 的属于特征值 $\lambda_0=-2$ 的特征向量，这个特征向量落在 $\boldsymbol{c}$ 的核空间中（$\boldsymbol{c}\boldsymbol{\alpha}_2=0$），因此输出不能反映振型 $\lambda_0=-2$ 所对应的模式 e^{-2t}。

能否一般地证明，系统所有不可观测模态所对应的模式均不会出现在输出中？（请读者自行思考，并给出反例）。类似于可控性，可观测性的秩判据也可以简化。

2.2.5 简化的可观测性条件

式(2.2.7)所定义的可观测性矩阵 $\boldsymbol{V}$，其秩的计算同样可以简化，令

$$\boldsymbol{V}_{k-1}=\begin{bmatrix}\boldsymbol{C}\\ \boldsymbol{CA}\\ \vdots\\ \boldsymbol{CA}^{k-1}\end{bmatrix}$$

有以下定理：

定理 2-9 若 j 是使 $\operatorname{rank}\boldsymbol{V}_j=\operatorname{rank}\boldsymbol{V}_{j+1}$ 成立的最小整数，则对于所有的 $k>j$，有 $\operatorname{rank}\boldsymbol{V}_k=\operatorname{rank}\boldsymbol{V}_j$，并且

$$j\leqslant\min\{n-r,\bar{n}-1\}$$

其中，r 是 $\boldsymbol{C}$ 的秩，$\bar{n}$ 是 $\boldsymbol{A}$ 的最小多项式的次数。

推论 2-5 若 $\boldsymbol{C}$ 的秩为 r，则动态方程(2.2.6)可观测的充分必要条件是 $\operatorname{rank}\boldsymbol{V}_{n-r}=n$，或矩阵 $\boldsymbol{V}_{n-r}^*\boldsymbol{V}_{n-r}$ 是非奇异矩阵。

定义 2-6 设使得 $\operatorname{rank}\boldsymbol{V}_j=\operatorname{rank}\boldsymbol{V}_{j+1}=n$ 成立的最小整数 j 为 $(\nu-1)$，称 ν 为方程(2.2.6)的可观测性指数。

类似于可控性指数，系统可观测性指数满足如下关系：

$$\nu\leqslant\min\{n-r,\bar{n}-1\}+1$$

推论 2-6 若 $\boldsymbol{C}_1=\begin{bmatrix}\boldsymbol{C}\\ \boldsymbol{CA}\end{bmatrix}$，则矩阵对$(\boldsymbol{A},\boldsymbol{C})$可观测性等价于矩阵对$(\boldsymbol{A},\boldsymbol{C}_1)$的可观测性。

证明：① 必要性。若矩阵对$(\boldsymbol{A},\boldsymbol{C})$可观测，但是矩阵对$(\boldsymbol{A},\boldsymbol{C}_1)$不可观测。由 PBH 判据可知，对于不可观测模态 λ_0，存在非零列向量 $\boldsymbol{\alpha}$ 使得 $\begin{bmatrix}\boldsymbol{A}-\lambda_0\boldsymbol{I}\\ \boldsymbol{C}_1\end{bmatrix}\boldsymbol{\alpha}=\boldsymbol{0}$，即

$$(\boldsymbol{A}-\lambda_0\boldsymbol{I})\boldsymbol{\alpha}=\boldsymbol{0},\quad \boldsymbol{C}_1\boldsymbol{\alpha}=\boldsymbol{0}$$

从而$(\boldsymbol{A}-\lambda_0\boldsymbol{I})\boldsymbol{\alpha}=\boldsymbol{0},\boldsymbol{C}\boldsymbol{\alpha}=\boldsymbol{0},\boldsymbol{CA}\boldsymbol{\alpha}=\boldsymbol{0}$，即$(\boldsymbol{A}-\lambda_0\boldsymbol{I})\boldsymbol{\alpha}=\boldsymbol{0},\boldsymbol{C}\boldsymbol{\alpha}=\boldsymbol{0}$，这表明系统$(\boldsymbol{A},\boldsymbol{C})$存在不可观模态$\lambda_0$。

② 充分性。若矩阵对$(\boldsymbol{A},\boldsymbol{C}_1)$可观测，但是矩阵对$(\boldsymbol{A},\boldsymbol{C})$不可观测。由 PBH 判据可知，对于不可观测模态$\lambda_0$，存在非零列向量$\boldsymbol{\alpha}$使得$\begin{bmatrix}\boldsymbol{A}-\lambda_0\boldsymbol{I}\\ \boldsymbol{C}\end{bmatrix}\boldsymbol{\alpha}=\boldsymbol{0}$，即$(\boldsymbol{A}-\lambda_0\boldsymbol{I})\boldsymbol{\alpha}=\boldsymbol{0},\boldsymbol{C}\boldsymbol{\alpha}=\boldsymbol{0}$。这样得到$\boldsymbol{A}\boldsymbol{\alpha}=\lambda_0\boldsymbol{\alpha},\boldsymbol{C}\boldsymbol{\alpha}=\boldsymbol{0}\Rightarrow\boldsymbol{CA}\boldsymbol{\alpha}=\lambda_0\boldsymbol{C}\boldsymbol{\alpha}=\boldsymbol{0}$，因而$\begin{bmatrix}\boldsymbol{A}-\lambda_0\boldsymbol{I}\\ \boldsymbol{C}_1\end{bmatrix}\boldsymbol{\alpha}=\boldsymbol{0}$，这表明$\lambda_0$也是系统$(\boldsymbol{A},\boldsymbol{C}_1)$的不可观模态。

这一结果可以看成是推论 2-3 的对偶结果。这一结果将在观测器设计中应用。

2.3 若当型动态方程的可控性和可观测性

本节专门研究 n 维线性时不变动态方程

$$\begin{cases}\dot{\boldsymbol{x}}=\boldsymbol{Ax}+\boldsymbol{Bu}\\ \boldsymbol{y}=\boldsymbol{Cx}+\boldsymbol{Du}\end{cases}\tag{2.3.1}$$

若令$\bar{\boldsymbol{x}}=\boldsymbol{Px}$，$\boldsymbol{P}$是$n\times n$非奇异常量矩阵，则方程(2.3.1)变成

$$\begin{cases}\dot{\bar{\boldsymbol{x}}}=\bar{\boldsymbol{A}}\bar{\boldsymbol{x}}+\bar{\boldsymbol{B}}\boldsymbol{u}\\ \boldsymbol{y}=\bar{\boldsymbol{C}}\bar{\boldsymbol{x}}+\bar{\boldsymbol{D}}\boldsymbol{u}\end{cases}\tag{2.3.2}$$

其中

$$\bar{\boldsymbol{A}}=\boldsymbol{PAP}^{-1},\quad \bar{\boldsymbol{B}}=\boldsymbol{PB},\quad \bar{\boldsymbol{C}}=\boldsymbol{CP}^{-1},\quad \bar{\boldsymbol{D}}=\boldsymbol{D}\tag{2.3.3}$$

如前所述，方程(2.3.1)和方程(2.3.2)是彼此等价的动态方程，矩阵$\boldsymbol{P}$是等价变换矩阵。一个自然的问题是，经过等价变换后，系统的可控性和可观测性是否发生变化？从直观上看，因为等价变换仅变换了状态空间的基底，反映系统本身结构性质的可控性和可观测性应不受影响。

定理 2-10 在任何等价变换之下，线性时不变系统的可控性和可观测性是不变的。

证明：只需证明系统(2.3.1)是可控的，当且仅当系统(2.3.2)是可控的。由定理 2-3 可知，系统(2.3.2)可控，当且仅当$\operatorname{rank}[\bar{\boldsymbol{B}}\ \ \bar{\boldsymbol{A}}\bar{\boldsymbol{B}}\ \ \cdots\ \ \bar{\boldsymbol{A}}^{n-1}\bar{\boldsymbol{B}}]=n$，将式(2.3.3)代入得

$$[\bar{\boldsymbol{B}}\ \ \bar{\boldsymbol{A}}\bar{\boldsymbol{B}}\ \ \cdots\ \ \bar{\boldsymbol{A}}^{n-1}\bar{\boldsymbol{B}}]=\boldsymbol{P}[\boldsymbol{B}\ \ \boldsymbol{AB}\ \ \cdots\ \ \boldsymbol{A}^{n-1}\boldsymbol{B}]$$

因$\boldsymbol{P}$为非奇异矩阵，故

$$\operatorname{rank}[\boldsymbol{B}\ \ \boldsymbol{AB}\ \ \cdots\ \ \boldsymbol{A}^{n-1}\boldsymbol{B}]=\operatorname{rank}[\bar{\boldsymbol{B}}\ \ \bar{\boldsymbol{A}}\bar{\boldsymbol{B}}\ \ \cdots\ \ \bar{\boldsymbol{A}}^{n-1}\bar{\boldsymbol{B}}]=n$$

即方程(2.3.1)的可控性矩阵的秩为n，故方程(2.3.1)是可控的。

定理 2-10 可以推广到线性时变动态系统(见习题 2-15)。定理 2-10 保证了在研究可控性和可观测性时，可以采取等价变换把方程变换成某种特殊形式，如果能从这种特殊形式方便地判断系统的可控性和可观测性，那么就可以得到更为简单的判据。例如将线性时不变系统方程化为若当型，那么它的可控性和可观测性在许多情况下用观察法就可以确定。

设线性时不变若当型方程为

$$\begin{cases}\dot{\boldsymbol{x}}=\boldsymbol{A}\boldsymbol{x}+\boldsymbol{B}\boldsymbol{u}\\ \boldsymbol{y}=\boldsymbol{C}\boldsymbol{x}+\boldsymbol{D}\boldsymbol{u}\end{cases}\tag{2.3.4}$$

其中 $\boldsymbol{A}$、$\boldsymbol{B}$、$\boldsymbol{C}$ 的形式如下：

$$\boldsymbol{A}=\begin{bmatrix}\boldsymbol{A}_1 & & & \boldsymbol{0}\\ & \boldsymbol{A}_2 & & \\ & & \ddots & \\ \boldsymbol{0} & & & \boldsymbol{A}_m\end{bmatrix},\quad \boldsymbol{B}=\begin{bmatrix}\boldsymbol{B}_1\\ \boldsymbol{B}_2\\ \vdots\\ \boldsymbol{B}_m\end{bmatrix}$$

$$\boldsymbol{C}=[\boldsymbol{C}_1\quad \boldsymbol{C}_2\quad \cdots\quad \boldsymbol{C}_m]$$

$$\boldsymbol{A}_i=\begin{bmatrix}\boldsymbol{A}_{i1} & & & \boldsymbol{0}\\ & \boldsymbol{A}_{i2} & & \\ & & \ddots & \\ \boldsymbol{0} & & & \boldsymbol{A}_{ir(i)}\end{bmatrix},\quad \boldsymbol{B}_i=\begin{bmatrix}\boldsymbol{B}_{i1}\\ \boldsymbol{B}_{i2}\\ \vdots\\ \boldsymbol{B}_{ir(i)}\end{bmatrix}$$

$$\boldsymbol{C}_i=[\boldsymbol{C}_{i1}\quad \boldsymbol{C}_{i2}\quad \cdots\quad \boldsymbol{C}_{ir(i)}],\quad i=1,2,\cdots,m$$

$$\boldsymbol{A}_{ij}=\begin{bmatrix}\lambda_i & 1 & & & \boldsymbol{0}\\ & \lambda_i & 1 & & \\ & & \ddots & \ddots & \\ & & & \ddots & 1\\ \boldsymbol{0} & & & & \lambda_i\end{bmatrix},\quad \boldsymbol{B}_{ij}=\begin{bmatrix}\boldsymbol{b}_{1ij}\\ \boldsymbol{b}_{2ij}\\ \vdots\\ \boldsymbol{b}_{Lij}\end{bmatrix}$$

$$\boldsymbol{C}_{ij}=[\boldsymbol{c}_{1ij}\quad \boldsymbol{c}_{2ij}\quad \cdots\quad \boldsymbol{c}_{Lij}],\quad i=1,2,\cdots,m,\quad j=1,2,\cdots,r(i)$$

以上的形式说明 $\boldsymbol{A}$ 有 m 个不同的特征值 $\lambda_1,\lambda_2,\cdots,\lambda_m$，与特征值 λ_i 对应的若当块共有 $r(i)$ 个，$\boldsymbol{A}_{ij}$ 是属于 λ_i 的第 j 个若当块。令 n_i 和 n_{ij} 分别表示 $\boldsymbol{A}_i$ 和 $\boldsymbol{A}_{ij}$ 的阶数，则有

$$n=\sum_{i=1}^{m}n_i=\sum_{i=1}^{m}\sum_{j=1}^{r(i)}n_{ij}$$

对应于 $\boldsymbol{A}_{ij}$ 和 $\boldsymbol{A}_i$，对矩阵 $\boldsymbol{B}$ 和 $\boldsymbol{C}$ 也做相应的分块，$\boldsymbol{B}_{ij}$ 的第一行和最后一行分别用 $\boldsymbol{b}_{1ij}$ 和 $\boldsymbol{b}_{Lij}$ 表示，$\boldsymbol{C}_{ij}$ 的第一列和最后一列分别用 $\boldsymbol{c}_{1ij}$ 和 $\boldsymbol{c}_{Lij}$ 表示。

例 2-11　设有若当型动态方程

$$\dot{\boldsymbol{x}}=\begin{bmatrix}\lambda_1 & 1 & 0 & 0 & 0 & 0 & 0\\ 0 & \lambda_1 & 0 & 0 & 0 & 0 & 0\\ 0 & 0 & \lambda_1 & 0 & 0 & 0 & 0\\ 0 & 0 & 0 & \lambda_1 & 0 & 0 & 0\\ 0 & 0 & 0 & 0 & \lambda_2 & 1 & 0\\ 0 & 0 & 0 & 0 & 0 & \lambda_2 & 1\\ 0 & 0 & 0 & 0 & 0 & 0 & \lambda_2\end{bmatrix}\boldsymbol{x}+\begin{bmatrix}0 & 0 & 0\\ 1 & 0 & 0\\ 0 & 1 & 0\\ 0 & 0 & 1\\ 1 & 1 & 2\\ 0 & 1 & 0\\ 0 & 0 & 1\end{bmatrix}\boldsymbol{u}\quad \begin{matrix}\\ \cdots\cdots\boldsymbol{b}_{L11}\\ \cdots\cdots\boldsymbol{b}_{L12}\\ \cdots\cdots\boldsymbol{b}_{L13}\\ \\ \\ \cdots\cdots\boldsymbol{b}_{L21}\end{matrix}$$

$$\boldsymbol{y}=\begin{bmatrix}1 & 1 & 2 & 0 & 0 & 2 & 0\\ 1 & 0 & 1 & 2 & 0 & 1 & 1\\ 1 & 0 & 2 & 3 & 0 & 2 & 2\end{bmatrix}\boldsymbol{x}$$

$$\begin{matrix}\uparrow & & \uparrow & \uparrow & \uparrow\\ \boldsymbol{c}_{111} & & \boldsymbol{c}_{112} & \boldsymbol{c}_{113} & \boldsymbol{c}_{121}\end{matrix}$$

根据前面引入的记号，对于这个若当型方程，可知 $m=2$，与 λ_1 相关的若当块有 3 块，即 $r(1)=3$。与 λ_2 相关的若当块只有一块，即 $r(2)=1$。其中，$n_1=4$，$n_2=3$，$n_{11}=2$，$n_{12}=1$，$n_{13}=1$，向量 $\boldsymbol{b}_{L11}$，$\boldsymbol{b}_{L12}$，$\boldsymbol{b}_{L13}$，$\boldsymbol{b}_{L21}$，$\boldsymbol{c}_{111}$，$\boldsymbol{c}_{112}$，$\boldsymbol{c}_{113}$，$\boldsymbol{c}_{121}$ 如方程旁边所标注的那样。

定理 2-11 n 维线性时不变若当型动态方程(2.3.4)可控的充分必要条件是系统的每个特征值 λ_i 对应的所有若当块的最后一行对应的矩阵 $\boldsymbol{B}$ 所在行组成的每一个 $r(i)\times p$ 矩阵

$$\boldsymbol{B}_i^L=\begin{bmatrix}\boldsymbol{b}_{Li1}\\ \boldsymbol{b}_{Li2}\\ \vdots\\ \boldsymbol{b}_{Lir(i)}\end{bmatrix},\quad i=1,2,\cdots,m \tag{2.3.5}$$

的各行在复数域上线性无关。方程(2.3.4)可观测的充分必要条件是每个特征值 λ_i 对应的所有若当块的第一列对应的矩阵 $\boldsymbol{C}$ 所在列组成的每一个 $q\times r(i)$ 矩阵

$$\boldsymbol{C}_i^1=[\boldsymbol{c}_{1i1}\quad \boldsymbol{c}_{1i2}\quad \cdots\quad \boldsymbol{c}_{1ir(i)}],\quad i=1,2,\cdots,m \tag{2.3.6}$$

的各列在复数域上线性无关。

证明： 这里用定理 2-3 的⑥来证明定理 2-11 中关于可控的条件。定理 2-11 中关于可观测的条件则可用定理 2-8 的⑥来证明，也可用对偶定理 2-6 来证明。取 $\boldsymbol{A}$ 的任一特征值 $\lambda_i(i=1,2,\cdots,m)$，考察 $n\times(n+p)$ 维矩阵$[\boldsymbol{A}-\lambda_i\boldsymbol{I}\quad \boldsymbol{B}]$。显然$[\boldsymbol{A}-\lambda_i\boldsymbol{I}\quad \boldsymbol{B}]$的前 n 列的对角线元素除了与特征值 λ_i 相关联的 $\boldsymbol{A}_i$ 之外，都是非零元素，故这些非零元素所在的行是线性无关的。再考虑$(\boldsymbol{A}_i-\lambda_i\boldsymbol{I})$的这些行，它们对角线上的元素都为 0，但是除了每个若当块的最后一行元素全为 0 之外，位于对角线上方都是为 1 的元素，故除掉每一若当块的最后一行之外，$(\boldsymbol{A}_i-\lambda_i\boldsymbol{I})$的其他各行均线性无关，并且这些行与前述不属于特征值 λ_i 的所有行均线性无关。再考虑$(\boldsymbol{A}_i-\lambda_i\boldsymbol{I})$的每一个若当块的最后一行，由于 $\boldsymbol{B}_i^L$ 的各行线性无关，故$[\boldsymbol{A}_i-\lambda_i\boldsymbol{I}\quad \boldsymbol{B}]$的每一个若当块最后一行也是线性无关的，因此矩阵$[\boldsymbol{A}-\lambda_i\boldsymbol{I}\quad \boldsymbol{B}]$的各行线性无关，即对于 $\boldsymbol{A}$ 的每一个特征值 $\lambda_i(i=1,2,\cdots,m)$，都有 $\mathrm{rank}[\boldsymbol{A}-\lambda_i\boldsymbol{I}\quad \boldsymbol{B}]=n$。由定理 2-3 的⑥可知，定理 2-11 关于可控性的条件是充分的。反之，若式(2.3.5)的条件有一个不成立，必然导致某一个特征值代入后，矩阵$[\boldsymbol{A}-\lambda_i\boldsymbol{I}\quad \boldsymbol{B}]$的秩小于 n，则系统必然不可控。

定理 2-11 中可观测条件的证明与可控性条件证明类似。根据定理 2-11，容易验证例 2-11 的动态方程是可控的。但因为 $\boldsymbol{c}_{121}=\boldsymbol{0}$，故该动态方程不可观测。

从结果上看，基于若当型判断可控性、可观测性比较方便，若系统已经有若当型，则可以方便判断。但是如果不是若当型系统时，把系统变换成若当型系统过程的计算量是比较大的，所以这一结果的意义在于其理论性。

推论 2-7 ① 单输入线性时不变若当型动态方程是可控的，其充分必要条件是对应于一个特征值只有一个若当块，而且向量 $\boldsymbol{b}$ 中所有与若当块最后一行相对应的元素不等于零。② 单输出、线性、时不变若当型动态方程是可观测的，其充分必要条件是对应于一个特征值只有一个若当块，而且向量 $\boldsymbol{c}$ 中所有与若当块第一列相对应的元素不等于零。

对于时变线性系统，尽管系统系数矩阵属于若当型，但是也不能直接用定常线性系统可控性和可观测性的判断。

例 2-12 设有两个若当型状态方程

$$\dot{\boldsymbol{x}}=\begin{bmatrix}-1 & 0\\ 0 & -2\end{bmatrix}\boldsymbol{x}+\begin{bmatrix}1\\ 1\end{bmatrix}u \tag{2.3.7}$$

$$\dot{\boldsymbol{x}} = \begin{bmatrix} -1 & 0 \\ 0 & -2 \end{bmatrix} \boldsymbol{x} + \begin{bmatrix} e^{-t} \\ e^{-2t} \end{bmatrix} u \tag{2.3.8}$$

由推论 2-7 可知，状态方程(2.3.7)可控。方程(2.3.8)是时变的，虽然 $\boldsymbol{A}$ 阵具有若当型且对所有的 t，$\boldsymbol{b}$ 的各分量非零，但并不能由定理 2-11 来判断可控性。事实上，由定理 2-1，对任一固定的 t_0，有

$$\boldsymbol{\Phi}(t_0 - t)\boldsymbol{B}(t) = \begin{bmatrix} e^{-(t_0-t)} & 0 \\ 0 & e^{-2(t_0-t)} \end{bmatrix} \begin{bmatrix} e^{-t} \\ e^{-2t} \end{bmatrix} = \begin{bmatrix} e^{-t_0} \\ e^{-2t_0} \end{bmatrix}$$

显然对所有 $t > t_0$，矩阵 $\boldsymbol{\Phi}(t_0 - t)\boldsymbol{B}(t)$ 的各行线性相关，故方程(2.3.8)对任何 t_0 均不可控。

2.4　线性时不变系统可控性和可观测性的几何判别准则

在多变量系统的研究中，Wonham 等人发展了区别于代数方法的一种研究方法——几何方法。所谓几何方法，主要是应用线性变换理论，在系统的状态线性空间、输入线性空间和输出线性空间中，着重从几何的角度来研究线性时不变系统可控性和可观测性的一般性质和控制问题。几何方法的主要特点是它往往能给出一般性的关于问题本质的结论，从而使我们能通过大量的复杂的矩阵运算，对问题的本质与特性有深入的理解，并且对解决问题的方法与前景有所启发和认识。用几何方法研究线性系统的工作，目前仍在有成效地发展着。这里仅介绍与可控性和可观测性有关的基本部分，即关于可控子空间与不可观测子空间的概念，以及基于这两个概念给出线性时不变系统可控性与可观测性的几何判别方法。本节研究的 n 维线性时不变动态方程为

$$\begin{cases} \dot{\boldsymbol{x}} = \boldsymbol{A}\boldsymbol{x} + \boldsymbol{B}\boldsymbol{u} \\ \boldsymbol{y} = \boldsymbol{C}\boldsymbol{x} + \boldsymbol{D}\boldsymbol{u} \end{cases} \tag{2.4.1}$$

其中，矩阵 $\boldsymbol{A}$、$\boldsymbol{B}$、$\boldsymbol{C}$ 和 $\boldsymbol{D}$ 定义如前。

2.4.1　可控状态与可控子空间

可控性反映了控制作用对状态的制约能力。一个不可控的系统可能只对某些状态没有制约能力，或者说可能对从某些初始状态出发的轨线不可控制，而对从其他状态出发的轨线都可以控制。因此将状态空间的元素按照是否可控进行分类，定义可控状态和不可控状态。在 2.1 节定义 2-1 中已经给出了一个状态可控或不可控的理解，下面给出具体定义。

定义 2-7　对于系统(2.1.1)，如果在 t_0 时刻对取定的初始状态 $\boldsymbol{x}(t_0) = \boldsymbol{x}_0$，存在某个有限时刻 $t_1 > t_0$ 和一个容许控制 $\boldsymbol{u}_{[t_0,t_1]}$，使得系统在这个控制作用下，从 $\boldsymbol{x}_0$ 出发的轨线在 t_1 时刻到达零状态，即 $\boldsymbol{x}(t_1) = 0$，则称 $\boldsymbol{x}_0$ 是系统在 t_0 时刻的一个可控状态。

从定义 2-7 容易看出，若 $\boldsymbol{x}_1$、$\boldsymbol{x}_2$ 都是系统的可控状态，那么对于任意的实数 α 和 β，$\alpha\boldsymbol{x}_1 + \beta\boldsymbol{x}_2$ 也是系统的可控状态。另外，零状态在 t_0 时刻总是可控的，因此所有在 t_0 时刻可控状态的全体组成一个线性空间，记为 $\boldsymbol{C}_{t_0}$。显然 $\boldsymbol{C}_{t_0}$ 是 n 维状态空间 $\boldsymbol{X}$ 的一个子空间，称为系统在 t_0 时刻的可控子空间。

对于线性时不变系统(2.4.1)，它的可控状态不依赖于某个特定时刻，因此可控子空间也就不依赖于某个特定时刻。而且，显然可控子空间也就是它的可达子空间。下面讨论线性时

不变系统(2.4.1)的可控子空间结构。

令$\bar{\boldsymbol{B}}=\operatorname{Im}\boldsymbol{B}$表示$\boldsymbol{B}$的值域空间，它是由矩阵$\boldsymbol{B}$的列所张成的空间，并且是状态空间$\boldsymbol{X}$的子空间。引入记号

$$\langle\boldsymbol{A}\mid\boldsymbol{B}\rangle=\bar{\boldsymbol{B}}+\boldsymbol{A}\bar{\boldsymbol{B}}+\boldsymbol{A}^2\bar{\boldsymbol{B}}+\cdots+\boldsymbol{A}^{n-1}\bar{\boldsymbol{B}} \tag{2.4.2}$$

由于$\bar{\boldsymbol{B}},\boldsymbol{A}\bar{\boldsymbol{B}},\cdots,\boldsymbol{A}^{n-1}\bar{\boldsymbol{B}}$均为$\boldsymbol{X}$的子空间，故$\langle\boldsymbol{A}\mid\boldsymbol{B}\rangle$也是$\boldsymbol{X}$的子空间，而且是$\boldsymbol{A}$的不变子空间。事实上，根据凯莱-哈密顿定理，有

$$\boldsymbol{A}^n=\alpha_0\boldsymbol{I}+\alpha_1\boldsymbol{A}+\cdots+\alpha_{n-1}\boldsymbol{A}^{n-1}$$

所以

$$\begin{aligned}\boldsymbol{A}\langle\boldsymbol{A}\mid\boldsymbol{B}\rangle&=\boldsymbol{A}\bar{\boldsymbol{B}}+\boldsymbol{A}^2\bar{\boldsymbol{B}}+\cdots+\boldsymbol{A}^{n-1}\bar{\boldsymbol{B}}+\boldsymbol{A}^n\bar{\boldsymbol{B}}\\&=\alpha_0\bar{\boldsymbol{B}}+(1+\alpha_1)\boldsymbol{A}\bar{\boldsymbol{B}}+\cdots+(1+\alpha_{n-1})\boldsymbol{A}^{n-1}\bar{\boldsymbol{B}}\\&\subseteq\langle\boldsymbol{A}\mid\boldsymbol{B}\rangle\end{aligned}$$

下面给出空间$\langle\boldsymbol{A}\mid\boldsymbol{B}\rangle$的一个等价定义：基于系统系数矩阵与输入矩阵描述的可控性矩阵$[\boldsymbol{B}\quad\boldsymbol{AB}\quad\cdots\quad\boldsymbol{A}^{n-1}\boldsymbol{B}]$的列向量所张成的空间，即$\langle\boldsymbol{A}\mid\boldsymbol{B}\rangle=\operatorname{Im}[\boldsymbol{B}\quad\boldsymbol{AB}\quad\cdots\quad\boldsymbol{A}^{n-1}\boldsymbol{B}]$。下面证明这两个空间等价。事实上，若$x\in\langle\boldsymbol{A}\mid\boldsymbol{B}\rangle$，由式(2.4.2)定义知$x=x_1+x_2+\cdots+x_n$，$x_i\in\boldsymbol{A}^{i-1}\bar{\boldsymbol{B}}$，即存在$z_i\in\boldsymbol{R}^p$，使得$x_i=\boldsymbol{A}^{i-1}\boldsymbol{B}z_i$，等价地描述为

$$x=\underbrace{\boldsymbol{B}z_1}_{x_1}+\underbrace{\boldsymbol{AB}z_2}_{x_2}+\cdots+\underbrace{\boldsymbol{A}^{n-1}\boldsymbol{B}z_n}_{x_n}=[\boldsymbol{B}\quad\boldsymbol{AB}\quad\cdots\quad\boldsymbol{A}^{n-1}\boldsymbol{B}]\underbrace{\begin{bmatrix}z_1\\\vdots\\z_i\\\vdots\\z_n\end{bmatrix}}_{z}$$

因而$x\in\operatorname{Im}[\boldsymbol{B}\quad\boldsymbol{AB}\quad\cdots\quad\boldsymbol{A}^{n-1}\boldsymbol{B}]$。这就证明了$\langle\boldsymbol{A}\mid\boldsymbol{B}\rangle\subseteq\operatorname{Im}[\boldsymbol{B}\quad\boldsymbol{AB}\quad\cdots\quad\boldsymbol{A}^{n-1}\boldsymbol{B}]$。反之，若$x\in\operatorname{Im}[\boldsymbol{B}\quad\boldsymbol{AB}\quad\cdots\quad\boldsymbol{A}^{n-1}\boldsymbol{B}]$，则存在$z_i\in\mathbb{R}^p$使得

$$x=[\boldsymbol{B}\quad\boldsymbol{AB}\quad\cdots\quad\boldsymbol{A}^{n-1}\boldsymbol{B}]\underbrace{\begin{bmatrix}z_1\\\vdots\\z_i\\\vdots\\z_n\end{bmatrix}}_{z}=\underbrace{\boldsymbol{B}z_1}_{x_1}+\underbrace{\boldsymbol{AB}z_2}_{x_2}+\cdots+\underbrace{\boldsymbol{A}^{n-1}\boldsymbol{B}z_n}_{x_n}$$

记$x_i=\boldsymbol{A}^{i-1}\boldsymbol{B}z_i$，即$x=\underbrace{\boldsymbol{B}z_1}_{x_1}+\underbrace{\boldsymbol{AB}z_2}_{x_2}+\cdots+\underbrace{\boldsymbol{A}^{n-1}\boldsymbol{B}z_n}_{x_n}$，$x_i\in\boldsymbol{A}^{i-1}\bar{\boldsymbol{B}}$，从而得到$x\in\langle\boldsymbol{A}\mid\boldsymbol{B}\rangle$。即已证明$\operatorname{Im}[\boldsymbol{B}\quad\boldsymbol{AB}\quad\cdots\quad\boldsymbol{A}^{n-1}\boldsymbol{B}]\subseteq\langle\boldsymbol{A}\mid\boldsymbol{B}\rangle$，从而$\langle\boldsymbol{A}\mid\boldsymbol{B}\rangle=\operatorname{Im}[\boldsymbol{B}\quad\boldsymbol{AB}\quad\cdots\quad\boldsymbol{A}^{n-1}\boldsymbol{B}]$。

引理 2-1 对任意$t_1>t_0$，下式成立：

$$\langle\boldsymbol{A}\mid\boldsymbol{B}\rangle=\operatorname{Im}\boldsymbol{W}(t_0,t_1) \tag{2.4.3}$$

证明： 为了证明式(2.4.3)，只需证明

$$\langle\boldsymbol{A}\mid\boldsymbol{B}\rangle^{\perp}=\operatorname{Ker}\boldsymbol{W}(t_0,t_1)$$

这里$\langle\boldsymbol{A}\mid\boldsymbol{B}\rangle^{\perp}$表示子空间$\langle\boldsymbol{A}\mid\boldsymbol{B}\rangle$的正交补空间，而$\operatorname{Ker}\boldsymbol{W}(t_0,t_1)$表示$\boldsymbol{W}(t_0,t_1)$的核空间。因为$\boldsymbol{W}(t_0,t_1)$是对称矩阵，故

$$[\mathrm{Im}\,\boldsymbol{W}(t_0,t_1)]^{\perp}=\mathrm{Ker}\,\boldsymbol{W}^{\mathrm{T}}(t_0,t_1)=\mathrm{Ker}\,\boldsymbol{W}(t_0,t_1)$$

而

$$\boldsymbol{X}=\langle \boldsymbol{A}\mid \boldsymbol{B}\rangle \oplus \langle \boldsymbol{A}\mid \boldsymbol{B}\rangle^{\perp}=\mathrm{Im}\,\boldsymbol{W}(t_0,t_1)\oplus [\mathrm{Im}\,\boldsymbol{W}(t_0,t_1)]^{\perp}$$

因此，若证明了

$$\langle \boldsymbol{A}\mid \boldsymbol{B}\rangle^{\perp}=\mathrm{Ker}\,\boldsymbol{W}(t_0,t_1)$$

也就证明了式(2.4.3)。

取 $\boldsymbol{x}\in\mathrm{Ker}\,\boldsymbol{W}(t_0,t_1)$，即有 $\boldsymbol{x}^{\mathrm{T}}\boldsymbol{W}(t_0,t_1)\boldsymbol{x}=0$ 或

$$\boldsymbol{x}^{\mathrm{T}}\int_{t_0}^{t_1}\mathrm{e}^{\boldsymbol{A}(t_0-\tau)}\boldsymbol{B}\boldsymbol{B}^{\mathrm{T}}\mathrm{e}^{\boldsymbol{A}^{\mathrm{T}}(t_0-\tau)}\mathrm{d}\tau\boldsymbol{x}=0$$

由此可得

$$\int_{t_0}^{t_1}\|\boldsymbol{B}^{\mathrm{T}}\mathrm{e}^{\boldsymbol{A}^{\mathrm{T}}(t_0-\tau)}\boldsymbol{x}\|^2\mathrm{d}\tau=0$$

于是

$$\boldsymbol{B}^{\mathrm{T}}\mathrm{e}^{\boldsymbol{A}^{\mathrm{T}}(t_0-\tau)}\boldsymbol{x}=\boldsymbol{0},\quad \forall\tau\in[t_0,t_1]$$

对上式取导数

$$(-1)^j\boldsymbol{B}^{\mathrm{T}}(\boldsymbol{A}^{\mathrm{T}})^j\mathrm{e}^{\boldsymbol{A}^{\mathrm{T}}(t_0-\tau)}\boldsymbol{x}=\boldsymbol{0},\quad j=0,1,2,\cdots,n-1$$

令 $\tau=t_0$ 得

$$\boldsymbol{B}^{\mathrm{T}}(\boldsymbol{A}^{\mathrm{T}})^j\boldsymbol{x}=\boldsymbol{0}\quad 或\quad \boldsymbol{x}^{\mathrm{T}}\boldsymbol{A}^j\boldsymbol{B}=\boldsymbol{0},\quad j=0,1,2,\cdots,n-1$$

这说明 $\boldsymbol{x}$ 与矩阵 $\boldsymbol{A}^j\boldsymbol{B}(j=0,1,2,\cdots,n-1)$ 的每一列都是正交的，因此有 $\boldsymbol{x}\in\langle\boldsymbol{A}|\boldsymbol{B}\rangle^{\perp}$，即

$$\mathrm{Ker}\,\boldsymbol{W}(t_0,t_1)\subseteq\langle \boldsymbol{A}\mid \boldsymbol{B}\rangle^{\perp}$$

反之，若取 $\boldsymbol{x}\in\langle\boldsymbol{A}\mid\boldsymbol{B}\rangle^{\perp}$，即有 $\boldsymbol{x}^{\mathrm{T}}[\boldsymbol{B}\quad \boldsymbol{AB}\quad \cdots\quad \boldsymbol{A}^{n-1}\boldsymbol{B}]=\boldsymbol{0}$ 或 $\boldsymbol{B}^{\mathrm{T}}\boldsymbol{x}=\boldsymbol{B}^{\mathrm{T}}\boldsymbol{A}^{\mathrm{T}}\boldsymbol{x}=\cdots=\boldsymbol{B}^{\mathrm{T}}(\boldsymbol{A}^{\mathrm{T}})^{n-1}\boldsymbol{x}=\boldsymbol{0}$，故知 $\boldsymbol{x},\boldsymbol{A}^{\mathrm{T}}\boldsymbol{x},\cdots,(\boldsymbol{A}^{\mathrm{T}})^{n-1}\boldsymbol{x}$ 以及它们的任一线性组合属于 $\boldsymbol{B}^{\mathrm{T}}$ 的核空间，所以对任意的 $t_0<\tau<t_1$，均有

$$\boldsymbol{B}^{\mathrm{T}}\mathrm{e}^{\boldsymbol{A}^{\mathrm{T}}(t_0-\tau)}\boldsymbol{x}=\boldsymbol{0}$$

将上式等号两边同乘 $\mathrm{e}^{\boldsymbol{A}(t_0-\tau)}\boldsymbol{B}$，再对 τ 从 t_0 到 t_1 积分，可得

$$\left(\int_{t_0}^{t_1}\mathrm{e}^{\boldsymbol{A}(t_0-\tau)}\boldsymbol{B}\boldsymbol{B}^{\mathrm{T}}\mathrm{e}^{\boldsymbol{A}^{\mathrm{T}}(t_0-\tau)}\mathrm{d}\tau\right)\boldsymbol{x}=\boldsymbol{0},\quad \forall t_1>t_0$$

即对任何 $t_1>t_0$，均有 $\boldsymbol{W}(t_0,t_1)\boldsymbol{x}=0$，这说明 $\boldsymbol{x}\in\mathrm{Ker}\,\boldsymbol{W}(t_0,t_1)$，故有 $\langle\boldsymbol{A}|\boldsymbol{B}\rangle^{\perp}\subseteq\mathrm{Ker}\,\boldsymbol{W}(t_0,t_1)$。

综上所述，可知 $\langle\boldsymbol{A}|\boldsymbol{B}\rangle^{\perp}=\mathrm{Ker}\,\boldsymbol{W}(t_0,t_1)$，$\forall t_1>t_0$，故引理 2-1 得证。

引理 2-2　$\langle\boldsymbol{A}|\boldsymbol{B}\rangle$ 是可控子空间，即在这个子空间中的每一状态都是可控状态，凡是可控状态均在这个子空间中。

证明：① 先证明这个子空间中的每一状态都是可控状态。任取 $\boldsymbol{x}_0\in\langle\boldsymbol{A}|\boldsymbol{B}\rangle$，那么

$$\boldsymbol{x}_0\in\mathrm{Im}\,\boldsymbol{W}(t_0,t_1)$$

因此存在非零向量 $\boldsymbol{z}$，使得

$$\boldsymbol{x}_0=\boldsymbol{W}(t_0,t_1)\boldsymbol{z}$$

取 $\boldsymbol{u}(\tau)=-\boldsymbol{B}^{\mathrm{T}}\mathrm{e}^{\boldsymbol{A}^{\mathrm{T}}(t_0-\tau)}\boldsymbol{z}$，可知对任意的 $t_1>t_0$，有

$$\boldsymbol{x}(t_1)=\mathrm{e}^{\boldsymbol{A}(t_1-t_0)}\boldsymbol{x}_0+\int_{t_0}^{t_1}\mathrm{e}^{\boldsymbol{A}(t_1-\tau)}\boldsymbol{Bu}(\tau)\mathrm{d}\tau=\boldsymbol{0}$$

这表明 $\boldsymbol{x}_0$ 是系统(2.4.1)的可控状态。

② 再证凡是可控状态均在这个子空间中。若 $\boldsymbol{x}_0$ 是系统(2.4.1)的可控状态，根据定义，存在一个有限时刻 $t_1>t_0$ 和一个容许控制 $\boldsymbol{u}_{[t_0,t_1]}$，使得

$$\mathrm{e}^{\boldsymbol{A}(t_1-t_0)}\boldsymbol{x}_0+\int_{t_0}^{t_1}\mathrm{e}^{\boldsymbol{A}(t_1-\tau)}\boldsymbol{B}\boldsymbol{u}(\tau)\mathrm{d}\tau=\boldsymbol{0}$$

根据矩阵指数函数等式(1.2.25)，有

$$\begin{aligned}\mathrm{e}^{\boldsymbol{A}(t_1-t_0)}\boldsymbol{x}_0&=-\sum_{k=0}^{n-1}\boldsymbol{A}^k\boldsymbol{B}\int_{t_0}^{t_1}p_k(t_1-\tau)\boldsymbol{u}(\tau)\mathrm{d}\tau\\&=-[\boldsymbol{B}\quad \boldsymbol{AB}\quad\cdots\quad \boldsymbol{A}^{n-1}\boldsymbol{B}]\cdot\begin{bmatrix}\int_{t_0}^{t_1}p_0(t_1-\tau)\boldsymbol{u}(\tau)\mathrm{d}\tau\\ \int_{t_0}^{t_1}p_1(t_1-\tau)\boldsymbol{u}(\tau)\mathrm{d}\tau\\ \vdots\\ \int_{t_0}^{t_1}p_{n-1}(t_1-\tau)\boldsymbol{u}(\tau)\mathrm{d}\tau\end{bmatrix}\end{aligned}$$

这表明 $\mathrm{e}^{\boldsymbol{A}(t_1-t_0)}\boldsymbol{x}_0\in\langle\boldsymbol{A}|\boldsymbol{B}\rangle$。由于 $\langle\boldsymbol{A}|\boldsymbol{B}\rangle$ 是 $\boldsymbol{A}$ 的不变子空间，所以

$$\mathrm{e}^{\boldsymbol{A}(t_0-t_1)}\cdot\mathrm{e}^{\boldsymbol{A}(t_1-t_0)}\boldsymbol{x}_0=\boldsymbol{x}_0\in\langle\boldsymbol{A}\mid\boldsymbol{B}\rangle$$

综合以上两方面的结果可知，$\langle\boldsymbol{A}|\boldsymbol{B}\rangle$ 就是线性时不变系统(2.4.1)的可控子空间。

定理 2-12　线性时不变系统(2.4.1)可控的充分必要条件是

$$\langle\boldsymbol{A}\mid\boldsymbol{B}\rangle=\boldsymbol{X}$$

这个定理的结论是明显的，它是关于时不变系统可控性的一个几何解释。$\langle\boldsymbol{A}|\boldsymbol{B}\rangle$ 是由可控性矩阵 $\boldsymbol{U}=[\boldsymbol{B}\quad\boldsymbol{AB}\quad\cdots\quad\boldsymbol{A}^{n-1}\boldsymbol{B}]$ 的各列所张成的一个子空间。当系统可控时，可控性矩阵 $\boldsymbol{U}$ 的秩等于状态空间的维数 n，这时 $\boldsymbol{U}$ 的各列张成的子空间必为整个状态空间。当系统不完全可控时，$\langle\boldsymbol{A}|\boldsymbol{B}\rangle$ 将是 $\boldsymbol{X}$ 的真子空间。相应地，记可控子空间的正交补空间为 $\langle\boldsymbol{A}|\boldsymbol{B}\rangle^{\perp}$，则其也是 $\boldsymbol{X}$ 的真子空间，其中的每个非零元素均为不可控状态。但要注意，空间 $\langle\boldsymbol{A}|\boldsymbol{B}\rangle^{\perp}$ 中的零状态可控，且它没有包含所有的不可控状态。状态空间中任一状态均可分解为这两个子空间的正交和，即分解为可控分量和不可控分量，且这种分解是唯一的。

例 2-13　如图 2-3 所示，考虑动态方程

$$\dot{\boldsymbol{x}}=\begin{bmatrix}-1&0\\0&-1\end{bmatrix}\boldsymbol{x}+\begin{bmatrix}1\\1\end{bmatrix}u$$

$$y=[1\quad 1]\boldsymbol{x}$$

因为可控性矩阵

$$\boldsymbol{U}=\begin{bmatrix}1&-1\\1&-1\end{bmatrix}$$

rank $\boldsymbol{U}=1$。因此，它的可控子空间是由向量 $\boldsymbol{b}=[1\quad 1]^{\mathrm{T}}$ 所张成的一维子空间，不可控子空间由向量 $[-1\quad 1]^{\mathrm{T}}$ 所张成。这两个子空间的正交和构成了二维状态空间，状态空间中的任一状态向量可对这两个子空间进行分解，而且分解是唯一的。如图 2-3 所示，分解的两个分量分别为 $[x_c\quad 0]^{\mathrm{T}}$ 和 $[0\quad x_{\bar{c}}]^{\mathrm{T}}$。

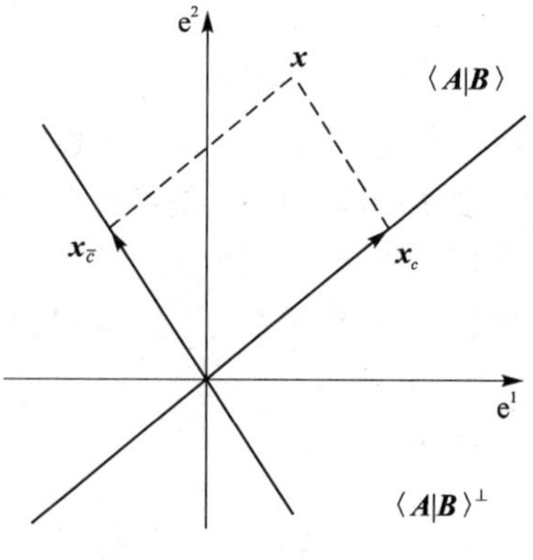

图 2-3　例 2-13 的状态空间分解

2.4.2 不可观测状态与不可观测子空间

可观测性反映了输出对状态的反应能力。一个不可观测的系统的一些初态不可以通过输出来确定，但可能另一些初态可以通过输出唯一地确定。因此，可以将状态空间的元素按照输出对它们的判断能力来进行分类，定义为不可观测状态和可观测状态。

定义 2-8　若在 t_0 时刻，初态 $\boldsymbol{x}(t_0)$ 引起的零输入响应为零，即对任意 $t>t_0$，当 $\boldsymbol{u}(t)=\boldsymbol{0}$ 时，有 $\boldsymbol{y}(t)=\boldsymbol{0}$，则称这个状态 $\boldsymbol{x}(t_0)$ 为 t_0 时刻的不可观测状态。

显然 $\boldsymbol{x}(t_0)=\boldsymbol{0}$ 是不可观测状态。若系统中所有非零初态 $\boldsymbol{x}(t_0)$ 在 t_0 时刻都可观测，则系统是 t_0 时刻可观测的，此时只有 $\boldsymbol{x}(t_0)=\boldsymbol{0}$ 是唯一的不可观测状态。这从物理意义上是很容易理解的，如果有另外一个初态引起的零输入响应也为零，那么就无法从输出为零来判断出这一初态，即若初态 $\boldsymbol{x}(t_0)$ 是不可观测状态，则其对应的输出对任意 $t\geqslant t_0$ 满足 $y(t)=\boldsymbol{C}\mathrm{e}^{\boldsymbol{A}(t-t_0)}x_0=0$。若 $\boldsymbol{x}_1$ 和 $\boldsymbol{x}_2$ 是系统在 t_0 时刻的不可观测状态，可以验证，对于任意实数 α 和 β，$\alpha\boldsymbol{x}_1+\beta\boldsymbol{x}_2$ 也是不可观测状态。因此所有 t_0 时刻不可观测状态的全体构成一个线性空间，它是状态空间的一个子空间，称为 t_0 时刻的不可观测子空间。

对于线性时不变系统，它的不可观测状态不依赖于某一特定的时刻。如果某个状态在 t_0 时刻不可观测，那么它在任意时刻也都不可观测。因此不可观测子空间也就不依赖于特定的时刻了。现在来研究线性时不变系统(2.4.1)的不可观测子空间的结构。

定义子空间

$$\boldsymbol{\eta}=\bigcap_{k=0}^{n-1}\mathrm{Ker}(\boldsymbol{CA}^k) \tag{2.4.4}$$

显然，这一定义等价于 $\boldsymbol{\eta}=\{x:\boldsymbol{V}x=0\}$，其中 $\boldsymbol{V}$ 是系统的可观测性矩阵 $\boldsymbol{V}=\begin{bmatrix}\boldsymbol{C}\\ \boldsymbol{CA}\\ \vdots\\ \boldsymbol{CA}^{n-1}\end{bmatrix}$，这样，空间 $\boldsymbol{\eta}=\bigcap_{k=0}^{n-1}\mathrm{Ker}(\boldsymbol{CA}^k)$ 即为可观测性矩阵 $\boldsymbol{V}$ 的核空间。不难验证，$\boldsymbol{\eta}$ 也是 $\boldsymbol{A}$ 的不变子空间。事实上，若取 $\boldsymbol{x}\in\boldsymbol{\eta}$，则有

$$\boldsymbol{Cx}=\boldsymbol{CAx}=\cdots=\boldsymbol{CA}^{n-1}\boldsymbol{x}=\boldsymbol{0}$$

又因为

$$\boldsymbol{CA}^n\boldsymbol{x}=\boldsymbol{C}(\alpha_0\boldsymbol{I}+\alpha_1\boldsymbol{A}+\cdots+\alpha_{n-1}\boldsymbol{A}^{n-1})\boldsymbol{x}=\boldsymbol{0}$$

所以 $\boldsymbol{Ax}\in\boldsymbol{\eta}$。

引理 2-3　$\boldsymbol{\eta}$ 是线性时不变系统(2.4.1)的不可观测子空间，即 $\boldsymbol{\eta}$ 中的状态是系统(2.4.1)的不可观测状态，而系统(2.4.1)的不可观测状态均在 $\boldsymbol{\eta}$ 中。

证明： ① 先证明 $\boldsymbol{\eta}$ 中的所有状态都是系统的不可观测状态。任取 $\boldsymbol{x}_0\in\boldsymbol{\eta}$，要证 $\boldsymbol{x}_0$ 是系统(2.4.1)的不可观测状态。设 $\boldsymbol{u}(t)=0$，这时有 $\boldsymbol{y}(t)=\boldsymbol{C}\mathrm{e}^{\boldsymbol{A}(t-t_0)}\boldsymbol{x}_0$，将等式(1.2.25)代入，得

$$\boldsymbol{y}(t)=\sum_{k=0}^{n-1}p_k(t-t_0)\boldsymbol{CA}^k\boldsymbol{x}_0$$

由 $\boldsymbol{Cx}_0=\boldsymbol{CAx}_0=\cdots=\boldsymbol{CA}^{n-1}\boldsymbol{x}_0=\boldsymbol{0}$，可知 $\boldsymbol{y}(t)=\boldsymbol{0}$，即由 $\boldsymbol{x}_0$ 引起的零输入响应为零，所以 $\boldsymbol{x}_0$ 是不可观测状态。

② 另一方面，要证系统的所有不可观测状态均在 $\boldsymbol{\eta}$ 中。若 $\boldsymbol{x}_0$ 是不可观测状态，即有

$$\boldsymbol{y}(t)=\boldsymbol{C}\mathrm{e}^{\boldsymbol{A}(t-t_0)}\boldsymbol{x}_0=\boldsymbol{0}, \quad \forall t \geqslant t_0$$

将上式对 t 求导，再令 $t=t_0$，得

$$\boldsymbol{CA}^k\boldsymbol{x}_0=\boldsymbol{0}, \quad k=0,1,2,\cdots,n-1$$

故 $\boldsymbol{x}_0 \in \boldsymbol{\eta}$，这说明每个不可观测状态都是 $\boldsymbol{\eta}$ 中的元。

定理 2-13 系统(2.4.1)可观测的充分必要条件是其不可观测空间为零空间，即 $\boldsymbol{\eta}=\{\boldsymbol{0}\}$。

这个定理的结论也是显而易见的。这说明系统可观测时，它只有唯一的零状态是不可观测状态。由前面的知识可知，n 维线性时不变系统可观测的充分必要条件是 rank $\boldsymbol{V}=n$，所以可观测性矩阵 $\boldsymbol{V}$ 的核空间只有零元素，这样必有 $\boldsymbol{\eta}=\{\boldsymbol{0}\}$。当系统不可观测时，$\boldsymbol{\eta}$ 中将包含非零元。记不可观测子空间 $\boldsymbol{\eta}$ 的正交补空间为 $\boldsymbol{\eta}^{\perp}$。注意，其中的零向量为系统(2.4.1)的不可观测状态，所以不能简单地说 $\boldsymbol{\eta}^{\perp}$ 是系统的可观测子空间。$\boldsymbol{\eta}$ 和 $\boldsymbol{\eta}^{\perp}$ 均为状态空间 $\boldsymbol{X}$ 的真子空间。状态空间中的每个向量均可唯一地分解为这两个子空间的正交和。

例 2-14 考虑例 2-13 中的动态方程，其可观测性矩阵 $\boldsymbol{V}=\begin{bmatrix}1 & 1\\ -1 & -1\end{bmatrix}$ 的秩为 1，不可观测子空间 $\boldsymbol{\eta}=\mathrm{Ker}\,\boldsymbol{C}\cap\mathrm{Ker}\,\boldsymbol{CA}$ 为向量$[-1 \quad 1]^{\mathrm{T}}$ 所张成的子空间，可观测子空间 $\boldsymbol{\eta}^{\perp}$ 为向量 $[1 \quad 1]^{\mathrm{T}}$ 所张成的子空间，如图 2-4 所示。显然，状态 x_0 可分解成两个状态：$x_0^{o}\in\boldsymbol{\eta}^{\perp}$ 和 $x_0^{\bar{o}}\in\boldsymbol{\eta}$。这说明，一个状态 x_0 即使不属于 $\boldsymbol{\eta}$，也不能因此就断言该状态属于 $\boldsymbol{\eta}$ 的正交补 $\boldsymbol{\eta}^{\perp}$。

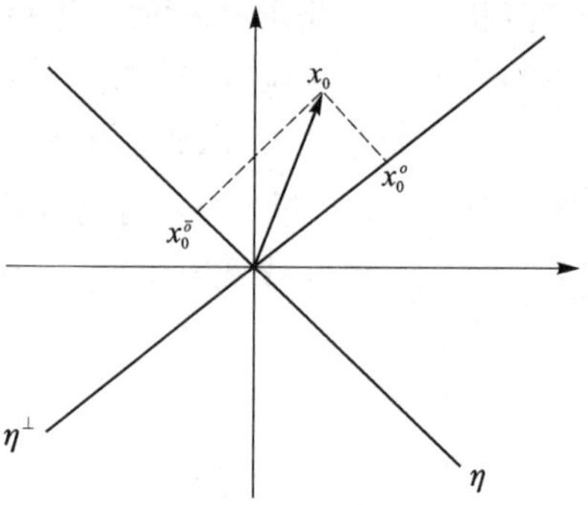

图 2-4 例 2-14 的状态空间分解

2.5 线性时不变系统的规范分解

本节只研究以下线性时不变系统：

$$\begin{cases}\dot{\boldsymbol{x}}=\boldsymbol{Ax}+\boldsymbol{Bu}\\ \boldsymbol{y}=\boldsymbol{Cx}+\boldsymbol{Du}\end{cases} \tag{2.5.1}$$

其中，$\boldsymbol{A}$，$\boldsymbol{B}$，$\boldsymbol{C}$ 和 $\boldsymbol{D}$ 分别为 $n\times n$，$n\times p$，$q\times n$，$q\times p$ 常量矩阵。

2.3 节定理 2-10 说明在等价变换下，线性时不变系统的可控性和可观测性都保持不变，因此可以适当选取状态空间的基底，以使在这组基底下的系统动态方程更能体现出系统的结构性质(可控性和可观测性)。2.4 节关于可控子空间及不可观测子空间的讨论指出了应该如何选取状态空间的基底。

2.5.1 动态方程按可控性分解

定理 2-14 设动态方程(2.5.1)的可控性矩阵的秩为 n_1，$n_1<n$，则存在一个等价变换 $\bar{\boldsymbol{x}}=\boldsymbol{Px}$($\boldsymbol{P}$ 为 $n\times n$ 非奇异矩阵)，可将方程(2.5.1)变换为

$$
\begin{cases}
\begin{bmatrix}\dot{\bar{x}}_1\\ \dot{\bar{x}}_2\end{bmatrix}=\begin{bmatrix}\bar{A}_{11} & \bar{A}_{12}\\ 0 & \bar{A}_{22}\end{bmatrix}\begin{bmatrix}\bar{x}_1\\ \bar{x}_2\end{bmatrix}+\begin{bmatrix}\bar{B}_1\\ 0\end{bmatrix}u\\
y=\begin{bmatrix}\bar{C}_1 & \bar{C}_2\end{bmatrix}\begin{bmatrix}\bar{x}_1\\ \bar{x}_2\end{bmatrix}+Du
\end{cases}
\tag{2.5.2}
$$

而且式(2.5.2)的 n_1 维子方程

$$
\begin{cases}
\dot{\bar{x}}_1=\bar{A}_{11}\bar{x}_1+\bar{B}_1u\\
\bar{y}=\bar{C}_1\bar{x}_1+Du
\end{cases}
\tag{2.5.3}
$$

是可控的，该子方程与方程(2.5.1)有相同的传递函数矩阵。

证明： 因为可控性矩阵 U 的秩为 n_1，所以由 U 的列所张成的可控子空间的维数为 n_1。在可控子空间中取 n_1 个性线无关向量 $q_1,q_2,\cdots,q_{n_1}$，再补充 $(n-n_1)$ 个向量使 $q_1,q_2,\cdots,q_{n_1}$，$q_{n_1+1},\cdots,q_n$ 成为状态空间的一组基，令

$$
P^{-1}=\begin{bmatrix}q_1 & q_2 & \cdots & q_{n_1} & q_{n_1+1} & \cdots & q_n\end{bmatrix}
$$

下面来证明变换 $\bar{x}=Px$ 能将式(2.5.1)化为式(2.5.2)的形式。因为 $\bar{A}=PAP^{-1}$，即 $AP^{-1}=P^{-1}\bar{A}$，这表明 $\bar{A}$ 的第 j 列就是 Aq_j 关于基底 $q_1,q_2,\cdots,q_n$ 的表示。因可控子空间是 A 的不变子空间，故对 $j=1,2,\cdots,n_1$，Aq_j 都可表示成 $q_1,q_2,\cdots,q_{n_1}$ 的线性组合：

$$
\begin{aligned}
Aq_1&=a_{11}q_1+a_{21}q_2+\cdots+a_{n_11}q_{n_1}\\
Aq_2&=a_{12}q_1+a_{22}q_2+\cdots+a_{n_12}q_{n_1}\\
&\vdots\\
Aq_{n1}&=a_{1n_1}q_1+a_{2n_1}q_2+\cdots+a_{n_1n_1}q_{n_1}
\end{aligned}
$$

但是

$$
\begin{aligned}
Aq_{n_1+1}&=a_{1,n_1+1}q_1+a_{2,n_1+1}q_2+\cdots+a_{n_1,n_1+1}q_{n_1}+a_{n_1+1,n_1+1}q_{n_1+1}+\cdots+a_{n,n_1+1}q_n\\
&\vdots\\
Aq_n&=a_{1,n}q_1+a_{2,n}q_2+\cdots+a_{n_1,n}q_{n_1}+a_{n_1+1,n}q_{n_1+1}+\cdots+a_{n,n}q_n
\end{aligned}
$$

所以 $\bar{A}$ 具有式(2.5.2)的形式，其中 $\bar{A}_{11}$，$\bar{A}_{12}$ 和 $\bar{A}_{22}$ 分别为 $n_1\times n_1$，$n_1\times(n-n_1)$和$(n-n_1)\times(n-n_1)$的矩阵。因为 $\bar{B}=PB$，即 $B=P^{-1}\bar{B}$，又因 B 的各列都是可控子空间的元，即 B 的每一列均可由$\{q_1,q_2,\cdots,q_{n_1}\}$线性表示，所以 $\bar{B}$ 具有式(2.5.2)的形式且$\bar{B}_1$ 是 $n_1\times p$ 的矩阵。但是 $\bar{C}=CP^{-1}$ 没有什么特殊形式，其中 $\bar{C}_1$ 和 $\bar{C}_2$ 分别是 $q\times n_1$ 和 $q\times(n-n_1)$的矩阵。因此在变换 $\bar{x}=Px$ 下，式(2.5.1)化为式(2.5.2)的形式。事实上，这一分解形式在证明定理 2-3 时已经得到。下面证明分解后子系统的可控性。

令 $\bar{U}$ 是系统(2.5.2)的可控性矩阵，因等价变换不改变可控性矩阵的秩，故 rank $\bar{U}=n_1$

$$
\bar{U}=\begin{bmatrix}\bar{B}_1 & \bar{A}_{11}\bar{B}_1 & \cdots & \bar{A}_{11}^{n-1}\bar{B}_1\\ 0 & 0 & \cdots & 0\end{bmatrix}\begin{matrix}\}n_1\text{ 行}\\ \}(n-n_1)\text{ 行}\end{matrix}
$$

$\bar{U}$ 的前 n_1 行线性无关，即

$$
\operatorname{rank}\begin{bmatrix}\bar{B}_1 & \bar{A}_{11}\bar{B}_1 & \cdots & \bar{A}_{11}^{n_1-1}\bar{B}_1 & \bar{A}_{11}^{n_1}\bar{B}_1 & \cdots & \bar{A}_{11}^{n-1}\bar{B}_1\end{bmatrix}=n_1
$$

又因为当 $k\geqslant n_1$ 时，$\bar{A}_{11}^k\bar{B}_1$ 的各列可由$\bar{B}_1$，$\bar{A}_{11}\bar{B}_1$，$\cdots$，$\bar{A}_{11}^{n_1-1}\bar{B}_1$ 的各列线性表示，故

$$\text{rank}[\bar{\boldsymbol{B}}_1 \quad \bar{\boldsymbol{A}}_{11}\bar{\boldsymbol{B}}_1 \quad \cdots \quad \bar{\boldsymbol{A}}_{11}^{n_1-1}\bar{\boldsymbol{B}}_1]=n_1$$

这说明式(2.5.3)的动态方程可控。

现在证明式(2.5.1)与式(2.5.3)有相同的传递函数矩阵。因为等价变换保持传递函数矩阵不变,故式(2.5.1)与式(2.5.2)有相同的传递数矩阵,式(2.5.2)的传递函数矩阵如下:

$$\begin{aligned}
&[\bar{\boldsymbol{C}}_1 \quad \bar{\boldsymbol{C}}_2]\begin{bmatrix} s\boldsymbol{I}-\bar{\boldsymbol{A}}_{11} & -\bar{\boldsymbol{A}}_{12} \\ \boldsymbol{0} & s\boldsymbol{I}-\bar{\boldsymbol{A}}_{22}\end{bmatrix}^{-1}\begin{bmatrix}\bar{\boldsymbol{B}}_1 \\ \boldsymbol{0}\end{bmatrix}+\boldsymbol{D} \\
=&[\bar{\boldsymbol{C}}_1 \quad \bar{\boldsymbol{C}}_2]\begin{bmatrix} (s\boldsymbol{I}-\bar{\boldsymbol{A}}_{11})^{-1} & (s\boldsymbol{I}-\bar{\boldsymbol{A}}_{11})^{-1}\bar{\boldsymbol{A}}_{12}(s\boldsymbol{I}-\bar{\boldsymbol{A}}_{22})^{-1} \\ \boldsymbol{0} & (sI-\bar{\boldsymbol{A}}_{22})^{-1}\end{bmatrix}\begin{bmatrix}\bar{\boldsymbol{B}}_1 \\ \boldsymbol{0}\end{bmatrix}+\boldsymbol{D} \\
=&[\bar{\boldsymbol{C}}_1 \quad \bar{\boldsymbol{C}}_2]\begin{bmatrix} (s\boldsymbol{I}-\bar{\boldsymbol{A}}_{11})^{-1}\bar{\boldsymbol{B}}_1 \\ \boldsymbol{0}\end{bmatrix}+\boldsymbol{D} \\
=&\bar{\boldsymbol{C}}_1(s\boldsymbol{I}-\bar{\boldsymbol{A}}_{11})^{-1}\bar{\boldsymbol{B}}_1+\boldsymbol{D}
\end{aligned}$$

显然上式正是式(2.5.3)的传递函数矩阵。

这个定理说明,通过等价变换 $\bar{\boldsymbol{x}}=\boldsymbol{P}\boldsymbol{x}$,状态空间被分解成两个子空间,其一是 n_1 维子空间,它由所有形如$[\bar{\boldsymbol{x}}_1^{\mathrm{T}} \quad 0]^{\mathrm{T}}$ 的向量组成,是系统(2.5.2)的可控子空间;另一个是由所有形如$[\boldsymbol{0} \quad \bar{\boldsymbol{x}}_2^{\mathrm{T}}]^{\mathrm{T}}$ 的向量组成的$(n-n_1)$维子空间,即可控子空间的正交补空间。显然,任一状态 $\bar{\boldsymbol{x}}$ 都可分解为这两个子空间的直接和。

动态方程(2.5.2)及可控的 n_1 维子方程(2.5.3)的方块图如图 2-5 所示。从图中可以看到,控制输入是通过可控子系统(图 2-5 中虚线以上)传递到输出的,而对不可控子系统(图 2-5 中虚线以下)没有影响。所以,传递函数的描述方法不能反映不可控部分的特性。

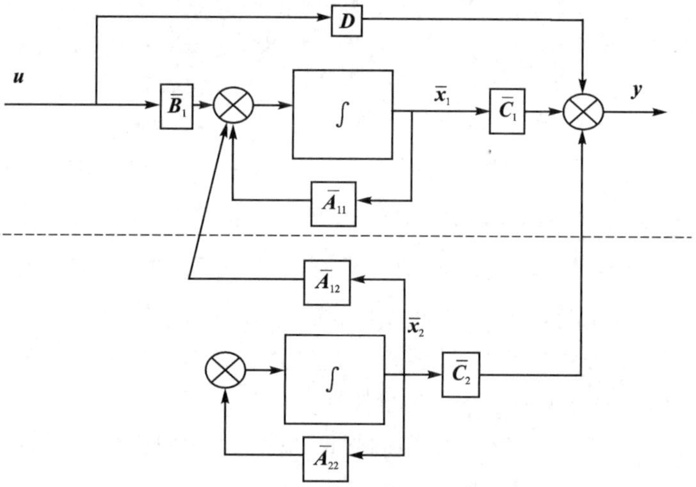

图 2-5　可控性分解

定理 2-14 的证明已经给出了可控性结构分解变换矩阵的构造方法,现总结如下:

① 首先列写出系统的可控性矩阵 $\boldsymbol{U}$,其秩为 n_1;

② 从 $\boldsymbol{U}$ 中选取 n_1 个线性无关的列向量 $\boldsymbol{q}_1,\boldsymbol{q}_2,\cdots,\boldsymbol{q}_{n_1}$;

③ 再补充 $n-n_1$ 个线性无关向量，使 $\boldsymbol{q}_1,\boldsymbol{q}_2,\cdots,\boldsymbol{q}_{n_1},\boldsymbol{q}_{n_1+1},\cdots,\boldsymbol{q}_n$ 线性无关；

④ 以这 n 个列向量为列组成的矩阵为变换矩阵的逆矩阵，即

$$\boldsymbol{P}^{-1}=\begin{bmatrix}\boldsymbol{q}_1 & \boldsymbol{q}_2 & \cdots & \boldsymbol{q}_{n_1} & \boldsymbol{q}_{n_1+1} & \cdots & \boldsymbol{q}_n\end{bmatrix}$$

⑤ 则变换 $\bar{\boldsymbol{x}}=\boldsymbol{P}\boldsymbol{x}$ 能将系统(2.5.1)化为可控性结构分解式(2.5.2)的形式。

例 2-15　设动态方程为

$$\dot{\boldsymbol{x}}=\begin{bmatrix}-1 & 0\\ 0 & -1\end{bmatrix}\boldsymbol{x}+\begin{bmatrix}1\\1\end{bmatrix}u$$

可控性矩阵的秩为 1，可控子空间由向量$[1\quad 1]^{\mathrm{T}}$ 所张成。取 $\boldsymbol{P}^{-1}=\begin{bmatrix}1 & 1\\ 1 & 0\end{bmatrix}$，若令 $\bar{\boldsymbol{x}}=\boldsymbol{P}\boldsymbol{x}$，则可得等价的动态方程为

$$\dot{\bar{\boldsymbol{x}}}=\begin{bmatrix}-1 & 0\\ 0 & -1\end{bmatrix}\bar{\boldsymbol{x}}+\begin{bmatrix}1\\0\end{bmatrix}u$$

所采取的变换是将状态空间的基底从标准正交向量组$[1\quad 0]^{\mathrm{T}}$ 和$[0\quad 1]^{\mathrm{T}}$ 变换为向量组$[1\quad 1]^{\mathrm{T}}$ 和$[1\quad 0]^{\mathrm{T}}$。状态变量 $\bar{\boldsymbol{x}}$ 的分量 $\bar{x}_1$ 是可控的，即对于状态变量 $\boldsymbol{x}=[x_1\quad x_2]^{\mathrm{T}}$，当 $x_1=x_2$ 时，状态 $\boldsymbol{x}$ 才是可控的。

2.5.2　动态方程按可观测性分解

定理 2-15　设动态方程(2.5.1)的可观测性矩阵的秩为 $n_2(n_2<n)$，则存在一个等价变换 $\bar{\boldsymbol{x}}=\boldsymbol{P}\boldsymbol{x}$，可将方程(2.5.1)变换为如下形式：

$$\begin{cases}\begin{bmatrix}\dot{\bar{\boldsymbol{x}}}_1\\ \dot{\bar{\boldsymbol{x}}}_2\end{bmatrix}=\begin{bmatrix}\bar{\boldsymbol{A}}_{11} & \boldsymbol{0}\\ \bar{\boldsymbol{A}}_{21} & \bar{\boldsymbol{A}}_{22}\end{bmatrix}\begin{bmatrix}\bar{\boldsymbol{x}}_1\\ \bar{\boldsymbol{x}}_2\end{bmatrix}+\begin{bmatrix}\bar{\boldsymbol{B}}_1\\ \bar{\boldsymbol{B}}_2\end{bmatrix}\boldsymbol{u}\\ \boldsymbol{y}=[\bar{\boldsymbol{C}}_1\quad \boldsymbol{0}]\begin{bmatrix}\bar{\boldsymbol{x}}_1\\ \bar{\boldsymbol{x}}_2\end{bmatrix}+\boldsymbol{D}\boldsymbol{u}\end{cases}\tag{2.5.4}$$

而且式(2.5.4)的 n_2 维子方程

$$\begin{cases}\dot{\bar{\boldsymbol{x}}}_1=\bar{\boldsymbol{A}}_{11}\bar{\boldsymbol{x}}_1+\bar{\boldsymbol{B}}_1\boldsymbol{u}\\ \boldsymbol{y}=\bar{\boldsymbol{C}}_1\bar{\boldsymbol{x}}_1+\boldsymbol{D}\boldsymbol{u}\end{cases}\tag{2.5.5}$$

是可观测的。该子方程与方程(2.5.1)有相同的传递函数矩阵。

上述定理可用对偶定理 2-6 和定理 2-14 得出，也可以直接证明。这里着重说明一下基底的取法。因为可观测性矩阵的秩为 n_2，所以不可观测子空间 $\boldsymbol{\eta}$ 具有维数 $n-n_2$。基底可在 $\boldsymbol{\eta}$ 中选取 $n-n_2$ 个线性无关的向量 $\boldsymbol{q}_{n_2+1},\boldsymbol{q}_{n_2+2},\cdots,\boldsymbol{q}_n$，再取另外 n_2 个线性无关向量，使得向量组 $\boldsymbol{q}_1,\boldsymbol{q}_2,\cdots,\boldsymbol{q}_{n_2},\boldsymbol{q}_{n_2+1},\boldsymbol{q}_{n_2+2},\cdots,\boldsymbol{q}_n$ 构成状态空间的基底。在基底取定之后，采取和定理 2-14 的证明完全类似的方法便可证得定理 2-15。

这里，通过等价变换 $\bar{\boldsymbol{x}}=\boldsymbol{P}\boldsymbol{x}$，状态空间分解为两个子空间，一个是 $n-n_2$ 维的不可观测子空间，它由形如$[\boldsymbol{0}\quad \bar{\boldsymbol{x}}_2^{\mathrm{T}}]^{\mathrm{T}}$ 的向量所组成；另一个是由形如$[\bar{\boldsymbol{x}}_1^{\mathrm{T}}\quad 0]^{\mathrm{T}}$ 的向量所组成的 n_2 维子空间，它是不可观测子空间的直接和空间。显然任一状态 $\bar{\boldsymbol{x}}$ 都可分解成这两个子空间的直接和。

方程(2.5.3)及可观测的 n_2 维子方程的方块图如图 2-6 所示。由图中可见,输出不包含状态分量 $\bar{x}_2$ 所提供的任何信息,它只反映了状态分量 $\bar{x}_1$ 所提供的全部信息,所以,传递函数的描述方法不能反映不可观测部分的特性。

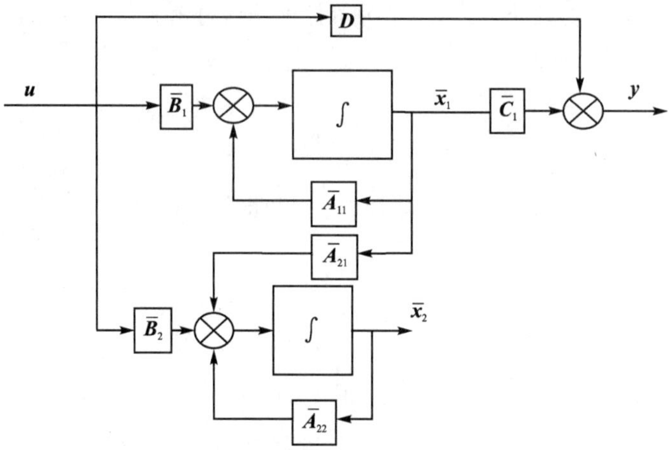

图 2-6　可观测性分解

必须指出图 2-6 是按可观测性进行分解的,它体现了输出中不包含有$\bar{x}_2$ 的信息这一结构性质,但我们不能从图中看到输入 u 形式上可影响到$\bar{x}_1$ 和$\bar{x}_2$,就错误地断言系统是可控的。同样,在按可控性分解的图 2-5 中,也不能断言那里的$\bar{x}_1$ 和$\bar{x}_2$ 是可观测的。

下面给出两种构造可观测性结构分解变换矩阵的方法。

第一种,直接构造变换矩阵逆 P^{-1}:

① 因为可观测性矩阵的秩为 n_2,所以不可观测子空间 η 是$n-n_2$ 维的子空间。可在 η 中取 $n-n_2$ 个线性无关向量 $q_{n_2+1},q_{n_2+2},\cdots,q_n$;

② 再取另外 n_2 个线性无关向量,使得向量组 $q_1,q_2,\cdots,q_{n_2},q_{n_2+1},q_{n_2+2},\cdots,q_n$ 线性无关;

③ 以这 n 个列向量为列组成的矩阵为变换矩阵的逆矩阵,即

$$P^{-1}=\begin{bmatrix} q_1 & q_2 & \cdots & q_{n_1} & q_{n_1+1} & \cdots & q_n \end{bmatrix}$$

④ 则变换 $\bar{x}=Px$ 能将系统(2.5.1)化为可观测性结构分解式(2.5.4)的形式。

第二种,直接构造变换矩阵 P:

① 因为可观测性矩阵的秩为 n_2,故可在可观测性矩阵 $V=\begin{bmatrix} C \\ CA \\ \vdots \\ CA^{n-1} \end{bmatrix}$ 中取出 n_2 个线性无关的行向量,设为$[p_1 \quad p_2 \quad \cdots \quad p_{n_2}]$;

② 再取另外 $n-n_2$ 个线性无关行向量 $[p_{n_2+1} \quad \cdots \quad p_n]$,使得向量组 $[p_1 \quad p_2 \quad \cdots \quad p_{n_2}]$,$[p_{n_2+1} \quad \cdots \quad p_n]$线性无关;

③ 以这 n 个行向量为行组成的矩阵为变换矩阵，即 $\boldsymbol{P}=\begin{bmatrix}\boldsymbol{p}_1\\ \vdots\\ \boldsymbol{p}_{n_2}\\ \vdots\\ \boldsymbol{p}_n\end{bmatrix}$；

④ 则变换 $\bar{\boldsymbol{x}}=\boldsymbol{P}\boldsymbol{x}$ 能将系统(2.5.1)化为可观测性结构分解式(2.5.4)的形式。

由第二种构造变换矩阵 $\boldsymbol{P}$ 的方法，再结合凯莱-哈密尔顿定理，即可获得可观测性结构分解式(2.5.4)的形式。

2.5.3 标准分解定理

为了同时体现出系统的可控性和可观测性的结构性质，有如下标准分解定理。

定理 2-16 设动态方程(2.5.1)的可控性矩阵的秩为 $n_1(n_1<n)$，可观测性矩阵的秩为 $n_2(n_2<n)$，则存在一个等价变换 $\bar{\boldsymbol{x}}=\boldsymbol{P}\boldsymbol{x}$，可将方程(2.5.1)变换为

$$\begin{cases}\begin{bmatrix}\dot{\bar{\boldsymbol{x}}}_1\\ \dot{\bar{\boldsymbol{x}}}_2\\ \dot{\bar{\boldsymbol{x}}}_3\\ \dot{\bar{\boldsymbol{x}}}_4\end{bmatrix}=\begin{bmatrix}\bar{\boldsymbol{A}}_{11} & \boldsymbol{0} & \bar{\boldsymbol{A}}_{13} & \boldsymbol{0}\\ \bar{\boldsymbol{A}}_{21} & \bar{\boldsymbol{A}}_{22} & \bar{\boldsymbol{A}}_{23} & \bar{\boldsymbol{A}}_{24}\\ \boldsymbol{0} & \boldsymbol{0} & \bar{\boldsymbol{A}}_{33} & \boldsymbol{0}\\ \boldsymbol{0} & \boldsymbol{0} & \bar{\boldsymbol{A}}_{43} & \bar{\boldsymbol{A}}_{44}\end{bmatrix}\begin{bmatrix}\bar{\boldsymbol{x}}_1\\ \bar{\boldsymbol{x}}_2\\ \bar{\boldsymbol{x}}_3\\ \bar{\boldsymbol{x}}_4\end{bmatrix}+\begin{bmatrix}\bar{\boldsymbol{B}}_1\\ \bar{\boldsymbol{B}}_2\\ \boldsymbol{0}\\ \boldsymbol{0}\end{bmatrix}\boldsymbol{u}\\ \boldsymbol{y}=[\bar{\boldsymbol{C}}_1 \quad \boldsymbol{0} \quad \bar{\boldsymbol{C}}_3 \quad \boldsymbol{0}]\begin{bmatrix}\bar{\boldsymbol{x}}_1\\ \bar{\boldsymbol{x}}_2\\ \bar{\boldsymbol{x}}_3\\ \bar{\boldsymbol{x}}_4\end{bmatrix}+\boldsymbol{D}\boldsymbol{u}\end{cases} \tag{2.5.6}$$

而且式(2.5.6)的子方程

$$\begin{cases}\dot{\bar{\boldsymbol{x}}}_1=\bar{\boldsymbol{A}}_{11}\bar{\boldsymbol{x}}_1+\bar{\boldsymbol{B}}_1\boldsymbol{u}\\ \boldsymbol{y}=\bar{\boldsymbol{C}}_1\bar{\boldsymbol{x}}_1+\boldsymbol{D}\boldsymbol{u}\end{cases} \tag{2.5.7}$$

是可控可观测的。式(2.5.7)与式(2.5.1)有相同的传递函数矩阵。

证明： 定义子空间 $\boldsymbol{X}_1,\boldsymbol{X}_2,\boldsymbol{X}_3$ 和 $\boldsymbol{X}_4$ 分别为

$$\boldsymbol{X}_2=\boldsymbol{\eta}\cap\langle\boldsymbol{A}\mid\boldsymbol{B}\rangle,\quad \boldsymbol{X}_1\oplus\boldsymbol{X}_2=\langle\boldsymbol{A}\mid\boldsymbol{B}\rangle$$

$$\boldsymbol{X}_2\oplus\boldsymbol{X}_4=\boldsymbol{\eta},\qquad (\langle\boldsymbol{A}\mid\boldsymbol{B}\rangle+\boldsymbol{\eta})\oplus\boldsymbol{X}_3=\boldsymbol{X}$$

由于 $\boldsymbol{\eta}$ 和 $\langle\boldsymbol{A}|\boldsymbol{B}\rangle$ 都是 $\boldsymbol{A}$ 的不变子空间，所以 $\boldsymbol{X}_2$ 是 $\boldsymbol{A}$ 的不变子空间。显然状态空间 $\boldsymbol{X}$ 是 $\boldsymbol{X}_1$，$\boldsymbol{X}_2$，$\boldsymbol{X}_3$ 和 $\boldsymbol{X}_4$ 的直接和。设 $\boldsymbol{X}_i$ 的维数为 k_i，有

$$k_1+k_2+k_3+k_4=n$$

$$k_1+k_2=n_1$$

$$k_2+k_4=n-n_2$$

现在分别取 $\boldsymbol{X}_i(i=1,2,3,4)$ 的一组基，使之联合构成 $\boldsymbol{X}$ 中的一组基，记为 $\boldsymbol{q}_1,\boldsymbol{q}_2,\cdots,\boldsymbol{q}_n$，其中 $\boldsymbol{q}_1,\boldsymbol{q}_2,\cdots,\boldsymbol{q}_{k_1}$ 是 $\boldsymbol{X}_1$ 的基，$\boldsymbol{q}_{k_1+1},\cdots,\boldsymbol{q}_{k_1+k_2}$ 是 $\boldsymbol{X}_2$ 的基，依次类推。令

$$\boldsymbol{P}^{-1}=[\boldsymbol{q}_1\quad \boldsymbol{q}_2\quad \cdots\quad \boldsymbol{q}_n]$$

作变换 $\bar{\boldsymbol{x}}=\boldsymbol{P}\boldsymbol{x}$,在这样的等价变换下,式(2.5.1)就可变换为式(2.5.7)的形式。

现在来看在基组 $\boldsymbol{q}_1,\boldsymbol{q}_2,\cdots,\boldsymbol{q}_n$ 下矩阵 $\boldsymbol{A}$ 的表现。因为 $\boldsymbol{X}_1$ 属于 $\boldsymbol{A}$ 的不变子空间 $\langle \boldsymbol{A}|\boldsymbol{B}\rangle$,所以 $\boldsymbol{A}\boldsymbol{q}_i(i=1,2,\cdots,k_1)$ 仍属于 $\langle \boldsymbol{A}|\boldsymbol{B}\rangle$,可用 $\boldsymbol{q}_1,\boldsymbol{q}_2,\cdots,\boldsymbol{q}_{k_1+k_2}$ 线性表示。$\boldsymbol{X}_2$ 是 $\boldsymbol{A}$ 的不变子空间,所以 $\boldsymbol{A}\boldsymbol{q}_i(i=k_1+1,\cdots,k_1+k_2)$ 仍属于 $\boldsymbol{X}_2$,可用 $\boldsymbol{q}_{k_1+1},\cdots,\boldsymbol{q}_{k_1+k_2}$ 线性表示。$\boldsymbol{X}_4$ 属于 $\boldsymbol{A}$ 的不变子空间 $\boldsymbol{\eta}$,所以 $\boldsymbol{A}\boldsymbol{q}_i(i=k_1+k_2+k_3+1,\cdots,n)$ 仍属于 $\boldsymbol{\eta}$,可用 $\boldsymbol{q}_{k_1+1},\cdots,\boldsymbol{q}_{k_1+k_2}$,$\boldsymbol{q}_{k_1+k_2+k_3+1},\cdots,\boldsymbol{q}_n$ 线性表示。而 $\boldsymbol{X}_3$ 没有什么特殊性,故 $\boldsymbol{A}\boldsymbol{q}_i(i=k_1+k_2+1,\cdots,k_1+k_2+k_3)$ 一般应由 $\boldsymbol{q}_1,\boldsymbol{q}_2,\cdots,\boldsymbol{q}_n$ 线性表示。由

$$\boldsymbol{A}[\boldsymbol{q}_1\quad \boldsymbol{q}_2\quad \cdots\quad \boldsymbol{q}_n]=[\boldsymbol{q}_1\quad \boldsymbol{q}_2\quad \cdots\quad \boldsymbol{q}_n]\bar{\boldsymbol{A}}$$

可得 $\bar{\boldsymbol{A}}$ 具有式(2.5.6)的形式,其中 $\bar{\boldsymbol{A}}_{11}$、$\bar{\boldsymbol{A}}_{22}$、$\bar{\boldsymbol{A}}_{33}$ 和 $\bar{\boldsymbol{A}}_{44}$ 分别为 k_1、k_2、k_3 和 k_4 维方阵,而 $\bar{\boldsymbol{A}}_{13}$、$\bar{\boldsymbol{A}}_{21}$、$\bar{\boldsymbol{A}}_{23}$、$\bar{\boldsymbol{A}}_{24}$ 和 $\bar{\boldsymbol{A}}_{43}$ 分别为适当维数的矩阵。

由于 $\boldsymbol{B}$ 的各列都在子空间 $\langle \boldsymbol{A}|\boldsymbol{B}\rangle$ 中,因此 $\boldsymbol{B}$ 的各列均可由 $\boldsymbol{q}_1,\boldsymbol{q}_2,\cdots,\boldsymbol{q}_{k_1+k_2}$ 线性表示:

$$\boldsymbol{B}=[\boldsymbol{q}_1\quad \boldsymbol{q}_2\quad \cdots\quad \boldsymbol{q}_{k_1+k_2}\quad \cdots\quad \boldsymbol{q}_n]\begin{bmatrix}\bar{\boldsymbol{B}}_1\\ \bar{\boldsymbol{B}}_2\\ \boldsymbol{0}\\ \boldsymbol{0}\end{bmatrix}\begin{matrix}\}k_1\text{ 行}\\ \}k_2\text{ 行}\\ \\ \\ \end{matrix}$$

又由于 $\boldsymbol{\eta}\subset\mathrm{Ker}\,\boldsymbol{C}$,所以 $\boldsymbol{\eta}$ 中的每一个元都在 $\boldsymbol{C}$ 的核中,因此

$$\bar{\boldsymbol{C}}=\boldsymbol{C}\boldsymbol{P}^{-1}=\boldsymbol{C}[\boldsymbol{q}_1\quad \boldsymbol{q}_2\quad \cdots\quad \boldsymbol{q}_n]=[\underbrace{\bar{\boldsymbol{C}}_1}_{k_1\text{列}}\quad \boldsymbol{0}\quad \underbrace{\bar{\boldsymbol{C}}_3}_{k_3\text{列}}\quad \boldsymbol{0}]$$

以上证明了在等价变换 $\bar{\boldsymbol{x}}=\boldsymbol{P}\boldsymbol{x}$ 下,式(2.5.1)确实可化为式(2.5.4)的形式。为了证明定理的其余部分,首先给出一个具有下列形式的矩阵:

$$\begin{bmatrix}\times & \boldsymbol{0} & \times & \boldsymbol{0}\\ \times & \times & \times & \times\\ \boldsymbol{0} & \boldsymbol{0} & \times & \boldsymbol{0}\\ \boldsymbol{0} & \boldsymbol{0} & \times & \times\end{bmatrix}\tag{2.5.8}$$

它进行乘幂或求逆运算后仍保持有式(2.5.8)的形式,即原来零块所在的位置仍然是零块,而且对角线上的矩阵块就是原来对角线矩阵块的乘幂或逆。

然后计算式(2.5.6)的可控性矩阵和可观测性矩阵,根据上述性质可知

$$\bar{\boldsymbol{U}}=[\bar{\boldsymbol{B}}\quad \bar{\boldsymbol{A}}\bar{\boldsymbol{B}}\quad \cdots\quad \bar{\boldsymbol{A}}^{n-1}\bar{\boldsymbol{B}}]=\begin{bmatrix}\bar{\boldsymbol{B}}_1 & \bar{\boldsymbol{A}}_{11}\bar{\boldsymbol{B}}_1 & \bar{\boldsymbol{A}}_{11}^2\bar{\boldsymbol{B}}_1 & \cdots\\ \bar{\boldsymbol{B}}_2 & \bar{\boldsymbol{A}}_{21}\bar{\boldsymbol{B}}_2 & \bar{\boldsymbol{A}}_{21}^2\bar{\boldsymbol{B}}_2 & \cdots\\ \boldsymbol{0} & \boldsymbol{0} & \cdots & \boldsymbol{0}\\ \boldsymbol{0} & \boldsymbol{0} & \cdots & \boldsymbol{0}\end{bmatrix}\begin{matrix}\}k_1\\ \}k_2\\ \\ \\ \end{matrix}$$

$$\bar{V}=\begin{bmatrix}\bar{C}\\ \bar{C}\bar{A}\\ \vdots\\ \bar{C}\bar{A}^{n-1}\end{bmatrix}=\begin{bmatrix}\bar{C}_1 & 0 & \bar{C}_3 & 0\\ \bar{C}_1\bar{A}_{11} & 0 & \bar{C}_1\bar{A}_{13}+\bar{C}_3\bar{A}_{33} & 0\\ \vdots & \vdots & \vdots & \vdots\\ & 0 & & 0\end{bmatrix}$$

$$\underbrace{\qquad}_{k_1}\qquad\qquad\underbrace{\qquad\qquad}_{k_3}$$

由于 rank $\bar{U}=k_1+k_2=n_1$，rank $\bar{V}=k_1+k_3=n_2$，故可知 $\bar{U}$ 的前 k_1 行线性无关，$\bar{V}$ 的前 k_1 列线性无关，即

$$\text{rank}[\bar{B}_1 \quad \bar{A}_{11}\bar{B}_1 \quad \cdots \quad \bar{A}_{11}^{n-1}\bar{B}_1]=k_1$$

$$\text{rank}\begin{bmatrix}\bar{C}_1\\ \bar{C}_1\bar{A}_{11}\\ \vdots\\ \bar{C}_1\bar{A}_{11}^{n-1}\end{bmatrix}=k_1$$

因为 $\bar{A}_{11}^{l}\bar{B}_1(l\geqslant k_1)$ 的各列均可由 $\bar{B}_1,\bar{A}_{11}\bar{B}_1,\cdots,\bar{A}_{11}^{k_1-1}\bar{B}_1$ 的各列线性表示出；$\bar{C}_1\bar{A}_{11}^{l}(l\geqslant k_1)$ 的各行可由 $\bar{C}_1,\bar{C}_1\bar{A}_{11},\cdots,\bar{C}_1\bar{A}_{11}^{k_1-1}$ 的各行线性表示出，故可知

$$\text{rank}[\bar{B}_1 \quad \bar{A}_{11}\bar{B}_1 \quad \cdots \quad \bar{A}_{11}^{k_1-1}\bar{B}_1]=k_1$$

$$\text{rank}\begin{bmatrix}\bar{C}_1\\ \bar{C}_1\bar{A}_{11}\\ \vdots\\ \bar{C}_1\bar{A}_{11}^{k_1-1}\end{bmatrix}=k_1$$

即式(2.5.7)是可控、可观测的。

下面计算式(2.5.6)的传递函数阵，这里将用到式(2.5.8)形式的矩阵求逆运算的性质。

$$[\bar{C}_1 \quad 0 \quad \bar{C}_3 \quad 0]\begin{bmatrix}sI-A_{11} & 0 & -\bar{A}_{13} & 0\\ -\bar{A}_{21} & sI-\bar{A}_{22} & -\bar{A}_{23} & -\bar{A}_{24}\\ 0 & 0 & sI-\bar{A}_{33} & 0\\ 0 & 0 & -\bar{A}_{43} & sI-\bar{A}_{44}\end{bmatrix}^{-1}\begin{bmatrix}\bar{B}_1\\ \bar{B}_2\\ 0\\ 0\end{bmatrix}+D$$

$$=[\bar{C}_1 \quad 0 \quad \bar{C}_3 \quad 0]\begin{bmatrix}(sI-A_{11})^{-1} & 0 & \times & 0\\ \times & \times & \times & \times\\ 0 & 0 & \times & 0\\ 0 & 0 & \times & \times\end{bmatrix}\begin{bmatrix}\bar{B}_1\\ \bar{B}_2\\ 0\\ 0\end{bmatrix}+D$$

$$=[\bar{C}_1 \quad 0 \quad \bar{C}_3 \quad 0]\begin{bmatrix}(sI-A_{11})^{-1}\bar{B}_1\\ \times\\ 0\\ 0\end{bmatrix}+D$$

$$=\bar{C}_1(sI-A_{11})^{-1}\bar{B}_1+D$$

最后的结果正是式(2.5.7)所对应的传递函数阵。定理 2-16 证毕。

经过等价变换后得到的动态方程式(2.5.6)可用图 2-7 表示。图中虚线上部表示子方程(2.5.7),它是系统(2.5.6)中可控、可观测的部分,虚线以下的其他部分或者是可观测、不可控的,或者是可控、不可观测的,或者是不可控、不可观测的部分。定理 2-16 说明,若一个线性时不变系统不可控、不可观测时,必存在一个等价变换,将系统分成如图 2-7 的四个部分。这就是所谓线性时不变系统的标准结构分解。

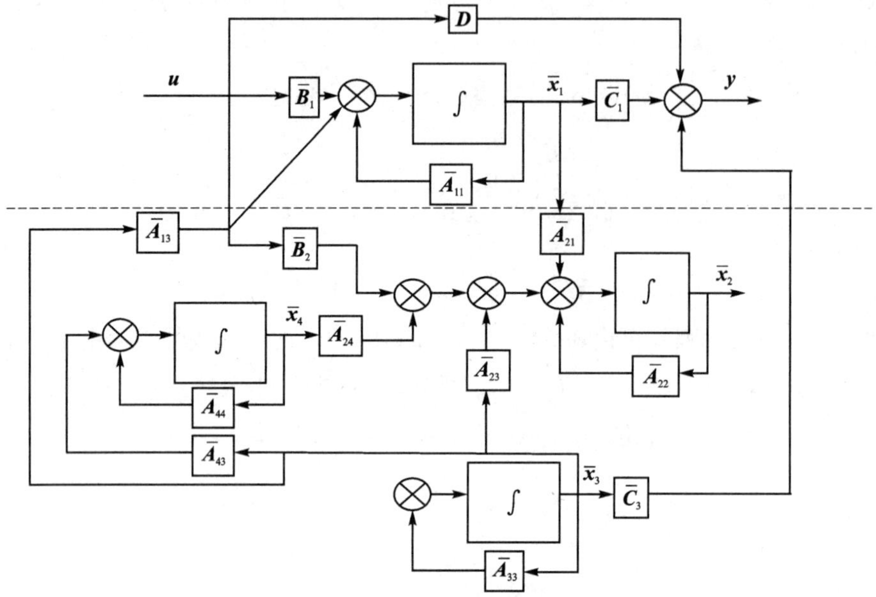

图 2-7 标准结构分解

定理 2-16 还表明,动态方程的传递函数矩阵仅仅取决于方程的可控、可观测的部分。换句话说,传递函数矩阵(输入/输出描述)仅仅描述了系统的可控、可观测部分的特性。这是输入/输出描述和状态变量描述之间最重要的关系。输入/输出描述(传递函数的描述)在某些时候之所以不能够完全描述系统,其原因就在于系统中的不可控或不可观测部分不出现在传递函数中。而这些不出现的传递函数矩阵中的部分状态行为,不可避免地要影响系统的稳定性和品质,这是我们在系统设计中要特别注意的(参看习题 2-24)。

例 2-16 设单输入单输出系统动态方程如下:

$$\dot{x}=\begin{bmatrix}1&0&0&0\\0&2&0&0\\-6&-2&3&0\\-3&-2&0&4\end{bmatrix}x+\begin{bmatrix}1\\0\\3\\2\end{bmatrix}u$$

$$y=[-4\quad -3\quad 1\quad 1]x$$

根据前述定义,求出空间 X_1、X_2、X_3、X_4 中向量的一般形式,并选取等价变换 $\bar{x}=Px$,将方程化为式(2.5.6)的形式。

为此,先计算出$\langle A|B\rangle$和 η(见习题 2-23),可得

$$\langle \boldsymbol{A} \mid \boldsymbol{B} \rangle = \operatorname{span}\left(\begin{bmatrix}1\\0\\3\\2\end{bmatrix}, \begin{bmatrix}1\\0\\3\\5\end{bmatrix}\right), \quad \boldsymbol{\eta} = \operatorname{span}\left(\begin{bmatrix}1\\0\\3\\1\end{bmatrix}, \begin{bmatrix}0\\1\\2\\1\end{bmatrix}\right)$$

因此有

$$\boldsymbol{X}_2 = \boldsymbol{\eta} \cap \langle \boldsymbol{A} \mid \boldsymbol{B} \rangle = \operatorname{span}\begin{bmatrix}1\\0\\3\\1\end{bmatrix}, \quad \boldsymbol{X}_1 = \operatorname{span}\begin{bmatrix}0\\0\\0\\1\end{bmatrix}$$

$$\boldsymbol{X}_4 = \operatorname{span}\begin{bmatrix}1\\-1\\1\\0\end{bmatrix}, \quad \boldsymbol{X}_3 = \operatorname{span}\begin{bmatrix}3\\2\\-1\\0\end{bmatrix}$$

$$\boldsymbol{P}^{-1} = \begin{bmatrix}0 & 1 & 3 & 1\\0 & 0 & 2 & -1\\0 & 3 & -1 & 1\\1 & 1 & 0 & 0\end{bmatrix}, \quad \boldsymbol{P} = \frac{1}{14}\begin{bmatrix}1 & -4 & -5 & 14\\-1 & 4 & 5 & 0\\3 & 2 & -1 & 0\\6 & -10 & -2 & 0\end{bmatrix}$$

$$\bar{\boldsymbol{A}} = \boldsymbol{PAP}^{-1} = \begin{bmatrix}4 & 0 & 5 & 0\\0 & 1 & 8 & -1\\0 & 0 & 3 & 0\\0 & 0 & 2 & 2\end{bmatrix}, \quad \bar{\boldsymbol{B}} = \boldsymbol{PB} = \begin{bmatrix}1\\1\\0\\0\end{bmatrix}$$

$$\bar{\boldsymbol{C}} = \boldsymbol{CP}^{-1} = [1 \quad 0 \quad -19 \quad 0]$$

显然 $\boldsymbol{P}$ 阵的选取不是唯一的，因此 $\boldsymbol{A}$、$\boldsymbol{B}$、$\boldsymbol{C}$ 的标准形式不是唯一的。读者可另选 $\boldsymbol{P}$ 阵作为练习。

2.5.4　不可简约的动态方程

由定理 2-14 和定理 2-15 可以看出，若线性时不变动态方程不可控或不可观测，则存在与原方程有相同传递函数矩阵而维数较低的方程。换言之，若线性时不变动态方程不可控或不可观测，则其维数可以降低，而且降低了维数的方程仍具有与原方程相同的传递函数矩阵。

定义 2-9　线性时不变动态方程称为可以简约的，当且仅当存在一个与之零状态等价且维数较低的线性时不变动态方程。否则，则称动态方程是不可简约的。

因为对于不可简约的动态方程，不存在维数更低的与之零状态等价的动态方程，所以不可简约的动态方程又称为最小阶动态方程。

定理 2-17　线性时不变动态方程是不可简约的，当且仅当该动态方程是可控且可观测的。

证明： 设动态方程

$$\begin{cases}\dot{\boldsymbol{x}} = \boldsymbol{Ax} + \boldsymbol{Bu}\\ \boldsymbol{y} = \boldsymbol{Cx} + \boldsymbol{Du}\end{cases} \tag{2.5.9}$$

是不可控或不可观测的，则由定理 2-14 和定理 2-15 可知，式(2.5.9)可以简约。因此，只要证明若式(2.5.9)可控且可观测,则式(2.5.9)为不可简约的。用反证法证明,设 n 维动态方程(2.5.9)可控且可观测,但存在一个维数为 $n_1<n$ 的线性时不变动态方程

$$\begin{cases}\dot{\bar{x}}=\bar{A}\bar{x}+\bar{B}u\\ y=\bar{C}\bar{x}+\bar{D}u\end{cases} \tag{2.5.10}$$

与式(2.5.9)零状态等价。于是,由零状态等价的定义,对于$[0,+\infty)$中所有的 t

$$Ce^{At}B+D\delta(t)=\bar{C}e^{\bar{A}t}\bar{B}+\bar{D}\delta(t) \tag{2.5.11}$$

即有

$$CA^kB=\bar{C}\bar{A}^k\bar{B},\quad k=0,1,2,\cdots$$

现考虑乘积

$$VU=\begin{bmatrix}C\\CA\\\vdots\\CA^{n-1}\end{bmatrix}\begin{bmatrix}B & AB & \cdots & A^{n-1}B\end{bmatrix}=\begin{bmatrix}CB & CAB & \cdots & CA^{n-1}B\\CAB & CA^2B & \cdots & CA^nB\\\vdots & \vdots & & \vdots\\CA^{n-1}B & CA^nB & \cdots & CA^{2(n-1)}B\end{bmatrix} \tag{2.5.12}$$

根据式(2.5.11),用 $\bar{C}\bar{A}^k\bar{B}$ 代替式(2.5.12)中的 CA^kB,得

$$VU=\bar{V}_{n-1}\bar{U}_{n-1}$$

因为式(2.5.9)可控且可观测,故 $\operatorname{rank} VU=n$,由上式可知 $\operatorname{rank}\bar{V}_{n-1}\bar{U}_{n-1}=n>n_1$,这和 $\bar{V}_{n-1}$,$\bar{U}_{n-1}$ 的秩最多是 n_1 矛盾,表明若式(2.5.9)是可控且可观测的,则式(2.5.9)必是不可简约的。

在第1章1.4节曾经提到,若动态方程(A,B,C,D)具有一指定的传递函数矩阵 $G(s)$,则称动态方程(A,B,C,D)是 $G(s)$的实现。现在,若(A,B,C,D)是 $G(s)$可控且可观测的实现,则称它为 $G(s)$的不可简约的实现或最小阶实现。显然,定理1-8证明中给出的构造实现的方法不能直接得到最小阶实现。但是,按照构造出的实现,运用定理2-14、定理2-15或定理2-16进行分解,总可以得到 $G(s)$的最小阶实现。下面来证明 $G(s)$的所有最小阶实现是等价的。

定理 2-18 设动态方程(A,B,C,D)是 $q\times p$ 正则有理矩阵 $G(s)$的不可简约实现,则$(\bar{A},\bar{B},\bar{C},\bar{D})$也是 $G(s)$的不可简约实现,必要且只要(A,B,C,D)和$(\bar{A},\bar{B},\bar{C},\bar{D})$等价,即存在一个非奇异常量矩阵 P,使得 $\bar{A}=PAP^{-1}$,$\bar{B}=PB$,$\bar{C}=CP^{-1}$ 和 $\bar{D}=D$。

证明: ① 充分性。直接由定理2-10可知,$(\bar{A},\bar{B},\bar{C},\bar{D})$也是可控且可观测的,由于等价变换保持传递函数矩阵不变,故$(\bar{A},\bar{B},\bar{C},\bar{D})$也是 $G(s)$的不可简约实现。

② 必要性。设 U 和 V 是(A,B,C,D)的可控性和可观测性矩阵,$\bar{U}$ 和 $\bar{V}$ 是$(\bar{A},\bar{B},\bar{C},\bar{D})$的可控性和可观测性矩阵。若$(A,B,C,D)$和$(\bar{A},\bar{B},\bar{C},\bar{D})$是同一 $G(s)$的实现,根据式(2.5.11)和式(2.5.12),有 $D=\bar{D}$ 且

$$VU=\bar{V}\bar{U} \tag{2.5.13}$$

$$VAU=\bar{V}\bar{A}\bar{U} \tag{2.5.14}$$

因为 V 列满秩,U 行满秩,故它们的伪逆存在且

$$V^{+}=(V^{*}V)^{-1}V^{*}$$

$$U^{+}=U^{*}(UU^{*})^{-1}$$

由式(2.5.12)可得

$$\boldsymbol{V}^{+}\bar{\boldsymbol{V}}\bar{\boldsymbol{U}}\boldsymbol{U}^{+}=\boldsymbol{I}$$

若令 $\boldsymbol{P}=\bar{\boldsymbol{U}}\boldsymbol{U}^{+}$，则有

$$\boldsymbol{P}^{-1}=\boldsymbol{V}^{+}\bar{\boldsymbol{V}} \tag{2.5.15}$$

下面证明矩阵 $\boldsymbol{P}$ 就是等价变换矩阵。由式(2.5.12)，可得

$$\bar{\boldsymbol{A}}=\boldsymbol{P}\boldsymbol{A}\boldsymbol{P}^{-1}$$

而

$$\boldsymbol{P}^{-1}\bar{\boldsymbol{B}}=\boldsymbol{V}^{+}\bar{\boldsymbol{V}}\bar{\boldsymbol{B}}=\boldsymbol{V}^{+}\begin{bmatrix}\bar{\boldsymbol{C}}\\ \bar{\boldsymbol{C}}\bar{\boldsymbol{A}}\\ \vdots\\ \bar{\boldsymbol{C}}\bar{\boldsymbol{A}}^{n-1}\end{bmatrix}\bar{\boldsymbol{B}}=\boldsymbol{V}^{+}\begin{bmatrix}\bar{\boldsymbol{C}}\bar{\boldsymbol{B}}\\ \bar{\boldsymbol{C}}\bar{\boldsymbol{A}}\bar{\boldsymbol{B}}\\ \vdots\\ \bar{\boldsymbol{C}}\bar{\boldsymbol{A}}^{n-1}\bar{\boldsymbol{B}}\end{bmatrix}=\boldsymbol{V}^{+}\begin{bmatrix}\boldsymbol{C}\boldsymbol{B}\\ \boldsymbol{C}\boldsymbol{A}\boldsymbol{B}\\ \vdots\\ \boldsymbol{C}\boldsymbol{A}^{n-1}\boldsymbol{B}\end{bmatrix}=\boldsymbol{V}^{+}\boldsymbol{V}\boldsymbol{B}=\boldsymbol{B}$$

上式即

$$\bar{\boldsymbol{B}}=\boldsymbol{P}\boldsymbol{B}$$

又

$$\begin{aligned}\bar{\boldsymbol{C}}\boldsymbol{P}&=\bar{\boldsymbol{C}}\bar{\boldsymbol{U}}\boldsymbol{U}^{+}=\bar{\boldsymbol{C}}[\bar{\boldsymbol{B}}\quad \bar{\boldsymbol{A}}\bar{\boldsymbol{B}}\quad \cdots\quad \bar{\boldsymbol{A}}^{n-1}\bar{\boldsymbol{B}}]\boldsymbol{U}^{+}=[\bar{\boldsymbol{C}}\bar{\boldsymbol{B}}\quad \bar{\boldsymbol{C}}\bar{\boldsymbol{A}}\bar{\boldsymbol{B}}\quad \cdots\quad \bar{\boldsymbol{C}}\bar{\boldsymbol{A}}^{n-1}\bar{\boldsymbol{B}}]\boldsymbol{U}^{+}\\&=[\boldsymbol{C}\boldsymbol{B}\quad \boldsymbol{C}\boldsymbol{A}\boldsymbol{B}\quad \cdots\quad \boldsymbol{C}\boldsymbol{A}^{n-1}\boldsymbol{B}]\boldsymbol{U}^{+}=\boldsymbol{C}\boldsymbol{U}\boldsymbol{U}^{+}=\boldsymbol{C}\end{aligned}$$

上式即

$$\bar{\boldsymbol{C}}=\boldsymbol{C}\boldsymbol{P}^{-1}$$

以上证明过程是构造性的，式(2.5.15)给出了等价变换矩阵的求法。

2.6　一致完全可控性与一致完全可观测性

所考虑的 n 维线性时变系统的方程为

$$\begin{cases}\dot{\boldsymbol{x}}=\boldsymbol{A}(t)\boldsymbol{x}+\boldsymbol{B}(t)\boldsymbol{u}\\ \boldsymbol{y}=\boldsymbol{C}(t)\boldsymbol{x}\end{cases} \tag{2.6.1}$$

式中，$\boldsymbol{u}$ 是 p 维输入向量；$\boldsymbol{y}$ 是 q 维输出向量；$\boldsymbol{A}(t)$、$\boldsymbol{B}(t)$和 $\boldsymbol{C}(t)$是相应维数的矩阵，并假定状态方程满足解存在和唯一性条件。对于这样一个时变系统，前面已经进行过一些讨论。但是和线性时不变系统相比，线性时变系统的状态可控性、可达性、可观测性、可重构性等和所研究的时刻有关，除了前面学习过的某一时刻的可控性、可达性、可观测性、可重构性外，更要关注系统对时间 t 是否具有一致性的问题。在时变系统的设计中，关于时间的一致性常是设计问题有解的条件。其次，在时变系统的研究中，时不变系统的很多方法一般不再适用，比如复数域的方法，所采取的完全是时域的方法。另外，由于时变系统的特征值和系统运动之间的联系不像时不变系统那样密切，在时不变系统中，特征值对应于系统运动的模式，而在时变系统中，为了分析系统运动，一般不能用特征值来分析其运动，而是用与系统运动关系密切的状态转移矩阵，这将在系统稳定性部分学习更多的细节。然而，求出时变系统的状态转移矩阵本身就是一件困难的事情。

本节主要是介绍一致完全可控性与一致完全可观测性的概念，为后续学习系统综合部分的状态反馈时变系统的极点配置及估计器设计等做铺垫。

对于时变系统(2.6.1),下面介绍一致完全可控和一致完全可观测的概念,它们对于最优控制和滤波问题解的存在性及稳定性来说都是非常重要的。

2.6.1 一致完全可控性的定义及判据

为了引入一致完全可控的概念,先回忆一下2.2节所阐明的可控性和可达性的概念,在定义2-3和定义2-4中,所要求的有限时间t_1和定义在$[t_0,t_1]$上的允许控制一般都是和t_0有关的,这点和时不变的情况大不相同,而且时变系统的可控性与可达性也不是像时变系统那样是等价的概念。我们希望定义一种"可控性",使得具有这种"可控性"的系统在以上所说的这些问题上类似于时不变系统,即使得时变的影响能相对小一些。另外,在最小能量消耗的控制中(参看习题2-8),需要完成任务的控制是$\boldsymbol{u}_{[t_0,t_1]}$,因为它与可控性矩阵的逆矩阵成"正比"关系,因此若可控性矩阵很"小",将导致控制很"大",而这是不希望看到的,故也希望在所定义的"可控性"中,对此也给出限制。

定义2-10 线性时变系统(2.6.1)称为一致完全可控的,如果存在$\sigma>0$以及与σ有关的正数$\alpha_i(\sigma)(i=1,2,3,4)$,使得对一切$t$有

$$\boldsymbol{0}<\alpha_1(\sigma)\boldsymbol{I}\leqslant\boldsymbol{W}(t,t+\sigma)\leqslant\alpha_2(\sigma)\boldsymbol{I} \tag{2.6.2}$$

$$\boldsymbol{0}<\alpha_3(\sigma)\boldsymbol{I}\leqslant\boldsymbol{\Phi}(t+\sigma,t)\boldsymbol{W}(t,t+\sigma)\boldsymbol{\Phi}^{\mathrm{T}}(t+\sigma,t)\leqslant\alpha_4(\sigma)\boldsymbol{I} \tag{2.6.3}$$

这里,$\boldsymbol{\Phi}(t_1,t_2)$为系统的状态转移矩阵;$\boldsymbol{W}(t,t+\sigma)$为系统的可控性矩阵,见式(2.1.3)。

这一定义可以保证,在时间定义域内任何时刻的状态转移均可在时间间隔σ内完成,而与时间的起点无关。这里所说的状态转移,包括了从t时刻的任何状态转移到$t+\sigma$时刻的零状态(可控),以及由$t-\sigma$时刻的零状态转移到t时刻的任意状态(可达),这两点分别由式(2.6.2)与式(2.6.3)所保证。实际上如用可达性矩阵的概念,式(2.6.3)可以写成

$$\boldsymbol{0}<\alpha_3(\sigma)\boldsymbol{I}\leqslant\boldsymbol{Y}(t-\sigma,t)\leqslant\alpha_4(\sigma)\boldsymbol{I} \tag{2.6.4}$$

其中,$\boldsymbol{Y}(t-\sigma,t)=\int_{t-\sigma}^{t}\boldsymbol{\Phi}(t,\tau)\boldsymbol{B}(\tau)\boldsymbol{B}^{\mathrm{T}}(\tau)\boldsymbol{\Phi}^{\mathrm{T}}(t,\tau)\mathrm{d}\tau$。所以定义中的一致完全可控性包含了对可控性的一致与对可达性的一致。事实上,式(2.6.2)实际上给出的是系统一致可控性,式(2.6.3)给出的是系统一致可达性,所以既一致可控又一致可达,即为一致完全可控性。另外在这一时间间隔$(t-\sigma,t)$内,$\boldsymbol{u}$可取的与时刻t无关,同时由于式(2.6.2)、式(2.6.3)给出了$\boldsymbol{W}(t,t+\sigma)$及$\boldsymbol{Y}(t-\sigma,t)$的上界与下界,这反映在进行控制时,$\boldsymbol{u}$的幅值受到了限制,从而消耗的能量也受到了限制,有它的上界与下界。因此式(2.6.2)、式(2.6.3)就可与系统自由项的衰减速度和最优控制的最优化指标发生一定的联系,可以利用$\alpha_i(\sigma)$来估计系统自由项衰减的速度以及估计最优化指标的数值。由此可见定义2-10中的$\alpha_i(\sigma)$是很有价值的量。

系统按定义2-1是可控的,但可以不是一致完全可控的。

例2-17 一维线性系统

$$\dot{x}=\mathrm{e}^{-|t|}u$$

该系统$M_0(t)=\mathrm{e}^{-|t|}$不等于零,按定义2-1该系统是可控的,但它不是一致完全可控的,因为对于$t>0$,使$\boldsymbol{W}(t,t+\sigma)=\int_{t}^{t+\sigma}\mathrm{e}^{-2t}\mathrm{d}t=0.5\mathrm{e}^{-2t}(1-\mathrm{e}^{-2\sigma})>\alpha(\sigma)$成立的$\alpha(\sigma)$不存在,因为当$t$充分大时,因子$\mathrm{e}^{-2t}$可任意地小。

例2-18 设一维线性系统$\dot{x}=b(t)u$,式中$b(t)$由图2-8所定义。

只要选择 $\sigma=5$ 就可证明在$(-\infty,+\infty)$内系统是一致完全可控的，当然也是可控的。

在应用一致完全可控定义时，要借助于可控性矩阵，而 $\boldsymbol{W}(t_0,t)$ 的计算又依赖于 $\boldsymbol{\Phi}(t_0,t)$，这对一般时变系统来说，仍然是比较复杂的。关于可控性矩阵有以下定理：

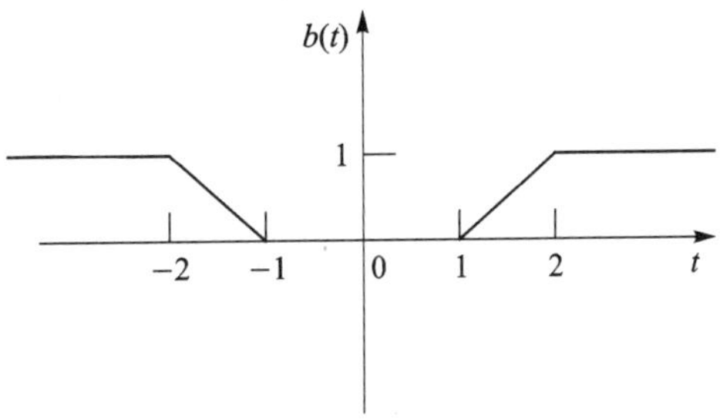

图 2-8　函数 $b(t)$的图形

定理 2-19　可控性矩阵 $\boldsymbol{W}(t_0,t)$具有以下性质：

① $\boldsymbol{W}(t_0,t)$是对称的；

② $\boldsymbol{W}(t_0,t_1)$对于 $t_1>t_0$ 是非负定的；

③ $\boldsymbol{W}(t_0,t)$满足线性矩阵微分方程：

$$\frac{\mathrm{d}}{\mathrm{d}t}\boldsymbol{W}(t,t_1)=\boldsymbol{A}(t)\boldsymbol{W}(t,t_1)+\boldsymbol{W}(t,t_1)\boldsymbol{A}^{\mathrm{T}}(t)-\boldsymbol{B}(t)\boldsymbol{B}^{\mathrm{T}}(t) \tag{2.6.5}$$

$$\boldsymbol{W}(t_1,t_1)=\boldsymbol{0}$$

④ $\boldsymbol{W}(t_0,t_1)$满足：

$$\boldsymbol{W}(t_0,t_1)=\boldsymbol{W}(t_0,t)+\boldsymbol{\Phi}(t_0,t)\boldsymbol{W}(t,t_1)\boldsymbol{\Phi}^{\mathrm{T}}(t_0,t) \tag{2.6.6}$$

证明：由于这些证明都很简单，所以作为习题留给读者思考(见习题 2-27)。

定理 2-20　若 $\boldsymbol{A}(t)$及 $\boldsymbol{B}(t)$有界，即存在 K 使得对任意的 t，均有

$$\|\boldsymbol{A}(t)\|<K,\quad \|\boldsymbol{B}(t)\|<K \tag{2.6.7}$$

则系统一致完全可控的充分必要条件为：存在 $\sigma>0$ 及 $\alpha_0(\sigma)$，使得对一切 t

$$\boldsymbol{0}<\alpha_0(\sigma)\boldsymbol{I}\leqslant\boldsymbol{W}(t,t+\sigma) \tag{2.6.8}$$

成立。

根据一致完全可控的定义，式(2.6.8)的必要性是显然成立的。要证明式(2.6.8)的充分性，只需要证明定义 2-10 中的另外三个不等式。为此，先证明两个引理：

引理 2-4　(Gronwall-Bellman 不等式)设 $u(t),v(t)\geqslant0$，而 $c>0$，若

$$u(t)\leqslant c+\int_0^t u(\tau)v(\tau)\mathrm{d}\tau,\quad \forall t\geqslant0 \tag{2.6.9}$$

则有

$$u(t)\leqslant c\mathrm{e}^{\int_0^t v(\tau)\mathrm{d}\tau},\quad \forall t\geqslant0 \tag{2.6.10}$$

证明：由式(2.6.9)可得

$$\frac{u(t)v(t)}{c+\int_0^t u(\tau)v(\tau)\mathrm{d}\tau}\leqslant v(t)$$

积分上式得

$$\int_0^t\frac{u(s)v(s)}{c+\int_0^s u(\tau)v(\tau)\mathrm{d}\tau}\mathrm{d}s\leqslant\int_0^t v(\tau)\mathrm{d}\tau$$

引入 $w(t)=c+\int_0^t u(\tau)v(\tau)\mathrm{d}\tau$，则有 $\mathrm{d}w=u(t)v(t)\mathrm{d}t$，$w(0)=c$，所以

$$\ln\left(c+\int_0^t u(\tau)v(\tau)\mathrm{d}\tau\right)-\ln c\leqslant\int_0^t v(\tau)\mathrm{d}\tau$$

即

$$c+\int_0^t u(\tau)v(\tau)\mathrm{d}\tau\leqslant c\mathrm{e}^{\int_0^t v(\tau)\mathrm{d}\tau}$$

再根据式(2.6.9)，显然式(2.6.10)成立。

引理 2-5 系统 $\dot{\boldsymbol{x}}=\boldsymbol{A}(t)\boldsymbol{x}$ 的矩阵 $\boldsymbol{A}(t)$ 有界，即存在 K，使得对一切 t 有 $\|\boldsymbol{A}(t)\|\leqslant K$ 成立，则其状态转移矩阵 $\boldsymbol{\Phi}(t+\sigma,t)$ 满足不等式：

$$\|\boldsymbol{\Phi}(t+\sigma,t)\|\leqslant\mathrm{e}^{K\sigma}\tag{2.6.11}$$

更一般地，对任意 s,t 均有 $\|\boldsymbol{\Phi}(t,s)\|\leqslant\mathrm{e}^{K|t-s|}$ 成立。

证明： 这里只证明式(2.6.11)。设 $t\geqslant\tau$，则有

$$\frac{\mathrm{d}}{\mathrm{d}t}\boldsymbol{\Phi}(t,\tau)=\boldsymbol{A}(t)\boldsymbol{\Phi}(t,\tau),\quad\boldsymbol{\Phi}(\tau,\tau)=\boldsymbol{I}$$

积分上式得到

$$\boldsymbol{\Phi}(t,\tau)=\boldsymbol{I}+\int_\tau^t\boldsymbol{A}(\rho)\boldsymbol{\Phi}(\rho,\tau)\mathrm{d}\rho$$

对上式进行估值

$$\|\boldsymbol{\Phi}(t,\tau)\|\leqslant 1+\int_\tau^t\|\boldsymbol{A}(\rho)\|\,\|\boldsymbol{\Phi}(\rho,\tau)\|\mathrm{d}\rho$$

应用引理 2-4 的结果，得

$$\|\boldsymbol{\Phi}(t+\sigma,t)\|\leqslant\exp\int_t^{t+\sigma}\|\boldsymbol{A}(\rho)\|\mathrm{d}\rho\leqslant\mathrm{e}^{K\sigma}$$

继续证明定理 2-20 的充分性，由

$$\begin{aligned}\|\boldsymbol{W}(t,t+\sigma)\|&\leqslant\int_t^{t+\sigma}\|\boldsymbol{\Phi}(t,\tau)\|^2\|\boldsymbol{B}(\tau)\|^2\mathrm{d}\tau\\&\leqslant K^2\int_t^{t+\sigma}\|\boldsymbol{\Phi}(t,\tau)\|^2\mathrm{d}\tau\end{aligned}$$

因为 $\|\boldsymbol{A}(t)\|<K$，由引理 2-5 可知，$\|\boldsymbol{\Phi}(t,\tau)\|\leqslant\mathrm{e}^{K(t-\tau)}$，所以

$$\|\boldsymbol{W}(t,t+\sigma)\|\leqslant K^2\int_t^{t+\sigma}\mathrm{e}^{2K(t-\tau)}\mathrm{d}\tau=\frac{K}{2}(1-\mathrm{e}^{-2K\sigma})=\alpha_1(\sigma)$$

即

$$\boldsymbol{W}(t,t+\sigma)\leqslant\alpha_1(\sigma)\boldsymbol{I}$$

上式与式(2.6.8)表明式(2.6.2)成立。再证式(2.6.3)也成立，因为 $\boldsymbol{W}(t,t+\sigma)\geqslant\alpha_0(\sigma)\boldsymbol{I}>\boldsymbol{0}$ 且 $\boldsymbol{W}(t,t+\sigma)$ 和 $\alpha_0(\sigma)\boldsymbol{I}$ 均为正定对称阵，故

$$\boldsymbol{W}^{-1}(t,t+\sigma)\leqslant\frac{1}{\alpha_0(\sigma)}\boldsymbol{I}$$

因为 $\boldsymbol{\Phi}(t,t+\sigma)$ 非奇异，可得

$$\boldsymbol{\Phi}^{\mathrm{T}}(t,t+\sigma)\boldsymbol{W}^{-1}(t,t+\sigma)\boldsymbol{\Phi}(t,t+\sigma)\leqslant\frac{1}{\alpha_0(\sigma)}\boldsymbol{\Phi}^{\mathrm{T}}(t,t+\sigma)\boldsymbol{\Phi}(t,t+\sigma)$$

已知 $\|\boldsymbol{\Phi}(t,t+\sigma)\|=\|\boldsymbol{\Phi}^{\mathrm{T}}(t,t+\sigma)\|\leqslant\mathrm{e}^{K\sigma}$，所以

$$\|\boldsymbol{\Phi}^{\mathrm{T}}(t,t+\sigma)\boldsymbol{W}^{-1}(t,t+\sigma)\boldsymbol{\Phi}(t,t+\sigma)\|\leqslant\frac{1}{\alpha_0(\sigma)}\mathrm{e}^{2K\sigma}=\frac{1}{\alpha_3(\sigma)}$$

$$\boldsymbol{\Phi}^{\mathrm{T}}(t,t+\sigma)\boldsymbol{W}^{-1}(t,t+\sigma)\boldsymbol{\Phi}(t,t+\sigma) \leqslant \frac{1}{\alpha_3(\sigma)}\boldsymbol{I}$$

$$\boldsymbol{\Phi}(t+\sigma,t)\boldsymbol{W}(t,t+\sigma)\boldsymbol{\Phi}^{\mathrm{T}}(t+\sigma,t) \geqslant \alpha_3(\sigma)\boldsymbol{I}$$

这里利用了关系式 $\boldsymbol{\Phi}^{-1}(t,t+\sigma)=\boldsymbol{\Phi}(t+\sigma,t)$，最后有

$$\begin{aligned}\|\boldsymbol{\Phi}(t+\sigma,t)\boldsymbol{W}(t,t+\sigma)\boldsymbol{\Phi}^{\mathrm{T}}(t+\sigma,t)\| &\leqslant \|\boldsymbol{\Phi}(t+\sigma,t)\|^2\|\boldsymbol{W}(t,t+\sigma)\| \\ &\leqslant \mathrm{e}^{2K\sigma}\alpha_1(\sigma)=\alpha_4(\sigma)\end{aligned}$$

$$\boldsymbol{\Phi}(t+\sigma,t)\boldsymbol{W}(t,t+\sigma)\boldsymbol{\Phi}^{\mathrm{T}}(t+\sigma,t) \leqslant \alpha_4(\sigma)\boldsymbol{I}$$

定义 2－10 中的式(2.6.2)、式(2.6.3)均成立，定理 2－20 充分性证毕。

特别指出，定理 2－20 中的有界条件对于得出定理结论是必不可少的。举例如下：

例 2－19　考虑一维系统

$$\dot{x}=3t^2x+\sqrt{6}tu$$

取 $\sigma=1$ 时的可控性矩阵是

$$\boldsymbol{W}(t,t+1)=1-\exp[-6t^2-6t-2]$$

因为对于所有的 t 均有

$$1-\mathrm{e}^{-1/2} \leqslant \boldsymbol{W}(t,t+1) \leqslant 1$$

因此式(2.6.2)成立，但是

$$\boldsymbol{Y}(t-\sigma,t)=\exp[6\sigma t^2-6\sigma^2 t+2\sigma^3]-1$$

对于任何的 $\sigma>0$，式(2.6.3)不可能成立，因此该系统不是一致完全可控的。实际上一致完全可控性的概念中包含有对完全可控性的一致性与对完全可达性的一致性，该例题说明该系统对于可控性有一致性，但对可达性无一致性，因此不是一致完全可控的。定理 2－20 说明在有界的条件下，对可控性具有一致性即对可达性也具有一致性，因此系统是一致完全可控的。

2.6.2　一致完全可观测的定义和判据

和一致完全可控的定义对应的有一致完全可观测性。

定义 2－11　线性时变系统(2.6.1)称为一致完全可观测的，如果存在 $\sigma>0$，及 $\beta_i(\sigma)(i=1,2,3,4)$，使得对于一切的 t 有

$$\mathbf{0}<\beta_1(\sigma)\boldsymbol{I} \leqslant \boldsymbol{V}(t,t+\sigma) \leqslant \beta_2(\sigma)\boldsymbol{I} \tag{2.6.12}$$

$$\mathbf{0}<\beta_3(\sigma)\boldsymbol{I} \leqslant \boldsymbol{\Phi}^{\mathrm{T}}(t,t+\sigma)\boldsymbol{V}(t,t+\sigma)\boldsymbol{\Phi}(t,t+\sigma) \leqslant \beta_4(\sigma)\boldsymbol{I} \tag{2.6.13}$$

其中 $\boldsymbol{V}$ 为可观测性矩阵，定义如下

$$\boldsymbol{V}(t,t+\sigma)=\int_t^{t+\sigma}\boldsymbol{\Phi}^{\mathrm{T}}(\tau,t)\boldsymbol{C}^{\mathrm{T}}(\tau)\boldsymbol{C}(\tau)\boldsymbol{\Phi}(\tau,t)\mathrm{d}\tau \tag{2.6.14}$$

显然一致完全可观测的系统在时间定义域内的任意时刻 t 的一个区间 $[t,t+\sigma]$ 上都是可观测的，在 $[t-\sigma,t]$ 上都是可重构的。所以定义 2－11 中的一致完全可观测性包含了对可观测性的一致与对可重构性的一致。事实上，式(2.6.12)给出的是系统一致可观测性，式(2.6.13)给出的是系统一致可重构性，所以既具有一致可观测性又具有一致可重构性等价为具有一致完全可观测性。同时根据一致完全可观测性的定义可知，$\boldsymbol{V}(t,t+\sigma)$ 及 $\boldsymbol{\Phi}^{\mathrm{T}}(t,t+\sigma)\boldsymbol{V}(t,t+\sigma)\boldsymbol{\Phi}(t,t+\sigma)$ 有上界与下界，这种有界性在讨论最优估计和对估计误差进行判断时是十分有用的。

定理 2－21　可观测性矩阵(2.6.14)具有以下性质：

① $\boldsymbol{V}(t_0,t_1)$是对称的；

② $\boldsymbol{V}(t_0,t_1)$对于 $t_1>t_0$ 是非负定的；

③ $\boldsymbol{V}(t_0,t_1)$满足线性矩阵微分方程：

$$\frac{\mathrm{d}\boldsymbol{V}(t,t_1)}{\mathrm{d}t}=-\boldsymbol{A}^{\mathrm{T}}(t)\boldsymbol{V}(t,t_1)-\boldsymbol{V}(t,t_1)\boldsymbol{A}(t)-\boldsymbol{C}^{\mathrm{T}}(t)\boldsymbol{C}(t) \tag{2.6.15}$$

$$\boldsymbol{V}(t_1,t_1)=0$$

④ $\boldsymbol{V}(t_0,t_1)$满足：

$$\boldsymbol{V}(t_0,t_1)=\boldsymbol{V}(t_0,t)+\boldsymbol{\Phi}^{\mathrm{T}}(t,t_0)\boldsymbol{V}(t,t_1)\boldsymbol{\Phi}(t,t_0) \tag{2.6.16}$$

定理 2-22 若存在 K，使对任意的 t 有

$$\|\boldsymbol{A}(t)\|<K,\quad \|\boldsymbol{C}(t)\|<K \tag{2.6.17}$$

则系统一致完全可观测的充分必要条件为：存在 $\sigma>0$ 及 $\beta_0(\sigma)$，使得对一切 t

$$\boldsymbol{0}<\beta_0(\sigma)\boldsymbol{I}\leqslant\boldsymbol{V}(t,t+\sigma) \tag{2.6.18}$$

成立。

证明： 必要性显然成立。充分性证明如下：

$$\begin{aligned}\|\boldsymbol{V}(t,t+\sigma)\| &= \left\|\int_t^{t+\sigma}\boldsymbol{\Phi}^{\mathrm{T}}(\tau,t)\boldsymbol{C}^{\mathrm{T}}(\tau)\boldsymbol{C}(\tau)\boldsymbol{\Phi}(\tau,t)\mathrm{d}\tau\right\| \\ &\leqslant\int_t^{t+\sigma}\|\boldsymbol{\Phi}(\tau,t)\|^2\|\boldsymbol{C}(\tau)\|^2\mathrm{d}\tau \\ &\leqslant K^2\int_t^{t+\sigma}\|\boldsymbol{\Phi}(\tau,t)\|^2\mathrm{d}\tau \\ &\leqslant K^2\int_t^{t+\sigma}(\mathrm{e}^{K(\tau-t)})^2\mathrm{d}\tau \\ &=K^2\int_t^{t+\sigma}\mathrm{e}^{2K(\tau-t)}\mathrm{d}\tau \\ &=\frac{K}{2}(\mathrm{e}^{2K\sigma}-1)\end{aligned}$$

取 $\beta_2(\sigma)=\dfrac{K}{2}(\mathrm{e}^{2K\sigma}-1)>0$，从而就有

$$\boldsymbol{V}(t,t+\sigma)\leqslant\beta_2(\sigma)\boldsymbol{I}$$

上式与式(2.6.18)表明式(2.6.12)成立。再证式(2.6.13)亦成立，因为

$$\begin{aligned}\|\boldsymbol{\Phi}^{\mathrm{T}}(t,t+\sigma)\boldsymbol{V}(t,t+\sigma)\boldsymbol{\Phi}(t,t+\sigma)\| &\leqslant\|\boldsymbol{\Phi}(t,t+\sigma)\|^2\|\boldsymbol{V}(t,t+\sigma)\| \\ &\leqslant\mathrm{e}^{-2K\sigma}\frac{K}{2}(\mathrm{e}^{2K\sigma}-1) \\ &=\frac{K}{2}(1-\mathrm{e}^{-2K\sigma}) \\ &=\beta_4(\sigma)\end{aligned}$$

所以

$$\boldsymbol{\Phi}^{\mathrm{T}}(t,t+\sigma)\boldsymbol{V}(t,t+\sigma)\boldsymbol{\Phi}(t,t+\sigma)\leqslant\beta_4(\sigma)\boldsymbol{I}$$

又因为 $\boldsymbol{V}^{-1}(t,t+\sigma)\leqslant(1/\beta_0(\sigma))\boldsymbol{I}$，故可得

$$\|\boldsymbol{\Phi}(t+\sigma,t)\boldsymbol{V}^{-1}(t,t+\sigma)\boldsymbol{\Phi}^{\mathrm{T}}(t+\sigma,t)\|\leqslant\mathrm{e}^{2K\sigma}/\beta_0(\sigma)=1/\beta_3(\sigma)$$

$$\boldsymbol{\Phi}(t+\sigma,t)\boldsymbol{V}^{-1}(t,t+\sigma)\boldsymbol{\Phi}^{\mathrm{T}}(t+\sigma,t)\leqslant(1/\beta_3(\sigma))\boldsymbol{I}$$

$$\boldsymbol{\Phi}^{\mathrm{T}}(t,t+\sigma)\boldsymbol{V}(t,t+\sigma)\boldsymbol{\Phi}(t,t+\sigma)\geqslant\beta_3(\sigma)\boldsymbol{I}$$

定义 2-11 中的式(2.6.12)和式(2.6.13)均成立,定理的充分性证毕。

小　结

本章介绍了可控性和可观测性的概念,并推导了判断线性动态方程是否具有可控和可观测性的各种定理。定理 2-6 讨论了关于可控性与可观测性定理之间的对偶关系,介绍了线性系统可控性判别结论,基于此,有关可观测性的定理,容易用对偶定理 2-6 从可控性相应的定理推出,反之亦然。

以时间为变量的向量值函数组线性无关的概念是本章可控可观测性判别结论的主要基础。基于函数组线性无关性,定理 2-1 给出了可控性的充分必要性条件。基于判别函数组线性无关性的充分条件,在推导定理 2-1 时附加了连续可微性的假定,以便于应用,在这个定理的基础上,得到了定理 2-3。定理 2-3 是直接由定理 2-1 导出的,它给出了线性时不变动态方程可控的充分必要条件。关于若当型动态方程的定理 2-11,则可由定理 2-3 很容易得出。

本章还研究了可控子空间和不可观测子空间的基础上,将动态方程分解为既可控又可观测、可控不可观测、不可控可观测及既不可控又不可观测四部分,探讨了系统的传递函数矩阵描述和状态空间描述的关系,从而得到了一个重要的结论:传递函数矩阵仅仅取决于方程的可控可观测的部分。如果系统是不可控或者不可观测的,那么传递函数矩阵就不足以完全描述系统。

定理 2-17 和定理 2-18 指出了有理函数矩阵 $\boldsymbol{G}(s)$ 的最小阶实现的性质,如何直接寻找 $\boldsymbol{G}(s)$ 的最小阶实现的问题将在第 3 章中讨论。

本章最后一节介绍了线性时变系统的一致完全可控性与一致完全可观测性,并给出了判别线性时变系统的一致完全可控性与一致完全可观测性的充分必要条件。

习　题

2-1　证明"系统是可达的充分必要性条件"的结论。

2-2　证明当且仅当对于任何 $\boldsymbol{x}(t_0)$ 和 $\boldsymbol{x}^1$,存在有限时间 $t_1>t_0$ 和一个输入 $\boldsymbol{u}_{[t_0,t_1]}$,能在 t_1 时刻将状态 $\boldsymbol{x}(t_0)$ 转移到 $\boldsymbol{x}(t_1)=\boldsymbol{x}^1$,则线性动态方程在 t_0 时刻可控。

2-3　检验下列动态方程的可控性和可观测性:

① $\dot{\boldsymbol{x}}=\begin{bmatrix}0&1&0\\0&0&1\\-1&3&-3\end{bmatrix}\boldsymbol{x}+\begin{bmatrix}0&1\\0&0\\1&-1\end{bmatrix}\boldsymbol{u},\ \boldsymbol{y}=\begin{bmatrix}0&0&1\\1&2&1\end{bmatrix}\boldsymbol{x}$

② $\dot{\boldsymbol{x}}=\begin{bmatrix}1&1&0\\0&1&0\\0&0&1\end{bmatrix}\boldsymbol{x}+\begin{bmatrix}1&0\\0&1\\1&0\end{bmatrix}\boldsymbol{u},\ \boldsymbol{y}=\begin{bmatrix}1&0&1\end{bmatrix}\boldsymbol{x}$

③ $\dot{\boldsymbol{x}}=\begin{bmatrix}-1&t\\0&-1\end{bmatrix}\boldsymbol{x}+\begin{bmatrix}\mathrm{e}^{-t}\\\mathrm{e}^{-t}\end{bmatrix}\boldsymbol{u},\ \boldsymbol{y}=\begin{bmatrix}\mathrm{e}^{t}&\mathrm{e}^{t}\end{bmatrix}\boldsymbol{x}$

④ $\dot{x}=\begin{bmatrix}-1 & 0\\ 0 & -2\end{bmatrix}x+\begin{bmatrix}e^{-t}\\ e^{-2t}\end{bmatrix}u,\ y=[1\quad e^{-t}]x$

⑤ $\dot{x}=\begin{bmatrix}-1 & e^{t}\\ 0 & -1\end{bmatrix}x+\begin{bmatrix}e^{-t}\\ e^{-t}\end{bmatrix}u,\ y=[e^{t}\quad e^{t}]x$

2-4 考虑如下线性系统：$\dot{x}=\begin{bmatrix}1 & 0 & 0\\ 0 & a & 1\\ 0 & -1 & a\end{bmatrix}x+\begin{bmatrix}b\\ 0\\ 1\end{bmatrix}u, y=[1\quad c\quad 0]x$，求取保证系统是可控性和可观测性的参数 a,b,c 满足的条件。

2-5 考虑图 1-14 给出的弹簧阻尼系统的线性系统模型如下：

$$m\ddot{y}(t)+c\dot{y}(t)+ky(t)=u(t)$$

其中，$m=1$ kg 是质量；$y(t)$是质量块的位置（距离参考点的位移）；$c=0.5$ N·s/m 是阻尼；$k=5$ N/m 是弹簧的刚度；$u(t)$是外力。试检验该系统的可控性和可观测性。

2-6 请推导并给出离散时间线性系统 $\boldsymbol{x}(n+1)=\boldsymbol{A}(n)x(n)+\boldsymbol{B}(n)u(n), \boldsymbol{y}(n)=\boldsymbol{C}(n)\boldsymbol{x}(n)$的可控性和可观测性的充分必要性结论。若 $\boldsymbol{A}$、$\boldsymbol{B}$、$\boldsymbol{C}$ 均为常数矩阵时，结论如何？

2-7 试证：若线性动态方程在 t_0 时刻可控，则对于任何 $t<t_0$，该方程亦可控。又若线性动态方程在 t_0 时刻可控，试问在 $t>t_0$ 是否也可控？为什么？

2-8 试证：在所有能够转移$(\boldsymbol{x}^0,t_0)$到$(\boldsymbol{0},t_1)$的输入中，式(2.1.4)所定义的输入消耗的能量最小，即有

$$\int_{t_0}^{t_1}\|\boldsymbol{u}(t)\|^2\mathrm{d}t=\min$$

2-9 试证可控性矩阵 $\boldsymbol{W}(t_0,t_1)$满足下列矩阵微分方程：

$$\frac{\mathrm{d}}{\mathrm{d}t}\boldsymbol{W}(t,t_1)=\boldsymbol{A}(t)\boldsymbol{W}(t,t_1)+\boldsymbol{W}(t,t_1)\boldsymbol{A}^{\mathrm{T}}(t)-\boldsymbol{B}(t)\boldsymbol{B}^{\mathrm{T}}(t)$$

$$\boldsymbol{W}(t_1,t_1)=\boldsymbol{0}$$

2-10 试证 $\mathrm{rank}[\boldsymbol{A}\quad \boldsymbol{B}]=n$ 是时不变系统$(\boldsymbol{A},\boldsymbol{B},\boldsymbol{C})$可控的必要条件，并举例说明它并非系统可控的充分条件。

2-11 证明系统 $\dot{\boldsymbol{x}}=\boldsymbol{A}\boldsymbol{x}, \boldsymbol{y}=\boldsymbol{C}\boldsymbol{x}$ 可观测，当且仅当系统 $\dot{\boldsymbol{x}}=\boldsymbol{A}\boldsymbol{x}, \boldsymbol{y}=\boldsymbol{C}^{\mathrm{T}}\boldsymbol{C}\boldsymbol{x}$ 可观测。

2-12 设系统状态方程为

$$\dot{x}=\begin{bmatrix}0 & 1\\ -1 & 0\end{bmatrix}x+\begin{bmatrix}0\\ 1\end{bmatrix}u$$

若控制输入 u 取如下形式：

$$u(t)=\begin{cases}u_1, & 0\leqslant t<\frac{2}{3}\pi\\ u_2, & \frac{2}{3}\pi\leqslant t<\frac{4}{3}\pi\\ u_3, & \frac{4}{3}\pi\leqslant t\leqslant 2\pi\end{cases}$$

问是否存在常数 u_1、u_2 和 u_3，使系统状态能完成由 $\boldsymbol{x}(0)=[1\quad 0]^{\mathrm{T}}$ 向 $\boldsymbol{x}(2\pi)=[0\quad 0]^{\mathrm{T}}$ 的转换？

2-13 设系统方程为

$$\dot{x}=\begin{bmatrix}0 & 1\\ -1 & 0\end{bmatrix}x+\begin{bmatrix}a\\ b\end{bmatrix}u$$

若控制输入取下列形式：

$$u(t)=\begin{cases}u_1, & 0\leqslant t<\dfrac{\pi}{2}\\ u_2, & \dfrac{\pi}{2}\leqslant t\leqslant \pi\end{cases}$$

这里 u_1 和 u_2 为常数。试证存在常数 u_1 和 u_2 使系统由 $x(0)=[x_{10}\quad x_{20}]^{\mathrm{T}}$ 转到 $x(\pi)=[0\quad 0]^{\mathrm{T}}$ 的充分必要条件是系统状态可控。

2-14　若线性动态方程在 t_0 时刻可控，则对于任何初态，能将它转移到零，并使它在以后的所有 t 时刻保持不变。现问是否有可能将它转移到 $x^1\neq 0$ 并在其后一直保持 x^1？

2-15　证明在任何等价变换 $\bar{x}=P(t)x$ 下，线性时变系统可控性和可观测性不变，其中 $P(t)$ 是对所有 t 非奇异且元为 t 的连续可微函数。

2-16　若系统状态方程为

$$\dot{x}=\mathrm{e}^{-At}B\mathrm{e}^{At}x+\mathrm{e}^{-At}bu$$

其中

$$A=\begin{bmatrix}0 & 2\\ -2 & 0\end{bmatrix},\quad B=\begin{bmatrix}-3 & 0\\ 0 & 1\end{bmatrix},\quad b=\begin{bmatrix}1\\ 1\end{bmatrix}$$

问是否可使系统由 $t=0$ 的任意状态向 $t=1$ 的零状态转移？

2-17　对于单输出时不变系统，试证明当系统可观测时，状态可由输出及其 $k(k=1,2,\cdots,n-1)$ 阶导数瞬时地确定。并问以上结论对多输出系统是否成立？

2-18　设有线性时不变系统 (A,B,C)，试证明若系统可观测，则方程的所有模式将出现在输出中。反之，即使在输出中出现全部模式，系统也未必可观测。

2-19　单输入单输出连续时间系统 (A,b,c) 的离散化时不变动态方程为

$$x(n+1)=\bar{A}x(n)+\bar{b}u(n)$$
$$y(n)=\bar{c}x(n)$$

证明当且仅当

$$\mathrm{Im}[\lambda_i(A)-\lambda_j(A)]\neq\frac{2\pi q}{T},\quad q=\pm 1,\pm 2,\cdots$$

而 $\mathrm{Re}[\lambda_i(A)-\lambda_j(A)]=0$ 时，系统 (A,b,c) 的可控性就意味着系统 $(\bar{A},\bar{b},\bar{c})$ 的可控性。其中 $\lambda_i(A)$ 表示 A 的一个特征值，输入 u 在同一采样周期 T 内为常量。

2-20　若 (A,B,C) 是对称传递函数阵 $G(s)$ 的不可简约实现，试证明 $(A^{\mathrm{T}},B^{\mathrm{T}},C^{\mathrm{T}})$ 也是 $G(s)$ 的不可简约实现，且存在唯一的非奇异对称阵 P，使得

$$PAP^{-1}=A^{\mathrm{T}},\quad PB=C^{\mathrm{T}},\quad CP^{-1}=B^{\mathrm{T}}$$

2-21　设系统状态方程为

$$\dot{x}=\begin{bmatrix}1 & 2 & 0\\ 0 & 1 & 0\\ 0 & 2 & 1\end{bmatrix}x+\begin{bmatrix}0\\ 1\\ 0\end{bmatrix}u,\quad y=[1\quad 1\quad 1]x$$

试证明系统不是完全可控的。用非奇异线性变换按可控性进行分解，并求可控子系统。

2-22 设系统的状态方程为

$$\dot{\boldsymbol{x}}=\begin{bmatrix}2&0&0\\0&2&0\\0&3&1\end{bmatrix}\boldsymbol{x}+\begin{bmatrix}0\\1\\1\end{bmatrix}u,\quad \boldsymbol{y}=[1\quad 1\quad 1]\boldsymbol{x}$$

证明系统不是完全可观测的。用非奇异线性变换对其进行可观测性分解,求其可观测子系统。

2-23 给定时不变系统$(\boldsymbol{A},\boldsymbol{B},\boldsymbol{C})$如下:

$$\boldsymbol{A}=\begin{bmatrix}1&0&0&0\\0&2&0&0\\-6&-2&3&0\\-3&-2&0&4\end{bmatrix},\quad \boldsymbol{B}=\begin{bmatrix}1\\0\\3\\2\end{bmatrix},\quad \boldsymbol{C}=[-4\quad -3\quad 1\quad 1]$$

① 计算可控子空间$\langle\boldsymbol{A}\mid\boldsymbol{B}\rangle$和不可观测子空间$\boldsymbol{\eta}$,并计算下列空间:$\boldsymbol{\eta}\cap\langle\boldsymbol{A}\mid\boldsymbol{B}\rangle$,$\boldsymbol{\eta}\cap\langle\boldsymbol{A}\mid\boldsymbol{B}\rangle^{\perp}$,$\boldsymbol{\eta}^{\perp}\cap\langle\boldsymbol{A}\mid\boldsymbol{B}\rangle$,$\boldsymbol{\eta}^{\perp}\cap\langle\boldsymbol{A}\mid\boldsymbol{B}\rangle^{\perp}$。讨论在上述空间的直和空间中能否取到状态空间的基底。

② 计算$\boldsymbol{X}_1,\boldsymbol{X}_2,\boldsymbol{X}_3$和$\boldsymbol{X}_4$,并选取$\bar{\boldsymbol{x}}=\boldsymbol{P}\boldsymbol{x}$,把系统按定理2-16的形式进行分解。

2-24 给定一个不稳定系统,其传递函数$G(s)=1/(s-1)$,假定我们希望利用串联另一个系统$G_c(s)$的办法来稳定它。当$G_c(s)=(s-1)/[(s+1)(s+2)]$时,所得的结果为

$$G(s)G_c(s)=\frac{1}{(s+1)(s+2)}$$

是否可以认为"因为$s=1$的不稳定极点已被消去,所以串联系统是稳定的"?为什么?

2-25 设$(\boldsymbol{A}(t),\boldsymbol{B}(t),\boldsymbol{C}(t),\boldsymbol{D}(t))$和$(\bar{\boldsymbol{A}}(t),\bar{\boldsymbol{B}}(t),\bar{\boldsymbol{C}}(t),\bar{\boldsymbol{D}}(t))$之间有以下关系:

$$\bar{\boldsymbol{A}}(t_0+t)=\boldsymbol{A}^{\mathrm{T}}(t_0-t),\quad \bar{\boldsymbol{B}}(t_0+t)=\boldsymbol{C}^{\mathrm{T}}(t_0-t))$$

$$\bar{\boldsymbol{C}}(t_0+t)=\boldsymbol{B}^{\mathrm{T}}(t_0-t),\quad \bar{\boldsymbol{D}}(t_0+t)=\boldsymbol{D}^{\mathrm{T}}(t_0-t)$$

证明$(\boldsymbol{A}(t),\boldsymbol{B}(t),\boldsymbol{C}(t),\boldsymbol{D}(t))$在$t_0$时刻的可控性(可观测性)等价于$(\bar{\boldsymbol{A}}(t),\bar{\boldsymbol{B}}(t),\bar{\boldsymbol{C}}(t),\bar{\boldsymbol{D}}(t))$在$t_0$时刻的可重构性(可达性)。

2-26 设动态方程如下:

$$\dot{\boldsymbol{x}}=\begin{bmatrix}-1&0\\0&-1\end{bmatrix}\boldsymbol{x}+\begin{bmatrix}1\\1\end{bmatrix}u,\quad y=[1\quad 1]\boldsymbol{x}$$

计算可控子空间$\langle\boldsymbol{A}\mid\boldsymbol{B}\rangle$和不可观测子空间$\boldsymbol{\eta}$,并计算下列空间:

$$\boldsymbol{\eta}\cap\langle\boldsymbol{A}\mid\boldsymbol{B}\rangle,\quad \boldsymbol{\eta}\cap\langle\boldsymbol{A}\mid\boldsymbol{B}\rangle^{\perp},\quad \boldsymbol{\eta}^{\perp}\cap\langle\boldsymbol{A}\mid\boldsymbol{B}\rangle,\quad \boldsymbol{\eta}^{\perp}\cap\langle\boldsymbol{A}\mid\boldsymbol{B}\rangle^{\perp}$$

选取基底矩阵,分别将动态方程进行可观性分解和标准分解。

2-27 证明定理2-19和定理2-21。

2-28 证明可控性矩阵的逆$\boldsymbol{W}^{-1}(t,t_1)$满足下列微分方程:

$$\frac{\mathrm{d}\boldsymbol{X}}{\mathrm{d}t}=-\boldsymbol{A}^{\mathrm{T}}(t)\boldsymbol{X}-\boldsymbol{X}\boldsymbol{A}(t)+\boldsymbol{X}\boldsymbol{B}(t)\boldsymbol{B}^{\mathrm{T}}(t)\boldsymbol{X}$$

第3章　线性时不变系统的标准形与最小阶实现

把系统动态方程化为等价的简单而典型的形式，将会为揭示系统代数结构的本质特征，以及分析与设计系统带来很大的方便，因此利用等价变换化系统动态方程为标准形的问题成为线性系统理论中的一个重要课题。

第1章已经指出，动态方程等价变换的矩阵 $\boldsymbol{P}$ 是由选取的状态空间基底来决定的。因此常把构造变换矩阵 $\boldsymbol{P}$ 的问题化为选取状态空间适当基底的问题来讨论。由于所给的条件不同和选取基底的方法不同，故可以得到各种不同形式的标准形。在实际应用中，常根据所研究问题的需要而决定采用什么样的标准形。本章所介绍的几种标准形，是以后研究系统综合设计的基础。可控性标准型是控制器设计问题比如极点配置问题的基础，而可观测性标准型将在观测器设计问题中应用。

实现问题，也是线性系统理论的重要课题之一。状态空间方法在系统设计和计算上都是以动态方程为基础的，为了应用状态空间描述的这些方法，需要把传递函数矩阵用动态方程予以实现。特别是在一些实际问题中，由于系统物理过程比较复杂，通过分析的方法来建立它的动态方程十分困难，甚至不可能，这时可以采取的方法之一就是先确定输入/输出间的传递函数矩阵，然后根据传递函数矩阵来确定系统的动态方程。其次，复杂系统的设计往往希望能在模拟计算机或数字计算机上仿真，以便在构成物理系统之前就能检查它的特性，系统的动态方程描述则比较便于仿真，例如在模拟机上指定积分器的输出作为变量，就容易对系统进行仿真。在实际应用中，动态方程实现为系统综合设计提供了一个可行的方法。

每一个可实现的传递函数矩阵可以有无限多个实现，感兴趣的是这些实现中维数最小的实现，即最小阶实现。在实际应用中，最小阶实现在系统综合和仿真时，所用到的元件和积分器最少，从经济和灵敏度的角度来看是必要的。关于有理函数矩阵的最小阶实现问题，本章则着重于介绍最小阶实现的方法。

3.1　单变量系统的可控标准形和可观测标准形

对系统 $(\boldsymbol{A},\boldsymbol{B},\boldsymbol{C})$ 做线性变换，有等价变换关系：

$$\bar{\boldsymbol{A}}=\boldsymbol{P}\boldsymbol{A}\boldsymbol{P}^{-1},\quad \bar{\boldsymbol{B}}=\boldsymbol{P}\boldsymbol{B},\quad \bar{\boldsymbol{C}}=\boldsymbol{C}\boldsymbol{P}^{-1}$$

其中，$\boldsymbol{P}$ 为坐标变换阵，即有 $\bar{\boldsymbol{x}}=\boldsymbol{P}\boldsymbol{x}$，$\boldsymbol{P}^{-1}$ 为基底变换矩阵。

① 选取基底矩阵时，即已知 $\boldsymbol{P}^{-1}=[\boldsymbol{q}_1\quad \boldsymbol{q}_2\quad \cdots\quad \boldsymbol{q}_{n-1}\quad \boldsymbol{q}_n]$，通过下列关系式：

$$\boldsymbol{A}\boldsymbol{P}^{-1}=\boldsymbol{P}^{-1}\bar{\boldsymbol{A}},\quad \boldsymbol{B}=\boldsymbol{P}^{-1}\bar{\boldsymbol{B}}$$

可求出 $\bar{\boldsymbol{A}}$，$\bar{\boldsymbol{B}}$。实际上

$$\begin{aligned}\boldsymbol{A}[\boldsymbol{q}_1\quad \boldsymbol{q}_2\quad \cdots\quad \boldsymbol{q}_{n-1}\quad \boldsymbol{q}_n]&=[\boldsymbol{A}\boldsymbol{q}_1\quad \boldsymbol{A}\boldsymbol{q}_2\quad \cdots\quad \boldsymbol{A}\boldsymbol{q}_{n-1}\quad \boldsymbol{A}\boldsymbol{q}_n]\\&=[\boldsymbol{q}_1\quad \boldsymbol{q}_2\quad \cdots\quad \boldsymbol{q}_{n-1}\quad \boldsymbol{q}_n]\bar{\boldsymbol{A}}\end{aligned}$$

$$\boldsymbol{B}=[\boldsymbol{q}_1 \quad \boldsymbol{q}_2 \quad \cdots \quad \boldsymbol{q}_n]\bar{\boldsymbol{B}}$$

其中，$\boldsymbol{Aq}_i$ 是基向量 $\boldsymbol{q}_i$ 在线性变换 $\boldsymbol{A}$ 作用下的像，简称基的像。而 $\bar{\boldsymbol{A}}$ 的列就是基的像 $\boldsymbol{Aq}_i$ 在这组基下的坐标，$\bar{\boldsymbol{B}}$ 的列就是 $\boldsymbol{B}$ 的列在这组基下的坐标。

② 选取坐标矩阵时，即已知

$$\boldsymbol{P}=\begin{bmatrix}\boldsymbol{p}_1\\ \boldsymbol{p}_2\\ \vdots\\ \boldsymbol{p}_{n-1}\\ \boldsymbol{p}_n\end{bmatrix}$$

通过下列关系式：$\boldsymbol{PA}=\bar{\boldsymbol{A}}\boldsymbol{P}$，$\boldsymbol{C}=\bar{\boldsymbol{C}}\boldsymbol{P}$，可求出 $\bar{\boldsymbol{A}}$，$\bar{\boldsymbol{C}}$。实际上

$$\begin{bmatrix}\boldsymbol{p}_1\\ \boldsymbol{p}_2\\ \vdots\\ \boldsymbol{p}_n\end{bmatrix}\boldsymbol{A}=\begin{bmatrix}\boldsymbol{p}_1\boldsymbol{A}\\ \boldsymbol{p}_2\boldsymbol{A}\\ \vdots\\ \boldsymbol{p}_n\boldsymbol{A}\end{bmatrix}=\bar{\boldsymbol{A}}\begin{bmatrix}\boldsymbol{p}_1\\ \boldsymbol{p}_2\\ \vdots\\ \boldsymbol{p}_n\end{bmatrix},\quad \boldsymbol{C}=\bar{\boldsymbol{C}}\begin{bmatrix}\boldsymbol{p}_1\\ \boldsymbol{p}_2\\ \vdots\\ \boldsymbol{p}_n\end{bmatrix}$$

其中，$\boldsymbol{p}_i$ 是行向量，上式也可和情况①一样理解，即 $\bar{\boldsymbol{A}}$ 的第 i 行是行向量 $\boldsymbol{p}_i$ 的像 $\boldsymbol{p}_i\boldsymbol{A}$ 在对偶基 $\boldsymbol{p}_1,\boldsymbol{p}_2,\cdots,\boldsymbol{p}_{n-1},\boldsymbol{p}_n$ 下的坐标，$\bar{\boldsymbol{C}}$ 的第 i 行是 $\boldsymbol{C}$ 的第 i 行在对偶基 $\boldsymbol{p}_1,\boldsymbol{p}_2,\cdots,\boldsymbol{p}_{n-1},\boldsymbol{p}_n$ 下的坐标。

3.1.1 单输入系统的可控标准形

若一个单输入系统具有如式(3.1.1)的形式，则它一定是可控的。可以通过计算可控性矩阵来验证，也可以用 PBH 判别中“矩阵$[\boldsymbol{A}-\lambda\boldsymbol{I} \quad \boldsymbol{B}]$中包含一个 n 阶的单位矩阵，所以可控”的结论来验证。

$$\dot{\boldsymbol{x}}=\begin{bmatrix}0 & 1 & 0 & \cdots & 0\\ 0 & 0 & 1 & \cdots & 0\\ \vdots & \vdots & \vdots & \ddots & \vdots\\ 0 & 0 & 0 & \cdots & 1\\ -a_n & -a_{n-1} & -a_{n-2} & \cdots & -a_1\end{bmatrix}\boldsymbol{x}+\begin{bmatrix}0\\ 0\\ \vdots\\ 0\\ 1\end{bmatrix}u \tag{3.1.1}$$

式(3.1.1)的形式被称为单输入系统的可控标准形。式(3.1.1)中 $\boldsymbol{A}$ 的特征式计算如下：

$$\det(s\boldsymbol{I}-\boldsymbol{A})=s^n+a_1s^{n-1}+\cdots+a_{n-1}s+a_n$$

对于一般的单输入、单输出 n 维动态方程

$$\dot{\boldsymbol{x}}=\boldsymbol{Ax}+\boldsymbol{b}u,\quad y=\boldsymbol{cx}+du \tag{3.1.2}$$

其中 $\boldsymbol{A}$、$\boldsymbol{b}$ 分别为 $n\times n$、$n\times 1$ 的矩阵，以下定理成立：

定理 3-1 若 n 维单输入系统(3.1.2)可控，则存在非奇异线性变换将其变换成可控标准形(3.1.1)，这一可控标准形称为第二可控标准形。

下面给出化单输入可控系统为第二可控标准形的(关键是变换矩阵 $\boldsymbol{P}$ 的构成方法)步骤：

① 计算可控性矩阵 $\boldsymbol{U}$；

② 计算 $\boldsymbol{U}^{-1}$，并记 $\boldsymbol{U}^{-1}$ 的最后一行为 $\boldsymbol{h}$；

③ 构造矩阵 $\boldsymbol{P}$：

$$\boldsymbol{P}=\begin{bmatrix}\boldsymbol{h}\\ \boldsymbol{hA}\\ \vdots\\ \boldsymbol{hA}^{n-1}\end{bmatrix} \tag{3.1.3}$$

④ 令 $\bar{\boldsymbol{x}}=\boldsymbol{Px}$，由 $\bar{\boldsymbol{A}}=\boldsymbol{PAP}^{-1}$，$\bar{\boldsymbol{b}}=\boldsymbol{Pb}$，$\bar{\boldsymbol{c}}=\boldsymbol{cP}^{-1}$，即可求出变换后的系统状态方程。

证明：因 $\boldsymbol{U}^{-1}\boldsymbol{U}=\boldsymbol{I}$，所以 $\boldsymbol{hU}=\boldsymbol{h}[\boldsymbol{b}\quad \boldsymbol{Ab}\quad \cdots\quad \boldsymbol{A}^{n-1}\boldsymbol{b}]=[0\quad \cdots\quad 0\quad 1]$，即

$$\boldsymbol{hb}=0,\quad \boldsymbol{hAb}=0,\quad \boldsymbol{hA}^2\boldsymbol{b}=0,\ \cdots,\ \boldsymbol{hA}^{n-2}\boldsymbol{b}=0,\quad \boldsymbol{hA}^{n-1}\boldsymbol{b}=1 \tag{3.1.4}$$

为了证明 $\boldsymbol{P}$ 是可逆矩阵，取 $\boldsymbol{\alpha}=[\alpha_1\quad \alpha_2\quad \cdots\quad \alpha_n]$，令 $\boldsymbol{\alpha P}=\boldsymbol{0}$，即有

$$\alpha_1\boldsymbol{h}+\alpha_2\boldsymbol{hA}+\cdots+\alpha_{n-1}\boldsymbol{hA}^{n-2}+\alpha_n\boldsymbol{hA}^{n-1}=\boldsymbol{0}$$

将上式等号两边同时右乘 $\boldsymbol{b}$，运用式(3.1.4)，可得 $\alpha_n=0$；将上式等号两边同时右乘 $\boldsymbol{Ab}$，运用式(3.1.4)，可得 $\alpha_{n-1}=0$；依此类推，可得 $\boldsymbol{\alpha}=\boldsymbol{0}$，即证明了 $\boldsymbol{P}$ 是可逆矩阵。

根据 $\boldsymbol{PA}=\bar{\boldsymbol{A}}\boldsymbol{P}$，$\boldsymbol{Pb}=\bar{\boldsymbol{b}}$，可以证明 $\bar{\boldsymbol{A}}$，$\bar{\boldsymbol{b}}$ 具有式(3.1.1)的形式。事实上，$\boldsymbol{PA}$ 的第一行即为 $\boldsymbol{P}$ 的第二行，由 $\boldsymbol{PA}=\bar{\boldsymbol{A}}\boldsymbol{P}$ 可知 $\bar{\boldsymbol{A}}$ 的第一行为 $[0\quad 1\quad 0\quad \cdots\quad 0]$；$\boldsymbol{PA}$ 的第二行即为 $\boldsymbol{P}$ 的第三行，由 $\boldsymbol{PA}=\bar{\boldsymbol{A}}\boldsymbol{P}$ 可知 $\bar{\boldsymbol{A}}$ 的第二行为 $[0\quad 0\quad 1\quad \cdots\quad 0]$；类似地，$\boldsymbol{PA}$ 的第 $n-1$ 行即为 $\boldsymbol{P}$ 的第 n 行，由 $\boldsymbol{PA}=\bar{\boldsymbol{A}}\boldsymbol{P}$ 可知 $\bar{\boldsymbol{A}}$ 的第 $n-1$ 行为 $[0\quad 0\quad 0\quad \cdots\quad 1]$；$\boldsymbol{PA}$ 的最后一行为 $\boldsymbol{hA}^n$，由凯莱-哈密尔顿定理有 $\boldsymbol{A}^n+a_1\boldsymbol{A}^{n-1}+\cdots+a_{n-1}\boldsymbol{A}+a_n\boldsymbol{I}=0$ 成立，这样可以得到 $\boldsymbol{PA}$ 的最后一行为 $\boldsymbol{hA}^n=-(a_1\boldsymbol{hA}^{n-1}+\cdots+a_{n-1}\boldsymbol{hA}+a_n\boldsymbol{h})$，所以 $\bar{\boldsymbol{A}}$ 的第 n 行为 $[-a_n\quad -a_{n-1}\quad -a_{n-2}\quad \cdots\quad -a_1]$。从而 $\bar{\boldsymbol{A}}$ 即为可控标准形式(3.1.1)。由 $\bar{\boldsymbol{b}}=\boldsymbol{Pb}$ 及式(3.1.4)便可得到 $\bar{\boldsymbol{b}}$ 为可控标准形式(3.1.1)中的形式。

注 3-1　系统(3.1.2)可控，因此向量组 $\boldsymbol{b},\boldsymbol{Ab},\cdots,\boldsymbol{A}^{n-1}\boldsymbol{b}$ 线性无关，按下式定义的向量组：

$$[\boldsymbol{q}_1\quad \boldsymbol{q}_2\quad \cdots\quad \boldsymbol{q}_n]=[\boldsymbol{b}\quad \boldsymbol{Ab}\quad \cdots\quad \boldsymbol{A}^{n-1}\boldsymbol{b}]\begin{bmatrix}a_{n-1} & a_{n-2} & \cdots & a_1 & 1\\ a_{n-2} & a_{n-3} & \cdots & 1 & 0\\ \vdots & \vdots & \iddots & \iddots & \vdots\\ a_1 & 1 & 0 & \cdots & 0\\ 1 & 0 & 0 & \cdots & 0\end{bmatrix} \tag{3.1.5}$$

也线性无关，并可取为状态空间的变换基底 $\boldsymbol{P}^{-1}$。这时取等价变换矩阵 $\boldsymbol{P}=[\boldsymbol{q}_1\quad \boldsymbol{q}_2\quad \cdots\quad \boldsymbol{q}_n]^{-1}$。可直接证明系统式(3.1.2)也可化为式(3.1.1)的形式。下面给出具体证明过程。事实上，把式(3.1.5)矩阵的每一列展开，显然有第 n 列为 $\boldsymbol{q}_n=\boldsymbol{b}$。把第一列展开得到

$$\boldsymbol{q}_1=a_{n-1}\boldsymbol{b}+a_{n-2}\boldsymbol{Ab}+\cdots+\boldsymbol{A}^{n-1}\boldsymbol{b}=a_{n-1}\boldsymbol{q}_n+\boldsymbol{A}\underbrace{(a_{n-2}\boldsymbol{b}+\cdots+\boldsymbol{A}^{n-2}\boldsymbol{b})}_{\boldsymbol{q}_2}=a_{n-1}\boldsymbol{q}_n+\boldsymbol{Aq}_2$$

这样得到 $\boldsymbol{Aq}_2=\boldsymbol{q}_1-a_{n-1}\boldsymbol{q}_n$；

第二列展开得到

$$\boldsymbol{q}_2=a_{n-2}\boldsymbol{b}+a_{n-3}\boldsymbol{Ab}+\cdots+\boldsymbol{A}^{n-2}\boldsymbol{b}=a_{n-2}\boldsymbol{q}_n+\boldsymbol{A}\underbrace{(a_{n-3}\boldsymbol{b}+\cdots+\boldsymbol{A}^{n-3}\boldsymbol{b})}_{\boldsymbol{q}_3}=a_{n-2}\boldsymbol{q}_n+\boldsymbol{Aq}_3$$

这样得到 $\boldsymbol{Aq}_3=\boldsymbol{q}_2-a_{n-2}\boldsymbol{q}_n$；以此类推，得到 $\boldsymbol{Aq}_{i+1}=\boldsymbol{q}_i-a_{n-i}\boldsymbol{q}_n$，$i=1,2,\cdots,n-1$。再由凯莱-哈密尔顿定理得到

$$\boldsymbol{Aq}_1=a_{n-1}\boldsymbol{Ab}+a_{n-2}\boldsymbol{A}^2\boldsymbol{b}+\cdots+a_1\boldsymbol{A}^{n-1}\boldsymbol{b}+\boldsymbol{A}^n\boldsymbol{b}=-a_n\boldsymbol{q}_n$$

这样便可得到

$$\boldsymbol{AP}^{-1}=[\boldsymbol{Aq}_1\quad \boldsymbol{Aq}_2\quad \cdots\quad \boldsymbol{Aq}_n]=[\boldsymbol{q}_1\quad \boldsymbol{q}_2\quad \cdots\quad \boldsymbol{q}_n]\underbrace{\begin{bmatrix}0 & 1 & \cdots & 0\\ \vdots & \vdots & \ddots & \vdots\\ 0 & 0 & \cdots & 1\\ -a_n & -a_{n-1} & \cdots & -a_1\end{bmatrix}}_{\bar{\boldsymbol{A}}}$$

即 $\bar{\boldsymbol{A}}$ 有式(3.1.1)的系数矩阵形式，且$[\boldsymbol{q}_1\quad \boldsymbol{q}_2\quad \cdots\quad \boldsymbol{q}_n]\bar{\boldsymbol{b}}=\boldsymbol{b}=\boldsymbol{q}_n$ 所以得到 $\bar{\boldsymbol{b}}$ 为第 n 个自然基底。

一个自然的问题是：同一可控系统变换为可控标准形的不同变换矩阵之间有什么样的关系？下面的结论给出了答案。

结论 3-1 对可控系统$(\boldsymbol{A},\boldsymbol{b})$，若存在非奇异线性变换矩阵 $\boldsymbol{P}_1,\boldsymbol{P}_2$，使得如下关系成立：

$$\bar{\boldsymbol{A}}=\boldsymbol{P}_i\boldsymbol{AP}_i^{-1},\quad \bar{\boldsymbol{b}}=\boldsymbol{P}_i\boldsymbol{b},\quad i=1,2$$

则变换矩阵 $\boldsymbol{P}_1=\boldsymbol{P}_2$。

证明： 事实上，$[\bar{\boldsymbol{b}}\quad \bar{\boldsymbol{A}}\bar{\boldsymbol{b}}\quad \cdots\quad \bar{\boldsymbol{A}}^{(n-1)}\bar{\boldsymbol{b}}]=\boldsymbol{P}_1[\boldsymbol{b}\quad \boldsymbol{Ab}\quad \cdots\quad \boldsymbol{A}^{(n-1)}\boldsymbol{b}]$，且$[\bar{\boldsymbol{b}}\quad \bar{\boldsymbol{A}}\bar{\boldsymbol{b}}\quad \cdots\quad \bar{\boldsymbol{A}}^{(n-1)}\bar{\boldsymbol{b}}]=\boldsymbol{P}_2[\boldsymbol{b}\quad \boldsymbol{Ab}\quad \cdots\quad \boldsymbol{A}^{(n-1)}\boldsymbol{b}]$，所以 $\boldsymbol{P}_1[\boldsymbol{b}\quad \boldsymbol{Ab}\quad \cdots\quad \boldsymbol{A}^{(n-1)}\boldsymbol{b}]=\boldsymbol{P}_2[\boldsymbol{b}\quad \boldsymbol{Ab}\quad \cdots\quad \boldsymbol{A}^{(n-1)}\boldsymbol{b}]$，由$(\boldsymbol{A},\boldsymbol{b})$的可控性可知 $\boldsymbol{P}_1=\boldsymbol{P}_2$。

根据上面的结论，同一系统化为相同标准形的变换矩阵是唯一的，故可知式(3.1.5)的基底矩阵的逆阵就是式(3.1.3)的坐标变换阵，即

$$\boldsymbol{P}=\begin{bmatrix}\boldsymbol{h}\\ \boldsymbol{hA}\\ \vdots\\ \boldsymbol{hA}^{n-1}\end{bmatrix}=\left\{[\boldsymbol{b}\quad \boldsymbol{Ab}\quad \cdots\quad \boldsymbol{A}^{n-1}\boldsymbol{b}]\begin{bmatrix}a_{n-1} & \cdots & a_1 & 1\\ \vdots & \iddots & \iddots & 0\\ a_1 & 1 & \iddots & \vdots\\ 1 & 0 & \cdots & 0\end{bmatrix}\right\}^{-1}$$

由注 3-1 可知，求取单输入可控系统的第二可控标准形(关键是求变换矩阵 $\boldsymbol{P}$)的步骤如下：

① 计算系统系数矩阵 $\boldsymbol{A}$ 的特征多项式 $s^n+a_1s^{n-1}+\cdots+a_{n-1}s+a_n$；

② 以特征多项式系数构造矩阵

$$\begin{bmatrix}a_{n-1} & \cdots & a_1 & 1\\ \vdots & \iddots & \iddots & 0\\ a_1 & 1 & \iddots & \vdots\\ 1 & 0 & \cdots & 0\end{bmatrix}$$

③ 计算可控矩阵 $\boldsymbol{U}=[\boldsymbol{b}\quad \boldsymbol{Ab}\quad \cdots\quad \boldsymbol{A}^{n-1}\boldsymbol{b}]$；

④ 计算变换矩阵 $\boldsymbol{P}^{-1}$ 及 $\boldsymbol{P}$：

$$\boldsymbol{P}^{-1}=[\boldsymbol{b}\quad \boldsymbol{Ab}\quad \cdots\quad \boldsymbol{A}^{n-1}\boldsymbol{b}]\begin{bmatrix}a_{n-1} & \cdots & a_1 & 1\\ \vdots & \iddots & \iddots & 0\\ a_1 & 1 & \iddots & \vdots\\ 1 & 0 & \cdots & 0\end{bmatrix}$$

⑤ 令 $\bar{\boldsymbol{x}}=\boldsymbol{Px}$，由 $\bar{\boldsymbol{A}}=\boldsymbol{PAP}^{-1}$，$\bar{\boldsymbol{b}}=\boldsymbol{Pb}$，$\bar{\boldsymbol{c}}=\boldsymbol{cP}^{-1}$，即可求出变换后的系统状态方程。

定理 3-1* 若 n 维单输入系统(3.1.2)可控，则存在非奇异线性变换将其化成可控标

准形：

$$\dot{\tilde{x}}=\begin{bmatrix}0 & 0 & \cdots & 0 & -a_n\\ 1 & 0 & \cdots & 0 & -a_{n-1}\\ 0 & 1 & \cdots & 0 & -a_{n-2}\\ 0 & 0 & \ddots & \vdots & \vdots\\ 0 & 0 & \cdots & 1 & -a_1\end{bmatrix}\tilde{x}+\begin{bmatrix}1\\0\\\vdots\\0\\0\end{bmatrix}u$$

这一可控标准形称为第一可控标准形。

证明： 取变换矩阵的基底 $P^{-1}=[b\quad Ab\quad \cdots\quad A^{n-1}b]$，令 $\tilde{x}=Px$，由 $\tilde{A}=PAP^{-1}$ 和 $P^{-1}\tilde{b}=b$，可得 $A[b\quad Ab\quad \cdots\quad A^{n-1}b]=[b\quad Ab\quad \cdots\quad A^{n-1}b]\tilde{A}$ 和 $[b\quad Ab\quad \cdots\quad A^{n-1}b]\tilde{b}=b$，再利用凯莱-哈密尔顿定理，便可得到第一可控标准形。其可控性的判断可以用秩判据，也可以用 PBH 判据中"矩阵 $[A-\lambda I\quad B]$ 中包含一个 n 阶的单位矩阵的置换矩阵，所以可控"的结论来判断。

根据定理 3-1*，求取单输入可控系统的第一可控标准形（关键是求变换矩阵 P）的步骤如下：

① 计算系统系数矩阵 A 的特征多项式 $s^n+a_1s^{n-1}+\cdots+a_{n-1}s+a_n$；

② 计算可控矩阵 $U=[b\quad Ab\quad \cdots\quad A^{n-1}b]$；

③ 计算变换矩阵 $P^{-1}=U$，即 $P^{-1}=[b\quad Ab\quad \cdots\quad A^{n-1}b]$ 及 $P=U^{-1}$；

④ 令 $\tilde{x}=Px$，由 $\tilde{A}=PAP^{-1}$，$\tilde{b}=Pb$，$\tilde{c}=cP^{-1}$，即可求出变换后的系统状态方程。

例 3-1　将如下状态方程化为可控标准形：

$$\dot{x}=\begin{bmatrix}-2 & 2 & -1\\ 0 & -2 & 0\\ 1 & -4 & 0\end{bmatrix}x+\begin{bmatrix}0\\1\\1\end{bmatrix}u$$

先判断系统的可控性，根据秩判据，计算可控性矩阵

$$U=[b\quad Ab\quad A^2b]=\begin{bmatrix}0 & 1 & -2\\ 1 & -2 & 4\\ 1 & -4 & 9\end{bmatrix}$$

由可控性矩阵非奇异知系统可控。为计算变换矩阵，求 U 的逆矩阵

$$U^{-1}=\begin{bmatrix}2 & 1 & 0\\ 5 & -2 & 2\\ 2 & -1 & 1\end{bmatrix}$$

取其最后一行 $h=[2\quad -1\quad 1]$，由此构造变换矩阵如下：

$$P=\begin{bmatrix}h\\ hA\\ hA^2\end{bmatrix}=\begin{bmatrix}2 & -1 & 1\\ -3 & 2 & -2\\ 4 & -2 & 3\end{bmatrix},\quad P^{-1}=\begin{bmatrix}2 & 1 & 0\\ 1 & 2 & 1\\ -2 & 0 & 1\end{bmatrix}$$

另外，系统的特征多项式为 s^3+4s^2+5s+2，也可以用如下方式求取变换矩阵：

$$P^{-1}=U\begin{bmatrix}5 & 4 & 1\\ 4 & 1 & 0\\ 1 & 0 & 0\end{bmatrix}=\begin{bmatrix}0 & 1 & -2\\ 1 & -2 & 4\\ 1 & -4 & 9\end{bmatrix}\begin{bmatrix}5 & 4 & 1\\ 4 & 1 & 0\\ 1 & 0 & 0\end{bmatrix}=\begin{bmatrix}2 & 1 & 0\\ 1 & 2 & 1\\ -2 & 0 & 1\end{bmatrix}$$

由此变换得到第二可控标准形：

$$\bar{\boldsymbol{A}}=\boldsymbol{PAP}^{-1}=\begin{bmatrix}2&-1&1\\-3&2&-2\\4&-2&3\end{bmatrix}\begin{bmatrix}-2&2&-1\\0&-2&0\\1&-4&0\end{bmatrix}\begin{bmatrix}2&1&0\\1&2&1\\-2&0&1\end{bmatrix}=\begin{bmatrix}0&1&0\\0&0&1\\-2&-5&-4\end{bmatrix}$$

$$\bar{\boldsymbol{b}}=\boldsymbol{Pb}=\begin{bmatrix}2&-1&1\\-3&2&-2\\4&-2&3\end{bmatrix}\begin{bmatrix}0\\1\\1\end{bmatrix}=\begin{bmatrix}0\\0\\1\end{bmatrix}$$

类似地，可以利用变换矩阵 $\boldsymbol{P}=\boldsymbol{U}^{-1}$，经过变换 $\tilde{\boldsymbol{x}}=\boldsymbol{Px}=\boldsymbol{U}^{-1}\boldsymbol{x}$ 计算出第一可控标准形：

$$\tilde{\boldsymbol{A}}=\boldsymbol{U}^{-1}\boldsymbol{AU}=\begin{bmatrix}2&1&0\\5&-2&2\\2&-1&1\end{bmatrix}\begin{bmatrix}-2&2&-1\\0&-2&0\\1&-4&0\end{bmatrix}\begin{bmatrix}0&1&-2\\1&-2&4\\1&-4&9\end{bmatrix}=\begin{bmatrix}0&0&-2\\1&0&-5\\0&1&-4\end{bmatrix}$$

$$\tilde{\boldsymbol{b}}=\boldsymbol{U}^{-1}\boldsymbol{b}=\begin{bmatrix}2&1&0\\5&-2&2\\2&-1&1\end{bmatrix}\begin{bmatrix}0\\1\\1\end{bmatrix}=\begin{bmatrix}1\\0\\0\end{bmatrix}$$

3.1.2 单输出系统的可观测标准形

一个单输出系统如果其 $\boldsymbol{A}$，$\boldsymbol{c}$ 阵有式(3.1.6)的标准形式，它一定是可观测的，可以通过计算可观性矩阵的秩和用 PBH 判据来验证。

$$\boldsymbol{A}=\begin{bmatrix}0&0&\cdots&0&-a_n\\1&0&\cdots&0&-a_{n-1}\\0&1&\cdots&0&-a_{n-2}\\\vdots&\vdots&\ddots&\vdots&\vdots\\0&0&\cdots&1&-a_1\end{bmatrix},\quad \boldsymbol{c}=[0\quad 0\quad\cdots\quad 0\quad 1]\tag{3.1.6}$$

式(3.1.6)称为单输出系统的第二可观测标准形。

定理 3-2 若 n 维单输出系统(3.1.2)可观测，则存在可逆线性变换将其变换成可观测标准形(3.1.6)。

证明： 利用对偶原理给出证明。现在通过对偶原理来找出将系统化为可观测标准形的变换矩阵。给定系统方程如下：

$$\dot{\boldsymbol{x}}=\boldsymbol{Ax}+\boldsymbol{b}u,\quad y=\boldsymbol{cx}$$

若有等价变换

$$\boldsymbol{x}=\boldsymbol{M}\bar{\boldsymbol{x}},\quad \bar{\boldsymbol{x}}=\boldsymbol{M}^{-1}\boldsymbol{x}\tag{3.1.7}$$

将其化为可观测标准形

$$\dot{\bar{\boldsymbol{x}}}=\bar{\boldsymbol{A}}\bar{\boldsymbol{x}}+\bar{\boldsymbol{b}}u,\quad y=\bar{\boldsymbol{c}}\bar{\boldsymbol{x}}$$

式中，$\bar{\boldsymbol{A}}$，$\bar{\boldsymbol{c}}$ 具有式(3.1.6)的形式。现在构造原系统的对偶系统为

$$\dot{\boldsymbol{z}}=\boldsymbol{A}^{\mathrm{T}}\boldsymbol{z}+\boldsymbol{c}^{\mathrm{T}}u\tag{3.1.8}$$

$$w=\boldsymbol{b}^{\mathrm{T}}\boldsymbol{z}\tag{3.1.9}$$

系统(3.1.8)、(3.1.9)可控，可以通过 $\bar{\boldsymbol{z}}=\boldsymbol{Pz}$ 化为下列的可控标准形(其变换矩阵为 $\boldsymbol{P}$)：

$$\dot{\bar{\boldsymbol{z}}}=\bar{\boldsymbol{A}}_1\bar{\boldsymbol{z}}+\bar{\boldsymbol{b}}_1u,\quad w=\bar{\boldsymbol{c}}_1\bar{\boldsymbol{z}}\tag{3.1.10}$$

这里

$$\bar{\boldsymbol{A}}_1=\boldsymbol{P}\boldsymbol{A}^{\mathrm{T}}\boldsymbol{P}^{-1},\quad \bar{\boldsymbol{b}}_1=\boldsymbol{P}\boldsymbol{c}^{\mathrm{T}},\quad \bar{\boldsymbol{c}}_1=\boldsymbol{b}^{\mathrm{T}}\boldsymbol{P}^{-1}$$

式(3.1.10)的对偶系统即为原系统的可观测标准形

$$\dot{\bar{\bar{\boldsymbol{z}}}}=\bar{\boldsymbol{A}}_1^{\mathrm{T}}\bar{\bar{\boldsymbol{z}}}+\bar{\boldsymbol{c}}_1^{\mathrm{T}}v \tag{3.1.11}$$

$$\bar{w}=\bar{\boldsymbol{b}}_1^{\mathrm{T}}\bar{\bar{\boldsymbol{z}}} \tag{3.1.12}$$

因此有

$$\begin{cases}\bar{\boldsymbol{A}}_1^{\mathrm{T}}=(\boldsymbol{P}^{\mathrm{T}})^{-1}\boldsymbol{A}\boldsymbol{P}^{\mathrm{T}}\\ \bar{\boldsymbol{c}}_1^{\mathrm{T}}=(\boldsymbol{P}^{\mathrm{T}})^{-1}\boldsymbol{b}\\ \bar{\boldsymbol{b}}_1^{\mathrm{T}}=\boldsymbol{c}\boldsymbol{P}^{\mathrm{T}}\end{cases}\quad \text{和}\quad \begin{cases}\bar{\boldsymbol{A}}=\boldsymbol{M}^{-1}\boldsymbol{A}\boldsymbol{M}\\ \bar{\boldsymbol{b}}=\boldsymbol{M}^{-1}\boldsymbol{b}\\ \bar{\boldsymbol{c}}=\boldsymbol{c}\boldsymbol{M}\end{cases} \tag{3.1.13}$$

比较上面两组式子，可知

$$\boldsymbol{M}=\boldsymbol{P}^{\mathrm{T}} \tag{3.1.14}$$

下面给出化单输出可观测系统为第二可观测标准形（关键是求变换矩阵 $\boldsymbol{M}^{-1}$）的方法：

第一种方法：利用单输出可观测系统对偶系统为单输入可控系统，再利用上述可控标准形变换矩阵 $\boldsymbol{M}^{-1}$ 的求取步骤；

第二种方法的步骤如下（证明类似于定理 3-1 的证明）：

① 计算可观测性矩阵 $\boldsymbol{V}$；

② 计算 $\boldsymbol{V}^{-1}$，并记 $\boldsymbol{V}^{-1}$ 的最后一列为 $\boldsymbol{h}$；

③ 构造矩阵 $\boldsymbol{M}=[\boldsymbol{h}\quad \boldsymbol{A}\boldsymbol{h}\quad \cdots\quad \boldsymbol{A}^{n-1}\boldsymbol{h}]$；

④ 令 $\bar{\boldsymbol{x}}=\boldsymbol{M}^{-1}\boldsymbol{x}$，由 $\bar{\boldsymbol{A}}=\boldsymbol{M}^{-1}\boldsymbol{A}\boldsymbol{M}$，$\bar{\boldsymbol{b}}=\boldsymbol{M}^{-1}\boldsymbol{b}$，$\bar{\boldsymbol{c}}=\boldsymbol{c}\boldsymbol{M}$，即可求出变换后的标准形状态方程。

第三种方法的步骤如下（证明类似于注 3-1 的证明）：

① 计算系统系数矩阵 $\boldsymbol{A}$ 的特征多项式 $s^n+a_1s^{n-1}+\cdots+a_{n-1}s+a_n$；

② 以特征多项式系数构造矩阵

$$\begin{bmatrix}a_{n-1} & \cdots & a_1 & 1\\ \vdots & ⋰ & ⋰ & 0\\ a_1 & 1 & ⋰ & \vdots\\ 1 & 0 & \cdots & 0\end{bmatrix}$$

③ 计算可观测矩阵

$$\boldsymbol{V}=\begin{bmatrix}\boldsymbol{c}\\ \boldsymbol{c}\boldsymbol{A}\\ \vdots\\ \boldsymbol{c}\boldsymbol{A}^{n-1}\end{bmatrix}$$

④ 计算变换矩阵 $\boldsymbol{M}^{-1}$：

$$\boldsymbol{M}^{-1}=\begin{bmatrix}a_{n-1} & a_{n-2} & \cdots & a_1 & 1\\ a_{n-2} & a_{n-3} & \cdots & 1 & 0\\ \vdots & \vdots & ⋰ & ⋰ & \vdots\\ a_1 & 1 & 0 & \cdots & 0\\ 1 & 0 & 0 & \cdots & 0\end{bmatrix}\begin{bmatrix}\boldsymbol{c}\\ \boldsymbol{c}\boldsymbol{A}\\ \vdots\\ \boldsymbol{c}\boldsymbol{A}^{n-1}\end{bmatrix}$$

⑤ 令 $\bar{\boldsymbol{x}}=\boldsymbol{M}^{-1}\boldsymbol{x}$，由 $\bar{\boldsymbol{A}}=\boldsymbol{M}^{-1}\boldsymbol{A}\boldsymbol{M}$，$\bar{\boldsymbol{b}}=\boldsymbol{M}^{-1}\boldsymbol{b}$，$\bar{\boldsymbol{c}}=\boldsymbol{c}\boldsymbol{M}$，即可求出变换后的标准形状态方程。

对于单输出系统可观测性标准形，这些求取变换矩阵 $\boldsymbol{M}^{-1}$ 的结果是唯一的。

类似地，可以给出单输出系统的第一可观测标准形如下：

定理 3-2* 若 n 维单输出系统(3.1.2)可观测，则存在非奇异线性变换将其变换成可观测标准形：

$$\boldsymbol{A}=\begin{bmatrix}0 & 1 & 0 & \cdots & 0\\ 0 & 0 & 1 & \cdots & 0\\ \vdots & \vdots & \vdots & \ddots & \vdots\\ 0 & 0 & 0 & \cdots & 1\\ -a_n & -a_{n-1} & -a_{n-2} & \cdots & -a_1\end{bmatrix},\quad \boldsymbol{c}=\begin{bmatrix}1 & 0 & \cdots & 0 & 0\end{bmatrix}$$

这一可观测标准形称为第一可观测标准形。

类似于第一可控标准形变换矩阵，第一可观测标准形的变换矩阵 $\boldsymbol{M}^{-1}$ 取为可观测性矩阵即可。

例 3-2 系统动态方程为

$$\dot{\boldsymbol{x}}=\begin{bmatrix}1 & -1\\ 1 & 1\end{bmatrix}\boldsymbol{x}+\begin{bmatrix}-1\\ 1\end{bmatrix}u,\quad y=\begin{bmatrix}1 & 1\end{bmatrix}\boldsymbol{x}$$

将系统动态方程化为可观测标准形，并求出变换矩阵。

解：用第一种方法：显然该系统可观测，可以化为可观测标准形。写出它的对偶系统的 $\boldsymbol{A}$，$\boldsymbol{b}$ 阵，分别为

$$\boldsymbol{A}=\begin{bmatrix}1 & 1\\ -1 & 1\end{bmatrix},\quad \boldsymbol{b}=\begin{bmatrix}1\\ 1\end{bmatrix}$$

根据这里的 $\boldsymbol{A}$，$\boldsymbol{b}$ 阵，按化可控标准形求变换阵的步骤求出 $\boldsymbol{P}$ 阵：

① 计算可控性矩阵

$$\boldsymbol{U}=\begin{bmatrix}\boldsymbol{b} & \boldsymbol{Ab}\end{bmatrix}=\begin{bmatrix}1 & 2\\ 1 & 0\end{bmatrix}$$

② 对 $\boldsymbol{U}$ 求逆，并求出 $\boldsymbol{h}$

$$\boldsymbol{U}^{-1}=\begin{bmatrix}1 & 2\\ 1 & 0\end{bmatrix}^{-1}=\begin{bmatrix}0 & 1\\ 0.5 & -0.5\end{bmatrix},\quad \boldsymbol{h}=\begin{bmatrix}0.5 & -0.5\end{bmatrix}$$

③ 由式(3.1.3)求出 $\boldsymbol{P}$ 阵

$$\boldsymbol{P}=\begin{bmatrix}\boldsymbol{h}\\ \boldsymbol{hA}\end{bmatrix}=\begin{bmatrix}0.5 & -0.5\\ 1 & 0\end{bmatrix}$$

④ 由式(3.1.14)求出 $\boldsymbol{M}$ 阵

$$\boldsymbol{M}=\boldsymbol{P}^{\mathrm{T}}=\begin{bmatrix}0.5 & -0.5\\ 1 & 0\end{bmatrix}^{\mathrm{T}}=\begin{bmatrix}0.5 & 1\\ -0.5 & 0\end{bmatrix},\quad \boldsymbol{M}^{-1}=\begin{bmatrix}0 & -2\\ 1 & 1\end{bmatrix}$$

⑤ 由式(3.1.13)求出

$$\bar{\boldsymbol{A}}=\boldsymbol{M}^{-1}\boldsymbol{A}\boldsymbol{M}=\begin{bmatrix}0 & -2\\ 1 & 1\end{bmatrix}\begin{bmatrix}1 & -1\\ 1 & 1\end{bmatrix}\begin{bmatrix}0.5 & 1\\ -0.5 & 0\end{bmatrix}=\begin{bmatrix}0 & -2\\ 1 & 2\end{bmatrix}$$

$$\bar{\boldsymbol{b}}=\boldsymbol{M}^{-1}\boldsymbol{b}=\begin{bmatrix}0 & -2\\ 1 & 1\end{bmatrix}\begin{bmatrix}-1\\ 1\end{bmatrix}=\begin{bmatrix}-2\\ 0\end{bmatrix}$$

$$\bar{c} = cM = \begin{bmatrix} 1 & 1 \end{bmatrix} \begin{bmatrix} 0.5 & 1 \\ -0.5 & 0 \end{bmatrix} = \begin{bmatrix} 0 & 1 \end{bmatrix}$$

下面利用第二种方法：

① 计算可观测性矩阵

$$V = \begin{bmatrix} c \\ cA \end{bmatrix} = \begin{bmatrix} 1 & 1 \\ 2 & 0 \end{bmatrix}$$

② 对 V 求逆，并求出 h：

$$V^{-1} = \begin{bmatrix} 1 & 1 \\ 2 & 0 \end{bmatrix}^{-1} = \begin{bmatrix} 0 & 0.5 \\ 1 & -0.5 \end{bmatrix}, \quad h = \begin{bmatrix} 0.5 \\ -0.5 \end{bmatrix}$$

③ 求出变换矩阵 M：

$$M = \begin{bmatrix} h & Ah \end{bmatrix} = \begin{bmatrix} 0.5 & 1 \\ -0.5 & 0 \end{bmatrix}$$

④ 求出变换矩阵 M^{-1}：

$$M^{-1} = \begin{bmatrix} h & Ah \end{bmatrix}^{-1} = \begin{bmatrix} 0.5 & 1 \\ -0.5 & 0 \end{bmatrix}^{-1} = \begin{bmatrix} 0 & -2 \\ 1 & 1 \end{bmatrix}$$

利用第三种方法同样可以求得变换矩阵 M^{-1}：

① 计算 A 的特征多项式 s^2-2s+2；

② 计算变换矩阵

$$M^{-1} = \begin{bmatrix} a_{n-1} & 1 \\ 1 & 0 \end{bmatrix} \begin{bmatrix} c \\ cA \end{bmatrix} = \begin{bmatrix} -2 & 1 \\ 1 & 0 \end{bmatrix} \begin{bmatrix} 1 & 1 \\ 2 & 0 \end{bmatrix} = \begin{bmatrix} 0 & -2 \\ 1 & 1 \end{bmatrix}$$

用定理 3-2* 可以计算第一可观测标准形的变换矩阵及第一可观测标准形：

变换矩阵为

$$M^{-1} = \begin{bmatrix} c \\ cA \end{bmatrix} = \begin{bmatrix} 1 & 1 \\ 2 & 0 \end{bmatrix}, \quad M = V^{-1} = \begin{bmatrix} 1 & 1 \\ 2 & 0 \end{bmatrix}^{-1} = \begin{bmatrix} 0 & 0.5 \\ 1 & -0.5 \end{bmatrix}$$

第一可观测标准形系统系数矩阵为

$$\bar{A} = M^{-1}AM = \begin{bmatrix} 1 & 1 \\ 2 & 0 \end{bmatrix} \begin{bmatrix} 1 & -1 \\ 1 & 1 \end{bmatrix} \begin{bmatrix} 0 & 0.5 \\ 1 & -0.5 \end{bmatrix} = \begin{bmatrix} 0 & 1 \\ -2 & 2 \end{bmatrix}$$

$$\bar{b} = M^{-1}b = \begin{bmatrix} 1 & 1 \\ 2 & 0 \end{bmatrix} \begin{bmatrix} -1 \\ 1 \end{bmatrix} = \begin{bmatrix} 0 \\ -2 \end{bmatrix}$$

$$\bar{c} = cM = \begin{bmatrix} 1 & 1 \end{bmatrix} \begin{bmatrix} 0 & 0.5 \\ 1 & -0.5 \end{bmatrix} = \begin{bmatrix} 1 & 0 \end{bmatrix}$$

3.2　多变量系统的可控标准形与可观测标准形

对于一般的多输入、多输出 n 维动态方程

$$\dot{x} = Ax + Bu, \quad y = Cx + Du \tag{3.2.1}$$

其中，A，B，C 分别为 $n \times n$、$n \times p$、$q \times n$ 的矩阵，记 b_i 为 B 的第 i 列，即 $B = \begin{bmatrix} b_1 & b_2 & \cdots & b_p \end{bmatrix}$。

3.2.1 多变量系统的伦伯格(Luenberger)标准形

假设系统(3.2.1)可控,其可控性矩阵 $\boldsymbol{U}=[\boldsymbol{B}\quad \boldsymbol{AB}\quad \cdots\quad \boldsymbol{A}^{n-1}\boldsymbol{B}]$行满秩,写出 $\boldsymbol{U}$ 的各列:

$$\boldsymbol{U}=[\boldsymbol{b}_1\quad \boldsymbol{b}_2\quad \cdots\quad \boldsymbol{b}_p\quad \boldsymbol{Ab}_1\quad \boldsymbol{Ab}_2\quad \cdots\quad \boldsymbol{Ab}_p\quad \cdots\quad \boldsymbol{A}^{n-1}\boldsymbol{b}_1\quad \boldsymbol{A}^{n-1}\boldsymbol{b}_2\quad \cdots\quad \boldsymbol{A}^{n-1}\boldsymbol{b}_p] \tag{3.2.2}$$

为了把式(3.2.1)化为标准形,需要重新选取状态空间的基底,而这组基可以从 $\boldsymbol{U}$ 的列向量中选取。从式(3.2.2)中选取 n 个线性无关的列向量的方法很多,这里的选取原则为:首先按式(3.2.2)排列次序选择线性无关的向量,即从 $\boldsymbol{b}_1,\boldsymbol{b}_2,\cdots,\boldsymbol{b}_p$ 开始,然后再考虑 $\boldsymbol{Ab}_1,\boldsymbol{Ab}_2,\cdots,\boldsymbol{Ab}_p$,接着是 $\boldsymbol{A}^2\boldsymbol{b}_1,\boldsymbol{A}^2\boldsymbol{b}_2,\cdots,\boldsymbol{A}^2\boldsymbol{b}_p$ 等,直到得出 n 个线性无关向量为止。要注意的是,若某一向量例如 $\boldsymbol{Ab}_2$,由于和 $\boldsymbol{b}_1,\boldsymbol{b}_2,\cdots,\boldsymbol{b}_p,\boldsymbol{Ab}_1$ 线性相关而不予选取时,则对于 $k\geqslant 1$ 的所有 $\boldsymbol{A}^k\boldsymbol{b}_2$ 的向量均不会被挑选到,这是因为这些向量必然与其所在列位之前的各向量线性相关。按上述方法选定 n 个线性无关的向量后,将其重新排列如下:

$$\boldsymbol{b}_1,\boldsymbol{Ab}_1,\cdots,\boldsymbol{A}^{\mu_1-1}\boldsymbol{b}_1;\boldsymbol{b}_2,\boldsymbol{Ab}_2,\cdots,\boldsymbol{A}^{\mu_2-1}\boldsymbol{b}_2;\cdots;\boldsymbol{b}_p,\boldsymbol{Ab}_p,\cdots,\boldsymbol{A}^{\mu_p-1}\boldsymbol{b}_p \tag{3.2.3}$$

其中,$\mu_1,\mu_2,\cdots,\mu_p$ 是非负整数,且 $\mu_1+\mu_2+\cdots+\mu_p=n$。这组参数 $\mu_1,\mu_2,\cdots,\mu_p$ 被称为系统的可控性指标,是系统的 Kronecker 不变量,即时不变线性系统在非奇异坐标变换下,它是不变的。系统的可控性 Kronecker 不变量 $\mu_1,\mu_2,\cdots,\mu_p$ 的值取决于选择无关向量时列向量的排列顺序,顺序不同可能得到不同的值,从而决定不同的规范型。但如果在选择线性无关列向量时的顺序已经给定,则可控性 Kronecker 不变量和规范型就是唯一确定的(见参考文献[35])。令

$$\boldsymbol{P}_1^{-1}=[\boldsymbol{b}_1\quad \boldsymbol{Ab}_1\quad \cdots\quad \boldsymbol{A}^{\mu_1-1}\boldsymbol{b}_1\quad \boldsymbol{b}_2\quad \boldsymbol{Ab}_2\quad \cdots\quad \boldsymbol{A}^{\mu_2-1}\boldsymbol{b}_2\quad \cdots\quad \boldsymbol{b}_p\quad \boldsymbol{Ab}_p\quad \cdots\quad \boldsymbol{A}^{\mu_p-1}\boldsymbol{b}_p] \tag{3.2.4}$$

定理 3-3 设系统(3.2.1)可控,则存在等价变换 $\bar{\boldsymbol{x}}=\boldsymbol{P}_1^{-1}\boldsymbol{x}$ 将其变换为如式(3.2.5)所示的 Luenberger 第一可控标准形

$$\dot{\bar{\boldsymbol{x}}}=\bar{\boldsymbol{A}}_1\bar{\boldsymbol{x}}+\bar{\boldsymbol{B}}_1\boldsymbol{u},\quad \boldsymbol{y}=\bar{\boldsymbol{C}}_1\bar{\boldsymbol{x}}+\bar{\boldsymbol{D}}\boldsymbol{u} \tag{3.2.5}$$

其中

$$\bar{\boldsymbol{A}}_1=\begin{bmatrix}\boldsymbol{A}_{11} & \boldsymbol{A}_{12} & \cdots & \boldsymbol{A}_{1p}\\ \boldsymbol{A}_{21} & \boldsymbol{A}_{22} & \cdots & \boldsymbol{A}_{2p}\\ \vdots & \vdots & & \vdots\\ \boldsymbol{A}_{p1} & \boldsymbol{A}_{p2} & \cdots & \boldsymbol{A}_{pp}\end{bmatrix},\quad \bar{\boldsymbol{B}}_1=\begin{bmatrix}\boldsymbol{B}_1\\ \boldsymbol{B}_2\\ \vdots\\ \boldsymbol{B}_p\end{bmatrix},\quad \boldsymbol{B}_i=\begin{bmatrix}0 & \cdots & 1 & \cdots & 0\\ 0 & \cdots & 0 & \cdots & 0\\ \vdots & & \vdots & & \vdots\\ 0 & \cdots & 0 & \cdots & 0\end{bmatrix}\mu_i\text{ 行}$$

$\boldsymbol{B}_i$ 的第 i 列首项为 1。

$$\boldsymbol{A}_{ii}=\begin{bmatrix}0 & 0 & \cdots & 0 & \times\\ 1 & 0 & \cdots & 0 & \times\\ 0 & 1 & \cdots & 0 & \times\\ \vdots & \vdots & \ddots & \vdots & \vdots\\ 0 & 0 & \cdots & 1 & \times\end{bmatrix},\ \boldsymbol{A}_{ij}=\begin{bmatrix}0 & 0 & \cdots & 0 & \times\\ 0 & 0 & \cdots & 0 & \times\\ 0 & 0 & \cdots & 0 & \times\\ \vdots & \vdots & & \vdots & \vdots\\ 0 & 0 & \cdots & 0 & \times\end{bmatrix}\mu_i,\ \boldsymbol{A}_{ji}=\begin{bmatrix}0 & 0 & \cdots & 0 & \times\\ 0 & 0 & \cdots & 0 & \times\\ 0 & 0 & \cdots & 0 & \times\\ \vdots & \vdots & & \vdots & \vdots\\ 0 & 0 & \cdots & 0 & \times\end{bmatrix}$$

$\boldsymbol{A}_{ji}$ 为 μ_i 列矩阵。$\bar{\boldsymbol{C}}_1$ 没有特殊结构,即为下面的系数矩阵:

$$
\bar{\boldsymbol{A}}_1 = \begin{array}{c} \\ \mu_1 \\ \\ \mu_2 \\ \\ \vdots \\ \\ \mu_p \end{array}
\overset{\qquad\mu_1\qquad\qquad\qquad\mu_2\qquad\qquad\qquad\qquad\qquad\mu_p}{\left[\begin{array}{ccccc|ccccc|c|ccccc}
0 & 0 & \cdots & 0 & \times & 0 & \cdots & 0 & 0 & \times & & & & & & \\
1 & 0 & \cdots & 0 & \times & 0 & \cdots & 0 & 0 & \times & & & & & & \\
0 & 1 & \cdots & 0 & \times & \vdots & & \vdots & \vdots & \vdots & \cdots & & & & & \\
\vdots & \vdots & \ddots & \vdots & \vdots & 0 & \cdots & 0 & 0 & \times & & & & & & \\
0 & 0 & \cdots & 1 & \times & 0 & \cdots & 0 & 0 & \times & & & & & & \\
\hline
0 & 0 & \cdots & 0 & \times & 0 & 0 & \cdots & 0 & \times & & 0 & \cdots & 0 & 0 & \times \\
0 & 0 & \cdots & 0 & \times & 1 & 0 & \cdots & 0 & \times & & 0 & \cdots & 0 & 0 & \times \\
\vdots & \vdots & & \vdots & \vdots & 0 & 1 & \cdots & 0 & \times & \cdots & \vdots & & \vdots & \vdots & \vdots \\
0 & 0 & \cdots & 0 & \times & \vdots & \vdots & \ddots & \vdots & \vdots & & 0 & \cdots & 0 & 0 & \times \\
 & & & & & 0 & 0 & \cdots & 1 & \times & & & & & & \\
\hline
 & & \vdots & & & & & \vdots & & & \ddots & & & \vdots & & \\
\hline
0 & 0 & \cdots & 0 & \times & 0 & \cdots & 0 & 0 & \times & & 0 & 0 & \cdots & 0 & \times \\
0 & 0 & \cdots & 0 & \times & 0 & \cdots & 0 & 0 & \times & & 1 & 0 & \cdots & 0 & \times \\
\vdots & \vdots & & \vdots & \vdots & \vdots & & \vdots & \vdots & \vdots & & 0 & 1 & \cdots & 0 & \times \\
0 & 0 & \cdots & 0 & \times & 0 & \cdots & 0 & 0 & \times & & \vdots & \vdots & \ddots & \vdots & \vdots \\
0 & 0 & \cdots & 0 & \times & 0 & \cdots & 0 & 0 & \times & & 0 & 0 & \cdots & 1 & \times
\end{array}\right]}
\tag{3.2.6a}
$$

$$
\bar{\boldsymbol{B}}_1 = \left[\begin{array}{ccccc}
1 & 0 & \cdots & 0 & 0 \\
0 & 0 & \cdots & 0 & 0 \\
\vdots & \vdots & & \vdots & \vdots \\
0 & 0 & \cdots & 0 & 0 \\
\hline
0 & 1 & 0 & \cdots & 0 \\
0 & 0 & 0 & \cdots & 0 \\
\vdots & \vdots & \vdots & & \vdots \\
0 & 0 & 0 & \cdots & 0 \\
\hline
 & & \vdots & & \\
\hline
0 & 0 & \cdots & 0 & 1 \\
0 & 0 & \cdots & 0 & 0 \\
\vdots & \vdots & & \vdots & \vdots \\
0 & 0 & \cdots & 0 & 0
\end{array}\right]
\begin{array}{l} \\ \mu_1 \\ \\ \\ \\ \\ \mu_2 \\ \\ \\ \\ \\ \mu_p \\ \\ \end{array}
\tag{3.2.6b}
$$

$$
\bar{\boldsymbol{C}}_1 = \boldsymbol{C}\boldsymbol{P}_1 \tag{3.2.6c}
$$

在 $\bar{\boldsymbol{A}}_1$ 的表达式中,“×”代表数字,它可以是零,也可以不是零。

定理的结论容易根据 $\boldsymbol{P}_1^{-1}$ 中列向量选取的原则来验证。为不失一般性,假设输入矩阵 $\boldsymbol{B}$ 的各个列 $\boldsymbol{b}_1,\boldsymbol{b}_2,\cdots,\boldsymbol{b}_p$ 线性无关。式(3.2.6)中 $\bar{\boldsymbol{A}}_1$、$\bar{\boldsymbol{B}}_1$ 的形式表示了 $\boldsymbol{b}_1,\boldsymbol{b}_2,\cdots,\boldsymbol{b}_p$ 线性无关的情况,即 $\mu_i \neq 0 \quad (i=1,2,\cdots,p)$ 的情况。当 $\boldsymbol{b}_i$ 与 $\boldsymbol{b}_1,\boldsymbol{b}_2,\cdots,\boldsymbol{b}_{i-1}$ 线性相关时,$\boldsymbol{b}_i$ 在 $\boldsymbol{P}^{-1}$ 中不出现,这时 $\bar{\boldsymbol{B}}_1$ 的第 i 列除了第 $1,\mu_1+1,\cdots,\mu_1+\mu_2+\cdots+\mu_{i-2}+1$ 行上的元素之外,其余元素都为零。由于这时 $\mu_i=0$,故在 $\bar{\boldsymbol{A}}_1$ 中也不出现相应的块矩阵。另外,在式(3.2.6c)中,$\bar{\boldsymbol{C}}_1$

阵因无特殊形式，故未详细写出。这一结果是单输入系统第一可控标准形对多输入系统可控标准形的一种直接推广。

多输入可控系统的 Luenberger 第一可控标准形的变换矩阵的求取步骤如下：

① 从可控性矩阵 $\boldsymbol{U}=[\boldsymbol{b}_1\quad \boldsymbol{b}_2\quad \cdots\quad \boldsymbol{b}_p\quad \cdots\quad \boldsymbol{A}^{n-1}\boldsymbol{b}_1\quad \boldsymbol{A}^{n-1}\boldsymbol{b}_2\quad \cdots\quad \boldsymbol{A}^{n-1}\boldsymbol{b}_p]$的各列中依次选出 n 个线性无关向量；

② 将其重新排列如下：$\boldsymbol{b}_1,\boldsymbol{A}\boldsymbol{b}_1,\cdots,\boldsymbol{A}^{\mu_1-1}\boldsymbol{b}_1;\ \boldsymbol{b}_2,\boldsymbol{A}\boldsymbol{b}_2,\cdots,\boldsymbol{A}^{\mu_2-1}\boldsymbol{b}_2;\ \cdots;\ \boldsymbol{b}_p,\boldsymbol{A}\boldsymbol{b}_p,\cdots,\boldsymbol{A}^{\mu_p-1}\boldsymbol{b}_p$；

③ 取以这些向量为列组成的变换矩阵，即令

$$\boldsymbol{P}_1^{-1}=[\boldsymbol{b}_1\quad \boldsymbol{A}\boldsymbol{b}_1\quad \cdots\quad \boldsymbol{A}^{\mu_1-1}\boldsymbol{b}_1\quad \boldsymbol{b}_2\quad \boldsymbol{A}\boldsymbol{b}_2\quad \cdots\quad \boldsymbol{A}^{\mu_2-1}\boldsymbol{b}_2\quad \cdots\quad \boldsymbol{b}_p\quad \boldsymbol{A}\boldsymbol{b}_p\quad \cdots\quad \boldsymbol{A}^{\mu_p-1}\boldsymbol{b}_p]$$

④ 取变换 $\bar{\boldsymbol{x}}=\boldsymbol{P}_1^{-1}\boldsymbol{x}$ 就可以得到 Luenberger 第一可控标准形：

$$\bar{\boldsymbol{A}}_1=\boldsymbol{P}_1^{-1}\boldsymbol{A}\boldsymbol{P}_1,\quad \bar{\boldsymbol{B}}_1=\boldsymbol{P}_1^{-1}\boldsymbol{B},\quad \bar{\boldsymbol{C}}_1=\boldsymbol{C}\boldsymbol{P}_1,\quad \bar{\boldsymbol{D}}=\boldsymbol{D}$$

Luenberger 可控标准形还有另一种形式，如果以 $\boldsymbol{h}_i(i=1,2,\cdots,p)$ 表示式(3.2.4)所定义的 $\boldsymbol{P}_1$ 阵的第 $\sum_{j=1}^{i}\mu_j$ 行，然后构成矩阵 $\boldsymbol{P}_2$ 如下：

$$\boldsymbol{P}_2=\begin{bmatrix}\boldsymbol{h}_1\\ \boldsymbol{h}_1\boldsymbol{A}\\ \vdots\\ \boldsymbol{h}_1\boldsymbol{A}^{\mu_1-1}\\ \boldsymbol{h}_2\\ \boldsymbol{h}_2\boldsymbol{A}\\ \vdots\\ \boldsymbol{h}_2\boldsymbol{A}^{\mu_2-1}\\ \vdots\\ \boldsymbol{h}_p\\ \boldsymbol{h}_p\boldsymbol{A}\\ \vdots\\ \boldsymbol{h}_p\boldsymbol{A}^{\mu_p-1}\end{bmatrix} \tag{3.2.7}$$

不难证明 $\boldsymbol{P}_2$ 是非奇异阵。事实上，如果有 n 维行向量 $\boldsymbol{\alpha}$，使得

$$\boldsymbol{\alpha}\boldsymbol{P}_2=\boldsymbol{0}$$

则推得 $\boldsymbol{\alpha}=[a_{1,0}\quad \cdots\quad a_{1,\mu_1-1}\quad a_{2,0}\quad \cdots\quad a_{2,\mu_2-1}\quad \cdots\quad a_{p,0}\quad \cdots\quad a_{p,\mu_p-1}]$ 恒为零即可。为此，有

$$\boldsymbol{0}=\sum_{i=0}^{\mu_1-1}a_{1,i}\boldsymbol{h}_1\boldsymbol{A}^i+\sum_{i=1}^{\mu_2-1}a_{2,i}\boldsymbol{h}_2\boldsymbol{A}^i+\cdots+\sum_{i=0}^{\mu_p-1}a_{p,i}\boldsymbol{h}_p\boldsymbol{A}^i \tag{3.2.8}$$

其中，$a_{j,i}$，$j=1,2,\cdots,p$ 是向量 $\boldsymbol{\alpha}$ 的元素。由于 $\boldsymbol{P}_1\boldsymbol{P}_1^{-1}=\boldsymbol{I}$，可知如下关系成立：

$$\begin{cases} \boldsymbol{h}_1\boldsymbol{b}_1=\boldsymbol{h}_1\boldsymbol{A}\boldsymbol{b}_1=\cdots=\boldsymbol{h}_1\boldsymbol{A}^{\mu_1-2}\boldsymbol{b}_1=0,\boldsymbol{h}_1\boldsymbol{A}^{\mu_1-1}\boldsymbol{b}_1=1 \\ \boldsymbol{h}_1\boldsymbol{b}_2=\boldsymbol{h}_1\boldsymbol{A}\boldsymbol{b}_2=\cdots=\boldsymbol{h}_1\boldsymbol{A}^{\mu_2-1}\boldsymbol{b}_2=0,\cdots,\boldsymbol{h}_1\boldsymbol{b}_p=\cdots=\boldsymbol{h}_1\boldsymbol{A}^{\mu_p-1}\boldsymbol{b}_p=0 \\ \boldsymbol{h}_2\boldsymbol{b}_1=\boldsymbol{h}_2\boldsymbol{A}\boldsymbol{b}_1=\cdots=\boldsymbol{h}_2\boldsymbol{A}^{\mu_1-1}\boldsymbol{b}_1=0,\cdots \\ \boldsymbol{h}_2\boldsymbol{b}_2=\boldsymbol{h}_2\boldsymbol{A}\boldsymbol{b}_2=\cdots=\boldsymbol{h}_2\boldsymbol{A}^{\mu_2-2}\boldsymbol{b}_2=0,\boldsymbol{h}_2\boldsymbol{A}^{\mu_2-1}\boldsymbol{b}_2=1,\cdots \\ \boldsymbol{h}_2\boldsymbol{b}_p=\boldsymbol{h}_2\boldsymbol{A}\boldsymbol{b}_p=\cdots=\boldsymbol{h}_2\boldsymbol{A}^{\mu_p-1}\boldsymbol{b}_p=0,\cdots \\ \boldsymbol{h}_p\boldsymbol{b}_1=\boldsymbol{h}_p\boldsymbol{A}\boldsymbol{b}_1=\cdots=\boldsymbol{h}_p\boldsymbol{A}^{\mu_1-1}\boldsymbol{b}_1=0,\cdots \\ \boldsymbol{h}_p\boldsymbol{b}_p=\boldsymbol{h}_p\boldsymbol{A}\boldsymbol{b}_p=\cdots=\boldsymbol{h}_p\boldsymbol{A}^{\mu_p-2}\boldsymbol{b}_p=0,\boldsymbol{h}_p\boldsymbol{A}^{\mu_p-1}\boldsymbol{b}_p=1 \end{cases} \tag{3.2.9}$$

因此在式(3.2.8)等号两边同右乘 $\boldsymbol{b}_1$，则由式(3.2.9)的关系得到 $a_{1,\mu_1-1}=0$。再在式(3.2.8)等号两边同右乘 $\boldsymbol{A}\boldsymbol{b}_1$，由式(3.2.9)的关系得到 $a_{1,\mu_1-2}=0$，以此类推可以得到 $a_{1,i}=0,i=0,1,\cdots,\mu_1-1$。在式(3.2.8)等号两边同右乘 $\boldsymbol{b}_2$，则由式(3.2.9)的关系得到 $a_{2,\mu_2-1}=0$。再在式(3.2.8)等号两边同右乘 $\boldsymbol{A}\boldsymbol{b}_2$，由式(3.2.9)的关系得到 $a_{2,\mu_2-2}=0$，以此类推可以得到 $a_{2,i}=0$，$i=0,1,\cdots,\mu_2-1$。以此下去，可以得到所有的系数 $a_{j,i}=0,j=1,2,\cdots,p,i=0,1,\cdots,\mu_j-1$。于是可得行向量 $\boldsymbol{\alpha}=\boldsymbol{0}$，从而说明 $\boldsymbol{P}_2$ 是非奇异阵。取变换矩阵为 $\boldsymbol{P}_2$，作 $\bar{\boldsymbol{x}}=\boldsymbol{P}_2\boldsymbol{x}$ 的变换，不难推证以下定理。

定理 3-4　设系统(3.2.1)可控，则存在等价变换 $\bar{\boldsymbol{x}}=\boldsymbol{P}_2\boldsymbol{x}$ 将其化为 Luenberger 第二可控标准形：

$$\begin{cases} \dot{\bar{\boldsymbol{x}}}=\bar{\boldsymbol{A}}\bar{\boldsymbol{x}}+\bar{\boldsymbol{B}}\boldsymbol{u} \\ \boldsymbol{y}=\bar{\boldsymbol{C}}\bar{\boldsymbol{x}}+\bar{\boldsymbol{D}}\boldsymbol{u} \end{cases} \tag{3.2.10}$$

其中

$$\bar{\boldsymbol{A}}=\begin{bmatrix} \boldsymbol{A}_{11} & \boldsymbol{A}_{12} & \cdots & \boldsymbol{A}_{1p} \\ \boldsymbol{A}_{21} & \boldsymbol{A}_{22} & \cdots & \boldsymbol{A}_{2p} \\ \vdots & \vdots & & \vdots \\ \boldsymbol{A}_{p1} & \boldsymbol{A}_{p2} & \cdots & \boldsymbol{A}_{pp} \end{bmatrix},\quad \bar{\boldsymbol{B}}=\begin{bmatrix} \boldsymbol{B}_1 \\ \boldsymbol{B}_2 \\ \vdots \\ \boldsymbol{B}_p \end{bmatrix}$$

$$\boldsymbol{A}_{ii}=\begin{bmatrix} 0 & 1 & 0 & \cdots & 0 \\ 0 & 0 & 1 & \cdots & 0 \\ \vdots & \vdots & \vdots & \ddots & \vdots \\ 0 & 0 & 0 & \cdots & 1 \\ \times & \times & \times & \cdots & \times \end{bmatrix},\quad \boldsymbol{A}_{ij}=\begin{bmatrix} 0 & 0 & \cdots & 0 & 0 \\ 0 & 0 & \cdots & 0 & 0 \\ \vdots & \vdots & & \vdots & \vdots \\ 0 & 0 & \cdots & 0 & 0 \\ \times & \times & \cdots & \times & \times \end{bmatrix},\quad \boldsymbol{B}_i=\begin{bmatrix} 0 & \cdots & 0 & 0 & 0 \\ 0 & \cdots & 0 & 0 & 0 \\ \vdots & & \vdots & \vdots & \vdots \\ 0 & \cdots & 0 & 0 & 0 \\ 0 & \cdots & 1 & \times & \times \end{bmatrix}$$

这里，$\boldsymbol{A}_{ii},\boldsymbol{A}_{ij},\boldsymbol{B}_i$ 分别是 $\mu_i\times\mu_i,\mu_i\times\mu_j,\mu_i\times p$ 的矩阵，$\bar{\boldsymbol{C}}$ 没有特殊形式。这一结果是单输入系统第二可控标准形对多输入系统可控标准形的一种直接推广。

多输入可控系统的 Luenberger 第二可控标准形的变换矩阵的求取步骤如下：

① 从可控性矩阵 $\boldsymbol{U}=[\boldsymbol{b}_1\ \ \boldsymbol{b}_2\ \ \cdots\ \ \boldsymbol{b}_p\ \ \cdots\ \ \boldsymbol{A}^{n-1}\boldsymbol{b}_1\ \ \boldsymbol{A}^{n-1}\boldsymbol{b}_2\ \ \cdots\ \ \boldsymbol{A}^{n-1}\boldsymbol{b}_p]$ 的各列中依次选出 n 个线性无关向量；

② 将其重新排列如下：$\boldsymbol{b}_1,\boldsymbol{A}\boldsymbol{b}_1,\cdots,\boldsymbol{A}^{\mu_1-1}\boldsymbol{b}_1;\boldsymbol{b}_2,\boldsymbol{A}\boldsymbol{b}_2,\cdots,\boldsymbol{A}^{\mu_2-1}\boldsymbol{b}_2;\cdots;\boldsymbol{b}_p,\boldsymbol{A}\boldsymbol{b}_p,\cdots,\boldsymbol{A}^{\mu_p-1}\boldsymbol{b}_p$；

③ 令 $\boldsymbol{P}_1^{-1}=[\boldsymbol{b}_1,\boldsymbol{A}\boldsymbol{b}_1,\cdots,\boldsymbol{A}^{\mu_1-1}\boldsymbol{b}_1;\boldsymbol{b}_2,\boldsymbol{A}\boldsymbol{b}_2,\cdots,\boldsymbol{A}^{\mu_2-1}\boldsymbol{b}_2;\cdots;\boldsymbol{b}_p,\boldsymbol{A}\boldsymbol{b}_p,\cdots,\boldsymbol{A}^{\mu_p-1}\boldsymbol{b}_p]$；

④ 求出 $\boldsymbol{P}_1$，以 $\boldsymbol{h}_i(i=1,2,\cdots,p)$ 表示 $\boldsymbol{P}_1$ 阵的第 $\sum_{j=1}^{i}\mu_j$ 行；

⑤ 然后根据式(3.2.7)构成变换矩阵 $\boldsymbol{P}_2$；

⑥ 取变换 $\bar{\boldsymbol{x}}=\boldsymbol{P}_2\boldsymbol{x}$ 就可以得到 Luenberger 第二可控标准形：

$$\bar{\boldsymbol{A}}_1=\boldsymbol{P}_2\boldsymbol{A}\boldsymbol{P}_2^{-1},\quad \bar{\boldsymbol{B}}_1=\boldsymbol{P}_2\boldsymbol{B},\quad \bar{\boldsymbol{C}}_1=\boldsymbol{C}\boldsymbol{P}_2^{-1},\quad \bar{\boldsymbol{D}}=\boldsymbol{D}$$

例 3-3 设系统动态方程$(\boldsymbol{A},\boldsymbol{B},\boldsymbol{C})$为

$$\boldsymbol{A}=\begin{bmatrix}0&0&0&1\\1&0&0&-2\\-22&-11&-4&0\\-23&-6&0&-6\end{bmatrix},\quad \boldsymbol{B}=\begin{bmatrix}0&0\\0&0\\0&1\\1&3\end{bmatrix},\quad \boldsymbol{C}=\begin{bmatrix}0&0&0&1\\0&0&1&0\end{bmatrix}$$

试求其可控标准形。

解： 计算可控性矩阵

$$[\boldsymbol{B}\quad \boldsymbol{A}\boldsymbol{B}\quad \boldsymbol{A}^2\boldsymbol{B}\quad \boldsymbol{A}^3\boldsymbol{B}]=\begin{bmatrix}0&0&1&3&-6&\cdots\\0&0&-2&-6&13&\cdots\\0&1&0&-4&0&\cdots\\1&3&-6&-18&25&\cdots\end{bmatrix}$$

可知其前四个线性无关列为 1,2,3,5 列，故 $\mu_1=3,\mu_2=1$，这四列组成的矩阵的逆矩阵为

$$[\boldsymbol{b}_1\quad \boldsymbol{A}\boldsymbol{b}_1\quad \boldsymbol{A}^2\boldsymbol{b}_1\quad \boldsymbol{b}_2]^{-1}=\begin{bmatrix}28&11&-3&1\\13&6&0&0\\2&1&0&0\\0&0&1&0\end{bmatrix}$$

取 $\bar{\boldsymbol{x}}=\boldsymbol{P}_1^{-1}\boldsymbol{x}$，计算 $\bar{\boldsymbol{A}}_1=\boldsymbol{P}_1^{-1}\boldsymbol{A}\boldsymbol{P}_1,\bar{\boldsymbol{B}}_1=\boldsymbol{P}_1^{-1}\boldsymbol{B},\bar{\boldsymbol{C}}_1=\boldsymbol{C}\boldsymbol{P}_1$ 就可以得到第一可控标准形：

$$\bar{\boldsymbol{A}}=\begin{bmatrix}0&0&27&12\\1&0&-11&3\\0&1&-6&0\\0&0&-11&-4\end{bmatrix},\quad \bar{\boldsymbol{B}}=\begin{bmatrix}1&0\\0&0\\0&0\\0&1\end{bmatrix},\quad \bar{\boldsymbol{C}}=\begin{bmatrix}1&-6&25&3\\0&0&0&1\end{bmatrix}$$

按照定理 3-4 及第二可控标准形算法，取其第 $\mu_1=3$ 行求出 $\boldsymbol{h}_1=[2\quad 1\quad 0\quad 0]$，取其第 $\mu_2=1$ 行求出 $\boldsymbol{h}_2=[0\quad 0\quad 1\quad 0]$，从而可得

$$\boldsymbol{P}_2=\begin{bmatrix}\boldsymbol{h}_1\\\boldsymbol{h}_1\boldsymbol{A}\\\boldsymbol{h}_1\boldsymbol{A}^2\\\boldsymbol{h}_2\end{bmatrix}=\begin{bmatrix}2&1&0&0\\1&0&0&0\\0&0&0&1\\0&0&1&0\end{bmatrix}$$

由计算 $\bar{\boldsymbol{A}}=\boldsymbol{P}_2\boldsymbol{A}\boldsymbol{P}_2^{-1},\bar{\boldsymbol{B}}=\boldsymbol{P}_2\boldsymbol{B},\bar{\boldsymbol{C}}=\boldsymbol{C}\boldsymbol{P}_2^{-1}$，从而可得第二可控标准形：

$$\bar{\boldsymbol{A}}=\begin{bmatrix}0&1&0&0\\0&0&1&0\\-6&-11&-6&0\\-11&0&0&-4\end{bmatrix},\quad \bar{\boldsymbol{B}}=\begin{bmatrix}0&0\\0&0\\1&3\\0&1\end{bmatrix},\quad \bar{\boldsymbol{C}}=\begin{bmatrix}0&0&1&0\\0&0&0&1\end{bmatrix}$$

和单变量系统一样，根据对偶原理还可以得到 Luenberger 可观测标准形。

定理 3-5　设系统(3.2.1)可观测,则存在等价变换将其变换 $\bar{x}=P_1 x$ 为式(3.2.11)所示的 Luenberger 第一可观测标准形

$$\begin{cases} \dot{\bar{x}}=\bar{A}_1 \bar{x}+\bar{B}_1 u \\ y=\bar{C}_1 x+\bar{D}u \end{cases} \tag{3.2.11}$$

其中

$$\bar{A}_1 = \begin{bmatrix} 0 & 1 & \cdots & 0 & 0 & 0 & \cdots & 0 & & 0 & 0 & \cdots & 0 \\ 0 & 0 & \ddots & 0 & \vdots & \vdots & & \vdots & & \vdots & \vdots & & \vdots \\ 0 & 0 & \cdots & 1 & 0 & 0 & \cdots & 0 & \cdots & 0 & 0 & \cdots & 0 \\ \times & \times & \cdots & \times & \times & \times & \cdots & \times & & \times & \times & \cdots & \times \\ 0 & 0 & \cdots & 0 & 0 & 1 & \cdots & 0 & & 0 & 0 & \cdots & 0 \\ 0 & 0 & \cdots & 0 & 0 & 0 & \ddots & 0 & \cdots & \vdots & \vdots & & \vdots \\ 0 & 0 & \cdots & 0 & 0 & 0 & \cdots & 1 & & 0 & 0 & \cdots & 0 \\ \times & \times & \cdots & \times & \times & \times & \cdots & \times & & \times & \times & \cdots & \times \\ & & & & \vdots & & & \vdots & & \vdots & & & \vdots \\ 0 & 0 & \cdots & 0 & 0 & 0 & \cdots & 0 & & 0 & 1 & \cdots & 0 \\ \vdots & \vdots & & \vdots & \vdots & \vdots & & \vdots & \cdots & \vdots & \vdots & \ddots & \vdots \\ 0 & 0 & \cdots & 0 & 0 & 0 & \cdots & 0 & & 0 & 0 & \cdots & 1 \\ \times & \times & \cdots & \times & \times & \times & \cdots & \times & & \times & \times & \cdots & \times \end{bmatrix} \begin{matrix} \\ \\ \nu_1 \\ \\ \\ \\ \nu_2 \\ \\ \\ \\ \\ \nu_q \\ \\ \end{matrix} \tag{3.2.12a}$$

$$\bar{C}_1 = \begin{bmatrix} 1 & 0 & \cdots & 0 & 0 & 0 & \cdots & 0 & & 0 & 0 & \cdots & 0 \\ 0 & 0 & \cdots & 0 & 1 & 0 & \cdots & 0 & & 0 & 0 & \cdots & 0 \\ \vdots & \vdots & & \vdots & \vdots & \vdots & & \vdots & \cdots & \vdots & \vdots & & \vdots \\ 0 & 0 & \cdots & 0 & 0 & 0 & \cdots & 0 & & 1 & 0 & \cdots & 0 \end{bmatrix} \tag{3.2.12b}$$

$$\bar{B}_1 = P_1 B \tag{3.2.12c}$$

该定理的证明同定理 3-3,这时只需从按行顺序排列的可观测性矩阵中挑选出 n 个线性无关行,从 $c_1,c_2,\cdots,c_q,c_1 A,c_2 A,\cdots,c_q A,\cdots$ 挑出 n 个线性无关的行后再按 c_i 的顺序分组排列,写出与 c_i 对应的组:

$$\begin{bmatrix} c_1 \\ c_1 A \\ \vdots \\ c_1 A^{\nu_1-1} \end{bmatrix}, \cdots, \begin{bmatrix} c_i \\ c_i A \\ \vdots \\ c_i A^{\nu_i-1} \end{bmatrix}, \cdots, \begin{bmatrix} c_q \\ c_q A \\ \vdots \\ c_q A^{\nu_q-1} \end{bmatrix}$$

由以上形式的 q 组行向量为行组成变换矩阵,其中 $\nu_1,\nu_2,\cdots,\nu_q$ 为大于零的常数且满足 $\nu_1+\nu_2+\cdots+\nu_q=n$。这组参数 $\nu_1,\nu_2,\cdots,\nu_q$ 被称为系统的可观测性指标,也是系统的 Kronecker 不变量,称为可观测 Kronecker 不变量,在非奇异线性变换下是不变的。类似地,系统的可观测 Kronecker 不变量 $\nu_1,\nu_2,\cdots,\nu_q$ 的值取决于选择无关行向量时行向量的排列顺序,顺序不同可能得到不同的值,从而决定不同的可观测规范型(细节见参考文献[35])。但如果在选择线性无关行向量时的顺序已经给定,则可观测 Kronecker 不变量和可观测规范型就是唯一确定的。下面给出 Luenberger 第二可观测性标准形的一个直接推广,得到如下定理:

定理 3-6　设系统(3.2.1)可观测,则存在等价变换 $\bar{x}=P_2 x$ 将其变换为式(3.2.13)所示

的 Luenberger 第二可观测标准形

$$\begin{cases}\dot{\bar{\boldsymbol{x}}}=\bar{\boldsymbol{A}}_2\bar{\boldsymbol{x}}+\bar{\boldsymbol{B}}_2\boldsymbol{u}\\ \boldsymbol{y}=\bar{\boldsymbol{C}}_2\boldsymbol{x}+\boldsymbol{D}\boldsymbol{u}\end{cases}\tag{3.2.13}$$

其中

$$\bar{\boldsymbol{A}}_2=\begin{bmatrix}\boldsymbol{A}_{11} & \boldsymbol{A}_{12} & \cdots & \boldsymbol{A}_{1q}\\ \boldsymbol{A}_{21} & \boldsymbol{A}_{22} & \cdots & \boldsymbol{A}_{2q}\\ \vdots & \vdots & & \vdots\\ \boldsymbol{A}_{q1} & \boldsymbol{A}_{q2} & \cdots & \boldsymbol{A}_{qq}\end{bmatrix},\quad \bar{\boldsymbol{B}}_2=\boldsymbol{P}_2\boldsymbol{B}$$

$$\boldsymbol{A}_{ii}=\begin{bmatrix}0 & 0 & \cdots & 0 & \times\\ 1 & 0 & \cdots & 0 & \times\\ 0 & 1 & \cdots & 0 & \times\\ \vdots & \vdots & \ddots & \vdots & \vdots\\ 0 & 0 & 0 & 1 & \times\end{bmatrix},\quad \boldsymbol{A}_{ij}=\begin{bmatrix}0 & 0 & \cdots & 0 & \times\\ 0 & 0 & \cdots & 0 & \times\\ \vdots & \vdots & & \vdots & \vdots\\ 0 & 0 & \cdots & 0 & \times\\ 0 & 0 & \cdots & 0 & \times\end{bmatrix}$$

这里 $\boldsymbol{A}_{ii}$，$\boldsymbol{A}_{ij}$ 分别是 $\nu_i\times\nu_i$，$\nu_i\times\nu_j$ 的矩阵。

$$\bar{\boldsymbol{C}}_2=\left[\begin{array}{cccc:ccc:c:cccc}0 & \cdots & 0 & 1 & 0 & \cdots & 0 & & 0 & \cdots & 0 & 0\\ 0 & \cdots & 0 & \times & 0 & \cdots & 1 & & 0 & \cdots & 0 & 0\\ \vdots & & \vdots & \vdots & \vdots & & \vdots & \cdots & \vdots & & \vdots & \vdots\\ 0 & \cdots & 0 & \times & 0 & \cdots & \times & & 0 & \cdots & 0 & 0\\ 0 & \cdots & 0 & \times & 0 & \cdots & \times & & 0 & \cdots & 0 & 1\end{array}\right]$$

该定理证明与定理 3-4 类似，也可以用对偶定理，作为习题留给读者(见习题 3-6)。读者也可以利用 Luenberger 第一、第二可控标准形的算法步骤，对偶地给出 Luenberger 第一、第二可观测标准形的算法。

3.2.2 多变量系统的三角标准形(Wonham 标准形)

若动态方程(3.2.1)可控，则其可控性矩阵

$$\boldsymbol{U}=[\boldsymbol{b}_1\quad \boldsymbol{b}_2\quad \cdots\quad \boldsymbol{b}_p\quad \boldsymbol{A}\boldsymbol{b}_1\quad \boldsymbol{A}\boldsymbol{b}_2\quad \cdots\quad \boldsymbol{A}\boldsymbol{b}_p\quad \cdots\quad \boldsymbol{A}^{n-1}\boldsymbol{b}_1\quad \boldsymbol{A}^{n-1}\boldsymbol{b}_2\quad \cdots\quad \boldsymbol{A}^{n-1}\boldsymbol{b}_p]$$

的秩为 n。下面给出单输入系统第一可控标准形对多输入系统可控标准形的另一种推广结果，即多输入可控系统的三角标准形(Wonham 标准形)。

现在这样来选取 $\boldsymbol{U}$ 阵中 n 个线性无关的列向量：从向量 $\boldsymbol{b}_1$ 开始，然后继续选 $\boldsymbol{A}\boldsymbol{b}_1$，$\boldsymbol{A}^2\boldsymbol{b}_1$ 至 $\boldsymbol{A}^{\bar{\mu}_1-1}\boldsymbol{b}_1$，直到向量 $\boldsymbol{A}^{\bar{\mu}_1}\boldsymbol{b}_1$ 能用 $\boldsymbol{b}_1,\boldsymbol{A}\boldsymbol{b}_1,\cdots,\boldsymbol{A}^{\bar{\mu}_1-1}\boldsymbol{b}_1$ 的线性组合来表示为止。若 $\bar{\mu}_1=n$，则方程能单独由 $\boldsymbol{B}$ 的第一列控制。若 $\bar{\mu}_1<n$，则继续选 $\boldsymbol{b}_2,\boldsymbol{A}\boldsymbol{b}_2,\cdots,\boldsymbol{A}^{\bar{\mu}_2-1}\boldsymbol{b}_2$，直到向量 $\boldsymbol{A}^{\bar{\mu}_2}\boldsymbol{b}_2$ 能用 $\boldsymbol{b}_1,\boldsymbol{A}\boldsymbol{b}_1,\cdots,\boldsymbol{A}^{\bar{\mu}_1-1}\boldsymbol{b}_1;\boldsymbol{b}_2,\boldsymbol{A}\boldsymbol{b}_2,\cdots,\boldsymbol{A}^{\bar{\mu}_2-1}\boldsymbol{b}_2$ 的线性组合来表示为止。若 $\bar{\mu}_1+\bar{\mu}_2<n$，则再继续选 $\boldsymbol{b}_3,\boldsymbol{A}\boldsymbol{b}_3,\cdots,\boldsymbol{A}^{\bar{\mu}_3-1}\boldsymbol{b}_3$，依次进行下去，可以得到 n 个线性无关的向量

$$\boldsymbol{b}_1,\boldsymbol{A}\boldsymbol{b}_1,\cdots,\boldsymbol{A}^{\bar{\mu}_1-1}\boldsymbol{b}_1;\ \boldsymbol{b}_2,\boldsymbol{A}\boldsymbol{b}_2,\cdots,\boldsymbol{A}^{\bar{\mu}_2-1}\boldsymbol{b}_2;\ \cdots;\boldsymbol{b}_p,\boldsymbol{A}\boldsymbol{b}_p,\cdots,\boldsymbol{A}^{\bar{\mu}_p-1}\boldsymbol{b}_p\tag{3.2.14}$$

式中，$\bar{\mu}_1+\bar{\mu}_2+\cdots+\bar{\mu}_p=n$，$\bar{\mu}_1,\bar{\mu}_2,\cdots,\bar{\mu}_p$ 也是系统的 Kronecker 不变量。由于选取线性无关列向量的顺序不同，所以得到不同于 $\mu_1,\mu_2,\cdots,\mu_p$ 的可控性系统的 Kronecker 不变量 $\bar{\mu}_1$，

$\bar{\mu}_2,\cdots,\bar{\mu}_p$。以这组线性无关的向量作为状态空间的基底，或等价地令 $\bar{x}=P^{-1}x$，其中

$$P^{-1}=[\,b_1\quad Ab_1\quad\cdots\quad A^{\bar{\mu}_1-1}b_1\quad b_2\quad Ab_2\quad\cdots\quad A^{\bar{\mu}_2-1}b_2\quad\cdots\quad b_p\quad Ab_p\quad\cdots\quad A^{\bar{\mu}_p-1}b_p\,]\tag{3.2.15}$$

定理 3-7　设系统(3.2.1)可控，则存在等价变换 $\bar{x}=P^{-1}x$ 将其变换为如式(3.2.16)所示的三角形标准形(Wonham 可控标准形)：

$$\dot{\bar{x}}=\bar{A}\bar{x}+\bar{B}u,\quad y=\bar{C}\bar{x}+\bar{D}u\tag{3.2.16}$$

其中

$$\bar{A}=\left[\begin{array}{ccccc|ccccc|c|ccccc}
0 & 0 & \cdots & 0 & \times & 0 & \cdots & 0 & 0 & \times & & 0 & \cdots & 0 & 0 & \times\\
1 & 0 & \cdots & 0 & \times & 0 & \cdots & 0 & 0 & \times & & 0 & \cdots & 0 & 0 & \times\\
0 & 1 & \cdots & 0 & \times & 0 & \cdots & 0 & 0 & \times & \cdots & 0 & \cdots & 0 & 0 & \times\\
\vdots & \vdots & \ddots & \vdots & \vdots & \vdots & & \vdots & \vdots & \vdots & & \vdots & & \vdots & \vdots & \vdots\\
0 & 0 & \cdots & 1 & \times & 0 & \cdots & 0 & 0 & \times & & 0 & \cdots & 0 & 0 & \times\\
\hline
 & & & & & 0 & 0 & \cdots & 0 & \times & & 0 & \cdots & 0 & 0 & \times\\
 & & & & & 1 & 0 & \cdots & 0 & \times & & 0 & \cdots & 0 & 0 & \times\\
 & & & & & 0 & 1 & \cdots & 0 & \times & \cdots & 0 & \cdots & 0 & 0 & \times\\
 & & & & & \vdots & \vdots & \ddots & \vdots & \vdots & & \vdots & & \vdots & \vdots & \vdots\\
 & & & & & 0 & 0 & \cdots & 1 & \times & & 0 & \cdots & 0 & 0 & \times\\
\hline
 & & & & & & & & & & \ddots & & & \vdots & & \\
\hline
 & & & & & & & & & & & 0 & 0 & \cdots & 0 & \times\\
 & & & & & & & & & & & 1 & 0 & \cdots & 0 & \times\\
 & & & & & & & & & & & 0 & 1 & \cdots & 0 & \times\\
 & & & & & & & & & & & \vdots & \vdots & \ddots & \vdots & \vdots\\
 & & & & & & & & & & & 0 & 0 & \cdots & 1 & \times
\end{array}\right]
\begin{matrix} \\ \\ \bar{\mu}_1 \\ \\ \\ \\ \\ \bar{\mu}_2 \\ \\ \\ \vdots \\ \\ \\ \bar{\mu}_p \\ \\ \\ \end{matrix}\tag{3.2.17a}$$

$$\bar{B}=\left[\begin{array}{cccc}
1 & 0 & \cdots & 0\\
0 & 0 & \cdots & 0\\
\vdots & \vdots & & \vdots\\
0 & 0 & \cdots & 0\\
\hline
0 & 1 & \cdots & 0\\
0 & 0 & \cdots & 0\\
\vdots & \vdots & & \vdots\\
0 & 0 & \cdots & 0\\
\hline
 & & \vdots & \\
\hline
0 & 0 & \cdots & 1\\
0 & 0 & \cdots & 0\\
\vdots & \vdots & & \vdots\\
0 & 0 & \cdots & 0
\end{array}\right]
\begin{matrix} \bar{\mu}_1 \\ \\ \\ \\ \\ \bar{\mu}_2 \\ \\ \\ \\ \\ \\ \\ \bar{\mu}_p \end{matrix}\tag{3.2.17b}$$

注意式(3.2.17)表示的是 $\bar{\mu}_1,\bar{\mu}_2,\cdots,\bar{\mu}_p$ 均大于零的情况。特别地，若 $\bar{\mu}_1,\bar{\mu}_2,\cdots,\bar{\mu}_p$ 中有等于零的情况，比如 $\bar{\mu}_2=\cdots=\bar{\mu}_p=0$，即 $\boldsymbol{Ab}_1,\boldsymbol{A}^2\boldsymbol{b}_1,\cdots,\boldsymbol{A}^{\bar{\mu}_1-1}\boldsymbol{b}_1$ 线性无关，且 $\bar{\mu}_1=n$，则 $\bar{\boldsymbol{A}}$ 具有友矩阵的形式，且 $\bar{\boldsymbol{B}}$ 仅仅第一行是第一个自然基底，其他位置没有特殊结构，$\bar{\boldsymbol{C}}$ 没有特殊形式。

多输入可控系统的 Wonham 可控标准形的求取步骤如下：

① 从可控性矩阵 $\boldsymbol{U}=[\boldsymbol{b}_1\quad \boldsymbol{b}_2\quad \cdots\quad \boldsymbol{b}_p\quad \cdots\quad \boldsymbol{A}^{n-1}\boldsymbol{b}_1\quad \boldsymbol{A}^{n-1}\boldsymbol{b}_2\quad \cdots\quad \boldsymbol{A}^{n-1}\boldsymbol{b}_p]$的各列中从向量 $\boldsymbol{b}_1$ 开始，选 $\boldsymbol{Ab}_1,\boldsymbol{A}^2\boldsymbol{b}_1,\cdots,\boldsymbol{A}^{\bar{\mu}_1-1}\boldsymbol{b}_1$，再考虑 $\boldsymbol{b}_2,\boldsymbol{Ab}_2,\cdots,\boldsymbol{A}^{\bar{\mu}_2-1}\boldsymbol{b}_2$，继续依次选出 n 个线性无关向量：$\boldsymbol{b}_1,\boldsymbol{Ab}_1,\cdots,\boldsymbol{A}^{\bar{\mu}_1-1}\boldsymbol{b}_1;\boldsymbol{b}_2,\boldsymbol{Ab}_2,\cdots,\boldsymbol{A}^{\bar{\mu}_2-1}\boldsymbol{b}_2;\cdots;\boldsymbol{b}_p,\boldsymbol{Ab}_p,\cdots,\boldsymbol{A}^{\bar{\mu}_p-1}\boldsymbol{b}_p$；

② 取以这些向量为列组成的变换矩阵，即令

$$\boldsymbol{P}^{-1}=[\boldsymbol{b}_1\quad \boldsymbol{Ab}_1\quad \cdots\quad \boldsymbol{A}^{\bar{\mu}_1-1}\boldsymbol{b}_1\quad \boldsymbol{b}_2\quad \boldsymbol{Ab}_2\quad \cdots\quad \boldsymbol{A}^{\bar{\mu}_2-1}\boldsymbol{b}_2\quad \cdots\quad \boldsymbol{b}_p\quad \boldsymbol{Ab}_p\quad \cdots\quad \boldsymbol{A}^{\bar{\mu}_p-1}\boldsymbol{b}_p]$$

③ 取变换 $\bar{\boldsymbol{x}}=\boldsymbol{P}^{-1}\boldsymbol{x}$ 就可以得到 Wonham 可控标准形：

$$\bar{\boldsymbol{A}}=\boldsymbol{P}^{-1}\boldsymbol{AP},\quad \bar{\boldsymbol{B}}=\boldsymbol{P}^{-1}\boldsymbol{B},\quad \bar{\boldsymbol{C}}=\boldsymbol{CP},\quad \bar{\boldsymbol{D}}=\boldsymbol{D}$$

类似地，读者可以给出其他特殊形式，比如某些 $\bar{\mu}_i=0$ 的情况下的 Wonham 可控标准形的形式及求取变换矩阵的方法及步骤。

对偶地，可以给出多输出系统的 Wonham 可观测标准形，即单输出系统可观测标准形的一个直接推广。

定理 3-8 设系统(3.2.1)可观测，则存在等价变换将其变换为如式(3.2.18)所示的可观测三角形标准形，即 Wonham 可观测标准形

$$\dot{\bar{\boldsymbol{x}}}=\bar{\boldsymbol{A}}\bar{\boldsymbol{x}}+\bar{\boldsymbol{B}}\boldsymbol{u},\quad \boldsymbol{y}=\bar{\boldsymbol{C}}\bar{\boldsymbol{x}}+\boldsymbol{Du} \tag{3.2.18}$$

其中

$$\bar{\boldsymbol{A}}=\left[\begin{array}{ccccc|ccccc|c|ccccc}
0 & 0 & \cdots & 0 & \times & & & & & & & & & & & \\
1 & 0 & \cdots & 0 & \times & & & & & & & & & & & \\
0 & 1 & \cdots & 0 & \times & & & & & & & & & & & \\
\vdots & \vdots & \ddots & \vdots & \vdots & & & & & & & & & & & \\
0 & 0 & \cdots & 1 & \times & & & & & & & & & & & \\
\hline
0 & 0 & \cdots & 0 & \times & 0 & 0 & \cdots & 0 & \times & & & & & & \\
1 & 0 & \cdots & 0 & \times & 1 & 0 & \cdots & 0 & \times & & & & & & \\
0 & 1 & \cdots & 0 & \times & 0 & 1 & \cdots & 0 & \times & & & & & & \\
\vdots & \vdots & \ddots & \vdots & \vdots & \vdots & \vdots & \ddots & \vdots & \vdots & & & & & & \\
0 & 0 & \cdots & 1 & \times & 0 & 0 & \cdots & 1 & \times & & & & & & \\
\hline
 & & & & & & & & & & \ddots & & & & & \\
\hline
0 & 0 & \cdots & 0 & \times & 0 & 0 & \cdots & 0 & \times & & 0 & 0 & \cdots & 0 & \times \\
1 & 0 & \cdots & 0 & \times & 1 & 0 & \cdots & 0 & \times & & 1 & 0 & \cdots & 0 & \times \\
0 & 1 & \cdots & 0 & \times & 0 & 1 & \cdots & 0 & \times & \cdots & 0 & 1 & \cdots & 0 & \times \\
\vdots & \vdots & \ddots & \vdots & \vdots & \vdots & \vdots & \ddots & \vdots & \vdots & & \vdots & \vdots & \ddots & \vdots & \vdots \\
0 & 0 & \cdots & 1 & \times & 0 & 0 & \cdots & 1 & \times & & 0 & 0 & \cdots & 1 & \times
\end{array}\right]\begin{array}{l}\bar{\nu}_1\\ \\ \bar{\nu}_2\\ \\ \bar{\nu}_q\end{array} \tag{3.2.19a}$$

$$\bar{\boldsymbol{C}}=\left[\begin{array}{cccc:ccc:c:cccc}0&\cdots&0&1&0&\cdots&0&&0&\cdots&0&0\\0&\cdots&0&0&0&\cdots&1&&0&\cdots&0&0\\\vdots&&\vdots&\vdots&\vdots&&\vdots&\cdots&\vdots&&\vdots&\vdots\\0&\cdots&0&0&0&\cdots&0&&0&\cdots&0&1\\\times&\cdots&\times&\times&\times&\cdots&\times&&\times&\cdots&\times&\times\end{array}\right] \tag{3.2.19b}$$

$\bar{\boldsymbol{B}}$ 没有特殊形式。

该定理的证明类似于定理 3－7,这时只需从可观测性矩阵 $\boldsymbol{c}_1,\boldsymbol{c}_1\boldsymbol{A},\cdots,\boldsymbol{c}_1\boldsymbol{A}^{\bar{\nu}_1-1},\boldsymbol{c}_2,\boldsymbol{c}_2\boldsymbol{A},\cdots,\boldsymbol{c}_2\boldsymbol{A}^{\bar{\nu}_2-1},\boldsymbol{c}_q,\boldsymbol{c}_q\boldsymbol{A},\cdots,\boldsymbol{c}_q\boldsymbol{A}^{\bar{\nu}_q-1}$ 中挑出 n 个线性无关的行,即与 $\boldsymbol{c}_i$ 对应的组如下:

$$\begin{pmatrix}\boldsymbol{c}_1\\\boldsymbol{c}_1\boldsymbol{A}\\\vdots\\\boldsymbol{c}_1\boldsymbol{A}^{\bar{\nu}_1-1}\end{pmatrix},\cdots,\begin{pmatrix}\boldsymbol{c}_i\\\boldsymbol{c}_i\boldsymbol{A}\\\vdots\\\boldsymbol{c}_i\boldsymbol{A}^{\bar{\nu}_i-1}\end{pmatrix},\cdots,\begin{pmatrix}\boldsymbol{c}_q\\\boldsymbol{c}_q\boldsymbol{A}\\\vdots\\\boldsymbol{c}_q\boldsymbol{A}^{\bar{\nu}_q-1}\end{pmatrix}$$

由以上形式的 q 组行向量为行组成变换矩阵,其中 $\bar{\nu}_1,\bar{\nu}_2,\cdots,\bar{\nu}_q$ 为大于零的常数且满足 $\bar{\nu}_1+\bar{\nu}_2+\cdots+\bar{\nu}_q=n$。这组参数 $\bar{\nu}_1,\bar{\nu}_2,\cdots,\bar{\nu}_q$ 也是系统的 Kronecker 不变量。类似地,由于选择无关行向量时行向量的排列顺序不同,所以对应的可观测 Kronecker 不变量 $\nu_1,\nu_2,\cdots,\nu_q$ 与 $\bar{\nu}_1,\bar{\nu}_2,\cdots,\bar{\nu}_q$ 不同。

对于多输入可控系统,由于选取线性无关列向量的顺序的不同,所以就会得到不同的 Kronecker 不变量。下面的例子说明了这一点。

例 3－4　若系统(3.2.1)中的 $\boldsymbol{A}$、$\boldsymbol{B}$ 矩阵如下:

$$\boldsymbol{A}=\begin{bmatrix}\lambda_1&&&\\&\lambda_2&&\\&&\lambda_3&\\&&&\lambda_4\end{bmatrix},\quad \boldsymbol{B}=\begin{bmatrix}1&0\\1&1\\1&0\\1&1\end{bmatrix}$$

其中 $\lambda_i(i=1,2,3,4)$ 互异。系统的可控性矩阵为

$$\boldsymbol{U}=\begin{bmatrix}1&0&\lambda_1&0&\lambda_1^2&0&\lambda_1^3&0\\1&1&\lambda_2&\lambda_2&\lambda_2^2&\lambda_2^2&\lambda_2^3&\lambda_2^3\\1&0&\lambda_3&0&\lambda_3^2&0&\lambda_3^3&0\\1&1&\lambda_4&\lambda_4&\lambda_4^2&\lambda_4^2&\lambda_4^3&\lambda_4^3\end{bmatrix}$$
$$\quad\ \boldsymbol{b}_1\quad \boldsymbol{b}_2\quad \boldsymbol{A}\boldsymbol{b}_1\quad \boldsymbol{A}\boldsymbol{b}_2\quad \boldsymbol{A}^2\boldsymbol{b}_1\quad \boldsymbol{A}^2\boldsymbol{b}_2\quad \boldsymbol{A}^3\boldsymbol{b}_1\quad \boldsymbol{A}^3\boldsymbol{b}_2$$

按照式(3.2.3)的顺序可选出 $\boldsymbol{b}_1,\boldsymbol{A}\boldsymbol{b}_1,\boldsymbol{b}_2,\boldsymbol{A}\boldsymbol{b}_2$,即 $\mu_1=2,\mu_2=2$;而按式(3.2.14)的顺序可选出 $\boldsymbol{b}_1,\boldsymbol{A}\boldsymbol{b}_1,\boldsymbol{A}^2\boldsymbol{b}_1,\boldsymbol{A}^3\boldsymbol{b}_1$,即 $\bar{\mu}_1=4,\bar{\mu}_2=0$。

对偶地,可以给出一个可观测系统的例子,由于选择无关行向量时行向量的排列顺序不同,所以对应的可观测 Kronecker 不变量也不同。

3.3 单变量系统的实现

3.3.1 可控性、可观测性与零、极点对消问题

本节首先研究单变量系统动态方程的可控性、可观测性与传递函数零、极点相消问题之间的关系。考虑单变量系统,其动态方程为

$$\dot{\boldsymbol{x}}=\boldsymbol{A}\boldsymbol{x}+\boldsymbol{b}u,\quad y=\boldsymbol{c}\boldsymbol{x} \tag{3.3.1}$$

式(3.3.1)对应的传递函数为

$$g(s)=\boldsymbol{c}(s\boldsymbol{I}-\boldsymbol{A})^{-1}\boldsymbol{b}=\frac{\boldsymbol{c}\,\mathrm{adj}(s\boldsymbol{I}-\boldsymbol{A})\boldsymbol{b}}{|s\boldsymbol{I}-\boldsymbol{A}|}=\frac{N(s)}{D(s)} \tag{3.3.2}$$

式中

$$N(s)=\boldsymbol{c}\,\mathrm{adj}(s\boldsymbol{I}-\boldsymbol{A})\boldsymbol{b}$$
$$D(s)=|s\boldsymbol{I}-\boldsymbol{A}|$$

$N(s)=0$ 的根称为传递函数 $g(s)$的零点,$D(s)=0$ 的根称为传递函数 $g(s)$的极点。

定理 3-9 动态方程(3.3.1)可控、可观测的充分必要条件是 $g(s)$无零、极点对消,即$D(s)$和 $N(s)$无非常数的公因式。

证明: 首先用反证法证明条件的必要性。若有 $s=s_0$ 既使 $N(s_0)=0$,又使 $D(s_0)=0$,由式(3.3.2)得

$$|s_0\boldsymbol{I}-\boldsymbol{A}|=0,\quad \boldsymbol{c}\,\mathrm{adj}(s_0\boldsymbol{I}-\boldsymbol{A})\boldsymbol{b}=0 \tag{3.3.3}$$

利用恒等式

$$(s\boldsymbol{I}-\boldsymbol{A})(s\boldsymbol{I}-\boldsymbol{A})^{-1}=(s\boldsymbol{I}-\boldsymbol{A})\frac{\mathrm{adj}(s\boldsymbol{I}-\boldsymbol{A})}{|s\boldsymbol{I}-\boldsymbol{A}|}=\boldsymbol{I}$$

可得

$$(s\boldsymbol{I}-\boldsymbol{A})\,\mathrm{adj}(s\boldsymbol{I}-\boldsymbol{A})=D(s)\boldsymbol{I} \tag{3.3.4}$$

将 $s=s_0$ 代入式(3.3.4),并利用式(3.3.3),可得

$$s_0\,\mathrm{adj}(s_0\boldsymbol{I}-\boldsymbol{A})=\boldsymbol{A}\,\mathrm{adj}(s_0\boldsymbol{I}-\boldsymbol{A}) \tag{3.3.5}$$

将式(3.3.5)等号两边同时左乘 $\boldsymbol{c}$ 右乘 $\boldsymbol{b}$ 后有

$$\boldsymbol{c}\boldsymbol{A}\,\mathrm{adj}(s_0\boldsymbol{I}-\boldsymbol{A})\boldsymbol{b}=s_0\boldsymbol{c}\,\mathrm{adj}(s_0\boldsymbol{I}-\boldsymbol{A})\boldsymbol{b}=s_0N(s_0)=0$$

将式(3.3.5)等号两边同时左乘 $\boldsymbol{c}\boldsymbol{A}$ 右乘 $\boldsymbol{b}$ 后有

$$\boldsymbol{c}\boldsymbol{A}^2\,\mathrm{adj}(s_0\boldsymbol{I}-\boldsymbol{A})\boldsymbol{b}=s_0\boldsymbol{c}\boldsymbol{A}\,\mathrm{adj}(s_0\boldsymbol{I}-\boldsymbol{A})\boldsymbol{b}=0$$

依次类推可得

$$\begin{aligned}
N(s)=\boldsymbol{c}\,\mathrm{adj}(s_0\boldsymbol{I}-\boldsymbol{A})\boldsymbol{b}&=0\\
\boldsymbol{c}\boldsymbol{A}\,\mathrm{adj}(s_0\boldsymbol{I}-\boldsymbol{A})\boldsymbol{b}&=0\\
\boldsymbol{c}\boldsymbol{A}^2\,\mathrm{adj}(s_0\boldsymbol{I}-\boldsymbol{A})\boldsymbol{b}&=0\\
&\vdots\\
\boldsymbol{c}\boldsymbol{A}^{n-1}\,\mathrm{adj}(s_0\boldsymbol{I}-\boldsymbol{A})\boldsymbol{b}&=0
\end{aligned}$$

这组式子又可表示为

$$\begin{bmatrix} c \\ cA \\ \vdots \\ cA^{n-1} \end{bmatrix} \mathrm{adj}(s_0 I - A) b = 0 \tag{3.3.6}$$

因为动态方程可观测，故式(3.3.6)中最左边的可观测性矩阵是可逆矩阵，故有

$$\mathrm{adj}(s_0 I - A) b = 0 \tag{3.3.7}$$

考虑到式(1.2.22)，有

$$\mathrm{adj}(sI - A) b = \Delta(s)(sI - A)^{-1} b = \sum_{k=0}^{n-1} p_k(s) A^k b$$

$$= [b \quad Ab \quad \cdots \quad A^{n-1} b] \begin{bmatrix} p_0(s) \\ p_1(s) \\ \vdots \\ p_{n-1}(s) \end{bmatrix}$$

由式(1.2.23)有 $p_{n-1}(s) \equiv 1$，结合式(3.3.7)得到 $\det[b \quad Ab \quad \cdots \quad A^{n-1}b] = 0$，这与系统可控性矛盾。

矛盾表明 $N(s)$ 和 $D(s)$ 无相同因子，即 $g(s)$ 不会出现零、极点相消的现象。

下面再证充分性。若 $N(s)$ 和 $D(s)$ 无相同因子，则要证明动态方程(3.3.1)是可控、可观的。用反证法，若系统不是既可控又可观测的，不妨设式(3.3.1)是不可控的，这时可把式(3.3.1)化为可控性结构分解的形式，并且可知这时传递函数有

$$g(s) = c(sI - A)^{-1} b = \frac{c\,\mathrm{adj}(sI - A) b}{|sI - A|} = \frac{N(s)}{D(s)}$$

$$= c_1 (sI - A_1)^{-1} b_1 = \frac{c_1 \mathrm{adj}(sI - A_1) b_1}{|sI - A_1|} = \frac{N_1(s)}{D_1(s)}$$

在上面的式子中，$D(s)$ 是 n 次多项式，而 $D_1(s)$ 是 n_1 次多项式，由于系统不可控，所以 $n_1 < n$，而 $N(s)$ 和 $D(s)$ 无相同因子可消去，显然

$$\frac{N(s)}{D(s)} \neq \frac{N_1(s)}{D_1(s)}$$

这和两者应相等矛盾，同样可以证明动态方程不可能是不可观测的。充分性证毕。

注 3-2　事实上，在必要性证明中，为了证明 $\mathrm{adj}(s_0 I - A) b = 0$ 与可控性矛盾，由于系统可控，且非奇异线性变换下可控性不变，不妨假定 A，b 具有可控标准形式(3.1.1)的形式，直接计算可知

$$(s_0 I - A)^{-1} b = \frac{1}{\det(s_0 I - A)} \begin{bmatrix} 1 \\ s_0 \\ \vdots \\ s_0^{n-1} \end{bmatrix} \Rightarrow \mathrm{adj}(s_0 I - A) b = \begin{bmatrix} 1 \\ s_0 \\ \vdots \\ s_0^{n-1} \end{bmatrix} \neq 0$$

这与式(3.3.7)相矛盾。

另外，在必要性证明中如果假设系统可控，类似地可以推导出系统不可观测。由必要性证明中 $\mathrm{adj}(sI - A)(sI - A) = D(s) I$，于是将 $s = s_0$ 代入得到

$$s_0 \mathrm{adj}(s_0 I - A) = \mathrm{adj}(s_0 I - A) A$$

在该式等号两边同时左乘 $\boldsymbol{c}$ 右乘 $\boldsymbol{b}$ 后有

$$\boldsymbol{c}\operatorname{adj}(s_0\boldsymbol{I}-\boldsymbol{A})\boldsymbol{A}\boldsymbol{b}=s_0\boldsymbol{c}\operatorname{adj}(s_0\boldsymbol{I}-\boldsymbol{A})\boldsymbol{b}=s_0N(s_0)=0$$

在上式中等号两边同时左乘 $\boldsymbol{c}$ 右乘 $\boldsymbol{A}\boldsymbol{b}$ 后有

$$\boldsymbol{c}\operatorname{adj}(s_0\boldsymbol{I}-\boldsymbol{A})\boldsymbol{A}^2\boldsymbol{b}=s_0\boldsymbol{c}\operatorname{adj}(s_0\boldsymbol{I}-\boldsymbol{A})\boldsymbol{A}\boldsymbol{b}=0$$

依次类推可得

$$\begin{aligned}N(s)&=\boldsymbol{c}\operatorname{adj}(s_0\boldsymbol{I}-\boldsymbol{A})\boldsymbol{b}=0\\&\boldsymbol{c}\operatorname{adj}(s_0\boldsymbol{I}-\boldsymbol{A})\boldsymbol{A}\boldsymbol{b}=0\\&\boldsymbol{c}\operatorname{adj}(s_0\boldsymbol{I}-\boldsymbol{A})\boldsymbol{A}^2\boldsymbol{b}=0\\&\qquad\vdots\\&\boldsymbol{c}\operatorname{adj}(s_0\boldsymbol{I}-\boldsymbol{A})\boldsymbol{A}^{n-1}\boldsymbol{b}=0\end{aligned}$$

这组式子又可表示为

$$\boldsymbol{c}\operatorname{adj}(s_0\boldsymbol{I}-\boldsymbol{A})\begin{bmatrix}\boldsymbol{b} & \boldsymbol{A}\boldsymbol{b} & \cdots & \boldsymbol{A}^{n-1}\boldsymbol{b}\end{bmatrix}=\boldsymbol{0}$$

因为动态方程可控，故上式中的可控性矩阵是可逆矩阵，故有

$$\boldsymbol{c}\operatorname{adj}(s_0\boldsymbol{I}-\boldsymbol{A})=\boldsymbol{0} \tag{3.3.8}$$

考虑到式(1.2.22)，有

$$\begin{aligned}\boldsymbol{c}\operatorname{adj}(s\boldsymbol{I}-\boldsymbol{A})&=\Delta(s)\boldsymbol{c}(s\boldsymbol{I}-\boldsymbol{A})^{-1}=\sum_{k=0}^{n-1}p_k(s)\boldsymbol{c}\boldsymbol{A}^k\\&=\begin{bmatrix}p_0(s) & p_1(s) & \cdots & p_{n-1}(s)\end{bmatrix}\begin{bmatrix}\boldsymbol{c}\\ \boldsymbol{c}\boldsymbol{A}\\ \vdots\\ \boldsymbol{c}\boldsymbol{A}^{n-1}\end{bmatrix}\end{aligned}$$

由式(1.2.23)有 $p_{n-1}(s)\equiv1$，于是便得到 $\det\begin{bmatrix}\boldsymbol{c}\\ \boldsymbol{c}\boldsymbol{A}\\ \vdots\\ \boldsymbol{c}\boldsymbol{A}^{n-1}\end{bmatrix}=0$，这与系统的可观测性矛盾。

类似于用可控标准形证明 $\operatorname{adj}(s_0\boldsymbol{I}-\boldsymbol{A})\boldsymbol{b}=\boldsymbol{0}$ 与可控性矛盾，可以用可观测性标准形直接得到 $\boldsymbol{c}\operatorname{adj}(s_0\boldsymbol{I}-\boldsymbol{A})=\begin{bmatrix}1 & s_0 & \cdots & s_0^{n-1}\end{bmatrix}\neq\boldsymbol{0}$，以此证明可观测性与 $\boldsymbol{c}\operatorname{adj}(s_0\boldsymbol{I}-\boldsymbol{A})=\boldsymbol{0}$ 矛盾。

例 3-5 设系统动态方程为

$$\dot{\boldsymbol{x}}=\begin{bmatrix}0 & 1 & 0 & 0\\0 & 0 & 1 & 0\\0 & 0 & 0 & 1\\-1 & -4 & -6 & -4\end{bmatrix}\boldsymbol{x}+\begin{bmatrix}0\\0\\0\\1\end{bmatrix}u,\quad y=\begin{bmatrix}1 & -2 & 1 & 0\end{bmatrix}\boldsymbol{x}$$

不难验证系统是可控、可观测的。分别计算

$$N(s)=\boldsymbol{c}\operatorname{adj}(s\boldsymbol{I}-\boldsymbol{A})\boldsymbol{b}=s^2-2s+1$$

$$D(s)=|s\boldsymbol{I}-\boldsymbol{A}|=s^4+4s^3+6s^2+4s+1$$

显然 $N(s)$ 和 $D(s)$ 无非常数的公因式，这时传递函数没有零、极点相消。事实上

$$g(s)=\frac{s^2-2s+1}{s^4+4s^3+6s^2+4s+1}=\frac{(s-1)^2}{(s+1)^4}$$

由定理 3－9 的证明过程和注 3－2 可以直接得到如下推论：

推论 3－1　单输入系统可控的充分必要条件是 $\mathrm{adj}(s\boldsymbol{I}-\boldsymbol{A})\boldsymbol{b}$ 和 $|s\boldsymbol{I}-\boldsymbol{A}|$ 无非常数公因式。

推论 3－2　单输出系统可观测的充分必要条件是 $\boldsymbol{c}\,\mathrm{adj}(s\boldsymbol{I}-\boldsymbol{A})$ 和 $|s\boldsymbol{I}-\boldsymbol{A}|$ 无非常数公因式。

注 3－3　若 $\boldsymbol{c}\,\mathrm{adj}(s\boldsymbol{I}-\boldsymbol{A})\boldsymbol{b}$ 与 $\boldsymbol{A}$ 的特征式 $D(s)=|s\boldsymbol{I}-\boldsymbol{A}|$ 有公因子 $s-s_0$，则 s_0 或是不可控模态，或是不可观测模态，或是既不可控又不可观测的模态；若 $\mathrm{adj}(s\boldsymbol{I}-\boldsymbol{A})\boldsymbol{b}$ 与 $\boldsymbol{A}$ 的特征式 $D(s)=|s\boldsymbol{I}-\boldsymbol{A}|$ 有公因子 $s-s_0$，则 s_0 是不可控模态；若 $\boldsymbol{c}\,\mathrm{adj}(s\boldsymbol{I}-\boldsymbol{A})$ 与 $\boldsymbol{A}$ 的特征式 $D(s)=|s\boldsymbol{I}-\boldsymbol{A}|$ 有公因子 $s-s_0$，则 s_0 是不可观测模态；即使 $\mathrm{adj}(s\boldsymbol{I}-\boldsymbol{A})$ 与 $\boldsymbol{A}$ 的特征式 $D(s)$ 无零、极点对消，也有可能 $\mathrm{adj}(s\boldsymbol{I}-\boldsymbol{A})\boldsymbol{b}$ 与 $D(s)$、$\boldsymbol{c}\,\mathrm{adj}(s\boldsymbol{I}-\boldsymbol{A})$ 与 $D(s)$ 都有零、极点对消。例如系统：

$$\boldsymbol{A}=\begin{bmatrix}1&&&\\&2&&\\&&3&\\&&&4\end{bmatrix},\quad \boldsymbol{b}=\begin{bmatrix}1\\1\\0\\0\end{bmatrix},\quad \boldsymbol{c}=\begin{bmatrix}1&0&1&0\end{bmatrix}$$

有不可控模态：3、4，$\mathrm{adj}(s\boldsymbol{I}-\boldsymbol{A})\boldsymbol{b}$ 与 $D(s)$ 可对消 $(s-3)(s-4)$；有不可观测模态：2、4，$\boldsymbol{c}\,\mathrm{adj}(s\boldsymbol{I}-\boldsymbol{A})$ 与 $D(s)$ 可对消 $(s-2)(s-4)$；有不可控不可观测模态：4，但 $\boldsymbol{c}\,\mathrm{adj}(s\boldsymbol{I}-\boldsymbol{A})$ 与 $D(s)$ 无对消。

3.3.2　传递函数的最小阶动态方程实现

已知动态方程，可以用式(3.3.2)计算出传递函数。如果给出传递函数，如何找出它所对应的动态方程？这一问题称为传递函数的实现问题。如果又要求所找出的动态方程阶数最低，就称为传递函数的最小实现问题。

这一问题具有重要的实用意义，因为传递函数是系统的输入/输出关系的描述，它可以借助于实验的手段给出，例如可以通过对系统阶跃响应、频率响应的数据进行处理求出传递函数。但是利用状态空间方法来分析和设计系统的出发点是动态方程，所以将传递函数这一数学模型转化为等效的状态空间模型，就是状态空间研究方法中不可缺少的一步，又因为人们总是希望所得到的动态方程阶数尽可能低，这样可使计算简单，并且在进行动态仿真时用的积分器最少，所以就需要寻找最小阶的动态方程。

设给定有理函数

$$g_0(s)=\frac{d_0s^n+d_1s^{n-1}+\cdots+d_{n-1}s+d_n}{s^n+a_1s^{n-1}+\cdots+a_{n-1}s+a_n}=d_0+\frac{b_1s^{n-1}+\cdots+b_{n-1}s+b_n}{s^n+a_1s^{n-1}+\cdots+a_{n-1}s+a_n}\tag{3.3.9}$$

式(3.3.9)中的 d_0 就是下列动态方程中的直接传递部分：

$$\dot{\boldsymbol{x}}=\boldsymbol{A}\boldsymbol{x}+\boldsymbol{b}u,\quad y=\boldsymbol{c}\boldsymbol{x}+d_0u\tag{3.3.10}$$

所以只需讨论式(3.3.9)中的严格真有理分式部分。

问题的提法是：给定严格真传递函数

$$g(s)=\frac{b_1s^{n-1}+\cdots+b_{n-1}s+b_n}{s^n+a_1s^{n-1}+\cdots+a_{n-1}s+a_n}\tag{3.3.11}$$

要求寻找$\boldsymbol{A}$、$\boldsymbol{b}$、$\boldsymbol{c}$，使得

$$\boldsymbol{c}(s\boldsymbol{I}-\boldsymbol{A})^{-1}\boldsymbol{b}=g(s) \tag{3.3.12}$$

并且在所有满足式(3.3.12)的$\boldsymbol{A}$、$\boldsymbol{b}$、$\boldsymbol{c}$中，要求$\boldsymbol{A}$的维数尽可能小。下面分两种情况讨论。

① $g(s)$的分子和分母无非常数公因式的情况。

对于式(3.3.11)，可构造出如下的实现$(\boldsymbol{A},\boldsymbol{b},\boldsymbol{c})$：

a. 可控标准形的最小阶实现：

$$\boldsymbol{A}=\begin{bmatrix}0&1&0&\cdots&0\\0&0&1&\cdots&0\\\vdots&\vdots&\vdots&\ddots&\vdots\\0&0&0&\cdots&1\\-a_n&-a_{n-1}&-a_{n-2}&\cdots&-a_1\end{bmatrix},\quad \boldsymbol{b}=\begin{bmatrix}0\\0\\\vdots\\0\\1\end{bmatrix},\quad \boldsymbol{c}=\begin{bmatrix}b_n&b_{n-1}&\cdots&b_1\end{bmatrix} \tag{3.3.13}$$

b. 可观测标准形的最小阶实现：

$$\boldsymbol{A}=\begin{bmatrix}0&0&\cdots&0&-a_n\\1&0&\cdots&0&-a_{n-1}\\0&1&\cdots&0&-a_{n-2}\\\vdots&\vdots&\ddots&\vdots&\vdots\\0&0&\cdots&1&-a_1\end{bmatrix},\quad \boldsymbol{b}=\begin{bmatrix}b_n\\b_{n-1}\\\vdots\\b_1\end{bmatrix},\quad \boldsymbol{c}=\begin{bmatrix}0&0&\cdots&0&1\end{bmatrix} \tag{3.3.14}$$

式(3.3.13)给出的$(\boldsymbol{A},\boldsymbol{b},\boldsymbol{c})$具有第二可控标准形，故一定是可控的。式(3.3.13)的传递函数就是给定的传递函数$g(s)$，由于$g(s)$无零、极点对消，故由定理3-6可知式(3.3.13)对应的动态方程也一定是可观测的。这时$\boldsymbol{A}$阵的阶次就不可能再减小了，因为再减小就不可能得出传递函数的分母是n次多项式的结果。所以式(3.3.13)给出的就是式(3.3.11)的最小阶动态方程实现。同样可以说明式(3.3.14)是式(3.3.11)的第二可观测标准形的最小实现。类似地可以给出第一可控标准形和第一可观测标准形实现。

c. 若当标准形的最小阶实现：

若$g(s)$的分母已经分解成一次因式的乘积，通过部分分式分解，容易得到若当标准形的最小阶实现。

例3-6 给定传递函数$g(s)$如下：

$$\frac{Y(s)}{U(s)}=g(s)=\frac{3s^3-12s^2+18s-10}{(s-1)^3(s-2)}$$

求若当标准形的动态方程实现，并讨论所求实现的可控性和可观测性。

解：因为$g(s)$的分母已经分解成一次因式的乘积，可以通过部分分式分解的方法，得到以下形式的$g(s)$：

$$\begin{aligned}\frac{Y(s)}{U(s)}=g(s)&=\frac{3s^3-12s^2+18s-10}{(s-1)^3(s-2)}\\&=\frac{1}{(s-1)^3}+\frac{-2}{(s-1)^2}+\frac{1}{(s-1)}+\frac{2}{(s-2)}\end{aligned}$$

因为$g(s)$无零、极点对消，在以上的分解式中，等号右边的第1项和第4项不会消失。上式可

写为

$$Y(s)=\frac{1}{(s-1)^3}U(s)+\frac{-2}{(s-1)^2}U(s)+\frac{1}{(s-1)}U(s)+\frac{2}{(s-2)}U(s)$$

令

$$X_3(s)=\frac{1}{s-1}U(s)$$

$$X_2(s)=\frac{1}{(s-1)^2}U(s)=\frac{1}{s-1}X_3(s)$$

$$X_1(s)=\frac{1}{(s-1)^3}U(s)=\frac{1}{s-1}X_2(s)$$

$$X_4(s)=\frac{1}{s-2}U(s)$$

上面这组式子又可表示为

$$sX_3(s)-X_3(s)=U(s)$$
$$sX_2(s)-X_2(s)=X_3(s)$$
$$sX_1(s)-X_1(s)=X_2(s)$$
$$sX_4(s)-2X_4(s)=U(s)$$

它们分别对应于下列微分方程：

$$\dot{x}_3=x_3+u$$
$$\dot{x}_2=x_2+x_3$$
$$\dot{x}_1=x_1+x_2$$
$$\dot{x}_4=2x_4+u$$

重新排列为

$$\dot{x}_1=x_1+x_2$$
$$\dot{x}_2=x_2+x_3$$
$$\dot{x}_3=x_3+u$$
$$\dot{x}_4=2x_4+u$$

而

$$y=x_1-2x_2+x_3+2x_4$$

综合上面各式并令 $\boldsymbol{x}=[x_1 \quad x_2 \quad x_3 \quad x_4]^{\mathrm{T}}$，可得

$$\dot{\boldsymbol{x}}=\begin{bmatrix}1&1&0&0\\0&1&1&0\\0&0&1&0\\0&0&0&2\end{bmatrix}\boldsymbol{x}+\begin{bmatrix}0\\0\\1\\1\end{bmatrix}u$$

$$y=[1 \quad -2 \quad 1 \quad 2]\,\boldsymbol{x}$$

由若当形方程的可控性判据和可观测性判据可知，上式是可控、可观测的，因而它是 $g(s)$的一个最小阶实现。

② $g(s)$的分子和分母有相消因式的情况。

若 $g(s)$ 的分母是 n 阶多项式，但分子和分母有相消的公因式时，这时 n 阶的动态方程实现就不是最小阶实现，而是非最小实现（或是不可控的，或是不可观测的，或是既不可控也不可观测的）。$g(s)$ 的最小实现的维数一定小于 n。

例 3-7 设 $g(s)$ 的分子 $N(s)=s+1$，而分母 $D(s)=s^3+2s^2+2s+1$，分子与分母有公因子 $(s+1)$。仿照式(3.3.13)，可写出 $g(s)$ 的一个三维的可控标准形实现

$$\dot{\boldsymbol{x}}=\begin{bmatrix}0 & 1 & 0\\ 0 & 0 & 1\\ -1 & -2 & -2\end{bmatrix}\boldsymbol{x}+\begin{bmatrix}0\\0\\1\end{bmatrix}u$$

$$y=\begin{bmatrix}1 & 1 & 0\end{bmatrix}\boldsymbol{x}$$

由于这个实现是可控标准形，无须验证系统的可控性，但是计算其可观测性矩阵

$$\boldsymbol{V}=\begin{bmatrix}1 & 1 & 0\\ 0 & 1 & 1\\ -1 & -2 & -1\end{bmatrix},\quad \operatorname{rank}\boldsymbol{V}=2$$

因此这一实现是不可观测的。同理，如果按式(3.3.14)构造如下的可观测标准形的三维实现：

$$\dot{\boldsymbol{x}}=\begin{bmatrix}0 & 0 & -1\\ 1 & 0 & -2\\ 0 & 1 & -2\end{bmatrix}\boldsymbol{x}+\begin{bmatrix}1\\1\\0\end{bmatrix}u$$

$$y=\begin{bmatrix}0 & 0 & 1\end{bmatrix}\boldsymbol{x}$$

它一定是不可控的。

当然也可以构造出 $g(s)$ 的既不可控又不可观测的三维实现。现在将分子和分母中的公因式消去，可得

$$g(s)=\frac{s+1}{s^3+2s^2+2s+1}=\frac{1}{s^2+s+1}$$

如果用上式中最右边的式子，仿照式(3.3.13)或式(3.3.14)构造出二维的动态方程实现，它是 $g(s)$ 的最小实现，再参考可控性分解、可观测性分解或标准形结构分解的叙述，将此最小阶实现扩展为不可控或不可观测，或者既不可控又不可观测的实现。$g(s)$ 的一个最小实现为

$$\boldsymbol{A}_1=\begin{bmatrix}0 & 1\\ -1 & -1\end{bmatrix},\quad \boldsymbol{b}_1=\begin{bmatrix}0\\1\end{bmatrix},\quad \boldsymbol{c}_1=\begin{bmatrix}1 & 0\end{bmatrix}$$

$g(s)$ 的一个不可控的三阶实现为

$$\boldsymbol{A}=\begin{bmatrix}\boldsymbol{A}_1 & 0\\ 0 & 0\end{bmatrix},\quad \boldsymbol{b}=\begin{bmatrix}\boldsymbol{b}_1\\ 0\end{bmatrix},\quad \boldsymbol{c}=\begin{bmatrix}\boldsymbol{c}_1 & \times\end{bmatrix}$$

$g(s)$ 的一个不可观测的三阶实现为

$$\boldsymbol{A}=\begin{bmatrix}\boldsymbol{A}_1 & 0\\ 0 & 0\end{bmatrix},\quad \boldsymbol{b}=\begin{bmatrix}\boldsymbol{b}_1\\ \times\end{bmatrix},\quad \boldsymbol{c}=\begin{bmatrix}\boldsymbol{c}_1 & 0\end{bmatrix}$$

$g(s)$ 的一个既不可控又不可观测的三阶实现为

$$\boldsymbol{A}=\begin{bmatrix}\boldsymbol{A}_1 & 0\\ 0 & 0\end{bmatrix},\quad \boldsymbol{b}=\begin{bmatrix}\boldsymbol{b}_1\\ 0\end{bmatrix},\quad \boldsymbol{c}=\begin{bmatrix}\boldsymbol{c}_1 & 0\end{bmatrix}$$

3.4　多变量系统的实现

3.4.1　动态方程的可控、可观测性与传递函数矩阵的关系

设多变量系统动态方程为

$$\dot{\boldsymbol{x}} = \boldsymbol{A}\boldsymbol{x} + \boldsymbol{B}\boldsymbol{u}, \quad \boldsymbol{y} = \boldsymbol{C}\boldsymbol{x} \tag{3.4.1}$$

其中，$\boldsymbol{A}$，$\boldsymbol{B}$，$\boldsymbol{C}$ 分别是 $n\times n$，$n\times p$，$q\times n$ 的实常量矩阵，其传递函数矩阵为

$$\boldsymbol{G}(s) = \frac{\boldsymbol{C}\mathrm{adj}(s\boldsymbol{I}-\boldsymbol{A})\boldsymbol{B}}{\det(s\boldsymbol{I}-\boldsymbol{A})} \tag{3.4.2}$$

式中，$\det(s\boldsymbol{I}-\boldsymbol{A})$是系统的特征多项式。传递函数矩阵 $\boldsymbol{G}(s)$是一个严格真有理函数阵，即它的每一元素都是 s 的有理函数，且分母多项式的阶次严格高于分子的阶次。

第 1 章已对有理函数矩阵的极点、零点作了定义。现利用极点多项式的概念研究多变量系统最小实现问题。设 $\boldsymbol{G}(s)$的每一个元素都是既约的 s 的有理函数。并设

$$\mathrm{rank}\,\boldsymbol{G}(s) = r$$

定义 3-1　有理函数矩阵 $\boldsymbol{G}(s)$称为真(严格真)有理函数阵，如果$\lim\limits_{s\to\infty}\boldsymbol{G}(s)=\boldsymbol{D}(\boldsymbol{D}=\boldsymbol{0})$。

定义 3-2　$\boldsymbol{G}(s)$的极点多项式中 s 的最高次数称为$\boldsymbol{G}(s)$的麦克米伦阶，用记号 $\delta\boldsymbol{G}(s)$表示。

对于例 1-3 中系统

$$\boldsymbol{G}(s) = \begin{bmatrix} \dfrac{1}{s+1} & 0 & \dfrac{s-1}{(s+1)(s+2)} \\ \dfrac{-1}{s-1} & \dfrac{1}{s+2} & \dfrac{1}{s+2} \end{bmatrix}$$

各阶子式的最小公倍式，即为其极点多项式$(s+1)(s-1)(s+2)^2$，显然 $\delta\boldsymbol{G}(s)=4$。

定理 3-10　若式(3.4.2)中，$\boldsymbol{A}$ 的特征式与$\boldsymbol{C}\mathrm{adj}(s\boldsymbol{I}-\boldsymbol{A})\boldsymbol{B}$ 之间没有非常数公因式，则系统(3.4.1)是可控、可观测的。

对于单变量系统而言，$\boldsymbol{A}$ 的特征式与$\boldsymbol{C}\mathrm{adj}(s\boldsymbol{I}-\boldsymbol{A})\boldsymbol{b}$ 之间没有非常数公因式当且仅当系统是可控、可观测的。不同于单变量系统，定理 3-10 中的条件仅仅是系统可控可观测的充分条件，而不是必要条件，可用以下例题来说明。

例 3-8　设系统方程为

$$\dot{\boldsymbol{x}} = \begin{bmatrix} 1 & 0 \\ 0 & 1 \end{bmatrix}\boldsymbol{x} + \begin{bmatrix} 1 & 0 \\ 0 & 1 \end{bmatrix}\boldsymbol{u}, \quad \boldsymbol{y} = \begin{bmatrix} 1 & 0 \\ 0 & 1 \end{bmatrix}\boldsymbol{u}$$

显然系统可控且可观测，但传递函数阵为

$$\boldsymbol{G}(s) = \frac{1}{(s-1)^2}\begin{bmatrix} s-1 & 0 \\ 0 & s-1 \end{bmatrix} = \begin{bmatrix} \dfrac{1}{s-1} & 0 \\ 0 & \dfrac{1}{s-1} \end{bmatrix}$$

在 $\boldsymbol{A}$ 的特征式与$\boldsymbol{C}\mathrm{adj}(s\boldsymbol{I}-\boldsymbol{A})\boldsymbol{B}$ 之间存在公因式$(s-1)$，故定理中的条件不是必要的。

定理 3-11　式(3.4.1)可控可观测的充分必要条件是 $\boldsymbol{G}(s)$的极点多项式等于 $\boldsymbol{A}$ 的特征

多项式。

例 3-9 设系统动态方程为

$$\dot{\boldsymbol{x}}=\begin{bmatrix}0&0&1&0\\0&0&0&1\\0&0&-1&0\\0&0&0&-1\end{bmatrix}\boldsymbol{x}+\begin{bmatrix}0&1\\1&1\\1&0\\0&-2\end{bmatrix}\boldsymbol{u},\quad \boldsymbol{y}=\begin{bmatrix}1&0&0&0\\0&1&0&0\end{bmatrix}\boldsymbol{u}$$

其特征多项式为 $s^2(s+1)^2$。系统的传递函数阵为

$$\boldsymbol{G}(s)=\begin{bmatrix}\dfrac{1}{s(s+1)}&\dfrac{1}{s}\\\dfrac{1}{s}&\dfrac{s-1}{s(s+1)}\end{bmatrix}$$

$\boldsymbol{G}(s)$相应的极点多项式为 $s^2(s+1)^2$，可知系统动态方程是可控、可观测的。

极点多项式和麦克米伦阶的概念以及定理 3-10 和定理 3-11，对于构造 $\boldsymbol{G}(s)$的最小动态方程实现来说是基本的。这些概念和定理也是单变量情况相应概念的推广。

任一真有理函数矩阵 $\boldsymbol{G}_1(s)$总可分解为 $\boldsymbol{G}(s)+\boldsymbol{D}$，其中 $\boldsymbol{G}(s)$为严格真有理函数阵。所以这里只讨论严格真有理函数阵如何用动态方程来实现的问题。

3.4.2 向量传递函数的实现

① 行分母展开时，得可观测标准形最小实现。

例 3-10 考虑下列传递函数行向量的状态空间实现：

$$\begin{bmatrix}\dfrac{2s+3}{(s+1)^2(s+2)}&\dfrac{s^2+2s+2}{s(s+1)^3}\end{bmatrix}$$

解： 将多项式行向量每项分母多项式的最小公倍式作为分母，行向量传递函数就可以写成分子为多项式行向量的形式，即

$$\frac{[2\quad 1]s^3+[5\quad 4]s^2+[3\quad 6]s+[0\quad 4]}{s(s+1)^3(s+2)}$$

类比于单变量系统的可观测性实现，可以写出其可观测标准形实现形式：

$$\boldsymbol{A}=\begin{bmatrix}0&0&0&0&0\\1&0&0&0&-2\\0&1&0&0&-7\\0&0&1&0&-9\\0&0&0&1&-5\end{bmatrix},\quad \boldsymbol{B}=\begin{bmatrix}0&4\\3&6\\5&4\\2&1\\0&0\end{bmatrix},\quad \boldsymbol{C}=[0\quad 0\quad 0\quad 0\quad 1]$$

② 列分母展开时，得可控标准形最小实现。

例 3-11 考虑下列传递函数列向量的状态空间实现：

$$\begin{bmatrix}\dfrac{2s}{(s+1)(s+2)(s+3)}&\dfrac{s^2+2s+2}{s(s+1)(s+4)}\end{bmatrix}^{\mathrm{T}}$$

解： 将多项式列向量每项分母多项式的最小公倍式作为分母，列向量传递函数就可以写成分子为多项式列向量的形式，即

$$\frac{\begin{bmatrix}0\\1\end{bmatrix}s^4+\begin{bmatrix}2\\7\end{bmatrix}s^3+\begin{bmatrix}8\\18\end{bmatrix}s^2+\begin{bmatrix}0\\22\end{bmatrix}s+\begin{bmatrix}0\\12\end{bmatrix}}{s^5+10s^4+35s^3+50s^2+24s}$$

类比于单变量系统的可控性实现，可以写出其可控标准形实现形式：

$$\boldsymbol{A}=\begin{bmatrix}0&1&0&0&0\\0&0&1&0&0\\0&0&0&1&0\\0&0&0&0&1\\0&-24&-50&-35&-10\end{bmatrix},\quad \boldsymbol{B}=\begin{bmatrix}0\\0\\0\\0\\1\end{bmatrix},\quad \boldsymbol{C}=\begin{bmatrix}0&0&8&2&0\\12&22&18&7&1\end{bmatrix}$$

应当指出的是，因为 $\boldsymbol{G}(s)$ 的诸元素已是既约形式，故行分母（列分母）的次数就是麦克米伦阶，所构造的实现一定是最小实现。这点和标量传函一样。

3.4.3 传递函数矩阵的实现

可以将矩阵 $\boldsymbol{G}(s)$ 分成列（行），每列（行）按列（行）分母展开。以两列为例说明列展开时的做法，设第 i 列展开所得的可控形实现为 $\boldsymbol{A}_i,\boldsymbol{b}_i,\boldsymbol{C}_i$，可按以下方式形成 $\boldsymbol{A},\boldsymbol{B},\boldsymbol{C}$：

$$\boldsymbol{A}=\begin{bmatrix}\boldsymbol{A}_1&\boldsymbol{0}\\\boldsymbol{0}&\boldsymbol{A}_2\end{bmatrix},\quad \boldsymbol{B}=\begin{bmatrix}\boldsymbol{b}_1&\boldsymbol{0}\\\boldsymbol{0}&\boldsymbol{b}_2\end{bmatrix},\quad \boldsymbol{C}=\begin{bmatrix}\boldsymbol{C}_1&\boldsymbol{C}_2\end{bmatrix}$$

这一实现是可控的，并可构造出上述实现的传递函数矩阵 $\boldsymbol{G}(s)$：

$$\begin{aligned}\boldsymbol{G}(s)=\boldsymbol{C}(s\boldsymbol{I}-\boldsymbol{A})^{-1}\boldsymbol{B}&=\begin{bmatrix}\boldsymbol{C}_1&\boldsymbol{C}_2\end{bmatrix}\begin{bmatrix}(s\boldsymbol{I}-\boldsymbol{A}_1)^{-1}&\boldsymbol{0}\\\boldsymbol{0}&(s\boldsymbol{I}-\boldsymbol{A}_2)^{-1}\end{bmatrix}\begin{bmatrix}\boldsymbol{b}_1&\boldsymbol{0}\\\boldsymbol{0}&\boldsymbol{b}_2\end{bmatrix}\\&=\begin{bmatrix}\boldsymbol{C}_1(s\boldsymbol{I}-\boldsymbol{A}_1)^{-1}&\boldsymbol{C}_2(s\boldsymbol{I}-\boldsymbol{A}_2)^{-1}\end{bmatrix}\begin{bmatrix}\boldsymbol{b}_1&\boldsymbol{0}\\\boldsymbol{0}&\boldsymbol{b}_2\end{bmatrix}\\&=\begin{bmatrix}\boldsymbol{C}_1(s\boldsymbol{I}-\boldsymbol{A}_1)^{-1}\boldsymbol{b}_1&\boldsymbol{C}_2(s\boldsymbol{I}-\boldsymbol{A}_2)^{-1}\boldsymbol{b}_2\end{bmatrix}\end{aligned}$$

同理，可以将 $\boldsymbol{G}(s)$ 分成行，每行按行展开。以两行为例说明行展开时的做法，设第 i 行展开所得的可观测形实现为 $\boldsymbol{A}_i,\boldsymbol{B}_i,\boldsymbol{c}_i$，可按以下方式形成 $\boldsymbol{A},\boldsymbol{B},\boldsymbol{C}$：

$$\boldsymbol{A}=\begin{bmatrix}\boldsymbol{A}_1&\boldsymbol{0}\\\boldsymbol{0}&\boldsymbol{A}_2\end{bmatrix},\quad \boldsymbol{B}=\begin{bmatrix}\boldsymbol{B}_1\\\boldsymbol{B}_2\end{bmatrix},\quad \boldsymbol{C}=\begin{bmatrix}\boldsymbol{c}_1&\boldsymbol{0}\\\boldsymbol{0}&\boldsymbol{c}_2\end{bmatrix}$$

这一实现是可观测的，并可计算出上述实现的传递函数矩阵 $\boldsymbol{G}(s)$：

$$\begin{aligned}\boldsymbol{G}(s)=\boldsymbol{C}(s\boldsymbol{I}-\boldsymbol{A})^{-1}\boldsymbol{B}&=\begin{bmatrix}\boldsymbol{c}_1&\boldsymbol{0}\\\boldsymbol{0}&\boldsymbol{c}_2\end{bmatrix}\begin{bmatrix}(s\boldsymbol{I}-\boldsymbol{A}_1)^{-1}&\boldsymbol{0}\\\boldsymbol{0}&(s\boldsymbol{I}-\boldsymbol{A}_2)^{-1}\end{bmatrix}\begin{bmatrix}\boldsymbol{B}_1\\\boldsymbol{B}_2\end{bmatrix}\\&=\begin{bmatrix}\boldsymbol{c}_1(s\boldsymbol{I}-\boldsymbol{A}_1)^{-1}&\boldsymbol{0}\\\boldsymbol{0}&\boldsymbol{c}_2(s\boldsymbol{I}-\boldsymbol{A}_2)^{-1}\end{bmatrix}\begin{bmatrix}\boldsymbol{B}_1\\\boldsymbol{B}_2\end{bmatrix}\\&=\begin{bmatrix}\boldsymbol{c}_1(s\boldsymbol{I}-\boldsymbol{A}_1)^{-1}\boldsymbol{B}_1\\\boldsymbol{c}_2(s\boldsymbol{I}-\boldsymbol{A}_2)^{-1}\boldsymbol{B}_2\end{bmatrix}\end{aligned}$$

基于上述构造方法，容易得到一般传递函数矩阵按照行/列展开的状态空间实现的结果。

定理 3-12　严格真有理函数阵 $\boldsymbol{G}(s)$ 的一个动态方程实现为

$$\dot{\boldsymbol{x}}=\boldsymbol{A}\boldsymbol{x}+\boldsymbol{B}\boldsymbol{u},\quad \boldsymbol{y}=\boldsymbol{C}\boldsymbol{x}\tag{3.4.3}$$

其中，矩阵 $\boldsymbol{A},\boldsymbol{B},\boldsymbol{C}$ 可用如下方法构造。

① 按行分母展开的可观测形实现。

将 $\boldsymbol{G}(s)$ 写成下列形式：

$$\boldsymbol{G}(s)=\begin{bmatrix}\dfrac{\boldsymbol{N}_1(s)}{d_1(s)}\\ \dfrac{\boldsymbol{N}_2(s)}{d_2(s)}\\ \vdots\\ \dfrac{\boldsymbol{N}_q(s)}{d_q(s)}\end{bmatrix}\tag{3.4.4}$$

式中，$d_i(s)$ 是 $\boldsymbol{G}(s)$ 第 i 行的最小首一公分母：

$$d_i(s)=s^{n_i}+a_{n_i-1}^i s^{n_i-1}+\cdots+a_1^i s+a_0^i$$

$\boldsymbol{G}(s)$ 第 i 行的分子可以写成 n_i 次 s 的多项式，其系数为 p 维常数行向量：

$$\boldsymbol{N}_i(s)=\boldsymbol{N}_{n_i-1}^i s^{n_i-1}+\boldsymbol{N}_{n_i-2}^i s^{n_i-2}+\cdots+\boldsymbol{N}_1^i s+\boldsymbol{N}_0^i$$

构造如下矩阵 $\boldsymbol{A},\boldsymbol{B},\boldsymbol{C}$ 作为 $G(s)$ 的可观测形实现：

$$\boldsymbol{A}=\begin{bmatrix}\boldsymbol{A}_1 & & & \\ & \boldsymbol{A}_2 & & \\ & & \ddots & \\ & & & \boldsymbol{A}_q\end{bmatrix},\quad \boldsymbol{B}=\begin{bmatrix}\boldsymbol{B}_1\\ \boldsymbol{B}_2\\ \vdots\\ \boldsymbol{B}_q\end{bmatrix},\quad \boldsymbol{C}=\begin{bmatrix}\boldsymbol{c}_1 & & & \\ & \boldsymbol{c}_2 & & \\ & & \ddots & \\ & & & \boldsymbol{c}_q\end{bmatrix}\tag{3.4.5}$$

$$\boldsymbol{A}_i=\begin{bmatrix}0 & \cdots & 0 & -a_0^i\\ & & & -a_1^i\\ & \boldsymbol{I}_{n_i-1} & & \vdots\\ & & & -a_{n_i-1}^i\end{bmatrix},\quad \boldsymbol{B}_i=\begin{bmatrix}\boldsymbol{N}_0^i\\ \boldsymbol{N}_1^i\\ \vdots\\ \boldsymbol{N}_{n_i-1}^i\end{bmatrix},\quad \boldsymbol{c}_i=[0\ \ \cdots\ \ 0\ \ 1]\tag{3.4.6}$$

式(3.4.6)中 $\boldsymbol{c}_i$ 为 n_i 维行向量。

② 按列分母展开的可控形实现。

将 $\boldsymbol{G}(s)$ 写成下列形式：

$$\boldsymbol{G}(s)=\begin{bmatrix}\dfrac{\boldsymbol{N}_1(s)}{d_1(s)} & \dfrac{\boldsymbol{N}_2(s)}{d_2(s)} & \cdots & \dfrac{\boldsymbol{N}_p(s)}{d_p(s)}\end{bmatrix}\tag{3.4.7}$$

式(3.4.7)中的 $d_i(s)$ 是 $\boldsymbol{G}(s)$ 第 i 列的最小首一公分母：

$$d_i(s)=s^{n_i}+a_{n_i-1}^i s^{n_i-1}+\cdots+a_1^i s+a_0^i$$

$\boldsymbol{G}(s)$ 第 i 列的分子可以写成 n_i 次 s 的多项式，其系数为 q 维常数列向量：

$$\boldsymbol{N}_i(s)=\boldsymbol{N}_{n_i-1}^i s^{n_i-1}+\boldsymbol{N}_{n_i-2}^i s^{n_i-2}+\cdots+\boldsymbol{N}_1^i s+\boldsymbol{N}_0^i$$

构造如下矩阵 $\boldsymbol{A},\boldsymbol{B},\boldsymbol{C}$ 作为 $\boldsymbol{G}(s)$ 的可控形实现：

$$\boldsymbol{A}=\begin{bmatrix}\boldsymbol{A}_1 & & & \\ & \boldsymbol{A}_2 & & \\ & & \ddots & \\ & & & \boldsymbol{A}_p\end{bmatrix},\quad \boldsymbol{B}=\begin{bmatrix}\boldsymbol{b}_1 & & & \\ & \boldsymbol{b}_2 & & \\ & & \ddots & \\ & & & \boldsymbol{b}_p\end{bmatrix},\quad \boldsymbol{C}=[\boldsymbol{C}_1\ \ \boldsymbol{C}_2\ \ \cdots\ \ \boldsymbol{C}_p]\tag{3.4.8}$$

$$
\boldsymbol{A}_i=\begin{bmatrix} 0 & & & \\ \vdots & & \boldsymbol{I}_{n_i-1} & \\ 0 & & & \\ -a_0^i & -a_1^i & \cdots & -a_{n_i-1}^i \end{bmatrix},\quad \boldsymbol{b}_i=\begin{bmatrix} 0 \\ \vdots \\ 0 \\ 1 \end{bmatrix},\quad \boldsymbol{C}_i=\begin{bmatrix} \boldsymbol{N}_0^i & \boldsymbol{N}_1^i & \cdots & \boldsymbol{N}_{n_i-1}^i \end{bmatrix} \tag{3.4.9}
$$

式(3.4.9)中的 $\boldsymbol{b}_i$ 为 n_i 维列向量。特别注意的是,式(3.4.5)和式(3.4.8)中采用的记号相同,但含义是不同的。

为了得到最小阶实现,需要把非最小阶实现进行降价化简,按照行展开得到可观测性实现或者按照列展开得到可控性实现。如果它们是非可控和非可观测的,就可以进一步按照可控性分解定理、可观测性分解定理进行结构分解,分解后的既可控又可观测子系统就是最小阶实现。一般地,任意一个状态空间实现均可通过可控性分解定理、可观测性分解定理或标准分解定理得到一种降价化简为既可控又可观测的实现。

例 3-12　给定有理函数阵为

$$
\boldsymbol{G}(s)=\begin{bmatrix} \dfrac{1}{s+1} & \dfrac{1}{s+3} \\ \dfrac{-1}{s+1} & \dfrac{-1}{s+2} \end{bmatrix}
$$

试用行展开和列展开构造 $\boldsymbol{G}(s)$ 实现。

解: 采用行展开方法,将 $\boldsymbol{G}(s)$ 写成

$$
\boldsymbol{G}(s)=\begin{bmatrix} \dfrac{[1 \quad 1]s+[3 \quad 1]}{(s+1)(s+3)} \\ \dfrac{[-1 \quad -1]s+[-2 \quad -1]}{(s+1)(s+2)} \end{bmatrix}
$$

$$
d_1(s)=s^2+4s+3,\quad d_2(s)=s^2+3s+2
$$

$$
\boldsymbol{N}_0^1=[3 \quad 1],\quad \boldsymbol{N}_1^1=[1 \quad 1],\quad \boldsymbol{N}_0^2=[-2 \quad -1],\quad \boldsymbol{N}_1^2=[-1 \quad -1]
$$

按式(3.4.5),可得可观测性实现如下:

$$
\boldsymbol{A}=\begin{bmatrix} 0 & -3 & & \\ 1 & -4 & & \\ & & 0 & -2 \\ & & 1 & -3 \end{bmatrix},\quad \boldsymbol{B}=\begin{bmatrix} 3 & 1 \\ 1 & 1 \\ -2 & -1 \\ -1 & -1 \end{bmatrix},\quad \boldsymbol{C}=\begin{bmatrix} 0 & 1 & 0 & 0 \\ 0 & 0 & 0 & 1 \end{bmatrix}
$$

容易验证这一实现是可观测的但不是可控的。直接计算可知 $\delta\boldsymbol{G}(s)=3$,而 $\boldsymbol{A}$ 阵的维数是 4,由定理 3-11 可知,该实现一定不可控。要得到可控可观测的实现,可以对此四阶实现进行可控性分解,进而得到一个三阶的实现。用列展开方法,就可以得到可控可观测的实现,将 $\boldsymbol{G}(s)$ 写成

$$
\boldsymbol{G}(s)=\begin{bmatrix} \dfrac{\begin{bmatrix} 1 \\ -1 \end{bmatrix}}{s+1} & \dfrac{\begin{bmatrix} 1 \\ -1 \end{bmatrix}s+\begin{bmatrix} 2 \\ -3 \end{bmatrix}}{(s+2)(s+3)} \end{bmatrix}
$$

$$
d_1(s)=s+1,\quad d_2(s)=s^2+5s+6,\quad \boldsymbol{N}_0^1=\begin{bmatrix} 1 \\ -1 \end{bmatrix},\quad \boldsymbol{N}_0^2=\begin{bmatrix} 2 \\ -3 \end{bmatrix},\quad \boldsymbol{N}_1^2=\begin{bmatrix} 1 \\ -1 \end{bmatrix}
$$

根据式(3.4.8),可构成如下的实现:

$$A=\begin{bmatrix}-1&&\\&0&1\\&-6&-5\end{bmatrix},\quad B=\begin{bmatrix}1&0\\0&0\\0&1\end{bmatrix},\quad C=\begin{bmatrix}1&2&1\\-1&-3&-1\end{bmatrix}$$

这是可控性实现,它也是可观测的,因而是$\boldsymbol{G}(s)$的最小阶实现。显然,在本例中一开始就应选择列展开方法,这是因为各列分母次数之和为3,小于各行分母次数之和4。如果不论行展开或列展开都不能得到最小阶实现,那么利用可控性分解或可观测性分解进一步降低系统的阶次就是不能少的了。

3.4.4 满秩分解实现

定理3-13 若$q\times p$有理函数阵$\boldsymbol{G}(s)$可表示成

$$\boldsymbol{G}(s)=\sum_{i=1}^{r}\boldsymbol{R}_i(s-\lambda_i)^{-1}$$

其中,λ_i互不相同,$\boldsymbol{R}_i$为$q\times p$常数矩阵,则有$\delta G(s)=\sum_{i=1}^{r}\operatorname{rank}\boldsymbol{R}_i$。

证明: 设$\operatorname{rank}\boldsymbol{R}_i=n_i$,任何矩阵都可以满秩分解(见结论0-7),将$\boldsymbol{R}_i$进行满秩分解,即$\boldsymbol{R}_i=\boldsymbol{C}_i\times\boldsymbol{B}_i$,其中$\boldsymbol{C}_i$为$q\times n_i$阵且$\operatorname{rank}\boldsymbol{C}_i=n_i$,$\boldsymbol{B}_i$为$n_i\times p$阵且$\operatorname{rank}\boldsymbol{B}_i=n_i$,现构造$\boldsymbol{R}_i/(s-\lambda_i)$的最小阶实现为$(\boldsymbol{A}_i,\boldsymbol{B}_i,\boldsymbol{C}_i)$,其中$\boldsymbol{A}_i=\operatorname{diag}\{\lambda_i,\cdots,\lambda_i\}$是$n_i\times n_i$的对角矩阵。再用直和的方式构成:

$$\boldsymbol{A}=\begin{bmatrix}\boldsymbol{A}_1&&&\\&\boldsymbol{A}_2&&\\&&\ddots&\\&&&\boldsymbol{A}_r\end{bmatrix},\quad \boldsymbol{B}=\begin{bmatrix}\boldsymbol{B}_1\\\boldsymbol{B}_2\\\vdots\\\boldsymbol{B}_r\end{bmatrix},\quad \boldsymbol{C}=[\boldsymbol{C}_1\quad\boldsymbol{C}_2\quad\cdots\quad\boldsymbol{C}_r]$$

由于$\operatorname{rank}\boldsymbol{B}_i=n_i$行满秩,$\operatorname{rank}\boldsymbol{C}_i=n_i$列满秩,利用若当形判据易知这一实现$(\boldsymbol{A},\boldsymbol{B},\boldsymbol{C})$是$\boldsymbol{G}(s)$的既可控又可观测实现,即最小实现。而系统系数矩阵$\boldsymbol{A}$的阶次为$\sum_{i=1}^{r}n_i$,所以最小阶实现的维数为$\sum_{i=1}^{r}n_i=\sum_{i=1}^{r}\operatorname{rank}\boldsymbol{R}_i$,故$\delta\boldsymbol{G}(s)=\sum_{i=1}^{r}\operatorname{rank}\boldsymbol{R}_i$,命题成立。

定理3-13的证明过程给出了一种通过满秩分解来构造系统最小实现的方法。

例3-13 求下列给定传递函数矩阵$\boldsymbol{G}(s)$的最小实现:

$$\boldsymbol{G}(s)=\begin{bmatrix}\dfrac{1}{s(s+1)}&\dfrac{1}{s+1}&\dfrac{1}{s+2}\\\dfrac{1}{s}&\dfrac{1}{s+3}&\dfrac{1}{s+4}\end{bmatrix}$$

解: 经计算可知$\delta\boldsymbol{G}(s)=5$,若按行分母展开或按列分母展开,均可得到六阶实现。现用定理3-13的方法做。

$$\boldsymbol{G}(s)=\begin{bmatrix}\dfrac{1}{s(s+1)}&\dfrac{1}{s+1}&\dfrac{1}{s+2}\\\dfrac{1}{s}&\dfrac{1}{s+3}&\dfrac{1}{s+4}\end{bmatrix}=\begin{bmatrix}\dfrac{1}{s}-\dfrac{1}{s+1}&\dfrac{1}{s+1}&\dfrac{1}{s+2}\\\dfrac{1}{s}&\dfrac{1}{s+3}&\dfrac{1}{s+4}\end{bmatrix}$$

$$
=\frac{1}{s}\begin{bmatrix}1&0&0\\1&0&0\end{bmatrix}+\frac{1}{s+1}\begin{bmatrix}-1&1&0\\0&0&0\end{bmatrix}+\frac{1}{s+2}\begin{bmatrix}0&0&1\\0&0&0\end{bmatrix}+
\frac{1}{s+3}\begin{bmatrix}0&0&0\\0&1&0\end{bmatrix}+\frac{1}{s+4}\begin{bmatrix}0&0&0\\0&0&1\end{bmatrix}
$$

$$
=\frac{1}{s}\begin{bmatrix}1\\1\end{bmatrix}\begin{bmatrix}1&0&0\end{bmatrix}+\frac{1}{s+1}\begin{bmatrix}1\\0\end{bmatrix}\begin{bmatrix}-1&1&0\end{bmatrix}+\frac{1}{s+2}\begin{bmatrix}1\\0\end{bmatrix}\begin{bmatrix}0&0&1\end{bmatrix}+
\frac{1}{s+3}\begin{bmatrix}0\\1\end{bmatrix}\begin{bmatrix}0&1&0\end{bmatrix}+\frac{1}{s+4}\begin{bmatrix}0\\1\end{bmatrix}\begin{bmatrix}0&0&1\end{bmatrix}
$$

$\boldsymbol{G}(s)$的一个最小实现为

$$
\boldsymbol{A}=\begin{bmatrix}0&&&&\\&-1&&&\\&&-2&&\\&&&-3&\\&&&&-4\end{bmatrix},\quad \boldsymbol{B}=\begin{bmatrix}1&0&0\\-1&1&0\\0&0&1\\0&1&0\\0&0&1\end{bmatrix},\quad \boldsymbol{C}=\begin{bmatrix}1&1&1&0&0\\1&0&0&1&1\end{bmatrix}
$$

3.4.5 组合结构的状态空间实现

在实际问题中，常常会遇到两个子系统 $\boldsymbol{G}_1$、$\boldsymbol{G}_2$（甚至多个子系统）串联、并联和反馈结构的组合形式。下面仅仅考虑两个子系统的组合系统，传递函数矩阵 $\boldsymbol{G}_i(s)$的状态空间实现为$(\boldsymbol{A}_i,\boldsymbol{B}_i,\boldsymbol{C}_i,\boldsymbol{D}_i)(i=1,2)$，其中 $\boldsymbol{A}_i,\boldsymbol{B}_i,\boldsymbol{C}_i,\boldsymbol{D}_i$ 分别是$n_i\times n_i,n_i\times p_i,q_i\times n_i,q_i\times p_i$ 的矩阵。下面将分别给出这些组合结构的一个状态空间实现和相应的传递函数阵，以及维数 n_i,p_i,q_i 之间应满足的条件。

①串联方式一，如图 3－1 所示。

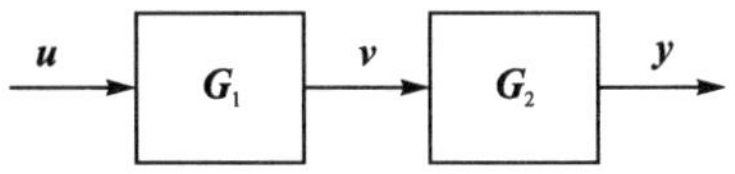

图 3－1　串联结构一

图 3－1 第一个子系统的输出信号是第二个子系统的输入，因此 $q_1=p_2$，串联系统的传递函数矩阵为 $\boldsymbol{G}_2(s)\boldsymbol{G}_1(s)$。若两个子系统 $\boldsymbol{G}_1$、$\boldsymbol{G}_2$ 的实现分别为

$$
\begin{cases}\dot{\boldsymbol{x}}_1=\boldsymbol{A}_1\boldsymbol{x}_1+\boldsymbol{B}_1\boldsymbol{u}\\ \boldsymbol{v}=\boldsymbol{C}_1\boldsymbol{x}_1+\boldsymbol{D}_1\boldsymbol{u}\end{cases},\qquad \begin{cases}\dot{\boldsymbol{x}}_2=\boldsymbol{A}_2\boldsymbol{x}_2+\boldsymbol{B}_2\boldsymbol{v}\\ \boldsymbol{y}=\boldsymbol{C}_2\boldsymbol{x}_2+\boldsymbol{D}_2\boldsymbol{v}\end{cases}
$$

串联后以 $\boldsymbol{u}$ 为输入，$\boldsymbol{G}_2$ 的实现为

$$
\begin{cases}\dot{\boldsymbol{x}}_2=\boldsymbol{A}_2\boldsymbol{x}_2+\boldsymbol{B}_2\boldsymbol{v}=\boldsymbol{A}_2\boldsymbol{x}_2+\boldsymbol{B}_2\boldsymbol{C}_1\boldsymbol{x}_1+\boldsymbol{B}_2\boldsymbol{D}_1\boldsymbol{u}\\ \boldsymbol{y}=\boldsymbol{C}_2\boldsymbol{x}_2+\boldsymbol{D}_2\boldsymbol{v}=\boldsymbol{C}_2\boldsymbol{x}_2+\boldsymbol{D}_2\boldsymbol{C}_1\boldsymbol{x}_1+\boldsymbol{D}_2\boldsymbol{D}_1\boldsymbol{u}\end{cases}
$$

串联后系统状态 $\boldsymbol{x}=[\boldsymbol{x}_1\quad \boldsymbol{x}_2]^{\mathrm{T}}$ 的动态方程实现为

$$
\begin{cases}\begin{bmatrix}\dot{\boldsymbol{x}}_1\\ \dot{\boldsymbol{x}}_2\end{bmatrix}=\begin{bmatrix}\boldsymbol{A}_1&\boldsymbol{0}\\ \boldsymbol{B}_2\boldsymbol{C}_1&\boldsymbol{A}_2\end{bmatrix}\begin{bmatrix}\boldsymbol{x}_1\\ \boldsymbol{x}_2\end{bmatrix}+\begin{bmatrix}\boldsymbol{B}_1\\ \boldsymbol{B}_2\boldsymbol{D}_1\end{bmatrix}\boldsymbol{u}\\ \boldsymbol{y}=\begin{bmatrix}\boldsymbol{D}_2\boldsymbol{C}_1&\boldsymbol{C}_2\end{bmatrix}\begin{bmatrix}\boldsymbol{x}_1\\ \boldsymbol{x}_2\end{bmatrix}+\boldsymbol{D}_2\boldsymbol{D}_1\boldsymbol{u}\end{cases}
$$

② 串联方式二，如图 3-2 所示。

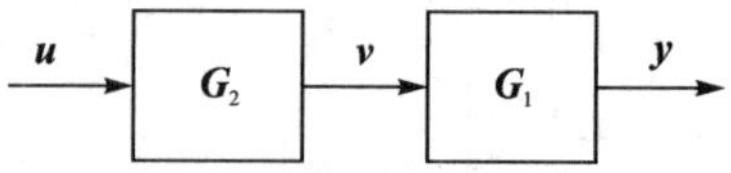

图 3-2 串联结构二

类似于串联方式一，图 3-2 串联系统中 $\boldsymbol{G}_2$ 的输出为 $\boldsymbol{G}_1$ 的输入，满足 $q_2=p_1$，且串联系统传递函数矩阵为 $\boldsymbol{G}_1(s)\boldsymbol{G}_2(s)$，$\boldsymbol{G}_2$ 实现为

$$\begin{cases}\dot{\boldsymbol{x}}_2=\boldsymbol{A}_2\boldsymbol{x}_2+\boldsymbol{B}_2\boldsymbol{u}\\ \boldsymbol{v}=\boldsymbol{C}_2\boldsymbol{x}_2+\boldsymbol{D}_2\boldsymbol{u}\end{cases}$$

$\boldsymbol{G}_1$ 实现为

$$\begin{cases}\dot{\boldsymbol{x}}_1=\boldsymbol{A}_1\boldsymbol{x}_1+\boldsymbol{B}_1\boldsymbol{v}=\boldsymbol{A}_1\boldsymbol{x}_1+\boldsymbol{B}_1\boldsymbol{C}_2\boldsymbol{x}_2+\boldsymbol{B}_1\boldsymbol{D}_2\boldsymbol{u}\\ \boldsymbol{y}=\boldsymbol{C}_1\boldsymbol{x}_1+\boldsymbol{D}_1\boldsymbol{v}=\boldsymbol{C}_1\boldsymbol{x}_1+\boldsymbol{D}_1\boldsymbol{C}_2\boldsymbol{x}_2+\boldsymbol{D}_1\boldsymbol{D}_2\boldsymbol{u}\end{cases}$$

串联方式二以 $\boldsymbol{x}_{co}=[\boldsymbol{x}_1\quad \boldsymbol{x}_2]^{\mathrm{T}}$ 为状态的实现为

$$\begin{cases}\begin{bmatrix}\dot{\boldsymbol{x}}_1\\ \dot{\boldsymbol{x}}_2\end{bmatrix}=\begin{bmatrix}\boldsymbol{A}_1 & \boldsymbol{B}_1\boldsymbol{C}_2\\ \boldsymbol{0} & \boldsymbol{A}_2\end{bmatrix}\begin{bmatrix}\boldsymbol{x}_1\\ \boldsymbol{x}_2\end{bmatrix}+\begin{bmatrix}\boldsymbol{B}_1\boldsymbol{D}_2\\ \boldsymbol{B}_2\end{bmatrix}\boldsymbol{u}\\ \boldsymbol{y}=[\boldsymbol{C}_1\quad \boldsymbol{D}_1\boldsymbol{C}_2]\,\boldsymbol{x}_{co}+\boldsymbol{D}_1\boldsymbol{D}_2\boldsymbol{u}\end{cases}$$

③ 并联方式，如图 3-3 所示。

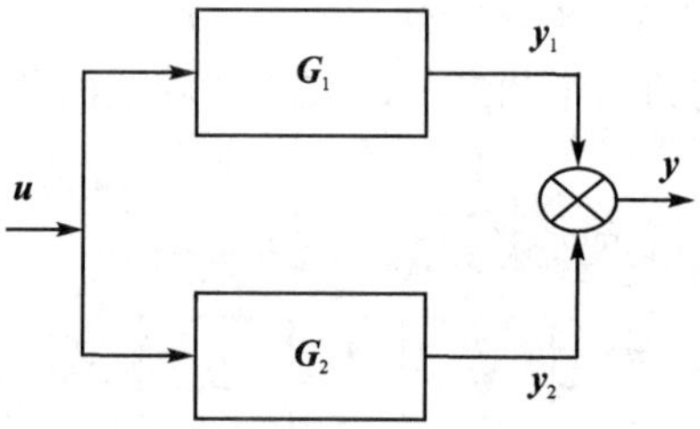

图 3-3 并联结构图

图 3-3 并联系统的每个子系统的输入/输出维数都相等，即 $p_1=p_2$，$q_1=q_2$，其传递函数矩阵为 $\boldsymbol{G}_1(s)+\boldsymbol{G}_2(s)$。若子系统 $\boldsymbol{G}_1(s)$、$\boldsymbol{G}_2(s)$ 的实现为

$$\begin{cases}\dot{\boldsymbol{x}}_i=\boldsymbol{A}_i\boldsymbol{x}_i+\boldsymbol{B}_i\boldsymbol{u}\\ \boldsymbol{y}_i=\boldsymbol{C}_i\boldsymbol{x}_i+\boldsymbol{D}_i\boldsymbol{u}\end{cases},\quad i=1,2$$

则并联系统 $\boldsymbol{G}_1(s)+\boldsymbol{G}_2(s)$ 的实现为

$$\begin{cases}\begin{bmatrix}\dot{\boldsymbol{x}}_1\\ \dot{\boldsymbol{x}}_2\end{bmatrix}=\begin{bmatrix}\boldsymbol{A}_1 & \boldsymbol{0}\\ \boldsymbol{0} & \boldsymbol{A}_2\end{bmatrix}\begin{bmatrix}\boldsymbol{x}_1\\ \boldsymbol{x}_2\end{bmatrix}+\begin{bmatrix}\boldsymbol{B}_1\\ \boldsymbol{B}_2\end{bmatrix}\boldsymbol{u}\\ \boldsymbol{y}=[\boldsymbol{C}_1\quad \boldsymbol{C}_2]\begin{bmatrix}\boldsymbol{x}_1\\ \boldsymbol{x}_2\end{bmatrix}+(\boldsymbol{D}_1+\boldsymbol{D}_2)\boldsymbol{u}\end{cases}$$

为了给出反馈结构的状态空间实现，先给出传递函数矩阵 $\boldsymbol{G}(s)$ 逆的实现。设 $\boldsymbol{G}(s)$ 的实现为

$$\begin{cases}\dot{\boldsymbol{x}}=\boldsymbol{A}\boldsymbol{x}+\boldsymbol{B}\boldsymbol{u}\\ \boldsymbol{y}=\boldsymbol{C}\boldsymbol{x}+\boldsymbol{D}\boldsymbol{u}\end{cases}$$

当 $\boldsymbol{D}$ 为非奇异矩阵时，传递函数矩阵 $\boldsymbol{G}(s)$ 的逆 $\boldsymbol{G}^{-1}(s)$ 的实现为

$$\begin{cases}\dot{\boldsymbol{x}}=(\boldsymbol{A}-\boldsymbol{B}\boldsymbol{D}^{-1}\boldsymbol{C})\boldsymbol{x}+\boldsymbol{B}\boldsymbol{D}^{-1}\boldsymbol{y}\\ \boldsymbol{u}=-\boldsymbol{D}^{-1}\boldsymbol{C}\boldsymbol{x}+\boldsymbol{D}^{-1}\boldsymbol{y}\end{cases}$$

其传递函数矩阵为

$$\boldsymbol{G}^{-1}(s)=-\boldsymbol{D}^{-1}\boldsymbol{C}(s\boldsymbol{I}-(\boldsymbol{A}-\boldsymbol{B}\boldsymbol{D}^{-1}\boldsymbol{C}))^{-1}\boldsymbol{B}\boldsymbol{D}^{-1}+\boldsymbol{D}^{-1}$$

④ 反馈结构，如图 3－4 所示。

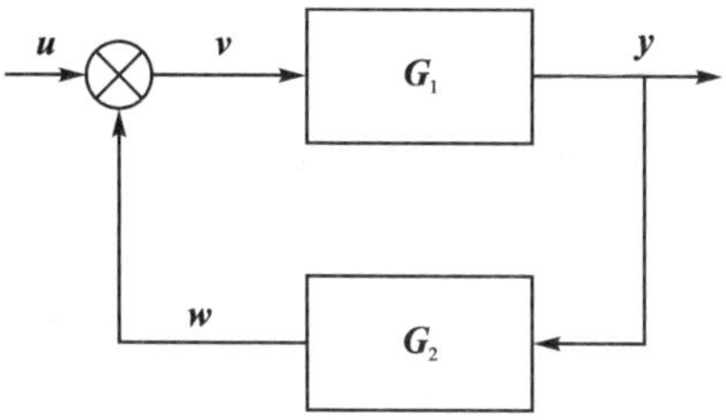

图 3－4　反馈结构图

对于图 3－4 的反馈结构，$q_1=p_2$，$p_1=q_2$。$\boldsymbol{G}_1$ 的实现为

$$\begin{cases}\dot{\boldsymbol{x}}_1=\boldsymbol{A}_1\boldsymbol{x}_1+\boldsymbol{B}_1\boldsymbol{v}\\ \boldsymbol{y}=\boldsymbol{C}_1\boldsymbol{x}_1+\boldsymbol{D}_1\boldsymbol{v}\end{cases}$$

$\boldsymbol{G}_2$ 的实现为

$$\begin{cases}\dot{\boldsymbol{x}}_2=\boldsymbol{A}_2\boldsymbol{x}_2+\boldsymbol{B}_2\boldsymbol{y}\\ \boldsymbol{w}=\boldsymbol{C}_2\boldsymbol{x}_2+\boldsymbol{D}_2\boldsymbol{y}\end{cases}$$

由反馈结构可知 $\boldsymbol{v}=\boldsymbol{u}+\boldsymbol{w}$，故 $\boldsymbol{y}=\boldsymbol{C}_1\boldsymbol{x}_1+\boldsymbol{D}_1(\boldsymbol{u}+\boldsymbol{w})$ 且

$$\boldsymbol{w}=\boldsymbol{C}_2\boldsymbol{x}_2+\boldsymbol{D}_2\boldsymbol{y}=\boldsymbol{C}_2\boldsymbol{x}_2+\boldsymbol{D}_2(\boldsymbol{C}_1\boldsymbol{x}_1+\boldsymbol{D}_1\boldsymbol{v})=\boldsymbol{C}_2\boldsymbol{x}_2+\boldsymbol{D}_2[\boldsymbol{C}_1\boldsymbol{x}_1+\boldsymbol{D}_1(\boldsymbol{u}+\boldsymbol{w})]$$

从而 $\boldsymbol{w}=(\boldsymbol{I}-\boldsymbol{D}_2\boldsymbol{D}_1)^{-1}(\boldsymbol{C}_2\boldsymbol{x}_2+\boldsymbol{D}_2\boldsymbol{C}_1\boldsymbol{x}_1+\boldsymbol{D}_2\boldsymbol{D}_1\boldsymbol{u})$。记 $\boldsymbol{F}=(\boldsymbol{I}-\boldsymbol{D}_2\boldsymbol{D}_1)^{-1}$，$\boldsymbol{E}=(\boldsymbol{I}-\boldsymbol{D}_1\boldsymbol{D}_2)^{-1}$，因此得到

$$\begin{cases}\dot{\boldsymbol{x}}_1=\boldsymbol{A}_1\boldsymbol{x}_1+\boldsymbol{B}_1(\boldsymbol{u}+\boldsymbol{w})\\ \dot{\boldsymbol{x}}_2=\boldsymbol{A}_2\boldsymbol{x}_2+\boldsymbol{B}_2[\boldsymbol{C}_1\boldsymbol{x}_1+\boldsymbol{D}_1(\boldsymbol{u}+\boldsymbol{w})]\\ \boldsymbol{y}=\boldsymbol{C}_1\boldsymbol{x}_1+\boldsymbol{D}_1(\boldsymbol{u}+\boldsymbol{w})\end{cases}$$

$$\Rightarrow\begin{cases}\dot{\boldsymbol{x}}_1=\boldsymbol{A}_1\boldsymbol{x}_1+\boldsymbol{B}_1[\boldsymbol{u}+\boldsymbol{F}(\boldsymbol{C}_2\boldsymbol{x}_2+\boldsymbol{D}_2\boldsymbol{C}_1\boldsymbol{x}_1+\boldsymbol{D}_2\boldsymbol{D}_1\boldsymbol{u})]\\ \dot{\boldsymbol{x}}_2=\boldsymbol{A}_2\boldsymbol{x}_2+\boldsymbol{B}_2\{\boldsymbol{C}_1\boldsymbol{x}_1+\boldsymbol{D}_1[\boldsymbol{u}+\boldsymbol{F}(\boldsymbol{C}_2\boldsymbol{x}_2+\boldsymbol{D}_2\boldsymbol{C}_1\boldsymbol{x}_1+\boldsymbol{D}_2\boldsymbol{D}_1\boldsymbol{u})]\}\\ \boldsymbol{y}=\boldsymbol{C}_1\boldsymbol{x}_1+\boldsymbol{D}_1[\boldsymbol{u}+\boldsymbol{F}(\boldsymbol{C}_2\boldsymbol{x}_2+\boldsymbol{D}_2\boldsymbol{C}_1\boldsymbol{x}_1+\boldsymbol{D}_2\boldsymbol{D}_1\boldsymbol{u})]\end{cases}$$

$$\Rightarrow\begin{cases}\dot{\boldsymbol{x}}_1=\boldsymbol{A}_1\boldsymbol{x}_1+\boldsymbol{B}_1\boldsymbol{F}\boldsymbol{D}_2\boldsymbol{C}_1\boldsymbol{x}_1+\boldsymbol{B}_1\boldsymbol{F}\boldsymbol{C}_2\boldsymbol{x}_2+\boldsymbol{B}_1\boldsymbol{F}\boldsymbol{u}\\ \dot{\boldsymbol{x}}_2=\boldsymbol{B}_2(\boldsymbol{I}+\boldsymbol{D}_1\boldsymbol{F}\boldsymbol{D}_2)\boldsymbol{C}_1\boldsymbol{x}_1+\boldsymbol{A}_2\boldsymbol{x}_2+\boldsymbol{B}_2\boldsymbol{D}_1\boldsymbol{F}\boldsymbol{C}_2\boldsymbol{x}_2+\boldsymbol{B}_2(\boldsymbol{I}+\boldsymbol{D}_1\boldsymbol{F}\boldsymbol{D}_2)\boldsymbol{D}_1\boldsymbol{u}\\ \boldsymbol{y}=\boldsymbol{C}_1\boldsymbol{x}_1+\boldsymbol{D}_1\boldsymbol{F}\boldsymbol{D}_2\boldsymbol{C}_1\boldsymbol{x}_1+\boldsymbol{D}_1\boldsymbol{F}\boldsymbol{C}_2\boldsymbol{x}_2+\boldsymbol{D}_1\boldsymbol{u}+\boldsymbol{D}_1\boldsymbol{F}\boldsymbol{D}_2\boldsymbol{D}_1\boldsymbol{u}\end{cases}$$

其中 $\boldsymbol{F}=(\boldsymbol{I}-\boldsymbol{D}_2\boldsymbol{D}_1)^{-1}$，$\boldsymbol{E}=(\boldsymbol{I}-\boldsymbol{D}_1\boldsymbol{D}_2)^{-1}$，且用到关系式 $\boldsymbol{E}=\boldsymbol{I}+\boldsymbol{D}_1\boldsymbol{F}\boldsymbol{D}_2$ 和 $\boldsymbol{D}_1\boldsymbol{F}=\boldsymbol{E}\boldsymbol{D}_1$，则

$$\begin{cases}\dot{\boldsymbol{x}}_1=\boldsymbol{A}_1\boldsymbol{x}_1+\boldsymbol{B}_1\boldsymbol{F}\boldsymbol{D}_2\boldsymbol{C}_1\boldsymbol{x}_1+\boldsymbol{B}_1\boldsymbol{F}\boldsymbol{C}_2\boldsymbol{x}_2+\boldsymbol{B}_1\boldsymbol{F}\boldsymbol{u}\\ \dot{\boldsymbol{x}}_2=\boldsymbol{B}_2\boldsymbol{E}\boldsymbol{C}_1\boldsymbol{x}_1+\boldsymbol{A}_2\boldsymbol{x}_2+\boldsymbol{B}_2\boldsymbol{D}_1\boldsymbol{F}\boldsymbol{C}_2\boldsymbol{x}_2+\boldsymbol{B}_2\boldsymbol{E}\boldsymbol{D}_1\boldsymbol{u}\\ \boldsymbol{y}=\boldsymbol{E}\boldsymbol{C}_1\boldsymbol{x}_1+\boldsymbol{E}\boldsymbol{D}_1\boldsymbol{C}_2\boldsymbol{x}_2+\boldsymbol{E}\boldsymbol{D}_1\boldsymbol{u}\end{cases}$$

反馈结构实现为

$$\begin{bmatrix}\dot{x}_1\\ \dot{x}_2\end{bmatrix}=\begin{bmatrix}A_1+B_1FD_2C_1 & B_1FC_2\\ B_2EC_1 & A_2+B_2ED_1C_2\end{bmatrix}\begin{bmatrix}x_1\\ x_2\end{bmatrix}+\begin{bmatrix}B_1F\\ B_2ED_1\end{bmatrix}u$$

$$y=[EC_1 \quad ED_1C_2]\begin{bmatrix}x_1\\ x_2\end{bmatrix}+ED_1u$$

当 $G_1(s)$、$G_2(s)$ 是严格正则时，即 $D_1=D_2=0$ 时，反馈系统实现变为

$$\begin{bmatrix}\dot{x}_1\\ \dot{x}_2\end{bmatrix}=\begin{bmatrix}A_1 & B_1C_2\\ B_2C_1 & A_2\end{bmatrix}\begin{bmatrix}x_1\\ x_2\end{bmatrix}+\begin{bmatrix}B_1\\ 0\end{bmatrix}u,\quad y=[C_1 \quad 0]\begin{bmatrix}x_1\\ x_2\end{bmatrix}$$

下面来计算反馈结构的传递函数矩阵：

$$y=G_1(s)v \tag{3.4.10}$$

$$w=G_2(s)y \tag{3.4.11}$$

$$v=u+G_2(s)y \tag{3.4.12}$$

将式(3.4.12)代入式(3.4.10)可得

$$y=G_1(s)u+G_1(s)G_2(s)y\Rightarrow(I_q-G_1(s)G_2(s))y=G_1(s)u$$

$$\Rightarrow y=(I_q-G_1(s)G_2(s))^{-1}G_1(s)u$$

或者另一做法，将式(3.4.10)代入式(3.4.11)、式(3.4.12)后得

$$v=u+G_1(s)G_2(s)v\Rightarrow v=(I_p-G_2(s)G_1(s))^{-1}u$$

将 v 代入式(3.4.10)，可得

$$y=G_1(s)(I_p-G_2(s)G_1(s))^{-1}u$$

注 3-4 即使 $(A_i, B_i, C_i, D_i)(i=1,2)$ 是 $G_i(s)$ 的最小实现，以上列出的组合结构的实现也未必是最小实现。

例 3-14 给定系统

$$G_1:\quad \dot{x}=Ax+Bv,\quad y=Cx+Dv$$

其中，(A, B, C, D) 均为适当维数的实矩阵，其共轭系统定义为

$$G_2:\quad \dot{z}=-A^{\mathrm{T}}z+C^{\mathrm{T}}u,\quad \gamma=B^{\mathrm{T}}z+D^{\mathrm{T}}u$$

求其串联方式二的状态空间实现。

解： 串联方式二的状态空间实现为

$$\begin{cases}\begin{bmatrix}\dot{x}\\ \dot{z}\end{bmatrix}=\begin{bmatrix}A & BB^{\mathrm{T}}\\ 0 & -A^{\mathrm{T}}\end{bmatrix}\begin{bmatrix}x\\ z\end{bmatrix}+\begin{bmatrix}BD^{\mathrm{T}}\\ C^{\mathrm{T}}\end{bmatrix}u\\ y=[C \quad DB^{\mathrm{T}}]\begin{bmatrix}x\\ z\end{bmatrix}+DD^{\mathrm{T}}u\end{cases}$$

例 3-15 考虑图 3-5 所示的反馈连接，其中 $G(s)$ 的状态实现为

$$\dot{x}=Ax+By$$

$$w=Cx+Dy$$

解： 由结构图可知 $y=u+w$，故反馈结构图 3-5 的状态方程实现为

$$\begin{cases}\dot{x}=Ax+By\\ y-u=Cx+Dy\end{cases}\Rightarrow\begin{cases}\dot{x}=Ax+B(I-D)^{-1}Cx+B(I-D)^{-1}u\\ y=(I-D)^{-1}Cx+(I-D)^{-1}u\end{cases}$$

传递函数矩阵为 $(I-G(s))^{-1}$。

例 3-16 考虑图 3-6 所示的串联系统，系统 S_1 的零点与 S_2 的极点有相消。

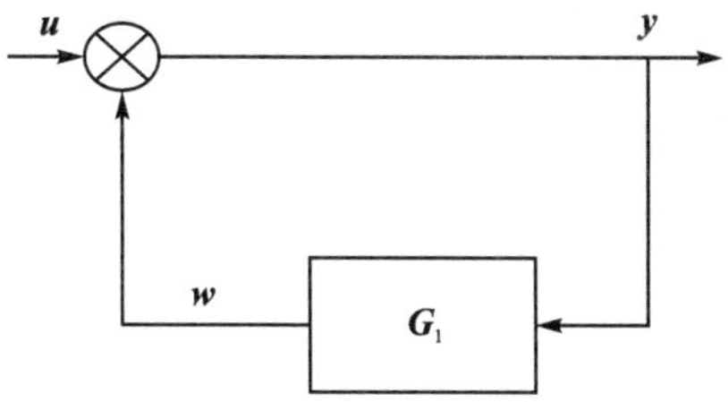

图 3-5　反馈结构图

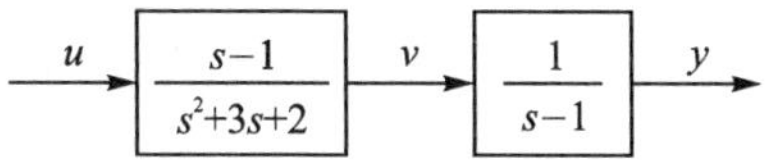

图 3-6　S_1-S_2 的串联系统

图 3-6 S_1-S_2 的串联系统中，$S_1(s)=\dfrac{s-1}{s^2+3s+2}$，$S_2(s)=\dfrac{1}{s-1}$。显然系统 S_1 的零点与系统 S_2 的极点有相消，它们的既可控又可观测的状态空间描述为

$$S_1:\begin{cases}\dot{\boldsymbol{x}}_1=\begin{bmatrix}0 & 1\\ -2 & -3\end{bmatrix}\boldsymbol{x}_1+\begin{bmatrix}0\\1\end{bmatrix}u\\ v=[-1\quad 1]x_1\end{cases},\quad S_2:\begin{cases}\dot{x}_2=x_2+v\\ y=x_2\end{cases}$$

在 S_1-S_2 串联系统中引入状态 $\boldsymbol{x}=\begin{pmatrix}x_1\\x_2\end{pmatrix}$，其动态方程为

$$\begin{cases}\dot{\boldsymbol{x}}=\begin{bmatrix}0 & 1 & 0\\ -2 & -3 & 0\\ -1 & 1 & 1\end{bmatrix}\boldsymbol{x}+\begin{bmatrix}0\\1\\0\end{bmatrix}u\\ y=[0\quad 0\quad 1]\,\boldsymbol{x}\end{cases}$$

容易验证 S_1-S_2 串联系统是不可控的，但是可观测的。若把串联方式改变为如图 3-7 所示，考虑 S_2-S_1 串联系统，两个系统既可控又可观的状态空间描述为

$$S_1:\begin{cases}\dot{\boldsymbol{x}}_1=\begin{bmatrix}0 & 1\\ -2 & -3\end{bmatrix}\boldsymbol{x}_1+\begin{bmatrix}0\\1\end{bmatrix}v\\ y=[-1\quad 1]\,\boldsymbol{x}_1\end{cases},\quad S_2:\begin{cases}\dot{x}_2=x_2+u\\ v=x_2\end{cases}$$

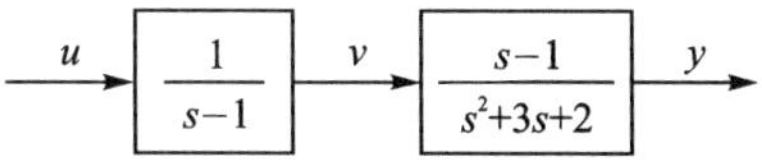

图 3-7　S_2-S_1 串联系统

在 S_2-S_1 串联后的系统中引入状态 $\boldsymbol{x}=\begin{pmatrix}x_2\\x_1\end{pmatrix}$，即按照串联方式一的动态方程为

$$\begin{cases}\dot{\boldsymbol{x}}=\begin{bmatrix}1 & 0 & 0\\ 0 & 0 & 1\\ 1 & -2 & -3\end{bmatrix}\boldsymbol{x}+\begin{bmatrix}1\\0\\0\end{bmatrix}u\\ y=[0\quad -1\quad 1]\,\boldsymbol{x}\end{cases}$$

容易验证：S_2-S_1 串联系统是可控的，但不是可观测的。

若引入状态 $\boldsymbol{x}=\begin{pmatrix}x_1\\x_2\end{pmatrix}$，即按照串联方式二的动态方程为

$$\begin{cases}\dot{\boldsymbol{x}}=\begin{bmatrix}0&1&0\\-2&-3&1\\0&0&1\end{bmatrix}\boldsymbol{x}+\begin{bmatrix}0\\0\\1\end{bmatrix}u\\y=\begin{bmatrix}-1&1&0\end{bmatrix}\boldsymbol{x}\end{cases}$$

容易验证：S_2-S_1 串联系统是可控的，但不是可观测的。

这个例子说明，对于单变量系统，尽管两个子系统可控、可观测，但其组成的串联系统不一定是可控、可观测的。但是如果串联系统没有零极点相消，就会保持串联系统的可控、可观测性。

例 3-17 考虑图 3-3 所示的并联系统，若两个系统分别为

$$\begin{cases}\dot{x}_1=ax_1+u\\y_1=x_1\end{cases}\quad 和 \quad \begin{cases}\dot{\boldsymbol{x}}_2=\begin{bmatrix}1&1\\0&1\end{bmatrix}\boldsymbol{x}_2+\begin{bmatrix}0\\1\end{bmatrix}u\\y=\begin{bmatrix}1&0\end{bmatrix}\boldsymbol{x}_2\end{cases}$$

显然对任意参数 a，两个系统均可控，并联系统动态方程为

$$\begin{cases}\dot{\boldsymbol{x}}=\begin{bmatrix}a&0&0\\0&1&1\\0&0&1\end{bmatrix}\boldsymbol{x}+\begin{bmatrix}1\\0\\1\end{bmatrix}u\\y=\begin{bmatrix}1&1&0\end{bmatrix}\boldsymbol{x}\end{cases}$$

显然，当参数 $a=1$ 时，并联系统既不可控也不可观测。当参数 $a\neq1$ 时，并联系统就是既可控又可观测的。

从上面的例子可以知道，在串联、并联的组合系统中，即使每个子系统都是可控、可观测的，相应组合系统的状态实现未必是既可控又可观测的。

读者自然会问，图 3-4 的反馈结构系统是否可以保持可控、可观测性？答案是否定的。例如取 $G_1(s)=\dfrac{s-1}{s^2+3s+2}$ 和 $G_2(s)=\dfrac{1}{s-1}$，它们既可控又可观测的状态空间描述为

$$G_1:\begin{cases}\dot{\boldsymbol{x}}_1=\begin{bmatrix}0&1\\-2&-3\end{bmatrix}\boldsymbol{x}_1+\begin{bmatrix}0\\1\end{bmatrix}u\\v=\begin{bmatrix}-1&1\end{bmatrix}\boldsymbol{x}_1\end{cases},\quad G_2:\begin{cases}\dot{x}_2=x_2+v\\y=x_2\end{cases}$$

图 3-4 反馈结构系统动态方程为

$$\dot{\boldsymbol{x}}=\begin{bmatrix}0&1&0\\-2&-3&1\\-1&1&1\end{bmatrix}\boldsymbol{x}+\begin{bmatrix}0\\1\\0\end{bmatrix}u,\quad y=\begin{bmatrix}-1&1&0\end{bmatrix}\boldsymbol{x}$$

显然是可观测但不可控的。类似地，可以给出不保持可观测性的例子（$\boldsymbol{G}_1$ 和 $\boldsymbol{G}_2$ 交换顺序）。

3.5 正则有理函数矩阵的最小阶实现

为了建立 $\boldsymbol{G}(s)$ 最小阶实现的方法，通常是先建立一个可控的实现或者是可观测的实现，

而后降阶化简为最小阶实现。本节将介绍由 $\boldsymbol{G}(s)$ 形成的亨克尔(Hankel)矩阵直接计算最小阶实现的方法。

3.5.1　最小阶实现问题的提法

考虑 $q\times p$ 的正则有理函数矩阵 $\boldsymbol{G}(s)$，将它展成

$$\boldsymbol{G}(s)=\boldsymbol{G}(\infty)+\boldsymbol{H}_0 s^{-1}+\boldsymbol{H}_1 s^{-2}+\cdots \tag{3.5.1}$$

其中，$\boldsymbol{H}_i(i=0,1,2,\cdots)$ 是 $q\times p$ 的常量矩阵，通常将 $\boldsymbol{H}_i$ 称为 $\boldsymbol{G}(s)$ 的马尔柯夫(Markov)参数矩阵。

若线性时不变动态方程

$$\begin{cases}\dot{\boldsymbol{x}}=\boldsymbol{A}\boldsymbol{x}+\boldsymbol{B}\boldsymbol{u}\\ \boldsymbol{y}=\boldsymbol{C}\boldsymbol{x}+\boldsymbol{D}\boldsymbol{u}\end{cases} \tag{3.5.2}$$

是 $\boldsymbol{G}(s)$ 的一个实现，则根据定义有

$$\boldsymbol{G}(s)=\boldsymbol{D}+\boldsymbol{C}(s\boldsymbol{I}-\boldsymbol{A})^{-1}\boldsymbol{B}$$

利用公式 $(s\boldsymbol{I}-\boldsymbol{A})^{-1}=\sum\limits_{k=0}^{\infty}\dfrac{\boldsymbol{A}^k}{s^{k+1}}$，上式可展成

$$\boldsymbol{G}(s)=\boldsymbol{D}+\boldsymbol{C}\boldsymbol{B}s^{-1}+\boldsymbol{C}\boldsymbol{A}\boldsymbol{B}s^{-2}+\cdots \tag{3.5.3}$$

引理 3－1　动态方程(3.5.2)是 $\boldsymbol{G}(s)$ 的一个实现，必要且只要

$$\boldsymbol{D}=\boldsymbol{G}(\infty),\quad \boldsymbol{H}_i=\boldsymbol{C}\boldsymbol{A}^i\boldsymbol{B},\quad i=0,1,2,\cdots \tag{3.5.4}$$

本引理可直接由比较式(3.5.1)和式(3.5.3)而得到。因为 $\boldsymbol{G}(\infty)$ 直接给出了动态方程实现中的 $\boldsymbol{D}$ 矩阵，故仅需要研究严格真有理函数矩阵。根据引理 3－1，最小实现问题可重述如下：给定矩阵序列 $\{\boldsymbol{H}_i\}$，寻找一个三元组 $(\boldsymbol{A},\boldsymbol{B},\boldsymbol{C})$，使得 $\boldsymbol{H}_i=\boldsymbol{C}\boldsymbol{A}^i\boldsymbol{B}$，且 $(\boldsymbol{A},\boldsymbol{B},\boldsymbol{C})$ 是可控且可观测的。

由矩阵序列 $\{\boldsymbol{H}_i\}$ 可定义矩阵 $\boldsymbol{H}_{ij}$ 如下：

$$\boldsymbol{H}_{ij}=\begin{bmatrix}\boldsymbol{H}_0 & \boldsymbol{H}_1 & \cdots & \boldsymbol{H}_{j-1}\\ \boldsymbol{H}_1 & \boldsymbol{H}_2 & \cdots & \boldsymbol{H}_j\\ \boldsymbol{H}_2 & \boldsymbol{H}_3 & \cdots & \boldsymbol{H}_{j+1}\\ \vdots & \vdots & & \vdots\\ \boldsymbol{H}_{i-1} & \boldsymbol{H}_i & \cdots & \boldsymbol{H}_{i+j-2}\end{bmatrix}$$

$\boldsymbol{H}_{ij}$ 称为由序列 $\{\boldsymbol{H}_i\}$ 生成的亨克尔矩阵序列。下面讨论由 $\boldsymbol{G}(s)$ 的马尔柯夫参数矩阵序列 $\{\boldsymbol{H}_i\}$ 所生成的亨克尔矩阵的特点。

若记 $\boldsymbol{G}(s)$ 各元素的首一最小公分母为

$$s^r+a_1 s^{r-1}+\cdots+a_{r-1}s+a_r$$

将 $\boldsymbol{G}(s)$ 展开成

$$\boldsymbol{G}(s)=\frac{\boldsymbol{R}_1 s^{r-1}+\boldsymbol{R}_2 s^{r-2}+\cdots+\boldsymbol{R}_r}{s^r+a_1 s^{r-1}+\cdots+a_r} \tag{3.5.5}$$

因为已假定 $\boldsymbol{G}(s)$ 是严格真的，故式(3.5.5)分子的最高幂次至多为 $r-1$。合并式(3.5.1)和式(3.5.5)，可得

$$\boldsymbol{R}_1 s^{r-1}+\boldsymbol{R}_2 s^{r-2}+\cdots+\boldsymbol{R}_r=(s^r+a_1 s^{r-1}+\cdots+a_r)(\boldsymbol{H}_0 s^{-1}+\boldsymbol{H}_1 s^{-2}+\cdots)$$

令 s 的同次幂系数相等，即有

$$\begin{cases} \boldsymbol{H}_0 = \boldsymbol{R}_1 \\ \boldsymbol{H}_1 + a_1\boldsymbol{H}_0 = \boldsymbol{R}_2 \\ \vdots \\ \boldsymbol{H}_{r-1} + a_1\boldsymbol{H}_{r-2} + \cdots + a_{r-1}\boldsymbol{H}_0 = \boldsymbol{R}_r \\ \boldsymbol{H}_{r+i} + a_1\boldsymbol{H}_{r+i-1} + \cdots + a_r\boldsymbol{H}_i = 0 \end{cases}, \quad i = 0,1,2,\cdots \tag{3.5.6}$$

写出 $\boldsymbol{H}_{ij}(i,j>r)$ 如下

$$\boldsymbol{H}_{ij} = \begin{bmatrix} \boldsymbol{H}_0 & \boldsymbol{H}_1 & \cdots & \boldsymbol{H}_{r-1} & \boldsymbol{H}_r & \cdots & \boldsymbol{H}_{j-1} \\ \boldsymbol{H}_1 & \boldsymbol{H}_2 & \cdots & \boldsymbol{H}_r & \boldsymbol{H}_{r+1} & \cdots & \boldsymbol{H}_j \\ \vdots & \vdots & & \vdots & \vdots & & \vdots \\ \boldsymbol{H}_{r-1} & \boldsymbol{H}_r & \cdots & \boldsymbol{H}_{2r-2} & \boldsymbol{H}_{2r-1} & \cdots & \boldsymbol{H}_{r+j-2} \\ \boldsymbol{H}_r & \boldsymbol{H}_{r+1} & \cdots & \boldsymbol{H}_{2r-1} & \boldsymbol{H}_{2r} & \cdots & \boldsymbol{H}_{r+j-1} \\ \boldsymbol{H}_{r+1} & \boldsymbol{H}_{r+2} & \cdots & \boldsymbol{H}_{2r} & \boldsymbol{H}_{2r+1} & \cdots & \boldsymbol{H}_{r+j} \\ \vdots & \vdots & & \vdots & \vdots & & \vdots \\ \boldsymbol{H}_{i-1} & \boldsymbol{H}_i & \cdots & \boldsymbol{H}_{i+r-2} & \boldsymbol{H}_{i+r-1} & \cdots & \boldsymbol{H}_{i+j-2} \end{bmatrix} \tag{3.5.7}$$

根据式(3.5.6),可知 $\boldsymbol{H}_{ij}$ 的秩是有限数,至少 $\boldsymbol{H}_{rr}$ 之后,式(3.5.7)中的线性无关列不会再增加了。

前面已经知道严格正则的有理函数矩阵是可实现的,如上所述,它所对应的亨克尔矩阵序列的秩是有限的。更一般的问题,任意给定一个无穷矩阵列 $\{\boldsymbol{H}_i\}$,它可以实现的条件是否是由 $\{\boldsymbol{H}_i\}$ 所生成的亨克尔矩阵的秩是有限的呢?

3.5.2 主要定理及其实现

这里所给出的定理及定理的证明方法对于直接从亨克尔矩阵计算出最小实现来说具有重要的作用。

定理 3-14 无穷矩阵序列 $\{\boldsymbol{H}_i\}$ 是能实现的充分必要条件是存在正整数 β、α、n,使得

$$\text{rank } \boldsymbol{H}_{\beta\alpha} = \text{rank } \boldsymbol{H}_{\beta+1,\alpha+j} = n, \quad j = 1,2,\cdots \tag{3.5.8}$$

证明: ① 必要性。若 $\{\boldsymbol{H}_i\}$ 可实现,则有最小实现,令 $(\boldsymbol{A},\boldsymbol{B},\boldsymbol{C})$ 是它的最小实现,于是

$$\boldsymbol{H}_i = \boldsymbol{C}\boldsymbol{A}^i\boldsymbol{B}, \quad i = 0,1,2,\cdots$$

因为 $(\boldsymbol{A},\boldsymbol{C})$ 可观测,因此存在正整数 β,使

$$\text{rank}\begin{bmatrix} \boldsymbol{C} \\ \boldsymbol{CA} \\ \vdots \\ \boldsymbol{CA}^{\beta-1} \end{bmatrix} = n$$

这里 n 是矩阵 $\boldsymbol{A}$ 的维数。又因为 $(\boldsymbol{A},\boldsymbol{B})$ 可控,所以也存在正整数 α,使

$$\text{rank}[\boldsymbol{B} \quad \boldsymbol{AB} \quad \cdots \quad \boldsymbol{A}^{\alpha-1}\boldsymbol{B}] = n$$

而根据定义

$$\boldsymbol{H}_{\beta\alpha} = \begin{bmatrix} \boldsymbol{C} \\ \boldsymbol{CA} \\ \vdots \\ \boldsymbol{CA}^{\beta-1} \end{bmatrix} [\boldsymbol{B} \quad \boldsymbol{AB} \quad \cdots \quad \boldsymbol{A}^{\alpha-1}\boldsymbol{B}]$$

$$H_{\beta+1,\alpha+j}=\begin{bmatrix} C \\ CA \\ \vdots \\ CA^{\beta-1} \\ CA^{\beta} \end{bmatrix}\begin{bmatrix} B & AB & \cdots & A^{\alpha+j-1}B \end{bmatrix},\quad j=1,2,\cdots$$

于是有

$$\text{rank}\ H_{\beta\alpha}=\text{rank}\ H_{\beta+1,\alpha+j}=n,\quad i=1,2,\cdots$$

从这一证明过程可知，整数 n 即最小阶实现的维数，而且 β、α 分别是最小阶实现的可观测性指数和可控性指数。

② 充分性。通过构造出 $\{H_i\}$ 的一个最小阶实现来证明。从亨克尔矩阵的定义可知，其第 i 行第 $j+p$ 列的元素与 $i+q$ 行第 j 列的元素相同，运用这一性质和式(3.5.8)可得

$$\text{rank}\ H_{\beta\alpha}=\text{rank}\ H_{\beta+i,\alpha+j}=n,\quad \forall\, i,j$$

设用 G_α 表示由 $H_{\beta\alpha}$ 的前 n 个线性无关行构成的子矩阵。用 G_α^* 表示由 $H_{\beta+1,\alpha}$ 中低于 G_α q 行的 n 行组成的子矩阵，即将 $H_{\beta\alpha}$ 的前 n 个线性无关行下移 q 行，在 $H_{\beta+1,\alpha}$ 中得到子矩阵，然后由 $H_{\beta+1,\alpha}$ 确定下列四个矩阵，这四个矩阵是唯一的：

F，由 G_α 的前 n 个线性无关列构成的 $n\times n$ 阵；

F^*，根据 F 在 G_α 中所占的列位，在 G_α^* 中选出的 $n\times n$ 阵，即 F 下移 q 行对应的方阵；

F_1，根据 F 在 G_α 中所占的列位在 $H_{1\alpha}$ 中选出的 $q\times n$ 阵；

F_2，由 G_α 的前 p 列组成的 $n\times p$ 阵。

现令

$$A=F^*F^{-1},\quad B=F_2,\quad C=F_1F^{-1}\tag{3.5.9}$$

可以证明式(3.5.9)所给的(A,B,C)是 $\{H_i\}$ 的实现，并且(A,B)可控，(A,C)可观测。

记 $F=[f_1\quad f_2\quad \cdots\quad f_n]$，$F^*=[f_1^*\quad f_2^*\quad \cdots\quad f_n^*]$，因为 $AF=F^*$，所以 $f_i^*=Af_i$ $(i=1,2,\cdots,n)$。由于 F 是非奇异阵，所以 $f_1,f_2,\cdots,f_n$ 构成 G_α 列空间的一组基，也是 G_α^* 列空间的一组基。

在 $H_{\beta,j}$ 中取出与 G_α 相同的行和列组成矩阵 G_j，在 $H_{\beta+1,j}$ 中取出与 G_α^* 相同的行和列组成矩阵 G_j^*，这里 $j=1,2,\cdots$，可以证明

$$AG_\alpha=G_j^*,\quad j=1,2,\cdots\tag{3.5.10}$$

事实上，任取 $g\in G_j$，$g^*\in G_j^*$，并且 g 和 g^* 在 G_j 和 G_j^* 的列位相同，由于 $g\in G_\alpha$，$g^*\in G_\alpha^*$，而且在 $H_{\beta+1,\alpha}$ 中属同一列，只是 g^* 诸元比 g 诸元相应下移 q 行，若 $g=\sum_{i=1}^{n}a_if_i$，因为 $\text{rank}\ H_{\beta+1,\alpha}=\text{rank}\ H_{\beta,\alpha}=n$，因此在 $H_{\beta+1,\alpha}$ 的列空间上成立 $g^*=\sum_{i=1}^{n}a_if_i^*$，故有

$$Ag=\sum_{i=1}^{n}a_iAf_i=\sum_{i=1}^{n}a_if_i^*=g^*$$

这说明式(3.5.10)是正确的，也表示 A 是一个下移 q 行的算子。

按照 G_j 的定义可知 $G_1=F_2$，对 G_2 来说，它的前 p 列恰好是 F_2，而 F_2 右边各列相当于 G_2 的前 p 列下移 q 行所对应的列，即 G_1^*。于是

$$G_2=[F_2\quad G_1^*]=[F_2\quad AG_1]=[F_2\quad AF_2]$$

对 $\boldsymbol{G}_3$ 来说，它的前 p 列是 $\boldsymbol{F}_2$，$p+1$ 至 $2p$ 列是 $\boldsymbol{AF}_2$，后 p 列是 $\boldsymbol{G}_3$ 的 $p+1$ 至 $2p$ 列下移 q 行所对应的列，即 $\boldsymbol{G}_2^*$ 的后 p 列，即 $\boldsymbol{AG}_2$ 的后 p 列，即 $\boldsymbol{A}^2\boldsymbol{F}_2$。依此类推，可得

$$\boldsymbol{G}_j=[\boldsymbol{F}_2 \quad \boldsymbol{AF}_2 \quad \cdots \quad \boldsymbol{A}^{j-1}\boldsymbol{F}_2],\quad j=1,2,\cdots$$

如果令 $\boldsymbol{B}=\boldsymbol{F}_2$，上式即为

$$\boldsymbol{G}_j=[\boldsymbol{B} \quad \boldsymbol{AB} \quad \cdots \quad \boldsymbol{A}^{j-1}\boldsymbol{B}],\quad j=1,2,\cdots$$

现在来分析 $\boldsymbol{C}=\boldsymbol{F}_1\boldsymbol{F}^{-1}$，即 $\boldsymbol{CF}=\boldsymbol{F}_1$，记 $\boldsymbol{F}_1=[\bar{\boldsymbol{f}}_1 \quad \bar{\boldsymbol{f}}_2 \quad \cdots \quad \bar{\boldsymbol{f}}_n]$，$\boldsymbol{f}_i$ 与 $\bar{\boldsymbol{f}}_i$ 在 $\boldsymbol{H}_{\beta\alpha}$ 中占据同一列位。任取 $\boldsymbol{x}_0$ 为 $\boldsymbol{G}_\alpha$ 中的一列，$\boldsymbol{x}_0=\sum_{i=1}^{n}\beta_i\boldsymbol{f}_i$，这时有

$$\boldsymbol{Cx}_0=\sum_{i=1}^{n}\beta_i\boldsymbol{Cf}_i=\sum_{i=1}^{n}\beta_i\bar{\boldsymbol{f}}_i$$

因为 $\operatorname{rank}\boldsymbol{H}_{\beta\alpha}=n$，因此按照 $\boldsymbol{f}_1,\boldsymbol{f}_2,\cdots,\boldsymbol{f}_n$ 在 $\boldsymbol{G}_\alpha$ 中的位置所对应的列，在 $\boldsymbol{H}_{\beta\alpha}$ 中选出的列必张满 $\boldsymbol{H}_{\beta\alpha}$ 的空间，因此 $\bar{\boldsymbol{f}}_1,\bar{\boldsymbol{f}}_2,\bar{\boldsymbol{f}}_n$ 也必张满 $\boldsymbol{H}_{1\alpha}$ 的列空间，所以 $\boldsymbol{Cx}_0$ 必是 $\boldsymbol{H}_{1\alpha}$ 中的某一元，而这个元在 $\boldsymbol{H}_{1\alpha}$ 中的列位和 $\boldsymbol{x}_0$ 在 $\boldsymbol{G}_\alpha$ 中的列位相同。从而说明算子 $\boldsymbol{C}$ 将 $\boldsymbol{G}_\alpha$ 中的任一列变换为 $\boldsymbol{H}_{1\alpha}$ 中同一列的 q 个分量所组成的列向量。因此由 $\boldsymbol{F}_2$ 是 $\boldsymbol{G}_\alpha$ 的前 p 个列向量，可得

$$\boldsymbol{CF}_2=\boldsymbol{CB}=\boldsymbol{H}_0$$

又 $\boldsymbol{CAB}=\boldsymbol{CAF}_2=\boldsymbol{CG}_1^*$，而 $\boldsymbol{G}_1^*$ 恰好是 $\boldsymbol{F}_2$ 右边 p 列对应的子阵，所以 $\boldsymbol{CG}_1^*=\boldsymbol{H}_1$，即 $\boldsymbol{CAB}=\boldsymbol{H}_1$，一般地有 $\boldsymbol{CA}^i\boldsymbol{B}=\boldsymbol{H}_i(i=0,1,2\cdots)$。这说明$(\boldsymbol{A},\boldsymbol{B},\boldsymbol{C})$是$\{\boldsymbol{H}_i\}$的一个实现。

显然由

$$\operatorname{rank}\boldsymbol{H}_{\beta\alpha}=\operatorname{rank}\begin{bmatrix}\boldsymbol{C}\\ \boldsymbol{CA}\\ \vdots\\ \boldsymbol{CA}^{\beta-1}\end{bmatrix}[\boldsymbol{B} \quad \boldsymbol{AB} \quad \cdots \quad \boldsymbol{A}^{\alpha-1}\boldsymbol{B}]=n$$

可以得出

$$\operatorname{rank}\begin{bmatrix}\boldsymbol{C}\\ \boldsymbol{CA}\\ \vdots\\ \boldsymbol{CA}^{\beta-1}\end{bmatrix}=\operatorname{rank}[\boldsymbol{B} \quad \boldsymbol{AB} \quad \cdots \quad \boldsymbol{A}^{\alpha-1}\boldsymbol{B}]=n$$

这说明$(\boldsymbol{A},\boldsymbol{C})$可观测，$(\boldsymbol{A},\boldsymbol{B})$可控。因而$(\boldsymbol{A},\boldsymbol{B},\boldsymbol{C})$是$\{\boldsymbol{H}_i\}$的一个最小阶实现。定理充分性证毕。

这一定理用另外一个方法证明了正则有理函数矩阵的可实现性，因为前面已经指出，严格真有理函数矩阵总满足条件(3.5.8)。定理的充分性证明过程给出了直接从亨克尔矩阵提取最小阶实现的方法。

现根据定理 3－14 充分性的证明过程，将严格正则有理函数矩阵最小阶实现的计算步骤归纳如下：

① 将 $\boldsymbol{G}(s)$展成 s 的负幂级数的形式

$$\boldsymbol{G}(s)=\sum_{i=1}^{\infty}\boldsymbol{H}_{i-1}s^{-i}$$

从而得到马尔柯夫参数矩阵；

② 将马尔柯夫参数矩阵排列成亨克尔矩阵 $\boldsymbol{H}_{ij}$，这里 i,j 最多可取为 $\boldsymbol{G}(s)$ 各元的最小公分母次数。参看式(3.5.6)与式(3.5.7)；

③ 从 $\boldsymbol{H}_{\beta\alpha}$ 中由第一行开始选取 n 个线性独立的行构成矩阵 $\boldsymbol{G}_\alpha$，同时在 $\boldsymbol{H}_{\beta+1,\alpha}$ 中取出 $\boldsymbol{G}_\alpha^*$；

④ 在 $\boldsymbol{G}_\alpha$ 中选取前 n 个线性无关的列构成矩阵 $\boldsymbol{F}$，相应地在 $\boldsymbol{G}_\alpha^*$ 中选出 n 个列构成 $\boldsymbol{F}^*$；

⑤ 按照定义从 $\boldsymbol{H}_{1\alpha}$ 中选出矩阵 $\boldsymbol{F}_1$；

⑥ 从 $\boldsymbol{G}_\alpha$ 中取出前 p 列组成矩阵 $\boldsymbol{F}_2$；

⑦ 取 $\boldsymbol{A}=\boldsymbol{F}^*\boldsymbol{F}^{-1}, \boldsymbol{B}=\boldsymbol{F}_2, \boldsymbol{C}=\boldsymbol{F}_1\boldsymbol{F}^{-1}$，则 $(\boldsymbol{A},\boldsymbol{B},\boldsymbol{C})$ 就是 $\boldsymbol{G}(s)$ 的一个最小阶实现。

例 3-18　求有理函数矩阵 $\boldsymbol{G}(s)=\begin{bmatrix}\dfrac{1}{s(s+1)} & \dfrac{1}{s}\\ \dfrac{1}{s} & \dfrac{s-1}{s(s+1)}\end{bmatrix}$ 的最小阶实现。

解：将 $\boldsymbol{G}(s)$ 展成幂级数：

$$\boldsymbol{G}(s)=\boldsymbol{H}_0 s^{-1}+\boldsymbol{H}_1 s^{-2}+\boldsymbol{H}_2 s^{-3}+\cdots$$

其中

$$\boldsymbol{H}_0=\begin{bmatrix}0 & 1\\ 1 & 1\end{bmatrix},\quad \boldsymbol{H}_1=\begin{bmatrix}1 & 0\\ 0 & -2\end{bmatrix},\quad \boldsymbol{H}_2=-\boldsymbol{H}_1,\quad \boldsymbol{H}_3=-\boldsymbol{H}_2=\boldsymbol{H}_1$$

作亨克尔矩阵

$$\boldsymbol{H}_{22}=\begin{bmatrix}0 & 1 & 1 & 0\\ 1 & 1 & 0 & -2\\ 1 & 0 & -1 & 0\\ 0 & -2 & 0 & 2\end{bmatrix}$$

显然 $\operatorname{rank}\boldsymbol{H}_{22}=4$，而且当 $i,j\geqslant 2$ 时，$\operatorname{rank}\boldsymbol{H}_{ij}=4$。故 $\boldsymbol{G}(s)$ 最小阶实现的维数为 4，参数 $\alpha=\beta=2$。

取 $\boldsymbol{G}_\alpha$ 和 $\boldsymbol{G}_\alpha^*$

$$\boldsymbol{G}_\alpha=\begin{bmatrix}0 & 1 & 1 & 0 & -1 & 0 & \cdots\\ 1 & 1 & 0 & -2 & 0 & 2 & \cdots\\ 1 & 0 & -1 & 0 & 1 & 0 & \cdots\\ 0 & -2 & 0 & 2 & 0 & -2 & \cdots\end{bmatrix}$$

$$\boldsymbol{G}_\alpha^*=\begin{bmatrix}1 & 0 & -1 & 0 & \cdots\\ 0 & -2 & 0 & 2 & \cdots\\ -1 & 0 & 1 & 0 & \cdots\\ 0 & 2 & 0 & -2 & \cdots\end{bmatrix}$$

作 $\boldsymbol{F}$ 和 $\boldsymbol{F}^*$

$$\boldsymbol{F}=\begin{bmatrix}0 & 1 & 1 & 0\\ 1 & 1 & 0 & -2\\ 1 & 0 & -1 & 0\\ 0 & -2 & 0 & 2\end{bmatrix},\quad \boldsymbol{F}^*=\begin{bmatrix}1 & 0 & -1 & 0\\ 0 & -2 & 0 & 2\\ -1 & 0 & 1 & 0\\ 0 & 2 & 0 & -2\end{bmatrix}$$

作 $\boldsymbol{F}_1$

$$\boldsymbol{F}_1=\begin{bmatrix}0 & 1 & 1 & 0\\ 1 & 1 & 0 & -2\end{bmatrix}$$

作 $\boldsymbol{F}_2$

$$\boldsymbol{F}_2=\begin{bmatrix}0 & 1\\ 1 & 1\\ 1 & 0\\ 0 & -2\end{bmatrix}$$

计算 $\boldsymbol{A},\boldsymbol{B},\boldsymbol{C}$，为此计算 $\boldsymbol{F}^{-1}$

$$\boldsymbol{F}^{-1}=\frac{1}{2}\begin{bmatrix}1 & 1 & 1 & 1\\ 1 & -1 & 1 & -1\\ 1 & 1 & -1 & 1\\ 1 & -1 & 1 & 0\end{bmatrix}$$

这时

$$\boldsymbol{A}=\boldsymbol{F}^{*}\boldsymbol{F}^{-1}=\begin{bmatrix}0 & 0 & 1 & 0\\ 0 & 0 & 0 & 1\\ 0 & 0 & -1 & 0\\ 0 & 0 & 0 & 0-1\end{bmatrix},\quad \boldsymbol{B}=\begin{bmatrix}0 & 1\\ 1 & 1\\ 1 & 0\\ 0 & -2\end{bmatrix}$$

$$\boldsymbol{C}=\boldsymbol{F}_1\boldsymbol{F}^{-1}=\begin{bmatrix}1 & 0 & 0 & 0\\ 0 & 1 & 0 & 0\end{bmatrix}$$

现在验证$(\boldsymbol{A},\boldsymbol{B},\boldsymbol{C})$是$\boldsymbol{G}(s)$的最小阶实现，因为

$$(s\boldsymbol{I}-\boldsymbol{A})^{-1}=\begin{bmatrix}s & 0 & -1 & 0\\ 0 & s & 0 & -1\\ 0 & 0 & s+1 & 0\\ 0 & 0 & 0 & s+1\end{bmatrix}^{-1}=\begin{bmatrix}\frac{1}{s} & 0 & \frac{1}{s(s+1)} & 0\\ 0 & \frac{1}{s} & 0 & \frac{1}{s(s+1)}\\ 0 & 0 & \frac{1}{s+1} & 0\\ 0 & 0 & 0 & \frac{1}{s+1}\end{bmatrix}$$

故有

$$\boldsymbol{C}(s\boldsymbol{I}-\boldsymbol{A})^{-1}\boldsymbol{B}=\begin{bmatrix}\frac{1}{s(s+1)} & \frac{1}{s}\\ \frac{1}{s} & \frac{s-1}{s(s+1)}\end{bmatrix}=\boldsymbol{G}(s)$$

这说明所求得的$(\boldsymbol{A},\boldsymbol{B},\boldsymbol{C})$是$\boldsymbol{G}(s)$的一个实现，容易证明$(\boldsymbol{A},\boldsymbol{B})$可控，$(\boldsymbol{A},\boldsymbol{C})$可观测。

由定理 3-14 可以得到定理中定义的 $\boldsymbol{F}_1$、$\boldsymbol{F}$、$\boldsymbol{F}^{*}$ 和 $\boldsymbol{F}_2$ 的算法，即为以下的推论。

推论 3-3 设$\{\boldsymbol{H}_i\}$可实现，则它的任一最小阶实现可表示为$(\bar{\boldsymbol{F}}^{*}\bar{\boldsymbol{F}}^{-1},\bar{\boldsymbol{F}}_2,\boldsymbol{F}_1\bar{\boldsymbol{F}}^{-1})$。其中 $\bar{\boldsymbol{F}}=\boldsymbol{T}\boldsymbol{F}$，$\bar{\boldsymbol{F}}^{*}=\boldsymbol{T}\boldsymbol{F}^{*}$，$\bar{\boldsymbol{F}}_2=\boldsymbol{T}\boldsymbol{F}_2$，$\boldsymbol{T}$ 是某一非奇异矩阵。特别地，当 $\boldsymbol{T}=\boldsymbol{F}^{-1}$，则$(\bar{\boldsymbol{F}}^{*},\bar{\boldsymbol{F}}_2,\boldsymbol{F}_1)$是$\{\boldsymbol{H}_i\}$的最小阶实现。

推论 3-3 为具体计算最小阶实现提供了有效的方法。考察 $\boldsymbol{F}^{*}$，它也是 $\boldsymbol{G}_{\alpha+1}$ 的子阵，若

对 $\boldsymbol{G}_{\alpha+1}$ 左乘非奇异矩阵，即对 $\boldsymbol{G}_{\alpha+1}$ 进行变换，也就是 $\boldsymbol{F}$、$\boldsymbol{F}^*$、$\boldsymbol{F}_2$ 同时进行了行变换。若 $\bar{\boldsymbol{G}}_{\alpha+1}=\boldsymbol{T}\boldsymbol{G}_{\alpha+1}$，则推论 3-3 中的 $\bar{\boldsymbol{F}}^*$、$\bar{\boldsymbol{F}}$、$\bar{\boldsymbol{F}}_2$ 都在 $\bar{\boldsymbol{G}}_{\alpha+1}$ 中，若 $\boldsymbol{T}=\boldsymbol{F}^{-1}$，则 $\bar{\boldsymbol{F}}$ 就是单位矩阵了，$\bar{\boldsymbol{F}}^*$、$\bar{\boldsymbol{F}}_2$ 都可按规则在 $\bar{\boldsymbol{G}}_{\alpha+1}$ 中找出，但 $\boldsymbol{F}_1$ 仍然在 $\boldsymbol{H}_{1\alpha}$ 中找。具体做法为：对 $\boldsymbol{H}_{\beta,\alpha+1}$ 做一系列行变换，总可将 $\bar{\boldsymbol{G}}_{\alpha+1}$ 置换在 $\bar{\boldsymbol{H}}_{\beta,\alpha+1}$ 的前 n 行上，并且必可使它前 n 个独立列构成一个单位阵，这意味着在 $\bar{\boldsymbol{H}}_{\beta,\alpha+1}$ 的前 n 行已左乘了 $\boldsymbol{F}^{-1}$，这时 $\bar{\boldsymbol{H}}_{\beta,\alpha+1}$ 的前 n 行就是 $\bar{\boldsymbol{G}}_{\alpha+1}$，$\bar{\boldsymbol{G}}_{\alpha+1}$ 的前 $n\times p$ 子阵就是 $\bar{\boldsymbol{F}}_2=\boldsymbol{B}$，$\bar{\boldsymbol{G}}_{\alpha+1}$ 中的单位矩阵就是 $\boldsymbol{F}$，而它"右移"p 列对应的 $n\times n$ 阵构成了 $\boldsymbol{A}$ 矩阵，$\boldsymbol{F}_1$ 是根据 $\boldsymbol{F}$ 所占的列位，在 $\boldsymbol{H}_{i\alpha}$ 中选出的 $q\times n$ 阵，也就是 $\boldsymbol{C}$ 矩阵。

例 3-19　求下列有理函数矩阵的最小阶实现

$$\boldsymbol{G}(s)=\frac{1}{s^2-1}\begin{bmatrix}2(s-1) & 2\\ s-1 & s-1\end{bmatrix}$$

解：由计算得出 $\delta\boldsymbol{G}(s)=3$

$$\boldsymbol{H}_0=\begin{bmatrix}2&0\\1&1\end{bmatrix},\quad \boldsymbol{H}_1=\begin{bmatrix}-2&2\\-1&-1\end{bmatrix},\quad \boldsymbol{H}_2=\begin{bmatrix}2&0\\1&1\end{bmatrix},\quad \boldsymbol{H}_3=\begin{bmatrix}-2&2\\-1&-1\end{bmatrix}$$

$$\boldsymbol{H}_{23}=\begin{bmatrix}2&0&-2&2&2&0\\1&1&-1&-1&1&1\\-2&2&2&0&-2&2\\-1&-1&1&1&-1&-1\end{bmatrix}$$

对 $\boldsymbol{H}_{23}$ 进行行变换，可得

$$\bar{\boldsymbol{H}}_{23}=\begin{bmatrix}1&0&-1&0&1&0\\0&1&0&0&0&1\\0&0&0&1&0&0\\0&0&0&0&0&0\end{bmatrix}$$

根据前面所阐明的规则，可得 $\boldsymbol{G}(s)$ 的最小阶实现为

$$\boldsymbol{A}=\begin{bmatrix}-1&0&0\\0&0&1\\0&1&0\end{bmatrix},\quad \boldsymbol{B}=\begin{bmatrix}1&0\\0&1\\0&0\end{bmatrix},\quad \boldsymbol{C}=\begin{bmatrix}2&0&2\\1&1&-1\end{bmatrix}$$

(1) 用行变换化矩阵为赫密特标准型

从例 3-19 可以看出，如果将 $\boldsymbol{H}_{23}$ 用行变换为 $\bar{\boldsymbol{H}}_{23}$ 这种特殊形式，就可以很快找出最小阶实现。形如 $\bar{\boldsymbol{H}}_{23}$ 这种形式的矩阵称为赫密特标准型。如果给出用行变换化一个矩阵为赫密特标准型的标准算法，那么求最小阶实现的问题就会更方便。

定义 3-3　方阵 $\boldsymbol{H}$ 称为赫密特标准型(简称 $\boldsymbol{H}$ 型)，若它满足下列条件：

① $\boldsymbol{H}$ 是上三角阵，主对角线上的元素是 0 或 1；

② 主对角线为 0 的元素所在的行全部元素均为 0；

③ 主对角线为 1 的元素所在列的其他元素全为 0。

一个非方阵称为 $\boldsymbol{H}$ 型，如果在其中插入零行或零列后能化为方 $\boldsymbol{H}$ 型。一个任意矩阵用行变换化为 $\boldsymbol{H}$ 型的算法如下：

① 若 $q_{i_1 1}$ 是 $\boldsymbol{Q}$ 中第一列第一个非零元素，它位于 i_1 行上，令

$$T^{(1)}=I-\frac{(Qe_1-e_{i_1})}{e_{i_1}^{\mathrm{T}}Qe_1}e_{i_1}^{\mathrm{T}}$$

其中，e_i 表示 n 阶单位阵的第 i 列。$T^{(1)}$ 是非奇异阵，因为 $\det T^{(1)}=1/q_{i_1 1}$（见习题 3－17），则

$$Q^{(2)}=T^{(1)}Q=\begin{bmatrix} & \times & \times & \\ & \times & \times & \\ e_{i_1} & & & \cdots \\ & \vdots & \vdots & \\ & \times & \times & \end{bmatrix}$$

② 考虑第二列，找到除 i_1 行以外的非零元素（位于 i_2 行），若没有非零元素，则转入下一列，令

$$T^{(2)}=I-\frac{(Q^{(2)}e_2-e_{i_2})}{e_{i_2}^{\mathrm{T}}Q^{(2)}e_2}e_{i_2}^{\mathrm{T}}$$

$$Q^{(3)}=T^{(2)}Q^{(2)}$$

③ 经过 n 步，可得 $Q^{(n+1)}$。

④ 再用适当的行置换，就可变成 H 型，即

$$PQ^{(n+1)}=H$$

例 3－20 求下列有理函数矩阵的最小阶实现。

$$G(s)=\begin{bmatrix}\frac{1}{s+1} & \frac{1}{1+3}\\ \frac{1}{s} & \frac{2}{s+2}\end{bmatrix}$$

解： 建立 H_{33} 为

$$H_{33}=\begin{bmatrix}1 & 1 & -1 & -3 & 1 & 9\\ 1 & 2 & 0 & -4 & 0 & 8\\ -1 & -3 & 1 & 9 & -1 & -27\\ 0 & -4 & 0 & 8 & 0 & -16\\ 1 & 9 & -1 & -27 & 1 & 81\\ 0 & 8 & 0 & -16 & 0 & 32\end{bmatrix}$$

$$H_{33}^{(2)}=H_{33}-\begin{bmatrix}0\\1\\-1\\0\\1\\0\end{bmatrix}\begin{bmatrix}1 & 1 & -1 & -3 & 1 & 9\end{bmatrix}=\begin{bmatrix}1 & 1 & -1 & -3 & 1 & 9\\ 0 & 1 & 1 & -1 & -1 & -1\\ 0 & -2 & 0 & 6 & 0 & -18\\ 0 & -4 & 0 & 8 & 0 & -16\\ 0 & 8 & 0 & -24 & 0 & 72\\ 0 & 8 & 0 & -16 & 0 & 32\end{bmatrix}$$

$$\boldsymbol{H}_{33}^{(3)}=\boldsymbol{H}_{33}^{(2)}-\begin{bmatrix}1\\0\\-2\\-4\\8\\8\end{bmatrix}\begin{bmatrix}0&1&1&-1&-1&-1\end{bmatrix}=\begin{bmatrix}1&0&-2&-2&2&10\\0&1&1&-1&-1&-1\\0&0&2&4&-2&-20\\0&0&4&4&-4&-20\\0&0&-8&-16&8&80\\0&0&-8&-8&8&40\end{bmatrix}$$

$$\boldsymbol{H}_{33}^{(4)}=\boldsymbol{H}_{33}^{(3)}-\frac{1}{2}\begin{bmatrix}-2\\1\\1\\4\\-8\\-8\end{bmatrix}\begin{bmatrix}0&0&2&4&-2&-20\end{bmatrix}=\begin{bmatrix}1&0&0&2&0&-10\\0&1&0&-3&0&9\\0&0&1&2&-1&-10\\0&0&0&-4&0&20\\0&0&0&0&0&0\\0&0&0&8&0&-40\end{bmatrix}$$

$$\boldsymbol{H}_{33}^{(5)}=\boldsymbol{H}_{33}^{(4)}-\frac{-1}{4}\begin{bmatrix}2\\-3\\2\\-5\\0\\8\end{bmatrix}\begin{bmatrix}0&0&0&-4&0&20\end{bmatrix}=\begin{bmatrix}1&0&0&0&0&0\\0&1&0&0&0&-6\\0&0&1&0&-1&0\\0&0&0&1&0&-5\\0&0&0&0&0&0\\0&0&0&0&0&0\end{bmatrix}$$

$\boldsymbol{H}_{33}^{(5)}$ 已是 $\boldsymbol{H}$ 型，从 $\boldsymbol{H}_{33}^{(5)}$ 中按规则很容易写出 $\boldsymbol{G}(s)$的最小阶实现为

$$\boldsymbol{A}=\begin{bmatrix}0&0&0&0\\0&0&0&-6\\1&0&-1&0\\0&1&0&-5\end{bmatrix},\quad \boldsymbol{B}=\begin{bmatrix}1&0\\0&1\\0&0\\0&0\end{bmatrix},\quad \boldsymbol{C}=\begin{bmatrix}1&1&-1&-3\\1&2&0&4\end{bmatrix}$$

(2) 变形后的亨克尔矩阵

在求取最小实现的计算中，首先遇到的问题就是亨克尔矩阵的规模开始应取多大？前面的叙述已给出，若 r 是 $\boldsymbol{G}(s)$的最小公分母的次数，则取 $\boldsymbol{H}_{r,r+1}$ 就可保证 $\boldsymbol{G}_{\alpha+1}$ 可以完整地被挑出而不损失数据。利用 $\boldsymbol{G}(s)$行和列的最小公分母的概念，可以将开始所取的亨克尔矩阵的规模缩减，以便于计算。

这里首先介绍变形亨克尔矩阵的概念。若严格正则有理函数阵的第 μ 行第 ν 列元素用 $g_{\mu\nu}(s)$表示，考虑该元素的 $\boldsymbol{H}_{ij}$，并记为 $\boldsymbol{H}_{\mu\nu}(i,j)$。若 $\boldsymbol{G}(s)$的第 i 行最小公分母的次数为 α_i，第 j 列的最小公分母的次数为 β_j，考虑下列 $\sum_{i=1}^{q}(\alpha_i+1)\times\sum_{i=1}^{p}\beta_i$ 矩阵：

$$\boldsymbol{H}=\begin{bmatrix}\boldsymbol{H}_{11}(\alpha_1+1,\beta_1)&\cdots&\boldsymbol{H}_{1p}(\alpha_1+1,\beta_p)\\\boldsymbol{H}_{21}(\alpha_2+1,\beta_1)&\cdots&\boldsymbol{H}_{2p}(\alpha_2+1,\beta_p)\\\vdots&&\vdots\\\boldsymbol{H}_{q1}(\alpha_q+1,\beta_1)&\cdots&\boldsymbol{H}_{qp}(\alpha_q+1,\beta_p)\end{bmatrix}\tag{3.5.11}$$

或者考虑下列 $\sum_{i=1}^{q}\alpha_i\times\sum_{i=1}^{q}(\beta_i+1)$ 矩阵：

$$
\boldsymbol{H}=\begin{bmatrix}\boldsymbol{H}_{11}(\alpha_1,\beta+1) & \cdots & \boldsymbol{H}_{1p}(\alpha_1,\beta_p+1)\\ \boldsymbol{H}_{21}(\alpha_2,\beta_1+1) & \cdots & \boldsymbol{H}_{2p}(\alpha_2,\beta_p+1)\\ \vdots & & \vdots\\ \boldsymbol{H}_{q1}(\alpha_q,\beta_1+1) & \cdots & \boldsymbol{H}_{qp}(\alpha_q,\beta_p+1)\end{bmatrix} \tag{3.5.12}
$$

式(3.5.11)和式(3.5.12)都称为变形的亨克尔矩阵。由这两种变形的亨克尔矩阵可直接计算出具有标准形的最小阶实现。在介绍具体做法之前，应当说明的是，在亨克尔矩阵变形之后，规模显然减小，但是所包含的数据信息没有改变。

引理 3-2 设 $g_i(s)(i=1,2,\cdots,p)$ 是严格正则的有理函数，且已是既约形式，$D(s)$ 是 $g_i(s)$ $(i=1,2,\cdots,p)$ 的最小公分母，则存在实常数 $c_1,c_2,\cdots,c_p$，使得有理函数

$$
\frac{N(s)}{D(s)}=\sum_{i=1}^{p}c_ig_i(s)
$$

是既约形式，即 $N(s)$ 与 $D(s)$ 没有非常数的公因式。

证明： 写 $g_i(s)$ 为如下形式：

$$
g_i(s)=\frac{N_i(s)}{D_j(s)}=\frac{N_i(s)\widetilde{N}_i(s)}{D(s)}
$$

因为 $g_i(s)$ 已是既约形式，故可证明

$$
\{D(s),N_1(s)\widetilde{N}_1(s),\cdots,N_p(s)\widetilde{N}_p(s)\} \tag{3.5.13}
$$

的最大公因式是 1。事实上，$D(s)$ 与 $N_i(s)\widetilde{N}_i(s)$ 的最大公因式是 $\widetilde{N}_i(s)$，若式(3.5.13)中各式有公因式，此公因式必是 $D(s)$ 与 $N_i(s)\widetilde{N}_i(s)$ 的公因式的因子，因此必是 $\widetilde{N}_1(s),\cdots,\widetilde{N}_p(s)$ 的公因式，这与 $D(s)$ 是最小公分母相矛盾。现只要取 c_i 如下，就可证明引理的结论。

设 $D(s)$ 的次数为 n_0，设 $\lambda_1,\lambda_2,\cdots,\lambda_{n_0}$ 是 $D(s)$ 的零点。令 $r(s)=\sum_{i=1}^{p}c_iN_i(s)\widetilde{N}_i(s)$，总可取得 c_i，使得 $r(\lambda_j)\neq 0(j=1,2,\cdots,n_0)$，因为使 $r(\lambda_j)=0(j=1,2,\cdots,n_0)$ 成立的 c_i 是下列方程组的解空间：

$$
\sum_{i=1}^{p}c_iN_i(\lambda_j)\widetilde{N}_i(\lambda_j)=0,\quad j=1,2,\cdots,n_0 \tag{3.5.14}
$$

而在 p 维实向量空间中不属于式(3.5.14)的解空间的向量 $[c_1,c_2,\cdots,c_p]^{\mathrm{T}}$ 显然是很容易找到的，并且可取 $c_1=c_2=\cdots=c_p$ 为某一常数。

定理 3-15 设 $g_i(s)(i=1,2,\cdots,p)$ 是严格正则的既约的有理函数，且它们的最小公分母为 n 次，则对任意的 $k\geqslant n,l\geqslant n,k_i\geqslant n,l_i\geqslant n(i=1,2,\cdots,p)$ 均有

$$
\operatorname{rank}[\boldsymbol{H}_1(n,n)\quad \boldsymbol{H}_2(n,n)\quad \cdots\quad \boldsymbol{H}_p(n,n)]=\operatorname{rank}[\boldsymbol{H}_1(k,l_1)\quad \cdots\quad \boldsymbol{H}_p(k,l_p)]=n \tag{3.5.15}
$$

$$
\operatorname{rank}\begin{bmatrix}\boldsymbol{H}_1(k_1,l)\\ \boldsymbol{H}_2(k_2,l)\\ \vdots\\ \boldsymbol{H}_p(k_p,1)\end{bmatrix}=n \tag{3.5.16}
$$

这里 $\boldsymbol{II}_i(k_i,l)$ 是 $g_i(s)$ 的 $k\times l$ 阶亨克尔矩阵。

证明： 首先证明对于 $k\geqslant n,l_i\geqslant n,\operatorname{rank}[\boldsymbol{H}_1(k,l_1)\quad \cdots\quad \boldsymbol{H}_p(k,l_p)]\leqslant n$。

设 $D(s)$ 是 $g_i(s)$ 的最小公分母，且 $1/D(s)$ 的亨克尔阵记为 $\boldsymbol{H}(k,l)$，显然有以下事实成立：

$$\operatorname{rank}\boldsymbol{H}(n,n)=\operatorname{rank}\boldsymbol{H}(k,l)=n,\quad \forall k\geqslant n,\quad l\geqslant n \tag{3.5.17}$$

现证明 $\boldsymbol{H}_i(k,l)$ 是 $\boldsymbol{H}(k,l)$ 列的线性组合。因为可将 $g_i(s)$ 写成

$$g_i(s)=\frac{N_i(s)}{D_i(s)}=\frac{N_i(s)\widetilde{N}(s)}{D(s)}=\frac{a_1s^{n-1}+\cdots+a_n}{D(s)}$$

可以验证，$\boldsymbol{H}_i(k,l)$ 的第 j 列等于 $\boldsymbol{H}(k,j\sim n+j-1)\boldsymbol{\alpha}$，这里 $\boldsymbol{\alpha}=[a_n\quad a_{n-1}\quad\cdots\quad a_1]^{\mathrm{T}}$，并且 $\boldsymbol{H}(k,j\sim n+j-1)$ 是通过删除 $\boldsymbol{H}(k,n+j-1)$ 的前 $j-1$ 列后所保留下的子矩阵。因为所有 $\boldsymbol{H}(k,l)$ 的列($l>n$)是 $\boldsymbol{H}(k,n)$ 列的线性组合，因此 $\boldsymbol{H}_i(k,l)$ 的所有列是 $\boldsymbol{H}(k,n)$ 列的线性组合。而 $\boldsymbol{H}(k,n)$ 的秩为 n，因此 $[\boldsymbol{H}_1(k,l_1)\quad \boldsymbol{H}_2(k,l_2)\quad\cdots\quad \boldsymbol{H}_p(k,l_p)]$ 的秩至多是 n。

其次证明 $\operatorname{rank}[\boldsymbol{H}_1(n,n)\quad \boldsymbol{H}_2(n,n)\quad\cdots\quad \boldsymbol{H}_p(n,n)]=n$，由引理 3－2 可知，存在实常数 c_i，使得 $g(s)=\sum_{i=1}^{p}c_ig_i(s)$ 是既约形式，并且它的分母是 n 次的，设 $\boldsymbol{K}(n,n)$ 是 $g(s)$ 的亨克尔矩阵，显然 $\operatorname{rank}\boldsymbol{K}(n,n)=n$。$\boldsymbol{K}(n,n)$ 可以由 $g_i(s)$ 的亨克尔矩阵表示：

$$\boldsymbol{K}(n,n)=c_1\boldsymbol{H}_1(n,n)+c_2\boldsymbol{H}_2(n,n)+\cdots+c_p\boldsymbol{H}_p(n,n) \tag{3.5.18}$$

现要证 $\operatorname{rank}[\boldsymbol{H}_1(n,n)\quad \boldsymbol{H}_2(n,n)\quad\cdots\quad \boldsymbol{H}_p(n,n)]=n$。若不然，则存在 $1\times n$ 的非零向量 $\boldsymbol{\beta}$，使得 $\boldsymbol{\beta}\boldsymbol{H}_i(n,n)=\boldsymbol{0}(i=1,2,\cdots,p)$，因此有 $\boldsymbol{\beta}\boldsymbol{K}(n,n)=\boldsymbol{0}$，这与 $\boldsymbol{K}(n,n)$ 的秩为 n 相矛盾。

最后，对于每个满足 $k\geqslant n$，$l_i\geqslant n$ 的 $[\boldsymbol{H}_1(k,l_1)\quad\cdots\quad \boldsymbol{H}_p(k,l_p)]$，均包含有 $[\boldsymbol{H}_1(n,n)\quad \boldsymbol{H}_2(n,n)\quad\cdots\quad \boldsymbol{H}_p(n,n)]$ 为其子矩阵，前者秩至多为 n，后者秩为 n，故有式(3.5.15)成立。

式(3.5.16)的证明与式(3.5.15)的证明类似。这里不再重复。

由定理知：当把 $\boldsymbol{H}_{r+1,r}$ 或 $\boldsymbol{H}_{r,r+1}$ 缩减为式(3.5.11)或式(3.5.12)的形式，而不会发生有用数据的丢失，因此可以由规模较小的式(3.5.11)或式(3.5.12)着手来建立最小阶实现。下面用一个例子来说明如何利用变形的亨克尔矩阵找出标准形形式的最小阶实现。

例 3－21　给定有理函数矩阵为

$$\boldsymbol{G}(s)=\begin{bmatrix}\dfrac{3s}{(s+1)^2} & \dfrac{1}{s+1}\\ \dfrac{-4}{s(s+2)} & \dfrac{s+1}{s(s+2)}\end{bmatrix}$$

找出 $\boldsymbol{G}(s)$ 的最小阶标准形实现的步骤如下：

① $\boldsymbol{G}(s)$ 的每一元展开为 s 的负幂级数

$$g_{11}(s)=3s^{-1}-6s^{-2}+9s^{-3}-12s^{-4}+15s^{-5}-18s^{-6}+\cdots$$

$$g_{12}(s)=s^{-1}-s^{-2}+s^{-3}-s^{-4}+\cdots$$

$$g_{21}(s)=-4s^{-2}+8s^{-3}-16s^{-4}+32s^{-5}-64s^{-6}+\cdots$$

$$g_{22}(s)=s^{-1}-s^{-2}+2s^{-3}-4s^{-4}+8s^{-5}-16s^{-6}+\cdots$$

② 计算 α_i,β_i

$$\alpha_1=2,\quad \alpha_2=2,\quad \beta_1=4,\quad \beta_2=3$$

③ 按式(3.5.11)或式(3.5.12)构成变形后的亨克尔矩阵。根据式(3.5.11)构成如下的变形后的亨克尔矩阵：

$$\boldsymbol{H}=\left[\begin{array}{ccccc:cccc}3 & -6 & 9 & -12 & 15 & 1 & -1 & 1 & -1\\ -6 & 9 & -12 & 15 & -18 & -1 & 1 & -1 & 1\\ \hdashline 0 & -4 & 8 & -16 & 32 & 1 & -1 & -2 & -4\\ -4 & 8 & -16 & 32 & -64 & -1 & 2 & -4 & 8\end{array}\right]$$

由定理 3-14 可知,最小实现的维数 n 满足

$$n\leqslant\sum\beta_j=7,\quad n\leqslant\sum\alpha_i=4$$

计算 $\boldsymbol{G}(s)$的麦克米伦阶,可知 $\delta\boldsymbol{G}(s)=4$。

④ $\boldsymbol{H}$ 中挑选 $\overline{\boldsymbol{H}}$ 如下:

$$\overline{\boldsymbol{H}}=\left[\begin{array}{cc:cccc}3 & -6 & 1 & -1 & 1 & -1\\ -6 & 9 & -1 & 1 & -1 & 1\\ \hdashline 0 & -4 & 1 & -1 & 2 & -4\\ -4 & 8 & -1 & 2 & -4 & 8\end{array}\right]$$

挑选时保留每一子块前面的列,共挑出 $p+n$ 列。因为构成最小实现时,$\boldsymbol{A}$ 需要 4 列,$\boldsymbol{B}$ 需要 2 列。这里的选法不是唯一的,选法不同将会影响 $\boldsymbol{A}$ 的结构。

⑤ 利用化赫密特型的算法将 $\overline{\boldsymbol{H}}$ 化为

$$\overline{\overline{\boldsymbol{H}}}=\left[\begin{array}{cc:cccc}1 & -1 & 0 & 0 & 0 & 0\\ 0 & -4 & 1 & 0 & 0 & 0\\ 0 & -2 & 0 & 1 & 0 & -2\\ 0 & -1 & 0 & 0 & 1 & -3\end{array}\right]$$

由此可得

$$\boldsymbol{A}=\left[\begin{array}{c:ccc}-1 & 0 & 0 & 0\\ \hdashline -4 & 0 & 0 & 0\\ -2 & 1 & 0 & -2\\ -1 & 0 & 1 & -3\end{array}\right],\quad \boldsymbol{B}=\left[\begin{array}{cc}1 & 0\\ \hdashline 0 & 1\\ 0 & 0\\ 0 & 0\end{array}\right],\quad \boldsymbol{C}=\left[\begin{array}{c:ccc}3 & 1 & -1 & 1\\ 0 & 1 & -1 & 2\end{array}\right]$$

小　结

本章的研究对象仅限于线性时不变系统。在系统理论中,线性时不变系统是研究得比较深入与广泛的。因此它就必然在教材中占有比较重要的地位和比较多的篇幅。

对线性时不变系统进行设计的时候,为了便于讨论和计算,需要把系统($\boldsymbol{A}$,$\boldsymbol{B}$,$\boldsymbol{C}$)化为所需要的标准形式。另外,只有标准形式才能更明确地表示系统的代数结构。定理 3-1 和定理 3-2 所提供的单变量系统可控标准形和可观测标准形是分别在进行状态反馈极点配置和观测器设计中用到的。3.2 节中用 Kronecker 不变量讨论了多变量系统的可控(观)标准形(定理 3-3、定理 3-4、定理 3-5、定理 3-6)和三角标准形(定理 3-7、定理 3-8)。

3.3 节进一步讨论了动态方程的不可简约性质和传递函数阵零极对消问题的联系。应当注意的是,单变量系统的定理 3-9 和 3.4 节多变量系统的定理 3-10、定理 3-11 提法上的区别。对于多变量系统,与定理 3-9 相对应的是定理 3-11。从这里也可以看出定义 1-5 所定义的极点多项式的意义。

关于标量有理函数与有理函数矩阵的最小阶实现问题,即不可简约实现(可控又可观测),

第 2 章定理 2－17 及定理 2－18 是基本的。本章所介绍的是关于最小实现的构造方法，对于有理函数矩阵介绍了两种方法，这两种方法依赖于先构造出一个非最小实现，一般来说，是可控的，或是可观测的，然后利用可控性或可观测性结构分解方法消除输入解耦零点或输出解耦零点，从而得到最小阶实现。3.5 节介绍的是从 $\boldsymbol{G}(s)$ 所生成的亨克尔矩阵中直接提取最小实现的方法，主要的结果是定理 3－14 和定理 3－15。这里没有介绍 Ho－Kalman 最先提出的算法，这种算法在许多教材中都可找到(参考习题 3－21)。为了进一步缩减一开始所取的亨克尔矩阵的规模，可用变形后亨克尔矩阵，并且可以得到标准形的最小阶实现。

习　题

3－1　画出可控标准形式(3.1.1)的信号流图并计算传递函数阵。

3－2　直接证明式(3.2.7)$\boldsymbol{P}_2$ 是可逆矩阵。

3－3　动态方程如下：

$$\begin{cases}\dot{\boldsymbol{x}}=\begin{bmatrix}-1&-2&-2\\0&-1&1\\0&0&-1\end{bmatrix}\boldsymbol{x}+\begin{bmatrix}2\\0\\1\end{bmatrix}u\\ y=\begin{bmatrix}1&1&0\end{bmatrix}\boldsymbol{x}\end{cases}$$

试将其化为可控标准形及可观测标准形的形式，并计算出变换矩阵。

3－4　计算例 3－2 的 $\bar{\mu}_i$，并和 μ_i 比较。

3－5　动态方程如下：

$$\begin{cases}\dot{\boldsymbol{x}}=\begin{bmatrix}0&0&1\\1&0&0\\1&1&1\end{bmatrix}\boldsymbol{x}+\begin{bmatrix}1&1\\-1&1\\0&-1\end{bmatrix}\boldsymbol{u}\\ \boldsymbol{y}=\begin{bmatrix}0&1&1\\-1&1&0\end{bmatrix}\boldsymbol{x}\end{cases}$$

试将其化为第二可控标准形，并计算传递函数阵。

3－6　证明定理 3－2* 和定理 3－6。问定理 3－1 至定理 3－5 所涉及的变换阵是否唯一？

3－7　求下列有理函数矩阵的麦克米伦阶

① $\begin{bmatrix}\dfrac{1}{(s+1)^2}&\dfrac{s+3}{s+2}&\dfrac{1}{s+5}\\\dfrac{1}{(s+3)^2}&\dfrac{s+1}{s+4}&\dfrac{1}{s}\end{bmatrix}$　　② $\begin{bmatrix}\dfrac{1}{s}&\dfrac{s+3}{s+1}\\\dfrac{1}{s+3}&\dfrac{s}{s+1}\end{bmatrix}$

3－8　试求传递函数

① $\dfrac{s^4+1}{4s^4+2s^3+2s+1}$　　② $\dfrac{s^2-s+1}{s^5-s^4+s^3-s^2+s-1}$

的动态方程实现。并说明所求出的实现是不是最小阶实现。

3－9　求下列传递函数的若当型实现

① $\dfrac{s^2+1}{(s+1)(s+2)(s+3)}$　　② $\dfrac{s^2+1}{(s+2)^3}$

3-10 考虑系统

$$\begin{cases}\dot{\boldsymbol{x}}=\begin{bmatrix}\lambda & 0\\ 0 & \bar{\lambda}\end{bmatrix}\boldsymbol{x}+\begin{bmatrix}b\\ \bar{b}\end{bmatrix}u\\ y=\begin{bmatrix}c & \bar{c}\end{bmatrix}\boldsymbol{x}\end{cases}$$

其中，$\bar{\lambda}$，$\bar{b}$，$\bar{c}$ 表示 λ，b，c 共轭，试证明用变换 $\boldsymbol{x}=\boldsymbol{Q}\bar{\boldsymbol{x}}$

$$\boldsymbol{Q}=\begin{bmatrix}-\bar{\lambda}b & b\\ -\lambda\bar{b} & \bar{b}\end{bmatrix}$$

可将方程变为

$$\dot{\bar{\boldsymbol{x}}}=\begin{bmatrix}0 & 1\\ -\lambda\bar{\lambda} & \lambda+\bar{\lambda}\end{bmatrix}\bar{\boldsymbol{x}}+\begin{bmatrix}0\\ 1\end{bmatrix}u$$

$$y=\begin{bmatrix}-2\mathrm{Re}(\bar{\lambda}bc) & 2\mathrm{Re}(bc)\end{bmatrix}\bar{\boldsymbol{x}}$$

3-11 证明推论 3-1。

3-12 举例说明系统可控性指标、可观测性指标是 Kronecker 不变量。

3-13 试求 $1/(s^3+s+1)$ 的不可简约实现、不可控实现、不可观测实现以及既不可控又不可观测的实现。

3-14 试求 $1/(s-1)^4$ 的可控标准形、可观测标准形和若当标准形的最小阶实现。

3-15 试求下列传递函数向量的可控或可观测标准形最小阶实现：

① $\begin{bmatrix}\dfrac{2s}{(s+1)(s+2)}\\[2mm] \dfrac{s^2+2s}{s(s+1)(s+4)}\end{bmatrix}$　　② $\begin{bmatrix}\dfrac{2s+3}{(s+1)^2(s+2)} & \dfrac{s^2+2s}{s(s+1)^3}\end{bmatrix}$

试回答实现传递函数和实现传递函数向量的过程之间是否存在本质差别？

3-16 用所讲过的几种方法求下列有理函数阵的最小阶实现。

① $\begin{bmatrix}\dfrac{2+s}{s+1} & \dfrac{1}{s+3}\\[2mm] \dfrac{s}{s+1} & \dfrac{s+1}{s+2}\end{bmatrix}$　　② $\begin{bmatrix}\dfrac{s^2+1}{s^2} & \dfrac{2s+1}{s^2}\\[2mm] \dfrac{s+3}{s^2} & \dfrac{2}{s}\end{bmatrix}$

③ $\dfrac{1}{s^3+3s^2+2s}\begin{bmatrix}s+1 & 2s^2+s-1 & s^2-1\\ -s^2-s & -s^2+s & s\end{bmatrix}$

3-17 证明有理函数矩阵各元的首一最小公分母是其最小实现中 $\boldsymbol{A}$ 阵的最小多项式。

3-18 计算

$$\boldsymbol{T}^{(1)}=\boldsymbol{I}-\frac{(\boldsymbol{Q}\boldsymbol{e}_1-\boldsymbol{e}_{i_1})}{\boldsymbol{e}_{i_1}^{\mathrm{T}}\boldsymbol{Q}\boldsymbol{e}_1}\boldsymbol{e}_{i_1}^{\mathrm{T}}$$

的行列式。式中符号的定义见 3.5 节。

3-19 验证式(3.2.10)的可控性和式(3.2.13)的可观测性。

3-20 设系统$(\boldsymbol{A},\boldsymbol{B},\boldsymbol{C})$可控，$\boldsymbol{B}$ 阵列满秩，且系统具有伦伯格第二可控标准形，证明系统的传递函数矩阵为

$$\boldsymbol{G}(s)=[\bar{\boldsymbol{C}}_2\boldsymbol{S}(s)+\boldsymbol{D}\bar{\boldsymbol{B}}_p^{-1}\boldsymbol{\delta}(s)]\,[\bar{\boldsymbol{B}}_p^{-1}\boldsymbol{\delta}(s)]^{-1}$$

式中，$\bar{\boldsymbol{B}}_p$ 是由 $\bar{\boldsymbol{B}}_2$ 的 $\mu_1, \mu_1+\mu_2, \cdots, \mu_1+\cdots+\mu_p$ 行构成的 $p\times p$ 上三角形阵，而多项式矩阵 $\boldsymbol{S}(s)$ 和 $\boldsymbol{\delta}(s)$ 定义如下：

$$\boldsymbol{S}(s)=\begin{bmatrix} 1 & & & \\ s & & & \\ \vdots & & & \\ s^{\mu_1-1} & & & \\ & 1 & & \\ & s & & \\ & \vdots & & \\ & s^{\mu_2-1} & & \\ & & \cdots & \\ & & & 1 \\ & & & s \\ & & & \vdots \\ & & & s^{\mu_p-1} \end{bmatrix}, \quad \boldsymbol{\delta}(s)=\begin{bmatrix} s^{\mu_1} & & & \\ & s^{\mu_2} & & \\ & & \ddots & \\ & & & s^{\mu_p} \end{bmatrix}-\bar{\boldsymbol{A}}_p\boldsymbol{S}(s)$$

其中，$\bar{\boldsymbol{A}}_p$ 是 $\bar{\boldsymbol{A}}_2$ 中的 $\mu_1, \mu_1+\mu_2, \cdots, \mu_1+\cdots+\mu_p$ 行构成的 $p\times n$ 矩阵。

3-21　给定 $p\times q$ 严格正则有理函数矩阵 $\boldsymbol{G}(s)$。令 r 是 $\boldsymbol{G}(s)$ 的所有元素的最小公分母的次数，组成 $qr\times pr$ 矩阵 $\boldsymbol{T}$ 和 $\tilde{\boldsymbol{T}}$ 如下：

$$\boldsymbol{T}=\begin{bmatrix} \boldsymbol{H}_0 & \boldsymbol{H}_1 & \cdots & \boldsymbol{H}_{r-1} \\ \boldsymbol{H}_1 & \boldsymbol{H}_2 & \cdots & \boldsymbol{H}_r \\ \vdots & \vdots & & \vdots \\ \boldsymbol{H}_{r-1} & \boldsymbol{H}_r & \cdots & \boldsymbol{H}_{2r-2} \end{bmatrix}, \quad \tilde{\boldsymbol{T}}=\begin{bmatrix} \boldsymbol{H}_1 & \boldsymbol{H}_2 & \cdots & \boldsymbol{H}_r \\ \boldsymbol{H}_2 & \boldsymbol{H}_3 & \cdots & \boldsymbol{H}_{r+1} \\ \vdots & \vdots & & \vdots \\ \boldsymbol{H}_r & \boldsymbol{H}_{r+1} & \cdots & \boldsymbol{H}_{2r-1} \end{bmatrix}$$

若 $\boldsymbol{T}$ 的秩为 n，并令 $\boldsymbol{K}$ 和 $\boldsymbol{L}$ 为 $qr\times qr$ 和 $pr\times pr$ 非奇异常量矩阵，它们满足

$$\boldsymbol{KTL}=\begin{bmatrix} \boldsymbol{I}_n & \boldsymbol{0} \\ \boldsymbol{0} & \boldsymbol{0} \end{bmatrix}=\boldsymbol{I}_{n,qr}^{\mathrm{T}}\boldsymbol{I}_{n,pr}$$

这里 $\boldsymbol{I}_{n,m}$ 是形式为 $[\boldsymbol{I}_n \quad 0]$ 的 $n\times m$ 矩阵。试证明

$$\boldsymbol{A}=\boldsymbol{I}_{n,qr}\boldsymbol{K}\tilde{\boldsymbol{T}}\boldsymbol{L}\boldsymbol{I}_{n,pr}^{\mathrm{T}}$$

$$\boldsymbol{B}=\boldsymbol{I}_{n,qr}\boldsymbol{K}\boldsymbol{T}\boldsymbol{I}_{n,pr}^{\mathrm{T}}$$

$$\boldsymbol{C}=\boldsymbol{I}_{n,qr}\boldsymbol{K}\boldsymbol{L}\boldsymbol{I}_{n,pr}^{\mathrm{T}}$$

是 $\boldsymbol{G}(s)$ 的一个最小阶实现。

3-22　用习题 3-21 所提供的方法，求习题 3-15(1) 的一个最小阶实现。

第 4 章　线性系统的稳定性分析

稳定性是系统能正常工作所必须满足的要求，它与可控性、可观测性一样是系统分析中最重要的三个基本概念之一。本章针对描述系统的两种方法，分别讨论两种意义下的稳定性，一种是在零输入下系统动态方程的状态在李雅普诺夫(Lyapunov)意义下的内部稳定性；另一种是用输入输出描述系统时，引入的有界输入有界状态和有界输入有界输出的外部稳定性，并研究这两种稳定性之间的关系。

李雅普诺夫方法是研究微分方程解的稳定性的重要方法，它作为一种手段，在控制系统的分析与设计中越来越受到重视。本章 4.1 节将介绍李雅普诺夫意义下稳定性的基本概念及其判别方法，结合线性系统给出系统稳定性判别方法。4.2 节介绍有界输入有界输出的外部稳定性的基本概念及线性系统各种外部稳定性的判别方法，研究李雅普诺夫意义稳定性和输入输出稳定性之间的关系。4.3 节介绍有界输入有界状态及总体稳定性的基本概念及其判别方法。4.4 节说明李雅普诺夫方法，特别是李雅普诺夫第二方法在研究系统稳定性、估计动态过程的衰减时间和进行反馈系统综合等方面的应用。

4.1　李雅普诺夫稳定性及线性系统稳定性判别

简言之，李雅普诺夫稳定性的概念是微分方程解对初值的连续依赖性这一结果在无穷时间区间上的推广和发展。因此下面讨论时均假定所研究方程的解在无穷区间$[t_0,+\infty)$满足存在和唯一性条件。

4.1.1　稳定性的概念

考虑一般的时变、非线性、多变量系统，它的微分方程式如下：

$$\dot{\boldsymbol{x}}=\boldsymbol{F}(t,\boldsymbol{x}) \tag{4.1.1}$$

其中，$\boldsymbol{x}$ 为 $n\times 1$ 向量，$\boldsymbol{F}(t,\boldsymbol{x})$为 $n\times 1$ 的向量函数。若随着时间 t 的变化，状态 $\boldsymbol{x}=\boldsymbol{x}_e$ 保持不变，则称这个状态为系统的平衡状态。由于平衡状态是系统的一个状态，它也是上述微分方程的一个解，即对任意时间 t，有 $\boldsymbol{F}(t,\boldsymbol{x}_e)\equiv 0$。显然，一个系统可能有一个平衡点也可能会有多个平衡点，例如系统 $\dot{x}=(x-1)(x-2)$有两个平衡点。即使是线性系统其平衡点也不一定唯一，例如系统 $\dot{\boldsymbol{x}}=\boldsymbol{A}\boldsymbol{x}$，如果系数矩阵 $\boldsymbol{A}$ 是非奇异的，则系统的唯一平衡点是原点。若矩阵 $\boldsymbol{A}$ 是奇异矩阵，则存在非零向量 $\boldsymbol{x}_0$ 满足 $\boldsymbol{A}\boldsymbol{x}_0=0$，任何常数乘以 $\boldsymbol{x}_0$ 都为系统的平衡点，即向量 $\boldsymbol{x}_0$ 张成空间内的每个点都是系统的平衡点，所以该线性系统有连续统(无穷势)的平衡点集。事实上，线性系统有唯一平衡点或无穷势的平衡点，但不会有有限个孤立平衡点。而非线性系统可能会出现有限个孤立平衡点。

为不失一般性，可以设对任意时间 t 有

$$\boldsymbol{F}(t,\boldsymbol{0})=\boldsymbol{0} \tag{4.1.2}$$

这时方程(4.1.1)有解 $\boldsymbol{x}=0$，称为式(4.1.1)的显然解或零解。从物理概念上看，式(4.1.2)表

示系统有状态空间原点，为平衡状态。

稳定性的一个直观定义：当一个实际的系统处于一个平衡状态时，如果受到外来作用的影响，系统经过一个过渡过程仍然能够回到原来的平衡状态，则称这个状态是稳定的，否则称为不稳定。下面给出系统平衡状态稳定性的严格数学定义。

1. 平衡状态的稳定性

设有一个初始扰动，使系统的状态偏离了平衡状态 $\boldsymbol{x}=\boldsymbol{x}_e$。若初始扰动为 $\boldsymbol{x}(t_0)=\boldsymbol{x}_0$，显然在这个初始扰动作用下，方程(4.1.1)所决定的运动是下列初值问题：

$$\dot{\boldsymbol{x}}=\boldsymbol{F}(t,\boldsymbol{x}),\quad \boldsymbol{x}(t_0)=\boldsymbol{x}_0$$

的解。这个解称为相对于平衡状态 $\boldsymbol{x}_e$ 的被扰运动，将其表示为 $\boldsymbol{x}(t)=\boldsymbol{x}(t,\boldsymbol{x}_0,t_0)$。

根据微分方程解对初值的连续依赖性质可知，只要初始状态 $\boldsymbol{x}_0$ 偏离平衡状态 $\boldsymbol{x}_e$ 充分小，对于$[t_0,T]$之间的任一时刻，$\boldsymbol{x}(t,\boldsymbol{x}_0,t_0)$偏离 $\boldsymbol{x}_e$ 也可以任意小。那么，这一性质是否对$[t_0,+\infty)$均成立？这一问题就是稳定性要研究的内容。

定义 4-1　对于任意的 $\varepsilon>0$，都存在 $\delta(t_0,\varepsilon)>0$，使得当 $\|\boldsymbol{x}(t_0)-\boldsymbol{x}_e\|<\delta(t_0,\varepsilon)$时，系统(4.1.1)的解满足

$$\|\boldsymbol{x}(t,\boldsymbol{x}_0,t_0)-\boldsymbol{x}_e\|<\varepsilon,\quad \forall t\geqslant t_0$$

成立。则称系统(4.1.1)的平衡状态 $\boldsymbol{x}_e$ 是李雅普诺夫意义下稳定的。

定义 4-2　进一步，若定义 4-1 中的 $\delta=\delta(\varepsilon)$，即 δ 与 t_0 无关，则称 $\boldsymbol{x}_e$ 是一致稳定的。

定义 4-3　若① $\boldsymbol{x}=\boldsymbol{x}_e$ 是稳定的；② 存在 $\delta(t_0)>0$，使得对任意的 $\varepsilon>0$，存在 $T(\varepsilon,t_0,\boldsymbol{x}_0)$，当 $\|\boldsymbol{x}(t_0)-\boldsymbol{x}_e\|<\delta(t_0)$，$t>t_0+T(\varepsilon,t_0,\boldsymbol{x}_0)$时，有 $\|\boldsymbol{x}(t,\boldsymbol{x}_0,t_0)-\boldsymbol{x}_e\|<\varepsilon$ 成立，则称 $\boldsymbol{x}_e$ 为渐近稳定。

定义 4-4　若① $\boldsymbol{x}_e$ 一致稳定；② 存在 $\delta_0>0$，使得对任意的 $\varepsilon>0$，存在 $T(\varepsilon)$，当 $\|\boldsymbol{x}(t_0)-\boldsymbol{x}_e\|<\delta_0$，$t\geqslant t_0+T(\varepsilon)$时，有 $\|\boldsymbol{x}(t,\boldsymbol{x}_0,t_0)-\boldsymbol{x}_e\|<\varepsilon$，则称 $\boldsymbol{x}_e$ 为一致渐近稳定。

在定义 4-4 中，②不仅要求对 t_0 一致，而且要求 T 只依赖于 ε，这说明对于 δ_0 中的任意初值 $\boldsymbol{x}_0$ 所形成的解，都必须以同样的程度趋向于 $\boldsymbol{x}_e$，这一性质又称为对 $\boldsymbol{x}_0$ 等度的。满足定义 4-3、4-4 中②的平衡点也称为是吸引的，它反映的是解的渐近性质。可以将②等价地改成：存在 $\delta(t_0)>0$，使得 $\|\boldsymbol{x}(t_0)\|<\delta(t_0)$ ，蕴含$\lim_{t\to\infty}\boldsymbol{x}(t,t_0,\boldsymbol{x}_0)=0$。

定义 4-5　若存在 $\nu>0$，对任意 $\varepsilon>0$，存在 $\delta(\varepsilon)>0$，使得当 $\|\boldsymbol{x}(t_0)-\boldsymbol{x}_e\|<\delta(\varepsilon)$时，有

$$\|\boldsymbol{x}(t,\boldsymbol{x}_0,t_0)-\boldsymbol{x}_e\|<\varepsilon \mathrm{e}^{-\nu(t-t_0)},\quad \forall t\geqslant t_0$$

成立，则称平衡状态 $\boldsymbol{x}_e$ 是指数渐近稳定的。

注 4-1　关于稳定性概念定义 4-1 的理解要注意以下几点：

① 稳定性定义中 δ 与 ε 、t_0 有关；

② 初值变化充分小 $\|\boldsymbol{x}(t_0)-\boldsymbol{x}_e\|<\delta$，方程解的变化($t\geqslant t_0$)也充分小，$\|\boldsymbol{x}(t,t_0,x_0)-\boldsymbol{x}_e\|<\varepsilon$，任意 $t\geqslant t_0$；

③ 由于要求对任意 $t\geqslant t_0$，方程的解都要满足 $\|\boldsymbol{x}(t,t_0,x_0)-\boldsymbol{x}_e\|<\varepsilon$，显然存在的 δ 与给定的 ε 必须满足 $\delta(t_0,\varepsilon)\leqslant\varepsilon$；

④ 定义 4-3 中的稳定和吸引(即①和②)是相互独立的概念，对于一般的系统，它们之间不存在蕴含关系。下面给出一个反例说明一个微分方程的零解是吸引的但却不是稳定的(详见黄琳教授的《稳定性与鲁棒性理论基础》，科学出版社，2003 年)。

非线性系统

$$\begin{cases} \dot{x}=\dfrac{x^2(y-x)+y^5}{(x^2+y^2)[1+(x^2+y^2)^2]} \\ \dot{y}=\dfrac{y^2(y-2x)}{(x^2+y^2)[1+(x^2+y^2)^2]} \end{cases}$$

的平衡点(0,0)是吸引的但不是稳定的。

关于渐近稳定性概念定义 4-3 的理解,除了要满足定义 4-1,还要保证 t 充分大时的性质:$t \geqslant t_0 + T(\mu, t_0, \boldsymbol{x}_0)$时,有 $\|\boldsymbol{x}(t, t_0, \boldsymbol{x}_0)-\boldsymbol{x}_e\|<\varepsilon$。此处 $\delta(t_0)$是固定的一个范围,称为渐近稳定平衡点 $\boldsymbol{x}_e$ 的吸引区,不是任意小的;$T(\mu, t_0, \boldsymbol{x}_0)$ 称为吸引时间或衰减时间。

上述任意平衡状态的稳定性概念,都是由于初始状态没有取到平衡状态引起的相对于平衡状态的扰动运动的稳定性。称初始状态与平衡状态的偏差 $\boldsymbol{x}_0-\boldsymbol{x}_e$ 为初始扰动向量。

引入扰动变量 $\boldsymbol{y}(t)=\boldsymbol{x}(t)-\boldsymbol{x}_e$,则扰动变量的动态方程为

$$\dot{\boldsymbol{y}}=\dot{\boldsymbol{x}}=\boldsymbol{F}(t,\boldsymbol{x})=\boldsymbol{F}(t,\boldsymbol{y}+\boldsymbol{x}_e)=\boldsymbol{G}(t,\boldsymbol{y}), \quad \boldsymbol{G}(t,\boldsymbol{0})=\boldsymbol{0}$$

显然,零是其一个平衡状态。这个方程称为平衡状态 $\boldsymbol{x}_e$ 的扰动方程。

从上述过程可以看到,对于任意平衡状态 $\boldsymbol{x}_e$ 的稳定性问题,可以通过引入扰动向量 $\boldsymbol{y}=\boldsymbol{x}(t)-\boldsymbol{x}_e$ 将任意平衡状态转化为其扰动方程的零平衡状态 $\boldsymbol{y}=\boldsymbol{0}$ 的稳定性问题。只需要把平衡状态 $\boldsymbol{x}_e$ 的偏差改为与零状态的偏差即可。

由以上的定义中可以看出,这里所定义的稳定、一致稳定、渐近稳定、一致渐近稳定和指数渐近稳定都是局部的概念,即定义中的条件只描述了在平衡状态 $\boldsymbol{x}_e(\boldsymbol{x}=\boldsymbol{0})$附近的特性。特别地,渐近稳定性、一致渐近稳定性或指数渐近稳定性中,如果其吸引区为全状态空间,即从状态空间的任何状态点为初始状态出发的解轨迹最终都收敛于平衡状态,则这个平衡状态就是全局渐近稳定、全局一致渐近稳定或全局指数渐近稳定的。因此,全局渐近稳定/一致渐近稳定的系统只有一个平衡状态。为了理解上述定义,可以采取图 4-1 所示的方法,例如对定义 4-1,可用图 4-1 中的几何含义来帮助理解。

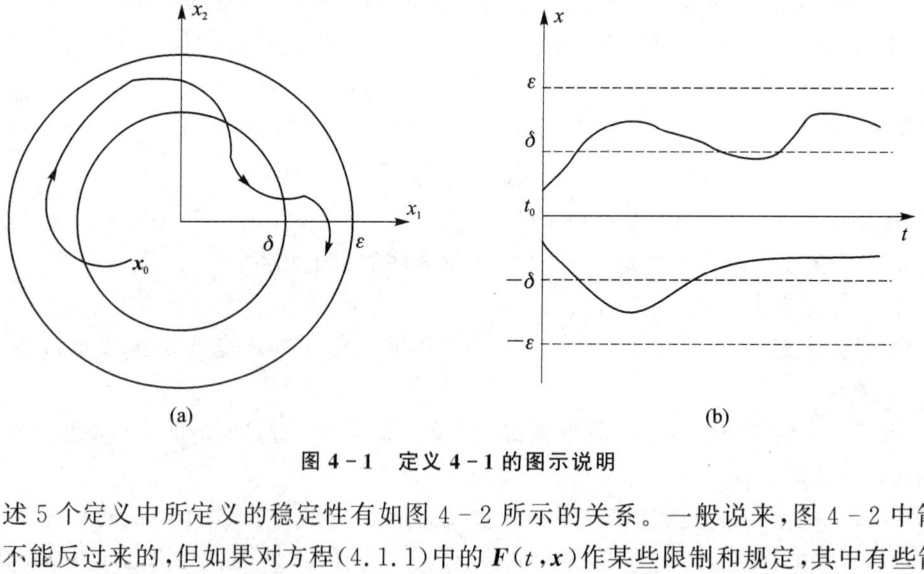

图 4-1　定义 4-1 的图示说明

前述 5 个定义中所定义的稳定性有如图 4-2 所示的关系。一般说来,图 4-2 中箭头的方向是不能反过来的,但如果对方程(4.1.1)中的 $\boldsymbol{F}(t,\boldsymbol{x})$作某些限制和规定,其中有些箭头也可以反过来,即较弱的定义在特定的条件下和较强的定义之间可以有等价关系。以后将给

$F(t,x)$加上线性或线性时不变等条件来研究这些定义的关系。

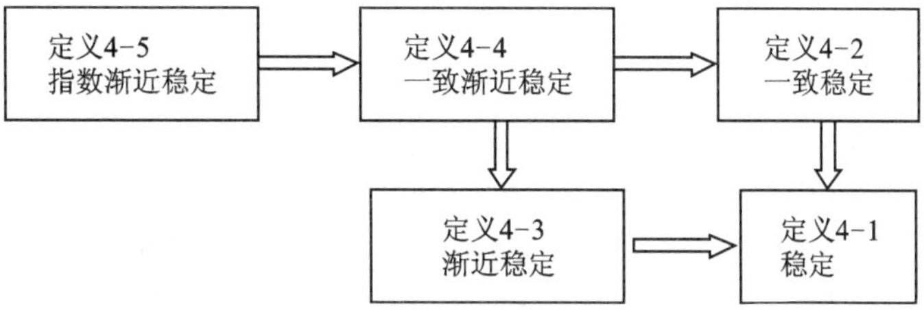

图 4-2　稳定性定义之间的关系

类似于平衡状态的稳定性概念,可以直接推广定义任何给定运动的稳定性。

2. 运动的稳定性

对于已知的动态系统(4.1.1),已经定义了它的平衡状态 $\boldsymbol{x}(t)=\boldsymbol{0}$ 的稳定性。现在讨论系统(4.1.1)任一运动稳定性概念。

初值问题

$$\dot{\boldsymbol{x}}=\boldsymbol{F}(t,\boldsymbol{x}),\quad \boldsymbol{x}(t_0)=\boldsymbol{x}_0$$

的解 $\boldsymbol{x}(t)=\boldsymbol{x}(t,\boldsymbol{x}_0,t_0)$,称为系统(4.1.1)的未受干扰的运动(或称给定运动)。若在 t_0 时刻给系统一个扰动,初始状态变为 $\boldsymbol{y}_0$,从这一初始状态 $\boldsymbol{y}_0$ 出发的运动,即初值问题

$$\dot{\boldsymbol{y}}=\boldsymbol{F}(t,\boldsymbol{y}),\quad \boldsymbol{y}(t_0)=\boldsymbol{y}_0$$

的解,记为 $\boldsymbol{y}(t,t_0,y_0)$,称为被扰动运动。$\boldsymbol{y}_0-\boldsymbol{x}_0$ 称为初始扰动向量。

引入扰动变量 $\boldsymbol{z}(t)=\boldsymbol{y}(t)-\boldsymbol{x}(t)$,则

$$\dot{\boldsymbol{z}}=\dot{\boldsymbol{y}}-\dot{\boldsymbol{x}}=\boldsymbol{F}(t,\boldsymbol{y})-\boldsymbol{F}(t,\boldsymbol{x})=\boldsymbol{F}(t,\boldsymbol{z}+\boldsymbol{x})-\boldsymbol{F}(t,\boldsymbol{x})=:\boldsymbol{G}(t,\boldsymbol{z}),\quad \boldsymbol{G}(t,\boldsymbol{0})=\boldsymbol{0} \tag{4.1.3}$$

显然,通过变换 $\boldsymbol{z}=\boldsymbol{y}(t)-\boldsymbol{x}(t)$将 $\boldsymbol{x}(t)=\boldsymbol{x}(t,\boldsymbol{x}_0,t_0)$非零平衡状态转化为其扰动运动的零平衡状态 $\boldsymbol{z}=\boldsymbol{0}$。说明通过这一转化,可以把一个给定运动的稳定性问题化为其扰动方程(4.1.3)零解 $\boldsymbol{z}=\boldsymbol{0}$ 的稳定性问题来研究。特别地,平衡状态也是系统的一个特殊运动,所以系统的任意平衡状态的稳定性问题都可以转化为其扰动方程的零平衡状态的稳定性问题。因此,在后续研究某一给定运动或平衡状态的稳定性问题时,总是先列出其扰动方程,再对扰动方程的零平衡状态的稳定性进行研究。故直接研究扰动方程零平衡状态的稳定性,且没有必要重复给出运动稳定的各种定义了。简单地叙述为:如果系统的初始状态与给定运动的初始状态很接近时,则该初始状态对应的解与给定运动就很接近。上述定义的平衡状态的稳定性概念均可以简化为零平衡状态的稳定性,只要把定义 4-1～4-5 中的平衡状态取为 $\boldsymbol{x}_e=\boldsymbol{0}$ 即可。

4.1.2　线性系统稳定性的性质

现研究线性状态方程

$$\dot{\boldsymbol{x}}=\boldsymbol{A}(t)\boldsymbol{x}+\boldsymbol{B}(t)\boldsymbol{u} \tag{4.1.4}$$

式(4.1.4)比一般的方程(4.1.1)的结构要简单,因此它在稳定性方面有更多的简单特性。

定理 4-1　对于线性系统(4.1.4),若有一个运动是稳定的,则其所有运动都稳定。

证明: 设已知系统(4.1.4)的一个运动 $\boldsymbol{x}_1(t)$是稳定的,即任给 $\varepsilon>0$,存在 $\delta(t_0,\varepsilon)>0$,使得

对满足式(4.1.4)的任一运动 $\boldsymbol{x}(t)$，只要 $\|\boldsymbol{x}(t_0)-\boldsymbol{x}_1(t_0)\|<\delta(t_0,\varepsilon)$，就有 $\|\boldsymbol{x}(t)-\boldsymbol{x}_1(t)\|<\varepsilon$，$\forall t\geqslant t_0$ 成立。

令 $\boldsymbol{x}_0(t)=\boldsymbol{x}(t)-\boldsymbol{x}_1(t)$，显然 $\boldsymbol{x}_0(t)$ 是式(4.1.4)所对应的齐次方程 $\dot{\boldsymbol{x}}=\boldsymbol{A}(t)\boldsymbol{x}$ 的解。根据上述 $\varepsilon-\delta$ 的语言，可知 $\dot{\boldsymbol{x}}=\boldsymbol{A}(t)\boldsymbol{x}$ 的零解是稳定的。

设 $\boldsymbol{y}_1(t)$ 为系统(4.1.4)的另一运动，$\boldsymbol{y}(t)$ 是系统(4.1.4)的任一运动，则当 $\|\boldsymbol{y}(t_0)-\boldsymbol{y}_1(t_0)\|<\delta(t_0,\varepsilon)$ 时，对一切 $t\geqslant t_0$，总有 $\|\boldsymbol{y}(t)-\boldsymbol{y}_1(t)\|<\varepsilon$，这里的 δ 只要选择同前面一样即可。这表明 $\boldsymbol{y}_1(t)$ 是稳定的，所以对于方程(4.1.4)，若一个运动稳定，就可导出所有运动都稳定。

上述证明过程表明，对于方程(4.1.4)，一个运动稳定、任一运动稳定、齐次方程零解稳定都是相同的性质。因此，对线性系统而言，可以笼统地说“系统是稳定的”。对于渐近稳定也有类似的结果。

对于非线性系统，就不可笼统地说系统是否稳定，而必须具体指明系统中某一运动(或某一平衡态)是否稳定，因为对于非线性系统，可以同时存在稳定的运动(平衡态)和不稳定的运动(平衡态)。

例 4-1 考虑一维非线性系统方程 $\dot{x}=-x(1-x)$，初始条件 $x(0)=x_0$。当 $x(0)=x_0$ 时，可解出该方程的解为 $x(t)=\dfrac{x_0\mathrm{e}^{-t}}{1-x_0+x_0\mathrm{e}^{-t}}$。显然，$x=0$ 及 $x=1$ 是系统的两个平衡状态，由图 4-3 可见，一个是渐近稳定的运动，一个是不稳定的。

在讨论渐近稳定和一致渐近稳定时，在定义中曾经指出 $\delta(t_0)$ 与 δ_0 的存在，它的意义是始于其中的轨线最终趋于状态空间的原点，可以把这一 $\delta(t_0)$ 区域看成是状态空间原点渐近稳定的吸引区。由于线性系统中的运动是成比例的，更确切地说，如起始条件为 $\boldsymbol{x}_0$，有运动 $\boldsymbol{x}(t)$，那么对应起始条件 $k\boldsymbol{x}_0$，就有运动 $k\boldsymbol{x}(t)$，这里 k 为任意的实数。因此零解附近的特性可以放大至整个状态空间。具体地说，若线性系统零解是(一致)渐近稳定的，那么由状态空间任一点为起点的运动轨线都要收敛到原点，即原点的渐定稳定的吸引区遍及整个状态空间，这种情况在运动稳定性理论中称为全局(一致)渐近稳定或大范围(一致)渐近稳定。显然对于例 4-1 的平衡状态 $x=0$，不是全局一致渐近稳定的。

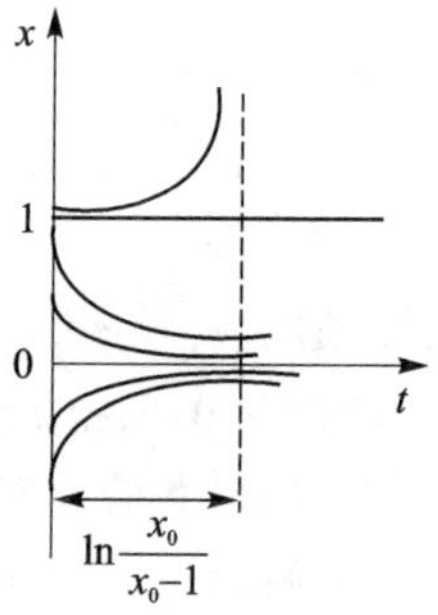

图 4-3 $\dot{x}=-x(1-x)$ 的解

对于时不变线性系统，由于运动特性与时间起点 t_0 无关，因此定义 4-1 等价于定义 4-2，而定义 4-3 等价于定义 4-4。

1. 时不变线性系统的稳定性

考虑 n 维时不变系统的方程

$$\dot{\boldsymbol{x}}=\boldsymbol{A}\boldsymbol{x} \tag{4.1.5}$$

其解为 $\boldsymbol{x}(t)=\mathrm{e}^{\boldsymbol{A}(t-t_0)}\boldsymbol{x}_0$，$\boldsymbol{x}(t_0)=\boldsymbol{x}_0$。取初始时刻 $t_0=0$，则其解为 $\boldsymbol{x}(t)=\mathrm{e}^{\boldsymbol{A}t}\boldsymbol{x}(0)$。系统零解的稳定性依赖于矩阵指数函数 $\mathrm{e}^{\boldsymbol{A}t}$，从而依赖于矩阵 $\boldsymbol{A}$ 的特征根。系统特征方程为

$$\det(s\boldsymbol{I}-\boldsymbol{A})=0 \tag{4.1.6}$$

系统(4.1.5)的稳定性完全可由方程(4.1.6)的根来决定。矩阵 $\boldsymbol{A}$ 的 n_i 重特征值 λ_i 对应的

e^{At} 中，运动模式可能有 $e^{\lambda_i t}$，$te^{\lambda_i t}$，…，$t^{n_i-1}e^{\lambda_i t}$。这样基于矩阵 $\boldsymbol{A}$ 的特征根有如下的稳定性结果。

定理 4-2　系统(4.1.5)的稳定性有以下等价性描述：

① 系统(4.1.5)稳定当且仅当方程(4.1.6)实部为零的根对应的初等因子是一次(几何重数等于代数重数)，且其余根均有负实部。

② 系统(4.1.5)渐近稳定当且仅当方程(4.1.6)的所有根均有负实部。

③ 系统(4.1.5)不稳定当且仅当方程(4.1.6)存在实部为正的根或实部为零的根对应的初等因子不是一次(代数重数严格大于几何重数)。

证明：对于矩阵 $\boldsymbol{A}$，存在可逆阵 $\boldsymbol{P}$，使得 $\boldsymbol{PAP}^{-1}=\boldsymbol{J}$，$\boldsymbol{J}$ 为若当标准形。因为 $e^{At}=\boldsymbol{P}^{-1}e^{Jt}\boldsymbol{P}$，对于 $t\geqslant 0$，考虑矩阵指数函数 e^{At} 随时间 t 的变化取决于 e^{Jt} 随时间 t 的变化，因此稳定性讨论只需要对 e^{Jt} 进行。若 $\boldsymbol{A}$ 的互异特征值为 $\lambda_1,\lambda_2,\cdots,\lambda_m$，对应于特征值 $\lambda_i(i=1,2,\cdots,m)$，在 $\boldsymbol{J}$ 中有相应的块阵 $\boldsymbol{J}_i$，而 $\boldsymbol{J}_i$ 是由属于特征值 λ_i 的标准若当块 $\boldsymbol{J}_{i1},\boldsymbol{J}_{i2},\cdots,\boldsymbol{J}_{ir(i)}$ 组成的对角块矩阵，而每一标准若当块 $\boldsymbol{J}_{ij}(i=1,2,\cdots,m;j=1,2,\cdots,r(i))$ 是如下维数为 $n_{ij}\times n_{ij}$ 的若当块：

$$\boldsymbol{J}_{ij}=\begin{bmatrix}\lambda_i & 1 & & \\ & \lambda_i & \ddots & \\ & & \ddots & 1 \\ & & & \lambda_i\end{bmatrix}$$

而特征值 λ_i 对应的标准若当块 $\boldsymbol{J}_{ij}$ 的矩阵指数函数为

$$e^{J_{ij}t}=\begin{bmatrix}e^{\lambda_i t} & te^{\lambda_i t} & \cdots & \cdots & \dfrac{t^{n_{ij}-1}}{(n_{ij}-1)!}e^{\lambda_i t} \\ & e^{\lambda_i t} & te^{\lambda_i t} & & \\ & & \ddots & \ddots & \vdots \\ & & & e^{\lambda_i t} & te^{\lambda_i t} \\ & & & & e^{\lambda_i t}\end{bmatrix}$$

由 $e^{J_{ij}t}$ 的形式可知，只要有一个特征值实部为正，当时间趋于无穷时，必然有 e^{Jt} 无界，因而 e^{At} 无界，或者当实部为零的特征值对应的代数重数大于其几何重数(即实部为零的特征值有对应阶次大于 1 的标准若当块)时，这样 e^{Jt} 就会出现 t 的幂函数乘以指数函数的项 $t^j e^{\lambda_i t}$，从而会导致 e^{Jt} 无界，因此 e^{At} 无界，系统不稳定。定理 4-2 的③成立，反之，即当实部为零的特征值对应的代数重数等于其几何重数(实部为零的根对应的初等因子是一次的)，其对应的标准若当块的矩阵指数函数 $e^{J_{ij}t}$ 是对角形的，只会出现指数函数项 $e^{\lambda_i t}$，所以系统的原点是稳定的，定理 4-2 的①成立。而为了使系统渐近稳定，e^{At} 中各项均按指数规律衰减，则必须要在①中排除对应于零实部特征值的那些不发散也不收敛到零的项，即要求所有特征值均有负实部。反之，所有具有负实部的特征值 λ_i 可能对应的运动模式为 $e^{\lambda_i t}$，$te^{\lambda_i t}$，…，$t^{n_i-1}e^{\lambda_i t}$，当时间趋于无穷时，所有的运动模式趋于零，因此定理 4-2 的②成立。

例 4-2　若式(4.1.5)中的 $\boldsymbol{A}$ 阵分别取为

$$\boldsymbol{A}_1=\begin{bmatrix}0 & 1\\0 & 0\end{bmatrix},\quad \boldsymbol{A}_2=\begin{bmatrix}0 & 0\\0 & 0\end{bmatrix}$$

显然 $\boldsymbol{A}_1$ 的零特征根的代数重数 2 严格大于其几何重数 1，$\boldsymbol{A}_2$ 的零特征根代数重数等于其几何重数。它们所对应的矩阵指数为

$$\mathrm{e}^{\boldsymbol{A}_1 t}=\begin{bmatrix}1 & t\\0 & 1\end{bmatrix},\quad \mathrm{e}^{\boldsymbol{A}_2 t}=\begin{bmatrix}1 & 0\\0 & 1\end{bmatrix}$$

显然 $\|\mathrm{e}^{\boldsymbol{A}_1 t}\|$ 因含有 t 而无界，而 $\|\mathrm{e}^{\boldsymbol{A}_2 t}\|$ 有界。故 $\boldsymbol{A}_1$ 对应的系统不稳定，$\boldsymbol{A}_2$ 对应的系统稳定，但因为 $\boldsymbol{A}_2$ 的特征值不具有负实部，故不是渐近稳定的。

2. 线性系统的稳定性判据

由于线性动态方程的稳定性等价于其对应的齐次方程零解的稳定性，故这里只讨论齐次方程

$$\dot{\boldsymbol{x}}=\boldsymbol{A}(t)\boldsymbol{x} \tag{4.1.7}$$

对于式(4.1.7)零解的稳定性问题，由于 $\boldsymbol{A}(t)$ 不是常量矩阵，因此一般地不能用特征值来讨论系统运动的性质，而由于系统运动解 $x(t)=\boldsymbol{\Phi}(t,t_0)x(t_0)$ 与状态转移矩阵关系密切，所以如同时不变线性系统零解的稳定性依赖于矩阵指数函数一样，时变系统的零解稳定性将依赖于状态转移矩阵 $\boldsymbol{\Phi}(t,t_0)$。如果简单地由特征值来判断时变线性系统的稳定性，则会导致错误的结论，参见下面的例子。

例 4-3　齐次方程如下 $\dot{\boldsymbol{x}}=\begin{bmatrix}-1 & \mathrm{e}^{2t}\\0 & -1\end{bmatrix}\boldsymbol{x}$，由于 $\det(\lambda\boldsymbol{I}-\boldsymbol{A})=(\lambda+1)^2$，故 $\boldsymbol{A}$ 的特征值为 $-1,-1$。但是系统的基本解矩阵为

$$\boldsymbol{\Psi}(t)=\begin{bmatrix}\mathrm{e}^{-t} & 0.5(\mathrm{e}^{t}-\mathrm{e}^{-t})\\0 & \mathrm{e}^{-t}\end{bmatrix}$$

齐次方程解的一般形式是 $x(t)=\begin{bmatrix}\mathrm{e}^{-t} & \dfrac{1}{2}(\mathrm{e}^{t}-\mathrm{e}^{-t})\\0 & \mathrm{e}^{-t}\end{bmatrix}\begin{bmatrix}\mathrm{e}^{-t_0} & \dfrac{1}{2}(\mathrm{e}^{t_0}-\mathrm{e}^{-t_0})\\0 & \mathrm{e}^{-t_0}\end{bmatrix}^{-1}x(t_0)$，当初始时间取为 0 时，得到解的一般形式：

$$x(t)=\begin{bmatrix}\mathrm{e}^{-t} & 0.5(\mathrm{e}^{t}-\mathrm{e}^{-t})\\0 & \mathrm{e}^{-t}\end{bmatrix}\begin{bmatrix}x_1(0)\\x_2(0)\end{bmatrix}$$

当 $t\to\infty$ 时，只要 $x_2(0)\neq 0$，就有 $\|\boldsymbol{x}(t)\|$ 趋于无穷，故零解不稳定。

定理 4-3　设 $\boldsymbol{A}(t)$ 是连续(或分段连续)的函数矩阵，则有以下结果成立：

① 系统(4.1.7)稳定的充分必要条件：存在某常数 $N(t_0)$，使得对于任意的 t_0 和 $t\geqslant t_0$ 有

$$\|\boldsymbol{\Phi}(t,t_0)\|\leqslant N(t_0) \tag{4.1.8}$$

② 系统(4.1.7)一致稳定的充分必要条件：① 中的 $N(t_0)$ 与 t_0 无关。

③ 系统(4.1.7)渐近稳定的充分必要条件：

$$\lim_{t\to+\infty}\|\boldsymbol{\Phi}(t,t_0)\|=0 \tag{4.1.9}$$

④ 系统(4.1.7)一致渐近稳定的充分必要条件：存在 $N,C>0$，使得对于任意的 t_0 和 $t\geqslant t_0$ 有

$$\|\boldsymbol{\Phi}(t,t_0)\|\leqslant N\mathrm{e}^{-C(t-t_0)} \tag{4.1.10}$$

证明：① 先证充分性，由于

$$\| \boldsymbol{x}(t) \| = \| \boldsymbol{\Phi}(t,t_0)\boldsymbol{x}_0 \| \leqslant \| \boldsymbol{\Phi}(t,t_0) \| \, \| \boldsymbol{x}_0 \| \leqslant N(t_0) \| \boldsymbol{x}_0 \|$$

对于任给的 $\varepsilon>0$，可以取 $\delta(t_0)=\dfrac{\varepsilon}{N(t_0)}$，则当 $\| \boldsymbol{x}_0 \| <\delta(t_0)$ 时，必有 $\| \boldsymbol{x}(t) \| <\varepsilon$ 对 $t\geqslant t_0$ 成立。

再证明必要性。设零解 $\boldsymbol{x}=\boldsymbol{0}$ 稳定，要证明 $\boldsymbol{\Phi}(t,t_0)$ 有界，只要证明其每一列 $\boldsymbol{\Phi}_j(t_1,t_0)$（表示 $\boldsymbol{\Phi}(t,t_0)$ 的第 j 列）均有界即可。由零解 $\boldsymbol{x}=\boldsymbol{0}$ 的稳定性，对任意给定的 $\varepsilon>0$，存在 $\delta(t_0,\varepsilon)>0$，只要 $\| x(t_0) \| <\delta$，对任意 $t\geqslant t_0$ 就有 $\| \boldsymbol{\Phi}(t,t_0)x_0 \| <\varepsilon$。现取 $\boldsymbol{x}_0=[0 \ \cdots \ 0 \ \underset{j}{\delta/2} \ 0 \ \cdots]^{\mathrm{T}}$，则有 $\| x(t_0) \| <\delta$，以其为初态的解对任意 $t\geqslant t_0$ 满足 $\| \boldsymbol{x}(t) \| = \| \boldsymbol{\Phi}(t,t_0)\boldsymbol{x}_0 \| = \| \boldsymbol{\Phi}_j(t,t_0)\delta/2 \| \leqslant\varepsilon$，于是得到 $\| \boldsymbol{\Phi}_j(t,t_0) \| \leqslant 2\varepsilon/\delta$，即 $\boldsymbol{\Phi}(t,t_0)$ 的第 j 列有界，由 j 的任意性，便可得到 $\boldsymbol{\Phi}(t,t_0)$ 有界。

② 的证明与①相类似，只是状态转移矩阵界 $N(t_0)$ 与 t_0 无关。略去。

③ 的证明：先证充分性。因 $\boldsymbol{\Phi}(t,t_0)\to 0\ (t\to\infty)$ 故存在常数 $N(t_0)$，使得对任意 $t\geqslant t_0$，有 $\| \boldsymbol{\Phi}(t,t_0) \| \leqslant N(t_0)$。由命题① 知零解 $\boldsymbol{x}=\boldsymbol{0}$ 稳定。又 $x(t)=\boldsymbol{\Phi}(t,t_0)x_0$，且由 $\boldsymbol{\Phi}(t,t_0)\to 0$ 知

$$x(t)=x(t,\ t_0,x_0)=\boldsymbol{\Phi}(t,t_0)x_0\to 0\ (t\to\infty)$$

所以零解又是吸引的，因此系统是渐近稳定的。

再证必要性。因零解 $\boldsymbol{x}=\boldsymbol{0}$ 渐近稳定，所以是吸引的，则存在 $\delta(t_0)$，使得只要 $\| x(t_0) \| <\delta(t_0)$，就有

$$x(t)=\boldsymbol{\Phi}(t,t_0)x_0\to 0\ (t\to\infty)$$

取 $\boldsymbol{x}_0=[0 \ \cdots \ 0 \ \underset{j}{\delta/2} \ 0 \ \cdots]^{\mathrm{T}}$，有

$$x(t)=\boldsymbol{\Phi}(t,t_0)x_0=\boldsymbol{\Phi}_j(t,t_0)\frac{\delta}{2}\to 0\Leftrightarrow\boldsymbol{\Phi}_j(t,t_0)\to 0$$

成立且与 t_0 无关。又因为 j 的任意性，从而得到 $\boldsymbol{\Phi}(t,t_0)\to 0$。

④的证明：先证充分性。由条件式(4.1.10)可知，$\boldsymbol{\Phi}(t,t_0)$一致有界，故一致稳定，又因为

$$\| \boldsymbol{x}(t) \| \leqslant \| \boldsymbol{\Phi}(t,t_0) \| \, \| \boldsymbol{x}_0 \| \leqslant N\mathrm{e}^{-C(t-t_0)} \| \boldsymbol{x}_0 \|$$

对于任意给定的 $\varepsilon>0,\delta_0>0$，都存在与 t_0 无关的 $T=-\dfrac{1}{C}\ln\dfrac{\varepsilon}{N\delta_0}$，使得 $\| \boldsymbol{x}_0 \| <\delta_0,t\geqslant t_0+T$ 时有

$$\| \boldsymbol{x}(t) \| \leqslant N\mathrm{e}^{-CT} \| \boldsymbol{x}_0 \| =N\cdot\frac{\varepsilon}{N\delta_0} \| \boldsymbol{x}_0 \| <\varepsilon$$

故 $\boldsymbol{x}=\boldsymbol{0}$ 一致渐近稳定。

再证必要性。设系统(4.1.7)一致渐近稳定，要证式(4.1.10)成立。由于系统一致稳定，故对任意的 t_0 及 $t\geqslant t_0$，有 $\| \boldsymbol{\Phi}(t,t_0) \| <k$。又按一致渐近稳定的定义，有 $r>0$，对于任给的 $\varepsilon>0$，都存在 $T>0$，使得对任意的 t_0 及 $t\geqslant t_0+T$，$\| \boldsymbol{x}_0 \| \leqslant r$，均有

$$\| \boldsymbol{x}(t) \| = \| \boldsymbol{\Phi}(t,t_0)\boldsymbol{x}_0 \| \leqslant\varepsilon$$

对于 t_0 和 x_0 一致地成立。上式当 $t=t_0+T$ 时，$\| \boldsymbol{x}_0 \| =r$ 和 $\varepsilon=r/2$ 也成立。现取满足 $\| \boldsymbol{x}_0 \| =r$ 中的某些特殊的 $\boldsymbol{x}_0$，可以得到

$$\|\boldsymbol{\Phi}(t_0+T,t_0)\boldsymbol{x}_0\| = \|\boldsymbol{\Phi}(t_0+T,t_0)\| \ \|\boldsymbol{x}_0\| \leqslant \frac{r}{2}$$

即对任何 t_0,均有 $\|\boldsymbol{\Phi}(t_0+T,t_0)\| \leqslant \frac{1}{2}$。于是

$$\begin{aligned}\|\boldsymbol{\Phi}(t,t_0)\| &= \|\boldsymbol{\Phi}(t,t_0+T)\boldsymbol{\Phi}(t_0+T,t_0)\| \\ &\leqslant \|\boldsymbol{\Phi}(t,t_0+T)\| \ \|\boldsymbol{\Phi}(t_0+T,t_0)\| \leqslant \frac{k}{2}, \quad \forall t \in [t_0+T,t_0+2T)\end{aligned}$$

$$\begin{aligned}\|\boldsymbol{\Phi}(t,t_0)\| &\leqslant \|\boldsymbol{\Phi}(t,t_0+2T)\| \ \|\boldsymbol{\Phi}(t_0+2T,t_0+T)\| \ \|\boldsymbol{\Phi}(t_0+T,t_0)\| \\ &\leqslant \frac{k}{2^2}, \quad \forall t \in [t_0+2T,t_0+3T)\end{aligned}$$

依此类推,可知当 $t \in [t_0+nT,t_0+(n+1)T)$ 时,可得 $\|\boldsymbol{\Phi}(t,t_0)\| \leqslant \frac{k}{2^n}$。选取 C,使得 $e^{-CT}=\frac{1}{2}$,并令 $N=2k$,便得到

$$\|\boldsymbol{\Phi}(t,t_0)\| \leqslant N e^{-C(t-t_0)}, \quad \forall t_0 \text{ 及 } t \geqslant t_0$$

以上结果如图 4-4 所示。

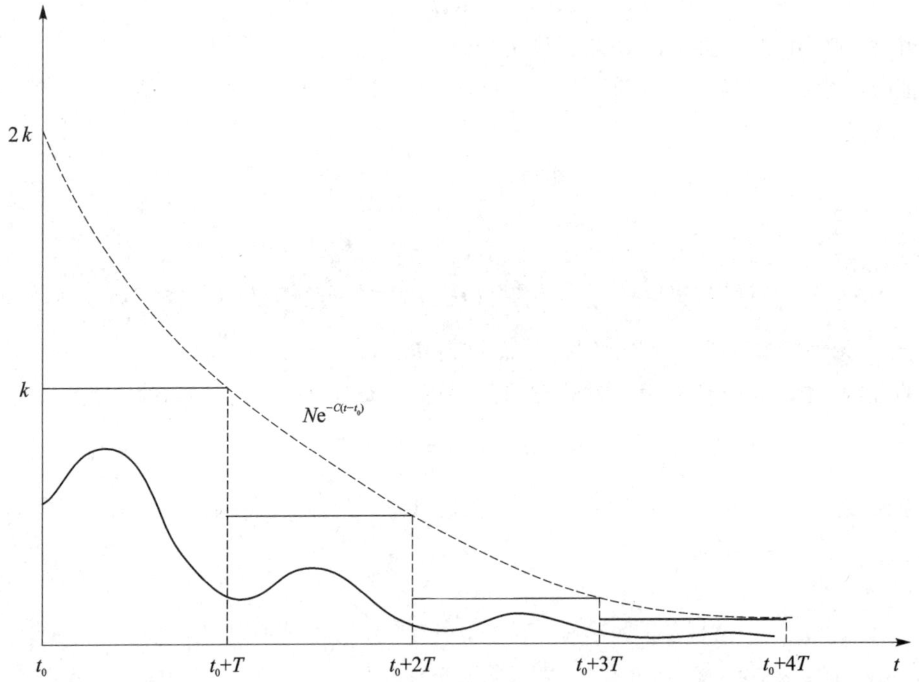

图 4-4 $\|\boldsymbol{\Phi}(t,t_0)\|$ 按指数规律收敛

注 4-2 定理 4-3 给出了线性系统基于系统状态转移矩阵描述的各种稳定性:① 系统李雅普诺夫意义下的稳定等价于系统状态转移矩阵 $\boldsymbol{\Phi}(t,t_0)$ 的有界性;② 系统一致稳定等价于其状态转移矩阵 $\boldsymbol{\Phi}(t,t_0)$ 关于 t_0 的一致有界性;③ 系统渐近稳定等价于其状态转移矩阵 $\boldsymbol{\Phi}(t,t_0)$ 趋向于零;④ 系统一致渐近稳定等价于状态转移矩阵按指数规律稳定;⑤ 定理 4-3 中③的证明已经证明了对线性系统来说零解的吸引性缊含稳定性;⑥ 结合线性时不变系统稳

定性条件可知，线性时不变系统按指数渐近稳定、渐近稳定、一致渐近稳定显然也是等价的。为了方便，线性系统 $\dot{\boldsymbol{x}}=\boldsymbol{A}(t)\boldsymbol{x}$ 的各种稳定性，可以简记为 $\boldsymbol{A}(t)$ 的各种稳定性。

定理 4-3 的④表明，对于线性系统，若系统一致渐近稳定，则对任意 $t\geqslant t_0$，有 $\|x(t)\|=\|\boldsymbol{\Phi}(t,t_0)x(t_0)\|\leqslant\|\boldsymbol{\Phi}(t,t_0)\|\,\|x(t_0)\|\leqslant N\mathrm{e}^{-C(t-t_0)}\|x(t_0)\|$ 成立，由定义 4-5 可知系统是指数渐近稳定的。反之，如前所说，定义 4-5 指数渐近稳定可以直接导出定义 4-4 一致渐近稳定。因此，对线性系统来说，系统一致渐近稳定等价于指数渐近稳定。但是对非线性系统来说，一致渐近稳定性不一定是指数渐近稳定的。下面的例子说明了这一点。

例 4-4　一维非线性系统方程为

$$\dot{x}=-x^3$$

解的一般表达式为

$$x=x_0[1+2x_0^2(t-t_0)]^{-1/2}$$

其中，$[1+2x_0^2(t-t_0)]^{-1/2}$ 可以看成是系统的状态转移矩阵。由于$[1+2x_0^2(t-t_0)]^{-1/2}$ 的一致有界性，可知 $x=0$ 是一致稳定的，又由于 $t-t_0$ 很大时，$[1+2x_0^2(t-t_0)]^{-1/2}$ 这一项不论 t_0 为何值，均可一致地小，故 $x=0$ 是一致渐近稳定的，但是 $x(t)$ 显然不是按指数衰减的，因为当 t 趋向无穷时，其衰减速度与 $t^{-1/2}$ 的速度相当。

定理 4-4　若式(4.1.7)中的 $\boldsymbol{A}(t)$ 在 $(-\infty,+\infty)$ 上有界，则下面四个条件中的任一个都和 $\dot{\boldsymbol{x}}=\boldsymbol{A}(t)\boldsymbol{x}$ 的零解按指数渐近稳定等价。

① $\displaystyle\int_{t_0}^{t_1}\|\boldsymbol{\Phi}(t,t_0)\|^2\mathrm{d}t\leqslant M_1,\ \forall t_1\geqslant t_0$

② $\displaystyle\int_{t_0}^{t_1}\|\boldsymbol{\Phi}(t,t_0)\|\mathrm{d}t\leqslant M_2,\ \forall t_1\geqslant t_0$

③ $\displaystyle\int_{t_0}^{t_1}\|\boldsymbol{\Phi}(t_1,\sigma)\|^2\mathrm{d}\sigma\leqslant M_3,\ \forall t_1\geqslant t_0$

④ $\displaystyle\int_{t_0}^{t_1}\|\boldsymbol{\Phi}(t_1,\sigma)\|\mathrm{d}\sigma\leqslant M_4,\ \forall t_1\geqslant t_0$

证明：显然由按指数渐近稳定可导出上述四个不等式，现证明其逆命题。

① 若存在 M_1 使定理 4-4①中的不等式成立，因 $\boldsymbol{A}(t)$ 有界，故存在 $a>0$，使得 $\|\boldsymbol{A}(t)\|\leqslant a$，所以有

$$\|\dot{\boldsymbol{\Phi}}(t,t_0)\|=\|\boldsymbol{A}(t)\boldsymbol{\Phi}(t,t_0)\|\leqslant a\|\boldsymbol{\Phi}(t,t_0)\|$$

再由

$$\begin{aligned}\int_{t_0}^{t_1}\frac{\mathrm{d}}{\mathrm{d}t}[\boldsymbol{\Phi}^{\mathrm{T}}(t,t_0)\boldsymbol{\Phi}(t,t_0)]\mathrm{d}t&=\int_{t_0}^{t_1}[\dot{\boldsymbol{\Phi}}^{\mathrm{T}}(t,t_0)\boldsymbol{\Phi}(t,t_0)+\boldsymbol{\Phi}^{\mathrm{T}}(t,t_0)\dot{\boldsymbol{\Phi}}(t,t_0)]\mathrm{d}t\\&=\boldsymbol{\Phi}^{\mathrm{T}}(t,t_0)\boldsymbol{\Phi}(t,t_0)\Big|_{t_0}^{t_1}\\&=\boldsymbol{\Phi}^{\mathrm{T}}(t_1,t_0)\boldsymbol{\Phi}(t_1,t_0)-\boldsymbol{I}\end{aligned}$$

可得到 $\forall t_1\geqslant t_0$，有

$$\begin{aligned}\|\boldsymbol{\Phi}^{\mathrm{T}}(t_1,t_0)\boldsymbol{\Phi}(t_1,t_0)-\boldsymbol{I}\|&=\left\|\int_{t_0}^{t_1}[\dot{\boldsymbol{\Phi}}^{\mathrm{T}}(t,t_0)\boldsymbol{\Phi}(t,t_0)+\boldsymbol{\Phi}^{\mathrm{T}}(t,t_0)\dot{\boldsymbol{\Phi}}(t,t_0)]\mathrm{d}t\right\|\\&\leqslant\int_{t_0}^{t_1}(\|\dot{\boldsymbol{\Phi}}^{\mathrm{T}}(t,t_0)\|\,\|\boldsymbol{\Phi}(t,t_0)\|+\end{aligned}$$

$$\|\boldsymbol{\Phi}^{\mathrm{T}}(t,t_0)\|\ \|\dot{\boldsymbol{\Phi}}(t,t_0)\|)\mathrm{d}t$$

$$\leqslant 2a\int_{t_0}^{t_1}\|\boldsymbol{\Phi}(t,t_0)\|^2\mathrm{d}t\leqslant 2aM_1$$

对 $t_1\geqslant t_0$,有三角不等式

$$\begin{aligned}\|\boldsymbol{\Phi}^{\mathrm{T}}(t_1,t_0)\boldsymbol{\Phi}(t_1,t_0)\| &= \|\boldsymbol{\Phi}^{\mathrm{T}}(t_1,t_0)\boldsymbol{\Phi}(t_1,t_0)-\boldsymbol{I}+\boldsymbol{I}\|\\ &\leqslant \|\boldsymbol{\Phi}^{\mathrm{T}}(t_1,t_0)\boldsymbol{\Phi}(t_1,t_0)-\boldsymbol{I}\|+\|\boldsymbol{I}\|\\ &\leqslant 2aM_1+1\end{aligned}$$

这表明对任意的 $t_1\geqslant t_0$,有

$$\|\boldsymbol{\Phi}(t_1,t_0)\|^2\leqslant N_1$$

即 $\|\boldsymbol{\Phi}(t_1,t_0)\|$ 有界,要得到一个指数形式的上界,必须对它进行更精确的估计:

$$\begin{aligned}\int_{t_0}^{t_1}\|\boldsymbol{\Phi}(t_1,t_0)\|^2\mathrm{d}t &= \int_{t_0}^{t_1}\|\boldsymbol{\Phi}(t_1,t)\boldsymbol{\Phi}(t,t_0)\|^2\mathrm{d}t\\ &\leqslant \int_{t_0}^{t_1}\|\boldsymbol{\Phi}(t_1,t)\|^2\|\boldsymbol{\Phi}(t,t_0)\|^2\mathrm{d}t\\ &\leqslant N_1\int_{t_0}^{t_1}\|\boldsymbol{\Phi}(t,t_0)\|^2\mathrm{d}t\\ &\leqslant N_1M_1\end{aligned}$$

但等号左边被积函数与 t 无关,故可以得到

$$(t_1-t_0)\|\boldsymbol{\Phi}(t_1,t_0)\|^2\leqslant N_1M_1,\quad t_1\geqslant t_0$$

取 $T=t_1-t_0=4N_1M_1$,可得

$$\|\boldsymbol{\Phi}(t_0+T,t_0)\|\leqslant\frac{1}{2}$$

一般地,有以下不等式:

$$\|\boldsymbol{\Phi}(t_0+nT,t_0)\|\leqslant\left(\frac{1}{2}\right)^n$$

说明 $\|\boldsymbol{\Phi}(t,t_0)\|$ 是有指数函数作为上界的。

② 与①的证明类似,首先有 $\|\dot{\boldsymbol{\Phi}}(t,t_0)\|\leqslant a\|\boldsymbol{\Phi}(t,t_0)\|$,显然

$$\|\boldsymbol{\Phi}(t_1,t_0)-\boldsymbol{I}\|=\left\|\int_{t_0}^{t_1}\boldsymbol{\Phi}(t,t_0)\mathrm{d}t\right\|\leqslant\int_{t_0}^{t_1}\|\boldsymbol{\Phi}(t,t_0)\|\mathrm{d}t$$

再应用三角不等式得到

$$\|\boldsymbol{\Phi}(t_1,t_0)\|\leqslant aM_2+1$$

从而可建立不等式

$$\int_{t_0}^{t_1}\|\boldsymbol{\Phi}(t,t_0)\|^2\mathrm{d}t\leqslant(aM_2+1)\int_{t_0}^{t_1}\|\boldsymbol{\Phi}(t,t_0)\|\mathrm{d}t\leqslant(aM_2+1)M_2$$

由①便可得系统是按指数渐近稳定的。

③ 对①的证明稍加修改,便可证明定理 4-4 的③,因为已知 $\|\boldsymbol{A}(t)\|\leqslant a$,由

$$\frac{\mathrm{d}\boldsymbol{\Phi}(t,\sigma)}{\mathrm{d}\sigma}=-\boldsymbol{\Phi}(t,\sigma)\boldsymbol{A}(\sigma)$$

可得 $\left\|\dfrac{\mathrm{d}\boldsymbol{\Phi}(t,\sigma)}{\mathrm{d}\sigma}\right\|\leqslant a\|\boldsymbol{\Phi}(t,\sigma)\|$。但是

$$\begin{aligned}\|\boldsymbol{I}-\boldsymbol{\Phi}^{\mathrm{T}}(t_1,t_0)\boldsymbol{\Phi}(t_1,t_0)\| &= \left\|\int_{t_0}^{t_1}[\dot{\boldsymbol{\Phi}}^{\mathrm{T}}(t_1,\sigma)\boldsymbol{\Phi}(t_1,\sigma)+\boldsymbol{\Phi}^{\mathrm{T}}(t_1,\sigma)\dot{\boldsymbol{\Phi}}(t_1,\sigma)]\mathrm{d}\sigma\right\| \\ &\leqslant \int_{t_0}^{t_1}(\|\dot{\boldsymbol{\Phi}}^{\mathrm{T}}(t_1,\sigma)\|\ \|\boldsymbol{\Phi}(t_1,\sigma)\|+ \\ &\quad \|\boldsymbol{\Phi}^{\mathrm{T}}(t_1,\sigma)\|\ \|\dot{\boldsymbol{\Phi}}(t_1,\sigma)\|)\mathrm{d}\sigma \\ &\leqslant 2a\int_{t_0}^{t_1}\|\boldsymbol{\Phi}(t_1,\sigma)\|^2\mathrm{d}\sigma \\ &\leqslant 2aM_3\end{aligned}$$

应用三角不等式，得出

$$\|\boldsymbol{\Phi}^{\mathrm{T}}(t_1,t_0)\boldsymbol{\Phi}(t_1,t_0)\| \leqslant \|\boldsymbol{\Phi}^{\mathrm{T}}(t_1,t_0)\boldsymbol{\Phi}(t_1,t_0)-\boldsymbol{I}\|+\|\boldsymbol{I}\| \leqslant 2aM_3+1=N_3$$

这表明 $\|\boldsymbol{\Phi}(t,t_0)\|$ 一致有界，为了得到指数函数的上界，需对 $\|\boldsymbol{\Phi}(t,t_0)\|$ 做进一步的估计。由于

$$\begin{aligned}(t_1-t_0)\|\boldsymbol{\Phi}(t_1,t_0)\|^2 &= \int_{t_0}^{t_1}\|\boldsymbol{\Phi}(t_1,t_0)\|^2\mathrm{d}\sigma \\ &= \int_{t_0}^{t_1}\|\boldsymbol{\Phi}(t_1,\sigma)\boldsymbol{\Phi}(\sigma,t_0)\|^2\mathrm{d}\sigma \\ &\leqslant \int_{t_0}^{t_1}\|\boldsymbol{\Phi}(t_1,\sigma)\|^2\|\boldsymbol{\Phi}(\sigma,t_0)\|^2\mathrm{d}\sigma \\ &\leqslant N_3\int_{t_0}^{t_1}\|\boldsymbol{\Phi}(t_1,\sigma)\|^2\mathrm{d}\sigma \\ &\leqslant N_3M_3\end{aligned}$$

即

$$\|\boldsymbol{\Phi}(t_1,t_0)\|^2 \leqslant N_3M_3(t_1-t_0)^{-1}$$

取 $T=t-t_0=4N_3M_3$，即可得

$$\|\boldsymbol{\Phi}(t_0+T,t_0)\| \leqslant \frac{1}{2}$$

然后一般地有 $\|\boldsymbol{\Phi}(t_0+nT,t_0)\| \leqslant (\frac{1}{2})^n$，这样就得到 $\|\boldsymbol{\Phi}(t,t_0)\|$ 是以指数函数为上界的结论。

④ 像证明②时修正证明①的估计那样，对证明③中的估计进行修正，可得

$$\|\boldsymbol{\Phi}(t_1,t_0)-\boldsymbol{I}\| \leqslant aM_4,\quad t\geqslant t_0$$

于是 $t_1\geqslant t_0$ 时，$\|\boldsymbol{\Phi}(t_1,t_0)\| \leqslant aM_4+1$，这样可得

$$\int_{t_0}^{t_1}\|\boldsymbol{\Phi}(t,\sigma)\|^2\mathrm{d}\sigma \leqslant (aM_4+1)\int_{t_0}^{t_1}\|\boldsymbol{\Phi}(t_1,\sigma)\|\mathrm{d}\sigma \leqslant (aM_4+1)M_4$$

而由③即可得需要的结论。

由定理 4-4 可知，系统的指数渐近稳定性等价于状态转移矩阵范数及其平方的有限时间积分的一致有界性。

4.2　有界输入有界输出稳定性

这一节考虑系统的有界输入有界输出的外部稳定性，有界输入有界输出稳定性也可简称

为输入输出稳定性。由第 1 章知识可知，要考虑输入输出稳定性，那么系统必须是可以由输入输出描述的，所以要考虑的系统是松弛的因果系统。在 t_0 时刻松弛的具有因果性的线性系统，其输入 $\boldsymbol{u}$ 和输出 $\boldsymbol{y}$ 之间的关系如下：

$$\boldsymbol{y}(t)=\int_{t_0}^{t}\boldsymbol{G}(t,\tau)\boldsymbol{u}(\tau)\mathrm{d}\tau,\quad t\geqslant t_0$$

式中，$\boldsymbol{G}(t,\tau)$是系统的脉冲响应矩阵。若 t_0 是$-\infty$，即意味着系统是初始松弛的，这时上式变为

$$\boldsymbol{y}(t)=\int_{-\infty}^{t}\boldsymbol{G}(t,\tau)\boldsymbol{u}(\tau)\mathrm{d}\tau \tag{4.2.1}$$

现在由以上描述来定义线性系统的外部稳定性，即有界输入有界输出稳定性。

定义 4-6 对于时变系统(4.2.1)，在有界输入 $\boldsymbol{u}(t)$作用下，若存在 $C(t_0,\boldsymbol{u})$，使得输出 $\boldsymbol{y}(t)$满足

$$\|\boldsymbol{y}(t)\|\leqslant C(t_0,\boldsymbol{u})<\infty,\quad t\geqslant t_0 \tag{4.2.2}$$

则称系统是有界输入有界输出稳定的，或简称输入输出稳定性(BIBO 稳定)。若 $C(t_0,\boldsymbol{u})$与 t_0 无关，则称系统是 BIBO 一致稳定。有定义：对于时不变系统来说，BIBO 稳定的时不变系统一定是 BIBO 一致稳定的。

在这个定义中，因为采用的是输入输出的描述，因此自然规定系统在 t_0 时刻是松弛的。与 4.1 节定义的李雅普诺夫稳定性相比，对于线性系统，李雅普诺夫稳定性只涉及状态转移矩阵 $\boldsymbol{\Phi}(t,t_0)$或者时不变系统的系统系数矩阵的特征根特性，而 BIBO 稳定性涉及表征输入输出关系的 $\boldsymbol{G}(t,\tau)$或者时不变系统的传递函数矩阵 $\boldsymbol{G}(s)$特性。下面给出 BIBO 一致稳定性的判别方法。

定理 4-5 式(4.2.1)所描述的系统是 BIBO 一致稳定的充分必要条件是存在常数 K，使得对于任何的 t，有

$$\int_{-\infty}^{t}\|\boldsymbol{G}(t,\tau)\|\mathrm{d}\tau<K \tag{4.2.3}$$

证明： ① 充分性。设输入有界，即对任一 $\boldsymbol{u}(t)$，存在 $u_M>0$，都有 $\|\boldsymbol{u}(t)\|<u_M$。由式(4.2.3)可得

$$\begin{aligned}\|\boldsymbol{y}(t)\|&=\left\|\int_{-\infty}^{t}\boldsymbol{G}(t,\tau)\boldsymbol{u}(\tau)\mathrm{d}\tau\right\|\leqslant\int_{-\infty}^{t}\|\boldsymbol{G}(t,\tau)\boldsymbol{u}(\tau)\|\mathrm{d}\tau\\&\leqslant u_M\int_{-\infty}^{t}\|\boldsymbol{G}(t,\tau)\|\mathrm{d}\tau\leqslant u_M K\end{aligned}$$

从而输出有界，且界是与 t_0 无关的常数，故系统 BIBO 一致稳定。

② 必要性。用反证法，若系统(4.2.1)是 BIBO 一致稳定，但式(4.2.3)不成立，即总有 t_k 存在，使得$\int_{-\infty}^{t_k}\|\boldsymbol{G}(t,\tau)\|\mathrm{d}\tau=\infty$。从而一定存在脉冲响应矩阵的某个元 $g_{ij}(t,\tau)$ 满足 $\int_{-\infty}^{t_k}|g_{ij}(t,\tau)|\mathrm{d}\tau=\infty$。这样定义一个有界输入其第 j 个输入分量为

$$u_j(\tau)=\mathrm{sgn}[g_{ij}(t,\tau)](i\neq j),\cdots,u_j(\tau)=0,\quad i=j \tag{4.2.4}$$

其中 sgn x 表明取 x 的符号。考虑在这一有界输入情况下系统的输出为

$$\boldsymbol{y}(t_k)=\int_{-\infty}^{t_k}\boldsymbol{G}(t_k,\tau)u(t)\mathrm{d}\tau=\int_{-\infty}^{t_k}|g_{ij}(t,\tau)|\mathrm{d}\tau=\infty$$

上式说明在有界输入式(4.2.4)下得到 $\boldsymbol{y}(t)$ 是无界的，这一矛盾表明必要性成立。

作为定理的简化，可以用 $\boldsymbol{G}(t,\tau)$ 的每一个元 $g_{ij}(t,\tau)$ 的绝对值来代替式(4.2.3)中的 $\|\boldsymbol{G}(t,\tau)\|$，从而得到下面的判别输入输出稳定性的定理。

定理 4-6　式(4.2.1)所描述的系统是 BIBO 一致稳定的充分必要条件是存在常数 K，使得对于任何的 t，有

$$\int_{-\infty}^{t} |g_{ij}(t,\tau)| \mathrm{d}\tau \leqslant K, \quad i=1,2,\cdots,q, j=1,2,\cdots,p \tag{4.2.5}$$

证明： 充分性证明类似于定理 4-5 充分性的证明，显然成立。必要性也类似于定理 4-5 必要性证明。用反证法，若有某 i，j 及 t_1，使得

$$\int_{-\infty}^{t_1} |g_{ij}(t_1,\tau)| \mathrm{d}\tau > K$$

这里 K 为任意常数。取有界输入如下：

$$u_j(\tau)=\operatorname{sgn}[g_{ij}(t_1,\tau)], \quad u_i(\tau)=0, \quad i \neq j$$

这时在此输入下得到第 i 分量输出为

$$y_i(t_1)=\int_{-\infty}^{t_1} \sum_{j=1}^{p} g_{ij}(t_1,\tau) u_j(\tau) \mathrm{d}\tau=\int_{-\infty}^{t_1} g_{ij}(t_1,\tau) u_j(\tau) \mathrm{d}\tau=\int_{-\infty}^{t_1} |g_{ij}(t_1,\tau)| \mathrm{d}\tau > K$$

上式表明有界输入导致了无界输出，这与 BIBO 一致稳定相矛盾。

下面介绍时不变线性系统的 BIBO 稳定性，对于初始松弛线性时不变系统，输入输出关系可表示为

$$\boldsymbol{y}(t)=\int_{-\infty}^{t} \boldsymbol{G}(t-\tau) \boldsymbol{u}(\tau) \mathrm{d}\tau \tag{4.2.6}$$

如果假定 $t<0$ 时有 $\boldsymbol{u}(t)=0$，则系统在 $t=0$ 松弛，式(4.2.6)变为

$$\boldsymbol{y}(t)=\int_{0}^{t} \boldsymbol{G}(t-\tau) \boldsymbol{u}(\tau) \mathrm{d}\tau \tag{4.2.7}$$

定理 4-7　式(4.2.7)所描述的系统是 BIBO 稳定的充分必要条件是 $q \times p$ 矩阵 $\boldsymbol{G}(t)$ 的每一个元素在 $[0,+\infty)$ 上绝对可积，即

$$\int_{0}^{\infty} |g_{ij}(\tau)| \mathrm{d}\tau \leqslant K<+\infty, \quad i=1,2,\cdots,q, j=1,2,\cdots,p \tag{4.2.8}$$

证明： 本定理是定理 4-6 的特殊情况。因为对于式(4.2.7)的系统，可选 $t=0$ 作为初始时刻，故式(4.2.5)的积分下限取为零，从而可得

$$\int_{-\infty}^{t} |g_{ij}(t,\tau)| \mathrm{d}\tau=\int_{0}^{t} |g_{ij}(t-\tau)| \mathrm{d}\tau=\int_{0}^{t} |g_{ij}(\alpha)| \mathrm{d}\alpha<\int_{0}^{\infty} |g_{ij}(\alpha)| \mathrm{d}\alpha$$

定理显然成立。

将式(4.2.7)进行拉氏变换，可得线性时不变系统的传递函数阵表示形式

$$\boldsymbol{y}(s)=\boldsymbol{G}(s) \boldsymbol{u}(s) \tag{4.2.9}$$

当 $\boldsymbol{G}(s)$ 的元不是 s 有理函数时，很难用 $\boldsymbol{G}(s)$ 来表示 BIBO 稳定的条件(参看习题 4-13)，当 $\boldsymbol{G}(s)$ 是正则有理函数矩阵时，有以下定理。

定理 4-8　$\boldsymbol{y}(s)=\boldsymbol{G}(s)\boldsymbol{u}(s)$ 描述的系统是 BIBO 稳定的充分必要条件是 $\boldsymbol{G}(s)$ 的每一个元素的极点具有负实部。这里 $\boldsymbol{G}(s)$ 是正则有理函数矩阵。

证明： 由定理 4-7，线性时不变系统 BIBO 稳定的充要条件为

$$\int_{0}^{\infty} |g_{ij}(\tau)| \mathrm{d}\tau \leqslant K<\infty, \quad i=1,2,\cdots,q, \quad j=1,2,\cdots,p$$

其中，$g_{ij}(t)$就是$\boldsymbol{G}(s)$的元$g_{ij}(s)$拉普拉斯反变换得到的函数。对于正则有理函数$g_{ij}(s)$来说，总可以利用部分分式展开为有限个形如$\beta/(s-\lambda_r)^k$的项之和，和式中可能包含有常数项，这里λ_r是$g_{ij}(s)$的极点。因而$g_{ij}(t)$是有限个$t^{k-1}e^{\lambda_r t}$项的和，和式中也可能包含有函数δ的项。显然，当且仅当λ_r具有负实部时，$t^{k-1}e^{\lambda_r t}$在$[0,+\infty)$上绝对可积，即函数$g_{ij}(s)$绝对可积。因此当且仅当$g_{ij}(s)$的所有极点具有负实部时，$\int_0^{\infty}|g_{ij}(\tau)|d\tau \leqslant K$成立。这个结论对于所有的$i=1,2,\cdots,q,j=1,2,\cdots,p$都成立，故定理4-8成立。

判别$\boldsymbol{G}(s)$的元$g_{ij}(s)$的极点是否具有负实部的方法很多，例如在经典控制理论中就介绍过劳斯(Routh)判据、霍尔维茨(Hurwitz)判据等，这里不再重复。由前面可控可观测性内容可知：系统外部描述的传递函数矩阵$\boldsymbol{G}(s)$描述的就是系统的既可控又可观测部分，因此$\boldsymbol{G}(s)$中的元$g_{ij}(s)$的极点描述的就是系统既可控又可观测部分的极点。定理4-8说明系统是BIBO稳定的充分必要条件是其既可控又可观测部分的极点均具有严格负实部。由此得到只要线性时不变系统是渐近稳定的，则其必是BIBO稳定的。反之，若线性时不变系统是BIBO稳定的，则不能保证其是渐近稳定的，只能保证系统的既可控又可观测部分是渐近稳定的。由定理4-8容易得到如下推论。

推论4-1 若线性时不变系统是既可控又可观测的，则其渐近稳定与BIBO稳定是等价的。

对于线性时变系统，即使是完全一致可控且可观测的，并且系统零解是指数渐近稳定的，但是也不能保证系统的BIBO稳定性，4.3节的例4-5也证实了这一点。但是如果时变系统是一致可控且一致可观测的，则系统是BIBO一致稳定当且仅当系统是指数渐近稳定的。

对于线性时不变系统，如果BIBO稳定，输入作用的某些性质将在输出中得到保持。为了简单起见，只对单变量情况给以说明。将定理4-7用于单变量系统

$$y(t)=\int_0^t g(t-\tau)u(\tau)d\tau \tag{4.2.10}$$

则可知BIBO稳定的稳定性判据为

$$\int_0^{\infty} |g(\tau)| d\tau \leqslant K \tag{4.2.11}$$

或

$$\lim_{\alpha\to\infty}\int_{\alpha}^{\infty} |g(\tau)| d\tau = 0 \tag{4.2.12}$$

定理4-9 若式(4.2.10)所描述的系统BIBO稳定：

① 若u是周期为T的周期函数，则y为趋向于具有同一周期的周期函数；

② 若u有界且趋于常量，则y亦趋于常量；

③ 若u具有有限能量，即$\left[\int_0^{\infty} |u(t)|^2 dt\right]^{\frac{1}{2}} \leqslant k_1 < \infty$，则输出也具有有限能量，即存在一依赖于$k_1$的有限数$k_2$，使得$\left[\int_0^{\infty} |y(t)|^2 dt\right]^{\frac{1}{2}} \leqslant k_2 < \infty$。

证明： ① 若对于所有$t\geqslant 0$，$u(t) = u(t+T)$，则

$$y(t)=\int_0^t g(\tau)u(t-\tau)d\tau$$

$$y(t+T)=\int_0^{t+T} g(\tau)u(t+T-\tau)\mathrm{d}\tau=\int_0^{t+T} g(\tau)u(t-\tau)\mathrm{d}\tau$$

两式相减

$$|y(t+T)-y(t)|=\left|\int_0^{t+T} g(\tau)u(t-\tau)\mathrm{d}\tau\right|\leqslant\int_0^{t+T}|g(\tau)||u(t-\tau)|\mathrm{d}\tau$$

$$\leqslant u_M\int_t^{t+T}|g(\tau)|\mathrm{d}\tau\leqslant u_M\int_t^{\infty}|g(\tau)|\mathrm{d}\tau$$

这里 $u_M=\max\limits_{0\leqslant t\leqslant T}u(t)$。因为 $g(\tau)$在$[0,+\infty)$上绝对可积,当 t 充分大时,$\int_t^{\infty}|g(\tau)|\mathrm{d}\tau$ 可以任意地小。故当 $t\to\infty$时,$|y(t+T)-y(t)|$趋向于零,即当 $t\to\infty$,$y(t)$趋向于 $y(t+T)$。这表明当 t 充分大时,$y(t)$是周期为 T 的周期函数。

② 因为

$$y(t)=\int_0^{t_1} g(\tau)u(t-\tau)\mathrm{d}\tau+\int_{t_1}^{t} g(\tau)u(t-\tau)\mathrm{d}\tau$$

令 $u_M=\max|u(t)|$,则 $t>t_1$ 时

$$\left|\int_{t_1}^{t} g(\tau)u(t-\tau)\mathrm{d}\tau\right|\leqslant\int_{t_1}^{t}|g(\tau)||u(t-\tau)|\mathrm{d}\tau$$

$$\leqslant u_M\int_{t_1}^{t}|g(\tau)|\mathrm{d}\tau$$

$$\leqslant u_M\int_{t_1}^{\infty}|g(\tau)|\mathrm{d}\tau$$

当 t_1 充分大时,上面不等式最后一项趋于零,故 t_1 足够大时,$y(t)$可用下式来近似:

$$y(t)=\int_0^{t_1} g(\tau)u(t-\tau)\mathrm{d}\tau$$

当 $t\gg t_1$ 时,上式中的 $\tau\in[0,t_1]$,故 $t-\tau\gg 0$,而$\lim\limits_{t\to\infty}u(t)=\alpha$,所以 $u(t-\tau)=\alpha$。由此可知 t 很大时有

$$y(t)=\int_0^{t_1} g(\tau)u(t-\tau)\mathrm{d}\tau=\alpha\int_0^{t_1} g(\tau)\mathrm{d}\tau$$

而$\int_0^{t_1} g(\tau)\mathrm{d}\tau$ 与 t 无关,故当 $t\to\infty$ 时,$y(t)$ 接近于一个常量。

③ 利用下列 Schwarz 不等式:

$$\left|\int_0^{\infty} f(t)g(t)\mathrm{d}t\right|\leqslant\left(\int_0^{\infty}|f(t)|^2\mathrm{d}t\right)^{\frac{1}{2}}\left(\int_0^{\infty}|g(t)|^2\mathrm{d}t\right)^{\frac{1}{2}}\tag{4.2.13}$$

就很容易证明。事实上

$$|y(t)|=\left|\int_0^{t} g(\tau)u(t-\tau)\mathrm{d}\tau\right|$$

$$\leqslant\int_0^{t}|g(\tau)||u(t-\tau)|\mathrm{d}\tau$$

$$\leqslant\int_0^{\infty}|g(\tau)|^{\frac{1}{2}}(|g(\tau)|^{\frac{1}{2}}|u(t-\tau)|\mathrm{d}\tau$$

$$\leqslant\left(\int_0^{\infty}|g(\tau)|\mathrm{d}\tau\right)^{\frac{1}{2}}\left(\int_0^{\infty}|g(\tau)||u(t-\tau)|^2\mathrm{d}\tau\right)^{\frac{1}{2}}$$

最后一步不等式利用了式(4.2.13),对上式不等号两边平方,并利用$\int_0^{\infty}|g(\tau)|\mathrm{d}\tau=k$,可得

$$|y(t)|^2 \leqslant k\int_0^{\infty} |g(\tau)||u(t-\tau)|^2 \mathrm{d}\tau \tag{4.2.14}$$

现考虑式(4.2.13)的积分

$$\begin{aligned}\int_0^{\infty} |y(t)|^2 \mathrm{d}t &\leqslant k\int_0^{\infty}\left(\int_0^{\infty} |g(\tau)||u(t-\tau)|^2\mathrm{d}\tau\right)\mathrm{d}t \\ &= k\int_0^{\infty}\left(\int_0^{\infty} |u(t-\tau)|^2\mathrm{d}t\right)|g(\tau)|\mathrm{d}\tau \\ &\leqslant kk_1^2\int_0^{\infty}|g(\tau)|\mathrm{d}\tau \\ &= k^2k_1^2\end{aligned}$$

倒数第二步不等式运用了 u 是有限能量的假定。上式表明输出 $y(t)$ 也具有有限能量。

推论 4-2 若式(4.2.9)所描述的系统 BIBO 稳定,则当 $u(t)=\sin\omega t\cdot 1(t)$ 时,系统的稳态输出为 $|g(\mathrm{j}\omega)|\sin[\omega t+\angle g(\mathrm{j}\omega)]$,这里 $g(\mathrm{j}\omega)$ 是将传递函数 $g(s)$ 中的 s 代入 $\mathrm{j}\omega$ 后的结果。

证明留给读者作习题(习题 4-11)。注意这里并未假定 $g(s)$ 是正则有理函数。

4.3 有界输入有界状态稳定和总体稳定性

4.3.1 线性时变系统的稳定性

考虑 n 维线性时变动态方程

$$\begin{cases}\dot{\boldsymbol{x}}=\boldsymbol{A}(t)\boldsymbol{x}+\boldsymbol{B}(t)\boldsymbol{u}\\ \boldsymbol{y}=\boldsymbol{C}(t)\boldsymbol{x}\end{cases} \tag{4.3.1}$$

其中,$\boldsymbol{A}(t)$、$\boldsymbol{B}(t)$ 和 $\boldsymbol{C}(t)$ 意义如前。考虑系统(4.3.1)的有界输入有界状态/有界输出稳定性时,式(4.3.1)略去了直接传递部分,因为它在稳定性研究中不起作用。

1. 几种稳定性的定义

式(4.3.1)第一个方程的解可以分解成零输入响应和零状态响应:

$$\boldsymbol{x}(t)=\boldsymbol{\Phi}(t,t_0)\boldsymbol{x}(t_0)+\int_{t_0}^{t}\boldsymbol{\Phi}(t,\tau)\boldsymbol{B}(\tau)\boldsymbol{u}(\tau)\mathrm{d}\tau \tag{4.3.2a}$$

$$\boldsymbol{y}(t)=\boldsymbol{C}(t)\boldsymbol{\Phi}(t,t_0)\boldsymbol{x}(t_0)+\int_{t_0}^{t}\boldsymbol{C}(t)\boldsymbol{\Phi}(t,\tau)\boldsymbol{B}(\tau)\boldsymbol{u}(\tau)\mathrm{d}\tau \tag{4.3.2b}$$

式(4.3.2a)中等号右边的第一项的稳定性问题,即齐次系统的解稳定性在 4.1 节中已进行了讨论。对于等号右边的第二项,主要关心输入的有界性是否导致状态的有界性,即有界输入有界状态稳定性。式(4.3.2b)关心的是有界输入系统的输出是否有界,即有界输入有界输出稳定性。下面给出其具体定义。

定义 4-7 对系统(4.3.1)① 在零状态及有界输入 $\|\boldsymbol{u}(t)\|<u_M$ 作用下,状态是有界的,即若存在 $C(t_0,\boldsymbol{u})>0$,使得

$$\|\boldsymbol{x}(t)\|\leqslant C(t_0,\boldsymbol{u})<\infty \tag{4.3.3}$$

成立,则称系统是有界输入有界状态稳定的,简称 BIBS 稳定。当式(4.3.3)中存在的 $C(t_0,\boldsymbol{u})$ 与 t_0 无关时,则称系统 BIBS 一致稳定。

② 对任意有界输入 $\boldsymbol{u}(t)$，存在 $K(t_0,\boldsymbol{u})>0$ 满足

$$\|\boldsymbol{y}(t)\| \leqslant K(t_0,\boldsymbol{u}) < \infty$$

则称系统为有界输入有界输出稳定的，简称 BIBO 稳定。当上式中存在的 $K(t_0,\boldsymbol{u})$ 与 t_0 无关时，则称系统 BIBO 一致稳定。

由式(4.3.2)可知，在零状态下有

$$\boldsymbol{x}(t)=\int_{t_0}^{t}\boldsymbol{\Phi}(t,\tau)\boldsymbol{B}(\tau)\boldsymbol{u}(\tau)\mathrm{d}\tau$$

类似于定理 4-5 对输出 $\boldsymbol{y}(t)$进行的证明，这里直接给出如下结果。

定理 4-10　系统(4.3.1)是 BIBS 稳定的充分必要条件是

$$\int_{t_0}^{t}\|\boldsymbol{\Phi}(t,\tau)\boldsymbol{B}(\tau)\|\mathrm{d}\tau \leqslant K(t_0) \tag{4.3.4}$$

若式(4.3.4)中 $K(t_0)$与 t_0 无关，式(4.3.4)就成为 BIBS 一致稳定的充分必要条件了。

在研究 BIBS 和 BIBO 稳定性时，总是假定了零初始状态，如果除去这一限制，就可得到一种更为全面的稳定性概念。

定义 4-8　对系统(4.3.1)：

① 若对任意的 t_0，任意的 $\boldsymbol{x}(t_0)=\boldsymbol{x}_0$ 及任意有界输入 $\boldsymbol{u}(t)$，存在 $C(t_0,\boldsymbol{x}_0,\boldsymbol{u})>0$ 满足

$$\|\boldsymbol{x}(t)\| \leqslant C(t_0,\boldsymbol{x}_0,\boldsymbol{u}) < \infty \tag{4.3.5}$$

则称系统为 BIBS 全稳定。若式(4.3.5)中的 $C(t_0,\boldsymbol{x}_0,\boldsymbol{u})$与 t_0 无关，则称系统为 BIBS 全一致稳定。

② 若对任意的 t_0，任意的 $\boldsymbol{x}(t_0)=\boldsymbol{x}_0$ 及任意有界输入 $\boldsymbol{u}(t)$，存在 $K(t_0,\boldsymbol{x}_0,\boldsymbol{u})>0$ 满足

$$\|\boldsymbol{y}(t)\| \leqslant K(t_0,\boldsymbol{x}_0,\boldsymbol{u}) < \infty \tag{4.3.6}$$

则称系统为 BIBO 全稳定。若式(4.3.6)中的 K 与 t_0 无关，则称系统 BIBO 全一致稳定。

定义 4-8 中的①反映了 $\boldsymbol{x}_0$、$\boldsymbol{u}(t)$对 $\boldsymbol{x}(t)$的可能影响，而②反映了 $\boldsymbol{x}_0$，$\boldsymbol{u}(t)$对 $\boldsymbol{y}(t)$的可能影响。在实际中，更感兴趣的是 $\boldsymbol{x}_0$、$\boldsymbol{u}(t)$对 $\boldsymbol{x}(t)$、$\boldsymbol{y}(t)$的可能影响，即有如下总体稳定的概念。

定义 4-9　线性系统(4.3.1)是总体稳定的，必要且只要对任意的 t_0，任意的 $\boldsymbol{x}(t_0)$及任意有界的输入 $\boldsymbol{u}(t)$，其输出及状态变量也是有界的，即式(4.3.5)、式(4.3.6)同时成立，若式中 C，K 可取得与 t_0 无关，则称系统为总体一致稳定。

2. 几种稳定性的关系

动态方程(4.3.1)的解为

$$\boldsymbol{x}(t)=\boldsymbol{\Phi}(t,t_0)\boldsymbol{x}(t_0)+\int_{t_0}^{t}\boldsymbol{\Phi}(t,\tau)\boldsymbol{B}(\tau)\boldsymbol{u}(\tau)\mathrm{d}\tau \tag{4.3.7}$$

$$\boldsymbol{y}(t)=\boldsymbol{C}(t)\boldsymbol{\Phi}(t,t_0)\boldsymbol{x}(t_0)+\int_{t_0}^{t}\boldsymbol{C}(t)\boldsymbol{\Phi}(t,\tau)\boldsymbol{B}(\tau)\boldsymbol{u}(\tau)\mathrm{d}\tau \tag{4.3.8}$$

分析系统的总体稳定性必须涉及式(4.3.7)、式(4.3.8)等号右端四项中的每一项，因此就自然与以前定义的系统各种稳定性概念联系起来。为此先研究这些稳定性概念和系统结构性质间的关系。

在第 2 章曾经引入一致完全可控性与一致完全可观测性的概念，这些概念对于本节所要导出的结果有些是不必要的，而仅仅要求系统的可控性和可观测性又是不够的，所以在这里先引入和定义 2-10、定义 2-11 稍有不同的一致可控和一致可观测的概念。

定义 4-10　系统($\boldsymbol{A}(t)$、$\boldsymbol{B}(t)$、$\boldsymbol{C}(t)$)称为一致可控，当且仅当存在 $\sigma>0$ 及 $\alpha(\sigma)>0$，使

得对任何 t

$$W(t,t+\sigma) \geqslant \alpha(\sigma)I > 0 \tag{4.3.9}$$

成立，且 $\|B(t)\| < K$，这里 K 为正常数，其中 $W(t,t+\sigma)$ 是系统可控性 Gram 矩阵。

定义 4-11 系统 $(A(t)、B(t)、C(t))$ 称为一致可观测，当且仅当存在 $\sigma>0$ 及 $\beta(\sigma)>0$，使得对任何 t

$$V(t,t+\sigma) \geqslant \beta(\sigma)I > 0 \tag{4.3.10}$$

成立，且 $\|C(t)\| < K$，这里 K 为正常数，其中 $V(t,t+\sigma)$ 是系统可观测性 Gram 矩阵。

与定义 2-10 和定义 2-11 相比，这里强调了 $B(t)$，$C(t)$ 的有界性及定义 2-10 中的一个不等式。根据定理 2-19 和定理 2-21 可知，若加上 $A(t)$ 有界，根据不等式(2.6.2)、式(2.6.3)，可以导出定义 2-10 和定义 2-11 中的四个不等式。因此对于有界系统，可认为这里的定义减弱了 $A(t)$ 为有界的要求，是较弱的定义。

定理 4-11 设线性系统 $(A(t)、B(t)、C(t))$ 一致可观测，则有

① BIBS 稳定当且仅当 BIBO 稳定。

② BIBS 一致稳定当且仅当 BIBO 一致稳定。

证明： ① 首先因为 $G(t,\tau)=C(t)\Phi(t,\tau)B(\tau)$，且 $\|C(t)\| < K$，由定理 4-10 中 BIBS 稳定性条件可得，存在 $C(t_0)$ 使得

$$\int_{t_0}^{t} \|G(t,\tau)\| \mathrm{d}\tau \leqslant K\int_{t_0}^{t} \|\Phi(t,\tau)B(\tau)\| \mathrm{d}\tau \leqslant KC(t_0)$$

根据定理 4-5 可知系统 BIBO 稳定。

反之，对任意 t_0 及任意 $\|u(t)\| \leqslant u_m, t \geqslant t_0$，设输入 $\tilde{u}$ 为 $u(t)$ 的截断函数

$$\tilde{u}_t(\tau)=\begin{cases} u(\tau), & t_0 \leqslant \tau \leqslant t \\ \mathbf{0}, & \tau > t \end{cases}$$

在 $\tilde{u}_t$ 作用下，对于 $\tau \geqslant t$ 的状态可表示为

$$x(\tau)=\Phi(\tau,t)x(t)$$

则有

$$\int_{t}^{t+\sigma} x^{\mathrm{T}}(\tau)C^{\mathrm{T}}(\tau)C(\tau)x(\tau)\mathrm{d}\tau = x^{\mathrm{T}}(t)V(t,t+\sigma)x(t) \geqslant \beta(\sigma)x^{\mathrm{T}}(t)x(t)$$

根据 BIBO 稳定的定义，存在 $C(t_0)$，使得对 $\tilde{u}_t$，有

$$\|y(t)\| = \|C(t)x(t)\| \leqslant C(t_0)u_m$$

成立，由上式可得

$$\|x(t)\| \leqslant (\sigma/\beta(\sigma))^{\frac{1}{2}} C(t_0)u_m, \quad \forall t \geqslant t_0$$

由此即可得 BIBS 稳定的结论。

②的证明与①类似，只要将证明过程中的 $C(t_0)$ 换为 C 即可。

定理 4-12 设系统 $(A(t)、B(t)、C(t))$ 一致可控，$A(t)$ 有界，则 BIBS 一致稳定当且仅当系统 $\dot{x}=A(t)x$ 按指数渐近稳定。

证明： ① 充分性。由系统 $(A(t)、B(t))$ 一致可控可知 $B(t)$ 有界，又因为系统 $\dot{x}=A(t)x$ 按指数渐近稳定，可知状态转移矩阵 $\Phi(t,\tau)$ 按指数衰减，所以存在 $N \geqslant 0$，使得在有界输入下

$$\int_{-\infty}^{t} \|\Phi(t,\tau)B(\tau)u(\tau)\| \mathrm{d}\tau \leqslant N$$

此不等式就是状态 $\boldsymbol{x}(t)$在零状态下有界的条件，故得 BIBS 一致稳定。

② 必要性。系统$(\boldsymbol{A}(t),\boldsymbol{B}(t))$一致可控条件保证了可控性 Gram 矩阵的逆矩阵 $\boldsymbol{Y}^{-1}(\tau-\delta,\tau)$存在、有界且与 τ 无关，这样便有

$$\int_{\tau-\delta}^{\tau}\boldsymbol{\Phi}(\tau,\rho)\boldsymbol{B}(\rho)\boldsymbol{B}^{\mathrm{T}}(\rho)\boldsymbol{\Phi}^{\mathrm{T}}(\tau,\rho)\mathrm{d}\rho\cdot\boldsymbol{Y}^{-1}(\tau-\delta,\tau)=\boldsymbol{I}\tag{4.3.11}$$

由于 $\|\boldsymbol{B}(t)\|$ 有界，当$|\tau-\rho|\leqslant\delta$ 时，$\boldsymbol{\Phi}(\tau,\rho)$有界，则存在 M 使得

$$\|\boldsymbol{B}^{\mathrm{T}}(\rho)\boldsymbol{\Phi}^{\mathrm{T}}(\tau,\rho)\boldsymbol{Y}^{-1}(\tau-\delta,\tau)\|\leqslant M$$

在式(4.3.11)等号两边同时左乘 $\boldsymbol{\Phi}(t,\tau)$得到

$$\begin{aligned}\|\boldsymbol{\Phi}(t,\tau)\|&=\left\|\int_{\tau-\delta}^{\tau}\boldsymbol{\Phi}(t,\rho)\boldsymbol{B}(\rho)\boldsymbol{B}^{\mathrm{T}}(\rho)\boldsymbol{\Phi}^{\mathrm{T}}(\tau,\rho)\boldsymbol{Y}^{-1}(\tau-\delta,\tau)\mathrm{d}\rho\right\|\\&\leqslant\int_{\tau-\delta}^{\tau}\|\boldsymbol{\Phi}(t,\rho)\boldsymbol{B}(\rho)\|\ \|\boldsymbol{B}^{\mathrm{T}}(\rho)\boldsymbol{\Phi}^{\mathrm{T}}(\tau,\rho)\boldsymbol{Y}^{-1}(\tau-\delta,\tau)\|\mathrm{d}\rho\\&\leqslant M\int_{\tau-\delta}^{\tau}\|\boldsymbol{\Phi}(t,\sigma)\boldsymbol{B}(\sigma)\|\mathrm{d}\sigma\end{aligned}$$

由所得的不等式，可以导出下面的不等式：

$$\begin{aligned}\int_{t-n\delta}^{t}\|\boldsymbol{\Phi}(t,\rho)\boldsymbol{B}(\rho)\|\mathrm{d}\rho&=\left(\int_{t-\delta}^{t}+\int_{t-2\delta}^{t-\delta}+\cdots+\int_{t-n\delta}^{t-n\delta+\delta}\right)\|\boldsymbol{\Phi}(t,\rho)\boldsymbol{B}(\rho)\|\mathrm{d}\rho\\&\geqslant\frac{1}{M}[\|\boldsymbol{\Phi}(t,t)\|+\|\boldsymbol{\Phi}(t,t-\delta)\|+\cdots+\|\boldsymbol{\Phi}(t,t-n\delta+\delta)\|]\end{aligned}$$

又已知系统 BIBS 一致稳定，即有

$$\int_{t-n\delta}^{t}\|\boldsymbol{\Phi}(t,\rho)\boldsymbol{B}(\rho)\|\mathrm{d}\rho\leqslant r,\quad\forall n,t$$

于是可得

$$Mr\geqslant\|\boldsymbol{\Phi}(t,t)\|+\|\boldsymbol{\Phi}(t,t-\delta)\|+\cdots+\|\boldsymbol{\Phi}(t,t-n\delta+\delta)\|+\cdots$$

再由当$|t-\tau|\leqslant\delta$ 时，$\|\boldsymbol{\Phi}(t,\tau)\|\leqslant\mathrm{e}^{\alpha\delta}$ 成立，其中 α 是某一正数。这样结合 $\|\boldsymbol{\Phi}(t,\tau)\|$ 的一致有界性，可导出

$$\begin{aligned}\int_{-\infty}^{t}\|\boldsymbol{\Phi}(t,\tau)\|\mathrm{d}\tau&=\left(\int_{t-\delta}^{t}+\int_{t-2\delta}^{t-\delta}+\cdots\cdots\right)\|\boldsymbol{\Phi}(t,\tau)\|\mathrm{d}\tau\\&=\int_{t-\delta}^{t}\|\boldsymbol{\Phi}(t,\tau)\|\mathrm{d}\tau+\int_{t-\delta}^{t}\|\boldsymbol{\Phi}(t,\tau-\delta)\|\mathrm{d}\tau+\\&\quad\int_{t-\delta}^{t}\|\boldsymbol{\Phi}(t,\tau-2\delta)\|\mathrm{d}\tau+\cdots\\&\leqslant\int_{t-\delta}^{t}\|\boldsymbol{\Phi}(t,\tau)\|\ \|\boldsymbol{\Phi}(\tau,\tau)\|\mathrm{d}\tau+\int_{t-\delta}^{t}\|\boldsymbol{\Phi}(t,\tau)\|\ \|\boldsymbol{\Phi}(\tau,\tau-\delta)\|\mathrm{d}\tau+\\&\quad\int_{t-\delta}^{t}\|\boldsymbol{\Phi}(t,\tau)\|\ \|\boldsymbol{\Phi}(\tau,\tau-2\delta)\|\mathrm{d}\tau+\cdots\\&\leqslant Mr\int_{t-\delta}^{t}\|\boldsymbol{\Phi}(t,\tau)\|\mathrm{d}\tau\leqslant Mr\delta\mathrm{e}^{\alpha\delta}\end{aligned}$$

上述广义积分有界，说明 $\|\boldsymbol{\Phi}(t,\tau)\|$ 按指数衰减，进而根据定理 4-3 中④的结果及注 4-2 可得系统是指数渐近稳定的。

定理 4-13　若$(\boldsymbol{A}(t),\boldsymbol{B}(t),\boldsymbol{C}(t))$一致可控且一致可观测，$\boldsymbol{A}(t)$有界，则 BIBO 一致稳定当且仅当 $\dot{\boldsymbol{x}}=\boldsymbol{A}(t)\boldsymbol{x}$ 按指数渐近稳定。

证明：由定理 4-12 可知，充分性显然成立，只需证明必要性。用反证法，若系统 $\dot{\boldsymbol{x}}=$

$\boldsymbol{A}(t)\boldsymbol{x}$ 不是按指数渐近稳定的，由定理 4－12 可知，系统就不是 BIBS 一致稳定的，若在$(t_0,t_0+\delta)$上令 $\boldsymbol{u}(t)=\boldsymbol{0}$，有

$$\boldsymbol{y}(t)=\boldsymbol{C}(t)\boldsymbol{\Phi}(t,t_0)\boldsymbol{x}(t_0)$$

因而

$$\begin{aligned}\int_{t_0}^{t_0+\delta}\|\boldsymbol{y}(t)\|^2\mathrm{d}t&=\int_{t_0}^{t_0+\delta}\boldsymbol{x}^{\mathrm{T}}(t_0)\boldsymbol{\Phi}(t,t_0)\boldsymbol{C}^{\mathrm{T}}(t)\boldsymbol{C}(t)(t,t_0)\boldsymbol{x}(t_0)\mathrm{d}t\\&=\boldsymbol{x}^{\mathrm{T}}(t_0)\boldsymbol{V}(t_0,t_0+\delta)\boldsymbol{x}(t_0)\end{aligned}$$

由此可得不等式

$$\max_{t_0\leqslant t\leqslant t_0+\delta}\|\boldsymbol{y}(t)\|^2\geqslant\frac{1}{\delta}\boldsymbol{x}^{\mathrm{T}}(t_0)\boldsymbol{V}(t_0,t_0+\delta)\boldsymbol{x}(t_0)\geqslant\frac{1}{\delta}\lambda_{\min}\|\boldsymbol{x}(t_0)\|^2$$

这里 $\lambda_{\min}$ 记为 $\boldsymbol{V}(t_0,t_0+\delta)$的最小特征根。上式中最后一步不等式参看习题 4－18，显然由 $\|\boldsymbol{x}_0\|$ 无界，得到 $\|\boldsymbol{y}\|$ 也无界，这与 BIBO 稳定矛盾。

定理 4－14 对系统$(\boldsymbol{A}(t),\boldsymbol{B}(t),\boldsymbol{C}(t))$有以下等价关系：

① BIBS 全稳定当且仅当 BIBS 稳定、$\boldsymbol{A}(t)$稳定。

② BIBS 一致全稳定当且仅当 BIBS 一致稳定、$\boldsymbol{A}(t)$一致稳定。

证明：① 充分性。BIBS 稳定等价于$\int_{t_0}^{t}\|\boldsymbol{\Phi}(t,\tau)\boldsymbol{B}(\tau)\|\mathrm{d}\tau\leqslant C(t_0)$，而 $\boldsymbol{A}(t)$ 稳定等价于 $\|\boldsymbol{\Phi}(t,t_0)\|\leqslant K(t_0)$，故这时 $\boldsymbol{x}(t)$ 有以下估计：

$$\|\boldsymbol{x}(t)\|\leqslant K(t_0)\|\boldsymbol{x}(t_0)\|+C(t_0)u_m$$

故系统 BIBS 全稳定。

② 必要性。系统 BIBS 全稳定，特别取两种情况，就可分别得到 BIBS 稳定和 $\boldsymbol{A}(t)$稳定。

定理中②的证明与①的证明完全类似，只不过将 $C(t_0)$及 $K(t_0)$换为与 t_0 无关的常数 C 和 K。

定理 4－15 系统$(\boldsymbol{A}(t),\boldsymbol{B}(t),\boldsymbol{C}(t))$一致可观测，则有以下等价关系：

① BIBO 全稳定当且仅当 BIBO 稳定、$\boldsymbol{A}(t)$稳定。

② BIBO 全一致稳定当且仅当 BIBO 稳定，$\boldsymbol{A}(t)$一致稳定。

证明：与定理 4－14 类似。这里假设的一致可观测的条件，证明时要用到 $\|C(t)\|<K$。但为了便于讨论这些定理之间的关系，保持了系统一致可观测这一假定。

定理 4－11 至定理 4－15 所阐明的结果和稳定性相互之间的关系表示在图 4－5 中，图中列出的是“一致”的情况。

3. 关于总体稳定的定理

由图 4－5 中所表明的关系可得以下定理。

定理 4－16 若$(\boldsymbol{A}(t),\boldsymbol{B}(t),\boldsymbol{C}(t))$一致可控、一致可观测，$\boldsymbol{A}(t)$有界，下列提法等价：

① $\boldsymbol{A}(t)$按指数渐近稳定；

② BIBO 一致稳定；

③ BIBS 一致稳定；

④ BIBO 全一致稳定；

⑤ BIBS 全一致稳定；

⑥ 系统总体一致稳定。

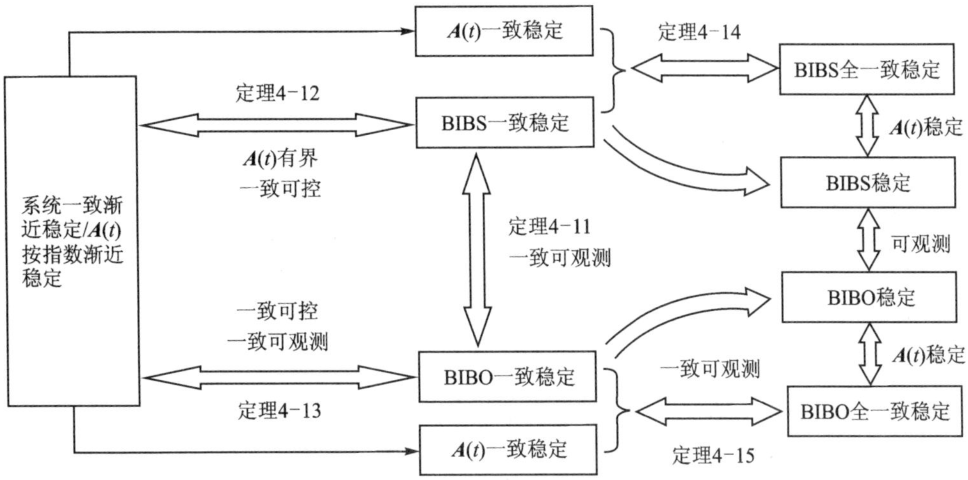

图 4-5　几种稳定性间的关系

定理 4-17　若 $\boldsymbol{A}(t)$、$\boldsymbol{B}(t)$和 $\boldsymbol{C}(t)$都是有界的，且系统一致完全可控、一致完全可观测，则定理 4-16 的结果仍然成立。

定理 4-17 与定理 4-16 的条件中，都有 $\boldsymbol{A}(t)$有界的假定，在前面引入一致可控及一致可观测时，已经指出它强调了 $\boldsymbol{B}(t)$和 $\boldsymbol{C}(t)$的有界性，这是具有本质性的。而从定理 4-11、4-14、4-15 都可看出 $\boldsymbol{A}(t)$的有界性是可以削弱的，但未削弱 $\boldsymbol{B}(t)$或 $\boldsymbol{C}(t)$的有界性。$\boldsymbol{A}(t)$的有界性仅用在定理 4-12、4-13 的证明中。

例 4-5　考虑一维系统

$$\dot{x} = -x + u$$
$$y = g(t)x$$

式中

$$g(t) = \begin{cases} K, & t \in \left(K, K + \dfrac{1}{K}\right), \quad K = 1, 2, 3\cdots \\ 0, & 其他 \end{cases}$$

可以验证这个系统是一致完全可控的，并且是可观测的，虽然 $\dot{x} = -x$ 按指数渐近稳定，但不是 BIBO 稳定的。这说明定理 4-17 中关于 $\boldsymbol{C}(t)$和 $\boldsymbol{B}(t)$的有界性假定对于保证定理的结论成立具有本质性的意义。

4.3.2　线性时不变系统动态方程的稳定性分析

对于时不变系统，一致性失去意义，另外 $\dot{\boldsymbol{x}} = \boldsymbol{A}\boldsymbol{x}$ 的稳定情况可由 $\boldsymbol{A}$ 的特征值来描述，从而使得问题比较简单和明确。下面来分析一般线性时不变系统动态方程的稳定性。

系统方程为

$$\begin{cases} \dot{\boldsymbol{x}} = \boldsymbol{A}\boldsymbol{x} + \boldsymbol{B}\boldsymbol{u} \\ \boldsymbol{y} = \boldsymbol{C}\boldsymbol{x} \end{cases} \tag{4.3.12}$$

式(4.3.12)的解为

$$\begin{cases} \boldsymbol{x}(t)=\mathrm{e}^{\boldsymbol{A}t}\boldsymbol{x}(0)+\int_0^t \mathrm{e}^{\boldsymbol{A}(t-\tau)}\boldsymbol{B}\boldsymbol{u}(\tau)\mathrm{d}\tau \\ \boldsymbol{y}(t)=\boldsymbol{C}\mathrm{e}^{\boldsymbol{A}t}\boldsymbol{x}(0)+\int_0^t \boldsymbol{C}\mathrm{e}^{\boldsymbol{A}(t-\tau)}\boldsymbol{B}\boldsymbol{u}(\tau)\mathrm{d}\tau \end{cases} \tag{4.3.13}$$

或用复数域表示

$$\begin{cases} \boldsymbol{x}(s)=(s\boldsymbol{I}-\boldsymbol{A})^{-1}\boldsymbol{x}(0)+(s\boldsymbol{I}-\boldsymbol{A})^{-1}\boldsymbol{B}\boldsymbol{u}(s) \\ \boldsymbol{y}(s)=\boldsymbol{C}(s\boldsymbol{I}-\boldsymbol{A})^{-1}\boldsymbol{x}(0)+\boldsymbol{C}(s\boldsymbol{I}-\boldsymbol{A})^{-1}\boldsymbol{B}\boldsymbol{u}(s) \end{cases} \tag{4.3.14}$$

由式(4.3.13)可见，$\boldsymbol{x}(t)$，$\boldsymbol{y}(t)$由四部分组成，因此要对这四部分进行稳定性分析，显然只有这四项都有界时系统才能正常工作。因此，对系统采用状态空间的描述方式时，带来了新的稳定性概念，这些稳定性概念又和系统可控性、可观测性密切相关。

1. 线性时不变系统运动模式及其收敛、发散、有界的条件

系统(4.3.12)中矩阵 $\boldsymbol{A}$ 的特征值称为模态，其 n_i 重特征值 λ_i 对应的 $\mathrm{e}^{\boldsymbol{A}t}$ 的运动形式可能有 $\mathrm{e}^{\lambda_i t}$，$t\mathrm{e}^{\lambda_i t}$，…，$t^{n_i-1}\mathrm{e}^{\lambda_i t}$，它们均称为系统的运动模式。但对应于 λ_i 的这些运动模式并非全部都出现在系统的运动中，究竟出现多少项取决于 λ_i 的几何结构。例如下面不同的若当形结构对应有不同的运动模式：

例 4-6 系统 $\dot{\boldsymbol{x}}=\boldsymbol{A}_i\boldsymbol{x}$，$i=1,2,3$，其中 $\boldsymbol{A}_i$ 及对应的矩阵指数函数如下：

$$\boldsymbol{A}_1=\begin{bmatrix}2 & & \\ & 2 & \\ & & 2\end{bmatrix} \rightarrow \mathrm{e}^{\boldsymbol{A}_1 t}=\begin{bmatrix}\mathrm{e}^{2t} & & \\ & \mathrm{e}^{2t} & \\ & & \mathrm{e}^{2t}\end{bmatrix}$$

$$\boldsymbol{A}_2=\begin{bmatrix}2 & 1 & \\ & 2 & \\ & & 2\end{bmatrix} \rightarrow \mathrm{e}^{\boldsymbol{A}_2 t}=\begin{bmatrix}\mathrm{e}^{2t} & t\mathrm{e}^{2t} & \\ & \mathrm{e}^{2t} & \\ & & \mathrm{e}^{2t}\end{bmatrix}$$

$$\boldsymbol{A}_3=\begin{bmatrix}2 & 1 & \\ & 2 & 1 \\ & & 2\end{bmatrix} \rightarrow \mathrm{e}^{\boldsymbol{A}_3 t}=\begin{bmatrix}\mathrm{e}^{2t} & t\mathrm{e}^{2t} & \frac{1}{2}t^2\mathrm{e}^{2t} \\ & \mathrm{e}^{2t} & t\mathrm{e}^{2t} \\ & & \mathrm{e}^{2t}\end{bmatrix}$$

尽管 $\boldsymbol{A}_i$ 中特征值 2 都是 3 重特征值，但是由于它们的结构不同，故所对应的运动模式不同。$\boldsymbol{A}_1$ 只有运动模式 e^{2t}；$\boldsymbol{A}_2$ 有运动模式 e^{2t}，$t\mathrm{e}^{2t}$；$\boldsymbol{A}_3$ 有运动模式 e^{2t}，$t\mathrm{e}^{2t}$，$t^2\mathrm{e}^{2t}$。

一般地，系统(4.3.12)中矩阵 $\boldsymbol{A}$ 的 n_i 重特征值 λ_i 对应的 $\mathrm{e}^{\boldsymbol{A}t}$ 的运动模式可能有 $\mathrm{e}^{\lambda_i t}$，$t\mathrm{e}^{\lambda_i t}$，…，$t^{n_i-1}\mathrm{e}^{\lambda_i t}$。对于不同特征值及不同结构，其运动模式不同，具体如下：

① $\mathrm{Re}\lambda_i<0$，λ_i 对应的所有运动模式收敛，即随着时间趋于无穷而趋于零；

② $\mathrm{Re}\lambda_i>0$，λ_i 对应的所有运动模式发散，即随着时间趋于无穷而趋于无穷，并且是按指数规律发散；

③ $\mathrm{Re}\lambda_i=0$，分两种情况：若 λ_i 对应的若当块全是一阶块，这时 λ_i 的代数重数与几何重数一致，不会发生发散现象，运动模式也不收敛，运动模式是有界的；当 λ_i 的几何重数小于代数重数，λ_i 对应的若当块一定会出现二阶或二阶以上，这时运动模式发散，并且是按时间的幂函数规律发散。因此当零实部重根出现时，一定要研究它的几何重数与代数重数的关系，才可对运动模式的形态作出结论。只要将例 4-6 中的特征值 2 换为零，就可证实。

如果对动态方程(4.3.12)进行等价变换,不会改变系统运动模式的性质,因而也不会改变式(4.3.13)中四项的有界性,即等价变换不改变 BIBS 和 BIBO 稳定性。

齐次方程稳定性问题是 $\boldsymbol{A}$ 的特征值问题,但在式(4.3.13)中以四项形式出现,除了和 $\boldsymbol{A}$ 的特征值有关,还与输入输出矩阵 $\boldsymbol{B}$,$\boldsymbol{C}$ 密切相关,即与系统的可控性、可观测性密切相关。

2. 线性时不变系统在李雅普诺夫意义下的稳定、渐近稳定

首先研究齐次方程

$$\dot{\boldsymbol{x}}=\boldsymbol{A}\boldsymbol{x} \tag{4.3.15}$$

它的解为 $e^{\boldsymbol{A}t}\boldsymbol{x}(0)$,这是式(4.3.13)中的第一项,也是 $\boldsymbol{u}=\boldsymbol{0}$ 时 $\boldsymbol{x}(t)$ 的表达式。当 $\boldsymbol{x}(0)=\boldsymbol{0}$ 时,式(4.3.15)有解:$\boldsymbol{x}=\boldsymbol{0}$,它称为式(4.3.15)的零解。

定义 4-12　对任意的 $\boldsymbol{x}(0)$,均有 $\boldsymbol{x}(t)$ 有界,则称式(4.3.15)的零解是李雅普诺夫意义下稳定的;若对任意的 $\boldsymbol{x}(0)$,均有 $\lim\limits_{t\to\infty}\boldsymbol{x}(t)=0$,则称式(4.3.15)的零解为渐近稳定。

注意,这里一个时间函数 $\boldsymbol{x}(t)$ 称为有界的,是指存在与 t 无关的常数 K,使得当 $t\in[0,\infty)$时,均有 $\|\boldsymbol{x}(t)\|<K$ 成立。

例 4-7　下面给出的五个系统系数矩阵 $\boldsymbol{A}$,分别对应于稳定、渐近稳定、均不稳定(后三个矩阵)的情况。对于同属于不稳定情况的后三个矩阵,发散的情况有所不同,第三个矩阵按 t 规律发散,第四个矩阵按 t 幂次规律发散,第五个矩阵按指数规律 e^t 发散。

$$\begin{bmatrix}-1 & 1 & \\ & -1 & \\ & & 0\end{bmatrix}\quad\begin{bmatrix}-2 & 1 & \\ -1 & -2 & \\ & & -2\end{bmatrix}\quad\begin{bmatrix}0 & 1 & \\ & 0 & \\ & & -1\end{bmatrix}\quad\begin{bmatrix}0 & 1 & \\ & 0 & 1\\ & & 0\end{bmatrix}\quad\begin{bmatrix}-5 & & \\ & -3 & \\ & & 1\end{bmatrix}$$

3. 线性时不变系统有界输入、有界状态(BIBS)稳定

本小节研究式(4.3.13)中的第二项,并综合研究第一、二项。

定义 4-13　① 若 $\boldsymbol{x}(0)=\boldsymbol{0}$,及在任意有界输入 $\boldsymbol{u}(t)$ 作用下,均有 $\boldsymbol{x}(t)$ 有界,则称系统(4.3.12) BIBS 稳定。② 若对任意的 $\boldsymbol{x}(0)$,及在任意有界输入 $\boldsymbol{u}(t)$ 作用下,均有 $\boldsymbol{x}(t)$ 有界,则称系统(4.3.12) BIBS 全稳定。

定理 4-18　系统(4.3.12) BIBS 稳定当且仅当系统(4.3.12)全体可控模态收敛;系统(4.3.12) BIBS 全稳定当且仅当系统(4.3.12)全体可控模态收敛、全体不可控模态不发散。

定理 4-18 可以用可控性分解式来说明。不妨假定系统(4.3.12)中的矩阵 $\boldsymbol{A}$,$\boldsymbol{B}$ 具有可控性分解形式。这时有

$$\boldsymbol{x}(t)=\begin{bmatrix}e^{\boldsymbol{A}_1 t} & \times\\ & e^{\boldsymbol{A}_4 t}\end{bmatrix}\begin{bmatrix}\boldsymbol{x}_1(0)\\ \boldsymbol{x}_2(0)\end{bmatrix}+\begin{bmatrix}\int_0^t e^{\boldsymbol{A}_1(t-\tau)}\boldsymbol{B}_1\boldsymbol{u}(\tau)d\tau\\ \boldsymbol{0}\end{bmatrix}$$

当 $\boldsymbol{x}(0)=\boldsymbol{0}$ 时,$\boldsymbol{x}(t)$的表达式中只有等号右边的第二项,这项与不可控运动模式无关,而

$$\left|\int_0^t e^{\boldsymbol{A}_1(t-\tau)}\boldsymbol{B}_1\boldsymbol{u}(\tau)d\tau\right|\leqslant K\int_0^{\infty}\left|e^{\boldsymbol{A}_1 t}\boldsymbol{B}_1\right|dt$$

这里 K 是 $\boldsymbol{u}(t)$的界,上式有界当且仅当 $\boldsymbol{A}_1$ 的特征值均具有负实部。BIBS 稳定只与可控性模态有关,而与不可控模态无关。当考虑全稳定时,除了可控模态,$\boldsymbol{A}$ 的所有运动模式均要涉及,故需加上 $\|e^{\boldsymbol{A}_4 t}\|$ 有界的条件,而这个条件就是 $\boldsymbol{A}_4$ 是李雅普诺夫稳定的。

从复数域的表达式(4.3.14)来看,BIBS 稳定的条件就是$(s\boldsymbol{I}-\boldsymbol{A})^{-1}\boldsymbol{B}$ 的极点均具有负实

部，因为不可控模态均已消去，故只要对可控模态提出要求即可。BIBS 全稳定则需要李雅普诺夫稳定条件加上 BIBS 稳定条件。

4. 线性时不变系统有界输入、有界输出(BIBO)稳定

这一部分研究式(4.3.13)中的第四项，并综合研究第三、四项。

定义 4-14 ① 若 $\boldsymbol{x}(0)=\boldsymbol{0}$，及在任意有界输入 $\boldsymbol{u}(t)$ 作用下，均有 $\boldsymbol{y}(t)$ 有界，则称系统(4.3.12) BIBO 稳定。② 若对任意的 $\boldsymbol{x}(0)$，及在任意有界输入 $\boldsymbol{u}(t)$ 作用下，均有 $\boldsymbol{y}(t)$ 有界，则称系统(4.3.12) BIBO 全稳定。

定理 4-19 系统(4.3.12)BIBO 稳定当且仅当系统(4.3.12)全体可控可观模态收敛；系统(4.3.12)BIBO 全稳定等价于系统(4.3.12)全体可控可观模态收敛、全体可观不可控模态不发散。

BIBO 稳定研究的是 $\boldsymbol{C}(s\boldsymbol{I}-\boldsymbol{A})^{-1}\boldsymbol{B}=\boldsymbol{G}(s)$ 的极点是否具有负实部，这正是经典控制理论中研究的稳定性。判别 $\boldsymbol{G}(s)$ 的极点是否全在左半面，可用劳斯及霍尔维茨判据。

定理 4-18、4-19 明显地表明 BIBS 稳定、BIBO 稳定与系统可控性、可观性密切相关。由定义易知：系统是 BIBS 稳定的则一定是 BIBO 稳定；系统是 BIBS 全稳定的则一定是 BIBO 全稳定。

5. 线性时不变系统总体稳定(T 稳定)

定义 4-15 若对任意的 $\boldsymbol{x}(0)$，及在任意有界输入 $\boldsymbol{u}(t)$ 作用下，均有 $\boldsymbol{x}(t)$、$\boldsymbol{y}(t)$ 有界，则称系统(4.3.12)总体稳定。

一个用状态方程描述的系统要能够正常工作，总体稳定是先决条件；总体稳定包含了 BIBO 全稳定和 BIBS 全稳定；而 BIBS 全稳定的系统一定 BIBO 全稳定，所以总体稳定的充分必要条件是 BIBS 全稳定。

6. 线性时不变系统各稳定性之间的关系

容易验证以下结论成立：

定理 4-20 若$(\boldsymbol{A},\boldsymbol{C})$可观，则系统 BIBO 稳定当且仅当系统 BIBS 稳定。

证明：“当”显然，下面证“仅当”。

假定系统已具可控性分解形式：

$$\begin{cases}\boldsymbol{A}=\begin{bmatrix}\boldsymbol{A}_1 & \boldsymbol{A}_2\\ \boldsymbol{0} & \boldsymbol{A}_4\end{bmatrix}, \quad \boldsymbol{B}=\begin{bmatrix}\boldsymbol{B}_1\\ \boldsymbol{0}\end{bmatrix} \Rightarrow \boldsymbol{y}(s)=\underbrace{\boldsymbol{C}_1(s\boldsymbol{I}-\boldsymbol{A}_1)\boldsymbol{B}_1}_{\boldsymbol{G}(s)}\boldsymbol{u}(s)\\ \boldsymbol{C}=\begin{bmatrix}\boldsymbol{C}_1 & \boldsymbol{C}_2\end{bmatrix}\end{cases}$$

则$(\boldsymbol{A},\boldsymbol{C})$可观意味子系统$(\boldsymbol{A}_1,\boldsymbol{B}_1,\boldsymbol{C}_1)$是可控可观测的。BIBO 等价于 $\boldsymbol{A}_1$ 的所有特征值均具有负实部。另一方面，因为$(\boldsymbol{A}_1,\boldsymbol{B}_1)$可控、$\boldsymbol{A}_1$ 的所有特征值均具有负实部，故由定理 4-18 可知系统 BIBS 稳定。

由定理 4-18、4-19、4-20 容易得到系统各稳定性之间的关系图，如图 4-6 所示。

进一步，容易证明以下结论成立。

定理 4-21 若$(\boldsymbol{A},\boldsymbol{B})$可控，则有 BIBS 稳定当且仅当 $\mathrm{Re}\lambda_i(\boldsymbol{A})<0$。

证明：只需要证由 BIBS 稳定推得 $\mathrm{Re}\lambda_i(\boldsymbol{A})<0$ 即可。事实上，根据定理 4-18，系统 BIBS 稳定等价于所有可控模态收敛，即可控模态(特征值)具有负实部。因为$(\boldsymbol{A},\boldsymbol{B})$可控，故 $\boldsymbol{A}$ 阵的所有模态(特征值)均为可控模态，此时系统 BIBS 稳定必等价于其所有特征值均具有

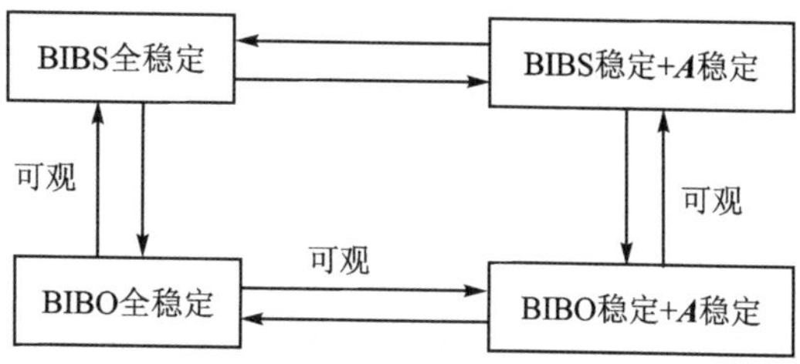

图 4-6　稳定性之间的关系(1)

负实部，从而所有的模态均收敛。

定理 4-22　若($\boldsymbol{A},\boldsymbol{B},\boldsymbol{C}$)可观、可控，则有 BIBO 稳定当且仅当 $\mathrm{Re}\lambda_i(\boldsymbol{A})<0$。

定理 4-23　BIBS 全稳定当且仅当 BIBS 稳定，$\boldsymbol{A}$ 李雅普诺夫稳定。

定理 4-24　若($\boldsymbol{A},\boldsymbol{C}$)可观，则有 BIBO 全稳定当且仅当 BIBO 稳定，$\boldsymbol{A}$ 李雅普诺夫稳定。

定理 4-25　若($\boldsymbol{A},\boldsymbol{B},\boldsymbol{C}$)可观、可控，以下叙述等价

① BIBS 稳定。

② BIBO 稳定。

③ $\boldsymbol{A}$ 渐近稳定。

④ $\boldsymbol{A}$ 特征值具有负实部。

⑤ 传递函数阵极点具有负实部。

⑥ 总体稳定。

对可控可观测的时不变系统($\boldsymbol{A}$、$\boldsymbol{B}$、$\boldsymbol{C}$)，定理 4-25 中的③与④等价，④蕴含了①、⑥，①蕴含了②，②与⑤等价，⑤等价于①和②，①与⑥等价。BIBO、BIBS 及总体稳定性及矩阵 $\boldsymbol{A}$ 的特征根具有负实部之间的关系如图 4-7 所示。

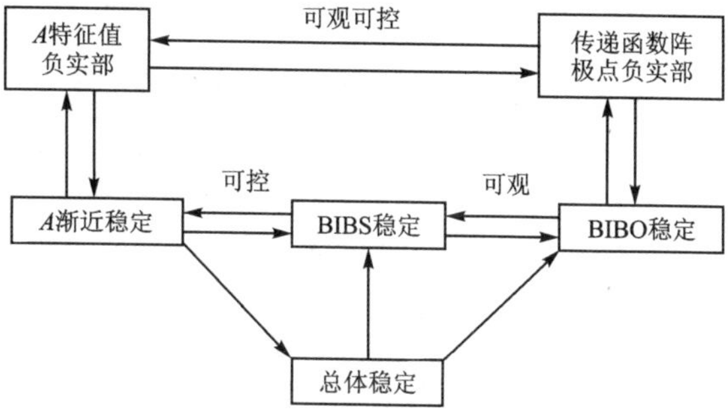

图 4-7　稳定性之间的关系(2)

判断时不变系统各种意义下的稳定性，一般要求出 $\boldsymbol{A}$ 的特征值，然后对这些特征值的可控、可观性进行研究，再根据定理作判断。因为系统的可控性、可观性与传递函数阵零、极点对消(或约去模态)有联系，因此可以不去判别各特征值的可控、可观性，直接计算 $\boldsymbol{C}(s\boldsymbol{I}-\boldsymbol{A})^{-1}$，$(s\boldsymbol{I}-\boldsymbol{A})^{-1}\boldsymbol{B}$，$\boldsymbol{C}(s\boldsymbol{I}-\boldsymbol{A})^{-1}\boldsymbol{B}$。由计算的极点分布结果判别各种稳定性。下面通过一些例子来说明各种稳定性的判别方法。

例 4-8　系统状态方程和输出方程如下：

$$\dot{\boldsymbol{x}}=\begin{bmatrix}0 & 0 & 0\\ 0 & 0 & 1\\ 0 & -a_1 & -a_2\end{bmatrix}\boldsymbol{x}+\begin{bmatrix}b\\ 0\\ 1\end{bmatrix}u$$

$$y=[1\quad 0\quad -b]\boldsymbol{x}$$

其中，a_1、a_2 和 b 均为实常数，试分别给出满足下列条件时，a_1、a_2 和 b 的取值范围：

① 李雅普诺夫意义下稳定；

② 有界输入、有界输出(BIBO)稳定。

解： ① 李雅普诺夫稳定：

a. $a_1>0, a_2>0$，特征值一个为 0，两个有负实部。

b. $a_1=0, a_2>0$，特征值两个为 0，一个有负实部。零特征值几何重数与代数重数相同，初等因子为一次。

c. $a_1>0, a_2=0$，一个零特征值，一对共轭零实部特征值。

② BIBO 稳定：

$$g(s)=\frac{b}{s}-\frac{bs}{s^2+a_2s+a_1}=\frac{b(a_2s+a_1)}{s(s^2+a_2s+a_1)}$$

a. $b=0, g(s)=0$。

b. $b\neq 0, a_1=0, a_2=0, g(s)=0$。

此外不会 BIBO 稳定。

例 4-9 多变量系统结构图如图 4-8 所示，其中 K_1 和 K_2 都是非零常数，v_1, v_2 是输入量，y_1, y_2 是输出量。试给出系统总体稳定时参数 K_1, K_2 应满足的条件(只要求给出不等式)。

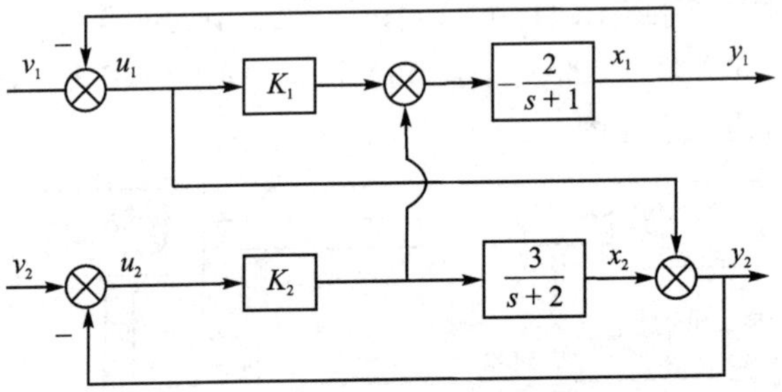

图 4-8 多变量系统结构图

解： 根据图 4-8 中所给出的关系，列出方程组如下：

$$\dot{x}_1+x_1=-2(K_1u_1+K_2u_2),\quad \dot{x}_2+2x_2=3K_2u_2,\quad y_1=x_1$$
$$u_2=v_2-(x_2+u_1),\quad u_1=v_1-y_1,\quad y_2=u_1+x_2$$

消去中间变量 u_1、u_2，得到下列系统的动态方程：

$$\begin{bmatrix}\dot{x}_1\\ \dot{x}_2\end{bmatrix}=\begin{bmatrix}-1+2K_1-2K_2 & 2K_2\\ 3K_2 & -2-3K_2\end{bmatrix}\begin{bmatrix}x_1\\ x_2\end{bmatrix}+\begin{bmatrix}-2K_1+2K_2 & -2K_2\\ -3K_2 & 3K_2\end{bmatrix}\begin{bmatrix}v_1\\ v_2\end{bmatrix}$$

$$\begin{bmatrix}y_1\\ y_2\end{bmatrix}=\begin{bmatrix}1 & 0\\ -1 & 1\end{bmatrix}\begin{bmatrix}x_1\\ x_2\end{bmatrix}+\begin{bmatrix}0 & 0\\ 1 & 0\end{bmatrix}\begin{bmatrix}v_1\\ v_2\end{bmatrix}$$

$\boldsymbol{B}, \boldsymbol{C}$ 矩阵的秩均为 2，系统可控、可观测，故总体稳定等价于渐近稳定，于是

$$\begin{vmatrix}s+1-2K_1+2K_2 & -2K_2\\ -3K_2 & s+2+3K_2\end{vmatrix}=s^2+(3-2K_1+5K_2)s+(2-4K_1+7K_2-6K_1K_2)$$

上面的多项式的根均在左半面的充要条件为

$$3-2K_1+5K_2>0,\quad 2-4K_1+7K_2-6K_1K_2>0$$

例 4-10　系统动态方程为

$$\dot{\boldsymbol{x}}=\begin{bmatrix}-a & 0 & 0\\ 5 & -5 & -15\\ 0 & 0 & 0\end{bmatrix}\boldsymbol{x}+\begin{bmatrix}1\\ 5\\ -1\end{bmatrix}u,\quad y=[b\quad 0\quad 0]\boldsymbol{x}$$

式中，a、b 为实常数，分别写出满足下列稳定性要求时，参数 a、b 应满足的条件：

① 当 $u=0$ 时，$\boldsymbol{x}=\boldsymbol{0}$ 李雅普诺夫意义下稳定。

② 系统 BIBS 稳定。

③ 系统 BIBO 稳定。

解：

$$|s\boldsymbol{I}-\boldsymbol{A}|=\begin{vmatrix}s+a & 0 & 0\\ -5 & s+5 & 15\\ 0 & 0 & s\end{vmatrix}=s(s+5)(s+a)$$

① $a>0$，三根为 $0,-5,-a$，李雅普诺夫稳定；$a<0$，有正根，不稳定；$a=0$，两根为零，一根为-5，$\operatorname{rank}(s\boldsymbol{I}-\boldsymbol{A})|_{s=0}=1$ 有两个线性无关的特征向量，零根对应的若当块为两个一阶块，故李雅普诺夫稳定。

②

$$(s\boldsymbol{I}-\boldsymbol{A})^{-1}\boldsymbol{B}=\begin{bmatrix}\dfrac{1}{s+a} & 0 & 0\\ \dfrac{5}{(s+a)(s+5)} & \dfrac{1}{s+5} & \dfrac{-15}{s(s+5)}\\ 0 & 0 & \dfrac{1}{s}\end{bmatrix}\begin{bmatrix}1\\ 5\\ -1\end{bmatrix}=\begin{bmatrix}\dfrac{1}{s+a}\\ *\\ \dfrac{-1}{s}\end{bmatrix}$$

说明不论 a 取何值，均有一个 $s=0$ 是可控的，故 BIBS 不稳定（$a=0$，$s=0$，两根中至少有一个不可控，因为可控性矩阵的秩至少为 2，所以必有一个 $s=0$ 可控）。

③ $\boldsymbol{C}(s\boldsymbol{I}-\boldsymbol{A})^{-1}\boldsymbol{B}=\dfrac{b}{s+a}$，$b\neq 0$，$a>0$，BIBO 稳定；$b=0$，BIBO 稳定。

例 4-11　系统动态方程为

$$\dot{\boldsymbol{x}}=\begin{bmatrix}\sigma & 1 & 0 & 0\\ -1 & \sigma & 0 & 0\\ 0 & 0 & \lambda & 1\\ 0 & 0 & 0 & \lambda\end{bmatrix}\boldsymbol{x}+\begin{bmatrix}0\\ a\\ 0\\ 1\end{bmatrix}u,\quad y=[0\quad 1\quad b\quad 0]\boldsymbol{x}$$

试分别给出系统满足各种稳定性时，参数 a,b,σ,λ 应满足的充分必要条件。

解： $\boldsymbol{x}=\boldsymbol{0}$ 李雅普诺夫意义下稳定：$\sigma\leqslant 0,\lambda<0$。

渐近稳定：$\sigma<0,\lambda<0$。

BIBS 稳定：$a=0,\lambda<0$；$a\neq 0,\sigma<0,\lambda<0$。

BIBO 稳定：

$$b=0\begin{cases}a=0\\ a\neq 0,\sigma<0\end{cases},\quad b\neq 0\begin{cases}a=0, & \lambda<0\\ a\neq 0, & \sigma<0,\lambda<0\end{cases}$$

BIBO 全稳定：

$$b=0\begin{cases}a=0, & \sigma\leqslant 0\\ a\neq 0, & \sigma<0\end{cases},\quad b\neq 0\begin{cases}a=0, & \sigma\leqslant 0,\lambda<0\\ a\neq 0, & \sigma<0,\lambda<0\end{cases}$$

BIBO 全稳定：$a=0,\sigma\leqslant 0,\lambda<0;a\neq 0,\sigma<0,\lambda<0$。

总体稳定：$a=0,\sigma\leqslant 0,\lambda<0;a\neq 0,\sigma<0,\lambda<0$。

例 4-12 考虑下列三维系统的各种稳定性

$$\dot{\boldsymbol{x}}=\begin{bmatrix}-1 & 1 & 0\\ 0 & -1 & 0\\ 0 & 0 & 0\end{bmatrix}\boldsymbol{x}+\begin{bmatrix}1\\2\\1\end{bmatrix}u$$

$$y=\begin{bmatrix}2 & 3 & 0\end{bmatrix}\boldsymbol{x}$$

解：因为 $\boldsymbol{A}$ 的特征值为 -1、-1、0，故系统的零状态是稳定的，不是渐近稳定的。零状态响应是 BIBO 稳定，因为这时传递函数为

$$\boldsymbol{c}(s\boldsymbol{I}-\boldsymbol{A})^{-1}\boldsymbol{b}=\frac{8s+12}{(s+1)^2}$$

极点为 -1、-1，且是 BIBO 全稳定的。但系统不是 BIBS 稳定的，实际上

$$\boldsymbol{\Phi}(t,\tau)\boldsymbol{b}=\begin{bmatrix}e^{-(t-\tau)}[1+2(t-\tau)]\\ 2e^{-(t-\tau)}\\ 1\end{bmatrix}$$

显而易见积分 $\int_{t_0}^{1} e^{\boldsymbol{A}(t-\tau)}\boldsymbol{b}u(\tau)\mathrm{d}\tau$ 的第三分量在有界输出 $u(t)=1(t)$ 时就是无界的。因而这个系统也不会是总体稳定的。

4.4 李雅普诺夫第二方法

为了分析运动的稳定性，李雅普诺夫(Lyapunov)提出了两种方法，第一种方法包含许多步骤，包括最终用微分方程的显式来对稳定性进行分析，这是一个间接的方法；第二种方法不是直接求解微分方程(组)，而是通过构造所谓的李雅普诺夫函数来直接判断运动的稳定性，因此又称为直接法，它完全是一种定性的方法。本节主要介绍直接法及其在线性控制理论中的应用。

4.4.1 基本概念和主要定理

首先用一个简单的例子来阐明李雅普诺夫第二方法，即直接法的思路。考虑系统 $\dot{x}=-5x$ 原点的稳定性。先取函数 $v(x)=x^2$，x 不为零时，$v(x)>0$，只有 x 为零时 $v(x)=0$。再沿着系统运动轨线的导数 $\dot{v}(x)=-10x^2$，x 不为零时，$\dot{v}(x)<0$，只有 x 为零时，$\dot{v}(x)=0$。这意味着 $v(x)$ 最终趋于零，从而 x 最终趋于零，即系统的原点是渐近稳定的。这个过程没有求取系统的解而是直接判断系统原点的渐近稳定性，这就是李雅普诺夫第二方法的思想。再看下面一个例子。

例 4-13 研究一个自由度的阻尼振动，其微分方程为

$$\begin{cases}\dot{x}=y\\ \dot{y}=-ay-x, \quad a>0\end{cases}$$

这里 x 表示物体的坐标，$\dot{x}=y$ 表示其速度，列向量 $[x \quad y]^{\mathrm{T}}$ 表示它的状态。系统的总机械能可表示为

$$T=\frac{1}{2}x^2+\frac{1}{2}y^2$$

若 $C>0$，则 $T=C$ 表示相平面 (x,y) 上的一个等能量圆，随着 C 的减小，这些等能量圆逐渐向原点收缩，如图 4-9 所示。从力学的观点来看这个系统由于阻尼力的存在，总能量随着时间的增加（即运动的进行）而减小，而且 T 始终大于等于 0，且只有在坐标原点处 $T=0$。

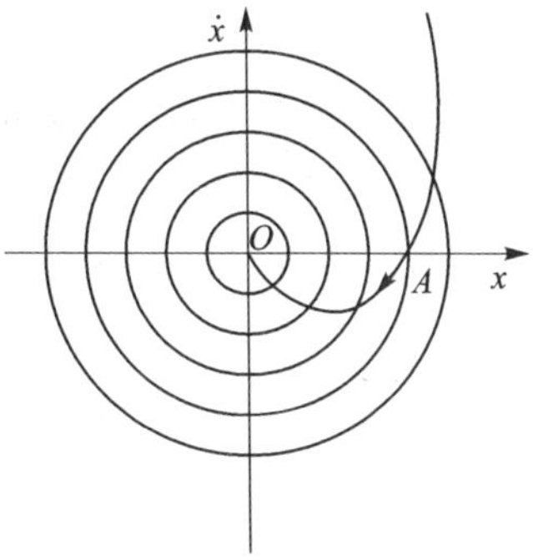

图 4-9　例 4-13 的相平面

因而当 $t\to\infty$ 时有 $T\to 0$，即 $x(t)\to 0$，$y(t)\to 0$，即运动趋向于平衡状态，系统是渐近稳定的。可以给这一力学上的显然事实以解析的描述。如果求出 T 沿着运动轨线的导数

$$\frac{\mathrm{d}T}{\mathrm{d}t}=\frac{\mathrm{d}}{\mathrm{d}t}\left[\frac{1}{2}x^2+\frac{1}{2}y^2\right]=x\dot{x}+y\dot{y}=xy+y(-ay-x)=-ay^2$$

可见当 $y\neq 0$，$\frac{\mathrm{d}T}{\mathrm{d}t}<0$，只有当 $y=0$ 时，才有 $\frac{\mathrm{d}T}{\mathrm{d}t}=0$，因为 $\frac{\mathrm{d}T}{\mathrm{d}t}=0$ 只发生在相轨迹上孤立的点处，即相轨迹与轴的交点，而这些点都不是系统平衡状态，例如图 4-9 中的点 A，相轨迹到 A 处并未终止，运动仍继续进行，只要相点一离开 A 处，就有 $\frac{\mathrm{d}T}{\mathrm{d}t}<0$，相点应继续进入 C 值更小的圆内。因此，在运动的过程中，T 只能不断地减小，相平面上的轨线应是从外向里穿过一个个等能量圆，最后趋向原点，因而运动是渐近稳定的。根据李雅普诺夫的定义，这里 T 就是一个可以用来判断系统稳定性的函数，称为李雅普诺夫函数。

在这个例子中，函数 T 的特点是 $T\geqslant 0$，只有当 $x=y=0$ 时，T 才为零。而 $\frac{\mathrm{d}T}{\mathrm{d}t}\leqslant 0$，但沿任一条运动轨线，$\frac{\mathrm{d}T}{\mathrm{d}t}$ 没有在任何一段时间区间上为零（如果 T 是解析函数，没有在任何一段时间区间上为零，即表示 T 不恒为零）。最终导出了 $x=y=0$ 平衡状态是渐近稳定的结论。显然在这一过程中并未解微分方程，而只是研究函数 T 及 $\dot{T}$ 的符号来判断稳定性，这就是李雅普诺夫第二方法判断稳定性问题的思想。利用李雅普诺夫函数判断微分方程零解的稳定性包含两个要点：① 构造一个函数 $v(x_1,x_2,\cdots,x_n)$，它具有一定的符号特性，例如证明渐近稳定时要求 $v(x_1,x_2,\cdots,x_n)=C(C>0)$，且当 C 趋向于零时，是一闭的、层层相套的、向原点退缩的超曲面族。② $v(x_1,x_2,\cdots,x_n)$ 沿微分方程的解对时间 t 的导数 $\mathrm{d}v/\mathrm{d}t=w(x_1,x_2,\cdots,x_n)$ 也具有一定的符号性质，且函数 v 和它的导数是相反符号。

以上的叙述中涉及了标量函数的符号问题，为此首先明确定号函数、常号函数及变号函数的概念。考察定义在原点领域 $\|\boldsymbol{x}\|<\Omega$，$t\geqslant t_0$ 的实变量实值函数 $v(\boldsymbol{x},t)$，这里 $\Omega>0$。并假定 $v(\boldsymbol{x},t)$ 是连续的、单值的，而且当 $\boldsymbol{x}=\boldsymbol{0}$ 时，有 $v(\boldsymbol{0},t)=0$。

定义 4-16

① 若函数不显含 t，只是 $\boldsymbol{x}$ 的函数，当 $\|\boldsymbol{x}\|<\Omega$ 时，有 $v(\boldsymbol{x})\geqslant 0(\leqslant 0)$，则称 $v(\boldsymbol{x})$ 为常正

(常负)函数。当 $0<\|\boldsymbol{x}\|<\Omega$ 时,有 $v(\boldsymbol{x})>0(<0)$,则称 $v(\boldsymbol{x})$ 为正定(负定)函数,或称定正(定负)函数。

② 若 $t\geqslant t_0$, $\|\boldsymbol{x}\|<\Omega$,恒有 $v(\boldsymbol{x},t)\geqslant 0(\leqslant 0)$,则称 $v(\boldsymbol{x},t)$ 为常正(常负)函数。若在 $\|\boldsymbol{x}\|<\Omega$ 存在正定函数 $w(\boldsymbol{x})$,使得对于 $t\geqslant t_0$, $v(\boldsymbol{x},t)\geqslant w(\boldsymbol{x})$ 成立,则称 $v(\boldsymbol{x},t)$ 为正定函数。若对于 $t\geqslant t_0$, $v(\boldsymbol{x},t)\leqslant -w(\boldsymbol{x})$ 成立,则称 $v(\boldsymbol{x},t)$ 为负定函数。

③ 不是常号函数和定号函数的函数称为变号函数。

④ 若 $\lim\limits_{\|\boldsymbol{x}\|\to 0} v(\boldsymbol{x},t)=0$ 对 t 一致成立,则称 $v(\boldsymbol{x},t)$ 具有无限小上界。显然对于具有无限小上界的函数 $v(\boldsymbol{x},t)$,若存在正定函数 $w(\boldsymbol{x})$,使得对 $t\geqslant t_0$ 均有 $|v(\boldsymbol{x},t)|<w(\boldsymbol{x})$ 成立,则称 $v(\boldsymbol{x},t)$ 有定常正定界。

⑤ 若 $\lim\limits_{\|\boldsymbol{x}\|\to\infty} v(\boldsymbol{x})=\infty$,则函数 $v(\boldsymbol{x})$ 称为径向无界的。

⑥ 函数 $v(\boldsymbol{x})$ 称为 $\mathscr{K}$ 类函数,是指 $\alpha(\mu)\geqslant 0$ 且 $\alpha(0)=0$ 的严格单增函数,即当 $\mu_2>\mu_1\geqslant 0$ 时,有 $\alpha(\mu_2)>\alpha(\mu_1)$。进一步,若满足 $\lim\limits_{\mu\to\infty}\alpha(\mu)=\infty$,则称 $v(\boldsymbol{x})$ 为 $\mathscr{K}_\infty$ 类函数。$\mathscr{K}_\infty$ 类函数一定是径向无界的。

对于定义 4-16 中的各类函数可举例如下。

例 4-14 设 $\boldsymbol{x}=[x_1 \quad x_2]^{\mathrm{T}}$,则有以下结论:

① $v(\boldsymbol{x})=x_1^2+x_2^2$ 正定;

② $v(\boldsymbol{x})=x_1^2+x_2^2-2x_1x_2$ 常正;

③ $v(\boldsymbol{x})=x_1x_2$ 变号;

④ $v(\boldsymbol{x},t)=\dfrac{1}{1+t^2}(x_1^2+x_2^2)$, $t\geqslant t_0>0$,常正;

⑤ $v(\boldsymbol{x},t)=\left(1+\dfrac{1}{1+t^2}\right)(x_1^2+x_2^2)$, $t\geqslant t_0>0$,正定,取 $w(\boldsymbol{x})=x_1^2+x_2^2$;

⑥ $v(\boldsymbol{x},t)=x_1^2+tx_2^2$ 不具有无限小上界;

⑦ $v(\boldsymbol{x},t)=x_1^2+\sin tx_2^2$ 有无限小上界,取 $w(\boldsymbol{x})=x_1^2+x_2^2$。

另外,应当指出定义 4-16 中的 Ω 为某一任意大于零的常数,t_0 可取得足够大。因为要讨论状态空间原点附近的运动的性质,同时在 t_0 以前的有限时间内的运动总可运用解对初值的连续依赖性来研究,重要的是 $t>t_0$ 以后的运动要借助于 v 函数研究。所以定义中的 Ω 可以是任意大于零的数,而 t_0 可取得充分大。

引理 4-1 若 $v(\boldsymbol{x},t)$ 正定(负定),则存在一个 $\mathscr{K}$ 类函数 $\varphi(\|\boldsymbol{x}\|)$,使得

$$v(\boldsymbol{x},t)\geqslant\varphi(\|\boldsymbol{x}\|),\quad v(\boldsymbol{x},t)\leqslant-\varphi(\|\boldsymbol{x}\|)$$

证明: 由定义可知 $v(\boldsymbol{x},t)$ 正定,存在 $w(\boldsymbol{x})$ 使得对于 $\|\boldsymbol{x}\|\leqslant\Omega$ 及 $t\geqslant t_0$,有 $v(\boldsymbol{x},t)\geqslant w(\boldsymbol{x})$ 成立。由 $w(\boldsymbol{x})$ 构造 $\varphi_1(\|\boldsymbol{x}\|)$,令 $\varphi_1(\|\boldsymbol{x}\|)=\inf\limits_{\|\boldsymbol{x}\|\leqslant\|\boldsymbol{x}'\|\leqslant\Omega} w(\boldsymbol{x}')$,显然 $\varphi_1(\|\boldsymbol{x}\|)$ 是非减函数。令

$$\varphi(\|\boldsymbol{x}\|)=\frac{\int_0^{\|\boldsymbol{x}\|}\varphi_1(\theta)\mathrm{d}\theta}{\|\boldsymbol{x}\|}$$

根据洛必达法则,可知 $\varphi(0)=0$,φ 的上升性可由导数 $\varphi'(\|\boldsymbol{x}\|)>0$ 而得到验证。

正定且有无限小上界的函数 $v(\boldsymbol{x},t)$ 的示意图如图 4-10 所示,图中 $\varphi(\|\boldsymbol{x}\|)$ 是引理 4-1 所要求的上升函数,而 $\varphi_1^*(\|\boldsymbol{x}\|)$ 则是利用无限小上界定义中 $|v(\boldsymbol{x},t)|\leqslant w_1(\boldsymbol{x})$ 的

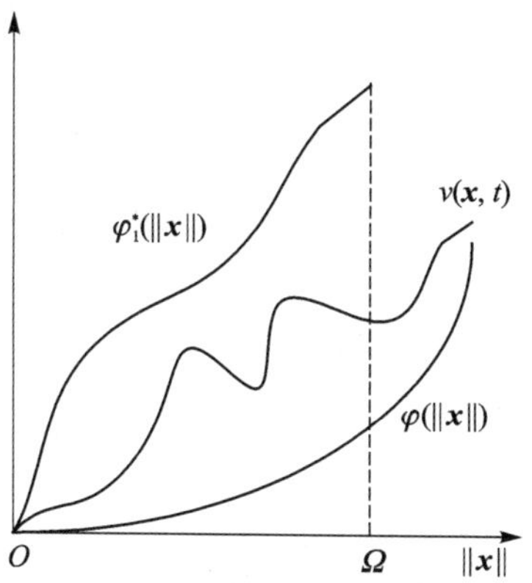

图 4－10　正定且有无穷小上界的函数

$w_1(\boldsymbol{x})$，按引理 4－1 的方法构造的非减函数。

下面介绍有关微分方程组

$$\dot{\boldsymbol{x}}=\boldsymbol{f}(\boldsymbol{x},t) \tag{4.4.1}$$

的平衡状态 $\boldsymbol{x}=\boldsymbol{0}$ 的稳定性定理，此处 $\boldsymbol{f}(\boldsymbol{0},t)=\boldsymbol{0}$。

定理 4－26　若存在正定(负定)函数 $v(\boldsymbol{x},t)$，$v(\boldsymbol{x},t)$沿方程(4.4.1)始于 $\boldsymbol{x}$、t 的运动的导数为

$$\dot{v}(\boldsymbol{x},t)=\frac{\partial v}{\partial t}+\left(\frac{\partial v}{\partial \boldsymbol{x}}\right)^{\mathrm{T}}\boldsymbol{f}(\boldsymbol{x},t)=\frac{\partial v}{\partial t}+\sum_{i=1}^{n}\frac{\partial v}{\partial x_i}f_i(x,t)\leqslant 0(\geqslant 0) \tag{4.4.2}$$

则式(4.4.1)的零解稳定。

证明：因为 $v(\boldsymbol{x},t)$正定，存在$\mathscr{K}$类函数 $\varphi(\|\boldsymbol{x}\|)$，使得当$\|\boldsymbol{x}\|<\Omega,t\geqslant t_0$ 时有

$$\varphi(\|\boldsymbol{x}\|)\leqslant v(\boldsymbol{x},t)$$

任给 $\varepsilon>0$，由于 $v(\boldsymbol{0},t_0)=0$，v 是 $\boldsymbol{x}$ 的连续函数，故可取 $\delta_1(\varepsilon,t_0)$ $(0<\delta_1(\varepsilon,t_0)<\varepsilon)$，使得当$\|\boldsymbol{x}_0\|<\delta_1(\varepsilon,t_0)$时，有 $v(\boldsymbol{x}_0,t_0)<\varphi(\varepsilon)$。

当 t 接近于 t_0 时，由解对初值及 t_0 的连续性，可取 $\delta_1(\varepsilon,t_0)$，使得当$\|\boldsymbol{x}_0\|<\delta_2(\varepsilon,t_0)$时，有

$$\|\boldsymbol{x}(t,\boldsymbol{x}_0,t_0)\|<\varepsilon$$

现在证明对 $t>t_0$，也有$\|\boldsymbol{x}(t,\boldsymbol{x}_0,t_0)\|<\varepsilon$ 成立。否则总有 t_1，使$\|\boldsymbol{x}(t_1,\boldsymbol{x}_0,t_0)\|=\varepsilon$，而在 $t_0\leqslant t\leqslant t_1$ 时，仍有$\|\boldsymbol{x}(t,\boldsymbol{x}_0,t_0)\|<\varepsilon$ 成立。这时$\|\boldsymbol{x}\|\leqslant\varepsilon<\Omega$，所以 $\dot{v}\leqslant 0$ 成立，故有 $v(t)\leqslant v(t_0)$，即

$$v(t_0)=v(\boldsymbol{x}_0,t_0)\geqslant v(t_1)\geqslant\varphi(\|\boldsymbol{x}(t_1,\boldsymbol{x}_0,t_0)\|)=\varphi(\varepsilon)$$

这和 $v(\boldsymbol{x}_0,t_0)<\varphi(\varepsilon)$相矛盾，矛盾表明$\|\boldsymbol{x}(t_1,\boldsymbol{x}_0,t_0)\|<\varepsilon$ 成立。注意定义 4－1 中所要求的 $\delta(\varepsilon,t_0)$，只要取在证明过程中所引入的 $\delta_1(\varepsilon,t_0)$、$\delta_2(\varepsilon,t_0)$之小者即可。

定理 4－27　若存在函数 $v(\boldsymbol{x},t)$正定且具有无限小上界，即存在正定函数 $v_i(t)$，$i=1,2$ 使得 $v_1(\boldsymbol{x})\leqslant v(\boldsymbol{x},t)\leqslant v_2(\boldsymbol{x})$，$v(\boldsymbol{x},t)$沿式(4.4.1)的解的导数负定，则式(4.4.1)的零解渐近稳定。进一步，若 $v_1(\boldsymbol{x})$径向无界，则式(4.4.1)的零解全局渐近稳定。

证明：由定理 4－26 可知 $\boldsymbol{x}=\boldsymbol{0}$ 稳定，现只需证当 $t\to\infty$时，有 $\boldsymbol{x}(t,\boldsymbol{x}_0,t_0)\to\boldsymbol{0}$。因为 $\dot{v}$ 负定，存在$\mathscr{K}$类函数 $k(\|\boldsymbol{x}\|)$，使得

$$\dot{v}(\boldsymbol{x}(t,\boldsymbol{x}_0,t_0),t) \leqslant -k(\|\boldsymbol{x}(t,\boldsymbol{x}_0,t_0)\|)$$

因为 $v \geqslant 0$，$\dot{v}(\boldsymbol{x}(t,\boldsymbol{x}_0,t_0),t)<0$，故 $\lim\limits_{t\to\infty} v(\boldsymbol{x}(t,\boldsymbol{x}_0,t_0),t)=v_\infty$ 存在，现要证 $v_\infty=0$。否则 $v_\infty>0$，因 v 有无限小上界，故

$$\psi\|\boldsymbol{x}(t,\boldsymbol{x}_0,t_0)\| \geqslant v_\infty > 0$$

这里 ψ 是非减的正函数，由此可得

$$\|\boldsymbol{x}(t,\boldsymbol{x}_0,t_0)\| \geqslant p_0 > 0$$

即有 $\dot{v} \leqslant -k(\|\boldsymbol{x}\|) \leqslant -k(p_0)$，将此式两边积分可得

$$v(t)=v(t_0)+\int_{t_0}^{t}\dot{v}\mathrm{d}t \leqslant v(t_0)-(t-t_0)k(p_0)$$

当 $t\to\infty$ 时，$v(t)\to-\infty$，这与正定相矛盾。矛盾表明 $v_\infty=0$，即 $\lim\limits_{t\to\infty}v(\boldsymbol{x}(t,\boldsymbol{x}_0,t_0),t)=0$，所以当 $t\to\infty$ 时，一定有 $\boldsymbol{x}(t,\boldsymbol{x}_0,t_0)\to\boldsymbol{0}$。

为了揭示式(4.4.1)零解的不稳定性，只需找出一条轨线，虽然初始扰动 $\boldsymbol{x}_0$ 任意地小，但是它总可以超出某一给定的区域。基于这一思想，切塔也夫(Цетаев)给出了下列关于式(4.4.1)零解不稳定的定理。

定理 4-28 设 $v(\boldsymbol{x},t)$ 满足：

① 任给 $\varepsilon>0$，存在一些 $\boldsymbol{x}$ 值，使得当 $\|\boldsymbol{x}\|<\varepsilon$，$t>t_0$ 时，$v(\boldsymbol{x},t)$ 为负，满足上述条件的点 $(\boldsymbol{x},t)$ 组成的区域称为区域 $v<0$，这种区域可能包含若干个子区域 $u_1,u_2,\cdots$。u_j 的边界是由 $v=0$ 和 $\|\boldsymbol{x}\|=\varepsilon$ 所组成的；

② 在某个子区域 u_j 中，v 有下界；

③ 在 u_j 中 $\dot{v}$ 为负，且 $\dot{v}\leqslant-\varphi(|v|)<0$，这里 φ 是 $\mathscr{K}$ 类函数。

则式(4.4.1)的零解是不稳定的。

证明： 在 u_j 中取点 $(\boldsymbol{x}_0,t_0)$，$\|\boldsymbol{x}_0\|$ 充分小，使得 $v(\boldsymbol{x}_0,t_0)=-a<0$，故有

$$v(t)=v_0+\int_{t_0}^{t}\dot{v}\mathrm{d}t=-a+\int_{t_0}^{t}\dot{v}\mathrm{d}t$$

又因为 $\dot{v}<0$，v 单调下降，$\dot{v}\leqslant-\varphi(|v|)\leqslant-\varphi(a)$，所以对 $t>t_0$，有 $v(t)<-a-(t-t_0)\varphi(a)$，该式成立的条件是在 u_j 内，这可由解对初值的连续性来保证。而在 u_j 内，$v(t)>-L$，若设 $T=\dfrac{L-a}{\varphi(a)}+t_0$，当 $t>T$ 时，$\boldsymbol{x}$ 已超出 u_j，但因为在 u_j 中 $\dot{v}$ 为负，因而 $v(t)<v(t_0)<0$ $(t>t_0)$，故可知始于 $(\boldsymbol{x}_0,t_0)$ 的运动不会越过 $v=0$ 的边界线，而是越过 $\|\boldsymbol{x}\|=\varepsilon$ 的圆域向外，而且越过边界的时间必然在 $t<T$ 的某一时刻。这样就证明了不论 $\boldsymbol{x}_0$ 取得多小，由 $(\boldsymbol{x}_0,t_0)$ 出发的轨线终将越出给定的 ε 域，因而 $\boldsymbol{x}=\boldsymbol{0}$ 是不稳定的。

有很多其他可以判断系统零解不稳定的方法，其中李雅普诺夫曾经提出了两个运动不稳定的定理，但它们都可由切塔也夫定理 4-28 推出。

定理 4-29 在定理 4-27 的条件下，式(4.4.1)的零解一致渐近稳定。进一步，若 $v_1(\boldsymbol{x})$ 径向无界，则式(4.4.1)的零解一致全局渐近稳定。

证明： 由定理 4-26 可知 $\boldsymbol{x}=\boldsymbol{0}$ 稳定，故可用局部性质，即在 Ω 内讨论。根据定理的条件，可认为在 $\|\boldsymbol{x}\|<\Omega$ 内，$\varphi(\|\boldsymbol{x}\|)\leqslant v(\boldsymbol{x},t)\leqslant\psi(\|\boldsymbol{x}\|)$ 及 $\dot{v}(\boldsymbol{x},t)\leqslant-\theta(\|\boldsymbol{x}\|)$ 成立。这里 φ 和 θ 都是上升函数，而 ψ 是不减的函数。

首先证明一致稳定，任给 $\varepsilon>0$，取 $\delta(\varepsilon)>0$，使 $\varphi(\varepsilon)>\psi(\delta(\varepsilon))$，因为

$$\varphi(\|\boldsymbol{x}\|) \leqslant v(\boldsymbol{x},t) \leqslant v(\boldsymbol{x}_0,t) \leqslant \psi(\|\boldsymbol{x}_0\|)$$

故当 $\|\boldsymbol{x}_0\|<\delta(\varepsilon)$ 时，有

$$\varphi(\|\boldsymbol{x}\|) \leqslant \psi(\|\boldsymbol{x}_0\|) \leqslant \psi(\delta(\varepsilon)) < \varphi(\varepsilon), \quad \forall t \geqslant t_0$$

由于 φ 的单调性，所以有

$$\|\boldsymbol{x}(t,\boldsymbol{x}_0,t_0)\| < \varepsilon, \quad \forall t \geqslant t_0$$

$\boldsymbol{x}=\boldsymbol{0}$ 一致稳定得证。

当 $\|\boldsymbol{x}\|<\Omega$，$\dot{v}$ 负定，$\dot{v}\leqslant-\theta(\|\boldsymbol{x}\|)$，取 $\delta_0=\delta(\Omega)$，这里 δ 为前面一致稳定的证明中所取的值。任给 $\varepsilon>0$，取 $T(\varepsilon)=\dfrac{\psi(\delta_0)}{\theta(\delta(\varepsilon))}$，如前所述，当 $\|\boldsymbol{x}_0\|<\delta(\varepsilon)$ 时，$\|\boldsymbol{x}(t,\boldsymbol{x}_0,t_0)\|<\varepsilon$，$\forall t\geqslant t_0$。因此只要在 $[t_0,t_0+T(\varepsilon)]$ 内能找到 t_1，使 $\|\boldsymbol{x}(t_1)\|<\delta(\varepsilon)$，就可以得到所要证的结果。$t_1$ 的存在性可用反证法证明，事实上，若 t_1 不存在，则

$$\|\boldsymbol{x}(t)\| \geqslant \delta(\varepsilon), \quad t_0 \leqslant t \leqslant t_0+T(\varepsilon)$$

于是 $\dot{v}\leqslant-\theta(\|\boldsymbol{x}\|)\leqslant-\theta(\delta(\varepsilon))$，将此式两边积分，得

$$\begin{aligned}0 < v(t_0+T(\varepsilon)) &\leqslant v(t_0)-\theta(\delta(\varepsilon))T(\varepsilon)\\ &\leqslant \psi(\|\boldsymbol{x}_0\|)-\theta(\delta(\varepsilon))T(\varepsilon)\\ &\leqslant \psi(\delta_0)-\psi(\delta_0)\\ &=0\end{aligned}$$

这里的矛盾表明 t_1 存在，即 $\|\boldsymbol{x}(t_1)\|<\delta(\varepsilon)$，故对 $t\geqslant t_1$，即 $t\geqslant t_0+T(\varepsilon)$，$\|x(t,\boldsymbol{x}_0,t_0)\|<\varepsilon$ 成立。

上面介绍的关于运动稳定、渐近稳定以及不稳定的定理中，函数 $v(\boldsymbol{x},t)$ 称为判断相应稳定性的李雅普诺夫函数。这些结果对于非线性定常系统的稳定性判断同样适用，即若系统是时不变系统，则上述李雅普诺夫渐近/一致渐近稳定性判别中关于李雅普诺夫函数具有无穷小上界的要求可以去掉，便可得到相应的结论，即如下三个定理。

定理 4-26* 若存在正定(负定)函数 $v(\boldsymbol{x})$，$v(\boldsymbol{x})$ 沿方程 $\dot{\boldsymbol{x}}=\boldsymbol{f}(\boldsymbol{x})$ 的运动的导数 $\dot{v}(\boldsymbol{x})\leqslant 0$ $(\geqslant 0)$，则 $\dot{\boldsymbol{x}}=\boldsymbol{f}(\boldsymbol{x})$ 的零解稳定。

定理 4-27* 若存在正定函数 $v(\boldsymbol{x})$，$v(\boldsymbol{x})$ 沿方程 $\dot{\boldsymbol{x}}=\boldsymbol{f}(\boldsymbol{x})$ 解的导数 $\dot{v}(\boldsymbol{x})$ 负定，则 $\dot{\boldsymbol{x}}=\boldsymbol{f}(\boldsymbol{x})$ 的零解渐近稳定。进一步，若 $v(\boldsymbol{x})$ 是径向无界的，则系统 $\dot{\boldsymbol{x}}=\boldsymbol{f}(\boldsymbol{x})$ 的零解全局渐近稳定。

定理 4-28* 若存在一个单值连续函数 $v(\boldsymbol{x})$ 满足：

① 在原点的某个邻域 $\|\boldsymbol{x}\|<\varepsilon$ 内，存在 $v(\boldsymbol{x})>0$ 的区域，这种区域可能包含若干个子区域 $u_1,u_2,\cdots,u_j,\cdots$，且子区域 u_j 的边界是由 $v(\boldsymbol{x})=0$ 组成的。

② 在某个子区域 u_j 内，$v(\boldsymbol{x})$ 沿方程 $\dot{\boldsymbol{x}}=\boldsymbol{f}(\boldsymbol{x})$ 的解的导数 $\dot{v}(\boldsymbol{x})>0$，则 $\dot{\boldsymbol{x}}=\boldsymbol{f}(\boldsymbol{x})$ 的零解是不稳定的。

这里的目的主要在于使读者了解这些定理的结论，以便下面讨论线性系统时直接运用这些结论。因此读者也可以略过定理证明的细节。此处特别给出定常系统渐近稳定的另一个后续要用到的扩展性判断结果，称为 Lasalle 不变原理。

定理 4-30 若存在正定函数 $v(\boldsymbol{x})$，$v(\boldsymbol{x})$ 沿系统 $\dot{\boldsymbol{x}}=\boldsymbol{f}(\boldsymbol{x})$ 的解的导数半负定 $\dot{v}(\boldsymbol{x})\leqslant 0$，集合 $\{\boldsymbol{x}\mid\dot{v}(\boldsymbol{x})=0\}$ 中除了零解外再没有其他解，则系统 $\dot{\boldsymbol{x}}=\boldsymbol{f}(\boldsymbol{x})$ 的零解渐近稳定。进一步，若 $v(\boldsymbol{x})$ 是径向无界的，则系统 $\dot{\boldsymbol{x}}=\boldsymbol{f}(\boldsymbol{x})$ 的零解全局渐近稳定。

4.4.2 线性系统的李雅普诺夫函数

为了应用李雅普诺夫第二方法来判断运动的稳定性，必须构造出合乎定理要求的李雅普诺夫函数，这正是使用李雅普诺夫第二方法的困难。运动稳定性理论中对李雅普诺夫函数的存在问题有专门的讨论。这里仅对线性系统介绍一些实用的结果。

考虑 n 维线性齐次方程

$$\dot{\boldsymbol{x}}=\boldsymbol{A}(t)\boldsymbol{x} \tag{4.4.3}$$

并假定 $\|\boldsymbol{A}(t)\|<K$。

定理 4-31 若 $\dot{\boldsymbol{x}}=\boldsymbol{A}(t)\boldsymbol{x}$ 是按指数渐近稳定的，$\boldsymbol{Q}(t)$ 是任意给定的正定对称阵，它的元是 t 的连续函数，且对 $t\geqslant t_0$ 有

$$\boldsymbol{0}<C_2\boldsymbol{I}\leqslant\boldsymbol{Q}(t)\leqslant C_1\boldsymbol{I} \tag{4.4.4}$$

则积分

$$\boldsymbol{P}(t)=\int_t^{\infty}\boldsymbol{\Phi}^{\mathrm{T}}(\tau,t)\boldsymbol{Q}(\tau)\boldsymbol{\Phi}(\tau,t)\mathrm{d}\tau \tag{4.4.5}$$

对一切 t 都收敛，且 $v(\boldsymbol{x},t)=\boldsymbol{x}^{\mathrm{T}}\boldsymbol{P}(t)\boldsymbol{x}$ 是满足定理 4-29 中式(4.4.3)的一个李雅普诺夫函数。

证明： 由于 $\dot{\boldsymbol{x}}=\boldsymbol{A}(t)\boldsymbol{x}$ 是按指数渐近稳定的，所以有正数 N 和 k，使

$$\|\boldsymbol{\Phi}(\tau,t)\|\leqslant N\mathrm{e}^{-k(\tau-t)},\quad \tau\geqslant t$$

利用这个估计式和式(4.4.4)，可得

$$\boldsymbol{P}(t)\leqslant\int_t^{\infty}C_1N^2\mathrm{e}^{-2k(\tau-t)}\boldsymbol{I}\mathrm{d}\tau=\frac{C_1N^2}{2k}\boldsymbol{I}$$

这表明 $\boldsymbol{P}(t)$ 是存在的，并且上式给出了 $\boldsymbol{P}(t)$ 的上界。由于 $\boldsymbol{x}^{\mathrm{T}}\boldsymbol{P}(t)\boldsymbol{x}\leqslant C_1N^2\boldsymbol{x}^{\mathrm{T}}\boldsymbol{x}/(2k)$，因此 $v(\boldsymbol{x},t)$ 具有无限小上界。

对式(4.4.3)两边积分，并利用三角不等式，得

$$\|\boldsymbol{x}(t)\|\leqslant\|\boldsymbol{x}(\sigma)\|+\int_{\sigma}^{t}\|\boldsymbol{A}(\tau)\|\,\|\boldsymbol{x}(\tau)\|\mathrm{d}\tau$$

根据贝尔曼不等式，有

$$\|\boldsymbol{x}(t)\|\leqslant\|\boldsymbol{x}(\sigma)\|\mathrm{e}^{k|t-\sigma|}$$
$$\|\boldsymbol{x}(\sigma)\|\geqslant\mathrm{e}^{-k|t-\sigma|}\|\boldsymbol{x}(t)\|$$
$$\|\boldsymbol{\Phi}(\sigma,t)\boldsymbol{x}(t)\|\geqslant\mathrm{e}^{-k|t-\sigma|}\|\boldsymbol{x}(t)\|$$

在 $\boldsymbol{x}^{\mathrm{T}}\boldsymbol{P}(t)\boldsymbol{x}$ 中利用上面所得的不等式，可得

$$\begin{aligned}\boldsymbol{x}^{\mathrm{T}}\boldsymbol{P}(t)x&=\int_t^{\infty}\boldsymbol{x}^{\mathrm{T}}\boldsymbol{\Phi}(\sigma,t)\boldsymbol{Q}(\sigma)\boldsymbol{\Phi}(\sigma,t)\boldsymbol{x}\mathrm{d}\sigma\\&=\int_t^{\infty}C_2\mathrm{e}^{-2k(\sigma-t)}\|\boldsymbol{x}\|^2\mathrm{d}\sigma\geqslant\frac{C_2}{2K}\|\boldsymbol{x}\|^2\end{aligned}$$

这表示 $v(\boldsymbol{x},t)$ 正定。再计算 $\dot{v}(\boldsymbol{x},t)$：

$$\begin{aligned}\dot{v}(\boldsymbol{x},t)&=\boldsymbol{x}^{\mathrm{T}}(\boldsymbol{A}^{\mathrm{T}}(t)\boldsymbol{P}(t)+\boldsymbol{P}(t)\boldsymbol{A}(t)+\dot{\boldsymbol{P}}(t))\boldsymbol{x}\\&=\boldsymbol{x}^{\mathrm{T}}\Big\{\int_t^{\infty}[\boldsymbol{A}^{\mathrm{T}}(t)\boldsymbol{\Phi}^{\mathrm{T}}(\sigma,t)\boldsymbol{Q}(\sigma)\boldsymbol{\Phi}(\sigma,t)+\boldsymbol{\Phi}^{\mathrm{T}}(\sigma,t)\boldsymbol{Q}(\sigma)\boldsymbol{\Phi}(\sigma,t)\boldsymbol{A}(t)]\mathrm{d}\sigma+\end{aligned}$$

$$\left.\frac{\mathrm{d}}{\mathrm{d}t}\int_t^{\infty}\boldsymbol{\Phi}^{\mathrm{T}}(\sigma,t)\boldsymbol{Q}(\sigma)\boldsymbol{\Phi}(\sigma,t)\mathrm{d}\sigma\right\}\boldsymbol{x}$$

$$=\boldsymbol{x}^{\mathrm{T}}\left\{-\int_t^{\infty}\frac{\mathrm{d}}{\mathrm{d}t}(\boldsymbol{\Phi}^{\mathrm{T}}(\sigma,t)\boldsymbol{Q}(\sigma)\boldsymbol{\Phi}(\sigma,t))\mathrm{d}\sigma+\frac{\mathrm{d}}{\mathrm{d}t}\int_t^{\infty}\frac{\mathrm{d}}{\mathrm{d}t}(\boldsymbol{\Phi}^{\mathrm{T}}(\sigma,t)\boldsymbol{Q}(\sigma)\boldsymbol{\Phi}(\sigma,t))\mathrm{d}\sigma\right\}\boldsymbol{x}$$

$$=-\boldsymbol{x}^{\mathrm{T}}\boldsymbol{Q}(t)\boldsymbol{x}$$

$$\leqslant -C_2\|\boldsymbol{x}\|^2$$

在以上的推导中，应用了 $\frac{\mathrm{d}}{\mathrm{d}t}\boldsymbol{\Phi}(\sigma,t)=-\boldsymbol{\Phi}(\sigma,t)\boldsymbol{A}(t)$ 及 $\boldsymbol{\Phi}(t,t)=\boldsymbol{I}$。这个结果表明 $\dot{v}(\boldsymbol{x},t)$ 是负定的，这就证明了 $v(\boldsymbol{x},t)=\boldsymbol{x}^{\mathrm{T}}\boldsymbol{P}(t)\boldsymbol{x}$ 满足定理 4－29 中对李雅普诺夫函数的要求，因而它是一个李雅普诺夫函数，这说明按指数渐近稳定的线性系统存在二次型的李雅普诺夫函数。

推论 4－3　系统(4.4.3)按指数渐近稳定的充分必要条件是对于任意给定的正定对称 $\boldsymbol{Q}(t)$ 阵，矩阵微分方程

$$\dot{\boldsymbol{P}}(t)+\boldsymbol{A}^{\mathrm{T}}(t)\boldsymbol{P}(t)+\boldsymbol{P}(t)\boldsymbol{A}(t)+\boldsymbol{Q}(t)=\boldsymbol{0}$$

存在有界正定对称解阵 $\boldsymbol{P}(t)$。

证明： 利用矩阵微分方程的解阵 $\boldsymbol{P}(t)$，构成 $v(\boldsymbol{x},t)=\boldsymbol{x}^{\mathrm{T}}\boldsymbol{P}(t)\boldsymbol{x}$，可证式(4.4.3)的解按指数渐近稳定。反过来，可证式(4.4.5)所定义的矩阵满足矩阵微分方程，并且是有界正定对称阵。这些证明步骤同定理 4－31。

现在考虑时不变线性系统 $\dot{\boldsymbol{x}}=\boldsymbol{A}\boldsymbol{x}$，它的二次型李雅普诺夫函数的存在问题是和某些矩阵代数方程是否有解联系在一起的，所以下面直接由矩阵代数方程是否有解的方式来叙述。

定理 4－32　时不变动态方程 $\dot{\boldsymbol{x}}=\boldsymbol{A}\boldsymbol{x}$ 的零解是渐近稳定的充分必要条件是对给定的任意一个正定对称阵 $\boldsymbol{N}$，都存在唯一的正定对称阵 $\boldsymbol{M}$，使得

$$\boldsymbol{A}^{\mathrm{T}}\boldsymbol{M}+\boldsymbol{M}\boldsymbol{A}=-\boldsymbol{N}\tag{4.4.6}$$

证明： ① 充分性。令 $v(\boldsymbol{x})=\boldsymbol{x}^{\mathrm{T}}\boldsymbol{M}\boldsymbol{x}$，由于 $\boldsymbol{M}$ 正定，所以 $v(\boldsymbol{x})$ 是正定函数，$v(\boldsymbol{x})$ 沿方程解的导数为

$$\dot{v}(\boldsymbol{x})=\dot{\boldsymbol{x}}^{\mathrm{T}}\boldsymbol{M}\boldsymbol{x}+\boldsymbol{x}^{\mathrm{T}}\boldsymbol{M}\dot{\boldsymbol{x}}=\boldsymbol{x}^{\mathrm{T}}\boldsymbol{A}^{\mathrm{T}}\boldsymbol{M}\boldsymbol{x}+\boldsymbol{x}^{\mathrm{T}}\boldsymbol{M}\boldsymbol{A}\boldsymbol{x}$$
$$=\boldsymbol{x}^{\mathrm{T}}(\boldsymbol{A}^{\mathrm{T}}\boldsymbol{M}+\boldsymbol{M}\boldsymbol{A})\boldsymbol{x}=-\boldsymbol{x}^{\mathrm{T}}\boldsymbol{N}\boldsymbol{x}$$

$\dot{v}(\boldsymbol{x})$ 是负定二次型，由定理 4－27 可知 $\dot{\boldsymbol{x}}=\boldsymbol{A}\boldsymbol{x}$ 的零解渐近稳定。

② 必要性。首先考虑矩阵方程

$$\dot{\boldsymbol{X}}=\boldsymbol{A}^{\mathrm{T}}\boldsymbol{X}+\boldsymbol{X}\boldsymbol{A},\quad \boldsymbol{X}(0)=\boldsymbol{N}\tag{4.4.7}$$

容易验证它的解为 $\boldsymbol{X}=\mathrm{e}^{\boldsymbol{A}^{\mathrm{T}}t}\boldsymbol{N}\mathrm{e}^{\boldsymbol{A}t}$。对式(4.4.7)积分，可得

$$\boldsymbol{X}(\infty)-\boldsymbol{X}(0)=\boldsymbol{A}^{\mathrm{T}}\left(\int_0^{\infty}\boldsymbol{X}\mathrm{d}t\right)+\left(\int_0^{\infty}\boldsymbol{X}\mathrm{d}t\right)\boldsymbol{A}$$

因为 $\boldsymbol{A}$ 的渐近稳定性，故 $\boldsymbol{X}(\infty)=\boldsymbol{0}$，即有

$$-\boldsymbol{N}=\boldsymbol{A}^{\mathrm{T}}\left(\int_0^{\infty}\mathrm{e}^{\boldsymbol{A}^{\mathrm{T}}t}\boldsymbol{N}\mathrm{e}^{\boldsymbol{A}t}\mathrm{d}t\right)+\left(\int_0^{\infty}\mathrm{e}^{\boldsymbol{A}^{\mathrm{T}}t}\boldsymbol{N}\mathrm{e}^{\boldsymbol{A}t}\mathrm{d}t\right)\boldsymbol{A}$$

令 $\boldsymbol{M}=\int_0^{\infty}\mathrm{e}^{\boldsymbol{A}^{\mathrm{T}}t}\boldsymbol{N}\mathrm{e}^{\boldsymbol{A}t}\mathrm{d}t$，$\boldsymbol{M}$ 满足式(4.4.6)，且 $\boldsymbol{M}^{\mathrm{T}}=\boldsymbol{M}$，$\boldsymbol{x}^{\mathrm{T}}\boldsymbol{M}\boldsymbol{x}=\int_0^{\infty}(\mathrm{e}^{\boldsymbol{A}t}\boldsymbol{x})^{\mathrm{T}}\boldsymbol{N}(\mathrm{e}^{\boldsymbol{A}t}\boldsymbol{x})\mathrm{d}t\geqslant 0$ 且等号当且仅当 $\boldsymbol{x}=\boldsymbol{0}$ 时成立，故 $\boldsymbol{M}$ 是正定对称阵。下面再证 $\boldsymbol{M}$ 是唯一的，若 $\boldsymbol{M}_1$ 和 $\boldsymbol{M}_2$ 均是

式(4.4.6)的解，则有

$$A^{\mathrm{T}}(M_1-M_2)+(M_1-M_2)A=0$$

上式等号两边同时左乘 $e^{A^{\mathrm{T}}t}$、右乘 e^{At}，并考虑到矩阵指数的求导计算，可得

$$\frac{\mathrm{d}}{\mathrm{d}t}\left[e^{A^{\mathrm{T}}t}(M_1-M_2)e^{At}\right]=0$$

这说明 $e^{A^{\mathrm{T}}t}(M_1-M_2)e^{At}$ 是一个常量矩阵，将 $t=0$ 代入可得 $M_1-M_2=e^{A^{\mathrm{T}}t}(M_1-M_2)e^{At}$，当 $t\to\infty$ 时，因为 A 是渐近稳定的，故有 $M_1=M_2$。定理证毕。

定理 4-32 可看作定理 4-31 的特例，说明对于一个渐近稳定的线性时不变系统，存在一个与 t 无关的二次型函数满足定理 4-27 所要求的条件，这个二次型函数就是一个李雅普诺夫函数。矩阵方程(4.4.6)给出了构造这个二次型 V 函数的具体途径，在指定正定对称的 N 阵后可求解式(4.4.6)所定义的 $n(n+1)/2$ 个未知量的代数方程组。定理的结论表明 A 若是渐近稳定的，则这个代数方程组有唯一解存在。

在求解式(4.4.6)时，比较简单的方法是取 N 为单位阵，当 A 中含有未确定参数时，可以先指定一个 N 阵，例如是单位阵，而后解式(4.4.6)所确定的代数方程组，从而得到 M 阵，用 Sylvester 定理写出 M 阵正定的条件，这样就可得到系统稳定时，A 中的待定参数应满足的条件。应当指出，这些待定参数应满足的条件是和选择的 N 阵无关的。

例 4-15 考虑二维系统

$$\begin{bmatrix}\dot{x}_1\\ \dot{x}_2\end{bmatrix}=\begin{bmatrix}a_{11} & a_{12}\\ a_{21} & a_{22}\end{bmatrix}\begin{bmatrix}x_1\\ x_2\end{bmatrix}$$

求系统渐近稳定时参数应满足的条件。

解： 令 $N=I$，由式(4.4.6)可得

$$\begin{bmatrix}2a_{11} & 2a_{21} & 0\\ a_{12} & a_{11}+a_{22} & a_{21}\\ 0 & 2a_{12} & 2a_{22}\end{bmatrix}\begin{bmatrix}m_{11}\\ m_{12}\\ m_{22}\end{bmatrix}=\begin{bmatrix}-1\\ 0\\ -1\end{bmatrix}$$

上述方程组的系数矩阵 A_1 的行列式为 $\det A_1=4(a_{11}+a_{22})(a_{11}a_{22}-a_{12}a_{21})$，若 $\det A_1\neq 0$，则方程组有唯一解，其解为

$$M=\frac{-2}{\det A_1}\begin{bmatrix}\det A+a_{21}^2+a_{22}^2 & -(a_{12}a_{22}+a_{21}a_{11})\\ -(a_{12}a_{22}+a_{21}a_{11}) & \det A+a_{11}^2+a_{22}^2\end{bmatrix}$$

由 M 正定的条件可得

$$m_{11}=\frac{\det A+a_{21}^2+a_{22}^2}{-2(a_{11}+a_{22})\det A}>0,\quad \det M=\frac{(a_{11}+a_{22})^2+(a_{12}-a_{21})^2}{4(a_{11}+a_{22})^2\det A}>0$$

因此系统渐近稳定的参数条件为 $\det A=a_{11}a_{22}-a_{12}a_{21}>0$，$(a_{11}+a_{22})<0$。

需要注意的是，定理 4-32 并不意味着以下命题成立：A 渐近稳定，M 正定，由式(4.4.6)所得的 N 一定正定。

例 4-16 设 $A=\begin{bmatrix}-1 & 1\\ 1 & -3\end{bmatrix}$，$M=\begin{bmatrix}1 & 2\\ 2 & 5\end{bmatrix}$，显然 A 的特征值均有负实部，M 正定，由式(4.4.6)计算出的 $N=\begin{bmatrix}-2 & 2\\ 2 & 26\end{bmatrix}$ 却不是正定的。

定理 4-33　若式(4.4.6)中的 $\boldsymbol{N}$ 取为半正定对称阵，且有 $\boldsymbol{x}^{\mathrm{T}}\boldsymbol{N}\boldsymbol{x}$ 沿任意非零解不恒为零，则矩阵方程

$$\boldsymbol{A}^{\mathrm{T}}\boldsymbol{M}+\boldsymbol{M}\boldsymbol{A}=-\boldsymbol{N} \tag{4.4.8}$$

有正定对称解的充分必要条件为 $\dot{\boldsymbol{x}}=\boldsymbol{A}\boldsymbol{x}$ 渐近稳定。

证明：① 充分性。因为 $\dot{\boldsymbol{x}}=\boldsymbol{A}\boldsymbol{x}$ 渐近稳定，故有 $\boldsymbol{x}(t,\boldsymbol{x}_0,0)=\mathrm{e}^{\boldsymbol{A}t}\boldsymbol{x}_0$ 按指数衰减到零。因而

$$\boldsymbol{x}^{\mathrm{T}}(t,\boldsymbol{x}_0,0)\boldsymbol{N}\boldsymbol{x}(t,\boldsymbol{x}_0,0)=\boldsymbol{x}_0^{\mathrm{T}}\mathrm{e}^{\boldsymbol{A}^{\mathrm{T}}t}\boldsymbol{N}\mathrm{e}^{\boldsymbol{A}t}\boldsymbol{x}_0$$

也是按指数衰减到零，故 $\boldsymbol{x}_0^{\mathrm{T}}\int_0^{\infty}\mathrm{e}^{\boldsymbol{A}^{\mathrm{T}}t}\boldsymbol{N}\mathrm{e}^{\boldsymbol{A}t}\mathrm{d}t\boldsymbol{x}_0$ 收敛，不难验证 $\boldsymbol{M}=\int_0^{\infty}\mathrm{e}^{\boldsymbol{A}^{\mathrm{T}}t}\boldsymbol{N}\mathrm{e}^{\boldsymbol{A}t}\mathrm{d}t$ 是矩阵方程(4.4.8)的正定对称解。

② 必要性。设 $\boldsymbol{M}$ 是式(4.4.8)的正定对称解，定义正定二次型 $v(\boldsymbol{x})=\boldsymbol{x}^{\mathrm{T}}\boldsymbol{M}\boldsymbol{x}$，令 $\boldsymbol{x}(t)$ 是 $\dot{\boldsymbol{x}}=\boldsymbol{A}\boldsymbol{x}$ 在 $[0,+\infty)$ 上确定的非零解。易知

$$\dot{v}(\boldsymbol{x}(t))=-\boldsymbol{x}^{\mathrm{T}}(t)\boldsymbol{N}\boldsymbol{x}(t),\quad t\in[0,+\infty)$$

所以 $v(\boldsymbol{x}(t))$ 是 t 的严格单调减函数，又对任意 $t\geqslant 0$ 有 $v(\boldsymbol{x}(t))>0$，因此当 $t\to\infty$，$v(\boldsymbol{x}(t))$ 趋向确定的极限 a，若 $a\neq 0$，由于 $v(\boldsymbol{x}(t))\geqslant a>0$，依连续性可知存在 $\delta>0$，使任意 $t\in[0,+\infty)$ 有 $\|\boldsymbol{x}(t)\|>\delta>0$。这样就有 $\varepsilon>0$ 存在，使得

$$\dot{v}(\boldsymbol{x}(t))=-\boldsymbol{x}^{\mathrm{T}}(t)\boldsymbol{N}\boldsymbol{x}(t)<-\varepsilon,\quad \forall t\in[0,+\infty)$$

积分上面的不等式得出

$$v(\boldsymbol{x}(t))=\boldsymbol{x}^{\mathrm{T}}(t)\boldsymbol{M}\boldsymbol{x}(t)<\boldsymbol{x}_0^{\mathrm{T}}\boldsymbol{M}\boldsymbol{x}_0-\varepsilon t$$

当 $t\to\infty$ 时，上式右端趋向于 $-\infty$，这与 $v(\boldsymbol{x})$ 正定相矛盾，矛盾表明 $a=0$。

由 $\lim\limits_{t\to\infty}v(\boldsymbol{x}(t))=0$ 就可推出 $\lim\limits_{t\to\infty}\boldsymbol{x}(t)=0$。事实上，如果不然，必存在 $\varepsilon_0>0$ 和数列 $t_1<t_2<\cdots<t_k<\cdots$，使得 $k\to\infty$，$t_k\to+\infty$，并且 $\|\boldsymbol{x}(t_k)\|\geqslant\varepsilon_0>0$，这样由 $v(\boldsymbol{x})$ 的正定性可知存在 m_0，使 $v(\boldsymbol{x}(t_k))\geqslant m_0$，这与 $\lim\limits_{t\to\infty}v(\boldsymbol{x}(t))=0$ 相矛盾。

这一结果给出了 Lasalle 不变原理(定理 4-30)中当线性时变系统是渐近稳定时，正定二次型李雅普诺夫函数的求解方法。注意"$\boldsymbol{x}^{\mathrm{T}}\boldsymbol{N}\boldsymbol{x}$ 沿方程的非零解不恒为零"的条件不能少。

例 4-17　考虑三阶多项式 $s^3+a_1s^2+a_2s+a_3$，其劳斯阵的第一列各元为 1、a_1、$\frac{1}{a_1}(a_1a_2-a_3)$ 和 a_3。令 $b_1=a_1$，$b_2=\frac{1}{a_1}(a_1a_2-a_3)$，$b_3=\frac{a_3}{a_1}$，构成矩阵 $\boldsymbol{A}=\begin{bmatrix}0&1&0\\-b_3&0&1\\0&-b_2&-b_1\end{bmatrix}$。考虑方程 $\dot{\boldsymbol{x}}=\boldsymbol{A}\boldsymbol{x}$，现用定理 4-33 来研究这一系统的渐近稳定性。取 $\boldsymbol{N}=\begin{bmatrix}0&0&0\\0&0&0\\0&0&2b_1^2\end{bmatrix}$，显然 $\boldsymbol{x}^{\mathrm{T}}\boldsymbol{N}\boldsymbol{x}$ 沿 $\dot{\boldsymbol{x}}=\boldsymbol{A}\boldsymbol{x}$ 的任一非零解不恒为零，由方程 $\boldsymbol{A}^{\mathrm{T}}\boldsymbol{M}+\boldsymbol{M}\boldsymbol{A}=-\boldsymbol{N}$ 解出

$$\boldsymbol{M}=\begin{bmatrix}b_1b_2b_3&0&0\\0&b_1b_2&0\\0&0&b_1\end{bmatrix}$$

$\boldsymbol{M}$ 正定的充要条件是 $b_1>0, b_2>0, b_3>0$。这是 $\boldsymbol{A}$ 为渐近稳定的充要条件，也是 $s^3+a_1s^2+a_2s+a_3$ 特征值全在左半面的充要条件，也是 $s^3+a_1s^2+a_2s+a_3$ 劳斯阵第一列全大于零的充要条件。这里 $\boldsymbol{A}$ 阵的特征多项式正是 $s^3+a_1s^2+a_2s+a_3$，因此就证明了三次多项式时的劳斯判据。若考虑 n 次多项式，则可给出劳斯判据的一种证明方法。

因为 $\boldsymbol{N}$ 为半正定矩阵，总可以将其分解为 $\boldsymbol{N}=\boldsymbol{C}^{\mathrm{T}}\boldsymbol{C}$，这时定理 4-33 中“$\boldsymbol{x}^{\mathrm{T}}\boldsymbol{N}\boldsymbol{x}$ 沿方程的非零解不恒为零”可用“$(\boldsymbol{A},\boldsymbol{C})$ 可观测”代替，这里 $\boldsymbol{N}=\boldsymbol{C}^{\mathrm{T}}\boldsymbol{C}$。易证：$(\boldsymbol{A},\boldsymbol{N})$ 可观测等价于 $(\boldsymbol{A},\boldsymbol{C})$ 可观测。这样可以得到以下定理。

定理 4-33* 对于 $(\boldsymbol{A},\boldsymbol{C})$ 为可观测的半正定阵 $\boldsymbol{N}=\boldsymbol{C}^{\mathrm{T}}\boldsymbol{C}$，李雅普诺夫方程 $\boldsymbol{A}^{\mathrm{T}}\boldsymbol{M}+\boldsymbol{M}\boldsymbol{A}=-\boldsymbol{N}$ 有唯一正定对称解 $\boldsymbol{M}$ 的充分必要条件为 $\dot{\boldsymbol{x}}=\boldsymbol{A}\boldsymbol{x}$ 渐近稳定。

证明： ① 必要性证明。类似于定理 4-32，由于系统零解已渐近稳定，故任给使 $(\boldsymbol{A},\boldsymbol{C})$ 可观测的半正定阵 $\boldsymbol{N}$，由积分

$$\boldsymbol{M}=\int_0^{\infty}\mathrm{e}^{\boldsymbol{A}^{\mathrm{T}}t}\boldsymbol{N}\mathrm{e}^{\boldsymbol{A}t}\,\mathrm{d}t=\int_0^{\infty}\mathrm{e}^{\boldsymbol{A}^{\mathrm{T}}t}\boldsymbol{C}^{\mathrm{T}}\boldsymbol{C}\mathrm{e}^{\boldsymbol{A}t}\,\mathrm{d}t$$

确定的矩阵 $\boldsymbol{M}$ 必满足式(4.4.6)且为正定(为可观测性 Gram 矩阵)，并且这个解是唯一的。

② 充分性证明。若给定 $\boldsymbol{N}$ 为 $(\boldsymbol{A},\boldsymbol{N})$ 可观测的半正定矩阵，方程(4.4.6)的解 $\boldsymbol{M}$ 为正定，要证此时系统必定渐近稳定。为此，考虑 $v(\boldsymbol{x})=\boldsymbol{x}^{\mathrm{T}}\boldsymbol{M}\boldsymbol{x}$，推得 $\dot{v}(\boldsymbol{x}(t))=-\boldsymbol{x}^{\mathrm{T}}(t)\boldsymbol{N}\boldsymbol{x}(t)$。因此，只要证明 $\boldsymbol{x}^{\mathrm{T}}(t)\boldsymbol{N}\boldsymbol{x}(t)=0$，推出 $\boldsymbol{x}(t)\equiv 0$ 即可。这样，由于

$$\boldsymbol{x}^{\mathrm{T}}\boldsymbol{N}\boldsymbol{x}=\boldsymbol{x}^{\mathrm{T}}\boldsymbol{C}^{\mathrm{T}}\boldsymbol{C}\boldsymbol{x}=0\Rightarrow\boldsymbol{C}\boldsymbol{x}=0\Leftrightarrow\boldsymbol{C}\mathrm{e}^{\boldsymbol{A}t}x_0=0$$

即 $\boldsymbol{C}\mathrm{e}^{\boldsymbol{A}t}x_0|_{t=0}=\boldsymbol{C}x_0=0$，对此式求 1 阶、2 阶一直到 $n-1$ 阶导数，再取 $t=0$，得到

$$\boldsymbol{CA}\mathrm{e}^{\boldsymbol{A}t}x_0|_{t=0}=\boldsymbol{CA}x_0=0,\ \boldsymbol{CA}^2\mathrm{e}^{\boldsymbol{A}t}x_0|_{t=0}=\boldsymbol{CA}^2x_0=0,\ \cdots,\ \boldsymbol{CA}^{n-1}\mathrm{e}^{\boldsymbol{A}t}x_0|_{t=0}=\boldsymbol{CA}^{n-1}x_0=0$$

这样便得到 $\begin{bmatrix}\boldsymbol{C}\\ \boldsymbol{CA}\\ \vdots\\ \boldsymbol{CA}^{n-1}\end{bmatrix}x_0=0$，由于 $(\boldsymbol{A},\boldsymbol{C})$ 为可观测的，所以得到 $x_0\equiv 0$，故推出 $\boldsymbol{x}(t)\equiv 0$。

这说明使 $\boldsymbol{x}^{\mathrm{T}}(t)\boldsymbol{N}\boldsymbol{x}(t)=0$ 的 $\boldsymbol{x}$ 只有零解，即沿方程的非零解 $\dot{v}$ 不恒为零。由定理 4-30 可知，系统必渐近稳定。

定理 4-34 若 $\boldsymbol{A}$ 的特征值实部非正，且对应于实部为零的特征值的初等因子为一次，则存在正定的二次型 $v(\boldsymbol{x})=\boldsymbol{x}^{\mathrm{T}}\boldsymbol{M}\boldsymbol{x}$，且 $\dot{v}$ 为半负定。

证明： 首先用可逆变换 $\bar{\boldsymbol{x}}=\boldsymbol{P}\boldsymbol{x}$ 将方程化为若当形，即

$$\dot{\bar{\boldsymbol{x}}}=\boldsymbol{PAP}^{-1}\bar{\boldsymbol{x}}=\boldsymbol{J}\bar{\boldsymbol{x}}\tag{4.4.9}$$

式中，$\boldsymbol{J}$ 为若当标准形，由定理的假设条件可知 $\boldsymbol{J}$ 是三类矩阵的直接和，即

$$\boldsymbol{J}_1=\begin{bmatrix}0 & & & \\ & 0 & & \\ & & \ddots & \\ & & & 0\end{bmatrix}_{\dim r},\quad \boldsymbol{J}_2=\mathrm{diag}\,[\boldsymbol{J}_{21}\quad \boldsymbol{J}_{22}\quad \cdots\quad \boldsymbol{J}_{2l}],\quad \boldsymbol{J}_{2i}=\begin{bmatrix}0 & \mu_i\\ -\mu_i & 0\end{bmatrix}$$

$\boldsymbol{J}_3$ 由具有负实部根的若当块组成，其维数为 $n-r-2l$，记 $(\bar{x}_1,\bar{x}_2,\cdots,\bar{x}_r,\cdots,\bar{x}_{r+2l})^{\mathrm{T}}=\bar{\bar{\boldsymbol{x}}}_1$，$(\bar{x}_{r+2l+1},\cdots,\bar{x}_{n-1},\bar{x}_n)^{\mathrm{T}}=\bar{\bar{\boldsymbol{x}}}_2$，式(4.4.9)可分成下面两个方程：

$$\dot{\bar{\bar{\boldsymbol{x}}}}_1=\begin{bmatrix}\boldsymbol{J}_1 & \boldsymbol{0}\\ \boldsymbol{0} & \boldsymbol{J}_2\end{bmatrix}\bar{\bar{\boldsymbol{x}}}_1\tag{4.4.10}$$

$$\dot{\bar{\bar{x}}}_2 = J_3 \bar{\bar{x}}_2 \tag{4.4.11}$$

对于方程(4.4.11)，根据定理 4-32，存在一个正定二次型 $w_2(\bar{\bar{x}})$，且 $\dot{w}_2$ 为负定，对式(4.4.10)，令

$$w_1(\bar{\bar{x}}_1) = \bar{x}_1^2 + \cdots + \bar{x}_r^2 + (\bar{x}_{r+1}^2 + \bar{x}_{r+2}^2) + \cdots + (\bar{x}_{r+2l-1}^2 + \bar{x}_{r+2l}^2)$$

$$\begin{aligned}\dot{w}_1(\bar{\bar{x}}) &= 2\bar{x}_1\dot{\bar{x}}_1 + \cdots + 2\bar{x}_r\dot{\bar{x}}_r + 2(\bar{x}_{r+1}\dot{\bar{x}}_{r+1} + \bar{x}_{r+2}\dot{\bar{x}}_{r+2}) + \cdots + 2(\bar{x}_{r+2l-1}\dot{\bar{x}}_{r+2l-1} - \bar{x}_{r+2l}\dot{\bar{x}}_{r+2l}) \\ &= 2\bar{x}_1 \cdot 0 + \cdots + 2\bar{x}_r \cdot 0 + 2(\mu_1\bar{x}_{r+1}\bar{x}_{r+2} - \mu_1\bar{x}_{r+2}\bar{x}_{r+1}) + \cdots \\ &= 0\end{aligned}$$

令 $w(\bar{x}) = w_1(\bar{\bar{x}}_1) + w_2(\bar{\bar{x}}_2)$，显然 $w(\bar{x})$ 正定，且 $\dot{w}(\bar{x}) \leqslant 0$。若 $w_2(\bar{\bar{x}}_2) = \bar{\bar{x}}_2^{\mathrm{T}} M_2 \bar{\bar{x}}_2$，则 $w(\bar{x}) = \bar{x}^{\mathrm{T}} \begin{bmatrix} I & 0 \\ 0 & M_2 \end{bmatrix} \bar{x}$，式中 I 为 $r+2l$ 的单位阵，由于 $\bar{x} = Px$，所以二次型

$$x^{\mathrm{T}} P^{\mathrm{T}} \begin{bmatrix} I & 0 \\ 0 & M_2 \end{bmatrix} Px = x^{\mathrm{T}} M x \tag{4.4.12}$$

即为定理所要求的，M 的正定性是显然的。

这一定理表明对于稳定而非渐近稳定的时不变线性系统，二次型的 V 函数存在。

1. 用 V 函数估计系统的动态性能

若给定系统存在定理 4-27 所要求的李雅普诺夫函数，则可以得到系统稳定性的明确结论，而且这个李雅普诺夫函数也可以用来估计系统过渡过程的衰减特性。现在以系统 $\dot{x} = Ax$ 为例来说明，由定理 4-32 可知，若 $\dot{x} = Ax$ 渐近稳定，则一定存在正定二次型作为它的 V 函数，并且 $\dot{v}$ 是负定二次型，这一事实的几何意义可说明如下。

若 $v(x) = x^{\mathrm{T}} M x$，则这里的 M 是正定对称矩阵，现取一正的数列 $\{C_n\}$，$C_1 > C_2 > \cdots > C_k > \cdots$，且 $\lim\limits_{k \to \infty} C_k = 0$。考察曲面 $S_k: x^{\mathrm{T}} M x = C_k (k=1,2,\cdots)$。$S_k$ 是状态空间中以原点为中心的椭球面，并且当 $C_{k+1} < C_k$ 时有 $S_{k+1} \subset S_k$，而当 $k \to \infty$ 时，S_k 收缩到原点，即这些椭球面层层相套最终收缩于原点。反之，状态空间的任一点可属于某个椭球面，因而对应于某一个正数 C_i。因此可认为通过 V 函数给状态空间的点赋予了一个正数，于是可把 V 函数看作状态空间到原点距离的一种度量。

另外从几何上看，$\dot{x} = Ax$ 的非零解 $x(t)$ 在状态空间中表示一条曲线，称为轨线。$v(x)$ 沿这些曲线的导数为

$$\dot{v}(x) = \left(\frac{\partial v}{\partial x}\right)^{\mathrm{T}} Ax = -x^{\mathrm{T}} N x < 0$$

式中的 $\dfrac{\partial v}{\partial x}$ 即 grad $v(x)$，表示那些椭球面的外法向；Ax 表示轨线的方向；$\left(\dfrac{\partial v}{\partial x}\right) Ax < 0$ 表明椭球面的外法向和轨线方向的夹角为钝角，即轨线应由外向里穿过层层的椭球面，最终趋向于原点；$\dfrac{\partial v}{\partial t}$ 表示随着 t 增长，沿轨线的李雅普诺夫函数的衰减速度。以上几何说明表示在图 4-11 中。

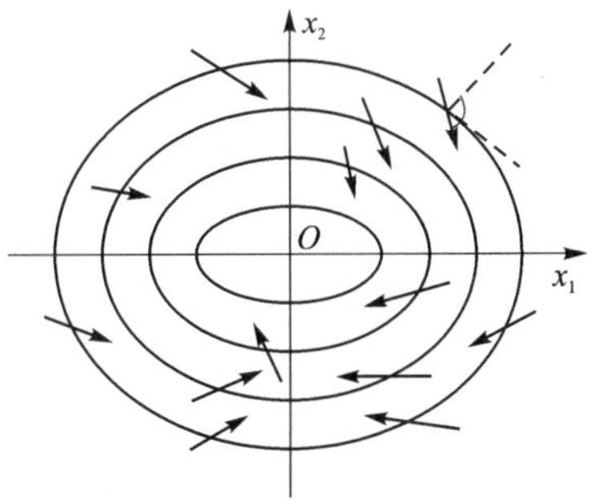

图 4-11　渐近稳定的几何说明

定义如下被称为品质因数的指标：

$$\eta=\min\left\{\frac{\boldsymbol{x}^{\mathrm{T}}\boldsymbol{N}\boldsymbol{x}}{\boldsymbol{x}^{\mathrm{T}}\boldsymbol{M}\boldsymbol{x}}\right\}\geqslant 0 \tag{4.4.13}$$

η 可作为 $\boldsymbol{x}(t)$ 衰减快慢的标志，显然 η^{-1} 可解释为动态过程的最大时间常数。对于一个系统，当然是希望 η^{-1} 小，即 η 大，因为 η 越大，表示轨线趋向于原点的速度大。但是在 $\boldsymbol{M}$ 取定后，η 就确定了，为此希望选取的 $\boldsymbol{M}$ 能使 η 最大。使 η 较大的 $\boldsymbol{M}$ 如果能得到，就说明这时对应的 $v(\boldsymbol{x})=\boldsymbol{x}^{\mathrm{T}}\boldsymbol{M}\boldsymbol{x}$ 是一个比较好的 V 函数，因为利用它可对系统动态过程做出较好的估计。显然若取

$$\eta_1=\max_{v}\min_{x}\left\{\frac{-\dot{v}}{v}\right\} \tag{4.4.14}$$

将会得到最好的估计。然而如何得到 η_1 尚不知道。

对于线性时不变系统的正定二次型 V 函数，若取定了矩阵 $\boldsymbol{M}$，η 可用下列定理来确定。

定理 4-35 若 $\dot{\boldsymbol{x}}=\boldsymbol{A}\boldsymbol{x}$ 渐近稳定，则反映零输入响应趋于零快慢的品质因数 η 为 $\boldsymbol{N}\boldsymbol{M}^{-1}$ 阵的最小特征值。

证明：可以证明

$$\eta=\min\left\{\frac{\boldsymbol{x}^{\mathrm{T}}\boldsymbol{N}\boldsymbol{x}}{\boldsymbol{x}^{\mathrm{T}}\boldsymbol{M}\boldsymbol{x}}\right\}=\min\{\boldsymbol{x}^{\mathrm{T}}\boldsymbol{N}\boldsymbol{x},\quad \boldsymbol{x}^{\mathrm{T}}\boldsymbol{M}\boldsymbol{x}=1\} \tag{4.4.15}$$

式(4.4.15)等号右端是一个条件极值问题，可用拉格朗日乘子法来解。令 $\varphi(\boldsymbol{x})=\boldsymbol{x}^{\mathrm{T}}\boldsymbol{N}\boldsymbol{x}-\mu(\boldsymbol{x}^{\mathrm{T}}\boldsymbol{M}\boldsymbol{x}-1)$，这里 μ 是拉格朗日乘子，根据求极值的方法，列出极值处应满足的条件

$$\frac{\mathrm{d}\varphi}{\mathrm{d}\boldsymbol{x}}=2(\boldsymbol{N}-\mu\boldsymbol{M})\boldsymbol{x}=\boldsymbol{0} \tag{4.4.16}$$

上式非零解存在的条件为 $|\boldsymbol{N}-\mu\boldsymbol{M}|=0$ 或 $|\boldsymbol{N}\boldsymbol{M}^{-1}-\mu\boldsymbol{I}|=0$，这表示 μ 取 $\boldsymbol{N}\boldsymbol{M}^{-1}$ 的特征值时，式(4.4.16)的非零解使 $\varphi(\boldsymbol{x})$ 取极值，由于 $\varphi(\boldsymbol{x})=\boldsymbol{x}^{\mathrm{T}}(\boldsymbol{N}-\mu\boldsymbol{M})\boldsymbol{x}+\mu$，故 $\varphi(\boldsymbol{x})$ 的极值显然为 μ，$\varphi(\boldsymbol{x})$ 的最小值应是 $\boldsymbol{N}\boldsymbol{M}^{-1}$ 的最小特征值，即 η 为 $\boldsymbol{N}\boldsymbol{M}^{-1}$ 阵的最小特征值。

因 $\boldsymbol{M}^{-1}$ 的特征值即为 $\boldsymbol{M}$ 特征值的倒数，故当 $\boldsymbol{N}=\boldsymbol{I}$ 时，η 即为 $\boldsymbol{M}$ 的最大特征值的倒数。下面在 $\boldsymbol{N}=\boldsymbol{I}$ 的条件下，给出衰减时间的一个具体估计。记 $\boldsymbol{M}$ 的最大特征值为 λ_M，$\boldsymbol{M}$ 的最小特征值为 λ_m，因为 $\boldsymbol{M}$ 正定，故 $\lambda_M\geqslant\lambda_m>0$。

简单地推导，易知

$$\lambda_m\|\boldsymbol{x}\|^2\leqslant\boldsymbol{x}^{\mathrm{T}}\boldsymbol{M}\boldsymbol{x}\leqslant\lambda_M\|\boldsymbol{x}\|^2 \tag{4.4.17}$$

式(4.4.17)又可写成

$$\frac{1}{\lambda_M}\boldsymbol{x}^{\mathrm{T}}\boldsymbol{M}\boldsymbol{x}\leqslant\|\boldsymbol{x}\|^2\leqslant\frac{1}{\lambda_m}\boldsymbol{x}^{\mathrm{T}}\boldsymbol{M}\boldsymbol{x} \tag{4.4.18}$$

由于 $\frac{\mathrm{d}}{\mathrm{d}t}(\boldsymbol{x}^{\mathrm{T}}\boldsymbol{M}\boldsymbol{x})=-\|\boldsymbol{x}\|^2$，所以有

$$-\frac{1}{\lambda_m}\mathrm{d}t\leqslant\frac{\mathrm{d}(\boldsymbol{x}^{\mathrm{T}}\boldsymbol{M}\boldsymbol{x})}{\boldsymbol{x}^{\mathrm{T}}\boldsymbol{M}\boldsymbol{x}}\leqslant\frac{1}{\lambda_M}\mathrm{d}t$$

从 0 到 t 积分上面的不等式，可得

$$\boldsymbol{x}_0^{\mathrm{T}}\boldsymbol{M}\boldsymbol{x}_0\mathrm{e}^{-\frac{t}{\lambda_m}}\leqslant\boldsymbol{x}^{\mathrm{T}}\boldsymbol{M}\boldsymbol{x}\leqslant\boldsymbol{x}_0^{\mathrm{T}}\boldsymbol{M}\boldsymbol{x}_0\mathrm{e}^{-\frac{t}{\lambda_M}}$$

利用不等式(4.4.18)，得

$$\lambda_M^{-1}\boldsymbol{x}_0^{\mathrm{T}}\boldsymbol{M}\boldsymbol{x}_0\mathrm{e}^{-\frac{t}{\lambda_m}} \leqslant \|\boldsymbol{x}\|^2 \leqslant \lambda_m^{-1}\boldsymbol{x}_0^{\mathrm{T}}\boldsymbol{M}\boldsymbol{x}_0\mathrm{e}^{-\frac{t}{\lambda_M}} \tag{4.4.19}$$

设 ε 是任意给定的正数，以原点为中心，以 ε 为半径的球域为 $\|\boldsymbol{x}\|^2\leqslant\varepsilon^2$。设 $\dot{\boldsymbol{x}}=\boldsymbol{A}\boldsymbol{x}$，以 $\boldsymbol{x}_0$ 为初态的轨线 $\boldsymbol{x}(t)$ 进入 ε 域的时间为 t_p，通常称 t_p 为 $\boldsymbol{x}(t)$ 的过渡过程时间，即 $\|\boldsymbol{x}(t_p)\|^2=\varepsilon^2$。从不等式(4.4.19)的右端可知，$t_p$ 应满足

$$\varepsilon^2 \leqslant \lambda_m^{-1}\boldsymbol{x}_0^{\mathrm{T}}\boldsymbol{M}\boldsymbol{x}_0\mathrm{e}^{-\frac{1}{\lambda_M}t_p}$$

即

$$t_p \leqslant -\lambda_M\ln\left(\frac{\lambda_m\varepsilon^2}{\boldsymbol{x}_0^{\mathrm{T}}\boldsymbol{M}\boldsymbol{x}_0}\right) \tag{4.4.20}$$

式(4.4.20)给出了 t_p 的上限估计，同理可得 t_p 的下限估计为

$$t_p \geqslant -\lambda_m\ln\left(\frac{\lambda_M\varepsilon^2}{\boldsymbol{x}_0^{\mathrm{T}}\boldsymbol{M}\boldsymbol{x}_0}\right) \tag{4.4.21}$$

对于时变、非线性系统，类似于上述做法，只不过所用的 V 函数是满足定理 4－27 要求的更一般形式的 $v(\boldsymbol{x},t)$，同样可以在其渐近稳定范围内定义品质因数

$$\eta=\min\left\{\frac{-\dot{v}(\boldsymbol{x},t)}{v(\boldsymbol{x},t)}\right\}$$

并有，$v(\boldsymbol{x}(t,\boldsymbol{x}_0,t_0),t)\leqslant\exp[-\eta(t-t_0)]\cdot v(\boldsymbol{x}_0,t_0)$，从而可对衰减情况做出一些估计。显然这一过程远比线性时不变的情况复杂。

利用李雅普诺夫函数还可以估计作用在系统上的扰动和系统本身参数变化对系统动态特性的影响。考虑系统方程为

$$\dot{\boldsymbol{x}}=\boldsymbol{A}\boldsymbol{x}+\boldsymbol{G}(\boldsymbol{x})\boldsymbol{x}+\boldsymbol{u}(t) \tag{4.4.22}$$

这里 $\|\boldsymbol{u}(t)\|\leqslant C_1$ 表示有界的干扰，$\|\boldsymbol{G}(\boldsymbol{x})\|\leqslant C_0$ 表示参数的变化。若 $\dot{\boldsymbol{x}}=\boldsymbol{A}\boldsymbol{x}$ 渐近稳定，则存在 $v(\boldsymbol{x})=\boldsymbol{x}^{\mathrm{T}}\boldsymbol{M}\boldsymbol{x}$，其沿 $\dot{\boldsymbol{x}}=\boldsymbol{A}\boldsymbol{x}$ 的轨线的导数为 $\dot{v}(\boldsymbol{x})=-\boldsymbol{x}^{\mathrm{T}}\boldsymbol{N}\boldsymbol{x}$，这里 $\boldsymbol{M}$、$\boldsymbol{N}$ 均是正定对称阵。现考虑 $v(\boldsymbol{x})$ 沿式(4.4.22)解的导数：

$$\dot{v}(\boldsymbol{x})=-\boldsymbol{x}^{\mathrm{T}}\boldsymbol{N}\boldsymbol{x}+2[\boldsymbol{x}^{\mathrm{T}}\boldsymbol{G}^{\mathrm{T}}(\boldsymbol{x})+\boldsymbol{u}^{\mathrm{T}}(t)]\boldsymbol{M}\boldsymbol{x} \tag{4.4.23}$$

由许瓦兹不等式有

$$|\boldsymbol{x}^{\mathrm{T}}\boldsymbol{G}^{\mathrm{T}}(\boldsymbol{x})\boldsymbol{M}\boldsymbol{x}|\leqslant C_0\|\boldsymbol{x}\|\|\boldsymbol{M}\boldsymbol{x}\|$$

$$|\boldsymbol{u}^{\mathrm{T}}\boldsymbol{M}\boldsymbol{x}|\leqslant C_1\|\boldsymbol{M}\boldsymbol{x}\|$$

因此式(4.4.23)变为

$$\dot{v}(\boldsymbol{x})\leqslant-\boldsymbol{x}^{\mathrm{T}}\boldsymbol{N}\boldsymbol{x}+2C_0\|\boldsymbol{x}\|\|\boldsymbol{M}\boldsymbol{x}\|+2C_1\|\boldsymbol{M}\boldsymbol{x}\|$$

由式(4.4.17)可知，$\|\boldsymbol{M}\boldsymbol{x}\|^2=\boldsymbol{x}^{\mathrm{T}}\boldsymbol{M}^2\boldsymbol{x}\leqslant\lambda_M\boldsymbol{x}^{\mathrm{T}}\boldsymbol{M}\boldsymbol{x}$，因而

$$\dot{v}(\boldsymbol{x})\leqslant(-\eta+2C_0\lambda_M^{\frac{1}{2}}\lambda_m^{-\frac{1}{2}})v+2C_1\lambda_M^{\frac{1}{2}}v^{\frac{1}{2}} \tag{4.4.24}$$

若

$$\|\boldsymbol{x}\|\geqslant\left(\frac{1}{\lambda_M}\boldsymbol{x}^{\mathrm{T}}\boldsymbol{M}\boldsymbol{x}\right)^{\frac{1}{2}}\geqslant 2C_1(\eta-2C_0\lambda_M^{\frac{1}{2}}\lambda_m^{-\frac{1}{2}})^{-1} \tag{4.4.25}$$

那么 $\dot{v}$ 是负定的。数 $(\eta-2C_0\lambda_M^{\frac{1}{2}}\lambda_m^{-\frac{1}{2}})^{-1}$ 可以看作考虑了参数变化的时间常数的上界，运动确定进入的区域其半径的上界是正比于这个数和干扰的上界的。这时，零状态可能不是渐近稳定的，但是扰动后的系统的运动不会跑到离原点太远的地方去，而是在原点邻近的超球面

内。而这个小球的半径可由式(4.4.25)给出上界。这样就用第二方法给出了扰动和参数变化对系统运动影响的估计。

2. 在解决系统综合问题方面的应用

用李雅普诺夫第二方法解决综合问题,常见有两类,一类是系统的性能要求是通过闭环系统矩阵 $\widetilde{\boldsymbol{A}}$ 的特征值来给定的,这时的综合问题是选取矩阵 $\boldsymbol{K}$,使 $\widetilde{\boldsymbol{A}}=\boldsymbol{A}+\boldsymbol{BK}$ 具有要求的特征值。另一类是和广义二次型性能指标联系在一起的,例如某些参数最佳问题、状态最优调节器问题。下面将通过例子来说明第二方法是如何应用于这两类不同的综合问题的。

考虑了状态反馈以后的闭环系统方程为

$$\dot{\boldsymbol{x}}=(\boldsymbol{A}+\boldsymbol{BK})\boldsymbol{x}=\widetilde{\boldsymbol{A}}\boldsymbol{x} \tag{4.4.26}$$

显然要求系统渐近稳定,即 $\widetilde{\boldsymbol{A}}$ 的特征值均具有负实部,综合问题就是要选矩阵 $\boldsymbol{K}$,使得 $\widetilde{\boldsymbol{A}}$ 渐近稳定。由式(4.4.6)可知,$\widetilde{\boldsymbol{A}}$ 应满足

$$\widetilde{\boldsymbol{A}}^{\mathrm{T}}\boldsymbol{M}+\boldsymbol{M}\widetilde{\boldsymbol{A}}=-\boldsymbol{N} \tag{4.4.27}$$

这里 $\boldsymbol{M}$,$\boldsymbol{N}$ 是正定对称矩阵。一种解法就是指定 $\boldsymbol{N}$ 后解出 $\boldsymbol{M}$,$\boldsymbol{M}$ 的元素是 $\boldsymbol{K}$ 的元素的函数,再由 $\boldsymbol{M}$ 正定的条件决定 $\boldsymbol{K}$ 的元素应满足的条件,如例 4-15 所做的那样,但是由 $\boldsymbol{M}$ 正定的条件,得到的是包含 $\boldsymbol{K}$ 的元素的非线性不等式,在具体计算中极不方便。一种更为简单的做法是在式(4.4.27)中直接令 $\boldsymbol{N}$,$\boldsymbol{M}$ 是已知的正定对角矩阵或单位矩阵,而后由式(4.4.27)解出 $\boldsymbol{K}$,这样得到的是含有 $\boldsymbol{K}$ 的元素的线性方程组,容易完成计算。

例 4-18 考虑完全可控系统

$$\dot{\boldsymbol{x}}=\begin{bmatrix}0 & 1\\2 & 2\end{bmatrix}\boldsymbol{x}+\begin{bmatrix}1 & 1\\-2 & 1\end{bmatrix}\boldsymbol{u}$$

$$\boldsymbol{u}=\begin{bmatrix}k_{11} & k_{12}\\k_{21} & k_{22}\end{bmatrix}\boldsymbol{x}$$

可以直接求出

$$\widetilde{\boldsymbol{A}}=\boldsymbol{A}+\boldsymbol{BK}=\begin{bmatrix}k_{11}+k_{21} & 1+k_{12}+k_{22}\\2-2k_{11}+k_{21} & 2-2k_{12}+k_{22}\end{bmatrix}$$

将 $\widetilde{\boldsymbol{A}}$ 代入式(4.4.27),并取 $\boldsymbol{M}=\boldsymbol{N}=\boldsymbol{I}$,可得

$$\begin{cases}2k_{11}+2k_{21}=-1\\-2k_{11}+k_{12}+k_{21}+k_{22}=-3\\-4k_{12}+2k_{22}=-5\end{cases}$$

这组方程可解,若取 $k_{11}=1$,可得

$$k_{12}=1,\quad k_{21}=-\frac{3}{2},\quad k_{22}=-\frac{1}{2}$$

在这组 k_{ij} 下,闭环的特征式为 $|s\boldsymbol{I}-\widetilde{\boldsymbol{A}}|=s^2+s+\dfrac{5}{2}$。显然这种方法综合的闭环系统的特征值取决于 $\boldsymbol{M}$、$\boldsymbol{N}$ 的选择,例如对于这个例子,如取 $\boldsymbol{M}=0.1\boldsymbol{N}$,所得的线性方程组为

$$\begin{cases}-2k_{11}+2k_{21}=-10\\-2k_{11}+k_{12}+k_{21}+k_{22}=-3\\-4k_{12}+2k_{22}=-14\end{cases}$$

当 $k_{11}=1$ 时，这组方程的解为 $k_{12}=4$，$k_{21}=-6$，$k_{22}=1$，在这组 k_{ij} 值下，$|s\boldsymbol{I}-\widetilde{\boldsymbol{A}}|=s^2+10s+61$。这时衰减速度快于 $\boldsymbol{M}=\boldsymbol{N}=\boldsymbol{I}$ 的情况。

如果综合时要求 $\widetilde{\boldsymbol{A}}$ 的特征值的实部均小于 σ，可知 $\widetilde{\boldsymbol{A}}$ 应满足(见习题 4-24)

$$-2\sigma\boldsymbol{M}+\widetilde{\boldsymbol{A}}^{\mathrm{T}}\boldsymbol{M}+\boldsymbol{M}\widetilde{\boldsymbol{A}}=-\boldsymbol{N} \tag{4.4.28}$$

这里 $\boldsymbol{M}$、$\boldsymbol{N}$ 是正定对称矩阵。这时仍可像上面所说的那样来找矩阵 $\boldsymbol{K}$。

但是在上面的解法中，因为矩阵 $\boldsymbol{K}$ 有 $p\cdot n$ 个元素，方程数为 $\frac{1}{2}n(n+1)$，若 $p<\frac{1}{2}(n+1)$，将会出现矛盾的线性方程组，这时需适当调整 $\boldsymbol{M}$、$\boldsymbol{N}$ 的元素，使方程组相容。

现在讨论最优状态调节问题，系统的方程和性能指标为

$$\dot{\boldsymbol{x}}=\boldsymbol{A}\boldsymbol{x}+\boldsymbol{B}\boldsymbol{u} \tag{4.4.29}$$

$$\boldsymbol{u}=\boldsymbol{K}\boldsymbol{x} \tag{4.4.30}$$

$$J=\int_0^{\infty}(\boldsymbol{x}^{\mathrm{T}}\boldsymbol{Q}\boldsymbol{x}+\boldsymbol{u}^{\mathrm{T}}\boldsymbol{R}\boldsymbol{u})\mathrm{d}t \tag{4.4.31}$$

这里 $\boldsymbol{Q}$ 是一个正定(或半正定)对称矩阵，$\boldsymbol{R}$ 是一个正定对称矩阵，它们分别表示误差和控制信号能量消耗的情况。要求确定最佳反馈矩阵 $\boldsymbol{K}$，使性能指标达到最小。

将 $\boldsymbol{u}=\boldsymbol{K}\boldsymbol{x}$ 代入式(4.4.29)和式(4.4.31)可得

$$\dot{\boldsymbol{x}}=(\boldsymbol{A}+\boldsymbol{B}\boldsymbol{K})\boldsymbol{x}$$

$$J=\int_0^{\infty}\boldsymbol{x}^{\mathrm{T}}(\boldsymbol{Q}+\boldsymbol{K}^{\mathrm{T}}\boldsymbol{R}\boldsymbol{K})\boldsymbol{x}\,\mathrm{d}t$$

若取 $\boldsymbol{x}^{\mathrm{T}}(\boldsymbol{Q}+\boldsymbol{K}^{\mathrm{T}}\boldsymbol{R}\boldsymbol{K})\boldsymbol{x}=-\frac{\mathrm{d}}{\mathrm{d}t}\boldsymbol{x}^{\mathrm{T}}\boldsymbol{M}\boldsymbol{x}$，这时有

$$J=\int_0^{\infty}-\frac{\mathrm{d}}{\mathrm{d}t}(\boldsymbol{x}^{\mathrm{T}}\boldsymbol{M}\boldsymbol{x})\mathrm{d}t=\boldsymbol{x}^{\mathrm{T}}(0)\boldsymbol{M}\boldsymbol{x}(0)-\boldsymbol{x}^{\mathrm{T}}(\infty)\boldsymbol{M}\boldsymbol{x}(\infty)$$

于是可以得到方程

$$(\boldsymbol{A}+\boldsymbol{B}\boldsymbol{K})^{\mathrm{T}}\boldsymbol{M}+\boldsymbol{M}(\boldsymbol{A}+\boldsymbol{B}\boldsymbol{K})=-(\boldsymbol{Q}+\boldsymbol{K}^{\mathrm{T}}\boldsymbol{R}\boldsymbol{K}) \tag{4.4.32}$$

由于 $\boldsymbol{A}+\boldsymbol{B}\boldsymbol{K}$ 渐近稳定，性能指标为

$$J=\boldsymbol{x}^{\mathrm{T}}(0)\boldsymbol{M}\boldsymbol{x}(0) \tag{4.4.33}$$

这样求解的步骤是首先解式(4.4.32)，得到 $\boldsymbol{M}$ 为 $\boldsymbol{K}$ 元素的函数，而后将 $\boldsymbol{M}$ 代入式(4.4.33)，使 J 为极小来确定 $\boldsymbol{K}$ 的元素。

例 4-19　若系统方程和性能指标为

$$\dot{\boldsymbol{x}}=\begin{bmatrix}0 & 1\\0 & 0\end{bmatrix}\boldsymbol{x}+\begin{bmatrix}0\\1\end{bmatrix}u$$

$$u=[k_1\quad k_2]\boldsymbol{x}$$

$$J=\int_0^{\infty}(\boldsymbol{x}^{\mathrm{T}}\boldsymbol{x}+u^2)\mathrm{d}t$$

将 $u=[k_1\quad k_2]\boldsymbol{x}$ 代入系统方程可得

$$\dot{\boldsymbol{x}}=\begin{bmatrix}0 & 1\\k_1 & k_2\end{bmatrix}\boldsymbol{x}$$

要保证系统渐近稳定，要求 k_1，k_2 均小于零。根据式(4.4.32)有

$$\begin{bmatrix}0 & k_1\\1 & k_2\end{bmatrix}\begin{bmatrix}m_{11} & m_{12}\\m_{12} & m_{22}\end{bmatrix}+\begin{bmatrix}m_{11} & m_{12}\\m_{12} & m_{22}\end{bmatrix}\begin{bmatrix}0 & 1\\k_1 & k_2\end{bmatrix}=-\begin{bmatrix}1+k_1^2 & k_1k_2\\k_1k_2 & 1+k_2^2\end{bmatrix}$$

上面的矩阵方程可化为三个联立的代数方程组，从这个代数方程组可解出 m_{ij}：

$$\boldsymbol{M}=\begin{bmatrix}\frac{1}{2}-\left(\frac{k_2}{k_1}+\frac{k_1}{k_2}\right)-\frac{k_1}{2k_2}\left(\frac{1}{k_1}+k_1\right) & -\frac{1}{2}\left(\frac{1}{k_1}+k_1\right)\\ -\frac{1}{2}\left(\frac{1}{k_1}+k_1\right) & -\frac{1}{2}\left(\frac{1}{k_2}+k_2\right)+\frac{1}{2k_2}\left(\frac{1}{k_1}+k_1\right)\end{bmatrix}$$

将 $\boldsymbol{M}$ 代入式(4.4.33)得

$$J=\left[\frac{1}{2}\left(\frac{k_2}{k_1}+\frac{k_1}{k_2}\right)-\frac{k_1}{2k_2}\left(\frac{1}{k_1}+k_1\right)\right]x_1^2(0)-\left(\frac{1}{k_1}+k_1\right)x_1(0)x_2(0)+$$
$$\left[\frac{1}{2}\left(-\frac{1}{k_2}-k_2\right)+\frac{1}{2k_2}\left(\frac{1}{k_1}+k_1\right)\right]x_2^2(0)$$

为了使 J 取极小，应使 $\frac{\partial J}{\partial k_1}=0$，$\frac{\partial J}{\partial k_2}=0$，对任意的 $x_1(0)$，$x_2(0)$

$$\frac{\partial J}{\partial k_1}=\left[\frac{1}{2}\left(-\frac{k_2}{k_1^2}+\frac{1}{k_2}\right)-\frac{1}{2k_2}2k_1\right]x_1^2(0)+\left(\frac{1}{k_1^2}-1\right)x_1(0)x_2(0)+$$
$$\frac{1}{2k_2}\left(-\frac{1}{k_1^2}+1\right)x_2^2(0)$$

$$\frac{\partial J}{\partial k_2}=\left[\frac{1}{2}\left(\frac{1}{k_1}-\frac{k_1}{k_2^2}\right)+\frac{1}{2k_2^2}(1+k_1^2)\right]x_1^2(0)+$$
$$\left[\frac{1}{2}\left(\frac{1}{k_2^2}-1\right)-\frac{1}{2k_2^2}\left(\frac{1}{k_1}+k_2\right)\right]x_2^2(0)$$

成立。

只有当 $k_1=-1$，$k_2=-\sqrt{3}$ 时，对任意的 $x_1(0)$，$x_2(0)$ 才有 $\frac{\partial J}{\partial k_1}=0$，$\frac{\partial J}{2k_2}=0$，$J$ 取极小值，注意此处要求 k_1 与 k_2 取负值。这时 J 的最小值为

$$J=\sqrt{3}x_1^2(0)+2x_1(0)x_2(0)+\sqrt{3}x_2^2(0)$$

小　结

本章针对线性系统的两种描述，定义了两类稳定性的各种定义，一类是李雅普诺夫意义下的内部稳定性；另一类是有界输入有界状态/输出稳定的外部稳定性，并给出了各种稳定性的判断定理，现归纳如表 4-1 所列。

表 4-1 给出了本章前三节所讲内容的大概轮廓，但未给出定义和定理条件的细节。

4.3 节针对线性时不变系统动态方程来定义和讨论系统的稳定性问题。从本质上来说这类系统的稳定性是 $\boldsymbol{A}$ 的特征值问题，但在 $\boldsymbol{x}(t)$，$\boldsymbol{y}(t)$ 表达式中以四项形式出现，也就是说又与输入输出矩阵 $\boldsymbol{B}$ 和 $\boldsymbol{C}$ 密切相关，即与系统的可控性、可观测性密切相关。判断各种意义下的稳定性，一般要求出 $\boldsymbol{A}$ 的特征值，再对这些特征值的可控、可观测性进行分析，根据定理作判断。因为系统的可控性、可观测性与传递函数矩阵零、极点对消（或约去模态）有联系，因此可

以不去判别各特征值的可控、可观测性，直接计算传递函数矩阵 $\boldsymbol{C}(s\boldsymbol{I}-\boldsymbol{A})^{-1}$，$(s\boldsymbol{I}-\boldsymbol{A})^{-1}\boldsymbol{B}$，$\boldsymbol{C}(s\boldsymbol{I}-\boldsymbol{A})^{-1}\boldsymbol{B}$，通过计算它们的极点分布去判别 BIBS、BIBO 及全稳定等各种稳定性。

关于李雅普诺夫第二方法，定理 4-26 至定理 4-30 是运动稳定性理论课程的基本内容。4.4 节的主要内容为定理 4-31 至定理 4-35 有关线性系统的李雅普诺夫函数构造及矩阵方程(4.4.6)的求解。李雅普诺夫第二方法在其他方面的应用，这里只作概述性的介绍。关于李雅普诺夫第二方法在最优控制中的状态调节、跟踪与输出调节中的应用，在第 5 章中会详细介绍。

表 4-1　不同稳定性的判断定理

系统的数学表达式	定义的稳定性	有关定理
$\dot{\boldsymbol{x}}=\boldsymbol{A}(t)\boldsymbol{x}(\dot{\boldsymbol{x}}=\boldsymbol{A}\boldsymbol{x})$ $\boldsymbol{x}=\boldsymbol{\Phi}(t,t_0)\boldsymbol{x}_0(\boldsymbol{x}=\mathrm{e}^{\boldsymbol{A}t}\boldsymbol{x}_0)$	稳定，渐近稳定； 一致稳定，一致渐近稳定； 按指数渐近稳定。 表示初态 $\boldsymbol{x}_0$ 对状态的影响	定理 4-2(定常系统基于特征根分布判断)； 定理 4-3、定理 4-4 (时变系统基于状态转移矩阵及其积分判断)
$\dot{\boldsymbol{x}}=\boldsymbol{A}\boldsymbol{x}+\boldsymbol{B}\boldsymbol{u},\boldsymbol{x}(0)=\boldsymbol{0}$ $\boldsymbol{x}(t)=\int_0^t \mathrm{e}^{\boldsymbol{A}(t-\tau)}\boldsymbol{B}\boldsymbol{u}(\tau)\mathrm{d}\tau$ $\boldsymbol{x}(s)=(s\boldsymbol{I}-\boldsymbol{A})^{-1}\boldsymbol{B}\boldsymbol{u}(s)$	BIBS 稳定。 表示零状态下，$\boldsymbol{u}(t)$对状态的影响	全体可控模式收敛
$\dot{\boldsymbol{x}}=\boldsymbol{A}\boldsymbol{x}+\boldsymbol{B}\boldsymbol{u}$ $\boldsymbol{x}(t)=\mathrm{e}^{\boldsymbol{A}t}\boldsymbol{x}_0+\int_0^t \boldsymbol{C}\mathrm{e}^{\boldsymbol{A}(t-\tau)}\boldsymbol{B}\boldsymbol{u}(\tau)\mathrm{d}\tau$	BIBS 全稳定。 表示任意初态及 $\boldsymbol{u}(t)$ 对状态的影响	全体可控模式收敛； 全体不可控模式不发散
$\dot{\boldsymbol{x}}=\boldsymbol{A}\boldsymbol{x}+\boldsymbol{B}\boldsymbol{u},\boldsymbol{y}=\boldsymbol{C}\boldsymbol{x},\boldsymbol{x}(0)=\boldsymbol{0}$ $\boldsymbol{y}(t)=\int_0^t \boldsymbol{C}\mathrm{e}^{\boldsymbol{A}(t-\tau)}\boldsymbol{B}\boldsymbol{u}(\tau)\mathrm{d}\tau$ $\boldsymbol{y}(s)=\boldsymbol{C}(s\boldsymbol{I}-\boldsymbol{A})^{-1}\boldsymbol{B}\boldsymbol{u}(s)$	BIBO 稳定。 表示零状态下，$\boldsymbol{u}(t)$对输出的影响	全体可控可观模式收敛
$\dot{\boldsymbol{x}}=\boldsymbol{A}\boldsymbol{x}+\boldsymbol{B}\boldsymbol{u},\boldsymbol{y}=\boldsymbol{C}\boldsymbol{x}$ $\boldsymbol{y}(t)=\boldsymbol{C}\mathrm{e}^{\boldsymbol{A}t}\boldsymbol{x}_0+\int_0^t \boldsymbol{C}\mathrm{e}^{\boldsymbol{A}(t-\tau)}\boldsymbol{B}\boldsymbol{u}(\tau)\mathrm{d}\tau$	BIBO 全稳定。 表示任意初态及 $\boldsymbol{u}(t)$ 对输出的影响	全体可观可控模式收敛； 全体可观不可控模式不发散
$\dot{\boldsymbol{x}}=\boldsymbol{A}\boldsymbol{x}+\boldsymbol{B}\boldsymbol{u},\boldsymbol{y}=\boldsymbol{C}\boldsymbol{x}$ $\boldsymbol{x}(t)=\mathrm{e}^{\boldsymbol{A}t}\boldsymbol{x}_0+\int_0^t \mathrm{e}^{\boldsymbol{A}(t-\tau)}\boldsymbol{B}\boldsymbol{u}(\tau)\mathrm{d}\tau$ $\boldsymbol{y}(t)=\boldsymbol{C}\mathrm{e}^{\boldsymbol{A}t}\boldsymbol{x}_0+\int_0^t \boldsymbol{C}\mathrm{e}^{\boldsymbol{A}(t-\tau)}\boldsymbol{B}\boldsymbol{u}(\tau)\mathrm{d}\tau$	总体稳定。 表示任意初态及 $\boldsymbol{u}(t)$对状态、输出的影响	等价于 BIBO 全稳定

习　题

4-1　一维系统方程为

$$\dot{x}=-2t(t+1)^{-2},\quad -1<T\leqslant t$$

问 $x=0$ 是否稳定？是否一致稳定？是否渐近稳定？是否一致渐近稳定？

4-2　请推导并给出离散时间线性系统 $x(n+1)=\boldsymbol{A}(n)\boldsymbol{x}(n)$稳定性的充分必要性结论。特别地，$\boldsymbol{A}(n)=\boldsymbol{A}$ 为常数矩阵时，各种稳定性的结论如何？

4-3　判断下列系统平衡点的稳定性：

① $\dot{x}=1+2x^2-3x$；② $\dot{x}=-\dfrac{x}{1+x^2}$；③ $\begin{cases}\dot{x}_1=-x_1+x_2^2\\ \dot{x}_2=-2x_2\end{cases}$；④ $\begin{cases}\dot{x}=2x^2-2y^2\\ \dot{y}=xy\end{cases}$

4-4 系统状态方程为

$$\dot{\boldsymbol{x}}=\begin{bmatrix}0 & e^{-t}\\ 0 & 0\end{bmatrix}\boldsymbol{x}+\begin{bmatrix}e^{-t}\\ -1\end{bmatrix}u,\quad t>t_0\geqslant 0$$

① 计算状态转移矩阵 $\boldsymbol{\Phi}(t,t_0)$，并判断状态可控性。

② 当 $u=0$ 时，$x=\boldsymbol{0}$ 是否李雅普诺夫稳定？是否一致稳定？是否渐近稳定？

4-5 系统动态方程如下

$$\dot{\boldsymbol{x}}=\begin{bmatrix}-1 & 1\\ 0 & f(t)\end{bmatrix}\boldsymbol{x},\quad f(t)=\frac{\cos t+\sin t}{2+\sin t-\cos t}$$

问 $\boldsymbol{x}=\boldsymbol{0}$ 是否稳定？是否一致稳定？是否渐近稳定？

4-6 系统的动态方程为

$$\dot{\boldsymbol{x}}=\begin{bmatrix}-1 & 0\\ e^{2t} & -2\end{bmatrix}\boldsymbol{x}+\begin{bmatrix}e^{-t}\\ e^{-2t}\end{bmatrix}u,\quad y=\begin{bmatrix}1 & e^{-t}\end{bmatrix}\boldsymbol{x},\quad 0\leqslant t_0<t$$

① 计算状态转移矩阵 $\boldsymbol{\Phi}(t,t_0)$，判断系统可控性、可观测性。

② 问 $\boldsymbol{x}=\boldsymbol{0}$ 是否稳定？（说明理由）。

4-7 若存在 $C\geqslant 0, a>0$，且对 $\forall t_0$ 及 $t\geqslant t_0$ 有

$$\int_{t_0}^{t}\lambda_m(\sigma)\mathrm{d}t\leqslant -a(t-t_0)+C$$

其中 $\lambda_m(\sigma)$ 是 $\boldsymbol{A}(\sigma)+\boldsymbol{A}^{\mathrm{T}}(\sigma)$ 的最大特征根。证明 $\dot{\boldsymbol{x}}=\boldsymbol{A}(t)\boldsymbol{x}$ 按指数渐近稳定（提示：运用不等式 $\dfrac{\mathrm{d}}{\mathrm{d}t}\boldsymbol{x}^{\mathrm{T}}\boldsymbol{x}\leqslant\lambda_m\boldsymbol{x}^{\mathrm{T}}\boldsymbol{x}$）。

4-8 计算下列系统的状态转移矩阵 $\boldsymbol{\Phi}(t,t_0)$，并判断系统零平衡位置的李雅普诺夫稳定性、一致稳定性、渐近稳定性。

① $\begin{bmatrix}\dot{x}_1\\ \dot{x}_2\end{bmatrix}=\begin{bmatrix}-1 & e^{t}\\ 0 & -1\end{bmatrix}\begin{bmatrix}x_1\\ x_2\end{bmatrix}$

② $\begin{bmatrix}\dot{x}_1\\ \dot{x}_2\end{bmatrix}=\begin{bmatrix}-1 & 0\\ t & -1\end{bmatrix}\begin{bmatrix}x_1\\ x_2\end{bmatrix}$

③ $\begin{bmatrix}\dot{x}_1\\ \dot{x}_2\end{bmatrix}=\begin{bmatrix}-1 & e^{2t}\\ 0 & -1\end{bmatrix}\begin{bmatrix}x_1\\ x_2\end{bmatrix}$

4-9 若 $\dot{\boldsymbol{x}}=\boldsymbol{A}(t)\boldsymbol{x}$ 一致稳定，且 $\int_0^{\infty}\|\boldsymbol{f}(\sigma)\|\mathrm{d}\sigma$ 存在，证明 $\dot{\boldsymbol{x}}=\boldsymbol{A}(t)\boldsymbol{x}+\boldsymbol{f}(t)$ 的所有解有界。

4-10 证明 $\dot{x}=2tx$ 的零解不稳定，但利用等价变换 $\bar{x}=e^{-t^2}x$ 后，所得到的新系统是稳定的。由此可见等价变换不能保证稳定性不变。

4-11 证明推论 4-2，并说明其物理意义。

4-12 若对所有 t，$\boldsymbol{P}(t)$ 是非奇异阵且关于 t 是连续可微的，且 $\|\boldsymbol{P}(t)\|$，$\|\boldsymbol{P}^{-1}(t)\|$ 和 $\|\dot{\boldsymbol{P}}(t)\|$ 对所有 t 有界，则等价变换称为李雅普诺夫变换。试证在任何李雅普诺夫变换下，零

状态的稳定性和渐近稳定性不变。习题 4-10 的变换是否是李雅普诺夫变换？

4-13　系统传递函数为 $g(s)$，它不一定是 s 的有理函数。试证该系统 BIBO 稳定的必要条件是对于所有 $\mathrm{Re}s \geqslant 0$，$|g(s)|$ 是有限的。

4-14　设系统的脉冲响应为

$$g(t)=\begin{cases}1, & 0\leqslant t\leqslant 1\\ 0, & \text{其他 } t\end{cases}$$

若其输入为 $u(t)=\sin(2\pi t)\cdot 1(t)$，问其输出波形为何？几秒钟后到达稳态？

4-15　具有传递函数 $g(s)=\dfrac{\mathrm{e}^{-s}}{s+1}$ 的系统是否 BIBO 稳定？

4-16　对于下列各动态方程，问零状态是否稳定？是否渐近稳定？零状态响应是否 BIBO(全)稳定？是否 BIBO(全)稳定？系统是否总体稳定？并说明理由。

① $$\dot{\boldsymbol{x}}=\begin{bmatrix}0&1&0&0&0\\0&0&1&0&0\\0&0&0&1&0\\0&0&0&0&1\\-1&-1&-2&-10&-4\end{bmatrix}\boldsymbol{x}+\begin{bmatrix}0\\0\\0\\0\\1\end{bmatrix}u,\ y=[0\quad 0\quad 0\quad 0\quad 0]\boldsymbol{x}$$

② $$\dot{\boldsymbol{x}}=\begin{bmatrix}0&0&0\\0&0&0\\0&0&0\end{bmatrix}\boldsymbol{x}+\begin{bmatrix}1\\0\\0\end{bmatrix}u,\ y=[1\quad 1\quad 1]\boldsymbol{x}$$

③ $$\dot{\boldsymbol{x}}=\begin{bmatrix}-1&-1&0&0\\1&-0.1&0&0\\0&0&0&-1\\0&0&-1&0\end{bmatrix}\boldsymbol{x}+\begin{bmatrix}1\\0\\0\\0\end{bmatrix}u,\ y=[-1\quad 0\quad -1\quad 0]\boldsymbol{x}$$

④ $$\dot{\boldsymbol{x}}=\begin{bmatrix}-2&1&0\\0&-2&0\\0&0&0\end{bmatrix}\boldsymbol{x}+\begin{bmatrix}1\\2\\1\end{bmatrix}u,\ y=[2\quad 3\quad 0]\boldsymbol{x}$$

⑤ $$\dot{\boldsymbol{x}}=\begin{bmatrix}a&1&0\\-1&a&0\\0&0&-2\end{bmatrix}\boldsymbol{x}+\begin{bmatrix}0\\2\\1\end{bmatrix}u,\ y=[1\quad 0\quad 1]\boldsymbol{x}$$

4-17　系统动态方程为

$$\dot{\boldsymbol{x}}=\begin{bmatrix}-1&0&0\\0&\sigma&\beta\\0&-\beta&\sigma\end{bmatrix}\boldsymbol{x}+\begin{bmatrix}1\\0\\a\end{bmatrix}u,\quad y=[1\quad 1\quad 0]\boldsymbol{x}$$

式中 a,σ,β 为实常数，分别写出满足下列稳定性要求时，参数 a,σ,β 应满足的充分必要条件。

① 当 $u=0$ 时，$\boldsymbol{x}=\boldsymbol{0}$ 李雅普诺夫意义下稳定及渐近稳定性；

② 系统 BIBS 稳定；

③ 系统 BIBO 稳定；

④ 系统 BIBO 全稳定。

4-18　动态方程为

$$\dot{\boldsymbol{x}}=\begin{bmatrix}0&1&0\\0&0&1\\-a&-b&-2\end{bmatrix}\boldsymbol{x}+\begin{bmatrix}0\\0\\1\end{bmatrix}u$$

$$y=[1\quad -2\quad 1]\,\boldsymbol{x}$$

式中 a,b 为实常数,分别写出满足下列稳定性要求时,参数 a,b 应满足的充要条件,并说明理由。

① 当 $u=0$ 时,$\boldsymbol{x}=\boldsymbol{0}$ 李雅普诺夫意义下稳定;

② 系统 BIBS 稳定;

③ 系统 BIBO 稳定。

4-19 证明等价变换保持 BIBS 稳定性、BIBO 稳定性不变。

4-20 若 $\boldsymbol{x}^{\mathrm{T}}\boldsymbol{M}\boldsymbol{x}$ 是正定二次型,λ_M 和 λ_m 分别为 $\boldsymbol{M}$ 的最大和最小特征值,试证

$$\lambda_m\boldsymbol{x}^{\mathrm{T}}\boldsymbol{x}\leqslant\boldsymbol{x}^{\mathrm{T}}\boldsymbol{M}\boldsymbol{x}\leqslant\lambda_M\boldsymbol{x}^{\mathrm{T}}\boldsymbol{x}$$

4-21 已知四阶系统

$$\dot{\boldsymbol{x}}=\begin{bmatrix}0&1&0&0\\-b_4&0&1&0\\0&-b_3&0&1\\0&0&-b_2&-b_1\end{bmatrix}\boldsymbol{x},\quad b_i\neq 0$$

欲使二次型 $v(x)$ 沿系统运动的导数为 $-\boldsymbol{x}^{\mathrm{T}}\boldsymbol{W}\boldsymbol{x}$,其中

$$\boldsymbol{W}=\begin{bmatrix}0&0&0&0\\0&0&0&0\\0&0&0&0\\0&0&0&2b_1^2\end{bmatrix}$$

试求 $v(\boldsymbol{x})$,并给出 $v(\boldsymbol{x})$ 正定条件。

4-22 令 $\lambda_1=-1,\lambda_2=-2,\lambda_3=-3$,并设 a_1,a_2,a_3 是不为零的任意实数,试用定理 4-34 证明矩阵

$$\boldsymbol{M}=\begin{bmatrix}-\dfrac{a_1^2}{2\lambda_1}&-\dfrac{a_1a_2}{\lambda_1+\lambda_2}&-\dfrac{a_1a_2}{\lambda_1+\lambda_3}\\-\dfrac{a_1a_2}{\lambda_2+\lambda_1}&-\dfrac{a_2^2}{2\lambda_2}&-\dfrac{a_2a_2}{\lambda_2+\lambda_3}\\-\dfrac{a_1+a_3}{\lambda_1+\lambda_3}&-\dfrac{a_3a_2}{\lambda_2+\lambda_3}&-\dfrac{a_3^2}{2\lambda_3}\end{bmatrix}$$

是正定矩阵(提示:令 $\boldsymbol{A}=\mathrm{diag}[\lambda_1\quad\lambda_2\quad\lambda_3]$)。

4-23 已知系统状态方程为

$$\dot{\boldsymbol{x}}=\boldsymbol{A}\boldsymbol{x}+\boldsymbol{b}u,\quad y=\boldsymbol{c}\boldsymbol{x}$$

其中 $\boldsymbol{A}$ 渐近稳定。$\boldsymbol{x}(0)=\boldsymbol{x}_0,u=0$,证明以下指标函数可表示为

$$I_0=\int_0^{\infty}y^2(t)\,\mathrm{d}t=\boldsymbol{x}_0^{\mathrm{T}}\boldsymbol{V}_0\boldsymbol{x}_0$$

$$I_m=\int_0^{\infty}t^my^2(t)\,\mathrm{d}t=m\,!\,\boldsymbol{x}_0^{\mathrm{T}}\boldsymbol{V}_m\boldsymbol{x}_0$$

其中 $\boldsymbol{V}_0$,$\boldsymbol{V}_m$ 满足

$$\boldsymbol{A}^{\mathrm{T}}\boldsymbol{V}_0+\boldsymbol{V}_0\boldsymbol{A}=-\boldsymbol{c}^{\mathrm{T}}\boldsymbol{c}$$

$$\boldsymbol{A}^{\mathrm{T}}\boldsymbol{V}_m+\boldsymbol{V}_m\boldsymbol{A}=-\boldsymbol{V}_{m-1},\quad m=1,2,\cdots$$

4-24　证明对于任意给定的 $n\times n$ 正定对称阵 $\boldsymbol{Q}$ 及任意正数 a,矩阵方程

$$-2a\boldsymbol{X}+\boldsymbol{A}^{\mathrm{T}}\boldsymbol{X}+\boldsymbol{X}\boldsymbol{A}=-\boldsymbol{Q}$$

有正定对称解的充分必要条件是 $\boldsymbol{A}$ 的所有特征值 $\lambda_i(i=1,2,\cdots,n)$满足 $\mathrm{Re}\lambda_i<a$。

4-25　可控系统方程如下:

$$\dot{\boldsymbol{x}}=\boldsymbol{A}\boldsymbol{x}+\boldsymbol{B}\boldsymbol{u}$$

其中 $\boldsymbol{A}$、$\boldsymbol{B}$ 均为常数阵,令 $\boldsymbol{W}(0,t_1)=\int_0^{t_1}\mathrm{e}^{-\boldsymbol{A}\tau}\boldsymbol{B}\boldsymbol{B}^{\mathrm{T}}\mathrm{e}^{-\boldsymbol{A}^{\mathrm{T}}\tau}\mathrm{d}\tau$,试证,当 $t_1>0$ 时,线性系统

$$\dot{\boldsymbol{x}}=[\boldsymbol{A}-\boldsymbol{B}\boldsymbol{B}^{\mathrm{T}}\boldsymbol{W}^{-1}(0,t_1)]\boldsymbol{x}$$

渐近稳定。

第3部分

系统综合设计

第 5 章　状态反馈综合控制问题

前面几章介绍了线性系统分析部分，内容涉及系统运动的定性性质：可控性、可观测性和稳定性以及系统运动的定量变化规律。这一章开始学习线性系统的综合设计部分，即利用系统内部信息设计反馈控制改变系统的运动行为和变化规律。反馈控制是自动控制理论的基础，一个反馈控制系统具有校正控制信号的作用。换句话说，反馈系统的控制信号不仅依赖于输入参考信号，还依赖于控制的性能指标和结果，其本质是利用误差信号来调整误差。反馈控制可以是状态反馈形式也可以是输出反馈形式。如果系统的状态可以直接测量，即可以用状态反馈形式。如果状态信号不能直接测量，可以采用输出反馈形式，输出反馈控制将在第 6 章学习。本章主要学习状态反馈形式。

系统的状态反馈因为包含系统 $\dot{\boldsymbol{x}}(t)=\boldsymbol{f}(\boldsymbol{x}(t),\boldsymbol{u}(t),t)$ 的全部动态信息 $\boldsymbol{x}$，因此可预料，若控制信号 $\boldsymbol{u}(t)$ 是输入参考信号 $\boldsymbol{v}(t)$ 及状态变量 $\boldsymbol{x}(t)$ 的函数：$\boldsymbol{u}(t)=\boldsymbol{g}(\boldsymbol{v}(t),\boldsymbol{x}(t),t)$，便可得到较好的控制效果，其中 $\boldsymbol{u}(t)=\boldsymbol{g}(\boldsymbol{v}(t),\boldsymbol{x}(t),t)$ 称为静态状态反馈控制律。若控制信号是由输入参考信号 $\boldsymbol{v}(t)$ 及状态信号驱动的动态信号组成，即控制输入 $\boldsymbol{u}(t)=\boldsymbol{g}(\boldsymbol{v}(t),\boldsymbol{x}(t),\boldsymbol{z}(t),t)$，其中 $\boldsymbol{z}(t)$ 是由状态 $\boldsymbol{x}$ 驱动的动态方程 $\dot{\boldsymbol{z}}(t)=\boldsymbol{h}(\boldsymbol{z}(t),\boldsymbol{x}(t),t)$ 的解，这样的 $\boldsymbol{u}(t)=\boldsymbol{g}(\boldsymbol{v}(t),\boldsymbol{x}(t),\boldsymbol{z}(t),t)$ 称为动态状态反馈控制律。不同的性能指标对应于不同的控制问题，一般地，系统综合设计包含以下过程：第一步是根据研究对象和性能指标及所采用方法不同提出不同的控制问题；第二步是建立问题的可解性条件，即给出所提问题在什么样的条件下是有解的；第三步是在所提问题有解条件下给出具体求解该问题的算法。下面就按照不同性能指标要求分别研究不同的控制问题，比如极点配置问题、镇定性问题、有扰动系统的跟踪问题、输出调节问题、解耦问题、最优控制问题等。

对于线性时不变系统，假定 $\boldsymbol{u}(t)$ 是输入参考信号 $\boldsymbol{v}$ 和状态 $\boldsymbol{x}$ 的线性函数，其具体形式为 $\boldsymbol{u}=\boldsymbol{H}\boldsymbol{v}+\boldsymbol{K}\boldsymbol{x}$，这里 $\boldsymbol{H}$、$\boldsymbol{K}$ 是常量矩阵。下面将讨论引入如上的线性反馈后，系统的主要特性可能发生的变化。除了讨论可控性和可观测性之外，主要讨论线性状态反馈下对系统进行极点配置、镇定、无静差跟踪、输出调节问题以及实现解耦控制等问题。

5.1　状态反馈与极点配置

假定线性时不变系统的动态方程为

$$\begin{cases}\dot{\boldsymbol{x}}=\boldsymbol{A}\boldsymbol{x}+\boldsymbol{B}\boldsymbol{u}\\ \boldsymbol{y}=\boldsymbol{C}\boldsymbol{x}+\boldsymbol{D}\boldsymbol{u}\end{cases}\tag{5.1.1}$$

其中，$\boldsymbol{A}$、$\boldsymbol{B}$、$\boldsymbol{C}$ 和 $\boldsymbol{D}$ 分别为 $n\times n$、$n\times p$、$q\times n$ 和 $q\times p$ 的实常量矩阵。如果在系统上加上线性静态状态反馈

$$\boldsymbol{u}=\boldsymbol{v}+\boldsymbol{K}\boldsymbol{x}\tag{5.1.2}$$

其中，$\boldsymbol{v}$ 是 p 维控制输入向量；$\boldsymbol{K}$ 为 $p\times n$ 的实常量矩阵，称为静态状态反馈增益矩阵。本章只考虑静态状态反馈控制形式，故不再强调静态，只用状态反馈控制。式(5.1.1)和式(5.1.2)构

成的闭环系统的动态方程为

$$\begin{cases}\dot{\boldsymbol{x}}=(\boldsymbol{A}+\boldsymbol{BK})\boldsymbol{x}+\boldsymbol{Bv}\\ \boldsymbol{y}=(\boldsymbol{C}+\boldsymbol{DK})\boldsymbol{x}+\boldsymbol{Dv}\end{cases} \tag{5.1.3}$$

式(5.1.3)所代表的闭环系统可以用图 5-1 来表示。

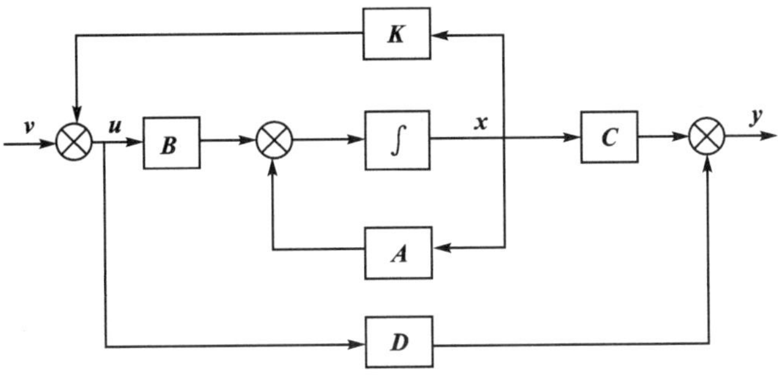

图 5-1 状态反馈后的闭环系统

下面研究状态反馈对可控性、可观测性的影响。在研究用状态反馈进行极点配置之前，首先研究在引入状态反馈式(5.1.2)后，闭环系统动态方程(5.1.3)的可控性与可观测性是否变化。

定理 5-1 对于任何实常量矩阵 $\boldsymbol{K}\in\mathbb{R}^{p\times n}$，闭环系统 (5.1.3)可控的充分必要条件是开环系统(5.1.1)可控。

证明： 显然对任何实常量矩阵 $\boldsymbol{K}$ 和任意的 $\lambda\in\mathbb{C}$，均有

$$[\lambda\boldsymbol{I}_n-(\boldsymbol{A}+\boldsymbol{BK})\quad \boldsymbol{B}]=[\lambda\boldsymbol{I}_n-\boldsymbol{A}\quad \boldsymbol{B}]\begin{bmatrix}\boldsymbol{I}_n & \boldsymbol{0}\\ -\boldsymbol{K} & \boldsymbol{I}_p\end{bmatrix}$$

式中等号右边最后一个矩阵对于任意实常量矩阵 $\boldsymbol{K}$ 都是非奇异矩阵。因此对任意的 $\lambda\in\mathbb{C}$ 和 $\boldsymbol{K}$，均有

$$\operatorname{rank}[\lambda\boldsymbol{I}_n-(\boldsymbol{A}+\boldsymbol{BK})\quad \boldsymbol{B}]=\operatorname{rank}[\lambda\boldsymbol{I}_n-\boldsymbol{A}\quad \boldsymbol{B}] \tag{5.1.4}$$

由此可知系统(5.1.1)和系统(5.1.3)同时具有或者没有不可控的模态，即系统(5.1.3)可控性等价于系统(5.1.1)可控性。这说明形如式(5.1.2)的状态反馈控制律不改变系统的可控性。

式(5.1.4)还说明，当$(\boldsymbol{A},\boldsymbol{B})$不可控时，即有某些 $\boldsymbol{A}$ 的特征值λ_0 使$[\lambda_0\boldsymbol{I}_n-\boldsymbol{A}\quad \boldsymbol{B}]$的秩小于 n，对于这些不可控的模态，λ_0 同时也使$[\lambda_0\boldsymbol{I}_n-(\boldsymbol{A}+\boldsymbol{BK})\quad \boldsymbol{B}]$的秩小于 n，因此 λ_0 也必然是 $\boldsymbol{A}+\boldsymbol{BK}$ 的特征值，因此模态 λ_0 也属于闭环系统的不可控模态。这表明，状态反馈不能改变系统(5.1.1)中的不可控的模态，系统(5.1.1)的不可控模态仍在闭环系统(5.1.3)中得到保持。因此可见，状态反馈至多只能改变系统的可控模态。

令开环系统(5.1.1)和用状态反馈式(5.1.2)后形成的闭环系统(5.1.3)的可控性矩阵分别为 $\boldsymbol{U}_1=[\boldsymbol{B}\quad \boldsymbol{AB}\quad \cdots\quad \boldsymbol{A}^{n-1}\boldsymbol{B}]$ 和 $\boldsymbol{U}_2=[\boldsymbol{B}\quad (\boldsymbol{A}+\boldsymbol{BK})\boldsymbol{B}\quad \cdots\quad (\boldsymbol{A}+\boldsymbol{BK})^{n-1}\boldsymbol{B}]$。$\operatorname{Im}\boldsymbol{U}_1$ 和 $\operatorname{Im}\boldsymbol{U}_2$ 表示由 $\boldsymbol{U}_1$ 和 $\boldsymbol{U}_2$ 的列向量所张成的空间，即可控子空间。下面的定理给出了开环系统与状态反馈闭环系统的可控子空间 $\operatorname{Im}\boldsymbol{U}_1$ 和 $\operatorname{Im}\boldsymbol{U}_2$ 的关系。

定理 5-2 对于任何实常量矩阵 $\boldsymbol{K}\in\mathbb{R}^{p\times n}$，$\operatorname{Im}\boldsymbol{U}_1=\operatorname{Im}\boldsymbol{U}_2$。

证明： 只要证明它们的正交补空间相等即可，为此任取 $\boldsymbol{x}_0\in[\operatorname{Im}\boldsymbol{U}_1]^{\perp}$，即有 $\boldsymbol{x}_0^{\mathrm{T}}\boldsymbol{U}_1=\boldsymbol{0}$，于是有 $\boldsymbol{x}_0^{\mathrm{T}}\boldsymbol{A}^i\boldsymbol{B}=\boldsymbol{0}(i=0,1,2,\cdots,n-1)$。利用这一关系可以证明对 $i=0,1,\cdots,n-1$ 都有

$x_0^{\mathrm{T}}(A+BK)^iB=0$，这表示 $x_0\in[\mathrm{Im}\,U_2]^{\perp}$，即有 $(\mathrm{Im}\,U_1)^{\perp}\subseteq(\mathrm{Im}\,U_2)^{\perp}$。

反之，同样可证 $(\mathrm{Im}\,U_1)^{\perp}\supseteq(\mathrm{Im}\,U_2)^{\perp}$。因而就有 $\mathrm{Im}\,U_1=\mathrm{Im}\,U_2$。

这一定理说明，状态反馈保持了可控子空间不变，当然由此也可以推知状态反馈保持系统的可控性不变。

但是式(5.1.2)形式的状态反馈有可能影响系统的可观测性，为此，考察下面的例子。

例 5-1 系统方程为

$$\dot{x}=\begin{bmatrix}1 & 2\\ 3 & 1\end{bmatrix}x+\begin{bmatrix}0\\ 1\end{bmatrix}u,\quad y=[1\quad 2]x$$

易知系统是可控可观测的，其传递函数为 $\dfrac{1}{s^2-2s-5}$。如果加上反馈 $u=v+[-3\quad -1]x$，闭环系统方程为

$$\dot{x}=\begin{bmatrix}1 & 2\\ 0 & 0\end{bmatrix}x+\begin{bmatrix}0\\ 1\end{bmatrix}v,\quad y=[1\quad 2]x$$

显然闭环系统是不可观测的，其传递函数为 $\dfrac{2}{s-1}$。这一例子说明，原来可观测的系统引入状态反馈后可以变成不可观测的；且从传递函数可以看出闭环系统的不可观测模态 0 与闭环系统零点相消。同样也可以举出不可观测的系统在引入状态反馈后变成可观测的例子，例如

$$\dot{x}=\begin{bmatrix}1 & 1\\ 0 & 1\end{bmatrix}x+\begin{bmatrix}0\\ 1\end{bmatrix}u,\quad y=[0\quad 1]x$$

开环系统是不可观测的，其传递函数为 $\dfrac{1}{s-1}$。若取状态反馈 $u=v+[1\quad 1]x$，形成的闭环系统

$$\dot{x}=\begin{bmatrix}1 & 1\\ 1 & 2\end{bmatrix}x+\begin{bmatrix}0\\ 1\end{bmatrix}u,\quad y=[0\quad 1]x$$

是可观测的，其传递函数为 $\dfrac{1}{s^2-3s+1}$。若取状态反馈 $u=v+[0\quad 1]x$，形成的闭环系统

$$\dot{x}=\begin{bmatrix}1 & 1\\ 0 & 2\end{bmatrix}x+\begin{bmatrix}0\\ 1\end{bmatrix}u,\quad y=[0\quad 1]x$$

就是不可观测的。静态状态反馈可以改变系统的可观测性，可观测性的变化可以从闭环传递函数的极点变化来解释说明，可观测性的改变反映在传递函数的零极点对消，并且不可观测的极点与零点相消。

5.1.1 单输入系统的极点配置

前面已经指出，状态反馈加入系统不能改变系统的不可控模态，状态反馈对可控模态可以产生影响，本节要研究的中心问题就是状态反馈对可控模态的影响能力如何。这也是状态反馈最主要的性质。简单地说，极点配置问题就是通过选择状态反馈增益矩阵，使得闭环系统的极点配置在所希望的位置上，从而使系统达到一定的性能指标要求。极点配置的意义在于：由配置闭环系统的极点来改善系统的动态性能、稳定性及稳态性能，比如时域形式单位阶跃响应的过渡过程时间、超调量、调节时间、上升时间等或频域形式性能指标的频带宽度、截止频率、

增益稳定域度和相位稳定域度等。下面先研究单变量系统的极点配置问题。

下面是极点配置问题提法。单变量线性时不变系统的动态方程为

$$\begin{cases}\dot{\boldsymbol{x}}=\boldsymbol{A}\boldsymbol{x}+\boldsymbol{b}u\\ y=\boldsymbol{c}\boldsymbol{x}+du\end{cases} \tag{5.1.5}$$

其中，$\boldsymbol{A}$、$\boldsymbol{b}$ 和 $\boldsymbol{c}$ 分别为 $n\times n$、$n\times 1$ 和 $1\times n$ 的实常量矩阵，任意给定复平面上的 n 个期望的闭环系统极点 $\bar{\lambda}_1,\bar{\lambda}_2,\cdots,\bar{\lambda}_n$（这 n 个复平面上的值是实数或者是成对出现的共轭复数），构造状态反馈控制律为

$$u=v+\boldsymbol{k}\boldsymbol{x} \tag{5.1.6}$$

其中，$\boldsymbol{k}$ 为 $1\times n$ 的实常量矩阵，状态反馈控制律使得这组给定复平面上的点为闭环系统的极点，即 $\bar{\lambda}_1,\bar{\lambda}_2,\cdots,\bar{\lambda}_n$ 是闭环系统系数矩阵 $\boldsymbol{A}+\boldsymbol{b}\boldsymbol{k}$ 的特征值。

这一问题数学上的等价提法：给定矩阵对 $(\boldsymbol{A},\boldsymbol{b})$ 和复平面上的 n 个任意极点 $\bar{\lambda}_1,\bar{\lambda}_2,\cdots,\bar{\lambda}_n$，要找到 $\boldsymbol{k}$ 使得 $\bar{\lambda}_1,\bar{\lambda}_2,\cdots,\bar{\lambda}_n$ 是矩阵 $\boldsymbol{A}+\boldsymbol{b}\boldsymbol{k}$ 的特征值。

式(5.1.5)和式(5.1.6)构成闭环系统的动态方程为

$$\begin{cases}\dot{\boldsymbol{x}}=(\boldsymbol{A}+\boldsymbol{b}\boldsymbol{k})\boldsymbol{x}+\boldsymbol{b}v\\ y=(\boldsymbol{c}+d\boldsymbol{k})\boldsymbol{x}+dv\end{cases} \tag{5.1.7}$$

式(5.1.7)所表示的反馈系统如图 5-2 所示。

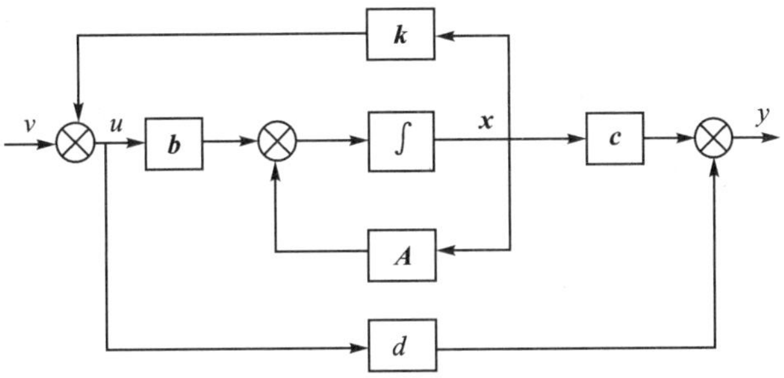

图 5-2　加入状态反馈后的单变量系统

需要注意的是，由于系数矩阵均为实系数，极点配置中的 n 个特征值是实数或者是成对出现的共轭复数（今后不再特别指出“实数或者是成对出现的共轭复数”这一说明，但都应作这样的理解）。

定理 5-3　系统(5.1.5)可利用状态反馈式(5.1.6)任意配置闭环系统全部极点的充分必要条件是系统(5.1.5)是可控的。

证明：① 必要性证明。系统(5.1.5)可利用状态反馈式(5.1.6)任意配置闭环系统全部极点，要证明系统可控，用反证法。假设系统(5.1.5)是不可控的，由可控性结构分解可知，存在非奇异矩阵 $\boldsymbol{P}$ 使得

$$\bar{\boldsymbol{A}}=\boldsymbol{P}\boldsymbol{A}\boldsymbol{P}^{-1}=\begin{bmatrix}\bar{\boldsymbol{A}}_1 & \bar{\boldsymbol{A}}_2\\ \boldsymbol{0} & \bar{\boldsymbol{A}}_4\end{bmatrix},\quad \bar{\boldsymbol{b}}=\boldsymbol{P}\boldsymbol{b}=\begin{bmatrix}\bar{\boldsymbol{b}}_1\\ \boldsymbol{0}\end{bmatrix}$$

对任意状态反馈增益矩阵 $\boldsymbol{k}=[\boldsymbol{k}_1\quad \boldsymbol{k}_2]$，闭环系统特征多项式为

$$\det(s\boldsymbol{I}-\boldsymbol{A}-\boldsymbol{b}\boldsymbol{k})=\det(s\boldsymbol{I}-\bar{\boldsymbol{A}}-\bar{\boldsymbol{b}}\boldsymbol{k}\boldsymbol{P}^{-1})$$

$$
=\det\begin{bmatrix} s\boldsymbol{I}-\bar{\boldsymbol{A}}_1-\bar{\boldsymbol{b}}_1\bar{\boldsymbol{k}}_1 & -\bar{\boldsymbol{A}}_2-\bar{\boldsymbol{b}}_1\bar{\boldsymbol{k}}_1 \\ \boldsymbol{0} & s\boldsymbol{I}-\bar{\boldsymbol{A}}_4 \end{bmatrix}
$$

$$
=\det(s\boldsymbol{I}-\bar{\boldsymbol{A}}_1-\bar{\boldsymbol{b}}_1\bar{\boldsymbol{k}})\det(s\boldsymbol{I}-\bar{\boldsymbol{A}}_4)
$$

其中，$\boldsymbol{kP}^{-1}=[\bar{\boldsymbol{k}}_1 \quad \bar{\boldsymbol{k}}_2]$。这表明状态反馈闭环系统的特征值中一定包含$\bar{\boldsymbol{A}}_4$ 的特征值，即状态反馈不能改变系统的不可控部分的特征值，所以系统不能由状态反馈任意配置全部极点。这一矛盾说明假设错误，因而系统可控。

② 充分性证明。因为式(5.1.5)可控，故利用变换 $\bar{\boldsymbol{x}}=\boldsymbol{Px}$ 可将式(5.1.5)变换为如下的可控标准形：

$$
\begin{cases} \dot{\bar{\boldsymbol{x}}}=\begin{bmatrix} 0 & 1 & 0 & \cdots & 0 \\ 0 & 0 & 1 & \cdots & 0 \\ \vdots & \vdots & \vdots & & \vdots \\ 0 & 0 & 0 & \cdots & 1 \\ -a_n & -a_{n-1} & -a_{n-2} & \cdots & -a_1 \end{bmatrix}\bar{\boldsymbol{x}}+\begin{bmatrix} 0 \\ 0 \\ \vdots \\ 0 \\ 1 \end{bmatrix}u \\ y=[\beta_n \quad \beta_{n-1} \quad \cdots \quad \beta_2 \quad \beta_1]\bar{\boldsymbol{x}}+du \end{cases} \tag{5.1.8}
$$

令 $\bar{\boldsymbol{A}}$ 和 $\bar{\boldsymbol{b}}$ 表示式(5.1.8)中第一式中的矩阵，则 $\bar{\boldsymbol{A}}=\boldsymbol{PAP}^{-1}$，$\bar{\boldsymbol{b}}=\boldsymbol{Pb}$。因为等价变换，状态反馈控制律变为

$$
u=v+\boldsymbol{kx}=v+\boldsymbol{kP}^{-1}\bar{\boldsymbol{x}}=v+\bar{\boldsymbol{k}}\bar{\boldsymbol{x}} \tag{5.1.9}
$$

其中，$\bar{\boldsymbol{k}}=\boldsymbol{kP}^{-1}$。由于 $\bar{\boldsymbol{A}}+\bar{\boldsymbol{b}}\bar{\boldsymbol{k}}=\boldsymbol{P}(\boldsymbol{A}+\boldsymbol{bk})\boldsymbol{P}^{-1}$，故 $\bar{\boldsymbol{A}}+\bar{\boldsymbol{b}}\bar{\boldsymbol{k}}$ 和 $\boldsymbol{A}+\boldsymbol{bk}$ 的特征值集合相同，特征多项式也相同，设期望配置极点的特征多项式为

$$
s^n+\bar{a}_1s^{n-1}+\cdots+\bar{a}_{n-1}s+\bar{a}_n
$$

它具有所期望的特征值。若选 $\bar{\boldsymbol{k}}$ 为

$$
\bar{\boldsymbol{k}}=[a_n-\bar{a}_n \quad a_{n-1}-\bar{a}_{n-1} \quad \cdots \quad a_2-\bar{a}_2 \quad a_1-\bar{a}_1] \tag{5.1.10}
$$

则由式(5.1.8)、式(5.1.9)所表示的有状态反馈的动态方程为

$$
\begin{cases} \dot{\bar{\boldsymbol{x}}}=\begin{bmatrix} 0 & 1 & 0 & \cdots & 0 & 0 \\ 0 & 0 & 1 & \cdots & 0 & 0 \\ \vdots & \vdots & \vdots & \ddots & \vdots & \vdots \\ 0 & 0 & 0 & \cdots & 1 & 0 \\ 0 & 0 & 0 & \cdots & 0 & 1 \\ -\bar{a}_n & -\bar{a}_{n-1} & -\bar{a}_{n-2} & \cdots & -\bar{a}_2 & -\bar{a}_1 \end{bmatrix}\bar{\boldsymbol{x}}+\begin{bmatrix} 0 \\ 0 \\ \vdots \\ 0 \\ 1 \end{bmatrix}v \\ y=[\beta_n+d(a_n-\bar{a}_n) \quad \beta_{n-1}+d(a_{n-1}-\bar{a}_{n-1}) \quad \cdots \quad \beta_1+d(a_1-\bar{a}_1)]\bar{\boldsymbol{x}}+dv \end{cases} \tag{5.1.11}
$$

因为式(5.1.11)中的系统矩阵的特征多项式是 $s^n+\bar{a}_1s^{n-1}+\cdots+\bar{a}_{n-1}s+\bar{a}_n$，故可知式(5.1.11)具有所期望的特征值。

式(5.1.10)的反馈增益矩阵 $\bar{\boldsymbol{k}}$ 是相对于 $\bar{\boldsymbol{x}}$ 而选择的，故相对于原状态变量 $\boldsymbol{x}$，增益矩阵 $\boldsymbol{k}=\bar{\boldsymbol{k}}\boldsymbol{P}$。由此反馈增益矩阵得到对闭环系统的极点配置。

以上定理的充分性证明给出了系统可控时对任意极点配置所需要的反馈增益阵 $\boldsymbol{k}$ 的构造过程。现将进行特征值配置的状态反馈增益阵 $\boldsymbol{k}$ 的计算步骤归纳如下：

① 计算 $\boldsymbol{A}$ 的特征多项式：$\det(s\boldsymbol{I}-\boldsymbol{A})=s^n+a_1s^{n-1}+\cdots+a_{n-1}s+a_n$；

② 由所给定的 n 个期望特征值 $\lambda_1,\cdots,\lambda_n$，计算期望闭环特征多项式

$$(s-\lambda_1)(s-\lambda_2)\cdots(s-\lambda_n)=s^n+\bar{a}_1s^{n-1}+\cdots+\bar{a}_{n-1}s+\bar{a}_n$$

③ 计算 $\bar{\boldsymbol{k}}=[a_n-\bar{a}_n \quad a_{n-1}-\bar{a}_{n-1} \quad \cdots \quad a_1-\bar{a}_1]$；

④ 计算可控性矩阵 $\boldsymbol{U}=[\boldsymbol{b} \quad \boldsymbol{A}\boldsymbol{b} \quad \cdots \quad \boldsymbol{A}^{n-1}\boldsymbol{b}]$，计算其逆 $\boldsymbol{U}^{-1}$，并取其最后一行为 $\boldsymbol{h}$；

⑤ 利用式(3.1.3) 或利用注 3－1 求取可控标准形的变换矩阵 $\boldsymbol{P}$：

$$\boldsymbol{P}=\begin{bmatrix}\boldsymbol{h}\\ \boldsymbol{h}\boldsymbol{A}\\ \vdots\\ \boldsymbol{h}\boldsymbol{A}^{n-1}\end{bmatrix} \quad 或 \quad \boldsymbol{P}=\begin{bmatrix}a_{n-1} & \cdots & a_1 & 1\\ \vdots & \iddots & \iddots & 0\\ a_1 & 1 & \iddots & \vdots\\ 1 & 0 & \cdots & 0\end{bmatrix}^{-1}\boldsymbol{U}^{-1}$$

⑥ 求取状态反馈增益矩阵 $\boldsymbol{k}=\bar{\boldsymbol{k}}\boldsymbol{P}$。

这一算法中，$\bar{\boldsymbol{k}}$ 是由开环系统的特征多项式与期望特征多项式的系数得到的，因此是确定的，且单变量系统可控性标准形的变换矩阵唯一，所以单输入系统极点配置的状态反馈增益矩阵是唯一的。但是这样计算状态反馈控制，必须先把动态方程变成可控标准形，这一过程的计算量很大。下面讨论另一种不需要变换可控标准形，直接计算 $\boldsymbol{k}$ 的方法。首先计算 $\boldsymbol{A}+\boldsymbol{b}\boldsymbol{k}$ 的特征多项式，在计算时 $\boldsymbol{k}$ 用 n 个未知量 $k_1,k_2,\cdots,k_n$ 表示。另外根据期望的特征值 λ_i，计算出期望特征多项式 $(s-\lambda_1)(s-\lambda_2)\cdots(s-\lambda_n)$，比较两个多项式，令 s 的同次幂的系数相等，便可得一组 n 个未知数的方程组，解这组方程可确定出 $\boldsymbol{k}=[k_1,k_2,\cdots,k_n]$。$(\boldsymbol{A},\boldsymbol{b})$ 可控性的假定保证了 n 个代数方程的可解性。这 n 个方程虽然是线性方程，但其求解问题为许多人所研究过，并已给出了很多算法和相应的公式，下面给出其中一种计算步骤：

① 将 $\boldsymbol{k}$ 用 $[k_1,k_2,\cdots,k_n]$ 表示；

② 计算 $\det(s\boldsymbol{I}-\boldsymbol{A}-\boldsymbol{b}\boldsymbol{k})$，这个 s 的多项式的系数包含了待定的 n 个参数：

$$\det(s\boldsymbol{I}-\boldsymbol{A}-\boldsymbol{b}\boldsymbol{k})=s^n+\beta_1(\boldsymbol{k})s^{n-1}+\beta_2(\boldsymbol{k})s^{n-2}+\cdots+\beta_n(\boldsymbol{k})$$

③ 将这个特征式与期望特征式比较，得到

$$\begin{aligned}&(s-\lambda_1)(s-\lambda_2)\cdots(s-\lambda_n)=s^n+\bar{a}_1s^{n-1}+\cdots+\bar{a}_{n-1}s+\bar{a}_n\\ &=\det(s\boldsymbol{I}-\boldsymbol{A}-\boldsymbol{b}\boldsymbol{k})\\ &=s^n+\beta_1(\boldsymbol{k})s^{n-1}+\beta_2(\boldsymbol{k})s^{n-2}+\cdots+\beta_n(\boldsymbol{k})\end{aligned}$$

④ 令 s 的同次幂的系数相等，得到下面 n 个变量 n 个方程的线性方程组：

$$\begin{gathered}\beta_1(\boldsymbol{k})=\beta_1(k_1 \quad k_2 \quad \cdots \quad k_n)=\bar{a}_1\\ \beta_2(\boldsymbol{k})=\beta_2(k_1 \quad k_2 \quad \cdots \quad k_n)=\bar{a}_2\\ \vdots\\ \beta_n(\boldsymbol{k})=\beta_n(k_1 \quad k_2 \quad \cdots \quad k_n)=\bar{a}_n\end{gathered}$$

⑤ 在系统可控的条件下，这个方程可唯一地确定出极点配置的状态反馈增益 $\boldsymbol{k}$。

下面证明方程组存在唯一解。事实上，

$$\begin{aligned}\det(s\boldsymbol{I}-\boldsymbol{A}-\boldsymbol{b}\boldsymbol{k})&=\det(s\boldsymbol{I}-\boldsymbol{A})\det(\boldsymbol{I}-(s\boldsymbol{I}-\boldsymbol{A})^{-1}\boldsymbol{b}\boldsymbol{k})\\ &=\det(s\boldsymbol{I}-\boldsymbol{A})\det(1-\boldsymbol{k}(s\boldsymbol{I}-\boldsymbol{A})^{-1}\boldsymbol{b})\\ &=\det(s\boldsymbol{I}-\boldsymbol{A})-\boldsymbol{k}\,\mathrm{adj}(s\boldsymbol{I}-\boldsymbol{A})\boldsymbol{b}\\ &=s^n+a_1s^{n-1}+\cdots+a_{n-1}s+a_n-\boldsymbol{k}\boldsymbol{U}\boldsymbol{G}\,[s^{n-1} \quad s^{n-2} \quad \cdots \quad s^0]^{\mathrm{T}}\end{aligned}$$

其中

$$U=[b \quad Ab \quad \cdots \quad A^{n-1}b], \quad G=\begin{bmatrix} a_{n-1} & \cdots & a_1 & 1 \\ \vdots & \iddots & \iddots & \\ a_1 & 1 & & \\ 1 & & & \end{bmatrix}$$

由系统可控知 U 可逆，显然 G 也可逆，记 $P^{-1}=UG$。这样 $kP^{-1}=[a_n-\bar{a}_n \quad \cdots \quad a_1-\bar{a}_1]$，进而可得 $k=[a_n-\bar{a}_n \quad \cdots \quad a_2-\bar{a}_2 \quad a_1-\bar{a}_1]P$，即证明了方程组解的唯一性。

从上述推导过程可知：当(A, b)可控时，n 个未知量 k_i 的 n 个线性方程有解，且解唯一。对“任意配置”来说，有解的充要条件就是系统可控。可控条件对于任意配置极点是充分必要条件，但对于某一指定的特征值组进行配置时，系统可控只是充分条件，而不是必要条件。又由定理 5-1 可知，状态反馈不改变系统的不可控模态，所以如果这组指定的特征值包含了系统所有的不可控模态，那么这组特征值就可以用状态反馈进行配置。因此得到：给定极点组可用状态反馈进行配置的充分必要条件是给定极点组包含系统的所有不可控模态。

事实上，若系统不完全可控，不妨假设系统已经有可控性结构分解形式：

$$\dot{x}=\begin{bmatrix} A_{11} & A_{12} \\ 0 & A_{22} \end{bmatrix}x+\begin{bmatrix} b_1 \\ 0 \end{bmatrix}u$$

采用状态反馈 $u=v+kx=[k_1 \quad k_2]x+v$ 得到闭环系统：

$$\begin{bmatrix} A_{11} & A_{12} \\ 0 & A_{22} \end{bmatrix}+\begin{bmatrix} b_1 \\ 0 \end{bmatrix}k=\begin{bmatrix} A_{11} & A_{12} \\ 0 & A_{22} \end{bmatrix}+\begin{bmatrix} b_1 \\ 0 \end{bmatrix}[k_1 \quad k_2]$$

$$=\begin{bmatrix} A_{11}+b_1k_1 & A_{12}+b_1k_2 \\ 0 & A_{22} \end{bmatrix}$$

显然，由于状态反馈不会改变系统的不可控模态，故仅当欲配置的极点包含 A_{22} 的全部特征值时，这组极点才是可以配置的。

5.1.2 多输入系统的极点配置

设系统的动态方程、状态反馈律以及加状态反馈后的系统动态方程分别为式(5.1.1)、式(5.1.2)及式(5.1.3)。多输入系统的极点配置问题的提法与单输入系统完全一致，只要把输入向量 b 改为输入矩阵 B，状态反馈增益矩阵变为 K，闭环系统的系数矩阵变为 $A+BK$。结论是一致的：能适当选择状态反馈增益矩阵 K 使 $A+BK$ 的特征值可以任意配置，当且仅当(A, B)可控。必要性的证明与单输入情况完全一样。下面证明充分性：若(A, B)可控，则能选择状态反馈增益矩阵 K，使 $A+BK$ 的特征值可以任意配置。对于多输入系统的极点配置问题，求取状态反馈增益矩阵的一般思路是将多输入系统的极点配置问题转化为单输入情况求解，用已有的单输入系统极点配置结果，从而解决多输入系统的极点配置问题。这一证明过程将分两个步骤来进行，即首先引入一个状态反馈，使得到的方程对 v 的单一分量可控，然后运用单变量的已有结果。

若(A, B)可控，则其可控性矩阵

$$\begin{aligned} U&=[B \quad AB \quad \cdots \quad A^{n-1}B] \\ &=[b_1 \quad b_2 \quad \cdots \quad b_p \quad Ab_1 \quad Ab_2 \quad \cdots \quad Ab_p \quad \cdots \quad A^{n-1}b_1 \quad A^{n-1}b_2 \quad \cdots \quad A^{n-1}b_p] \end{aligned}$$

的秩为 n。其中 $\boldsymbol{b}_i$ 是 $\boldsymbol{B}$ 的第 i 列。若存在 $\boldsymbol{b}_i$ 能使$[\boldsymbol{b}_i \quad \boldsymbol{A}\boldsymbol{b}_i \quad \cdots \quad \boldsymbol{A}^{n-1}\boldsymbol{b}_i]$的秩为 n,则可以仅用 $\boldsymbol{u}$ 的第 i 个分量控制系统(5.1.1)所有状态。如不存在这样的 $\boldsymbol{b}_i$,就不能仅用 u 的单一分量达到状态的控制。然而,若引入适当的状态反馈,则可以使得引入状态反馈以后的多输入系统由输入的单一分量达到状态可控。

定理 5-4　若$(\boldsymbol{A},\boldsymbol{B})$可控,且 $\boldsymbol{b}$ 是 $\boldsymbol{B}$ 的值域空间任意非零列向量,$\boldsymbol{b}\in \mathrm{Im}\,\boldsymbol{B}(\boldsymbol{b}\neq \boldsymbol{0})$,即存在非零向量 $\boldsymbol{L}$,使得 $\boldsymbol{b}=\boldsymbol{BL}$,则存在一个 $p\times n$ 实常量矩阵 $\boldsymbol{K}_1$,使得$(\boldsymbol{A}+\boldsymbol{BK}_1,\boldsymbol{b})$可控。

证明: 因为$(\boldsymbol{A},\boldsymbol{B})$可控,故其可控性矩阵的秩为 n,因而可按可控性矩阵列顺序依次选出基底向量,在可控性矩阵中选取 n 个线性无关的列向量,设为

$$\boldsymbol{Q}=[\boldsymbol{b}_1 \quad \boldsymbol{A}\boldsymbol{b}_1 \quad \cdots \quad \boldsymbol{A}^{n_1-1}\boldsymbol{b}_1 \quad \boldsymbol{b}_2 \quad \cdots \quad \boldsymbol{A}^{n_2-1}\boldsymbol{b}_2 \quad \cdots \quad \boldsymbol{b}_p \quad \boldsymbol{A}\boldsymbol{b}_p \quad \cdots \quad \boldsymbol{A}^{n_p-1}\boldsymbol{b}_p] \tag{5.1.12}$$

构成 n 维空间中的一组基,其中 $\sum n_i=n$。为不失一般性,假定 $\boldsymbol{B}$ 的各列线性无关,定义如下一组向量:

$$\begin{cases}\boldsymbol{x}_1=\boldsymbol{b}_1,\ \boldsymbol{x}_2=\boldsymbol{A}\boldsymbol{x}_1+\boldsymbol{b}_1,\cdots,\boldsymbol{x}_{n_1}=\boldsymbol{A}\boldsymbol{x}_{n_1-1}+\boldsymbol{b}_1,n_1\\ \boldsymbol{x}_{n_1+1}=\boldsymbol{A}\boldsymbol{x}_{n_1}+\boldsymbol{b}_2,\cdots,\boldsymbol{x}_{n_1+n_2}=\boldsymbol{A}\boldsymbol{x}_{n_1+n_2-1}+\boldsymbol{b}_2,n_2,\cdots\\ \boldsymbol{x}_{n_1+\cdots+n_{p-1}+1}=\boldsymbol{A}\boldsymbol{x}_{n_1+\cdots+n_{p-1}}+\boldsymbol{b}_p,\cdots,\boldsymbol{x}_{n_1+\cdots+n_p}=\boldsymbol{A}\boldsymbol{x}_{n_1+\cdots+n_p-1}+\boldsymbol{b}_p,n_p\end{cases} \tag{5.1.13}$$

易见,这一组向量由式(5.1.12)中的向量作列初等变换得到,反之亦然,因此它们是线性无关的。这样取

$$\boldsymbol{u}_1=\boldsymbol{u}_2=\cdots=\boldsymbol{u}_{n_1-1}=e_1=[1 \quad 0 \quad \cdots \quad 0]^{\mathrm{T}}\in \mathbb{R}^p$$
$$\boldsymbol{u}_{n_1}=\boldsymbol{u}_{n_1+2}=\cdots=\boldsymbol{u}_{n_1+n_2-1}=e_2=[0 \quad 1 \quad \cdots \quad 0]^{\mathrm{T}}\in \mathbb{R}^p$$
$$\vdots$$
$$\boldsymbol{u}_{n_1+n_2+\cdots+n_{p-1}}=\boldsymbol{u}_{n_1+n_2+\cdots+n_{p-1}+1}=\cdots=\boldsymbol{u}_{n_1+n_2+\cdots+n_{p-1}+n_p-1}=e_p=[0 \quad 0 \quad \cdots \quad 1]^{\mathrm{T}}\in \mathbb{R}^p$$

就可得到:存在 $\boldsymbol{u}_1,\boldsymbol{u}_2,\cdots,\boldsymbol{u}_{n-1}$,使得式(5.1.13)定义的向量组为

$$\boldsymbol{x}_1=\boldsymbol{b},\quad \boldsymbol{x}_{k+1}=\boldsymbol{A}\boldsymbol{x}_k+\boldsymbol{B}\boldsymbol{u}_k,\quad k=1,2,\cdots,n-1$$

其中,$x_1,x_2,\cdots,x_n$ 线性无关。定义矩阵 $\boldsymbol{K}_1\in\mathbb{R}^{p\times n}$:

$$\boldsymbol{K}_1=[\boldsymbol{u}_1 \quad \boldsymbol{u}_2 \quad \cdots \quad \boldsymbol{u}_{n-1} \quad \boldsymbol{0}]\,[\boldsymbol{x}_1 \quad \boldsymbol{x}_2 \quad \cdots \quad \boldsymbol{x}_n]_{n\times n}^{-1} \tag{5.1.14}$$

即 $\boldsymbol{u}_1=\boldsymbol{K}_1\boldsymbol{x}_1,\boldsymbol{u}_2=\boldsymbol{K}_1\boldsymbol{x}_2,\cdots,\boldsymbol{u}_{n-1}=\boldsymbol{K}_1\boldsymbol{x}_{n-1},\boldsymbol{0}=\boldsymbol{K}_1\boldsymbol{x}_n$,即可保证$(\boldsymbol{A}+\boldsymbol{BK}_1,\ \boldsymbol{b})$可控。事实上,由 $x_1,x_2,\cdots,x_n$ 线性无关,可知如下向量线性无关:

$$\boldsymbol{x}_1=\boldsymbol{b}$$
$$\boldsymbol{x}_2=\boldsymbol{A}\boldsymbol{x}_1+\boldsymbol{B}\boldsymbol{u}_1=\boldsymbol{A}\boldsymbol{x}_1+\boldsymbol{BK}_1\boldsymbol{x}_1=(\boldsymbol{A}+\boldsymbol{BK}_1)\boldsymbol{b}$$
$$\vdots$$
$$\boldsymbol{x}_n=\boldsymbol{A}\boldsymbol{x}_{n-1}+\boldsymbol{B}\boldsymbol{u}_{n-1}=(\boldsymbol{A}+\boldsymbol{BK}_1)\boldsymbol{x}_{n-1}=(\boldsymbol{A}+\boldsymbol{BK}_1)^{n-1}\boldsymbol{b}$$

从而得到$(\boldsymbol{A}+\boldsymbol{BK}_1,\ \boldsymbol{b})$可控。

多输入可控系统用状态反馈实现单输入可控,反馈增益矩阵 $\boldsymbol{K}_1$ 的算法步骤如下:

① 首先取 n 个线性无关列:

$$[\underbrace{\boldsymbol{b}_1 \quad \boldsymbol{A}\boldsymbol{b}_1 \quad \cdots \quad \boldsymbol{A}^{n_1-1}\boldsymbol{b}_1}_{n_1} \quad \underbrace{\boldsymbol{b}_2 \quad \boldsymbol{A}\boldsymbol{b}_2 \quad \cdots \quad \boldsymbol{A}^{n_2-1}\boldsymbol{b}_2}_{n_2} \quad \cdots \quad \underbrace{\boldsymbol{b}_p \quad \boldsymbol{A}\boldsymbol{b}_p \quad \cdots \quad \boldsymbol{A}^{n_p-1}\boldsymbol{b}_p}_{n_p}]$$

② 按如下方式构造 x_i:

$$\begin{cases} x_1 = b_1 \\ x_2 = Ax_1 + b_1 \\ \quad\vdots \\ x_{n_1} = Ax_{n_1-1} + b_1 \\ x_{n_1+1} = Ax_{n_1} + b_2 \\ \quad\vdots \\ x_{n_1+n_2} = Ax_{n_1+n_2-1} + b_2 \\ \quad\vdots \end{cases}$$

③ 与 $\boldsymbol{b}_1$ 有关的项取：$\boldsymbol{u}_1=\boldsymbol{e}_1,\cdots$，与 $\boldsymbol{b}_i$ 有关的项取 $\boldsymbol{u}_i=\boldsymbol{e}_i(i=1,2,\cdots,p)$；

④ 计算反馈增益矩阵 $\boldsymbol{K}_1$：

$$\boldsymbol{K}_1=[\boldsymbol{u}_1\quad \boldsymbol{u}_2\quad \cdots\quad \boldsymbol{u}_{n-1}\quad \boldsymbol{0}]\,[\boldsymbol{x}_1\quad \boldsymbol{x}_2\quad \cdots\quad \boldsymbol{x}_n]_{n\times n}^{-1}$$

⑤ 得到 $(\boldsymbol{A}+\boldsymbol{B}\boldsymbol{K}_1,\boldsymbol{b}_1)$ 是可控的。

上面利用 $0\neq \boldsymbol{b}\in \mathrm{Im}\,\boldsymbol{B}$ 进行处理得到 $\boldsymbol{K}_1$，可以进一步用 $\boldsymbol{b}_i$ 进行处理得到 $\boldsymbol{K}_i$，从而得到 $(\boldsymbol{A}+\boldsymbol{B}\boldsymbol{K}_i,\boldsymbol{b}_i)$ 是可控的(细节见结论 5-2)。进一步可以用单变量极点配置求取多变量极点配置的反馈增益矩阵 $\boldsymbol{K}$。

事实上，定理 5-4 的证明过程已经得到如下结论。

结论 5-1 若 $(\boldsymbol{A},\boldsymbol{B})$ 可控，$\boldsymbol{b}\in \mathrm{Im}\,\boldsymbol{B}(\boldsymbol{b}\neq\boldsymbol{0})$，存在 $\boldsymbol{u}_1,\boldsymbol{u}_2,\cdots,\boldsymbol{u}_{n-1}$ 使得如下定义的向量组

$$\boldsymbol{x}_1=\boldsymbol{b},\quad \boldsymbol{x}_{k+1}=\boldsymbol{A}\boldsymbol{x}_k+\boldsymbol{B}\boldsymbol{u}_k,\quad k=1,2,\cdots,n-1$$

线性无关，即定义的 $\boldsymbol{x}_1,\boldsymbol{x}_2,\cdots,\boldsymbol{x}_n$ 线性无关。

作为特例，将“$\boldsymbol{b}\in \mathrm{Im}\,\boldsymbol{B}(\boldsymbol{b}\neq\boldsymbol{0})$”改为“矩阵 $\boldsymbol{B}$ 的任意非零列向量”，得到定理 5-4 的简化结论如下。

结论 5-2 若 $(\boldsymbol{A},\boldsymbol{B})$ 可控，且 $\boldsymbol{b}_1,\boldsymbol{b}_2,\cdots,\boldsymbol{b}_p$ 是 $\boldsymbol{B}$ 的非零列向量，则对于任何 $i(i=1,2,\cdots,p)$，存在一个 $p\times n$ 实常量矩阵 $\boldsymbol{K}_i$，使得 $(\boldsymbol{A}+\boldsymbol{B}\boldsymbol{K}_i,\boldsymbol{b}_i)$ 可控。

证明： 为不失一般性，设 $i=1$。因为 $(\boldsymbol{A},\boldsymbol{B})$ 可控，故其可控性矩阵的秩为 n，因而可按可控性矩阵列顺序依次选出基底向量，在可控性矩阵中选取 n 个线性无关的列向量，设为

$$\boldsymbol{Q}=[\boldsymbol{b}_1\quad \boldsymbol{A}\boldsymbol{b}_1\quad \cdots\quad \boldsymbol{A}^{\bar{\mu}_1-1}\boldsymbol{b}_1\quad \boldsymbol{b}_2\quad \cdots\quad \boldsymbol{A}^{\bar{\mu}_2-1}\boldsymbol{b}_2\quad \cdots\quad \boldsymbol{b}_p\quad \boldsymbol{A}\boldsymbol{b}_p\quad \cdots\quad \boldsymbol{A}^{\bar{\mu}_p-1}\boldsymbol{b}_p]$$

则矩阵 $\boldsymbol{Q}$ 是非奇异的。定义 $p\times n$ 矩阵 $\boldsymbol{S}$ 如下：

$$\boldsymbol{S}=[0\quad 0\quad \cdots\quad \underset{\text{第 }\bar{\mu}_1\text{ 列}}{\boldsymbol{e}_2}\quad 0\quad 0\quad \cdots\quad \underset{\text{第}(\bar{\mu}_1+\bar{\mu}_2)\text{列}}{\boldsymbol{e}_3}\quad \cdots\quad 0\quad 0\quad \cdots\quad \underset{\text{第}(\bar{\mu}_1+\bar{\mu}_2+\cdots+\bar{\mu}_p=n)\text{列}}{0}]$$

其中，$\boldsymbol{e}_i$ 是 $p\times p$ 单位阵的第 i 列。取 $\boldsymbol{K}_1$ 阵为

$$\boldsymbol{K}_1=\boldsymbol{S}\boldsymbol{Q}^{-1}$$

则 $\boldsymbol{K}_1$ 阵满足定理要求，即 $(\boldsymbol{A}+\boldsymbol{B}\boldsymbol{K}_1,\boldsymbol{b}_1)$ 可控。首先，写出 $\boldsymbol{K}_1\boldsymbol{Q}=\boldsymbol{S}$ 的显式表示，即

$$\boldsymbol{K}_1[\boldsymbol{b}_1\quad \boldsymbol{A}\boldsymbol{b}_1\quad \cdots\quad \boldsymbol{A}^{\bar{\mu}_1-1}\boldsymbol{b}_1\quad \boldsymbol{b}_2\quad \boldsymbol{A}\boldsymbol{b}_2\quad \cdots\quad \boldsymbol{A}^{\bar{\mu}_2-1}\boldsymbol{b}_2\quad \cdots\quad \boldsymbol{b}_p\quad \boldsymbol{A}\boldsymbol{b}_p\quad \cdots\quad \boldsymbol{A}_p^{\bar{\mu}_p-1}\boldsymbol{b}_p]=$$
$$[0\quad 0\quad \cdots\quad \boldsymbol{e}_2\quad 0\quad 0\quad \cdots\quad \boldsymbol{e}_3\quad \cdots\quad 0\quad 0\quad \cdots\quad 0]$$

要证明 $(\boldsymbol{A}+\boldsymbol{B}\boldsymbol{K}_1,\boldsymbol{b}_1)$ 可控，就要证明 $\boldsymbol{b}_1,\bar{\boldsymbol{A}}\boldsymbol{b}_1,\cdots,\bar{\boldsymbol{A}}^{n-1}\boldsymbol{b}_1$ 线性无关，这里 $\bar{\boldsymbol{A}}=\boldsymbol{A}+\boldsymbol{B}\boldsymbol{K}_1$。根据 $\boldsymbol{K}_1\boldsymbol{Q}=\boldsymbol{S}$ 的显式表示，容易证明

$$
\begin{aligned}
&\boldsymbol{b}_1=\boldsymbol{b}_1\\
&\bar{\boldsymbol{A}}\boldsymbol{b}_1=(\boldsymbol{A}+\boldsymbol{B}\boldsymbol{K}_1)\boldsymbol{b}_1=\boldsymbol{A}\boldsymbol{b}_1\\
&\bar{\boldsymbol{A}}^2\boldsymbol{b}_1=(\boldsymbol{A}+\boldsymbol{B}\boldsymbol{K}_1)\boldsymbol{A}\boldsymbol{b}_1=\boldsymbol{A}^2\boldsymbol{b}_1\\
&\bar{\boldsymbol{A}}^{\bar{\mu}_1-1}\boldsymbol{b}_1=(\boldsymbol{A}+\boldsymbol{B}\boldsymbol{K}_1)\boldsymbol{A}^{\bar{\mu}_1-2}\boldsymbol{b}_1=\boldsymbol{A}^{\bar{\mu}_1-1}\boldsymbol{b}_1\\
&\bar{\boldsymbol{A}}^{\bar{\mu}_1}\boldsymbol{b}_1=(\boldsymbol{A}+\boldsymbol{B}\boldsymbol{K}_1)\boldsymbol{A}^{\bar{\mu}_1-1}\boldsymbol{b}_1=\boldsymbol{A}^{\bar{\mu}_1}\boldsymbol{b}_1+\boldsymbol{B}\boldsymbol{e}_2=\boldsymbol{b}_2+\cdots\\
&\bar{\boldsymbol{A}}^{\bar{\mu}_1+1}\boldsymbol{b}_1=(\boldsymbol{A}+\boldsymbol{B}\boldsymbol{K}_1)(\boldsymbol{b}_2+\boldsymbol{A}^{\bar{\mu}_1}\boldsymbol{b}_1)=\boldsymbol{A}\boldsymbol{b}_2+\cdots\\
&\qquad\qquad\vdots\\
&\bar{\boldsymbol{A}}^{n-1}\boldsymbol{b}_1=\boldsymbol{A}^{\bar{\mu}_p-1}\boldsymbol{b}_p+\cdots
\end{aligned}
$$

上面这些式子中，每项等号右端的省略号表示在式(5.1.12)的排列次序中，该向量前面向量的线性组合。上面的式子可写成

$$
[\boldsymbol{b}_1\quad \bar{\boldsymbol{A}}\boldsymbol{b}_1\quad\cdots\quad\bar{\boldsymbol{A}}^{n-1}\boldsymbol{b}_1]=\boldsymbol{Q}\begin{bmatrix}1&\times&\cdots&\times\\0&1&&\vdots\\0&0&\cdots&\times\\\vdots&\vdots&&\vdots\\0&0&\cdots&1\end{bmatrix}
$$

又因为 $\boldsymbol{Q}$ 是非奇异的，故$[\boldsymbol{b}_1\quad \bar{\boldsymbol{A}}\boldsymbol{b}_1\cdots\bar{\boldsymbol{A}}^{n-1}\boldsymbol{b}_1]$满秩，从而$(\boldsymbol{A}+\boldsymbol{B}\boldsymbol{K}_1,\boldsymbol{b}_1)$可控。

利用定理 5-4 及结论 5-2，可以将单输入系统极点配置结果的定理 5-3 推广到多输入系统情况。

定理 5-5　若系统(5.1.1)可控，则存在状态反馈增益阵 $\boldsymbol{K}\in\mathbb{R}^{p\times n}$，使得 $\boldsymbol{A}+\boldsymbol{B}\boldsymbol{K}$ 的 n 个特征值配置到复平面上 n 个任意给定的位置(复数共轭成对出现)。

证明：首先选取非零向量 $\boldsymbol{L}$，可得 $\boldsymbol{b}=\boldsymbol{B}\boldsymbol{L}$，由定理 5-4 可知存在 $\boldsymbol{K}_1$，使$(\boldsymbol{A}+\boldsymbol{B}\boldsymbol{K}_1,\boldsymbol{b})$可控。由单输入极点配置定理可知，存在 n 维行向量 $\boldsymbol{k}$，使得 $\boldsymbol{A}+\boldsymbol{B}\boldsymbol{K}_1+\boldsymbol{b}\boldsymbol{k}$ 的特征值可任意配置。由于 $\boldsymbol{A}+\boldsymbol{B}\boldsymbol{K}_1+\boldsymbol{b}\boldsymbol{k}=\boldsymbol{A}+\boldsymbol{B}\boldsymbol{K}_1+\boldsymbol{B}\boldsymbol{L}\boldsymbol{k}=\boldsymbol{A}+\boldsymbol{B}(\boldsymbol{K}_1+\boldsymbol{L}\boldsymbol{k})$，所以取 $\boldsymbol{K}=\boldsymbol{K}_1+\boldsymbol{L}\boldsymbol{k}$，即可证明定理 5-5。

定理 5-4 和结论 5-2 的证明过程给出了多输入系统极点配置问题的具体算法过程：

① 验证$(\boldsymbol{A},\boldsymbol{B})$是否可控，如果可控，继续下一步，否则结束；

② 对于可控系统$(\boldsymbol{A},\boldsymbol{B})$，对非零列向量 $\boldsymbol{b}\in\mathrm{Im}\,\boldsymbol{B}$(即可找到非零向量 $\boldsymbol{L}$，使得 $\boldsymbol{b}=\boldsymbol{B}\boldsymbol{L}$)，根据定理 5-4 或者推论 5-2 求取常量矩阵 $\boldsymbol{K}_1$，使得$(\boldsymbol{A}+\boldsymbol{B}\boldsymbol{K}_1,\boldsymbol{b})$可控；

③ 对于可控的单输入系统$(\boldsymbol{A}+\boldsymbol{B}\boldsymbol{K}_1,\boldsymbol{b})$，利用单输入极点配置算法求取行向量 $\boldsymbol{k}$，使得 $\boldsymbol{A}+\boldsymbol{B}\boldsymbol{K}_1+\boldsymbol{b}\boldsymbol{k}$ 的特征值可任意配置；

④ 取矩阵 $\boldsymbol{K}=\boldsymbol{K}_1+\boldsymbol{L}\boldsymbol{k}$，即为多输入系统$(\boldsymbol{A},\boldsymbol{B})$状态反馈极点配置的增益矩阵。

多输入系统状态反馈极点配置的闭环系统结构图如图 5-3 所示。

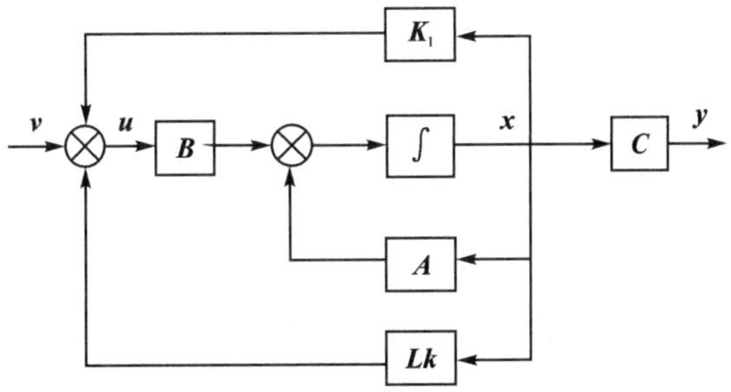

图 5-3　多变量系统状态反馈闭环系统结构图

一个自然的问题是：如果矩阵 $\boldsymbol{A}$ 是循环矩阵且($\boldsymbol{A}$,$\boldsymbol{B}$)可控，是否一定存在 $\boldsymbol{B}$ 的值域空间中的非零向量 $\boldsymbol{b}=\boldsymbol{BL}$，使($\boldsymbol{A}$,$\boldsymbol{b}$)可控？如果可以，则由单输入极点配置定理可知存在 n 维行向量 $\boldsymbol{k}$，使 $\boldsymbol{A}+\boldsymbol{bk}$ 的特征值可任意配置，所以取 $\boldsymbol{K}=\boldsymbol{Lk}$，即可任意配置极点。此时的反馈增益矩阵 $\boldsymbol{K}$ 的秩为 1。这个问题的答案是肯定的，此时上述过程中的反馈增益 $\boldsymbol{K}_1=0$。下面两个结论肯定地回答了这个问题。

结论 5-3 若($\boldsymbol{A}$,$\boldsymbol{B}$)可控，$\boldsymbol{A}$ 的最小多项式是 $f(s)$，并且多项式 $f(s)$ 的次数 $\partial[f(s)]=n_1<n$，则存在 $\boldsymbol{b}\in \mathrm{Im}\,\boldsymbol{B}$，使得 $f(s)$ 是 $\boldsymbol{b}$ 相对 $\boldsymbol{A}$ 的最小多项式，从而 $\boldsymbol{b},\boldsymbol{Ab},\cdots,\boldsymbol{A}^{n_1-1}\boldsymbol{b}$ 是线性无关的。

证明： 用反证法。假设 $f(s)$ 不是 $\boldsymbol{A}$ 在 $\mathrm{Im}\,\boldsymbol{B}$ 的最小多项式，则令 $f_1(s)$ 是 $\mathrm{Im}\,\boldsymbol{B}$ 的最小多项式，且 $\partial[f_1(s)]<n_1$，则必对一切 $\boldsymbol{b}\in \mathrm{Im}\,\boldsymbol{B}$ 都有 $f_1(\boldsymbol{A})\boldsymbol{b}=\boldsymbol{0}$，由于($\boldsymbol{A}$,$\boldsymbol{B}$)可控，空间的任一向量 $\boldsymbol{x}$ 均属于可控子空间，所以 $f_1(\boldsymbol{A})\boldsymbol{x}=\boldsymbol{0}$，而这和 $f(s)$ 是 $\boldsymbol{A}$ 的最小多项式矛盾。由结论 0-17 可知，存在 $\boldsymbol{b}\in \mathrm{Im}\,\boldsymbol{B}$，使得 $f(s)$ 是 $\boldsymbol{b}$ 相对 $\boldsymbol{A}$ 的最小多项式，从而得出 $\boldsymbol{b},\boldsymbol{Ab},\cdots,\boldsymbol{A}^{n_1-1}\boldsymbol{b}$ 线性无关。

结论 5-4 若($\boldsymbol{A}$,$\boldsymbol{B}$)可控，$\boldsymbol{A}$ 是循环矩阵(即 $\boldsymbol{A}$ 的最小多项式就是特征多项式)，则存在向量 $\boldsymbol{b}\in \mathrm{Im}\,\boldsymbol{B}$，使($\boldsymbol{A}$,$\boldsymbol{b}$)可控。

证明： 因为 $\boldsymbol{A}$ 的最小多项式就是 $\boldsymbol{A}$ 的特征多项式，由结论 0-17 可知，在 $\mathrm{Im}\,\boldsymbol{B}$ 中存在向量 $\boldsymbol{b}$，$\boldsymbol{b}$ 相对于 $\boldsymbol{A}$ 的最小多项式也是 $\boldsymbol{A}$ 的特征多项式，故向量 $\boldsymbol{b},\boldsymbol{Ab},\cdots,\boldsymbol{A}^{n-1}\boldsymbol{b}$ 线性无关，($\boldsymbol{A}$,$\boldsymbol{b}$)可控。这一推论表明 $\boldsymbol{A}$ 的生成元可以在 $\mathrm{Im}\,\boldsymbol{B}$ 中找到。

例 5-2 系统方程为

$$\dot{\boldsymbol{x}}=\begin{bmatrix}1&1&0\\0&1&0\\0&0&1\end{bmatrix}\boldsymbol{x}+\begin{bmatrix}0&0\\1&0\\0&1\end{bmatrix}\boldsymbol{u},\quad \boldsymbol{L}=[1\quad 1]^{\mathrm{T}}$$

试构造 $\boldsymbol{K}_1$，使($\boldsymbol{A}+\boldsymbol{BK}_1$,$\boldsymbol{b}=\boldsymbol{BL}$)可控。

解： 取 $\boldsymbol{x}_1=\boldsymbol{BL}=\boldsymbol{b}$，由

$$\boldsymbol{x}_1=\boldsymbol{b},\quad \boldsymbol{x}_2=\boldsymbol{Ax}_1+\boldsymbol{Bu}_1,\cdots,\boldsymbol{x}_{k+1}=\boldsymbol{Ax}_k+\boldsymbol{Bu}_k,\quad k=1,2,\cdots,n-1$$

因为 $\boldsymbol{Ax}_1$ 与 $\boldsymbol{x}_1$ 线性无关，故取 $\boldsymbol{x}_2=\boldsymbol{Ax}_1$，可得 $\boldsymbol{u}_1=[0\quad 0]^{\mathrm{T}}$。又因为 $\boldsymbol{Ax}_2$ 与 $\boldsymbol{x}_1$、$\boldsymbol{x}_2$ 构成线性相关组，$\boldsymbol{u}_2$ 不能取 $[0\quad 0]^{\mathrm{T}}$，可取 $\boldsymbol{u}_2=[-1\quad 1]^{\mathrm{T}}$，这样可得 $\boldsymbol{x}_3=\boldsymbol{Ax}_2+\boldsymbol{Bu}_2=[2\quad 0\quad 2]^{\mathrm{T}}$。由 $\boldsymbol{K}_1$ 的计算式(5.1.14)可得

$$\boldsymbol{K}_1=\begin{bmatrix}0&-1&0\\0&1&0\end{bmatrix}\begin{bmatrix}0&1&2\\1&1&0\\1&1&2\end{bmatrix}^{-1}=\begin{bmatrix}-1&-1&1\\-1&1&-1\end{bmatrix}$$

$$\boldsymbol{A}+\boldsymbol{BK}_1=\begin{bmatrix}1&1&0\\-1&-1&1\\1&1&-1\end{bmatrix}$$

$$[\boldsymbol{b}\quad (\boldsymbol{A}+\boldsymbol{BK}_1)\boldsymbol{b}\quad (\boldsymbol{A}+\boldsymbol{BK}_1)^2\boldsymbol{b}]=\begin{bmatrix}0&1&1\\1&0&-1\\1&0&1\end{bmatrix}$$

不难验证($\boldsymbol{A}+\boldsymbol{BK}_1$,$\boldsymbol{b}$)可控。

例 5-3　系统方程为

$$\dot{\boldsymbol{x}} = \begin{bmatrix} 0 & 1 & 0 & 0 \\ 0 & 0 & 1 & 0 \\ 0 & 0 & 1 & 0 \\ 0 & 0 & 0 & 1 \end{bmatrix} \boldsymbol{x} + \begin{bmatrix} 0 & 0 \\ 0 & 0 \\ 1 & 0 \\ 0 & 1 \end{bmatrix} \boldsymbol{u}$$

欲使闭环系统($\boldsymbol{A}+\boldsymbol{BK}$)具有特征值$-2,-2,-1+\mathrm{j},-1-\mathrm{j}$,试确定状态反馈增益阵$\boldsymbol{K}$。

解: 取$\boldsymbol{L}=[1\quad 0]^{\mathrm{T}}$,可得$\boldsymbol{x}_1=\boldsymbol{b}_1$;取$\boldsymbol{u}_1=[-1\quad 0]^{\mathrm{T}}$,可得$\boldsymbol{x}_2=[0\quad 1\quad 0\quad 0]^{\mathrm{T}}$;取$\boldsymbol{u}_2=[0\quad 0]^{\mathrm{T}}$,可得$\boldsymbol{x}_3=[1\quad 0\quad 0\quad 0]^{\mathrm{T}}$;取$\boldsymbol{u}_3=[0\quad 1]^{\mathrm{T}}$,可得$\boldsymbol{x}_4=[0\quad 0\quad 0\quad 1]^{\mathrm{T}}$;于是由$\boldsymbol{K}_1$的计算式可得

$$\boldsymbol{K}_1 = \begin{bmatrix} -1 & 0 & 0 & 0 \\ 0 & 0 & 1 & 0 \end{bmatrix} \begin{bmatrix} 0 & 0 & 1 & 0 \\ 0 & 1 & 0 & 0 \\ 1 & 0 & 0 & 0 \\ 0 & 0 & 0 & 1 \end{bmatrix}^{-1} = \begin{bmatrix} 0 & 0 & -1 & 0 \\ 1 & 0 & 0 & 0 \end{bmatrix}$$

显然,($\boldsymbol{A}+\boldsymbol{BK}_1,\boldsymbol{b}_1$)可控。令$\boldsymbol{k}=[k_1\quad k_2\quad k_3\quad k_4]$,直接计算

$$\boldsymbol{A}+\boldsymbol{BK}_1+\boldsymbol{b}_1\boldsymbol{k} = \begin{bmatrix} 0 & 1 & 0 & 0 \\ 0 & 0 & 1 & 0 \\ k_1 & k_2 & k_3 & k_4 \\ 1 & 0 & 0 & 1 \end{bmatrix}$$

它的特征式为

$$s^4-(1+k_3)s^3+(k_3-k_2)s^2+(k_2-k_1)s+k_1-k_4$$

期望特征式为

$$s^4+6s^3+14s^2+16s+8$$

比较上述两多项式的系数,可得

$$k_1=-37,\quad k_2=-21,\quad k_3=-7,\quad k_4=-45$$

状态反馈阵可取为

$$\boldsymbol{K}=\boldsymbol{K}_1+\boldsymbol{Lk}=\begin{bmatrix} -37 & -21 & -8 & -45 \\ 1 & 0 & 0 & 0 \end{bmatrix}$$

在上面的做法中,在$\boldsymbol{L}$和$\boldsymbol{u}_i$取定后,$\boldsymbol{K}$就唯一地确定了。但$\boldsymbol{L}$和$\boldsymbol{u}_i$是非唯一的,这一事实至少可以说明达到同样极点配置的$\boldsymbol{K}$值有许多,$\boldsymbol{K}$的这种非唯一性是多输入系统与单输入系统极点配置问题的主要区别之一。如何充分利用$\boldsymbol{K}$的自由参数以满足系统其他性能的要求是多输入系统状态反馈设计中一个活跃的研究领域。

多输入系统状态反馈配置极点问题的另一特点是:由期望极点多项式比较系数可以得到状态反馈增益矩阵np个参数n个方程的非线性方程组。说明如下:如将$\boldsymbol{K}$阵的元素用待定系数k_{ij}表示,闭环的多项式可以写为

$$\det[s\boldsymbol{I}-(\boldsymbol{A}+\boldsymbol{BK})]=s^n+f_1(\boldsymbol{K})s^{n-1}+f_2(\boldsymbol{K})s^{n-2}+\cdots+f_{n-1}(\boldsymbol{K})s+f_n(\boldsymbol{K})$$

式中,$f_i(\boldsymbol{K})$表示某一个以$\boldsymbol{K}$的元素k_{ij}为变量的非线性函数。如果将期望多项式表示成

$$s^n+a_1s^{n-1}+a_2s^{n-2}+\cdots+a_{n-1}s+a_n$$

比较两式的系数,可知应有

$$f_i(\boldsymbol{K})=a_i,\quad i=1,2,\cdots,n \tag{5.1.15}$$

上式在单输入情况下始终是线性方程组,在多输入情况下,一般是非线性方程。定理 5-4 所提供的事实表明:当系统可控时,可以通过牺牲 $\boldsymbol{K}$ 的自由参数使式(5.1.15)简化为一组能解出的线性方程组。对于例 5-3,也可以用求解上述方程的方法来做,通过适当选取 $\boldsymbol{K}$ 中的自由参数,往往可以方便地求出需要的矩阵 $\boldsymbol{K}$。

例 5-4 对于例 5-3 中的系统,用直接求解式(5.1.15)的方法计算达到极点配置的矩阵 $\boldsymbol{K}$。

解: 因为这时

$$\boldsymbol{A}+\boldsymbol{BK}=\begin{bmatrix}0 & 1 & 0 & 0\\ 0 & 0 & 1 & 0\\ k_1 & k_2 & 1+k_3 & k_4\\ k_5 & k_6 & k_7 & 1+k_8\end{bmatrix}$$

方案 1:取 $k_4=k_5=k_6=k_7=0,1+k_8=-2$,由

$$(s+2)[(s+1)^2+1]=s^3+4s^2+6s+4$$

易得 $k_1=-4,k_2=-6,1+k_3=-4$,即有

$$\boldsymbol{K}=\begin{bmatrix}-4 & -6 & -5 & 0\\ 0 & 0 & 0 & -3\end{bmatrix}$$

方案 2:取 $k_1=k_2=0,k_3=-1,k_4=1$,由

$$(s+2)^2[(s+1)^2+1]=s^4+6s^3+14s^2+16s+8$$

可得 $k_5=-8,k_6=-16,k_7=-14,k_8=-7$,即有

$$\boldsymbol{K}=\begin{bmatrix}0 & 0 & -1 & 1\\ -8 & -16 & -14 & -7\end{bmatrix}$$

以上做法充分利用了矩阵分块和相伴标准形的有关知识,从而方便了计算。

如同单输入系统一样,定理 5-4 中可控条件对于任意配置极点是充分必要条件,但对于某一组指定的特征值进行配置时,系统可控只是充分条件,而不是必要条件。给定极点组可用状态反馈达到配置的充分必要条件是给定极点组需要包含系统的所有不可控模态。因此判别原来系统的模态可控性就成了关键。

例 5-5 系统动态方程为

$$\dot{\boldsymbol{x}}=\begin{bmatrix}0 & 0 & -1\\ 1 & 0 & -2\\ 0 & 1 & -2\end{bmatrix}\boldsymbol{x}+\begin{bmatrix}1\\ 1\\ 0\end{bmatrix}u$$

$$y=[0\quad 1\quad -2]\,\boldsymbol{x}$$

给定两组极点,分别为$\{-1,-2,-3\}$和$\{-2,-3,-4\}$,问哪组极点可用状态反馈进行配置?

解: 计算出矩阵 $\mathbf{A}$ 的特征值,分别为$-1,-0.5\pm \mathrm{j}0.5\sqrt{3}$,可验证$-1$是不可控的,其他两个特征值是可控的。极点组$\{-1,-2,-3\}$包含了不可控模态$-1$,所以可用状态反馈进行配置;极点组$\{-2,-3,-4\}$则不能达到配置。

现用直接求解方法研究。令 $\boldsymbol{k}=[k_1\quad k_2\quad k_3]$,则

$$|s\boldsymbol{I}-(\mathbf{A}+\boldsymbol{bk})|=\begin{vmatrix}s-k_1 & -k_2 & 1-k_3\\ -1-k_1 & s-k_2 & 2-k_3\\ 0 & -1 & s+2\end{vmatrix}$$

$$=s^3+(-k_1-k_2+2)s^2+(-2k_1-3k_2-k_3+2)s+1-k_1-2k_2-k_3 \quad (5.1.16)$$

期望多项式为

$$(s+1)(s+2)(s+3)=s^3+6s^2+11s+6$$

比较上述两多项式的系数，可得

$$-k_1-k_2+2=6$$

$$-2k_1-3k_2-k_3+2=11$$

$$1-k_1-2k_2-k_3=6$$

即

$$\begin{bmatrix}-1 & -1 & 0\\ -2 & -3 & -1\\ -1 & -2 & -1\end{bmatrix}\begin{bmatrix}k_1\\ k_2\\ k_3\end{bmatrix}=\begin{bmatrix}4\\ 9\\ 5\end{bmatrix} \quad (5.1.17)$$

上述方程的可解性分析：

$$\begin{bmatrix}-1 & -1 & 0 & 4\\ -2 & -3 & -1 & 9\\ -1 & -2 & -1 & 5\end{bmatrix}\xrightarrow{\text{前三列进行列变换}}\begin{bmatrix}-1 & 0 & 0 & 4\\ -1 & -1 & 0 & 9\\ 0 & -1 & 0 & 5\end{bmatrix}$$

增广矩阵的秩等于系数矩阵的秩(等于 2)，有解。

系统可控性矩阵的秩为 2：

$$\operatorname{rank}\begin{bmatrix}1 & 0 & -1\\ 1 & 1 & -2\\ 0 & 1 & -1\end{bmatrix}=2$$

可控子空间的基为$[1\quad 1\quad 0]^{\mathrm{T}}$，$[0\quad 1\quad 1]^{\mathrm{T}}$，正是前述方程组的系数矩阵值域空间的基。

方程组(5.1.17)相容条件就是所给极点组应包含不可控模态。由此可见，“任意配置”要求系数矩阵满秩，系数矩阵满秩的条件正是系统可控的条件。

由式(5.1.17)可解出 k_1, k_2, k_3：

$$-k_1-k_2=4,\quad -k_3-k_2=1$$

式(5.1.16)又可表示成

$$(s+1)[s^2+(-k_1-k_2+1)s-k_1-k_3-2k_2+1]$$

将二阶因式与$(s+2)(s+3)$相比较，可得同样结果。式(5.1.16)也表明不可控模态用状态反馈是改变不了的。

定理 5-3 与定理 5-5 通常称为极点配置原理，它们是线性系统理论中控制器设计的奠基性定理之一，意义十分重大。该定理告诉我们，对于一个可控的系统，用状态反馈可以任意配置系统的极点，提示了状态反馈改变系统极点的能力与系统结构性质的密切关系。单输入系统的极点配置问题首先由我国著名控制理论专家北京大学的黄琳教授等解决，并于 1964 年发表在《自动化学报》上，这比 1965 年 Bass 和 Gura 给出的类似单输入极点配置结果和 1967 年由加拿大多伦多大学 Wonham 教授给出的多输入系统极点配置结果都要早。

下面介绍状态反馈极点配置对系统零点的影响。引入状态反馈可以改变系统的极点位置，这一控制作用一般来说不影响零点。为了说明状态反馈对传递函数的影响，由于非奇异线性变换不改变系统的传递函数，所以可以由严格正则的可控标准形式(5.1.8)(即 $d=0$)计算出开环系统(5.1.5)的传递函数对应单变量开环系统$(\boldsymbol{A}, \boldsymbol{b}, \boldsymbol{c})$的传递函数，即

$$g(s)=\boldsymbol{c}(s\boldsymbol{I}-\boldsymbol{A})^{-1}\boldsymbol{b}=\bar{\boldsymbol{c}}(s\boldsymbol{I}-\bar{\boldsymbol{A}})^{-1}\bar{\boldsymbol{b}}=\frac{\beta_1 s^{n-1}+\cdots+\beta_{n-1}s+\beta_n}{s^n+a_1 s^{n-1}+\cdots+a_{n-1}s+a_n}$$

及其可控标准形$(\bar{\boldsymbol{A}},\bar{\boldsymbol{b}},\bar{\boldsymbol{c}})$的传递函数

$$(s\boldsymbol{I}-\bar{\boldsymbol{A}})^{-1}\bar{\boldsymbol{b}}=\frac{1}{\det(s\boldsymbol{I}-\bar{\boldsymbol{A}})}[1\quad s\quad s^2\quad\cdots\quad s^{n-1}]^{\mathrm{T}},\quad \bar{\boldsymbol{c}}=[\beta_n\quad \beta_{n-1}\quad\cdots\quad\beta_1]$$

经过状态反馈后的系统做同样的化标准形的变换，得

$$\begin{aligned}g_f(s)&=\boldsymbol{c}(s\boldsymbol{I}-\boldsymbol{A}-\boldsymbol{b}\boldsymbol{k})^{-1}\boldsymbol{b}\\&=\bar{\boldsymbol{c}}\underbrace{(s\boldsymbol{I}-\bar{\boldsymbol{A}}-\bar{\boldsymbol{b}}\bar{\boldsymbol{k}})}_{\text{仍为友矩阵的形式}}{}^{-1}\bar{\boldsymbol{b}}\\&=[\beta_n\quad\beta_{n-1}\quad\cdots\quad\beta_1]\frac{1}{\det(s\boldsymbol{I}-\bar{\boldsymbol{A}}-\bar{\boldsymbol{b}}\bar{\boldsymbol{k}})}\begin{bmatrix}1\\s\\\vdots\\s^{n-1}\end{bmatrix}\\&=\frac{\beta_1 s^{n-1}+\cdots+\beta_{n-1}s+\beta_n}{\det(s\boldsymbol{I}-\bar{\boldsymbol{A}}-\bar{\boldsymbol{b}}\bar{\boldsymbol{k}})}\end{aligned}$$

但是若经状态反馈后的极点恰与开环系统的零点有对消，则此时状态反馈不仅改变了极点的位置还影响了零点，造成被消掉的极点为不可观测模态（但仍可控）。这从另一个角度解释了为什么状态反馈有时会使系统失去可观测性。对于多变量可控系统，在用状态反馈极点配置时，一般也不影响系统的零点。当配置的极点与开环系统的零点重合时，即所引入的状态反馈引起$g_f(s)$的零极对消，意味着该状态反馈将把原系统由可观测变为不可观测。这就是状态反馈可能破坏系统可观测性的原因。

在系统设计中，不一定要配置所有的极点，而往往仅须改变它的不稳定的特征值（具有非负实部的特征值），使之成为渐近稳定的特征值（具有负实部的特征值），这一过程称为系统镇定。下面就给出镇定问题的提法、可解性条件及解。

5.1.3 镇定问题

对于被控系统(5.1.1)，如果可以找到形如式(5.1.2)的状态反馈控制律，使得闭环系统$\dot{\boldsymbol{x}}=(\boldsymbol{A}+\boldsymbol{BK})\boldsymbol{x}+\boldsymbol{Bv}$是渐近稳定的，即其所有特征值均有负实部，则称系统(5.1.1)可由状态反馈镇定。

这一问题数学上的等价提法为：给定矩阵对$(\boldsymbol{A},\boldsymbol{B})$，要找到$\boldsymbol{K}$使得矩阵$\boldsymbol{A}+\boldsymbol{BK}$的特征值均有负实部。

显然，由极点配置定理知：若系统可控，则能用引入状态反馈的方法任意配置闭环系统的特征值，从而可以用状态反馈镇定该系统。所以系统可控是系统可镇定的一个充分性的条件。若动态方程不可控，根据定理2－17，则可利用非奇异线性变换，使状态方程变换为按可控性分解的形式：

$$\begin{bmatrix}\dot{\bar{\boldsymbol{x}}}_1\\\dot{\bar{\boldsymbol{x}}}_2\end{bmatrix}=\begin{bmatrix}\bar{\boldsymbol{A}}_{11}&\bar{\boldsymbol{A}}_{12}\\\boldsymbol{0}&\bar{\boldsymbol{A}}_{22}\end{bmatrix}\begin{bmatrix}\bar{\boldsymbol{x}}_1\\\bar{\boldsymbol{x}}_2\end{bmatrix}+\begin{bmatrix}\bar{\boldsymbol{B}}_1\\\boldsymbol{0}\end{bmatrix}\boldsymbol{u}\tag{5.1.18}$$

$$\boldsymbol{y}=[\bar{\boldsymbol{C}}_1 \quad \bar{\boldsymbol{C}}_2]\begin{bmatrix}\bar{\boldsymbol{x}}_1\\ \bar{\boldsymbol{x}}_2\end{bmatrix}+\boldsymbol{D}\boldsymbol{u}$$

且其子方程 $\dot{\bar{\boldsymbol{x}}}_1=\bar{\boldsymbol{A}}_{11}\boldsymbol{x}_1+\bar{\boldsymbol{B}}_1\boldsymbol{u}$ 是可控的。由于 $\bar{\boldsymbol{A}}$ 是三角块矩阵，故 $\bar{\boldsymbol{A}}$ 的特征值的集合是 $\bar{\boldsymbol{A}}_{11}$ 和 $\bar{\boldsymbol{A}}_{22}$ 特征值集合的并。由于 $\bar{\boldsymbol{B}}$ 的特殊形式，引入状态反馈 $\boldsymbol{u}=\boldsymbol{v}+\bar{\boldsymbol{K}}\bar{\boldsymbol{x}}=\boldsymbol{v}+[\boldsymbol{K}_1 \quad \boldsymbol{K}_2]\bar{\boldsymbol{x}}$，形成的闭环系统为

$$\begin{bmatrix}\dot{\bar{\boldsymbol{x}}}_1\\ \dot{\bar{\boldsymbol{x}}}_2\end{bmatrix}=\begin{bmatrix}\bar{\boldsymbol{A}}_{11}+\bar{\boldsymbol{B}}_1\boldsymbol{K}_1 & \bar{\boldsymbol{A}}_{12}+\bar{\boldsymbol{B}}_1\boldsymbol{K}_2\\ \boldsymbol{0} & \bar{\boldsymbol{A}}_{22}\end{bmatrix}\begin{bmatrix}\bar{\boldsymbol{x}}_1\\ \bar{\boldsymbol{x}}_2\end{bmatrix}+\begin{bmatrix}\bar{\boldsymbol{B}}_1\\ \boldsymbol{0}\end{bmatrix}\boldsymbol{v}$$

因而不论状态反馈增益 $\bar{\boldsymbol{K}}$ 怎么选择都不会改变 $\bar{\boldsymbol{A}}_{22}$ 的特征值，所以 $\bar{\boldsymbol{A}}_{22}$ 的特征值不能被控制，而保持在闭环系统中。又因为 $(\bar{\boldsymbol{A}}_{11},\bar{\boldsymbol{B}}_1)$ 可控，则 $\bar{\boldsymbol{A}}_{11}$ 的特征值可以通过状态反馈来任意配置，所以可以把 $\bar{\boldsymbol{A}}_{11}$ 对应的特征值通过状态反馈 K_1 的选取来配置极点到复平面左半平面（即具有严格负实部），这样要想用状态反馈控制律实现对系统的镇定，只要保证不可控系统的模态，即 $\bar{\boldsymbol{A}}_{22}$ 的特征值都具有负实部即可。这样就得到了系统可镇定的结果。

定理 5－6　线性系统可用状态反馈镇定的充要条件为它的不可控模态都具有负实部。

系统镇定问题算法如下：

① 判断系统的可镇定条件，即若系统不可控模态都具有负实部，则进行下一步，否则结束；

② 对系统进行可控性分解（如果系统可控，直接极点配置所有负实部极点）得到式(5.1.18)，并求得变换矩阵 $\boldsymbol{P}$；

③ 对可控子系统 $(\bar{\boldsymbol{A}}_{11},\bar{\boldsymbol{B}}_1)$ 利用极点配置，计算子状态反馈增益矩阵 $\boldsymbol{K}_1$，使得矩阵 $\bar{\boldsymbol{A}}_{11}+\bar{\boldsymbol{B}}_1\boldsymbol{K}_1$ 的特征值均有负实部；

④ 求取镇定系统的状态反馈增益矩阵 $\boldsymbol{K}=[\boldsymbol{K}_1 \quad \boldsymbol{0}]\boldsymbol{P}$。

若记 $\boldsymbol{B}_1=[\boldsymbol{B} \quad \boldsymbol{AB}]$，由推论 2－3 知：系统 $(\boldsymbol{A},\boldsymbol{B})$ 可控等价于系统 $(\boldsymbol{A},\boldsymbol{B}_1)$ 可控，从而它们有相同的不可控模态，再结合定理 5－6 容易得到如下推论。

推论 5－1　若 $\boldsymbol{B}_1=[\boldsymbol{B} \quad \boldsymbol{AB}]$，则矩阵对 $(\boldsymbol{A},\boldsymbol{B})$ 的可镇定性等价于矩阵对 $(\boldsymbol{A},\boldsymbol{B}_1)$ 的可镇定性。

现在可以把系统动态方程按照可控性/可镇定性进行分类：

$$\text{系统}\begin{cases}\text{可控系统}\\ \text{不可控系统}\begin{cases}\text{可镇定}\\ \text{不可镇定}\end{cases}\end{cases}$$

对于可控系统，用状态反馈可任意配置极点，因此可控就一定是可镇定的；对于可镇定系统，虽然可以使它从不稳定变成稳定，但不能使它具有任意的特征值分布。可镇定系统也称为可稳的系统。对于不可镇定的系统，由于它含有的不稳定模态是不可控的，故无法用状态反馈使之镇定。

下面考虑有外部扰动系统的镇定问题。考虑线性时不变系统的动态方程为

$$\dot{\boldsymbol{x}}=\boldsymbol{A}\boldsymbol{x}+\boldsymbol{B}\boldsymbol{u}+\boldsymbol{B}_1\boldsymbol{w} \tag{5.1.19}$$

其中，$\boldsymbol{w}$ 是 l 维外部扰动输入向量；$\boldsymbol{A}$、$\boldsymbol{B}$、$\boldsymbol{B}_1$ 分别为 $n\times n$、$n\times p$、$n\times l$ 的实常量矩阵。要求在

系统上加上扰动补偿的线性静态状态反馈

$$\boldsymbol{u}=\boldsymbol{K}\boldsymbol{x}+\boldsymbol{L}\boldsymbol{w} \tag{5.1.20}$$

$\boldsymbol{K}$ 和 $\boldsymbol{L}$ 分别为 $p\times n$ 和 $p\times l$ 的实常量矩阵，使得构成的闭环系统的动态方程为

$$\dot{\boldsymbol{x}}=(\boldsymbol{A}+\boldsymbol{B}\boldsymbol{K})\boldsymbol{x}+(\boldsymbol{B}\boldsymbol{L}+\boldsymbol{B}_1)\boldsymbol{w} \tag{5.1.21}$$

当时间趋于无穷时，状态趋于零，即 $\lim\limits_{t\to\infty}\boldsymbol{x}(t)=0$。此问题有如下的可解性结果。

定理 5-7 若存在 $\boldsymbol{K}$ 和 $\boldsymbol{L}$ 满足如下两个条件：

① $\boldsymbol{A}+\boldsymbol{B}\boldsymbol{K}$ 是 Hurwitz 的，即 $(\boldsymbol{A},\boldsymbol{B})$ 是可镇定的。

② $\boldsymbol{B}\boldsymbol{L}+\boldsymbol{B}_1=0$，即 $\boldsymbol{B}_1$ 的每个列向量都是由矩阵 $\boldsymbol{B}$ 的列向量张成的。

则闭环系统(5.1.21)在有外部扰动情况下状态趋于零，即 $\lim\limits_{t\to\infty}\boldsymbol{x}(t)=0$。

这个结果的证明是显然的。

注 5-1 定理 5-7 中条件②可以等价地描述为 $\text{rank}[\boldsymbol{B},\boldsymbol{B}_1]=\text{rank}\,\boldsymbol{B}$，该条件表明外部未知扰动都可以用不为零的控制把其消除掉，满足上述两个条件即可保证有外部扰动系统的可镇定控制器式(5.1.20)存在。这两个条件中的 $\boldsymbol{K}$ 和 $\boldsymbol{L}$ 的求取可以分离进行，这表明了在有外部扰动的线性系统镇定性控制问题中的镇定状态反馈增益与消除扰动反馈的分离性原理。

有外部扰动系统(5.1.19)的镇定问题算法步骤如下：

① 判断系统的可镇定条件，即若系统不可控模态都具有负实部，则进行下一步，否则结束；

② 判断条件 $\text{rank}[\boldsymbol{B},\boldsymbol{B}_1]=\text{rank}\,\boldsymbol{B}$，若成立，则进行下一步，否则结束；

③ 按照一般镇定性的步骤求取 $\boldsymbol{K}$，使 $\boldsymbol{A}+\boldsymbol{B}\boldsymbol{K}$ 是 Hurwitz 的；

④ 由条件 $\text{rank}[\boldsymbol{B},\boldsymbol{B}_1]=\text{rank}\,\boldsymbol{B}$，求取 $\boldsymbol{L}$ 满足 $\boldsymbol{B}\boldsymbol{L}+\boldsymbol{B}_1=0$。

请读者思考，若条件 $\text{rank}[\boldsymbol{B},\boldsymbol{B}_1]=\text{rank}\,\boldsymbol{B}$ 不满足时，是否可以设计 $\boldsymbol{K}$ 和 $\boldsymbol{L}$ 保证闭环系统在有外部扰动的情况下，系统的状态趋于零，即 $\lim\limits_{t\to\infty}\boldsymbol{x}(t)=0$？

例 5-6 设系统动态方程为 $\dot{\boldsymbol{x}}=\boldsymbol{A}\boldsymbol{x}+\boldsymbol{B}\boldsymbol{u}+\boldsymbol{B}_1\boldsymbol{w}$，其中

$$\boldsymbol{A}=\begin{bmatrix}0&0&1\\1&0&0\\1&1&1\end{bmatrix},\quad \boldsymbol{B}=\begin{bmatrix}1&1\\-1&1\\0&-1\end{bmatrix},\quad \boldsymbol{B}_1=\begin{bmatrix}2&0\\0&-2\\-1&1\end{bmatrix}$$

容易验证 $(\boldsymbol{A},\boldsymbol{B})$ 是可镇定的，可以取 $\boldsymbol{K}=\begin{bmatrix}-7&-4&-9\\-8&-6&-9\end{bmatrix}$，能够使 $\boldsymbol{A}+\boldsymbol{B}\boldsymbol{K}$ 是 Hurwitz 的。

通过验证 $\text{rank}[\boldsymbol{B},\boldsymbol{B}_1]=\text{rank}\,\boldsymbol{B}$ 成立，可以求取 $\boldsymbol{L}=\begin{bmatrix}-1&1\\-1&-1\end{bmatrix}$ 满足 $\boldsymbol{B}\boldsymbol{L}+\boldsymbol{B}_1=0$。

5.2 无静差跟踪控制问题及稳态特性

在系统控制中，需要控制的量一般不是系统所有的状态变量，而是感兴趣的性能输出。通过施加控制，性能输出可以跟踪到给定的参考信号。当系统具有未知外部扰动时，那么输出要无静差地跟踪参考信号，即无静差跟踪控制。无静差跟踪控制问题是工程实际中广泛存在的一类基本控制问题，例如飞机空中加油、导弹鱼雷命中目标、卫星对接、机器人操作控制等就是无静差跟踪的典型例子。本节只介绍线性系统情况，系统描述如下：

$$\begin{cases} \dot{\boldsymbol{x}} = \boldsymbol{A}\boldsymbol{x} + \boldsymbol{B}\boldsymbol{u} + \boldsymbol{B}_1\boldsymbol{d} \\ \boldsymbol{y} = \boldsymbol{C}\boldsymbol{x} \end{cases} \tag{5.2.1}$$

其中 $\boldsymbol{A}$,$\boldsymbol{B}$ 和 $\boldsymbol{C}$ 同式(5.1.1)的定义,$\boldsymbol{B}_1 \in \mathbb{R}^{n\times m}$,$\boldsymbol{d}$ 是 m 维未知的扰动向量。如果希望输出跟踪给定的参考输入信号 $\boldsymbol{y}_r$,可以采取反馈方法来实现这一目的。研究偏差 $\boldsymbol{e}(t)=\boldsymbol{y}(t)-\boldsymbol{y}_r(t)$ 在 $t\to\infty$ 时的极限值,即系统的稳态误差,如图 5-4 所示。假设($\boldsymbol{A}$,$\boldsymbol{B}$)可控,($\boldsymbol{A}$,$\boldsymbol{C}$)可观测。

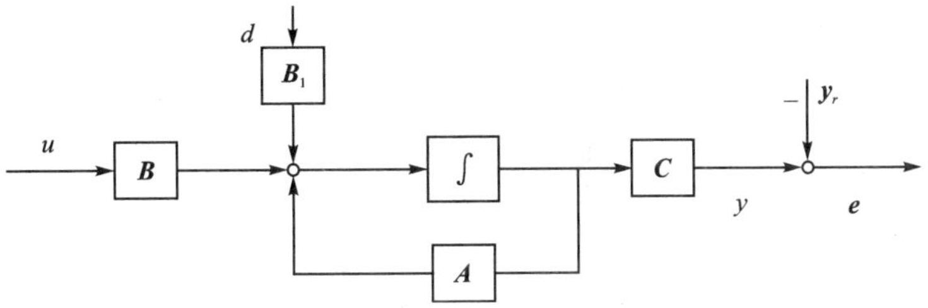

图 5-4　有外部扰动与参考信号的系统

5.2.1　无静差跟踪问题

对于系统(5.2.1),找到合适的控制律 $\boldsymbol{u}$ 使得闭环系统的输出与参考输入信号的偏差在时间趋于无穷时趋于零,即

$$\lim_{t\to\infty} \boldsymbol{e}(t) = \lim_{t\to\infty} \boldsymbol{y}(t) - \boldsymbol{y}_r(t) = 0 \tag{5.2.2}$$

注 5-2　对于无静差跟踪问题,图 5-4 所示的系统中外部扰动或者参考信号为零时分别对应不同的控制问题。对于外部扰动向量 $\boldsymbol{d}=0$ 和任意给定的参考输入信号 $\boldsymbol{y}_r$,找到合适的控制律 $\boldsymbol{u}$ 使得闭环系统的输出与参考输入信号的偏差在时间趋于无穷时趋于零,即满足式(5.2.2),这一问题称为渐近跟踪问题。对于外部扰动向量 $\boldsymbol{d}$,当参考输入信号 $\boldsymbol{y}_r=0$ 时,找到合适的控制律 $\boldsymbol{u}$ 使得闭环系统的输出在时间趋于无穷时趋于零,即满足 $\lim\limits_{t\to\infty} \boldsymbol{y}(t)=0$,这一问题称为扰动抑制问题,也称为有扰动系统的输出调节问题。当外部扰动向量 $\boldsymbol{d}=0$ 且参考输入信号 $\boldsymbol{y}_r=0$ 时,找到合适的控制律 $\boldsymbol{u}$ 使得闭环系统的输出在时间趋于无穷时趋于零,即满足 $\lim\limits_{t\to\infty} \boldsymbol{y}(t)=0$,这一问题称为输出调节问题。特别地,当外部扰动向量 $\boldsymbol{d}=0$,参考输入信号 $\boldsymbol{y}_r=0$,且输出 $\boldsymbol{y}=\boldsymbol{x}$ 时,这一问题就退化为镇定问题。

考虑要跟踪的信号和抑制扰动信号都是结构确定、参数可能不确定的信号,反映在信号的传递函数上,其分母多项式确定,分子多项式及系数不确定。为了方便起见,假定 $\boldsymbol{y}_r(t)$,$\boldsymbol{d}$ 都是阶跃形式的信号。类似于单变量系统,为了消除稳态误差,要引入积分环节。这里为了实现理想的跟踪参考信号,控制中应增加输出信号与参考输入信号之间偏差的积分项:

$$\boldsymbol{q}(t) = \int_0^t \boldsymbol{e}(\tau)\mathrm{d}\tau = \int_0^t [\boldsymbol{y}(\tau) - \boldsymbol{y}_r(\tau)]\mathrm{d}\tau \tag{5.2.3}$$

这相当于引入 q 个积分器,在 $\boldsymbol{q}(0)=0$ 的情况下,$\boldsymbol{q}(t)$满足的微分方程为

$$\dot{\boldsymbol{q}}(t) = \boldsymbol{e}(t) = \boldsymbol{C}\boldsymbol{x}(t) - \boldsymbol{y}_r(t) \tag{5.2.4}$$

这样可把被控对象式(5.2.1)的系统增广如下:

$$\begin{cases}\begin{bmatrix}\dot{x}\\ \dot{q}\end{bmatrix}=\begin{bmatrix}A & 0\\ C & 0\end{bmatrix}\begin{bmatrix}x\\ q\end{bmatrix}+\begin{bmatrix}B\\ 0\end{bmatrix}u+\begin{bmatrix}B_1 & 0\\ 0 & -I_q\end{bmatrix}\begin{bmatrix}d\\ y_r\end{bmatrix}\\ y=[C\quad 0]\begin{bmatrix}x\\ q\end{bmatrix}\end{cases}\tag{5.2.5}$$

这里，新的状态向量维数为 $n+q$，等于原系统状态维数与输出维数(积分器个数)之和。

首先出现的问题是，增广系统(5.2.5)是否可控。若系统可控，可以通过状态反馈改变系统所有极点分布，若系统不可控但可镇定，也可以使之进入稳态。否则，若不能使控制系统稳定，就无法正常工作。关于这个问题有以下定理。

定理 5-8　系统(5.2.5)可控的充分必要条件为系统(5.2.1)可控，且

$$\text{rank}\begin{bmatrix}A & B\\ C & 0\end{bmatrix}=n+q\tag{5.2.6}$$

注意，条件式(5.2.6)只有当 $p\geqslant q$(即输出数至多等于输入数)且 rank $C=q$ 时才有可能。

证明：考虑矩阵

$$\begin{bmatrix}A-sI & 0 & B\\ C & -sI & 0\end{bmatrix}\tag{5.2.7}$$

当 s 不等于零时，由 (A,B) 可控的 PBH 判别可知，式(5.2.7)中的矩阵的前 n 行是线性无关的。并且由于 s 不是零，式(5.2.7)中矩阵的后 q 行中包含矩阵 sI，所以线性无关，并且和前 n 行也是线性无关的。这时式(5.2.7)中矩阵的秩为 $n+q$。当 $s=0$ 时，由于式(5.2.6)的秩也是 $n+q$，因此，对任意的 s，式(5.2.7)中矩阵的秩均为 $n+q$，故对于增广系统(5.2.5)，由可控性的 PBH 判据可得系统可控。反之，同样易于证明。

在定理 5-8 的条件下，引入积分器后增广系统(5.2.5)是可控的。因此可以利用状态反馈配置闭环系统的特征值的方法来改善系统的动态性能和稳态性能。引入状态反馈

$$u=[K_1\quad K_2]\begin{bmatrix}x\\ q\end{bmatrix}=K_1x+K_2q\tag{5.2.8}$$

由式(5.2.5)和式(5.2.8)组成的闭环系统的方程为

$$\begin{bmatrix}\dot{x}\\ \dot{q}\end{bmatrix}=\begin{bmatrix}A+BK_1 & BK_2\\ C & 0\end{bmatrix}\begin{bmatrix}x\\ q\end{bmatrix}+\begin{bmatrix}B_1 & 0\\ 0 & -I_q\end{bmatrix}\begin{bmatrix}d\\ y_r\end{bmatrix},\quad y=[C\quad 0]\begin{bmatrix}x\\ q\end{bmatrix}\tag{5.2.9}$$

式(5.2.9)的系统表示在图 5-5 中，状态反馈式(5.2.8)中第一项 K_1x 是被控对象的某个普通的状态反馈；第二项 K_2q 是为了改善稳态性能而引入的跟踪偏差的积分信号的反馈项。

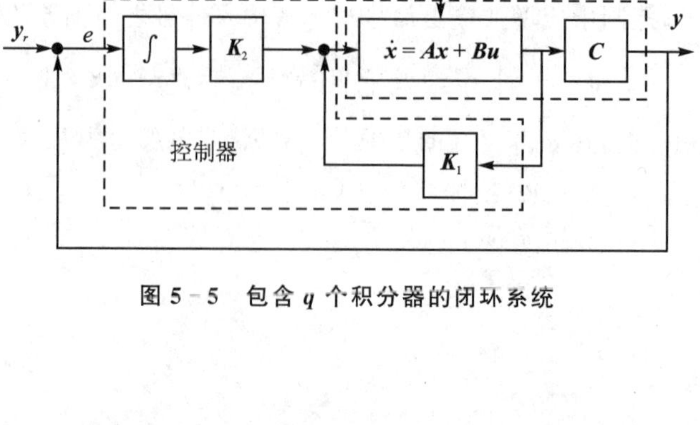

图 5-5　包含 q 个积分器的闭环系统

定理 5-9　设选择的 $\boldsymbol{K}_1$ 和 $\boldsymbol{K}_2$ 使系统(5.2.9)的特征值均具有负实部，而且扰动和参考输入均为阶跃信号，即

$$\boldsymbol{d}(t)=\boldsymbol{d}_0\cdot 1(t),\quad \boldsymbol{y}_r=\boldsymbol{y}_0\cdot 1(t)$$

其中，$\boldsymbol{d}_0$、$\boldsymbol{y}_0$ 为 n 维和 q 维的常值向量。则 $\boldsymbol{x}(t)$ 及 $\boldsymbol{q}(t)$ 趋向于常值稳态值，而输出趋向于给定的参考值，即有

$$\lim_{t\to\infty}[\boldsymbol{y}(t)-\boldsymbol{y}_r]=\boldsymbol{0} \tag{5.2.10}$$

证明： 对式(5.2.9)在零初始条件下进行拉普拉斯变换，得到

$$\begin{bmatrix}\boldsymbol{x}(s)\\ \boldsymbol{q}(s)\end{bmatrix}=\begin{bmatrix}s\boldsymbol{I}-(\boldsymbol{A}+\boldsymbol{B}\boldsymbol{K}_1) & -\boldsymbol{B}\boldsymbol{K}_2\\ -\boldsymbol{C} & s\boldsymbol{I}\end{bmatrix}^{-1}\begin{bmatrix}\boldsymbol{B}_1 & \boldsymbol{0}\\ \boldsymbol{0} & -\boldsymbol{I}_q\end{bmatrix}\begin{bmatrix}\boldsymbol{d}_0\\ \boldsymbol{y}_0\end{bmatrix}\frac{1}{s}$$

因为式(5.2.9)中的系统是稳定的，应用拉普拉斯变换的终值定理，可得

$$\lim_{t\to\infty}\begin{bmatrix}\boldsymbol{x}(t)\\ \boldsymbol{q}(t)\end{bmatrix}=\lim_{s\to 0}s\begin{bmatrix}\boldsymbol{x}(s)\\ \boldsymbol{q}(s)\end{bmatrix}=\begin{bmatrix}-(\boldsymbol{A}+\boldsymbol{B}\boldsymbol{K}_1) & -\boldsymbol{B}\boldsymbol{K}_2\\ -\boldsymbol{C} & \boldsymbol{0}\end{bmatrix}^{-1}\begin{bmatrix}\boldsymbol{B}_1 & \boldsymbol{0}\\ \boldsymbol{0} & -\boldsymbol{I}_q\end{bmatrix}\begin{bmatrix}\boldsymbol{d}_0\\ \boldsymbol{y}_0\end{bmatrix}$$

即 $\boldsymbol{x}(t)$、$\boldsymbol{q}(t)$ 趋向于常值向量，这意味着 $\dot{\boldsymbol{x}}(t)$ 和 $\dot{\boldsymbol{q}}(t)$ 都趋向于零。又因为

$$\dot{\boldsymbol{q}}(t)=\boldsymbol{y}(t)-\boldsymbol{y}_r(t)$$

故有 $\lim\limits_{t\to\infty}[\boldsymbol{y}(t)-\boldsymbol{y}_0 1(t)]=0$，即式(5.2.10)成立。

上述证明过程仅仅考虑了零初始条件进行拉普拉斯变换，但是对非零初始条件，闭环系统仍然可以无静差跟踪，即非零初始条件对系统稳态误差没有影响。事实上，对于非零初始条件，对闭环系统进行拉普拉斯变换，得到

$$\begin{aligned}\begin{bmatrix}\boldsymbol{x}(s)\\ \boldsymbol{q}(s)\end{bmatrix}=&\begin{bmatrix}s\boldsymbol{I}-(\boldsymbol{A}+\boldsymbol{B}\boldsymbol{K}_1) & -\boldsymbol{B}\boldsymbol{K}_2\\ -\boldsymbol{C} & s\boldsymbol{I}\end{bmatrix}^{-1}\begin{bmatrix}x(0)\\ q(0)\end{bmatrix}+\\ &\begin{bmatrix}s\boldsymbol{I}-(\boldsymbol{A}+\boldsymbol{B}\boldsymbol{K}_1) & -\boldsymbol{B}\boldsymbol{K}_2\\ -\boldsymbol{C} & s\boldsymbol{I}\end{bmatrix}^{-1}\begin{bmatrix}\boldsymbol{B}_1 & \boldsymbol{0}\\ \boldsymbol{0} & -\boldsymbol{I}_q\end{bmatrix}\begin{bmatrix}\boldsymbol{d}_0\\ \boldsymbol{y}_0\end{bmatrix}\frac{1}{s}\end{aligned}$$

由于闭环系统渐近稳定，即 $\bar{\boldsymbol{A}}=\begin{bmatrix}\boldsymbol{A}+\boldsymbol{B}\boldsymbol{K}_1 & \boldsymbol{B}\boldsymbol{K}_2\\ \boldsymbol{C} & \boldsymbol{0}\end{bmatrix}$ 是 Hurwitz 的，对等号右边第一项做拉普拉斯逆变换得到

$$\mathscr{L}^{-1}\left(\begin{bmatrix}s\boldsymbol{I}-(\boldsymbol{A}+\boldsymbol{B}\boldsymbol{K}_1) & -\boldsymbol{B}\boldsymbol{K}_2\\ -\boldsymbol{C} & s\boldsymbol{I}\end{bmatrix}^{-1}\begin{bmatrix}x(0)\\ q(0)\end{bmatrix}\right)=\mathrm{e}^{\bar{\boldsymbol{A}}t}\begin{bmatrix}x(0)\\ q(0)\end{bmatrix}\to 0$$

关于增广系统(5.2.5)可控性条件的意义，可用下面的定理作进一步的说明。

定理 5-10　状态反馈加到式(5.2.1)并不影响定理 5-8 中的式(5.2.6)，即对于任意 $p\times n$ 矩阵 $\boldsymbol{K}_1$，有

$$\operatorname{rank}\begin{bmatrix}\boldsymbol{A} & \boldsymbol{B}\\ \boldsymbol{C} & \boldsymbol{0}\end{bmatrix}=\operatorname{rank}\begin{bmatrix}\boldsymbol{A}+\boldsymbol{B}\boldsymbol{K}_1 & \boldsymbol{B}\\ \boldsymbol{C} & \boldsymbol{0}\end{bmatrix} \tag{5.2.11}$$

又若 $\boldsymbol{A}$ 是非奇异矩阵，则

$$\operatorname{rank}\begin{bmatrix}\boldsymbol{A} & \boldsymbol{B}\\ \boldsymbol{C} & \boldsymbol{0}\end{bmatrix}=n+\operatorname{rank}\boldsymbol{C}\boldsymbol{A}^{-1}\boldsymbol{B}=n+\operatorname{rank}\boldsymbol{G}(0) \tag{5.2.12}$$

其中 $\boldsymbol{G}(s)=\boldsymbol{C}(s\boldsymbol{I}-\boldsymbol{A})^{-1}\boldsymbol{B}$。如果 $\boldsymbol{A}$ 是奇异的，但 $(\boldsymbol{A},\boldsymbol{B})$ 可镇定，则适当选取 $\boldsymbol{K}_1$，便可使 $\boldsymbol{A}+\boldsymbol{B}\boldsymbol{K}_1$ 非奇异，并用 $\boldsymbol{A}+\boldsymbol{B}\boldsymbol{K}_1$ 代替 $\boldsymbol{A}$。

证明： 因为对任意 $p\times n$ 矩阵 $\boldsymbol{K}_1$，有

$$\begin{bmatrix} A+BK_1 & B \\ C & 0 \end{bmatrix} = \begin{bmatrix} A & B \\ C & 0 \end{bmatrix} \begin{bmatrix} I & 0 \\ K_1 & I \end{bmatrix} \tag{5.2.13}$$

又因为等号最右边的矩阵是非奇异的，故有式(5.2.11)成立。同样地，因为 A 是非奇异的，故有

$$\begin{bmatrix} I & 0 \\ 0 & CA^{-1}B \end{bmatrix} = \begin{bmatrix} I & 0 \\ -CA^{-1} & I \end{bmatrix} \begin{bmatrix} A & B \\ C & 0 \end{bmatrix} \begin{bmatrix} A^{-1} & A^{-1}B \\ 0 & -I \end{bmatrix} \tag{5.2.14}$$

等号左边矩阵的秩显然为 $n+\mathrm{rank}\ CA^{-1}B$，等号右边左右两个矩阵均为非奇异矩阵，等号右边三个矩阵乘积的秩为中间矩阵的秩，所以式(5.2.12)成立。

由这一定理及定理 5-8 可知，当 A^{-1} 存在时，式(5.2.6)相当于

$$\mathrm{rank}\ G(0) = \mathrm{rank}\ CA^{-1}B = q \tag{5.2.15}$$

这里 $G(0)=-CA^{-1}B$ 是系统(5.2.1)的稳态增益阵。当 $q=p$ 时，即输入/输出维数相同，式(5.2.15)表示 $G(0)$ 非奇异。这一概念在讨论静态解偶时也是很重要的。

对于条件式(5.2.6)的说明：若条件式(5.2.6)不满足，即有

$$\mathrm{rank}\begin{bmatrix} A-sI & 0 & B \\ C & -sI & 0 \end{bmatrix}_{s=0} < n+q$$

这表明增广系统(5.2.5)有 $s=0$ 这一特征值不可控，状态反馈式(5.2.8)不能改变这个特征值，它仍保持在闭环动态方程中，从而导致闭环系统不渐近稳定。但在闭环传递函数形成时，产生了零极对消，闭环传递函数无此 $s=0$ 的极点，这一零极对消的原因是在正向通道中引入了积分环节(参考图 5-5)，也就是引入了一个 $s=0$ 的极点，它一定是开环对象的零点发生了相消。因此式(5.2.6)不成立意味着对象有 $s=0$ 的(传输)零点，在单变量的情况下，就是对象有传递函数的零点，但是在系统回路中不稳定的零极对消是不允许的。以上说明的例子如下。

例 5-7 系统方程为

$$\dot{x} = \begin{bmatrix} 0 & 1 \\ -2 & -3 \end{bmatrix} x + \begin{bmatrix} 0 \\ 1 \end{bmatrix} u + d, \quad y = \begin{bmatrix} 0 & 1 \end{bmatrix} x$$

试问是否可以用本节的方法设计控制器，使得在 $y_r(t)=1(t)$ 作用下无稳态误差。

解： 验证式(5.2.6)

$$\mathrm{rank}\begin{bmatrix} 0 & 1 & 0 \\ -2 & -3 & 1 \\ 0 & -1 & 0 \end{bmatrix} = 2 < n+q = 3$$

计算对象部分的传递函数

$$G(s) = \frac{s}{s^2+3s+2}$$

对于这一系统无法用本节的引入积分器的方法进行控制器设计以消去稳态误差。事实上，因为是 SISO 系统，若引入积分器，再对组合系统进行状态反馈 $u=k_1x+k_2q$，形成如图 5-6 所示的框图。受控系统直接状态反馈 $u=k_1x$ 系统，即虚线框中系统的传递函数为

$$c(sI-A-bk_1)^{-1}b = \begin{bmatrix} 0 & 1 \end{bmatrix} \frac{1}{\det(sI-A-bk_1)} \begin{bmatrix} 1 \\ s \end{bmatrix} = \frac{s}{\det(sI-A-bk_1)}$$

显然，有 $s=0$ 的零点与引入的积分器模型 $s=0$ 的极点相消。

下面给出无静差跟踪问题算法的步骤：

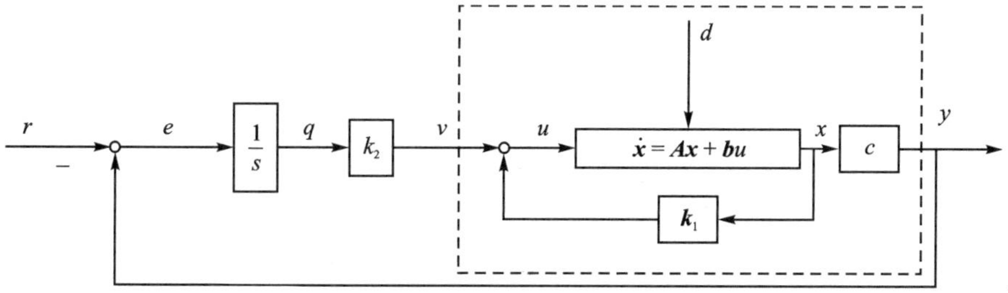

图 5-6　引入积分器补偿的组合系统反馈系统

① 判断系统($\boldsymbol{A}$,$\boldsymbol{B}$,$\boldsymbol{C}$)的可控性和秩条件式(5.2.6),若均成立则进行下一步,否则结束;

② 对系统(5.2.5)进行极点配置,让所有极点具有负实部,得到 $\boldsymbol{u}=\boldsymbol{K}_1\boldsymbol{x}+\boldsymbol{K}_2\boldsymbol{q}$;

③ 计算系统的输出误差渐近趋于零。

例 5-8　系统方程为

$$\dot{\boldsymbol{x}}=\begin{bmatrix}0&1&0&0\\0&0&-1&0\\0&0&0&1\\0&0&11&0\end{bmatrix}\boldsymbol{x}+\begin{bmatrix}0\\1\\0\\-1\end{bmatrix}u+\begin{bmatrix}0\\4\\0\\6\end{bmatrix}w$$

$$y=\begin{bmatrix}1&0&0&0\end{bmatrix}\boldsymbol{x}$$

要求输出跟踪参考输入 $y_r(t)=y_r1(t)$,y_r 为阶跃函数的幅值。

解: 为了消去稳态误差,应如式(5.2.3)所示引入积分器,得到增广系统方程如下:

$$\begin{bmatrix}\dot{\boldsymbol{x}}\\\dot{\boldsymbol{q}}\end{bmatrix}=\begin{bmatrix}0&1&0&0&0\\0&0&-1&0&0\\0&0&0&1&0\\0&0&11&0&0\\-1&0&0&0&0\end{bmatrix}\begin{bmatrix}\boldsymbol{x}\\\boldsymbol{q}\end{bmatrix}+\begin{bmatrix}0\\1\\0\\-1\\0\end{bmatrix}u+\begin{bmatrix}0\\4w\\0\\6w\\y_r\end{bmatrix}$$

$$y=\begin{bmatrix}1&0&0&0&0\end{bmatrix}\begin{bmatrix}\boldsymbol{x}\\\boldsymbol{q}\end{bmatrix}$$

验证系统可控应满足的条件

$$\begin{bmatrix}\boldsymbol{A}&\boldsymbol{b}\\\boldsymbol{c}&0\end{bmatrix}=\begin{bmatrix}0&1&0&0&0\\0&0&-1&0&1\\0&0&0&1&0\\0&0&11&0&-1\\1&0&0&0&0\end{bmatrix},\quad \det\begin{bmatrix}\boldsymbol{A}&\boldsymbol{b}\\\boldsymbol{c}&0\end{bmatrix}=10$$

故增广系统可控。用状态反馈可以任意配置特征值。令反馈增益阵为$[k_1\quad k_2\quad k_3\quad k_4\quad k_5]$。下面来选 k_i,以使闭环系统有特征值−2,−2,−1,−1±j,即实现期望的多项式

$$s^5+7s^4+20s^3+30s^2+24s+8$$

加了状态反馈后的系统矩阵为

$$\begin{bmatrix} 0 & 1 & 0 & 0 & 0 \\ k_1 & k_2 & k_3-1 & k_4 & k_5 \\ 0 & 0 & 0 & 1 & 0 \\ -k_1 & -k_2 & 11-k_3 & -k_4 & -k_5 \\ 1 & 0 & 0 & 0 & 0 \end{bmatrix}$$

特征多项式为

$$s^5+(k_4-k_2)s^4+(k_3-k_1-11)s^3+(10k_2-k_5)s^2+10k_1 s+10k_5$$

比较上面两个多项式同幂次的系数,可以求出反馈增益阵为

$$\boldsymbol{K}=[2.4 \quad 3.08 \quad 33.4 \quad 10.08 \quad 0.8]$$

并且得到闭环系统

$$\begin{bmatrix} \dot{\boldsymbol{x}} \\ \dot{\boldsymbol{q}} \end{bmatrix}=\begin{bmatrix} 0 & 1 & 0 & 0 & 0 \\ 2.4 & 3.08 & 32.4 & 10.08 & 0.8 \\ 0 & 0 & 0 & 1 & 0 \\ -2.4 & -3.08 & -22.4 & -10.08 & -0.8 \\ 1 & 0 & 0 & 0 & 0 \end{bmatrix}\begin{bmatrix} \boldsymbol{x} \\ \boldsymbol{q} \end{bmatrix}+\begin{bmatrix} 0 \\ 4w \\ 0 \\ 6w \\ -y_r \end{bmatrix}$$

$$y=[1 \quad 0 \quad 0 \quad 0 \quad 0]\begin{bmatrix} \boldsymbol{x} \\ \boldsymbol{q} \end{bmatrix}$$

现在来验证上式的稳态特征:

$$\begin{aligned}\lim_{t\to\infty} y(t) &= -\boldsymbol{c}\boldsymbol{A}_1^{-1}\begin{bmatrix} \boldsymbol{d} \\ -y_r \end{bmatrix} \\ &= -[1 \quad 0 \quad 0 \quad 0 \quad 0]\begin{bmatrix} 0 & 0 & 0 & 0 & 1 \\ 1 & 0 & 0 & 0 & 0 \\ 0 & 0.1 & 0 & 0.1 & 0 \\ 0 & 0 & 1 & 0 & 0 \\ -3.85 & -2.8 & -12.6 & -4.05 & -3 \end{bmatrix}\begin{bmatrix} \boldsymbol{d} \\ -y_r \end{bmatrix} \\ &= y_r\end{aligned}$$

上式中 $\boldsymbol{A}_1$ 为闭环系统矩阵,由此可见 $y(t)$ 最终趋近于稳态值 y_r,这正是所期望的结果。

5.2.2 基于内模原理的无静差跟踪问题

以上讨论的跟踪问题中仅仅考虑了参考输入信号 $\boldsymbol{y}_r(t)$ 和扰动信号 $\boldsymbol{d}$ 都是阶跃形式的情况,即扰动和输入信号均为常值向量,这在一些工业控制中(如调速系统等)是有用的。此时可以通过引入一个积分器进行动态补偿,对引入积分器后的增广系统再进行镇定状态反馈,完成无静差跟踪目标。这一控制方式对增广系统是静态状态反馈镇定控制。对受控对象而言,这种控制方式实质上是一种包含动态补偿器的输出反馈控制系统。

事实上,对更一般的参考输入信号 $\boldsymbol{y}_r(t)$ 和扰动信号 $\boldsymbol{d}$,要解决其无静差跟踪问题的一般方法是采用"内模原理"。首先要确定参考输入信号 $\boldsymbol{y}_r(t)$ 和扰动信号 $\boldsymbol{d}$ 的结构特性中所有不稳定信号部分的模型(类似于上述处理过程中阶跃信号不稳定部分即为 $1/s$,其模型为一积分器动态),将这一模型引入系统中去补偿参考输入信号 $\boldsymbol{y}_r(t)$ 和扰动信号 $\boldsymbol{d}$ 的不稳定部分特

性，故称其为内模。内模原理的实质是依靠引入的模型极点多项式的根与 $\boldsymbol{y}_r(t)$ 和 $\boldsymbol{d}$ 的不稳定性模态实现精确对消(积分器模型的极点多项式是 s，而阶跃信号结构特性部分的传递函数是 $1/s$)，从而达到渐近跟踪和扰动抑制。例如将参考输入信号 $\boldsymbol{y}_r(t)$ 和扰动信号 $\boldsymbol{d}$ 改为斜坡信号时，仅仅引入一阶积分器就无法做到精确对消，从而无法实现渐近跟踪和扰动抑制。为了实现无静差跟踪，其内模部分的模型应该怎么取？请参考习题 5-10。下面将考虑更一般的外部扰动信号和参考输入信号的无静差跟踪问题。

下面研究基于内模原理的无静差跟踪问题。考虑如下线性系统：

$$\begin{cases}\dot{\boldsymbol{x}}=\boldsymbol{A}\boldsymbol{x}+\boldsymbol{B}\boldsymbol{u}+\boldsymbol{B}_1\boldsymbol{d}\\ \boldsymbol{y}=\boldsymbol{C}\boldsymbol{x}+\boldsymbol{D}\boldsymbol{u}+\boldsymbol{D}_1\boldsymbol{d}\end{cases}\tag{5.2.16}$$

其中，$\boldsymbol{d}$ 是 m 维外部扰动输入向量，$\boldsymbol{A}$、$\boldsymbol{B}$、$\boldsymbol{B}_1$、$\boldsymbol{C}$、$\boldsymbol{D}$、$\boldsymbol{D}_1$ 分别为 $n\times n$、$n\times p$、$n\times m$、$q\times n$、$q\times p$、$q\times m$ 的实常量矩阵。无静差跟踪问题的提法：对于系统(5.2.16)，找到控制输入 $\boldsymbol{u}$，在其作用下系统输出跟踪参考输入信号 $\boldsymbol{y}_r$，即

$$\lim_{t\to\infty}\boldsymbol{e}(t)=\lim_{t\to\infty}\boldsymbol{y}(t)-\boldsymbol{y}_r(t)=0\tag{5.2.17}$$

外部扰动信号 $\boldsymbol{d}$ 与参考输入信号 $\boldsymbol{y}_r$ 统一考虑为外部信号，记为 $\boldsymbol{w}$，是 l 维外部扰动向量，假设其动态方程为 $\dot{\boldsymbol{w}}=\boldsymbol{A}_w\boldsymbol{w}$。这样把被控对象描述为如下动态方程：

$$\begin{cases}\dot{\boldsymbol{x}}=\boldsymbol{A}\boldsymbol{x}+\boldsymbol{B}\boldsymbol{u}+\boldsymbol{B}_w\boldsymbol{w}\\ \dot{\boldsymbol{w}}=\boldsymbol{A}_w\boldsymbol{w}\\ \boldsymbol{e}=\boldsymbol{y}-\boldsymbol{y}_r=\boldsymbol{C}\boldsymbol{x}+\boldsymbol{D}\boldsymbol{u}+\boldsymbol{D}_w\boldsymbol{w}\end{cases}$$

按照上面的分析，为了消除外部扰动和参考输入信号不稳定部分对系统跟踪误差的影响，要在系统中加入一个动态补偿器。为不失一般性，假设外部扰动和参考输入信号是由不稳定动态系统描述的，因为外部扰动和参考输入信号的稳定部分在时间趋于无穷时，扰动趋于零，所以其不影响时间趋于无穷时输出与状态的稳态特性。考虑动态补偿为外部扰动和参考输入信号共同不稳定部分(特征值没有负实部)的动态方程，取 $\boldsymbol{A}_w$ 右半闭平面上特征根的最小多项式 $\Delta(s)=s^m+a_1s^{m-1}+\cdots+a_{m-1}s+a_m$，则可控标准形动态方程为 $\dot{\boldsymbol{x}}_c=\boldsymbol{A}_c\boldsymbol{x}_c+\boldsymbol{B}_e\boldsymbol{e}$，其中

$$\boldsymbol{A}_c=\operatorname{diag}\{\underbrace{\Gamma,\Gamma,\cdots,\Gamma}_{q块}\},\quad \boldsymbol{B}_e=\operatorname{diag}\{\underbrace{\beta,\beta,\cdots,\beta}_{q块}\},\quad \Gamma=\begin{bmatrix}0&1&\cdots&0\\ \vdots&\vdots&&\vdots\\ 0&0&\cdots&1\\ -a_m&-a_{m-1}&\cdots&a_1\end{bmatrix},\quad \beta=\begin{bmatrix}0\\ \vdots\\ 0\\ 1\end{bmatrix}\tag{5.2.18}$$

这个为消除不稳定外部扰动和参考输入信号影响的 $n_c=mq$ 阶动态补偿器式(5.2.18)称为内模，简称 $\boldsymbol{A}_w$ 的内模。系统(5.2.16)加入动态补偿后组合状态 $\boldsymbol{x}_{co}=\operatorname{col}(\boldsymbol{x},\boldsymbol{x}_c)=\begin{bmatrix}\boldsymbol{x}\\ \boldsymbol{x}_c\end{bmatrix}$ 的组合系统方程为

$$\begin{cases}\dot{\boldsymbol{x}}=\boldsymbol{A}\boldsymbol{x}+\boldsymbol{B}\boldsymbol{u}+\boldsymbol{B}_w\boldsymbol{w}\\ \dot{\boldsymbol{w}}=\boldsymbol{A}_w\boldsymbol{w}\\ \dot{\boldsymbol{x}}_c=\boldsymbol{A}_c\boldsymbol{x}_c+\boldsymbol{B}_e\boldsymbol{e}\\ \boldsymbol{e}=\boldsymbol{C}\boldsymbol{x}+\boldsymbol{D}\boldsymbol{u}+\boldsymbol{D}_w\boldsymbol{w}\end{cases}\tag{5.2.19}$$

上述无静差跟踪输出问题即转化为找到组合系统(5.2.19)扰动补偿的线性静态状态反馈：

$$\boldsymbol{u}=\boldsymbol{K}\boldsymbol{x}+\boldsymbol{K}_c\boldsymbol{x}_c \tag{5.2.20}$$

$\boldsymbol{K}$ 和 $\boldsymbol{K}_c$ 分别为 $p\times n$ 和 $p\times mq$ 的实常量矩阵，使得闭环系统无外部扰动时系统渐近稳定，有外部扰动时系统输出跟踪误差趋于零，即 $\lim\limits_{t\to\infty}\boldsymbol{e}(t)=0$。

下面给出基于内模原理无静差跟踪问题的可解性条件，为此先考虑组合系统

$$\begin{cases}\begin{bmatrix}\dot{\boldsymbol{x}}\\ \dot{\boldsymbol{x}}_c\end{bmatrix}=\begin{bmatrix}\boldsymbol{A} & \boldsymbol{0}\\ \boldsymbol{B}_e\boldsymbol{C} & \boldsymbol{A}_c\end{bmatrix}\begin{bmatrix}\boldsymbol{x}\\ \boldsymbol{x}_c\end{bmatrix}+\begin{bmatrix}\boldsymbol{B}\\ \boldsymbol{B}_e\boldsymbol{D}\end{bmatrix}\boldsymbol{u}+\begin{bmatrix}\boldsymbol{B}_w\\ \boldsymbol{B}_e\boldsymbol{D}_w\end{bmatrix}\boldsymbol{w}\\ \boldsymbol{e}=[\boldsymbol{C}\quad \boldsymbol{0}]\begin{bmatrix}\boldsymbol{x}\\ \boldsymbol{x}_c\end{bmatrix}+\boldsymbol{D}\boldsymbol{u}+\boldsymbol{D}_w\boldsymbol{w}\end{cases} \tag{5.2.21}$$

如果系统(5.2.21)采用形如式(5.2.20)的状态反馈，得闭环系统为

$$\begin{cases}\begin{bmatrix}\dot{\boldsymbol{x}}\\ \dot{\boldsymbol{x}}_c\end{bmatrix}=\begin{bmatrix}\boldsymbol{A}+\boldsymbol{B}\boldsymbol{K} & \boldsymbol{B}\boldsymbol{K}_c\\ \boldsymbol{B}_e(\boldsymbol{C}+\boldsymbol{D}\boldsymbol{K}) & \boldsymbol{A}_c+\boldsymbol{B}_e\boldsymbol{D}\boldsymbol{K}_c\end{bmatrix}\begin{bmatrix}\boldsymbol{x}\\ \boldsymbol{x}_c\end{bmatrix}+\begin{bmatrix}\boldsymbol{B}_w\\ \boldsymbol{B}_e\boldsymbol{D}_w\end{bmatrix}\boldsymbol{w}\\ \boldsymbol{e}=[\boldsymbol{C}+\boldsymbol{D}\boldsymbol{K}\quad \boldsymbol{D}\boldsymbol{K}_c]\begin{bmatrix}\boldsymbol{x}\\ \boldsymbol{x}_c\end{bmatrix}+\boldsymbol{D}_w\boldsymbol{w}\end{cases} \tag{5.2.22}$$

记闭环系统系数矩阵分别为

$$\boldsymbol{A}_{cl}=\begin{bmatrix}\boldsymbol{A}+\boldsymbol{B}\boldsymbol{K} & \boldsymbol{B}\boldsymbol{K}_c\\ \boldsymbol{B}_e(\boldsymbol{C}+\boldsymbol{D}\boldsymbol{K}) & \boldsymbol{A}_c+\boldsymbol{B}_e\boldsymbol{D}\boldsymbol{K}_c\end{bmatrix},\quad \boldsymbol{B}_{cl}=\begin{bmatrix}\boldsymbol{B}_w\\ \boldsymbol{B}_e\boldsymbol{D}_w\end{bmatrix},\quad \boldsymbol{C}_{cl}=[\boldsymbol{C}+\boldsymbol{D}\boldsymbol{K}\quad \boldsymbol{D}\boldsymbol{K}_c],\quad \boldsymbol{D}_{cl}=\boldsymbol{D}_w$$

则有下面的结论。

定理 5-11 假设 $\boldsymbol{A}_w$ 没有负实部特征根，且存在 $\boldsymbol{K}$ 和 $\boldsymbol{K}_c$ 使得闭环系统渐近稳定，即 $\boldsymbol{A}_{cl}$ 是 Hurwitz 的，则闭环系统(5.2.22)满足无静差跟踪当且仅当存在 $\boldsymbol{P}$ 满足如下方程：

$$\begin{cases}\boldsymbol{A}_{cl}\boldsymbol{P}-\boldsymbol{P}\boldsymbol{A}_w+\boldsymbol{B}_{cl}=0\\ \boldsymbol{C}_{cl}\boldsymbol{P}+\boldsymbol{D}_{cl}=0\end{cases} \tag{5.2.23}$$

证明： ① 充分性。若存在 $\boldsymbol{P}$ 满足方程(5.2.23)，定义 $\tilde{\boldsymbol{x}}(t)=\boldsymbol{x}_{co}(t)-\boldsymbol{P}\boldsymbol{w}(t)$，则 $\dot{\tilde{\boldsymbol{x}}}(t)=\boldsymbol{A}_{cl}\tilde{\boldsymbol{x}}(t)$，由 $\boldsymbol{A}_{cl}$ 渐近稳定得到 $\tilde{\boldsymbol{x}}(t)=\boldsymbol{x}_{co}(t)-\boldsymbol{P}\boldsymbol{w}(t)$ 趋于零，闭环系统的输出 $\boldsymbol{e}=\boldsymbol{C}_{cl}\tilde{\boldsymbol{x}}+(\boldsymbol{C}_{cl}\boldsymbol{P}+\boldsymbol{D}_w)\boldsymbol{w}$，因而 $\lim\limits_{t\to\infty}\boldsymbol{e}(t)=0$，所以状态反馈控制式(5.2.20)能实现闭环系统无静差跟踪。

② 必要性。由状态反馈控制式(5.2.20)解无静差跟踪问题，由 $\boldsymbol{A}_{cl}$ 是 Hurwitz 的且 $\boldsymbol{A}_w$ 没有负实部特征根可知，它们没有相同的特征根，因而方程(5.2.23)(即为变量矩阵 $\boldsymbol{P}$ 的希尔维斯特方程)对任意的 $\boldsymbol{B}_{cl}$ 就有唯一解 $\boldsymbol{P}$，方程(5.2.23)中的第一个方程成立。再由 $\boldsymbol{A}_{cl}$ 是 Hurwitz 的，得到 $\lim\limits_{t\to\infty}\tilde{\boldsymbol{x}}(t)=0$。另一方面，由于无静差跟踪性质对任意初值 $\boldsymbol{w}_0$ 引起的外部信号 $\boldsymbol{w}(t)=\mathrm{e}^{\boldsymbol{A}_w t}\boldsymbol{w}_0$ 均成立，即

$$\lim_{t\to\infty}\boldsymbol{e}(t)=\lim_{t\to\infty}\boldsymbol{C}_{cl}\tilde{\boldsymbol{x}}+(\boldsymbol{C}_{cl}\boldsymbol{P}+\boldsymbol{D}_w)\boldsymbol{w}=0$$

由于假设 $\boldsymbol{A}_w$ 没有负实部特征根，所以 $\boldsymbol{w}(t)$ 不可能趋于零，所以得到方程 $\boldsymbol{C}_{cl}\boldsymbol{P}+\boldsymbol{D}_w=0$，即式(5.2.23)的第二个方程成立，证明完成。

下面给出系统(5.2.21)可控性条件。

定理 5-12 如果下列两个条件成立，则系统(5.2.21)是可控的：

① 开环系统$(\boldsymbol{A},\boldsymbol{B})$可控；

② 对任意 $\boldsymbol{A}_c$ 特征根 λ 均有

$$\operatorname{rank}\begin{bmatrix}\boldsymbol{A}-\lambda\boldsymbol{I} & \boldsymbol{B}\\ \boldsymbol{C} & \boldsymbol{D}\end{bmatrix}=n+q \tag{5.2.24}$$

（这个条件意味着系统输入维数大于等于输出维数，即 $p\geqslant q$ 且 $\operatorname{rank}\boldsymbol{C}=q$ 时才可能成立）。

证明： 由 PBH 判据，组合系统可控当且仅当对任意 λ 均有

$$\operatorname{rank}\begin{bmatrix}\boldsymbol{A}-\lambda\boldsymbol{I} & \boldsymbol{0} & \boldsymbol{B}\\ \boldsymbol{B}_e\boldsymbol{C} & \boldsymbol{A}_c-\lambda\boldsymbol{I} & \boldsymbol{B}_e\boldsymbol{D}\end{bmatrix}=n+n_c \tag{5.2.25}$$

为了证明方便，记 $\boldsymbol{V}(\lambda)=\begin{bmatrix}\boldsymbol{A}-\lambda\boldsymbol{I} & 0 & \boldsymbol{B}\\ \boldsymbol{B}_e\boldsymbol{C} & \boldsymbol{A}_c-\lambda\boldsymbol{I} & \boldsymbol{B}_e\boldsymbol{D}\end{bmatrix}$，并考虑其分解式

$$\boldsymbol{V}(\lambda)=\begin{bmatrix}\boldsymbol{A}-\lambda\boldsymbol{I} & \boldsymbol{0} & \boldsymbol{B}\\ \boldsymbol{B}_e\boldsymbol{C} & \boldsymbol{A}_c-\lambda\boldsymbol{I} & \boldsymbol{B}_e\boldsymbol{D}\end{bmatrix}=\begin{bmatrix}\boldsymbol{I} & \boldsymbol{0} & \boldsymbol{0}\\ \boldsymbol{0} & \boldsymbol{B}_e & \boldsymbol{A}_c-\lambda\boldsymbol{I}\end{bmatrix}\begin{bmatrix}\boldsymbol{A}-\lambda\boldsymbol{I} & \boldsymbol{0} & \boldsymbol{B}\\ \boldsymbol{C} & \boldsymbol{0} & \boldsymbol{D}\\ \boldsymbol{0} & \boldsymbol{I}_{l_c} & \boldsymbol{0}\end{bmatrix} \tag{5.2.26}$$

开环系统可控等价于 $\operatorname{rank}[\boldsymbol{A}-\lambda\boldsymbol{I}\quad \boldsymbol{B}]=n$，若 λ 不是 $\boldsymbol{A}_c$ 特征根，有 $\operatorname{rank}(\boldsymbol{A}_c-\lambda\boldsymbol{I})=n_c$，从而 $\operatorname{rank}\boldsymbol{V}(\lambda)=n+n_c$。下面说明对 $\boldsymbol{A}_c$ 所有特征根 λ 有 $\operatorname{rank}\boldsymbol{V}(\lambda)=n+n_c$。由于 $(\boldsymbol{A}_c,\boldsymbol{B}_e)$ 为可控标准形，所以式(5.2.26)中 2 个等号中间的矩阵是行满秩的。另外对 $\boldsymbol{A}_c$ 所有特征根 λ 有 $\operatorname{rank}\begin{bmatrix}\boldsymbol{A}-\lambda\boldsymbol{I} & \boldsymbol{B}\\ \boldsymbol{C} & \boldsymbol{D}\end{bmatrix}=n+q$，等价于对 $\boldsymbol{A}_c$ 所有特征根 λ 有 $\operatorname{rank}\begin{bmatrix}\boldsymbol{A}-\lambda\boldsymbol{I} & \boldsymbol{0} & \boldsymbol{B}\\ \boldsymbol{C} & \boldsymbol{0} & \boldsymbol{D}\\ \boldsymbol{0} & \boldsymbol{I}_{l_c} & \boldsymbol{0}\end{bmatrix}=n+q+n_c$ 成立。这样由第 0 章 Sylvester 矩阵秩不等式得到 $\operatorname{rank}\boldsymbol{V}(\lambda)=n+l_c$，从而证明了对任意 λ 均有 $\operatorname{rank}\boldsymbol{V}(\lambda)=n+n_c$，即组合系统(5.2.21)可控。

注： 在定理 5-12 的条件下，组合系统可控，找到 $\boldsymbol{u}=\boldsymbol{K}\boldsymbol{x}+\boldsymbol{K}_c\boldsymbol{x}_c$ 使得组合闭环系统渐近稳定，即 $\boldsymbol{A}_{cl}$ 是 Hurwitz 的，若存在 $\boldsymbol{P}$ 满足式(5.2.23)中的第一个方程，则其也满足式(5.2.23)中的第二个方程。若设 $\boldsymbol{P}=\begin{bmatrix}\boldsymbol{X}\\ \boldsymbol{Z}\end{bmatrix}$，则式(5.2.23)中的第一个方程等价于

$$\begin{bmatrix}\boldsymbol{A}+\boldsymbol{B}\boldsymbol{K} & \boldsymbol{B}\boldsymbol{K}_c\\ \boldsymbol{B}_e\boldsymbol{C}+\boldsymbol{B}_e\boldsymbol{D}\boldsymbol{K} & \boldsymbol{A}_c+\boldsymbol{B}_e\boldsymbol{D}\boldsymbol{K}_c\end{bmatrix}\begin{bmatrix}\boldsymbol{X}\\ \boldsymbol{Z}\end{bmatrix}-\begin{bmatrix}\boldsymbol{X}\\ \boldsymbol{Z}\end{bmatrix}\boldsymbol{A}_w+\begin{bmatrix}\boldsymbol{B}_w\\ \boldsymbol{B}_e\boldsymbol{D}_w\end{bmatrix}=0$$

展开并取 $\boldsymbol{Q}_1=\boldsymbol{K}\boldsymbol{X}$，$\boldsymbol{Q}_2=\boldsymbol{K}_c\boldsymbol{Z}$，得到

$$\begin{cases}\boldsymbol{X}\boldsymbol{A}_w=\boldsymbol{A}\boldsymbol{X}+\boldsymbol{B}(\boldsymbol{Q}_1+\boldsymbol{Q}_2)+\boldsymbol{B}_w=0\\ \boldsymbol{Z}\boldsymbol{A}_w=\boldsymbol{A}_c\boldsymbol{Z}+\boldsymbol{B}_e(\boldsymbol{C}\boldsymbol{X}+\boldsymbol{D}(\boldsymbol{Q}_1+\boldsymbol{Q}_2)+\boldsymbol{D}_w)=0\end{cases} \tag{5.2.27}$$

如果能证明 $\boldsymbol{P}$ 满足式(5.2.23)中的第二个方程，由定理 5-11 便可知：使得组合闭环系统渐近稳定的 $\boldsymbol{u}=\boldsymbol{K}\boldsymbol{x}+\boldsymbol{K}_c\boldsymbol{x}_c$ 可以满足无静差跟踪性质。为了证明 $\boldsymbol{P}$ 满足式(5.2.23)中的第二个方程，即要证明 $\boldsymbol{C}\boldsymbol{X}+\boldsymbol{D}(\boldsymbol{Q}_1+\boldsymbol{Q}_2)+\boldsymbol{D}_w=0$ 成立，假设 $\boldsymbol{C}\boldsymbol{X}+\boldsymbol{D}(\boldsymbol{Q}_1+\boldsymbol{Q}_2)+\boldsymbol{D}_w=\boldsymbol{\Upsilon}$，由式(5.2.27)的第二个方程得 $\boldsymbol{B}_e\boldsymbol{\Upsilon}=\boldsymbol{A}_c\boldsymbol{Z}-\boldsymbol{Z}\boldsymbol{A}_w$，只要证明 $\boldsymbol{\Upsilon}=0$ 即可。为不失一般性，假设系统输出维数 $q=1$，即 $\boldsymbol{A}_w$ 为 m 阶的，故 $\boldsymbol{A}_w=\Gamma$，$\boldsymbol{B}_e=\beta$。记 $\boldsymbol{Z}_i$ 为 $\boldsymbol{Z}$ 的第 i 行，由可控标准型式(5.2.18)以及 $\boldsymbol{B}_e\boldsymbol{\Upsilon}=\boldsymbol{A}_c\boldsymbol{Z}-\boldsymbol{Z}\boldsymbol{A}_w$ 成立，得到

$$\boldsymbol{A}_c\boldsymbol{Z}-\boldsymbol{Z}\boldsymbol{A}_w=\begin{bmatrix}0 & 1 & \cdots & 0\\ \vdots & \vdots & \ddots & \vdots\\ 0 & 0 & \cdots & 1\\ -a_m & -a_{m-1} & \cdots & -a_1\end{bmatrix}\begin{bmatrix}\boldsymbol{Z}_1\\ \boldsymbol{Z}_2\\ \vdots\\ \boldsymbol{Z}_m\end{bmatrix}-\begin{bmatrix}\boldsymbol{Z}_1\\ \boldsymbol{Z}_2\\ \vdots\\ \boldsymbol{Z}_m\end{bmatrix}\boldsymbol{A}_w=\begin{bmatrix}0\\ \vdots\\ 0\\ 1\end{bmatrix}\boldsymbol{\Upsilon}$$

由此得到

$$\boldsymbol{Z}_2=\boldsymbol{Z}_1\boldsymbol{A}_w,\ \boldsymbol{Z}_3=\boldsymbol{Z}_2\boldsymbol{A}_w,\ \cdots,\ \boldsymbol{Z}_m=\boldsymbol{Z}_{m-1}\boldsymbol{A}_w,\ -a_m\boldsymbol{Z}_1-a_{m-1}\boldsymbol{Z}_2-\cdots-a_1\boldsymbol{Z}_m-\boldsymbol{Z}_m\boldsymbol{A}_w=\boldsymbol{\Upsilon}$$

即得到 $\boldsymbol{Z}_k=\boldsymbol{Z}_1\boldsymbol{A}_w^{k-1}, k=1,2,\cdots,m$ 以及 $-a_m\boldsymbol{Z}_1-a_{m-1}\boldsymbol{Z}_1\boldsymbol{A}_w-\cdots-a_1\boldsymbol{Z}_1\boldsymbol{A}_w^{m-1}-\boldsymbol{Z}_1\boldsymbol{A}_w^m=\boldsymbol{\Upsilon}$。又因为 $\Delta(s)=s^m+a_1s^{m-1}+\cdots+a_{m-1}s+a_m$ 是 $\boldsymbol{A}_w$ 的最小多项式，所以有 $\boldsymbol{A}_w^m+a_1\boldsymbol{A}_w^{m-1}+\cdots+a_{m-1}\boldsymbol{A}_w+a_m\boldsymbol{I}=0$ 成立，从而得 $\boldsymbol{\Upsilon}=0$，故证明了 $\boldsymbol{A}_c\boldsymbol{Z}-\boldsymbol{Z}\boldsymbol{A}_w=0$ 成立。由上述分析得到：只要 $\boldsymbol{u}=\boldsymbol{K}\boldsymbol{x}+\boldsymbol{K}_c\boldsymbol{x}_c$ 使得组合闭环系统渐近稳定，由于 $\boldsymbol{A}_{cl}$ 是 Hurwitz 的且 $\boldsymbol{A}_w$ 没有负实部特征根，则式(5.2.23)第一个方程的变量矩阵 $\boldsymbol{P}$ 的 Sylvester 方程对任意的 $\boldsymbol{B}_{cl}$ 有唯一解 $\boldsymbol{P}$，由上述推导知 $\boldsymbol{P}$ 也满足式(5.2.23)的第二个方程。故由定理 5-11 便可知道 $\boldsymbol{u}=\boldsymbol{K}\boldsymbol{x}+\boldsymbol{K}_c\boldsymbol{x}_c$ 使得组合闭环系统渐近稳定，即可满足无静差跟踪性质。

根据定理 5-11、定理 5-12 以及上述分析，可给出无静差跟踪基于内模的反馈控制步骤如下：

① 先按照外部扰动和参考输入信号共同不稳定部分求取形如式(5.2.18)的前馈补偿器；

② 验证受控系统$(\boldsymbol{A},\boldsymbol{B})$可控性，若不可控，则结束，若可控，则进行下一步；

③ 对任意 $\boldsymbol{A}_c$ 的特征根 λ 验证条件 $\operatorname{rank}\begin{bmatrix}\boldsymbol{A}-\lambda\boldsymbol{I} & \boldsymbol{B}\\ \boldsymbol{C} & \boldsymbol{D}\end{bmatrix}=n+q$；

④ 若③条件成立，求取 $\boldsymbol{K}$ 和 $\boldsymbol{K}_c$ 使得闭环系统渐近稳定。

例 5-9 海洋平台简化模型为

$$m\ddot{z}(t)+b\dot{z}(t)+kz(t)=\eta(t)+u(t)$$

其中，m,b,k 分别表示平台的广义质量、广义阻尼和广义刚度；$z(t),\dot{z}(t),\ddot{z}(t)$分别为平台响应的位移、速度、加速度；$\eta(t)$为广义波浪荷载；$u(t)$为控制力。取 $m=240,b=6,k=30$。试基于内模原理设计扰动抑制控制器，使系统在正弦扰动 $\eta=500\sin t$ 作用下仍能保证$\lim\limits_{t\to\infty}z(t)=0$。

解： 正弦扰动 $\eta=500\sin t$ 可以由系统 $\dot{\boldsymbol{w}}=\boldsymbol{A}_w\boldsymbol{w},\eta=\boldsymbol{F}\boldsymbol{w}$ 描述扰动，其中 $\boldsymbol{A}_w=\begin{bmatrix}0 & 1\\ -1 & 0\end{bmatrix}$，$\boldsymbol{F}=[1\quad 0]$，$\boldsymbol{w}_0=\begin{bmatrix}0\\ 500\end{bmatrix}$。令 $x_1=z,x_2=\dot{z}$，则有外部扰动的海洋平台系统的动态方程为

$$\begin{cases}\dot{\boldsymbol{x}}=\boldsymbol{A}\boldsymbol{x}+\boldsymbol{B}\boldsymbol{u}+\boldsymbol{B}_w\boldsymbol{w}\\ \dot{\boldsymbol{w}}=\boldsymbol{A}_w\boldsymbol{w}\\ e=\boldsymbol{C}\boldsymbol{x}+\boldsymbol{D}u+\boldsymbol{D}_w\boldsymbol{w}\end{cases}$$

其中 $n=2,p=q=1,l=2$，且系统系数矩阵形式如下：

$$\boldsymbol{A}=\begin{bmatrix}0 & 1\\ -\dfrac{k}{m} & -\dfrac{b}{m}\end{bmatrix},\quad \boldsymbol{B}=\begin{bmatrix}0\\ \dfrac{1}{m}\end{bmatrix},\quad \boldsymbol{B}_w=\begin{bmatrix}0 & 0\\ \dfrac{1}{m} & 0\end{bmatrix}$$

$$\boldsymbol{C}=[1\quad 0],\quad \boldsymbol{D}=0,\quad \boldsymbol{D}_w=[0\quad 0]$$

代入参数可得

$$\boldsymbol{A}=\begin{bmatrix}0 & 1\\ -0.125 & -0.025\end{bmatrix},\quad \boldsymbol{B}=\begin{bmatrix}0\\ 0.0042\end{bmatrix},\quad \boldsymbol{B}_w=\begin{bmatrix}0 & 0\\ 0.0042 & 0\end{bmatrix}$$

将问题转换为求取基于内模的反馈控制 $u=\boldsymbol{K}\boldsymbol{x}+\boldsymbol{K}_c\boldsymbol{x}_c$，使闭环系统满足无静差跟踪性质。

利用定理 5-11、定理 5-12 求取控制器的步骤如下：

① $\boldsymbol{A}_w$ 具有特征根 $\pm \mathrm{j}$，$\boldsymbol{A}_w$ 右半闭平面上特征根的最小多项式为 $\Delta(s)=s^2+1$，由此求取前馈补偿器 $\dot{\boldsymbol{x}}_c=\boldsymbol{A}_c\boldsymbol{x}_c+\boldsymbol{B}_e e=\begin{bmatrix}0 & 1\\ -1 & 0\end{bmatrix}\boldsymbol{x}_c+\begin{bmatrix}0\\1\end{bmatrix}e$。

② 由秩判据可验证受控系统（$\boldsymbol{A}$，$\boldsymbol{B}$）可控。

③ $\boldsymbol{A}_c$ 的特征值为正负单位纯虚数，易验证 $\operatorname{rank}\begin{bmatrix}\boldsymbol{A}-\lambda\boldsymbol{I} & \boldsymbol{B}\\ \boldsymbol{C} & \boldsymbol{D}\end{bmatrix}=n+q=3$。

④ 令反馈增益矩阵 $[\boldsymbol{K}\quad \boldsymbol{K}_c]=[k_1\quad k_2\quad k_3\quad k_4]$，以使闭环系统有特征值 -2，-1，$-1\pm \mathrm{j}$，即实现期望的多项式 $s^4+5s^3+10s^2+10s+4$。加入状态反馈后的闭环系统系数矩阵为

$$\boldsymbol{A}_{cl}=\begin{bmatrix}0 & 1 & 0 & 0\\ \dfrac{k_1}{240}-\dfrac{1}{8} & \dfrac{k_2}{240}-\dfrac{1}{40} & \dfrac{k_3}{240} & \dfrac{k_4}{240}\\ 0 & 0 & 0 & 1\\ 1 & 0 & -1 & 0\end{bmatrix}$$

特征多项式为

$$s^4+\left(\frac{1}{40}-\frac{k_2}{240}\right)s^3+\left(\frac{9}{8}-\frac{k_1}{240}\right)s^2+\left(\frac{1}{40}-\frac{k_2}{240}-\frac{k_4}{240}\right)s+\left(\frac{1}{8}-\frac{k_1}{240}-\frac{k_3}{240}\right)$$

与期望特征多项式比较系数，可以求出反馈增益阵为

$$[\boldsymbol{K}\quad \boldsymbol{K}_c]=10^3\times[-2.13\quad -1.194\quad 1.2\quad -1.2]$$

因而控制器为 $u=\boldsymbol{K}\boldsymbol{x}+\boldsymbol{K}_c\boldsymbol{x}_c=[-2\,130\quad -1\,194]\boldsymbol{x}+[1\,200\quad -1\,200]\boldsymbol{x}_c$，组合系统为

$$\begin{bmatrix}\dot{\boldsymbol{x}}\\ \dot{\boldsymbol{x}}_c\end{bmatrix}=\begin{bmatrix}0 & 1 & 0 & 0\\ -9 & -5 & 5 & -5\\ 0 & 0 & 0 & 1\\ 1 & 0 & -1 & 0\end{bmatrix}\begin{bmatrix}\boldsymbol{x}\\ \boldsymbol{x}_c\end{bmatrix}+\begin{bmatrix}0 & 0\\ 0.004\,2 & 0\\ 0 & 0\\ 0 & 0\end{bmatrix}\boldsymbol{w},\quad e=[1\quad 0]\boldsymbol{x}$$

下面通过仿真给出验证：取初始状态 $\boldsymbol{x}_0=[10\quad -2]^{\mathrm{T}}$，$\boldsymbol{w}_0=[0\quad 500]^{\mathrm{T}}$，从初始状态出发的外部干扰与系统状态轨迹 $\boldsymbol{x}(t)$ 如图 5-7 所示。由此可得 $\lim\limits_{t\to\infty}x_1(t)=\lim\limits_{t\to\infty}z(t)=0$。

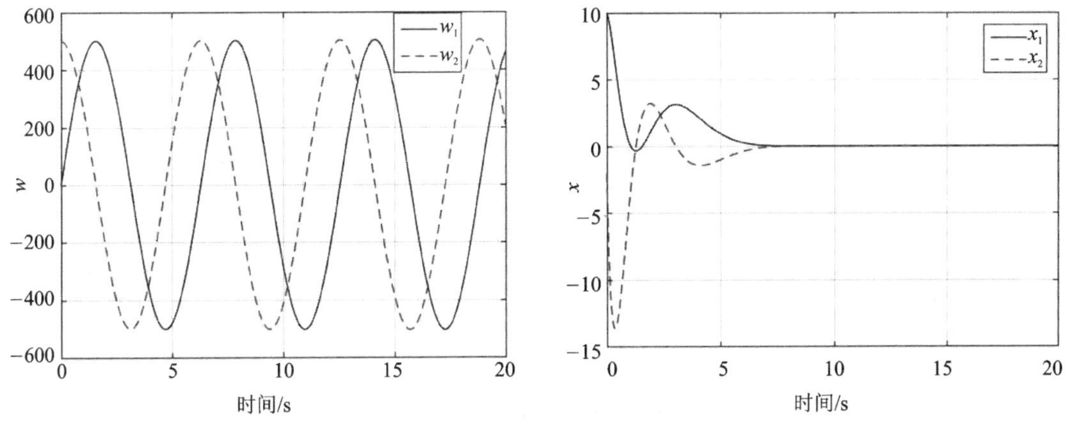

(a) 外部干扰信号　　(b) 干扰下的闭环系统状态 $\boldsymbol{x}(t)$ 轨迹

图 5-7　外部干扰信号与闭环系统状态轨迹

5.3 输出跟踪与输出调节控制问题

5.2 节考虑的无静差跟踪问题中，使用内模原理方法可以使受控对象的外部扰动和参考输入信号都由一个自治系统来描述，这样就把无静差跟踪问题转化为系统动态过程有外部扰动的输出渐近跟踪问题，即控制目标是为给定的有外部扰动的被控对象设计一种反馈控制律，以达到在确保闭环系统稳定的前提下，被控系统的输出渐近跟踪输入参考信号，其中系统的外部扰动和参考输入信号由自治系统生成。这类控制问题来自实际工程问题，例如飞行器的姿态跟踪和扰动抑制、高速列车的振动抑制、飞机空中加油、导弹鱼雷命中目标、机器人的操作控制等。

5.3.1 输出跟踪问题到输出调节问题的转化

一般含外部干扰和参考输入信号的线性系统的输出跟踪描述如下：

$$\begin{cases}\dot{\boldsymbol{x}}=\boldsymbol{A}\boldsymbol{x}+\boldsymbol{B}\boldsymbol{u}+\boldsymbol{B}_1\boldsymbol{d}\\ \boldsymbol{y}=\boldsymbol{C}\boldsymbol{x}+\boldsymbol{D}\boldsymbol{u}+\boldsymbol{D}_1\boldsymbol{d}\end{cases}\tag{5.3.1}$$

其中，$\boldsymbol{d}$ 是 l 维外部干扰输入向量；$\boldsymbol{A}$、$\boldsymbol{B}$、$\boldsymbol{B}_1$、$\boldsymbol{C}$、$\boldsymbol{D}$、$\boldsymbol{D}_1$ 分别为 $n\times n$、$n\times p$、$n\times l$、$q\times n$、$q\times p$、$q\times l$ 的实常量矩阵。假设系统可控可观测。输出跟踪问题的提法：对于系统(5.3.1)，找到控制输入，在其作用下系统的输出跟踪参考输入信号 $\boldsymbol{y}_r$，即

$$\lim_{t\to\infty}\boldsymbol{e}(t)=\lim_{t\to\infty}\boldsymbol{y}(t)-\boldsymbol{y}_r(t)=0\tag{5.3.2}$$

外部干扰信号由动态 $\dot{\boldsymbol{d}}=\boldsymbol{A}_d\boldsymbol{d}$，$\boldsymbol{d}(0)=\boldsymbol{d}_0$ 描述，参考输入信号由动态 $\dot{\boldsymbol{y}}_r=\boldsymbol{A}_r\boldsymbol{y}_r$，$\boldsymbol{y}_r(0)=\boldsymbol{y}_{r0}$ 描述。为不失一般性，假设外部干扰是由不稳定动态系统描述的，因为外部干扰的稳定部分在时间趋于无穷时，干扰趋于零，所以其不影响时间趋于无穷时输出与状态的稳态特性。故假设考虑外部干扰信号的所有特征值均无负实部(实部均大于等于 0)，这类动态方程能描述一大类信号，比如任意幅值和相位的正弦信号、任意幅值的阶跃信号和任意斜率的斜坡信号等。若令

$$\boldsymbol{w}=\begin{bmatrix}\boldsymbol{y}_r\\ \boldsymbol{d}\end{bmatrix},\quad \boldsymbol{A}_w=\begin{bmatrix}\boldsymbol{A}_r & \boldsymbol{0}\\ \boldsymbol{0} & \boldsymbol{A}_d\end{bmatrix}$$

则参考输入信号和外部干扰可以由动态方程 $\dot{\boldsymbol{w}}=\boldsymbol{A}_w\boldsymbol{w}$，$\boldsymbol{w}(0)=\boldsymbol{w}_0$ 生成。这样受控对象与跟踪误差的动态方程为

$$\begin{cases}\dot{\boldsymbol{x}}=\boldsymbol{A}\boldsymbol{x}+\boldsymbol{B}\boldsymbol{u}+\boldsymbol{B}_w\boldsymbol{w}\\ \boldsymbol{e}=\boldsymbol{C}\boldsymbol{x}+\boldsymbol{D}\boldsymbol{u}+\boldsymbol{D}_w\boldsymbol{w}\end{cases}\tag{5.3.3}$$

其中，$\boldsymbol{B}_w=[\boldsymbol{0}\quad \boldsymbol{B}_1]$，$\boldsymbol{D}_w=[-\boldsymbol{I}_q\quad \boldsymbol{D}_1]$。此时有外部干扰和参考输入信号系统(5.3.1)的输出跟踪问题就可以转化为有外部干扰和参考输入信号系统(5.3.3)的渐近输出调节问题，这一问题也称为伺服控制问题(servomechanism problem)。

考虑下列线性系统的输出调节问题：

$$\begin{cases}\dot{\boldsymbol{x}}=\boldsymbol{A}\boldsymbol{x}+\boldsymbol{B}\boldsymbol{u}+\boldsymbol{B}_w\boldsymbol{w}\\ \boldsymbol{y}=\boldsymbol{C}\boldsymbol{x}+\boldsymbol{D}\boldsymbol{u}+\boldsymbol{D}_w\boldsymbol{w}\end{cases}\tag{5.3.4}$$

其中，$\boldsymbol{x}$ 是 n 维状态向量；$\boldsymbol{u}$ 是 p 维输入向量；$\boldsymbol{w}$ 是 l 维外部干扰信号或参考输入信号；$\boldsymbol{y}$ 是 q

维输出向量。这一问题的控制目标是找到控制 $\boldsymbol{u}$ 使其输出 $\lim_{t\to\infty}\boldsymbol{y}(t)=0$。考虑外部信号的动态描述为

$$\dot{\boldsymbol{w}}=\boldsymbol{A}_w\boldsymbol{w},\quad \boldsymbol{w}(0)=\boldsymbol{w}_0 \tag{5.3.5}$$

其中，$\boldsymbol{A}_w$ 无负实部特征值，则由外部信号与式(5.3.4)状态组成的组合状态系统为

$$\begin{cases}\dot{\boldsymbol{x}}=\boldsymbol{A}\boldsymbol{x}+\boldsymbol{B}\boldsymbol{u}+\boldsymbol{B}_w\boldsymbol{w}\\ \dot{\boldsymbol{w}}=\boldsymbol{A}_w\boldsymbol{w}\\ \boldsymbol{y}=\boldsymbol{C}\boldsymbol{x}+\boldsymbol{D}\boldsymbol{u}+\boldsymbol{D}_w\boldsymbol{w}\end{cases} \tag{5.3.6}$$

对于组合状态 $\mathrm{col}(\boldsymbol{x},\boldsymbol{w})=\begin{bmatrix}\boldsymbol{x}\\ \boldsymbol{w}\end{bmatrix}$，考虑组合系统的线性静态状态反馈

$$\boldsymbol{u}=\boldsymbol{K}\boldsymbol{x}+\boldsymbol{K}_w\boldsymbol{w} \tag{5.3.7}$$

$\boldsymbol{K}$ 和 $\boldsymbol{K}_w$ 分别为 $p\times n$ 和 $p\times l$ 的实常量矩阵，它们分别称为反馈增益和前馈增益，式(5.3.7)使得闭环系统输出渐近趋于零，即满足输出调节性质，也就是对任意初始状态 $\boldsymbol{x}_0,\boldsymbol{w}_0$，满足 $\lim_{t\to\infty}\boldsymbol{y}(t)=0$。这样受控对象式(5.3.4)、外部信号式(5.3.5)及状态反馈控制式(5.3.7)构成的闭环系统的动态方程为

$$\begin{cases}\dot{\boldsymbol{x}}=(\boldsymbol{A}+\boldsymbol{B}\boldsymbol{K})\boldsymbol{x}+(\boldsymbol{B}\boldsymbol{K}_w+\boldsymbol{B}_w)\boldsymbol{w}\\ \dot{\boldsymbol{w}}=\boldsymbol{A}_w\boldsymbol{w}\\ \boldsymbol{y}=(\boldsymbol{C}+\boldsymbol{D}\boldsymbol{K})\boldsymbol{x}+(\boldsymbol{D}_w+\boldsymbol{D}\boldsymbol{K}_w)\boldsymbol{w}\end{cases} \tag{5.3.8}$$

输出调节问题的目标是设计形如式(5.3.7)的反馈控制，使得闭环系统(5.3.8)满足：

① 没有外部干扰时，闭环系统渐近稳定，即 $\boldsymbol{A}+\boldsymbol{B}\boldsymbol{K}$ 是 Hurwitz 的；

② 在有外部干扰信号时，系统输出渐近趋于零，即 $\lim_{t\to\infty}\boldsymbol{y}(t)=0$，满足输出调节性质。

把能解此输出调节问题的状态反馈控制式(5.3.7)也称为伺服调节器。事实上，如果没有外部干扰，可以直接用 $\boldsymbol{u}=\boldsymbol{K}\boldsymbol{x}$ 镇定系统，从而可以满足 $\lim_{t\to\infty}\boldsymbol{y}(t)=0$。若存在外部干扰，则不一定能用 $\boldsymbol{u}=\boldsymbol{K}\boldsymbol{x}$ 使系统状态满足 $\lim_{t\to\infty}\boldsymbol{x}(t)=0$。从而可以用式(5.3.7)中的控制形式 $\boldsymbol{u}=\boldsymbol{K}\boldsymbol{x}+\boldsymbol{K}_w\boldsymbol{w}$ 抵消掉由干扰引起的不趋于零的部分，最终使得闭环系统的输出趋于零，即 $\lim_{t\to\infty}\boldsymbol{y}(t)=0$，可以记 $\tilde{\boldsymbol{x}}(t)=\boldsymbol{x}(t)-\boldsymbol{P}\boldsymbol{w}(t)$ 趋于零，这样

$$\begin{aligned}\boldsymbol{y}&=\boldsymbol{C}\boldsymbol{x}+\boldsymbol{D}\boldsymbol{u}+\boldsymbol{D}_w\boldsymbol{w}=(\boldsymbol{C}+\boldsymbol{D}\boldsymbol{K})\boldsymbol{x}+(\boldsymbol{D}_w+\boldsymbol{D}\boldsymbol{K}_w)\boldsymbol{w}\\ &=(\boldsymbol{C}+\boldsymbol{D}\boldsymbol{K})(\boldsymbol{x}-\boldsymbol{P}\boldsymbol{w})+[(\boldsymbol{C}+\boldsymbol{D}\boldsymbol{K})\boldsymbol{P}+(\boldsymbol{D}_w+\boldsymbol{D}\boldsymbol{K}_w)]\boldsymbol{w}\\ &=(\boldsymbol{C}+\boldsymbol{D}\boldsymbol{K})\tilde{\boldsymbol{x}}+[(\boldsymbol{C}+\boldsymbol{D}\boldsymbol{K})\boldsymbol{P}+(\boldsymbol{D}_w+\boldsymbol{D}\boldsymbol{K}_w)]\boldsymbol{w}\end{aligned} \tag{5.3.9}$$

要想闭环系统在有外部干扰的情况下系统输出趋于零，则 $\boldsymbol{K}$ 和 $\boldsymbol{K}_w$ 要满足如下条件：

$$(\boldsymbol{C}+\boldsymbol{D}\boldsymbol{K})\boldsymbol{P}+(\boldsymbol{D}_w+\boldsymbol{D}\boldsymbol{K}_w)=\boldsymbol{0} \tag{5.3.10}$$

这样就可以把影响输出的外部干扰部分抵消。为此，考虑 $\tilde{\boldsymbol{x}}(t)=\boldsymbol{x}(t)-\boldsymbol{P}\boldsymbol{w}(t)$ 的动态方程

$$\begin{aligned}\dot{\tilde{\boldsymbol{x}}}(t)&=\dot{\boldsymbol{x}}(t)-\boldsymbol{P}\dot{\boldsymbol{w}}(t)\\ &=(\boldsymbol{A}+\boldsymbol{B}\boldsymbol{K})\boldsymbol{x}+(\boldsymbol{B}\boldsymbol{K}_w+\boldsymbol{B}_w)\boldsymbol{w}-\boldsymbol{P}\dot{\boldsymbol{w}}(t)\\ &=(\boldsymbol{A}+\boldsymbol{B}\boldsymbol{K})\tilde{\boldsymbol{x}}+[(\boldsymbol{A}+\boldsymbol{B}\boldsymbol{K})\boldsymbol{P}-\boldsymbol{P}\boldsymbol{A}_w+(\boldsymbol{B}\boldsymbol{K}_w+\boldsymbol{B}_w)]\boldsymbol{w}(t)\end{aligned} \tag{5.3.11}$$

要想闭环系统在有外部干扰的情况下系统 $\tilde{\boldsymbol{x}}(t)$ 趋于零，则 $\boldsymbol{K}$ 和 $\boldsymbol{K}_w$ 要满足如下条件：

$$(\boldsymbol{A}+\boldsymbol{B}\boldsymbol{K})\boldsymbol{P}-\boldsymbol{P}\boldsymbol{A}_w+(\boldsymbol{B}\boldsymbol{K}_w+\boldsymbol{B}_w)=\boldsymbol{0} \tag{5.3.12}$$

从而系统的输出趋于零，即$\lim\limits_{t\to\infty} \boldsymbol{y}(t)=0$。所以把$\boldsymbol{K}$、$\boldsymbol{K}_w$和$\boldsymbol{P}$满足的条件式(5.3.10)和式(5.3.12)称为输出调节的调节方程。为了给出输出调节问题解，先给出其可解性结论。

5.3.2 输出调节问题的可解性及其解

定理 5-13 假设$\boldsymbol{A}_w$没有负实部特征根(即只有正实部或纯虚特征根)，则状态反馈控制式(5.3.7)是输出调节问题解的充分必要条件是存在$\boldsymbol{K}$、$\boldsymbol{K}_w$和$\boldsymbol{P}$满足调节方程式(5.3.10)和式(5.3.12)。

证明： ① 充分性。若$\boldsymbol{K}$、$\boldsymbol{K}_w$和$\boldsymbol{P}$满足调节方程式(5.3.10)和式(5.3.12)，根据上面的分析$\tilde{\boldsymbol{x}}(t)=\boldsymbol{x}(t)-\boldsymbol{P}\boldsymbol{w}(t)$趋于零，因此闭环系统的输出$\lim\limits_{t\to\infty} \boldsymbol{y}(t)=0$，所以状态反馈控制式(5.3.7)是输出调节问题的解。

② 必要性。由状态反馈控制式(5.3.7)能解输出调节问题，由于$\boldsymbol{A}+\boldsymbol{BK}$是Hurwitz的，且假设$\boldsymbol{A}_w$没有负实部特征根，则$\boldsymbol{A}_w$与$\boldsymbol{A}+\boldsymbol{BK}$没有相同特征根，因而调节方程(5.3.12)(即为变量矩阵$\boldsymbol{P}$的Sylvester方程)对任意的$\boldsymbol{K}_w$就有唯一解$\boldsymbol{P}$，调节方程(5.3.12)成立。再由$\boldsymbol{A}+\boldsymbol{BK}$是Hurwitz的，由式(5.3.12)得到$\lim\limits_{t\to\infty} \tilde{\boldsymbol{x}}(t)=0$。另一方面，由式(5.3.9)可知，对初值$\boldsymbol{w}_0$引起的外部信号$\boldsymbol{w}(t)=\mathrm{e}^{\boldsymbol{A}_w t}\boldsymbol{w}_0$，均成立：

$$\lim_{t\to\infty} \boldsymbol{y}(t)=\lim_{t\to\infty}[(\boldsymbol{C}+\boldsymbol{DK})\boldsymbol{P}+(\boldsymbol{D}_w+\boldsymbol{DK}_w)]\boldsymbol{w}=0$$

由于假设$\boldsymbol{A}_w$没有负实部特征根，所以$\boldsymbol{w}(t)$不可能趋于零，得到调节方程(5.3.10)成立，即$(\boldsymbol{C}+\boldsymbol{DK})\boldsymbol{P}+(\boldsymbol{D}_w+\boldsymbol{DK}_w)=\boldsymbol{0}$。

定理5-13给出了输出调节问题的可解性条件就是存在$\boldsymbol{K}$、$\boldsymbol{K}_w$和$\boldsymbol{P}$满足调节方程式(5.3.10)和式(5.3.12)。下面依据这个可解性结论给出式(5.3.7)具体的解。由定理5-13的必要性的证明可知：若由$\{\mathrm{col}(\boldsymbol{x},\boldsymbol{w})\,|\,(\boldsymbol{C}+\boldsymbol{DK})\boldsymbol{x}+(\boldsymbol{D}_w+\boldsymbol{DK}_w)\boldsymbol{w}=\boldsymbol{0}\}$定义组合状态空间的一个子空间，则组合闭环系统的组合状态将最终趋于该子空间。把存在$\boldsymbol{K}$、$\boldsymbol{K}_w$和$\boldsymbol{P}$满足调节方程式(5.3.10)和式(5.3.12)的矩阵代数方程整理如下：

$$\begin{cases}(\boldsymbol{C}+\boldsymbol{DK})\boldsymbol{P}+\boldsymbol{D}_w+\boldsymbol{DK}_w=\boldsymbol{0}\\(\boldsymbol{A}+\boldsymbol{BK})\boldsymbol{P}+\boldsymbol{B}_w+\boldsymbol{BK}_w=\boldsymbol{PA}_w\end{cases}\tag{5.3.13}$$

为了求解调节方程，引入$\boldsymbol{Q}=\boldsymbol{KP}+\boldsymbol{K}_w$。两个调节方程式(5.3.10)和式(5.3.12)变为

$$\begin{cases}\boldsymbol{CP}+\boldsymbol{D}_w+\boldsymbol{DQ}=\boldsymbol{0}\\\boldsymbol{AP}-\boldsymbol{PA}_w+\boldsymbol{B}_w+\boldsymbol{BQ}=\boldsymbol{0}\end{cases}\tag{5.3.14}$$

这两个方程不含变量$\boldsymbol{K}$，变量只有矩阵$\boldsymbol{P}$和$\boldsymbol{Q}$要求取，且系数矩阵都是被控对象的系数矩阵。显然方程(5.3.14)有解$\boldsymbol{P}$和$\boldsymbol{Q}$等价于对任意反馈增益矩阵$\boldsymbol{K}$，存在$\boldsymbol{K}_w$和$\boldsymbol{P}$满足调节方程式(5.3.10)和式(5.3.12)。因此方程(5.3.14)也称为调节方程。事实上，$\boldsymbol{P}$、$\boldsymbol{Q}$和$\boldsymbol{P}$、$\boldsymbol{K}_w$有如下的线性变换关系：

$$\begin{bmatrix}\boldsymbol{P}\\\boldsymbol{Q}\end{bmatrix}=\begin{bmatrix}\boldsymbol{I}_n & \boldsymbol{0}_{n\times p}\\\boldsymbol{K}_{p\times n} & \boldsymbol{I}_p\end{bmatrix}\begin{bmatrix}\boldsymbol{P}\\\boldsymbol{K}_w\end{bmatrix}$$

这样由$\boldsymbol{Q}=\boldsymbol{KP}+\boldsymbol{K}_w$得到$\boldsymbol{K}_w=\boldsymbol{Q}-\boldsymbol{KP}$。由式(5.3.11)及定理5-12的证明过程可得控制输入$\boldsymbol{u}=\boldsymbol{Kx}+\boldsymbol{K}_w\boldsymbol{w}=\boldsymbol{K}(\boldsymbol{x}-\boldsymbol{Pw})+(\boldsymbol{KP}+\boldsymbol{K}_w)\boldsymbol{w}=\boldsymbol{K}\tilde{\boldsymbol{x}}+\boldsymbol{Qw}$满足

$$\lim_{t\to\infty}(\boldsymbol{u}(t)-\boldsymbol{Qw})=\lim_{t\to\infty}[(\boldsymbol{K}\tilde{\boldsymbol{x}}+\boldsymbol{Qw})-\boldsymbol{Qw}]=0$$

结合定理5-13,便可得到下面的结果。

推论5-2 假设$\boldsymbol{A}_w$没有负实部特征根(即只有正实部或纯虚特征根),则存在状态反馈控制$\boldsymbol{u}=\boldsymbol{K}\boldsymbol{x}+\boldsymbol{K}_w\boldsymbol{w}$是输出调节问题的解,等价于存在$\boldsymbol{K}$使得$\boldsymbol{A}+\boldsymbol{B}\boldsymbol{K}$是Hurwitz的且存在$\boldsymbol{P}$和$\boldsymbol{Q}$满足调节方程(5.3.14),此时前馈增益矩阵$\boldsymbol{K}_w=\boldsymbol{Q}-\boldsymbol{K}\boldsymbol{P}$。

下面给出调节方程(5.3.14)的可解性条件。

定理5-14 对任意给定矩阵$\boldsymbol{B}_w$和$\boldsymbol{D}_w$,调节方程(5.3.14)可解的充分必要条件是下列条件成立:对任意$\boldsymbol{A}_w$特征根λ均有

$$\operatorname{rank}\begin{bmatrix}\boldsymbol{A}-\lambda\boldsymbol{I} & \boldsymbol{B}\\ \boldsymbol{C} & \boldsymbol{D}\end{bmatrix}=n+q \tag{5.3.15}$$

成立。

证明: 下面将调节方程(5.3.14)转化为一个扩展的矩阵代数方程:

$$\begin{bmatrix}\boldsymbol{I}_n & \boldsymbol{0}_{n\times p}\\ \boldsymbol{0}_{q\times n} & 0_{q\times p}\end{bmatrix}\begin{bmatrix}\boldsymbol{P}\\ \boldsymbol{Q}\end{bmatrix}\boldsymbol{A}_w-\begin{bmatrix}\boldsymbol{A} & \boldsymbol{B}\\ \boldsymbol{C} & \boldsymbol{D}\end{bmatrix}\begin{bmatrix}\boldsymbol{P}\\ \boldsymbol{Q}\end{bmatrix}=\begin{bmatrix}\boldsymbol{B}_w\\ \boldsymbol{D}_w\end{bmatrix} \tag{5.3.16}$$

为了求解$\boldsymbol{P}$和$\boldsymbol{Q}$,用第0章的式(0.2.9)定义的拉直映射σ作用该方程,得到

$$\boldsymbol{\Lambda}\sigma\left(\begin{bmatrix}\boldsymbol{P}\\ \boldsymbol{Q}\end{bmatrix}\right)=\sigma\left(\begin{bmatrix}\boldsymbol{B}_w\\ \boldsymbol{D}_w\end{bmatrix}\right) \tag{5.3.17}$$

其中,$\boldsymbol{\Lambda}=\left(\begin{bmatrix}\boldsymbol{I}_n & \boldsymbol{0}\\ \boldsymbol{0} & \boldsymbol{0}\end{bmatrix}\otimes\boldsymbol{A}_w^{\mathrm{T}}-\begin{bmatrix}\boldsymbol{A} & \boldsymbol{B}\\ \boldsymbol{C} & \boldsymbol{D}\end{bmatrix}\otimes\boldsymbol{I}_l\right)$是$l(n+q)\times l(n+p)$的矩阵。这样即可把矩阵方程(5.3.16)等价地转换成线性方程组$\boldsymbol{\Lambda X}=\boldsymbol{b}$,其中$\boldsymbol{X}=\sigma\left(\begin{bmatrix}\boldsymbol{P}\\ \boldsymbol{Q}\end{bmatrix}\right)$,$\boldsymbol{b}=\sigma\left(\begin{bmatrix}\boldsymbol{B}_w\\ \boldsymbol{D}_w\end{bmatrix}\right)$。等价地,矩阵方程(5.3.16)有解$\boldsymbol{P}$和$\boldsymbol{Q}$的充要条件是线性方程组(5.3.17)的系数矩阵$\boldsymbol{\Lambda}$行满秩。为不失一般性,假设$\boldsymbol{A}_w$已经是约当型矩阵,即$\boldsymbol{A}_w=\operatorname{diag}[\boldsymbol{J}_1,\boldsymbol{J}_2,\cdots,\boldsymbol{J}_k]$,其中$\boldsymbol{J}_i$是阶次为$n_i$的标准约当块且$\sum_{i=1}^{k}n_i=l$。简单计算可以得到$\boldsymbol{\Lambda}$由$k$个下三角块为对角块的矩阵组成,其中第$i(1\leqslant i\leqslant k)$个下三角块矩阵为

$$\begin{bmatrix}\lambda_i\mathscr{E}-\mathscr{A} & 0 & \cdots & 0 & 0\\ \mathscr{E} & \lambda_i\mathscr{E}-\mathscr{A} & \cdots & 0 & 0\\ \vdots & \vdots & & \vdots & \vdots\\ 0 & 0 & \cdots & \lambda_i\mathscr{E}-\mathscr{A} & 0\\ 0 & 0 & \cdots & \mathscr{E} & \lambda_i\mathscr{E}-\mathscr{A}\end{bmatrix}$$

其中,$\mathscr{E}=\begin{bmatrix}\boldsymbol{I}_n & \boldsymbol{0}_{n\times p}\\ \boldsymbol{0}_{q\times n} & \boldsymbol{0}_{q\times p}\end{bmatrix}$,$\mathscr{A}=\begin{bmatrix}\boldsymbol{A} & \boldsymbol{B}\\ \boldsymbol{C} & \boldsymbol{D}\end{bmatrix}$。显然要使矩阵$\boldsymbol{\Lambda}$行满秩当且仅当$\lambda_i\mathscr{E}-\mathscr{A}$行满秩,即条件式(5.3.15)成立。

注5-3 定理5-14中的条件式(5.3.15)成立必须满足系统输入维数p大于等于输出维数q的条件,即只有当$p\geqslant q$且$\operatorname{rank}\boldsymbol{C}=q$时,式(5.3.15)才可能成立。如果系统是既可控又可观测时,$\operatorname{rank}\begin{bmatrix}\boldsymbol{A}-\lambda\boldsymbol{I} & \boldsymbol{B}\\ \boldsymbol{C} & \boldsymbol{D}\end{bmatrix}=n+q$不成立,使矩阵降秩,即$\operatorname{rank}\begin{bmatrix}\boldsymbol{A}-\lambda\boldsymbol{I} & \boldsymbol{B}\\ \boldsymbol{C} & \boldsymbol{D}\end{bmatrix}<n+q$的$\lambda$称为系统的传输零点(见附录B)。这与定理5-8和定理5-12中的条件类似。如果考虑外

部干扰是常值干扰时，即 $\boldsymbol{A}_w=0$ 的特征值为 $\lambda=0$，条件式(5.3.15)变为 $\operatorname{rank}\begin{bmatrix}\boldsymbol{A} & \boldsymbol{B}\\ \boldsymbol{C} & \boldsymbol{D}\end{bmatrix}=n+q$，这就是上一节的条件式(5.2.6)。外部干扰是阶跃信号且条件式(5.2.6)成立时，可以加入一个积分器的补偿阶跃信号，利用被控对象状态与积分器状态的组合状态反馈实现无静差跟踪。一般地，若 $\boldsymbol{A}_w\neq 0$，设其特征值 λ 对应的特征向量为 $\boldsymbol{w}_0$，则以 $\boldsymbol{w}_0$ 为初值的外部信号为 $\boldsymbol{w}(t)=\mathrm{e}^{\lambda t}\boldsymbol{w}_0$。根据输出调节问题的提法，控制闭环系统满足 $\lim\limits_{t\to\infty}\tilde{\boldsymbol{x}}(t)=\lim\limits_{t\to\infty}\boldsymbol{x}(t)-\boldsymbol{P}\boldsymbol{w}(t)=0$，且 $\lim\limits_{t\to\infty}\boldsymbol{y}(t)=0$，取 $\boldsymbol{x}_0=\boldsymbol{P}\boldsymbol{w}_0$，$\boldsymbol{u}_0=\boldsymbol{Q}\boldsymbol{w}_0$，则得到 $\lim\limits_{t\to\infty}\tilde{\boldsymbol{x}}(t)=\lim\limits_{t\to\infty}\boldsymbol{x}(t)-\mathrm{e}^{\lambda t}\boldsymbol{x}_0=0$ 和 $\lim\limits_{t\to\infty}\boldsymbol{u}(t)-\mathrm{e}^{\lambda t}\boldsymbol{u}_0=0$。因而 $\boldsymbol{x}_0=\boldsymbol{P}\boldsymbol{w}_0$，$\boldsymbol{u}_0=\boldsymbol{Q}\boldsymbol{w}_0$ 满足

$$\begin{cases}\boldsymbol{A}\boldsymbol{x}_0+\boldsymbol{B}_w\boldsymbol{w}_0+\boldsymbol{B}\boldsymbol{u}_0=\lambda\boldsymbol{x}_0\\ \boldsymbol{C}\boldsymbol{x}_0+\boldsymbol{D}_w\boldsymbol{w}_0+\boldsymbol{D}\boldsymbol{u}_0=\boldsymbol{0}\end{cases}$$

等价地，有下列公式成立：

$$\begin{bmatrix}\boldsymbol{A}-\lambda\boldsymbol{I} & \boldsymbol{B}\\ \boldsymbol{C} & \boldsymbol{D}\end{bmatrix}\begin{bmatrix}\boldsymbol{x}_0\\ \boldsymbol{u}_0\end{bmatrix}=-\begin{bmatrix}\boldsymbol{B}_w\\ \boldsymbol{D}_w\end{bmatrix}\boldsymbol{w}_0 \tag{5.3.18}$$

显然，方程(5.3.18)对任意 $\boldsymbol{B}_w$，$\boldsymbol{D}_w$ 有解 $\boldsymbol{x}_0$，$\boldsymbol{u}_0$ 的充分必要条件是 $\operatorname{rank}\begin{bmatrix}\boldsymbol{A}-\lambda\boldsymbol{I} & \boldsymbol{B}\\ \boldsymbol{C} & \boldsymbol{D}\end{bmatrix}=n+q$，即条件式(5.3.15)成立。

这样结合定理 5－13、推论 5－2 和定理 5－14，可以得到如下结论。

推论 5－3 假设系统可镇定，$\boldsymbol{A}_w$ 没有负实部特征根，且定理 5－14 中的条件式(5.3.15)成立，则线性输出调节问题有形如式(5.3.7)的状态反馈控制解。

下面给出线性输出调节问题中解控制器增益矩阵的具体步骤：

① 验证系统是否可镇定，若否，则结束；若是，则找到反馈增益 $\boldsymbol{K}$ 使得 $\boldsymbol{A}+\boldsymbol{B}\boldsymbol{K}$ 渐近稳定。

② 对任意 $\boldsymbol{A}_w$ 的特征根 λ，验证条件 $\operatorname{rank}\begin{bmatrix}\boldsymbol{A}-\lambda\boldsymbol{I} & \boldsymbol{B}\\ \boldsymbol{C} & \boldsymbol{D}\end{bmatrix}=n+q$，若否，则结束；若条件成立，则进行下一步。

③ 根据式(5.3.17)中代数方程组 $\boldsymbol{\Lambda}\boldsymbol{X}=\boldsymbol{b}$，其中 $\boldsymbol{\Lambda}=\left(\begin{bmatrix}\boldsymbol{I}_n & \boldsymbol{0}\\ \boldsymbol{0} & \boldsymbol{0}\end{bmatrix}\otimes\boldsymbol{A}_w^{\mathrm{T}}-\begin{bmatrix}\boldsymbol{A} & \boldsymbol{B}\\ \boldsymbol{C} & \boldsymbol{D}\end{bmatrix}\otimes\boldsymbol{I}_l\right)$，$\boldsymbol{X}=\sigma\left(\begin{bmatrix}\boldsymbol{P}\\ \boldsymbol{Q}\end{bmatrix}\right)$，$\boldsymbol{b}=\sigma\left(\begin{bmatrix}\boldsymbol{B}_w\\ \boldsymbol{D}_w\end{bmatrix}\right)$，计算求取 $\boldsymbol{X}$。

④ 再依据 $\boldsymbol{X}=\sigma\left(\begin{bmatrix}\boldsymbol{P}\\ \boldsymbol{Q}\end{bmatrix}\right)$ 与系统状态、输入、输出维数，求出相应的 $\boldsymbol{P}$ 和 $\boldsymbol{Q}$。

⑤ 计算出前馈增益矩阵 $\boldsymbol{K}_w=\boldsymbol{Q}-\boldsymbol{K}\boldsymbol{P}$。

例 5－10 设系统动态方程为

$$\begin{cases}\dot{\boldsymbol{x}}=\boldsymbol{A}\boldsymbol{x}+\boldsymbol{B}\boldsymbol{u}+\boldsymbol{B}_w\boldsymbol{w}\\ \dot{\boldsymbol{w}}=\boldsymbol{A}_w\boldsymbol{w}\\ \boldsymbol{y}=\boldsymbol{C}\boldsymbol{x}+\boldsymbol{D}\boldsymbol{u}+\boldsymbol{D}_w\boldsymbol{w}\end{cases}$$

其中系数矩阵如下：

$$\boldsymbol{A}=\begin{bmatrix}0 & 0 & 1\\ 1 & 0 & 0\\ 1 & 1 & 1\end{bmatrix},\quad \boldsymbol{B}=\begin{bmatrix}1 & 1\\ -1 & 1\\ 0 & -1\end{bmatrix},\quad \boldsymbol{B}_w=\begin{bmatrix}2 & 0\\ 0 & -2\\ -1 & 1\end{bmatrix},\quad \boldsymbol{A}_w=\begin{bmatrix}0 & 1\\ -1 & 0\end{bmatrix}$$

$$C=\begin{bmatrix}0 & 1 & 1\\ -1 & 1 & 0\end{bmatrix},\quad D=\begin{bmatrix}-1 & -1\\ 1 & -1\end{bmatrix},D_w=\begin{bmatrix}-2 & -1\\ 1 & -2\end{bmatrix}$$

求取线性静态状态反馈 $u=Kx+K_w w$，使闭环系统满足输出调节性质。

解：首先 $n=3,p=q=l=2$，利用定理 5-13、定理 5-14 及推论 5-2 求取控制器的步骤如下：

① 由于 (A,B) 是可镇定的，可以取 $K=\begin{bmatrix}-7 & -4 & -9\\ -8 & -6 & -9\end{bmatrix}$，容易验证 $A+BK$ 是 Hurwitz 的。

② A_w 的特征值为正负单位纯虚数，易验证 $\mathrm{rank}\begin{bmatrix}A-\lambda I & B\\ C & D\end{bmatrix}=n+q=5$。

③ 利用 $\Lambda X=b$，其中 $\Lambda=\left(\begin{bmatrix}I_n & 0\\ 0 & 0\end{bmatrix}\otimes A_w^{\mathrm{T}}-\begin{bmatrix}A & B\\ C & D\end{bmatrix}\otimes I_l\right),X=\sigma\left(\begin{bmatrix}P\\ Q\end{bmatrix}\right),b=\sigma\left(\begin{bmatrix}B_w\\ D_w\end{bmatrix}\right)$，求解出 $X=\Lambda^{-1}b$：

$$\begin{aligned}X=[&-0.0077\quad -0.5615\quad -2.5\quad 1.5\quad 1.5308\\ &-0.2538\quad -0.7385\quad 0.0923\quad -2.2308\quad 0.1538]^{\mathrm{T}}\end{aligned}$$

④ 再基于 $X=\sigma\left(\begin{bmatrix}P\\ Q\end{bmatrix}\right)$，求得 $P=\begin{bmatrix}-0.0077 & -0.5615\\ -2.5 & 1.5\\ 1.5308 & -0.2538\end{bmatrix}$ 和 $Q=\begin{bmatrix}-0.7385 & 0.0923\\ -2.2308 & 0.1538\end{bmatrix}$。

⑤ 最后求出 $K_w=Q-KP=\begin{bmatrix}2.9846 & -0.1231\\ -3.5154 & 2.3769\end{bmatrix}$。

因而控制器为 $u=Kx+K_w w=\begin{bmatrix}-7 & -4 & -9\\ -8 & -6 & -9\end{bmatrix}x+\begin{bmatrix}2.9846 & -0.1231\\ -3.5154 & 2.3769\end{bmatrix}w$，闭环系统为

$$\dot{x}=\begin{bmatrix}-15 & -10 & -17\\ 0 & -2 & 0\\ 9 & 7 & 10\end{bmatrix}x+\begin{bmatrix}1.4692 & 2.2538\\ -6.5 & 0.5\\ 2.5154 & -1.3769\end{bmatrix}w,\quad \dot{w}=A_w w$$

$$y=\begin{bmatrix}15 & 11 & 19\\ 0 & 3 & 0\end{bmatrix}x+\begin{bmatrix}-1.4692 & -3.2538\\ 7.5 & -4.5\end{bmatrix}w$$

验证 $\tilde{x}(t)=x(t)-Pw(t)$ 趋于零，且 $y=Cx+D_w w=C\tilde{x}+(CP+D_w)w$ 趋于零。下面通过仿真给出验证：取初始状态 $x_0=[5\quad 15\quad -3]^{\mathrm{T}},w_0=[-4\quad 8]^{\mathrm{T}}$，从初始状态出发的外部干扰、系统状态轨迹 $x(t)$、$\tilde{x}(t)$ 及输出轨迹 $y(t)$ 如图 5-8 所示。

5.4　状态反馈解耦控制问题

5.4.1　状态反馈动态解耦控制问题

在一些规模较大又复杂的系统研究中，往往先把复杂的系统化简进行研究。把多输入多输出耦合系统化简成一个输入仅仅对应一个输出系统的过程称为对系统的解耦。本节考虑用状态反馈对系统进行解耦。下面介绍方系统（输入维数等于输出维数的系统）的解耦问题。考

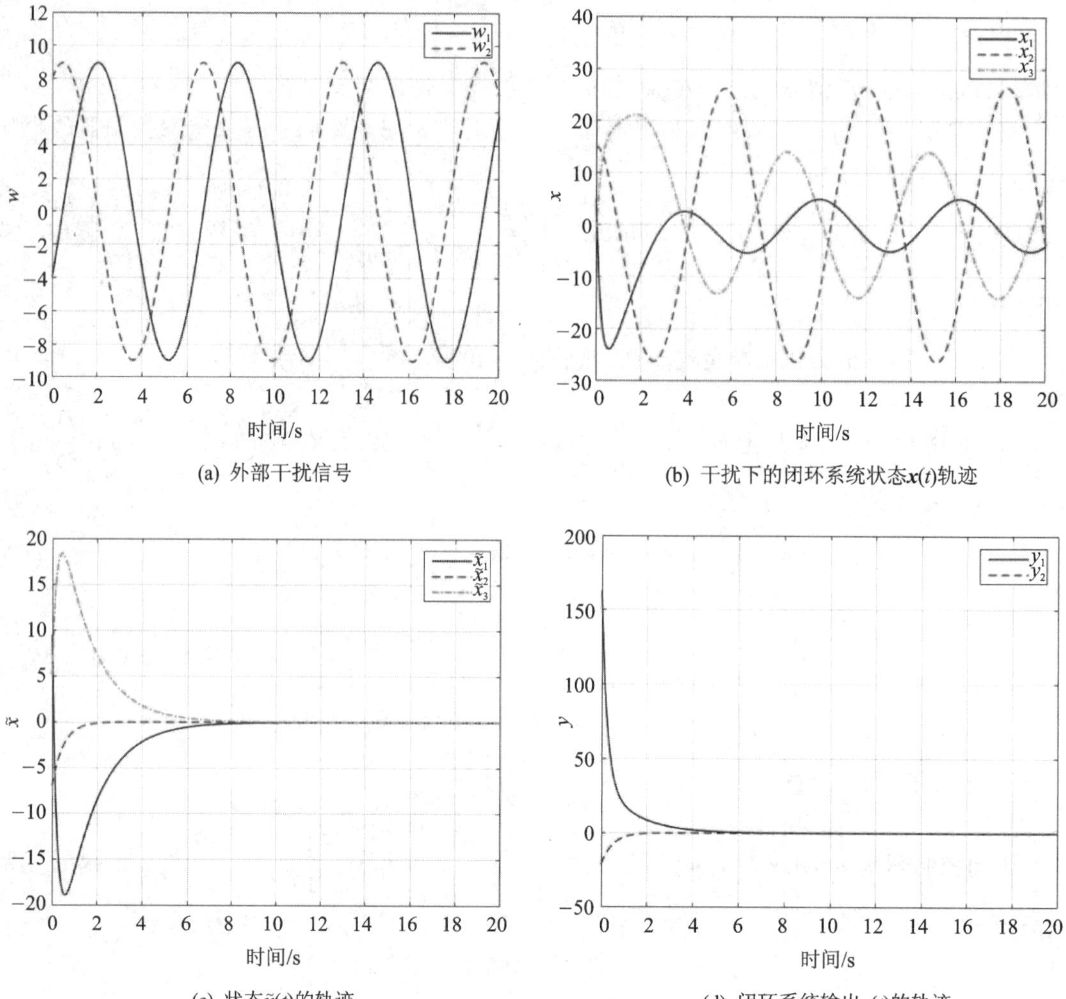

(a) 外部干扰信号 (b) 干扰下的闭环系统状态$\boldsymbol{x}(t)$轨迹

(c) 状态$\tilde{\boldsymbol{x}}(t)$的轨迹 (d) 闭环系统输出$\boldsymbol{y}(t)$的轨迹

图 5－8 例 5－10 的输出调节问题验证图

虑如下方系统动态方程：

$$\begin{cases}\dot{\boldsymbol{x}} = \boldsymbol{A}\boldsymbol{x} + \boldsymbol{B}\boldsymbol{u} \\ \boldsymbol{y} = \boldsymbol{C}\boldsymbol{x}\end{cases} \tag{5.4.1}$$

这里 $\boldsymbol{A}$、$\boldsymbol{B}$、$\boldsymbol{C}$ 分别为 $n\times n$、$n\times p$、$p\times n$ 的矩阵，其传递函数矩阵为 $p\times p$ 的方矩阵：

$$\boldsymbol{G}(s) = \boldsymbol{C}(s\boldsymbol{I} - \boldsymbol{A})^{-1}\boldsymbol{B} \tag{5.4.2}$$

定义 5－1 若式(5.4.2)中的传递函数矩阵 $\boldsymbol{G}(s)$ 是对角形非奇异矩阵，即所有对角元 $\dfrac{n_i(s)}{d_i(s)}\neq 0$ 的 $\boldsymbol{G}(s)=\mathrm{diag}\begin{bmatrix}\dfrac{n_1(s)}{d_1(s)} & \dfrac{n_2(s)}{d_2(s)} & \cdots & \dfrac{n_p(s)}{d_p(s)}\end{bmatrix}$，则称系统(5.4.1)是动态解耦的。

下面研究如何利用状态反馈使系统解耦。

动态解耦问题提法：对于系统(5.4.1)，找到含有输入变换的状态反馈控制律：

$$\boldsymbol{u} = \boldsymbol{K}\boldsymbol{x} + \boldsymbol{H}\boldsymbol{v} \quad (\boldsymbol{H}\text{ 为非奇异阵}) \tag{5.4.3}$$

其中，$\boldsymbol{K}\in\mathbb{R}^{p\times n}$ 是状态反馈增益矩阵；$\boldsymbol{H}\in\mathbb{R}^{p\times p}$ 为输入变换非奇异阵，在系统(5.4.1)加上式(5.4.3)的状态反馈控制后，得到的闭环动态方程和闭环传递函数矩阵分别为

$$\dot{\boldsymbol{x}}=(\boldsymbol{A}+\boldsymbol{BK})\boldsymbol{x}+\boldsymbol{BHv},\quad \boldsymbol{y}=\boldsymbol{Cx}$$

$$\boldsymbol{G}_f(s)=\boldsymbol{C}[s\boldsymbol{I}-(\boldsymbol{A}+\boldsymbol{BK})]^{-1}\boldsymbol{BH} \tag{5.4.4}$$

式(5.4.3)使得闭环系统是解耦的，即闭环传递函数矩阵 $\boldsymbol{G}_f(s)$ 为对角、非奇异传递函数矩阵。

这一问题数学上的等价提法：给定矩阵 $\boldsymbol{A}$、$\boldsymbol{B}$、$\boldsymbol{C}$，找到矩阵 $\boldsymbol{K}$ 和非奇异矩阵 $\boldsymbol{H}$，使得 $\boldsymbol{G}_f(s)$ 为对角、非奇异传递函数矩阵。

为了给出含有输入变换的状态反馈控制对系统进行动态解耦的可解性条件，先给出下面的准备工作。

1. 准备知识

① 开、闭环传递函数矩阵的关系：

$$\boldsymbol{G}_f(s)=\boldsymbol{G}(s)[\boldsymbol{I}+\boldsymbol{K}(s\boldsymbol{I}-\boldsymbol{A}-\boldsymbol{BK})^{-1}\boldsymbol{B}]\boldsymbol{H} \tag{5.4.5}$$

$$\boldsymbol{G}_f(s)=\boldsymbol{G}(s)[\boldsymbol{I}-\boldsymbol{K}(s\boldsymbol{I}-\boldsymbol{A})^{-1}\boldsymbol{B}]^{-1}\boldsymbol{H} \tag{5.4.6}$$

由一些简单的代数推导得到

$$\begin{aligned}\boldsymbol{G}_f(s)&=\boldsymbol{C}[s\boldsymbol{I}-(\boldsymbol{A}+\boldsymbol{BK})^{-1}\boldsymbol{BH}\\&=\boldsymbol{C}[\boldsymbol{I}-\boldsymbol{BK}(s\boldsymbol{I}-\boldsymbol{A}))(s\boldsymbol{I}-\boldsymbol{A})]^{-1}\boldsymbol{BH}\\&=\boldsymbol{C}(s\boldsymbol{I}-\boldsymbol{A})^{-1}[\boldsymbol{I}-\boldsymbol{BK}(s\boldsymbol{I}-\boldsymbol{A})]^{-1}\boldsymbol{BH}\\&=\boldsymbol{C}(s\boldsymbol{I}-\boldsymbol{A})^{-1}\boldsymbol{B}[\boldsymbol{I}-\boldsymbol{K}(s\boldsymbol{I}-\boldsymbol{A})\boldsymbol{B}]^{-1}\boldsymbol{H}\\&=\boldsymbol{G}(s)[\boldsymbol{I}-\boldsymbol{K}(s\boldsymbol{I}-\boldsymbol{A})^{-1}\boldsymbol{B}]^{-1}\boldsymbol{H}\end{aligned}$$

其中第 4 个等式成立用到矩阵恒等式 $\boldsymbol{X}(\boldsymbol{I}+\boldsymbol{YX})^{-1}=(\boldsymbol{I}+\boldsymbol{XY})^{-1}\boldsymbol{X}$（见习题 0－5）。这样就证明了式(5.4.6)成立。另外，由矩阵关系 $(\boldsymbol{I}-\boldsymbol{XY})^{-1}=\boldsymbol{I}+\boldsymbol{X}(\boldsymbol{I}-\boldsymbol{YX})^{-1}\boldsymbol{Y}$（见习题 5－2）可以取 $\boldsymbol{X}=\boldsymbol{K}$，$\boldsymbol{Y}=(s\boldsymbol{I}-\boldsymbol{A})^{-1}\boldsymbol{B}$，从而由式(5.4.6)得到式(5.4.5)成立。

② 非负整数 d_i 及非零向量 $\boldsymbol{E}_i$：

记 $\boldsymbol{C}$ 的第 i 行为 $\boldsymbol{c}_i$，$\boldsymbol{G}(s)$ 的第 i 行为 $\boldsymbol{G}_i(s)$，则传递函数矩阵可以记为

$$\boldsymbol{G}(s)=\begin{bmatrix}\boldsymbol{c}_1(s\boldsymbol{I}-\boldsymbol{A})^{-1}\boldsymbol{B}\\ \vdots\\ \boldsymbol{c}_i(s\boldsymbol{I}-\boldsymbol{A})^{-1}\boldsymbol{B}\\ \vdots\\ \boldsymbol{c}_p(s\boldsymbol{I}-\boldsymbol{A})^{-1}\boldsymbol{B}\end{bmatrix}=\begin{bmatrix}\boldsymbol{G}_1(s)\\ \vdots\\ \boldsymbol{G}_i(s)\\ \vdots\\ \boldsymbol{G}_p(s)\end{bmatrix}$$

根据预解矩阵公式 $(s\boldsymbol{I}-\boldsymbol{A})^{-1}=\sum\limits_{i=0}^{\infty}\boldsymbol{A}^i s^{-(i+1)}$，可将 $\boldsymbol{G}(s)$ 的第 i 行 $\boldsymbol{G}_i(s)$ 表示成

$$\boldsymbol{c}_i(s\boldsymbol{I}-\boldsymbol{A})^{-1}\boldsymbol{B}=\boldsymbol{c}_i\boldsymbol{B}s^{-1}+\boldsymbol{c}_i\boldsymbol{AB}s^{-2}+\cdots+\boldsymbol{c}_i\boldsymbol{A}^{d_i-1}\boldsymbol{B}s^{-d_i}+\boldsymbol{c}_i\boldsymbol{A}^{d_i}\boldsymbol{B}s^{-(d_i+1)}+\cdots \tag{5.4.7}$$

非负整数 d_i 定义为式(5.4.7)中由左向右 s 负幂次系数是零的个数，即有

$$\boldsymbol{c}_i\boldsymbol{B}=\boldsymbol{c}_i\boldsymbol{AB}=\cdots=\boldsymbol{c}_i\boldsymbol{A}^{d_i-1}\boldsymbol{B}=\boldsymbol{0},\quad \boldsymbol{E}_i=\boldsymbol{c}_i\boldsymbol{A}^{d_i}\boldsymbol{B}\neq\boldsymbol{0} \tag{5.4.8}$$

由传递函数阵 $\boldsymbol{G}(s)$ 出发，容易给出非负整数 d_i 的等价定义为

$$d_i=\min[\boldsymbol{G}_i(s)\text{ 各元素分母次数与分子次数之差}]-1 \tag{5.4.9}$$

由 $G_i(s)=\underbrace{\frac{c_iB}{s}+\cdots+\frac{c_iA^{d_i-1}B}{s^{d_i}}}_{0}+\frac{c_iA^{d_i}B}{s^{d_i+1}}+\cdots$ 和 d_i 的定义，给出非零向量 E_i 的等价定义：

$$E_i=\lim_{s\to\infty}s^{d_i+1}G_i(s)=c_iA^{d_i}B\neq 0 \tag{5.4.10}$$

把非负整数 d_i 称为系统传递函数矩阵的结构特性指数，E_i 称为对应的结构特性向量。这两个量既可以由传递函数矩阵计算得到，也可以从状态空间描述计算中获得。

例 5-11 给定如下的 $G(s)$，试计算 d_i 和 E_i

$$G(s)=\begin{bmatrix}\frac{s+2}{s^2+2s+1} & \frac{1}{s^2+s+2}\\ \frac{1}{s^2+2s+1} & \frac{3}{s^2+2s+4}\end{bmatrix}$$

解：

$$d_1=\min[1,2]-1=0,\quad d_2=\min[2,2]-1=1$$
$$E_1=\lim_{s\to\infty}sG_1(s)=[1\quad 0],\quad E_2=\lim_{s\to\infty}s^2G_2(s)=[1\quad 3]$$

例 5-12 系统方程为

$$\dot{x}=\begin{bmatrix}0&0&0\\0&0&1\\-1&-2&-3\end{bmatrix}x+\begin{bmatrix}1&0\\0&0\\0&1\end{bmatrix}u,\quad y=\begin{bmatrix}1&1&0\\0&0&1\end{bmatrix}x$$

试计算 d_i 和 E_i。

解：

$$c_1B=[1\quad 0],\quad d_1=0,\quad E_1=[1\quad 0]$$
$$c_2B=[0\quad 1],\quad d_2=0,\quad E_2=[0\quad 1]$$

③ 开、闭环传递函数矩阵：

开环传递函数阵 $G_i(s)$ 基于结构特性指数 d_i 及结构特性向量 E_i 的表示如下：

$$\begin{aligned}c_i(sI-A)^{-1}B&=s^{-(d_i+1)}(c_iA^{d_i}B+c_iA^{d_i+1}Bs^{-1}+\cdots)\\&=s^{-(d_i+1)}[c_iA^{d_i}B+c_iA^{d_i+1}(Is^{-1}+As^{-2}+As^{-3}+\cdots)B]\\&=s^{-(d_i+1)}[E_i+F_i(sI-A)^{-1}B]\end{aligned}\tag{5.4.11}$$

记

$$E=\begin{bmatrix}E_1\\E_2\\\vdots\\E_p\end{bmatrix},\quad F=\begin{bmatrix}c_1A^{d_1+1}\\c_2A^{d_2+1}\\\vdots\\c_pA^{d_p+1}\end{bmatrix}\tag{5.4.12}$$

则可得

$$G(s)=\begin{bmatrix}s^{-(d_1+1)}&&\\&\ddots&\\&&s^{-(d_p+1)}\end{bmatrix}[E+F(sI-A)^{-1}B]\tag{5.4.13}$$

再利用式(5.4.5)与式(5.4.6)，将闭环传递函数阵表示为

$$\boldsymbol{G}_f(s)=\begin{bmatrix} s^{-(d_1+1)} & & \\ & \ddots & \\ & & s^{-(d_p+1)} \end{bmatrix}[\boldsymbol{E}+\boldsymbol{F}(s\boldsymbol{I}-\boldsymbol{A})^{-1}\boldsymbol{B}][\boldsymbol{I}+\boldsymbol{K}(s\boldsymbol{I}-\boldsymbol{A}-\boldsymbol{BK})^{-1}\boldsymbol{B}]\boldsymbol{H} \tag{5.4.14}$$

或

$$\boldsymbol{G}_f(s)=\begin{bmatrix} s^{-(d_1+1)} & & \\ & \ddots & \\ & & s^{-(d_p+1)} \end{bmatrix}[\boldsymbol{E}+\boldsymbol{F}(s\boldsymbol{I}-\boldsymbol{A})^{-1}\boldsymbol{B}][\boldsymbol{I}-\boldsymbol{K}(s\boldsymbol{I}-\boldsymbol{A})^{-1}\boldsymbol{B}]^{-1}\boldsymbol{H} \tag{5.4.15}$$

闭环系统 $\boldsymbol{G}_f(s)$ 的结构特性指数 $\bar{d}_i$ 及结构特性向量 $\bar{\boldsymbol{E}}_i$ 的定义类似于开环系统的结构特性指数 d_i 及结构特性向量 $\boldsymbol{E}_i$ 的定义。求闭环系统(5.4.4)对应的结构特性指数 $\bar{d}_i$ 和结构特性向量 $\bar{\boldsymbol{E}}_i$：

$$\boldsymbol{G}_{fi}(s)=\boldsymbol{c}_i[s\boldsymbol{I}-(\boldsymbol{A}+\boldsymbol{BK})]^{-1}\boldsymbol{BH}=\boldsymbol{c}_i\boldsymbol{BH}\frac{1}{s}+\boldsymbol{c}_i(\boldsymbol{A}+\boldsymbol{BK})\boldsymbol{BH}\frac{1}{s^2}+\cdots+$$
$$\boldsymbol{c}_i(\boldsymbol{A}+\boldsymbol{BK})^k\boldsymbol{BH}\frac{1}{s^{k+1}}+\cdots$$

$$\bar{\boldsymbol{E}}_i=\boldsymbol{c}_i(\boldsymbol{A}+\boldsymbol{BK})^{\bar{d}_i}\boldsymbol{BH}\neq 0,\quad \boldsymbol{c}_i(\boldsymbol{A}+\boldsymbol{BK})^k\boldsymbol{BH}=0,\quad k<\bar{d}_i$$

则有如下结论。

结论 5-5：$\bar{d}_i=d_i$，$\bar{\boldsymbol{E}}_i=\boldsymbol{E}_i\boldsymbol{H}$。

证明：只要证明 $\boldsymbol{c}_i(\boldsymbol{A}+\boldsymbol{BK})^{d_i}\boldsymbol{BH}=\boldsymbol{c}_i\boldsymbol{A}^{d_i}\boldsymbol{BH}\neq 0$，$\boldsymbol{c}_i(\boldsymbol{A}+\boldsymbol{BK})^k\boldsymbol{BH}=0(k<d_i)$ 即可。为此，由开环系统的结构特性有 $\boldsymbol{c}_i\boldsymbol{A}^k\boldsymbol{B}=\boldsymbol{0}$，$k<d_i$，$\boldsymbol{E}_i=\boldsymbol{c}_i\boldsymbol{A}^{d_i}\boldsymbol{B}\neq\boldsymbol{0}$，且由 $k=0,1,\cdots$，可以依次证明 $\boldsymbol{c}_i(\boldsymbol{A}+\boldsymbol{BK})^k=\boldsymbol{c}_i\boldsymbol{A}^k$，$k=0,1,2,\cdots,d_i$ 成立。于是 $\boldsymbol{c}_i(\boldsymbol{A}+\boldsymbol{BK})^k\boldsymbol{BH}=\boldsymbol{c}_i\boldsymbol{A}^k\boldsymbol{BH}=0$，$k<d_i$ 且 $\boldsymbol{c}_i(\boldsymbol{A}+\boldsymbol{BK})^{d_i}\boldsymbol{BH}=\boldsymbol{c}_i\boldsymbol{A}^{d_i}\boldsymbol{BH}=\boldsymbol{E}_i\boldsymbol{H}=\bar{\boldsymbol{E}}_i$ 成立。这样就证明了 $\bar{d}_i=d_i$，$\bar{\boldsymbol{E}}_i=\boldsymbol{E}_i\boldsymbol{H}$。

定理 5-15　系统(5.4.1)可用式(5.4.2)的反馈进行解耦的充分必要条件是式(5.4.12)定义的 $\boldsymbol{E}$ 为非奇异矩阵。

证明：① 必要性。因为 $\boldsymbol{G}_f(s)$ 对角非奇异，故有 $\bar{\boldsymbol{E}}=\boldsymbol{EH}$ 是对角的，又因为 $\bar{\boldsymbol{E}}_i$ 是非零向量，因此有 $\bar{\boldsymbol{E}}$ 非奇异，故可知 $\boldsymbol{E}$ 非奇异。

② 充分性。将

$$\boldsymbol{K}=-\boldsymbol{E}^{-1}\boldsymbol{F},\quad \boldsymbol{H}=\boldsymbol{E}^{-1} \tag{5.4.16}$$

代入式(5.4.4)可得

$$\boldsymbol{G}_f(s)=\begin{bmatrix} s^{-(d_1+1)} & & \\ & \ddots & \\ & & s^{-(d_p+1)} \end{bmatrix} \tag{5.4.17}$$

式(5.4.17)中的传递函数阵，由于其对角元都是积分器，故被称为积分器解耦系统。它不满足稳定性要求，故在实际中不能使用。但是在理论上，它提供了可解耦系统的一种中间形式，可

在进一步研究解耦问题时使用。

2. 积分器型解耦状态反馈控制算法步骤

定理 5-15 的充分性证明过程给出了积分器型解耦过程,具体步骤如下:

① 计算系统的结构特性指数 d_i 及结构特性向量 $\boldsymbol{E}_i$。

② 以结构特征向量为行构成矩阵 $\boldsymbol{E}$,并判断其奇异性,若奇异,则结束;若非奇异,则进行下一步。

③ 以结构特性指数及公式(5.4.12)计算矩阵 $\boldsymbol{F}$。

④ 求取基于输入变换的状态反馈中的变换矩阵 $\boldsymbol{H}=\boldsymbol{E}^{-1}$ 和增益矩阵 $\boldsymbol{K}=-\boldsymbol{E}^{-1}\boldsymbol{F}$。

⑤ 计算反馈控制律 $\boldsymbol{u}=\boldsymbol{K}\boldsymbol{x}+\boldsymbol{H}\boldsymbol{v}$。

⑥ 写出闭环系统的传递函数矩阵 $\boldsymbol{G}_f(s)=\mathrm{diag}[s^{-(d_1+1)} \quad \cdots \quad s^{-(d_p+1)}]$。

例 5-13 将例 5-12 中的系统方程

$$\dot{\boldsymbol{x}}=\begin{bmatrix}0 & 0 & 0\\ 0 & 0 & 1\\ -1 & -2 & -3\end{bmatrix}\boldsymbol{x}+\begin{bmatrix}1 & 0\\ 0 & 0\\ 0 & 1\end{bmatrix}\boldsymbol{u}, \quad \boldsymbol{y}=\begin{bmatrix}1 & 1 & 0\\ 0 & 0 & 1\end{bmatrix}\boldsymbol{x}$$

化为积分器解耦系统。

解: 根据例 5-12 计算的结构特性指数与结构特征向量可知 $\boldsymbol{E}$ 是单位阵,故系统可解耦。现采用定理 5-15 充分性证明中提供的式(5.4.16)将其化为积分器解耦系统。计算 $\boldsymbol{F}$ 阵,$\boldsymbol{F}_1=\boldsymbol{c}_1\boldsymbol{A}=[0 \quad 0 \quad 1]$,$\boldsymbol{F}_2=\boldsymbol{c}_2\boldsymbol{A}=[-1 \quad -2 \quad -3]$,故得

$$\boldsymbol{F}=\begin{bmatrix}0 & 0 & 1\\ -1 & -2 & -3\end{bmatrix}$$

由此求得

$$\boldsymbol{H}=\boldsymbol{E}^{-1}=\begin{bmatrix}1 & 0\\ 0 & 1\end{bmatrix}, \quad \boldsymbol{K}=-\boldsymbol{E}^{-1}\boldsymbol{F}=\begin{bmatrix}0 & 0 & -1\\ 1 & 2 & 3\end{bmatrix}$$

故反馈控制律为

$$\boldsymbol{u}=\boldsymbol{K}\boldsymbol{x}+\boldsymbol{H}\boldsymbol{v}=\begin{bmatrix}0 & 0 & -1\\ 1 & 2 & 3\end{bmatrix}\boldsymbol{x}+\begin{bmatrix}1 & 0\\ 0 & 1\end{bmatrix}\boldsymbol{v}$$

闭环系统动态方程为

$$\dot{\boldsymbol{x}}=(\boldsymbol{A}+\boldsymbol{B}\boldsymbol{K})\boldsymbol{x}+\boldsymbol{B}\boldsymbol{H}\boldsymbol{v}=\begin{bmatrix}0 & 0 & -1\\ 0 & 0 & 1\\ 0 & 0 & 0\end{bmatrix}\boldsymbol{x}+\begin{bmatrix}1 & 0\\ 0 & 0\\ 0 & 1\end{bmatrix}\boldsymbol{v}$$

闭环系统的传递函数矩阵为

$$\boldsymbol{G}_f(s)=\begin{bmatrix}s^{-1} & 0\\ 0 & s^{-1}\end{bmatrix}$$

显然原系统是可控、可观测的,但是闭环系统状态空间的维数 $n=3$,但其 McMillan 阶即极点多项式是 2 次的,所以闭环系统一定不是既可控又可观测的。由于采用状态反馈不改变系统的可控性,这时闭环系统是可控不可观的。说明这一解耦的状态反馈改变了系统的可观测性。如前所述,积分器解耦系统是不稳定的,在实际问题中,不仅要考虑对系统的解耦,还须在此基础上进一步改善控制律以保证闭环系统的稳定性。如果闭环系统传递函数 $\boldsymbol{G}_f(s)$的

McMillan 阶为 n，说明这时解耦状态反馈律未改变系统的可观测性。这时是否可以用带有输入变换的状态反馈控制在系统解耦的同时还能配置系统的极点？下面介绍一种简单解耦后配置极点的结论。

定理 5-16　若系统可用状态反馈解耦，且 $d_1+d_2+\cdots+d_p+p=n$，则采用状态反馈律 $\boldsymbol{u}=\boldsymbol{K}\boldsymbol{x}+\boldsymbol{H}\boldsymbol{v}$，其中

$$\boldsymbol{H}=\boldsymbol{E}^{-1},\quad \boldsymbol{K}=-\boldsymbol{E}^{-1}\boldsymbol{F} \tag{5.4.18}$$

可以将闭环传递函数矩阵化为

$$\boldsymbol{G}_f(s)=\mathrm{diag}\left(\frac{1}{\Delta_1(s)},\quad \cdots,\quad \frac{1}{\Delta_p(s)}\right) \tag{5.4.19}$$

其中，$\Delta_i(s)=s^{d_i+1}+\alpha_{i1}s^{d_i}+\alpha_{i2}s^{d_i-1}+\cdots+\alpha_{id_i}s+\alpha_{id_i+1}$，$\alpha_{ik}(i=1,2,\cdots,p;k=1,2,\cdots,d_i+1)$是可调参数，可用来对闭环传递函数矩阵的对角元进行极点配置，$\boldsymbol{F}$ 为下式定义的 $p\times n$ 阵

$$\boldsymbol{F}=\begin{bmatrix}\boldsymbol{c}_1\Delta_1(\boldsymbol{A})\\ \boldsymbol{c}_2\Delta_2(\boldsymbol{A})\\ \vdots\\ \boldsymbol{c}_p\Delta_p(\boldsymbol{A})\end{bmatrix}$$

由式(5.4.19)可知，$\boldsymbol{G}_f(s)$的 McMillan 阶为 n，说明这时解耦状态反馈律式(5.4.18)未改变系统的可观测性。

证明：与前面积分器型解耦类似的处理，先用系统的结构特性指数和结构特性向量表示开环系统的传递函数矩阵。用 $\boldsymbol{g}_i(s)$表示 $\boldsymbol{G}(s)$的第 i 行，并对所有 $k\geqslant d_i+2$，令 $\alpha_{ik}=0$，则由式(5.4.11)和 d_i 的定义得

$$\begin{aligned}\Delta_i(s)\boldsymbol{g}_i(s)&=(s^{d_i+1}+\alpha_{i1}s^{d_i}+\alpha_{i2}s^{d_i-1}+\cdots+\alpha_{id_i}s+\alpha_{id_i+1})s^{-d_i-1}\boldsymbol{c}_i\left(\boldsymbol{A}^{d_i}+\frac{\boldsymbol{A}^{d_i+1}}{s}+\cdots\right)\boldsymbol{B}\\&=\boldsymbol{c}_i\boldsymbol{A}^{d_i}\boldsymbol{B}+(\boldsymbol{c}_i\boldsymbol{A}^{d_i+1}+\alpha_{i1}\boldsymbol{c}_i\boldsymbol{A}^{d_i})\boldsymbol{B}s^{-1}+\\&\quad(\boldsymbol{c}_i\boldsymbol{A}^{d_i+2}+\alpha_{i1}\boldsymbol{c}_i\boldsymbol{A}^{d_i+1}+\alpha_{i2}\boldsymbol{c}_i\boldsymbol{A}^{d_i})\boldsymbol{B}s^{-2}+\cdots+\\&\quad(\boldsymbol{c}_i\boldsymbol{A}^{d_i+k}+\alpha_{i1}\boldsymbol{c}_i\boldsymbol{A}^{d_i+k-1}+\cdots+\alpha_{ik}\boldsymbol{c}_i\boldsymbol{A}^{d_i})\boldsymbol{B}s^{-k}+\cdots\end{aligned}$$

对上式进行处理，得

$$\begin{aligned}\Delta_i(s)\boldsymbol{g}_i(s)&=\boldsymbol{c}_i\boldsymbol{A}^{d_i}\boldsymbol{B}+\boldsymbol{c}_i(\boldsymbol{A}^{d_i+1}+\alpha_{i1}\boldsymbol{A}^{d_i}+\cdots+\alpha_{id_i+1}\boldsymbol{I})\boldsymbol{B}s^{-1}+\\&\quad\boldsymbol{c}_i(\boldsymbol{A}^{d_i+1}+\alpha_{i1}\boldsymbol{A}^{d_i}+\cdots+\alpha_{id_i+1}\boldsymbol{I})\boldsymbol{A}\boldsymbol{B}s^{-2}+\cdots+\\&\quad\boldsymbol{c}_i(\boldsymbol{A}^{d_i+1}+\alpha_{i1}\boldsymbol{A}^{d_i}+\cdots+\alpha_{id_i+1}\boldsymbol{I})\boldsymbol{A}^{k-1}\boldsymbol{B}s^{-k}+\cdots\\&=\boldsymbol{c}_i\boldsymbol{A}^{d_i}\boldsymbol{B}+\boldsymbol{c}_i\Delta_i(\boldsymbol{A})\frac{1}{s}\left(\boldsymbol{I}+\frac{\boldsymbol{A}}{s}+\frac{\boldsymbol{A}^2}{s^2}+\cdots\right)\boldsymbol{B}\\&=\boldsymbol{c}_i\boldsymbol{A}^{d_i}\boldsymbol{B}+\boldsymbol{c}_i\Delta_i(\boldsymbol{A})(s\boldsymbol{I}-\boldsymbol{A})^{-1}\boldsymbol{B}\end{aligned}$$

所以有

$$\boldsymbol{G}(s)=\mathrm{diag}\left(\frac{1}{\Delta_1(s)},\quad \cdots,\quad \frac{1}{\Delta_p(s)}\right)[\boldsymbol{E}+\boldsymbol{F}(s\boldsymbol{I}-\boldsymbol{A})^{-1}\boldsymbol{B}]$$

进而由开环传递函数矩阵与闭环传递函数矩阵的关系式(5.4.18)得到

$$\boldsymbol{G}_f(s)=\boldsymbol{G}(s)[\boldsymbol{I}-\boldsymbol{K}(s\boldsymbol{I}-\boldsymbol{A})^{-1}\boldsymbol{B}]^{-1}\boldsymbol{H}$$

$$
\begin{aligned}
&= \boldsymbol{G}(s)[\boldsymbol{H}^{-1} - \boldsymbol{H}^{-1}\boldsymbol{K}(s\boldsymbol{I}-\boldsymbol{A})^{-1}\boldsymbol{B}]^{-1} \\
&= \boldsymbol{G}(s)[\boldsymbol{E} + \boldsymbol{F}(s\boldsymbol{I}-\boldsymbol{A})^{-1}\boldsymbol{B}]^{-1} \\
&= \mathrm{diag}\left(\frac{1}{\Delta_1(s)}, \quad \cdots, \quad \frac{1}{\Delta_p(s)}\right)
\end{aligned}
$$

这样就证明了定理 5－16。

3. 解耦并配置极点的输入变换状态反馈控制步骤

定理 5－16 的证明过程给出了解耦并配置极点的输入变换状态反馈控制步骤：

① 计算系统的结构特性指数 d_i 及结构特性向量 $\boldsymbol{E}_i$。

② 以结构特征向量为行构成矩阵 $\boldsymbol{E}$，并判断其奇异性，若奇异，则结束；若非奇异，则进行下一步。

③ 由结构特性指数确定需要配置极点的期望特征多项式 $\Delta_i(s)$。

④ 计算矩阵 $\boldsymbol{F}$

$$
\boldsymbol{F} = \begin{bmatrix} \boldsymbol{c}_1\Delta_1(\boldsymbol{A}) \\ \boldsymbol{c}_2\Delta_2(\boldsymbol{A}) \\ \vdots \\ \boldsymbol{c}_p\Delta_p(\boldsymbol{A}) \end{bmatrix}
$$

⑤ 求取基于输入变换的状态反馈中的变换矩阵 $\boldsymbol{H}=\boldsymbol{E}^{-1}$ 和增益矩阵 $\boldsymbol{K}=-\boldsymbol{E}^{-1}\boldsymbol{F}$。

⑥ 计算反馈控制律 $\boldsymbol{u}=\boldsymbol{K}\boldsymbol{x}+\boldsymbol{H}\boldsymbol{v}$。

例 5－14 系统动态方程为

$$
\dot{\boldsymbol{x}} = \begin{bmatrix} 2 & 0 & 1 \\ 0 & 3 & 1 \\ 1 & 2 & 1 \end{bmatrix}\boldsymbol{x} + \begin{bmatrix} 0 & -1 \\ 1 & 1 \\ 0 & 1 \end{bmatrix}\boldsymbol{u}
$$

$$
\boldsymbol{y} = \begin{bmatrix} 1 & 0 & 0 \\ 1 & 0 & 1 \end{bmatrix}\boldsymbol{x}
$$

问可否用状态反馈律 $\boldsymbol{u}=\boldsymbol{K}\boldsymbol{x}+\boldsymbol{H}\boldsymbol{v}$，将闭环传递函数阵变为

$$
\boldsymbol{G}_f(s) = \begin{bmatrix} \dfrac{1}{s+1} & 0 \\ 0 & \dfrac{1}{s^2+3s+1} \end{bmatrix}
$$

如有可能，求出 $\boldsymbol{K}$ 和 $\boldsymbol{H}$。

解：先计算系统的结构特性指数与结构特性向量：

$$
\boldsymbol{c}_1\boldsymbol{B} = [0 \quad -1], \quad d_1 = 0, \quad \boldsymbol{c}_2\boldsymbol{B} = [0 \quad 0], \quad \boldsymbol{c}_2\boldsymbol{A}\boldsymbol{B} = [2 \quad 1], \quad d_2 = 1
$$

$$
\boldsymbol{E} = \begin{bmatrix} \boldsymbol{E}_1 \\ \boldsymbol{E}_2 \end{bmatrix} = \begin{bmatrix} 0 & -1 \\ 2 & 1 \end{bmatrix}, \quad d_1 + d_2 + p = 0 + 1 + 2 = 3 = n
$$

由定理 5－16 可知，状态反馈律的增益矩阵按式(5.4.18)计算得到

$$
\boldsymbol{H} = \boldsymbol{E}^{-1} = \frac{1}{2}\begin{bmatrix} 1 & 1 \\ -2 & 0 \end{bmatrix}, \quad \begin{bmatrix} \boldsymbol{c}_1(\boldsymbol{A}+\boldsymbol{I}) \\ \boldsymbol{c}_2(\boldsymbol{A}^2+3\boldsymbol{A}+\boldsymbol{I}) \end{bmatrix} = \begin{bmatrix} 3 & 0 & 1 \\ 18 & 16 & 14 \end{bmatrix}
$$

$$
\boldsymbol{K} = -\boldsymbol{E}^{-1}\begin{bmatrix} \boldsymbol{c}_1(\boldsymbol{A}+\boldsymbol{I}) \\ \boldsymbol{c}_2(\boldsymbol{A}^2+3\boldsymbol{A}+\boldsymbol{I}) \end{bmatrix} = \begin{bmatrix} -10.5 & -8 & -7.5 \\ 3 & 0 & 1 \end{bmatrix}
$$

状态反馈律为

$$\boldsymbol{u}=\begin{bmatrix}-10.5 & -8 & -7.5\\ 3 & 0 & 1\end{bmatrix}\boldsymbol{x}+\frac{1}{2}\begin{bmatrix}1 & 1\\ -2 & 0\end{bmatrix}\boldsymbol{v}$$

上面介绍了方系统的动态解耦控制问题，更一般的非方系统的标准解耦问题可参考附录部分。

5.4.2　状态反馈静态解耦控制问题

上一小节学习了利用状态反馈进行动态解耦的内容，该方法要求闭环系统的传递函数阵是非奇异对角矩阵，即要求闭环系统的第 i 个输入在系统工作的整个动态过程中均不影响第 j $(j\neq i)$ 个输出。但是这类解耦系统在实际应用中有很大的局限性，在许多情况下，要求采用复杂的高敏感度的控制律，而在另外一些情况下，例如不可观的子系统是不稳定的，或者动态解耦条件中的矩阵 $\boldsymbol{E}$ 是奇异的情况，仅仅用状态反馈而不采用附加的校正装置就不能实现动态解耦，即过渡过程可能会出现相互交叉耦合。显然，如果仅考虑闭环系统稳定并在稳态后实现解耦，问题的可解性条件与解耦就会相对宽松些。

定义 5-2　一个渐近稳定的方系统，如果具有对角形非奇异的静态增益矩阵，则称系统是静态解耦的。

对于静态解耦系统，当输入 $\boldsymbol{u}=\alpha 1(t)$，$\alpha=[\alpha_1 \quad \alpha_2 \quad \cdots \quad \alpha_p]^{\mathrm{T}}$ 时，其输出的稳态为

$$\lim_{t\to\infty}\boldsymbol{y}(t)=\lim_{s\to 0} s\underbrace{\boldsymbol{C}(s\boldsymbol{I}-\boldsymbol{A})^{-1}\boldsymbol{B}}_{G(s)}\boldsymbol{u}=\begin{bmatrix}G_{11}(0) & & & \\ & G_{22}(0) & & \\ & & \ddots & \\ & & & G_{pp}(0)\end{bmatrix}\begin{bmatrix}\alpha_1\\ \alpha_2\\ \vdots\\ \alpha_p\end{bmatrix}$$

即 $\lim\limits_{t\to\infty}\boldsymbol{y}_i(t)=\boldsymbol{G}_{ii}(0)\alpha_i(i=1,2,\cdots,p)$，其中 $\boldsymbol{G}_{ii}(0)$ 是系统传递函数矩阵在 $s=0$ 的值。下面考虑状态反馈静态解耦问题。

状态反馈静态解耦问题提法：现在考虑采用输入变换的状态反馈规律 $\boldsymbol{u}=\boldsymbol{K}\boldsymbol{x}+\boldsymbol{H}\boldsymbol{v}$，使得系统

$$\begin{cases}\dot{\boldsymbol{x}}=\boldsymbol{A}\boldsymbol{x}+\boldsymbol{B}\boldsymbol{u}\\ \boldsymbol{y}=\boldsymbol{C}\boldsymbol{x}\end{cases}$$

实现静态解耦，即使得闭环系统

$$\dot{\boldsymbol{x}}=(\boldsymbol{A}+\boldsymbol{B}\boldsymbol{K})\boldsymbol{x}+\boldsymbol{B}\boldsymbol{H}\boldsymbol{u},\quad \boldsymbol{y}=\boldsymbol{C}\boldsymbol{x}$$

渐近稳定且当 $s\to 0$ 时，传递函数矩阵 $\boldsymbol{G}_f(s)=\boldsymbol{C}[s\boldsymbol{I}-(\boldsymbol{A}+\boldsymbol{B}\boldsymbol{K})]^{-1}\boldsymbol{B}\boldsymbol{H}$ 为对角非奇异矩阵，即

$$\lim_{s\to 0}\boldsymbol{G}_f(s)=\begin{bmatrix}\bar{g}_{11}(0) & & \\ & \ddots & \\ & & \bar{g}_{pp}(0)\end{bmatrix},\quad \bar{g}_{ii}(0)\neq 0$$

状态反馈静态解耦问题数学上的等价提法：给定矩阵 $\boldsymbol{A}$、$\boldsymbol{B}$、$\boldsymbol{C}$，找到矩阵 $\boldsymbol{K}$ 和非奇异矩阵 $\boldsymbol{H}$，使得 $\boldsymbol{A}+\boldsymbol{B}\boldsymbol{K}$ 是 Hurwitz 的（渐近稳定）且 $\boldsymbol{G}_f(0)=\boldsymbol{C}[-(\boldsymbol{A}+\boldsymbol{B}\boldsymbol{K})]^{-1}\boldsymbol{B}\boldsymbol{H}$ 为对角非奇异矩阵。

下面给出含有输入变换的状态反馈控制对系统进行静态解耦的条件。

定理 5-17　使系统能静态解耦的充分必要条件是状态反馈能使系统稳定（即开环系统

可镇定),且

$$\det\begin{bmatrix}\boldsymbol{A} & \boldsymbol{B}\\ \boldsymbol{C} & \boldsymbol{0}\end{bmatrix}\neq 0 \tag{5.4.20}$$

证明: 若 $\boldsymbol{K}$ 可使系统稳定,说明 $\boldsymbol{A}+\boldsymbol{BK}$ 是非奇异矩阵,系统输出可以进入稳态。由于式(5.4.20)成立,而

$$\begin{bmatrix}\boldsymbol{A}+\boldsymbol{BK} & \boldsymbol{B}\\ \boldsymbol{C} & \boldsymbol{0}\end{bmatrix}=\begin{bmatrix}\boldsymbol{A} & \boldsymbol{B}\\ \boldsymbol{C} & \boldsymbol{0}\end{bmatrix}\begin{bmatrix}\boldsymbol{I} & \boldsymbol{0}\\ \boldsymbol{K} & \boldsymbol{I}\end{bmatrix} \tag{5.4.21}$$

等号右端两个矩阵均为非奇异的,所以等号左端的矩阵也是非奇异的。又因为

$$\det\begin{bmatrix}\boldsymbol{A}+\boldsymbol{BK} & \boldsymbol{B}\\ \boldsymbol{C} & \boldsymbol{0}\end{bmatrix}=\det\begin{bmatrix}\boldsymbol{I} & \boldsymbol{0}\\ -\boldsymbol{C}(\boldsymbol{A}+\boldsymbol{BK})^{-1} & \boldsymbol{I}\end{bmatrix}\begin{bmatrix}\boldsymbol{A}+\boldsymbol{BK} & \boldsymbol{B}\\ \boldsymbol{C} & \boldsymbol{0}\end{bmatrix}$$
$$=\det\begin{bmatrix}\boldsymbol{A}+\boldsymbol{BK} & \boldsymbol{B}\\ \boldsymbol{0} & -\boldsymbol{C}(\boldsymbol{A}+\boldsymbol{BK})^{-1}\boldsymbol{B}\end{bmatrix}$$

从而得到

$$\det\begin{bmatrix}\boldsymbol{A}+\boldsymbol{BK} & \boldsymbol{B}\\ \boldsymbol{C} & \boldsymbol{0}\end{bmatrix}=\det(\boldsymbol{A}+\boldsymbol{BK})\cdot\det[-\boldsymbol{C}(\boldsymbol{A}+\boldsymbol{BK})^{-1}\boldsymbol{B}] \tag{5.4.22}$$

又因为 $\boldsymbol{A}+\boldsymbol{BK}$ 是 Hurwitz 的且是非奇异的,可知 $\boldsymbol{C}(\boldsymbol{A}+\boldsymbol{BK})^{-1}\boldsymbol{B}$ 非奇异,对任意对角形非奇异矩阵 $\boldsymbol{M}$,取 $\boldsymbol{H}=-[\boldsymbol{C}(\boldsymbol{A}+\boldsymbol{BK})^{-1}\boldsymbol{B}]^{-1}\boldsymbol{M}$ 也为非奇异的,容易验证 $\boldsymbol{G}_f(0)=\boldsymbol{M}$。从而系统实现了静态解耦。

反之,由闭环系统实现静态解耦知 $\boldsymbol{A}+\boldsymbol{BK}$ 渐近稳定且 $\boldsymbol{G}_f(0)=-\boldsymbol{C}(\boldsymbol{A}+\boldsymbol{BK})^{-1}\boldsymbol{BH}$ 对角形非奇异,所以 $\boldsymbol{A}+\boldsymbol{BK}$ 非奇异,$\boldsymbol{H}$ 是变换矩阵也非奇异,再由式(5.4.22)可知

$$\det\begin{bmatrix}\boldsymbol{A}+\boldsymbol{BK} & \boldsymbol{B}\\ \boldsymbol{C} & \boldsymbol{0}\end{bmatrix}=\det(\boldsymbol{A}+\boldsymbol{BK})\cdot\det[-\boldsymbol{C}(\boldsymbol{A}+\boldsymbol{BK})^{-1}\boldsymbol{B}]\neq 0$$

而由式(5.4.21)可得式(5.4.20)成立。

状态反馈静态解耦问题算法如下:

① 验证 $(\boldsymbol{A},\boldsymbol{B})$是否可镇定,若是,则继续下一步;若否,则结束。

② 验证条件 $\det\begin{bmatrix}\boldsymbol{A} & \boldsymbol{B}\\ \boldsymbol{C} & \boldsymbol{0}\end{bmatrix}\neq 0$,若否,不能静态解耦,则结束;若满足条件,则继续。

③ 对于可镇定系统$(\boldsymbol{A},\boldsymbol{B})$,求取常量矩阵 $\boldsymbol{K}$,使得 $\boldsymbol{A}+\boldsymbol{BK}$ 渐近稳定。

④ 根据静态解耦系统的稳态增益要求,确定稳态解耦值 $\boldsymbol{M}=\mathrm{diag}(g_{11},\cdots,g_{pp})$。

⑤ 计算矩阵$-\boldsymbol{C}(\boldsymbol{A}+\boldsymbol{BK})^{-1}\boldsymbol{B}$。

⑥ 输入变换矩阵取 $\boldsymbol{H}=-[\boldsymbol{C}(\boldsymbol{A}+\boldsymbol{BK})^{-1}\boldsymbol{B}]^{-1}\boldsymbol{M}$,则 $\boldsymbol{G}_f(0)=\boldsymbol{M}$。

例 5-15 考虑下列动态方程:

$$\dot{\boldsymbol{x}}=\begin{bmatrix}0 & 0 & 1\\ 1 & 0 & 0\\ 1 & 1 & 1\end{bmatrix}\boldsymbol{x}+\begin{bmatrix}1 & 1\\ -1 & 1\\ 0 & -1\end{bmatrix}\boldsymbol{u}$$

$$\boldsymbol{y}=\begin{bmatrix}0 & 1 & 1\\ -1 & 1 & 0\end{bmatrix}\boldsymbol{x}$$

不难验证这个系统是可控的,可以用状态反馈使之稳定。又有

$$\det\begin{bmatrix} \boldsymbol{A} & \boldsymbol{B} \\ \boldsymbol{C} & \boldsymbol{0} \end{bmatrix} = \begin{vmatrix} 0 & 0 & 1 & 1 & 1 \\ 1 & 0 & 0 & -1 & 1 \\ 1 & 1 & 1 & 0 & -1 \\ 0 & 1 & 1 & 0 & 0 \\ -1 & 1 & 0 & 0 & 0 \end{vmatrix} \neq 0$$

根据定理 5-17,该系统可以静态解耦,但是

$$\boldsymbol{c}_1\boldsymbol{B} = [-1 \quad 0], \quad \boldsymbol{c}_2\boldsymbol{B} = [-2 \quad 0], \quad \boldsymbol{E} = \begin{bmatrix} -1 & 0 \\ -2 & 0 \end{bmatrix}$$

是奇异的,显然用状态反馈控制律不能使系统动态解耦。这一例子说明静态解耦比动态解耦更易实现。

5.5 状态反馈线性二次型最优控制问题

最优控制属于最典型、最基本的一类控制综合问题,在控制理论中的地位是不言而喻的,其有广泛的应用背景,如运动体最速制动问题、飞行器轨道最佳设计问题、拖动系统的最优跟踪问题等。庞特里亚金(Pontryagin)最大值原理是国际上公认的解决最优控制具有里程碑意义的原理,贝尔曼(Bellman)动态规划方法可以很好地回答最优控制综合实现问题。本节主要介绍线性系统二次型最优控制问题,其特点是通过对指定的二次型性能指标函数取得极值(极大或极小)来得到系统反馈控制律。

线性二次型最优控制问题分为两大部分:有限时间最优控制问题和无穷时间最优控制问题。根据对状态、输出以及跟踪参考信号误差的调节,本节分别介绍二次型(linear quadratic)最优状态调节(LQ)问题、二次型最优输出调节问题和二次型最优跟踪问题。这些问题统称为线性二次型最优控制问题。下面先讨论有限时间线性二次型最优控制问题,再扩展到无限时间最优控制问题。

5.5.1 线性二次型最优状态调节问题

1. 有限时间线性二次型最优状态调节问题

问题提法:给定线性时变系统

$$\dot{\boldsymbol{x}} = \boldsymbol{A}(t)\boldsymbol{x} + \boldsymbol{B}(t)\boldsymbol{u}, \quad \boldsymbol{x}(t_0) = \boldsymbol{x}_0, \quad \boldsymbol{x}(t_f) = \boldsymbol{x}_f, \quad t \in [t_0, t_f] \tag{5.5.1}$$

其中,$\boldsymbol{x} \in \mathbb{R}^n$ 为系统状态;$\boldsymbol{u} \in \mathbb{R}^p$ 为容许控制;$\boldsymbol{A}(t) \in \mathbb{R}^{n\times n}$,$\boldsymbol{B}(t) \in \mathbb{R}^{n\times p}$ 均为保证系统解存在唯一性的时变矩阵。$\boldsymbol{x}(t_0)=\boldsymbol{x}_0$ 和 $\boldsymbol{x}(t_f)=\boldsymbol{x}_f$ 是系统的初始状态和终端状态。

给定二次型性能指标函数为

$$J(\boldsymbol{x},\boldsymbol{u}) = \frac{1}{2}\int_{t_0}^{t_f} (\boldsymbol{x}^{\mathrm{T}}\boldsymbol{Q}(t)\boldsymbol{x} + \boldsymbol{u}^{\mathrm{T}}\boldsymbol{R}(t)\boldsymbol{u})\,\mathrm{d}t + \frac{1}{2}\boldsymbol{x}_f^{\mathrm{T}}\boldsymbol{S}\boldsymbol{x}_f \tag{5.5.2}$$

其中,终端加权矩阵 $\boldsymbol{S} = \boldsymbol{S}^{\mathrm{T}} \geqslant 0$,状态加权矩阵 $\boldsymbol{Q}^{\mathrm{T}}(t) = \boldsymbol{Q}(t) \geqslant 0$,控制加权矩阵 $\boldsymbol{R}^{\mathrm{T}}(t) = \boldsymbol{R}(t) > 0$ 均有合适维数。为了结果形式上的简洁,在性能指标中引入常系数 1/2。

线性二次最优状态调节控制问题就是寻找一个容许控制 $\boldsymbol{u}^*(t)$,使系统在控制输入 $\boldsymbol{u}^*$ 作用下沿着由初态 $\boldsymbol{x}_0$ 出发的相应状态轨线 $\boldsymbol{x}(t)$,式(5.5.2)中的性能指标函数取为最小,即

$$J(\boldsymbol{x},\boldsymbol{u}^*)=\min_{\boldsymbol{u}(\cdot)}\boldsymbol{J}(\boldsymbol{u}(\cdot))$$

其解轨线 $\boldsymbol{x}(t)$ 为其最优轨线，$\boldsymbol{u}^*(t)$ 称为 LQ 问题的最优控制，简称为最优 LQ 控制。

注 5－3 由于线性系统在有限时间的运动状态一定是有界的。在线性二次型最优控制问题中，仅要求保证二次型性能指标最小(最优)的控制律，且不要求系统可镇定。

注 5－4 性能指标函数是对不同的控制量 $\boldsymbol{u}(t)$ 取值不同的函数，因而性能指标为函数的函数，即 $\boldsymbol{J}(\boldsymbol{x},\boldsymbol{u})$ 为泛函，其对状态 $\boldsymbol{x}(t)$ 的二次型积分表示“系统运动能量消耗”，对控制 $\boldsymbol{u}(t)$ 的二次型积分表示“系统控制能量消耗”，所以要找到容许控制使得性能指标函数最小，即要求控制系统消耗能量最小。

注 5－5 线性二次型最优控制问题从数学上看为在约束条件(5.5.1)下，求性能指标函数(5.5.2)的极值问题。类似于有约束条件的函数极值问题，通过引入乘子 λ 的 Lagrange 乘子法，将有约束条件的函数极值问题转化为无约束极值问题，利用微分法求取极值的点(驻点处取到)。现在的问题是有约束的泛函极值问题，类似地，用变分法求取极值的解。

下面给出有限时间 LQ 控制问题的最优解的结果。

定理 5－18 对于式(5.5.1)和式(5.5.2)，有限时间 LQ 最优控制解为

$$\boldsymbol{u}^*=-\boldsymbol{K}^*(t)\boldsymbol{x}^*(t),\quad \boldsymbol{K}^*(t)=\boldsymbol{R}^{-1}(t)\boldsymbol{B}^{\mathrm{T}}(t)\boldsymbol{P}(t)\tag{5.5.3}$$

其中，$\boldsymbol{P}(t)$ 是下列矩阵 Riccati 微分方程的半正定解：

$$\begin{cases}-\dot{\boldsymbol{P}}(t)=\boldsymbol{P}(t)\boldsymbol{A}(t)+\boldsymbol{A}^{\mathrm{T}}(t)\boldsymbol{P}(t)+\boldsymbol{Q}(t)-\boldsymbol{P}(t)\boldsymbol{B}(t)\boldsymbol{R}^{-1}(t)\boldsymbol{B}^{\mathrm{T}}(t)\boldsymbol{P}(t), & \forall t\in[t_0,t_f]\\ \boldsymbol{P}(t_f)=\boldsymbol{S}\end{cases}\tag{5.5.4}$$

最优轨线 $\boldsymbol{x}^*(t)$ 为状态方程 $\dot{\boldsymbol{x}}^*=\boldsymbol{A}(t)\boldsymbol{x}^*+\boldsymbol{B}(t)\boldsymbol{u}^*(t)$，$\boldsymbol{x}^*(t_0)=\boldsymbol{x}_0$ 的解。此时最优性能值为

$$J^*=J^*(\boldsymbol{u}^*)=\frac{1}{2}\boldsymbol{x}_0^{\mathrm{T}}\boldsymbol{P}(t_0)\boldsymbol{x}_0,\quad \forall\boldsymbol{x}_0\tag{5.5.5}$$

证明： 下面分三步完成证明。

① 将有约束极值问题式(5.5.1)、式(5.5.2)转化为无约束极值问题。为此引入 Lagrange 乘子向量函数 $\boldsymbol{\lambda}(t)\in\mathbb{R}^n$，这样性能指标泛函(5.5.2)表示为

$$J_\lambda(\boldsymbol{u}(\cdot))=\int_{t_0}^{t_f}\left\{\frac{1}{2}[\boldsymbol{x}^{\mathrm{T}}\boldsymbol{Q}(t)\boldsymbol{x}+\boldsymbol{u}^{\mathrm{T}}\boldsymbol{R}(t)\boldsymbol{u}]+\boldsymbol{\lambda}^{\mathrm{T}}[\boldsymbol{A}(t)\boldsymbol{x}+\boldsymbol{B}(t)\boldsymbol{u}-\dot{\boldsymbol{x}}]\right\}\mathrm{d}t+\frac{1}{2}\boldsymbol{x}_f^{\mathrm{T}}\boldsymbol{S}\boldsymbol{x}_f\tag{5.5.6}$$

这样式(5.5.6)即为性能指标泛函关于 $\boldsymbol{u}(\cdot)$ 的无约束极值问题。为求解式(5.5.6)，引入 Hamilton 函数：

$$H(\boldsymbol{x},\boldsymbol{u},\boldsymbol{\lambda},t)=\frac{1}{2}[\boldsymbol{x}^{\mathrm{T}}\boldsymbol{Q}(t)\boldsymbol{x}+\boldsymbol{u}^{\mathrm{T}}\boldsymbol{R}(t)\boldsymbol{u}]+\boldsymbol{\lambda}^{\mathrm{T}}(\boldsymbol{A}(t)\boldsymbol{x}+\boldsymbol{B}(t)\boldsymbol{u})\tag{5.5.7}$$

由此式(5.5.6)的性能指标可表示为

$$\begin{aligned}J_\lambda(\boldsymbol{u}(\cdot))&=\frac{1}{2}\boldsymbol{x}_f^{\mathrm{T}}\boldsymbol{S}\boldsymbol{x}_f+\int_{t_0}^{t_f}[H(\boldsymbol{x},\boldsymbol{u},\boldsymbol{\lambda},t)-\boldsymbol{\lambda}^{\mathrm{T}}(t)\dot{\boldsymbol{x}}]\,\mathrm{d}t\\&=\frac{1}{2}\boldsymbol{x}_f^{\mathrm{T}}\boldsymbol{S}\boldsymbol{x}_f+\int_{t_0}^{t_f}\left[H(\boldsymbol{x},\boldsymbol{u},\boldsymbol{\lambda},t)-\frac{\mathrm{d}}{\mathrm{d}t}(\boldsymbol{\lambda}^{\mathrm{T}}\boldsymbol{x})+\dot{\boldsymbol{\lambda}}^{\mathrm{T}}\boldsymbol{x}\right]\mathrm{d}t\end{aligned}$$

$$=\frac{1}{2}\boldsymbol{x}_f^{\mathrm{T}}\boldsymbol{S}\boldsymbol{x}_f-\boldsymbol{\lambda}^{\mathrm{T}}(t_f)\boldsymbol{x}(t_f)+\boldsymbol{\lambda}^{\mathrm{T}}(t_0)\boldsymbol{x}(t_0)+\int_{t_0}^{t_f}[H(\boldsymbol{x},\boldsymbol{u},\boldsymbol{\lambda},t)+\dot{\boldsymbol{\lambda}}^{\mathrm{T}}\boldsymbol{x}]\,\mathrm{d}t \tag{5.5.8}$$

由变分法，泛函 $J_\lambda(\boldsymbol{u}(\cdot))$ 在某点 $\boldsymbol{u}=\boldsymbol{u}^*(t)$ 上达到极值，则该泛函沿着 $\boldsymbol{u}(t)$ 的变分 $\delta J=0$。故 $J_\lambda(\boldsymbol{u}(\cdot))$ 在 $\boldsymbol{u}=\boldsymbol{u}^*(t)$，$\boldsymbol{x}=\boldsymbol{x}^*(t)$ 取到极值，则

$$\delta J^*=\int_{t_0}^{t}\left(\left(\frac{\partial H}{\partial \boldsymbol{x}}+\dot{\boldsymbol{\lambda}}^{\mathrm{T}}\right)\delta\boldsymbol{x}+\frac{\partial H}{\partial \boldsymbol{u}}\delta\boldsymbol{u}\right)\mathrm{d}t+\left(\frac{\partial\left(\frac{1}{2}\boldsymbol{x}_f^{\mathrm{T}}\boldsymbol{S}\boldsymbol{x}_f\right)}{\partial \boldsymbol{x}_f}-\boldsymbol{\lambda}^{\mathrm{T}}(t_f)\right)\delta\boldsymbol{x}^*(t_f)=0 \tag{5.5.9}$$

又由于 $\boldsymbol{u},\boldsymbol{x},\boldsymbol{x}^*$ 相互独立，故得

$$\begin{cases}\dfrac{\partial H^{\mathrm{T}}}{\partial \boldsymbol{x}}+\dot{\boldsymbol{\lambda}}^{\mathrm{T}}=0\\[2mm] \dfrac{\partial H}{\partial \boldsymbol{u}}=0\end{cases} \tag{5.5.10}$$

边界条件 $\boldsymbol{x}(t_0)=\boldsymbol{x}_0$，$\boldsymbol{\lambda}(t_f)=\dfrac{\partial\left(\frac{1}{2}\boldsymbol{x}_f^{\mathrm{T}}\boldsymbol{S}\boldsymbol{x}_f\right)}{\partial \boldsymbol{x}_f}=\boldsymbol{S}\boldsymbol{x}(t_f)$。将 Hamilton 函数(5.5.7)代入式(5.5.10)得到

$$\dot{\boldsymbol{\lambda}}=-\frac{\partial H}{\partial \boldsymbol{x}}=-\boldsymbol{Q}(t)\boldsymbol{x}-\boldsymbol{A}^{\mathrm{T}}(t)\boldsymbol{\lambda} \tag{5.5.11}$$

$$\frac{\partial H}{\partial \boldsymbol{u}}=\boldsymbol{Q}(t)\boldsymbol{u}+\boldsymbol{B}^{\mathrm{T}}(t)\boldsymbol{\lambda}=0 \tag{5.5.12}$$

约束方程为 $\dot{\boldsymbol{x}}=\boldsymbol{A}(t)\boldsymbol{x}+\boldsymbol{B}(t)\boldsymbol{u}$。又由于 $\dfrac{\partial^2 H}{\partial \boldsymbol{u}^2}=\boldsymbol{R}(t)>\boldsymbol{0}$，因此由式(5.5.12)得到的控制 $\boldsymbol{u}=-\boldsymbol{R}^{-1}(t)\boldsymbol{B}^{\mathrm{T}}(t)\boldsymbol{\lambda}$ 是使 J 取极小值的最优控制函数。式(5.5.11)称为协状态变量 $\boldsymbol{\lambda}(t)$ 方程。

由式(5.5.1)状态 $\boldsymbol{x}(t)$ 与协状态 $\boldsymbol{\lambda}(t)$ 的线性特性及边界条件的线性关系可知，两者间存在线性变换关系：

$$\boldsymbol{\lambda}(t)=\boldsymbol{P}(t)\boldsymbol{x}(t) \tag{5.5.13}$$

② 证明 $\boldsymbol{P}(t)$ 满足 Riccati 方程(5.5.4)。将 $\boldsymbol{u}=-\boldsymbol{R}^{-1}(t)\boldsymbol{B}^{\mathrm{T}}(t)\boldsymbol{\lambda}$ 和式(5.5.13)代入受控系统式(5.5.1)得到

$$\dot{\boldsymbol{x}}=[\boldsymbol{A}(t)-\boldsymbol{B}(t)\boldsymbol{R}^{-1}(t)\boldsymbol{B}^{\mathrm{T}}(t)\boldsymbol{P}(t)]\,\boldsymbol{x} \tag{5.5.14}$$

由式(5.5.11)和式(5.5.13)得

$$\dot{\boldsymbol{\lambda}}=-\boldsymbol{Q}(t)\boldsymbol{x}-\boldsymbol{A}^{\mathrm{T}}(t)\boldsymbol{P}(t)\boldsymbol{x}(t) \tag{5.5.15}$$

对式(5.5.13)两边求导，得

$$\dot{\boldsymbol{\lambda}}=\dot{\boldsymbol{P}}(t)\boldsymbol{x}+\boldsymbol{P}(t)\dot{\boldsymbol{x}} \tag{5.5.16}$$

由式(5.5.14)～式(5.5.16)，容易得到

$$\dot{\boldsymbol{P}}(t)\boldsymbol{x}(t)+\boldsymbol{P}(t)[\boldsymbol{A}(t)-\boldsymbol{B}(t)\boldsymbol{R}^{-1}(t)\boldsymbol{B}^{\mathrm{T}}(t)\boldsymbol{P}(t)]\,\boldsymbol{x}(t)=-\boldsymbol{Q}(t)\boldsymbol{x}(t)-\boldsymbol{A}^{\mathrm{T}}(t)\boldsymbol{P}(t)\boldsymbol{x}(t)$$

考虑到最优运动轨线不恒为零($\boldsymbol{x}(t)\neq 0$)的任意性，得到

$$-\dot{\boldsymbol{P}}(t)=\boldsymbol{P}(t)\boldsymbol{A}(t)+\boldsymbol{A}^{\mathrm{T}}(t)\boldsymbol{P}(t)-\boldsymbol{P}(t)\boldsymbol{B}(t)\boldsymbol{R}^{-1}(t)\boldsymbol{B}^{\mathrm{T}}(t)\boldsymbol{P}(t)+\boldsymbol{Q}(t)$$

且由式(5.5.10)的终端条件和式(5.5.13)得到$\boldsymbol{\lambda}(t_f)=\boldsymbol{P}(t_f)\boldsymbol{x}(t_f)=\boldsymbol{S}\boldsymbol{x}(t_f)$，故$\boldsymbol{P}(t_f)=\boldsymbol{S}$。由此得到$\boldsymbol{P}(t)$满足边界条件的 Riccati 微分方程(5.5.4)。

③ 证明$\boldsymbol{u}^*(t)=-\boldsymbol{R}^{-1}(t)\boldsymbol{B}^{\mathrm{T}}(t)\boldsymbol{P}(t)\boldsymbol{x}(t)$为最优控制，即要证在$\boldsymbol{u}^*$的作用下性能指标达到最优$J^*$。为此，计算

$$\begin{aligned}\frac{\mathrm{d}}{\mathrm{d}t}(\boldsymbol{x}^{\mathrm{T}}\boldsymbol{P}\boldsymbol{x}) &= \dot{\boldsymbol{x}}^{\mathrm{T}}\boldsymbol{P}\boldsymbol{x}+\boldsymbol{x}^{\mathrm{T}}\boldsymbol{P}\dot{\boldsymbol{x}}+\boldsymbol{x}^{\mathrm{T}}\dot{\boldsymbol{P}}\boldsymbol{x}\\ &= [\boldsymbol{A}(t)\boldsymbol{x}+\boldsymbol{B}(t)\boldsymbol{u}]^{\mathrm{T}}\boldsymbol{P}\boldsymbol{x}+\boldsymbol{x}^{\mathrm{T}}\boldsymbol{P}[\boldsymbol{A}(t)\boldsymbol{x}+\boldsymbol{B}(t)\boldsymbol{u}]-\\ &\quad \boldsymbol{x}^{\mathrm{T}}[\boldsymbol{P}(t)\boldsymbol{A}(t)+\boldsymbol{A}^{\mathrm{T}}(t)\boldsymbol{P}(t)-\boldsymbol{P}(t)\boldsymbol{B}(t)\boldsymbol{R}^{-1}(t)\boldsymbol{B}^{\mathrm{T}}(t)\boldsymbol{P}(t)+\boldsymbol{Q}(t)]\boldsymbol{x}\\ &= -\boldsymbol{x}^{\mathrm{T}}\boldsymbol{Q}(t)\boldsymbol{x}-\boldsymbol{u}^{\mathrm{T}}\boldsymbol{R}(t)\boldsymbol{u}+[\boldsymbol{u}+\boldsymbol{R}^{-1}(t)\boldsymbol{B}^{\mathrm{T}}(t)\boldsymbol{P}(t)\boldsymbol{x}]^{\mathrm{T}}\cdot\\ &\quad \boldsymbol{R}(t)[\boldsymbol{u}+\boldsymbol{R}^{-1}(t)\boldsymbol{B}^{\mathrm{T}}(t)\boldsymbol{P}(t)\boldsymbol{x}]\end{aligned} \tag{5.5.17}$$

当$\boldsymbol{u}(t)=\boldsymbol{u}^*(t)$，$\boldsymbol{x}(t)=\boldsymbol{x}^*(t)$时，式(5.5.17)化为

$$\frac{\mathrm{d}}{\mathrm{d}t}(\boldsymbol{x}^{*\mathrm{T}}\boldsymbol{P}(t)\boldsymbol{x}^*)=-\boldsymbol{x}^{*\mathrm{T}}\boldsymbol{Q}(t)\boldsymbol{x}^*-\boldsymbol{u}^{*\mathrm{T}}\boldsymbol{R}(t)\boldsymbol{u}^* \tag{5.5.18}$$

对式(5.5.17)从t_0到t_f积分得到

$$\frac{1}{2}\int_{t_0}^{t_f}\frac{\mathrm{d}}{\mathrm{d}t}(\boldsymbol{x}^{*\mathrm{T}}\boldsymbol{P}(t)\boldsymbol{x}^*)\,\mathrm{d}t=-\frac{1}{2}\int_{t_0}^{t_f}(\boldsymbol{x}^{*\mathrm{T}}\boldsymbol{Q}(t)\boldsymbol{x}^*+\boldsymbol{u}^{*\mathrm{T}}\boldsymbol{R}(t)\boldsymbol{u}^*)\,\mathrm{d}t$$

即得$\frac{1}{2}\boldsymbol{x}^{*\mathrm{T}}\boldsymbol{P}(t)\boldsymbol{x}^*\big|_{t_0}^{t_f}=-\frac{1}{2}\int_{t_0}^{t_f}(\boldsymbol{x}^{*\mathrm{T}}\boldsymbol{Q}(t)\boldsymbol{x}^*+\boldsymbol{u}^{*\mathrm{T}}\boldsymbol{R}(t)\boldsymbol{u}^*)\,\mathrm{d}t$，将其代入性能指标泛函，得到

$$\begin{aligned}J^* &= J^*(\boldsymbol{x}(t_0))\\ &= \frac{1}{2}\int_{t_0}^{t_f}(\boldsymbol{x}^{*\mathrm{T}}\boldsymbol{Q}(t)\boldsymbol{x}^*+\boldsymbol{u}^{*\mathrm{T}}\boldsymbol{R}(t)\boldsymbol{u}^*)\,\mathrm{d}t+\frac{1}{2}\boldsymbol{x}^{*\mathrm{T}}(t_f)\boldsymbol{S}\boldsymbol{x}^*(t_f)\\ &= -\frac{1}{2}(\boldsymbol{x}^{*\mathrm{T}}\boldsymbol{P}(t)\boldsymbol{x}^*)\big|_{t_0}^{t_f}+\frac{1}{2}\boldsymbol{x}^{*\mathrm{T}}(t_f)\boldsymbol{P}(t_f)\boldsymbol{x}^*(t_f)\\ &= \frac{1}{2}\boldsymbol{x}^{*\mathrm{T}}(t_0)\boldsymbol{P}(t_0)\boldsymbol{x}^*(t_0)\\ &= \frac{1}{2}\boldsymbol{x}^{\mathrm{T}}(t_0)\boldsymbol{P}(t_0)\boldsymbol{x}(t_0)\end{aligned}$$

再对式(5.5.17)从t_0到t_f积分，得到

$$\begin{aligned}\frac{1}{2}\boldsymbol{x}^{\mathrm{T}}\boldsymbol{P}(t)\boldsymbol{x}\big|_{t_0}^{t_f} &= -\frac{1}{2}\int_{t_0}^{t_f}(\boldsymbol{x}^{\mathrm{T}}\boldsymbol{Q}(t)\boldsymbol{x}+\boldsymbol{u}^{\mathrm{T}}\boldsymbol{R}(t)\boldsymbol{u})\,\mathrm{d}t+\\ &\quad \frac{1}{2}\int_{t_0}^{t_f}[\boldsymbol{u}+\boldsymbol{R}^{-1}(t)\boldsymbol{B}^{\mathrm{T}}(t)\boldsymbol{P}(t)\boldsymbol{x}]^{\mathrm{T}}\boldsymbol{R}(t)[\boldsymbol{u}+\boldsymbol{R}^{-1}(t)\boldsymbol{B}^{\mathrm{T}}(t)\boldsymbol{P}(t)\boldsymbol{x}]\,\mathrm{d}t\end{aligned}$$

考虑到边界条件$\boldsymbol{P}(t_f)=\boldsymbol{S}$，得到性能指标泛函为

$$\begin{aligned}J(\boldsymbol{x},\boldsymbol{u}) &= \frac{1}{2}\boldsymbol{x}_0^{\mathrm{T}}\boldsymbol{P}(t_0)\boldsymbol{x}_0+\frac{1}{2}\int_{t_0}^{t_f}[\boldsymbol{u}+\boldsymbol{R}^{-1}(t)\boldsymbol{B}^{\mathrm{T}}(t)\boldsymbol{P}(t)\boldsymbol{x}]^{\mathrm{T}}\cdot\\ &\quad \boldsymbol{R}(t)[\boldsymbol{u}+\boldsymbol{R}^{-1}(t)\boldsymbol{B}^{\mathrm{T}}(t)\boldsymbol{P}(t)\boldsymbol{x}]\,\mathrm{d}t\end{aligned}$$

显然$J(\boldsymbol{x},\boldsymbol{u})\geqslant J^*=\frac{1}{2}\boldsymbol{x}^{\mathrm{T}}(t_0)\boldsymbol{P}(t_0)\boldsymbol{x}(t_0)$。所以$J^*=\frac{1}{2}\boldsymbol{x}^{\mathrm{T}}(t_0)\boldsymbol{P}(t_0)\boldsymbol{x}(t_0)$为最优性能。

证毕。

最优控制式(5.5.3)作用下的最优轨线方程为

$$\dot{\boldsymbol{x}}^*(t)=[\boldsymbol{A}(t)-\boldsymbol{B}(t)\boldsymbol{R}^{-1}(t)\boldsymbol{B}^{\mathrm{T}}(t)\boldsymbol{P}(t)]\boldsymbol{x}^*(t),\quad \boldsymbol{x}^*(t_0)=\boldsymbol{x}_0 \tag{5.5.19}$$

显然,任意时刻 t 开始的最优性能指标值为

$$J^*(\boldsymbol{x}(t))=\frac{1}{2}\boldsymbol{x}^{*\mathrm{T}}(t)\boldsymbol{P}(t)\boldsymbol{x}^*(t)$$

下面分析有限时间最优 LQ 控制问题的最优控制的唯一性。

推论 5－3　给定有限时间最优 LQ 控制问题式(5.5.1)、式(5.5.2),最优控制存在且唯一,即 $\boldsymbol{u}^*(t)=-\boldsymbol{R}^{-1}(t)\boldsymbol{B}^{\mathrm{T}}(t)\boldsymbol{P}(t)\boldsymbol{x}^*(t)$,最优轨线满足最优控制系统方程:

$$\dot{\boldsymbol{x}}^*(t)=[\boldsymbol{A}(t)-\boldsymbol{B}(t)\boldsymbol{R}^{-1}(t)\boldsymbol{B}^{\mathrm{T}}(t)\boldsymbol{P}(t)]\boldsymbol{x}^*(t),\quad \boldsymbol{x}^*(t_0)=\boldsymbol{x}_0$$

例 5－16　为了简单应用有限时间最优控制方法,考虑如下时不变标量线性系统:

$$\dot{x}=x+u,\quad x(0)=x_0,\quad t_0=0$$

性能指标 $J(x,u)=\dfrac{1}{2}\displaystyle\int_{t_0}^{t_f}(x^2+u^2)\,\mathrm{d}t+\dfrac{1}{2}x_f^{\mathrm{T}}x_f$。

由定理 5－18,最优控制 $u=-R^{-1}B^{\mathrm{T}}P(t)x$。$P(t)$满足形如式(5.5.4)的 Riccati 方程,其中 $A=B=R=Q=S=1$,即

$$-\dot{P}(t)=2P(t)+1-P^2(t),\quad P(t_f)=1 \tag{5.5.20}$$

为了求解(5.5.20),令 $s=\dfrac{P-1}{\sqrt{2}}$,则有 $\dfrac{1}{P^2-2P-1}=\dfrac{\frac{1}{2}}{s^2-1}=\dfrac{1}{4}\left(\dfrac{1}{s-1}-\dfrac{1}{s+1}\right)$,这样问题可以转化为求解 $\dfrac{\mathrm{d}P}{P^2(t)-2P(t)-1}=\mathrm{d}t$,从而只要求解 $\dfrac{\sqrt{2}}{4}\left(\dfrac{1}{s-1}-\dfrac{1}{s+1}\right)\mathrm{d}s=\mathrm{d}t$ 即可。直接积分得到 $\displaystyle\int_0^t\frac{\sqrt{2}}{4}\left(\frac{1}{s-1}-\frac{1}{s+1}\right)\mathrm{d}s=t+C$,其中 C 为积分常数,可以由边界条件得到,即 $\ln\dfrac{|s-1|}{|s+1|}=2\sqrt{2}t+C$ 或 $\dfrac{|s-1|}{|s+1|}=C'\mathrm{e}^{2\sqrt{2}t}$。由边界条件 $P(t_f)=1$,得到 $s(t_f)=0$,由此得到常数 $C'=\mathrm{e}^{-2\sqrt{2}t_f}$。这样便得到 $s(t)=\dfrac{\mathrm{e}^{-2\sqrt{2}(t_f-t)}+1}{1-\mathrm{e}^{-2\sqrt{2}(t_f-t)}}$,从而得到

$$P(t)=\sqrt{2}s(t)+1=\frac{(\sqrt{2}-1)\mathrm{e}^{-2\sqrt{2}(t_f-t)}+\sqrt{2}+1}{1-\mathrm{e}^{-2\sqrt{2}(t_f-t)}}$$

此时最优控制 $u=-R^{-1}B^{\mathrm{T}}P(t)x=-\dfrac{(\sqrt{2}-1)\mathrm{e}^{-2\sqrt{2}(t_f-t)}+\sqrt{2}+1}{1-\mathrm{e}^{-2\sqrt{2}(t_f-t)}}x$。最优轨线是时变的一阶微分方程 $\dot{x}=(1-P(t))x(t)$,$x(0)=x_0$。系统结构框图如图 5－9 所示。

从这个例子可以看到,对于有限时间最优 LQ 控制问题,尽管被控对象是定常系统,但是最优调节系统是时变系统。下面考虑线性定常系统最优 LQ 控制问题:

$$\dot{\boldsymbol{x}}=\boldsymbol{A}\boldsymbol{x}+\boldsymbol{B}\boldsymbol{u},\quad \boldsymbol{x}(t_0)=\boldsymbol{x}_0,\quad t\in[t_0,t_f] \tag{5.5.21}$$

$$J(\boldsymbol{u}(\cdot))=\frac{1}{2}\int_{t_0}^{t_f}(\boldsymbol{x}^{\mathrm{T}}\boldsymbol{Q}\boldsymbol{x}+\boldsymbol{u}^{\mathrm{T}}\boldsymbol{R}\boldsymbol{u})\,\mathrm{d}t+\frac{1}{2}\boldsymbol{x}^{\mathrm{T}}(t_f)\boldsymbol{S}\boldsymbol{x}(t_f) \tag{5.5.22}$$

$\boldsymbol{S}^{\mathrm{T}}=\boldsymbol{S}\geqslant\boldsymbol{0}$,$\boldsymbol{Q}^{\mathrm{T}}=\boldsymbol{Q}\geqslant\boldsymbol{0}$,$\boldsymbol{R}^{\mathrm{T}}=\boldsymbol{R}>\boldsymbol{0}$ 均为常数矩阵。

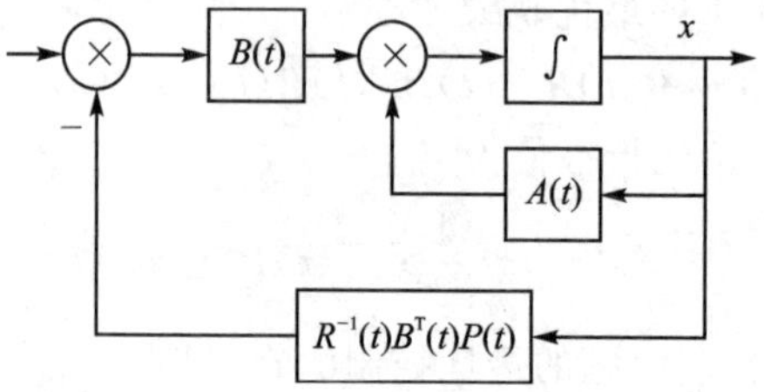

图 5-9 最优状态调节控制反馈系统

定理 5-19 有限时间定常最优 LQ 控制问题的最优控制解为 $\boldsymbol{u}^*(\cdot)=-\boldsymbol{K}^*(t)\boldsymbol{x}^*(t)$，其中反馈增益矩阵为 $\boldsymbol{K}^*(t)=\boldsymbol{R}^{-1}\boldsymbol{B}^{\mathrm{T}}\boldsymbol{P}(t)$。$\boldsymbol{P}(t)$满足下列 Riccati 微分方程：

$$\begin{cases}-\dot{\boldsymbol{P}}(t)=\boldsymbol{P}(t)\boldsymbol{A}+\boldsymbol{A}^{\mathrm{T}}\boldsymbol{P}(t)+\boldsymbol{Q}-\boldsymbol{P}(t)\boldsymbol{B}\boldsymbol{R}^{-1}\boldsymbol{B}^{\mathrm{T}}\boldsymbol{P}(t)\\ \boldsymbol{P}(t_f)=\boldsymbol{S}\end{cases},\forall t\in[t_0,t_f] \tag{5.5.23}$$

$\boldsymbol{P}(t)$是半正定矩阵，最优控制为

$$\boldsymbol{u}^*(t)=-\boldsymbol{R}^{-1}\boldsymbol{B}^{\mathrm{T}}\boldsymbol{P}(t)\boldsymbol{x}^*(t) \tag{5.5.24}$$

最优控制下最优轨线 $\boldsymbol{x}^*(\cdot)$满足下列方程：

$$\dot{\boldsymbol{x}}^*=\boldsymbol{A}\boldsymbol{x}^*+\boldsymbol{B}\boldsymbol{u}^*,\quad \boldsymbol{x}^*(t_0)=\boldsymbol{x}_0 \tag{5.5.25}$$

最优性能值 $J^*(\boldsymbol{x}^*,\boldsymbol{u}^*)=\dfrac{1}{2}\boldsymbol{x}_0^{\mathrm{T}}\boldsymbol{P}(t_0)\boldsymbol{x}_0$。

注 5-6 时变线性系统最优 LQ 控制的最优轨线方程是时变线性系统，定常线性系统有限时间最优 LQ 控制最优轨线方程也为时变线性系统。

注 5-7 上述有限时间最优 LQ 控制问题中，不要求系统是可镇定的，因为在有限时间内，不可控不稳定模态对应的线性系统状态与反馈控制总是有界的，因而性能值为有界的。但当 $t_f\to\infty$时，有限时间最优控制问题变化为无限时间最优 LQ 控制问题。此时就要求系统是可镇定的，否则系统性能值将趋于无穷，失去最优控制的意义。

2. 无限时间最优线性二次状态调节 LQ 控制问题

考虑线性时不变系统：

$$\dot{\boldsymbol{x}}=\boldsymbol{A}\boldsymbol{x}+\boldsymbol{B}\boldsymbol{u},\quad \boldsymbol{x}^*(0)=\boldsymbol{x}_0 \tag{5.5.26}$$

在性能指标式(5.5.22)中，区别于有限时间问题，当 $t_f\to\infty$时，终端代价部分$\dfrac{1}{2}\boldsymbol{x}^{\mathrm{T}}(t_f)\boldsymbol{S}\boldsymbol{x}(t_f)$在控制系统镇定的情况下，$\lim\limits_{t_f\to\infty}\boldsymbol{x}(t_f)\to\boldsymbol{0}$，或在性能指标泛函中令 $\boldsymbol{S}=\boldsymbol{0}$。不失一般性，取初始时刻 $t_0=0$，这里考虑性能指标函数

$$J(\boldsymbol{u}(\cdot))=\frac{1}{2}\int_0^{\infty}(\boldsymbol{x}^{\mathrm{T}}\boldsymbol{Q}\boldsymbol{x}+\boldsymbol{u}^{\mathrm{T}}\boldsymbol{R}\boldsymbol{u})\,\mathrm{d}t,\quad \boldsymbol{R}>\boldsymbol{0},\quad \boldsymbol{Q}\geqslant\boldsymbol{0} \tag{5.5.27}$$

问题提法：对系统(5.5.26)和性能指标函数(5.5.27)寻找允许控制 u^*，使得闭环系统渐近稳定且性能 J 达到最小。

定理 5-20 对无限时间 LQ 控制问题，对应于式(5.5.23)，矩阵 Riccati 方程为

$$-\dot{\boldsymbol{P}}(t,t_f)=\boldsymbol{P}(t,t_f)\boldsymbol{A}+\boldsymbol{A}^{\mathrm{T}}\boldsymbol{P}(t,t_f)+\boldsymbol{Q}-\boldsymbol{P}(t,t_f)\boldsymbol{B}\boldsymbol{R}^{-1}\boldsymbol{B}^{\mathrm{T}}\boldsymbol{P}(t,t_f)$$

$$\boldsymbol{P}(t_f,t_f)=\boldsymbol{0},\quad t\in[0,t_f],\quad t_f\to\infty$$

其解 $\boldsymbol{P}(t,t_f)$ 满足终端条件 $\boldsymbol{P}(t_f,t_f)=\boldsymbol{0}$，且当 $t_f\to\infty$ 时，$\boldsymbol{P}(t,t_f)$ 极限存在，且是唯一常矩阵，记为 $\boldsymbol{P}$，即 $\lim\limits_{t\to\infty}\boldsymbol{P}(t,t_f)=\lim\limits_{t_f\to\infty}\boldsymbol{P}(t,t_f)=\boldsymbol{P}$。此时 $\boldsymbol{P}$ 满足下列 Riccati 代数方程：

$$\boldsymbol{PA}+\boldsymbol{A}^{\mathrm{T}}\boldsymbol{P}+\boldsymbol{Q}-\boldsymbol{PBR}^{-1}\boldsymbol{B}^{\mathrm{T}}\boldsymbol{P}=\boldsymbol{0} \tag{5.5.28}$$

结论 5-5 Riccati 方程(5.5.28)有唯一正定解 $\boldsymbol{P}>\boldsymbol{0}$ 且使 $\boldsymbol{A}-\boldsymbol{BR}^{-1}\boldsymbol{B}^{\mathrm{T}}\boldsymbol{P}$ 渐近稳定当且仅当 $(\boldsymbol{A},\boldsymbol{B})$ 可镇定且 $(\boldsymbol{A},\boldsymbol{Q})$ 可观测。

这样由定理 5-20 及其结论可以得到无限时间 LQ 控制问题的解。

推论 5-5 (无限时间 LQ 问题最优解)对于系统(5.5.26)和性能指标式(5.5.27)的最优控制问题，最优控制形式为

$$\boldsymbol{u}^*(t)=-\boldsymbol{R}^{-1}\boldsymbol{B}^{\mathrm{T}}\boldsymbol{Px}^* \tag{5.5.29}$$

其中 $\boldsymbol{P}$ 满足式(5.5.28)描述的 Riccati 代数方程。最优轨线方程为

$$\dot{\boldsymbol{x}}^*=\boldsymbol{Ax}^*+\boldsymbol{Bu}^*=(\boldsymbol{A}-\boldsymbol{BR}^{-1}\boldsymbol{B}^{\mathrm{T}}\boldsymbol{P})\boldsymbol{x}^*,\quad \boldsymbol{x}^*(0)=\boldsymbol{x}_0 \tag{5.5.30}$$

最优性能值为

$$J^*=\frac{1}{2}\boldsymbol{x}_0^{\mathrm{T}}\boldsymbol{Px}_0 \tag{5.5.31}$$

Riccati 方程(5.5.28)对应的 Hamilton 矩阵为

$$\boldsymbol{H}=\begin{bmatrix}\boldsymbol{A} & -\boldsymbol{BR}^{-1}\boldsymbol{B}^{\mathrm{T}}\\ -\boldsymbol{Q} & -\boldsymbol{A}^{\mathrm{T}}\end{bmatrix}$$

$\boldsymbol{H}$ 没有纯虚特征值且 $(\boldsymbol{A},\boldsymbol{B})$ 可镇定当且仅当式(5.5.28)有半正定解 $\boldsymbol{P}$，且 $\boldsymbol{A}-\boldsymbol{BR}^{-1}\boldsymbol{B}^{\mathrm{T}}\boldsymbol{P}$ 渐近稳定。保证最优控制性能同时也保证了最优轨线方程是渐近稳定的，即 $\boldsymbol{A}-\boldsymbol{BR}^{-1}\boldsymbol{B}^{\mathrm{T}}\boldsymbol{P}$ 是 Hurwitz 的。

结论 5-6 设 $(\boldsymbol{A},\boldsymbol{Q})$ 可观测或在 $\boldsymbol{Q}>\boldsymbol{0}$ 的条件下，Riccati 方程(5.5.28)有唯一正定解 $\boldsymbol{P}$，且最优控制系统(5.5.30)是渐近稳定的。

证明： 把 Riccati 方程正定解 $\boldsymbol{P}$ 对应的二次型 $V(\boldsymbol{x})=\boldsymbol{x}^{\mathrm{T}}\boldsymbol{Px}$ 取为李雅普诺夫函数，沿控制系统解的导数为

$$\begin{aligned}\dot{V}(\boldsymbol{x})&=\dot{\boldsymbol{x}}^{\mathrm{T}}\boldsymbol{Px}+\boldsymbol{x}^{\mathrm{T}}\boldsymbol{P}\dot{\boldsymbol{x}}\\&=\boldsymbol{x}^{\mathrm{T}}(\boldsymbol{A}-\boldsymbol{BR}^{-1}\boldsymbol{B}^{\mathrm{T}}\boldsymbol{P})^{\mathrm{T}}\boldsymbol{Px}+\boldsymbol{x}^{\mathrm{T}}\boldsymbol{P}(\boldsymbol{A}-\boldsymbol{BR}^{-1}\boldsymbol{B}^{\mathrm{T}}\boldsymbol{P})\boldsymbol{x}\\&=\boldsymbol{x}^{\mathrm{T}}(\boldsymbol{PA}+\boldsymbol{A}^{\mathrm{T}}\boldsymbol{P}-2\boldsymbol{PBR}^{-1}\boldsymbol{B}^{\mathrm{T}}\boldsymbol{P})\boldsymbol{x}\\&=-\boldsymbol{x}^{\mathrm{T}}\boldsymbol{Qx}-\boldsymbol{x}^{\mathrm{T}}\boldsymbol{PBR}^{-1}\boldsymbol{B}^{\mathrm{T}}\boldsymbol{Px}\end{aligned}$$

若 $\boldsymbol{Q}>0$，则 $\dot{V}$ 负定，所以得系统渐近稳定。

若 $(\boldsymbol{A},\boldsymbol{Q})$ 可观测，$\boldsymbol{Q}\geqslant\boldsymbol{0}$ 记为 $\boldsymbol{Q}=\boldsymbol{C}^{\mathrm{T}}\boldsymbol{C}$，则 $(\boldsymbol{A},\boldsymbol{Q})$ 可观测性等价于 $(\boldsymbol{A},\boldsymbol{C})$ 的可观测性。若 $\boldsymbol{Q}\geqslant\boldsymbol{0}$，则 $\dot{V}$ 仅仅能保证是半负定的。当 $\dot{V}=0$ 时，得到 $0=\boldsymbol{x}^{\mathrm{T}}\boldsymbol{Qx}=\boldsymbol{x}^{\mathrm{T}}\boldsymbol{C}^{\mathrm{T}}\boldsymbol{Cx}$，即 $\boldsymbol{Cx}\equiv\boldsymbol{0}$，且 $0=\boldsymbol{x}^{\mathrm{T}}\boldsymbol{PBR}^{-1}\boldsymbol{B}^{\mathrm{T}}\boldsymbol{Px}=(\boldsymbol{R}^{-1}\boldsymbol{B}^{\mathrm{T}}\boldsymbol{Px})^{\mathrm{T}}\boldsymbol{R}(\boldsymbol{R}^{-1}\boldsymbol{B}^{\mathrm{T}}\boldsymbol{Px})=\boldsymbol{u}^*\boldsymbol{Ru}^*$，有 $\boldsymbol{u}^*\equiv0$，即当输入 $u\equiv0$ 时，任意 $\boldsymbol{x}_0$ 对应的输出 $\boldsymbol{Cx}\equiv\boldsymbol{0}$，即 $\boldsymbol{Qx}\equiv\boldsymbol{0}$。这与 $(\boldsymbol{A},\boldsymbol{Q})$ 可观测相矛盾，所以 $\dot{V}$ 除了零点外都不为零，故由李雅普诺夫稳定性理论及 Lasalle 不变原理(定理 4-30)可知系统(5.5.30)渐近稳定。

注 5-8 ① 无限时间最优 LQ 控制问题，最优轨线方程状态是渐近稳定的，所以最优 LQ 控制问题称为最优线性二次状态调节问题，简称最优 LQ 控制问题。

② 最优线性二次状态调节 LQ 问题可以扩展为最优线性二次输出调节 LQR 问题。

5.5.2 线性二次输出调节问题

线性系统二次输出调节问题也属于一类最优控制综合问题，与线性二次最优状态调节类似，其特点是通过系统反馈控制律的设计对指定的二次型性能指标函数取得极值，并使系统输出有界(有限时间)或趋于零(无限时间)。类似于线性二次状态调节问题，线性二次输出调节问题也分为两部分：有限时间线性二次输出调节(linear quadratic regulation，LQR)问题和无穷时间线性二次输出调节问题。首先讨论有限时间线性二次输出调节问题。

问题提法：给定线性时变系统

$$\begin{cases}\dot{\boldsymbol{x}}=\boldsymbol{A}(t)\boldsymbol{x}+\boldsymbol{B}(t)\boldsymbol{u}\\ \boldsymbol{y}=\boldsymbol{C}(t)\boldsymbol{x}\end{cases} \tag{5.5.32}$$

其中，$t\in[t_0,t_f]$，$\boldsymbol{x}(t_0)=\boldsymbol{x}_0$ 和 $x(t_f)=\boldsymbol{x}_f$ 分别表示系统初始状态与终端状态；$\boldsymbol{x}\in\mathbb{R}^n$ 和 $\boldsymbol{u}\in\mathbb{R}^p$ 分别为系统状态和容许控制；$\boldsymbol{A}(t)\in\mathbb{R}^{n\times n}$，$\boldsymbol{B}(t)\in\mathbb{R}^{n\times p}$，$\boldsymbol{C}(t)\in\mathbb{R}^{q\times n}$ 均为保证系统解存在唯一性的时变矩阵；t_f，$\boldsymbol{x}_f$ 分别为终端时刻和终端状态。假设系统可观测，找到允许控制 $\boldsymbol{u}(t)$ 使得下列二次性能指标最小：

$$J=\frac{1}{2}\int_{t_0}^{t_f}\left(\boldsymbol{y}^{\mathrm{T}}\boldsymbol{Q}(t)\boldsymbol{y}+\boldsymbol{u}^{\mathrm{T}}\boldsymbol{R}(t)\boldsymbol{u}\right)\mathrm{d}t+\frac{1}{2}\boldsymbol{y}^{\mathrm{T}}(t_f)\boldsymbol{S}\boldsymbol{y}(t_f) \tag{5.5.33}$$

此时把系统的输出方程代入性能指标函数中得到

$$J(\boldsymbol{x},\boldsymbol{u})=\frac{1}{2}\int_{t_0}^{t_f}\left(\boldsymbol{x}^{\mathrm{T}}\boldsymbol{C}^{\mathrm{T}}(t)\boldsymbol{Q}(t)\boldsymbol{C}(t)x+\boldsymbol{u}^{\mathrm{T}}\boldsymbol{R}(t)\boldsymbol{u}\right)\mathrm{d}t+\frac{1}{2}\boldsymbol{x}^{\mathrm{T}}(t_f)\boldsymbol{C}^{\mathrm{T}}(t_f)\boldsymbol{S}\boldsymbol{C}(t_f)\boldsymbol{x}(t_f)$$

由于系统(5.5.32)完全可观测，则 $\boldsymbol{C}(t)\neq 0,t\in[t_0,t_f]$。又因为 $\boldsymbol{S}$ 和 $\boldsymbol{Q}(t)$ 均为半正定矩阵，这样易得 $\boldsymbol{C}^{\mathrm{T}}(t_f)\boldsymbol{S}\boldsymbol{C}(t_f)$ 和 $\boldsymbol{C}^{\mathrm{T}}(t)\boldsymbol{Q}(t)\boldsymbol{C}(t)$ 均为半正定矩阵，与线性二次最优控制问题中的性能指标函数(5.5.2)比较，结构完全相同，只是将 $\boldsymbol{S}$ 和 $\boldsymbol{Q}(t)$ 分别换成了 $\boldsymbol{C}^{\mathrm{T}}(t_f)\boldsymbol{S}\boldsymbol{C}(t_f)$ 和 $\boldsymbol{C}^{\mathrm{T}}(t)\boldsymbol{Q}(t)\boldsymbol{C}(t)$。从而线性二次输出调节问题等价地转化为线性二次状态调节问题，这样便得到了如下描述有限时间线性二次输出调节问题最优解的结果。

定理 5-21 最优调节的控制律。

有限时间线性二次调节(LQR)问题最优解为

$$\boldsymbol{u}^{*}=-\boldsymbol{R}^{-1}(t)\boldsymbol{B}^{\mathrm{T}}(t)\boldsymbol{P}(t)\boldsymbol{x}(t) \tag{5.5.34}$$

其中，$\boldsymbol{P}(t)$ 满足 Riccati 方程

$$-\dot{\boldsymbol{P}}(t)=\boldsymbol{P}(t)\boldsymbol{A}(t)+\boldsymbol{A}^{\mathrm{T}}(t)\boldsymbol{P}(t)+\boldsymbol{C}^{\mathrm{T}}(t)\boldsymbol{Q}\boldsymbol{C}(t)-\boldsymbol{P}(t)\boldsymbol{B}(t)\boldsymbol{R}^{-1}(t)\boldsymbol{B}^{\mathrm{T}}(t)\boldsymbol{P}(t) \tag{5.5.35}$$

及边界条件 $\boldsymbol{P}(t_f)=\boldsymbol{C}^{\mathrm{T}}(t_f)\boldsymbol{S}\boldsymbol{C}(t_f)$ 。最优轨线方程为

$$\dot{\boldsymbol{x}}(t)=[\boldsymbol{A}(t)-\boldsymbol{B}(t)\boldsymbol{R}^{-1}(t)\boldsymbol{B}^{\mathrm{T}}(t)\boldsymbol{P}(t)]\,\boldsymbol{x}(t),\quad \boldsymbol{x}(t_0)=\boldsymbol{x}_0$$

考虑二次型的导数：

$$\begin{aligned}\frac{\mathrm{d}}{\mathrm{d}t}(\boldsymbol{x}^{\mathrm{T}}\boldsymbol{P}\boldsymbol{x})&=\dot{\boldsymbol{x}}^{\mathrm{T}}\boldsymbol{P}\boldsymbol{x}+\boldsymbol{x}^{\mathrm{T}}\boldsymbol{P}\dot{\boldsymbol{x}}+\boldsymbol{x}^{\mathrm{T}}\dot{\boldsymbol{P}}\boldsymbol{x}\\ &=[\boldsymbol{A}(t)\boldsymbol{x}+\boldsymbol{B}(t)\boldsymbol{u}]^{\mathrm{T}}\boldsymbol{P}\boldsymbol{x}+\boldsymbol{x}^{\mathrm{T}}\boldsymbol{P}[\boldsymbol{A}(t)\boldsymbol{x}+\boldsymbol{B}(t)\boldsymbol{u}]-\\ &\quad\ \boldsymbol{x}^{\mathrm{T}}[\boldsymbol{P}(t)\boldsymbol{A}(t)+\boldsymbol{A}^{\mathrm{T}}(t)\boldsymbol{P}(t)+\boldsymbol{C}^{\mathrm{T}}(t)\boldsymbol{Q}\boldsymbol{C}(t)-\boldsymbol{P}(t)\boldsymbol{B}(t)\boldsymbol{R}^{-1}(t)\boldsymbol{B}^{\mathrm{T}}(t)\boldsymbol{P}(t)]\,\boldsymbol{x}\\ &=-\boldsymbol{x}^{\mathrm{T}}\boldsymbol{C}^{\mathrm{T}}(t)\boldsymbol{Q}\boldsymbol{C}(t)\boldsymbol{x}-\boldsymbol{u}^{\mathrm{T}}\boldsymbol{R}(t)\boldsymbol{u}+[\boldsymbol{u}+\boldsymbol{R}^{-1}(t)\boldsymbol{B}^{\mathrm{T}}(t)\boldsymbol{P}(t)\boldsymbol{x}]^{\mathrm{T}}\cdot\\ &\quad\ \boldsymbol{R}(t)[\boldsymbol{u}+\boldsymbol{R}^{-1}(t)\boldsymbol{B}^{\mathrm{T}}(t)\boldsymbol{P}(t)\boldsymbol{x}]\end{aligned}$$

当 $\boldsymbol{u}(t)=\boldsymbol{u}^*(t)$，$\boldsymbol{x}(t)=\boldsymbol{x}^*(t)$时，上式化为

$$\frac{\mathrm{d}}{\mathrm{d}t}(\boldsymbol{x}^{*\mathrm{T}}\boldsymbol{P}(t)\boldsymbol{x}^*)=-\boldsymbol{x}^{*\mathrm{T}}\boldsymbol{C}^{\mathrm{T}}(t)\boldsymbol{Q}\boldsymbol{C}(t)\boldsymbol{x}^*-\boldsymbol{u}^{*\mathrm{T}}\boldsymbol{R}(t)\boldsymbol{u}^*$$

从 t_0 到 t_f 积分得

$$\frac{1}{2}\int_{t_0}^{t_f}\frac{\mathrm{d}}{\mathrm{d}t}(\boldsymbol{x}^{*\mathrm{T}}\boldsymbol{P}(t)\boldsymbol{x}^*)\,\mathrm{d}t=-\frac{1}{2}\int_{t_0}^{t_f}(\boldsymbol{x}^{*\mathrm{T}}\boldsymbol{C}^{\mathrm{T}}(t)\boldsymbol{Q}\boldsymbol{C}(t)\boldsymbol{x}^*+\boldsymbol{u}^{*\mathrm{T}}\boldsymbol{R}(t)\boldsymbol{u}^*)\,\mathrm{d}t$$

即得 $\frac{1}{2}\boldsymbol{x}^{*\mathrm{T}}\boldsymbol{P}(t)\boldsymbol{x}^*\Big|_{t_0}^{t_f}=-\frac{1}{2}\int_{t_0}^{t_f}(\boldsymbol{x}^{*\mathrm{T}}\boldsymbol{C}^{\mathrm{T}}(t)\boldsymbol{Q}\boldsymbol{C}(t)\boldsymbol{x}^*+\boldsymbol{u}^{*\mathrm{T}}\boldsymbol{R}(t)\boldsymbol{u}^*)\,\mathrm{d}t$，将其代入性能指标泛函，考虑到边界条件 $\boldsymbol{P}(t_f)=\boldsymbol{C}^{\mathrm{T}}(t_f)\boldsymbol{S}\boldsymbol{C}(t_f)$，得到

$$\begin{aligned}
J^*&=J^*(\boldsymbol{x}(t_0))\\
&=\frac{1}{2}\int_{t_0}^{t_f}(\boldsymbol{x}^{*\mathrm{T}}\boldsymbol{C}^{\mathrm{T}}(t)\boldsymbol{Q}\boldsymbol{C}(t)\boldsymbol{x}^*+\boldsymbol{u}^{*\mathrm{T}}\boldsymbol{R}(t)\boldsymbol{u}^*)\,\mathrm{d}t+\frac{1}{2}\boldsymbol{x}^{*\mathrm{T}}(t_f)\boldsymbol{C}^{\mathrm{T}}(t_f)\boldsymbol{S}\boldsymbol{C}(t_f)\boldsymbol{x}^*(t_f)\\
&=-\frac{1}{2}(\boldsymbol{x}^{*\mathrm{T}}\boldsymbol{P}(t)\boldsymbol{x}^*)\Big|_{t_0}^{t_f}+\frac{1}{2}\boldsymbol{x}^{*\mathrm{T}}(t_f)\boldsymbol{P}(t_f)\boldsymbol{x}^*(t_f)\\
&=\frac{1}{2}\boldsymbol{x}^{*\mathrm{T}}(t_0)\boldsymbol{P}(t_0)\boldsymbol{x}^*(t_0)\\
&=\frac{1}{2}\boldsymbol{x}^{\mathrm{T}}(t_0)\boldsymbol{P}(t_0)\boldsymbol{x}(t_0)
\end{aligned}$$

最优性能 $J^*=\frac{1}{2}\boldsymbol{x}_0^{\mathrm{T}}\boldsymbol{P}(t_0)\boldsymbol{x}_0$。

由于系统的可观测性，可以从系统输入/输出关系获得系统的状态信息。为了获得实现最优输出调节的控制律，仍然可以用状态的线性关系构成状态反馈，从而保证最优调节。类似地，可以给出无限时间线性二次输出调节问题最优解的结果。

定理 5-22　对于可控可观测线性定常系统的无限时间输出调节问题：

$$\begin{cases}\dot{\boldsymbol{x}}=\boldsymbol{A}\boldsymbol{x}+\boldsymbol{B}\boldsymbol{u}\\ \boldsymbol{y}=\boldsymbol{C}\boldsymbol{x}\end{cases}\tag{5.5.36}$$

$$J=\frac{1}{2}\int_{t_0}^{\infty}(\boldsymbol{y}^{\mathrm{T}}\boldsymbol{Q}\boldsymbol{y}+\boldsymbol{u}^{\mathrm{T}}\boldsymbol{R}\boldsymbol{u})\,\mathrm{d}t\tag{5.5.37}$$

无限时间最优调节状态反馈控制律为

$$\boldsymbol{u}^*=-\boldsymbol{R}^{-1}\boldsymbol{B}^{\mathrm{T}}\boldsymbol{P}\boldsymbol{x}\tag{5.5.38}$$

$\boldsymbol{P}$ 满足下列代数 Riccati 方程：

$$\boldsymbol{P}\boldsymbol{A}+\boldsymbol{A}^{\mathrm{T}}\boldsymbol{P}+\boldsymbol{C}^{\mathrm{T}}\boldsymbol{Q}\boldsymbol{C}-\boldsymbol{P}\boldsymbol{B}\boldsymbol{R}^{-1}\boldsymbol{B}^{\mathrm{T}}\boldsymbol{P}=0\tag{5.5.39}$$

最优轨线方程满足

$$\dot{\boldsymbol{x}}=\boldsymbol{A}\boldsymbol{x}+\boldsymbol{B}\boldsymbol{u}^*=(\boldsymbol{A}-\boldsymbol{B}\boldsymbol{R}^{-1}\boldsymbol{B}^{\mathrm{T}}\boldsymbol{P})\boldsymbol{x},\quad \boldsymbol{x}(0)=\boldsymbol{x}_0$$

且矩阵 $\boldsymbol{A}-\boldsymbol{B}\boldsymbol{R}^{-1}\boldsymbol{B}^{\mathrm{T}}\boldsymbol{P}$ 是 Hurwitz 的。最优性能值为 $J^*=\frac{1}{2}\boldsymbol{x}_0^{\mathrm{T}}\boldsymbol{P}\boldsymbol{x}_0$。

注 5-9　最优 LQ 控制问题可扩展为最优 LQ 跟踪问题。

5.5.3　线性二次最优跟踪问题

线性系统二次最优跟踪问题同样属于一类最优控制综合问题，与线性二次最优控制类似，

其特点是通过设计系统反馈控制律，使指定的二次型性能指标函数取得最小，并使系统输出趋于期望值 $\xi(t)$。与线性二次型最优控制问题类似，线性二次最优跟踪问题也分为两部分：有限时间线性二次最优跟踪问题和无穷时间线性二次最优跟踪(linear quadratic tracking)问题。下面首先讨论有限时间线性二次最优跟踪问题。

针对系统(5.5.33)，找到允许控制 $\boldsymbol{u}(t)$ 使得系统输出跟踪期望值 $\boldsymbol{\xi}(t)$ 的变化，并且保证下列二次性能指标最小：

$$J=\frac{1}{2}\int_{t_0}^{t_f}\left((\boldsymbol{\xi}-\boldsymbol{y})^{\mathrm{T}}\boldsymbol{Q}(t)(\boldsymbol{\xi}-\boldsymbol{y})+\boldsymbol{u}^{\mathrm{T}}\boldsymbol{R}(t)\boldsymbol{u}\right)\mathrm{d}t+\frac{1}{2}\left(\boldsymbol{\xi}(t_f)-\boldsymbol{y}(t_f)\right)^{\mathrm{T}}\boldsymbol{S}(\boldsymbol{\xi}(t_f)-\boldsymbol{y}(t_f))$$

为了得到上述问题的最优解，定义 $\boldsymbol{e}=\boldsymbol{\xi}-\boldsymbol{y}$，则上述二次性能指标函数变为

$$J=\frac{1}{2}\int_{t_0}^{t_f}\left(\boldsymbol{e}^{\mathrm{T}}\boldsymbol{Q}(t)\boldsymbol{e}+\boldsymbol{u}^{\mathrm{T}}\boldsymbol{R}(t)\boldsymbol{u}\right)\mathrm{d}t+\frac{1}{2}\boldsymbol{e}^{\mathrm{T}}(t_f)\boldsymbol{S}\boldsymbol{e}(t_f) \tag{5.5.40}$$

引入 Hamilton 函数：

$$H(\boldsymbol{x},\boldsymbol{u},\boldsymbol{\lambda},t)=\frac{1}{2}\left[(\boldsymbol{\xi}-\boldsymbol{C}(t)\boldsymbol{x})^{\mathrm{T}}\boldsymbol{Q}(t)(\boldsymbol{\xi}-\boldsymbol{C}(t)\boldsymbol{x})+\boldsymbol{u}^{\mathrm{T}}\boldsymbol{R}(t)\boldsymbol{u}\right]+\boldsymbol{\lambda}^{\mathrm{T}}(\boldsymbol{A}(t)\boldsymbol{x}+\boldsymbol{B}(t)\boldsymbol{u})$$

由此性能指标可表示为

$$\begin{aligned}
J_{\lambda}(\boldsymbol{u}(\cdot))&=\frac{1}{2}\boldsymbol{e}^{\mathrm{T}}(t_f)\boldsymbol{S}\boldsymbol{e}(t_f)+\int_{t_0}^{t_f}\left[H(\boldsymbol{x},\boldsymbol{u},\boldsymbol{\lambda},t)-\boldsymbol{\lambda}^{\mathrm{T}}(t)\dot{\boldsymbol{x}}\right]\mathrm{d}t\\
&=\frac{1}{2}\boldsymbol{e}^{\mathrm{T}}(t_f)\boldsymbol{S}\boldsymbol{e}(t_f)+\int_{t_0}^{t_f}\left[H(\boldsymbol{x},\boldsymbol{u},\boldsymbol{\lambda},t)-\frac{\mathrm{d}}{\mathrm{d}t}(\boldsymbol{\lambda}^{\mathrm{T}}\boldsymbol{x})+\dot{\boldsymbol{\lambda}}^{\mathrm{T}}\boldsymbol{x}\right]\mathrm{d}t\\
&=\frac{1}{2}\boldsymbol{e}^{\mathrm{T}}(t_f)\boldsymbol{S}\boldsymbol{e}(t_f)-\boldsymbol{\lambda}^{\mathrm{T}}(t_f)\boldsymbol{x}(t_f)+\boldsymbol{\lambda}^{\mathrm{T}}(t_0)\boldsymbol{x}(t_0)+\int_{t_0}^{t_f}\left[H(\boldsymbol{x},\boldsymbol{u},\boldsymbol{\lambda},t)+\dot{\boldsymbol{\lambda}}^{\mathrm{T}}\boldsymbol{x}\right]\mathrm{d}t
\end{aligned}$$

由变分法，泛函 $J_{\lambda}(\boldsymbol{u}(\cdot))$ 在某点 $\boldsymbol{u}=\boldsymbol{u}^*(t)$ 上达到极值，则该泛函沿着 $\boldsymbol{u}(t)$ 的变分 $\delta J=0$。故 $J_{\lambda}(\boldsymbol{u}(\cdot))$ 在 $\boldsymbol{u}=\boldsymbol{u}^*(t)$，$\boldsymbol{x}=\boldsymbol{x}^*(t)$，$\boldsymbol{\lambda}=\boldsymbol{\lambda}^*(t)$ 取到极值，则

$$\delta J^*=\int_{t_0}^{t}\left(\left(\frac{\partial H}{\partial \boldsymbol{x}}+\dot{\boldsymbol{\lambda}}^{\mathrm{T}}\right)\delta\boldsymbol{x}+\frac{\partial H}{\partial \boldsymbol{u}}\delta\boldsymbol{u}\right)\mathrm{d}t+\left(\frac{\partial(\boldsymbol{x}^{\mathrm{T}}(t_f)\boldsymbol{S}\boldsymbol{x}(t_f))}{\partial \boldsymbol{x}}-\boldsymbol{\lambda}^{\mathrm{T}}(t_f)\right)\delta\boldsymbol{x}^*(t_f)=0$$

又由于 $\boldsymbol{u},\boldsymbol{x},\boldsymbol{x}^*$ 相互独立，故得协状态方程和控制方程为

$$\frac{\partial H^{\mathrm{T}}}{\partial \boldsymbol{x}}+\dot{\boldsymbol{\lambda}}^{\mathrm{T}}=0$$

$$\frac{\partial H}{\partial \boldsymbol{u}}=0$$

边界条件 $\boldsymbol{x}(t_0)=\boldsymbol{x}_0$，可得

$$\lambda(t_f)=\frac{\partial\left(\frac{1}{2}\boldsymbol{e}^{\mathrm{T}}(t_f)\boldsymbol{S}\boldsymbol{e}(t_f)\right)}{\partial \boldsymbol{x}(t_f)}=\boldsymbol{C}^{\mathrm{T}}(t_f)\boldsymbol{S}\boldsymbol{C}(t_f)x(t_f)-\boldsymbol{C}^{\mathrm{T}}(t_f)\boldsymbol{S}\boldsymbol{\xi}(t_f) \tag{5.5.41}$$

将 Hamilton 函数代入式(5.5.41)得到协状态变量 $\boldsymbol{\lambda}(t)$ 的方程：

$$\dot{\boldsymbol{\lambda}}=-\frac{\partial H}{\partial \boldsymbol{x}}=-\boldsymbol{C}^{\mathrm{T}}(t)\boldsymbol{Q}(t)\boldsymbol{C}(t)\boldsymbol{x}-\boldsymbol{A}^{\mathrm{T}}(t)\boldsymbol{\lambda}+\boldsymbol{C}^{\mathrm{T}}(t)\boldsymbol{Q}(t)\boldsymbol{\xi} \tag{5.5.42}$$

由控制方程 $\frac{\partial H}{\partial \boldsymbol{u}}=\boldsymbol{R}(t)\boldsymbol{u}+\boldsymbol{B}^{\mathrm{T}}(t)\boldsymbol{\lambda}=0$，得到 $\boldsymbol{u}=-\boldsymbol{R}^{-1}(t)\boldsymbol{B}^{\mathrm{T}}(t)\boldsymbol{\lambda}(t)$。根据协状态 $\boldsymbol{\lambda}(t)$ 与系统状态 $\boldsymbol{x}(t)$ 和 $\boldsymbol{\xi}(t)$ 的线性特性及边界条件的线性关系，可设

$$\boldsymbol{\lambda}(t)=\boldsymbol{P}(t)\boldsymbol{x}(t)-\boldsymbol{g}(t) \tag{5.5.43}$$

其中矩阵 $\boldsymbol{P}(t)$ 和向量 $\boldsymbol{g}(t)$ 为待定量。对式(5.5.43)求导得到

$$\dot{\boldsymbol{\lambda}}=\dot{\boldsymbol{P}}(t)\boldsymbol{x}+\boldsymbol{P}(t)\dot{\boldsymbol{x}}-\dot{\boldsymbol{g}}(t) \tag{5.5.44}$$

把 $\boldsymbol{u}=-\boldsymbol{R}^{-1}(t)\boldsymbol{B}^{\mathrm{T}}(t)\boldsymbol{\lambda}(t)$ 代入系统方程得到

$$\dot{\boldsymbol{x}}=[\boldsymbol{A}(t)-\boldsymbol{B}(t)\boldsymbol{R}^{-1}(t)\boldsymbol{B}^{\mathrm{T}}(t)\boldsymbol{P}(t)]\boldsymbol{x}+\boldsymbol{B}(t)\boldsymbol{R}^{-1}(t)\boldsymbol{B}^{\mathrm{T}}(t)\boldsymbol{g}(t) \tag{5.5.45}$$

将式(5.5.45)代入式(5.5.44)得到

$$\begin{aligned}\dot{\boldsymbol{\lambda}}=&\left[\dot{\boldsymbol{P}}(t)+\boldsymbol{P}(t)\left(\boldsymbol{A}(t)-\boldsymbol{B}(t)\boldsymbol{R}^{-1}(t)\boldsymbol{B}^{\mathrm{T}}(t)\boldsymbol{P}(t)\right)\right]\boldsymbol{x}+\\&\boldsymbol{P}(t)\boldsymbol{B}(t)\boldsymbol{R}^{-1}(t)\boldsymbol{B}^{\mathrm{T}}(t)\boldsymbol{g}(t)-\dot{\boldsymbol{g}}(t)\end{aligned} \tag{5.5.46}$$

将式(5.5.43)代入式(5.5.42)得到

$$\dot{\boldsymbol{\lambda}}=[-\boldsymbol{C}^{\mathrm{T}}(t)\boldsymbol{Q}(t)\boldsymbol{C}(t)-\boldsymbol{A}^{\mathrm{T}}(t)\boldsymbol{P}(t)]\boldsymbol{x}+\boldsymbol{A}^{\mathrm{T}}(t)\boldsymbol{g}(t)+\boldsymbol{C}^{\mathrm{T}}(t)\boldsymbol{Q}(t)\boldsymbol{\xi} \tag{5.5.47}$$

将式(5.5.46)代入式(5.5.47)得

$$\begin{aligned}&\left[\dot{\boldsymbol{P}}(t)+\boldsymbol{P}(t)\left(\boldsymbol{A}(t)-\boldsymbol{B}(t)\boldsymbol{R}^{-1}(t)\boldsymbol{B}^{\mathrm{T}}(t)\boldsymbol{P}(t)\right)\right]\boldsymbol{x}+\boldsymbol{P}(t)\boldsymbol{B}(t)\boldsymbol{R}^{-1}(t)\boldsymbol{B}^{\mathrm{T}}(t)\boldsymbol{g}(t)-\dot{\boldsymbol{g}}(t)\\&=[-\boldsymbol{C}^{\mathrm{T}}(t)\boldsymbol{Q}(t)\boldsymbol{C}(t)-\boldsymbol{A}^{\mathrm{T}}(t)\boldsymbol{P}(t)]\boldsymbol{x}+\boldsymbol{A}^{\mathrm{T}}(t)\boldsymbol{g}(t)+\boldsymbol{C}^{\mathrm{T}}(t)\boldsymbol{Q}(t)\boldsymbol{\xi}\end{aligned}$$

对任意 $\boldsymbol{x}(t)$ 和 $\boldsymbol{\xi}(t)$ 上式均成立，于是得到

$$-\dot{\boldsymbol{P}}(t)=\boldsymbol{P}(t)\boldsymbol{A}(t)+\boldsymbol{A}^{\mathrm{T}}(t)\boldsymbol{P}(t)-\boldsymbol{P}(t)\boldsymbol{B}(t)\boldsymbol{R}^{-1}(t)\boldsymbol{B}^{\mathrm{T}}(t)\boldsymbol{P}(t)+\boldsymbol{C}^{\mathrm{T}}(t)\boldsymbol{Q}(t)\boldsymbol{C}(t) \tag{5.5.48}$$

$$\dot{\boldsymbol{g}}(t)=[\boldsymbol{P}(t)\boldsymbol{B}(t)\boldsymbol{R}^{-1}(t)\boldsymbol{B}^{\mathrm{T}}(t)-\boldsymbol{A}^{\mathrm{T}}(t)]\boldsymbol{g}(t)-\boldsymbol{C}^{\mathrm{T}}(t)\boldsymbol{Q}(t)\boldsymbol{\xi} \tag{5.5.49}$$

边界条件 $\boldsymbol{\lambda}(t_f)=\boldsymbol{P}(t_f)\boldsymbol{x}(t_f)-\boldsymbol{g}(t_f)$，$\boldsymbol{P}(t_f)=\boldsymbol{C}^{\mathrm{T}}(t_f)\boldsymbol{S}\boldsymbol{C}(t_f)$，$\boldsymbol{g}(t_f)=\boldsymbol{C}^{\mathrm{T}}(t_f)\boldsymbol{S}\boldsymbol{\xi}(t_f)$。此时最优控制为

$$\boldsymbol{u}=-\boldsymbol{R}^{-1}(t)\boldsymbol{B}^{\mathrm{T}}(t)[\boldsymbol{P}(t)\boldsymbol{x}(t)-\boldsymbol{g}(t)] \tag{5.5.50}$$

其中，矩阵 $\boldsymbol{P}(t)$ 和向量 $\boldsymbol{g}(t)$ 满足 Riccati 微分方程(5.5.48)和线性方程(5.5.49)。控制中与状态 $\boldsymbol{x}(t)$ 相关的第一项保证状态调节问题的最优状态调节控制部分，与 $\boldsymbol{g}(t)$ 相关的第二项是保证系统输出跟踪理想输出 $\boldsymbol{\xi}(t)$ 的控制项，它起到了系统输出跟踪 $\boldsymbol{\xi}(t)$ 的驱动作用。如上过程给出了有限时间线性二次最优跟踪问题的最优解的结果。

定理 5－23　有限时间线性二次最优跟踪问题的最优解：最优控制为式(5.5.50)的形式

$$\boldsymbol{u}=-\boldsymbol{R}^{-1}(t)\boldsymbol{B}^{\mathrm{T}}(t)[\boldsymbol{P}(t)\boldsymbol{x}(t)-\boldsymbol{g}(t)]$$

其中，矩阵 $\boldsymbol{P}(t)$ 和向量 $\boldsymbol{g}(t)$ 满足 Riccati 微分方程(5.5.48)和线性方程(5.5.49)。在最优控制式(5.5.50)下的最优轨线方程为

$$\dot{\boldsymbol{x}}(t)=[\boldsymbol{A}(t)-\boldsymbol{B}(t)\boldsymbol{R}^{-1}(t)\boldsymbol{B}^{\mathrm{T}}(t)\boldsymbol{P}(t)]\boldsymbol{x}+\boldsymbol{B}(t)\boldsymbol{R}^{-1}(t)\boldsymbol{B}^{\mathrm{T}}(t)\boldsymbol{g}(t),\quad \boldsymbol{x}(t_0)=\boldsymbol{x}_0$$

由上述内容可以注意到，要想获得最优跟踪控制，必须先确定理想输出 $\boldsymbol{\xi}(t)$，也就是对确定的理想输出是可以进行线性二次最优跟踪控制的。

针对线性时不变系统(5.5.34)的无限时间线性二次最优跟踪控制问题，二次性能指标函数为

$$J=\frac{1}{2}\int_{t_0}^{\infty}\left((\boldsymbol{\xi}-\boldsymbol{y})^{\mathrm{T}}\boldsymbol{Q}(\boldsymbol{\xi}-\boldsymbol{y})+\boldsymbol{u}^{\mathrm{T}}\boldsymbol{R}\boldsymbol{u}\right)\mathrm{d}t$$

$\boldsymbol{\xi}$ 是与输出 $\boldsymbol{y}$ 同维的被跟踪向量。作为习题，请读者自行给出最优解结果。

例 5－17　考虑如图 5－10 所示的质量-弹簧-阻尼(mass－spring－damper)系统，其中 m 是质量，$y(t)$ 是质量块的水平移动距离，c 是阻尼，k 是弹簧的刚度，$u(t)$ 是外力。系统水平方

向运动模型为

$$m\ddot{y}(t)+c\dot{y}(t)+ky(t)=u(t)$$

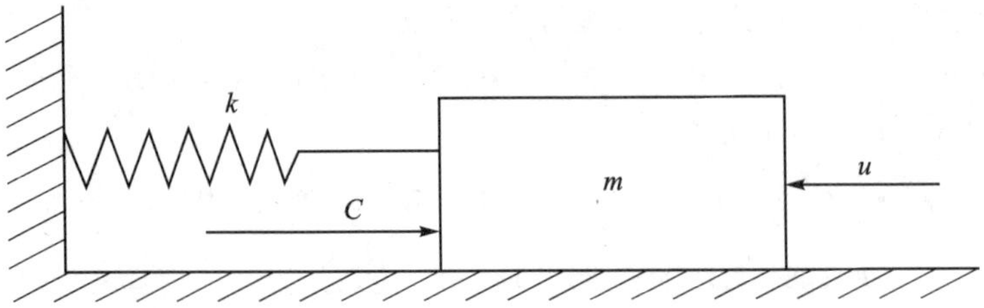

图 5-10 质量-弹簧-阻尼系统

其参数设置为 $m=1$ kg，$k=5$ N/m，$c=0.5$ N·s/m。试求最优控制 $u(t)$，使性能指标 $J=\int_0^{\infty}(y^2+u^2)\,\mathrm{d}t$ 最小。

解： 令 $x_1=y(t)$，$x_2=\dot{y}(t)$，可得系统的动态方程：

$$\dot{x}_1=x_2$$

$$\dot{x}_2=-\frac{k}{m}x_1-\frac{c}{m}x_2+\frac{1}{m}u(t)$$

$$y(t)=x_1$$

代入参数即可得到系统(5.5.36)中的矩阵分别为

$$\boldsymbol{A}=\begin{bmatrix}0 & 1\\ -5 & -0.5\end{bmatrix},\quad \boldsymbol{B}=\begin{bmatrix}0\\ 1\end{bmatrix},\quad \boldsymbol{C}=\begin{bmatrix}1 & 0\end{bmatrix}$$

显然系统是完全可控和可观测的。系统存在最优控制 $\boldsymbol{u}^*=-\boldsymbol{R}^{-1}\boldsymbol{B}^{\mathrm{T}}\boldsymbol{P}\boldsymbol{x}$，其中 $\boldsymbol{R}=\boldsymbol{Q}=1$，$\boldsymbol{P}$ 是 Riccati 方程 $\boldsymbol{PA}+\boldsymbol{A}^{\mathrm{T}}\boldsymbol{P}+\boldsymbol{C}^{\mathrm{T}}\boldsymbol{QC}-\boldsymbol{PBR}^{-1}\boldsymbol{B}^{\mathrm{T}}\boldsymbol{P}=\boldsymbol{0}$ 的正定对称解。通过求解此 Riccati 方程得到

$$\boldsymbol{P}=\begin{bmatrix}0.9131 & 0.0990\\ 0.0990 & 0.1694\end{bmatrix}$$

因此最优调节的控制器为 $\boldsymbol{u}^*=-\boldsymbol{R}^{-1}\boldsymbol{B}^{\mathrm{T}}\boldsymbol{P}\boldsymbol{x}=-\begin{bmatrix}0.0990 & 0.1694\end{bmatrix}\boldsymbol{x}$。

本节只介绍了基于变分法得到线性二次型最优控制问题及解的结果。线性二次型最优控制是线性系统理论中最为典型的优化型设计问题，由于线性二次型性能指标的特殊性和受控对象的线性特性，所考虑的 LQ 最优控制问题可以转化为 Riccati 方程求解问题，而该问题可以得到其解析表达，其最优控制解是线性状态反馈形式，理论最成熟，结果最完美。对于时不变线性系统二次型最优控制指标函数中固定的加权矩阵 $\boldsymbol{Q}$、$\boldsymbol{R}$，LQ 最优控制问题有唯一确定的解，对于不同的 $\boldsymbol{Q}$、$\boldsymbol{R}$，只要 $(\boldsymbol{A},\boldsymbol{Q})$ 可观测，$\boldsymbol{R}>0$，都可以保证闭环系统渐近稳定，但不同的加权矩阵 $\boldsymbol{Q}$、$\boldsymbol{R}$ 会导致系统其他动态响应性能不同。

5.6 利用状态反馈控制系统的衰减度

在线性时不变系统中，已经证明了可控性等价于状态反馈可任意配置闭环系统的特征值。对于线性时变系统，一个自然的问题是，这一特征值任意配置的性质以怎样的形式出现呢？因

为对于时变系统，特征值的概念不像时不变系统那样和系统运动有直接联系，所以不能按照配置特征值的观点处理时变系统的动态特性，因此需要考察的是比特征值更为基本的量，即闭环系统的状态转移矩阵。

5.6.1　自由运动的衰减度

考虑齐次方程 $\dot{\boldsymbol{x}}=\boldsymbol{A}(t)\boldsymbol{x}$，它的解为 $\boldsymbol{x}(t)=\boldsymbol{\Phi}(t,t_0)\boldsymbol{x}(t_0)$，这里 $\boldsymbol{\Phi}(t,t_0)$ 是状态转移矩阵。

定义 5-3　若存在实数 $M\geqslant m$，$a>0$，$b>0$，使得对一切 $t\geqslant t_0$ 及一切 $\boldsymbol{x}(t_0)=\boldsymbol{x}_0$ 均有

$$a\|\boldsymbol{x}_0\|\mathrm{e}^{m(t-t_0)}\leqslant\|\boldsymbol{x}(t)\|\leqslant b\|\boldsymbol{x}_0\|\mathrm{e}^{M(t-t_0)}\tag{5.6.1}$$

则称 $\boldsymbol{x}(t)$ 具有衰减上限 M 和衰减下限 m，简称系统具有衰减度 (M,m)。

这个定义给出的系统衰减度描述了系统的运动解由两个指数函数作为其界，当 $m\leqslant M<0$ 时，系统运动解就以衰减指数分别为 M 和 m 的两个指数衰减函数作为其上下界。因而，一个系统的衰减度可以反映系统运动解随时间变化的运动趋势。从这个定义易见系统的衰减度是不唯一的，若一个系统具有衰减度 (M,m)，则对任意包含这个衰减度的区间 $(M,m)\subseteq(N,n)$，即 $M<N$，$n<m$，系统也一定具有衰减度 (N,n)。对于线性系统，由于系统解与系统的状态转移矩阵呈线性关系，所以其衰减度可以等价地描述为系统状态转移矩阵的衰减度，即如下定理。

定理 5-24　定义 5-3 中的式(5.6.1)与下面两个式子同时成立时等价：

$$\|\boldsymbol{\Phi}(t,t_0)\|\leqslant b\mathrm{e}^{M(t-t_0)},\quad\forall t\geqslant t_0\tag{5.6.2}$$

$$\|\boldsymbol{\Phi}^{-1}(t,t_0)\|\leqslant a^{-1}\mathrm{e}^{-m(t-t_0)},\quad\forall t\geqslant t_0\tag{5.6.3}$$

证明：先证明由式(5.6.2)和式(5.6.3)可以推得式(5.6.1)。齐次方程 $\dot{\boldsymbol{x}}=\boldsymbol{A}(t)\boldsymbol{x}$ 解的表达式为

$$\boldsymbol{x}(t)=\boldsymbol{\Phi}(t,t_0)\boldsymbol{x}(t_0)$$

因此有

$$\|\boldsymbol{x}(t)\|\leqslant\|\boldsymbol{\Phi}(t,t_0)\|\ \|\boldsymbol{x}(t_0)\|\leqslant b\|\boldsymbol{x}_0\|\mathrm{e}^{M(t-t_0)}$$

又因为

$$\|\boldsymbol{x}_0\|=\|\boldsymbol{\Phi}^{-1}(t,t_0)\boldsymbol{x}(t)\|\leqslant\|\boldsymbol{\Phi}^{-1}(t,t_0)\|\ \|\boldsymbol{x}(t)\|\leqslant a^{-1}\|\boldsymbol{x}(t)\|\mathrm{e}^{-m(t-t_0)}$$

$$\|\boldsymbol{x}(t)\|\geqslant a\|\boldsymbol{x}_0\|\mathrm{e}^{m(t-t_0)}$$

这表明由式(5.6.2)和式(5.6.3)可推出式(5.6.1)成立。反之，由式(5.6.1)可导出

$$\|\boldsymbol{\Phi}(t,t_0)\|=\sup_{\|\boldsymbol{x}_0\|\neq0}\frac{\|\boldsymbol{\Phi}(t,t_0)\boldsymbol{x}_0\|}{\|\boldsymbol{x}_0\|}=\sup_{\|\boldsymbol{x}_0\|\neq0}\frac{\|\boldsymbol{x}(t)\|}{\|\boldsymbol{x}_0\|}\leqslant b\mathrm{e}^{M(t-t_0)}$$

$$\|\boldsymbol{\Phi}^{-1}(t,t_0)\|=\sup_{\|\boldsymbol{x}\|\neq0}\frac{\|\boldsymbol{\Phi}^{-1}(t,t_0)\boldsymbol{x}\|}{\|\boldsymbol{x}\|}=\sup_{\|\boldsymbol{x}\|\neq0}\frac{\|\boldsymbol{x}_0\|}{\|\boldsymbol{x}\|}\leqslant a^{-1}\mathrm{e}^{-m(t-t_0)}$$

定理 5-24 中满足式(5.6.2)和式(5.6.3)的状态转移矩阵 $\boldsymbol{\Phi}(t,t_0)$，称其具有衰减度 (M,m)。这一结果表明线性系统的自由运动的衰减度和其状态转移矩阵 $\boldsymbol{\Phi}(t,t_0)$ 的衰减度是等价的。

5.6.2　状态反馈对系统衰减度的影响

对于线性时不变系统，若系统可控，则利用状态反馈可以任意配置闭环系统的特征值，从

而改善系统的稳定性。在线性时变系统中,与此相对应的是在系统一致完全可控的条件下,利用状态反馈可任意改变闭环系统的衰减度,从而也可以改善线性时变系统的稳定性。因此下列定理可看作定理 5-5 在时变系统的对应结果。

定理 5-25 若系统 $\dot{\boldsymbol{x}}=\boldsymbol{A}(t)\boldsymbol{x}+\boldsymbol{B}(t)\boldsymbol{u}$ 简记为$(\boldsymbol{A}(t),\boldsymbol{B}(t))$一致完全可控,则对任意实数 $M\geqslant m$,存在反馈阵 $\boldsymbol{K}_1(t)$、$\boldsymbol{K}_2(t)$ 和 $\boldsymbol{K}_3(t)$,使得状态反馈后的闭环系统$(\boldsymbol{A}(t)+\boldsymbol{B}(t)\boldsymbol{K}_1(t),\boldsymbol{B}(t))$具有衰减上限 M,$(\boldsymbol{A}(t)+\boldsymbol{B}(t)\boldsymbol{K}_2(t),\boldsymbol{B}(t))$具有衰减下限 m,使$(\boldsymbol{A}(t)+\boldsymbol{B}(t)\boldsymbol{K}_3(t),\boldsymbol{B}(t))$具有衰减度$(M,m)$。

证明: 系统$(\boldsymbol{A}(t),\boldsymbol{B}(t))$的可控性 Gram 矩阵为

$$\boldsymbol{W}(t_0,t_1)=\int_{t_0}^{t_1}\boldsymbol{\Phi}(t_0,\tau)\boldsymbol{B}(\tau)\boldsymbol{B}^{\mathrm{T}}(\tau)\boldsymbol{\Phi}^{\mathrm{T}}(t_0,\tau)\mathrm{d}\tau$$

根据第 2 章线性时变系统一致完全可控性定义与判别,一致完全可控条件可表示为

$$\boldsymbol{0}<\alpha_0(\sigma)\boldsymbol{I}\leqslant\boldsymbol{W}(t,t+\sigma)\leqslant\alpha_1(\sigma)\boldsymbol{I} \tag{5.6.4}$$

$$\boldsymbol{0}<\beta_0(\sigma)\boldsymbol{I}\leqslant\boldsymbol{\Phi}(t+\sigma,t)\boldsymbol{W}(t,t+\sigma)\boldsymbol{\Phi}^{\mathrm{T}}(t+\sigma,t)\leqslant\beta_1(\sigma)\boldsymbol{I} \tag{5.6.5}$$

将式(5.6.5)改写为

$$\boldsymbol{0}<\beta_0(\sigma)\boldsymbol{I}\leqslant\boldsymbol{Y}(t-\sigma,t)\leqslant\beta_1(\sigma)\boldsymbol{I} \tag{5.6.6}$$

式中 $\boldsymbol{Y}(t-\sigma,t)=\int_{t-\sigma}^{t}\boldsymbol{\Phi}(t,\tau)\boldsymbol{B}(\tau)\boldsymbol{B}^{\mathrm{T}}(\tau)\boldsymbol{\Phi}^{\mathrm{T}}(t,\tau)\mathrm{d}\tau$。

下面分别证明定理的三个论断。

① 由式(5.6.4)推导出 $\|\boldsymbol{x}\|\leqslant b\|\boldsymbol{x}_0\|\mathrm{e}^{M(t-t_0)}$。研究线性系统

$$\dot{\boldsymbol{x}}=(\boldsymbol{A}(t)-M\boldsymbol{I})\boldsymbol{x}+\boldsymbol{B}(t)\boldsymbol{u} \tag{5.6.7}$$

直接验证即可得到它的状态转移矩阵为

$$\widetilde{\boldsymbol{\Phi}}(t,t_0)=\boldsymbol{\Phi}(t,t_0)\mathrm{e}^{-M\boldsymbol{I}(t-t_0)} \tag{5.6.8}$$

其中,$\boldsymbol{\Phi}(t,t_0)$是 $\dot{\boldsymbol{x}}=\boldsymbol{A}(t)\boldsymbol{x}$ 的状态转移矩阵。考虑式(5.6.7)的可控性 Gram 矩阵

$$\widetilde{\boldsymbol{W}}(t,t+\sigma)=\int_t^{t+\sigma}\boldsymbol{\Phi}(t,\tau)\boldsymbol{B}(\tau)\boldsymbol{B}^{\mathrm{T}}(\tau)\boldsymbol{\Phi}^{\mathrm{T}}(t,\tau)\mathrm{e}^{-2M(t-\tau)}\mathrm{d}\tau$$

可进行如下估计:

$$\begin{aligned}\widetilde{\boldsymbol{W}}(t,t+\sigma)&\leqslant\int_t^{t+\sigma}\boldsymbol{\Phi}(t,\tau)\boldsymbol{B}(\tau)\boldsymbol{B}^{\mathrm{T}}(\tau)\boldsymbol{\Phi}^{\mathrm{T}}(t,\tau)\mathrm{d}\tau\cdot\mathrm{e}^{2|M|\sigma}\\&=\boldsymbol{W}(t,t+\sigma)\mathrm{e}^{2|M|\sigma}\leqslant\alpha_1(\sigma)\mathrm{e}^{2|M|\sigma}\boldsymbol{I}\\ \mathrm{e}^{2|M|\sigma}\widetilde{\boldsymbol{W}}(t,t+\sigma)&=\int_t^{t+\sigma}\boldsymbol{\Phi}(t,\tau)\boldsymbol{B}(\tau)\boldsymbol{B}^{\mathrm{T}}(\tau)\boldsymbol{\Phi}^{\mathrm{T}}(t,\tau)\mathrm{e}^{2|M|\sigma-2M(t-\tau)}\mathrm{d}\tau\\&\geqslant\boldsymbol{W}(t,t+\sigma)\geqslant\alpha_0(\sigma)\boldsymbol{I}\end{aligned}$$

第二个式子中用到 $2|M|\sigma-2M(t-\tau)\geqslant0$,因而有 $\mathrm{e}^{2|M|\sigma-2M(t-\tau)}\geqslant1$ 这一结果。故

$$\widetilde{\boldsymbol{W}}(t,t+\sigma)\geqslant\alpha_0(\sigma)\mathrm{e}^{-2|M|\sigma}\boldsymbol{I}$$

于是可知式(5.6.7)的可控性 Gram 矩阵满足

$$\boldsymbol{0}<\alpha_0(\sigma)\mathrm{e}^{-2|M|\sigma}\boldsymbol{I}\leqslant\widetilde{\boldsymbol{W}}(t,t+\sigma)\leqslant\alpha_1(\sigma)\mathrm{e}^{2|M|\sigma}\boldsymbol{I} \tag{5.6.9}$$

式(5.6.9)表明 $\widetilde{\boldsymbol{W}}(t,t+\sigma)$非奇异,选反馈增益阵为

$$\boldsymbol{K}_1(t)=-\frac{1}{2}\boldsymbol{B}^{\mathrm{T}}(t)\widetilde{\boldsymbol{W}}^{-1}(t,t+\sigma) \tag{5.6.10}$$

下面证明引入式(5.6.10)的状态反馈后,闭环系统自由运动具有衰减上限 M。设 $\boldsymbol{x}$ 为 $\dot{\boldsymbol{x}}=[\boldsymbol{A}(t)+\boldsymbol{B}(t)\boldsymbol{K}_1(t)]\boldsymbol{x}$ 的解,考虑二次型

$$V_1(\boldsymbol{x},t)=\boldsymbol{x}^{\mathrm{T}}\widetilde{\boldsymbol{W}}^{-1}(t,t+\sigma)\boldsymbol{x} \tag{5.6.11}$$

由式(5.6.9)可知

$$\alpha_1^{-1}(\sigma)\mathrm{e}^{-2|M|\sigma}\|\boldsymbol{x}\|^2\leqslant V_1(\boldsymbol{x},t)\leqslant\alpha_0^{-1}(\sigma)\mathrm{e}^{2|M|\sigma}\|\boldsymbol{x}\|^2 \tag{5.6.12}$$

其中使用的范数为欧几里得范数,这并不影响一般性。为了得到 $\boldsymbol{x}$ 的估计,计算 $V_1(\boldsymbol{x},t)$ 沿方程

$$\dot{\boldsymbol{x}}=[\boldsymbol{A}(t)+\boldsymbol{B}(t)\boldsymbol{K}_1(t)]\boldsymbol{x}$$

的导数(参看 4.4 节李雅普诺夫第二方法):

$$\dot{V}_1(\boldsymbol{x},t)=\dot{\boldsymbol{x}}^{\mathrm{T}}\widetilde{\boldsymbol{W}}^{-1}\boldsymbol{x}+\boldsymbol{x}^{\mathrm{T}}\dot{\widetilde{\boldsymbol{W}}}^{-1}x+\boldsymbol{x}^{\mathrm{T}}\widetilde{\boldsymbol{W}}^{-1}\dot{\boldsymbol{x}}$$

其中 $\dot{\widetilde{\boldsymbol{W}}}^{-1}$ 计算如下:由 $\widetilde{\boldsymbol{W}}\widetilde{\boldsymbol{W}}^{-1}=\boldsymbol{I}$,可得 $\widetilde{\boldsymbol{W}}\dot{\widetilde{\boldsymbol{W}}}^{-1}+\dot{\widetilde{\boldsymbol{W}}}\widetilde{\boldsymbol{W}}^{-1}=0$,从而 $\dot{\widetilde{\boldsymbol{W}}}^{-1}=-\widetilde{\boldsymbol{W}}^{-1}\dot{\widetilde{\boldsymbol{W}}}\widetilde{\boldsymbol{W}}^{-1}$,而

$$\begin{aligned}\dot{\widetilde{\boldsymbol{W}}}(t,t+\sigma)=&-B(t)\boldsymbol{B}^{\mathrm{T}}(t)+\boldsymbol{\Phi}(t,t+\sigma)\boldsymbol{B}(t+\sigma)\boldsymbol{B}^{\mathrm{T}}(t+\sigma)\boldsymbol{\Phi}^{\mathrm{T}}(t,t+\sigma)\mathrm{e}^{2M\sigma}+\\&(\boldsymbol{A}(t)-M\boldsymbol{I})\widetilde{\boldsymbol{W}}(t,t+\sigma)+\widetilde{\boldsymbol{W}}(t,t+\sigma)(\boldsymbol{A}^{\mathrm{T}}(t)-M\boldsymbol{I})\end{aligned}$$

这样便得到

$$\begin{aligned}\dot{V}_1(\boldsymbol{x},t)&=\boldsymbol{x}^{\mathrm{T}}(2M\widetilde{\boldsymbol{W}}^{-1}-\widetilde{\boldsymbol{W}}^{-1}\boldsymbol{\Phi}(t,t+\sigma)\boldsymbol{B}(t+\sigma)\boldsymbol{B}^{\mathrm{T}}(t+\sigma)\boldsymbol{\Phi}^{\mathrm{T}}(t,t+\sigma)\mathrm{e}^{2M\sigma}\widetilde{\boldsymbol{W}}^{-1})\boldsymbol{x}\\&\leqslant\boldsymbol{x}^{\mathrm{T}}2M\widetilde{\boldsymbol{W}}^{-1}(t,t+\sigma)x=2MV_1(\boldsymbol{x},t),\quad\forall t\end{aligned} \tag{5.6.13}$$

由式(5.6.13)可得

$$\frac{\mathrm{d}V_1}{V_1}\leqslant 2M\mathrm{d}t$$

积分上式可得

$$V_1(\boldsymbol{x},t)\leqslant V_1(\boldsymbol{x}_0,t)\mathrm{e}^{2M(t-t_0)},\quad\forall t\geqslant t_0$$

考虑到式(5.6.12),可知

$$\begin{aligned}&\alpha_1^{-1}(\sigma)\mathrm{e}^{-2|M|\sigma}\|\boldsymbol{x}\|^2\leqslant V_1(\boldsymbol{x},t)\leqslant V_1(\boldsymbol{x}_0,t)\mathrm{e}^{2M(t-t_0)}\\&V_1(\boldsymbol{x}_0,t)\leqslant\alpha_0^{-1}(\sigma)\mathrm{e}^{2|M|\sigma}\|\boldsymbol{x}_0\|^2\\&\|\boldsymbol{x}\|^2\leqslant\alpha_1(\sigma)\alpha_0^{-1}(\sigma)\mathrm{e}^{4|M|\sigma}\|\boldsymbol{x}_0\|^2\mathrm{e}^{2M(t-t_0)}\end{aligned}$$

令 $\alpha_1(\sigma)\alpha_0^{-1}(\sigma)\mathrm{e}^{4|M|\sigma}=b^2$,由上式便可得

$$\|\boldsymbol{x}\|\leqslant b\|\boldsymbol{x}_0\|\mathrm{e}^{M(t-t_0)} \tag{5.6.14}$$

② 由式(5.6.6)推导出 $\|\boldsymbol{x}\|\geqslant a\|\boldsymbol{x}_0\|\mathrm{e}^{m(t-t_0)}$。证明过程与前面几乎一样。研究系统

$$\dot{\boldsymbol{x}}=(\boldsymbol{A}(t)-m\boldsymbol{I})\boldsymbol{x}+\boldsymbol{B}(t)\boldsymbol{u} \tag{5.6.15}$$

式(5.6.15)所对应的状态转移矩阵为

$$\widetilde{\boldsymbol{\Phi}}(t,t_0)=\boldsymbol{\Phi}(t,t_0)\mathrm{e}^{-m\boldsymbol{I}(t-t_0)}$$

而 $\boldsymbol{\Phi}(t,t_0)$ 为 $\dot{\boldsymbol{x}}=\boldsymbol{A}(t)\boldsymbol{x}$ 的状态转移矩阵,系统(5.6.15)的可达性矩阵此时表示为

$$\widetilde{\boldsymbol{Y}}(t-\sigma,t)=\int_{t-\sigma}^{t}\boldsymbol{\Phi}(t,\tau)\boldsymbol{B}(\tau)\boldsymbol{B}^{\mathrm{T}}(\tau)\boldsymbol{\Phi}^{\mathrm{T}}(t,\tau)\mathrm{e}^{-2m(t-\tau)}\mathrm{d}\tau$$

由式(5.6.6)可导出

$$\mathbf{0} < \beta_0(\sigma)\mathrm{e}^{-2|m|\sigma}\boldsymbol{I} \leqslant \widetilde{\boldsymbol{Y}}(t-\sigma,t) \leqslant \beta_1(\sigma)\mathrm{e}^{2|m|\sigma}\boldsymbol{I} \tag{5.6.16}$$

选状态反馈矩阵

$$\boldsymbol{K}_2(t) = \frac{1}{2}\boldsymbol{B}^{\mathrm{T}}(t)\widetilde{\boldsymbol{Y}}^{-1}(t-\sigma,t)$$

考虑二次型

$$V_2(\boldsymbol{x},t) = \boldsymbol{x}^{\mathrm{T}}\widetilde{\boldsymbol{Y}}^{-1}(t-\sigma,t)\boldsymbol{x}$$

由式(5.6.16)可知

$$\beta_1^{-1}(\sigma)\mathrm{e}^{-2|m|\sigma}\|\boldsymbol{x}\|^2 \leqslant V_2(\boldsymbol{x},t) \leqslant \beta_0^{-1}(\sigma)\mathrm{e}^{2|m|\sigma}\|\boldsymbol{x}\| \tag{5.6.17}$$

经过与式(5.6.13)相似的推导,可得 $V_2(\boldsymbol{x},t)$ 沿方程 $\dot{\boldsymbol{x}} = [\boldsymbol{A}(t)+\boldsymbol{B}(t)\boldsymbol{K}_2(t)]\boldsymbol{x}$ 的导数应满足

$$\dot{V}_2(\boldsymbol{x},t) \geqslant 2mV_2(\boldsymbol{x},t)$$

积分以上不等式,得

$$V_2(\boldsymbol{x},t) \geqslant V_2(\boldsymbol{x}_0,t)\mathrm{e}^{2m(t-t_0)}, \quad \forall t \geqslant t_0 \tag{5.6.18}$$

利用式(5.6.17)可将式(5.6.18)变为

$$\|\boldsymbol{x}(t)\|^2 \geqslant \beta_0(\sigma)\beta_1^{-1}(\sigma)\mathrm{e}^{-4|m|\sigma}\|\boldsymbol{x}_0\|^2\mathrm{e}^{2m(t-t_0)}$$

令 $\beta_0(\sigma)\beta_1^{-1}(\sigma)\mathrm{e}^{-4|m|\sigma} = a^2$,由上式便可得

$$\|\boldsymbol{x}(t)\| \geqslant a\|\boldsymbol{x}_0\|\mathrm{e}^{m(t-t_0)} \tag{5.6.19}$$

③ 对于任给的衰减度(M,m),可以求一个反馈阵 $\boldsymbol{K}_3(t)$,使得闭环系统

$$\dot{\boldsymbol{x}} = [\boldsymbol{A}(t)+\boldsymbol{B}(t)\boldsymbol{K}_3(t)]\boldsymbol{x}$$

具有给定的衰减度,但证明比较复杂,此处省略证明。

最后应当指出,定理 5-25 中的一致完全可控性的假定是闭环系统的零输入响应可以像式(5.6.1)那样用指数函数从上或下限制或上、下一起限制的充分条件。

例 5-18 设一维系统

$$\dot{x} = x + \mathrm{e}^{2t}u$$

对于任何实数 M,m,且 $M>m$,定义

$$K(t) = [-1+(m+M)/2]\mathrm{e}^{-2t}$$

那么闭环系统任意零输入响应满足

$$x(t) = x(t_0)\exp\left[\frac{1}{2}(m+M)(t-t_0)\right]$$

这表明 $x(t)$ 具有衰减度(M,m)。但是计算系统的可控性矩阵及可达性矩阵可知

$$W(t,t+\sigma) = \frac{1}{2}(\mathrm{e}^{2\sigma}-1)\mathrm{e}^{4t}$$

$$Y(t-\sigma,t) = \frac{1}{2}(1-\mathrm{e}^{-2\sigma})\mathrm{e}^{4t}$$

对于任何的 $\sigma>0$,一致完全可控定义的条件不成立,所以系统不是一致完全可控的。

若 $\boldsymbol{A}(t)$ 和 $\boldsymbol{B}(t)$ 都有界时,可以证明定理 5-25 中的一致完全可控的条件是充分必要条件,这时的结果与时不变系统的下列结果相对应:在时不变系统中,极点可任意配置与系统可控等价。

定理 5-26 若 $\boldsymbol{A}(t)$、$\boldsymbol{B}(t)$ 有界,则对任何实数 M、m,$M\geqslant m$,存在有界的反馈增益矩阵

$\boldsymbol{K}(t)$，使状态反馈后的闭环系统$(\boldsymbol{A}(t)+\boldsymbol{B}(t)\boldsymbol{K}(t),\boldsymbol{B}(t))$具有衰减度$(M,m)$的充分必要条件是系统一致完全可控。

小　结

本章研究的对象是时不变线性系统，所研究的问题是状态反馈在改善系统性能方面的能力如何，这种能力表现在极点配置、实现稳态跟踪和解耦控制等问题上。

利用状态反馈可以任意配置闭环系统的特征值，这是状态反馈最重要的性质。这一性质也充分地体现了系统可控性概念的实用价值。在极点配置中，定理 5-3 与定理 5-5 是最本质的。定理的充分性证明是构造性的，提供了配置极点的具体途径。

多输入系统状态反馈配置极点问题的特点如下：① 达到同样极点配置的反馈增益矩阵 $\boldsymbol{K}$ 的值有许多，$\boldsymbol{K}$ 的这种非唯一性是多输入系统与单输入系统极点配置问题的主要区别之一。如何充分利用 $\boldsymbol{K}$ 的自由参数以满足系统其他性能的要求，是多输入系统状态反馈设计的一个活跃的研究领域。② 多输入系统状态反馈配置极点问题的另一特点是关于矩阵 $\boldsymbol{K}$ 的参数的"非线性方程"，当系统可控时，可以通过牺牲 $\boldsymbol{K}$ 的自由参数，将这一非线性方程简化为一组能解出的线性方程组。

系统输出跟踪给定的参考输入，这是某些具体控制系统的技术要求。与经典控制理论一样，在跟踪问题中跟踪误差的积分环节起着重要的作用，但是积分环节的引入会使系统快速性变差，甚至可能破坏系统的稳定性，通过状态反馈可以很好地解决这一矛盾。对一般的有外部扰动系统的跟踪问题，可以引入参考输入与外部扰动共同不稳定部分模型，基于内模原理，解决无静差跟踪问题。另外，有外部扰动与参考输入信号系统的跟踪问题可以转化为外部扰动和参考输入信号由自治系统生成的扰动系统的输出调节问题，这类问题可以通过求解两个输出调节方程，构造消除外部扰动影响且能实现输出调节为零的反馈控制解决(关于输出调节问题更多的细节，读者可以参考文献[40])。受扰动系统的输出无静差跟踪与输出调节问题，可以同时实现跟踪、干扰抑制等控制目标，并且有很好的鲁棒性，具有广阔的应用前景。

解耦控制问题是控制理论中研究得非常广泛的问题之一。20 世纪 50 年代发展了不变性控制的理论，1963 年摩尔根用状态空间的语言精确阐述了这一问题后，该理论获得了重大的发展。5.4 节仅仅介绍了方系统的解耦控制问题，包括动态解耦和静态解耦。更一般系统的解耦控制问题可以参考附录部分介绍的吉尔伯特(Gilbert)的工作。

最优控制问题分别介绍了 LQ 最优状态调节问题、LQ 最优输出调节问题和 LQ 最优跟踪问题三部分。最优控制问题中由于线性二次型性能指标的特殊性和受控对象的线性特性，所考虑的 LQ 最优控制问题可以转化为 Riccati 方程求解问题，从而该问题可以得到其解析表达，其最优控制解是线性状态反馈形式，理论最成熟，结果最完美。

5.6 节考虑了状态反馈改变系统衰减度的问题。对于时变线性系统，能用状态反馈实现指定系统衰减度的充分必要条件是系统一致完全可控。

习　题

5-1　单变量系统 $\dot{\boldsymbol{x}}=\boldsymbol{A}\boldsymbol{x}+\boldsymbol{b}u,\ y=\boldsymbol{c}\boldsymbol{x}$ 的传递函数为 $g(s)$，试证

$$g(s)=\boldsymbol{c}(s\boldsymbol{I}-\boldsymbol{A})^{-1}\boldsymbol{b}=\frac{\det(s\boldsymbol{I}-\boldsymbol{A})-\det(s\boldsymbol{I}-\boldsymbol{A}-\boldsymbol{bc})}{\det(s\boldsymbol{I}-\boldsymbol{A})}$$

5-2 试证矩阵等式

① $[s\boldsymbol{I}-(\boldsymbol{A}+\boldsymbol{BK})]^{-1}=[\boldsymbol{I}-(s\boldsymbol{I}-\boldsymbol{A})^{-1}\boldsymbol{BK}]^{-1}(s\boldsymbol{I}-\boldsymbol{A})^{-1}$

② $(\boldsymbol{I}-\boldsymbol{XY})^{-1}=\boldsymbol{I}+\boldsymbol{X}(\boldsymbol{I}-\boldsymbol{YX})^{-1}\boldsymbol{Y}$

并利用以上两等式导出状态反馈系统开环与闭环传递函数阵之间的关系式。

5-3 若$(\boldsymbol{A},\boldsymbol{B})$可控，$\boldsymbol{b}\in\operatorname{Im}\boldsymbol{B}(\boldsymbol{b}\neq\boldsymbol{0})$，证明存在$\boldsymbol{u}_1,\boldsymbol{u}_2,\cdots,\boldsymbol{u}_{n-1}$使得

$$\boldsymbol{x}_1=\boldsymbol{b},\quad \boldsymbol{x}_{k+1}=\boldsymbol{A}\boldsymbol{x}_k+\boldsymbol{B}\boldsymbol{u}_k,\quad k=1,2,\cdots,n-1$$

定义的向量组$\boldsymbol{x}_1,\boldsymbol{x}_2,\cdots,\boldsymbol{x}_n$线性无关。

5-4 设若当型动态方程

$$\boldsymbol{x}=\left[\begin{array}{cc|ccc}-2 & 1 & & & \\ & -2 & & & \\ \hline & & 1 & 1 & \\ & & & 1 & 1 \\ & & & & 1\end{array}\right]\boldsymbol{x}+\begin{bmatrix}1\\0\\0\\1\\1\end{bmatrix}u$$

有不稳定特征值1，问能否利用状态反馈使方程稳定？若能，试求使闭环方程具有特征值-1，-1，-2，-2和-2所需要的增益向量$\boldsymbol{K}$。

5-5 设有不可控状态方程

$$\dot{\boldsymbol{x}}=\begin{bmatrix}2 & 1 & & \\ & 2 & & \\ & & -1 & \\ & & & -1\end{bmatrix}\boldsymbol{x}+\begin{bmatrix}0\\1\\1\\1\end{bmatrix}u$$

试问能否找到增益向量$\boldsymbol{K}$，使闭环方程具有特征值$\{-2,-2,-1,-1\}$，$\{-2,-2,-2,-1\}$或$\{-2,-2,-2,-2\}$。

5-6 设一系统具有传递函数

$$\frac{(s-1)(s+2)}{(s+1)(s-2)(s+3)}$$

试问是否有可能利用状态反馈将传递函数变为

$$\frac{(s-1)}{(s+2)(s+3)}$$

若有可能，应如何进行变换？

5-7 系统的动态方程为

$$\dot{\boldsymbol{x}}=\begin{bmatrix}5 & 0 & -4\\0 & -2 & 0\\6 & 0 & -5\end{bmatrix}\boldsymbol{x}+\begin{bmatrix}1\\1\\1\end{bmatrix}u,\quad y=[-3\quad 0\quad 2]\boldsymbol{x}$$

① 将系统化为对角规范型，判断系统可否用状态反馈镇定；

② 给定两组希望的闭环极点$\{-2,-2,-1\}$和$\{-2,-3,-2\}$，判断可否用状态反馈配置？

5-8 考虑带有参数的实系数可控系统

$$\dot{\boldsymbol{x}}=\begin{bmatrix}2&1&0\\0&2&0\\0&0&a\end{bmatrix}\boldsymbol{x}+\begin{bmatrix}0&0\\1&0\\0&1\end{bmatrix}\boldsymbol{u}$$

当 a 取不同值时，是否可以在 $\boldsymbol{B}$ 的值域中找出 $\boldsymbol{b}$，使$(\boldsymbol{A},\boldsymbol{b})$可控？如果可以找到，请求取 $\boldsymbol{b}$；如果不能找到，请说明原因。

5-9　状态方程为

$$\dot{\boldsymbol{x}}=\begin{bmatrix}0&1&0&2&1\\0&0&1&4&3\\7&6&4&3&1\\8&7&5&9&3\\5&8&6&2&9\end{bmatrix}\boldsymbol{x}+\begin{bmatrix}0&0&0\\0&0&0\\0&0&1\\0&2&0\\-1&0&0\end{bmatrix}\boldsymbol{u}$$

用尽可能简单的方法设计状态反馈，使闭环系统的特征值为$\{-2,-3,-4,-1+\mathrm{j},-1-\mathrm{j}\}$。

5-10　对于斜坡输入

$$\boldsymbol{d}(t)=\bar{\boldsymbol{d}}t*1(t)$$

$$\boldsymbol{y}_r(t)=\bar{\boldsymbol{y}}_r t*1(t)$$

式(5.2.3)～式(5.2.5)应做什么样的变动？这时对应于定理 5-7 和定理 5-8 的结果应如何叙述？

5-11　设系统动态方程为

$$\begin{cases}\dot{\boldsymbol{x}}=\boldsymbol{A}\boldsymbol{x}+\boldsymbol{B}\boldsymbol{u}+\boldsymbol{B}_w\boldsymbol{w}\\\dot{\boldsymbol{w}}=\boldsymbol{A}_w\boldsymbol{w}\\\boldsymbol{y}=\boldsymbol{C}\boldsymbol{x}+\boldsymbol{D}\boldsymbol{u}+\boldsymbol{D}_w\boldsymbol{w}\end{cases}$$

其中，$n=3,p=q=l=2$，系统系数矩阵分别为

$$\boldsymbol{A}=\begin{bmatrix}0&0&1\\1&0&0\\1&1&1\end{bmatrix},\quad \boldsymbol{B}=\begin{bmatrix}1&1\\-1&1\\0&-1\end{bmatrix},\quad \boldsymbol{B}_w=\begin{bmatrix}2&0\\0&-2\\-1&1\end{bmatrix},\quad \boldsymbol{A}_w=\begin{bmatrix}0&1\\-1&0\end{bmatrix}$$

$$\boldsymbol{C}=\begin{bmatrix}0&1&1\\-1&1&0\end{bmatrix},\quad \boldsymbol{D}=\begin{bmatrix}-1&-1\\1&-1\end{bmatrix},\quad \boldsymbol{D}_w=\begin{bmatrix}-2&-1\\1&-2\end{bmatrix}$$

求取线性静态状态反馈 $\boldsymbol{u}=\boldsymbol{K}\boldsymbol{x}+\boldsymbol{K}_w\boldsymbol{w}$，使闭环系统满足输出调节性质。

5-12　证明系统$(\boldsymbol{A},\boldsymbol{B},\boldsymbol{C})$可解耦的必要条件是 $\boldsymbol{B}$ 和 $\boldsymbol{C}$ 均满秩。

5-13　系统的动态方程为

$$\dot{\boldsymbol{x}}=\begin{bmatrix}1&2&0&1\\0&0&1&0\\-1&0&1&1\\0&1&1&-2\end{bmatrix}\boldsymbol{x}+\begin{bmatrix}0&-3\\2&-1\\0&1\\6&-5\end{bmatrix}\boldsymbol{u},\quad \boldsymbol{y}=\begin{bmatrix}1&0&3&0\\0&-3&2&1\end{bmatrix}\boldsymbol{x}$$

问可否用状态反馈律 $\boldsymbol{u}=\boldsymbol{K}\boldsymbol{x}+\boldsymbol{H}\boldsymbol{v}$，将闭环化为积分器解耦系统？（要求求出 $\boldsymbol{K}$ 和 $\boldsymbol{H}$）。若可解耦，问这时解耦与闭环稳定是否矛盾，为什么？

5-14　问下列系统可否用状态反馈解耦，若可解耦，求出化为积分器解耦系统的解耦反馈律

① $\begin{bmatrix} \dfrac{1}{s^3+1} & \dfrac{2}{s^2+1} \\ \dfrac{2s+1}{s^3+s+1} & \dfrac{1}{s} \end{bmatrix}$

③ $\dot{\boldsymbol{x}}=\begin{bmatrix} 3 & 1 & 0 \\ 0 & 0 & -1 \\ 0 & 1 & -1 \end{bmatrix}\boldsymbol{x}+\begin{bmatrix} 0 & 0 \\ 1 & 0 \\ 0 & 1 \end{bmatrix}\boldsymbol{u}$，　$\boldsymbol{y}=\begin{bmatrix} 2 & -1 & 1 \\ 0 & 2 & 1 \end{bmatrix}\boldsymbol{x}$

5-15　系统动态方程如下：

$$\dot{\boldsymbol{x}}=\begin{bmatrix} -1 & 0 & 0 \\ 0 & -2 & -4 \\ 1 & 0 & 1 \end{bmatrix}\boldsymbol{x}+\begin{bmatrix} 1 & 0 \\ 0 & 1 \\ 0 & -1 \end{bmatrix}\boldsymbol{u}$$

$$\boldsymbol{y}=\begin{bmatrix} 1 & 0 & 0 \\ 0 & 1 & 1 \end{bmatrix}\boldsymbol{x}$$

① 求状态反馈律，使系统动态解耦。

② 求状态反馈律，使系统静态解耦（设极点要求配置在－1，－2，－3）。

5-16　系统的动态方程为

$$\dot{\boldsymbol{x}}=\begin{bmatrix} 2 & 0 & 1 \\ 0 & 3 & 1 \\ 1 & 2 & 1 \end{bmatrix}\boldsymbol{x}+\begin{bmatrix} 0 & -1 \\ 1 & 1 \\ 0 & 1 \end{bmatrix}\boldsymbol{u}$$

$$\boldsymbol{y}=\begin{bmatrix} 1 & 0 & 0 \\ 1 & 0 & 1 \end{bmatrix}\boldsymbol{x}$$

① 问可否用状态反馈律 $\boldsymbol{u}=\boldsymbol{Kx}+\boldsymbol{Hv}$ 将闭环化为积分器解耦系统？

② 问可否用状态反馈律 $\boldsymbol{u}=\boldsymbol{Kx}+\boldsymbol{Hv}$ 实现静态解耦？若可能，求出 $\boldsymbol{K}$ 和 $\boldsymbol{H}$（闭环特征值要求设置在－1，－1，－2）。

5-17　系统方程为

$$\dot{\boldsymbol{x}}=\begin{bmatrix} 0 & 0 & 0 \\ 0 & 0 & 1 \\ -1 & -2 & -3 \end{bmatrix}\boldsymbol{x}+\begin{bmatrix} 1 & 0 \\ 0 & 0 \\ 0 & 1 \end{bmatrix}\boldsymbol{u}$$

$$\boldsymbol{y}=\begin{bmatrix} 1 & 1 & 0 \\ 0 & 0 & 1 \end{bmatrix}\boldsymbol{x}$$

问系统可否用状态反馈律 $\boldsymbol{u}=\boldsymbol{Kx}+\boldsymbol{Hv}$ 实现动态解耦？可否用状态反馈律 $\boldsymbol{u}=\boldsymbol{Kx}+\boldsymbol{Hv}$ 实现静态解耦？

5-18　系统动态方程为

$$\dot{\boldsymbol{x}}=\begin{bmatrix} -1 & 0 & 0 \\ 0 & -2 & -4 \\ 1 & 0 & 1 \end{bmatrix}\boldsymbol{x}+\begin{bmatrix} 1 & 0 \\ 0 & 1 \\ 0 & -1 \end{bmatrix}\boldsymbol{u}$$

$$\boldsymbol{y}=\begin{bmatrix} 1 & 0 & 0 \\ 0 & 1 & 1 \end{bmatrix}\boldsymbol{x}$$

问可否用状态反馈律 $\boldsymbol{u}=\boldsymbol{Kx}+\boldsymbol{Hv}$，将闭环传递函数阵变为

$$G_f(s)=\begin{bmatrix}\dfrac{1}{s+3} & 0\\ 0 & \dfrac{1}{s^2+3s+2}\end{bmatrix}$$

如有可能，求出 $\boldsymbol{K}$ 和 $\boldsymbol{H}$。

5-19　三相永磁同步电机基于 dq 轴下的状态空间模型可以构建为

$$\begin{bmatrix}\dot{I}_d\\ \dot{I}_q\end{bmatrix}=-\begin{bmatrix}\dfrac{R_s}{L_d} & -\dfrac{\omega L_q}{L_d}\\ \dfrac{\omega L_d}{L_q} & \dfrac{R_s}{L_q}\end{bmatrix}\begin{bmatrix}I_d\\ I_q\end{bmatrix}+\begin{bmatrix}\dfrac{1}{L_d} & 0\\ 0 & \dfrac{1}{L_q}\end{bmatrix}\begin{bmatrix}u_d\\ u_q\end{bmatrix},\quad \boldsymbol{I}=\begin{bmatrix}I_d\\ I_q\end{bmatrix}$$

其中，系统输出 $\boldsymbol{I}$ 为 dq 轴的电流，$[u_d,u_q]^{\mathrm{T}}$ 为 dq 轴的电压，$L_d=L_q=20$ mH 为 dq 轴的电感。$R_s=10\ \Omega$ 为电枢电阻，$\omega=5$ rad/s 为转速。试判定该系统是否能用输入变换的状态反馈实现动态解耦？若能，将解耦后的系统极点分别配置到 -1 和 -2，并写出解耦后的系统传递函数矩阵。

5-20　给定线性系统

$$\dot{\boldsymbol{x}}=\begin{bmatrix}0 & 1\\ 0 & 0\end{bmatrix}\boldsymbol{x}+\begin{bmatrix}0\\ 1\end{bmatrix}u,\quad \boldsymbol{x}(0)=\begin{bmatrix}1\\ 2\end{bmatrix}$$

和性能指标

$$J=\int_0^{\infty}(2x_1^2+2x_1x_2+x_2^2+u^2)\,\mathrm{d}t$$

试求取最优状态反馈增益矩阵和最优性能值。

5-21　给定线性系统

$$\dot{\boldsymbol{x}}=\begin{bmatrix}1 & 0\\ 0 & 2\end{bmatrix}\boldsymbol{x}+\begin{bmatrix}1\\ 1\end{bmatrix}u,\quad \boldsymbol{x}(0)=\begin{bmatrix}2\\ 1\end{bmatrix}$$

$$y=[1\quad 2]\,\boldsymbol{x}$$

和性能指标

$$J=\int_0^{\infty}(y^2+2u^2)\,\mathrm{d}t$$

试求取最优状态反馈增益矩阵和最优性能值。

5-22　给出并证明线性时不变系统的无限时间线性二次最优跟踪控制问题最优解结果。

5-23　考虑如下阻尼谐振器系统：

$$\dot{\boldsymbol{x}}=\begin{bmatrix}0 & 1\\ -\omega_n^2 & -2\zeta\omega_n\end{bmatrix}\boldsymbol{x}+\begin{bmatrix}0\\ 1\end{bmatrix}u$$

其中参数值固有频率为 $\omega_n=1$，阻尼比为 $\zeta=4$。给定性能指标为

$$J=\int_0^{\infty}(\boldsymbol{x}^{\mathrm{T}}\boldsymbol{x}+u^2)\,\mathrm{d}t$$

求取最优状态反馈增益矩阵和最优性能值。

5-24　考虑如图 5-11 所示的电力系统（三阶）。系统模型为

$$\Delta\dot{\alpha}=-\frac{1}{T_g}\Delta\alpha-\frac{1}{R_gT_g}\Delta f_G+\frac{1}{T_g}u$$

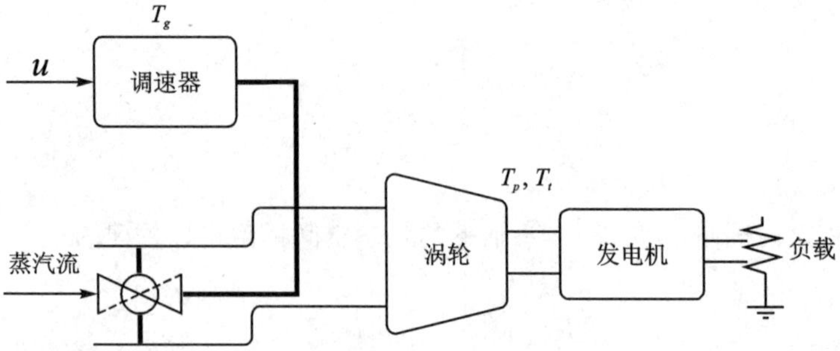

图 5-11 电力系统

$$\Delta\dot{P}_m = \frac{K_t}{T_t}\Delta\alpha - \frac{1}{T_t}\Delta P_m$$

$$\Delta\dot{f}_G = \frac{K_p}{T_p}\Delta P_m - \frac{1}{T_p}\Delta f_G$$

其中，Δf_G 是频率偏移，ΔP_m 是涡轮功率，$\Delta\alpha$ 是调速器的位置，R_g 是调速系数，T_g 是调速器时间常数，T_t 是涡轮的时间常数，T_p 是发电机模型时间常数，K_t 是涡轮模型增益，K_p 是发电机模型增益，系统参数值为 $T_g=5, R_g=0.5, K_t=1, T_t=10, K_p=1, T_p=10$。定义状态向量 $\boldsymbol{x}=[\Delta\alpha \quad \Delta P_m \quad \Delta f_G]^{\mathrm{T}}$，假设其初值为 $\boldsymbol{x}_0=[0.2 \quad -0.2 \quad 0.1]^{\mathrm{T}}$。试确定控制函数使得性能指标 $J=\int_0^{\infty}(\boldsymbol{x}^{\mathrm{T}}\boldsymbol{x}+u^2)\,\mathrm{d}t$ 最小。

5-25 对于线性时变系统($\boldsymbol{A}(t)$，$\boldsymbol{B}(t)$，$\boldsymbol{C}(t)$)，证明：

① 引入状态反馈不改变可控性；

② 引入输出反馈不改变可观测性。

5-26 一维系统方程如下：

$$\dot{x}=2tx+1(t)u$$

若反馈矩阵 $K(t)=(-2t+M)1(t)$，证明对任何 M 有衰减上限，但无衰减下限。若系统方程为 $\dot{x}=-2tx(t)+1(t)u$，结果如何？

第6章　静态输出反馈、观测器和动态补偿器

第5章讨论了状态反馈对系统性能的影响。状态反馈由于可以利用系统的全部内部信息，所以其对改变系统的性能显示出优越性。但是在实际问题中，系统的状态变量常常是不能直接量测的，因此难以直接做到用状态变量作反馈。但系统的输出量是可以量测的物理量，因此用输出量进行反馈是物理上能够直接实现的方法，它在系统设计中具有现实意义。因为系统 $\dot{\boldsymbol{x}}(t)=\boldsymbol{f}(\boldsymbol{x}(t),\boldsymbol{u}(t),t)$，$\boldsymbol{y}=\boldsymbol{h}(\boldsymbol{x}(t),t)$的输出信息 $\boldsymbol{y}$ 总是可以测量的，所以控制信号 $\boldsymbol{u}(t)$ 是输入参考信号 $\boldsymbol{v}(t)$ 及输出变量 $\boldsymbol{y}(t)$ 的函数，$\boldsymbol{u}(t)=\boldsymbol{g}(\boldsymbol{v}(t),\boldsymbol{y}(t),t)$是更易实现的反馈方式，其中 $\boldsymbol{u}(t)=\boldsymbol{g}(\boldsymbol{v}(t),\boldsymbol{y}(t),t)$称为静态输出反馈控制律。若 $\boldsymbol{u}(t)=\boldsymbol{g}(\boldsymbol{v}(t),\boldsymbol{y}(t),\boldsymbol{z}(t),t)$，其中 $\boldsymbol{z}(t)$是由输出 $\boldsymbol{y}$ 驱动的动态方程 $\dot{\boldsymbol{z}}(t)=\boldsymbol{d}(\boldsymbol{z}(t),\boldsymbol{y}(t),t)$的解，这样关系式 $\boldsymbol{u}(t)=\boldsymbol{g}(\boldsymbol{v}(t),\boldsymbol{y}(t),\boldsymbol{z}(t),t)$称为动态输出反馈控制律。本章一开始将研究静态输出反馈对系统可控性与可观测性等性能可能产生的影响，并着重介绍静态输出反馈在极点配置问题上的一些结果。

虽然状态变量不能直接量测到，但是在可观测性的讨论中，曾经给出了由一段时间的输入和输出可以确定出初始状态信息。这表明，若系统是可观测的，至少在理论上初始状态是可以确定的，而一旦知道了初态就可算出任一时刻的状态，也就是说系统任意时刻的状态都可以间接地得到。如何通过系统输入量和输出量来估计出状态变量，是观测器理论所要讨论的基本问题。由此可见，观测器理论也是具有工程实用价值的内容。6.2节将研究观测器的一般理论，包括观测器的存在性、极点配置、结构条件以及观测器的最小维数等。

由于静态输出反馈在改善系统性能上有很大的局限性，例如利用静态输出反馈进行极点配置，至今尚未得到满意的结果。但是如果把动态环节加到反馈回路中，则线性输出反馈改善系统性能的能力就可以大大提高。6.3节中讨论的由观测器和线性状态反馈组合而成的反馈就是构成动态反馈的一种方法。作为一般情况，6.4节研究了固定阶次的动态输出反馈进行极点配置的能力。

6.1　静态输出反馈和极点配置

静态输出反馈是最简单而且最容易实现的一种反馈方式，但是与状态反馈相比，在改善系统性能方面有较大的局限性。本节一开始先研究静态输出反馈与状态反馈的区别，后面几节讨论观测器理论及动态补偿器设计。

6.1.1　静态输出反馈的性质

若给定线性时不变系统方程为

$$\begin{cases}\dot{\boldsymbol{x}}=\boldsymbol{A}\boldsymbol{x}+\boldsymbol{B}\boldsymbol{u}\\ \boldsymbol{y}=\boldsymbol{C}\boldsymbol{x}\end{cases}\tag{6.1.1}$$

其中各符号意义同前。取如下形式的线性输入反馈形式：

$$u = Ky + v \tag{6.1.2}$$

这里 K 是 $p \times q$ 的常值矩阵，v 为 p 维输入向量。通常称式(6.1.2)为静态输出反馈控制律。

联合式(6.1.1)和式(6.1.2)，可以得到闭环系统的动态方程为

$$\begin{cases} \dot{x} = (A + BKC)x + Bv \\ y = Cx \end{cases} \tag{6.1.3}$$

闭环系统的示意图如图 6-1 所示。

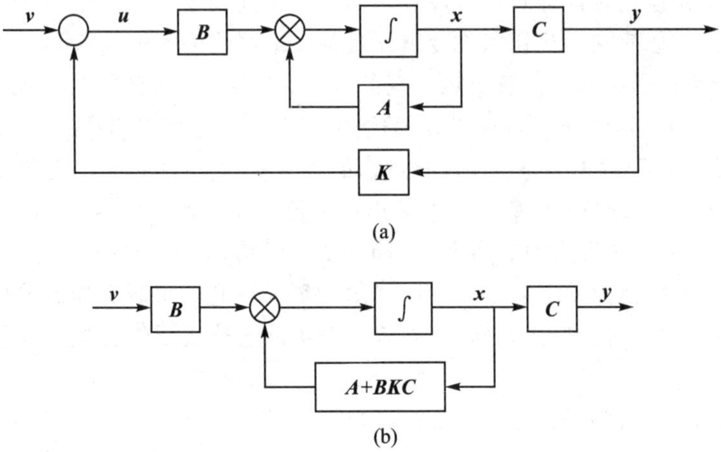

图 6-1 输出反馈系统

由图 6-1(b)易见：静态输出反馈闭环系统可以等效地看成是增益矩阵为 KC 的静态状态反馈形成的闭环系统。下面给出静态输出反馈对系统可观测性影响的结果。

定理 6-1 静态输出反馈律(6.1.2)不改变系统的可观测性，即开环系统与闭环系统可观测性相同。

证明： 根据等式

$$\begin{bmatrix} sI - (A + BKC) \\ C \end{bmatrix} = \begin{bmatrix} I & -BK \\ 0 & I \end{bmatrix} \begin{bmatrix} sI - A \\ C \end{bmatrix} \tag{6.1.4}$$

由于式(6.1.4)等号右端第一个矩阵是非奇异矩阵，因此对任意的 s 和 K，均有

$$\text{rank} \begin{bmatrix} sI - (A + BKC) \\ C \end{bmatrix} = \text{rank} \begin{bmatrix} sI - A \\ C \end{bmatrix} \tag{6.1.5}$$

由此可见，闭环系统(6.1.3)可观测的充分必要条件是开环系统(6.1.1)可观测，这表明静态输出反馈不改变系统的可观测性。

如果系统(6.1.1)不可观测，由式(6.1.5)可知，使得式(6.1.5)等号右边矩阵降秩的那些 s 值也使式(6.1.5)等号左边矩阵降秩。这表明静态输出反馈不会改变系统的不可观测模态，即静态输出反馈不会改变系统的输出解耦零点。令系统(6.1.1)与式(6.1.3)的可观测性矩阵为 V_1 和 V_2：

$$V_1 = \begin{bmatrix} C \\ CA \\ \vdots \\ CA^{n-1} \end{bmatrix}, \quad V_2 = \begin{bmatrix} C \\ C(A + BKC) \\ \vdots \\ C(A + BKC)^{n-1} \end{bmatrix}$$

不难证明，$\mathrm{Ker}\,\boldsymbol{V}_1=\mathrm{Ker}\,\boldsymbol{V}_2$。记 $\boldsymbol{\eta}_1=\mathrm{Ker}\,\boldsymbol{V}_1$，$\boldsymbol{\eta}_2=\mathrm{Ker}\,\boldsymbol{V}_2$，$\boldsymbol{\eta}_1$ 和 $\boldsymbol{\eta}_2$ 分别是开环系统(6.1.1)和闭环系统(6.1.3)的不可观测子空间。因此，从几何观点来看，式(6.1.2)的输出反馈不改变系统的不可观测子空间。

静态输出反馈律(6.1.2)也不改变系统的可控性。事实上，可以把式(6.1.3)中的 $\boldsymbol{KC}$ 看作是一种状态反馈的增益矩阵，又因为静态状态反馈不改变系统的可控性，所以这种特殊形式的状态反馈不改变系统的可控性。第 5 章证明了一个可控的系统通过状态反馈可以任意配置它的极点，但是作为一种特殊的状态反馈的输出反馈(部分状态信息反馈)，一般不具有这一性质。通过一个简单的例子可以看到输出反馈进行极点配置的局限性。

例 6-1　二维系统动态方程为

$$\begin{cases}\dot{x}=\begin{bmatrix}0 & 1\\0 & 0\end{bmatrix}\boldsymbol{x}+\begin{bmatrix}0\\1\end{bmatrix}u\\ y=\begin{bmatrix}1 & 0\end{bmatrix}\boldsymbol{x}\end{cases}$$

取 $u=Ky+v$，这样可以得到闭环系统的特征多项式为 s^2-K，无论 K 取何值，闭环系统的极点只能在复平面的实轴或虚轴上移动。这说明输出反馈不能任意改变这个系统的极点。

静态输出反馈控制律(6.1.2)中的增益矩阵 $\boldsymbol{K}$ 与闭环极点之间的关系是复杂的，可以说是线性控制理论至今尚未完全解决的问题。为了介绍静态输出反馈在极点配置问题上的一些结果，先讨论可控系统状态空间的分解问题，这一问题是用输出反馈(包括静态反馈及动态反馈)进行极点配置的基本前提。

6.1.2　极点配置问题中的几个定理

在线性代数中，研究空间相对于线性变换的分解，对于了解线性变换的特性是十分重要的。对于完全可控的系统，因为状态空间是可控子空间，它由 $\boldsymbol{A}$ 和 $\mathrm{Im}\,\boldsymbol{B}$ 确定，这里出现的空间分解问题，可以称为空间相对于 $\boldsymbol{A}$ 和 $\boldsymbol{B}$ 的分解。先回顾第 5 章提到的两个结论。

定理 6-2　若$(\boldsymbol{A},\boldsymbol{B})$可控，$\boldsymbol{A}$ 的最小多项式是 $f(s)$，并且$\partial[f(s)]=n_1<n$，则存在 $\boldsymbol{b}\in\mathrm{Im}\,\boldsymbol{B}$，使得 $f(s)$是 $\boldsymbol{b}$ 相对 $\boldsymbol{A}$ 的最小多项式，从而 $\boldsymbol{b},\boldsymbol{Ab},\cdots,\boldsymbol{A}^{n_1-1}\boldsymbol{b}$ 是线性无关的。

推论 6-1　若$(\boldsymbol{A},\boldsymbol{B})$可控，$\boldsymbol{A}$ 是循环矩阵(即 $\boldsymbol{A}$ 的最小多项式就是特征多项式)，则存在向量 $\boldsymbol{b}\in\mathrm{Im}\,\boldsymbol{B}$，使$(\boldsymbol{A},\boldsymbol{b})$可控。

定理 6-3　若$(\boldsymbol{A},\boldsymbol{B})$可控，则存在 $\boldsymbol{b}\in\mathrm{Im}\,\boldsymbol{B}$ 和非奇异矩阵 $\boldsymbol{P}$，使得

$$\boldsymbol{PAP}^{-1}=\mathrm{diag}\{\boldsymbol{A}_1,\boldsymbol{A}_2,\cdots,\boldsymbol{A}_k\} \tag{6.1.6}$$

$$\boldsymbol{Pb}=[0\ \cdots\ 0\ \underset{n_1}{1}\ 0\ \cdots\ 0]^{\mathrm{T}} \tag{6.1.7}$$

其中，k 是 $\boldsymbol{A}$ 的循环指数，$\boldsymbol{A}_i$ 都是相伴标准形(友矩阵)，n_1 表示 $\boldsymbol{A}$ 的最小多项式的次数。

证明： 由于 $\boldsymbol{A}$ 的最小多项式为 n_1 次，设为 $f_1(s)$，由定理 6-2 可知存在 $\boldsymbol{b}\in\mathrm{Im}\,\boldsymbol{B}$，并且 $\boldsymbol{b},\boldsymbol{Ab},\cdots,\boldsymbol{A}^{n_1-1}\boldsymbol{b}$ 线性无关。取 $\boldsymbol{v}_{n_1+1},\cdots,\boldsymbol{v}_n$，使得和 $\boldsymbol{b},\boldsymbol{Ab},\cdots,\boldsymbol{A}^{n_1-1}\boldsymbol{b}$ 构成状态空间的基底，取 $\boldsymbol{T}_1=[\boldsymbol{b}\quad \boldsymbol{Ab}\quad \cdots\quad \boldsymbol{A}^{n_1-1}\boldsymbol{b}\quad \boldsymbol{v}_{n_1+1}\quad \cdots\quad \boldsymbol{v}_n]$，则

$$\boldsymbol{T}_1^{-1}\boldsymbol{AT}_1=\begin{bmatrix}\boldsymbol{A}_{11} & \boldsymbol{A}_{12}\\ \boldsymbol{0} & \boldsymbol{A}_{22}\end{bmatrix}$$

其中，$\boldsymbol{A}_{11}$ 是 $n_1\times n_1$ 矩阵，$\boldsymbol{A}_{22}$ 是$(n-n_1)\times(n-n_1)$矩阵，现设 $\boldsymbol{A}_{22}$ 的最小多项式是 $f_2(s)$，次数为 n_2，可以证明 $f_2(s)$能整除 $f_1(s)$，在 $n-n_1$ 维的子空间中，必存在 $\boldsymbol{u}$，使 $\boldsymbol{u},\boldsymbol{A}_{22}\boldsymbol{u},\cdots$，

$\boldsymbol{A}_{22}^{n_2-1}\boldsymbol{u}$ 是线性无关的，且 $f_2(\boldsymbol{A}_{22})\boldsymbol{u}=\boldsymbol{0}$。

取 $\boldsymbol{g}^*=\begin{bmatrix}\boldsymbol{v}\\ \boldsymbol{u}\end{bmatrix}$，这里 $\boldsymbol{v}$ 是 n_1 维向量，有

$$f_2(\boldsymbol{T}_1^{-1}\boldsymbol{A}\boldsymbol{T}_1)\boldsymbol{g}^*=\begin{bmatrix}f_2(\boldsymbol{A}_{11}) & * \\ \boldsymbol{0} & f_2(\boldsymbol{A}_{22})\end{bmatrix}\begin{bmatrix}\boldsymbol{v}\\ \boldsymbol{u}\end{bmatrix}=\begin{bmatrix}\boldsymbol{h}\\ \boldsymbol{0}\end{bmatrix} \tag{6.1.8}$$

若取 $\boldsymbol{e}_i$ 为 n_1 阶单位矩阵的第 i 列，则有 $\boldsymbol{h}=\sum_{i=1}^{n_1}h_i\boldsymbol{e}_i$ 及

$$\boldsymbol{T}_1\begin{bmatrix}\boldsymbol{h}\\ \boldsymbol{0}\end{bmatrix}=\sum_{i=1}^{n_1}h_i\boldsymbol{T}_1\begin{bmatrix}\boldsymbol{e}_i\\ \boldsymbol{0}\end{bmatrix}=\sum_{i=1}^{n_1}h_i\boldsymbol{A}^{i-1}\boldsymbol{b} \tag{6.1.9}$$

由式(6.1.8)和式(6.1.9)可知，必存在 $\psi(s)$，$\psi(s)$的次数$\partial[\psi(s)]\leqslant n_1-1$，使得

$$f_2(\boldsymbol{A})\boldsymbol{T}_1\boldsymbol{g}^*=\psi(\boldsymbol{A})\boldsymbol{b} \tag{6.1.10}$$

另一方面，$f_2(s)$可整除 $f_1(s)$，所以 $f_1(s)=\eta(s)f_2(s)$，因为 $f_1(s)$是 $\boldsymbol{A}$ 的最小多项式，故

$$\eta(\boldsymbol{A})f_2(\boldsymbol{A})\boldsymbol{T}_1\boldsymbol{g}^*=\eta(\boldsymbol{A})\psi(\boldsymbol{A})\boldsymbol{b}=\boldsymbol{0}$$

$\eta(\boldsymbol{A})\psi(\boldsymbol{A})$是 $\boldsymbol{b}$ 的化零多项式，故可被 $f_1(s)$整除，即

$$\eta(s)\psi(s)=\eta_1(s)f_1(s)=\eta_1(s)\eta(s)f_2(s)$$

故可知 $\psi(s)=\eta_1(s)f_2(s)$，式(6.1.10)可写为

$$f_2(\boldsymbol{A})(\boldsymbol{T}_1\boldsymbol{g}^*-\eta_1(\boldsymbol{A})\boldsymbol{b})=\boldsymbol{0}$$

令 $\boldsymbol{g}_2=\boldsymbol{T}_1\boldsymbol{g}^*-\eta_1(\boldsymbol{A})\boldsymbol{b}$，$f_2(s)$是 $\boldsymbol{g}_2$ 的化零多项式，也是 $\boldsymbol{g}_2$ 的最小多项式。否则有 $f_2^*(s)$，$\partial[f_2^*(s)]<\partial[f_2(s)]$，且 $f_2^*(\boldsymbol{A})\boldsymbol{g}_2=\boldsymbol{0}$，即 $f_2^*(\boldsymbol{A})\boldsymbol{T}_1\boldsymbol{g}^*=f_2^*(\boldsymbol{A})\eta_1(\boldsymbol{A})\boldsymbol{b}$，该式等号两边同时左乘 $\boldsymbol{T}_1^{-1}$，得

$$f_2^*(\boldsymbol{T}_1^{-1}\boldsymbol{A}\boldsymbol{T}_1)\boldsymbol{g}^*=\begin{bmatrix}*\\ \boldsymbol{0}\end{bmatrix}$$

从而有 $f_2^*(\boldsymbol{A}_{22})\boldsymbol{u}=\boldsymbol{0}$，而这和 $f_2(s)$是 $\boldsymbol{u}$ 的最小多项式矛盾。矛盾表明 $f_2(s)$是 $\boldsymbol{g}_2$ 的最小多项式。从而 $\boldsymbol{g}_2,\boldsymbol{A}\boldsymbol{g}_2,\cdots,\boldsymbol{A}^{n_2-1}\boldsymbol{g}_2$ 线性无关。现在要证明 $\boldsymbol{b},\boldsymbol{A}\boldsymbol{b},\cdots,\boldsymbol{A}^{n_1-1}\boldsymbol{b};\boldsymbol{g}_2,\boldsymbol{A}\boldsymbol{g}_2,\cdots,\boldsymbol{A}^{n_2-1}\boldsymbol{g}_2$ 线性无关。否则，它们线性相关，即存在 α 和 β 满足：

$$\alpha(\boldsymbol{A})\boldsymbol{g}_2=\beta(\boldsymbol{A})\boldsymbol{b}$$

其中$\partial[\alpha(s)]<n_2$，再利用 $\boldsymbol{g}_2$ 的表达式有

$$\alpha(\boldsymbol{A})\boldsymbol{T}_1\boldsymbol{g}^*=[\alpha(\boldsymbol{A})\eta_1(\boldsymbol{A})+\beta(\boldsymbol{A})]\boldsymbol{b}$$

和前面的推理相同，可说明 $\alpha(s)$是 $\boldsymbol{A}_{22}$ 的化零多项式，而这与 $f_2(s)$是它的最小多项式矛盾。

再取 $\boldsymbol{T}_2=[\boldsymbol{b}\quad \boldsymbol{A}\boldsymbol{b}\quad \cdots\quad \boldsymbol{A}^{n_1-1}\boldsymbol{b}\quad \boldsymbol{g}_2\quad \boldsymbol{A}\boldsymbol{g}_2\ \cdots\ \boldsymbol{A}^{n_2-1}\boldsymbol{g}_2\quad \bar{\boldsymbol{v}}_{n_1+n_2-1}\quad \cdots\quad \bar{\boldsymbol{v}}_n]$为非奇异矩阵，这时

$$\boldsymbol{T}_2^{-1}\boldsymbol{A}\boldsymbol{T}_2=\begin{bmatrix}\boldsymbol{A}_{31} & \boldsymbol{A}_{13}\\ \boldsymbol{0} & \boldsymbol{A}_{33}\end{bmatrix}$$

其中 $\boldsymbol{A}_{23}$ 是$(n-n_1-n_2)\times(n-n_1-n_2)$的矩阵，设其最小多项式 $f_3(s)$为 n_3 次，按上述方法证明，使得 $f_3(s)$是 g_3 的最小多项式，而且 $\boldsymbol{b},\boldsymbol{A}\boldsymbol{b},\cdots,\boldsymbol{A}^{n_1-1}\boldsymbol{b};\boldsymbol{g}_2,\boldsymbol{A}\boldsymbol{g}_2,\cdots,\boldsymbol{A}^{n_2-1}\boldsymbol{g}_2;\boldsymbol{g}_3,\boldsymbol{A}\boldsymbol{g}_3,\cdots,\boldsymbol{A}^{n_3-1}\boldsymbol{g}_3$ 线性无关。

按上述方法继续下去，因为空间是有限维的，则一定到某一步 k 为止，可以得到 k 个向量

$\boldsymbol{b},\boldsymbol{g}_2,\cdots,\boldsymbol{g}_k$，它们的最小多项式为 $f_1(s),f_2(s),\cdots,f_k(s)$，后者能整除前者，而且 $\boldsymbol{b},\boldsymbol{Ab},\cdots,\boldsymbol{A}^{n_1-1}\boldsymbol{b};\boldsymbol{g}_2,\boldsymbol{Ag}_2,\cdots,\boldsymbol{A}^{n_2-1}\boldsymbol{g}_2;\cdots;\boldsymbol{g}_k,\boldsymbol{Ag}_k,\cdots,\boldsymbol{A}^{n_k-1}\boldsymbol{g}_k$ 线性无关，且 $n_1+n_2+\cdots+n_k=n$。令

$$[\boldsymbol{b}\quad \boldsymbol{Ab}\quad \cdots\quad \boldsymbol{A}^{n_1-1}\boldsymbol{b}\quad \boldsymbol{g}_2\quad \boldsymbol{Ag}_2\quad \cdots\quad \boldsymbol{A}^{n_2-1}\boldsymbol{g}_2\quad \cdots\quad \boldsymbol{g}_k\quad \boldsymbol{Ag}_k\quad \cdots\quad \boldsymbol{A}^{n_k-1}\boldsymbol{g}_k]^{-1}=\boldsymbol{H}$$

$\boldsymbol{H}$ 的第 n_1 行，第 n_1+n_2 行，…，第 n 行分别记为 $\bar{\boldsymbol{e}}_1,\bar{\boldsymbol{e}}_2,\cdots,\bar{\boldsymbol{e}}_k$，取

$$\boldsymbol{P}=\begin{bmatrix}\bar{\boldsymbol{e}}_1\\ \bar{\boldsymbol{e}}_1A\\ \vdots\\ \bar{\boldsymbol{e}}_1\boldsymbol{A}^{n_1-1}\\ \vdots\\ \bar{\boldsymbol{e}}_k\\ \bar{\boldsymbol{e}}_kA\\ \vdots\\ \bar{\boldsymbol{e}}_k\boldsymbol{A}^{n_k-1}\end{bmatrix}$$

容易证明 $\boldsymbol{P}$ 为非奇异矩阵，这时

$$\boldsymbol{PAP}^{-1}=\mathrm{diag}\{\boldsymbol{A}_1,\boldsymbol{A}_2,\cdots,\boldsymbol{A}_k\},\quad \boldsymbol{Pb}=[0\ \cdots\ 0\ \underset{n_1}{1}\ \ 0\ \cdots\ 0]^{\mathrm{T}}$$

符合定理的要求。

这个定理实际上是第二空间分解定理，这里不过是在 $\mathrm{Im}\,\boldsymbol{B}$ 中找出 $\boldsymbol{A}$ 的生成元。

例 6-2　给定可控状态方程如下：

$$\dot{\boldsymbol{x}}=\begin{bmatrix}1&1&0&0\\0&1&1&0\\0&0&1&0\\0&0&0&1\end{bmatrix}\boldsymbol{x}+\begin{bmatrix}0&0\\0&0\\1&0\\0&1\end{bmatrix}\boldsymbol{u}$$

因为 $\boldsymbol{A}$ 的最小多项式为 $f_1(s)=(s-1)^3=s^3-3s^2+3s-1$。根据定理 6-2，容易找出 $\boldsymbol{b}=[0\quad 0\quad 1\quad 0]^{\mathrm{T}}$，并且 $\boldsymbol{b},\boldsymbol{Ab},\boldsymbol{A}^2\boldsymbol{b}$ 线性无关，取 $\boldsymbol{v}_4=[0\quad 0\quad 0\quad 1]^{\mathrm{T}}$，令 $\boldsymbol{T}_1=[\boldsymbol{b}\quad \boldsymbol{Ab}\quad \boldsymbol{A}^2\boldsymbol{b}\quad \boldsymbol{v}_4]$，则有

$$\boldsymbol{T}_1=\begin{bmatrix}0&0&1&0\\0&1&2&0\\1&1&1&0\\0&0&0&1\end{bmatrix},\quad \boldsymbol{T}^{-1}=\begin{bmatrix}1&-1&1&0\\-2&1&0&0\\1&0&0&0\\0&0&0&1\end{bmatrix},\quad \boldsymbol{T}_1^{-1}\boldsymbol{AT}_1=\begin{bmatrix}0&0&1&0\\1&0&-3&0\\0&1&3&0\\0&0&0&1\end{bmatrix}$$

因为 $\boldsymbol{A}_{22}=1$，最小多项式为 $f_2(s)=s-1$，取 $u=1,\boldsymbol{v}=[1\quad 1\quad 1]^{\mathrm{T}}$，即令 $\boldsymbol{g}^*=[1\quad 1\quad 1\quad 1]^{\mathrm{T}}$，于是有

$$f_2(\boldsymbol{T}_1^{-1}\boldsymbol{AT}_1)\boldsymbol{g}^*=\begin{bmatrix}-1&0&-1&0\\1&-1&-3&0\\0&1&2&0\\0&0&0&0\end{bmatrix}\begin{bmatrix}1\\1\\1\\1\end{bmatrix}=\begin{bmatrix}0\\-3\\3\\0\end{bmatrix},\quad f_2(\boldsymbol{A})\boldsymbol{T}_1\boldsymbol{g}^*=\boldsymbol{T}_1\begin{bmatrix}\boldsymbol{h}\\ \\ \\0\end{bmatrix}=\begin{bmatrix}3\\3\\0\\0\end{bmatrix}$$

由此得 $h_1=0,h_2=-3,h_3=3$，所以 $\psi(s)=3s(s-1)$，于是

$$\eta(s)=(s-1)^2,\quad \eta_1(s)=3s,\quad \boldsymbol{g}_2=\boldsymbol{T}_1\boldsymbol{g}^*-\eta_1(\boldsymbol{A})\boldsymbol{b}=[1\quad 0\quad 0\quad 1]^{\mathrm{T}}$$

令

$$H=[b\quad Ab\quad A^2b\quad g_2]^{-1}$$

则

$$H=\begin{bmatrix}0&0&1&1\\0&1&2&0\\1&1&1&0\\0&0&0&1\end{bmatrix}^{-1}=\begin{bmatrix}1&-1&1&-1\\-2&1&0&2\\1&0&0&-1\\0&0&0&1\end{bmatrix}$$

因此 $\bar{e}_1=[1\quad 0\quad 0\quad -1]$， $\bar{e}_2=[0\quad 0\quad 0\quad 1]$，最后可得

$$P=\begin{bmatrix}\bar{e}_1\\\bar{e}_1A\\\bar{e}_1A^2\\\bar{e}_2\end{bmatrix}=\begin{bmatrix}1&0&0&-1\\1&1&0&-1\\1&2&1&-1\\0&0&0&1\end{bmatrix},\quad P^{-1}=\begin{bmatrix}1&0&0&1\\-1&1&0&0\\1&-2&1&0\\0&0&0&1\end{bmatrix}$$

容易直接验证

$$PAP^{-1}=\left[\begin{array}{ccc:c}0&1&0&0\\0&0&1&0\\1&-3&3&0\\\hdashline 0&0&0&1\end{array}\right],\quad Pb=\begin{bmatrix}0\\0\\1\\0\end{bmatrix}$$

定理 6-4 假设(A,B)可控，(A,C)可观测，并且 A 的最小多项式次数为 $n_1<n$，则存在 $b\in \operatorname{Im} B$，$c\in \operatorname{Im} C^{\mathrm{T}}$，使得$(A+bc^{\mathrm{T}},B)$可控，$(A+bc^{\mathrm{T}},C)$可观测，同时 $A+bc^{\mathrm{T}}$ 的最小多项式的次数比 n_1 大。

证明： 对任意 $b\in \operatorname{Im} B$，$c\in \operatorname{Im} C^{\mathrm{T}}$，都有$(A+bc^{\mathrm{T}},B)$可控，$(A+bc^{\mathrm{T}},C)$可观测。这里因为状态反馈不改变可控性，输出反馈不改变可观测性，所以所用的反馈矩阵是一种秩为 1 的矩阵。下面证明 $A+bc^{\mathrm{T}}$ 的最小多项式的次数比 n_1 大。

因为 A 的最小多项式次数为 n_1，由定理 6-3 可知，总存在 $b\in \operatorname{Im} B$，使得

$$\bar{A}=PAP^{-1},\quad Pb=[0\ \cdots\ 0\quad 1\quad 0\ \cdots\ 0]^{\mathrm{T}}=\bar{b},\quad \bar{B}=PB,\quad \bar{C}=CP^{-1}=[\bar{C}_1\quad \bar{C}_2]$$

$$\bar{A}=\begin{bmatrix}\bar{A}_1&\mathbf{0}\\\mathbf{0}&\bar{A}_2\end{bmatrix},\quad \bar{A}_1=\begin{bmatrix}0&1&0&\cdots&0\\0&0&1&\cdots&0\\\vdots&\vdots&\vdots&\ddots&\vdots\\0&0&0&\cdots&1\\-\alpha_0&-\alpha_1&-\alpha_2&\cdots&-\alpha_{n_1-1}\end{bmatrix}_{n_1\times n_1}$$

而 $f(s)=s^{n_1}+\alpha_{n_1-1}s^{n_1-1}+\cdots+\alpha_1 s+\alpha_0$ 是 A 的最小多项式，$\bar{A}_2$ 是$(n-n_1)\times(n-n_1)$矩阵，$\bar{C}_1$ 是 $q\times n_1$ 矩阵，显然$(\bar{A}_1,\bar{C}_1)$可观测，存在 $\bar{v}_1\in \operatorname{Im} \bar{C}_1^{\mathrm{T}}$ 使得$(\bar{A}_1,\bar{v}_1^{\mathrm{T}})$可观测，取 n_1 维向量 $b_1=[0\quad \cdots\quad 0\quad 1]^{\mathrm{T}}$，令

$$\bar{A}_1(\alpha)=\bar{A}_1+\alpha\bar{b}_1\bar{v}_1^{\mathrm{T}}$$

式中 α 为任意实数。现在计算 $\bar{A}_1(\alpha)$的特征多项式，记 $\det[sI-\bar{A}_1(\alpha)]=\Delta(s)$，$\bar{v}_1^{\mathrm{T}}-[\beta_0\quad \beta_1\quad \cdots\quad \beta_{n_1-1}]$，从而有

$$\begin{aligned}\Delta(s) &= s^{n_1} + (\alpha_{n_1-1} - \alpha\beta_{n_1-1})s^{n_1-1} + \cdots + (\alpha_1 - \alpha\beta_1)s + (\alpha_0 - \alpha\beta_0) \\ &= f(s) - \alpha\varphi(s)\end{aligned}$$

其中 $\varphi(s) = \beta_{n_1-1}s^{n_1-1} + \cdots\beta_1 s + \beta_0$。可以证明 $f(s)$ 和 $\varphi(s)$ 互质，否则，若 s_0 是 $f(s)$ 和 $\varphi(s)$ 的公共零点，令 $\boldsymbol{x}_0 = [1 \quad s_0 \ \cdots \ s_0^{n_1-1}]^{\mathrm{T}}$，则有

$$\bar{\boldsymbol{A}}_1 \boldsymbol{x}_0 = s_0 \boldsymbol{x}_0, \quad \bar{\boldsymbol{v}}_1^{\mathrm{T}} \boldsymbol{x}_0 = 0$$

这说明 s_0 是 $(\bar{\boldsymbol{A}}_1, \bar{\boldsymbol{v}}_1^{\mathrm{T}})$ 的输出解耦零点，这与 $(\bar{\boldsymbol{A}}_1, \bar{\boldsymbol{v}}_1^{\mathrm{T}})$ 可观测矛盾。由于 $f(s)$ 和 $\varphi(s)$ 互质，因此可以取到 $\bar{\alpha}$，使 $\bar{\boldsymbol{A}}_1(\bar{\alpha})$ 与 $\bar{\boldsymbol{A}}_2$ 没有公共特征值。这样的 $\bar{\alpha}$ 总是存在的，只须取

$$\bar{\alpha} \neq \frac{f(s_i)}{\varphi(s_i)}$$

这里 s_i 不是 $\varphi(s)$ 的零点，而是 $\bar{\boldsymbol{A}}_2$ 的特征值。而那些既是 $\bar{\boldsymbol{A}}_2$ 的特征值又是 $\varphi(s)$ 零点的 s_i 肯定不是 $\bar{\boldsymbol{A}}_1(\alpha)$ 的特征值，不管 α 取任何值。

记 $\boldsymbol{c}_1 = \bar{\alpha}\bar{\boldsymbol{v}}_1$，取 n 维向量 $\tilde{\boldsymbol{c}}_1 \in \mathrm{Im}\,\bar{\boldsymbol{C}}^{\mathrm{T}}$，并且 $\tilde{\boldsymbol{c}}_1$ 的前 n_1 个元素与 $\boldsymbol{c}_1$ 的元素相同。考虑 $\boldsymbol{A}^* = \bar{\boldsymbol{A}} + \bar{\boldsymbol{b}}\tilde{\boldsymbol{c}}_1^{\mathrm{T}}$，即

$$\boldsymbol{A}^* = \begin{bmatrix} \bar{\boldsymbol{A}}_1 & \boldsymbol{0} \\ \boldsymbol{0} & \bar{\boldsymbol{A}}_2 \end{bmatrix} + \begin{bmatrix} 0 \\ \vdots \\ 0 \\ 1 \\ 0 \\ \vdots \\ 0 \end{bmatrix} [\bar{\alpha}\beta_0 \quad \bar{\alpha}\beta_1 \quad \cdots \quad \bar{\alpha}\beta_{n_1-1} \quad \beta_{n_1} \quad \cdots \quad \beta_n] = \begin{bmatrix} \bar{\boldsymbol{A}}_1(\bar{\alpha}) & \bar{\boldsymbol{A}}_{12} \\ \boldsymbol{0} & \bar{\boldsymbol{A}}_2 \end{bmatrix}$$

其中

$$\bar{\boldsymbol{A}}_1(\bar{\alpha}) = \begin{bmatrix} 0 & 1 & & & \\ 0 & 0 & 1 & & \\ \vdots & \vdots & & \ddots & \\ 0 & 0 & & & 1 \\ -(\alpha_0 + \bar{\alpha}\beta_0) & \cdots & \cdots & \cdots & -(\alpha_{n_1-1} + \bar{\alpha}\beta_{n_1-1}) \end{bmatrix}$$

$$\bar{\boldsymbol{A}}_{12} = \begin{bmatrix} \boldsymbol{0} \\ \beta_{n_1} \cdots \beta_n \end{bmatrix}$$

由于 $\bar{\boldsymbol{A}}_1(\bar{\alpha})$ 与 $\bar{\boldsymbol{A}}_2$ 无公共特征值，故对给定矩阵 $\bar{\boldsymbol{A}}_{12}$，矩阵方程

$$\bar{\boldsymbol{A}}_1(\bar{\alpha})\boldsymbol{P} - \boldsymbol{P}\bar{\boldsymbol{A}}_2 = -\bar{\boldsymbol{A}}_{12}$$

必有唯一解，这里 $\boldsymbol{P}$ 为 $n_1 \times (n - n_1)$ 矩阵。令

$$\boldsymbol{M} = \begin{bmatrix} \boldsymbol{I}_{n_1} & \boldsymbol{P} \\ \boldsymbol{0} & \boldsymbol{I}_{n-n_1} \end{bmatrix}, \quad \boldsymbol{M}^{-1} = \begin{bmatrix} \boldsymbol{I}_{n_1} & -\boldsymbol{P} \\ \boldsymbol{0} & \boldsymbol{I}_{n-n_1} \end{bmatrix}$$

于是 $\bar{\boldsymbol{A}}^* = \boldsymbol{M}^{-1}\boldsymbol{A}^*\boldsymbol{M} = \mathrm{diag}\{\bar{\boldsymbol{A}}_1(\bar{\alpha}), \bar{\boldsymbol{A}}_2\}$。

显然 $\bar{\boldsymbol{A}}^*$ 与 $\boldsymbol{A}^*$ 有相同的最小多项式，如果设 $\bar{\boldsymbol{A}}^*$ 的最小多项式为 $\psi(s)$，$\bar{\boldsymbol{A}}_1(\bar{\alpha})$ 和 $\bar{\boldsymbol{A}}_2$ 的最

小多项式为 $\psi_1(s)$ 与 $\psi_2(s)$，因为 $\bar{\boldsymbol{A}}_1(\bar{\alpha})$ 和 $\bar{\boldsymbol{A}}_2$ 无公共特征值，所以 $\psi_1(s)$ 与 $\psi_2(s)$ 互质，$\psi(s)=\psi_1(s)\psi_2(s)$，由 $\bar{\boldsymbol{A}}_1(\bar{\alpha})$ 的特殊形式可知其最小多项式为 n_1 次，而 $\psi_2(s)$ 至少是一次，所以 $\bar{\boldsymbol{A}}^*$ 的最小多项式至少是 n_1+1 次，又因为

$$\boldsymbol{T}^{-1}\boldsymbol{A}^*\boldsymbol{T}=\boldsymbol{T}^{-1}\bar{\boldsymbol{A}}\boldsymbol{T}+\boldsymbol{T}^{-1}\bar{\boldsymbol{b}}\tilde{\boldsymbol{c}}_1^{\mathrm{T}}\boldsymbol{T}=\boldsymbol{A}+\boldsymbol{b}\boldsymbol{c}^{\mathrm{T}}$$

这里 $\boldsymbol{c}\in\operatorname{Im}\boldsymbol{C}^{\mathrm{T}}$，而 $\boldsymbol{A}+\boldsymbol{b}\boldsymbol{c}^{\mathrm{T}}$ 的最小多项式至少是 n_1+1 次，定理证毕。

推论 6-2 设$(\boldsymbol{A},\boldsymbol{B},\boldsymbol{C})$可控可观测，存在一个 $p\times q$ 矩阵 $\boldsymbol{H}$，使$(\boldsymbol{A}+\boldsymbol{BHC},\boldsymbol{B})$可控，$(\boldsymbol{A}+\boldsymbol{BHC},\boldsymbol{C})$可观测，并且 $\boldsymbol{A}+\boldsymbol{BHC}$ 是循环矩阵，即它的最小多项式是 n 次。

这一推论可以通过反复用定理 6-4 得到。它表明在$(\boldsymbol{A},\boldsymbol{B},\boldsymbol{C})$可控可观测的条件下，存在输出反馈增益矩阵 $\boldsymbol{H}$，可使闭环系统矩阵 $\boldsymbol{A}+\boldsymbol{BHC}$ 是循环的。因此在讨论输出反馈问题时，总可认为系统矩阵是循环矩阵。

例 6-3 给定系统$(\boldsymbol{A},\boldsymbol{B},\boldsymbol{C})$如下：

$$\boldsymbol{A}=\begin{bmatrix}1&1&0&0\\0&1&1&0\\0&0&1&0\\0&0&0&1\end{bmatrix},\quad \boldsymbol{B}=\begin{bmatrix}0&0\\0&0\\1&0\\0&1\end{bmatrix},\quad \boldsymbol{C}=\begin{bmatrix}1&0&0&0\\0&0&0&1\end{bmatrix}$$

根据例 6-2 的结果，可知 $\bar{\boldsymbol{b}}=[0\quad 0\quad 1\quad 0]^{\mathrm{T}}$，则

$$\boldsymbol{P}=\begin{bmatrix}1&0&0&-1\\1&1&0&-1\\1&2&1&-1\\0&0&0&1\end{bmatrix},\quad \boldsymbol{P}^{-1}=\begin{bmatrix}1&0&0&1\\-1&1&0&0\\1&-2&1&0\\0&0&0&1\end{bmatrix}$$

$$\bar{\boldsymbol{A}}=\boldsymbol{PAP}^{-1}=\begin{bmatrix}\bar{\boldsymbol{A}}_1&\boldsymbol{0}\\\boldsymbol{0}&\bar{\boldsymbol{A}}_2\end{bmatrix}=\begin{bmatrix}0&1&0&0\\0&0&1&0\\1&-3&3&0\\0&0&0&1\end{bmatrix}$$

$$\bar{\boldsymbol{B}}=\boldsymbol{PB}=\begin{bmatrix}0&-1\\0&-1\\1&-1\\0&1\end{bmatrix}$$

$$\bar{\boldsymbol{C}}=\boldsymbol{CP}^{-1}=\begin{bmatrix}\bar{\boldsymbol{C}}_1&\bar{\boldsymbol{C}}_2\end{bmatrix}=\begin{bmatrix}1&0&0&1\\0&0&0&1\end{bmatrix}$$

而 $f_1(s)=s^3-3s^2+3s-1$ 是 $\boldsymbol{A}$ 的最小多项式，不难看出$(\bar{\boldsymbol{A}}_1,\bar{\boldsymbol{C}}_1)$可观测，$\bar{\boldsymbol{v}}_1=[1\quad 0\quad 0]^{\mathrm{T}}$，$\bar{\boldsymbol{b}}_1=[0\quad 0\quad 1]^{\mathrm{T}}$，则

$$\bar{\boldsymbol{A}}_1(\alpha)=\bar{\boldsymbol{A}}_1+\alpha\begin{bmatrix}0\\0\\1\end{bmatrix}[1\quad 0\quad 0]=\begin{bmatrix}0&1&0\\0&0&1\\1+\alpha&-3&3\end{bmatrix}$$

$\det[s\boldsymbol{I}-\bar{\boldsymbol{A}}_1(\alpha)]=s^3-3s^2+3s-(1+\alpha)$。显然只要取 $\alpha\neq 0$，例如 $\alpha=1$ 就可做到 $\bar{\boldsymbol{A}}_1(\alpha)$ 和 $\boldsymbol{A}_2$ 无公共特征值，因此 $\boldsymbol{c}_1=\bar{\boldsymbol{v}}_1$，$\tilde{\boldsymbol{c}}_1=[1\quad 0\quad 0\quad 2]^{\mathrm{T}}$，可得

$$\boldsymbol{A}^* = \bar{\boldsymbol{A}} + \bar{\boldsymbol{b}}\tilde{\boldsymbol{c}}_1^{\mathrm{T}} = \begin{bmatrix} 0 & 1 & 0 & 0 \\ 0 & 0 & 1 & 0 \\ 2 & -3 & 3 & 2 \\ 0 & 0 & 0 & 1 \end{bmatrix}$$

由矩阵方程

$$\begin{bmatrix} 0 & 1 & 0 \\ 0 & 0 & 1 \\ 2 & -3 & 3 \end{bmatrix} \begin{bmatrix} p_1 \\ p_2 \\ p_3 \end{bmatrix} - \begin{bmatrix} p_1 \\ p_2 \\ p_3 \end{bmatrix} \cdot [1] = \begin{bmatrix} 0 \\ 0 \\ -2 \end{bmatrix}$$

可解出

$$p_1 = p_2 = p_3 = -2$$

这时

$$\boldsymbol{M} = \begin{bmatrix} 1 & 0 & 0 & -2 \\ 0 & 1 & 0 & -2 \\ 0 & 0 & 1 & -2 \\ 0 & 0 & 0 & 1 \end{bmatrix}, \quad \boldsymbol{M}^{-1} = \begin{bmatrix} 1 & 0 & 0 & 2 \\ 0 & 1 & 0 & 2 \\ 0 & 0 & 1 & 2 \\ 0 & 0 & 0 & 1 \end{bmatrix}$$

于是有

$$\bar{\boldsymbol{A}}^* = \boldsymbol{M}^{-1}\boldsymbol{A}^*\boldsymbol{M} = \begin{bmatrix} 0 & 1 & 0 & 0 \\ 0 & 0 & 1 & 0 \\ 2 & -3 & 3 & 0 \\ 0 & 0 & 0 & 1 \end{bmatrix}$$

$\bar{\boldsymbol{A}}^*$ 和 $\boldsymbol{A}^*$ 有相同的最小多项式 $(s-1)(s^3-3s^2+3s-2)$，其次数为 4，又因为

$$\boldsymbol{P}^{-1}\boldsymbol{A}^*\boldsymbol{P} = \boldsymbol{A} + \boldsymbol{P}^{-1}\bar{\boldsymbol{b}}\tilde{\boldsymbol{c}}_1^{\mathrm{T}}\boldsymbol{P} = \boldsymbol{A} + \boldsymbol{b}\boldsymbol{c}^{\mathrm{T}}$$

所以

$$\boldsymbol{b} = \boldsymbol{P}^{-1}\bar{\boldsymbol{b}} = \begin{bmatrix} 1 & 0 & 0 & 1 \\ -1 & 1 & 0 & 0 \\ 1 & -2 & 1 & 0 \\ 0 & 0 & 0 & 1 \end{bmatrix} \begin{bmatrix} 0 \\ 0 \\ 1 \\ 0 \end{bmatrix} = \begin{bmatrix} 0 \\ 0 \\ 1 \\ 0 \end{bmatrix} = \boldsymbol{B} \begin{bmatrix} 1 \\ 0 \end{bmatrix}$$

$$\boldsymbol{c}^{\mathrm{T}} = [1 \quad 0 \quad 0 \quad 2] \begin{bmatrix} 1 & 0 & 0 & -1 \\ 1 & 1 & 0 & -1 \\ 1 & 2 & 1 & -1 \\ 0 & 0 & 0 & 1 \end{bmatrix} = [1 \quad 0 \quad 0 \quad 1] = [1 \quad 1]\boldsymbol{C}$$

令 $\boldsymbol{H} = \begin{bmatrix} 1 \\ 0 \end{bmatrix} [1 \quad 1] = \begin{bmatrix} 1 & 1 \\ 0 & 0 \end{bmatrix}$，可知 $(\boldsymbol{A}+\boldsymbol{BHC}, \boldsymbol{B})$ 可控，$(\boldsymbol{A}+\boldsymbol{BHC}, \boldsymbol{C})$ 可观测，且 $\boldsymbol{A}+\boldsymbol{BHC}$ 是循环矩阵：

$$\boldsymbol{A} + \boldsymbol{BHC} = \begin{bmatrix} 1 & 1 & 0 & 0 \\ 0 & 1 & 1 & 0 \\ 1 & 0 & 1 & 1 \\ 0 & 0 & 0 & 1 \end{bmatrix}$$

它的最小多项式为 4 次。

定理 6－2 至定理 6－4 是研究极点配置问题的基本定理。但因为证明过程较为烦琐，读者可略过这些证明，着重了解它们的结论和应用。

6.1.3 用静态输出反馈配置极点

首先研究单输入多输出的系统，以说明用静态输出反馈配置极点时所遇到的困难，而这些困难是用全部状态变量作反馈时所未遇到的。一个单输入多输出系统动态方程为

$$\begin{cases}\dot{\boldsymbol{x}}=\boldsymbol{A}\boldsymbol{x}+\boldsymbol{b}u\\ \boldsymbol{y}=\boldsymbol{C}\boldsymbol{x}\end{cases}\tag{6.1.11}$$

其中 $\boldsymbol{A}$、$\boldsymbol{b}$ 和 $\boldsymbol{C}$ 分别是 $n\times n$，$n\times 1$ 和 $q\times n$ 的常值矩阵。静态输出反馈控制律为

$$u=\boldsymbol{K}\boldsymbol{y}+v\tag{6.1.12}$$

式中 $\boldsymbol{K}$ 为 $1\times q$ 的常值向量，联合式(6.1.11)和式(6.1.12)可得闭环系统的动态方程为

$$\begin{cases}\dot{\boldsymbol{x}}=(\boldsymbol{A}+\boldsymbol{b}\boldsymbol{K}\boldsymbol{C})\boldsymbol{x}+\boldsymbol{b}v\\ \boldsymbol{y}=\boldsymbol{C}\boldsymbol{x}\end{cases}\tag{6.1.13}$$

设 $\boldsymbol{A}$ 和 $\boldsymbol{A}+\boldsymbol{b}\boldsymbol{K}\boldsymbol{C}$ 特征方程式分别为 $\Delta_0(s)$ 和 $\Delta_c(s)$

$$\Delta_0(s)=s^n+a_{n-1}s^{n-1}+\cdots+a_1s+a_0$$

$$\Delta_c(s)=s^n+\bar{a}_{n-1}s^{n-1}+\cdots+\bar{a}_1s+\bar{a}_0$$

若$(\boldsymbol{A},\boldsymbol{b})$可控，可用一等价变换将其化为可控标准形，变换矩阵为 $\boldsymbol{P}$，即

$$\bar{\boldsymbol{A}}=\boldsymbol{P}\boldsymbol{A}\boldsymbol{P}^{-1}=\begin{bmatrix}0 & 1 & & & \\ & & 1 & & \\ & & & \ddots & \\ & & & & 1\\ -a_0 & -a_1 & -a_2 & \cdots & -a_{n-1}\end{bmatrix}$$

$$\bar{\boldsymbol{b}}=\boldsymbol{P}\boldsymbol{b}=\begin{bmatrix}0\\ \vdots\\ 0\\ 1\end{bmatrix},\quad \bar{\boldsymbol{C}}=\boldsymbol{C}\boldsymbol{P}^{-1}$$

这时闭环系统矩阵为

$$\begin{bmatrix}0 & 1 & & & \\ 0 & & 1 & & \\ \vdots & & & \ddots & \\ 0 & & & & 1\\ -a_0 & -a_1 & \cdots & \cdots & -a_{n-1}\end{bmatrix}+\begin{bmatrix}0\\ 0\\ \vdots\\ 0\\ 1\end{bmatrix}\boldsymbol{K}\bar{\boldsymbol{C}}=\begin{bmatrix}0 & 1 & & & \\ 0 & & 1 & & \\ \vdots & & & \ddots & \\ 0 & & & & 1\\ -\bar{a}_0 & -\bar{a}_1 & \cdots & \cdots & -\bar{a}_{n-1}\end{bmatrix}$$

式中 $\bar{a}_i=a_i-\boldsymbol{K}\bar{\boldsymbol{c}}_{i+1}(i=0,1,\cdots,n-1)$，$\bar{\boldsymbol{c}}_i$ 表示 $\bar{\boldsymbol{C}}$ 的第 i 列。若给定了所要求的闭环极点，$\bar{a}_i$ 就确定了。极点配置问题就要选取 $\boldsymbol{K}$，使得下式成立：

$$\begin{cases}\bar{\boldsymbol{c}}_1^{\mathrm{T}}\boldsymbol{K}^{\mathrm{T}}=a_0-\bar{a}_0\\ \bar{\boldsymbol{c}}_2^{\mathrm{T}}\boldsymbol{K}^{\mathrm{T}}=a_1-\bar{a}_1\\ \qquad\vdots\\ \bar{\boldsymbol{c}}_n^{\mathrm{T}}\boldsymbol{K}^{\mathrm{T}}=a_{n-1}-\bar{a}_{n-1}\end{cases}\tag{6.1.14}$$

或

$$\bar{\boldsymbol{C}}^{\mathrm{T}}\boldsymbol{K}^{\mathrm{T}}=\boldsymbol{\delta} \tag{6.1.15}$$

式(6.1.15)是 q 个未知量,n 个方程的方程组,而 $\boldsymbol{\delta}$ 是任意的 n 维向量,它由期望的极点决定。方程(6.1.15)对任意的 $\boldsymbol{\delta}$ 有解,显然要求 $\bar{\boldsymbol{C}}$ 是 $n\times n$ 可逆方矩阵,这相当于全状态反馈的情况。一般来说当 $q<n$ 时,对于任意 $\boldsymbol{\delta}$,式(6.1.15)无解。对于给定的 $\boldsymbol{\delta}$,方程(6.1.15)有解的条件是它们相容,即当 $\boldsymbol{C}$ 的秩为 q 时,q 个方程的唯一解应满足剩下的 $n-q$ 个方程。这时,这 $n-q$ 个等式给出了加在 $\bar{a}_0,\bar{a}_1,\cdots,\bar{a}_{n-1}$ 上的约束,这意味着 $\bar{a}_0,\bar{a}_1,\cdots,\bar{a}_{n-1}$ 中仅有 q 个系数可以任意选取。若所期望的极点使那 $n-q$ 个等式成立,则表示这组极点可以用输出反馈达到,否则就不能。

例 6-4 给定$(\boldsymbol{A},\boldsymbol{b},\boldsymbol{c})$如下

$$\boldsymbol{A}=\begin{bmatrix}0&1&0\\0&0&1\\-3&-2&-4\end{bmatrix},\quad \boldsymbol{b}=\begin{bmatrix}0\\0\\1\end{bmatrix}$$

$$\boldsymbol{C}=\begin{bmatrix}1&0&2\\0&1&1\end{bmatrix},\quad \boldsymbol{K}=[K_1\quad K_2]$$

根据式(6.1.15)可知 $\boldsymbol{K}$ 应满足

$$K_1=3-\bar{a}_0,\quad K_2=2-\bar{a}_1,\quad 2K_1+K_2=4-\bar{a}_2$$

方程组相容的条件为

$$2\bar{a}_0+\bar{a}_1-\bar{a}_2=4 \tag{6.1.16}$$

若所给三个极点使得闭环特征方程系数满足这一关系,则所给极点可用输出反馈配置,否则不可用输出反馈配置。进一步分析约束条件式(6.1.16),除复数极点应共轭成对之外,所给极点 $\lambda_1,\lambda_2,\lambda_3$ 应满足

$$-2\lambda_1\lambda_2\lambda_3+\lambda_1\lambda_2+\lambda_2\lambda_3+\lambda_3\lambda_1+\lambda_1+\lambda_2+\lambda_3=4$$

显然不可用输出反馈达到 $\lambda_1=-1,\lambda_2=-1,\lambda_3=-2$ 的配置,若给定 $\lambda_1=-\dfrac{5}{6},\lambda_2=-1,\lambda_3=-2$,需要 $K_1=\dfrac{4}{3},K_2=-\dfrac{5}{2}$,即达到要求的配置。

所给的例题是否可以任意配置两个极点呢?例如取 $\lambda_1=-0.5,\lambda_2=-0.25$ 就不能达到配置,只能做到使极点任意接近于它,因为这时要满足约束条件,λ_3 需取无穷。

定理 6-5 设单输入系统(6.1.11)可控,rank $\boldsymbol{C}=q$,总存在常值向量 $\boldsymbol{K}$,使得 $\boldsymbol{A}+\boldsymbol{bKC}$ 有 q 个特征值任意接近于预先给定的 q 个值,这 q 个值中如有复数,应是共轭成对出现。

证明: 设预先给定 q 个值为 $\lambda_1,\lambda_2,\cdots,\lambda_q$,并设它们彼此不同,根据前面的推导,可得闭环系统的特征方程为

$$s^n+(a_{n-1}-\boldsymbol{K}\bar{\boldsymbol{c}}_n)s^{n-1}+(a_{n-2}-\boldsymbol{K}\bar{\boldsymbol{c}}_{n-1})s^{n-2}+\cdots+(a_1-\boldsymbol{K}\bar{\boldsymbol{c}}_2)s+a_0-\boldsymbol{K}\bar{\boldsymbol{c}}_1=0$$

将 $\lambda_i(i=1,2,\cdots,q)$代入上式可得

$$\lambda_i^n+a_{n-1}\lambda_i^{n-1}+\cdots+a_1\lambda_i+a_0=\boldsymbol{K}\bar{\boldsymbol{c}}_n\lambda_i^{n-1}+\cdots+\boldsymbol{K}\bar{\boldsymbol{c}}_2\lambda_i+\boldsymbol{K}\bar{\boldsymbol{c}}_1$$

即

$$\Delta_0(\lambda_i)=\boldsymbol{K}\bar{\boldsymbol{C}}\boldsymbol{h}_i,\quad i=1,2,\cdots,q$$

其中 $\boldsymbol{h}_i=[1\quad\lambda_i\quad\lambda_i^2\quad\cdots\quad\lambda_i^{n-1}]^{\mathrm{T}}$,并记 $\Delta_0(\lambda_i)$为 Δ_i,则

$$[\Delta_1 \quad \Delta_2 \quad \cdots \quad \Delta_q]=\boldsymbol{K}\bar{\boldsymbol{C}}[\boldsymbol{h}_1 \quad \boldsymbol{h}_2 \quad \cdots \quad \boldsymbol{h}_q]$$

若 $\boldsymbol{S}=\bar{\boldsymbol{C}}[\boldsymbol{h}_1 \quad \boldsymbol{h}_2 \quad \cdots \quad \boldsymbol{h}_q]$是非奇异矩阵，则有

$$\boldsymbol{K}=[\Delta_1 \quad \Delta_2 \quad \cdots \quad \Delta_q]\boldsymbol{S}^{-1} \tag{6.1.17}$$

若 $\det \boldsymbol{S}=0$，可对 λ_i 进行一些小的扰动，即用 $\lambda_i+\Delta\lambda_i$ 代替 λ_i，$\Delta\lambda_i\to 0$，使得扰动后的 $\boldsymbol{S}$ 非奇异，由于 $\bar{\boldsymbol{C}}$ 的秩为 q，所以这总是可以做到的。式(6.1.17)给出了 $\boldsymbol{K}$ 的一个明显表达式，并且 $\Delta_i\boldsymbol{h}_i$ 是给定的 $\lambda_1,\lambda_2,\cdots,\lambda_q$ 的函数，如果所给的 λ_i 能使 $\boldsymbol{S}$ 非奇异，则可精确地使闭环的 q 个极点就是要求的 λ_i，若所给的 λ_i 值使 $\boldsymbol{S}$ 奇异，那么只能使极点接近所给的 λ_i。

例 6-5 考察例 6-4，取 $\lambda_1=-1,\lambda_2=-2$ 及 $\lambda_1=-0.5,\lambda_2=-0.25$，分别计算 $\boldsymbol{S}$ 和选取 $\boldsymbol{K}$。

解： 当 $\lambda_1=-1,\lambda_2=-2$ 时，可计算 Δ_1、Δ_2、$\boldsymbol{h}_1$、$\boldsymbol{h}_2$ 如下：

$$\Delta_1=4,\quad \Delta_2=7,\quad \boldsymbol{h}_1=[1 \quad -1 \quad 1]^{\mathrm{T}},\quad \boldsymbol{h}_2=[1 \quad -2 \quad 4]^{\mathrm{T}}$$

因此

$$\boldsymbol{S}=\begin{bmatrix}3 & 9\\0 & 2\end{bmatrix},\quad \det \boldsymbol{S}\neq 0,\quad \boldsymbol{S}^{-1}=\begin{bmatrix}\frac{1}{3} & -\frac{3}{2}\\ 0 & \frac{1}{2}\end{bmatrix},\quad \boldsymbol{K}=[4 \quad 7]\begin{bmatrix}\frac{1}{3} & -\frac{3}{2}\\ 0 & \frac{1}{2}\end{bmatrix}=\begin{bmatrix}\frac{4}{3} & -\frac{5}{2}\end{bmatrix}$$

当 $\lambda_1=-0.5,\lambda_2=-0.25$ 时，可算出

$$\Delta_1=2.875,\quad \Delta_2=\frac{175}{64},\quad \boldsymbol{h}_1=\begin{bmatrix}1 & -\frac{1}{2} & \frac{1}{4}\end{bmatrix}^{\mathrm{T}},\quad \boldsymbol{h}_2=\begin{bmatrix}1 & -\frac{1}{4} & \frac{1}{16}\end{bmatrix}^{\mathrm{T}}$$

因此有

$$\boldsymbol{S}=\begin{bmatrix}1 & 0 & 2\\0 & 1 & 1\end{bmatrix}\begin{bmatrix}1 & 1\\ -\frac{1}{2} & -\frac{1}{4}\\ \frac{1}{4} & \frac{1}{16}\end{bmatrix}=\frac{1}{4}\begin{bmatrix}6 & \frac{9}{2}\\ -1 & -\frac{3}{4}\end{bmatrix},\quad \det \boldsymbol{S}=0$$

为了选取 $\boldsymbol{K}$，可取 $\lambda_1+\varepsilon=-\frac{1}{2}+\varepsilon,\varepsilon\to 0,\lambda_2=-\frac{1}{4}$，再计算 $\Delta_1,\boldsymbol{h}_1$ 和 $\boldsymbol{S}$，经计算可知

$$\Delta_1=\varepsilon^3+2.5\varepsilon^2-1.25\varepsilon+2.875,\quad \boldsymbol{h}_1=[1 \quad \varepsilon-0.5 \quad \varepsilon^2-\varepsilon+0.25]^{\mathrm{T}}$$

$$\boldsymbol{S}=\begin{bmatrix}1 & 0 & 2\\0 & 1 & 1\end{bmatrix}\begin{bmatrix}1 & 1\\ \varepsilon-0.5 & -0.25\\ \varepsilon^2-\varepsilon+0.25 & 0.0625\end{bmatrix}=\begin{bmatrix}2\varepsilon^2-2\varepsilon+1.5 & 1.125\\ \varepsilon^2-0.25 & -0.1875\end{bmatrix}$$

$$\boldsymbol{S}^{-1}=\frac{8}{3\varepsilon(1-4\varepsilon)}\begin{bmatrix}-0.1875 & -1.125\\ 0.25-\varepsilon & 2\varepsilon^2-2\varepsilon+1.5\end{bmatrix}$$

$$\boldsymbol{K}=[\varepsilon^3+2.5\varepsilon^2-1.25\varepsilon+2.875 \quad 175/64]\,\boldsymbol{S}^{-1}=\begin{bmatrix}\frac{1}{\varepsilon} & \frac{6}{\varepsilon}\end{bmatrix}$$

对只能接近 λ_i 这一事实，可给一个直观的解释。当 $q=1$ 时，使 $\boldsymbol{S}$ 是奇异的 λ 值相当于开环传递函数的零点。对于一个单变量系统，对常值的反馈增益 $\boldsymbol{K}$ 作根轨迹图，可以看出闭环极点(根轨迹)只能趋近于开环零点，而达不到开环零点，而且在接近开环零点时需要很大的 $\boldsymbol{K}$ 值。

定理 6－5 可以推广到多输入的情况。

定理 6－6　若$(\boldsymbol{A},\boldsymbol{B},\boldsymbol{C})$可控可观测，$\text{rank}\,\boldsymbol{B}=p$，$\text{rank}\,\boldsymbol{C}=q$。总可找到常值矩阵$\boldsymbol{K}$，使$\boldsymbol{A}+\boldsymbol{BKC}$有$\max(p,q)$个特征值任意接近于给定的$\max(p,q)$个值(复数应共轭成对出现)。

证明：若$\boldsymbol{A}$的最小多项式不是n次，根据推论 6－2，可知存在矩阵$\boldsymbol{K}_1$，使$(\boldsymbol{A}+\boldsymbol{BK}_1\boldsymbol{C},\boldsymbol{B},\boldsymbol{C})$可控可观测，而且$\boldsymbol{A}+\boldsymbol{BK}_1\boldsymbol{C}$是循环矩阵，即它的最小多项式为$n$次。再根据推论 6－1 可知，在$\boldsymbol{B}$的值域内存在$\boldsymbol{A}+\boldsymbol{BK}_1\boldsymbol{C}$的生成元。考虑以下的系统：

$$\begin{cases}\dot{\boldsymbol{x}}=(\boldsymbol{A}+\boldsymbol{BK}_1C)\boldsymbol{x}+\boldsymbol{BL}\mu\\ \boldsymbol{y}=\boldsymbol{Cx}\end{cases}\tag{6.1.18}$$

其中$\boldsymbol{L}$是p维列向量，$\boldsymbol{L}$的取法是使$\boldsymbol{BL}$是$\boldsymbol{A}+\boldsymbol{BK}_1\boldsymbol{C}$的生成元，或$(\boldsymbol{A}+\boldsymbol{BK}_1\boldsymbol{C},\boldsymbol{BL})$可控。当$\mu=\boldsymbol{fy}$时，就相当于$\boldsymbol{u}=\boldsymbol{L}\cdot\boldsymbol{fy}$，令$\boldsymbol{L}\cdot\boldsymbol{f}=\boldsymbol{K}_2$，$\boldsymbol{K}_2$是一个秩为 1 的矩阵，$\boldsymbol{f}$是$q$维行向量。

由定理 6－5 可知，对于式(6.1.18)的系统，存在$\boldsymbol{f}$，使得闭环系统矩阵有任意接近于q个指定值的特征值，这时闭环系统阵为$\boldsymbol{A}+\boldsymbol{BK}_1\boldsymbol{C}+\boldsymbol{BL}\cdot\boldsymbol{fC}=\boldsymbol{A}+\boldsymbol{B}(\boldsymbol{K}_1+\boldsymbol{K}_2)\boldsymbol{C}$。因此对原来的$(\boldsymbol{A},\boldsymbol{B},\boldsymbol{C})$，只要取反馈增益矩阵$\boldsymbol{K}=\boldsymbol{K}_1+\boldsymbol{K}_2$就可使闭环$q$个特征值接近于$q$个任意指定的值。

另一方面，$(\boldsymbol{A},\boldsymbol{C})$可观测意味着$(\boldsymbol{A}^{\mathrm{T}},\boldsymbol{C}^{\mathrm{T}})$可控，用对偶形式可知存在$\boldsymbol{K}^{\mathrm{T}}$，使$\boldsymbol{A}^{\mathrm{T}}+\boldsymbol{C}^{\mathrm{T}}\boldsymbol{K}^{\mathrm{T}}\boldsymbol{B}^{\mathrm{T}}$的$p$个特征值可任意接近指定的$p$个值，而$\boldsymbol{A}^{\mathrm{T}}+\boldsymbol{C}^{\mathrm{T}}\boldsymbol{K}^{\mathrm{T}}\boldsymbol{B}^{\mathrm{T}}$的特征值和$\boldsymbol{A}+\boldsymbol{BKC}$特征值相同，所以当$p>q$时，将前述方法用于系统$(\boldsymbol{A}^{\mathrm{T}},\boldsymbol{C}^{\mathrm{T}},\boldsymbol{B}^{\mathrm{T}})$可以增加可配的特征值数目。定理 6－6 证毕。

无论是定理 6－5 还是定理 6－6，都未说明剩下的$n-\max(p,q)$个特征值的去向。下面几个定理给出了答案。

定理 6－7　若$(\boldsymbol{A},\boldsymbol{B},\boldsymbol{C})$可控可观测，$\text{rank}\,\boldsymbol{B}=p$，$\text{rank}\,\boldsymbol{C}=q$，$\boldsymbol{A}$有$n$个不同的特征值，则对几乎所有的$(\boldsymbol{B},\boldsymbol{C})$对，存在一个$p\times q$的输出反馈增益矩阵$\boldsymbol{K}$，使得闭环系统$\boldsymbol{A}+\boldsymbol{BKC}$的特征值有$\max(p,q)-1$个是任意指定的$\boldsymbol{A}$的特征值(复数应共轭成对出现)，以及$s=\min(n,p+q-1)-\max(p,q)+1$个是任意接近于任意指定的值(复数成对)的。

证明：设$q\geqslant p$，且$q>1$。若要在闭环矩阵中保留$\boldsymbol{A}$的特征值为$\lambda_1,\lambda_2,\cdots,\lambda_t\,(t=q-1)$，对开环系统方程作等价变换，使$\bar{\boldsymbol{A}}$为对角形，即

$$\begin{cases}\dot{\bar{\boldsymbol{x}}}=\begin{bmatrix}\bar{\boldsymbol{A}}_1 & 0\\ 0 & \bar{\boldsymbol{A}}_2\end{bmatrix}\bar{\boldsymbol{x}}+\begin{bmatrix}\bar{\boldsymbol{B}}_1\\ \bar{\boldsymbol{B}}_2\end{bmatrix}\boldsymbol{u}\\ \boldsymbol{y}=\begin{bmatrix}\bar{\boldsymbol{C}}_1 & \bar{\boldsymbol{C}}_2\end{bmatrix}\bar{\boldsymbol{x}}\end{cases}\tag{6.1.19}$$

式中，$\bar{\boldsymbol{A}}_1=\text{diag}\{\lambda_1,\lambda_2,\cdots,\lambda_t\}$，$\bar{\boldsymbol{A}}_2=\text{diag}\{\lambda_{t+1},\lambda_{t+2},\cdots,\lambda_n\}$，假定下面两个条件成立：

① $\text{rank}\bar{\boldsymbol{B}}_2=\min(p,n-t)$　(6.1.20)

② $\bar{\boldsymbol{C}}_2$的任一列均不能用$\bar{\boldsymbol{C}}_1$的列线性表示出。

取$\boldsymbol{L}^{\mathrm{T}}$为$1\times q$向量，使得$\boldsymbol{L}^{\mathrm{T}}\bar{\boldsymbol{C}}_1=\boldsymbol{0}$。因此$\boldsymbol{L}^{\mathrm{T}}\bar{\boldsymbol{C}}_2=[c_{t+1}^* \quad c_{t+2}^* \quad \cdots \quad c_n^*]$中没有为零的数。对方程(6.1.19)用$\boldsymbol{u}=\boldsymbol{K}^*\boldsymbol{L}^{\mathrm{T}}\boldsymbol{y}$的反馈，可得闭环系统系数矩阵为

$$\begin{bmatrix}\bar{\boldsymbol{A}}_1 & \bar{\boldsymbol{B}}_1\boldsymbol{K}^*\boldsymbol{L}^{\mathrm{T}}\bar{\boldsymbol{C}}_2\\ \boldsymbol{0} & \bar{\boldsymbol{A}}_2+\bar{\boldsymbol{B}}_2\boldsymbol{K}^*\boldsymbol{L}^{\mathrm{T}}\bar{\boldsymbol{C}}_2\end{bmatrix}\tag{6.1.21}$$

由于$(\bar{A}_2,\bar{B}_2)$可控，$(\bar{A}_2,L^{T}\bar{C}_2)$可观测，并且由于 $\mathrm{rank}\,\bar{B}_2=\min(p,n-t)$，则由定理 6-6 总可找到$K^*$，以使$\bar{A}_2+\bar{B}_2K^*L^{T}\bar{C}_2$具有$\min(p,n-t)$个特征值任意接近$\min(p,n-t)$个指定的复数成对的值。这表明，$K=K^*L^{T}$可使闭环系统系数矩阵有$q-1$个指定的开环极点和$\min(p,n-q+1)$个极点任意接近于$\min(p,n-q+1)$个任意指定的值，因为$\min(p,n-q+1)=\min(n,p+q-1)-q=1$，这就证明了定理对于$q\geqslant p$成立。对于$q<p$的情况，用对偶系统$(A^{T},C^{T},B^{T})$来证即可。

现在来考察条件①、②。它是对几乎所有的(B,C)都成立的。证明如下，记

$$\bar{C}_1=[c_1\quad c_2\quad\cdots\quad c_t],\quad \bar{C}_2=[d_1\quad d_2\quad\cdots\quad d_{n-t}]$$

条件②可表示为

$$\mathrm{rank}[\bar{C}_1\quad d_j]=\mathrm{rank}\bar{C}_1+1,\quad j=1,2,\cdots,n-t \tag{6.1.22}$$

可以将式(6.1.20)和式(6.1.22)表示为

$$\bar{C}_1=\begin{bmatrix}I_t\\0\end{bmatrix},\quad \bar{C}_2=\begin{bmatrix}&0&&\\1&1&\cdots&1\end{bmatrix},\quad \bar{B}_2=\begin{cases}\begin{bmatrix}I_p\\0\end{bmatrix}, & p\leqslant n-t\\ [I_{n-t}\quad 0], & p>n-t\end{cases} \tag{6.1.23}$$

其中I_t代表$t\times t$维单位矩阵，直接可从式(6.1.23)看出，不满足条件①、②的$(\bar{B},\bar{C})$或是空集或是位于$(\bar{B},\bar{C})$参数空间中的一个超曲面上，而$(\bar{B},\bar{C})$参数空间的超曲面唯一对应于(B,C)参数空间的超曲面，反之亦然，这意味着对于条件①、②，几乎所有的矩阵对(B,C)都可满足。

推论 6-3 在定理 6-7 的条件下，若$\max(p,q)$用$\min(p,q)-1$代替，s用$s'=\min(n,p+q-1)-\min(p,q)+1$代替，定理的结论仍然成立。

定理 6-8 若(A,B,C)可控可观测，$\mathrm{rank}\,B=p$，$\mathrm{rank}\,C=q$，则对几乎所有的(B,C)对，存在一个输出反馈增益矩阵K，使得$A+BKC$有$\min(n,p+q-1)$个特征值任意接近于$\min(n,p+q-1)$个任意指定的值(复数应共轭成对出现)。在$p+q\geqslant n+1$的情况下，几乎所有的线性时不变系统都可通过输出反馈来使之稳定。

证明：直接由定理 6-6 和定理 6-7 就可得到定理的结果，下面分四种情况来说明矩阵K的构造：

① $\min(n,q+p-1)$和$\max(p,q)$都是奇数，此时由定理 6-6 找到K_1，使得$A+BK_1C$配置$\max(p,q)$个所指定的对称极点，如果必要，稍微摄动增益矩阵K_1，使得$A+BK_1C$所有极点互不相同，由定理 6-7 找到矩阵K_2，使得矩阵$A+BK_1C$的$\max(p,q)-1$个指定的对称极点保留，并使所配置的$\min(n,p+q-1)-\max(p,q)+1$个特征值/极点就是指定的另外的那些特征值，这样通过反馈矩阵$K=K_1+K_2$就使$\min(n,p+q-1)$个特征值设置得任意接近于$\min(n,p+q-1)$个任意指定的值。

② $\min(n,p+q-1)$是奇数，$\max(p,q)$是偶数，此时由定理 6-6 找到矩阵K_1，使$A+BK_1C$配置$\max(p,q)$个所指定的对称值，并使得设置的极点至少有一个是实的(通过设置另一个非指定的实极点)。如果必要，稍许摄动K_1以使$A+BK_1C$的特征值彼此不同。由定理 6-7 可找到K_2，使得矩阵$A+BK_1C$保留$\max(p,q)-1$个指定的对称极点，并且所配置的$\min(n,p+q-1)-\max(p,q)+1$个特征值/极点就是指定的另外的那些特征值。这样$K=K_1+K_2$就是所需要的反馈增益矩阵。

③ $\min(n,p+q-1)$是偶数，$\max(p,q)$是奇数，此时由定理 6-6 找到K_1，使得$A+BK_1C$

配置 $\max(p,q)$ 个指定的对称极点，并且使得设置的极点至少有一个是实数（通过设置一个非指定实极点）。如果必要，稍微摄动 $\boldsymbol{K}_1$，使得 $\boldsymbol{A}+\boldsymbol{BK}_1\boldsymbol{C}$ 所有极点互不相同。由定理 6-7 可找到 $\boldsymbol{K}_2$，使得矩阵 $\boldsymbol{A}+\boldsymbol{BK}_1\boldsymbol{C}$ 保留 $\max(p,q)-1$ 个指定的对称极点，并使所配置的 $\min(n,p+q-1)-\max(p,q)+1$ 个特征值/极点就是指定的另外的那些特征值。这样，$\boldsymbol{K}=\boldsymbol{K}_1+\boldsymbol{K}_2$ 就是所要求的反馈增益矩阵。

④ $\min(n,p+q-1)$ 是偶数，$\max(p,q)$ 是偶数，若 $n\geqslant p+q-1$，则 $\min(p,q)$ 是奇数；若 $n<p+q-1$，则 $\min(p,q)$ 可以是奇数也可以是偶数；如果 $\min(p,q)$ 是偶数，把 q 或 p 减 1，可以使 $\min(p,q)$ 是奇数（这不改变 $\min(n,p+q-1)$ 的值）。由定理 6-6 可找到 $\boldsymbol{K}_1$，使得 $\boldsymbol{A}+\boldsymbol{BK}_1\boldsymbol{C}$ 配置 $\min(p,q)$ 个所指定的对称极点，并且使得设置的极点至少有一个是实极点（通过设置一个非指定的实极点）。如果必要，稍微摄动 $\boldsymbol{K}_1$，使 $\boldsymbol{A}+\boldsymbol{BK}_1\boldsymbol{C}$ 所有极点互不相同。由推论 6-3 可找到 $\boldsymbol{K}_2$，使得矩阵 $\boldsymbol{A}+\boldsymbol{BK}_1\boldsymbol{C}$ 保留 $\min(p+q-1)$ 个指定的对称极点，并使所配置的 $\min(n,p+q-1)-\max(p,q)+1$ 个特征值/极点就是指定的另外的那些特征值。这样，$\boldsymbol{K}=\boldsymbol{K}_1+\boldsymbol{K}_2$ 就是所要求的反馈增益矩阵。

定理 6-8 最后的结论是显然的。定理证毕。

例 6-6　系统系数矩阵 $\boldsymbol{A}$、$\boldsymbol{B}$、$\boldsymbol{C}$ 如下：

$$\boldsymbol{A}=\begin{bmatrix}0&1&0&0\\0&0&0&0\\0&0&0&1\\0&0&0&0\end{bmatrix},\quad \boldsymbol{B}=\begin{bmatrix}0&0\\1&0\\0&0\\0&1\end{bmatrix},\quad \boldsymbol{C}=\begin{bmatrix}1&0&0&0\\0&0&1&0\end{bmatrix}$$

容易验证定理 6-8 的条件满足，现用输出反馈 $\boldsymbol{u}=\boldsymbol{Ky}$ 来配置极点。取

$$\boldsymbol{K}=\begin{bmatrix}K_1&K_2\\K_3&K_4\end{bmatrix}$$

则 $\boldsymbol{A}+\boldsymbol{BKC}$ 的特征方程式为

$$\lambda^4+\lambda^2(K_1-K_4)+(K_1K_4-K_2K_3)=0$$

不论 $\boldsymbol{K}$ 取何值，仅能配置 2 个极点，而 $\min(n,p+q-1)=3$，这说明定理的结论并不是对所有的 $(\boldsymbol{B},\boldsymbol{C})$ 对成立，而仅仅是对几乎所有的 $(\boldsymbol{B},\boldsymbol{C})$ 对成立。

例 6-7　系统系数矩阵 $\boldsymbol{A}$、$\boldsymbol{B}$、$\boldsymbol{C}$ 如下：

$$\boldsymbol{A}=\begin{bmatrix}0&1&0\\0&0&1\\0&0&0\end{bmatrix},\quad \boldsymbol{B}=\begin{bmatrix}1&0\\1&0\\1&1\end{bmatrix},\quad \boldsymbol{C}=\begin{bmatrix}1&0&0\\0&1&0\end{bmatrix}$$

要找出一个输出反馈增益矩阵使得闭环极点任意接近指定的三个极点 $\{-1,\ -2,\ -5\}$。

设

$$\boldsymbol{K}=\begin{bmatrix}K_1&K_2\\K_3&K_4\end{bmatrix}$$

可以求出闭环的特征多项式为

$$s^3-(K_1+K_2)s^2-(K_1+K_2+K_4)s-(K_1+K_3)(K_2+1)+K_1(K_2+K_4)$$

与期望的极点多项式 $(s+1)(s+2)(s+5)=s^3+8s^2+17s+10$ 相比较，可得

$$\begin{cases} K_1+K_2=-8 \\ K_1+K_2+K_4=-17 \\ K_1+K_3+K_2K_3-K_1K_4=-10 \end{cases}$$

可解出 $K_4=-9$,K_1,K_2,K_3 满足以下两个方程

$$\begin{cases} K_1+K_2=-8 \\ 10K_1+(1+K_2)K_3=-10 \end{cases}$$

故 $\boldsymbol{K}$ 有一个元素可任意选取,并且可以精确地达到上述指定的配置。现用这个例子说明在证明定理 6-8 情况②时所采用的构造矩阵 $\boldsymbol{K}$ 的方法,首先考虑矩阵 $\boldsymbol{A}$,它是循环矩阵,并且 $\boldsymbol{b}_2=[0\quad 0\quad 1]^{\mathrm{T}}$ 就是一个生成元,可以取 $\boldsymbol{f}$ 使得 $\boldsymbol{A}+\boldsymbol{b}_2\boldsymbol{f}\boldsymbol{C}$ 有指定的特征值 -1,-2。实际上 $\boldsymbol{f}=[6\quad 7]$,所以

$$\boldsymbol{K}_1=\begin{bmatrix}0 & 0\\ 6 & 7\end{bmatrix},\quad \boldsymbol{A}+\boldsymbol{B}\boldsymbol{K}_1\boldsymbol{C}=\begin{bmatrix}0 & 1 & 0\\ 0 & 0 & 1\\ 6 & 7 & 0\end{bmatrix}$$

做等价变换,可得

$$\dot{\bar{\boldsymbol{x}}}=\begin{bmatrix}-1 & 0 & 0\\ 0 & -2 & 0\\ 0 & 0 & 3\end{bmatrix}\bar{\boldsymbol{x}}+\begin{bmatrix}\frac{3}{2} & -\frac{1}{4}\\ -\frac{4}{5} & \frac{1}{5}\\ \frac{3}{10} & \frac{1}{20}\end{bmatrix}\boldsymbol{u}$$

$$\boldsymbol{y}=\begin{bmatrix}1 & 1 & 1\\ -1 & -2 & 3\end{bmatrix}\bar{\boldsymbol{x}}$$

$$\bar{\boldsymbol{C}}_1\quad \bar{\boldsymbol{C}}_2$$

$\bar{\boldsymbol{C}}_2$ 的列不能用 $\bar{\boldsymbol{C}}_1$ 来表示出,$\bar{\boldsymbol{B}}_2$ 的秩为 2,式(6.1.20)的条件满足,用 $\boldsymbol{u}=\boldsymbol{K}^*\boldsymbol{L}^{\mathrm{T}}\boldsymbol{y}$ 的反馈,$\boldsymbol{L}^{\mathrm{T}}$ 取为$[1\quad 1]$,得以下闭环系统系数矩阵:

$$\begin{bmatrix}-1 & \begin{bmatrix}\frac{3}{2} & -\frac{1}{4}\end{bmatrix}\boldsymbol{K}^*[-1\quad 4]\\ \boldsymbol{0} & \begin{bmatrix}-2 & 0\\ 0 & 3\end{bmatrix}+\begin{bmatrix}-\frac{4}{5} & \frac{1}{5}\\ \frac{3}{10} & \frac{1}{20}\end{bmatrix}\boldsymbol{K}^*[-1\quad 4]\end{bmatrix}$$

由定理 6-6 找到 $\boldsymbol{K}^*=\begin{bmatrix}-4\\ -16\end{bmatrix}$,使 $\begin{bmatrix}-2 & 0\\ 0 & 3\end{bmatrix}+\begin{bmatrix}-\frac{4}{5} & \frac{1}{5}\\ \frac{3}{10} & \frac{1}{20}\end{bmatrix}\boldsymbol{K}^*[-1\quad 4]$ 的特征值任意接近于 -2,-5。因为 $\boldsymbol{K}_2=\boldsymbol{K}^*\boldsymbol{L}^{\mathrm{T}}$,所以 $\boldsymbol{K}_2=\begin{bmatrix}-4 & -4\\ -16 & -16\end{bmatrix}$,因此希望得到的反馈增益矩阵为

$$\boldsymbol{K}=\boldsymbol{K}_1+\boldsymbol{K}_2=\begin{bmatrix}0 & 0\\ 6 & 7\end{bmatrix}+\begin{bmatrix}-4 & -4\\ -16 & -16\end{bmatrix}=\begin{bmatrix}-4 & -4\\ -10 & 19\end{bmatrix}$$

闭环系统系数矩阵 $\boldsymbol{A}+\boldsymbol{B}\boldsymbol{K}\boldsymbol{C}$ 的特征值精确地取为 -1、-2、-5。将两种做法相比,定理 6-8

的做法使 $\boldsymbol{K}$ 的自由参数受到损失，原因在于计算中两次使用了秩等于 1 的反馈矩阵。

这里介绍的用静态输出反馈配置极点的方法，一般来说只能使 $\min(n,p+q-1)$ 个极点接近所希望的位置，其余极点不确定被移向何处，如果这些极点中的一个被移到了右半平面，那这种做法就没有意义了。但是在 $n\leqslant p+q-1$ 的特殊情况下，可以使所有极点移到左半平面，这是一个有实用意义的结果。

上述内容同时说明了定理 6-2 至定理 6-4 的应用。在极点配置问题的研究中，许多人从不同的角度运用这些定理得到反馈增益矩阵的算法，熟悉这些定理对于了解这方面的工作无疑是必要的。

另外，在用静态输出反馈配置极点的研究中，以单输入系统为例，会涉及以前提到的方程组(6.1.14)的相容性问题，如果相容性条件不满足，则只能按照某种误差准则来求解方程(6.1.14)。同样的想法可以推广到多变量的情况，这时问题化为研究某些矩阵方程有解的条件，以及在无解时如何求近似解的问题。例如比较状态反馈矩阵 $\boldsymbol{K}_x$ 和输出反馈矩阵 $\boldsymbol{K}_y$，可得出 $\boldsymbol{A}+\boldsymbol{B}\boldsymbol{K}_y\boldsymbol{C}$ 以 $\lambda_1,\lambda_2,\cdots,\lambda_n$ 为其特征值，应有

$$\boldsymbol{K}_y\boldsymbol{C}=\boldsymbol{K}_x \tag{6.1.24}$$

这里 $\boldsymbol{K}_x$ 是使 $\boldsymbol{A}+\boldsymbol{B}\boldsymbol{K}_x$ 有特征值 $\lambda_1,\lambda_2,\cdots,\lambda_n$ 的状态反馈矩阵。求 $\boldsymbol{K}_y$ 就相当于对某些 $\boldsymbol{K}_x$ 求矩阵方程(6.1.24)的解。而方程(6.1.24)相容性条件为

$$\boldsymbol{K}_x\boldsymbol{C}^{g_1}\boldsymbol{C}=\boldsymbol{K}_x \tag{6.1.25}$$

这里 $\boldsymbol{C}^{g_1}$ 是第一类广义逆。若相容性条件式(6.1.25)不满足，式(6.1.24)的解不存在，那么可以研究式(6.1.24)各种意义下的近似解。但是注意，这些近似解未必导致特征值近似符合要求。

6.2　状态观测器

根据系统可量测的物理量，例如输入 $\boldsymbol{u}$ 和输出 $\boldsymbol{y}$，重新构造出状态变量，无论是对了解系统内部运动的情况，还是形成状态反馈组成闭环系统都是很有必要的。如前所述，如果系统可观测，则从一段时间的输入 $\boldsymbol{u}$ 和输出 $\boldsymbol{y}$ 可以获得系统的初始状态，从而间接地把状态变量 $\boldsymbol{x}$ 重构出来是可能的。这种必要性与可能性正是观测器理论的出发点。

6.2.1　状态估计的方案

估计动态系统的状态，实质上就是要重构一个系统使其可以直接测量的量能代替要估计或观测的系统状态信号。观测系统状态的一个最简单的想法是，人为复制一个模型系统，这个模型系统以原系统的输入作为输入，它的状态变量用 $\hat{\boldsymbol{x}}$ 表示，则有

$$\dot{\hat{\boldsymbol{x}}}=\boldsymbol{A}\hat{\boldsymbol{x}}+\boldsymbol{B}\boldsymbol{u}$$

模型系统的状态 $\hat{\boldsymbol{x}}$ 可以测量出来，它可以作为原系统状态 $\boldsymbol{x}$ 的一个估计值。原系统和模型系统如图 6-2 所示。这里估计 $\boldsymbol{x}$ 的方案是开环的形式，显然存在两个问题：① 要使 $\boldsymbol{x}$ 和 $\hat{\boldsymbol{x}}$ 一致，就需要保证初始状态 $\boldsymbol{x}(t_0)$ 和 $\hat{\boldsymbol{x}}(t_0)$ 设置得相同，这点实际上很难做到。② 模型系统的系数矩阵 $\boldsymbol{A}$ 和输入分布矩阵 $\boldsymbol{B}$ 及参数难以做到与真实系统的系数矩阵 $\boldsymbol{A}$ 和控制分布矩阵 $\boldsymbol{B}$ 完全一样。这两种情况，特别是在 $\boldsymbol{A}$ 有不稳定特征值时，都会导致 $\hat{\boldsymbol{x}}$ 和 $\boldsymbol{x}$ 之间的差别越来越大。

因此图 6-2 的开环状态估计方案是不可用的。对于这个开环方案，一个自然的改进方法是引入一个校正信号(以系统输出与观测系统输出的偏差为反馈信号)，以形成闭环来抵消前述那些影响。如果将模型系统的输出 $\hat{\boldsymbol{y}}=\boldsymbol{C}\hat{\boldsymbol{x}}$ 和实际系统的输出 $\boldsymbol{y}=\boldsymbol{C}\boldsymbol{x}$ 的差 $\tilde{\boldsymbol{y}}=\boldsymbol{C}(\boldsymbol{x}-\hat{\boldsymbol{x}})$ 作为校正信号，就可形成图 6-3 所示的闭环方案。对于图 6-3 所示的闭环方案，可以写出状态估计值的动态方程为

$$\dot{\hat{\boldsymbol{x}}}=\boldsymbol{A}\hat{\boldsymbol{x}}+\boldsymbol{B}\boldsymbol{u}+\boldsymbol{G}\tilde{\boldsymbol{y}}=(\boldsymbol{A}-\boldsymbol{G}\boldsymbol{C})\hat{\boldsymbol{x}}+\boldsymbol{G}\boldsymbol{y}+\boldsymbol{B}\boldsymbol{u}$$

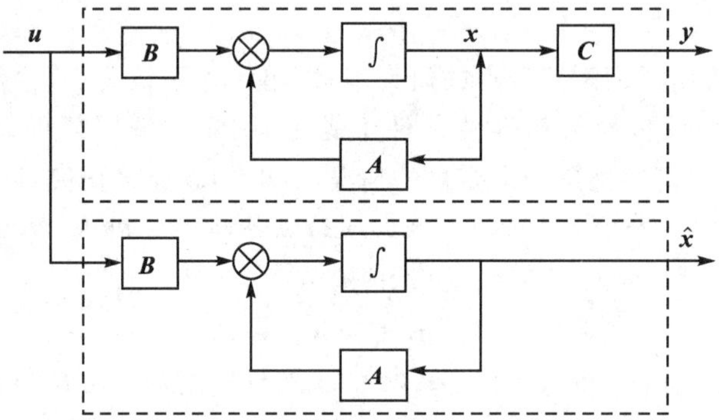

图 6-2　$\boldsymbol{x}$ 的开环估计方案

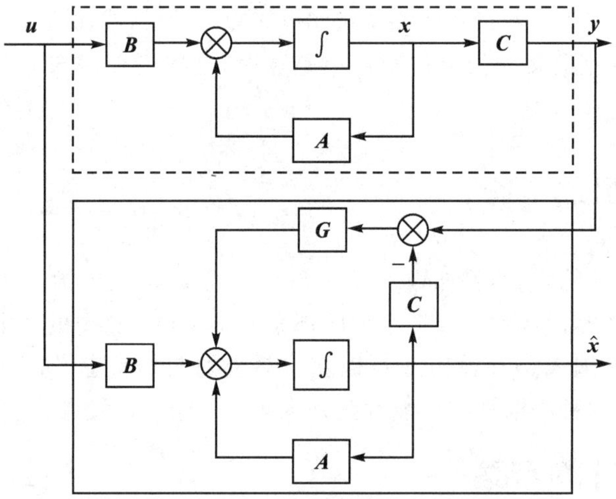

图 6-3　$\boldsymbol{x}$ 的闭环估计方案

其中 $\boldsymbol{G}$ 为 $n\times q$ 的矩阵。联合原来的系统方程可以得到估计误差 $\tilde{\boldsymbol{x}}=\boldsymbol{x}-\hat{\boldsymbol{x}}$ 所满足的方程为

$$\dot{\tilde{\boldsymbol{x}}}=(\boldsymbol{A}-\boldsymbol{G}\boldsymbol{C})\tilde{\boldsymbol{x}}$$

如果原系统可观测/可检测，总可选取矩阵 $\boldsymbol{G}$，使得

$$\lim_{t\to+\infty}\tilde{\boldsymbol{x}}=\boldsymbol{0}$$

而且 $\boldsymbol{x}$ 趋向于零的速度可以做到比系统动力学过程更快，那就可以实现用 $\hat{\boldsymbol{x}}$ 代替 $\boldsymbol{x}$ 的设想。

在一类工程实际问题中，产生状态估计值 $\hat{\boldsymbol{x}}$ 的目的是用以构成反馈控制律 $\boldsymbol{K}\hat{\boldsymbol{x}}$，在这种情况下，完全可以直接讨论如何产生状态的线性组合 $\boldsymbol{K}\boldsymbol{x}$ 的估计值，而没有必要去产生状态的估

计值，因此下面更一般地引入 $\boldsymbol{Kx}$ 观测器的概念。

定义 6-1　设线性时不变系统 $\Sigma:(\boldsymbol{A},\boldsymbol{B},\boldsymbol{C})$ 的状态是不能直接量测的，另一状态变量为 $\boldsymbol{z}$ 的动态系统 Σ_0 称为系统 Σ 的 $\boldsymbol{Kx}$ 观测器，如果 Σ_0 以 Σ 的输入 $\boldsymbol{u}$ 和输出 $\boldsymbol{y}$ 为其输入，且对给定的常数矩阵 $\boldsymbol{K}$，Σ_0 的输出 $\boldsymbol{w}$ 满足

$$\lim_{t\to\infty}(\boldsymbol{Kx}-\boldsymbol{w})=\boldsymbol{0},\quad \forall \boldsymbol{x}_0,\boldsymbol{z}_0,\boldsymbol{u} \tag{6.2.1}$$

在上述定义中，如果 $\boldsymbol{K}=\boldsymbol{I}$，则 Σ_0 称为状态观测器或状态估计器。由定义可知，构成原系统 $\boldsymbol{Kx}$ 观测器的是另一个动态系统 Σ_0，它以原系统的输入量和输出量作为它的输入量，它的输出应满足式(6.2.1)，在 Σ 是线性时不变的情况下，假定 Σ_0 也是线性时不变的，首先遇到的问题就是这样的动态系统 Σ_0 是否存在？

6.2.2　状态观测器的存在性和极点配置

前面已说明，若系统可观测，则它的状态观测器总是存在的。可观测性只是一个充分条件，不是必要条件，关于状态观测器的存在性有以下定理。

定理 6-9　对于线性时不变系统 $(\boldsymbol{A},\boldsymbol{B},\boldsymbol{C})$，其状态观测器存在的充分必要条件是系统可检测（若系统中不可观模态是渐近稳定模态，则称系统 $(\boldsymbol{A},\boldsymbol{C})$ 可检测）。

证明： 因为当 $(\boldsymbol{A},\boldsymbol{B},\boldsymbol{C})$ 不可观测时，可按可观测性进行结构分解，故这里不妨假定 $(\boldsymbol{A},\boldsymbol{B},\boldsymbol{C})$ 已具有如下形式：

$$\boldsymbol{A}=\begin{bmatrix}\boldsymbol{A}_{11} & \boldsymbol{0}\\ \boldsymbol{A}_{21} & \boldsymbol{A}_{22}\end{bmatrix},\quad \boldsymbol{B}=\begin{bmatrix}\boldsymbol{B}_1\\ \boldsymbol{B}_2\end{bmatrix},\quad \boldsymbol{C}=[\boldsymbol{C}_1\quad \boldsymbol{0}]$$

其中 $(\boldsymbol{A}_{11},\boldsymbol{C}_1)$ 可观测，$\boldsymbol{A}_{22}$ 的特征值具有负实部。现构造如下的动态系统：

$$\dot{\hat{\boldsymbol{x}}}=\boldsymbol{A}\hat{\boldsymbol{x}}+\boldsymbol{Bu}+\boldsymbol{G}(\boldsymbol{y}-\boldsymbol{C}\hat{\boldsymbol{x}})$$

即

$$\dot{\hat{\boldsymbol{x}}}=(\boldsymbol{A}-\boldsymbol{GC})\hat{\boldsymbol{x}}+\boldsymbol{Bu}+\boldsymbol{Gy} \tag{6.2.2}$$

这时，不难导出 $\dot{\boldsymbol{x}}-\dot{\hat{\boldsymbol{x}}}=\dot{\tilde{\boldsymbol{x}}}$ 的关系为

$$\dot{\tilde{\boldsymbol{x}}}=\begin{bmatrix}\dot{\tilde{\boldsymbol{x}}}_1\\ \dot{\tilde{\boldsymbol{x}}}_2\end{bmatrix}=\left\{\begin{bmatrix}\boldsymbol{A}_{11}\boldsymbol{x}_1+\boldsymbol{B}_1\boldsymbol{u}\\ \boldsymbol{A}_{21}\boldsymbol{x}_1+\boldsymbol{A}_{22}\boldsymbol{x}_2+\boldsymbol{B}_2\boldsymbol{u}\end{bmatrix}-\begin{bmatrix}(\boldsymbol{A}_{11}-\boldsymbol{G}_1\boldsymbol{C}_1)\hat{\boldsymbol{x}}_1+\boldsymbol{B}_1\boldsymbol{u}+\boldsymbol{G}_1\boldsymbol{C}_1\boldsymbol{x}_1\\ (\boldsymbol{A}_{21}-\boldsymbol{G}_2\boldsymbol{C}_1)\hat{\boldsymbol{x}}_1+\boldsymbol{A}_{22}\hat{\boldsymbol{x}}_2+\boldsymbol{B}_2\boldsymbol{u}+\boldsymbol{G}_2\boldsymbol{C}_1\boldsymbol{x}_1\end{bmatrix}\right\}$$

$$=\begin{bmatrix}(\boldsymbol{A}_{11}-\boldsymbol{G}_1\boldsymbol{C}_1)\tilde{\boldsymbol{x}}_1\\ (\boldsymbol{A}_{21}-\boldsymbol{G}_2\boldsymbol{C}_1)\tilde{\boldsymbol{x}}_1+\boldsymbol{A}_{22}\tilde{\boldsymbol{x}}_2\end{bmatrix}$$

从而可得

$$\dot{\tilde{\boldsymbol{x}}}=\begin{bmatrix}\boldsymbol{A}_{11}-\boldsymbol{G}_1\boldsymbol{C}_1 & \boldsymbol{0}\\ \boldsymbol{A}_{21}-\boldsymbol{G}_2\boldsymbol{C}_1 & \boldsymbol{A}_{22}\end{bmatrix}\tilde{\boldsymbol{x}}$$

显然，因为 $(\boldsymbol{A}_{11}^{\mathrm{T}},\boldsymbol{C}_1^{\mathrm{T}})$ 可控，适当选择 $\boldsymbol{G}_1^{\mathrm{T}}$，可使 $\boldsymbol{A}_{11}^{\mathrm{T}}-\boldsymbol{C}_1^{\mathrm{T}}\boldsymbol{G}_1^{\mathrm{T}}$ 的特征值，即 $\boldsymbol{A}_{11}-\boldsymbol{G}_1\boldsymbol{C}_1$ 的特征值均有负实部，这时

$$\lim_{t\to\infty}\tilde{\boldsymbol{x}}_1=\boldsymbol{0},\quad \forall \boldsymbol{x}_0,\hat{\boldsymbol{x}}_0,\boldsymbol{u}$$

另一方面

$$\dot{\tilde{\boldsymbol{x}}}_2=(\boldsymbol{A}_{21}-\boldsymbol{G}_2\boldsymbol{C}_1)\tilde{\boldsymbol{x}}_1+\boldsymbol{A}_{22}\tilde{\boldsymbol{x}}_2$$

当且仅当 $\boldsymbol{A}_{22}$ 的特征值具有负实部时，有

$$\lim_{t\to\infty}\tilde{\boldsymbol{x}}_2=\boldsymbol{0},\quad \forall \boldsymbol{x}_0,\hat{\boldsymbol{x}}_0,\boldsymbol{u}$$

而 $\boldsymbol{A}_{22}$ 就是系统的不可观测部分，由可检测的假定可知，$\boldsymbol{A}_{22}$ 的特征值具有负实部，于是定理的充分性得证。反之，若不可检测，就不可能存在矩阵 $\boldsymbol{G}$ 使得 $\boldsymbol{A}-\boldsymbol{GC}$ 是渐近稳定的，故不能有 $\dot{\hat{\boldsymbol{x}}}=(\boldsymbol{A}-\boldsymbol{GC})\hat{\boldsymbol{x}}+\boldsymbol{Bu}+\boldsymbol{Gy}$ 的状态观测器。

类似于系统的可控性与可观测性的对偶性，系统的可检测性与可镇定性是对偶的。定理 6-9 说明如果系统可检测，则状态观测器总是存在的，并且观测器可取成式(6.2.2)的形式。同样，$\boldsymbol{Kx}$ 观测器也是存在的，可以取为

$$\dot{\hat{\boldsymbol{x}}}=(\boldsymbol{A}-\boldsymbol{GC})\hat{\boldsymbol{x}}+\boldsymbol{Bu}+\boldsymbol{Gy},\quad \boldsymbol{w}=\boldsymbol{K}\hat{\boldsymbol{x}} \tag{6.2.3}$$

式(6.2.2)和式(6.2.3)的观测器分别称为 n 维基本状态观测器和 n 维基本 $\boldsymbol{Kx}$ 观测器。

由推论 2-6 知：若记 $\boldsymbol{C}_1=\begin{bmatrix}\boldsymbol{C}\\ \boldsymbol{CA}\end{bmatrix}$，系统$(\boldsymbol{A},\boldsymbol{C})$和系统$(\boldsymbol{A},\boldsymbol{C}_1)$的可观测性等价，且它们有相同的不可观测模态，再结合定理 6-9 中可检测性的概念，容易得到如下推论。

推论 6-4 若 $\boldsymbol{C}_1=\begin{bmatrix}\boldsymbol{C}\\ \boldsymbol{CA}\end{bmatrix}$，则系统$(\boldsymbol{A},\boldsymbol{C})$可检测性等价于系统$(\boldsymbol{A},\boldsymbol{C}_1)$的可检测性。

定理 6-10 线性时不变系统$(\boldsymbol{A},\boldsymbol{B},\boldsymbol{C})$的状态观测器式(6.2.2)可任意配置特征值的充分必要条件是$(\boldsymbol{A},\boldsymbol{C})$可观测。

证明： 令定理 6-9 的证明中的 $\boldsymbol{A}_{22}$ 维数为零，即可证明本定理。事实上，这个定理相当于$(\boldsymbol{A},\boldsymbol{B},\boldsymbol{C})$的极点用状态反馈可任意配置的对偶结果。

在单输入单输出的情况下，若$(\boldsymbol{A},\boldsymbol{b},\boldsymbol{c})$可观测，则状态观测器的极点配置问题可用以下步骤来解决：

① 计算系统特征多项式 $\det(s\boldsymbol{I}-\boldsymbol{A})=s^n+\alpha_1 s^{n-1}+\cdots+\alpha_{n-1}s+\alpha_n$；

② 因为$(\boldsymbol{A},\boldsymbol{c})$可观测，对原系统做等价变换 $\bar{\boldsymbol{x}}=\boldsymbol{Px}$，$\boldsymbol{P}$ 的取法如下：

$$\boldsymbol{P}=\begin{bmatrix}\alpha_{n-1} & \alpha_{n-2} & \cdots & \alpha_1 & 1\\ \alpha_{n-2} & \alpha_{n-3} & \cdots & 1 & 0\\ \vdots & \vdots & & \vdots & \vdots\\ \alpha_1 & 1 & \cdots & 0 & 0\\ 1 & 0 & \cdots & 0 & 0\end{bmatrix}\begin{bmatrix}\boldsymbol{c}\\ \boldsymbol{cA}\\ \vdots\\ \boldsymbol{cA}^{n-1}\end{bmatrix}$$

这时系统方程化为可观测标准形$(\bar{\boldsymbol{A}},\bar{\boldsymbol{b}},\bar{\boldsymbol{c}})$，即

$$\dot{\bar{\boldsymbol{x}}}=\begin{bmatrix}0 & 0 & \cdots & 0 & -\alpha_n\\ 1 & 0 & \cdots & 0 & -\alpha_{n-1}\\ 0 & 1 & \cdots & 0 & -\alpha_{n-2}\\ \vdots & \vdots & & \vdots & \vdots\\ 0 & 0 & \cdots & 1 & -\alpha_1\end{bmatrix}\bar{\boldsymbol{x}}+\begin{bmatrix}\beta_n\\ \beta_{n-1}\\ \vdots\\ \vdots\\ \beta_1\end{bmatrix}u$$

$$\boldsymbol{y}=[0\quad 0\quad \cdots\quad 0\quad 1]\bar{\boldsymbol{x}}$$

③ 可观测标准形$(\bar{\boldsymbol{A}},\bar{\boldsymbol{b}},\bar{\boldsymbol{c}})$构成观测器

$$\dot{\hat{\bar{\boldsymbol{x}}}}=(\bar{\boldsymbol{A}}-\bar{\boldsymbol{g}}\bar{\boldsymbol{c}})\hat{\bar{\boldsymbol{x}}}+\bar{\boldsymbol{b}}u+\bar{\boldsymbol{g}}y$$

$$\bar{A}-\bar{g}\bar{c}=\bar{A}-\begin{bmatrix} g_n \\ g_{n-1} \\ \vdots \\ \vdots \\ g_1 \end{bmatrix}[0 \ \cdots \ 0 \quad 1]=\begin{bmatrix} 0 & 0 & \cdots & 0 & -(\alpha_n+g_n) \\ 1 & 0 & \cdots & 0 & -(\alpha_{n-1}+g_{n-1}) \\ 0 & 1 & \cdots & 0 & \vdots \\ \vdots & \vdots & \ddots & \vdots & \vdots \\ 0 & 0 & \cdots & 1 & -(\alpha_1+g_1) \end{bmatrix}$$

对观测器进行极点配置，若给定 n 个希望极点 $s_1,s_2,\cdots,s_n$，则期望特征多项式为

$$f(s)=\prod_{i=1}^{n}(s-s_i)=s^n+\bar{\alpha}_1 s+\cdots+\bar{\alpha}_{n-1}s+\bar{\alpha}_n$$

④ 计算 $\bar{g}$：

$$\bar{g}=[\bar{\alpha}_n-\alpha_n \quad \bar{\alpha}_{n-1}-\alpha_{n-1} \quad \cdots \quad \bar{\alpha}_1-\alpha_1]^{\mathrm{T}}$$

显然这时 $\bar{A}-\bar{g}\bar{c}$ 具有特征多项式 $f(s)$，且由于 $P(A-gc)P^{-1}=\bar{A}-\bar{g}\bar{c}$，$\bar{g}=Pg$，$\bar{c}=cP^{-1}$，所以原系统观测器也具有所期望配置的极点。

⑤ 由 $\bar{g}=Pg$，对原系统求取状态观测器增益 $g=P^{-1}\bar{g}$；

⑥ 系统(A,b,c)的观测器方程为

$$\dot{\hat{x}}=(A-gc)\hat{x}+bu+gy$$

$$w=\hat{x}$$

该观测器的结构方块图如图 6-3 所示。考虑到变换关系：$P(A-gc)P^{-1}=\bar{A}-\bar{g}\bar{c}$，$\bar{g}=Pg$，$\bar{c}=cP^{-1}$，在求取观测器的第③～④步中可以得到 $\bar{x}$ 的估计 $\hat{\bar{x}}$，由此再取化可观测标准形的逆变换也可以求得状态 x 的估计 $P^{-1}\hat{\bar{x}}$。所以系统(A,b,c)的观测器方程也可以写为

$$\dot{\hat{\bar{x}}}=(\bar{A}-\bar{g}\bar{c})\hat{\bar{x}}+\bar{b}u+\bar{g}y$$

$$w=P^{-1}\hat{\bar{x}}$$

这一观测器的结构方块图如图 6-4 所示。

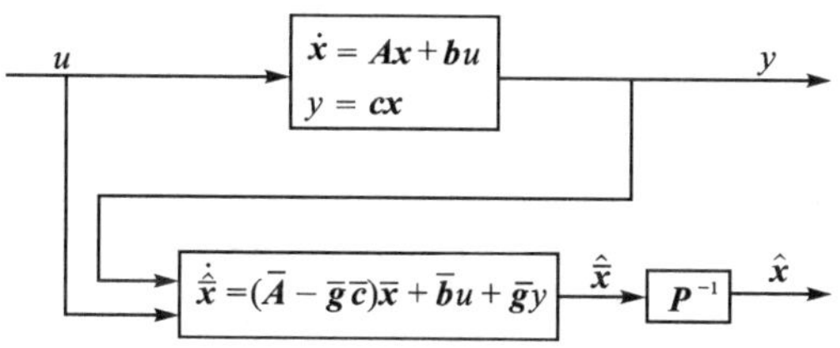

图 6-4　基于可观标准形的等价状态估计器

例 6-8　给定系统(A,b,c)为

$$A=\begin{bmatrix} 1 & 0 & 0 \\ 0 & 2 & 1 \\ 0 & 0 & 2 \end{bmatrix},\quad b=\begin{bmatrix} 1 \\ 0 \\ 1 \end{bmatrix},\quad c=[1 \quad 1 \quad 0]$$

容易验证这个系统是可观测的，现在来构造极点为$-3,-4,-5$的状态观测器。

① A 的特征多项式为 s^3-5s^2+8s-4；

② 求变换矩阵 P：

$$P=\begin{bmatrix}8&-5&1\\-5&1&0\\1&0&0\end{bmatrix}\begin{bmatrix}1&1&0\\1&2&1\\1&4&4\end{bmatrix}=\begin{bmatrix}4&2&-1\\-4&-3&1\\1&1&0\end{bmatrix}$$

$$P^{-1}=\begin{bmatrix}1&1&1\\-1&-1&0\\1&2&4\end{bmatrix}$$

③ 期望特征多项式为

$$f(s)=(s+3)(s+4)(s+5)=s^3+12s^2+47s+60$$

④ 取 $\bar{g}=[60-(-4)\quad 47-8\quad 12-(-5)]^{\mathrm{T}}=[64\quad 39\quad 17]^{\mathrm{T}}$，即

$$g=P^{-1}\bar{g}=\begin{bmatrix}1&1&1\\-1&-1&0\\1&2&4\end{bmatrix}\begin{bmatrix}64\\39\\17\end{bmatrix}=\begin{bmatrix}120\\-103\\210\end{bmatrix}$$

⑤ 计算

$$A-gc=\begin{bmatrix}1&0&0\\0&2&1\\0&0&2\end{bmatrix}-\begin{bmatrix}120\\-103\\210\end{bmatrix}[1\quad 1\quad 0]=\begin{bmatrix}-119&-120&0\\103&105&1\\-210&-210&2\end{bmatrix}$$

最后可得状态观测器的动态方程为

$$\begin{cases}\dot{\hat{x}}=\begin{bmatrix}-119&-120&0\\103&105&1\\-210&-210&2\end{bmatrix}\hat{x}+\begin{bmatrix}1\\0\\1\end{bmatrix}u+\begin{bmatrix}120\\-103\\210\end{bmatrix}y\\ w=\hat{x}\end{cases}$$

观测器的方块图如图 6-5 所示。在得到 $\hat{\bar{x}}$ 的估计后，通过 $P^{-1}\hat{\bar{x}}$ 也可得到 $\hat{x}$，如图 6-4 所示。

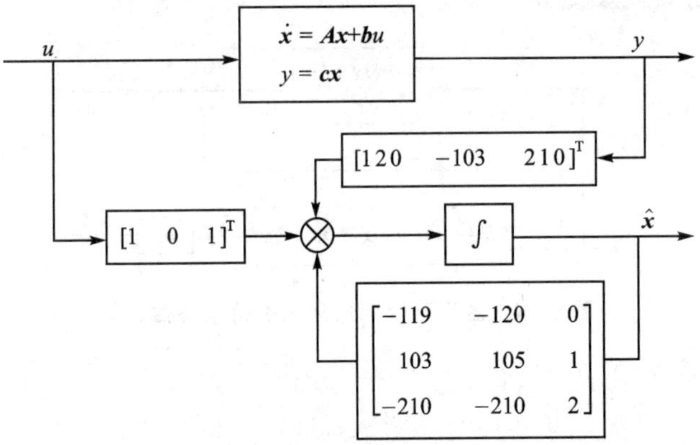

图 6-5　例 6-8 的状态估计器

注 6-1　对于一些实际的系统，系统输出是被控制量，即在输出方程中存在与控制输入有关的项，即 $y=Cx+Du$，其观测器构造可以如下进行：对于用非严格正则的线性时不变系统 (A,B,C,D) 描述的被观测系统，容易给出其状态估计的动态方程为

$$\begin{cases}\dot{\hat{x}}=F\hat{x}+Gy+Ju\\ w=\hat{x}\end{cases}$$

其中，G 为 $n\times q$ 维的观测器增益矩阵，$F=A-GC$，$J=B-GD$。引入状态观测器的状态估计误差 $e=x-\hat{x}$，则其满足的方程为

$$\dot{e}=(A-GC)e$$

如果原系统是可检测的，总可选取矩阵 G，使得

$$\lim_{t\to+\infty} e=0$$

从而可以实现用 $\hat{x}$ 作为状态 x 的观测状态或估计状态。此时观测器条件 $F=A-GC$ 渐近稳定，且满足 $J=B-GD$。系统(A,B,C,D)状态估计的动态方程为

$$\begin{cases}\dot{\hat{x}}=(A-GC)\hat{x}+Gy+(B-GD)u\\ w=\hat{x}\end{cases}$$

其中，G 为 $n\times q$ 维的增益矩阵。

线性时不变系统(A,B,C,D)的观测器也是一个线性时不变系统 Σ_0，其一般形式如下：

$$\begin{cases}\dot{z}=Fz+Nu+Gy\\ w=Ez+My+Su\end{cases}\tag{6.2.4}$$

式中，F、N、G、E、M 和 S 分别为 $r\times r$，$r\times p$，$r\times q$，$l\times r$，$l\times q$ 和 $l\times p$ 的常值矩阵。下面讨论这些矩阵满足什么条件时，系统 Σ_0 才是(A,B,C,D)的一个 Kx 观测器。

由 Kx 观测器的定义知，若 Σ_0 是系统 Σ 的 Kx 观测器，则 w 给出了 Kx 的渐近估计。一个自然的问题是，这时在状态变量 z 和 x 之间是否存在类似的线性渐近关系，即是否存在 $r\times n$ 矩阵 P，使得

$$\lim_{t\to\infty}(Px-z)=0$$

对任意的 x_0、z_0、u 成立。系统(A,B,C,D)的 Kx 观测器结构图如图 6-6 所示。

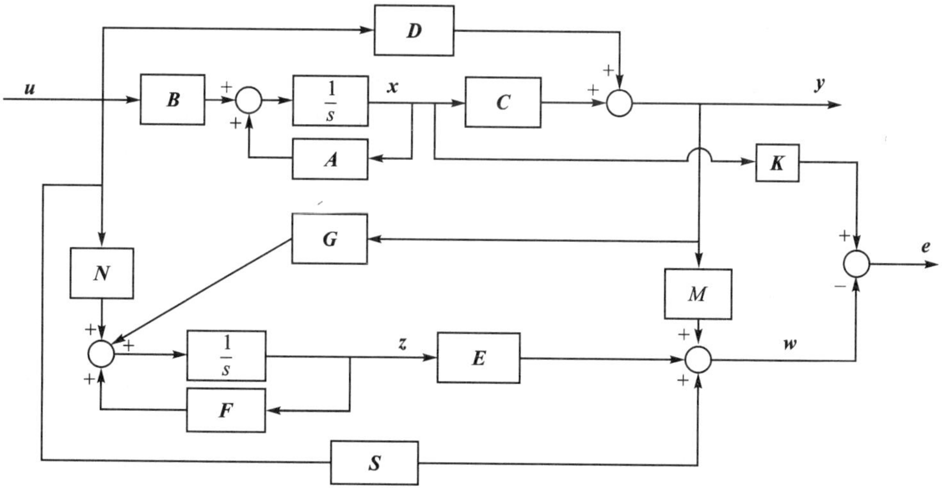

图 6-6　系统(A,B,C,D)的 Kx 观测器结构图

定理 6-11　若系统(A,B,C,D)可控，对于某矩阵 P，使得

$$\lim_{t\to\infty}[\boldsymbol{Px}(t)-\boldsymbol{z}(t)]=\boldsymbol{0} \tag{6.2.5}$$

对任意的 $\boldsymbol{x}_0$、$\boldsymbol{z}_0$、$\boldsymbol{u}$ 都成立的充要条件为

① $\mathrm{Re}\lambda_i(\boldsymbol{F})<0, i=1,2,\cdots,r$;

② $\boldsymbol{PA}-\boldsymbol{FP}=\boldsymbol{GC}$;

③ $\boldsymbol{N}+\boldsymbol{GD}=\boldsymbol{PB}$。 (6.2.6)

证明：证明充分性。令 $\boldsymbol{e}=\boldsymbol{Px}-\boldsymbol{z}$，对 $\boldsymbol{e}$ 求导数

$$\begin{aligned}\dot{\boldsymbol{e}}&=\boldsymbol{P}\dot{\boldsymbol{x}}-\dot{\boldsymbol{z}}\\&=\boldsymbol{P}(\boldsymbol{Ax}+\boldsymbol{Bu})-(\boldsymbol{Fz}+\boldsymbol{Nu}+\boldsymbol{Gy})\\&=(\boldsymbol{PA}-\boldsymbol{GC})\boldsymbol{x}-\boldsymbol{Fz}\\&=\boldsymbol{FPx}-\boldsymbol{Fz}\\&=\boldsymbol{Fe}\end{aligned}$$

则对任意的 $\boldsymbol{x}_0$、$\boldsymbol{z}_0$ 和 $\boldsymbol{u}$ 有

$$\boldsymbol{e}(t)=\mathrm{e}^{\boldsymbol{F}t}(\boldsymbol{Px}_0-\boldsymbol{z}_0)$$

所以有

$$\lim_{t\to\infty}\boldsymbol{e}(t)=\lim_{t\to\infty}(\boldsymbol{Px}-\boldsymbol{z})=\boldsymbol{0}$$

证明必要性。设对任意的 $\boldsymbol{x}_0$、$\boldsymbol{z}_0$ 和 $\boldsymbol{u}$ 都有 $\lim\limits_{t\to\infty}(\boldsymbol{Px}-\boldsymbol{z})=\boldsymbol{0}$。取 $\boldsymbol{u}\equiv\boldsymbol{0}$，$\boldsymbol{x}_0=\boldsymbol{0}$，这时 $\boldsymbol{x}=\boldsymbol{0}$，$\boldsymbol{y}=\boldsymbol{0}$，从而由 $\dot{\boldsymbol{e}}=\boldsymbol{Fe}$ 可得 $\dot{\boldsymbol{z}}=\boldsymbol{Fz}$，而且对任意的 $\boldsymbol{z}_0$ 都有 $\lim\limits_{t\to\infty}\boldsymbol{z}=\boldsymbol{0}$，由此可得条件①成立。

下面证条件②、③，因为

$$\begin{aligned}\dot{\boldsymbol{e}}&=\boldsymbol{P}\dot{\boldsymbol{x}}-\dot{\boldsymbol{z}}=\boldsymbol{P}(\boldsymbol{Ax}+\boldsymbol{Bu})-(\boldsymbol{Fz}+\boldsymbol{Nu}+\boldsymbol{Gy})\\&=\boldsymbol{Fe}+(\boldsymbol{PA}-\boldsymbol{FP}-\boldsymbol{GC})\boldsymbol{x}+(\boldsymbol{PB}-\boldsymbol{N}-\boldsymbol{GD})\boldsymbol{u}\end{aligned}$$

记 $\boldsymbol{PA}-\boldsymbol{FP}-\boldsymbol{GC}$ 和 $\boldsymbol{PB}-\boldsymbol{N}-\boldsymbol{GD}$ 分别为 $\boldsymbol{W}$ 和 $\boldsymbol{Q}$，要证 $\boldsymbol{W}$、$\boldsymbol{Q}$ 为零。对上式取拉普拉斯变换，并解出 $\boldsymbol{e}(s)$

$$s\boldsymbol{e}(s)-\boldsymbol{e}(0)=\boldsymbol{Fe}(s)+\boldsymbol{Wx}(s)+\boldsymbol{Qu}(s)$$

$$\boldsymbol{e}(s)=(s\boldsymbol{I}-\boldsymbol{F})^{-1}\boldsymbol{e}(0)+(s\boldsymbol{I}-\boldsymbol{F})^{-1}[\boldsymbol{Wx}(s)+\boldsymbol{Qu}(s)]$$

由条件 $\lim\limits_{t\to\infty}\boldsymbol{e}(t)=\boldsymbol{0}$，可知 $\lim\limits_{s\to 0}s\boldsymbol{e}(s)=\boldsymbol{0}$。又取 $\boldsymbol{z}_0=\boldsymbol{0}$，$\boldsymbol{x}_0=\boldsymbol{0}$，这时

$$\boldsymbol{e}(0)=\boldsymbol{0},\quad \boldsymbol{x}(s)=(s\boldsymbol{I}-\boldsymbol{A})^{-1}\boldsymbol{Bu}(s)$$

$$\lim_{s\to 0}s\boldsymbol{e}(s)=\lim_{s\to 0}(s\boldsymbol{I}-\boldsymbol{F})^{-1}[\boldsymbol{W}(s\boldsymbol{I}-\boldsymbol{A})^{-1}\boldsymbol{B}+\boldsymbol{Q}]s\boldsymbol{u}(s)=\boldsymbol{0}$$

由于 $\boldsymbol{u}(s)$ 的任意性，又因为 $\boldsymbol{F}$ 非奇异，故必然有

$$\boldsymbol{W}(s\boldsymbol{I}-\boldsymbol{A})^{-1}\boldsymbol{B}+\boldsymbol{Q}=\boldsymbol{0}$$

所以

$$\boldsymbol{W}(s\boldsymbol{I}-\boldsymbol{A})^{-1}\boldsymbol{B}=\boldsymbol{0},\quad \boldsymbol{Q}=\boldsymbol{0}$$

由于系统是可控的，在复数域上 $(s\boldsymbol{I}-\boldsymbol{A})^{-1}\boldsymbol{B}$ 行线性无关，故 $\boldsymbol{W}=\boldsymbol{0}$，充要条件②、③得证。

推论 6-5 若系统 $(\boldsymbol{A},\boldsymbol{B},\boldsymbol{C},\boldsymbol{D})$ 可控，则式(6.2.4)的系统成为它的状态观测器的充要条件为

① $\mathrm{Re}\lambda_i(\boldsymbol{F})<0, i=1,2,\cdots,n$;

② $\boldsymbol{F}=\boldsymbol{A}-\boldsymbol{GC}$;

③ $\boldsymbol{B}-\boldsymbol{N}=\boldsymbol{GD}$。

推论 6-5 表明 $(\boldsymbol{A},\boldsymbol{B},\boldsymbol{C},\boldsymbol{D})$ 的状态观测器具有式(6.2.2)的形式。定理 6-9 的必要性由

此即可说明，事实上，若状态观测器存在，则必具有式(6.2.2)的形式，由充要条件①、②可知$(\boldsymbol{A},\boldsymbol{C})$可检测，或者由定理 6-9 充分性的证明中也可得$(\boldsymbol{A},\boldsymbol{C})$可检测。前面的结果只讨论了 $\boldsymbol{z}$ 和 $\boldsymbol{Px}$ 之间的关系，没有涉及观测器输出与 $\boldsymbol{Kx}$ 的关系。作为 $\boldsymbol{Kx}$ 观测器，进而要分析 $\boldsymbol{w}$ 和 $\boldsymbol{Kx}$ 之间的关系。下面介绍本节的主要结果(更多细节可以参考文献[36])。

定理 6-12　若系统$(\boldsymbol{A},\boldsymbol{B},\boldsymbol{C},\boldsymbol{D})$可控，$(\boldsymbol{F},\boldsymbol{E})$可观测，则式(6.2.4)成为$(\boldsymbol{A},\boldsymbol{B},\boldsymbol{C},\boldsymbol{D})$的 $\boldsymbol{Kx}$ 观测器的充要条件为存在 $r\times n$ 矩阵 $\boldsymbol{P}$，使得下列条件满足：

① $\mathrm{Re}\lambda_i(\boldsymbol{F})<0, i=1,2,\cdots,r$；

② $\boldsymbol{PA}-\boldsymbol{FP}=\boldsymbol{GC}$；

③ $\boldsymbol{N}+\boldsymbol{GD}=\boldsymbol{PB}$；

④ $\boldsymbol{K}=\boldsymbol{EP}+\boldsymbol{MC}$；

⑤ $\boldsymbol{S}+\boldsymbol{MD}=\boldsymbol{0}$。　(6.2.7)

证明： 证明充分性。由条件④和⑤，有 $\boldsymbol{Kx}-\boldsymbol{w}=(\boldsymbol{EP}+\boldsymbol{MC})\boldsymbol{x}-(\boldsymbol{Ez}+\boldsymbol{My}+\boldsymbol{Su})=\boldsymbol{E}(\boldsymbol{Px}-\boldsymbol{z})$，按定理 6-11 可给出 $\lim\limits_{t\to\infty}(\boldsymbol{Px}-\boldsymbol{z})=\boldsymbol{0}$。因而对一切的 $\boldsymbol{x}_0$、$\boldsymbol{z}_0$ 和 $\boldsymbol{u}$，均有 $\lim\limits_{t\to\infty}(\boldsymbol{Kx}-\boldsymbol{w})=\boldsymbol{0}$ 成立，这说明式(6.2.4)是$(\boldsymbol{A},\boldsymbol{B},\boldsymbol{C},\boldsymbol{D})$的观测器。

证明必要性。设对任意的 $\boldsymbol{x}_0$、$\boldsymbol{z}_0$ 和 $\boldsymbol{u}$，均有 $\lim\limits_{t\to\infty}(\boldsymbol{Kx}-\boldsymbol{w})=\boldsymbol{0}$ 成立，要证定理中诸条件成立。因为

$$\lim_{t\to\infty}\boldsymbol{Kx}-\boldsymbol{w}=\boldsymbol{0}$$

$$\lim_{t\to\infty}(\boldsymbol{K\dot{x}}-\boldsymbol{\dot{w}})=\boldsymbol{0}$$

$$\vdots$$

$$\lim_{t\to\infty}(\boldsymbol{Kx}^{(r-1)}-\boldsymbol{w}^{(r-1)})=\boldsymbol{0}$$

具体展开这些式子，可得

$$\boldsymbol{Kx}-\boldsymbol{w}=\boldsymbol{Kx}-\boldsymbol{Ez}-\boldsymbol{My}-\boldsymbol{Su}=\boldsymbol{Kx}-\boldsymbol{Ez}-\boldsymbol{MCx}=\overline{\boldsymbol{M}}_0\boldsymbol{x}-\boldsymbol{Ez}$$

$$\overline{\boldsymbol{M}}_0=\boldsymbol{K}-\boldsymbol{MC}$$

$$\begin{aligned}\boldsymbol{K\dot{x}}-\boldsymbol{\dot{w}}&=\boldsymbol{K}(\boldsymbol{Ax}+\boldsymbol{Bu})-\left(\boldsymbol{E\dot{z}}+\frac{\mathrm{d}}{\mathrm{d}t}(\boldsymbol{My}+\boldsymbol{Su})\right)=\boldsymbol{K}(\boldsymbol{Ax}+\boldsymbol{Bu})-(\boldsymbol{E\dot{z}}+\boldsymbol{MC\dot{x}})\\&=\boldsymbol{K}(\boldsymbol{Ax}+\boldsymbol{Bu})-\boldsymbol{E}(\boldsymbol{Fz}+\boldsymbol{Nu}+\boldsymbol{Gy})-\boldsymbol{MC}(\boldsymbol{Ax}+\boldsymbol{Bu})\\&=\overline{\boldsymbol{M}}_1\boldsymbol{x}-\boldsymbol{EFz}+\overline{\boldsymbol{N}}_1\boldsymbol{u}\end{aligned}$$

$$\overline{\boldsymbol{M}}_1=\overline{\boldsymbol{M}}_0\boldsymbol{A}-\boldsymbol{EGC},\overline{\boldsymbol{N}}_1=\overline{\boldsymbol{M}}_0\boldsymbol{B}-\boldsymbol{EN}$$

$$\boldsymbol{K\ddot{x}}-\boldsymbol{\ddot{w}}=\overline{\boldsymbol{M}}_2\boldsymbol{x}-\boldsymbol{EF}^2\boldsymbol{z}+\overline{\boldsymbol{N}}_2\boldsymbol{u}+\overline{\boldsymbol{N}}_1\boldsymbol{\dot{u}}$$

$$\overline{\boldsymbol{M}}_2=\overline{\boldsymbol{M}}_1\boldsymbol{A}-\boldsymbol{EFGC},\boldsymbol{N}_2=\overline{\boldsymbol{M}}_1\boldsymbol{B}-\boldsymbol{EFN}$$

$$\vdots$$

$$\boldsymbol{Kx}^{(i)}-\boldsymbol{w}^{(i)}=\overline{\boldsymbol{M}}_i\boldsymbol{x}-\boldsymbol{EF}^i\boldsymbol{z}+\overline{\boldsymbol{N}}_{i-1}\boldsymbol{\dot{u}}+\cdots+\overline{\boldsymbol{N}}_1\boldsymbol{u}^{(i-1)}$$

于是可得

$$\lim_{t\to\infty}(\overline{\boldsymbol{M}}_0x-\boldsymbol{Ez})=\boldsymbol{0}$$

$$\lim_{t\to\infty}(\overline{\boldsymbol{M}}_1x-\boldsymbol{EFz}+\overline{\boldsymbol{N}}_1\boldsymbol{u})=\boldsymbol{0}$$

$$\vdots$$

$$\lim_{t\to\infty}(\overline{\boldsymbol{M}}_i x - \boldsymbol{E}\boldsymbol{F}^i \boldsymbol{z} + \overline{\boldsymbol{N}}_i \boldsymbol{u} + \cdots + \overline{\boldsymbol{N}}_1 \boldsymbol{u}^{(i-1)}) = \boldsymbol{0}$$

另一方面，通过拉普拉斯变换可得

$$\boldsymbol{x}(s) = (s\boldsymbol{I} - \boldsymbol{A})^{-1}\boldsymbol{x}_0 + (s\boldsymbol{I} - \boldsymbol{A})^{-1}\boldsymbol{B}\boldsymbol{u}(s)$$

且

$$\begin{aligned}\boldsymbol{z}(s) &= (s\boldsymbol{I} - \boldsymbol{F})^{-1}\boldsymbol{z}_0 + (s\boldsymbol{I} - \boldsymbol{F})^{-1}[\boldsymbol{N}\boldsymbol{u}(s) + \boldsymbol{G}\boldsymbol{C}\boldsymbol{x}(s)] \\ &= (s\boldsymbol{I} - \boldsymbol{F})^{-1}\boldsymbol{z}_0 + (s\boldsymbol{I} - \boldsymbol{F})^{-1}[\boldsymbol{N} + \boldsymbol{G}\boldsymbol{C}(s\boldsymbol{I} - \boldsymbol{A})^{-1}\boldsymbol{B}]\boldsymbol{u}(s) + \\ &\quad (s\boldsymbol{I} - \boldsymbol{F})^{-1}\boldsymbol{G}\boldsymbol{C}(s\boldsymbol{I} - \boldsymbol{A})^{-1}\boldsymbol{x}_0\end{aligned}$$

由拉普拉斯变换的终值定理可得

$$\lim_{t\to\infty}(\overline{\boldsymbol{M}}_1 \boldsymbol{x} - \boldsymbol{E}\boldsymbol{F}\boldsymbol{z} + \overline{\boldsymbol{N}}_1 \boldsymbol{u}) = \lim_{s\to 0} s[\overline{\boldsymbol{M}}_1 \boldsymbol{x}(s) - \boldsymbol{E}\boldsymbol{F}\boldsymbol{z}(s) + \overline{\boldsymbol{N}}_1 \boldsymbol{u}(s)]$$

将 $\boldsymbol{x}(s)$ 及 $\boldsymbol{z}(s)$ 的表达式代入上式，取 $\boldsymbol{x}_0 = \boldsymbol{0}, \boldsymbol{z}_0 = \boldsymbol{0}$，由 $\boldsymbol{u}(s)$ 的任意性可以得到

$$\overline{\boldsymbol{M}}_1(s\boldsymbol{I} - \boldsymbol{A})^{-1}\boldsymbol{B} - \boldsymbol{E}\boldsymbol{F}(s\boldsymbol{I} - \boldsymbol{F})^{-1}[\boldsymbol{N} + \boldsymbol{G}\boldsymbol{C}(s\boldsymbol{I} - \boldsymbol{A})^{-1}\boldsymbol{B}] + \overline{\boldsymbol{N}}_1 = \boldsymbol{0}$$

从而必有 $\overline{\boldsymbol{N}}_1 = \boldsymbol{0}$，同理可证 $\overline{\boldsymbol{N}}_i = \boldsymbol{0}, i = 1, 2, \cdots, r-1$。于是对任意的 $\boldsymbol{u}$、$\boldsymbol{x}_0$、$\boldsymbol{z}_0$ 有

$$\lim_{t\to\infty}(\overline{\boldsymbol{M}}_i \boldsymbol{x} - \boldsymbol{E}\boldsymbol{F}^i \boldsymbol{z}) = \boldsymbol{0}, \quad i = 1, 2, \cdots, r-1$$

令

$$\boldsymbol{R} = \begin{bmatrix}\overline{\boldsymbol{M}}_0 \\ \overline{\boldsymbol{M}}_1 \\ \vdots \\ \overline{\boldsymbol{M}}_{r-1}\end{bmatrix}, \quad \boldsymbol{Q} = \begin{bmatrix}\boldsymbol{E} \\ \boldsymbol{E}\boldsymbol{F} \\ \vdots \\ \boldsymbol{E}\boldsymbol{F}^{r-1}\end{bmatrix}$$

于是可得

$$\lim_{t\to\infty}(\boldsymbol{R}\boldsymbol{x} - \boldsymbol{Q}\boldsymbol{z}) = \boldsymbol{0}$$

因为 $(\boldsymbol{F}, \boldsymbol{E})$ 可观测，$\boldsymbol{Q}$ 列满秩，令 $\boldsymbol{P} = \boldsymbol{Q}^+ \boldsymbol{R}$，其中 $\boldsymbol{Q}^+ = (\boldsymbol{Q}^{\mathrm{T}}\boldsymbol{Q})^{-1}\boldsymbol{Q}^{\mathrm{T}}$。故有

$$\lim_{t\to\infty}(\boldsymbol{Q}^+ \boldsymbol{R}\boldsymbol{x} - \boldsymbol{z}) = \lim_{t\to\infty}(\boldsymbol{P}\boldsymbol{x} - \boldsymbol{z}) = \boldsymbol{0}, \quad \forall \boldsymbol{x}_0, \boldsymbol{z}_0, u$$

由定理 6-11，条件①、②、③得证。又因为

$$\begin{aligned}\lim_{t\to\infty}(\boldsymbol{K}\boldsymbol{x} - \boldsymbol{w}) &= \lim_{t\to\infty}[\boldsymbol{K}\boldsymbol{x} - (\boldsymbol{E}\boldsymbol{z} + \boldsymbol{M}\boldsymbol{C}\boldsymbol{x} + \boldsymbol{M}\boldsymbol{D}\boldsymbol{u} + \boldsymbol{S}\boldsymbol{u})] \\ &= \lim_{t\to\infty}[\boldsymbol{K} - (\boldsymbol{E}\boldsymbol{P} + \boldsymbol{M}\boldsymbol{C})]\boldsymbol{x} + \lim_{t\to\infty}(\boldsymbol{M}\boldsymbol{D} + \boldsymbol{S})\boldsymbol{u} \\ &= [\boldsymbol{K} - (\boldsymbol{E}\boldsymbol{P} + \boldsymbol{M}\boldsymbol{C})]\lim_{t\to\infty}\boldsymbol{x} + (\boldsymbol{M}\boldsymbol{D} + \boldsymbol{S})\lim_{t\to\infty}\boldsymbol{u} \\ &= \boldsymbol{0}, \quad \forall \boldsymbol{x}_0, \boldsymbol{z}_0, u\end{aligned}$$

取 $\boldsymbol{u} = 0$，则 $[\boldsymbol{K} - (\boldsymbol{E}\boldsymbol{P} + \boldsymbol{M}\boldsymbol{C})]\lim\limits_{t\to\infty}\boldsymbol{x} = \boldsymbol{0}$，对任意 $\boldsymbol{x}_0, \boldsymbol{z}_0$ 成立。取适当 $\boldsymbol{x}_0$ 和 $\boldsymbol{z}_0$，总可做到 $\lim\limits_{t\to\infty}\boldsymbol{x} \neq \boldsymbol{0}$，所以条件④得证。由于系统可控，取 $\boldsymbol{x}_0$ 和 $\boldsymbol{z}_0$，存在非零 $\boldsymbol{u}$ 使得在有限时间 t 时刻 $\boldsymbol{x}(t) = \boldsymbol{0}$，并且 $\lim\limits_{t\to\infty}\boldsymbol{x} = 0$，从而对任意 $\boldsymbol{u}$，有 $(\boldsymbol{M}\boldsymbol{D} + \boldsymbol{S})\lim\limits_{t\to\infty}\boldsymbol{u} = \boldsymbol{0}$，所以得到条件⑤成立。定理的必要性证毕。

综合定理 6-11 和定理 6-12，可得以下推论。

推论 6-6 若 $(\boldsymbol{A}, \boldsymbol{B})$ 可控，$(\boldsymbol{F}, \boldsymbol{E})$ 可观测，则式(6.2.4)所表示的系统为 $(\boldsymbol{A}, \boldsymbol{B}, \boldsymbol{C}, \boldsymbol{D})$ 的一个 $\boldsymbol{K}\boldsymbol{x}$ 观测器的充要条件为存在某矩阵 $\boldsymbol{P}$，满足：

① 对任意 $\boldsymbol{x}_0$、$\boldsymbol{z}_0$、$\boldsymbol{u}$，有 $\lim\limits_{t\to\infty}(\boldsymbol{P}\boldsymbol{x} - \boldsymbol{z}) = \boldsymbol{0}$；

② $\boldsymbol{K}=\boldsymbol{EP}+\boldsymbol{MC}$；

③ $\boldsymbol{S}+\boldsymbol{MD}=\boldsymbol{0}$。

定理 6-13　设 $\boldsymbol{A}$、$\boldsymbol{F}$ 和 $\boldsymbol{GC}$ 分别是 $n\times n$、$r\times r$ 和 $r\times n$ 矩阵，则方程

$$\boldsymbol{PA}-\boldsymbol{FP}=\boldsymbol{GC} \tag{6.2.8}$$

有唯一存在的 $r\times n$ 矩阵 $\boldsymbol{P}$ 的充要条件为 $\boldsymbol{F}$ 与 $\boldsymbol{A}$ 无相同的特征值。

证明： 设 $\boldsymbol{GC}=[w_{ij}]_{r\times n}$，$\boldsymbol{P}=[p_{ij}]_{r\times n}$，且其拉直向量分别为

$$\bar{\boldsymbol{p}}=[p_{11}\ p_{12}\ \cdots\ p_{1n}\ p_{21}\ p_{22}\ \cdots\ p_{2n}\ \cdots\ p_{r1}\ p_{r2}\ \cdots\ p_{rn}]^{\mathrm{T}}$$

$$\bar{\boldsymbol{w}}=[w_{11}\ w_{12}\ \cdots\ w_{1n}\ w_{21}\ w_{22}\ \cdots\ w_{2n}\ \cdots\ w_{r1}\ w_{r2}\ \cdots\ w_{rn}]^{\mathrm{T}}$$

由矩阵的 Kronecker 积可以把矩阵方程(6.2.8)写成

$$(\boldsymbol{I}_r\otimes\boldsymbol{A}^{\mathrm{T}}-\boldsymbol{F}\otimes\boldsymbol{I}_n)\bar{\boldsymbol{p}}=\bar{\boldsymbol{w}} \tag{6.2.9}$$

这一代数方程有唯一解的条件是

$$\det(\boldsymbol{I}_r\otimes\boldsymbol{A}^{\mathrm{T}}-\boldsymbol{F}\otimes\boldsymbol{I}_n)\neq 0$$

利用代数基础知识部分结论 0-12 的证明，若 $\boldsymbol{A}$ 和 $\boldsymbol{F}$ 无相同的特征值，即 $\boldsymbol{I}_r\otimes\boldsymbol{A}^{\mathrm{T}}-\boldsymbol{F}\otimes\boldsymbol{I}_n$ 无零特征值，则代数方程组(6.2.9)有唯一解。反之亦然，定理证毕。

根据定理 6-11、定理 6-12 和定理 6-13，定出系统（$\boldsymbol{A}$，$\boldsymbol{B}$，$\boldsymbol{C}$，$\boldsymbol{D}$）的 $\boldsymbol{Kx}$ 观测器的一般动态方程($\boldsymbol{F}$，$\boldsymbol{N}$，$\boldsymbol{G}$，$\boldsymbol{E}$，$\boldsymbol{M}$，$\boldsymbol{S}$)的设计步骤如下：

① 确定一个矩阵 $\boldsymbol{F}_{r\times r}$，它的特征值在复平面左半平面且与 $\boldsymbol{A}$ 的特征值不同。

② 选取矩阵 $\boldsymbol{G}_{r\times q}$，由 $\boldsymbol{PA}-\boldsymbol{FP}=\boldsymbol{GC}$ 解出矩阵 $\boldsymbol{P}_{r\times n}$。

③ 由 $\boldsymbol{N}+\boldsymbol{GD}=\boldsymbol{PB}$ 定出 $\boldsymbol{N}_{r\times p}$。

④ 对确定的 $\boldsymbol{K}_{l\times n}$，求解 $\boldsymbol{K}=\boldsymbol{EP}+\boldsymbol{MC}$，给出 $\boldsymbol{E}_{l\times r}$、$\boldsymbol{M}_{l\times q}$。

⑤ 由 $\boldsymbol{S}+\boldsymbol{MD}=\boldsymbol{0}$ 确定矩阵 $\boldsymbol{S}_{l\times p}$。

⑥ 验证($\boldsymbol{F}$，$\boldsymbol{E}$)是否可观测，若可观测，则进行下一步；若否，则返回第①步。

⑦ 写出 $\boldsymbol{Kx}$ 观测器的状态方程：

$$\begin{cases}\dot{\boldsymbol{z}}=\boldsymbol{Fz}+\boldsymbol{Nu}+\boldsymbol{Gy}\\ \boldsymbol{w}=\boldsymbol{Ez}+\boldsymbol{My}+\boldsymbol{Su}\end{cases}$$

例 6-9　考虑系统($\boldsymbol{A}$，$\boldsymbol{B}$，$\boldsymbol{C}$，$\boldsymbol{D}$)，其参数矩阵为

$$\boldsymbol{A}=\begin{bmatrix}-2&1&0&0\\0&-2&1&0\\0&0&-1&1\\-1&0&0&0\end{bmatrix},\quad \boldsymbol{B}=\begin{bmatrix}0\\0\\0\\1\end{bmatrix}$$

$$\boldsymbol{C}=\begin{bmatrix}1&0&0&0\\0&0&1&0\end{bmatrix},\quad \boldsymbol{D}=\begin{bmatrix}1\\0\end{bmatrix}$$

取 $\boldsymbol{K}=[0\quad 1\quad 0\quad 1]$时，令 $r=1$，试设计一个一维 $\boldsymbol{Kx}$ 观测器。

解： 由于 $\boldsymbol{K}$ 为行向量，$\boldsymbol{Kx}$ 为标量，故知此时 $r=l=1$。由上述步骤逐步求取 $\boldsymbol{Kx}$ 观测器的各个参数矩阵：

① 取 $\boldsymbol{F}=-3$ 与 $\boldsymbol{A}$ 的 4 个根为：$-0.31\pm0.32\mathrm{j}$；$-2.19\pm0.55\mathrm{j}$；

② 取 $\boldsymbol{G}=[-2\quad -5]$，解方程 $\boldsymbol{PA}-\boldsymbol{FP}=\boldsymbol{GC}$，得 $\boldsymbol{P}=[-1\quad 1\quad -3\quad 1]$；

③ 由 $\boldsymbol{PB}-\boldsymbol{GD}=\boldsymbol{N}$ 定出 $\boldsymbol{N}=-1$；

④ 求解矩阵方程 $\boldsymbol{K}=\boldsymbol{EP}+\boldsymbol{MC}$，得到 $\boldsymbol{E}=1, \boldsymbol{M}=[1\quad 3]$；

⑤ 得到 $\boldsymbol{S}=-\boldsymbol{MD}=-1$；

⑥ 易见$(\boldsymbol{F},\boldsymbol{E})$是可观测。

所以系统方程$(\boldsymbol{A},\boldsymbol{B},\boldsymbol{C},\boldsymbol{D})$的一个一维 $\boldsymbol{Kx}$ 观测器为

$$\begin{cases}\dot{z}=-3z-u-[2\quad 5]y\\ w=z+[1\quad 3]y-u\end{cases}$$

事实上，直接在上述定理 6-11、定理 6-12 中取 $\boldsymbol{D}=0$，从而 $\boldsymbol{S}=0$，故得到如下推论。

推论 6-7 对于严格正则系统$(\boldsymbol{A},\boldsymbol{B},\boldsymbol{C})$，其有 $\boldsymbol{Kx}$ 观测器

$$\begin{cases}\dot{\boldsymbol{z}}=\boldsymbol{Fz}+\boldsymbol{Nu}+\boldsymbol{Gy}\\ \boldsymbol{w}=\boldsymbol{Ez}+\boldsymbol{My}\end{cases}$$

的充要条件为存在 $r\times n$ 矩阵 $\boldsymbol{P}$，使得下列条件满足：

① $\mathrm{Re}\lambda_i(\boldsymbol{F})<0, i=1,2,\cdots,r$；

② $\boldsymbol{PA}-\boldsymbol{FP}=\boldsymbol{GC}$；

③ $\boldsymbol{N}=\boldsymbol{PB}$；

④ $\boldsymbol{K}=\boldsymbol{EP}+\boldsymbol{MC}$。

由此可以给出系统 $(\boldsymbol{A},\boldsymbol{B},\boldsymbol{C})$的 $\boldsymbol{Kx}$ 观测器的设计步骤：

① 确定一个矩阵 $\boldsymbol{F}_{r\times r}$，它的特征值在复平面左半平面且与 $\boldsymbol{A}$ 的特征值不同。

② 选取矩阵 $\boldsymbol{G}_{r\times q}$，由 $\boldsymbol{PA}-\boldsymbol{FP}=\boldsymbol{GC}$ 解出矩阵 $\boldsymbol{P}_{r\times n}$。

③ 由 $\boldsymbol{N}=\boldsymbol{PB}$ 定出 $\boldsymbol{N}_{r\times p}$。

④ 对确定的 $\boldsymbol{K}_{l\times n}$，求解 $\boldsymbol{K}=\boldsymbol{EP}+\boldsymbol{MC}$，给出 $\boldsymbol{E}_{l\times r}$、$\boldsymbol{M}_{l\times q}$。

⑤ 验证$(\boldsymbol{F},\boldsymbol{E})$是否可观测，若可观测，则进行下一步；若否，则返回第一步。

⑥ 写出 $\boldsymbol{Kx}$ 观测器的状态方程：

$$\begin{cases}\dot{\boldsymbol{z}}=\boldsymbol{Fz}+\boldsymbol{Nu}+\boldsymbol{Gy}\\ \boldsymbol{w}=\boldsymbol{Ez}+\boldsymbol{My}\end{cases}$$

对于例 6-9，当 $\boldsymbol{D}=0$ 时，可以类似地求取其一维 $\boldsymbol{kx}$ 观测器

$$\begin{cases}\dot{\boldsymbol{z}}=-3\boldsymbol{z}+\boldsymbol{u}-[2\quad 5]\boldsymbol{y}\\ \boldsymbol{w}=\boldsymbol{z}+[1\quad 3]\boldsymbol{y}\end{cases}$$

注 6-2 事实上，对于非严格正则系统$(\boldsymbol{A},\boldsymbol{B},\boldsymbol{C},\boldsymbol{D})$，即输出存在与控制输入有关的项 $\boldsymbol{y}(t)=\boldsymbol{Cx}+\boldsymbol{Du}$，因为控制输入 $\boldsymbol{u}$ 已知，引入新的输出为

$$\bar{\boldsymbol{y}}(t)=\boldsymbol{y}(t)-\boldsymbol{Du}=\boldsymbol{Cx}$$

这样用 $\bar{\boldsymbol{y}}(t)$代替 $\boldsymbol{y}(t)$，那么非严格正则系统$(\boldsymbol{A},\boldsymbol{B},\boldsymbol{C},\boldsymbol{D})$的状态观测问题就可以用严格正则系统$(\boldsymbol{A},\boldsymbol{B},\boldsymbol{C})$的观测器设计等价处理。因此，后续为了简明起见，在考虑观测器问题时，都忽略输出中与控制输入相关的 $\boldsymbol{Du}$ 项，这并不影响观测器设计问题的一般性。

在以上设计步骤中，选取的 $\boldsymbol{F}$、$\boldsymbol{G}$ 不同，会得到不同的 $\boldsymbol{P}$，因此对一个系统可构造出不止一个 $\boldsymbol{Kx}$ 观测器。下面讨论它们之间的内在联系。

若系统

$$\begin{cases}\dot{\boldsymbol{z}}=\boldsymbol{F}_1\boldsymbol{z}+\boldsymbol{N}_1\boldsymbol{u}+\boldsymbol{G}_1\boldsymbol{y}\\ \boldsymbol{w}=\boldsymbol{E}_1\boldsymbol{z}+\boldsymbol{M}_1\boldsymbol{y}\end{cases}\tag{6.2.10}$$

是$(\boldsymbol{A},\boldsymbol{B},\boldsymbol{C})$的一个 $\boldsymbol{Kx}$ 观测器，做变换 $\bar{\boldsymbol{z}}=\boldsymbol{Tz}$ 后可得

$$\begin{cases}\dot{\bar{z}}=F_2\bar{z}+N_2u+G_2y\\ w=E_2\bar{z}+M_2y\end{cases}\tag{6.2.11}$$

其中，$F_2=TF_2T^{-1}$，$N_2=TN_1$，$G_2=TG_1$，$E_2=E_1T^{-1}$，$M_2=M_1$。式(6.2.11)系统给出了式(6.2.10)的代数等价系统。

定理 6-14　若(A,B,C)可控，式(6.2.10)系统是其一个 Kx 观测器，则其代数等价系统式(6.2.11)也是它的一个 Kx 观测器。

证明： 首先 F_2 和 F_1 有相同的特征值，F_1 的特征值在复平面左半平面，所以 F_2 的特征值也在复平面左半平面，满足推论 6-7 的条件①。另外可知有 P_1 存在，使

$$P_1A-F_1P_1=G_1C,\quad N_1=P_1B,\quad K=E_1P_1+M_1C$$

令 $P_2=TP_1$，可证式(6.2.11)系统也满足推论 6-7 的条件②、③、④，事实上

$$P_2A-F_2P_2=TP_1A-TF_1T^{-1}TP_1=T(P_1A-F_1P_1)=TG_1C=G_2C$$

$$N_2=TN_1=TP_1B=P_2B$$

$$K=(E_1P_1+M_1C)=E_2TT^{-1}P_2+M_2C=E_2P_2+M_2C$$

这说明式(6.2.11)是(A,B,C)的 Kx 观测器。

6.2.3　基本观测器和 n 维观测器

前面叙述观测器的结构条件时，假定观测器的维数为 r，并进行了一般的讨论。这里讨论 $r=n$ 的情况，引入基本观测器的概念，然后在此基础上导出建立一般 n 维观测器的方法。

本章一开始就建立了系统(A,B,C)的 n 维状态观测器

$$\begin{cases}\dot{\hat{x}}=(A-GC)\hat{x}+Bu+Gy\\ w=I\hat{x}\end{cases}\tag{6.2.12}$$

和 Kx 观测器

$$\begin{cases}\dot{\hat{x}}=(A-GC)\hat{x}+Bu+Gy\\ w=K\hat{x}\end{cases}\tag{6.2.13}$$

这两个最简单的观测器分别称为 n 维基本状态观测器与 n 维基本 Kx 观测器。基本观测器的一个突出优点是它设计上很方便，归结为求出矩阵 G。显然，根据结构条件，矩阵 G 的确定原则应是使 $A-GC$ 的特征值不同于 A 的特征值，而且都在复平面左半平面所期望的位置上。

与观测器的一般形式(6.2.4)相比，由于被观测系统是严格正则的，即 $D=0$，故由定理 6-12 知 $S=0$，且式(6.2.4)中的 My 一项通常仅在维数 $r<n$ 时才使用，式(6.2.12)和式(6.2.13)的特点是 $M=0$，即对 $r=n$ 维状态观测器而言，可取其观测器的一般形式如下：

$$\begin{cases}\dot{z}=Fz+Nu+Gy\\ w=Ez\end{cases}\tag{6.2.14}$$

定理 6-15　若(A,B,C)可控可观测，则式(6.2.14)是 n 维状态观测器的充要条件是它与某个 n 维基本状态观测器代数等价。

证明： 充分性显然成立，现只证必要性。若动态系统(6.2.14)是 n 维状态观测器，由推

论 6－7 可知存在 $n\times n$ 的矩阵 $\boldsymbol{P}$，满足：

① $\mathrm{Re}\lambda_i(\boldsymbol{F})<0, i=1,2,\cdots,n$；

② $\boldsymbol{PA}-\boldsymbol{FP}=\boldsymbol{GC}$；

③ $\boldsymbol{N}=\boldsymbol{PB}$；

④ $\boldsymbol{I}=\boldsymbol{EP}, \boldsymbol{K}=\boldsymbol{EP}+\boldsymbol{MC}, \boldsymbol{K}=\boldsymbol{I}, \boldsymbol{M}=\boldsymbol{0}$。

由此可知 $\boldsymbol{P}^{-1}=\boldsymbol{E}$，从而可令 $\boldsymbol{H}=\boldsymbol{P}^{-1}\boldsymbol{G}$，于是

$$\boldsymbol{F}=(\boldsymbol{PA}-\boldsymbol{GC})\boldsymbol{P}^{-1}=\boldsymbol{P}(\boldsymbol{A}-\boldsymbol{P}^{-1}\boldsymbol{GC})\boldsymbol{P}^{-1}=\boldsymbol{P}(\boldsymbol{A}-\boldsymbol{HC})\boldsymbol{P}^{-1}$$

$$\boldsymbol{N}=\boldsymbol{PB},\quad \boldsymbol{G}=\boldsymbol{PH},\quad \boldsymbol{E}=\boldsymbol{P}^{-1}$$

这样，令 $\boldsymbol{z}=\boldsymbol{P}\hat{\boldsymbol{x}}$，可将式(6.2.14)化为

$$\begin{cases}\dot{\hat{\boldsymbol{x}}}=(\boldsymbol{A}-\boldsymbol{HC})\hat{\boldsymbol{x}}+\boldsymbol{Bu}+\boldsymbol{Hy}\\ \boldsymbol{w}=\hat{\boldsymbol{x}}\end{cases}$$

这表明式(6.2.14)与上面的基本状态观测器等价。

对于 n 维 $\boldsymbol{Kx}$ 观测器，没有 n 维状态观测器那样好的结果，但对单输入单输出系统，仍有同样的结果。

定理 6－16 若$(\boldsymbol{A},\boldsymbol{b},\boldsymbol{c})$可控可观测，则形如式(6.2.4)的系统

$$\begin{cases}\dot{\boldsymbol{z}}=\boldsymbol{Fz}+\boldsymbol{n}u+\boldsymbol{g}y\\ \boldsymbol{w}=\boldsymbol{Ez}\end{cases}\tag{6.2.15}$$

成为$(\boldsymbol{A},\boldsymbol{b},\boldsymbol{c})$的 $\boldsymbol{Kx}$ 观测器的充要条件是式(6.2.15)与$(\boldsymbol{A},\boldsymbol{b},\boldsymbol{c})$的一个基本 $\boldsymbol{Kx}$ 观测器代数等价，其中$(\boldsymbol{F},\boldsymbol{E})$可观测，$(\boldsymbol{F},\boldsymbol{g})$可控。

证明：充分性显然成立，现证必要性。已知式(6.2.15)为系统$(\boldsymbol{A},\boldsymbol{b},\boldsymbol{c})$的 $\boldsymbol{Kx}$ 观测器，所以必存在 $n\times n$ 矩阵 $\boldsymbol{P}$，和定理 6－15 一样，当 $\boldsymbol{P}$ 为非奇异矩阵时，必有式(6.2.15)与某个基本 $\boldsymbol{Kx}$ 观测器等价。所以问题就归结为证明 $\boldsymbol{P}$ 是非奇异的。注意到 $\boldsymbol{P}$ 满足

$$\boldsymbol{PA}-\boldsymbol{FP}=\boldsymbol{gc}\tag{6.2.16}$$

现用反证法证明 $\boldsymbol{P}$ 非奇异。若 $\boldsymbol{P}$ 奇异，则存在非奇矩阵 $\boldsymbol{T}_1,\boldsymbol{T}_2$，使

$$\boldsymbol{T}_1\boldsymbol{PT}_2=\begin{bmatrix}\boldsymbol{P}_1 & \boldsymbol{0}\\ \boldsymbol{0} & \boldsymbol{0}\end{bmatrix}$$

其中 $\boldsymbol{P}_1$ 是维数小于 n 的非奇异矩阵，设其维数为 l，对式(6.2.16)等号两边同时左乘 $\boldsymbol{T}_1$，右乘 $\boldsymbol{T}_2$，得

$$\boldsymbol{T}_1\boldsymbol{PT}_2\boldsymbol{T}_2^{-1}\boldsymbol{AT}_2-\boldsymbol{T}_1\boldsymbol{FT}_1^{-1}\boldsymbol{T}_1\boldsymbol{PT}_2=\boldsymbol{T}_1\boldsymbol{gcT}_2$$

因为$(\boldsymbol{A},\boldsymbol{c})$可观测，因此$(\boldsymbol{T}_2^{-1}\boldsymbol{AT}_2,\boldsymbol{cT}_2)$也可观测，又因为$(\boldsymbol{F},\boldsymbol{g})$可控，因此$(\boldsymbol{T}_1\boldsymbol{FT}_1^{-1},\boldsymbol{T}_1\boldsymbol{g})$也可控。为简单起见，不妨就设式(6.2.16)中的 $\boldsymbol{P}$ 矩阵就有 $\begin{bmatrix}\boldsymbol{P}_1 & \boldsymbol{0}\\ \boldsymbol{0} & \boldsymbol{0}\end{bmatrix}$ 的形式。对 $\boldsymbol{A}$、$\boldsymbol{F}$、$\boldsymbol{gc}=\boldsymbol{Q}$ 进行相应的分块

$$\boldsymbol{A}=\begin{bmatrix}\boldsymbol{A}_1 & \boldsymbol{A}_2\\ \boldsymbol{A}_3 & \boldsymbol{A}_4\end{bmatrix},\quad \boldsymbol{F}=\begin{bmatrix}\boldsymbol{F}_1 & \boldsymbol{F}_2\\ \boldsymbol{F}_3 & \boldsymbol{F}_4\end{bmatrix},\quad \boldsymbol{Q}=\begin{bmatrix}\boldsymbol{Q}_1 & \boldsymbol{Q}_2\\ \boldsymbol{Q}_3 & \boldsymbol{Q}_4\end{bmatrix}$$

这时式(6.2.16)变为

$$\begin{bmatrix}\boldsymbol{P}_1\boldsymbol{A}_1 & \boldsymbol{P}_1\boldsymbol{A}_2\\ \boldsymbol{0} & \boldsymbol{0}\end{bmatrix}-\begin{bmatrix}\boldsymbol{F}_1\boldsymbol{P}_1 & \boldsymbol{0}\\ \boldsymbol{F}_3\boldsymbol{P}_1 & \boldsymbol{0}\end{bmatrix}=\begin{bmatrix}\boldsymbol{Q}_1 & \boldsymbol{Q}_2\\ \boldsymbol{Q}_3 & \boldsymbol{Q}_4\end{bmatrix}$$

于是有 $\boldsymbol{Q}_4=\boldsymbol{0}$，而

$$\boldsymbol{Q}_4=\begin{bmatrix} g_{l+1} \\ \vdots \\ g_n \end{bmatrix}[c_{l+1} \quad \cdots \quad c_n]=\boldsymbol{0}$$

这说明$[g_{l+1} \quad \cdots \quad g_n]^{\mathrm{T}}$和$[c_{l+1} \quad \cdots \quad c_n]$必有一个是零，而这是不可能的，因为若是$[g_{l+1} \quad \cdots \quad g_n]^{\mathrm{T}}=\boldsymbol{0}$，则有 $\boldsymbol{Q}_3=\boldsymbol{0}$，从而由 $\boldsymbol{F}_3\boldsymbol{P}_1=\boldsymbol{0}$ 可知 $\boldsymbol{F}_3=\boldsymbol{0}$。考虑可控性矩阵

$$[\boldsymbol{g} \quad \boldsymbol{F}\boldsymbol{g} \quad \cdots \quad \boldsymbol{F}^{n-1}\boldsymbol{g}]=\begin{bmatrix} g_1 & \times & \cdots & \times \\ \vdots & \vdots & & \vdots \\ g_l & \times & \cdots & \times \\ 0 & 0 & \cdots & 0 \end{bmatrix}_{n-l}$$

其秩不可能为 n，与假设$(\boldsymbol{F},\boldsymbol{g})$可控相矛盾。同样若$[c_{l+1} \quad \cdots \quad c_n]$为零，也会导致矛盾。矛盾表明满足式(6.2.16)的矩阵 $\boldsymbol{P}$ 是非奇异的。从而定理得证。

定理 6-16 表明，对于单输入单输出系统，n 维 $\boldsymbol{Kx}$ 观测器和 n 维基本 $\boldsymbol{Kx}$ 观测器是代数等价的；对于多输入多输出系统，应当指出，尽管和基本 $\boldsymbol{Kx}$ 观测器代数等价的系统必为 $\boldsymbol{Kx}$ 观测器，可是反之，命题却不成立。这是因为方程 $\boldsymbol{PA}-\boldsymbol{FP}=\boldsymbol{GC}$ 的解这时不一定是非奇异的。

例 6-10　设受观测系统$(\boldsymbol{A},\boldsymbol{B},\boldsymbol{C})$及其 $\boldsymbol{Kx}$ 观测器中的 $\boldsymbol{F},\boldsymbol{G}$ 如下：

$$\boldsymbol{A}=\begin{bmatrix} -1 & 0 & 0 \\ 0 & 1 & 1 \\ 0 & 0 & 1 \end{bmatrix},\quad \boldsymbol{B}=\begin{bmatrix} 1 & 0 \\ 0 & 1 \\ 0 & 1 \end{bmatrix},\quad \boldsymbol{C}=\begin{bmatrix} 1 & 0 & 0 \\ 0 & 1 & 1 \end{bmatrix}$$

$$\boldsymbol{F}=\begin{bmatrix} -2 & & \\ & -3 & \\ & & -4 \end{bmatrix},\quad \boldsymbol{G}=\begin{bmatrix} 1 & 0 \\ 1 & 0 \\ 1 & 0 \end{bmatrix}$$

容易验证，$(\boldsymbol{A},\boldsymbol{C})$可观测，$(\boldsymbol{F},\boldsymbol{G})$可控，且 $\boldsymbol{A}$ 与 $\boldsymbol{F}$ 无相同的特征值。因此满足 $\boldsymbol{PA}-\boldsymbol{FP}=\boldsymbol{GC}$ 的解 $\boldsymbol{P}$ 是唯一的，可求得

$$\boldsymbol{P}=\begin{bmatrix} 1 & 0 & 0 \\ \frac{1}{2} & 0 & 0 \\ \frac{1}{3} & 0 & 0 \end{bmatrix},\quad \operatorname{rank}\boldsymbol{P}=1$$

选 $\boldsymbol{E}=\begin{bmatrix} 1 & 0 & 1 \\ 0 & 1 & 0 \end{bmatrix}$，$(\boldsymbol{F},\boldsymbol{E})$可观测，令 $\boldsymbol{K}=\boldsymbol{EP}$，$\boldsymbol{N}=\boldsymbol{PB}$。由定理 6-12 或推论 6-7 知，系统

$$\begin{cases} \dot{\boldsymbol{z}}=\boldsymbol{Fz}+\boldsymbol{Gy}+\boldsymbol{Nu} \\ \boldsymbol{w}=\boldsymbol{Ez} \end{cases}$$

是$(\boldsymbol{A},\boldsymbol{B},\boldsymbol{C})$的 $\boldsymbol{Kx}$ 观测器，但它却不能与一个基本 $\boldsymbol{Kx}$ 观测器等价。

估计系统的状态 $\boldsymbol{x}$ 或 $\boldsymbol{Kx}$，用 n 维的观测器总是可以做到的。现在的问题是观测器的维数是否可以降低？一般的观测器形式(6.2.4)中 r 可能的最小值是多少？因为维数的降低，意味着观测器可具有较为简单的形式，基于观测器的状态反馈系统也就较为简单，从而使工程实现更加方便。因此研究降维观测器及最小维观测器的设计问题就成为观测器理论的重要课题之一。类似于注 6-2 的处理，非严格正则系统$(\boldsymbol{A},\boldsymbol{B},\boldsymbol{C},\boldsymbol{D})$的最小维状态观测问题就可以用

严格正则系统$(\boldsymbol{A},\boldsymbol{B},\boldsymbol{C})$的最小维观测器设计等价处理。为了简明起见，下面还是只以严格正则系统$(\boldsymbol{A},\boldsymbol{B},\boldsymbol{C})$为研究对象给出系统最小维状态观测器，对于非严格正则系统$(\boldsymbol{A},\boldsymbol{B},\boldsymbol{C},\boldsymbol{D})$的最小维观测器，可以利用注 6-1、注 6-2 类似地给出，感兴趣的读者可以自行推导。

6.2.4 最小维状态观测器

考虑 n 维线性时不变动态方程

$$\begin{cases}\dot{\boldsymbol{x}}=\boldsymbol{A}\boldsymbol{x}+\boldsymbol{B}\boldsymbol{u}\\ \boldsymbol{y}=\boldsymbol{C}\boldsymbol{x}\end{cases}\tag{6.2.17}$$

若假定 $\operatorname{rank}\boldsymbol{C}=q$，那么输出 $\boldsymbol{y}$ 实际上已经给出了部分状态变量的估计，显然为了估计全部状态，只需用一个低阶的观测器估计出其余的状态变量就可以了，也就是说，状态观测器的维数显然可比 n 低。

定理 6-17 若系统$(\boldsymbol{A},\boldsymbol{B},\boldsymbol{C})$可控可观测，且 $\operatorname{rank}\boldsymbol{C}=q$，则系统的状态观测器的最小维数是 $n-q$。

证明： 根据观测器的结构条件，对于状态观测器要求

$$\boldsymbol{EP}+\boldsymbol{MC}=[\boldsymbol{E}\quad \boldsymbol{M}]\begin{bmatrix}\boldsymbol{P}\\ \boldsymbol{C}\end{bmatrix}=\boldsymbol{I}$$

其中 $\boldsymbol{P}$ 是 $r\times n$ 矩阵，且满足 $\boldsymbol{PA}-\boldsymbol{FP}=\boldsymbol{GC}$。要使上式有解，应有

$$\operatorname{rank}\begin{bmatrix}\boldsymbol{P}\\ \boldsymbol{C}\end{bmatrix}\geqslant n$$

而已知 $\operatorname{rank}\boldsymbol{C}=q$，所以 $\operatorname{rank}\boldsymbol{P}\geqslant n-q$，故 $\boldsymbol{P}$ 的最小维数为 $r_{\min}=n-q$。

下面来具体建立最小维数的状态观测器，不妨假定 $\boldsymbol{C}=[\boldsymbol{C}_1\quad \boldsymbol{C}_2]$，这里 $\boldsymbol{C}_1$、$\boldsymbol{C}_2$ 分别是 $q\times q$ 和 $q\times(n-q)$ 矩阵，而且 $\operatorname{rank}\boldsymbol{C}_1=q$。取等价变换 $\bar{\boldsymbol{x}}=\boldsymbol{T}\boldsymbol{x}$，变换阵矩 $\boldsymbol{T}$ 定义为

$$\boldsymbol{T}=\begin{bmatrix}\boldsymbol{C}_1 & \boldsymbol{C}_2\\ \boldsymbol{0} & \boldsymbol{I}_{n-q}\end{bmatrix}$$

显然 $\boldsymbol{T}$ 是满秩的，这时式(6.2.17)可化为

$$\begin{cases}\begin{bmatrix}\dot{\bar{\boldsymbol{x}}}_1\\ \dot{\bar{\boldsymbol{x}}}_2\end{bmatrix}=\begin{bmatrix}\bar{\boldsymbol{A}}_{11} & \bar{\boldsymbol{A}}_{12}\\ \bar{\boldsymbol{A}}_{21} & \bar{\boldsymbol{A}}_{22}\end{bmatrix}\begin{bmatrix}\bar{\boldsymbol{x}}_1\\ \bar{\boldsymbol{x}}_2\end{bmatrix}+\begin{bmatrix}\bar{\boldsymbol{B}}_1\\ \bar{\boldsymbol{B}}_2\end{bmatrix}\boldsymbol{u}\\ \boldsymbol{y}=[\boldsymbol{I}_q\quad \boldsymbol{0}]\bar{\boldsymbol{x}}\end{cases}\tag{6.2.18}$$

显然输出 $\boldsymbol{y}$ 直接给出了 $\bar{\boldsymbol{x}}_1$，状态估计的问题就化为对 $n-q$ 个分量 $\bar{\boldsymbol{x}}_2$ 进行估计的问题。

引理 6-1 若$(\boldsymbol{A},\boldsymbol{C})$可观测，则$(\bar{\boldsymbol{A}}_{22},\bar{\boldsymbol{A}}_{12})$也可观测。

证明： 因为等价变换不影响可观测性，故$(\bar{\boldsymbol{A}},\bar{\boldsymbol{C}})$可观测，对任意复数 λ 均有

$$\operatorname{rank}\begin{bmatrix}\bar{\boldsymbol{A}}-\lambda\boldsymbol{I}\\ \bar{\boldsymbol{C}}\end{bmatrix}=\operatorname{rank}\begin{bmatrix}\bar{\boldsymbol{A}}_{11}-\lambda\boldsymbol{I} & \bar{\boldsymbol{A}}_{12}\\ \bar{\boldsymbol{A}}_{21} & \bar{\boldsymbol{A}}_{22}-\lambda\boldsymbol{I}\\ \boldsymbol{I}_q & \boldsymbol{0}\end{bmatrix}=n$$

故对任意复数 λ 有

$$\operatorname{rank}\begin{bmatrix}\bar{\boldsymbol{A}}_{12}\\ \bar{\boldsymbol{A}}_{22}-\lambda\boldsymbol{I}\end{bmatrix}=n-q$$

所以$(\bar{\boldsymbol{A}}_{22},\bar{\boldsymbol{A}}_{12})$可观测。式(6.2.18)可写为

$$\begin{cases}\dot{\bar{\boldsymbol{x}}}_2=\bar{\boldsymbol{A}}_{22}\bar{\boldsymbol{x}}_2+\bar{\boldsymbol{A}}_{21}\boldsymbol{y}+\bar{\boldsymbol{B}}_2\boldsymbol{u}\\ \dot{\boldsymbol{y}}=\bar{\boldsymbol{A}}_{11}\boldsymbol{y}+\bar{\boldsymbol{A}}_{12}\bar{\boldsymbol{x}}_2+\bar{\boldsymbol{B}}_1\boldsymbol{u}\end{cases}$$

上式第二式可写为

$$\bar{\boldsymbol{y}}=\dot{\boldsymbol{y}}-\bar{\boldsymbol{A}}_{11}\boldsymbol{y}-\bar{\boldsymbol{B}}_1\boldsymbol{u}=\bar{\boldsymbol{A}}_{12}\bar{\boldsymbol{x}}_2$$

考虑系统

$$\begin{cases}\dot{\bar{\boldsymbol{x}}}_2=\bar{\boldsymbol{A}}_{22}\bar{\boldsymbol{x}}_2+(\bar{\boldsymbol{A}}_{21}\boldsymbol{y}+\bar{\boldsymbol{B}}_2\boldsymbol{u})\\ \bar{\boldsymbol{y}}=\bar{\boldsymbol{A}}_{12}\bar{\boldsymbol{x}}_2\end{cases}\tag{6.2.19}$$

它的状态观测器为

$$\dot{\hat{\bar{\boldsymbol{x}}}}_2=(\bar{\boldsymbol{A}}_{22}-\boldsymbol{G}_2\bar{\boldsymbol{A}}_{12})\hat{\bar{\boldsymbol{x}}}_2+(\bar{\boldsymbol{A}}_{21}\boldsymbol{y}+\bar{\boldsymbol{B}}_2\boldsymbol{u})+\boldsymbol{G}_2(\dot{\boldsymbol{y}}-\bar{\boldsymbol{A}}_{11}\boldsymbol{y}-\bar{\boldsymbol{B}}_1\boldsymbol{u})$$

或者

$$\dot{\hat{\bar{\boldsymbol{x}}}}_2=(\bar{\boldsymbol{A}}_{22}-\boldsymbol{G}_2\bar{\boldsymbol{A}}_{12})\hat{\bar{\boldsymbol{x}}}_2+(\bar{\boldsymbol{B}}_2-\boldsymbol{G}_2\bar{\boldsymbol{B}}_1)\boldsymbol{u}+(\bar{\boldsymbol{A}}_{21}-\boldsymbol{G}_2\bar{\boldsymbol{A}}_{11})\boldsymbol{y}+\boldsymbol{G}_2\dot{\boldsymbol{y}}$$

其中$\boldsymbol{G}_2$为$(n-q)\times q$的增益矩阵，并且$\bar{\boldsymbol{A}}_{22}-\boldsymbol{G}_2\bar{\boldsymbol{A}}_{12}$的特征值可以任意配置，这一个$n-q$维的观测器就是最小阶的观测器。但是在观测器方程中用到了$\dot{\boldsymbol{y}}$信号，当$\boldsymbol{y}$中含有量测噪声时，将会造成较大的误差。为了避免在观测器方程中使用$\dot{\boldsymbol{y}}$，可进行以下变换，令

$$\boldsymbol{z}=\hat{\bar{\boldsymbol{x}}}_2-\boldsymbol{G}_2\boldsymbol{y}$$

$\boldsymbol{z}$ 满足方程

$$\dot{\boldsymbol{z}}=(\bar{\boldsymbol{A}}_{22}-\boldsymbol{G}_2\bar{\boldsymbol{A}}_{12})\boldsymbol{z}+(\bar{\boldsymbol{B}}_2-\boldsymbol{G}_2\bar{\boldsymbol{B}}_1)\boldsymbol{u}+[(\bar{\boldsymbol{A}}_{21}-\boldsymbol{G}_2\bar{\boldsymbol{A}}_{11})+(\bar{\boldsymbol{A}}_{22}-\boldsymbol{G}_2\bar{\boldsymbol{A}}_{12})\boldsymbol{G}_2]\boldsymbol{y}\tag{6.2.20}$$

这时$\hat{\bar{\boldsymbol{x}}}_2=\boldsymbol{z}+\boldsymbol{G}_2\boldsymbol{y}$，由于$\bar{\boldsymbol{x}}=[\bar{\boldsymbol{x}}_1^{\mathrm{T}}\quad \bar{\boldsymbol{x}}_2^{\mathrm{T}}]^{\mathrm{T}}$，而

$$\lim_{t\to\infty}\left(\bar{\boldsymbol{x}}-\begin{bmatrix}\boldsymbol{y}\\ \boldsymbol{z}+\boldsymbol{G}_2\boldsymbol{y}\end{bmatrix}\right)=\lim_{t\to\infty}\begin{bmatrix}\boldsymbol{0}\\ \bar{\boldsymbol{x}}_2-\hat{\bar{\boldsymbol{x}}}_2\end{bmatrix}=\boldsymbol{0}$$

这表明

$$\begin{bmatrix}\hat{\bar{\boldsymbol{x}}}_1\\ \hat{\bar{\boldsymbol{x}}}_2\end{bmatrix}=\begin{bmatrix}\boldsymbol{I}_q & \boldsymbol{0}\\ \boldsymbol{G}_2 & \boldsymbol{I}_{n-q}\end{bmatrix}\begin{bmatrix}\boldsymbol{y}\\ \boldsymbol{z}\end{bmatrix}$$

就是$\bar{\boldsymbol{x}}$的估计，再由$\boldsymbol{x}=\boldsymbol{T}^{-1}\bar{\boldsymbol{x}}$可得$\boldsymbol{x}$的估计值为

$$\hat{\boldsymbol{x}}=\begin{bmatrix}\boldsymbol{C}_1^{-1} & -\boldsymbol{C}_1^{-1}\boldsymbol{C}_2\\ \boldsymbol{0} & \boldsymbol{I}\end{bmatrix}\begin{bmatrix}I & \boldsymbol{0}\\ \boldsymbol{G}_2 & \boldsymbol{I}\end{bmatrix}\begin{bmatrix}\boldsymbol{y}\\ \boldsymbol{z}\end{bmatrix}=\begin{bmatrix}\boldsymbol{C}_1^{-1}[(\boldsymbol{I}-\boldsymbol{C}_2\boldsymbol{G}_2)\boldsymbol{y}-\boldsymbol{C}_2\boldsymbol{z}]\\ \boldsymbol{z}+\boldsymbol{G}_2\boldsymbol{y}\end{bmatrix}$$

即

$$\boldsymbol{w}=\begin{bmatrix}-\boldsymbol{C}_1^{-1}\boldsymbol{C}_2\\ \boldsymbol{I}\end{bmatrix}\boldsymbol{z}+\begin{bmatrix}\boldsymbol{C}_1^{-1}(\boldsymbol{I}_q-\boldsymbol{C}_2\boldsymbol{G}_2)\\ \boldsymbol{G}_2\end{bmatrix}\boldsymbol{y}\tag{6.2.21}$$

可以验证式(6.2.20)及式(6.2.21)的系数矩阵满足定理 6－12 的条件式(6.2.7)，并且矩阵$\boldsymbol{P}$取为$[-\boldsymbol{G}_2\quad \boldsymbol{I}_{n-q}]\boldsymbol{T}$，因此式(6.2.20)和式(6.2.21)是$(\boldsymbol{A},\boldsymbol{B},\boldsymbol{C})$的一个$n-q$维观测器，而且由定理 6－17 可知是一个最小阶观测器，于是有以下定理。

定理 6-18 若$(\boldsymbol{A},\boldsymbol{C})$可观测，$\operatorname{rank}\boldsymbol{C}=q$，则对$(\boldsymbol{A},\boldsymbol{B},\boldsymbol{C})$可构造 $n-q$ 维观测器式(6.2.20)、式(6.2.21)，而且观测器的极点可任意配置。若再假定$(\boldsymbol{A},\boldsymbol{B})$可控，则该观测器具有最小维数。

这样构成的降维状态观测器称为 Luenberger 降维观测器，具体的算法步骤如下：

① 取等价变换 $\bar{\boldsymbol{x}}=\boldsymbol{T}\boldsymbol{x}$，变换阵矩 $\boldsymbol{T}$ 定义为$\boldsymbol{T}=\begin{bmatrix}\boldsymbol{C}_1 & \boldsymbol{C}_2\\ \boldsymbol{0} & \boldsymbol{I}_{n-q}\end{bmatrix}$；

② 导出关于 $\bar{\boldsymbol{x}}_2$ 的状态方程和输出方程，为进一步构造状态观测器作准备；

③ 由于$(\bar{\boldsymbol{A}}_{22},\bar{\boldsymbol{A}}_{12})$的可观测性，求增益矩阵 $\boldsymbol{G}_2$，以配置 $\bar{\boldsymbol{A}}_{22}-\boldsymbol{G}_2\bar{\boldsymbol{A}}_{12}$ 的特征值，使其具有负实部；

④ 建立 $n-q$ 维系统的全维状态观测器的状态方程：

$$\dot{\boldsymbol{z}}=(\bar{\boldsymbol{A}}_{22}-\boldsymbol{G}_2\bar{\boldsymbol{A}}_{12})\boldsymbol{z}+(\bar{\boldsymbol{B}}_2-\boldsymbol{G}_2\bar{\boldsymbol{B}}_1)\boldsymbol{u}+[(\bar{\boldsymbol{A}}_{21}-\boldsymbol{G}_2\bar{\boldsymbol{A}}_{11})+(\bar{\boldsymbol{A}}_{22}-\boldsymbol{G}_2\bar{\boldsymbol{A}}_{12})\boldsymbol{G}_2]\boldsymbol{y}$$

⑤ 给出 $\bar{\boldsymbol{x}}$ 的估计 $\begin{bmatrix}\hat{\bar{\boldsymbol{x}}}_1\\ \hat{\bar{\boldsymbol{x}}}_2\end{bmatrix}=\begin{bmatrix}\boldsymbol{I}_q & \boldsymbol{0}\\ \boldsymbol{G}_2 & \boldsymbol{I}_{n-q}\end{bmatrix}\begin{bmatrix}\boldsymbol{y}\\ \boldsymbol{z}\end{bmatrix}$；

⑥ 最后，再由 $\boldsymbol{x}=\boldsymbol{T}^{-1}\bar{\boldsymbol{x}}$ 可得 $\boldsymbol{x}$ 的估计值为

$$\hat{\boldsymbol{x}}=\begin{bmatrix}\boldsymbol{C}_1^{-1} & -\boldsymbol{C}_1^{-1}\boldsymbol{C}_2\\ \boldsymbol{0} & \boldsymbol{I}\end{bmatrix}\begin{bmatrix}\boldsymbol{I} & \boldsymbol{0}\\ \boldsymbol{G}_2 & \boldsymbol{I}\end{bmatrix}\begin{bmatrix}\boldsymbol{y}\\ \boldsymbol{z}\end{bmatrix}=\begin{bmatrix}\boldsymbol{C}_1^{-1}[(\boldsymbol{I}-\boldsymbol{C}_2\boldsymbol{G}_2)\boldsymbol{y}-\boldsymbol{C}_2\boldsymbol{z}]\\ \boldsymbol{z}+\boldsymbol{G}_2\boldsymbol{y}\end{bmatrix}$$

即 $n-q$ 维状态观测器的输出为

$$\boldsymbol{w}=\hat{\boldsymbol{x}}=\begin{bmatrix}-\boldsymbol{C}_1^{-1}\boldsymbol{C}_2\\ \boldsymbol{I}\end{bmatrix}z+\begin{bmatrix}\boldsymbol{C}_1^{-1}(\boldsymbol{I}_q-\boldsymbol{C}_2\boldsymbol{G}_2)\\ \boldsymbol{G}_2\end{bmatrix}\boldsymbol{y}$$

例 6-11 设系统如下：

$$\boldsymbol{A}=\begin{bmatrix}-1 & 0 & 0\\ 0 & 1 & 1\\ 0 & 0 & 1\end{bmatrix},\quad \boldsymbol{B}=\begin{bmatrix}1 & 0\\ 0 & 1\\ 0 & 1\end{bmatrix},\quad \boldsymbol{C}=\begin{bmatrix}1 & 0 & 0\\ 0 & 1 & 1\end{bmatrix}$$

因此 $\operatorname{rank}\boldsymbol{C}=2$，故可设计一维观测器。首先做变换

$$\boldsymbol{T}=\begin{bmatrix}1 & 0 & 0\\ 0 & 1 & 1\\ 0 & 0 & 1\end{bmatrix},\quad \boldsymbol{T}^{-1}=\begin{bmatrix}1 & 0 & 0\\ 0 & 1 & -1\\ 0 & 0 & 1\end{bmatrix}$$

$$\bar{\boldsymbol{A}}=\left[\begin{array}{cc:c}-1 & 0 & 0\\ 0 & 1 & 1\\ \hdashline 0 & 0 & 1\end{array}\right],\quad \bar{\boldsymbol{B}}=\left[\begin{array}{cc}1 & 0\\ 0 & 2\\ \hdashline 0 & 1\end{array}\right],\quad \bar{\boldsymbol{C}}=\left[\begin{array}{cc:c}1 & 0 & 0\\ 0 & 1 & 0\end{array}\right]$$

$$\bar{\boldsymbol{A}}_{11}=\begin{bmatrix}-1 & 0\\ 0 & 1\end{bmatrix},\quad \bar{\boldsymbol{A}}_{12}=\begin{bmatrix}0\\ 1\end{bmatrix},\quad \bar{\boldsymbol{A}}_{21}=[0 \quad 0],\quad \bar{\boldsymbol{A}}_{22}=1$$

$$\bar{\boldsymbol{B}}_1=\begin{bmatrix}1 & 0\\ 0 & 2\end{bmatrix},\quad \bar{\boldsymbol{B}}_2=[0 \quad 1],\quad \bar{\boldsymbol{C}}_1=\begin{bmatrix}1 & 0\\ 0 & 1\end{bmatrix},\quad \bar{\boldsymbol{C}}_2=\begin{bmatrix}0\\ 0\end{bmatrix},\quad \boldsymbol{G}_2=[g_1 \quad g_2]$$

代入式(6.2.20)和式(6.2.21)可得

$$\dot{z}=(1-g_2)z-g_1u_1+(1-2g_2)u_2+(2g_1-g_1g_2)y_1-g_2^2y_2$$

$$\boldsymbol{w}=\begin{bmatrix}0\\-1\\1\end{bmatrix}z+\begin{bmatrix}1&0\\-g_1&1-g_2\\g_1&g_2\end{bmatrix}\boldsymbol{y}$$

g_2 可以任意选择以达到观测器极点配置的要求，且 $g_2>1$。而 g_1 可任意，若取 $g_1=0$，则观测器的方程为

$$\dot{z}=(1-g_2)z+(1-2g_2)u_2-g_2^2y_2$$

$$\boldsymbol{w}=\begin{bmatrix}0\\-1\\1\end{bmatrix}z+\begin{bmatrix}1&0\\0&1-g_2\\0&g_2\end{bmatrix}\boldsymbol{y}$$

6.2.5　含未知干扰输入系统的状态观测器

前面介绍了确定性线性系统观测器（全维状态观测器和降维状态观测器）、$\boldsymbol{Kx}$ 观测器的设计，以及基于观测器的状态反馈控制系统。但是实际系统中含有外部干扰是不可避免的，因此含不确定性的线性系统的观测器设计问题更具实际意义。下面考虑一类含有未知干扰的线性系统的观测器设计问题。这类系统的动态方程描述为

$$\begin{cases}\dot{\boldsymbol{x}}=\boldsymbol{Ax}+\boldsymbol{Bu}+\boldsymbol{Ed}\\\boldsymbol{y}=\boldsymbol{Cx}\end{cases}\tag{6.2.22}$$

其中，$\boldsymbol{d}\in\mathbb{R}^m$ 是未知输入干扰向量，$\boldsymbol{A},\boldsymbol{B},\boldsymbol{C},\boldsymbol{E}$ 是具有合适维数的已知矩阵。为不失一般性，假设未知输入系数矩阵 $\boldsymbol{E}$ 是列满秩的，否则对 $\boldsymbol{E}$ 进行满秩分解 $\boldsymbol{E}=\boldsymbol{E}_1\boldsymbol{E}_2$，其中 $\boldsymbol{E}_1$ 是列满秩的，且把 $\boldsymbol{E}_2\boldsymbol{d}$ 看成一个新的未知输入向量。另外，这里也不考虑输出有干扰项的情况，否则若输出 $\boldsymbol{y}=\boldsymbol{Cx}+\boldsymbol{E}_y\boldsymbol{d}$，干扰项可以通过简单输出信号变换使其变为零，即

$$\boldsymbol{y}_E=\boldsymbol{T}_y\boldsymbol{y}=\boldsymbol{T}_y\boldsymbol{Cx}+\boldsymbol{T}_y\boldsymbol{E}_y\boldsymbol{d}=\boldsymbol{T}_y\boldsymbol{Cx}$$

其中 $\boldsymbol{T}_y\boldsymbol{E}_y=0$，用 $\boldsymbol{y}_E$ 和 $\boldsymbol{T}_y\boldsymbol{C}$ 代替 $\boldsymbol{y}$ 和 $\boldsymbol{C}$，等价于输出没有干扰的情况。当输出中存在与控制输入有关的项，类似于注 6-2 的处理，因为控制输入 $\boldsymbol{u}$ 已知，引入的新的输出没有控制输入相关的项（更多细节可参考文献[37]）。

对于方程(6.2.22)所描述的系统，若观测器的状态估计误差 $e=\boldsymbol{x}-\hat{\boldsymbol{x}}$，无论系统中是否存在未知干扰，都有 $\lim\limits_{t\to+\infty}e=\boldsymbol{0}$，那么该观测器就可以定义为该系统的未知干扰输入系统的观测器。其全维状态观测器可描述为

$$\begin{cases}\dot{\boldsymbol{z}}=\boldsymbol{Fz}+\boldsymbol{Nu}+\boldsymbol{Gy}\\\hat{\boldsymbol{x}}=\boldsymbol{z}+\boldsymbol{My}\end{cases}\tag{6.2.23}$$

其中，$\hat{\boldsymbol{x}}$ 为估计状态；$\boldsymbol{z}\in\mathbb{R}^n$ 为全维观测器的状态；$\boldsymbol{F},\boldsymbol{N},\boldsymbol{G},\boldsymbol{M}$ 是需要设计的观测器增益矩阵。计算状态估计误差的动态方程得到：

$$\begin{aligned}\dot{\boldsymbol{e}}&=\dot{\boldsymbol{x}}-\dot{\hat{\boldsymbol{x}}}=\boldsymbol{Ax}+\boldsymbol{Bu}+\boldsymbol{Ed}-(\boldsymbol{Fz}+\boldsymbol{Nu}+\boldsymbol{Gy})-\boldsymbol{MC}(\boldsymbol{Ax}+\boldsymbol{Bu}+\boldsymbol{Ed})\\&=(\boldsymbol{I}-\boldsymbol{MC})(\boldsymbol{Ax}+\boldsymbol{Bu}+\boldsymbol{Ed})-(\boldsymbol{Fz}+\boldsymbol{Nu}+\boldsymbol{GCx})\\&=[(\boldsymbol{I}-\boldsymbol{MC})\boldsymbol{A}-\boldsymbol{GC}]\boldsymbol{x}+[(\boldsymbol{I}-\boldsymbol{MC})\boldsymbol{B}-\boldsymbol{N}]\boldsymbol{u}+(\boldsymbol{I}-\boldsymbol{MC})\boldsymbol{Ed}-\boldsymbol{Fz}\\&=[(\boldsymbol{I}-\boldsymbol{MC})\boldsymbol{A}-\boldsymbol{GC}]\boldsymbol{e}-\{\boldsymbol{F}-[(\boldsymbol{I}-\boldsymbol{MC})\boldsymbol{A}-\boldsymbol{GC}]\}\boldsymbol{z}+[(\boldsymbol{I}-\boldsymbol{MC})\boldsymbol{A}-\boldsymbol{GC}]\boldsymbol{My}+\\&\quad[(\boldsymbol{I}-\boldsymbol{MC})\boldsymbol{B}-\boldsymbol{N}]\boldsymbol{u}+(\boldsymbol{I}-\boldsymbol{MC})\boldsymbol{Ed}\end{aligned}$$

引入 $\boldsymbol{G}=\boldsymbol{G}_1+\boldsymbol{G}_2$，上式可以改写为

$$\begin{aligned}\dot{e}=&[(I-MC)A-G_1C]e-\{F-[(I-MC)A-G_1C]\}z+\\&\{[(I-MC)A-G_1C]M-G_2\}y+\\&[(I-MC)B-N]u+(I-MC)Ed\end{aligned}$$

若

$$\begin{cases}(I-MC)E=0\\N=(I-MC)B\\F=(I-MC)A-G_1C\\ [(I-MC)A-G_1C]M=G_2,\text{即 }G_2=FM\end{cases}\tag{6.2.24}$$

那么状态估计误差动态方程变为 $\dot{e}=Fe$。若 F 的特征根均具有严格负实部，即可保证式(6.2.23)是式(6.2.22)系统的未知输入观测器。设计此观测器就要求式(6.2.24)成立，且要保证 F 的特征根均具有严格负实部即可。为了给出未知输入观测器存在的充分必要条件，先回忆第0章给出的一个引理。

引理 6-2 方程$(I-MC)E=0$有矩阵解 M 存在当且仅当 $\mathrm{rank}(CE)=\mathrm{rank}(E)$，且 E 是列满秩的，方程有特解

$$M^*=E[(CE)^{\mathrm{T}}(CE)]^{-1}(CE)^{\mathrm{T}}\tag{6.2.25}$$

定理 6-19 系统(6.2.23)是系统(6.2.22)的未知输入观测器的充分必要条件是：

① $\mathrm{rank}(CE)=\mathrm{rank}(E)$；

② (A_1,C)可检测，其中 $A_1=A-E[(CE)^{\mathrm{T}}(CE)]^{-1}(CE)^{\mathrm{T}}CA$。

证明： ① 充分性。若条件①成立，则方程$(I-MC)E=0$有特解 $M=E[(CE)^{\mathrm{T}}(CE)]^{-1}(CE)^{\mathrm{T}}$，式(6.2.23)系统的系数矩阵为 $F=(I-MC)A-G_1C=A_1-G_1C$，根据条件②可以选择 G_1 使得 F 是 Hurwitz 的。进一步利用式(6.2.24)求出其他矩阵，即可获得未知输入观测器式(6.2.23)系统的所有系数矩阵。

② 必要性。式(6.2.23)系统是式(6.2.22)系统的未知输入观测器，则方程$(I-MC)E=0$有解。由引理 6-2 可知条件①成立，且有通解如下：

$$M=E(CE)^{+}+M_0[I_m-(CE)(CE)^{+}]$$

其中 $M_0\in\mathbb{R}^{n\times m}$是任意矩阵，$(CE)^{+}$是 CE 的左逆矩阵，即$(CE)^{+}=[(CE)^{\mathrm{T}}(CE)]^{-1}(CE)^{\mathrm{T}}$。将解矩阵 M 带入式(6.2.24)，观测器系统系数矩阵 F 为

$$\begin{aligned}F&=(I-MC)A-G_1C\\&=[I_n-E(CE)^{+}C]A-[G_1\quad M_0]\begin{bmatrix}C\\ [I_m-CE(CE)^{+}]CA\end{bmatrix}\\&=A_1-[G_1\quad M_0]\begin{bmatrix}C\\CA_1\end{bmatrix}\end{aligned}$$

由于矩阵 F 稳定，矩阵对$\left(A_1,\begin{bmatrix}C\\CA_1\end{bmatrix}\right)$可检测，因此由推论 6-4 可知矩阵对$(A_1,C)$也是可检测的，即条件②成立。

注 6-3 定理 6-19 中条件①蕴含了矩阵 C 中线性无关行的个数不一定小于矩阵 E 中线性无关列的个数，即可解耦的最大干扰不能大于线性无关测量量的数目。特别地，当 $E=0$ 时，即不存在未知输入干扰时，可以通过取 $N=B$ 和 $M=0$，将观测器式(6.2.23)退化为系统

$(\boldsymbol{A},\boldsymbol{B},\boldsymbol{C})$的 Luenberger 全维状态观测器。

根据定理 6－19 充分性的证明过程，给出未知干扰输入系统观测器的具体设计步骤：

① 验证秩条件 $\mathrm{rank}(\boldsymbol{CE})=\mathrm{rank}(\boldsymbol{E})$，若不成立，则不存在式(6.2.23)的观测器，停止设计；若成立，则进行下一步；

② 计算矩阵 $\boldsymbol{M}=\boldsymbol{E}[(\boldsymbol{CE})^{\mathrm{T}}(\boldsymbol{CE})]^{-1}(\boldsymbol{CE})^{\mathrm{T}}$，$\boldsymbol{N}=(\boldsymbol{I}-\boldsymbol{MC})\boldsymbol{B}$ 和 $\boldsymbol{A}_1=(\boldsymbol{I}-\boldsymbol{MC})\boldsymbol{A}$；

③ 验证系统$(\boldsymbol{A}_1,\boldsymbol{C})$的可观测性，若是，则由极点配置找到 $\boldsymbol{G}_1$ 使得 $\boldsymbol{F}=\boldsymbol{A}_1-\boldsymbol{G}_1\boldsymbol{C}$ 是 Hurwitz 的；

④ 按照可观测性进行结构分解，即找到变换矩阵 $\boldsymbol{P}$ 使得$(\boldsymbol{A}_1,\boldsymbol{C})$有如下可观性结构分解：

$$\boldsymbol{PA}_1\boldsymbol{P}^{-1}=\begin{bmatrix}\boldsymbol{A}_{11} & \boldsymbol{0}\\ \boldsymbol{A}_{12} & \boldsymbol{A}_{22}\end{bmatrix},\quad \boldsymbol{CP}^{-1}=\begin{bmatrix}\boldsymbol{C}^* & \boldsymbol{0}\end{bmatrix}$$

其中，$(\boldsymbol{A}_{11},\boldsymbol{C}^*)$是可观测的；

⑤ 验证系统$(\boldsymbol{A}_1,\boldsymbol{C})$的可检测性，即 $\boldsymbol{A}_{22}$ 的特征根是否有负实部，若 $\boldsymbol{A}_{22}$ 有非负实部的特征根，则式(6.2.23)形式的观测器不存在，停止设计；

⑥ 配置$(\boldsymbol{A}_{11},\boldsymbol{C}^*)$的期望极点使得$(\boldsymbol{A}_{11}-\boldsymbol{G}_P^1\boldsymbol{C}^*)$是 Hurwitz 的；

⑦ 计算 $\boldsymbol{G}_1=\boldsymbol{P}^{-1}\boldsymbol{G}_P=\boldsymbol{P}^{-1}[(\boldsymbol{G}_P^1)^{\mathrm{T}}\quad(\boldsymbol{G}_P^2)^{\mathrm{T}}]^{\mathrm{T}}$，其中 $\boldsymbol{G}_P^2$ 是任意合适的维数矩阵；

⑧ 计算 $\boldsymbol{F}$ 和 $\boldsymbol{G}$：$\boldsymbol{F}=\boldsymbol{A}_1-\boldsymbol{G}_1\boldsymbol{C}$，$\boldsymbol{G}=\boldsymbol{G}_1+\boldsymbol{G}_2=\boldsymbol{G}_1+\boldsymbol{FM}$，其中 $\boldsymbol{F}$ 是 Hurwitz 的。

⑨ 系数矩阵 $\boldsymbol{F},\boldsymbol{N},\boldsymbol{G},\boldsymbol{M}$ 均已求出，即未知干扰输入系统的观测器式(6.2.23)已求得，即

$$\begin{cases}\dot{\boldsymbol{z}}=\boldsymbol{Fz}+\boldsymbol{Nu}+\boldsymbol{Gy}\\ \hat{\boldsymbol{x}}=\boldsymbol{z}+\boldsymbol{My}\end{cases}$$

6.3　利用观测器构成的状态反馈系统

若系统的状态变量不能直接量测到，但是系统可观测或者可检测，则可以利用状态观测器得到系统状态的渐近估计值 $\hat{\boldsymbol{x}}$，如果用估计状态 $\hat{\boldsymbol{x}}$ 代替真实状态进行反馈，即基于观测器的反馈控制律取为

$$\boldsymbol{u}=\boldsymbol{v}+\boldsymbol{K}\hat{\boldsymbol{x}} \tag{6.3.1}$$

这一反馈规律表明在闭环系统中引入了状态观测器。显然将会发生两个问题：① 状态反馈增益矩阵 $\boldsymbol{K}$ 是对真实状态 $\boldsymbol{x}$ 而设计的，当采用 $\hat{\boldsymbol{x}}$ 代替 $\boldsymbol{x}$ 时，为了保持所期望的特征值，增益矩阵 $\boldsymbol{K}$ 是否需重新设计？② 观测器的特征值是预先进行设置的，当观测器被引入系统后，这些特征值是否会发生变化？观测器的增益矩阵 $\boldsymbol{G}$ 是否需重新设计？下面阐明的分离特性回答了这些问题。

考虑可控可观测的动态方程

$$\begin{cases}\dot{\boldsymbol{x}}=\boldsymbol{Ax}+\boldsymbol{Bu}\\ \boldsymbol{y}=\boldsymbol{Cx}+\boldsymbol{Du}\end{cases} \tag{6.3.2}$$

由状态反馈的性质可知，存在矩阵 $\boldsymbol{K}$，可使 $\boldsymbol{A}+\boldsymbol{BK}$ 具有任意的期望特征值分布。现用式(6.3.1)的反馈代替真实状态进行反馈，即在闭环系统中引入了状态观测器

$$\dot{\hat{\boldsymbol{x}}}=(\boldsymbol{A}-\boldsymbol{GC})\hat{\boldsymbol{x}}+(\boldsymbol{B}-\boldsymbol{GD})\boldsymbol{u}+\boldsymbol{Gy}=(\boldsymbol{A}-\boldsymbol{GC})\hat{\boldsymbol{x}}+\boldsymbol{Bu}+\boldsymbol{GCx} \tag{6.3.3}$$

通过观测器引入状态反馈 $\boldsymbol{u}=\boldsymbol{v}+\boldsymbol{K}\hat{\boldsymbol{x}}$ 的系统如图 6－7 所示。联合式(6.3.1)、式(6.3.2)和式

(6.3.3)可知,图 6-7 所示的闭环系统是一个 $2n$ 维的闭环系统,其动态方程式为

$$\begin{bmatrix}\dot{\boldsymbol{x}}\\ \dot{\hat{\boldsymbol{x}}}\end{bmatrix}=\begin{bmatrix}\boldsymbol{A} & \boldsymbol{BK}\\ \boldsymbol{GC} & \boldsymbol{A}-\boldsymbol{GC}+\boldsymbol{BK}\end{bmatrix}\begin{bmatrix}\boldsymbol{x}\\ \hat{\boldsymbol{x}}\end{bmatrix}+\begin{bmatrix}\boldsymbol{B}\\ \boldsymbol{B}\end{bmatrix}\boldsymbol{v},\quad \boldsymbol{y}=\boldsymbol{Cx}+\boldsymbol{DK}\hat{\boldsymbol{x}}+\boldsymbol{Dv} \qquad (6.3.4)$$

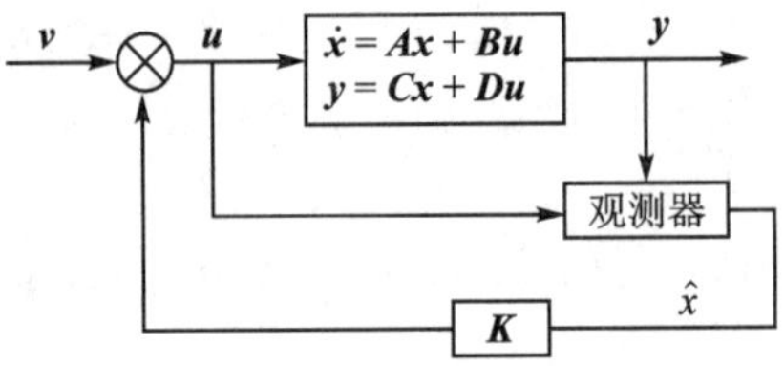

图 6-7 带观测器的状态反馈系统

对于基于观测器的状态反馈闭环系统,一方面 $\hat{\boldsymbol{x}}$ 作为状态 $\boldsymbol{x}$ 的估计状态,那么状态估计误差 $\tilde{\boldsymbol{x}}=\boldsymbol{x}-\hat{\boldsymbol{x}}$ 应该满足 $\lim\limits_{t\to\infty}\tilde{\boldsymbol{x}}(t)=0$;另一方面,控制系统的状态也应该满足 $\lim\limits_{t\to\infty}\boldsymbol{x}(t)=0$。基于这样的分析,引入如下的等价变换:$\begin{bmatrix}\boldsymbol{x}\\ \tilde{\boldsymbol{x}}\end{bmatrix}=\begin{bmatrix}\boldsymbol{I} & \boldsymbol{0}\\ \boldsymbol{I} & -\boldsymbol{I}\end{bmatrix}\begin{bmatrix}\boldsymbol{x}\\ \hat{\boldsymbol{x}}\end{bmatrix}=\begin{bmatrix}\boldsymbol{x}\\ x-\hat{\boldsymbol{x}}\end{bmatrix}$,在此等价变换下,式(6.3.4)的代数等价系统为

$$\begin{cases}\begin{bmatrix}\dot{\boldsymbol{x}}\\ \dot{\tilde{\boldsymbol{x}}}\end{bmatrix}=\begin{bmatrix}\boldsymbol{A}+\boldsymbol{BK} & -\boldsymbol{BK}\\ \boldsymbol{0} & \boldsymbol{A}-\boldsymbol{GC}\end{bmatrix}\begin{bmatrix}\boldsymbol{x}\\ \tilde{\boldsymbol{x}}\end{bmatrix}+\begin{bmatrix}\boldsymbol{B}\\ \boldsymbol{0}\end{bmatrix}\boldsymbol{v}\\ \boldsymbol{y}=[\boldsymbol{C}+\boldsymbol{DK} \quad -\boldsymbol{DK}]\begin{bmatrix}\boldsymbol{x}\\ \tilde{\boldsymbol{x}}\end{bmatrix}+\boldsymbol{Dv}\end{cases} \qquad (6.3.5)$$

显然,式(6.3.5)已经具有可控性结构分解的形式,其中($\boldsymbol{A}+\boldsymbol{BK},\boldsymbol{B}$)是可控子系统,子系统 $\boldsymbol{A}-\boldsymbol{GC}$ 是不可控部分,这正是观测器系统的系数矩阵,说明观测器的所有特征根/模态均是基于观测器状态反馈闭环系统的不可控模态。闭环系统的传递函数仅由可控、可观测部分决定,在计算传递函数过程中不可控模态均被消去,所以得到闭环传递函数矩阵:$\boldsymbol{G}_f(s)=(\boldsymbol{C}+\boldsymbol{DK})[s\boldsymbol{I}-(\boldsymbol{A}+\boldsymbol{BK})]^{-1}\boldsymbol{B}+\boldsymbol{D}$,直接状态反馈的闭环系统:$\dot{\boldsymbol{x}}=(\boldsymbol{A}+\boldsymbol{BK})\boldsymbol{x}+\boldsymbol{Bv}$,$\boldsymbol{y}=(\boldsymbol{C}+\boldsymbol{DK})\boldsymbol{x}+\boldsymbol{Dv}$,两者的传递函数相同。说明用观测器状态代替系统状态作反馈未影响系统的输入输出关系,即观测器的引入不改变闭环系统的传递函数矩阵。式(6.3.5)的结构特性表明整个闭环系统的特征多项式等于 $\boldsymbol{A}+\boldsymbol{BK}$ 的特征多项式和 $\boldsymbol{A}-\boldsymbol{GC}$ 的特征多项式的乘积。因此可以断言,就所关心的特征值问题来说,在状态反馈系统中,状态反馈增益矩阵 $\boldsymbol{K}$ 和观测器的增益矩阵 $\boldsymbol{G}$ 的设计可以相互独立地进行,这一性质通常称为基于观测器状态反馈设计的分离特性。

若系统($\boldsymbol{A},\boldsymbol{B},\boldsymbol{C},\boldsymbol{D}$)可控、可观测,对于基于观测器的状态反馈系统,状态反馈控制律的设计和观测器的设计可独立地分开进行。

因此,若系统是可控、可观测的,则可按闭环极点配置的需要选择反馈增益矩阵 $\boldsymbol{K}$,然后按观测器的动态要求选择观测器增益矩阵 $\boldsymbol{G}$,$\boldsymbol{G}$ 的选择并不影响已配置好的闭环传递函数的极点。通常把状态反馈增益矩阵和观测器一起称为控制器,这一控制器的输入是对象($\boldsymbol{A},\boldsymbol{B},\boldsymbol{C},\boldsymbol{D}$)的输入信号和输出信号,控制器的输出是状态估计值的线性函数,它作为反馈信号构成闭环控制。基于观测器的状态反馈信号由两部分信号组成:一是由对象的输入经过观测器形成的一个反馈信号,另一个是由对象的输出经过观测器形成的一个反馈信号。所以这种结构称为输入、输出反馈结构,是动态补偿器的一种形式。由于 $\hat{\boldsymbol{x}}$ 是由系统输出驱动的动态生成的

信号，所以基于观测器的状态反馈 $\boldsymbol{u}=\boldsymbol{v}+\boldsymbol{K}\hat{\boldsymbol{x}}$ 是一种动态输出反馈控制形式。

一个自然的问题是，用 $\boldsymbol{Kx}$ 观测器来实现状态反馈形成闭环系统时，分离特性是否成立？答案是肯定的，可以证明，当状态反馈采取降维观测器来实现时，分离特性仍然成立。对于系统(6.3.2)，基于 $\boldsymbol{Kx}$ 观测器来实现状态反馈形成的闭环系统类似于图 6-7，只是观测器换成了 $\boldsymbol{Kx}$ 观测器式(6.2.4)的形式，其输出信号为 $\boldsymbol{Kx}$ 的直接反馈系统，其数学描述为

$$\begin{aligned}&\dot{\boldsymbol{x}}=\boldsymbol{Ax}+\boldsymbol{Bu},\quad \boldsymbol{y}=\boldsymbol{Cx}+\boldsymbol{Du}\\&\dot{\boldsymbol{z}}=\boldsymbol{Fz}+\boldsymbol{Nu}+\boldsymbol{Gy},\quad \boldsymbol{z}\in\mathbb{R}^r\\&\boldsymbol{w}=\boldsymbol{Ez}+\boldsymbol{My}+\boldsymbol{Su},\quad \boldsymbol{w}\in\mathbb{R}^p\\&\boldsymbol{u}=\boldsymbol{v}+\boldsymbol{w}\end{aligned}$$

由定理 6-12 可知，存在 $\boldsymbol{P}\in\mathbb{R}^{r\times n}$ 满足：① $\mathrm{Re}\lambda_i(\boldsymbol{F})<0$；② $\boldsymbol{PA}-\boldsymbol{FP}=\boldsymbol{GC}$；③ $\boldsymbol{N}+\boldsymbol{GD}=\boldsymbol{PB}$；④ $\boldsymbol{K}=\boldsymbol{EP}+\boldsymbol{MC}$；⑤ $\boldsymbol{S}+\boldsymbol{MD}=\boldsymbol{0}$。首先，由⑤知 $\boldsymbol{w}=\boldsymbol{Ez}+\boldsymbol{My}+\boldsymbol{Su}=\boldsymbol{Ez}+\boldsymbol{MCx}$，进一步整理写成向量形式：

$$\begin{bmatrix}\dot{\boldsymbol{x}}\\\dot{\boldsymbol{z}}\end{bmatrix}=\begin{bmatrix}\boldsymbol{A}+\boldsymbol{BMC} & \boldsymbol{BE}\\\boldsymbol{GC}+\boldsymbol{PBMC} & \boldsymbol{F}+\boldsymbol{PBE}\end{bmatrix}\begin{bmatrix}\boldsymbol{x}\\\boldsymbol{z}\end{bmatrix}+\begin{bmatrix}\boldsymbol{B}\\\boldsymbol{PB}\end{bmatrix}\boldsymbol{v}$$

$$\boldsymbol{y}=\begin{bmatrix}\boldsymbol{C}+\boldsymbol{DMC} & \boldsymbol{DE}\end{bmatrix}\begin{bmatrix}\boldsymbol{x}\\\boldsymbol{z}\end{bmatrix}+\boldsymbol{Dv}$$

为此，引入如下的等价变换：

$$\begin{bmatrix}\boldsymbol{x}\\\boldsymbol{e}\end{bmatrix}=\begin{bmatrix}\boldsymbol{I} & \boldsymbol{0}\\\boldsymbol{P} & -\boldsymbol{I}_r\end{bmatrix}\begin{bmatrix}\boldsymbol{x}\\\boldsymbol{z}\end{bmatrix},\quad \widetilde{\boldsymbol{P}}=\begin{bmatrix}\boldsymbol{I} & \boldsymbol{0}\\\boldsymbol{P} & -\boldsymbol{I}\end{bmatrix},\quad \widetilde{\boldsymbol{P}}^{-1}=\begin{bmatrix}\boldsymbol{I} & \boldsymbol{0}\\\boldsymbol{P} & -\boldsymbol{I}\end{bmatrix}$$

在此等价变换下，再结合上述①～④，即可得到上述代数等价系统为

$$\begin{bmatrix}\dot{\boldsymbol{x}}\\\dot{\boldsymbol{e}}\end{bmatrix}=\begin{bmatrix}\boldsymbol{A}+\boldsymbol{BK} & -\boldsymbol{BE}\\\boldsymbol{0} & \boldsymbol{F}\end{bmatrix}\begin{bmatrix}\boldsymbol{x}\\\boldsymbol{e}\end{bmatrix}+\begin{bmatrix}\boldsymbol{B}\\\boldsymbol{0}\end{bmatrix}\boldsymbol{v}$$

$$\boldsymbol{y}=\begin{bmatrix}\boldsymbol{C}+\boldsymbol{DK} & -\boldsymbol{DE}\end{bmatrix}\begin{bmatrix}\boldsymbol{x}\\\boldsymbol{e}\end{bmatrix}+\boldsymbol{Dv},\quad \boldsymbol{e}=\boldsymbol{Px}-\boldsymbol{z}$$

这系统已经具有可控性结构分解形式，且 $\boldsymbol{Kx}$ 观测器的系统系数矩阵 $\boldsymbol{F}$ 是不可控的，闭环系统的传递函数由可控部分决定，这说明观测器的所有模态均是基于观测器状态反馈闭环系统的不可控模态。所以可得闭环传递函数矩阵为 $\boldsymbol{G}_f(s)=(\boldsymbol{C}+\boldsymbol{DK})[s\boldsymbol{I}-(\boldsymbol{A}+\boldsymbol{BK})]^{-1}\boldsymbol{B}+\boldsymbol{D}$，这与直接状态反馈的闭环系统传递函数相同。$\boldsymbol{Kx}$ 观测器的系统系数矩阵与 $\boldsymbol{K}$ 的设计可以分离进行。以上对系统$(\boldsymbol{A},\boldsymbol{B},\boldsymbol{C},\boldsymbol{D})$，基于观测器的状态反馈系统的观测器的系数矩阵与反馈增益矩阵 $\boldsymbol{K}$ 的设计可以分离进行的分离原理，且闭环传递函数矩阵为 $\boldsymbol{G}_f(s)=\boldsymbol{C}[s\boldsymbol{I}-(\boldsymbol{A}+\boldsymbol{BK})]^{-1}\boldsymbol{B}+\boldsymbol{D}$。当 $\boldsymbol{D}=\boldsymbol{0}$ 时，该原理退化为严格正则系统$(\boldsymbol{A},\boldsymbol{B},\boldsymbol{C})$基于观测器状态反馈的分离原理。

下面应用分离特性设计一个用降维状态观测器实现状态反馈的系统。设计的主要步骤是首先设计反馈增益矩阵 $\boldsymbol{K}$ 以实现系统的极点配置，再单独设计具有任意指定特征值的降维观测器，得到状态的渐近估计值，最后按图 6-7 的形式组成反馈控制系统。

例 6-12　给定系统如下：

$$\boldsymbol{A}=\begin{bmatrix}-1 & 0 & 0\\0 & 1 & 1\\0 & 0 & 1\end{bmatrix},\quad \boldsymbol{B}=\begin{bmatrix}1 & 0\\0 & 1\\0 & 1\end{bmatrix},\quad \boldsymbol{C}=\begin{bmatrix}1 & 0 & 0\\0 & 1 & 1\end{bmatrix}$$

要用状态反馈将系统的特征值配置到－1、－2、－3，并用降维状态观测器来实现所需要的反馈。

由于$(\boldsymbol{A},\boldsymbol{B})$可控，$\boldsymbol{A}$已是循环矩阵，故在$\boldsymbol{B}$的值域中可找到$\boldsymbol{b}=[1\quad 1\quad 1]^{\mathrm{T}}$，使$(\boldsymbol{A},\boldsymbol{b})$可控。引入$\boldsymbol{b}=\boldsymbol{BL}$，$\boldsymbol{L}=[1\quad 1]^{\mathrm{T}}$，$\boldsymbol{u}=\boldsymbol{L}v_1$，系统方程可写为

$$\begin{cases}\dot{\boldsymbol{x}}=\boldsymbol{Ax}+\boldsymbol{b}v_1\\ \boldsymbol{y}=\boldsymbol{Cx}\end{cases}$$

利用等价变换$\bar{\boldsymbol{x}}=\boldsymbol{Px}$，可将上述方程化为可控标准形

$$\dot{\bar{\boldsymbol{x}}}=\begin{bmatrix}0 & 1 & 0\\ 0 & 0 & 1\\ -1 & 1 & 1\end{bmatrix}\bar{\boldsymbol{x}}+\begin{bmatrix}0\\ 0\\ 1\end{bmatrix}v_1$$

变换矩阵为

$$\boldsymbol{P}=\frac{1}{4}\begin{bmatrix}1 & 2 & -3\\ -1 & 2 & -1\\ 1 & 2 & 1\end{bmatrix}$$

期望的特征方程式为$s^3+6s^2+11s+6$，故可得

$$\bar{\boldsymbol{K}}_1=[1-6\quad -1-11\quad -1-6]=[-5\quad -12\quad -7]$$

$$\boldsymbol{K}_1=\bar{\boldsymbol{K}}_1\boldsymbol{P}=[0\quad -12\quad 5]$$

这说明状态的反馈增益矩阵可取为

$$\boldsymbol{K}=\boldsymbol{LK}_1=\begin{bmatrix}1\\ 1\end{bmatrix}[0\quad -12\quad 5]=\begin{bmatrix}0 & -12 & 5\\ 0 & -12 & 5\end{bmatrix}$$

这里的矩阵$\boldsymbol{K}$是秩为1的矩阵。再设计降维观测器以产生状态的估计值，由例6-10可得一维状态观测为

$$\dot{z}=(1-g_2)z+(1-2g_2)u_2-g_2^2y$$

$$\hat{\boldsymbol{x}}=\begin{bmatrix}0\\ -1\\ 1\end{bmatrix}z+\begin{bmatrix}1 & 0\\ 0 & 1-g_2\\ 0 & g_2\end{bmatrix}\boldsymbol{y}$$

g_2可用来配置观测器特征值，设所要的特征值为－4，则可取$g_2=5$，一维观测器方程为

$$\dot{z}=-4z-9u_2-25y_2$$

$$\hat{\boldsymbol{x}}=\begin{bmatrix}0\\ -1\\ 1\end{bmatrix}z+\begin{bmatrix}1 & 0\\ 0 & -4\\ 0 & 5\end{bmatrix}\boldsymbol{y}$$

这样可得整个包含状态反馈和降维观测器的闭合系统的方程式：

$$\dot{\boldsymbol{x}}=\begin{bmatrix}-1 & 0 & 0\\ 0 & 1 & 1\\ 0 & 0 & 1\end{bmatrix}\boldsymbol{x}+\begin{bmatrix}1 & 0\\ 0 & 1\\ 0 & 1\end{bmatrix}\boldsymbol{u},\quad \boldsymbol{y}=\begin{bmatrix}1 & 0 & 0\\ 0 & 1 & 1\end{bmatrix}\boldsymbol{x}$$

$$\dot{z}=-4z-9[0\quad 1]\boldsymbol{u}-25[0\quad 1]\boldsymbol{y}$$

$$\hat{\boldsymbol{x}}=\begin{bmatrix}0\\ -1\\ 1\end{bmatrix}z+\begin{bmatrix}1 & 0\\ 0 & -4\\ 0 & -5\end{bmatrix}\boldsymbol{y}$$

$$\boldsymbol{u}=\begin{bmatrix}0 & -12 & 5\\0 & -12 & 5\end{bmatrix}\hat{\boldsymbol{x}}+\boldsymbol{v}$$

将上面的方程合并后，可得闭环系统系数矩阵为

$$\begin{bmatrix}-1 & 73 & 73 & 17\\0 & 74 & 74 & 17\\0 & 73 & 74 & 17\\0 & -682 & -682 & -157\end{bmatrix}$$

不难验证其特征式为$(s+1)(s^3+9s^2+26s+24)$。

若将上述闭环系统的方程用拉氏变换式表示，可得

$$\boldsymbol{y}(s)=\boldsymbol{G}(s)\boldsymbol{u}(s)$$

$$\boldsymbol{u}(s)=\boldsymbol{u}_1(s)+\boldsymbol{v}(s)$$

$$\boldsymbol{u}_1(s)=\begin{bmatrix}0 & -12 & 5\\0 & -12 & 5\end{bmatrix}\left\{\begin{bmatrix}0\\-1\\1\end{bmatrix}z(s)+\begin{bmatrix}1 & 0\\0 & -4\\0 & 5\end{bmatrix}\boldsymbol{y}(s)\right\}$$

$$z(s)=\frac{1}{s+4}\{-9\begin{bmatrix}0 & 1\end{bmatrix}\boldsymbol{u}(s)-25\begin{bmatrix}0 & 1\end{bmatrix}\boldsymbol{y}(s)\}$$

因此

$$\boldsymbol{u}_1(s)=\frac{1}{s+4}\left[\begin{pmatrix}0 & -153\\0 & -153\end{pmatrix}\boldsymbol{u}(s)+\begin{pmatrix}0 & 73s-133\\0 & 73s-133\end{pmatrix}\boldsymbol{y}(s)\right]$$

从而可得包括降维观测器及线性状态反馈的闭环系统的方块图，如图 6－8 所示。

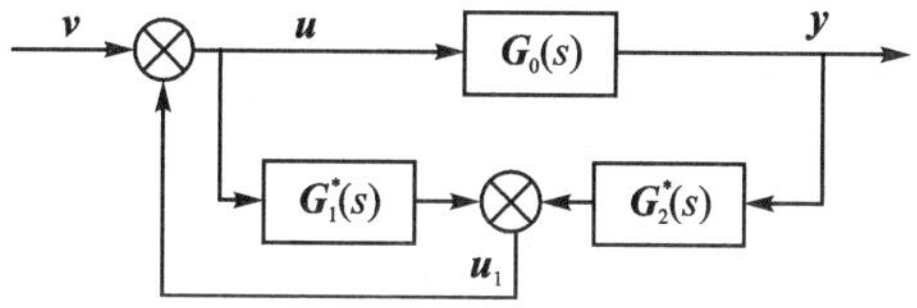

图 6－8　带观测器的状态反馈系统

图 6－8 中的传递函数矩阵分别为

$$\boldsymbol{G}_0(s)=\boldsymbol{C}(s\boldsymbol{I}-\boldsymbol{A})^{-1}\boldsymbol{B}=\mathrm{diag}\left\{\frac{1}{s+1},\frac{2s-1}{(s-1)^2}\right\}$$

$$\boldsymbol{G}_1^*(s)=\frac{1}{s+4}\begin{bmatrix}0 & -153\\0 & -153\end{bmatrix}$$

$$\boldsymbol{G}_2^*(s)=\frac{1}{s+4}\begin{bmatrix}0 & 73s-133\\0 & 73s-133\end{bmatrix}$$

若令$\boldsymbol{G}_1(s)=[\boldsymbol{I}-\boldsymbol{G}_1^*(s)]^{-1}$，则图 6－8 的方块图又可化为等效的图 6－9 的形式。

这里归化的原则是保持系统输入和输出的关系不变，图 6－9 的形式正是反馈校正和串联校正联合应用的形式，这种类型的校正作用在经典理论中已为读者所熟悉。从输入输出的关系看，基于观测器的状态反馈的效果就相当于给系统加入了一个串联校正和反馈校正。反之，若对系统采用图 6－9 所示的串联校正和反馈校正，只要$\boldsymbol{G}_1(s)$和$\boldsymbol{G}_2^*(s)$选得合适，也可以起直接状态反馈的作用。

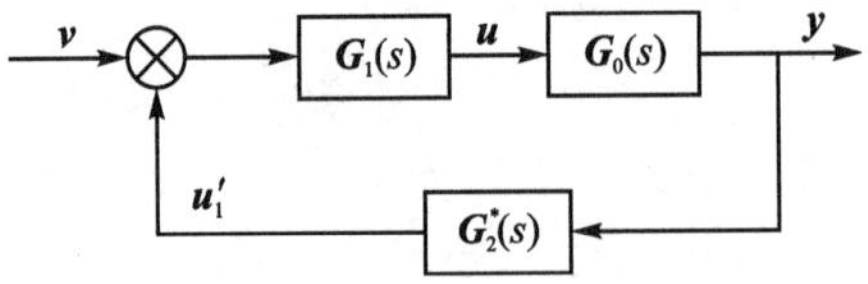

图 6-9 图 6-8 的等效形式

为了说明图 6-9 所示系统中，当 $\boldsymbol{G}_1(s)$和 $\boldsymbol{G}_2^*(s)$取得合适时，可以起到直接状态反馈的作用，下面通过系统动态方程来计算传递函数矩阵。

若 $\boldsymbol{G}(s)$，$\boldsymbol{G}_1(s)$，$\boldsymbol{G}_2^*(s)$的动态方程实现分别为

$$\begin{aligned}
\dot{\boldsymbol{x}} &= \boldsymbol{A}\boldsymbol{x} + \boldsymbol{B}\boldsymbol{u} \\
\boldsymbol{y} &= \boldsymbol{C}\boldsymbol{x} \\
\dot{\boldsymbol{z}}_1 &= (\boldsymbol{A} - \boldsymbol{G}\boldsymbol{C} + \boldsymbol{B}\boldsymbol{K})\boldsymbol{z}_1 + \boldsymbol{B}\boldsymbol{u}_2 \\
\boldsymbol{u} &= \boldsymbol{K}\boldsymbol{z}_1 + \boldsymbol{u}_2 \\
\dot{\boldsymbol{z}}_2 &= (\boldsymbol{A} - \boldsymbol{G}\boldsymbol{C})\boldsymbol{z}_2 + \boldsymbol{G}\boldsymbol{y} \\
\boldsymbol{u}_1' &= \boldsymbol{K}\boldsymbol{z}_2
\end{aligned} \tag{6.3.6}$$

另外还有关系式 $\boldsymbol{u}_2 = \boldsymbol{u}'_1 + \boldsymbol{v}$。整个闭环系统的动态方程为

$$\begin{bmatrix} \dot{\boldsymbol{x}} \\ \dot{\boldsymbol{z}}_1 \\ \dot{\boldsymbol{z}}_2 \end{bmatrix} = \begin{bmatrix} \boldsymbol{A} & \boldsymbol{BK} & \boldsymbol{BK} \\ \boldsymbol{0} & \boldsymbol{A} - \boldsymbol{GC} + \boldsymbol{BK} & \boldsymbol{BK} \\ \boldsymbol{GC} & \boldsymbol{0} & \boldsymbol{A} - \boldsymbol{GC} \end{bmatrix} \begin{bmatrix} \boldsymbol{x} \\ \boldsymbol{z}_1 \\ \boldsymbol{z}_2 \end{bmatrix} + \begin{bmatrix} \boldsymbol{B} \\ \boldsymbol{B} \\ \boldsymbol{0} \end{bmatrix} \boldsymbol{v}$$

$$\boldsymbol{y} = [\boldsymbol{C} \quad \boldsymbol{0} \quad \boldsymbol{0}] \begin{bmatrix} \boldsymbol{x} \\ \boldsymbol{z}_1 \\ \boldsymbol{z}_2 \end{bmatrix}$$

做等价变换，变换矩阵取为

$$\boldsymbol{P} = \begin{bmatrix} \boldsymbol{I} & \boldsymbol{0} & \boldsymbol{0} \\ -\boldsymbol{I} & \boldsymbol{I} & \boldsymbol{I} \\ \boldsymbol{0} & \boldsymbol{0} & -\boldsymbol{I} \end{bmatrix}$$

则变换后的矩阵 $\bar{\boldsymbol{A}}$，$\bar{\boldsymbol{B}}$，$\bar{\boldsymbol{C}}$ 分别为

$$\bar{\boldsymbol{A}} = \begin{bmatrix} \boldsymbol{A} + \boldsymbol{BK} & \boldsymbol{BK} & \boldsymbol{0} \\ \boldsymbol{0} & \boldsymbol{A} - \boldsymbol{GC} & \boldsymbol{0} \\ -\boldsymbol{GC} & \boldsymbol{0} & \boldsymbol{A} - \boldsymbol{GC} \end{bmatrix}, \quad \bar{\boldsymbol{B}} = \begin{bmatrix} \boldsymbol{B} \\ \boldsymbol{0} \\ \boldsymbol{0} \end{bmatrix}$$

$$\bar{\boldsymbol{C}} = [\boldsymbol{C} \quad \boldsymbol{0} \quad \boldsymbol{0}]$$

不难计算闭环系统的传递函数矩阵为

$$\begin{aligned}
\boldsymbol{G}(s) &= [\boldsymbol{C} \quad \boldsymbol{0} \quad \boldsymbol{0}] \begin{bmatrix} s\boldsymbol{I} - (\boldsymbol{A} + \boldsymbol{BK}) & -\boldsymbol{BK} & \boldsymbol{0} \\ \boldsymbol{0} & s\boldsymbol{I} - (\boldsymbol{A} - \boldsymbol{GC}) & \boldsymbol{0} \\ \boldsymbol{GC} & \boldsymbol{0} & s\boldsymbol{I} - (\boldsymbol{A} - \boldsymbol{GC}) \end{bmatrix}^{-1} \begin{bmatrix} \boldsymbol{B} \\ \boldsymbol{0} \\ \boldsymbol{0} \end{bmatrix} \\
&= \boldsymbol{C}[s\boldsymbol{I} - (\boldsymbol{A} + \boldsymbol{BK})]^{-1}\boldsymbol{B}
\end{aligned}$$

上式正是表示对 $\boldsymbol{G}(s)$动态方程直接采取 $\boldsymbol{u} = \boldsymbol{K}\boldsymbol{x} + \boldsymbol{v}$ 的反馈后的传递函数矩阵。这说明只要 $\boldsymbol{G}_1(s)$，$\boldsymbol{G}_2^*(s)$取得合适，例如像上面所做的那样，就相当于起到了直接状态反馈的作用。最

后应当指出的是，这里“相当”的含意是仅仅从输入输出特性上来考虑。

另外，读者不难验证式(6.3.6)的动态方程是由基于观测器的状态反馈的动态方程演变而来的，因此观测器加状态反馈后的闭环系统也具有传递函数矩阵 $\boldsymbol{C}[s\boldsymbol{I}-(\boldsymbol{A}+\boldsymbol{BK})]^{-1}\boldsymbol{B}$。

除了用降维状态观测器作状态反馈之外，也可以用 n 维状态观测器作状态反馈，但是这时附加的观测器部分阶次提高，要多用积分器。尽管如此，在有噪声和初始条件不精确的情况下，宁可采取 n 维状态观测器，因为降维观测器对噪声的敏感度大，要选一组参数使得观测器在各种不同的干扰下都能令人满意地工作是不容易的。若是为了进一步减少观测器的阶次，则可以采取阶次低的 $\boldsymbol{Kx}$ 观测器，即由观测器直接给出状态的线性函数的估计值。一般来说，包含观测器的状态反馈系统的鲁棒性较直接状态反馈系统要差(可参见文献[38])。

在利用观测器的状态反馈系统中，观测器的极点在传递函数矩阵中没有反映，但是它对系统的动态性能仍然有着很大的影响。因此如何设置观测器的极点是一个重要的问题，这是最优控制所研究的，但这里可直观地进行如下说明：如果观测器的极点的实部与闭环系统所要配置的极点的实部相差不大，那么显然 $\hat{\boldsymbol{x}}$ 与 $\boldsymbol{x}$ 接近速度较慢，用 $\hat{\boldsymbol{x}}$ 代替 $\boldsymbol{x}$ 的效果就差。但如果观测器的极点比系统所要配置的极点离虚轴远得多，这时观测器又起到微分器的作用，而引入微分器将会使系统抗干扰的能力降低，这也是不希望的(见习题 6-14)。

6.4　固定阶次的动态输出反馈

6.1 节中介绍了用静态输出反馈进行极点配置的一些结果。这些结果表明，和状态反馈的情况不同，静态输出反馈一般不具有任意配置系统 n 个极点的能力。如果把动态环节加到输出反馈中去，形成动态输出反馈，那么输出反馈的能力就会增大，比如 6.3 节基于观测器的状态反馈(实质是动态输出反馈)。动态输出反馈也称为动态补偿器，6.3 节讨论的利用观测器观测到的状态构成状态反馈系统，也是构成动态补偿器的一种方式。如前所述，这种动态补偿器可以完成系统极点配置的作用，它的阶数由观测器的阶数所决定。如果只从极点配置的角度来看，可令图 6-8 中的 $\boldsymbol{v}=0$，因而 $\boldsymbol{G}_1(s)$ 可合并于 $\boldsymbol{G}_2^*(s)$，那么图 6-8 就可等效为动态输出反馈的形式了。下面讨论用任一固定阶次的动态输出反馈配置闭环系统极点的能力。

6.4.1　关于极点配置的定理

考虑下列可控可观测的动态方程：

$$\begin{cases}\dot{\boldsymbol{x}}=\boldsymbol{Ax}+\boldsymbol{Bu}\\ \boldsymbol{y}=\boldsymbol{Cx}\end{cases}\tag{6.4.1}$$

对于动态输出反馈构成的闭环系统，m 阶动态输出反馈控制律为

$$\begin{aligned}\boldsymbol{u}&=\boldsymbol{w}+\boldsymbol{v}\\ \dot{\boldsymbol{x}}_1&=\boldsymbol{A}_1\boldsymbol{x}_1+\boldsymbol{B}_1\boldsymbol{y}\\ \boldsymbol{w}&=\boldsymbol{C}_1\boldsymbol{x}_1+\boldsymbol{D}_1\boldsymbol{y}\end{aligned}$$

其中，$\boldsymbol{A}_1,\boldsymbol{B}_1,\boldsymbol{C}_1,\boldsymbol{D}_1$ 为合适维数矩阵。式(6.4.1)及 m 阶动态输出反馈形成的闭环系统如图 6-10 所示。

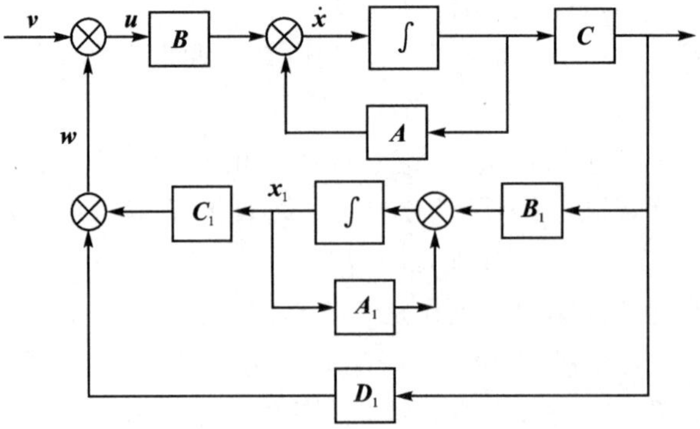

图 6－10 动态输出反馈系统

闭环系统方程为

$$\begin{bmatrix}\dot{\boldsymbol{x}}\\ \dot{\boldsymbol{x}}_1\end{bmatrix}=\begin{bmatrix}\boldsymbol{A}+\boldsymbol{BD}_1\boldsymbol{C} & \boldsymbol{BC}_1\\ \boldsymbol{B}_1\boldsymbol{C} & \boldsymbol{A}_1\end{bmatrix}\begin{bmatrix}\boldsymbol{x}\\ \boldsymbol{x}_1\end{bmatrix}+\begin{bmatrix}\boldsymbol{B}\\ \boldsymbol{0}\end{bmatrix}\boldsymbol{v}$$

$$\boldsymbol{y}=[\boldsymbol{C}\quad \boldsymbol{0}]\begin{bmatrix}\boldsymbol{x}\\ \boldsymbol{x}_1\end{bmatrix}$$

下面在考虑固定阶次动态输出反馈系统极点配置时，为了方便起见，假定 $\boldsymbol{A}$ 是循环矩阵，由推论 6－2 可知，(存在一个 $p\times q$ 矩阵 $\boldsymbol{H}$，使$(\boldsymbol{A}+\boldsymbol{BHC},\boldsymbol{B},\boldsymbol{C})$可控可观测，且 $\boldsymbol{A}+\boldsymbol{BHC}$ 是循环矩阵)这种假定不失一般性。由推论 6－1 可知，存在 $\boldsymbol{b}\in \mathrm{Im}\,\boldsymbol{B}$，使$(\boldsymbol{A},\boldsymbol{b})$可控，将 $\boldsymbol{b}$ 写成 $\boldsymbol{BL}$ 的形式，这里 $\boldsymbol{L}$ 是 $p\times 1$ 的向量。这样方程(6.4.1)可表示为

$$\begin{cases}\dot{\boldsymbol{x}}=\boldsymbol{Ax}+\boldsymbol{b}v\\ \boldsymbol{y}=\boldsymbol{Cx}\end{cases}\tag{6.4.2}$$

$$\boldsymbol{b}=\boldsymbol{BL},\quad \boldsymbol{u}=\boldsymbol{L}v\tag{6.4.3}$$

对于式(6.4.2)所表示的单输入系统，它的 p 阶动态补偿器假定为

$$v^{(p)}+\sum_{i=0}^{p-1}A_iv^{(i)}=-\sum_{i=0}^{p}\boldsymbol{B}_i\boldsymbol{y}^{(i)}\tag{6.4.4}$$

式中，A_i 是常数，$\boldsymbol{B}_i$ 是 q 维的行向量，联合式(6.4.2)和式(6.4.4)可得扩大了维数的系统为

$$\begin{aligned}&\dot{\boldsymbol{x}}=\boldsymbol{Ax}+\boldsymbol{b}v_1\\ &\dot{v}_1=v_2\\ &\dot{v}_2=v_3\\ &\quad\vdots\\ &\dot{v}_p=w\\ &w=-\sum_{i=0}^{p-1}A_iv_{i+1}-\sum_{i=0}^{p}\boldsymbol{B}_i\boldsymbol{y}^{(i)}\end{aligned}$$

将最后一式中 $\boldsymbol{y}^{(i)}$ 用 $\boldsymbol{Cx}^{(i)}$ 代替，即

$$\begin{aligned}&\boldsymbol{y}=\boldsymbol{Cx}\\ &\dot{\boldsymbol{y}}=\boldsymbol{C}\dot{\boldsymbol{x}}=\boldsymbol{C}(\boldsymbol{Ax}+\boldsymbol{b}v_1)=\boldsymbol{CAx}+\boldsymbol{Cb}v_1\\ &\ddot{\boldsymbol{y}}=\boldsymbol{CA}(\boldsymbol{Ax}+\boldsymbol{b}v_1)+\boldsymbol{Cb}\dot{v}_1\end{aligned}$$

$$=\boldsymbol{CA}^2\boldsymbol{x}+\boldsymbol{CAb}v_1+\boldsymbol{Cb}v_2$$
$$\vdots$$

记 $\bar{\boldsymbol{x}}=[\boldsymbol{x}^{\mathrm{T}}\quad v_1\quad\cdots\quad v_p]^{\mathrm{T}}$，这样可得

$$\begin{aligned}\dot{\bar{\boldsymbol{x}}}&=\bar{\boldsymbol{A}}x+\bar{\boldsymbol{B}}w\\ \bar{\boldsymbol{y}}&=\bar{\boldsymbol{C}}\bar{\boldsymbol{x}}\\ w&=\bar{\boldsymbol{N}}\bar{\boldsymbol{y}}\end{aligned}\tag{6.4.5}$$

式中

$$\bar{\boldsymbol{A}}=\begin{bmatrix}\boldsymbol{A} & \boldsymbol{b} & \boldsymbol{0}\\ \boldsymbol{0} & \boldsymbol{F}\end{bmatrix},\quad \bar{\boldsymbol{B}}=\begin{bmatrix}0\\ \vdots\\ 0\\ 1\end{bmatrix},\quad \bar{\boldsymbol{C}}=\begin{bmatrix}\bar{\boldsymbol{C}}_1\\ 0 \quad -\boldsymbol{I}_p\end{bmatrix}$$

$$\boldsymbol{F}=\begin{bmatrix}0&1&0&\cdots&0\\0&0&1&\cdots&0\\ \vdots&\vdots&\vdots&&\vdots\\0&0&0&\cdots&1\\0&0&0&\cdots&0\end{bmatrix},\quad \bar{\boldsymbol{C}}_1=\begin{bmatrix}-\boldsymbol{C}&\boldsymbol{0}&\cdots&\boldsymbol{0}\\-\boldsymbol{CA}&-\boldsymbol{Cb}&&\vdots\\ \vdots&\vdots&&\boldsymbol{0}\\-\boldsymbol{CA}^p&-\boldsymbol{CA}^{p-1}\boldsymbol{b}&\cdots&-\boldsymbol{Cb}\end{bmatrix}$$

$$\bar{\boldsymbol{N}}=[\bar{\boldsymbol{N}}_1\quad\bar{\boldsymbol{N}}_2],\quad \boldsymbol{N}_1=[\boldsymbol{B}_0\quad\boldsymbol{B}_1\quad\cdots\quad\boldsymbol{B}_p],\quad \boldsymbol{N}_2=[A_0\quad A_1\quad\cdots\quad A_{p-1}]$$

定理 6-20　若($\boldsymbol{A},\boldsymbol{B},\boldsymbol{C}$)可控可观测，$\boldsymbol{A}$ 是循环矩阵，$\mathrm{rank}[\boldsymbol{C}^{\mathrm{T}}\quad\boldsymbol{A}^{\mathrm{T}}\boldsymbol{C}^{\mathrm{T}}\quad\cdots\quad(\boldsymbol{A}^{\mathrm{T}})^p\boldsymbol{C}^{\mathrm{T}}]=\alpha$ ($0\leqslant p<n$)，则存在一个 p 阶动态补偿器使得闭环系统有 $\alpha+p$ 个特征值可任意接近 $\alpha+p$ 个预先给定的复平面上的值(复数共轭成对出现)。

证明：考察式(6.4.5)，因为($\bar{\boldsymbol{A}},\bar{\boldsymbol{B}}$)可控，$\bar{\boldsymbol{C}}$ 的秩为 $\alpha+p$，由定理 6-5 可知，存在矩阵 $\bar{\boldsymbol{N}}$，使得 $\bar{\boldsymbol{A}}+\bar{\boldsymbol{B}}\bar{\boldsymbol{N}}\bar{\boldsymbol{C}}$ 有 $\alpha+p$ 个特征值任意接近于预先指定的任意 $\alpha+p$ 个值，这 $\alpha+p$ 个值中如有复数应共轭成对出现。

引理 6-3　若给定系统(6.4.1)存在一个 l 阶补偿器使得增广系统具有给定的特征值集合 $\boldsymbol{\Lambda}=\{\lambda_1,\lambda_2,\cdots,\lambda_{n+l}\}$，则对于式(6.4.1)的对偶系统也一定存在一个 l 阶补偿器，使得它和式(6.4.1)的对偶系统所组成的闭环系统具有相同的特征值集合 Λ。

证明：若使得式(6.4.1)具有特征值集合为 Λ 的 l 阶补偿器为

$$\begin{aligned}\dot{\boldsymbol{z}}_1&=\boldsymbol{F}\boldsymbol{z}_1+\boldsymbol{G}\boldsymbol{y}_1\\ \boldsymbol{u}_1&=\boldsymbol{H}\boldsymbol{z}_1+\boldsymbol{N}\boldsymbol{y}_1\end{aligned}$$

则其对偶系统构成的另一个 l 阶补偿如下：

$$\begin{aligned}\dot{\boldsymbol{z}}_2&=\boldsymbol{F}^{\mathrm{T}}\boldsymbol{z}_2+\boldsymbol{H}^{\mathrm{T}}\boldsymbol{y}_2\\ \boldsymbol{u}_2&=\boldsymbol{G}^{\mathrm{T}}\boldsymbol{z}_2+\boldsymbol{N}^{\mathrm{T}}\boldsymbol{y}_2\end{aligned}$$

不难验证这个 l 阶补偿器和式(6.4.1)的对偶系统组成的闭环系统具有相同的特征值集合 Λ。

定理 6-21　若($\boldsymbol{A},\boldsymbol{B},\boldsymbol{C}$)可控可观测，$\boldsymbol{A}$ 是循环矩阵，$\mathrm{rank}[\boldsymbol{B}\quad\boldsymbol{AB}\quad\cdots\quad\boldsymbol{A}^p\boldsymbol{B}]=\beta$($0\leqslant p<n$)，则存在一个 p 阶补偿器，使得闭环系统有 $\beta+p$ 个特征值可任意接近于 $\beta+p$ 个预先给定的复平面上的值(复数共轭成对出现)。

定理 6-22　若($\boldsymbol{A},\boldsymbol{B},\boldsymbol{C}$)可控可观测，$\boldsymbol{A}$ 是循环矩阵，$\mathrm{rank}[\boldsymbol{C}^{\mathrm{T}}\quad\boldsymbol{A}^{\mathrm{T}}\boldsymbol{C}^{\mathrm{T}}\quad\cdots\quad(\boldsymbol{A}^{\mathrm{T}})^p\boldsymbol{C}^{\mathrm{T}}]=\alpha$，$\mathrm{rank}[\boldsymbol{B}\quad\boldsymbol{AB}\quad\cdots\quad\boldsymbol{A}^p\boldsymbol{B}]=\beta$，则存在一个 p 阶补偿器，使得闭环系统有 $p+\max(\alpha,\beta)$个特征

值任意接近 $p+\max(\alpha,\beta)$ 个预先给定的值(复数共轭成对出现)。

由引理 6-3 容易证明定理 6-21,由定理 6-20 与定理 6-21 合起来就可得到定理 6-22。而定理 6-22 给出了 p 阶动态补偿器可配特征值的下限。当 $p=0$ 时,即采取静态输出反馈,就是定理 6-6 的结果。

结合 6.1 节所阐明的定理和定理 6-20 的证明,可将固定阶次动态补偿的设计步骤概括如下:

设给定系统($\boldsymbol{A},\boldsymbol{B},\boldsymbol{C}$)可控可观测,补偿器的阶次为 p,$p+\max(\alpha,\beta)$ 个给定值为 λ_1,$\lambda_2,\cdots,\lambda_{p+\max(\alpha,\beta)}$。

① 找一个矩阵 $\boldsymbol{K}_1$,使得 $\boldsymbol{A}+\boldsymbol{B}\boldsymbol{K}_1\boldsymbol{C}$ 是循环矩阵(可反复运用定理 5-4 构造性证明中提供的步骤)。若已知 $\boldsymbol{A}$ 是循环的,当然 $\boldsymbol{K}_1=0$。

② 计算 α 和 β,若 $\alpha\geqslant\beta$,则可转入第③步计算;若 $\alpha<\beta$,则用($\boldsymbol{A}^{\mathrm{T}},\boldsymbol{C}^{\mathrm{T}},\boldsymbol{B}^{\mathrm{T}}$)和 β 代替($\boldsymbol{A},\boldsymbol{B},\boldsymbol{C}$)和 α 进入第③步计算。

③ 由定理 6-2 构造性证明可以找到 $\boldsymbol{b}$,根据定理 6-9,按式(6.4.5)构造 $\bar{\boldsymbol{A}}$、$\bar{\boldsymbol{B}}$、$\bar{\boldsymbol{C}}$、$\bar{\boldsymbol{C}}_1$、$\bar{\boldsymbol{N}}$、$\bar{\boldsymbol{N}}_1$、$\bar{\boldsymbol{N}}_2$ 等矩阵。选 $\bar{\boldsymbol{C}}_1$ 的 α 所在行和 $\bar{\boldsymbol{N}}_1$ 相应的列(分别记为 $\boldsymbol{C}_{2\alpha}$ 和 $\boldsymbol{N}_{3\alpha}$),使得

$$\bar{\boldsymbol{C}}_0=\begin{bmatrix}\boldsymbol{C}_{2\alpha}\\ \hdashline 0 \;\vdots\; -\boldsymbol{I}_p\end{bmatrix} \tag{6.4.6}$$

有 $\alpha+p$ 个线性无关行。置 $\bar{\boldsymbol{N}}_1$ 余下的列为零,并定义

$$\bar{\boldsymbol{N}}_0=[\boldsymbol{N}_{3\alpha}\quad \bar{\boldsymbol{N}}_2] \tag{6.4.7}$$

系统($\bar{\boldsymbol{A}},\bar{\boldsymbol{B}},\bar{\boldsymbol{C}},\bar{\boldsymbol{N}}$)可由($\bar{\boldsymbol{A}},\bar{\boldsymbol{B}},\bar{\boldsymbol{C}}_0,\bar{\boldsymbol{N}}_0$)代替。

④ 按照定理 6-5 证明中提供的方法,由给定的 $\boldsymbol{\Lambda}$ 集合计算 Δ_i,$\boldsymbol{h}_i$ 及 $\boldsymbol{S}$ 矩阵,可得

$$\bar{\boldsymbol{N}}_0=[\Delta_1\quad \Delta_2\quad \cdots\quad \Delta_{\alpha+p}]\boldsymbol{S}^{-1},\quad \boldsymbol{S}=\bar{\boldsymbol{C}}_0[\boldsymbol{h}_1\quad \boldsymbol{h}_2\quad \cdots\quad \boldsymbol{h}_{\alpha+p}]$$

当所计算出的 $\boldsymbol{S}$ 是奇异矩阵时,需令特征值为 $\lambda_k+\Delta\lambda_k$,($k=1,2,\cdots,\alpha+p$),$\Delta\lambda_k\to 0$,总可以做到使 $\boldsymbol{S}$ 非奇异。

⑤ 根据式(6.4.7),由 $\bar{\boldsymbol{N}}_0$ 可得到 $\boldsymbol{N}_{3\alpha}$ 和 $\bar{\boldsymbol{N}}_2$,由式(6.4.5)可得到 $\boldsymbol{B}_0,\cdots,\boldsymbol{B}_p$ 和 $\boldsymbol{A}_0,\cdots,\boldsymbol{A}_{p-1}$,将它们代入式(6.4.4)可得 $\boldsymbol{v}(s)=\boldsymbol{G}_1(s)\boldsymbol{y}(s)$。

这样就得到了补偿器的传递函数矩阵 $\boldsymbol{G}_2(s)=\boldsymbol{L}\boldsymbol{G}_1(s)$。若考虑到 $\boldsymbol{K}_1$,则整个补偿器为 $\boldsymbol{G}_2(s)+\boldsymbol{K}_1$,当 $\alpha<\beta$ 时,所期望的补偿器为 $\boldsymbol{G}_3(s)+\boldsymbol{K}_1$,$\boldsymbol{G}_3(s)$ 为 $\boldsymbol{G}_2(s)$ 的对偶形式。

注意,在这一设计步骤中,重要的是决定补偿器的阶次,最好直接由最低维($p=0$)做起,对每个 p 都有 $p+\max(\alpha,\beta)$ 个特征值可任意预先指定,如果剩下的 $n-\max(\alpha,\beta)$ 个特征值位于复平面适宜的区域,这表明所选的 p 是一个可以允许的补偿器的阶次。否则所需要的 p 阶补偿器不存在,这时可取补偿器的阶次为 $p+1$,重复以上步骤,直到得到满意的补偿器的阶数为止。下面将要指出,至多当 $p=p_0$,总可达到满意的特征值配置。

例 6-13 设给定系统如下:

$$\dot{\boldsymbol{x}}=\begin{bmatrix}-1 & 0 & 1\\ 0 & -1 & 1\\ 0 & -2 & -4\end{bmatrix}\boldsymbol{x}+\begin{bmatrix}0\\1\\0\end{bmatrix}u$$

$$\boldsymbol{y}=[1\quad -1\quad 1]\boldsymbol{x}$$

要求找出一个一阶补偿器,使得尽可能多的闭环极点可以预先设置。

解：根据前述设计步骤：

① $\boldsymbol{A}$ 已是循环矩阵，故 $\boldsymbol{K}_1=0$。

② 计算 α 和 β，即

$$[\boldsymbol{A}\quad \boldsymbol{AB}]=\begin{bmatrix}0 & 0\\1 & -1\\0 & 2\end{bmatrix},\quad [\boldsymbol{C}^{\mathrm{T}}\quad \boldsymbol{A}^{\mathrm{T}}\boldsymbol{C}^{\mathrm{T}}]=\begin{bmatrix}1 & -1\\-1 & -1\\1 & -4\end{bmatrix}$$

显然 $\alpha=\beta=2$，由定理 6-20 可知，闭环有 3 个特征值可任意接近于 3 个预先设置的值。指定 $\lambda_1=-4,\lambda_2=-5,\lambda_3=-6$。

③ 按式(6.4.5)形成所需要的矩阵：

$$\bar{\boldsymbol{A}}=\left[\begin{array}{ccc:c}-1 & 0 & 1 & 0\\0 & -1 & 1 & 1\\0 & -2 & -4 & 0\\ \hdashline 0 & 0 & 0 & 0\end{array}\right],\quad \bar{\boldsymbol{B}}=\begin{bmatrix}0\\0\\0\\1\end{bmatrix},\quad \bar{\boldsymbol{C}}=\left[\begin{array}{ccc:c}-1 & 1 & -1 & 0\\1 & 1 & 4 & 1\\ \hdashline 0 & 0 & 0 & -1\end{array}\right]$$

$$\bar{\boldsymbol{N}}=[B_0\quad B_1\quad A_0]$$

④ 应用定理 6-5 所提供的方法求 $\bar{\boldsymbol{N}}$，首先将$(\bar{\boldsymbol{A}},\bar{\boldsymbol{B}})$化为可控标准形，因为 $\bar{\boldsymbol{A}}$ 的特征式为 $s^4+6s^3+11s^2+6s$，所以可得

$$\bar{\boldsymbol{U}}^{-1}=\begin{bmatrix}6 & 11 & 6 & 1\\11 & 6 & 1 & 0\\6 & 1 & 0 & 0\\1 & 0 & 0 & 0\end{bmatrix},\quad \boldsymbol{U}=\begin{bmatrix}0 & 0 & 0 & -2\\0 & 1 & -1 & -1\\0 & 0 & -2 & 10\\1 & 0 & 0 & 0\end{bmatrix}$$

这样可得基底变换矩阵：

$$\boldsymbol{Q}=\boldsymbol{U}\bar{\boldsymbol{U}}^{-1}=\begin{bmatrix}-2 & 0 & 0 & 0\\4 & 5 & 1 & 0\\-2 & -2 & 0 & 0\\6 & 11 & 6 & 1\end{bmatrix},\quad \bar{\boldsymbol{C}}\boldsymbol{Q}=\begin{bmatrix}8 & 7 & 1 & 0\\1 & 8 & 7 & 1\\-6 & -11 & -6 & -1\end{bmatrix}$$

取 $\lambda_1=-4,\lambda_2=-5,\lambda_3=-6$，可得 $\Delta_1=24,\Delta_2=120,\Delta_3=360$，则

$$\boldsymbol{S}=\begin{bmatrix}8 & 7 & 1 & 0\\1 & 8 & 7 & 1\\-6 & -11 & -6 & -1\end{bmatrix}\begin{bmatrix}1 & 1 & 1\\-4 & -5 & -6\\16 & 25 & 36\\-64 & -125 & -216\end{bmatrix}=\begin{bmatrix}-4 & -2 & 2\\16 & 10 & -12\\6 & 24 & 60\end{bmatrix}$$

$$[B_0\quad B_1\quad A_0]=[24\quad 120\quad 360]\boldsymbol{S}^{-1},\quad B_0=-16.8,\quad B_1=-4.8,\quad A_0=5.6$$

补偿器可由传递函数 $\dfrac{4.8s+16.8}{s+5.6}$ 描述。

⑤ 由闭环特征方程式根与系数的关系，可得

$$\lambda_1+\lambda_2+\lambda_3+\lambda_4=-\left\{6-[-16.8\quad -4.8\quad 5.0]\begin{bmatrix}0\\1\\-1\end{bmatrix}\right\}=-16.4$$

可以求出这时闭环第 4 个特征值 $\lambda_4=-1.4$，λ_4 在数量上比较适当，故所求的这个一阶动态补偿器是合适的。

6.4.2 p_0 阶动态补偿器

现在研究定理 6－22 的一个特殊情况，令 $p_0=\min\{\nu_0-1,\quad \mu_0-1\}$，这里 ν_0 和 μ_0 分别表示系统的可观测性指数和可控性指数。

定理 6－23 若$(\boldsymbol{A},\boldsymbol{B},\boldsymbol{C})$可控可观测，则可设计 p_0 阶动态补偿器，使闭环系统 $n+p_0$ 个特征值可以任意配置。

证明： 不妨假定 $\boldsymbol{A}$ 为循环矩阵。因为$(\boldsymbol{A},\boldsymbol{B},\boldsymbol{C})$可控可观测，故矩阵$[\boldsymbol{B}\quad \boldsymbol{AB}\quad \cdots\quad \boldsymbol{A}^{p_0}\boldsymbol{B}]$和$[\boldsymbol{C}^{\mathrm{T}}\quad \boldsymbol{A}^{\mathrm{T}}\boldsymbol{C}^{\mathrm{T}}\quad \cdots\quad (\boldsymbol{A}^{\mathrm{T}})^{p_0}\boldsymbol{C}^{\mathrm{T}}]$至少有一个秩为 n，由定理 6－21 可知闭环系统有 $n+p_0$ 个特征值任意接近 $n+p_0$ 个预先给定的值。进一步考察可知这时 $\bar{\boldsymbol{C}}_0$ 的秩为 $n+p_0$，$\boldsymbol{S}$ 总是可逆矩阵，故 $n+p_0$ 个预设值可以精确地达到。

这一定理表明 p_0 给出了任意配置特征值所需要的补偿器阶数的上限，即至多需要 p_0 阶动态补偿器，就可配置所有的特征值，而且是可以精确地达到任给的 $n+p_0$ 个预设值。

例 6－14 设给定系统如下：

$$\dot{\boldsymbol{x}}=\begin{bmatrix}0&0&0&1\\1&0&0&0\\0&1&0&0\\0&0&0&0\end{bmatrix}\boldsymbol{x}+\begin{bmatrix}0\\0\\0\\1\end{bmatrix}u$$

$$\boldsymbol{y}=\begin{bmatrix}1&0&0&0\\0&0&1&0\end{bmatrix}\boldsymbol{x}$$

这个系统的可观性指数为 2，所以用一阶补偿器即可进行闭环 5 个极点的配置。若 5 个极点均要求为－1，下面来定出一阶补偿器的参数。

首先已知 $\boldsymbol{A}$ 是循环矩阵，故 $\boldsymbol{K}_1=\boldsymbol{0}$，由 α 和 β 的计算可知 $\alpha>\beta$，构成

$$\bar{\boldsymbol{A}}=\begin{bmatrix}0&0&0&1&0\\1&0&0&0&0\\0&1&0&0&0\\0&0&0&0&1\\0&0&0&0&0\end{bmatrix},\quad \bar{\boldsymbol{b}}=\begin{bmatrix}0\\0\\0\\0\\1\end{bmatrix},\quad \bar{\boldsymbol{C}}=\begin{bmatrix}-1&0&0&0&0\\0&0&-1&0&0\\0&0&0&-1&0\\0&-1&0&0&0\\0&0&0&0&-1\end{bmatrix}$$

$$\boldsymbol{N}=[\boldsymbol{B}_0\quad \boldsymbol{B}_1\quad A_0]$$

这里 $\boldsymbol{B}_0$、$\boldsymbol{B}_1$ 均是 2 维的行向量。

$\bar{\boldsymbol{A}}$ 的特征式为 s^5，将$(\bar{\boldsymbol{A}}$、$\bar{\boldsymbol{b}})$化为可控标准型的基底变换矩阵为 $\boldsymbol{Q}$，则

$$\boldsymbol{U}=\begin{bmatrix}0&0&1&0&0\\0&0&0&1&0\\0&0&0&0&1\\0&1&0&0&0\\1&0&0&0&0\end{bmatrix},\quad \bar{\boldsymbol{U}}^{-1}=\begin{bmatrix}0&0&0&0&1\\0&0&0&1&0\\0&0&1&0&0\\0&1&0&0&0\\1&0&0&0&0\end{bmatrix}$$

$$\boldsymbol{Q}=\begin{bmatrix}0&0&1&0&0\\0&1&0&0&0\\1&0&0&0&0\\0&0&0&1&0\\0&0&0&0&1\end{bmatrix},\quad \bar{\boldsymbol{C}}\boldsymbol{Q}=\begin{bmatrix}0&0&-1&0&0\\-1&0&0&0&0\\0&0&0&-1&0\\0&-1&0&0&0\\0&0&0&0&-1\end{bmatrix}$$

因为这时 $\lambda_i=-1$ 是 5 重根，故需要将特征方程分别求 1～4 次导数后，再将 $\lambda_i=-1$ 代入，可得

$$\boldsymbol{S}=\bar{\boldsymbol{C}}\boldsymbol{Q}\begin{bmatrix}1&0&0&0&0\\-1&1&0&0&0\\1&-2&1&0&0\\-1&3&-3&1&0\\1&-4&6&-4&1\end{bmatrix}=\begin{bmatrix}-1&2&-1&0&0\\-1&0&0&0&0\\1&-3&3&1&0\\1&-1&0&0&0\\-1&4&-6&4&-1\end{bmatrix}$$

在这种情况下，因为 $\bar{\boldsymbol{C}}$ 的可逆性，故 $\boldsymbol{S}$ 总是可逆的，所以所要求的特征值可精确地达到。求出 $\boldsymbol{S}^{-1}$ 后，可得

$$\begin{aligned}\bar{\boldsymbol{N}}&=[-1\quad 5\quad -10\quad 10\quad -5]\,\boldsymbol{S}^{-1}\\&=[-1\quad 5\quad -10\quad 10\quad 5]\begin{bmatrix}0&-1&0&0&0\\0&-1&0&-1&0\\-1&-1&0&-2&0\\-3&-1&-1&-3&0\\6&-1&-4&-4&-1\end{bmatrix}\\&=[10\quad 1\quad 10\quad 5\quad 5]\end{aligned}$$

这样一阶补偿器的传递函数为 $-\dfrac{[10\quad 5]s+[10\quad 1]}{s+5}$。若用状态方程表示，则

$$\dot{z}=-5z+[40\quad 24]\,\boldsymbol{y}$$
$$u_1=z+[-10\quad -5]\,\boldsymbol{y}$$

不难验证闭环系统具有所要求的特征值集合，闭环系统的方块图如图 6－11 所示，其中图(b)是图(a)的简化形式。

6.5　时变系统基于观测器的状态反馈系统

关于时不变线性系统的观测器和利用观测器的状态反馈系统，很多可以推广到时变线性系统中。为了简单起见，下面只考虑基本的 n 维状态观测器。

6.5.1　n 维基本状态观测器

对于线性时变系统($\boldsymbol{A}(t)$，$\boldsymbol{B}(t)$，$\boldsymbol{C}(t)$)，其 n 维基本状态观测器具有如下的形式：

$$\begin{cases}\dot{\boldsymbol{z}}=[\boldsymbol{A}(t)-\boldsymbol{H}(t)\boldsymbol{C}(t)]\boldsymbol{z}+\boldsymbol{B}(t)\boldsymbol{u}+\boldsymbol{H}(t)\boldsymbol{y}\\ \boldsymbol{w}=\boldsymbol{z}\end{cases}\tag{6.5.1}$$

被观测系统的状态 $\boldsymbol{x}$ 和重构状态 $\boldsymbol{z}$ 的误差用 $\boldsymbol{e}$ 表示，即 $\boldsymbol{e}=\boldsymbol{x}-\boldsymbol{z}$，$\boldsymbol{e}$ 所满足的微分方程为

$$\dot{\boldsymbol{e}}=[\boldsymbol{A}(t)-\boldsymbol{H}(t)\boldsymbol{C}(t)]\boldsymbol{e}\tag{6.5.2}$$

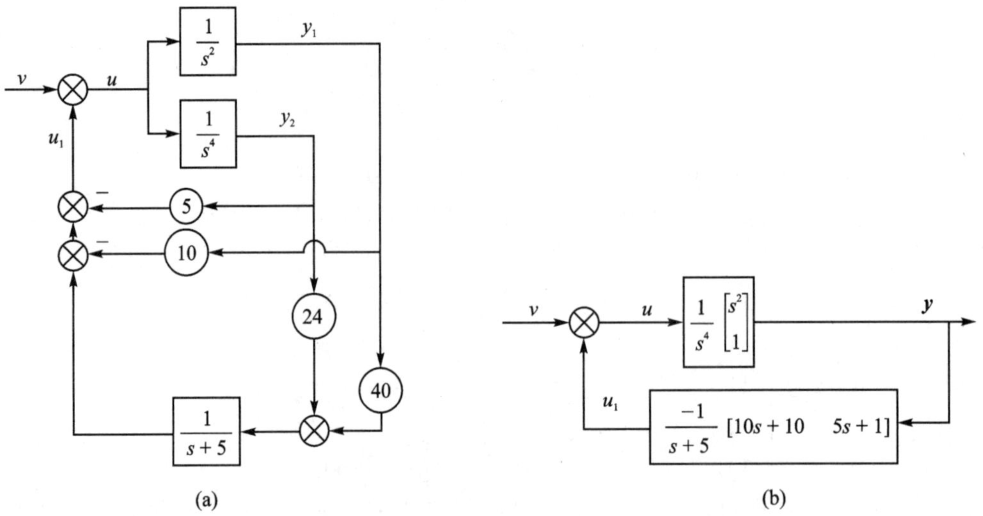

图 6-11 闭环系统的方块图

为了使得$\lim\limits_{t\to\infty}\boldsymbol{e}(t)=\boldsymbol{0}$,就需要找到合适的观测器增益矩阵 $\boldsymbol{H}(t)$,首先研究这样的增益矩阵 $\boldsymbol{H}(t)$是否存在?在 5.6 节中,在定理 5-24 的条件下可以适当地选择 $\boldsymbol{K}(t)$使 $\dot{\boldsymbol{x}}=(\boldsymbol{A}(t)+\boldsymbol{B}(t)\boldsymbol{K}(t))\boldsymbol{x}$ 的解具有任意的衰减度,但因为式(6.5.2)中 $\boldsymbol{H}(t)$的位置在 $\boldsymbol{C}(t)$的前面,所以这个结果不能直接用于式(6.5.2)。在时不变的情况下,这个区别不是本质的,其原因是 $\dot{\boldsymbol{x}}=(\boldsymbol{A}-\boldsymbol{HC})\boldsymbol{x}$ 的解的衰减性由系数矩阵 $\boldsymbol{A}-\boldsymbol{HC}$ 的特征多项式所决定,$\boldsymbol{A}-\boldsymbol{HC}$ 的特征值与 $\boldsymbol{A}^{\mathrm{T}}-\boldsymbol{C}^{\mathrm{T}}\boldsymbol{H}^{\mathrm{T}}$ 的特征值一致,因此可方便地利用对偶关系来说明观测器误差的衰减问题。但是这种对偶关系对于时变系统却不再适用,下面的例子可以说明这一点。

例 6-15 考虑系统 $\dot{\boldsymbol{x}}=\begin{bmatrix}-1 & \mathrm{e}^{2t}\\ 0 & -4\end{bmatrix}\boldsymbol{x}$ 和 $\dot{\tilde{\boldsymbol{x}}}=\begin{bmatrix}-1 & 0\\ \mathrm{e}^{2t} & -4\end{bmatrix}\tilde{\boldsymbol{x}}$,它们的状态转移矩阵分别为

$$\boldsymbol{\Phi}(t,t_0)=\begin{bmatrix}\mathrm{e}^{-(t-t_0)} & \mathrm{e}^{-(2t-4t_0)}+\mathrm{e}^{-(t-3t_0)}\\ 0 & \mathrm{e}^{-4(t-t_0)}\end{bmatrix}$$

$$\tilde{\boldsymbol{\Phi}}(t,t_0)=\begin{bmatrix}\mathrm{e}^{-(t-t_0)} & 0\\ \frac{1}{5}\mathrm{e}^{t+t_0}-\frac{1}{5}\mathrm{e}^{-(4t-6t_0)} & \mathrm{e}^{-4(t-t_0)}\end{bmatrix}$$

因此有$\lim\limits_{t\to\infty}\|\boldsymbol{x}(t)\|=\boldsymbol{0}$。但对 $\tilde{\boldsymbol{x}}$,只要 $\tilde{x}_1(t_0)\neq 0$,$\|\tilde{\boldsymbol{x}}(t)\|$ 就是发散的。

为了利用定理 5-25 的结果,现重新考虑被观测对象系统的对偶系统

$$\begin{cases}\dot{\tilde{\boldsymbol{x}}}=-\boldsymbol{A}^{\mathrm{T}}(t)\tilde{\boldsymbol{x}}+\boldsymbol{C}^{\mathrm{T}}(t)\tilde{\boldsymbol{u}}\\ \tilde{\boldsymbol{y}}=\boldsymbol{B}^{\mathrm{T}}(t)\boldsymbol{x}\end{cases}\tag{6.5.3}$$

若对式(6.5.3)系统进行状态反馈 $\tilde{\boldsymbol{u}}=\boldsymbol{H}^{\mathrm{T}}(t)\tilde{\boldsymbol{x}}+\boldsymbol{v}$,则闭环系统的方程式为

$$\begin{cases}\dot{\tilde{\boldsymbol{x}}}=(-\boldsymbol{A}(t)+\boldsymbol{C}^{\mathrm{T}}(t)\boldsymbol{H}^{\mathrm{T}}(t))\tilde{\boldsymbol{x}}+\boldsymbol{C}^{\mathrm{T}}(t)\boldsymbol{v}\\ \tilde{\boldsymbol{y}}=\boldsymbol{B}^{\mathrm{T}}(t)\boldsymbol{x}\end{cases}\tag{6.5.4}$$

式(6.5.4)的自由运动方程为

$$\dot{\tilde{\boldsymbol{x}}} = (-\boldsymbol{A}^{\mathrm{T}}(t) + \boldsymbol{C}^{\mathrm{T}}(t)\boldsymbol{H}^{\mathrm{T}}(t))\tilde{\boldsymbol{x}} \tag{6.5.5}$$

式(6.5.5)和式(6.5.2)互为伴随系统。

定理6-24　若系统($\boldsymbol{A}(t)$,$\boldsymbol{B}(t)$,$\boldsymbol{C}(t)$)一致完全可观测,则能够选择适当的$\boldsymbol{H}(t)$,使观测器式(6.5.1)的偏差$\boldsymbol{e}(t)$具有任意预定的衰减上限。

证明:根据定义可知($\boldsymbol{A}(t)$,$\boldsymbol{B}(t)$,$\boldsymbol{C}(t)$)一致完全可观测,等价于对偶系统式(6.5.3)一致完全可控。再按照定理5-25,式(6.5.3)系统对于任给的$m>0$,都存在$\boldsymbol{H}(t)$和$a>0$,使得式(6.5.5)的解有衰减下限,即有

$$\|\tilde{\boldsymbol{x}}\| \geqslant a\|\tilde{\boldsymbol{x}}_0\| \mathrm{e}^{m(t-t_0)}, \quad \forall t \geqslant t_0 \tag{6.5.6}$$

根据定理5-24,式(6.5.6)等价于

$$\|\tilde{\boldsymbol{\Phi}}^{-1}(t,t_0)\| \leqslant a^{-1}\mathrm{e}^{-m(t-t_0)}, \quad \forall t \geqslant t_0 \tag{6.5.7}$$

但由于式(6.5.5)与式(6.5.2)互为伴随系统,即

$$\begin{aligned}\frac{\mathrm{d}}{\mathrm{d}t}(\boldsymbol{e}^{\mathrm{T}}(t)\tilde{\boldsymbol{x}}(t)) &= \dot{\boldsymbol{e}}^{\mathrm{T}}(t)\tilde{\boldsymbol{x}}(t) + \boldsymbol{e}^{\mathrm{T}}(t)\dot{\tilde{\boldsymbol{x}}}(t)\\ &= \boldsymbol{e}^{\mathrm{T}}(\boldsymbol{A}(t)-\boldsymbol{H}(t)\boldsymbol{C}(t))^{\mathrm{T}}\tilde{\boldsymbol{x}} + \boldsymbol{e}^{\mathrm{T}}(-\boldsymbol{A}^{\mathrm{T}}(t)+\boldsymbol{C}^{\mathrm{T}}(t)\boldsymbol{H}^{\mathrm{T}}(t))\tilde{\boldsymbol{x}}\\ &= 0\end{aligned}$$

所以有

$$\boldsymbol{e}^{\mathrm{T}}(t)\tilde{\boldsymbol{x}}(t) = \boldsymbol{e}^{\mathrm{T}}(t_0)\tilde{\boldsymbol{x}}(t_0)$$

如用$\tilde{\boldsymbol{\Phi}}(t,t_0)$和$\boldsymbol{\Phi}(t,t_0)$分别表示式(6.5.5)及式(6.5.2)的状态转移矩阵,所得的结果表明,当$\boldsymbol{e}(t)\to\infty$时,必有$\tilde{\boldsymbol{x}}(t)\to\boldsymbol{0}$,反之亦然。这也就是说,式(6.5.2)用$\boldsymbol{H}(t)$稳定,式(6.5.5)必由$\boldsymbol{H}(t)$造成发散。并且有

$$\tilde{\boldsymbol{\Phi}}^{-1}(t,t_0) = \boldsymbol{\Phi}^{\mathrm{T}}(t,t_0)$$

因此式(6.5.7)可表示为

$$\|\boldsymbol{\Phi}(t,t_0)\| \leqslant a^{-1}\mathrm{e}^{-m(t-t_0)}, \quad \forall t \geqslant t_0$$

再利用基于状态转移矩阵的式(6.5.2)解的表达,可得

$$\|\boldsymbol{e}(t)\| \leqslant a^{-1}\|\boldsymbol{e}_0\| \mathrm{e}^{-m(t-t_0)}, \quad \forall t \geqslant t_0$$

这就证明了可以选到$\boldsymbol{H}(t)$,使$\boldsymbol{e}(t)$有衰减上限$-m$。

6.5.2　带观测器的状态反馈系统

线性系统的方程为

$$\begin{cases}\dot{\boldsymbol{x}} = \boldsymbol{A}(t)\boldsymbol{x} + \boldsymbol{B}(t)\boldsymbol{u}\\ \boldsymbol{y} = \boldsymbol{C}(t)\boldsymbol{x}\end{cases}$$

n维状态观测器的方程为

$$\dot{\boldsymbol{z}} = (\boldsymbol{A}(t) - \boldsymbol{H}(t)\boldsymbol{C}(t))\boldsymbol{z} + \boldsymbol{B}(t)\boldsymbol{u} + \boldsymbol{H}(t)\boldsymbol{y}$$

引入状态反馈$\boldsymbol{u}=\boldsymbol{K}(t)\boldsymbol{z}+\boldsymbol{v}$后的整个闭环系统如图6-12所示。

容易导出图6-12所示闭环系统的方程为

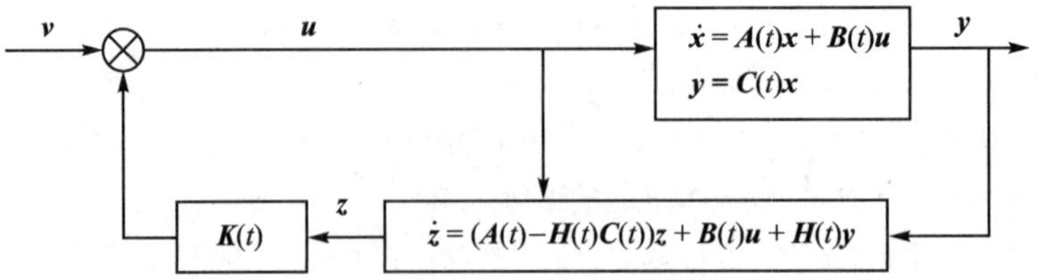

图 6-12 闭环系统的方块图

$$\begin{cases}\begin{bmatrix}\dot{\boldsymbol{x}}\\ \dot{\boldsymbol{z}}\end{bmatrix}=\begin{bmatrix}\boldsymbol{A}(t) & \boldsymbol{B}(t)\boldsymbol{K}(t)\\ \boldsymbol{H}(t)\boldsymbol{C}(t) & \boldsymbol{A}(t)-\boldsymbol{H}(t)\boldsymbol{C}(t)+\boldsymbol{B}(t)\boldsymbol{K}(t)\end{bmatrix}\begin{bmatrix}\boldsymbol{x}\\ \boldsymbol{z}\end{bmatrix}+\begin{bmatrix}\boldsymbol{B}(t)\\ \boldsymbol{B}(t)\end{bmatrix}\boldsymbol{v}\\ \boldsymbol{y}=[\boldsymbol{C}(t)\quad \boldsymbol{0}]\begin{bmatrix}\boldsymbol{x}\\ \boldsymbol{z}\end{bmatrix}\end{cases}\tag{6.5.8}$$

如以$[\boldsymbol{x}^{\mathrm{T}},\boldsymbol{e}^{\mathrm{T}}]^{\mathrm{T}}$为复合系统的状态，则图 6-12 的系统状态方程可改写为

$$\begin{cases}\begin{bmatrix}\dot{\boldsymbol{x}}\\ \dot{\boldsymbol{e}}\end{bmatrix}=\begin{bmatrix}\boldsymbol{A}(t)+\boldsymbol{B}(t)\boldsymbol{K}(t) & -\boldsymbol{B}(t)\boldsymbol{K}(t)\\ \boldsymbol{0} & \boldsymbol{A}(t)-\boldsymbol{H}(t)\boldsymbol{C}(t)\end{bmatrix}\begin{bmatrix}\boldsymbol{x}\\ \boldsymbol{e}\end{bmatrix}+\begin{bmatrix}\boldsymbol{B}(t)\\ \boldsymbol{0}\end{bmatrix}\boldsymbol{v}\\ \boldsymbol{y}=[\boldsymbol{C}(t)\quad \boldsymbol{0}]\begin{bmatrix}\boldsymbol{x}\\ \boldsymbol{e}\end{bmatrix}\end{cases}\tag{6.5.9}$$

在时不变的情况下，已经证明了分离特性，即复合系统的特征值是由 $\boldsymbol{A}+\boldsymbol{BK}$ 和 $\boldsymbol{A}-\boldsymbol{HC}$ 的特征值所组成的，这些特征值可以通过分别选择 $\boldsymbol{K}$、$\boldsymbol{H}$，做到独立地任意配置。但是这一简单的结果，对时变系统不再成立，关键仍在于要估计时变系统运动，必须要研究状态转移矩阵，而不是特征值。

若 $\boldsymbol{\Phi}_2(t,t_0)$表示 $\dot{\boldsymbol{e}}=(\boldsymbol{A}(t)-\boldsymbol{H}(t)\boldsymbol{C}(t))\boldsymbol{e}$ 的状态转移矩阵，即有 $\boldsymbol{e}(t)=\boldsymbol{\Phi}_2(t,t_0)\boldsymbol{e}_0$，用 $\boldsymbol{\Phi}_1(t,t_0)$表示

$$\dot{\boldsymbol{x}}=[\boldsymbol{A}(t)+\boldsymbol{B}(t)\boldsymbol{K}(t)]\boldsymbol{x}-\boldsymbol{B}(t)\boldsymbol{K}(t)\boldsymbol{e}(t)$$

的状态转移矩阵，即有

$$\begin{aligned}\boldsymbol{x}(t)&=\boldsymbol{\Phi}_1(t,t_0)\boldsymbol{x}_0-\int_{t_0}^{t}\boldsymbol{\Phi}_1(t,\tau)\boldsymbol{B}(\tau)\boldsymbol{K}(\tau)\boldsymbol{\Phi}_2(\tau,t_0)\boldsymbol{e}_0\,\mathrm{d}\tau\\ &=\boldsymbol{\Phi}_1(t,t_0)\boldsymbol{x}_0-\int_{t_0}^{t}\boldsymbol{\Phi}_1(t,\tau)\boldsymbol{B}(\tau)K(\tau)\boldsymbol{\Phi}_2(\tau,t_0)\,\mathrm{d}\tau\boldsymbol{e}_0\end{aligned}$$

于是可得

$$\begin{aligned}\begin{bmatrix}\boldsymbol{x}(t)\\ \boldsymbol{e}(t)\end{bmatrix}&=\begin{bmatrix}\boldsymbol{\Phi}_1(t,t_0) & -\int_{t_0}^{t}\boldsymbol{\Phi}_1(t,\tau)\boldsymbol{B}(\tau)\boldsymbol{K}(\tau)\boldsymbol{\Phi}_2(\tau,t_0)\,\mathrm{d}\tau\\ \boldsymbol{0} & \boldsymbol{\Phi}_2(t,t_0)\end{bmatrix}\begin{bmatrix}\boldsymbol{x}_0\\ \boldsymbol{e}_0\end{bmatrix}\\ &=\boldsymbol{\Phi}(t,t_0)\begin{bmatrix}\boldsymbol{x}_0\\ \boldsymbol{e}_0\end{bmatrix}\end{aligned}$$

其中 $\boldsymbol{\Phi}(t,t_0)$为复合系统(6.5.9)的状态转移矩阵。

若要求复合系统有任意指定的衰减上限$-M$，$M>0$，即要求对一切 $t\geqslant t_0$

$$\left\|\begin{bmatrix}\boldsymbol{x}(t)\\ \boldsymbol{e}(t)\end{bmatrix}\right\|\leqslant b\left\|\begin{bmatrix}\boldsymbol{x}_0\\ \boldsymbol{e}_0\end{bmatrix}\right\|\mathrm{e}^{-M(t-t_0)}$$

成立。由定理 5-23 可知这等价于

$$\|\boldsymbol{\Phi}(t,t_0)\| \leqslant b\mathrm{e}^{-M(t-t_0)},\quad \forall t \geqslant t_0 \tag{6.5.10}$$

对 $\boldsymbol{\Phi}(t,t_0)$ 取范数可得

$$\begin{aligned}\|\boldsymbol{\Phi}(t,t_0)\| &= \max_{\left\|\begin{bmatrix}x\\e\end{bmatrix}\right\|=1} \left\|\begin{bmatrix}\boldsymbol{\Phi}_1 & \boldsymbol{\Phi}_{12}\\ \mathbf{0} & \boldsymbol{\Phi}_2\end{bmatrix}\right\| \left\|\begin{bmatrix}\boldsymbol{x}\\ \boldsymbol{e}\end{bmatrix}\right\| \\ &= \max_{\left\|\begin{bmatrix}x\\e\end{bmatrix}\right\|=1} \|(\boldsymbol{\Phi}_1\boldsymbol{x}+\boldsymbol{\Phi}_{12}\boldsymbol{e},\boldsymbol{\Phi}_2\boldsymbol{e})\| \\ &\leqslant \|\boldsymbol{\Phi}_1\boldsymbol{x}\| + \|\boldsymbol{\Phi}_{12}\boldsymbol{e}\| + \|\boldsymbol{\Phi}_2\boldsymbol{e}\| \\ &\leqslant \|\boldsymbol{\Phi}_1\| + \|\boldsymbol{\Phi}_{12}\| + \|\boldsymbol{\Phi}_2\|\end{aligned} \tag{6.5.11}$$

式中 $\boldsymbol{\Phi}_{12}=-\int_{t_0}^{t}\boldsymbol{\Phi}_1(t,\tau)\boldsymbol{B}(\tau)\boldsymbol{K}(\tau)\boldsymbol{\Phi}_2(\tau,t_0)\mathrm{d}\tau$。

若系统是一致完全可控和一致完全可观测的，可以选取 $\boldsymbol{K}(t)$ 及 $\boldsymbol{H}(t)$，使得对任意的 $t \geqslant t_0$

$$\begin{aligned}\|\boldsymbol{\Phi}_1(t,t_0)\| &\leqslant b_1 e^{-(M+\varepsilon)(t-t_0)} \\ \|\boldsymbol{\Phi}_2(t,t_0)\| &\leqslant b_2 e^{-(M+\varepsilon)(t-t_0)}\end{aligned} \tag{6.5.12}$$

成立。这里 $\varepsilon>0$。现在为了估计 $\|\boldsymbol{\Phi}_{12}(t,t_0)\|$，先介绍下面的引理。

引理 6-4　若 $(\boldsymbol{A}(t),\boldsymbol{B}(t),\boldsymbol{C}(t))$ 是一致完全可控的，则存在 c_1、c_2，使得

$$\int_{t_1}^{t_2}\|\boldsymbol{B}(\tau)\|^2\mathrm{d}\tau \leqslant c_1 + c_2(t_2-t_1) \tag{6.5.13}$$

证明：注意到

$$\|\boldsymbol{B}(t)\|^2 = \|\boldsymbol{B}^{\mathrm{T}}(t)\|^2 = \lambda_{\max}(\boldsymbol{B}(t)\boldsymbol{B}^{\mathrm{T}}(t)) = \|\boldsymbol{B}(t)\boldsymbol{B}^{\mathrm{T}}(t)\|$$

这里 $\lambda_{\max}(\boldsymbol{B}(t)\boldsymbol{B}^{\mathrm{T}}(t))$ 表示 $\boldsymbol{B}(t)\boldsymbol{B}^{\mathrm{T}}(t)$ 的最大特征值。对于任意的 t_1，均有

$$\begin{aligned}\int_{t_1}^{t_1+\sigma}\|\boldsymbol{B}(\tau)\|^2\mathrm{d}\tau &= \int_{t_1}^{t_1+\sigma}\|\boldsymbol{\Phi}(\tau,t_1)\boldsymbol{\Phi}(t_1,\tau)\boldsymbol{B}(\tau)\boldsymbol{B}^{\mathrm{T}}(\tau)\boldsymbol{\Phi}^{\mathrm{T}}(t_1,\tau)\boldsymbol{\Phi}^{\mathrm{T}}(\tau,t_1)\|\mathrm{d}\tau \\ &\leqslant \sup_{t_1\leqslant\tau\leqslant t_1+\sigma}\|\boldsymbol{\Phi}(\tau,t_1)\|^2\int_{t_1}^{t_1+\sigma}\|\boldsymbol{\Phi}(t_1,\tau)\boldsymbol{B}(\tau)\boldsymbol{B}^{\mathrm{T}}(t)\boldsymbol{\Phi}^{\mathrm{T}}(t_1,\tau)\|\mathrm{d}\tau \\ &\leqslant \sup_{0\leqslant\tau\leqslant\sigma}\gamma^2(\tau)\cdot n\alpha_2(\sigma) \\ &= c_1\end{aligned}$$

上面最后一步运用了式(6.5.2)及习题 6-19 的结果。因为对任意 $t_2>t_1$，总有某一整数 i 存在，使得 t_2 满足 $t_1+i\sigma\leqslant t_2\leqslant t_1+(i+1)\sigma$，这样式(6.5.13)中的积分

$$\begin{aligned}\int_{t_1}^{t_2}\|\boldsymbol{B}(\tau)\|^2\mathrm{d}\tau &\leqslant \int_{t_1}^{t_1+(i+1)\sigma}\|\boldsymbol{B}(\tau)\|^2\mathrm{d}\tau \\ &= \left(\int_{t_1}^{t_1+\sigma}+\int_{t_1+\sigma}^{t_1+2\sigma}+\cdots+\int_{t_1+i\sigma}^{t_1+(i+1)\sigma}\right)\|\boldsymbol{B}(\tau)\|^2\mathrm{d}\tau \\ &\leqslant (i+1)c_1 \\ &\leqslant c_1[1+(t_2-t_1)/\sigma] \\ &= c_1 + c_2(t_2-t_1)\end{aligned}$$

根据引理 2-5，可对 $\|\boldsymbol{\Phi}_{12}(t,t_0)\|$ 做如下的估计，因为由定理 5-24 可知

$$K(t) = -\frac{1}{2}B\mathrm{T}(t)W^{-1}(t,t+\sigma)$$

而从式(5.6.9)等号左边的不等式可得

$$\left\|\frac{1}{2}\widetilde{W}^{-1}(t,t+\sigma)\right\| \leqslant \frac{1}{2}\alpha_0^{-1}\mathrm{e}^{2|M|\sigma} = k_2 < +\infty$$

于是

$$\begin{aligned}\|\boldsymbol{\Phi}_{12}(t,t_0)\| &= \left\|\int_{t_0}^{t}\frac{-1}{2}\boldsymbol{\Phi}_1(t,\tau)\boldsymbol{B}(\tau)\boldsymbol{B}^{\mathrm{T}}(\tau)\widetilde{\boldsymbol{W}}^{-1}(\tau,\tau+\sigma)\boldsymbol{\Phi}_2(\tau,t_0)\mathrm{d}\tau\right\| \\ &\leqslant b_1 b_2\int_{t_0}^{t}\|\boldsymbol{B}(\tau)\boldsymbol{B}^{\mathrm{T}}(\tau)\|\,\mathrm{d}\tau k_2\mathrm{e}^{-(M+\varepsilon)(t-t_0)} \\ &\leqslant b_1 b_2 k_2[c_1 + c_2(t-t_0)]\mathrm{e}^{-(M+\varepsilon)(t-t_0)} \\ &\leqslant b_1 b_2 k_2\mathrm{e}^{-M(t-t_0)}\cdot\mathrm{e}^{-\varepsilon(t-t_0)}[c_1 + c_2(t-t_0)] \\ &\leqslant b_3\mathrm{e}^{-M(t-t_0)}\end{aligned} \tag{6.5.14}$$

式(6.5.14)最后一步不等式利用了函数最大值的概念,即

$$(t-t_0)\mathrm{e}^{-\varepsilon(t-t_0)} \leqslant \max_{t\geqslant t_0}(t-t_0)\mathrm{e}^{-\varepsilon(t-t_0)} = \varepsilon^{-1}\mathrm{e}^{-1}$$

并且取 $b_3 = b_1 b_2 k_2(c_1 + c_2\varepsilon^{-1}\mathrm{e}^{-1})$。

利用式(6.5.12)和式(6.5.14),可知式(6.5.11)有

$$\begin{aligned}\|\boldsymbol{\Phi}(t,t_0)\| &\leqslant \|\boldsymbol{\Phi}_1(t,t_0)\| + \|\boldsymbol{\Phi}_2(t,t_0)\| + \|\boldsymbol{\Phi}_{12}(t,t_0)\| \\ &\leqslant (b_1 + b_2 + b_3)\mathrm{e}^{-M(t-t_0)}\end{aligned}$$

这就是式(6.5.10)所要求的结果,即复合系统(6.5.9)有任意指定的衰减上限 $-M(M>0)$。上述结论可以归纳为以下定理。

定理 6-25 若系统 $(\boldsymbol{A}(t),\boldsymbol{B}(t),\boldsymbol{C}(t))$ 一致完全可控且一致完全可观测,则可构造观测器

$$\dot{\boldsymbol{z}} = (\boldsymbol{A}(t) - \boldsymbol{H}(t)\boldsymbol{C}(t))\boldsymbol{z} + \boldsymbol{B}(t)\boldsymbol{u} + \boldsymbol{H}(t)\boldsymbol{y}$$

并引入状态反馈

$$\boldsymbol{u} = \boldsymbol{K}(t)\boldsymbol{z} + \boldsymbol{v}$$

所得到的闭环系统为式(6.5.8),$\boldsymbol{H}(t)$ 和 $\boldsymbol{K}(t)$ 可以选择得使闭环系统具有任意的衰减上限。

类似于定理 6-25,也可以证明选择适当的 $\boldsymbol{K}(t)$ 和 $\boldsymbol{H}(t)$ 可使闭环系统具有任意指定的衰减下限。与定理 5-24 相比,可知定理 6-25 也能使闭环系统具有任意指定的衰减上、下限。但是要注意在定理 5-24 中,$M=m$ 是允许的,在通过观测器的状态反馈中不能令 $M=m$,这点只需用一个时不变系统作为例子来说明,因为时不变系统是时变系统的特例。

例 6-16 设一维时不变系统为 $\dot{x}=ax+bu$,$y=cx+du$。它的一维状态观测器为 $\dot{z}=(a-hc)z+(b-hd)u+hy$。使用状态反馈 $u=kz$ 时,闭环系统的方程为

$$\begin{bmatrix}\dot{x}\\ \dot{e}\end{bmatrix} = \begin{bmatrix}a+bk & -bk\\ 0 & a-hc\end{bmatrix}\begin{bmatrix}x\\ e\end{bmatrix}$$

其中反馈常数 k 和观测器常数 h 分别按满足

$$a_1\left\|\begin{bmatrix}x(0)\\ e(0)\end{bmatrix}\right\|\mathrm{e}^{Mt} \leqslant \left\|\begin{bmatrix}x(t)\\ e(t)\end{bmatrix}\right\| \leqslant b_1\left\|\begin{bmatrix}x(0)\\ e(0)\end{bmatrix}\right\|\mathrm{e}^{Mt} \tag{6.5.15}$$

的条件确定，其中 M 是任意实数。由特征根的要求可知应有 $a+bk=a-hc=M$，即 $k=b^{-1}(M-a)$，$h=c^{-1}(a-M)$。但这时闭环系统的状态转移矩阵为

$$\boldsymbol{\Phi}(t,t_0)=\begin{bmatrix} e^{M(t-t_0)} & (a-M)(t-t_0)e^{M(t-t_0)} \\ 0 & e^{M(t-t_0)} \end{bmatrix}$$

由于其中包含有 te^{Mt} 形式的元素，所以不可能存在使 $\|\boldsymbol{\Phi}(t,t_0)\|\leqslant b_1\exp[M(t-t_0)]$ 的常数 b_1，即不可能选出使式(6.5.15)成立的 k、h、a_1、b_1。

与定理5-24、定理5-25的关系类似，定理6-24中的条件不是必要的。同理对于衰减下限以及衰减度的要求来说，系统 $(\boldsymbol{A}(t),\boldsymbol{B}(t),\boldsymbol{C}(t))$ 的一致完全可控、一致完全可观测都不是必要条件。但若系统 $(\boldsymbol{A}(t),\boldsymbol{B}(t),\boldsymbol{C}(t))$ 是有界系统，则一致完全可控与一致完全可观测就成为充分必要条件了。

定理6-26 若系统(6.5.12)是有界的，即

$$\|\boldsymbol{A}(t)\|<K,\quad \|\boldsymbol{B}(t)\|<K,\quad \|\boldsymbol{C}(t)\|<K$$

对于任意的实数 $M>m$，存在有界的反馈增益矩阵 $\boldsymbol{K}(t)$ 及有界的估计器增益矩阵 $\boldsymbol{H}(t)$，使得闭合系统(6.5.8)具有衰减度 (M,m) 的充分必要条件是系统 $(\boldsymbol{A}(t),\boldsymbol{B}(t),\boldsymbol{C}(t))$ 一致完全可控且一致完全可观测。

小 结

本章研究的内容是线性系统输出反馈、状态观测器及基于观测器的状态反馈。首先介绍了输出反馈在配置极点方面的主要应用，在静态输出反馈局限性的基础上，给出了引入观测器和动态补偿器的必要性。

用静态输出反馈进行极点配置的结果主要体现在定理6-6和定理6-8中，而定理6-2、定理6-3以及定理6-4则探讨了极点配置时最常用到的一些基本结果，它们不仅用于静态输出反馈，在讨论动态输出反馈时也曾用到。可以略去这些结果的证明，而着重了解它们的结论和应用。对于需要了解更多证明细节的读者，可以先从甘特玛赫尔著，柯召和郑元禄翻译的《矩阵论》一书中获得必要的准备知识(细节参见文献[39])。从介绍的有关静态输出反馈极点配置方面的结果可以看出，这些结果都不够完善和理想，因此输出反馈配置极点作为一个问题，目前仍待继续探索。

在观测器理论中，6.2节介绍了状态观测器、$\boldsymbol{Kx}$ 观测器及含有未知干扰的系统状态观测器等有关问题，包括观测器的存在性条件、极点任意设置的条件、一般动态系统作为观测器的结构条件、维数问题以及观测器的代数等价性问题、最小阶状态观测器问题及其设计等。感兴趣的读者可参考有关文献。

设计满足不同技术要求的动态补偿器，是改善系统性能的重要手段，因此动态补偿器的设计是控制理论中最有实用价值的内容。限于篇幅，本章只从达到系统极点配置的角度来研究动态补偿器的设计问题。6.3节研究了基于观测器的状态反馈这种特殊形式的动态补偿器的设计，介绍了分离特性在设计中的应用，并指出这种形式的补偿器等价于输入输出反馈系统(图6-7、图6-8)的结构形式。6.4节研究了“单回路”系统的动态补偿器的设计问题，这里“单回路”是指对象与补偿器构成“一个回路”，区别于图6-8的形式。为了保持方法上的延续

性，仍采用状态空间的方法讨论了固定阶次的补偿器在极点配置中的能力，指出 p_0 阶动态补偿器是达到任意配置极点的补偿器阶数的上限。6.5 节研究了线性时变系统观测器设计及基于观测器的状态反馈系统。线性时变系统观测器设计及基于观测器的状态反馈系统具有指定衰减度的充分必要条件是系统一致完全可控且一致完全可观测。

习 题

6-1 给定可控状态方程为

① $\dot{\boldsymbol{x}}=\begin{bmatrix}-1&0&0\\0&-2&0\\0&0&-3\end{bmatrix}\boldsymbol{x}+\begin{bmatrix}1&0\\1&1\\0&1\end{bmatrix}\boldsymbol{u}$

② $\dot{\boldsymbol{x}}=\begin{bmatrix}3&1&0&0\\0&3&1&0\\0&0&3&0\\0&0&0&2\end{bmatrix}\boldsymbol{x}+\begin{bmatrix}0&0\\0&0\\1&0\\0&1\end{bmatrix}\boldsymbol{u}$

③ $\dot{\boldsymbol{x}}=\begin{bmatrix}-2&1&0\\0&-2&0\\0&0&-2\end{bmatrix}\boldsymbol{x}+\begin{bmatrix}0&1\\1&0\\0&1\end{bmatrix}\boldsymbol{u}$

考虑上述系统是否可以在 $\boldsymbol{B}$ 的值域中找出 $\boldsymbol{b}$，使$(\boldsymbol{A},\boldsymbol{b})$可控，若可以，请写出 $\boldsymbol{b}$ 的一般形式；若不能，请分析原因。

6-2 给定系统

$$\dot{\boldsymbol{x}}=\begin{bmatrix}-3&2&0\\4&-5&1\\0&0&-3\end{bmatrix}\boldsymbol{x}+\begin{bmatrix}0&1\\1&0\\0&1\end{bmatrix}\boldsymbol{u},\quad \boldsymbol{y}=\begin{bmatrix}1&0&0\\0&1&0\end{bmatrix}\boldsymbol{x}$$

① 证明用输出反馈可以任意配置极点。

② 求取输出反馈增益矩阵 $\boldsymbol{K}$ 能配置极点 λ_1、λ_2、λ_3 的通式，并求 $\lambda_1=-1,\lambda_2=-2,\lambda_3=-3$ 时的增益矩阵 $\boldsymbol{K}$。

6-3 给定系统$(\boldsymbol{A},\boldsymbol{B},\boldsymbol{C})$为

$$\boldsymbol{A}=\begin{bmatrix}2&0&0\\0&2&1\\0&0&2\end{bmatrix},\quad \boldsymbol{B}=\begin{bmatrix}1&0\\0&0\\0&1\end{bmatrix},\quad \boldsymbol{C}=\begin{bmatrix}1&0&0\\0&1&0\end{bmatrix}$$

求取 2 阶矩阵 $\boldsymbol{H}$，使$(\boldsymbol{A}+\boldsymbol{BHC},\boldsymbol{B})$可控，$(\boldsymbol{A}+\boldsymbol{BHC},\boldsymbol{C})$可观测，并且 $\boldsymbol{A}+\boldsymbol{BHC}$ 是循环矩阵。

6-4 考虑如下线性系统。

$$\dot{x}=\begin{bmatrix}1&0&0\\0&2&1\\0&-1&2\end{bmatrix}x+\begin{bmatrix}1\\0\\1\end{bmatrix}u,\quad y=\begin{bmatrix}1&c&0\end{bmatrix}x$$

分析系统的可观测性，试问当 $c=0$ 时，系统是否存在静态输出反馈使得闭环系统渐近稳定？为什么？

6-5 动态方程如下：

$$\dot{\boldsymbol{x}}=\begin{bmatrix}0&0&1\\0&0&0\\0&1&0\end{bmatrix}\boldsymbol{x}+\begin{bmatrix}1&0\\0&1\\0&0\end{bmatrix}\boldsymbol{u},\quad \boldsymbol{y}=\begin{bmatrix}1&0&1\\0&1&0\end{bmatrix}\boldsymbol{x}$$

其闭环特征式为 $\det[s\boldsymbol{I}-(\boldsymbol{A}+\boldsymbol{BKC})]=s^3+d_0s^2+d_1s+d_2$。

① 在参数空间($d_0\quad d_1\quad d_2$)中,求出可用输出反馈配置极点的区域。

② 在①所求区域中取一固定点($d_0\quad d_1\quad d_2$)进行具体配置,即求出反馈增益矩阵。

6-6　若 $\boldsymbol{A}+\boldsymbol{BKC}$ 的特征多项式的系数是矩阵 $\boldsymbol{K}$ 各元素的线性函数。证明用输出反馈增益矩阵 $\boldsymbol{K}$ 可以任意配置 $\boldsymbol{A}+\boldsymbol{BKC}$ 的特征值的充要条件是

$$\mathrm{rank}\,\boldsymbol{E}_n=n$$

这里 $\boldsymbol{E}_n=[\boldsymbol{e}_0\quad \boldsymbol{e}_1\quad \cdots\quad \boldsymbol{e}_{n-1}]$,$\boldsymbol{e}_i(i=0,1,2,\cdots,n-1)$是矩阵 $\boldsymbol{CA}^i\boldsymbol{B}$ 按列排的 pq 维列向量。

6-7　设矩阵 $\boldsymbol{A}$ 是以下 Hessenberg 矩阵,且次对角线上的元素均非零,即

$$\boldsymbol{A}=\begin{bmatrix}\times&a_1&0&\cdots&0\\\times&\times&a_2&\cdots&0\\\vdots&\vdots&\vdots&&\vdots\\\times&\times&\times&\cdots&a_{n-1}\\\times&\times&\times&\cdots&\times\end{bmatrix},\quad a_1a_2\cdots a_{n-1}\neq 0$$

而

$$\boldsymbol{B}=\begin{bmatrix}\boldsymbol{0}\\\boldsymbol{B}_1\end{bmatrix},\quad \boldsymbol{C}=[\boldsymbol{C}_1\quad \boldsymbol{0}]$$

其中 $\boldsymbol{B}_1$,$\boldsymbol{C}_1$ 分别为 $p\times p$,$q\times q$ 的非奇异矩阵,证明:

① 当 $p+q-1\leqslant n$ 时,$\boldsymbol{A}+\boldsymbol{BKC}$ 的特征多项式的系数是 $\boldsymbol{K}$ 的各元的线性函数。

② 当 $p+q-1\geqslant n$ 时,$\boldsymbol{A}+\boldsymbol{BKC}$ 的特征值可以任意设置。

6-8　若实数 λ 不是 $\boldsymbol{A}$ 的特征值,且有

$$\mathrm{rank}\begin{bmatrix}\boldsymbol{B}^{\perp}(\lambda\boldsymbol{I}-\boldsymbol{A})\\\boldsymbol{C}\end{bmatrix}=n-p$$

证明 λ 必不可能成为 $\boldsymbol{A}+\boldsymbol{BKC}$ 的特征值,其中 $\boldsymbol{B}^{\perp}$ 是满足 $\boldsymbol{B}^{\perp}\boldsymbol{B}=\boldsymbol{0}$,$\mathrm{rank}\,\boldsymbol{B}^{\perp}=n-p$ 的任何一个矩阵。

6-9　考虑单输入单输出系统

$$\dot{\boldsymbol{x}}=\begin{bmatrix}1&0&0\\-1&1&0\\-1&1&2\end{bmatrix}\boldsymbol{x}+\begin{bmatrix}1\\0\\1\end{bmatrix}u,\quad y=[5\quad -6\quad 0]\boldsymbol{x}$$

是否存在静态输出反馈使得闭环系统 $\boldsymbol{A}+\boldsymbol{BKC}$ 以$\{-1,[6\quad 3\quad 5]^{\mathrm{T}};-2,[12\quad 4\quad 11]^{\mathrm{T}}\}$为其特征值和特征向量?若可以,闭环系统的另一个特征值应是多少?

6-10　动态方程为

$$\dot{\boldsymbol{x}}=\begin{bmatrix}0&1&0\\-1&-1&0\\0&0&1\end{bmatrix}\boldsymbol{x}+\begin{bmatrix}0\\1\\1\end{bmatrix}u,\quad y=[1\quad 0\quad 1]\boldsymbol{x}$$

① 构造具有特征值-1、-2、-3 的三维状态观测器。

② 求特征值为-1、-2 的二维状态观测器。

6-11　试对下列线性系统构造降维状态观测器：

$$\dot{\boldsymbol{x}}=\begin{bmatrix}\boldsymbol{A}_{11} & \boldsymbol{A}_{12}\\ \boldsymbol{A}_{21} & \boldsymbol{A}_{22}\end{bmatrix}\boldsymbol{x}+\begin{bmatrix}\boldsymbol{B}_1\\ \boldsymbol{B}_2\end{bmatrix}\boldsymbol{u},\quad \boldsymbol{y}=[\boldsymbol{0}\quad \boldsymbol{I}]\boldsymbol{x}$$

6-12　系统动态方程为

$$\dot{\boldsymbol{x}}=\begin{bmatrix}0&0&0&0\\1&0&1&0\\0&0&0&0\\1&0&0&0\end{bmatrix}\boldsymbol{x}+\begin{bmatrix}1&0\\0&0\\0&1\\0&0\end{bmatrix},\quad \boldsymbol{y}=\begin{bmatrix}1&0&1&1\\0&1&0&0\end{bmatrix}\boldsymbol{x}$$

构造其最小维状态观测器。

6-13　考虑下列 n 阶系统：

$$\begin{cases}\dot{x}(t)=\begin{bmatrix}0&\cdots&0&0\\1&\cdots&0&0\\\vdots&&\vdots&\vdots\\0&0&1&0\end{bmatrix}x+\begin{bmatrix}1\\0\\\vdots\\0\end{bmatrix}u\\ y=[0\quad\cdots\quad 0\quad 1]\,x\end{cases}$$

① 设计一个全维状态观测器使其特征多项式为 $s^n+\alpha_1 s^{n-1}+\cdots+\alpha_{n-1}s+\alpha_n$（稳定多项式）。

② 给出 $n=2$，特征值为 -3 的降维状态观测器。

③ 求取基于②的观测器的状态反馈，使得闭环系统极点配置到 -1、-2 上。

6-14　考虑动态方程

$$\dot{\boldsymbol{x}}=\begin{bmatrix}1&1\\0&-2\end{bmatrix}\boldsymbol{x}+\begin{bmatrix}1\\1\end{bmatrix}u,\quad y=[2\quad 1]\boldsymbol{x}$$

① 请用状态反馈将闭环极点设置在 $-1\pm\mathrm{j}$。

② 若不能直接利用状态反馈，设计特征值为 -3、-4 的二维状态观测器。画出包括线性状态反馈及观测器的整个闭环系统的方块图。

③ 若采用特征值为 -3 的降维状态观测器，试画出包括线性状态反馈及降维观测器的整个闭环系统的方块图。若观测器的特征值设置为 $-\alpha$，而 $\alpha\gg 1$，试证明这时相当于在系统中引入了微分器。

6-15　设一个系统具有传递函数

$$\frac{(s-1)(s+2)}{(s+1)(s-2)(s+3)}$$

① 试问是否有可能利用状态反馈将传递函数变成

$$\frac{(s-1)}{(s+2)(s+3)}$$

若有可能，问如何进行变换？

② 若不能直接利用状态变量，用特征值为 -1，-1 的降维状态观测器来产生状态变量。试写出整个闭环系统的动态方程与传递函数 $G_1^*(s)$ 与 $G_2^*(s)$（参考图 6-8）。

6-16　动态方程为

$$\dot{\boldsymbol{x}}=\begin{bmatrix}0&0\\1&2\end{bmatrix}\boldsymbol{x}+\begin{bmatrix}-1\\1\end{bmatrix}u,\quad y=[0\quad 1]\boldsymbol{x}$$

设计一阶动态补偿器，使闭环系统极点配置到－1、－2、－3。

6－17　动态方程为

$$\dot{x}=\begin{bmatrix}0&0&-1\\1&0&3\\0&1&0\end{bmatrix}\boldsymbol{x}+\begin{bmatrix}-1\\0\\1\end{bmatrix}u,\quad y=\begin{bmatrix}0&0&1\end{bmatrix}\boldsymbol{x}$$

讨论一阶、二阶动态补偿器对系统进行极点配置的能力。

6－18　动态方程如下：

① $$\dot{x}=\begin{bmatrix}0&1&0\\0&0&1\\0&1&0\end{bmatrix}\boldsymbol{x}+\begin{bmatrix}0\\0\\1\end{bmatrix}u,\quad \boldsymbol{y}=\begin{bmatrix}1&2&1\\0&1&0\end{bmatrix}\boldsymbol{x}$$

② $$\dot{x}=\begin{bmatrix}1&1&0&0\\0&1&0&0\\0&0&1&1\\0&0&0&1\end{bmatrix}\boldsymbol{x}+\begin{bmatrix}0&0\\1&0\\0&0\\0&1\end{bmatrix}\boldsymbol{u},\quad \boldsymbol{y}=\begin{bmatrix}1&0&0&0\\0&0&1&0\end{bmatrix}\boldsymbol{x}$$

用 p_0 阶的动态输出反馈配置 $n+p_0$ 个任给的极点。

6－19　证明若系统一致完全可控，则存在函数 $\gamma(\cdot)$，使得对任何 t,τ 成立：

$$\|\boldsymbol{\Phi}(t,\tau)\|\leqslant\gamma(|t-\tau|)$$

附　　录

附录 A　结论 0－17 的证明

结论 0－17　设 $\boldsymbol{X}$ 是 n 维状态空间，$\boldsymbol{S}\subset\boldsymbol{X}$ 是任一个子空间，$f(s)$ 是 $\boldsymbol{A}$ 在 S 上的最小多项式，则存在 $\boldsymbol{x}\in\boldsymbol{S}$，使得 $\boldsymbol{x}$ 相对 $\boldsymbol{A}$ 的最小多项式是 $f(s)$。

证明：令 $\boldsymbol{A}$ 的循环指数为 k，则根据空间分解的第二定理，在 $\boldsymbol{X}$ 中总可找到一组基为

$$\boldsymbol{g}_1,\boldsymbol{A}\boldsymbol{g}_1,\cdots,\boldsymbol{A}^{k_1-1}\boldsymbol{g}_1;\boldsymbol{g}_2,\boldsymbol{A}\boldsymbol{g}_2,\cdots,\boldsymbol{A}^{k_2-1}\boldsymbol{g}_2;\cdots;\boldsymbol{g}_k,\boldsymbol{A}\boldsymbol{g}_k,\cdots,\boldsymbol{A}^{k_k-1}\boldsymbol{g}_k$$

这里 $k_1+k_2+\cdots+k_k=n$，而且 $\boldsymbol{A}^{k_i}\boldsymbol{g}_i$ 都可用 $\boldsymbol{g}_i,\boldsymbol{A}\boldsymbol{g}_i,\cdots,\boldsymbol{A}^{k_i-1}\boldsymbol{g}_i$ 线性表示出。令 $\boldsymbol{S}$ 中的一组基为 $\boldsymbol{q}_1,\boldsymbol{q}_2,\cdots,\boldsymbol{q}_m$，则

$$\boldsymbol{q}_i=\varphi_{i1}(\boldsymbol{A})\boldsymbol{g}_1+\varphi_{i2}(\boldsymbol{A})\boldsymbol{g}_2+\cdots+\varphi_{ik}(\boldsymbol{A})\boldsymbol{g}_k,\quad i=1,2,\cdots,m$$

其中，$\varphi_{ij}(s)$ 都是 s 的多项式，并且 $\varphi_{ij}(s)$ 的次数 $\partial[\varphi_{ij}(s)]<\partial[f_j(s)]$，$\partial[f_j(s)]$ 表示 g_j 相对 $\boldsymbol{A}$ 的最小多项式 $f_j(s)$ 的次数。设 $\boldsymbol{q}_i$ 的最小多项式为 $\psi_i(s)$，显然有

$$\psi_i(s)=\underset{j}{\mathrm{LCM}}\{\varphi_{ij}(\boldsymbol{A})g_j\ \text{的最小多项式}\},\quad i=1,2,\cdots,m$$

这里 $\underset{j}{\mathrm{LCM}}\{\cdot\}$ 表示括号内共 j 项取最小公倍式，进而有

$$\psi_i(s)=\underset{j}{\mathrm{LCM}}\left\{\frac{f_j(s)}{\mathrm{GCD}[f_j(s),\varphi_{ij}(s)]}\right\}$$

这里 $\mathrm{GCD}\{\cdot\}$ 表示括号内各项的最大公因式。于是

$$\begin{aligned}
f(s)&=\mathrm{LCM}\{\psi_1(s),\psi_2(s),\cdots,\psi_m(s)\}\\
&=\underset{i}{\mathrm{LCM}}\left\{\underset{j}{\mathrm{LCM}}\frac{f_j(s)}{\mathrm{GCD}[f_j(s),\varphi_{ij}(s)]}\right\}\\
&=\underset{j}{\mathrm{LCM}}\left\{\underset{i}{\mathrm{LCM}}\frac{f_j(s)}{\mathrm{GCD}[f_j(s),\varphi_{ij}(s)]}\right\}\\
&=\underset{j}{\mathrm{LCM}}\left\{\frac{f_j(s)}{\mathrm{GCD}[f_j(s),\varphi_{1j}(s),\varphi_{2j}(s),\cdots,\varphi_{mj}(s)]}\right\}
\end{aligned}$$

取 $\boldsymbol{q}\in\boldsymbol{S}$，$\boldsymbol{q}$ 可表示为 $\boldsymbol{q}=r_1\boldsymbol{q}_1+r_2\boldsymbol{q}_2+\cdots+r_m\boldsymbol{q}_m$，这里 r_i 都是待定的实数，要选取 r_i，使 $\boldsymbol{q}$ 的最小多项式就是 $f(s)$，即

$$\boldsymbol{q}=\sum_{i=1}^{m}r_i\boldsymbol{q}_i=\sum_{i=1}^{m}r_i\sum_{j=1}^{k}\varphi_{ij}(\boldsymbol{A})\boldsymbol{g}_j=\sum_{j=1}^{k}\sum_{i=1}^{m}r_i\varphi_{ij}(\boldsymbol{A})\boldsymbol{g}_j$$

若 $\boldsymbol{q}$ 的最小多项式为 $f_0(s)$，则

$$\begin{aligned}
f_0(s)&=\underset{j}{\mathrm{LCM}}\left\{\sum_{i=1}^{m}r_i\varphi_{ij}(\boldsymbol{A})\boldsymbol{g}_j\ \text{的最小多项式}\right\}\\
&=\underset{j}{\mathrm{LCM}}\left\{\frac{f_j(s)}{\mathrm{GCD}[f_j(s),\sum_{i=1}^{m}r_i\varphi_{ij}(s)]}\right\}
\end{aligned}$$

要使 $f_0(s)=f(s)$，只要取 r_i 使得对 $j=1,2,\cdots,k$ 均有

$$\mathrm{GCD}\{f_j(s),\varphi_{1j}(s),\varphi_{2j}(s),\cdots,\varphi_{mj}(s)\}=\mathrm{GCD}\left\{f_j(s),\sum_{i=1}^{m}r_i\varphi_{ij}(s)\right\}$$

令 $\varphi_i(s)$表示上式等号左边的最大公因式，即有

$$f_j(s)=\lambda_j(s)\varphi_j(s),\quad \varphi_{ij}(s)=\lambda_{ij}(s)\varphi_j(s),\quad i=1,2,\cdots,m$$

显然 $\lambda_j(s)$与 $\lambda_{ij}(s)$互质，要使上面 GCD 的关系成立，只要取 r_i 使$\lambda_j(s)$ 与 $\sum\limits_{i=1}^{m}r_i\lambda_{ij}(s)$ 互质即可，这样的 r_i 是存在的，事实上，设 $\lambda_{j\mu}$ 是 $\lambda_j(s)$ 的任一零点，总可取到 r_i 使得 $\lambda_{j\mu}$ 不是 $\sum\limits_{i=1}^{m}r_i\lambda_{ij}(s)$ 的零点，则有

$$\sum_{i=1}^{m}r_i\lambda_{ij}(\lambda_{j\mu})\neq 0,\quad j=1,2,\cdots,k$$

因为对每一个 j，$r_{ij}(\lambda_{j\mu})$对所有的 i 不可能全为零，否则和 $\lambda_j(s)$与 $\lambda_{ij}(s)$互质相矛盾。

这说明在 $\boldsymbol{S}$ 中几乎可以随便取一个向量，它的最小多项式即是 $\boldsymbol{A}$ 相对 $\boldsymbol{S}$ 的最小多项式。

附录B　线性系统矩阵分式描述

B.1　线性系统矩阵分式描述及不可简约性

定义 B-1　称 $\boldsymbol{G}(s)$ 的一个右 MFD 描述 $\boldsymbol{N}(s)\boldsymbol{D}^{-1}(s)$ 为不可简约或右不可简约，当且仅当 $\boldsymbol{D}(s)$ 和 $\boldsymbol{N}(s)$ 为右互质；称 $\boldsymbol{G}(s)$ 的一个左 MFD 描述 $\boldsymbol{D}_L^{-1}(s)\boldsymbol{N}_L(s)$ 为不可简约或左不可简约，当且仅当 $\boldsymbol{D}_L(s)$ 和 $\boldsymbol{N}_L(s)$ 为左互质。

(1) 不可简约 MFD 的不唯一性

结论 B-1　传递函数矩阵 $\boldsymbol{G}(s)$ 的右不可简约 MFD 和左不可简约 MFD 均不唯一。

(2) 两个不可简约 MFD 间的关系

结论 B-2　设 $\boldsymbol{N}_1(s)\boldsymbol{D}_1^{-1}(s)$ 和 $\boldsymbol{N}_2(s)\boldsymbol{D}_2^{-1}(s)$ 为 $q\times p$ 传递函数矩阵 $\boldsymbol{G}(s)$ 的任意两个右不可简约 MFD，则必存在 $p\times p$ 单模阵 $\boldsymbol{U}(s)$ 使下式成立：

$$\boldsymbol{D}_1(s)=\boldsymbol{D}_2(s)\boldsymbol{U}(s),\quad \boldsymbol{N}_1(s)=\boldsymbol{N}_2(s)\boldsymbol{U}(s) \tag{B.1}$$

结论 B-3　设 $\boldsymbol{D}_{L1}^{-1}(s)\boldsymbol{N}_{L1}(s)$ 和 $\boldsymbol{D}_{L2}^{-1}(s)\boldsymbol{N}_{L2}(s)$ 为 $q\times p$ 传递函数矩阵 $\boldsymbol{G}(s)$ 的任意两个左不可简约 MFD，则必存在 $q\times q$ 单模阵 $\boldsymbol{V}(s)$ 使下式成立：

$$\boldsymbol{D}_{L1}(s)=\boldsymbol{V}(s)\boldsymbol{D}_{L2}(s),\quad \boldsymbol{N}_{L1}(s)=\boldsymbol{V}(s)\boldsymbol{N}_{L2}(s) \tag{B.2}$$

(3) 不可简约 MFD 的广义唯一性

结论 B-4　传递函数矩阵 $\boldsymbol{G}(s)$ 的右不可简约 MFD 满足广义唯一性，即若定出一个右不可简约 MFD，则所有右不可简约 MFD 可以基此定出。具体地说，若 MFD 描述 $\boldsymbol{N}(s)\boldsymbol{D}^{-1}(s)$ 为 $q\times p$ 的 $\boldsymbol{G}(s)$ 的右不可简约 MFD，$\boldsymbol{U}(s)$ 为任一 $p\times p$ 单模阵，且取

$$\bar{\boldsymbol{D}}(s)=\boldsymbol{D}(s)\boldsymbol{U}(s),\bar{\boldsymbol{N}}(s)=\boldsymbol{N}(s)\boldsymbol{U}(s) \tag{B.3}$$

则 $\bar{\boldsymbol{N}}(s)\bar{\boldsymbol{D}}^{-1}(s)$ 也为 $\boldsymbol{G}(s)$ 的右不可简约 MFD。

结论 B-5　传递函数矩阵 $\boldsymbol{G}(s)$ 的左不可简约 MFD 满足广义唯一性，即若定出一个左不可简约 MFD，则所有左不可简约 MFD 可以基此定出。具体地说，若 MFD 描述 $\boldsymbol{D}_L^{-1}(s)\boldsymbol{N}_L(s)$ 为 $\boldsymbol{G}(s)$ 的不可简约左 MFD，$\boldsymbol{V}(s)$ 为任一 $q\times q$ 单模阵，且取

$$\bar{\boldsymbol{D}}_L(s)=\boldsymbol{V}(s)\boldsymbol{D}_L(s),\quad \bar{\boldsymbol{N}}_L(s)=\boldsymbol{V}(s)\boldsymbol{N}_L(s) \tag{B.4}$$

则 $\bar{\boldsymbol{D}}_L^{-1}(s)\bar{\boldsymbol{N}}_L(s)$ 也为 $\boldsymbol{G}(s)$ 的左不可简约 MFD。

(4) 不可简约 MFD 和可简约 MFD 间的关系

结论 B-6　对 $q\times p$ 传递函数矩阵 $\boldsymbol{G}(s)$ 的任一右不可简约 MFD 描述 $\boldsymbol{N}(s)\boldsymbol{D}^{-1}(s)$ 和任一右可简约 MFD 描述 $\tilde{\boldsymbol{N}}(s)\tilde{\boldsymbol{D}}^{-1}(s)$，必存在 $p\times p$ 非奇异多项式矩阵 $T(s)$，使下式成立：

$$\tilde{\boldsymbol{D}}(s)=\boldsymbol{D}(s)T(s),\quad \tilde{\boldsymbol{N}}(s)=\boldsymbol{N}(s)T(s) \tag{B.5}$$

结论 B-7　对 $q\times p$ 传递函数矩阵 $\boldsymbol{G}(s)$ 的任一左不可简约 MFD 描述 $\boldsymbol{D}_L^{-1}(s)\boldsymbol{N}_L(s)$ 和任一左可简约 MFD 描述 $\tilde{\boldsymbol{D}}_L^{-1}(s)\tilde{\boldsymbol{N}}_L(s)$，必存在 $q\times q$ 非奇异多项式矩阵 $\boldsymbol{T}_L(s)$，使下式成立：

$$\tilde{\boldsymbol{D}}_L(s)=\boldsymbol{T}_L(s)\boldsymbol{D}_L(s),\quad \tilde{\boldsymbol{N}}_L(s)=\boldsymbol{T}_L(s)\boldsymbol{N}_L(s) \tag{B.6}$$

(5) 不可简约 MFD 在史密斯形和不变多项式意义下的同一性

结论 B-8　$q\times p$ 传递函数矩阵 $\boldsymbol{G}(s)$ 的所有右不可简约 MFD：

$$\boldsymbol{G}(s)=\boldsymbol{N}_i(s)\boldsymbol{D}_i^{-1}(s),\quad i=1,2,\cdots \tag{B.7}$$

必成立的条件是：$\boldsymbol{N}_i(s)$具有相同史密斯形，且$\boldsymbol{D}_i(s)$具有相同不变多项式，$i=1,2,\cdots$。

结论 B-9　$q\times p$ 传递函数矩阵$\boldsymbol{G}(s)$的所有左不可简约 MFD：

$$\boldsymbol{G}(s)=\boldsymbol{D}_{Li}^{-1}(s)\boldsymbol{N}_{Li}(s),\quad i=1,2,\cdots \tag{B.8}$$

必成立的条件是：$\boldsymbol{N}_{Li}(s)$具有相同史密斯形，且$\boldsymbol{D}_{Li}(s)$具有相同不变多项式，$i=1,2,\cdots$。

(6) 左不可简约 MFD 与右不可简约 MFD 的关系

结论 B-10　对于 $q\times p$ 传递函数矩阵$\boldsymbol{G}(s)$的任一左不可简约 MFD 描述 $\boldsymbol{D}_L^{-1}(s)\boldsymbol{N}_L(s)$和任一右不可简约 MFD 描述 $\boldsymbol{N}(s)\boldsymbol{D}^{-1}(s)$，必成立：

$$\deg\det\boldsymbol{D}_L(s)=\deg\det\boldsymbol{D}(s) \tag{B.9}$$

(7) 不可简约 MFD 的最小阶性

结论 B-11　对于 $q\times p$ 传递函数矩阵$\boldsymbol{G}(s)$的一个左 MFD 描述 $\boldsymbol{D}_L^{-1}(s)\boldsymbol{N}_L(s)$和一个右 MFD 描述 $\boldsymbol{N}(s)\boldsymbol{D}^{-1}(s)$，定义它们的阶次为

$$n_L=\deg\det\boldsymbol{D}_L(s),\quad n_r=\deg\det\boldsymbol{D}(s) \tag{B.10}$$

则 $\boldsymbol{D}_L^{-1}(s)\boldsymbol{N}_L(s)$为最小阶当且仅当其为左不可简约 MFD；$\boldsymbol{N}(s)\boldsymbol{D}^{-1}(s)$为最小阶当且仅当其为右不可简约 MFD。

B.2　史密斯-麦克米伦形及其基本特性

结论 B-12　对任意有理分式传递函数矩阵 $\boldsymbol{G}(s)$，通过单模变换化为史密斯-麦克米伦形

$$\boldsymbol{M}(s)=\mathrm{diag}\left\{\frac{\varepsilon_1(s)}{\varphi_1(s)},\cdots,\frac{\varepsilon_r(s)}{\varphi_r(s)},0,\cdots,0\right\}$$

其中$\{\varepsilon_i(s),\varphi_i(s)\}$为互质，$i=1,2,\cdots,r$；满足整除性$\varphi_{i+1}(s)/\varphi_i(s)$和$\varepsilon_i(s)/\varepsilon_{i+1}(s)$，$i=1,2,\cdots,r-1$。

结论 B-13　有理分式矩阵 $\boldsymbol{G}(s)$的史密斯-麦克米伦形 $\boldsymbol{M}(s)$为唯一。

结论 B-14　化有理分式矩阵 $\boldsymbol{G}(s)$为史密斯-麦克米伦形 $\boldsymbol{M}(s)$的单模变换阵对$\{\boldsymbol{U}(s),\boldsymbol{V}(s)\}$是不唯一的。

结论 B-15　严格真有理分式矩阵 $\boldsymbol{G}(s)$的史密斯-麦克米伦形 $\boldsymbol{M}(s)$不具有保持严格真有理的属性，$\boldsymbol{M}(s)$甚至可能为非真有理。

注 B-1　$\boldsymbol{M}(s)$不具有保持真有理的属性，由于单模变换阵对$\{\boldsymbol{U}(s),\boldsymbol{V}(s)\}$的引入，可能会在 $\boldsymbol{M}(s)$中附加引入项 s^k，$k=1,2,\cdots$，其中 $\boldsymbol{G}(s)$为严格真有理，但其史密斯-麦克米伦形 $\boldsymbol{M}(s)$为非真有理。

B.3　基于矩阵分式描述系统极点和零点的基本定义

先来引入有限极点和有限零点的罗森布罗克定义(即基本定义)。考虑 $q\times p$ 传递函数矩阵 $\boldsymbol{G}(s)$，$\mathrm{rank}\boldsymbol{G}(s)=r\leqslant\min\{q,p\}$，导出其史密斯-麦克米伦形 $\boldsymbol{M}(s)$为

$$\boldsymbol{M}(s)=\mathrm{diag}\begin{bmatrix}\dfrac{\varepsilon_1(s)}{\varphi_1(s)} & \cdots & \dfrac{\varepsilon_r(s)}{\varphi_r(s)} & \boldsymbol{0}\end{bmatrix} \tag{B.11}$$

基此，下面给出罗森布罗克定义。

定义 B-2 对秩为 r 的传递函数矩阵 $\boldsymbol{G}(s)$，基于式(B.11)给出史密斯-麦克米伦形 $\boldsymbol{M}(s)$ 有：$\boldsymbol{G}(s)$ 有限极点定义为 $\boldsymbol{M}(s)$ 中 $\varphi_i(s)=0$ 的根，$i=1,2,\cdots,r$；$\boldsymbol{G}(s)$ 有限零点定义为 $\boldsymbol{M}(s)$ 中 $\varepsilon_i(s)=0$ 的根，$i=1,2,\cdots,r$。对 $\boldsymbol{G}(s)$ 有限极点和有限零点的罗森布罗克定义有如下等价性结论。

结论 B-16 对 $q\times p$ 传递函数矩阵 $\boldsymbol{G}(s)$，设

$$\operatorname{rank}\boldsymbol{G}(s)=r\leqslant\min\{q,p\}$$

记 $\boldsymbol{N}(s)\boldsymbol{D}^{-1}(s)$ 和 $\boldsymbol{D}_L^{-1}(s)\boldsymbol{N}_L(s)$ 为 $\boldsymbol{G}(s)$ 任一不可简约右 MFD 和任一不可简约左 MFD，则 $\boldsymbol{G}(s)$ 有限极点定义为 $\det\boldsymbol{D}(s)=0$ 的根或 $\det\boldsymbol{D}_L(s)=0$ 的根；$\boldsymbol{G}(s)$ 有限零点定义为 $\operatorname{rank}\boldsymbol{N}(s)<r$ 的 s 值或 $\operatorname{rank}\boldsymbol{N}_L(s)<r$ 的 s 值。

结论 B-17 对于 $q\times p$ 严格真传递函数矩阵 $\boldsymbol{G}(s)$，设其等价的任一状态空间描述为 $\{\boldsymbol{A}\in\mathbb{R}^{n\times n},\boldsymbol{B}\in\mathbb{R}^{n\times p},\boldsymbol{C}\in\mathbb{R}^{q\times n}\}$，$\{\boldsymbol{A},\boldsymbol{B}\}$ 完全可控，$\{\boldsymbol{A},\boldsymbol{C}\}$ 完全可观测，则有 $\boldsymbol{G}(s)$ 有限极点为 $\det(s\boldsymbol{I}-\boldsymbol{A})=\boldsymbol{0}$ 的根；$\boldsymbol{G}(s)$ 有限零点为使 $\begin{bmatrix}s\boldsymbol{I}-\boldsymbol{A} & \boldsymbol{B}\\ -\boldsymbol{C} & \boldsymbol{0}\end{bmatrix}$ 降秩的 s 值。此时系统的零点称为系统的传输零点。

零点的直观解释：从物理角度看，极点决定系统输出运动组成分量的运动模式，零点反映系统对与零点关联的一类输入函数具有的阻塞属性。下面，给出直观阐明零点物理属性的结论。

结论 B-18 对于 $q\times p$ 严格真传递函数矩阵 $\boldsymbol{G}(s)$，其所属线性时不变系统的一个可控和可观测状态空间描述为 $\{\boldsymbol{A},\boldsymbol{B},\boldsymbol{C}\}$，$z_0$ 为 $\boldsymbol{G}(s)$ 任一零点，则对满足关系式：

$$\begin{cases}\boldsymbol{C}\boldsymbol{x}_0=0\\(z_0\boldsymbol{I}-\boldsymbol{A})\boldsymbol{x}_0=-\boldsymbol{B}\boldsymbol{u}_0\end{cases}\tag{B.12}$$

的所有非零初始状态 $\boldsymbol{x}_0$ 和所有非零常向量 $\boldsymbol{u}_0$，系统输出对形如

$$\boldsymbol{u}(t)=\boldsymbol{u}_0\mathrm{e}^{z_0t}\tag{B.13}$$

的一类输入向量函数具有阻塞作用，即其所引起的系统强制输出 $y(t)$ 恒为零。

证明： 由于 z_0 为 $\boldsymbol{G}(s)$ 的一个零点，据零点推论性定义可知矩阵

$$\begin{bmatrix}s\boldsymbol{I}-\boldsymbol{A} & \boldsymbol{B}\\ -\boldsymbol{C} & \boldsymbol{0}\end{bmatrix}\tag{B.14}$$

在 $s=z_0$ 降秩，等价地，存在非零向量 $[\boldsymbol{x}_0^{\mathrm{T}},\boldsymbol{u}_0^{\mathrm{T}}]^{\mathrm{T}}$，使下式成立：

$$\begin{bmatrix}z_0\boldsymbol{I}-\boldsymbol{A} & \boldsymbol{B}\\ -\boldsymbol{C} & 0\end{bmatrix}\begin{bmatrix}\boldsymbol{x}_0\\ \boldsymbol{u}_0\end{bmatrix}=0\tag{B.15}$$

显然，由此式可以导出式(B.12)。进而，导出系统强制输出的拉普拉斯变换为

$$\hat{\boldsymbol{y}}(s)=\boldsymbol{G}(s)\hat{\boldsymbol{u}}(s)=\boldsymbol{G}(s)\boldsymbol{u}_0/(s-z_0)\tag{B.16}$$

此处已利用式(B.13)所示输入向量 $\boldsymbol{u}(t)=\boldsymbol{u}_0\mathrm{e}^{z_0t}$ 的拉普拉斯变换 $\hat{\boldsymbol{u}}(s)=\boldsymbol{u}_0/(s-z_0)$。于是，对式(B.16)求拉普拉斯变换可以定出系统由 $\boldsymbol{u}(t)$ 引起的输出时域响应为

$$\boldsymbol{y}(t)=\left[\lim_{s\to z_0}\boldsymbol{G}(s)\boldsymbol{u}_0\,\frac{1}{s-z_0}(s-z_0)\right]\mathrm{e}^{z_0t}=\boldsymbol{G}(z_0)\boldsymbol{u}_0\mathrm{e}^{z_0t}\tag{B.17}$$

再考虑到

$$\boldsymbol{G}(z_0)=\boldsymbol{C}(z_0\boldsymbol{I}-\boldsymbol{A})^{-1}\boldsymbol{B}$$

基于此，利用式(B.12)所给出的条件，即可得证

$$\boldsymbol{y}(t)=\boldsymbol{C}(z_0\boldsymbol{I}-\boldsymbol{A})^{-1}\boldsymbol{B}\boldsymbol{u}_0\mathrm{e}^{z_0 t}=-\boldsymbol{C}(z_0\boldsymbol{I}-\boldsymbol{A})^{-1}(z_0\boldsymbol{I}-\boldsymbol{A})\boldsymbol{x}_0\mathrm{e}^{z_0 t}=-\boldsymbol{C}\boldsymbol{x}_0\mathrm{e}^{z_0 t}=0$$

这表明，系统输出对与零点相关一类输入向量函数具有阻塞作用。

附录 C 非最小实现降阶化的最小阶实现

第 1 章结论已经指出,一个正则有理函数矩阵 $\boldsymbol{G}(s)$ 可以由有限维线性时不变动态方程予以实现,第 3 章的 3.3 节给了几种状态空间实现方法,但是所构成的 $\boldsymbol{G}(s)$ 的实现有些不是 $\boldsymbol{G}(s)$ 的最小阶实现。为了得到最小阶实现,需要把非最小阶实现进行降阶化简,可控性分解定理、可观性分解定理以及标准分解定理已经在原则上给出了这种降阶化简的方法。然而在实际计算中,对于不同类型非最小阶实现的化简也可采用许多不同的具体算法。

这部分介绍一种非最小实现降阶化简为最小阶实现的罗森伯罗克(Rosenbrock)方法。

罗森伯罗克将系统方程

$$\begin{cases}\dot{\boldsymbol{x}}=\boldsymbol{A}\boldsymbol{x}+\boldsymbol{B}\boldsymbol{u}\\ \boldsymbol{y}=\boldsymbol{C}\boldsymbol{x}\end{cases} \tag{C.1}$$

集合成一个 $(n+q)\times(n+p)$ 的矩阵,并称为系统矩阵

$$\begin{bmatrix}\boldsymbol{A} & \boldsymbol{B}\\ \boldsymbol{C} & \boldsymbol{0}\end{bmatrix} \tag{C.2}$$

(1) 按可控性结构分解形式

$$\dot{\bar{\boldsymbol{x}}}=\begin{bmatrix}\bar{\boldsymbol{A}}_{11} & \bar{\boldsymbol{A}}_{12}\\ \boldsymbol{0} & \bar{\boldsymbol{A}}_{22}\end{bmatrix}\bar{\boldsymbol{x}}+\begin{bmatrix}\bar{\boldsymbol{B}}_1\\ \boldsymbol{0}\end{bmatrix}\boldsymbol{u},\quad \boldsymbol{y}=\begin{bmatrix}\bar{\boldsymbol{C}}_1 & \bar{\boldsymbol{C}}_2\end{bmatrix}\bar{\boldsymbol{x}}$$

上式中的两零块意味着 $\bar{\boldsymbol{A}}_{22}$ 是不可控部分。可控性分解还有另一形式,两零块的位置为

$$\begin{bmatrix}\times & \boldsymbol{0}\\ \times & \times\end{bmatrix}\quad\begin{bmatrix}\boldsymbol{0}\\ \times\end{bmatrix}$$
$$\begin{bmatrix}\times & \times\end{bmatrix}$$

(2) 等价变换可用对系统矩阵的初等变换来表示

$$\begin{bmatrix}\boldsymbol{PAP}^{-1} & \boldsymbol{PB}\\ \boldsymbol{CP}^{-1} & \boldsymbol{0}\end{bmatrix}=\begin{bmatrix}\boldsymbol{P} & \\ & \boldsymbol{I}_q\end{bmatrix}\begin{bmatrix}\boldsymbol{A} & \boldsymbol{B}\\ \boldsymbol{C} & \boldsymbol{0}\end{bmatrix}\begin{bmatrix}\boldsymbol{P}^{-1} & \\ & \boldsymbol{I}_p\end{bmatrix}$$

首先定义两种初等变换:

① 对前 n 行和前 n 列,交换 i、j 行,接着交换 i、j 列;

② 用 $\alpha(\alpha\neq 0)$ 乘第 i 行,接着用 α 除以第 i 列;或者用第 i 行乘 β 加到第 j 行,接着用第 j 列乘 $(-\beta)$ 加到第 i 列。

(3) Rosenbrock 算法

现在可按下列算法来变换系统矩阵,指标 i 表示 $n+p-i$ 列,指标 j 表示 $n-j$ 行。算法步骤如下:

① 令指标 $i=0$,$j=0$,并继续进行步骤②;

② 若 $(1,n+p-j)$,$(2,n+p-j)$,$\cdots$,$(n-j,n+p-j)$ 位置上每个元素都是零,便转而进行步骤⑥,否则继续进行步骤③;

③ 对 $\alpha=1$,$\beta=n-j$ 采用变换①,把一个非零元素移到位置 $(n-j,n+p-i)$ 上继续进行步骤④;

④ 用类似②的变换,把位置 $(n-j,n+p-i)$ 上的元素的倍数加到 $(1,n+p-j)$,$(2,n+$

$p-j$)，…，$(n-j-1, n+p-j)$位置的元素上，使这些元素最后变为零，继续进行步骤⑤；

⑤ 把 i 增加 1，j 增加 1。当 $j=n$ 时，过程终止；若 $j<n$，则转而进行步骤②；

⑥ 把 i 增加 1，若 $i-j=p$，则过程终止；若 $i-j<p$，则转而进行步骤②。

显然，这个过程必然要终止。当它终止时，令 $j=n-b$。

该算法的目的是在系统矩阵中产生尽可能多的行(顺序是第 n 行，第 $n-1$ 行，…)，这些行的最后非零分量是常数，而在同一列中这些分量以上的元素都是零，这样的行显然都线性无关。从系统矩阵的第 n 行，第 $n+p$ 列的元素开始，依次进行，化出一个"零区"，若零区和 $\boldsymbol{A}$ 的对角线相交，则分解完成；若零区和 $\boldsymbol{A}$ 的对角线不相交，则表示系统可控，如图附 C-1 所示。

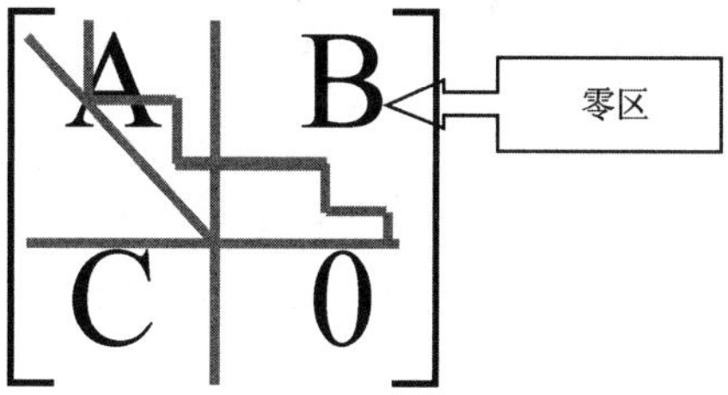

图附 C-1　Rosenbrock 算法

(4) 进行可观测性分解

可对对偶系统

$$\begin{bmatrix} \boldsymbol{A}^{\mathrm{T}} & \boldsymbol{C}^{\mathrm{T}} \\ \boldsymbol{B}^{\mathrm{T}} & \boldsymbol{0} \end{bmatrix}$$

进行可控分解即可。

例 C-1　$\boldsymbol{G}(s)$给定如下：

$$\boldsymbol{G}(s)=\frac{1}{s^2-1}\begin{bmatrix} 2(s-1) & 2 \\ s-1 & s-1 \end{bmatrix}$$

$\boldsymbol{G}(s)$的可观测形实现为

$$\boldsymbol{A}=\begin{bmatrix} 0 & 1 & 0 & 0 \\ 1 & 0 & 0 & 0 \\ 0 & 0 & 0 & 1 \\ 0 & 0 & 1 & 0 \end{bmatrix},\quad \boldsymbol{B}=\begin{bmatrix} -2 & 2 \\ 2 & 0 \\ -1 & -1 \\ 1 & 1 \end{bmatrix},\quad \boldsymbol{C}=\begin{bmatrix} 0 & 1 & 0 & 0 \\ 0 & 0 & 0 & 1 \end{bmatrix}$$

但系统的 $\delta \boldsymbol{G}(s)=3$，故需用可控性分解的方法进行降阶。将$(\boldsymbol{A}, \boldsymbol{B}, \boldsymbol{C})$集中成下列系统矩阵：

$$\begin{bmatrix} \boldsymbol{A} & \boldsymbol{B} \\ \boldsymbol{C} & \boldsymbol{0} \end{bmatrix}=\begin{bmatrix} 0 & 1 & 0 & 0 & -2 & 2 \\ 1 & 0 & 0 & 0 & 2 & 0 \\ 0 & 0 & 0 & 1 & -1 & -1 \\ 0 & 0 & 1 & 0 & 1 & 1 \\ 0 & 1 & 0 & 0 & 0 & 0 \\ 0 & 0 & 0 & 1 & 0 & 0 \end{bmatrix} \tag{C.3}$$

将矩阵(C.3)第 4 行加到第 3 行，相应地第 4 列减去第 3 列；第 4 行的-2倍加到第 1 行，相应地第 4 列减去第 1 列的-2倍；第 2、3 行交换，相应地第 2、3 列交换，可得

$$\begin{bmatrix} 0 & -2 & 1 & 2 & -4 & 0 \\ 0 & 1 & 0 & 0 & 0 & 0 \\ 1 & 0 & 0 & 2 & 2 & 0 \\ 0 & 1 & 0 & -1 & 1 & 1 \\ 0 & 0 & 1 & 0 & 0 & 0 \\ 0 & 0 & 0 & 1 & 0 & 0 \end{bmatrix}$$

将以上矩阵再做如下变换：第 3 行的 2 倍加到第 1 行，相应地第 3 列减去第 1 列的 2 倍；第 1、2 行交换，相应地第 1、2 列交换，可得

$$\begin{bmatrix} 1 & 0 & 0 & 0 & 0 & 0 \\ -2 & 2 & -3 & 6 & 0 & 0 \\ 0 & 1 & -2 & 2 & 2 & 0 \\ 1 & 0 & 0 & -1 & 1 & 1 \\ 0 & 0 & 1 & 0 & 0 & 0 \\ 0 & 0 & 0 & 1 & 0 & 0 \end{bmatrix}$$

由此可得最小阶实现为

$$\bar{\boldsymbol{A}} = \begin{bmatrix} 2 & -3 & 6 \\ 1 & -2 & 2 \\ 0 & 0 & -1 \end{bmatrix}, \quad \bar{\boldsymbol{B}} = \begin{bmatrix} 0 & 0 \\ 2 & 0 \\ 1 & 1 \end{bmatrix}, \quad \bar{\boldsymbol{C}} = \begin{bmatrix} 0 & 1 & 0 \\ 0 & 0 & 1 \end{bmatrix}$$

这也可由计算$(\bar{\boldsymbol{A}},\bar{\boldsymbol{B}},\bar{\boldsymbol{C}})$的可控性和可观测性矩阵以及传递函数矩阵来验证。

附录 D　标准解耦系统

定理 5－15 解决了系统能否解耦的问题。为了更一般地讨论解耦系统的反馈控制律的结构形式以及系统解耦后传递函数阵的结构形式，先引入标准解耦系统的概念，并通过标准解耦系统来研究反馈控制律的结构形式及传递函数阵的结构形式（可参考文献[19]）。

定义 D－1　系统（$\boldsymbol{A},\boldsymbol{B},\boldsymbol{C}$）称为标准解耦系统，如果以下诸条件成立：

① $\boldsymbol{A}$、$\boldsymbol{B}$、$\boldsymbol{C}$ 有如下分块形式：

$$\left\{\begin{aligned}
\boldsymbol{A} &= \begin{bmatrix} \boldsymbol{A}_1 & & & & \boldsymbol{0} & \boldsymbol{A}_1^{\mu} \\ & \boldsymbol{A}_2 & & & \boldsymbol{0} & \boldsymbol{A}_2^{\mu} \\ & & \ddots & & \vdots & \vdots \\ & & & \boldsymbol{A}_p & \boldsymbol{0} & \boldsymbol{A}_p^{\mu} \\ \boldsymbol{A}_1^c & \boldsymbol{A}_2^c & \cdots & \boldsymbol{A}_p^c & \boldsymbol{A}_{p+1} & \boldsymbol{A}_{p+1}^{\mu} \\ \boldsymbol{0} & \boldsymbol{0} & \cdots & \boldsymbol{0} & \boldsymbol{0} & \boldsymbol{A}_{p+2} \end{bmatrix} \begin{matrix} m_1 \\ m_2 \\ \vdots \\ m_p \\ m_{p+1} \\ m_{p+2} \end{matrix} \\
&\qquad\ \ m_1 \quad\ m_2 \quad \cdots \quad m_p \quad\ m_{p+1} \quad m_{p+2} \\
\boldsymbol{B} &= \begin{bmatrix} \boldsymbol{b}_1 & & & \\ & \boldsymbol{b}_2 & & \\ & & \ddots & \\ & & & \boldsymbol{b}_p \\ \boldsymbol{b}_1^c & \boldsymbol{b}_2^c & \cdots & \boldsymbol{b}_p^c \\ \boldsymbol{0} & \boldsymbol{0} & \cdots & \boldsymbol{0} \end{bmatrix} \begin{matrix} m_1 \\ m_2 \\ \vdots \\ m_p \\ m_{p+1} \\ m_{p+2} \end{matrix} \\
&\qquad\ \ 1 \quad 1 \quad \cdots \quad 1 \\
\boldsymbol{C} &= \begin{bmatrix} \boldsymbol{c}_1 & & & & \boldsymbol{0} & \boldsymbol{c}_1^{\mu} \\ & \boldsymbol{c}_2 & & & \boldsymbol{0} & \boldsymbol{c}_2^{\mu} \\ & & \ddots & & \vdots & \vdots \\ & & & \boldsymbol{c}_p & \boldsymbol{0} & \boldsymbol{c}_p^{\mu} \end{bmatrix} \begin{matrix} 1 \\ 1 \\ \vdots \\ 1 \end{matrix} \\
&\qquad\ \ m_1 \quad m_2 \cdots m_p \quad m_{p+1} \quad m_{p+2}
\end{aligned}\right. \tag{D.1}$$

其中，$m_i \geqslant d_i+1 (i=1,2,\cdots,p)$，$\sum\limits_{i=1}^{p+2} m_i = n$，$\boldsymbol{b}_i^c$，$\boldsymbol{c}_i^{\mu}$ 是 m_{p+1} 维和 m_{p+2} 维向量；

② 对 $i=1,2,\cdots,p$，$\boldsymbol{A}_i$，$\boldsymbol{b}_i$，$\boldsymbol{c}_i$ 有以下分块：

$$\boldsymbol{A}_i = \begin{bmatrix} \boldsymbol{0} & \boldsymbol{I}_{d_i} & \boldsymbol{0} \\ 0 & \boldsymbol{0} & \boldsymbol{0} \\ \hline \boldsymbol{\Psi}_i & & \boldsymbol{\Phi}_i \end{bmatrix} \begin{matrix} d_i+1 \\ \\ m_i-d_i-1 \end{matrix}, \quad \boldsymbol{b}_i = \begin{bmatrix} \boldsymbol{0} \\ r_{ii} \\ \times \end{bmatrix} \begin{matrix} d_i \\ d_i+1 \\ m_i-d_i-1 \end{matrix}, \quad \boldsymbol{c}_i = [1 \quad 0 \cdots 0]$$
$$\qquad d_i+1 \quad m_i-d_i-1 \tag{D.2}$$

③ 对 $i=1,2,\cdots,p$，有 $\boldsymbol{b}_i$，$\boldsymbol{A}_i\boldsymbol{b}_i$，$\cdots$，$\boldsymbol{A}_i^{m_i-1}\boldsymbol{b}_i$ 线性无关。

则标准解耦系统具有以下基本性质：

① 由式(D.1)的矩阵所确定的传递函数阵为

$$\boldsymbol{G}_0(s)=\boldsymbol{C}(s\boldsymbol{I}-\boldsymbol{A})^{-1}\boldsymbol{B}=\mathrm{diag}\left\{\frac{\gamma_{11}}{s^{d_1+1}}\quad\frac{\gamma_{22}}{s^{d_2+1}}\quad\cdots\quad\frac{\gamma_{pp}}{s^{d_p+1}}\right\}\tag{D.3}$$

证明：设 $\boldsymbol{G}_{0i}(s)$ 表示 $\boldsymbol{G}_0(s)$ 的第 i 行，则

$$\boldsymbol{G}_{0i}(s)=[0\ \cdots\ 0\quad \boldsymbol{c}_i\quad \cdots\ 0\quad \boldsymbol{c}_i^{\mu}]\begin{bmatrix}(s\boldsymbol{I}-\boldsymbol{A}_1)^{-1} & & & \boldsymbol{0} & \times\\ & \ddots & & \vdots & \vdots\\ & & (s\boldsymbol{I}-\boldsymbol{A}_p)^{-1} & \boldsymbol{0} & \times\\ \times & \cdots & \times & (s\boldsymbol{I}-\boldsymbol{A}_{p+1})^{-1} & \times\\ \boldsymbol{0} & \cdots & \boldsymbol{0} & \boldsymbol{0} & (s\boldsymbol{I}-\boldsymbol{A}_{p+2})^{-1}\end{bmatrix}\boldsymbol{B}$$

$$=[0\ \cdots\ 0\quad \boldsymbol{c}_i(s\boldsymbol{I}-\boldsymbol{A}_i)^{-1}\quad 0\ \cdots\ 0\quad \times]\begin{bmatrix}\boldsymbol{b}_1 & & \\ & \ddots & \\ & & \boldsymbol{b}_p\\ \boldsymbol{b}_1^c & \cdots & \boldsymbol{b}_p^c\\ \boldsymbol{0} & \cdots & \boldsymbol{0}\end{bmatrix}$$

$$=[0\ \cdots\ 0\quad \boldsymbol{c}_i(s\boldsymbol{I}-\boldsymbol{A}_i)^{-1}\boldsymbol{b}_i\quad 0\ \cdots\ 0\quad 0]$$

$$\boldsymbol{c}_i(s\boldsymbol{I}-\boldsymbol{A}_i)^{-1}\boldsymbol{b}_i=[1\quad 0\ \cdots\ 0]\left[\begin{array}{c:c}\begin{bmatrix}s & -1 & & \\ & s & -1 & \\ & & \ddots & \ddots \\ & & & \ddots & -1\\ & & & & s\end{bmatrix}^{-1} & \boldsymbol{0}\\ \hdashline * & (s\boldsymbol{I}-\boldsymbol{\Phi}_i)^{-1}\end{array}\right]\begin{bmatrix}0\\ \vdots\\ 0\\ r_{ii}\\ \times\\ \vdots\\ \times\end{bmatrix}$$

$$=[1\quad 0\ \cdots\ 0]\begin{bmatrix}\begin{bmatrix}s & -1 & & \\ & s & -1 & \\ & & \ddots & \ddots \\ & & & \ddots & -1\\ & & & & s\end{bmatrix}^{-1} & \begin{bmatrix}0\\ \vdots\\ 0\\ r_{ii}\end{bmatrix}\\ * & \end{bmatrix}$$

$$=[1\quad 0\ \cdots\ 0]\frac{1}{s^{d_i+1}}\begin{bmatrix}* & \cdots & * & 1\\ * & \cdots & * & s\\ \vdots & & \vdots & \vdots\\ * & \cdots & * & s^{d_i}\end{bmatrix}\begin{bmatrix}0\\ \vdots\\ 0\\ r_{ii}\end{bmatrix}$$

$$=\frac{r_{ii}}{s^{d_i+1}}$$

② 由(D.1)的矩阵所确定的 $\boldsymbol{E}$ 阵为 $\mathrm{diag}\{r_{11}\quad r_{12}\cdots r_{pp}\}$，即

$$\boldsymbol{E}_i=[0\ \cdots\ 0\quad r_{ii}\quad 0\ \cdots\ 0]\tag{D.4}$$

证明:

$$\boldsymbol{E}_i=[0\ \cdots\ 0\quad \boldsymbol{c}_i\quad 0\ \cdots\ \boldsymbol{c}_i^{\mu}]\begin{bmatrix}\boldsymbol{A}_1^{d_i} & & & 0 & \times\\ & \ddots & & \vdots & \vdots\\ & & \boldsymbol{A}_p^{d_i} & 0 & \vdots\\ \times & \cdots & \times & \boldsymbol{A}_{p+1}^{d_i} & \times\\ 0 & \cdots & 0 & 0 & \boldsymbol{A}_{p+1}^{d_i}\end{bmatrix}\boldsymbol{B}$$

$$=[0\ \cdots\ 0\quad \boldsymbol{c}_i\boldsymbol{A}^{d_i}\ 0\ \cdots\ 0\quad \times]\begin{bmatrix}\boldsymbol{b}_1 & & \\ & \ddots & \\ & & \boldsymbol{b}_p\\ \boldsymbol{b}_1^c & \cdots & \boldsymbol{b}_p^c\\ 0 & \cdots & 0\end{bmatrix}$$

$$=[0\ \cdots\ 0\quad \boldsymbol{c}_i\boldsymbol{A}^{d_i}\boldsymbol{b}_i\quad 0\ \cdots\ 0\quad 0]$$

$$\boldsymbol{c}_i\boldsymbol{A}_i^{d_i}\boldsymbol{b}_i=[1\quad 0\ \cdots\ 0]\left[\begin{array}{c:c}\begin{bmatrix}\boldsymbol{0} & \boldsymbol{I}_{d_i}\\ 0 & \boldsymbol{0}\end{bmatrix}^{d_i} & \boldsymbol{0}\\ \hdashline \times & \boldsymbol{\Phi}_i^{d_i}\end{array}\right]\begin{bmatrix}0\\ \vdots\\ 0\\ r_{ii}\\ \times\\ \vdots\\ \times\end{bmatrix}$$

$$=\left[[1\quad 0\ \cdots\ 0]\begin{bmatrix}\boldsymbol{0} & \boldsymbol{I}_{d_i}\\ 0 & \boldsymbol{0}\end{bmatrix}^{d_i}\ \vdots\ \boldsymbol{0}\right]\begin{bmatrix}0\\ \vdots\\ 0\\ r_{ii}\\ \times\\ \vdots\\ \times\end{bmatrix}=[1\quad 0\ \cdots\ 0]\begin{bmatrix}\boldsymbol{0} & \boldsymbol{I}_{d_i}\\ 0 & \boldsymbol{0}\end{bmatrix}^{d_i}\begin{bmatrix}0\\ \vdots\\ 0\\ r_{ii}\end{bmatrix}$$

$$=[1\quad 0\ \cdots\ 0]\begin{bmatrix}0\ \cdots\ 0 & 1\\ & 0\\ \boldsymbol{0} & \vdots\\ & 0\end{bmatrix}\begin{bmatrix}0\\ \vdots\\ 0\\ r_{ii}\end{bmatrix}=r_{ii}$$

③ 由式(D.1)所定义的矩阵,恒有 $r_{ii}\neq 0(i=1,2,\cdots,p)$。根据 d_i 的定义知 $\boldsymbol{E}_i=\lim\limits_{s\to\infty}s^{d_i+1}\boldsymbol{G}_{0i}(s)=[0\ \cdots\ 0\quad r_{ii}\quad 0\ \cdots\ 0]$,$\boldsymbol{E}_i\neq\boldsymbol{0}$,故 $r_{ii}\neq 0$。

由以上性质可知,标准解耦系统是可解耦的,现在研究它的解耦控制律 $\boldsymbol{K}$、$\boldsymbol{H}$ 应具有的形式。

定理 D-1 式(D.1)系统引入 $\boldsymbol{u}=\boldsymbol{Kx}+\boldsymbol{Hv}$ 能解耦的充分必要条件是 $\boldsymbol{K}$ 和 $\boldsymbol{H}$ 具有下列形式:

$$\left\{\begin{aligned} \boldsymbol{K} &= \begin{bmatrix} \boldsymbol{\theta}_1 & & & & \boldsymbol{0} & \boldsymbol{\theta}_1^{\mu} \\ & \ddots & & & \vdots & \vdots \\ & & \boldsymbol{\theta}_{p-1} & \boldsymbol{0} & \boldsymbol{0} & \boldsymbol{\theta}_{p-1}^{\mu} \\ & & & \boldsymbol{\theta}_p & \boldsymbol{0} & \boldsymbol{\theta}_p^{\mu} \end{bmatrix} \begin{matrix} 1 \\ \vdots \\ 1 \\ 1 \end{matrix} \\ & \quad\; m_1 \cdots m_{p-1} \quad m_p \quad m_{p+1} \quad m_{p+2} \\ \boldsymbol{H} &= \begin{bmatrix} \varphi_1 & & & \\ & \varphi_2 & & \\ & & \ddots & \\ & & & \varphi_p \end{bmatrix}, \quad \varphi_i \neq 0, \quad i=1,2,\cdots,p \end{aligned}\right. \tag{D.5}$$

证明：① 充分性。若 $\boldsymbol{K}$、$\boldsymbol{H}$ 具有式(D.5)的形式，则 $\boldsymbol{K}$、$\boldsymbol{H}$ 可使式(D.1)系统解耦。容易得到

$$\begin{aligned} \boldsymbol{G}_{0f}(s,\boldsymbol{K},\boldsymbol{H}) &= \boldsymbol{C}[s\boldsymbol{I}-(\boldsymbol{A}+\boldsymbol{BK})]^{-1}\boldsymbol{BH} \\ &= \mathrm{diag}\{\boldsymbol{c}_1[s\boldsymbol{I}-(\boldsymbol{A}_1+\boldsymbol{b}_1\boldsymbol{\theta}_1)]^{-1}\varphi_1\boldsymbol{b}_1,\cdots,\boldsymbol{c}_p[s\boldsymbol{I}-(\boldsymbol{A}_p+\boldsymbol{b}_p\boldsymbol{\theta}_p)]^{-1}\varphi_p\boldsymbol{b}_p\} \end{aligned}$$

并且根据式(5.4.6)有

$$\begin{aligned} \boldsymbol{c}_i[s\boldsymbol{I}-(\boldsymbol{A}_i+\boldsymbol{b}_i\boldsymbol{\theta}_i)]^{-1}\varphi_i\boldsymbol{b}_i &= \varphi_i\boldsymbol{c}_i(s\boldsymbol{I}-\boldsymbol{A}_i)^{-1}\boldsymbol{b}_i[1-\boldsymbol{\theta}_i(s\boldsymbol{I}-\boldsymbol{A}_i)^{-1}\boldsymbol{b}_i]^{-1} \\ &= \varphi_i r_{ii} s^{-(d_i+1)}[1-\boldsymbol{\theta}_i(s\boldsymbol{I}-\boldsymbol{A}_i)^{-1}\boldsymbol{b}_i]^{-1} \neq 0 \end{aligned}$$

这表明 $\boldsymbol{G}_{0f}(s,\boldsymbol{K},\boldsymbol{H})$ 为非奇异对角阵。

② 必要性。$\boldsymbol{K}$、$\boldsymbol{H}$ 可使式(D.1)系统解耦，要证 $\boldsymbol{K}$、$\boldsymbol{H}$ 必有式(D.5)的形式。由定理 5-15 必要性证明中可知

$$\boldsymbol{H}=\boldsymbol{E}^{-1}\mathrm{diag}\{\beta_1 \quad \beta_2 \cdots \beta_p\}, \quad \beta_i \neq 0, \quad i=1,2,\cdots,p$$

且因式(D.1)为标准解耦系统，由性质②③可知

$$\boldsymbol{E}^{-1}=\mathrm{diag}\{r_{11}^{-1} \quad r_{22}^{-1} \quad \cdots \quad r_{pp}^{-1}\}, \quad r_{ii}^{-1} \neq 0, i=1,2,\cdots,p$$

这表明 $\boldsymbol{H}$ 是对角形非奇异阵，即具有所要求的形式。此外根据

$$\boldsymbol{G}_{0f}(s,\boldsymbol{K},\boldsymbol{H})=\boldsymbol{G}_0(s)[\boldsymbol{I}+\boldsymbol{K}(s\boldsymbol{I}-\boldsymbol{A})^{-1}\boldsymbol{B}]^{-1}\boldsymbol{H}$$

因为 $\boldsymbol{G}_0(s)$，$\boldsymbol{G}_{0f}(s,\boldsymbol{K},\boldsymbol{H})$，$\boldsymbol{H}$ 均为对角形阵，因此 $\boldsymbol{K}(s\boldsymbol{I}-\boldsymbol{A})^{-1}\boldsymbol{B}$ 也必为对角形阵，将式(5.4.20)的 $\boldsymbol{A}$，$\boldsymbol{B}$ 代入 $\boldsymbol{K}(s\boldsymbol{I}-\boldsymbol{A})^{-1}\boldsymbol{B}$，即可推出 $\boldsymbol{K}$ 必具有式(D.5)所要求的形式。

有了标准系统的解耦反馈式(D.5)后，就可以导出它在解耦以后系统传递函数阵的结构形式。

定理 D-2 设有标准解耦系统式(D.1)，$\boldsymbol{K}$、$\boldsymbol{H}$ 具有式(D.5)的形式，则 $\boldsymbol{G}_{0f}(s,\boldsymbol{K},\boldsymbol{H})$ 必具有以下特点：

① $\boldsymbol{G}_{0f}(s,\boldsymbol{K},\boldsymbol{H})$ 是对角形，且其对角线上的元素 $\boldsymbol{G}_{0fi}(s,\boldsymbol{K},\boldsymbol{H})$ 为

$$\frac{\alpha_i(s)r_{ii}\varphi_i}{\psi_i(s,\sigma_i)}, \quad i=1,2,\cdots,p \tag{D.6}$$

其中

$$\alpha_i(s)=s^{r_i}-\alpha_{i1}s^{r_i-1}-\cdots-\alpha_{ir_i}, \quad r_i=m_i-d_i-1$$

$$\psi_i(s,\sigma_i)=s^{m_i}-\sigma_{i1}s^{m_i-1}-\cdots-\sigma_{im_i}, \quad i=1,2,\cdots,p$$

② $\alpha_i(s)=\det(s\boldsymbol{I}-\boldsymbol{\Phi}_i)$，$i=1,2,\cdots,p$；

③ $\boldsymbol{\theta}_i\boldsymbol{V}_i=\boldsymbol{\sigma}_i-\boldsymbol{\pi}_i,i=1,2,\cdots,p$。其中 $\boldsymbol{\sigma}_i=[\sigma_{im_i}\ \cdots\ \sigma_{i1}]$，$\boldsymbol{\pi}_i=[\overbrace{0\ \cdots\ 0\quad \alpha_{ir_i}}^{d_i+1}\cdots\ \alpha_{i1}]$，而 $\boldsymbol{V}_i$ 是仅仅依赖于 $\boldsymbol{A}_i,\boldsymbol{b}_i$ 的 $m_i\times m_i$ 非奇异阵；

④ $\det[s\boldsymbol{I}-(\boldsymbol{A}+\boldsymbol{BK})]=\det(s\boldsymbol{I}_{p+1}-\boldsymbol{A}_{p+1})\cdot\det(s\boldsymbol{I}_{p+2}-\boldsymbol{A}_{p+2})\prod_{i=1}^{p}\psi_i(s,\sigma_i)$。式中，$\boldsymbol{I}_{p+1}$ 和 $\boldsymbol{I}_{p+2}$ 表示与 $\boldsymbol{A}_{p+1}$ 和 $\boldsymbol{A}_{p+2}$ 同样规模的单位阵。

证明：由定理 D-1 的证明中已导出

$$\boldsymbol{c}_i[s\boldsymbol{I}-(\boldsymbol{A}_i+\boldsymbol{b}_i\boldsymbol{\theta}_i)]^{-1}\varphi_i\boldsymbol{b}_i=\varphi_i r_{ii}s^{-(d_i+1)}[1-\boldsymbol{\theta}_i(s\boldsymbol{I}-\boldsymbol{A}_i)^{-1}\boldsymbol{b}_i]^{-1}$$

现在来计算 $[1-\boldsymbol{\theta}_i(s\boldsymbol{I}-\boldsymbol{A}_i)]^{-1}$，因为

$$(s\boldsymbol{I}-\boldsymbol{A}_i)^{-1}=\frac{\boldsymbol{I}s^{m_i-1}+\boldsymbol{R}_{i1}s^{m_i-2}+\cdots+\boldsymbol{R}_{im_i-1}}{\det(s\boldsymbol{I}-\boldsymbol{A}_i)}$$

而由 $\boldsymbol{A}_i$ 的形式，有 $\det(s\boldsymbol{I}-\boldsymbol{A}_i)=s^{d_i+1}\det(s\boldsymbol{I}-\boldsymbol{\Phi}_i)$，记

$$\alpha_i(s)=\det(s\boldsymbol{I}-\boldsymbol{\Phi}_i)=s^{r_i}-\alpha_{i1}s^{r_i-1}-\cdots-\alpha_{ir_i}$$

$$\det(s\boldsymbol{I}-\boldsymbol{A}_i)=s^{m_i}-\alpha_{i1}s^{m_i-1}-\cdots-\alpha_{ir_i}s^{d_i+1}$$

这样就可得到

$$\begin{aligned}
&1-\boldsymbol{\theta}_i(s\boldsymbol{I}-\boldsymbol{A}_i)^{-1}\boldsymbol{b}_i\\
=&\frac{s^{m_i}-\alpha_{i1}s^{m_i-1}-\cdots-\alpha_{ir_i}s^{d_i+1}-[\boldsymbol{\theta}_i\boldsymbol{b}_i s^{m_i-1}+\boldsymbol{\theta}_i\boldsymbol{R}_{i1}\boldsymbol{b}_i s^{m_i-2}+\cdots+\boldsymbol{\theta}_i\boldsymbol{R}_{im_i-1}\boldsymbol{b}_i]}{s^{d_i+1}\alpha_i(s)}\\
=&\frac{1}{s^{d_i+1}\alpha_i(s)}[s^{m_i}-(\alpha_{i1}+\boldsymbol{\theta}_i\boldsymbol{b}_i)s^{m_i-1}-\cdots-(\alpha_{ir_i}+\boldsymbol{\theta}_i\boldsymbol{R}_{ir_i-1}\boldsymbol{b}_i)s^{d_i+1}-\\
&\boldsymbol{\theta}_i\boldsymbol{R}_{ir_i+1}\boldsymbol{b}_i s^{d_i}-\cdots-\boldsymbol{\theta}_i\boldsymbol{R}_{im_i-1}\boldsymbol{b}_i]
\end{aligned}$$

将上式分子多项式记为

$$\psi_i(s,\sigma_i)=s^{m_i}-\sigma_{i1}s^{m_i-1}-\cdots-\sigma_{im_i},\quad i=1,2,\cdots,p$$

可得

$$\begin{aligned}
\sigma_{i1}&=\alpha_{i1}+\boldsymbol{\theta}_i\boldsymbol{b}_i\\
&\ \vdots\\
\sigma_{ir_i}&=\alpha_{ir_i}+\boldsymbol{\theta}_i\boldsymbol{R}_{ir_i-1}\boldsymbol{b}_i\\
\sigma_{ir_i+1}&=\boldsymbol{\theta}_i\boldsymbol{R}_{ir_i}\boldsymbol{b}_i\\
&\ \vdots\\
\sigma_{im_i}&=\boldsymbol{\theta}_i\boldsymbol{R}_{im_i-1}\boldsymbol{b}_i
\end{aligned}$$

再记 $\boldsymbol{\sigma}_i=[\sigma_{im_i}\quad\sigma_{im_i-1}\quad\cdots\quad\sigma_{i1}]$，$\boldsymbol{\pi}_i=[0\ \cdots\ 0\quad\alpha_{ir_i}\quad\cdots\quad\alpha_{i1}]$，则上式可表示为

$$(\boldsymbol{\sigma}_i-\boldsymbol{\pi}_i)=\boldsymbol{\theta}_i[\boldsymbol{R}_{im_i-1}\boldsymbol{b}_i\quad\boldsymbol{R}_{im_i-2}\boldsymbol{b}_i\ \cdots\ \boldsymbol{R}_{ir_i}\boldsymbol{b}_i\ \cdots\ \boldsymbol{b}_i]=\boldsymbol{\theta}_i\boldsymbol{V}_i$$

其中

$$\boldsymbol{V}_i=[\boldsymbol{R}_{im_i-1}\boldsymbol{b}_i\quad\boldsymbol{R}_{im_i-2}\boldsymbol{b}_i\ \cdots\ \boldsymbol{R}_{ir_i}\boldsymbol{b}_i\ \cdots\ \boldsymbol{b}_i]$$

至此可得

$$\boldsymbol{G}_{0fi}(s,\boldsymbol{K},\boldsymbol{H})=\varphi_i r_{ii}s^{-(d_i+1)}\frac{s^{d_i+1}\alpha_i(s)}{\psi_i(s,\sigma_i)}=\frac{\varphi_i r_{ii}\alpha_i(s)}{\psi_i(s,\sigma_i)}$$

这样就证明了定理中的①和②。

由关系式(5.4.12)可知

$$\boldsymbol{R}_0=\boldsymbol{I}$$
$$\boldsymbol{R}_{ik}=\boldsymbol{A}_i\boldsymbol{R}_{ik-1}+\alpha_{ik}\boldsymbol{I},k=1,2,\cdots,m_i-1$$

由此可以推出

$$\boldsymbol{V}_i=[\boldsymbol{R}_{im_i-1}\boldsymbol{b}_i \quad \boldsymbol{R}_{im_i-2}\boldsymbol{b}_i \quad \cdots \quad \boldsymbol{b}_i]$$
$$=[\boldsymbol{A}_i^{m-1}\boldsymbol{b}_i \quad \cdots \quad \boldsymbol{A}_i\boldsymbol{b}_i \quad \boldsymbol{b}_i]\begin{bmatrix} \boldsymbol{I} & & & \\ \alpha_{i1}\boldsymbol{I} & \boldsymbol{I} & & \boldsymbol{0} \\ \alpha_{i2}\boldsymbol{I} & \alpha_{i1}\boldsymbol{I} & \ddots & \\ \vdots & \ddots & \ddots & \boldsymbol{I} \\ \alpha_{im_i-1}\boldsymbol{I} & \cdots & \alpha_{i2}\boldsymbol{I} & \alpha_{i1}\boldsymbol{I} & \boldsymbol{I} \end{bmatrix}$$

最后一个矩阵为非奇异阵,$\boldsymbol{A}_i^{m-1}\boldsymbol{b}_i,\cdots,\boldsymbol{A}_i\boldsymbol{b}_i,\boldsymbol{b}_i$ 线性无关,故 $\boldsymbol{R}_{im_i-1}\boldsymbol{b}_i,\boldsymbol{R}_{im_i-2}\boldsymbol{b}_i,\cdots,\boldsymbol{b}_i$ 也线性无关,所以 $\boldsymbol{V}_i$ 是非奇异阵。

为了证明定理的④,计算 $\det[s\boldsymbol{I}-(\boldsymbol{A}+\boldsymbol{BK})]$,由

$$s\boldsymbol{I}-(\boldsymbol{A}+\boldsymbol{BK})=\begin{bmatrix} s\boldsymbol{I}-(\boldsymbol{A}_1+\boldsymbol{b}_1\boldsymbol{\theta}_1) & & & \boldsymbol{0} & \times \\ & \ddots & & \vdots & \vdots \\ & & s\boldsymbol{I}-(\boldsymbol{A}_p+\boldsymbol{b}_p\boldsymbol{\theta}_p) & \boldsymbol{0} & \times \\ \times & \cdots & \times & s\boldsymbol{I}-\boldsymbol{A}_{p+1} & \times \\ \boldsymbol{0} & \cdots & \boldsymbol{0} & \boldsymbol{0} & s\boldsymbol{I}-\boldsymbol{A}_{p+2} \end{bmatrix}$$

可得

$$\det[s\boldsymbol{I}-(\boldsymbol{A}+\boldsymbol{BK})]=\prod_{i=1}^{p}\det[s\boldsymbol{I}-(\boldsymbol{A}_i+\boldsymbol{b}_i\boldsymbol{\theta}_i)]\cdot\det[s\boldsymbol{I}-\boldsymbol{A}_{p+1}]\det[s\boldsymbol{I}-\boldsymbol{A}_{p+2}]$$

现在来看 $\det(s\boldsymbol{I}-\boldsymbol{A}_i-\boldsymbol{b}_i\boldsymbol{\theta}_i)$,根据前面的讨论已有

$$\boldsymbol{G}_{0fi}(s,\boldsymbol{K},\boldsymbol{H})=\frac{\alpha_i(s)r_{ii}\varphi_i}{\psi_i(s,\sigma_i)}$$

又有

$$\boldsymbol{G}_{0fi}(s,\boldsymbol{K},\boldsymbol{H})=\frac{r_{ii}\boldsymbol{c}_i\operatorname{adj}(s\boldsymbol{I}-\boldsymbol{A}_i-\boldsymbol{b}_i\boldsymbol{\theta}_i)\boldsymbol{b}_i}{\det(s\boldsymbol{I}-\boldsymbol{A}_i-\boldsymbol{b}_i\boldsymbol{\theta}_i)}$$

注意 $\psi_i(s、\sigma_i)$和 $\det(s\boldsymbol{I}-\boldsymbol{A}_i-\boldsymbol{b}_i\boldsymbol{\theta}_i)$都是 m_i 次首一多项式,故由 $\boldsymbol{G}_{0fi}(s,\boldsymbol{K},\boldsymbol{H})$的两个表达式,必然有

$$\psi_i(s,\sigma_i)=\det(s\boldsymbol{I}-\boldsymbol{A}_i-\boldsymbol{b}_i\boldsymbol{\theta}_i)$$

至此,定理全部证毕。

定理 D-1 与定理 D-2 给出了标准解耦系统的解耦控制律的一般形式(D.4)以及解耦后系统传递函数阵的结构形式,因此完全解决了式(D.1)的解耦问题。为了利用定理 D-1 和定理 D-2 的结果来研究一般的可解耦系统,必须解决一般可解耦系统怎样化为标准解耦系统的问题。

为了能把可解耦系统化为标准解耦系统,首先注意到定理 5 15 充分性的证明过程,其中用式(5.4.16)的控制律把一个可解耦系统化成了积分器解耦系统,所以这里只须研究由积分

器解耦系统化为标准解耦系统的问题。所要论证的结果是任何一个积分器解耦系统必然等价一个标准解耦系统。为此,先证明以下的引理。

引理 D-1　设系统($\boldsymbol{A},\boldsymbol{B},\boldsymbol{C}$)为积分器解耦系统,且($\boldsymbol{A},\boldsymbol{B}$)可控。以 $\boldsymbol{R}^n$ 表示 n 维行向量空间,令

$$\boldsymbol{R}_i=\{\boldsymbol{\eta}\mid \boldsymbol{\eta}\boldsymbol{A}^j\boldsymbol{b}_k=0;k\neq i,\quad 0\leqslant k\leqslant p,\quad 0\leqslant j\leqslant n-1,\quad \boldsymbol{\eta}\in\boldsymbol{R}^n\}$$

这里 $\boldsymbol{b}_i$ 表示 $\boldsymbol{B}$ 的第 i 列($i=1,2,\cdots,p$),则:

① $\boldsymbol{R}_i$ 是 $\boldsymbol{A}$ 的不变子空间,即 $\boldsymbol{R}_i\boldsymbol{A}\subset\boldsymbol{R}_i$;

② 对一切 $i\neq j$,$\boldsymbol{R}_i\cap\boldsymbol{R}_j=\boldsymbol{0}$;

③ $\boldsymbol{c}_i,\boldsymbol{c}_iA,\cdots,\boldsymbol{c}_i\boldsymbol{A}^{d_i}$ 是 $\boldsymbol{R}_i$ 中的线性无关组,因此,显然 $\dim(\boldsymbol{R}_i)\geqslant d_i+1$。

证明: ① 设 $\boldsymbol{\eta}\in\boldsymbol{R}_i$,即 $\boldsymbol{\eta}\boldsymbol{A}^j\boldsymbol{b}_k=0,k\neq i,0\leqslant j\leqslant n-1$,因而($\boldsymbol{\eta}\boldsymbol{A}$)$\boldsymbol{A}^j\boldsymbol{b}_k$ 除 $\boldsymbol{\eta}\boldsymbol{A}^n\boldsymbol{b}_k$ 外其余都为零,但由凯莱-哈密顿定理可知 $\boldsymbol{\eta}\boldsymbol{A}^n\boldsymbol{b}_k$ 也应为零,因此 $\boldsymbol{\eta}\boldsymbol{A}\in\boldsymbol{R}_i$。

② 设 $\boldsymbol{\eta}\in\boldsymbol{R}_i\cap\boldsymbol{R}_j$,则有 $\boldsymbol{\eta}\boldsymbol{A}^j\boldsymbol{b}_k=0$ 对 $0\leqslant j\leqslant n-1,1\leqslant k\leqslant p$ 成立,但因($\boldsymbol{A},\boldsymbol{B}$)可控,故必 $\boldsymbol{\eta}=\boldsymbol{0}$。

③ 因为($\boldsymbol{A},\boldsymbol{B},\boldsymbol{C}$)为积分器解耦系统,故 $\boldsymbol{E}$ 非奇异,因而 $\boldsymbol{c}_i,\boldsymbol{c}_i\boldsymbol{A},\cdots,\boldsymbol{c}_i\boldsymbol{A}^{d_i}$ 皆非零。但 $\boldsymbol{c}_i\boldsymbol{A}^{d_i+1}=\boldsymbol{0}$,故 $\boldsymbol{c}_i,\boldsymbol{c}_i\boldsymbol{A},\cdots,\boldsymbol{c}_i\boldsymbol{A}^{d_i}$ 必线性无关。还要证明它们皆在 $\boldsymbol{R}_i$ 中,由于 $\boldsymbol{R}_i$ 是 $\boldsymbol{A}$ 不变子空间,故只要证 $\boldsymbol{c}_i\in\boldsymbol{R}_i$ 即可。根据 d_i 的定义和积分器解耦系统的条件,对于 $j\neq d_i,0\leqslant j\leqslant n-1$,显然有,$\boldsymbol{c}_i\boldsymbol{A}^i\boldsymbol{B}=\boldsymbol{0}$ 及 $\boldsymbol{c}_i\boldsymbol{A}^{d_i}\boldsymbol{B}=r_{ii}\boldsymbol{e}_i$,即 $\boldsymbol{c}_i\boldsymbol{A}^{d_i}\boldsymbol{b}_k=0,k\neq i$,从而 $\boldsymbol{c}_i\boldsymbol{A}^j\boldsymbol{b}_k=0$,对于 $k\neq i,0\leqslant j\leqslant n-1$,这表明 $\boldsymbol{c}_i\in\boldsymbol{R}_i$。

由此引理可得,存在子空间 $\boldsymbol{R}_{p+1}\subset\boldsymbol{R}^n$,使得 $\boldsymbol{R}^n=\boldsymbol{R}_1\oplus\boldsymbol{R}_2\oplus\cdots\oplus\boldsymbol{R}_p\oplus\boldsymbol{R}_{p+1}$。记 $\bar{m}_i=\dim(\boldsymbol{R}_i)(i=1,2,\cdots,p,p+1)$,并且有 $\bar{m}_i\geqslant d_i+1$。

引理 D-2　设系统($\boldsymbol{A},\boldsymbol{B},\boldsymbol{C}$)是可控的积分器解耦系统,则它一定代数等价于某个标准解耦系统,并且有 $\bar{m}_i=m_i(i=1,2,\cdots,p,p+1),m_{p+2}=0$。

证明: 由假设和引理 D-1 可知,有 $\boldsymbol{R}^n=\boldsymbol{R}_1\oplus\boldsymbol{R}_2\oplus\cdots\oplus\boldsymbol{R}_p\oplus\boldsymbol{R}_{p+1}$,以 $\boldsymbol{R}_i(i=1,2,\cdots,p,p+1)$ 的基组为行构造非奇异方阵 $\boldsymbol{Q}$:

$$\boldsymbol{Q}=\begin{bmatrix}\boldsymbol{Q}_1\\ \boldsymbol{Q}_2\\ \vdots\\ \boldsymbol{Q}_p\\ \boldsymbol{Q}_{p+1}\end{bmatrix}\tag{D.7}$$

这里 $\boldsymbol{Q}_i$ 是以 $\boldsymbol{R}_i$ 的基向量为行所构成的矩阵。

定义 $\bar{\boldsymbol{A}}=\boldsymbol{Q}\boldsymbol{A}\boldsymbol{Q}^{-1}$,不难算出 $\bar{\boldsymbol{A}}$ 的形状为

$$\begin{array}{c}\left[\begin{array}{cccc}\bar{\boldsymbol{A}}_1 & & & \\ & \ddots & & \\ & & \bar{\boldsymbol{A}}_p & \\ \bar{\boldsymbol{A}}_1^c & \cdots & \bar{\boldsymbol{A}}_p^c & \bar{\boldsymbol{A}}_{p+1}\end{array}\right]\begin{array}{l}\bar{m}_1\\ \vdots\\ \bar{m}_p\\ \bar{m}_{p+1}\end{array}\\ \begin{array}{cccc}\bar{m}_1 & \cdots & \bar{m}_p & \bar{m}_{p+1}\end{array}\end{array}$$

这是定义 5-2 的分块形式,而且

$$\bar{m}_i = m_i, \quad i=1,2,\cdots,p,p+1, \quad \bar{m}_{p+2}=0, \quad \bar{m}_i \geqslant d_i+1$$

再进一步证明 $\bar{\boldsymbol{A}}_i$ 有定义 D-1 的形式,为此取

$$\boldsymbol{Q}_i = \begin{bmatrix} \boldsymbol{c}_i \\ \boldsymbol{c}_i\boldsymbol{A} \\ \vdots \\ \boldsymbol{c}_i\boldsymbol{A}^{d_i} \\ \times \\ \vdots \\ \times \end{bmatrix}, \quad i=1,2,\cdots,p$$

由于 $\bar{\boldsymbol{A}}_i=\boldsymbol{Q}_i\boldsymbol{A}\bar{\boldsymbol{Q}}_i$,这里 $\bar{\boldsymbol{Q}}_i$ 表示 $\boldsymbol{Q}^{-1}$ 中的第 $1+\sum\limits_{j=1}^{i-1}m_j$ 列至 $\sum\limits_{j=1}^{i}m_j$ 列组成的矩阵。注意到 $\boldsymbol{c}_i\boldsymbol{A}^{d_i+1}=\boldsymbol{0}$,不难验证 $\bar{\boldsymbol{A}}_i$ 有如下形式:

$$\bar{\boldsymbol{A}}_i = \left[\begin{array}{cc:c} \boldsymbol{0} & \boldsymbol{I}_{d_i} & \boldsymbol{0} \\ 0 & \boldsymbol{0} & \\ \hdashline \boldsymbol{\Psi}_i & & \boldsymbol{\Phi}_i \end{array}\right] \begin{matrix} d_i+1 \\ m_i-d_i-1 \end{matrix}$$

$$\qquad d_i+1 \quad m_i-d_i-1$$

定义 $\bar{\boldsymbol{B}}=\boldsymbol{Q}\boldsymbol{B}$,于是

$$\bar{\boldsymbol{B}}=\boldsymbol{Q}\boldsymbol{B}=\begin{bmatrix} \boldsymbol{Q}_1\boldsymbol{b}_1 & \boldsymbol{Q}_1\boldsymbol{b}_2 & \cdots & \boldsymbol{Q}_1\boldsymbol{b}_p \\ \vdots & \vdots & & \vdots \\ \boldsymbol{Q}_p\boldsymbol{b}_1 & \boldsymbol{Q}_p\boldsymbol{b}_2 & \cdots & \boldsymbol{Q}_p\boldsymbol{b}_p \\ \boldsymbol{Q}_{p+1}\boldsymbol{b}_1 & \boldsymbol{Q}_{p+1}\boldsymbol{b}_2 & \cdots & \boldsymbol{Q}_{p+1}\boldsymbol{b}_p \end{bmatrix}$$

注意 $\boldsymbol{Q}_i \subset \boldsymbol{R}_i(i=1,2,\cdots,p)$,故 $\boldsymbol{Q}_i\boldsymbol{b}_k=\boldsymbol{0}, k\neq i(i=1,2,\cdots,p)$,故 $\bar{\boldsymbol{B}}$ 也有定义 D-1 的分块形式。进一步考虑

$$\boldsymbol{Q}_i\boldsymbol{b}_i = \begin{bmatrix} \boldsymbol{c}_i \\ \boldsymbol{c}_i\boldsymbol{A} \\ \vdots \\ \boldsymbol{c}_i\boldsymbol{A}^{d_i} \\ \times \\ \times \\ \vdots \\ \times \end{bmatrix} \boldsymbol{b}_i = \begin{bmatrix} \boldsymbol{c}_i\boldsymbol{b}_i \\ \boldsymbol{c}_i\boldsymbol{A}\boldsymbol{b}_i \\ \vdots \\ \boldsymbol{c}_i\boldsymbol{A}^{d_i}\boldsymbol{b}_i \\ \times \\ \vdots \\ \times \end{bmatrix} = \begin{bmatrix} 0 \\ \vdots \\ 0 \\ \boldsymbol{c}_i\boldsymbol{A}^{d_i}\boldsymbol{b}_i \\ \times \\ \vdots \\ \times \end{bmatrix} \begin{matrix} \left.\begin{matrix} \\ \\ \\ \end{matrix}\right\} d_i \text{ 行} \\ \cdots\cdots d_i+1 \text{ 行} \\ \\ \\ \\ \end{matrix}$$

而 $\boldsymbol{c}_i\boldsymbol{A}^{d_i}\boldsymbol{b}_i$ 正是 $\boldsymbol{E}_i$ 的第 i 个分量,所以 $\boldsymbol{c}_i\boldsymbol{A}^{d_i}\boldsymbol{b}_i=r_{ii}$,故 $\bar{\boldsymbol{B}}$ 有定义 D-1 所要求的形式。

定义 $\bar{\boldsymbol{C}}=\boldsymbol{C}\boldsymbol{Q}^{-1}$,故 $\boldsymbol{C}=\bar{\boldsymbol{C}}\boldsymbol{Q}$,由此不难直接推证 $\bar{\boldsymbol{C}}$ 有定义 D-1 所要求的形式。

下面再证明 $\bar{\boldsymbol{b}}_i, \bar{\boldsymbol{A}}_i\bar{\boldsymbol{b}}_i, \cdots, \bar{\boldsymbol{A}}_i^{m_i-1}\bar{\boldsymbol{b}}_i(i=1,2,\cdots,p)$ 线性无关。因为($\boldsymbol{A}, \boldsymbol{B}$)可控,所以($\bar{\boldsymbol{A}}, \bar{\boldsymbol{B}}$)可控,则有

$$\operatorname{rank}\left[\bar{\boldsymbol{B}} \quad \bar{\boldsymbol{A}}\bar{\boldsymbol{B}} \ \cdots \ \bar{\boldsymbol{A}}^{n-1}\bar{\boldsymbol{B}}\right]=n$$

具体写出可控性矩阵为

$$\left[\begin{array}{ccc:ccc:c:ccc}\bar{\boldsymbol{b}}_1 & & & \bar{\boldsymbol{A}}_1\bar{\boldsymbol{b}}_1 & & & & \bar{\boldsymbol{A}}_1^{n-1}\bar{\boldsymbol{b}}_1 & & \\ & \ddots & & & \ddots & & \cdots & & \ddots & \\ & & \bar{\boldsymbol{b}}_p & & & \bar{\boldsymbol{A}}_p\bar{\boldsymbol{b}}_p & & & & \bar{\boldsymbol{A}}_p^{n-1}\bar{\boldsymbol{b}}_p \\ \times & \cdots & \times & \times & \cdots & \times & & \times & \cdots & \times\end{array}\right]$$

不难推断 $\bar{\boldsymbol{b}}_i,\bar{\boldsymbol{A}}_i\bar{\boldsymbol{b}}_i,\cdots,\bar{\boldsymbol{A}}_i^{m_i-1}\bar{\boldsymbol{b}}_i(i=1,2,\cdots,p)$线性无关。

因此这里所定义的$(\bar{\boldsymbol{A}},\bar{\boldsymbol{B}},\bar{\boldsymbol{C}})$符合定义 D－1 的所有条件，故是标准解耦系统，且它和$(\boldsymbol{A},\boldsymbol{B},\boldsymbol{C})$是代数等价的。

定理 D－3　任何一个积分器解耦系统$(\boldsymbol{A},\boldsymbol{B},\boldsymbol{C})$必和某个标准解耦系统代数等价。

证明：假设$(\boldsymbol{A},\boldsymbol{B})$不可控，则存在一个等价变换可将系统化为

$$\begin{cases}\begin{bmatrix}\dot{\bar{\boldsymbol{x}}}_1\\ \dot{\bar{\boldsymbol{x}}}_2\end{bmatrix}=\begin{bmatrix}\boldsymbol{A}_1 & \boldsymbol{A}_3\\ \boldsymbol{0} & \boldsymbol{A}_2\end{bmatrix}\begin{bmatrix}\bar{\boldsymbol{x}}_1\\ \bar{\boldsymbol{x}}_2\end{bmatrix}+\begin{bmatrix}\boldsymbol{B}_1\\ \boldsymbol{0}\end{bmatrix}\boldsymbol{u}\\ \boldsymbol{y}=\begin{bmatrix}\boldsymbol{C}_1 & \boldsymbol{C}_2\end{bmatrix}\begin{bmatrix}\bar{\boldsymbol{x}}_1\\ \bar{\boldsymbol{x}}_2\end{bmatrix}\end{cases}$$

并且$(\boldsymbol{A}_1,\boldsymbol{B}_1)$可控。由于

$$\boldsymbol{G}(s)=\boldsymbol{C}(s\boldsymbol{I}-\boldsymbol{A})^{-1}\boldsymbol{B}=\boldsymbol{C}_1(s\boldsymbol{I}-\boldsymbol{A}_1)^{-1}\boldsymbol{B}_1$$

所以$(\boldsymbol{A}_1,\boldsymbol{B}_1,\boldsymbol{C}_1)$是可控的积分器解耦系统，由引理 D－2 可知$(\boldsymbol{A}_1,\boldsymbol{B}_1,\boldsymbol{C}_1)$代数等价于某个可控的标准解耦系统，于是可以得出系统$(\boldsymbol{A},\boldsymbol{B},\boldsymbol{C})$代数等价于某个标准解耦系统。

以上的讨论表明，一个积分器解耦系统和某一个标准解耦系统代数等价，因此关于标准系统的定理 D－1 及定理 D－2，只要考虑到代数等价变换后均可用于积分器解耦系统。因此积分器解耦系统的解耦控制律和解耦后系统的结构也就清楚了。

对于一个可解耦的系统，先采用式(5.4.16)的控制律将系统化为一个积分器解耦系统，而后者如上所说可代数等价于一个标准解耦系统来研究。因此这就完全解决了一个可解耦系统的控制律的结构形式和解耦后系统的结构形成等问题。

综合定理 5－15、定理 5－16 及定理 D－1 到定理 D－3 的结果，可得可解耦系统的解耦反馈控制律和解耦后系统传递函数阵的结构形式。

定理 D－4　若系统$(\boldsymbol{A},\boldsymbol{B},\boldsymbol{C})$可解耦，则

① 它的解耦控制律为

$$\boldsymbol{K}=-\boldsymbol{E}^{-1}\boldsymbol{F}+\boldsymbol{E}^{-1}\begin{bmatrix}\boldsymbol{\theta}_1 & & & & \boldsymbol{0} & \boldsymbol{\theta}_1^{\mu}\\ & \boldsymbol{\theta}_2 & & & \boldsymbol{0} & \boldsymbol{\theta}_2^{\mu}\\ & & \ddots & & \vdots & \vdots\\ & & & \boldsymbol{\theta}_p & \boldsymbol{0} & \boldsymbol{\theta}_p^{\mu}\end{bmatrix}\boldsymbol{P}_2\boldsymbol{P}_1 \tag{D.8}$$

$$\boldsymbol{H}=\boldsymbol{E}^{-1}\mathrm{diag}\{\varphi_1\quad\varphi_2\cdots\varphi_i\},\quad \varphi_i\neq 0,\quad i=1,2,\cdots,p \tag{D.9}$$

式中$\boldsymbol{P}_2=\boldsymbol{Q}$由所引理 D－2 所确定，$\boldsymbol{P}_1$是$n\times n$非奇异矩阵，它是化系统$(\boldsymbol{A},\boldsymbol{B},\boldsymbol{C})$为可控部分和不可控部分时所用的等价变换矩阵。

② 解耦后系统的传递函数阵$\boldsymbol{G}_f(s,\boldsymbol{K},\boldsymbol{H})$，其对角线上的元素为

$$\frac{\alpha_i(s)\gamma_{ii}\varphi_i}{\psi_i(s,\sigma_i)} \tag{D.10}$$

并且

$$\det[s\boldsymbol{I}-(\boldsymbol{A}+\boldsymbol{BK})]=\prod_{i=1}^{p}\psi_i(s,\sigma_i)\cdot\det(s\boldsymbol{I}-\boldsymbol{A}_{p+1})\cdot\det(s\boldsymbol{I}-\boldsymbol{A}_{p+2}) \tag{D.11}$$

定理的证明及 $\alpha_i(s)$，$\psi_i(s,\sigma_i)$，γ_{ii} 的意义可参考文献[18]。

参考文献

[1] Chen C T. Introduction to Linear System Theory[M]. 3rd ed. New York: Holt Rinehart and Winston, 1999.

[2] 高为炳. 线性系统理论讲义[M]. 北京:北京航空航天大学,1980.

[3] 王恩平,秦化淑. 线性系统理论[M]. 北京:中国科学院系统科学研究所,1980.

[4] 程鹏. 线性系统理论[M]. 北京:北京航空航天大学,1987.

[5] 郑大钟. 线性系统理论[M]. 2 版. 北京:清华大学出版社,2002.

[6] 黄琳. 系统与控制理论中的线性代数[M]. 2 版, 北京:科学出版社,2018.

[7] 黄琳. 稳定性与鲁棒性的理论基础[M]. 北京:科学出版社,2003.

[8] 段广仁. 线性系统理论[M]. 2 版. 哈尔滨:哈尔滨工业大学出版社,2004.

[9] 佛特曼,海兹. 线性控制系统引论[M]. 吕林,等译. 北京:机械工业出版社,1979.

[10] Rosenbrock H H. State-space and Multivariable Theory[M]. London: Nelson, 1970.

[11] Brockett R W. Finite-dimensional Linear Systems[M]. New York: John Wiley, 1970.

[12] ю. H. Ahgpeeb. 线性控制系统理论中的状态空间代数方法[M]. 韩京清,译. 计算机应用与应用数学,1978.

[13] Weiss L, Kalman R E. Contributions to linear system theory[J]. International Journal of Engineering Science,1965, 3(2): 141-171.

[14] Kalman R E. On the general theory control systems[J]. Proceeding of the First IFAC Congress. 1960, 481-493.

[15] Silverman L M. Realization of linear dynamical systems[J]. IEEE Transactions on Automatic Control, 1971, 16(6): 554-567.

[16] Chen C T, Mitel D P. A simplified irreducible realization algorithm[J]. IEEE Transactions on Automatic Control, 1972, 17(4): 535-537.

[17] Rozsa P, Sinbha N K. Minimal realization of a transfer function matrix in canonical form[J]. International Journal of Control, 1975, 21(2): 273-284.

[18] Filber E G. The decoupling of multivariable systems by state feedback[J]. SIAM Journal on Control, 1969, 7(1): 50-63.

[19] Davison E J. On pole assignment in multivariable systems[J]. IEEE Transactions on Automatic Control, 1968, 13(7): 747-748.

[20] Davison E J, Chatterie R. A note on pole assignment in linear system with incomplete state feedback[J]. IEEE Transactions on Automatic Control, 1971, 16(1): 98-99.

[21] Davison E J, Wang S. On pole assignment in linear multivariable systems using output feedback[J]. IEEE Transactions on Automatic Control, 1975, 20(4): 515-518.

[22] Munro N. Further results on pole-shifting using output feedback[J]. International Journal of Control, 1974, 20(5): 775-786.

[23] Brasch F M, Pearson J B. Pole placement using dynamic compensators[J]. IEEE Transactions on Automatic Control, 1970, 15(1): 34-43.

[24] Ahmari R, Vactorx A G. On the pole assignment in linear systems with fixed order compensators[J]. International Journal of Control, 1973, 17(2): 397-405.

[25] Silverman L M, Anderson B D O. Controllability, observability and stability of linear systems[J]. SIAM Journal on Control, 1968, 6(1): 121-130.

[26] Ikeda M, Marda H, Kodama S. Estimation and feedback in linear time-varying systems: a deterministic theory[J]. SIAM Journal on Control, 1975, 13(2): 304-326.

[27] Anderson B D O, Moore J B. New results in linear system stability[J]. SIAM Journal on Control, 1969, 7(3): 398-414.

[28] Kalman R E, Bertram J E. Control system analysis and design via the "Second method" of Lyapunov. 1. continuous-time systems[J]. Transactions on ASME, Journal of Basic Engineering, 1960, 371-393.

[29] Brockett B W, Lee H B. Frequency domain instability criteria for time-varying and nonlinear systems[J]. Proceedings of the IEEE, 1967, 55(5): 604-619.

[30] 钟玉泉. 复变函数论[M]. 北京:高等教育出版社,1988.

[31] Doyle J C. Multivariable Control[M]. Lecture note in ONR/H Honeywell Workshop, 1984.

[32] Boyd S P, Ghaoui L E, Feron E, et al. Linear matrix inequalities in system and control theory[J]. SIAM Studies in Applied Mathematics, 1994.

[33] Desoer C A, Vidyasagar M. Feedback systems: input-output properties [M]. New York: Academic Press, 1975.

[34] 郭雷. 控制理论导论:从基本概念到研究前沿[M]. 北京:科学出版社,2005.

[35] 郭荣江. Kronecker 指数等系统不变量与系统结构及参数的关系[J]. 自动化学报, 1980, 6(2): 131-137.

[36] O'Reilly J. Observers for Linear systems [M]. London: Academic Press, 1983.

[37] Chen J, Patton R J. Robust model-based fault diagnosis for dynamic systems [M]. [S. l.]: Springer Science & Business Media, 2012.

[38] Doyle J C, Stein G. Robustness with observers[J]. IEEE Transactions on Automatic Control, 1979, 24(4): 607-611.

[39] 甘特玛赫尔. 矩阵论[M]. 柯召，郑元禄,译. 哈尔滨：哈尔滨工业大学出版社，2013.

[40] Huang J. Nonlinear output regulation: theory and applications[J]. SIAM Advances in Design and Control, 2004.

[41] WonhamW M. Linear multivariable Control: A Geometric Approach [M]. 2nd ed. New York: Springer-Verlag, 1979.

[42] 北京大学数学力学系几何与代数教研室代数小组. 高等代数[M]. 北京：人民教育出版社,1978.